Insetos

Fundamentos da Entomologia

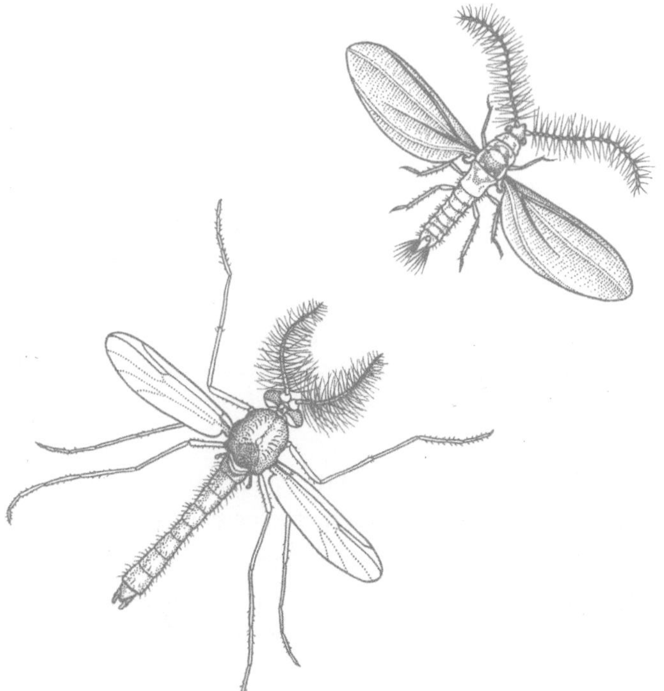

O GEN | Grupo Editorial Nacional – maior plataforma editorial brasileira no segmento científico, técnico e profissional – publica conteúdos nas áreas de ciências da saúde, exatas, humanas, jurídicas e sociais aplicadas, além de prover serviços direcionados à educação continuada e à preparação para concursos.

As editoras que integram o GEN, das mais respeitadas no mercado editorial, construíram catálogos inigualáveis, com obras decisivas para a formação acadêmica e o aperfeiçoamento de várias gerações de profissionais e estudantes, tendo se tornado sinônimo de qualidade e seriedade.

A missão do GEN e dos núcleos de conteúdo que o compõem é prover a melhor informação científica e distribuí-la de maneira flexível e conveniente, a preços justos, gerando benefícios e servindo a autores, docentes, livreiros, funcionários, colaboradores e acionistas.

Nosso comportamento ético incondicional e nossa responsabilidade social e ambiental são reforçados pela natureza educacional de nossa atividade e dão sustentabilidade ao crescimento contínuo e à rentabilidade do grupo.

Insetos
Fundamentos da Entomologia

P.J. Gullan e P.S. Cranston
Research School of Biology, The Australian National University,
Canberra, Australia & Department of Entomology and Nematology,
University of California, Davis, USA

Com ilustrações de
Karina H. McInnes

Tradução e Revisão Técnica

Eduardo da Silva Alves dos Santos (Capítulos 2 a 18, Taxoboxes, Apêndice e Pranchas)
Professor Doutor do Departamento de Zoologia do Instituto de Biociências da Universidade de São Paulo (IB-USP), com Pós-Doutorado em Ecologia pelo IB-USP. Doutor em Zoologia pela University of Otago, Nova Zelândia. Mestre em Ecologia pela Universidade de Brasília. Graduado em Ciências Biológicas pela Universidade Católica de Brasília.

Sonia Maria Marques Hoenen (Capítulo 1 e Glossário)
Graduada em Ciências Biológicas pelo Instituto de Biociências da Universidade de São Paulo (IB-USP). Mestre em Zoologia, Doutora em Fisiologia, com Pós-Doutorado em Zoologia pelo IB-USP.

Quinta edição

gen | ROCA

- Os autores deste livro e a EDITORA ROCA empenharam seus melhores esforços para assegurar que as informações e os procedimentos apresentados no texto estejam em acordo com os padrões aceitos à época da publicação. Entretanto, tendo em conta a evolução das ciências da saúde, as mudanças regulamentares governamentais e o constante fluxo de novas informações sobre terapêutica medicamentosa e reações adversas a fármacos, recomendamos enfaticamente que os leitores consultem sempre outras fontes fidedignas, de modo a se certificarem de que as informações contidas neste livro estão corretas e de que não houve alterações nas dosagens recomendadas ou na legislação regulamentadora.

- Os autores e a editora se empenharam para citar adequadamente e dar o devido crédito a todos os detentores de direitos autorais de qualquer material utilizado neste livro, dispondo-se a possíveis acertos posteriores caso, inadvertida e involuntariamente, a identificação de algum deles tenha sido omitida.

- **Atendimento ao cliente: (11) 5080-0751 | faleconosco@grupogen.com.br**

- Traduzido de
THE INSECTS: AN OUTLINE OF ENTOMOLOGY, FIFTH EDITION
This edition first published 2014 © 2014 by John Wiley & Sons Ltd.
Fourth edition published 2010 © 2010 by P. J. Gullan and PS. Cranston
Third edition published 2005 by Blackwell Publishing Ltd
Second edition published 2000 by Blackwell Science
First edition published 1994 by Chapman & Hall

ISBN 978-1-118-84615-5

EDITORA GUANABARA KOOGAN LTDA.
Publicado pela Editora Roca, um selo integrante do GEN | Grupo Editorial Nacional
Travessa do Ouvidor, 11
Rio de Janeiro – RJ – 20040-040
www.grupogen.com.br

- Capa: Rubens Lima

- Editoração eletrônica: R.O. Moura

- Ficha catalográfica

G983i
5.ed.

Gullan, P.J.
Insetos: fundamentos da entomologia / P.J. Gullan, P.S. Cranston; Com ilustrações de Karina H. McInnes; Tradução e Revisão Técnica Eduardo da Silva Alves dos Santos, Sonia Maria Marques Hoenen – 5. ed. – [Reimpr.]. – Rio de Janeiro: Roca, 2023.
il.

Tradução de: The insects: an outline of entomology
ISBN: 978-85-277-3095-2

1. Inseto. 2. Entomologia. I. Cranston, P.S. II. Título.

16-38479 CDD: 597
CDU: 597

Prefácio à Quinta Edição

No prefácio à quarta edição deste livro, previmos que diversas mudanças ocorreriam na disciplina do estudo dos insetos – entomologia. Em muitas delas estávamos corretos, pelo lado bom e pelo lado ruim. A maioria das mudanças está associada às atividades humanas, incluindo o aquecimento global e também o mercado global, de tal maneira que escrevemos um novo capítulo "Insetos em um mundo em mudança". Os insetos claramente respondem às mudanças no clima, e isso é de preocupação imediata em relação à disseminação de doenças causadas por insetos que afetam nossas plantações, nossos animais domésticos e nós mesmos. No entanto, pelo menos de igual importância é a expansão da distribuição dos insetos associada ao comércio. O elevado comércio global ("comércio livre") traz consigo muitos insetos "passageiros acidentais" que causam impacto na agricultura e no ambiente natural, mas não previmos como muitos destes iriam causar um prejuízo às nossas indústrias madeireiras e árvores da paisagem nativa. A biossegurança, envolvendo maior fiscalização dos nossos portos, aeroportos e fronteiras, é uma indústria crescente que requer pessoal treinado em entomologia. Sem essa vigilância, teremos pragas "sem fronteiras" em uma agricultura mundial homogênea.

Previmos que técnicas cada vez mais sofisticadas de genética molecular iriam transformar muitas áreas da entomologia. Esses estudos nos deram informações que particularmente basearam nossas ideias de relações evolutivas em todos os níveis. A nossa compreensão das relações entre as ordens tem sido aprimorada nos últimos cinco anos e existem bem menos incertezas. Por exemplo, agora temos certeza de que os hexápodes, aos quais pertencem os insetos, evoluíram a partir de Crustacea, formando, portanto, o grupo Pancrustacea. A diversidade real em nível de espécie tem sido revelada com técnicas moleculares, incluindo o uso de "DNA *barcoding*". Técnicas de modelagem com uma sofisticação cada vez maior permitem explorar a taxa de evolução molecular, a qual, em conjunto com insetos fósseis examinados de forma crítica, proporciona estimativas cada vez mais confiáveis sobre a temporização da evolução dos insetos nos últimos 400 milhões de anos.

A relativa facilidade e os custos cada vez menores da genômica testemunhou uma "explosão" em "genomas totais" de uma grande variedade de insetos, permitindo estudos comparados e também a compreensão das cascatas e dos controladores genéticos que modelam a fisiologia e a morfologia dos insetos. Somos seletivos na apresentação desses estudos – eles são muito numerosos e ainda são exploratórios, não definitivos, no conjunto dos hexápodes.

Os textos dos capítulos foram atualizados e complementados com novos quadros e ilustrações. No capítulo inicial apresentamos parte do dinamismo dado à área por leigos apaixonados pelos insetos, desde o registro de insetos e a prática de ciência amadora até o gerenciamento de casas de insetos. Inevitavelmente, temos que documentar os efeitos da dispersão dos insetos causando danos a árvores ornamentais e de interesse de preservação ambiental, incluindo palmeiras e, sobretudo, o café de alta qualidade.

Esta quinta edição foi escrita na Austrália. Agradecemos pelo *status* acadêmico na *Division of Evolution, Ecology and Genetics* da *Research School of Biology* na *Australian National University* (ANU), Camberra. Mantemos o *status* de emérito no *Department of Entomology and Nematology* na *University of California*, Davis, a qual nos proporciona um acesso remoto aos maravilhosos recursos *online* do sistema de biblioteca da *University of California*. Agradecemos ambas as instituições pelo apoio.

Somos gratos aos seguintes colegas espalhados pelo mundo por proporcionar informação, literatura ou ideias sobre muitos aspectos da biologia e filogenia dos insetos: Richard Cornette, Jeff Garnas, Penny Greenslade, Mark Hoddle, Matt Krosch, Laurence Mound, Karen Meusemann, Mike Picker, Kathy Su, You-Ning Su, Gary Taylor, Alice Wells, Shaun Winterton e Andreas Zwick. As seguintes pessoas gentilmente nos deram permissão para usar uma ou mais de suas fotografias nas pranchas coloridas, reintegradas e ampliadas: Denis Anderson, Nicholas Carlile, David Carter, Meredith Cosgrove, Mike Crisp, Janice Edgerly-Rooks, Mark Hoddle, Takumasa Kondo, Mike Lewis, Mamoru Matsuki, Rolf Oberprieler, Rod Peakall, David Rentz, Don Sands, Greg Sherley, Robert Sites, Richard Vane-Wright, Phil Ward, Alex Wild, Alan Yen e Paul Zborowski.

Tal como acontece em todas as edições deste livro desde 1996, ficamos muito satisfeitos que Karina McInnes (http://www.spilt-ink.com) redespertou suas habilidades entomológicas de desenho para nos proporcionar diversas ilustrações maravilhosas capturando a essência de muitos insetos, tanto amigos quanto inimigos do mundo humano, vivendo seus afazeres diários. Como sempre, somos gratos à equipe da Wiley-Blackwell, especialmente Ward Cooper e Kevin Matthews por seu apoio contínuo e excelente serviço, e Audrie Tan que foi nossa editora de produção em Singapura. Tivemos a sorte de ter a editora independente Katrina Rainey para fazer o copidesque, tal como ela fez em nossa terceira edição.

Prefácio à Primeira Edição

Os insetos são animais extremamente bem-sucedidos e afetam muitos aspectos de nossas vidas, apesar de seu pequeno tamanho. Todos os tipos de ecossistemas naturais e modificados, terrestres e aquáticos, sustentam comunidades de insetos que apresentam uma desconcertante variedade de estilos de vida, formas e funções. A entomologia abrange não apenas a classificação, as relações evolutivas e a história natural dos insetos, mas também como estes interagem entre si e com o ambiente. Os efeitos dos insetos em nós, em nossas culturas e animais domésticos e como suas atividades (tanto deletérias quanto benéficas) podem ser modificadas ou controladas estão entre os interesses dos entomólogos.

O recente *status* elevado da biodiversidade como assunto científico está provocando aumento do interesse nos insetos por causa de sua surpreendente alta diversidade. Alguns cálculos sugerem que a riqueza de espécies de insetos é tão grande que, por aproximação, todos os organismos podem ser considerados insetos. Os estudantes de biodiversidade precisam ser versados em entomologia.

Nós, os autores, somos entomólogos sistematas que ensinam e pesquisam a identificação, distribuição, evolução e ecologia dos insetos. Os insetos que estudamos pertencem a dois grupos – as cochonilhas e os mosquitos-pólvora – e não nos desculpamos por utilizá-los, nossos organismos favoritos, para ilustrar alguns assuntos.

O livro não é um guia de identificação, mas trata de tópicos entomológicos de natureza mais geral. Começamos com a importância dos insetos, sua estrutura interna e externa e como percebem o ambiente, seguindo por modos de reprodução e desenvolvimento. Os capítulos subsequentes baseiam-se em temas mais amplos da biologia dos insetos: ecologia dos insetos que habitam o solo, dos aquáticos e daqueles que se alimentam de plantas e os comportamentos de socialidade, predação, parasitismo e defesa. Por fim, aspectos de entomologia médica e veterinária e o manejo de pragas são contemplados.

Aqueles a quem este livro é destinado, ou seja, estudantes que pretendem seguir a entomologia como profissão ou que estudam insetos como apoio a disciplinas especializadas, como ciência da agricultura, silvicultura, ciências médicas ou veterinárias, precisam ter noções sobre a sistemática dos insetos – esta é a base para observações científicas. No entanto, desistimos da organização sistemática tradicional de ordem-por-ordem encontrada em muitos livros-texto de entomologia. A sistemática de cada ordem de inseto é apresentada em uma seção separada depois do capítulo ecológico-comportamental apropriado à biologia predominante da ordem. Tentamos manter uma perspectiva filogenética por todo o livro, de modo que um capítulo inteiro é dedicado à filogenia dos insetos, incluindo a análise da evolução de várias características-chave.

Acreditamos que uma imagem vale mais que mil palavras. Todas as ilustrações foram feitas por Karina Hansen McInnes, que recebeu um título de Honra em Zoologia da Australian National University, em Canberra. Estamos encantados com as ilustrações e gratos pelas horas de empenho, atenção aos detalhes e habilidade em representar a essência de muitos tópicos que estão ilustrados nas páginas seguintes. Obrigado, Karina.

Este livro ainda estaria no computador se não fosse o empenho de John Trueman, que dividiu o trabalho com Penny no segundo semestre de 1992. John proferia palestras sobre zoologia dos invertebrados e ministrava aulas de laboratório, ao passo que Penny deleitava-se com o valioso tempo para escrever, livre das aulas da graduação. Aimorn Stewart também auxiliou Penny, mantendo suas atividades de pesquisa em funcionamento durante a preparação do livro e ajudando a elaborar as legendas das figuras. Eva Bugledich atuou como entregadora de livros e preparou centenas de xícaras de café.

As seguintes pessoas generosamente revisaram para nós um ou mais capítulos: Andy Austin, Tom Bellas, Keith Binnington, Ian Clark, Geoff Clarke, Paul Cooper, Kendi Davies, Don Edward, Penny Greenslade, Terry Hillman, Dave McCorquodale, Rod Mahon, Dick Norris, Chris Reid, Steve Shattuck, John Trueman e Phil Weinstein. Também participamos de muitas discussões sobre filogenia e biologia de himenópteros com Andy. Tom arrumou a nossa "química" e Keith deu sua opinião de especialista sobre a cutícula de insetos. O amplo conhecimento de Paul sobre fisiologia de insetos foi absolutamente inestimável. Penny esclareceu-nos acerca de colêmbolos. O conhecimento entomológico de Chris, em especial sobre besouros, foi uma constante fonte de informação. Steve pacientemente respondeu nossas infindáveis questões sobre formigas. Inúmeras outras pessoas leram e comentaram tópicos dos capítulos e forneceram opiniões úteis em tópicos entomológicos particulares. Essas pessoas são John Balderson, Mary Carver, Lyn Cook, Jane Elek, Adrian Gibbs, Ken Hill, John Lawrence, Chris Lyal, Patrice Morrow, Dave Rentz, Eric Rumbo, Vivienne Turner, John Vranjic e Tony Watson. Mike Crisp auxiliou conferindo os nomes atuais de hospedeiros-plantas. Sandra McDougall inspirou parte do Capítulo 15. Obrigado a todos pelos vários comentários, os quais nos esforçamos para incorporar tanto quanto possível; por suas críticas, as quais esperamos ter respondido; e pelo incentivo.

Aproveitamos discussões sobre pontos de vista publicados e não publicados sobre filogenia de insetos (e de fósseis), em particular com Jim Carpenter, Mary Carver, Niels Kristensen, Jarmila Kukalová-Peck e John Trueman. Nossos pontos de vista estão resumidos nas filogenias mostradas neste livro e não necessariamente refletem um consenso das opiniões dos nossos colegas (isso foi inalcançável).

Nossa obra foi apoiada pela Commonwealth Scientific and Industrial Research Organization (CSIRO), que nos forneceu um lugar para que trabalhássemos nos muitos dias, noites e fins de semana durante os quais este livro foi preparado. Em particular, Penny conseguiu fugir das atribuições do seu cargo na universidade trabalhando na CSIRO. Entretanto, no fim, todos descobriram o seu paradeiro. A Division of Entomology da CSIRO forneceu auxílio generoso: Carl Davies nos ensinou a operar a máquina que reduzia as figuras e Sandy Smith nos aconselhou sobre as legendas. A Division of Botany and Zoology da Australian National University também forneceu ajuda em aspectos da produção do livro: Aimorn Stewart preparou as fotografias em MEV a partir das quais a Figura 4.7 foi desenhada e Judy Robson digitou algumas legendas.

Sumário

Prancha 1

A. Mariposa-atlas, *Attacus atlas* (Lepidoptera: Saturniidae), um dos maiores lepidópteros, com uma envergadura de cerca de 24 cm e a maior área alar entre todas as mariposas; sul da Índia e Sudeste Asiático (P.J. Gullan).

B. A mariposa *Argema maenas* (Lepidoptera: Saturniidae) é encontrada no Sudeste Asiático e Índia; essa fêmea, das florestas tropicais de Bornéu, tem uma envergadura de cerca de 15 cm (P.J. Gullan).

C. O bicho-pau da Ilha Lord Howe, *Dryococelus australis* (Phasmatodea: Phasmatidae), Ilha Lord Howe, Oceano Pacífico, Austrália (N. Carlile).

D. Uma fêmea do weta gigante da Ilha Stephens, *Deinacrida rugosa* (Orthoptera: Anostostomatidae), Ilha Mana, Nova Zelândia (G.H. Sherley; cortesia do New Zealand Department of Conservation).

E. Uma borboleta *Ornithoptera richmondia* (Lepidoptera: Papilionidae) e sua exúvia larval em uma planta *Pararistolochia* sp. nativa, oeste da Austrália (D.P.A. Sands).

F. Uma borboleta *Caligo memnon* com duas borboletas comuns *Morpho*. *Morpho peleides* (ambas Nymphalidae). Zoológico de Cali, Colômbia (P.J. Gullan).

G. Uma gaiola de pupas de borboleta aguardando a eclosão. Penang Butterfly Farm, Malásia (P.J. Gullan).

Prancha 2

A. Larvas do escaravelho vermelho, *Rhynchophorus ferrugineus* (Coleoptera: Curculionidae), criadas, em material de palmeira triturado e ração para suínos, para o consumo humano, Tailândia (M.S. Hoddle).

B. Uma lagarta de *Gonimbrasia belina* (Lepidoptera: Saturnidae) – se alimentando na folhagem de *Schotia brachypetala*, Província de Limpopo, África do Sul (R.G. Oberprieler).

C. Larva "witjuti" de *Endoxyla* (Lepidoptera: Cossidae) de uma árvore de *Acacia* do deserto, Cordilheira Flinders, sul da Austrália (P. Zborowski).

D. Insetos para alimentação humana em uma tenda de feira, em exibição larvas do bicho-da-seda (*Bombyx mori*), larvas de besouro, adultos de besouros Hydrophiloidea e barata-d'água-gigante (*Lethocerus indicus*), Província Lampang, norte da Tailândia (R.W. Sites).

E. Prato de baratas-d'água-gigante comestíveis, *Lethocerus indicus* (Hemiptera: Belostomatidae), Província Lampang, norte da Tailândia (R.W. Sites).

F. Percevejos comestíveis (Hemiptera: Tessaratomidae), em um mercado de insetos, Tailândia (A.L. Yen).

G. Operárias (ver Figura 2.4) da formiga-pote-de-mel, *Camponotus inflatus* (Hymenoptera: Formicidae), em um prato de madeira aborígene, Território do Norte, Austrália (A.L. Yen).

H. Operárias da formiga-pote-de-mel, *Camponotus inflatus*, Território do Norte, Austrália (A.L. Yen).

Prancha 3

A. Uma borboleta tropical, *Graphium antiphates* (Lepidoptera: Papilionidae), bebendo suor de um tênis para obter sais, Bornéu (P.J. Gullan).

B. Uma fêmea de esperança de uma espécie não descrita de *Austrosalomona* (Orthoptera: Tettigoniidae), com um grande espermatóforo ligado à sua abertura genital, norte da Austrália (D.C.F. Rentz).

C. Pupa de um besouro *Anoplognathus* sp. (Coleoptera: Scarabaeidae) removida de seu local de empupação no solo, Canberra, Austrália (P.J. Gullan).

D. Uma barata gigante escavadora que completou a muda recentemente, *Macropanesthia rhinoceris* (Blattodea: Blaberidae), Queensland, Austrália (M.D. Crisp).

E. Uma desova de *Tenodera australasiae* (Mantodea: Mantidae) com jovens ninfas emergindo, Queensland, Austrália (D.C.F. Rentz).

F. Uma esperança adulta de uma espécie de *Elephantodeta* (Orthoptera: Tettigoniidae) emergindo (fazendo a muda), Território do Norte, Austrália (D.C.F. Rentz).

G. Borboletas-monarca, *Danaus plexippus* (Lepidoptera: Nymphalidae), passando o inverno, Vale Mill, Califórnia, EUA (D.C.F. Rentz).

Prancha 4

A. Uma operária de formiga fossilizada, *Pseudomyrmex oryctus* (Hymenoptera: Formicidae) em âmbar dominicano do Mioceno (P.S. Ward).

B. Uma fêmea (rostro longo) e um macho (rostro curto) do gorgulho *Antliarhinus zamiae* (Coleoptera: Curculionidae), sobre sementes de *Encephalartos altensteinii* (Zamiaceae), África do Sul (P.J. Gullan).

C. O gafanhoto *Phymateus morbillosus* (Orthoptera: Pyrgomorphidae), o qual possui cores vibrantes que anunciam toxicidade adquirida pela alimentação em folhagem de plantas leitosas, Northern Cape, África do Sul (P.J. Gullan).

D. Galeria da mariposa minadora *Ogmograptis racemosa* (Lepidoptera: Bucculatricidade) no tronco de *Eucalyptus racemosa*, New South Wales, Austrália (P.J. Gullan).

E. Abelhas Euglossini (Hymenoptera: Apidae) coletando fragrâncias do espádice de *Anthurim* sp. (Araceae), Equador (P.J. Gullan).

F. Uma galha de *Cystococcus pomiformis* (Hemiptera: Eriococcidae), cortada ao meio para mostrar a fêmea adulta, com cor de creme, e seus numerosos e minúsculos filhotes machos ninfais cobrindo a parede da galha, norte da Austrália (P.J. Gullan).

G. Fotografia tirada de perto de ninfas de machos de segundo instar de *C. pomiformis* se alimentando do tecido nutritivo que forra a cavidade da galha maternal, norte da Austrália (P.J. Gullan).

Prancha 5

A. Galha induzida pela cochonilha *Apiomorpha pharetrata* (Hemiptera: Eriococcidae): galha complexa escura de machos ligada à galha verde da fêmea, com formigas coletando *honeydew* no orifício da galha da fêmea, leste da Austrália (P.J. Gullan).

B. Galha induzida pelo pulgão *Baizongia pistaciae* (Hemiptera: Aphididae: Fordinae) em uma árvore de *Pistacia teredinthus*, Bulgária (P.J. Gullan).

C. Galha de *Diplolepis rosae* (Hymenoptera: Cynipidae) em *Rosa* sp. (rosa-selvagem), Bulgária (P.J. Gullan).

D. Fêmea da vespa *Zaspilothynnus trilobatus* (Hymenoptera: Tiphiidae) (na direita) comparada coma flor de uma orquídea enganadora sexual *Drakaea glyptodon*, a qual atrai machos polinizadores da vespa por mimetizar a vespa-fêmea, oeste da Austrália (R. Peakall).

E. Um macho da vespa *Neozeleboria cryptoides* (Hymenoptera: Tiphiidae) tentando copular com a orquídea enganadora sexual *Chiloglottis trapeziformis*, Território da Capital da Austrália (R. Peakall).

F. Miofilia – polinização de flores de manga por uma mosca, *Australopierretia australis* (Diptera: Sarcophagidae), norte da Austrália (D.L. Anderson).

G. A mariposa-esfinge-colibri, *Macroglossum stellatarum* (Lepidoptera: Sphingidae), em um cardo, Bulgária (P.J. Gullan).

H. Abelha-de-mel, *Apis mellifera* (Hymenoptera: Apidae), polinizando uma flor de maracujá, *Passiflora edulis*, Colômbia (T. Kondo).

Prancha 6

A. Vespas parasíticas (Hymenoptera) ovipositando: uma Eurytomidae (topo) e uma Cynipidae (direita), em uma galha em um carvalho, *Quercus*, Illinois, EUA (A.L. Wild).

B. Formigas-tecelãs, *Oecophylla smaragdina* (Hymenoptera: Formicidae), guardando cochonilhas *Rastococcus* (Hemiptera: Pseudococcidae), Tailândia (T. Kondo).

C. A gigantesca rainha (aproximadamente 7,5 cm de comprimento) do cupim *Odontotermes transvaalensis* (Blattodea: Termitoidae: Termitidae: Macrotermitinae) cercada pelo seu rei (centro à frente), soldados e operários, África do Sul (J.A.L. Watson, falecido).

D. Ácaros parasíticos *Varroa* em uma pupa de *Apis cerana* (Hymenoptera: Apidae) dentro de uma colmeia, Irian Jaya, Nova Guiné (D.L. Anderson).

E. Interações de formigas (Hymenoptera: Formicidae): a pequena formiga-argentina (*Linepithema humile*) atacando uma formiga muito maior lava-pé (*Solenopsis invicta*), Austin, Texas, EUA (A.L. Wild).

F. Uma vespa parasitoide de ovos, *Telenomus* sp. (Hymenoptera: Scelionidae), ovipositando em um ovo de uma borboleta, *Caligo* sp. (Lepidoptera: Nymphalidae), Belize (A.L. Wild).

Prancha 7

A. Um gafanhoto críptico, *Calliptamus* sp. (Orthoptera: Acrididae), Bulgária (T. Kondo).

B. O último instar de uma lagarta camuflada de *Plesanemma fucata* (Lepidoptera: Geometridae) repousando em uma folha de eucalipto de modo que sua linha vermelha dorsal se assemelha à nervura central da folha, leste da Austrália (P.J. Gullan).

C. Uma fêmea de *Antipaluria urichi* (Embioptera: Clothodidae) defendendo a entrada de sua galeria contra um macho que está se aproximando, Trinidade (J.S. Edgerly-Rooks).

D. Uma lagarta que mimetiza uma cobra, *Papilio troilus* (Lepidoptera: Papilionidae), New Jersey, EUA (D.C.F. Rentz).

E. Uma mariposa adulta de *Utetheisa ornatrix* (Lepidoptera: Arctiidae) emitindo uma espuma defensiva que contém alcaloides pirrolizidínicos sequestrados por meio da alimentação da larva em *Crotalaria* (Fabaceae) (T. Eisner, falecido).

F. Um besouro *Lytta polita* (Coleoptera: Meloidae) deliberadamente ejetando hemolinfa das articulações dos joelhos; a hemolinfa contém a toxina cantaridina (T. Eisner, falecido).

G. Adultos crípticos e mariposas de quatro espécies de *Acronicta* (Lepidoptera: Noctuidae): *A. alni*, a mariposa do amieiro (topo à esquerda); *A. leporina* (topo à direita); *A. aceris* (abaixo à esquerda); e *A. psi* (abaixo à direita) (D. Carter e R.I. Vane-Wright).

H. Lagartas aposemáticas ou protegidas mecanicamente das mesmas quatro espécies de *Acronicta*: *A. alni* (topo à esquerda); *A. leporina* (topo à direita); *A. aceris* (abaixo à esquerda); e *A. psi* (abaixo à direita); ilustrando a aparência divergente das larvas quando comparadas com seus adultos crípticos (D. Carter e R.I. Vane-Wright).

Prancha 8

A. Um dos complexos de mimetistmo batesiano da Bacia Amazônica envolvendo espécies de três famílias diferentes de lepidópteros – as borboletas *Methona confusa confusa* (Nymphalidae: Ithomminae) (topo), *Lycorea ilione ilione* (Nymphalidae: Danainae) (segunda do topo) e *Patia orise orise* (Pieridae) (segunda de baixo para cima) e a mariposa diurna *Gazera heliconioides* (Castniidae) (R.I. Vane-Wright).

B. Uma cochonilha madura, *Icerya purchasi* (Hemiptera: Monophlebidae), com o ovissaco parcialmente formado, em um ramo de uma *Acacia* hospedeira, sendo cuidada por formigas *Iridomyrmex* sp. (Formicidae), New South Wales, Austrália (P.J. Gullan).

C. Macho adulto da mariposa *Lymantria dispar* (Lepidoptera: Lymantriidae), New Jersey, EUA (D.C.F. Rentz).

D. Uma vespa de controle biológico *Aphidius ervi* (Hymenoptera: Braconidae) atacando um pulgão *Acyrthosiphon pisum* (Hemiptera: Aphididae), Arizona, EUA (A.L. Wild).

E. Uma concha circular de um psilídeo, *Glycaspis brimblecombei*, e uma concha branca "de renda" de *Cardiaspina albitextura* (Hemiptera: Psyllidae) em *Eucalyptus blakelyi*, Canberra, Austrália; note os pequenos ovos marrons de *C. albitextura* ligados à folha (M.J. Cosgrove).

F. Um adulto do gorgulho prejudicial aos eucaliptos, *Gonipterus platensis* (Coleoptera: Curculionidae), oeste da Austrália (M. Matsuki).

G. Besouro adulto de *Agrilus auroguttatus* (Coleoptera: Buprestidae), o qual ameaça carvalhos nativos, sul da Califórnia, EUA (M. Lewis).

Capítulo 1

Importância, Diversidade e Conservação dos Insetos

Charles Darwin inspecionando besouros coletados durante a viagem do *Beagle*. (Segundo várias fontes, especialmente Huxley & Kettlewell, 1965 e Futuyma, 1986.)

Somente a curiosidade a respeito da identidade e do estilo de vida dos outros habitantes de nosso planeta já justificaria o estudo dos insetos. Alguns de nós usam insetos como totens e símbolos na vida espiritual, e os retratamos na arte e na música. Se considerarmos os fatores econômicos, os efeitos dos insetos são imensos. Poucas sociedades humanas não consomem mel, o qual é produzido pelas abelhas (ou por formigas especializadas). Insetos polinizam nossas lavouras. Muitos insetos compartilham conosco nossas casas, agricultura e mercados. Outros vivem em nós, em nossos animais domésticos ou de criação, e muitos se alimentam de nós, situação em que eles podem transmitir doenças. Claramente, devemos entender esses animais tão difundidos.

Embora haja milhões de tipos de insetos, não sabemos exatamente (ou mesmo aproximadamente) quantos eles são. É notável essa ignorância sobre quantos são os organismos com os quais compartilhamos nosso planeta, em especial considerando que os astrônomos já registraram, mapearam e identificaram uma diversidade comparável de objetos galácticos. Algumas estimativas, as quais vamos discutir em detalhes posteriormente, implicam que a riqueza de espécies de insetos é tão grande que, por aproximação, todos os organismos poderiam ser considerados insetos. Embora dominantes em terra e água doce, poucos insetos podem ser encontrados além da zona entre marés nos oceanos.

Neste capítulo introdutório, falaremos de forma resumida sobre a importância dos insetos, discutiremos sua diversidade e classificação, e também seus papéis na nossa economia e na nossa vida. Primeiramente, abordaremos o campo da entomologia e o papel dos entomólogos e depois apresentaremos as funções ecológicas dos insetos. A seguir, exploraremos a diversidade dos insetos e discutiremos como nomeamos e classificamos essa enorme diversidade. Nas seções seguintes, consideraremos alguns aspectos culturais e econômicos dos insetos, seus atrativos estéticos e turísticos, sua conservação e como e por que eles podem ser criados. Concluiremos com uma seção sobre os insetos como comida para seres humanos e animais. Nos Boxes nós discutimos o envolvimento de amadores na entomologia (Boxe 1.1), o crescimento fenomenal de borboletários (Boxe 1.2), os efeitos das formigas invasoras na biodiversidade (Boxe 1.3), a conservação da grande borboleta-azul na Inglaterra (Boxe 1.4) e as ameaças dos insetos às palmeiras (Boxe 1.5).

1.1 O QUE É ENTOMOLOGIA?

Entomologia é o estudo dos insetos. Os entomólogos são as pessoas que estudam os insetos, e observam, coletam, criam e fazem experimentos com eles. As pesquisas feitas por entomólogos cobrem todo o espectro de disciplinas da biologia, incluindo evolução, ecologia, comportamento, anatomia, fisiologia, bioquímica e genética. O que há de comum é o objeto de estudo, que são os insetos. Biólogos trabalham com insetos por diversos motivos: a facilidade de criação em laboratório, o tempo curto de geração e a disponibilidade de muitos indivíduos são fatores importantes. A reduzida preocupação ética, em comparação aos vertebrados, com relação ao uso experimental responsável de insetos também é uma consideração importante.

A entomologia moderna começou no início do século XVIII, quando uma combinação de redescoberta da literatura clássica, difusão do racionalismo e disponibilidade de instrumentos ópticos tornou o estudo dos insetos viável para as pessoas ricas e curiosas. Embora hoje muitas pessoas que trabalham com insetos o façam como atividade profissional, alguns aspectos ainda são adequados para entomólogos amadores (Boxe 1.1). O entusiasmo inicial de Charles Darwin pela história natural deu-se como coletor de besouros (como exibido na abertura deste capítulo) e por toda a sua vida ele continuou a se comunicar com entomólogos amadores ao redor do mundo. Muito do nosso presente conhecimento sobre a diversidade de insetos do mundo inteiro vem de estudos de não profissionais. Muitas dessas contribuições vêm de coletores de insetos vistosos, como borboletas e besouros, ao passo que outros conservam de modo perspicaz e paciente a tradição de Jean Henri Fabre, de observar atentamente as atividades dos insetos. Com baixo custo, podemos fazer várias descobertas de interesse científico sobre a história natural até mesmo de insetos "bem conhecidos". A variedade de tamanho, estrutura e cor dos insetos (ver Prancha 1A-F) é impressionante, sejam eles retratados em desenhos, fotografias ou filmes.

Uma visão errônea bastante popular é que o foco dos entomólogos profissionais é matar ou controlar os insetos, mas numerosos estudos entomológicos documentam seus papéis benéficos.

1.2 IMPORTÂNCIA DOS INSETOS

Existem muitas razões para estudarmos os insetos. Suas ecologias são incrivelmente variadas. Os insetos podem dominar cadeias e teias alimentares tanto em volume quanto em número. As especializações alimentares de diferentes grupos de insetos incluem ingestão de detritos, material em decomposição, madeira e fungos (Capítulo 9), filtração aquática e alimentação de fitoplâncton (Capítulo 10), herbivoria (= fitofagia), incluindo sucção de seiva (Capítulo 11) e predação e parasitismo (Capítulo 13). Os insetos vivem na água ou na terra (sobre ou sob o solo) durante suas vidas inteiras ou parte delas. O seu tipo de vida pode ser solitário, gregário, subsocial ou altamente social (Capítulo 12). Podem ser conspícuos, imitar outros objetos ou permanecer escondidos (Capítulo 14), e podem estar ativos durante o dia ou à noite. Os ciclos de vida dos insetos (Capítulo 6) permitem a sua sobrevivência diante de uma ampla gama de condições, tais como extremos de frio e calor, umidade e seca, e climas imprevisíveis.

Insetos são essenciais para as seguintes funções nos ecossistemas:

- Reciclagem de nutrientes, por meio da degradação de madeira e serrapilheira, dispersão de fungos, destruição de cadáveres e excrementos e revolvimento do solo
- Propagação de plantas, incluindo polinização e dispersão de sementes
- Manutenção da composição e da estrutura da comunidade de plantas, por meio da fitofagia, incluindo alimentação de sementes
- Alimento para vertebrados insetívoros, tais como muitas aves, mamíferos, répteis e peixes
- Manutenção da estrutura da comunidade de animais, por meio da transmissão de doenças a animais grandes, e predação e parasitismo dos pequenos.

Cada espécie de insetos é parte de um conjunto maior, e sua perda afeta a complexidade e a abundância de outros organismos. Alguns insetos são considerados "espécies-chave" porque a perda de suas funções ecológicas críticas poderia resultar no colapso de todo o ecossistema. Por exemplo, cupins convertem celulose em solos tropicais (seção 9.1), sugerindo que eles sejam espécies-chave na estruturação de solos tropicais. Em ecossistemas aquáticos, um serviço comparável é proporcionado pela guilda de insetos principalmente larvais que degradam e liberam os nutrientes de madeiras e folhas vindas do ambiente terrestre vizinho.

Os insetos estão intimamente associados com nossa sobrevivência, uma vez que determinados insetos causam danos à nossa saúde e à de nossos animais domésticos (Capítulo 15), e outros

Boxe 1.1 Entomólogos amadores | A participação da comunidade

O envolvimento de "cientistas amadores" nos estudos de biodiversidade remonta pelo menos ao século XVIII, especialmente no Reino Unido. Guias publicados para a identificação da fauna se tornaram *best-sellers* – senhoras vitorianas estudavam a flora e coletavam conchas e fósseis, abastados senhores abatiam aves raras e colecionavam seus ovos, e os ricos montavam "gabinetes de curiosidades" que se tornaram as coleções de história natural de renome mundial dos grandes museus. Darwin, retratado na vinheta no começo deste capítulo, foi um hábil coletor e estudante de coleópteros (ordem Coleoptera), e muitos párocos da igreja, com pouco o que fazer entre os sermões de domingo, foram sérios entomólogos em um tempo em que poucos eram pagos para tais estudos.

Apesar da transformação da história natural em uma ciência profissional, áreas tais como a botânica e a ornitologia continuam a se beneficiar do envolvimento de amadores. A disponibilidade cada vez maior, na internet, de guias para imagens, mapas de distribuição, cantos de aves etc., estimulam o envolvimento de amadores para registrar muitas facetas de sua biota local. Os insetos mais populares são também assunto de interesse para um público mais amplo e existe uma participação importante no registro de ocorrências, particularmente borboletas, libélulas, vespas e abelhas, e besouros. Especialmente na Europa e na América do Norte, muitos podem ser identificados (alguns mais facilmente do que outros) sem matar o inseto, a olho nu ou usando lupas de mão. Graças à fotografia digital, excelentes macroimagens podem ser passadas para especialistas para confirmar a identificação, usadas para "comprovar" observações e registros validados podem então ser inseridos em bancos de dados. Registros feitos por amadores são valiosos para estabelecer distribuição e ocorrência temporal (p. ex., datas iniciais e finais de ocorrência) – e auxiliaram na documentação para conservação e para avaliar os efeitos da mudança climática.

O mais longo, e certamente o maior, levantamento participativo, o *Rothamsted Insect Survey*, utilizou armadilhas de luz em mais de 430 locais no Reino Unido, muitas controladas por voluntários, desde a década de 1960. Mais de 730 espécies de macrolepidópteros foram reconhecidas desde que o levantamento começou, e mais de 10 milhões de dados (identificação × localidade × data × abundância das espécies) foram adicionados à base de dados. Embora este recurso seja utilizado em grande parte para inferir efeitos da mudança climática, a maioria dos estudos infere que os declínios observados nas populações de lepidópteros se relacionam mais à perda impressionante de hábitats naturais para a agricultura, sendo que os efeitos climáticos foram mais evidentes em relação às condições de verão dos anos anteriores.

Nos EUA, cientistas amadores foram recrutados para registrar dados, a longo prazo, de observações de borboletas migratórias, ovos e larvas da borboleta-monarca (*Danaus plexippus*) e de seu hábitat. Os voluntários contribuíram para a conservação da monarca pelo monitoramento regular das suas áreas locais. Um objetivo importante é entender como e por que as populações da monarca variam no tempo e no espaço, particularmente durante a estação de acasalamento na América do Norte.

O *Ladybird Survey* no Reino Unido constitui outro exemplo de participação pública no registro de insetos. As joaninhas (*ladybird* no Reino Unido; *lady beetle* ou *ladybug* nos EUA; um par de adultos copulando está ilustrado aqui) são comuns, coloridas e podem ser identificadas com uma orientação adequada (utilizando um "Atlas de joaninhas") elaborada a partir de vários esquemas preexistentes de registros de especialistas. Um *website* (http://www.ladybird-survey.org/) oferece muita informação para ajudar a achar e identificar as espécies, e proporciona formulários *on-line* para registrar as observações. Existe um grande valor nesse esquema, como evidenciado pela recente invasão do Reino Unido pela joaninha do leste asiático *Harmonia axyridis*; a documentação da sua expansão e do impacto nas joaninhas nativas foi possível devido aos existentes levantamentos comunitários. Um projeto como esse requer a existência de um bom banco de dados: os impactos dessa espécie introduzida nos EUA podem ser apenas presumidos, uma vez que dados anteriores à invasão são inadequados.

O registro global da ordem Odonata (libélulas e donzelinhas) por amadores é muito popular, especialmente na Ásia. Tal como com pequenas aves, as identificações podem ser feitas a distância utilizando binóculos (tal como ilustrado aqui). Podem ser feitos *vouchers* fotográficos enquanto os insetos estão sedentários (p. ex., no amanhecer). Entretanto, deve-se tomar cuidado para não assumir que a presença de libélulas adultas indica condições de água apropriadas para o desenvolvimento da ninfa, uma vez que os adultos são voadores fortes (ver a seção 10.5 sobre biomonitoramento).

Assim como com todos os dados provenientes de observação, é importante fazer a verificação apropriada das identificações e frequentemente ocorrem vieses do observador. Portanto, dados de cientistas amadores devem ser interpretados com cautela, embora haja pouca dúvida sobre o valor resultante da coleta de dados realizada por pessoas interessadas e informadas.

afetam de forma negativa nossa agricultura e horticultura (Capítulo 16). Alguns insetos trazem muitos benefícios à sociedade humana, tanto por nos fornecer comida diretamente quanto por contribuir para nossa alimentação e aos materiais que usamos. Por exemplo, as abelhas melíferas não só nos fornecem mel, mas são também preciosos polinizadores na agricultura, estimando-se que valham adicionais quinze bilhões de dólares anualmente pelo aumento da produtividade das culturas apenas nos EUA. Igualmente, a qualidade das frutas provenientes da polinização por abelhas pode exceder aquela das frutas provenientes de polinização por vento ou por autofecundação (ver seção 11.3.1). Além disso, estimativas do valor da polinização por abelhas silvestres, de vida livre, é de 1 a 2,4 bilhões de dólares por ano apenas para a Califórnia. O valor econômico total dos serviços de polinização para os 100 cultivos utilizados diretamente para alimentação humana globalmente foi estimado em mais de duzentos bilhões de dólares anualmente. Além disso, serviços valiosos, como aqueles realizados por besouros e percevejos predadores, ou vespas parasitas que controlam pragas, quase sempre não são reconhecidos, em especial por moradores de cidades, e ainda assim, tais serviços ao ecossistema valem bilhões de dólares anualmente.

Os insetos contêm uma vasta gama de compostos químicos, alguns dos quais podem ser coletados, extraídos ou sintetizados para nosso uso. Quitina – um componente da cutícula dos insetos – e seus derivados atuam como anticoagulantes, aceleram a cura de feridas e queimaduras, reduzem o nível sanguíneo de colesterol, servem como carreadores não alergênicos de fármacos, fornecem poderosos plásticos biodegradáveis e melhoram a remoção de poluentes no tratamento de esgotos, para mencionar apenas algumas aplicações em desenvolvimento. A seda dos casulos do bicho-da-seda, *Bombyx mori*, e de espécies relacionadas é usada em tecidos há séculos e duas espécies endêmicas da África do Sul podem vir a aumentar seu valor localmente. O corante vermelho carmim de cochonilha é obtido comercialmente das cochonilhas *Dactylopius coccus*, criadas em cactos do gênero *Opuntia*. Outra cochonilha, *Kerria lacca*, é a fonte de um verniz comercial chamado goma-laca. Dada essa variedade de compostos produzidos por insetos e reconhecendo nossa ignorância sobre a maioria dos insetos, a probabilidade é elevada de que novos compostos aguardem para serem descobertos e utilizados.

Insetos fornecem mais do que benefícios econômicos e ambientais; as características de determinados insetos os fazem modelos úteis para entender processos biológicos gerais. Por exemplo, o curto tempo de geração, a alta fecundidade e a facilidade de criação em laboratório e manipulação da mosca-das-frutas, *Drosophila melanogaster*, fez dela um organismo modelo para pesquisas. Estudos em *D. melanogaster* forneceram os fundamentos para o nosso conhecimento de genética e citologia, e essas moscas ainda são usadas em experiências para avanços nas áreas de biologia molecular, embriologia e biologia do desenvolvimento. Fora dos laboratórios dos geneticistas, estudos de insetos sociais, sobretudo himenópteros como formigas e abelhas, permitiram-nos entender a evolução e a manutenção de comportamentos sociais como altruísmo (seção 12.4.1). O campo da sociobiologia deve sua existência aos estudos de insetos sociais feitos por entomólogos. Muitas teorias em ecologia derivaram de estudos em insetos. Por exemplo, nossa capacidade de manipular a fonte de alimento (cereais) e o número de besouros do gênero *Tribolium* em cultura, associado ao seu curto tempo de vida (quando comparado à maioria dos vertebrados), permitiram-nos entender mais sobre como as populações são reguladas. Alguns conceitos em ecologia, ecossistema e nicho, por exemplo, vieram de cientistas estudando sistemas de água doce em que dominam os insetos. Alfred Wallace (retratado na abertura do Capítulo 18), que descobriu independente e contemporaneamente a Charles Darwin a teoria da evolução por seleção natural, baseou suas ideias em observações de insetos tropicais. Teorias a respeito das muitas formas de mimetismo e seleção sexual foram derivadas de observações do comportamento de insetos, o que continua sendo investigado pelos entomologistas.

Por fim, o número absoluto de insetos já significa que seu impacto sobre o ambiente e, como consequência, sobre nossas vidas, é altamente significativo. Insetos são o maior componente da biodiversidade macroscópica e, apenas por essa razão, já deveríamos tentar entendê-los melhor.

1.3 BIODIVERSIDADE DOS INSETOS

1.3.1 Riqueza taxonômica descrita dos insetos

Provavelmente, um pouco mais de um milhão de espécies de insetos já foram descritas, ou seja, já foram registradas como "novas" (para a ciência) em publicações de taxonomia, acompanhadas por uma descrição e, com frequência, com ilustrações ou algum outro meio de reconhecer a espécie específica (seção 1.4). Como alguns insetos foram descritos como novos mais de uma vez, por causa de falha no reconhecimento da variação ou por ignorância de estudos anteriores, o número real de espécies descritas é incerto.

As espécies descritas de insetos estão distribuídas de maneira desigual entre os grandes grupos taxonômicos chamados de ordens (seção 1.4). Cinco ordens "principais" chamam a atenção por sua riqueza de espécies: os besouros (Coleoptera), moscas e mosquitos (Diptera), vespas, abelhas e formigas (Hymenoptera), borboletas e mariposas (Lepidoptera), e percevejos (Hemiptera). A brincadeira de J. B S. Haldane – que "Deus" (evolução) tem uma "predileção" desmesurada por besouros – parece se confirmar, já que eles compreendem quase 40% dos insetos descritos (mais de 350.000 espécies). Os himenópteros têm mais de 150.000 espécies descritas, com dípteros e lepidópteros tendo pelo menos 150.000 espécies descritas cada um, e os hemípteros quase 100.000. Das ordens restantes de insetos vivos, nenhuma excede as aproximadamente 24.000 espécies descritas de ortópteros (gafanhotos, grilos e esperanças). A maioria das ordens "menores" compreende de algumas centenas a poucos milhares de espécies descritas. Embora uma ordem possa ser descrita como "menor", isso não quer dizer que ela seja insignificante: a familiar tesourinha pertence a uma ordem (Dermaptera) com menos de 2.000 espécies descritas, e as onipresentes baratas pertencem a uma ordem (Blattodea, a qual inclui os cupins) com cerca de apenas 7.500 espécies. Além disso, há apenas duas vezes mais espécies descritas na classe Aves do que na "pequena" ordem Blattodea.

1.3.2 Riqueza taxonômica estimada dos insetos

De maneira surpreendente, o boxe mostrado anteriormente, que representa o esforço acumulado por muitos taxonomistas de insetos, de todos os lugares do mundo, por cerca de 250 anos, parece representar menos do que a verdadeira riqueza de espécies de insetos. O quão menos é assunto de contínua especulação. Dados o número muito grande e a distribuição irregular de muitos insetos no tempo e no espaço, é impossível, nas nossas escalas de tempo, inventariar (contar e documentar) todas as espécies, mesmo para uma área pequena. São necessárias extrapolações para estimar a riqueza total de espécies, que vão de cerca de três milhões a até 80 milhões de espécies. Esses vários cálculos extrapolam as relações de riqueza em um grupo taxonômico (ou área) para outro grupo não relacionado, ou usam uma escala hierárquica, extrapolada de um subgrupo (ou área subordinada) para um grupo mais inclusivo (ou área maior).

Em geral, as razões derivadas do número de espécies de regiões temperadas em relação ao número de espécies de regiões tropicais, para grupos bem conhecidos como vertebrados, fornecem estimativas um tanto quanto baixas, se usadas para extrapolar a relação dos táxons de insetos de regiões temperadas para a essencialmente desconhecida fauna de insetos tropicais. A estimativa mais controversa, baseada em uma escala hierárquica e que fornece o maior número total de insetos estimado, foi uma extrapolação, a partir de amostras de uma única espécie de árvore, para a riqueza global de espécies de insetos em florestas úmidas. A amostragem foi feita utilizando-se de uma fumaça inseticida para estimar a fauna pouco conhecida dos estratos mais altos (o dossel) de uma floresta úmida neotropical. Muito desse aumento na estimativa de riqueza de espécies foi derivado de besouros (Coleoptera) arborícolas, mas muitos outros grupos que vivem no dossel se mostraram muito mais numerosos do que se acreditava antes. Fatores essenciais no cálculo da diversidade tropical incluíram a identificação do número de espécies de besouro encontradas, a estimativa da proporção de grupos novos (nunca vistos antes), a estimativa do grau de especificidade hospedeira para as espécies de árvores avaliadas, e a razão de besouros em relação a outros grupos de artrópodes. Algumas suposições foram testadas e descobriu-se que são suspeitas: em particular, a especificidade de insetos herbívoros à planta hospedeira, pelo menos em algumas florestas tropicais, parece ser muito menor do que a estimada primeiramente nesse debate.

Estimativas da diversidade global de insetos, calculadas a partir de avaliações dos especialistas sobre a proporção entre as espécies descritas e as não descritas no grupo de insetos que estudam, tendem a ser comparativamente baixas. A crença em um número mais baixo de espécies vem da nossa falha geral de confirmar a previsão, que é uma consequência lógica das estimativas muito grandes da diversidade de espécies, de que as amostras de insetos deveriam conter proporções muito altas de táxons previamente desconhecidos e/ou não descritos ("novos"). Obviamente, qualquer expectativa de um aumento equilibrado do número de novas espécies é fantasiosa, já que alguns grupos e regiões do mundo são pouco conhecidos quando comparados a outros. Contudo, nas ordens menores (com menor riqueza de espécies) há pouco ou nenhum espaço para um aumento muito grande na riqueza de espécies desconhecidas. Níveis muito grandes de novidades, se existirem, poderiam estar, realisticamente, apenas entre os coleópteros, dípteros, lepidópteros e himenópteros parasitas. Técnicas moleculares, por exemplo, DNA barcoding, algumas vezes em conjunto com técnicos treinados em biodiversidade (parataxonomistas), revelam altos níveis de diversidade críptica (oculta) dos últimos dois grupos na Costa Rica (ver Boxe 7.3).

Entretanto, algumas (mas não todas) reanálises recentes tendem para a extremidade mais baixa da variação de estimativas, derivadas dos cálculos de taxonomistas e de extrapolações de amostras regionais, em vez daquelas derivadas de extrapolações ecológicas. Um número entre quatro e seis milhões de espécies de insetos parece realista.

1.3.3 Localização da riqueza de espécies de insetos

As regiões nas quais poderiam existir espécies de insetos ainda não descritas (*i. e.*, um número de espécies novas a uma ordem de magnitude maior do que o número daquelas já descritas) não estão no hemisfério norte, onde é improvável tal diversidade escondida nas faunas já bastante estudadas. Por exemplo, o inventário das Ilhas Britânicas, de aproximadamente 22.500 espécies de insetos, provavelmente está mais de 95% completo, e as cerca de 30.000 espécies descritas do Canadá devem representar aproximadamente metade do total de espécies. Qualquer diversidade escondida também não está no Ártico, com cerca de 3.000 espécies presentes no Ártico americano, e nem na Antártida, a massa polar meridional, que suporta apenas um punhado de insetos. Evidentemente, assim como os padrões de riqueza de espécies são desiguais entre os grupos, também é a sua distribuição geográfica.

Apesar da falta dos necessários inventários de espécies locais para comprovação, a riqueza de espécies tropicais parece ser muito maior do que a de áreas temperadas. Por exemplo, uma única árvore examinada no Peru abrigava 26 gêneros e 43 espécies de formigas: um número que iguala a diversidade total de formigas de todos os hábitats na Inglaterra. Nossa incapacidade em ter certeza quanto aos detalhes mais finos dos padrões geográficos origina-se, em parte, do fato de que os entomólogos interessados na biodiversidade estão localizados principalmente na região temperada do hemisfério norte, enquanto os centros de riqueza de insetos estão nos trópicos e hemisfério sul.

Estudos em florestas úmidas tropicais americanas sugerem que muito da diversidade não descrita dos insetos consiste em besouros, o que forneceu a base para as primeiras estimativas altas de riqueza. Embora a dominância dos besouros possa ser verdadeira em lugares como a região neotropical, isso possivelmente é um artefato de vieses de pesquisa dos entomólogos. Em algumas regiões temperadas bem estudadas, como o Reino Unido e o Canadá, o número de espécies de moscas (Diptera) parece ser maior do que o de besouros. Estudos sobre os insetos de dossel da ilha tropical de Bornéu mostram que tanto a ordem Hymenoptera quanto a ordem Diptera são mais ricas em espécies em lugares específicos do que a ordem Coleoptera. Inventários regionais abrangentes ou estimativas confiáveis da diversidade faunística de insetos podem, no fim, nos dizer qual ordem de insetos é mais diversa globalmente.

Não importa se estimamos 30 a 80 milhões de espécies ou dez vezes menos, os insetos constituem pelo menos metade da diversidade global de espécies (Figura 1.1). Se considerarmos apenas a vida terrestre, os insetos representam uma proporção ainda maior das espécies vivas, uma vez que a propagação dos insetos é um fenômeno predominantemente terrestre. A contribuição relativa dos insetos para a diversidade global será, de certo modo, reduzida se a diversidade marinha, para a qual os insetos contribuem muito pouco, for, na verdade, maior do que se conhece atualmente.

1.3.4 Algumas razões para a riqueza de espécies de insetos

Seja qual for a estimativa global, o número de espécies de insetos é extremamente elevado. Essa riqueza de espécies é atribuída a diversos fatores. O tamanho reduzido dos insetos, o qual é uma limitação imposta por sua maneira de fazer trocas gasosas através de traqueias, é um determinante importante. Em um determinado ambiente, existem muito mais nichos para organismos pequenos do que para organismos grandes. Assim, uma única acácia, a qual serve de alimento para uma girafa, sustenta todo o ciclo de vida de dúzias de espécies de insetos; uma lagarta de borboleta (licaenídea) mastiga as folhas, um percevejo suga a seiva dos galhos, um besouro serra-pau cava a madeira, um mosquito-pólvora faz uma galha nos botões florais, uma broca destrói as sementes, uma cochonilha suga a seiva da raiz, e várias espécies de vespas parasitam cada fitófago específico dessa acácia. Uma acácia próxima de uma espécie diferente alimenta a mesma girafa, mas pode ter um conjunto muito diferente de insetos fitófagos. O ambiente é mais particulado da perspectiva de um inseto do que da de um mamífero ou ave.

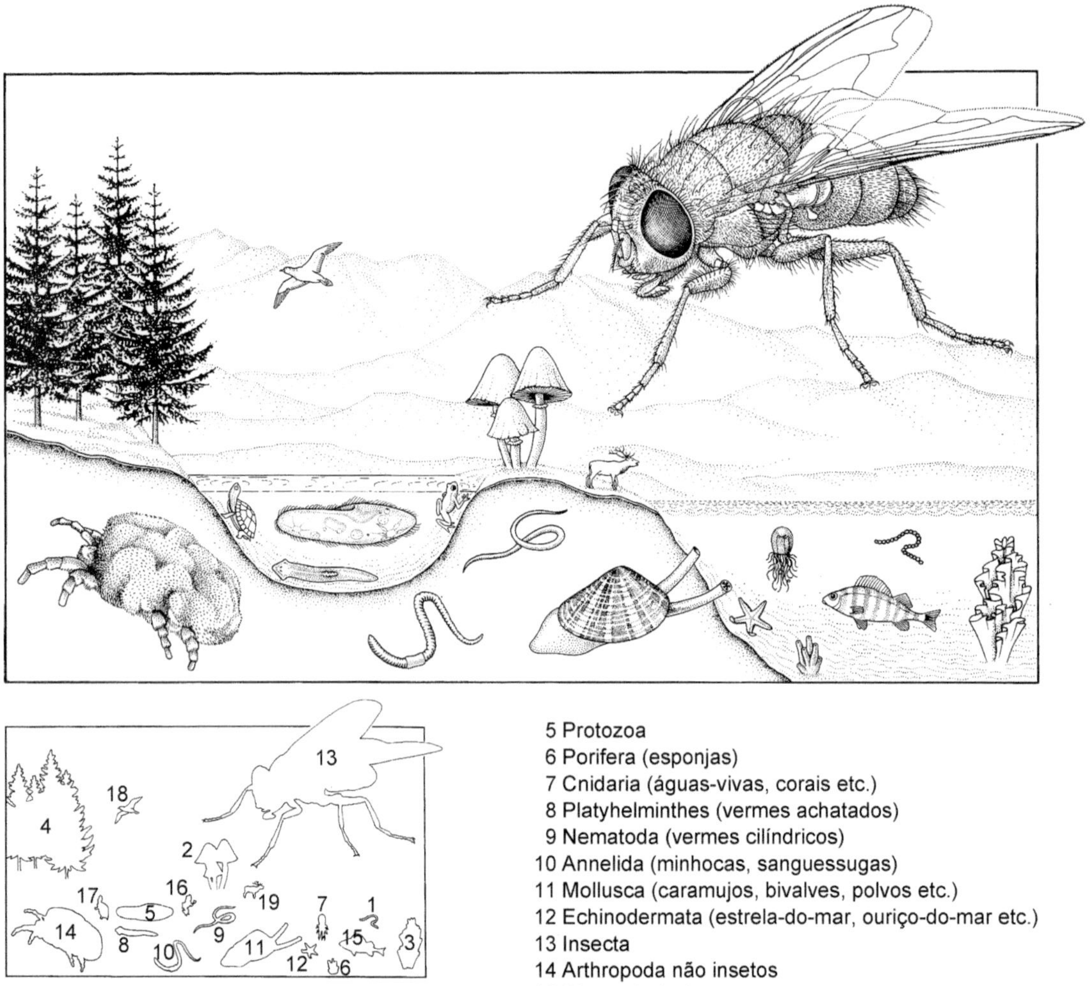

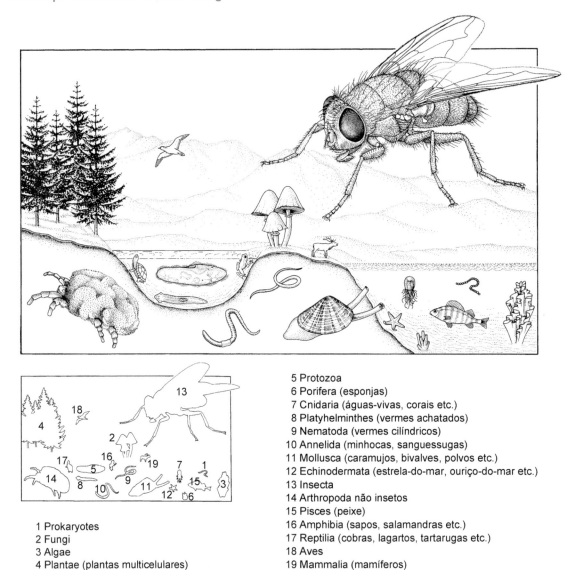

Figura 1.1 Diagrama de espécies, no qual o tamanho dos organismos é aproximadamente proporcional ao número de espécies descritas no táxon superior que ele representa. (Segundo Wheeler, 1990.)

Somente o tamanho reduzido é insuficiente para explicar essa heterogeneidade ambiental, uma vez que os organismos precisam ser capazes de reconhecer e responder a diferenças ambientais. Insetos têm sistemas sensoriais e neuromotores altamente organizados, os quais são mais comparáveis aos dos vertebrados do que aos dos outros invertebrados. Contudo, os insetos diferem dos vertebrados tanto no tamanho quanto na reação a mudanças ambientais. Em geral, animais vertebrados vivem mais do que insetos, de modo que os indivíduos conseguem se adaptar a mudanças por meio de algum grau de aprendizado. Os insetos, por outro lado, normalmente respondem ou enfrentam condições diferentes (por exemplo, a aplicação de inseticidas em sua planta hospedeira) por meio de alteração genética entre as gerações (por exemplo, o surgimento de insetos resistentes a inseticidas). A alta heterogeneidade ou elasticidade genética nas espécies de insetos possibilita a persistência diante de mudanças ambientais. A persistência expõe as espécies a processos que favorecem a especiação, envolvendo predominantemente fases de expansão da área ocupada pela espécie e/ou subsequente fragmentação dessa área. Processos estocásticos (deriva genética) e/ou pressões de seleção fornecem as alterações genéticas que podem ser fixadas em populações isoladas temporal ou espacialmente.

Os insetos apresentam características as quais os expõem a outras influências diversificantes potenciais que aumentam a riqueza de espécies. As interações de determinados grupos de insetos e outros organismos, tais como plantas, no caso dos insetos herbívoros, ou hospedeiros, para os insetos parasitas, promovem a diversificação genética do consumidor e do consumido (seção 8.6). Essas interações são, com frequência, denominadas coevolutivas e serão discutidas em mais detalhes nos Capítulos 11 e 13. A natureza recíproca de tais interações pode acelerar a mudança evolutiva em um ou ambos associados ou conjunto de associados, talvez até induzindo grandes propagações em certos grupos. Tal cenário implica uma crescente especialização dos insetos pelo menos com relação à planta hospedeira. Evidências de estudos filogenéticos sugerem que isso acontece, mas também que insetos generalistas podem surgir a partir de uma propagação de insetos especialistas, talvez depois que alguma barreira química vegetal é superada. Ondas de especialização seguidas por grandes novidades evolutivas e propagação foram obrigatoriamente um fator importante na promoção da riqueza de espécies de insetos fitófagos.

Outra explicação para o alto número de espécies de insetos é o papel da seleção sexual na diversificação de muitos insetos. A tendência dos insetos em ficarem isolados em pequenas populações (por causa da pequena escala das suas atividades), em combinação com a seleção sexual (seções 5.3 e 8.6), pode levar à rápida modificação na comunicação intraespécie. Quando (ou se) a população isolada volta a se juntar com a população parental maior, a sinalização sexual modificada impede a hibridização, fazendo com que a identidade de cada população (espécie incipiente) seja mantida apesar da simpatria. Esse mecanismo é muito mais rápido do que a deriva genética ou outras formas de seleção, além de envolver pouca ou nenhuma diferenciação em termos de ecologia ou morfologia e comportamentos não sexuais.

Comparações entre os insetos e também entre eles e seus parentes próximos podem sugerir motivos para a diversidade de insetos. Quais características são compartilhadas pelas ordens de insetos mais especiosas: Coleoptera, Hymenoptera, Diptera e Lepidoptera? Quais características dos insetos estão faltando em outros artrópodes, como os aracnídeos (aranhas, ácaros, escorpiões e afins)? Nenhuma explicação simples surge de tais comparações; provavelmente, características quanto ao tipo, padrões flexíveis de ciclos de vida e hábitos alimentares são parte da resposta (alguns desses fatores são examinados no Capítulo 8). Ao contrário dos grupos de insetos mais especiosos, os aracnídeos não são alados, não apresentam transformação completa do corpo durante o desenvolvimento (metamorfose), não dependem de organismos específicos para a alimentação e geralmente não se alimentam de plantas. Excepcionalmente, os ácaros, que correspondem ao grupo mais diverso e abundante de aracnídeos, têm muitas associações bastante específicas com outros organismos vivos, inclusive plantas.

A alta persistência de espécies ou linhagens ou a abundância numérica de espécies individuais são consideradas indicadores do sucesso dos insetos. No entanto, os insetos diferem dos vertebrados em pelo menos uma medida popular de sucesso: o tamanho corporal. A miniaturização é responsável pelo sucesso dos insetos: a maioria deles tem o comprimento do corpo na faixa de 1 a 10 mm e o comprimento de cerca de 0,3 mm das vespas da família Mymaridae (que parasitam ovos de insetos) não é excepcional. No outro extremo, a maior envergadura de asa de um inseto vivo pertence à mariposa-imperador *Thysania agrippina* (Noctuidae), da Amazônia, chegando a 30 cm, embora fósseis mostrem que alguns insetos eram consideravelmente maiores que seus parentes atuais. Por exemplo, uma traça do Carbonífero Superior, *Ramsdelepidion schusteri* (Zygentoma), tinha um comprimento de 6 cm, comparado ao comprimento máximo de 2 cm encontrado hoje. A envergadura de muitos insetos do Carbonífero excedia 45 cm, e uma libélula do Permiano, *Meganeuropsis americana* (Protodonata), tinha uma envergadura de 71 cm. Nesses grandes insetos o tamanho grande está predominantemente associado a um corpo estreito e alongado, embora um dos insetos mais pesados ainda existentes, o besouro Hércules, *Dynastes hercules* (Scarabaeidae), com até 17 cm de comprimento, seja uma exceção por ter um corpo volumoso. O inseto mais pesado já registrado é um *weta* (Anostostomatidae; veja Prancha 1D), sendo que a fêmea do *weta* gigante *Deinacrida heteracantha*, da ilha Little Barrier, pesa 71 g.

Algumas barreiras para o tamanho grande incluem a incapacidade do sistema traqueal de difundir gases por distâncias muito grandes entre os músculos ativos e o ambiente externo (ver Boxe 3.2). Elaborações adicionais do sistema traqueal poderiam arriscar o balanço hídrico em um inseto maior. Os insetos grandes são, em sua maioria, estreitos e não aumentaram muito a distância máxima entre a fonte externa de oxigênio e os locais de trocas gasosas nos músculos, comparados aos insetos menores. Uma possível explicação para o gigantismo de alguns insetos paleozoicos é considerada no Boxe 8.2.

Em resumo, muito da propagação dos insetos provavelmente dependeu (1) do tamanho pequeno dos indivíduos, combinado com (2) pequeno tempo de geração; (3) da sofisticação sensorial e neuromotora; (4) das interações evolutivas com plantas e outros organismos; (5) da metamorfose e (6) de adultos alados móveis. O tempo substancial desde a origem de cada grande grupo de insetos permitiu muitas oportunidades para a diversificação da linhagem (Capítulo 8). A diversidade atual dos insetos resulta de grandes taxas de especiação (para as quais há pouca evidência) e/ou de taxas mais baixas de extinção (alta permanência) em relação a outros organismos. A alta riqueza de espécies, observada em alguns (mas não todos) grupos nos trópicos, resultaria da combinação de altas taxas de formação de espécies e alto acúmulo de espécies em climas amenos.

1.4 NOMENCLATURA E CLASSIFICAÇÃO DOS INSETOS

A nomenclatura formal de insetos segue as regras de nomenclatura desenvolvidas para todos os animais (as plantas têm um sistema um pouco diferente). Nomes científicos formais são necessários para a comunicação não ambígua entre todos os cientistas, seja qual for sua língua nativa. Os nomes vernáculos (comuns) não satisfazem essa necessidade: os mesmos insetos podem até mesmo ter nomes comuns diferentes entre pessoas que falam a mesma língua. Por exemplo, os ingleses dizem *ladybirds* enquanto os mesmos besouros coccinelídeos (joaninhas) são *ladybugs* para muitas pessoas nos EUA. Muitos insetos não têm nomes vernáculos ou então um nome comum é dado para muitas espécies como se somente uma estivesse envolvida. Essas dificuldades são resolvidas pelo sistema de Lineu, o qual dá a cada espécie descrita dois nomes (um binômio). O primeiro é um nome genérico (gênero), usado para um grupo mais abrangente do que o segundo nome, que é o nome específico (espécie). Esses nomes latinizados são sempre usados juntos e escritos em itálico, como neste livro. A combinação do nome genérico e do específico dá a cada organismo um nome único. Assim, o nome *Aedes aegypti* é reconhecido por qualquer entomólogo, em qualquer lugar, seja qual for o nome local (e há muitos) para esse mosquito transmissor de doenças. De maneira ideal, todos os táxons devem ter tal binômio latinizado, mas na prática algumas alternativas são usadas antes da nomeação formal (seção 18.3.2).

Em publicações científicas, o nome da espécie é, com frequência, seguido pelo nome de quem fez a descrição original da espécie e, talvez, o ano no qual o nome foi publicado legalmente pela primeira vez. Neste livro, não seguimos essa prática, mas quando discutindo insetos específicos, damos os nomes da ordem e da família às quais a espécie pertence. Nas publicações, depois da primeira citação da combinação dos nomes genérico e específico no texto, é uma prática comum em citações subsequentes abreviar o gênero para apenas a letra inicial (p. ex., *A. aegypti*). Contudo, quando isso mostra alguma ambiguidade, como para os dois gêneros de mosquitos *Aedes* e *Anopheles*, as duas letras iniciais, *Ae.* e *An.*, são usadas, como no Capítulo 15.

Vários grupos taxonomicamente definidos, também chamados **táxons**, são reconhecidos nos insetos. Assim, como para todos os outros organismos, o táxon biológico básico, que se encontra acima do nível de indivíduo e população, é a espécie, que é ao mesmo tempo a unidade fundamental da nomenclatura na taxonomia e, discutivelmente, a unidade de evolução. Estudos multiespecíficos permitem o reconhecimento de gêneros, que são grupos maiores distintos. De maneira similar, os gêneros podem ser agrupados em tribos, as tribos em subfamílias, e as subfamílias em famílias. As famílias de insetos são colocadas em grupos relativamente grandes, mas facilmente reconhecíveis, chamados ordens. Essa hierarquia de graus (ou categorias), portanto, estende-se desde o nível de espécie até uma série de níveis "mais altos", de abrangência cada vez maior, de modo que todos os insetos verdadeiros são classificados em uma classe, Insecta. Existem sufixos padronizados para determinadas categorias na hierarquia taxonômica, de modo que a categoria de certos nomes de grupos possa ser reconhecida pela terminação do nome (Tabela 1.1).

Tabela 1.1 Categorias taxonômicas (categorias obrigatórias são mostradas em **negrito**).

Categoria taxonômica	Sufixo padrão	Exemplo
Ordem		Hymenoptera
Subordem		Apocrita
Superfamília	-óidea	Apóidea
Epifamília	-oidae	Apoidae
Família	-idae	Apidae
Subfamília	-inae	Apinae
Tribo	-ini	Apini
Gênero		*Apis*
Subgênero		
Espécie		*A. mellifera*
Subespécie		*A. m. mellifera*

Dependendo do sistema de classificação usado, cerca de 25 a 30 ordens de insetos são reconhecidas. As diferenças surgem em especial porque não há regras fixas para decidir as categorias taxonômicas, às quais nos referimos anteriormente – apenas um consenso geral de que os grupos devem ser monofiléticos, compreendendo todos os descendentes de um ancestral comum (seção 7.1.1). Com o tempo, um sistema de classificação relativamente estável foi desenvolvido, mas ainda persistem diferenças de opinião quanto aos limites entre os grupos, com os *splitters* (separadores, em inglês) reconhecendo um maior número de grupos e os *lumpers* (agrupadores, em inglês) dando preferência a categorias mais amplas. Por exemplo, alguns taxonomistas norte-americanos agrupam ("amontoam") os megalópteros, rafidiópteros e formigas-leão em uma única ordem – Neuroptera – ao passo que outros, incluindo nós mesmos, "separam" o grupo e reconhecem três ordens separadas (mas, com certeza, proximamente relacionadas): Megaloptera, Raphidioptera, e a ordem Neuroptera, mais estritamente definida (ver Figura 7.2). A ordem Hemiptera algumas vezes era dividida em duas ordens, Homoptera e Heteroptera, mas o agrupamento dos homópteros é inválido (não monofilético), e defendemos uma classificação diferente para esses insetos, conforme mostrado na Figura 7.6 e discutido na seção 7.4.2 e no Taxoboxe 20. Novos dados e métodos de análise são outras causas para a instabilidade no reconhecimento das ordens de insetos. Como nós mostraremos no Capítulo 7, dois grupos (cupins e piolhos) previamente considerados como ordens, pertencem a duas outras ordens e, portanto, a contagem anterior foi reduzida.

Nós reconhecemos 28 ordens de insetos, sendo que suas relações são ponderadas na seção 7.4 e as características físicas e biologia dos táxons constituintes são descritas nos Taxoboxes quase no final do livro. Um resumo das características diagnósticas de todas as ordens e alguns poucos subgrupos, além de referências cruzadas para informações ecológicas e de identificação completas, aparece em forma de tabela no guia de referência para as ordens no Apêndice, no final do livro.

1.5 INSETOS NA CULTURA POPULAR E NO COMÉRCIO

Ao longo da história, vemos que as pessoas são atraídas pela beleza e pelo mistério que cerca determinados insetos. Sabemos da importância dos escaravelhos para os antigos egípcios como itens religiosos, mas culturas xamanísticas ainda mais antigas, em outros lugares do Velho Mundo, faziam ornamentos que representavam escaravelhos e outros besouros, incluindo buprestídeos. No Egito antigo, o escaravelho, que modela esterco em bolas, é identificado como um oleiro; simbolismos similares com os insetos se estendem ainda mais ao leste. Os egípcios e, subsequentemente, os gregos, faziam escaravelhos ornamentais de muitos materiais, incluindo lápis-lazúli, basalto, calcário, turquesa, marfim, resinas e até mesmo os valiosos ouro e prata. Tal lisonja pode ter sido a mais alta que um inseto sem importância econômica já teve na religião e na cultura popular, embora muitas sociedades humanas reconhecessem insetos em suas vidas cerimoniais. Os antigos chineses consideravam as cigarras como símbolos de renascimento ou imortalidade. Na literatura mesopotâmica, o *Poem of Gilgamesh* (Poema de Gilgamesh) alude a odonatos (libélulas), significando a impossibilidade de imortalidade. Nas artes marciais, a oscilação e o rápido bote de um louva-deus são evocados no *kung fu* chinês. O louva-deus carrega muito simbolismo cultural, incluindo criação e paciência na espera, no estilo *zen*, para os San (ou "bosquímanos") do Kalahari. Um tipo de formigas (*yarumpa*) e um tipo de lagarta (*udnirringitta*) estão entre os totens pessoais ou do clã de aborígines australianos do grupo linguístico Arrernte. Embora sejam importantes como alimento no ambiente árido da Austrália central (ver seção 1.8.1), esses insetos não deveriam ser comidos pelos membros do clã que pertenciam a esse totem em particular.

Insetos totêmicos e usados como alimentação são representados em muitos trabalhos artísticos aborígines, nos quais estão associados a cerimônias culturais e à representação de localidades importantes. Os insetos tiveram seu lugar em muitas sociedades em virtude de seu simbolismo – como as formigas e as abelhas, representando os trabalhadores braçais na Idade Média europeia, quando elas até mesmo entraram para a heráldica. Grilos, gafanhotos, cigarras e besouros escaravelhos e lucanídeos foram, por muito tempo, valiosos como animais de estimação no Japão. Povos mexicanos antigos observavam borboletas em detalhes, e os lepidópteros eram bem representados na mitologia, incluindo poemas e músicas. O âmbar tem uma longa história de uso como joia, de modo que a inclusão de insetos pode aumentar o valor da peça.

A maioria dos seres humanos urbanizados perdeu muito desse contato com insetos, com a exceção daqueles que compartilham conosco nossos domicílios, como baratas, formigas e grilos, os quais em geral provocam antipatia. No entanto, exposições especializadas de insetos – em particular em fazendas de borboletas e zoológicos de insetos – são muito populares, com milhões de pessoas por ano visitando esse tipo de atrações ao redor do mundo (Boxe 1.2). Os insetos também ainda fazem parte da cultura japonesa, e não apenas para as crianças; existem videogames de insetos, numerosos fornecedores de equipamento entomológico, milhares de coleções de insetos particulares e a criação de besouros é tão popular que pode ser chamada de 'besouromania'. Em outros países, a ocorrência natural de certos insetos atrai ecoturismo, incluindo as agregações de borboletas-monarcas, que passam o inverno nas costas do México e da Califórnia, as famosas *glow worm caves* de Waitomo (cavernas com larvas bioluminescentes de dípteros), Nova Zelândia, e locais na Costa Rica como Selva Verde, ricos na biodiversidade de insetos tropicais.

Boxe 1.2 Borboletários

Antigamente a observação de borboletas tropicais implicava uma visita dispendiosa para um local exótico a fim de apreciar ao vivo sua diversidade de formas e cores. Agora, muitas crianças podem ter acesso a um borboletário tropical, por uma modesta taxa de entrada, exibindo muito exemplos de alguns dos lepidópteros mais vistosos. Esses insetos voam livres em espaçosas gaiolas ou estufas, que podem ser percorridas a pé, repletas de vegetação tropical acompanhada da trilha sonora específica das florestas tropicais remotas.

Em apenas 35 anos, o número de borboletários distribuídos pelo mundo todo aumentou de zero para várias centenas, atraindo cerca de 40 milhões de visitantes anualmente, e com um volume de negócios global avaliado em cerca de 100 milhões de dólares. Igualmente impressionante foi a conversão das redes de fornecedores locais para as instalações de produção de insetos em escala industrial. Embora cerca de 4.000 espécies de borboleta tenham sido criadas nos trópicos, na última década cerca de 500 foram listadas para venda, e, no mundo todo, um núcleo de apenas 50 espécies constitui a maioria das comercializadas, principalmente como pupas vivas. As borboletas das famílias Papilionidae e Nymphalidae, incluindo os gêneros *Caligo*, *Danaus*, *Heliconius* e as espécies de *Morpho* (ver Prancha 1F) são as mais populares.

No início, quando os borboletários enfatizavam educação e conservação, as borboletas exibidas eram criadas pelas comunidades locais, as quais algumas vezes eram organizadas em cooperativas. A produção vinha de países tropicais, incluindo Costa Rica, Quênia e Papua-Nova Guiné. A criação de borboletas para exportação na fase de pupa proporciona benefícios econômicos e o rendimento volta para as comunidades locais e ajuda na conservação do hábitat natural. No leste da África, os Museus Nacionais do Quênia, em colaboração com muitos programas de biodiversidade, sustentavam a população local que vive no limite da floresta de Arabuko-Sukoke, por meio do projeto Kipepeo, para exportar borboletas capturadas para exposições de borboletas vivas no exterior. Autossustentado desde 1999, o projeto proporcionou um aumento de renda para essas pessoas que estariam, de outro modo, empobrecidas, e apoiou outros projetos com base na natureza, incluindo a produção de mel. Na Papua-Nova Guiné, os fazendeiros aperfeiçoam ("cultivam") as videiras apropriadas para as borboletas, frequentemente em terras desmatadas na borda da floresta para suas hortas. As borboletas adultas selvagens saem da floresta para se alimentar e por seus ovos; as larvas se alimentam nas videiras plantadas até que sejam coletadas na fase de pupa. De acordo com a espécie e a legislação de conservação, as borboletas podem ser exportadas vivas como pupas ou mortas como espécimes de alta qualidade para colecionadores.

A criação de borboletas evidentemente é um processo "de pequena escala com elevado custo por unidade", mais adequado para espécies raras, e proporcionando espécimes mortos para colecionadores em um comércio de altos valores. Entretanto, os modernos zoológicos de insetos e borboletários, muito expandidos, exigem técnicas de criação e produção em massa de modo a satisfazer a demanda por uma gama limitada de espécies de borboletas específicas em grande número e disponibilidade constante (ver Prancha 1G). Em alguns países tropicais, tais como a Costa Rica e a Malásia, instalações comerciais foram construídas a fim de proporcionar a reprodução contínua em confinamento a partir de alguns indivíduos fundadores, proporcionando pupas de alta qualidade em quantidade suficiente para a comercialização por via respiratória. Embora esta seja, agora, uma produção "de grande escala com baixo custo por unidade", as grandes fazendas são, provavelmente, mais sustentáveis em termos ecológicos, devido a sua capacidade de manter uma cultura contínua, do que pequenos produtores. No entanto, os grandes fornecedores frequentemente mantêm a ligação com criadores locais de borboletas. Poder-se-ia argumentar que a criação, pela potencial diminuição das populações silvestres, traz o risco de prejudicar as espécies-alvo. Todavia, no projeto queniano do Kipepeo, embora espécimes das espécies preferidas de lepidópteros se originem da natureza, como ovos ou larvas jovens, uma primeira avaliação visual das borboletas adultas em voo sugeriu que a abundância relativa das espécies não foi afetada, apesar de muitos anos de coleta seletiva para exportação. Além disso, a criação lá e na Nova Guiné aumenta o apoio local para a floresta intacta como um recurso valioso, em vez de uma terra "desperdiçada" a ser limpa para agricultura de subsistência.

Naturalmente, independentemente do método de produção, o deslocamento de insetos não nativos para visitação pública traz consigo riscos inerentes. A fuga, a reprodução e o estabelecimento fora da área nativa é um problema potencial – nem todas as borboletas são "inofensivas" e muitas têm lagartas que se alimentam de nossas plantações. Por exemplo, as larvas da atrativa borboleta australiana *Papilio aegeus* desfolham a maioria das espécies de árvores cítricas (limão, lima, laranja e toranja e outras nativas importantes) e precisa estar confinada nos borboletários australianos.

Embora o ecoturismo de insetos possa ser limitado, outros benefícios econômicos estão associados ao interesse nos insetos. Isso é especialmente evidente nas crianças no Japão, onde os besouros nativos *Allomyrina dichotoma* (Scarabaeidae) são vendidos por poucos dólares cada um, e besouros Lucanidae, que vivem mais, por até US$ 10, podendo ser comprados em máquinas automáticas de venda. Os adultos também coletam e criam insetos com paixão: no auge da moda pelos grandes besouros Lucanidae japoneses (*Dorcus curvidens*, chamado *o-kuwagata*), um exemplar podia ser vendido por entre 40.000 e 150.000 ienes (US$ 300 a US$ 1.250), dependendo se foi nascido em cativeiro ou coletado da natureza. Espécimes maiores, mesmo quando criados em cativeiro, já alcançaram muitos milhões de ienes (> US$ 10.000) no alto da moda. Tal entusiasmo dos coletores japoneses pode levar a um mercado valioso de insetos fora do Japão. De acordo com as estatísticas oficiais, em 2002 cerca de 680.000 besouros, incluindo mais de 300.000 Scarabaeidae e a mesma quantidade de lucanídeos, foram importados, predominantemente originários do sul e Sudeste Asiáticos. O entusiasmo por espécimes valiosos vai além dos coleópteros: foi registrado que, na última década, turistas japoneses e alemães compraram borboletas raras no Vietnã por US$ 1.000 a US$ 2.000, o que é uma enorme quantidade de dinheiro para o pobre povo local em geral. Infelizmente, alguns coletores ignoram a legislação de outros países (inclusive da Austrália, Nova Zelândia e países do Himalaia), coletando sem licença/permissão, pegando um grande número de insetos e prejudicando o ambiente no seu desejo de coletar rapidamente.

Na Ásia, em particular na Malásia, há interesse na criação, na exibição e na comercialização de louva-deuses (Mantodea), incluindo-se louva-deus de orquídeas (espécies de *Hymenopus*, ver seções 13.1.1 e 14.1) e bichos-pau (Phasmatodea). Espécies de baratas de Madagascar e da Austrália tropical são facilmente criadas em cativeiro e podem ser mantidas como animais de estimação, bem como ser exibidas em zoológicos de insetos, nos quais a manipulação dos animais é encorajada.

Algumas questões ainda permanecem sobre se a coleção de insetos domésticos, seja para interesse pessoal ou para comércio e exibição, é sustentável. No Japão, embora a experiência de criação em cativeiro tenha aumentado e, como consequência, diminuído os altíssimos valores pagos por certos besouros capturados na natureza, a coleta ainda continua por uma região cada vez maior. A possibilidade de superexploração para o comércio é discutida na seção 1.7, junto com outros assuntos relativos à conservação.

1.6 CRIAÇÃO DE INSETOS

Muitas espécies de insetos são mantidas rotineiramente em culturas para fins de venda comercial até pesquisa científica e até mesmo conservação e reintrodução em ambiente natural. Como mencionado na seção 1.2, grande parte do nosso entendimento sobre genética e biologia do desenvolvimento provém de *Drosophila melanogaster* – uma espécie com um curto período de gerações de cerca de 10 dias, alta fecundidade com centenas de ovos em um ciclo de vida, e a facilidade de criação em meios de cultura simples com base em levedura. Essas características permitem pesquisas em grande escala por muitas gerações em uma escala de tempo apropriada. Outras espécies de *Drosophila* podem ser criadas de maneira semelhante, embora frequentemente requeiram necessidades mais particulares quanto à dieta, incluindo micronutrientes e esteróis. Os besouros *Tribolium* (seção 1.2) são criados apenas em farinha de trigo. No entanto, muitos insetos fitófagos podem ser criados apenas em uma planta hospedeira particular, em um programa que consome muito tempo e espaço, e a busca por dietas artificiais é um componente importante da pesquisa entomológica aplicada. Dessa forma, a lagarta da folha do tabaco *Manduca sexta*, a qual proporcionou muitas ideias fisiológicas, incluindo o modo pelo qual a metamorfose é controlada, é criada em massa com dietas artificiais de germe de trigo, caseína, ágar, sais e vitaminas em vez de ser criada em alguma das suas diversas plantas hospedeiras.

A situação é mais complexa se insetos parasitoides hospedeiro-específicos que atacam pragas precisam ser criados com a finalidade de controle biológico. Além de manter a praga em quarentena para evitar uma liberação acidental, o estágio de vida apropriado precisa estar disponível para a produção em massa de parasitoides. A criação de vespas *Trichogramma* parasitoides de ovos para o controle biológico de lagartas pragas, a qual se originou há mais de um século atrás, baseia-se na disponibilidade de um grande número de ovos de mariposa. Tipicamente, estes são provenientes de uma dentre duas espécies, a traça dos cereais *Sitotroga cerealella* e a traça da farinha *Ephestia kuehniella*, as quais são criadas facilmente e de forma barata em trigo ou outros grãos. O uso de meios artificiais, incluindo hemolinfa de insetos e ovos artificiais de mariposa, tem sido patenteado como métodos mais eficientes de produção de ovos. Entretanto, se a localização do hospedeiro pelos parasitoides envolve odores químicos produzidos por tecidos danificados (seção 4.3.3), tais sinais provavelmente não são produzidos por meio de uma dieta artificial. Dessa maneira, a produção em massa de parasitoides contra as inoportunas larvas de besouro que se alimentam de madeira precisa envolver a criação de besouros desde ovo até o adulto em madeiras apropriadamente condicionadas da espécie correta de planta.

Insetos tais como grilos, tenébrios (larvas de besouros tenebrionídeos) e larvas de mosquitos são criados comercialmente em massa para servirem de alimento para animais de estimação, ou como iscas para pesca. Imaturos da mosca *Hermetia illucens* podem reciclar resíduos vegetais domésticos e proporcionar alimento para galinhas e certos animais de estimação (ver Boxe 9.1). Além disso, pessoas que possuem insetos como animal de estimação por *hobby* formam uma clientela cada vez maior para os insetos criados em cativeiro tais como os besouros escaravelhos e lucanídeos, louva-deus, fasmídeos e baratas tropicais, muitos dos quais podem ser produzidos com facilidade por crianças seguindo instruções pela internet.

Os zoológicos, particularmente aqueles com borboletários (Boxe 1.2) ou instalações para o contato com os animais, mantêm alguns dos maiores e mais carismáticos insetos em cativeiro. De fato, alguns zoológicos têm programas de criação em cativeiro para alguns insetos que estão ameaçados no ambiente natural – tal como o fasmídeo ameaçado de extinção *Dryococelus australis* (ver Prancha 1C) da Ilha de Lord Howe, um grande bicho-pau que não voa criado em cativeiro na ilha e no Zoológico de Melbourne (na Austrália). Na Nova Zelândia, diversas espécies de *wetas* carismáticos (ortópteros muito grandes que não voam; ver Prancha 1D) têm sido criadas em cativeiro e reintroduzidas com sucesso em ilhas livres de predadores próximas à costa. Um dos maiores sucessos é a criação em cativeiro de diversas borboletas ameaçadas de extinção na Europa e América do Norte, por exemplo, pelo Zoológico do Oregon, com eventuais liberações e reintroduções em hábitats recuperados demonstrando ser uma bem-sucedida estratégia provisória para conservação.

1.7 CONSERVAÇÃO DOS INSETOS

As maiores ameaças para a biodiversidade de insetos são semelhantes àquelas que afetam outros organismos, a saber, perda ou fragmentação de hábitats, mudanças climáticas e espécies invasoras. A introdução de insetos sociais não nativos, especialmente formigas (Boxe 1.3), plantas invasoras, patógenos e vertebrados herbívoros e predadores, frequentemente levaram à ameaça às espécies nativas de insetos. As mudanças induzidas pelos seres humanos no clima afetam a distribuição e fenologia de algumas espécies de insetos (seção 17.3), porém são necessárias mais pesquisas sobre as ameaças a outros insetos que não são pragas, além das borboletas. Entretanto, a causa principal do declínio e extinção de insetos, ou pelo menos de populações locais se não da espécie inteira, é a perda dos seus hábitats naturais.

A conservação biológica tipicamente envolve reservar grandes extensões de terra para a "natureza", ou abordar e remediar processos específicos que ameaçam vertebrados grandes e carismáticos, como mamíferos e aves ameaçados, ou espécies e comunidades vegetais. O conceito de conservação de hábitat para insetos ou espécies deles parece ser de baixa prioridade em um planeta ameaçado. Entretanto, existem terras reservadas e planos específicos para a conservação de certos insetos. Tais esforços de conservação com frequência estão associados à estética humana, e muitos (mas não todos) envolvem a "megafauna carismática" da entomologia: as borboletas e os besouros grandes e vistosos. Tais insetos carismáticos podem funcionar como **espécies bandeira** para chamar a atenção de um público maior e gerar suporte financeiro para esforços de conservação. As espécies bandeira são escolhidas pela sua vulnerabilidade, peculiaridade ou apelo público, e o apoio para sua conservação pode ajudar a proteger todas as espécies que vivem do mesmo hábitat. Portanto, argumenta-se que a conservação de espécies individuais, não necessariamente de um inseto, preserve muitas outras espécies de maneira automática, no que é conhecido como **efeito guarda-chuva**. De certo modo, complementar a isso é a defesa de uma abordagem baseada no hábitat, que aumenta o número e o tamanho das áreas para se conservarem muitos insetos, as quais não são (e discutivelmente "não precisam ser") entendidas em uma abordagem espécie por espécie. Não há dúvida de que esforços para conservar hábitats de peixes nativos irão preservar globalmente, como um subproduto, a fauna muito mais diversa de insetos aquáticos os quais também dependem da manutenção das águas em condições naturais. Do mesmo modo, a preservação de florestas antigas para proteger pássaros que nidificam em buracos de árvores, tais como as corujas e os papagaios, também conserva o hábitat para insetos minadores, que utilizam a madeira de uma grande variedade de espécies vegetais e em diferentes estados de decomposição.

Boxe 1.3 Formigas invasoras e biodiversidade

Nenhuma formiga é nativa do Havaí, embora haja mais de 40 espécies nas ilhas – todas foram trazidas de outros lugares por volta dos últimos cem anos. Na verdade, todos os insetos sociais (abelhas melíferas, vespas, marimbondos, cupins e formigas) do Havaí chegaram como resultado do comércio humano.

Quase 150 espécies de formigas pegaram carona conosco em nossas viagens globais, e conseguiram se estabelecer fora de suas áreas nativas. As invasoras do Havaí pertencem ao mesmo conjunto de formigas que invadiram o resto do mundo, ou que podem fazê-lo em um futuro próximo. Da perspectiva da conservação, um subconjunto comportamental específico é muito importante, as assim chamadas formigas "andarilhas" invasoras. Elas estão entre as pragas mais graves do mundo, de modo que agências locais, nacionais e internacionais estão preocupadas com sua vigilância e controle. As formigas *Pheidole megacephala*, *Anoplolepis longipes*, *Linepithema humile* (ver Prancha 6E), *Wasmannia auropunctata* e as formigas lava-pés (espécies de *Solenopsis*, especialmente *S. geminata* e *S. invicta*; ver Prancha 6E) são consideradas as principais dessas pragas.

O comportamento agressivo das formigas ameaça a biodiversidade, especialmente em ilhais tais como Havaí, Galápagos e outras ilhas do Pacífico (seção 8.7). As interações com outros insetos incluem a proteção e o pastoreio de pulgões e cochonilhas, buscando suas secreções ricas em carboidratos. Isso aumenta a densidade desses insetos, os quais incluem pragas agrícolas invasoras. Interações com outros artrópodes são predominantemente negativas, resultando em desalojamento agressivo e/ou predação de outras espécies, mesmo de formigas andarilhas. O estabelecimento inicial é quase sempre associado a ambientes instáveis, incluindo aqueles criados pela atividade humana. A tendência das formigas andarilhas de serem pequenas e de vida curta é compensada pelo crescimento anual e pela rápida produção de novas rainhas. Rainhas vindas de um mesmo ninho não mostram qualquer hostilidade umas pelas outras. As colônias se reproduzem pela transferência da rainha fecundada e de algumas operárias para curtas distâncias em relação ao ninho original, um processo conhecido como divisão de colônias. Quando associado à ausência de antagonismo intraespécie entre os ninhos natais e os novos, a divisão de colônias garante a expansão gradual de uma "supercolônia" pelo solo. Além disso, algumas espécies de formigas invasoras exibem a partenogênese feminina (telitoquia) (seção 5.10.1), o que é útil para o estabelecimento de colônias em áreas novas.

Embora o estabelecimento inicial de ninhos esteja associado a ambientes perturbados naturalmente ou pela ação humana, a maioria das espécies invasoras pode penetrar em hábitats mais naturais e substituir a biota nativa. Insetos que vivem no solo, incluindo muitas formigas nativas, não sobrevivem à invasão, e espécies arborícolas podem entrar em extinção local. As comunidades de insetos que sobrevivem tendem a se associar a espécies subterrâneas e àquelas com cutícula especialmente espessa, como besouros carabídeos e baratas, as quais também se defendem quimicamente. Tal impacto pode ser observado nos efeitos da formiga *Pheidole megacephala* durante o monitoramento da reabilitação de locais onde havia extração de areia, usando formigas como indicadores (seção 9.7). Após 6 anos de reabilitação, como visto no gráfico (retirado de Majer, 1985), a diversidade de formigas se aproximou daquela encontrada em locais não impactados usados como controle, mas a chegada de *P. megacephala* reestruturou o sistema de forma dramática, reduzindo seriamente a diversidade em relação ao controle. Até mesmo animais grandes podem ser ameaçados por formigas: por exemplo, caranguejos terrestres na Ilha Christmas (Austrália), lagartos de chifres no sul da Califórnia, tartarugas recém-nascidas no sudeste dos EUA, e aves que fazem ninhos no chão, em todo o mundo. A invasão dos *fynbos* – um conjunto de vegetação megadiverso da África do Sul – pelas formigas argentinas elimina as formigas especializadas em transportar e enterrar sementes grandes, mas não aquelas que transportam sementes menores (seção 11.3.2). Uma vez que a vegetação se origina por germinação depois de queimadas periódicas, prevê-se que a falta de sementes grandes enterradas provoque uma mudança dramática na estrutura da população.

Formigas introduzidas são muito difíceis de serem erradicadas: todas as tentativas de eliminar as formigas lava-pés, *Solenopsis invicta*, nos EUA fracassaram, e agora alguns bilhões de dólares são gastos anualmente para o controle. Essa formiga também invadiu o oeste da Índia, China e Taiwan, e se espalhou rapidamente. Por outro lado, espera-se que uma campanha em andamento, ao custo de quase U$ 200 milhões (mais de US$ 150 milhões) nos primeiros 8 anos, possa evitar que *S. invicta* se estabeleça como uma espécie "invasora" na Austrália. Os primeiros ninhos de lava-pés foram encontrados próximo a Brisbane, em fevereiro de 2001, embora suspeite-se que essa formiga já estivesse presente por vários anos antes de ser detectada. No auge da fiscalização, a área infestada pela lava-pés se ampliou para cerca de 80.000 ha. Estima-se uma perda econômica potencial de mais de U$ 100 bilhões até o final de 30 anos se o controle falhar, com um dano inestimável para a biodiversidade nativa do continente inteiro. Embora a procura e a destruição intensiva de ninhos pareçam ser bem-sucedidas na eliminação das principais infestações, todos os ninhos precisam ser erradicados para evitar o ressurgimento e, por isso, contínuo monitoramento e medidas de restrição são essenciais. As fiscalizações recentes incluíram o uso inovador de uma câmera infravermelha termográfica instalada em um helicóptero para capturar imagens durante o voo e que posteriormente são analisadas por um sistema de computador em terra, "treinado" para reconhecer a evidência do formigueiro de lava-pés pela energia refletida. Felizmente, as incursões de *S. invicta* na Nova Zelândia foram detectadas rapidamente e as populações, erradicadas. Sem dúvida nenhuma, a melhor estratégia para o controle de formigas invasoras é a adoção de quarentena, a fim de evitar que elas entrem, e a atenção pública, para detectar entradas acidentais.

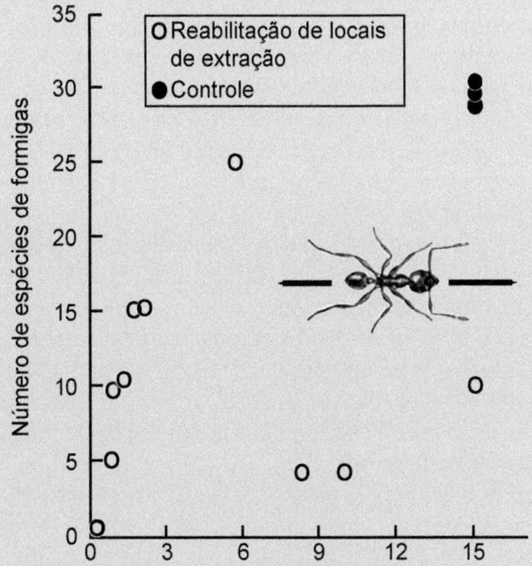

Terras que já tiveram comunidades diversas de insetos foram transformadas para agricultura humana e desenvolvimento urbano, e para extrair recursos tais como madeira e minerais. Muitos hábitats remanescentes de insetos foram degradados pela ocupação de espécies invasoras, tanto plantas quanto animais, incluindo insetos invasores (Boxe 1.3). A abordagem de hábitat para a conservação de insetos visa manter populações saudáveis de insetos por meio da manutenção de uma grande porção de terra (hábitat), a boa qualidade dessa porção, reduzindo seu isolamento. Seis princípios básicos inter-relacionados servem como diretrizes para o manejo de conservação dos insetos: (1) manter reservas, (2) proteger a terra fora das reservas, (3) manter uma boa heterogeneidade da paisagem, (4) reduzir o contraste entre as porções remanescentes de hábitat e as porções próximas perturbadas, (5) simular condições naturais, incluindo as perturbações e (6) conectar as porções de hábitats excelentes. Os conservadores que usam a abordagem de hábitat concordam que a conservação orientada a espécies individuais é importante, mas argumentam que ela pode ter pouco valor para os insetos, pois existem muitas espécies. Além disso, a raridade de espécies de insetos pode estar relacionada ao fato de as populações estarem localizadas em apenas um ou poucos lugares, ou, por outro lado, serem bastante dispersas, porém com baixa densidade em uma área muito grande. Claramente, diferentes estratégias de conservação são necessárias para cada caso.

Espécies migratórias, como a borboleta-monarca (*Danaus plexippus*), precisam de uma conservação especial. Embora a borboleta-monarca não seja uma espécie em extinção, a sua migração na América do Norte é considerada um fenômeno biológico ameaçado pela IUCN (International Union for the Conservation of Nature, União Internacional para a Conservação da Natureza). As monarcas que vivem ao leste das Montanhas Rochosas passam o inverno no México e migram para o norte até lugares tão distantes como o Canadá, durante o verão (seção 6.7). A proteção do hábitat de inverno na Sierra Chincua, no México, é crítica para a conservação dessas monarcas. Uma das medidas mais importantes de conservação de insetos, implementada nos últimos anos, foi a decisão do governo mexicano de dar apoio à Mariposa Monarca Biosphere Reserve, estabelecida para proteger o fenômeno. Outra ameaça importante às borboletas-monarcas é a perda dos locais de criação das larvas na América do Norte (discutido na seção 16.6.1). Os esforços para monitorar as populações de monarca na América do Norte envolvem entomólogos amadores (Boxe 1.1). O sucesso da conservação dessa espécie bandeira requer a colaboração dos EUA, Canadá e México, para assegurar a proteção tanto dos locais de inverno quanto dos hábitats da rota de migração. No entanto, a preservação das populações que passam o inverno a oeste, no litoral da Califórnia, não protege outra espécie nativa. A razão para isso é que os principais locais de repouso são bosques de árvores de eucalipto introduzidos em larga escala, os quais têm uma fauna depauperada em seu hábitat não nativo.

Um exemplo de sucesso na conservação de espécies individuais é o da borboleta-azul ameaçada "El Segundo", *Euphilotes battoides* ssp. *allyni*, cuja principal colônia, nas dunas próximas ao aeroporto de Los Angeles, estava ameaçada pelo crescimento urbano e pelos campos de golfe. Negociações longas envolvendo várias partes envolvidas resultaram na designação de 80 hectares como uma reserva, a manutenção solidária de uma parte não tratada do campo de golfe para a planta da qual se alimenta a larva – *Erigonum parvifolium* –, e o controle de plantas exógenas junto à limitação das perturbações causadas pelas pessoas. Os sistemas de dunas do litoral sul da Califórnia são hábitats seriamente ameaçados, e o manejo dessa reserva para a borboleta-azul "El Segundo" conserva outras espécies em risco de extinção.

A conservação de terras para borboletas não é um favor dos riquíssimos californianos do sul: a maior borboleta do mundo, a *Ornithoptera alexandrae*, de Papua-Nova Guiné, é uma história de sucesso do mundo em desenvolvimento. Essa espécie espetacular, cujas lagartas se alimentam apenas da trepadeira *Aristolochia dielsiana*, é ameaçada e limitada a uma pequena área de floresta úmida de planície no norte de Papua-Nova Guiné. Segundo a lei de Papua-Nova Guiné, essa espécie de borboleta é protegida desde 1966, e seu comércio internacional foi banido por meio de sua listagem no Apêndice I da Convention on International Trade in Endangered Species of Wild Fauna and Flora (CITES). A borboleta *Ornithoptera alexandrae* tem atuado como espécie bandeira para a conservação na Papua-Nova Guiné, e o seu sucesso inicial de conservação atraiu financiamento externo para pesquisas e estabelecimento de reservas. A conservação das florestas de Papua-Nova Guiné, para essa e outras borboletas aparentadas, sem dúvida resulta na conservação de uma diversidade muito maior em virtude do efeito guarda-chuva, porém a mineração e a exploração desonesta em larga escala de madeira em Papua-Nova Guiné nas últimas duas décadas ameaça a maioria das florestas tropicais de lá.

Conforme discutido no Boxe 1.2, os esforços de conservação de insetos do Quênia e de Nova Guiné têm algum incentivo comercial e proporcionam a populações pobres alguma recompensa pela sua proteção aos ambientes naturais. Entretanto, o comércio não precisa ser a única motivação: o apelo estético de ter borboletas nativas voando nas vizinhanças locais, associado a programas educacionais locais nas escolas e nas comunidades, tem ajudado a salvar a borboleta Richmond australiana, *Ornithoptera richmondia* (ver Prancha 1E). As larvas dessa borboleta se desenvolvem em duas espécies de trepadeiras nativas do gênero *Pararistolochia*, e necessitam de plantas grandes para satisfazer seu apetite. Contudo, cerca de dois terços do hábitat de florestas úmidas litorâneas original, que suportava essas plantas nativas, foi perdido, de modo que a exótica sul-americana *Aristolochia elegans* (papo-de-peru), introduzida como uma planta ornamental (mas que posteriormente saiu dos jardins), atrai as fêmeas, que depositam seus ovos nela como um hospedeiro potencial. Esse engano na oviposição é fatal, uma vez que as toxinas dessa planta matam as lagartas jovens. Esse problema de conservação tem sido abordado por meio de um programa educacional para encorajar a remoção dos papos-de-peru da vegetação nativa, dos viveiros, jardins e parques. A substituição, nos bosques e jardins, pela nativa *Pararistolochia* foi encorajada depois de um esforço massivo para propagar essas trepadeiras. As populações da borboleta que estão isoladas pela fragmentação do hábitat também sofrem um declínio pelo endocruzamento, o qual tem sido aliviado por meio do plantio de corredores de plantas hospedeiras adequadas e de cruzamentos em cativeiro e posterior reintrodução de indivíduos geneticamente diferentes. Embora a recuperação da população de borboletas tenha sido impactada pela perda contínua do hábitat e anos de seca, as condições climáticas desde 2010 melhoraram a qualidade das plantas e, combinado a um esforço renovado de cultivo, levaram ao primeiro aumento da população depois de um século de declínio. No entanto, a perda do hábitat permanece e a contínua ação da comunidade por toda a área nativa das borboletas Richmond é necessária para reverter seu declínio.

A ideia de que amadores interessados podem contribuir na conservação dos insetos por meio do manejo de seus jardins (quintais) ganhou maior aceitação, principalmente em relação à diminuição das abelhas. Existem orientações disponíveis, inclusive com "exposição de jardins", para desenvolver um jardim atraente para polinizadores pelo cultivo de plantas selecionadas, enfatizando produtoras de néctar, tais como a borragem (que é melhor para abelhas melíferas), a lavanda (para mamangabas) e a manjerona (atraente para todas as abelhas e sirfídeos – moscas das flores). Com o entusiasmo cada vez maior pelas colmeias locais/urbanas de abelhas melíferas, a sustentabilidade pode ser alcançada apenas aumentando as plantas com flores nos jardins e espaços públicos a fim de proporcionar recursos alimentares para diversos insetos.

Borboletas e abelhas, por serem insetos familiares com um tipo de vida não ameaçador, são bandeiras para a conservação de invertebrados. Contudo, certos ortópteros, incluindo *wetas* da Nova Zelândia, têm recebido proteção legal; também existem planos de conservação para libélulas e outros insetos de água doce, no contexto de conservação e manejo de ambientes aquáticos, e planos para hábitats de vaga-lumes e larvas de dípteros bioluminescentes. As agências, em certos países, reconheceram a importância da conservação de árvores mortas caídas como hábitat de insetos, em particular para besouros que se alimentam de madeira.

A designação de reservas para conservação, vista por algumas pessoas como a solução para a ameaça, raramente tem sucesso sem o entendimento das necessidades das espécies e suas respostas ao manejo. A família de borboletas Lycaenidae, com cerca de 6.000 espécies, compreende mais de 30% da diversidade de borboletas. Muitas têm interações com formigas (p. ex., como inquilinas; seção 12.3), algumas sendo obrigadas a passar parte ou todo o seu desenvolvimento dentro dos ninhos delas, outras recebendo o cuidado de formigas em suas plantas hospedeiras favoritas e outras, ainda, que são predadoras de formigas e cochonilhas, ao mesmo tempo que são protegidas por formigas. Essas interações podem ser muito complexas e podem ser destruídas com facilidade por mudanças ambientais, colocando a borboleta em perigo de extinção. Certamente, na Europa ocidental, espécies de Lycaenidae aparecem proeminentemente nas listas de táxons de insetos ameaçados. De forma notória, o declínio da grande borboleta-azul *Phengaris* (anteriormente *Maculinea*) *arion*, na Inglaterra, foi provocado pela coleta excessiva, porém, veja no Boxe 1.4 uma interpretação

Boxe 1.4 Conservação da grande borboleta-azul

Noticiou-se que a grande borboleta-azul *Phengaris* (anteriormente *Maculinea*) *arion* (Lepidoptera: Lycaenidae) estava em sério declínio no sul da Inglaterra ao final do século XIX, um fenômeno atribuído ao clima ruim, na época. Em meados do século XX, essa espécie atraente estava restrita a cerca de 30 colônias no sudoeste da Inglaterra. Poucas colônias ainda existiam em 1974, e a população adulta estimada caiu de cerca de 100.000, em 1950, para 250, em cerca de 20 anos. A extinção final da espécie na Inglaterra, em 1979, seguiu duas estações de reprodução sucessivas quentes e secas. Uma vez que essa borboleta é bonita e procurada por colecionadores, presumiu-se que a coleta excessiva tivesse causado pelo menos o declínio a longo prazo que tornou a espécie vulnerável à mudança climática. Esse declínio continuou acontecendo mesmo depois que uma reserva foi estabelecida nos anos 1930, para excluir tanto coletores como animais de criação, em uma tentativa de proteger a borboleta e seu hábitat.

Evidentemente, o hábitat mudou com o tempo, incluindo uma redução do tomilho selvagem (*Thymus praecox*), que fornece a comida para os primeiros instares da lagarta da grande borboleta-azul. Uma vegetação arbustiva substituiu os campos de plantas baixas em decorrência da perda dos coelhos pastores (por doenças) e a exclusão do gado e das ovelhas do hábitat reservado. O tomilho sobreviveu, apesar de tudo, mas as borboletas continuaram a declinar até a extinção na Inglaterra.

Uma história mais complexa foi revelada por pesquisa associada com a reintrodução da grande borboleta-azul na Inglaterra, vinda da Europa continental. A larva da grande borboleta-azul, na Inglaterra e no continente europeu, é predadora obrigatória de colônias de formigas-vermelhas pertencentes a espécies de *Myrmica*. Larvas da borboleta-azul precisam entrar em ninhos de *Myrmica*, onde se alimentam de larvas de formigas. Um comportamento predatório similar e/ou o comportamento de enganar as formigas, para que elas as alimentem como se fossem da sua própria ninhada, são características da história natural de muitas Lycaenidae ao redor do mundo (seção 1.7 e seção 12.3). Depois de sair de um ovo posto na planta que alimenta a larva, a lagarta da borboleta-azul se alimenta das flores do tomilho até realizarem a muda para o último (quarto) instar larval, por volta de agosto. No crepúsculo, a lagarta se joga da planta natal e cai no chão, onde espera inerte até que uma *Myrmica* a encontre. A formiga operária cuida da larva por um período extenso, talvez mais de uma hora, durante a qual se alimenta de uma substância açucarada secretada do órgão nectário dorsal da larva. Depois de um tempo, a lagarta se torna túrgida e adota uma postura que parece convencer a formiga de que ela está lidando com uma larva de formiga que escapou, e é carregada para dentro do ninho. Até esse estágio, o crescimento da larva é modesto, mas no ninho, a lagarta se torna predadora de larvas de formiga e cresce rapidamente. A lagarta passa o inverno no formigueiro e, nove a dez meses depois que entrou no ninho, ela torna-se pupa no começo do verão do ano seguinte. A lagarta precisa de uma média de 230 formigas jovens para empupar com sucesso. Aparentemente, ela escapa de ser predada pelas formigas secretando substâncias químicas superficiais que imitam aquelas das larvas de formiga e, provavelmente, recebe tratamento especial na colônia produzindo sons que imitam aqueles da rainha (seção 12.3). A borboleta adulta emerge da cutícula da pupa no verão, e sai rapidamente do ninho antes que as formigas a identifiquem como intrusa.

A adoção e a incorporação pela colônia de formigas tornam-se o estágio crítico no ciclo de vida. O sistema complexo envolve a presença da formiga "correta", *Myrmica sabuleti*, e isso depende do microclima apropriado associado a um tipo especial de campo. O mato mais alto causa um microclima mais frio próximo ao solo, favorecendo outras espécies de *Myrmica*, incluindo *M. scabrinodes*, que pode tomar o lugar de *M. sabuleti*. Embora as lagartas se associem aparentemente sem discriminação com qualquer espécie de *Myrmica*, a sobrevivência difere de maneira dramática: com *M. sabuleti*, aproximadamente 15% sobrevivem, mas uma redução insustentável para menos de 2% de sobrevivência acontece com *M. scabrinodes*. A manutenção, com sucesso, de grandes populações da borboleta-azul necessita que mais de 50% da adoção por formigas seja feita por *M. sabuleti*.

Outros fatores que afetam a sobrevivência incluem as exigências de que a colônia de formigas não tenha rainhas aladas e que tenha pelo menos 400 operárias bem alimentadas para prover larvas suficientes para as necessidades alimentares da lagarta, e também de estar dentro de um raio de 2 m do tomilho hospedeiro. Os ninhos estão associados a campos recém-queimados, que são rapidamente colonizados por *M. sabuleti*. Os ninhos não devem ser tão velhos de modo que já tenham desenvolvido mais do que a rainha fundadora: o problema aqui é que com numerosas rainhas aladas no ninho, a lagarta pode ser reconhecida erroneamente como uma rainha e ser atacada e comida pelas formigas-auxiliares.

Agora que entendemos a complexidade dessa interação, podemos perceber que as bem-intencionadas criações de reservas que não tinham coelhos e excluíam outros pastores criaram modificações na vegetação e nos micro-hábitats que alteraram a dominância de espécies de formiga, para o prejuízo das interações complexas das borboletas. A coleta excessiva não está envolvida,

(*continua*)

Boxe 1.4 Conservação da grande borboleta azul (*Continuação*)

embora a mudança climática em uma escala maior seja importante. Agora, cinco populações originárias da Suécia foram reintroduzidas em um hábitat e condições apropriados para *M. sabuleti*, levando, portanto, a populações prósperas da grande borboleta-azul. É interessante notar que outras espécies raras de insetos no mesmo hábitat responderam positivamente a esse manejo instruído, sugerindo talvez um efeito guarda-chuva para essa espécie de borboleta.

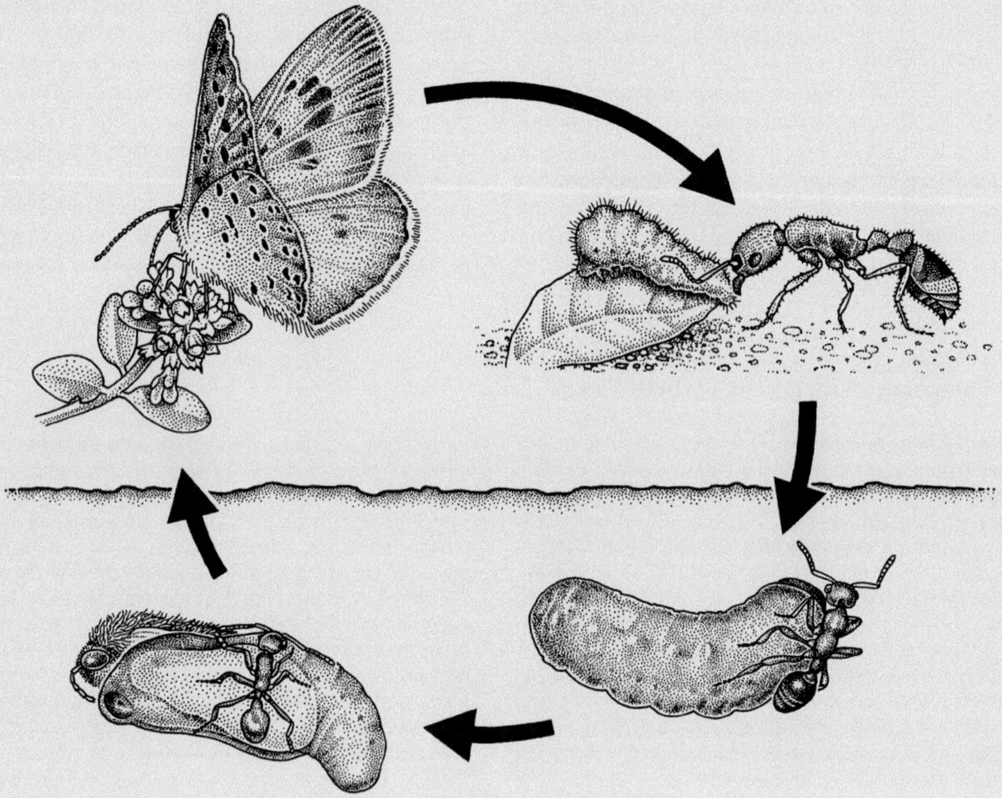

diferente. Na Europa, planos de ação para a reintrodução dessa e de outras espécies aparentadas, e o manejo apropriado para a conservação de outras espécies de *Phengaris*, já foram iniciados: eles dependem fundamentalmente de uma abordagem baseada em espécies. Apenas com a compreensão das necessidades ecológicas gerais e específicas dos alvos de conservação, o manejo apropriado do hábitat pode ser implementado.

Os impedimentos para a conservação dos insetos são multifacetados e incluem uma fraca percepção pública sobre a importância ecológica dos invertebrados, o conhecimento limitado da diversidade de espécies, distribuições e abundância no espaço e no tempo, e escassez de informações sobre sua sensibilidade às mudanças no hábitat. Como discutido anteriormente, legisladores e administradores de terras frequentemente pressupõem que a proteção do hábitat para os vertebrados irá conservar os recursos para os invertebrados pelo efeito guarda-chuva. Claramente, nós precisamos de mais informações sobre a efetividade das medidas de conservação, projetadas primariamente para vertebrados e plantas, para os insetos e outros invertebrados. O financiamento para levantamentos entomológicos abrangentes ou estudos experimentais é sempre limitado, porém a identificação e o estudo detalhado de indicadores adequados ou táxons substitutos podem proporcionar diretrizes úteis para as decisões de conservação envolvendo insetos. Além disso, dados importantes sobre abundância, distribuições e fenologia dos insetos podem advir de programas científicos para amadores (Boxe 1.1).

1.8 INSETOS COMO ALIMENTO

1.8.1 Insetos como alimento humano | Entomofagia

Nesta seção, revisamos o tópico cada vez mais popular dos insetos como alimento humano. Quase 2.000 espécies de insetos, em mais de 1.000 famílias, são ou foram usadas como alimento em algum lugar do mundo, em especial na África central e meridional, Ásia, Austrália e América Latina. Insetos comestíveis em geral se alimentam de matéria vegetal viva ou morta, de modo que as espécies protegidas por substâncias tóxicas são evitadas. Cupins, grilos, gafanhotos, besouros, formigas, larvas de abelhas e mariposas são insetos consumidos com frequência. Estima-se que os insetos façam parte de dietas tradicionais de pelo menos dois bilhões de pessoas, porém a população humana cada vez maior e a crescente demanda por comida têm causado a exploração excessiva de alguns insetos comestíveis silvestres. Embora os insetos tenham alto teor de proteínas e energia, além de várias vitaminas e minerais – e possam formar de 5 a 10% da proteína animal consumida anualmente por certos povos indígenas – a sociedade ocidental essencialmente negligencia a culinária entomológica.

A repugnância "ocidental" típica à entomofagia é mais cultural do que científica ou racional. Afinal, outros invertebrados como certos crustáceos e moluscos são considerados itens culinários apreciados. Objeções a comer insetos não podem ser justificadas com base no gosto ou valor nutritivo. Muitos têm um sabor parecido com nozes e estudos trazem resultados favoráveis sobre o conteúdo nutricional de insetos, embora sua composição de aminoácidos e de ácidos graxos varie consideravelmente entre diferentes espécies de insetos comestíveis.

Larvas maduras de espécies de *Rhynchophorus*, gorgulhos de palmeira (Coleoptera: Curculionidae), são apreciadas por povos nas áreas tropicais da África, Ásia e do Neotrópico por séculos. Esses "vermes da palmeira", gordos e ápodes (ver Prancha 2A), proporcionam uma rica fonte de gordura animal, com quantidades substanciais de riboflavina, tiamina, zinco e ferro. Sistemas de cultivo primitivos envolvem fazer ferimentos ou derrubar palmeiras para servir de alimento aos gorgulhos. Esse tipo de cultivo ocorre na América do Sul (Brasil, Colômbia, Paraguai e Venezuela) e partes do Sudeste Asiático. Na Tailândia, foram construídas instalações comerciais para criar as larvas em macerados (lascas) de troncos e de tecidos das folhas de palmeiras. No entanto, por toda a Ásia, os gorgulhos de palmeira são pragas de plantações, causando danos ou até matando coqueiros e palmeiras. Uma espécie de *Rhynchophorus* proveniente dessa parte do mundo entrou na Califórnia, EUA, ameaçando palmeiras ornamentais (Boxe 1.5).

Boxe 1.5 Palmagedom? Os gorgulhos de palmeiras

Os moradores do sofisticado Laguna Beach em Orange County, no sul da Califórnia, estão perdendo as palmeiras ornamentais que proporcionam as características da paisagem nesta e em outras comunidades com jeito de Mediterrâneo (tal como ilustrado aqui). Em agosto de 2010, uma grande palmeira das canárias (ou palmeira-tamareira, *Phoenix canariensis*) que estava morrendo foi derrubada por especialistas em árvores e descobriu-se que estava infestada por gorgulhos. Inicialmente, acredita-se que o culpado fosse *Rhynchophorus ferrugineus* (ver Prancha 2A), um gorgulho que já estava causando problemas na Ásia, no Oriente Médio e na Europa mediterrânea, porém este era o primeiro registro da praga na América do Norte. Considerando que a indústria de palmeiras tamareiras na Califórnia esteja avaliada em 30 milhões de dólares, e as vendas de palmeiras ornamentais movimentem 70 milhões de dólares por ano na Califórnia e 127 milhões de dólares na Flórida, um programa de pesquisa foi iniciado sem demora.

O programa exemplifica muitos aspectos na biologia dos insetos associada com o controle de pragas introduzidas. Em primeiro lugar, era necessário estabelecer o tamanho da área afetada. É muito improvável que os primeiros insetos a serem notados sejam aqueles que invadiram: o público raramente está atento quanto às primeiras infestações, especialmente quando os sintomas podem ocorrer vários anos depois da chegada, e os especialistas qualificados estão cada vez mais espalhados. Normalmente, o momento de chegada dos primeiros invasores é estimado como ocorrendo vários (muitos) anos antes do reconhecimento oficial. Recrutas tiveram que ser mobilizados e treinados para reconhecer os sintomas dos danos, e alguma forma de armadilha automatizada teve que ser desenvolvida e distribuída por Laguna Beach e arredores.

Uma vez que esses gorgulhos já estavam matando palmeiras em outros lugares pelo mundo, os pesquisadores viajaram para ver como os outros tinham lidado com o problema e também para observar os gorgulhos nos seus locais nativos. A má notícia é que as invasões no Oriente Médio e na Europa mediterrânea eram sérias, estavam se alastrando e descontroladas. Por exemplo, desde 2004 o sul da França tem lidado com os gorgulhos, os quais se espalharam ao longo da Riviera até os Pireneus e até a Córsega. Até mesmo as palmeiras icônicas que proporcionam o pano de fundo para as imagens do Festival de Cinema de Cannes estão morrendo. A boa notícia é que uma isca volátil que combina a essência de palmeiras danificadas com substâncias químicas de comunicação dos gorgulhos (feromônios, seção 4.3.2) já foi desenvolvida. Esse coquetel pode ser utilizado para monitorar os gorgulhos adultos voadores na Califórnia e, potencialmente, capturar um número suficiente para exercer algum nível de controle de

(*continua*)

Boxe 1.5 Palmagedom? Os gorgulhos de palmeiras *(Continuação)*

população (seção 16.9). A Califórnia tem algumas vantagens, principalmente que os problemas parecem restritos a Laguna Beach, e apesar de uma recessão paralisante, uma verba para pesquisa foi definida e implementada rapidamente. Embora o único método de controle seja a total destruição da palmeira, quebrando-a totalmente, os residentes apoiam o programa.

Em uma reviravolta inesperada, descobriu-se que o gorgulho que entrou no Golden State não era o mundialmente invasor *R. ferrugineus*, mas um outro gorgulho semelhante, porém com pigmentação diferente (uma forma preta com uma listra vermelha), *R. vulneratus*. Essa nova identificação, sustentada por evidências moleculares para essa forma distinta de gorgulho, permite melhor identificação da área de ocorrência natural, onde a sua biologia, incluindo o controle, pode ser estudada (para mais sobre controle biológico, veja seção 16.5), e explica algumas diferenças sutis no comportamento em relação à espécie *R. ferrugineus*. A forma de gorgulho com a listra vermelha é nativa de Bali, Indonésia, onde as larvas são consideradas como uma iguaria "viva" tão especial que os coqueiros e palmeiras das famílias Cycadaceae e Arecaceae são danificados deliberadamente para induzir infestações de gorgulhos, de onde as saborosas larvas são coletadas. No entanto, a ocorrência de *R. vulneratus* na Califórnia levanta a questão de como os gorgulhos chegaram até ali – isso seria mais fácil de explicar se o invasor fosse a outra espécie disseminada e claramente invasora. Parece altamente improvável que uma espécie, de outra forma restrita à Indonésia, tenha chegado sem nenhuma ajuda do outro lado do Oceano Pacífico e apenas em um local suburbano solitário. Sem dúvida nenhuma, ocorreu uma falha de biossegurança, ainda assim parece improvável que a "rota usual" tenha sido responsável; ou seja, a importação legal (ou não) de plantas hospedeiras infestadas (grandes coqueiros ou cicadáceas, neste caso). Os cientistas que estudam a situação suspeitam que a demanda pelas larvas de gorgulho como alimento tenha levado à importação ilegal de gorgulhos vivos como um *souvenir* gastronômico. Talvez o interesse californiano de se alimentar apenas do que é produzido localmente poderia ser ampliado para incluir as larvas de gorgulhos? Será que os californianos podem imaginar uma vida sem palmeiras nativas pontilhando a paisagem, nenhuma palmeira em Palm Springs e nenhuma palmeira tamareira de Coachella Valley?

Na África, as pessoas comem muitas espécies de lagartas de mariposas, as quais proporcionam uma rica fonte de ferro e apresentam alto valor calórico, com conteúdo proteico variando entre 45 e 80%. Na Zâmbia, as lagartas comestíveis da mariposa-imperador (Saturniidae), localmente chamadas de *mumpa*, proporcionam um valioso suplemento na dieta, com larvas frescas, fritas, cozidas ou secas ao sol, e que compensam a má nutrição decorrente da deficiência de proteína. As lagartas da mariposa *Gonimbrasia belina* (Saturniidae) (ver Prancha 2B), chamadas lagartas *mopane*, *mopanie*, *mophane* ou *phane*, são largamente utilizadas. Elas se desenvolvem no mopane, uma árvore de leguminosa bastante comum (*Colophospermum mopane*) que cresce em um cinturão selvagem de floresta aberta (a "floresta de mopanes") em todo o sul da África (Figura 1.2). As lagartas são coletadas manualmente por mulheres pobres da zona rural para a subsistência da família. O tubo digestivo é retirado e, depois, as lagartas são fervidas, algumas vezes salgadas, e secas. Depois do processamento, elas contêm cerca de 50% de proteínas e 15% de gorduras – aproximadamente duas vezes o valor de carne de vaca cozida. Entretanto, grupos organizados, principalmente de homens, coletam intensivamente para uso comercial agora (as lagartas mopane são comercializadas em certos supermercados urbanos) e esse aumento da procura degradou um recurso de propriedade comum e o tornou um recurso "grátis" muito explorado e insustentável. A demanda, especialmente da zona urbana da África do Sul, levou à destruição da floresta e à extinção local da mariposa, inclusive em Botswana. Um sinal otimista de sustentabilidade é a tentativa no Parque Nacional de Kruger, onde o povo local da Província de Limpopo é supervisionado enquanto coleta larvas de mopane no parque durante uma curta temporada antes do Natal.

Os escaravelhos melolontíneos (Scarabaeidae), as formigas *Oecophylla smaragdina* (ver Prancha 6B), as paquinhas, os gorgulhos de palmeira (Boxe 1.5, ver também Prancha 2A), e os gafanhotos são consumidos em algumas regiões das Filipinas. Os gafanhotos formam um importante suplemento da dieta quando seu número aumenta muito, o que aparentemente ficou menos comum desde o uso disseminado de inseticidas. Várias espécies de gafanhotos eram consumidas com frequência pelas tribos nativas do oeste da América do Norte, antes da chegada dos europeus. O número e a identidade das espécies usadas foram documentados

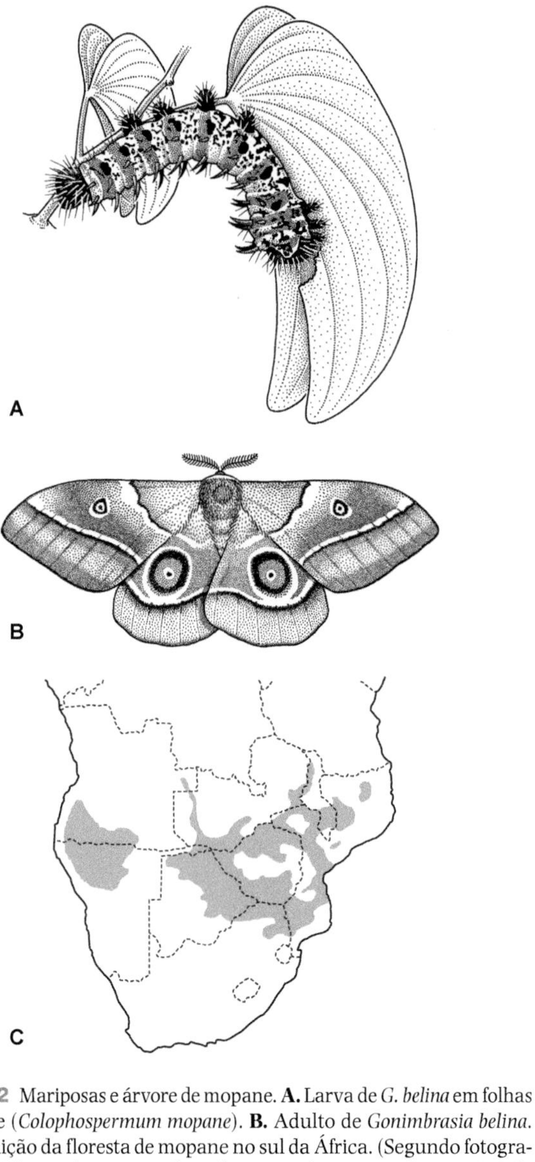

Figura 1.2 Mariposas e árvore de mopane. **A.** Larva de *G. belina* em folhas de mopane (*Colophospermum mopane*). **B.** Adulto de *Gonimbrasia belina*. **C.** Distribuição da floresta de mopane no sul da África. (Segundo fotografias de R.G. Oberprieler e mapa adaptado a partir de van Voorthuizen, 1976).

de forma escassa, mas espécies de *Melanoplus* eram consumidas. A coleta envolvia direcionar os gafanhotos para um buraco no chão com o uso de fogo ou pessoas avançando, ou agrupá-los dentro de um círculo de brasas. Os povos atuais da América central, em especial do México, coletam, vendem, cozinham e consomem gafanhotos.

Aborígines australianos consomem (ou já consumiram) uma grande variedade de insetos, especialmente larvas de mariposa. As lagartas de mariposas das famílias Cossidae e Hepialidae (Figura 1.3, ver também Prancha 2C) são chamadas, em inglês, de lagartas *witchety*, nome derivado da palavra aborígine *witjuti*, dada às espécies de *Acacia* de cujas raízes e ramos a lagarta se alimenta. Lagartas *witjuti*, que são consideradas uma iguaria, contêm de 7 a 9% de proteínas, 14 a 38% de gorduras, 7 a 16% de açúcares e ainda são uma boa fonte de ferro e cálcio. Adultos da mariposa *bogong*, *Agrotis infusa* (Noctuidae) constituíam outro importante alimento aborígine, outrora coletados aos milhões nos locais de hibernação, em cavernas estreitas, e em fendas nos cumes das montanhas do sudeste da Austrália. Mariposas cozidas em cinzas aquecidas proporcionavam uma rica fonte de gordura na dieta.

Povos aborígines que vivem no centro e no norte da Austrália comem o conteúdo das galhas do tamanho de maçãs de *Cystococcus pomiformis* (Hemiptera: Eriococcidae) (ver Prancha 4F,G). Essas galhas ocorrem apenas em eucaliptos do gênero *Corymbia* (denominados, em inglês, eucaliptos *bloodwood*), e podem ser muito abundantes depois de uma estação de crescimento favorável. Cada galha madura contém uma única fêmea adulta, com até 4 cm de comprimento, que está presa pela região da boca à base interna da galha e tem seu abdome tapando um buraco no ápice da galha. A parede interna da galha é recoberta por uma polpa branca comestível, com cerca de 1 cm de espessura, que serve como local de alimentação para os filhotes machos. Os aborígines temperam e comem a fêmea "aquosa" e suas ninfas com gosto de noz; em seguida, raspam e consomem a polpa branca semelhante a coco do lado de dentro da galha.

Uma fonte favorita de açúcar para os aborígines australianos que vivem em regiões áridas consiste em espécies de *Melophorus* e *Camponotus* (Formicidae) (Prancha 2G-H). Operárias especializadas (chamadas de repletas) armazenam o néctar que recebem das outras operárias nos seus enormes papos distendidos (Figura 2.4). Elas servem de reservatório de alimento para a colônia e regurgitam parte do conteúdo de seus papos quando outras formigas solicitam. Os aborígines retiram as repletas dos seus ninhos subterrâneos cavando, uma atividade exercida com mais frequência pelas mulheres, que podem escavar buracos de uma profundidade de um metro ou mais à procura dessas doces recompensas. Ninhos individuais raramente proporcionam mais do que 100 g de um mel, que é similar em composição ao mel comercial. Esse mesmo tipo de formigas do oeste dos EUA e do México pertencem a um gênero diferente, *Myrmecocystus*. As repletas, uma comida bastante apreciada, são coletadas por pessoas que vivem na zona rural do México – um processo difícil no solo duro dos espinhaços rochosos, onde essas formigas fazem ninho.

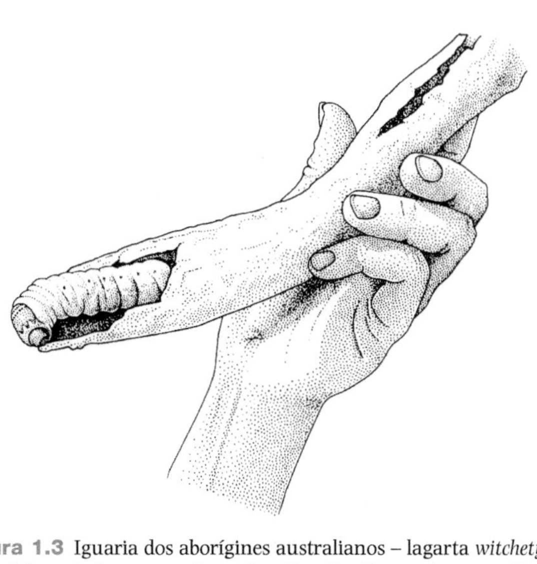

Figura 1.3 Iguaria dos aborígines australianos – lagarta *witchety* (ou *witjuti*), lagarta de uma mariposa Cossidae (Lepidoptera), que se alimenta de raízes e ramos dos arbustos *witjuti* (certas espécies de *Acacia*). (Segundo Cherikoff & Isaacs, 1989).

Talvez a mudança em relação à rejeição ocidental geral à entomofagia seja apenas uma questão de uma propaganda que se contraponha à ideia popular de que o uso de insetos como comida é para os pobres e privados de proteína do mundo em desenvolvimento. Na verdade, certos povos da África Subsaariana aparentemente preferem lagartas à carne de vaca. Larvas de formigas (os tão chamados "ovos de formiga") e ovos de percevejos aquáticos das famílias Corixidae e Notonectidae são muito procurados pela gastronomia mexicana como "caviar". Em partes da Ásia, uma variedade notável de insetos pode ser comprada (ver Prancha 2D-F). Os tradicionalmente desejados besouros aquáticos, para consumo humano, são valiosos o suficiente para serem criados em Guangdong. O auge culinário pode ser a carne do percevejo aquático gigante *Lethocerus indicus* ou os molhos tailandeses e laosianos *mangda*, com sabores extraídos das glândulas abdominais dos machos, pelos quais é pago um alto valor. Mesmo na zona urbana dos EUA, alguns insetos podem ainda se tornar populares como novidades alimentares. As milhões de cigarras dos dezessete anos, que periodicamente infestam cidades como Chicago, são comestíveis. Cigarras recém-emergidas, chamadas de tenerais, são as melhores para se comer porque sua cutícula ainda mole significa que podem ser consumidas sem a necessidade de se removerem as pernas e as asas. Essas guloseimas podem ser marinadas ou mergulhadas em massa de farinha, ovos e leite, e depois fritas, mergulhadas em óleo, fervidas e apimentadas, assadas e trituradas, ou fritas em pouco óleo, bem quente, com os temperos favoritos.

A coleta em larga escala ou a produção em massa de insetos para consumo humano trazem alguns problemas práticos. O tamanho pequeno da maioria dos insetos traz dificuldades na coleta ou na criação e no processamento para venda. A imprevisibilidade de muitas populações selvagens precisa ser superada por meio do desenvolvimento de técnicas de cultura, em especial porque a superexploração da natureza poderia ameaçar a viabilidade de algumas populações de insetos. Outro problema é que nem todas as espécies de insetos são seguras para se comer. Insetos com coloração de advertência são com frequência desagradáveis ou tóxicos (Capítulo 14), e algumas pessoas podem desenvolver alergias às substâncias dos insetos (seção 15.6.3). Contudo, existem algumas vantagens no consumo de insetos. O encorajamento da entomofagia em muitas sociedades rurais, em particular naquelas com história de uso de insetos, pode ajudar a diversificar as dietas das pessoas. Com a incorporação de coleta em massa de insetos-pragas nos programas de controle, o uso de inseticidas pode ser reduzido. Além disso, se cuidadosamente regulado, o cultivo de insetos para obtenção de proteínas deve ser menos danoso sob o ponto de vista ambiental do que a criação de gado, que devasta florestas e campos nativos. A criação de insetos (o cultivo de um minirrebanho) é compatível com uma agricultura sustentável que consome poucos recursos, e a maioria dos insetos apresenta alta eficiência na conversão de alimento, em comparação com os animais de criação convencionais. Entretanto, a coleta descontrolada de insetos selvagens pode, e está causando preocupações relativas à conservação, especialmente em partes da Ásia e África, onde populações de alguns insetos comestíveis estão ameaçadas devido à coleta excessiva e também à perda de hábitat.

1.8.2 Insetos como alimento para animais domésticos

Embora muitas pessoas não gostem da ideia de comer insetos, o conceito de insetos como fonte de proteína para animais domésticos é bem aceitável. A importância nutritiva de insetos como alimento para peixes, aves, porcos e martas crescidas em fazendas certamente é reconhecida na China, onde testes alimentícios mostraram que dietas derivadas de insetos podem ser alternativas de baixo custo às mais convencionais dietas à base de peixes. Os insetos envolvidos são principalmente as pupas de bichos-da-seda (*Bombyx mori*), as larvas e pupas da mosca comum (*Musca domestica*) e as larvas do besouro *Tenebrio molitor*. Os mesmos insetos, ou outros aparentados, estão sendo usados ou investigados em outros lugares, em particular como alimento vivo para aves e peixes. Pupas de bichos-da-seda, um subproduto da indústria de seda, proporcionam um suplemento altamente proteico para galinhas. Na Índia, as aves são alimentadas com o que resta depois que o óleo é extraído das pupas. Larvas de moscas dadas às galinhas conseguem reciclar o esterco dos animais, e o desenvolvimento de sistemas de reciclagem usando insetos para converter resíduos orgânicos em suplementos alimentares está em andamento (ver Boxe 9.1).

Claramente, os insetos têm o potencial para fazer parte da base nutricional de pessoas e de seus animais domésticos. Mais pesquisas e um banco de dados com identificações acuradas são necessários para lidar com as informações biológicas. É crucial conhecer com quais espécies estamos lidando, para que possamos usar as informações conseguidas em outros lugares sobre a mesma ou uma espécie correlata. Dados sobre valor nutritivo, ocorrência sazonal, plantas hospedeiras ou outras necessidades relativas à dieta, além de métodos de coleta e criação, precisam ser verificados para todos os insetos usados de forma efetiva ou potencial como alimento. Oportunidades para empresas alimentícias de insetos são numerosas, dada a imensa diversidade deles.

Leitura sugerida

Basset, Y., Cizek, L., Cuénoud, P. *et al.* (2012) Arthropod diversity in a tropical forest. *Science* **338**, 1481–4.

Boppré, M. & Vane-Wright, R.I. (2012) The butterfly house industry: conservation risks and education opportunities. *Conservation and Society* **10**, 285–303.

Bossart, J.L. & Carlton, C.E. (2002) Insect conservation in America. *American Entomologist* **40**(2), 82–91.

Brock, R.L. (2006) Insect fads in Japan and collecting pressure on New Zealand insects. *The Weta* **32**, 7–15.

Cardoso, P., Erwin, T.L., Borges, P.A.V. & New, T.R. (2011) The seven impediments in invertebrate conservation and how to overcome them. *Biological Conservation* **144**, 2647–55.

DeFoliart, G.R. (1989) The human use of insects as food and as animal feed. *Bulletin of the Entomological Society of America* **35**, 22–35.

DeFoliart, G.R. (1999) Insects as food; why the western attitude is important. *Annual Review of Entomology* **44**, 21–50.

DeFoliart, G.R. (2012) The human use of insects as a food resource: a bibliographic account in progress. [Available online at http://www.food-insects.com]

Erwin, T.L. (1982) Tropical forests: their richness in Coleoptera and other arthropod species. *The Coleopterists Bulletin* **36**, 74–5.

Foottit, R.G. & Adler, P.H. (eds.) (2009) *Insect Biodiversity: Science and Society*. Wiley-Blackwell, Chichester.

Gallai, N., Salles, J.-M., Settele, J. & Vaissière, B.E. (2009) Economic valuation of the vulnerability of world agriculture confronted with pollinator decline. *Ecological Economics* **68**, 810–21.

Goka, K., Kojima, H. & Okabe, K. (2004) Biological invasion caused by commercialization of stag beetles in Japan. *Global Environmental Research* **8**, 67–74.

International Commission of Zoological Nomenclature (1999) *International Code of Zoological Nomenclature*, 4th edn. International Trust for Zoological Nomenclature, London. [Available online at http://iczn.org/code]

Kawahara, A.Y. (2007) Thirty-foot of telescopic nets, bug-collecting video games, and beetle pets: entomology in modern Japan. *American Entomologist* **53**, 160–72.

Lemelin, R.H. (ed) (2012) *The Management of Insects in Recreation and Tourism*. Cambridge University Press, Cambridge.

Lockwood, J.A. (2009) *Six-legged Soldiers: Using Insects as Weapons of War*. Oxford University Press, New York.

Losey, J.E. & Vaughan, M. (2006) The economic value of ecological services provided by insects. *BioScience* **56**, 311–23.

New, T.R. (2009) *Insect Species Conservation*. Cambridge University Press, Cambridge.

New, T.R. (2010) *Beetles in Conservation*. Wiley-Blackwell, Chichester.

New, T.R. (ed.) (2012) *Insect Conservation: Past, Present and Prospects*. Springer, Dordrecht, New York.

New, T.R. (2012) *Hymenoptera and Conservation*. Wiley-Blackwell, Chichester.

New, T.R. & Samways, M.J. (2014) Insect conservation in the southern temperate zones: an overview. *Austral Entomology* **53**, 26–31.

Novotny, V., Drozd, P., Miller, S.E. *et al.* (2006) Why are there so many species of herbivorous insects in tropical rainforests? *Science* **313**, 1115–8.

Pech, P., Fric, Z. & Konvicka, M. (2007) Species-specificity of the *Phengaris* (*Maculinea*) – *Myrmica* host system: fact or myth? (Lepidoptera: Lycaenidae; Hymenoptera: Formicidae). *Sociobiology* **50**, 983–1003.

Samways, M.J. (2005) *Insect Diversity Conservation*. Cambridge University Press, Cambridge.

Samways, M.J., McGeoch, M.A. & New, T.R. (2010) *Insect Conservation: A Handbook of Approaches and Methods (Techniques in Ecology and Conservation)*. Oxford University Press, Oxford.

Sands, D.P.A. & New, T.R. (2013) *Conservation of the Richmond Birdwing Butterfly in Australia*. Springer Dordrecht, New York.

Saul-Gershenz, L. (2009) Insect zoos. In: *Encyclopedia of Insects*, 2nd edn (eds *V.H. Resh & R.T. Cardé*), pp. 516–23. Elsevier, San Diego, CA.

Speight, M.R., Hunter, M.D. & Watt, A.D. (2008) *Ecology of Insects. Concepts and Applications*, 2nd edn. Wiley-Blackwell, Chichester.

Thomas, J.A., Simcox, D.J. & Clarke, R.T. (2009) Successful conservation of a threatened *Maculinea* butterfly. *Science* **325**, 80–3.

Tsutsui, N.D. & Suarez, A.V. (2003) The colony structure and population biology of invasive ants. *Conservation Biology* **17**, 48–58.

van Huis, A. (2013) Potential of insects as food and feed in assuring food security. *Annual Review of Entomology* **58**, 563–83.

van Huis, A., van Itterbeeck, J., Klunder, H. *et al.* (2013) Edible Insects: Future Prospects for Food and Feed Security. *FAO Forestry Paper 171*, 187 pp. Food and Agriculture Organization of the United Nations, Rome.

Wagner, D.L. & Van Driesche, R.G. (2010) Threats posed to rare or endangered insects by invasions of nonnative species. *Annual Review of Entomology* **55**, 547–68.

Wetterer, J.K. (2013) Exotic spread of *Solenopsis invicta* Buren (Hymenoptera: Formicidae) beyond North America. *Sociobiology* **60**, 50–5.

Capítulo 2

Anatomia Externa

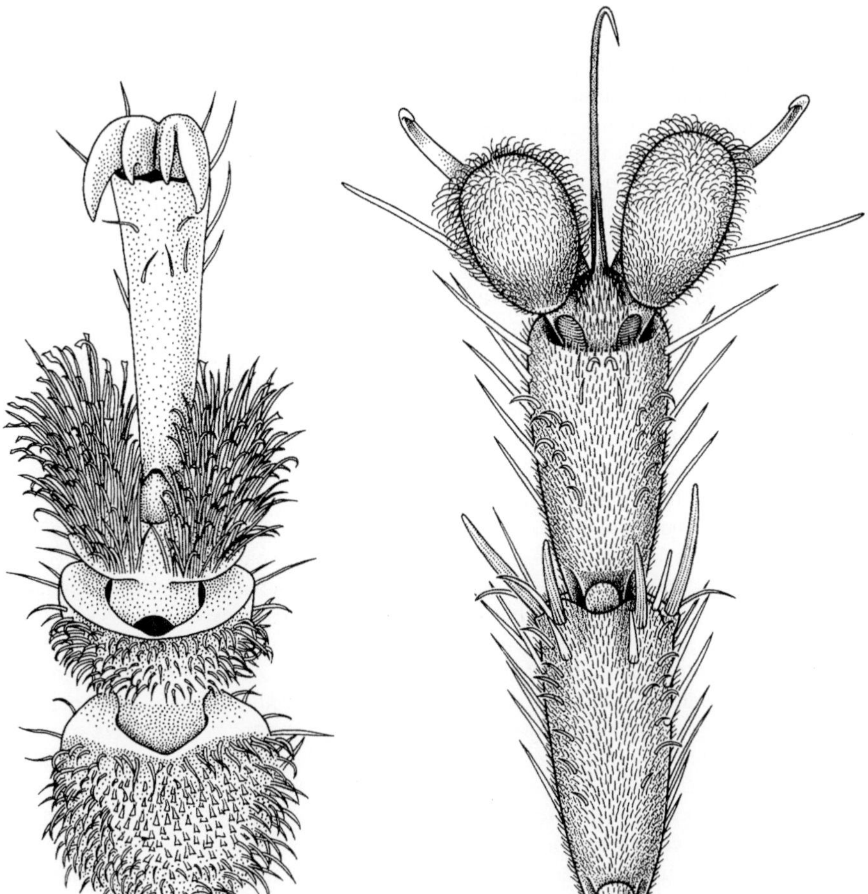

"Pernas" de um besouro (à esquerda) e de uma mosca (à direita). (Segundo micrografias eletrônicas de varredura por C.A.M. Reid e A.C. Stewart.)

Os insetos são invertebrados segmentados que possuem o esqueleto externo (exoesqueleto) articulado característico de todos os artrópodes. Os grupos são distinguidos por meio de várias modificações do exoesqueleto e dos apêndices – por exemplo, os Hexapoda, aos quais os Insecta pertencem (seção 7.2), são caracterizados por terem adultos com seis pernas. Muitas características anatômicas dos apêndices, em especial das peças bucais, pernas, asas e o ápice abdominal, são importantes para o reconhecimento de grandes grupos nos hexápodes, incluindo as ordens, famílias e gêneros de insetos. As diferenças entre as espécies com frequência são indicadas por diferenças anatômicas menos óbvias. Além disso, a análise biomecânica da morfologia (p. ex., estudar como os insetos voam ou se alimentam) depende de um conhecimento profundo de características estruturais. Claramente, um conhecimento da anatomia externa é necessário para interpretar e apreciar as funções das várias formas dos insetos e para permitir a identificação dos insetos e dos seus parentes hexápodes. Neste capítulo, descrevemos e discutimos a cutícula, a segmentação do corpo e a estrutura da cabeça, do tórax e do abdome, e de seus apêndices.

A compreensão de algumas noções básicas sobre classificação e terminologia é fundamental para a informação que se segue neste capítulo. Os insetos adultos normalmente têm asas (a maioria dos Pterigota), cuja estrutura pode diagnosticar ordens, mas existe um grupo de insetos primitivamente ápteros (os "apterigotos") (ver seção 7.4.1 e Taxoboxe 2 para características exatas). Nos Insecta, três padrões principais de desenvolvimento podem ser reconhecidos (ver seção 6.2). Os apterigotos (e insetos não hexápodes) desenvolvem-se até a fase adulta com poucas mudanças na forma do corpo (ametabolia), exceto pela maturação sexual por meio do desenvolvimento de gônadas e genitália. Todos os outros insetos têm ou uma mudança gradual na forma do corpo (hemimetabolia), com os brotos alares externos aumentando a cada muda, ou uma mudança abrupta a partir de um inseto imaturo áptero para um estágio adulto alado, por meio de um estágio de pupa (holometabolia). Os estágios imaturos de insetos hemimetábolos são geralmente chamados de ninfas, ao passo que aqueles dos insetos holometábolos são chamados de larvas.

As estruturas anatômicas de diferentes táxons são homólogas se compartilharem uma origem evolutiva, ou seja, se a base genética for herdada a partir de um ancestral comum para ambos. Por exemplo, acredita-se que as asas de todos os insetos sejam homólogas; isso significa que as asas (mas não necessariamente o voo, ver seção 8.4) originaram-se apenas uma vez. A homologia das estruturas geralmente é inferida por meio da comparação da similaridade na ontogenia (desenvolvimento desde o ovo até o adulto), composição (tamanho e aspecto detalhado) e posição (no mesmo segmento e mesma posição relativa naquele segmento). A homologia das asas dos insetos é demonstrada por similaridades na nervação e na articulação – as asas de todos os insetos podem ser derivadas do mesmo plano básico (conforme explicado na seção 2.4.2). Algumas vezes, a associação com outras estruturas com homologia conhecida pode ser útil no estabelecimento da homologia de uma estrutura de origem incerta. Outro tipo de homologia, chamada de homologia serial, refere-se a estruturas correspondentes em diferentes segmentos de um único inseto. Dessa maneira, os apêndices de cada segmento do corpo são serialmente homólogos, embora nos insetos atuais aqueles da cabeça (antenas e peças bucais) sejam, na aparência, muito diferentes daqueles do tórax (pernas locomotoras) e do abdome (genitália e cercos). O modo pelo qual estudos moleculares de desenvolvimento confirmam essas homologias seriais está descrito no Boxe 6.1.

2.1 CUTÍCULA

A cutícula é uma das principais contribuintes para o sucesso dos Insecta. Essa camada inerte produz o forte exoesqueleto do corpo e dos membros, os apódemas (suportes internos e pontos de fixação da musculatura), e as asas, além de atuar como uma barreira entre os tecidos vivos e o meio ambiente. Internamente, a cutícula reveste os tubos traqueais (seção 3.5), alguns ductos glandulares, e o estomodeu e o mesênteron do trato digestivo. A cutícula pode variar desde rígida e parecida com uma armadura, como a encontrada na maioria dos besouros adultos, até fina e flexível, como a encontrada em muitas larvas. A restrição à perda de água é uma função crucial da cutícula, imprescindível ao sucesso dos insetos no ambiente terrestre. A tensão mecânica do exoesqueleto resulta tanto das características químicas e físicas da cutícula (descritas adiante), como também do formato de diversas partes (placas, segmentos apendiculares etc.), que podem ser curvadas, onduladas ou tubulares, e que em geral apresentam bordas fortalecidas, frisos ou outros reforços.

A cutícula é fina, mas sua estrutura é complexa e varia entre os diferentes grupos taxonômicos, assim como ao longo do desenvolvimento de um único inseto (p. ex., larvas *versus* pupas *versus* adultos) e também em diferentes partes do seu corpo. Uma camada única de células, a epiderme, localiza-se mais abaixo e secreta a cutícula, a qual consiste em uma procutícula mais espessa, revestida por uma epicutícula fina (Figura 2.1). A epiderme e a cutícula juntas formam um tegumento – a cobertura mais externa dos tecidos vivos de um inseto. A epiderme está intimamente associada ao processo de muda – os eventos e processos que conduzem à ecdise e a incluem, ou seja, o desprendimento da cutícula velha (seção 6.3).

A epicutícula varia de 1 a 4 μm em espessura e em geral consiste em quatro camadas (da interna para a externa): uma epicutícula interna, uma epicutícula externa (ocasionalmente denominada camada de cuticulina), uma camada lipídica ou de cera e uma camada superficial de cimento variavelmente discreta. A composição química da epicutícula e de suas camadas externas é essencial para evitar a desidratação, uma função originada de lipídios que repelem a água (hidrofóbicos), em especial hidrocarbonetos. Esses compostos incluem lipídios livres e ligados a proteínas, de modo que os revestimentos de cera mais externos fornecem um brilho para a superfície externa de alguns insetos. Outros padrões cuticulares, tais como a refletividade da luz, são produzidos por vários tipos de microesculturas da superfície da epicutícula, tais como tubérculos, regulares ou irregulares, cristas, ou pequenas cerdas, em alta densidade. A composição lipídica pode variar e a quantidade de cera pode aumentar sazonalmente ou sob condições secas. Além de reter a água, a superfície cerosa pode dissuadir a predação, produzir padrões para mimetismo ou camuflagem, repelir o excesso de água da chuva, refletir a radiação solar e ultravioleta, ou fornecer sinais olfatórios específicos da espécie (ver seções 4.3.2 e 7.1.2).

A epicutícula não pode se estender e não constitui um apoio. Ao contrário, o apoio é proporcionado pela cutícula quitinosa subjacente, conhecida como procutícula, quando é secretada pela primeira vez. Essa se diferencia em uma endocutícula mais espessa coberta por uma exocutícula mais fina, em virtude da esclerotização dessa última. A procutícula pode variar entre 10 μm e 0,5 mm de espessura, e consiste primariamente em um complexo de quitina e proteínas. Ela se diferencia da epicutícula sobrejacente, a qual não possui quitina. Existe uma diversidade de proteínas cuticulares, desde 10 até mais de 100 tipos em qualquer tipo particular de cutícula, sendo que as cutículas duras têm diferentes proteínas em relação às cutículas flexíveis. Diferentes

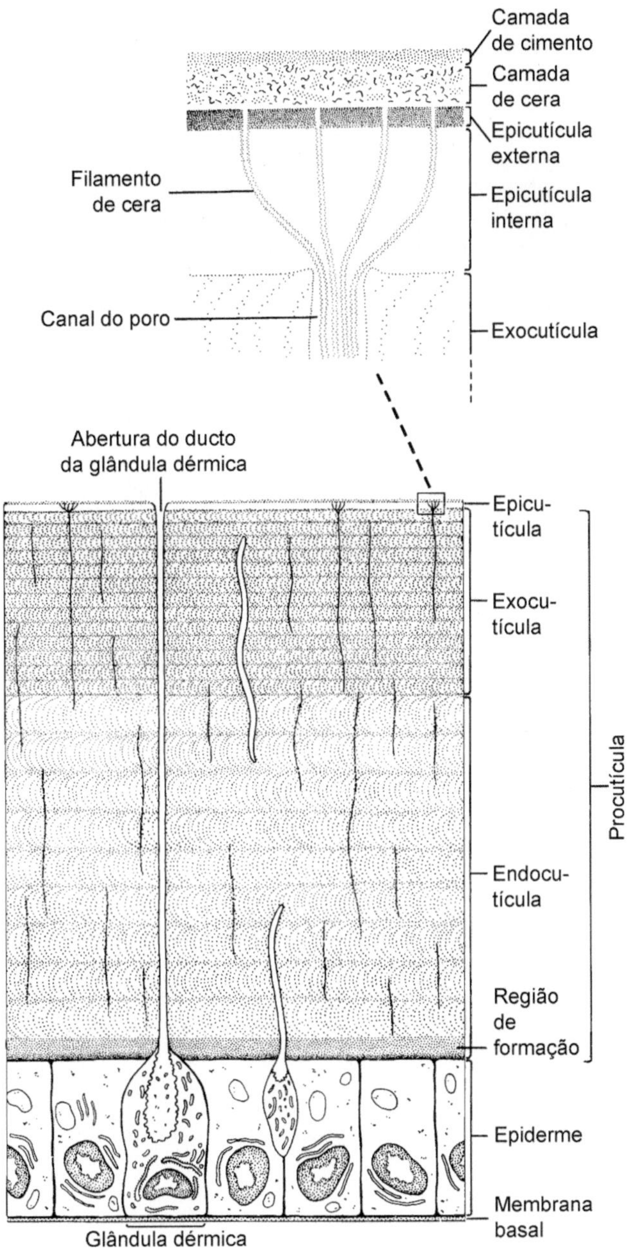

Figura 2.1 Estrutura geral da cutícula dos insetos; a ampliação mostra detalhes da epicutícula. (Segundo Hepburn, 1985; Hadley, 1986; Binnington, 1993).

espécies de insetos têm diferentes proteínas nas suas cutículas. Essa variação na composição das proteínas contribui para as características específicas de diferentes cutículas.

A **quitina** é encontrada como um elemento de apoio nas paredes das células de fungos e nos exoesqueletos dos artrópodes. Ela é um polímero não ramificado de alto peso molecular – um polissacarídeo amino-açúcar predominantemente composto de unidades de *N*-acetil-D-glicosamina com ligações β-(1-4) (Figura 2.2). As moléculas de quitina são agrupadas em feixes e se reúnem em microfilamentos flexíveis, que estão imersos em, e intimamente ligados a, uma matriz proteica, proporcionando uma grande força elástica. A organização mais comum dos microfilamentos de quitina é na forma de um folheto, no qual os microfilamentos estão em paralelo. Na exocutícula, cada folheto sucessivo se encontra no mesmo plano, mas pode estar orientado com uma leve angulação em relação ao folheto anterior, de modo que uma

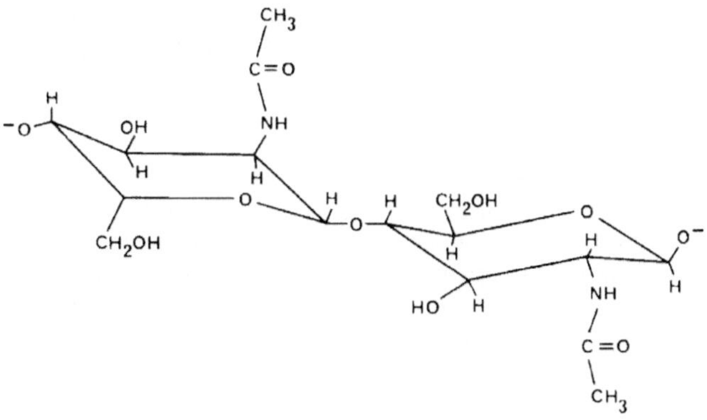

Figura 2.2 Estrutura de parte da cadeia de quitina, mostrando duas unidades de *N*-acetil-D-glicosamina ligadas. (Segundo Cohen, 1991.)

camada de muitos folhetos produz um arranjo helicoidal, o qual, em uma secção da cutícula, aparece como bandas claras e escuras alternadas (lamelas). Portanto, os padrões parabólicos e os arranjos lamelares, claramente visíveis em secções de cutícula, representam um artefato óptico resultante da orientação dos microfilamentos (Figura 2.3). Na endocutícula, a alternância entre arranjos em pilha ou helicoidais de folhetos de microfilamentos pode ocorrer, com frequência originando lamelas mais espessas do que na exocutícula. Diferentes arranjos podem ser depositados durante o escuro em relação ao dia, o que permite a determinação precisa da idade de muitos insetos adultos.

Grande parte da resistência da cutícula vem de uma grande quantidade de pontes de hidrogênio nas cadeias de quitina adjacentes. Um endurecimento adicional vem da esclerotização, um processo irreversível que escurece a exocutícula e torna as proteínas insolúveis em água. A esclerotização pode ser o resultado de ligações das cadeias proteicas adjacentes por pontes fenólicas (tanagem por quinona), ou de desidratação controlada das cadeias, ou de ambos os processos atuando simultaneamente. Apenas a exocutícula se torna esclerotizada. A deposição de pigmento na cutícula, incluindo a deposição de melanina, pode ser associada a quinonas, mas é adicional à esclerotização e não necessariamente está associada a ela. A extrema dureza da margem cortante das mandíbulas de alguns insetos está relacionada com a presença de zinco e/ou manganês na cutícula.

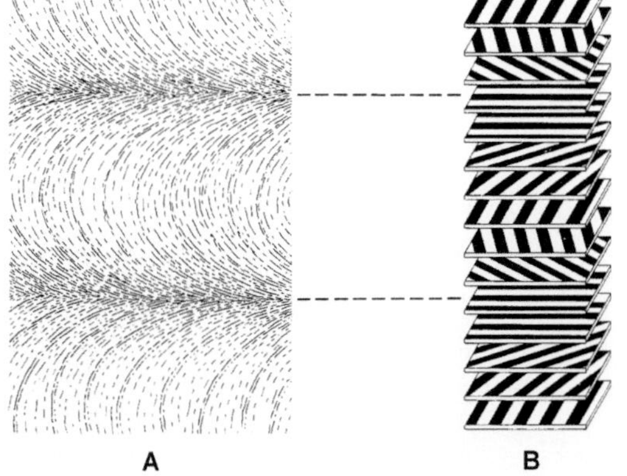

Figura 2.3 Ultraestrutura da cutícula (a partir de uma electromicrografia de transmissão). **A.** Organização dos microfilamentos de quitina em um arranjo helicoidal produz padrões parabólicos característicos (embora sejam artefatos). **B.** Diagrama de como a rotação dos microfilamentos produz o efeito lamelar por causa de os microfilamentos estarem ora alinhados ora não alinhados ao plano de secção. (Segundo Filshie, 1982.)

Ao contrário da cutícula sólida, típica dos escleritos e peças bucais, tais como as mandíbulas, cutículas macias, plásticas e altamente flexíveis ou verdadeiramente elásticas ocorrem nos insetos em diferentes locais e proporções. Em locais onde ocorrem movimentos elásticos ou semelhantes aos de uma mola, como nos ligamentos das asas ou para o salto de uma pulga, a resilina – uma proteína semelhante à borracha – está presente. As cadeias de polipeptídios em espiral dessa proteína funcionam como uma mola mecânica sob tensão ou compressão, ou curvada.

Nas larvas de corpo mole e nas membranas entre os segmentos, a cutícula deve ser resistente, mas também flexível e capaz de sofrer extensão. Essa cutícula "maleável", algumas vezes chamada de membrana artrodial, é evidente em fêmeas gravídicas, por exemplo, durante a fase de oviposição do gafanhoto migratório, *Locusta migratoria* (Orthoptera: Acrididae), no qual as membranas intersegmentais podem estar expandidas em até 20 vezes para a oviposição. De maneira semelhante, a dilatação abdominal total das rainhas de cupins (ver Prancha 6C), abelhas e formigas gravídicas é possível por meio da expansão de cutícula não esclerotizada. Nesses insetos, a epicutícula não elástica sobrejacente se expande por seu desdobramento a partir de um estado original altamente dobrado, e uma nova epicutícula é formada. Um exemplo extremo da expansibilidade da membrana artrodial pode ser visto nas formigas *Camponotus inflatus* (Figura 2.4; ver também Prancha 2H e seção 12.2.3). Nas ninfas de *Rhodnius* (Hemiptera: Reduviidae), mudanças na estrutura molecular da cutícula permitem que o estiramento efetivo da membrana abdominal ocorra em resposta ao influxo de um grande volume de líquido durante a alimentação.

Componentes estruturais cuticulares, ceras, cimentos, feromônios (Capítulo 4), substâncias de defesa e outros compostos são produtos da epiderme, a qual é uma única camada quase contínua de células abaixo da cutícula, ou de células secretoras associadas à epiderme. Muitos desses compostos são secretados para o lado externo da epicutícula dos insetos. Numerosos canais de poro delicados atravessam a procutícula e depois se ramificam em numerosos canais de cera ainda mais delicados (contendo filamentos de cera) dentro da epicutícula (ver ampliação na Figura 2.1); esse sistema transporta lipídios (ceras), a partir da

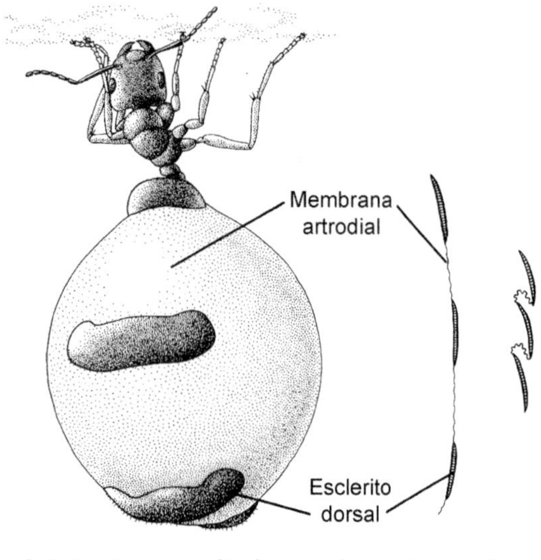

Figura 2.4 Operária especializada, ou repleta, da formiga *Camponotus inflatus* (Hymenoptera: Formicidae), a qual guarda mel em seu abdome elástico e atua como um estoque alimentar para a colônia. A membrana artrodial entre as placas tergais está representada à direita nas suas condições estendida e dobrada, respectivamente. (Segundo Hadley, 1986; Devitt, 1989.)

epiderme, para a superfície epicuticular. Os canais de cera também podem ter uma função estrutural dentro da epicutícula. As glândulas dérmicas (glândulas exócrinas) associadas à epiderme podem produzir cimento e/ou cera ou outros produtos, que são transportados a partir das células secretoras através de ductos para a superfície da cutícula ou para um reservatório que se abre na superfície. Glândulas que secretam cera são em particular bem desenvolvidas em cochonilhas e outros homópteros (escamas) (Figura 2.5). As formigas também têm um número impressionante de glândulas exócrinas, com 20 tipos diferentes identificados apenas nas pernas.

Os insetos são bem dotados com prolongamentos cuticulares, variando desde prolongamentos finos e parecidos com cerdas até robustos e parecidos com espinhos. Quatro tipos básicos de protuberâncias (Figura 2.6), todas com cutícula esclerotizada, podem ser reconhecidos:

- Os espinhos são multicelulares, com células epidérmicas não diferenciadas
- As cerdas, também chamadas de pelos, macrotríquios ou sensilas tricoides, são multicelulares com células especializadas
- Os acantos são de origem unicelular
- Os microtríquios são subcelulares, com muitos prolongamentos por célula.

As cerdas percebem a maior parte do meio ambiente tátil dos insetos. Cerdas muito modificadas são as escamas, que são as cerdas achatadas encontradas em borboletas e mariposas (Lepidoptera) e, esporadicamente, em outros insetos. Três células separadas formam cada cerda, uma para a formação do pelo (célula tricogênica), uma para a formação do soquete (célula tormogênica) e uma célula sensorial (ver Figura 4.1).

Não existe tal diferenciação celular nos espinhos multicelulares, nos acantos unicelulares e nos microtríquios subcelulares. As funções desses tipos de protuberâncias são variadas e, algumas vezes, contestáveis, mas sua função sensorial parece ser limitada. A produção do padrão, incluindo a cor, pode ser expressiva para algumas das projeções microscópicas. Os espinhos são imóveis, mas se forem articulados, são chamados de esporões. Tanto os espinhos quanto os esporões podem ter processos unicelulares ou subcelulares.

2.1.1 Produção da cor

As diversas cores dos insetos são produzidas pela interação da luz com a cutícula e/ou com células ou líquido subjacentes a ela, por meio de dois mecanismos diferentes. As cores físicas (estruturais) são o resultado de dispersão, interferência e difração da luz, ao passo que as cores pigmentares são derivadas da absorção da luz visível por diversas substâncias químicas. Com frequência, ambos os mecanismos ocorrem juntos para produzir a cor diferente daquela produzida por apenas um dos mecanismos.

Todas as cores físicas originam-se da cutícula e de suas protuberâncias. As cores que se originam por interferência, tais como a iridescente e a ultravioleta, são produzidas pela refração que ocorre a partir de camadas variavelmente espaçadas e refletivas, produzidas pela disposição dos microfilamentos na exocutícula ou, em alguns besouros, na epicutícula, e pela difração a partir de superfícies regularmente texturizadas, tais como em muitas escamas. As cores produzidas pela dispersão da luz dependem do tamanho das irregularidades da superfície em relação ao comprimento de onda da luz. Dessa maneira, as cores brancas são produzidas por estruturas maiores do que o comprimento de onda, de tal modo que toda a luz é refletida, ao passo que as cores azuis são produzidas por irregularidades que refletem apenas os

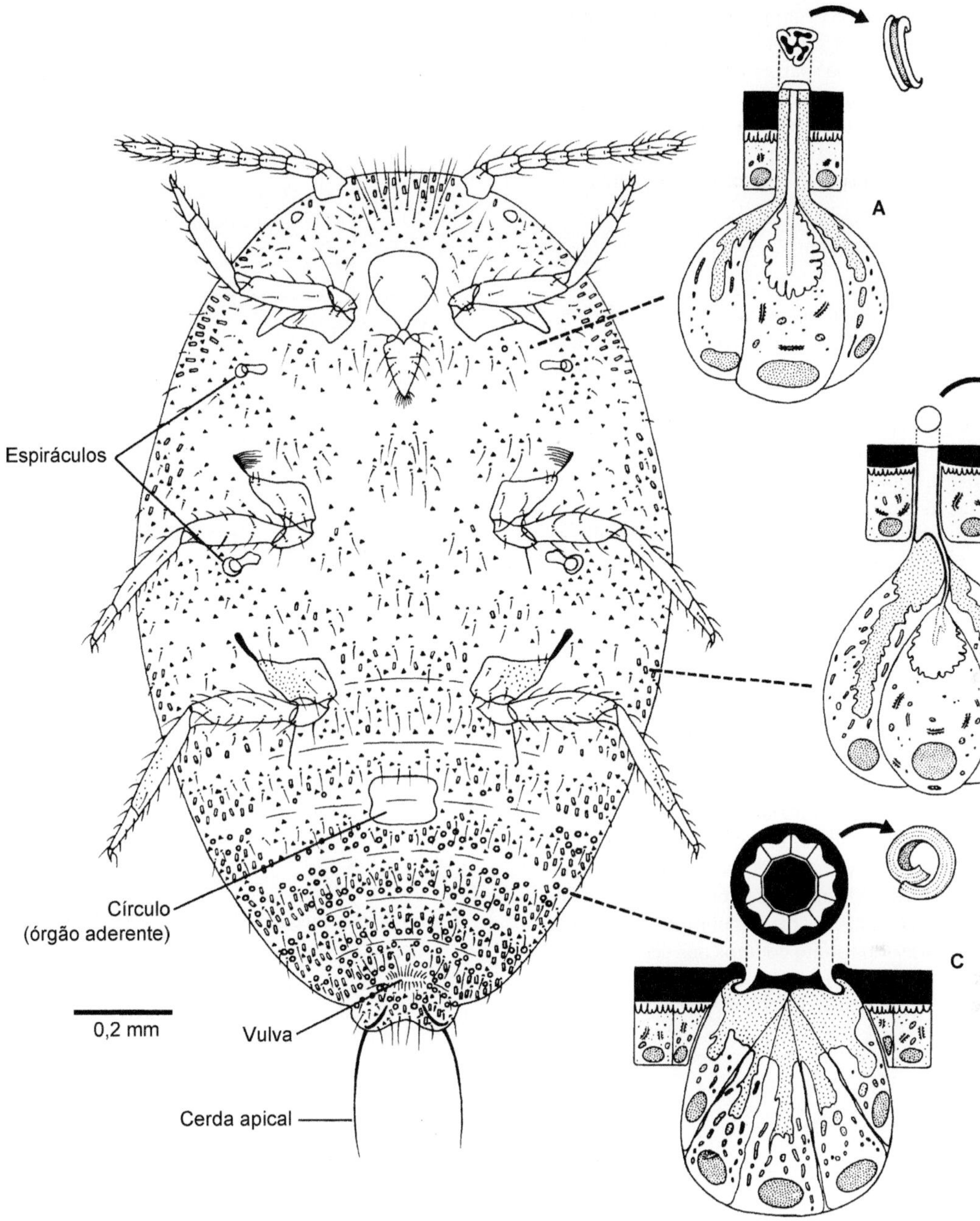

Figura 2.5 Poros e ductos cuticulares no ventre de uma fêmea adulta de *Planococcus citri* (Hemiptera: Pseudococcidae). As ampliações representam a ultraestrutura das glândulas de cera e as várias secreções cerosas (indicadas pelas setas) associadas a três tipos de estruturas cuticulares: **A.** um poro trilocular; **B.** um ducto tubular; **C.** um poro multilocular. Os filamentos ondulados de cera dos poros triloculares formam uma cobertura de proteção do corpo, e previnem a contaminação com a sua própria excreta açucarada, ou *honeydew*; os filamentos longos e ocos, ou ondulados mais curtos, dos ductos tubulares e poros multiloculares, respectivamente, formam o ovissaco. (Segundo Foldi, 1983; Cox, 1987.)

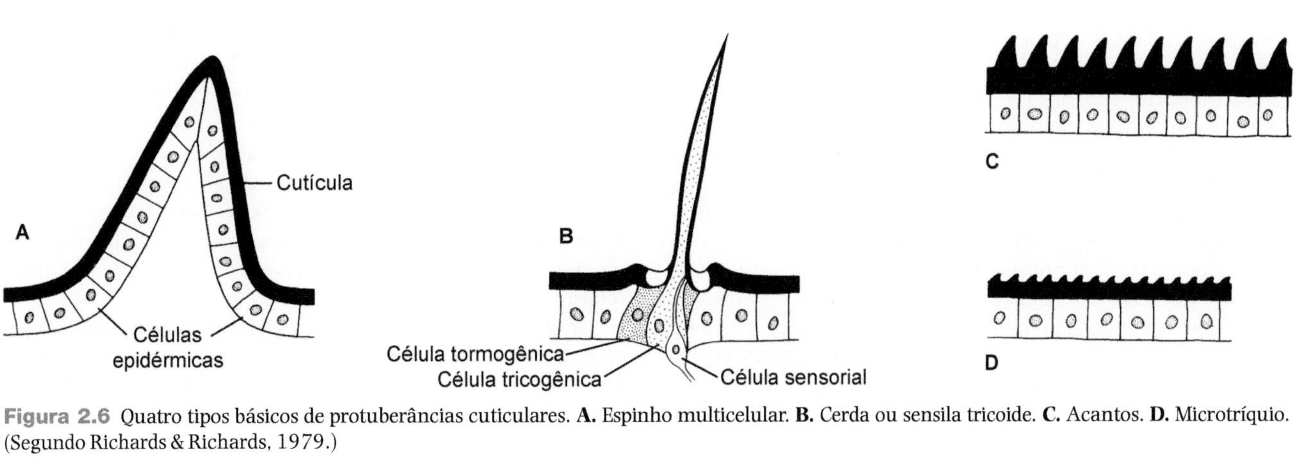

Figura 2.6 Quatro tipos básicos de protuberâncias cuticulares. **A.** Espinho multicelular. **B.** Cerda ou sensila tricoide. **C.** Acantos. **D.** Microtríquio. (Segundo Richards & Richards, 1979.)

comprimentos de onda curtos. A cor preta das asas de algumas borboletas, tais como *Papilio ulysses* (Lepidoptera: Papilionidae), é produzida pela absorção da maior parte da luz através de uma combinação de pigmentos que absorvem luz e escamas especialmente estruturadas na asa que impedem que a luz seja dispersa ou refletida.

Os pigmentos dos insetos são produzidos de três maneiras:

- Pelo próprio metabolismo do inseto
- Sequestrados a partir de uma planta
- Por micróbios endossimbiontes (raramente).

Os pigmentos podem estar localizados em cutícula, epiderme, hemolinfa ou corpo gorduroso. O escurecimento da cutícula é a cor mais ubíqua dos insetos. Isso pode ser provocado tanto pela esclerotização (não relacionada à pigmentação) quanto pela deposição exocuticular de melaninas, que são um grupo de polímeros heterogêneos que podem produzir cor preta, marrom, amarela ou vermelha. Carotenoides, homocromos, papiliocromos e pteridinas (pterinas) na maioria das vezes produzem cores amarelas a vermelhas; flavonoides produzem os amarelos; e tetrapirrólicos (incluindo os produtos de degradação de porfirinas, tais como a clorofila e a hemoglobina) originam as cores vermelhas, azuis e verdes. Os pigmentos de quinona ocorrem nas cochonilhas, como antraquinonas vermelhas e amarelas (p. ex., o carmim-de-cochonilhas), e nos pulgões, como afinas que variam de amarelo a vermelho até azul-esverdeado escuro e preto.

As cores têm diversas funções além dos papéis óbvios dos padrões de coloração nos comportamentos sexuais e defensivos. Por exemplo, os homocromos são os principais pigmentos visuais dos olhos dos insetos, ao passo que a melanina preta, que é uma proteção efetiva para os potencialmente danosos raios solares, pode converter a energia luminosa em calor, além de funcionar como um escoadouro para os radicais livres os quais poderiam, de outra forma, danificar as células. As hemoglobinas vermelhas, que são pigmentos respiratórios muito comuns nos vertebrados, ocorrem em alguns poucos insetos, em especial em algumas larvas de mosquitos-pólvora e alguns poucos insetos aquáticos, nos quais elas têm uma função respiratória semelhante.

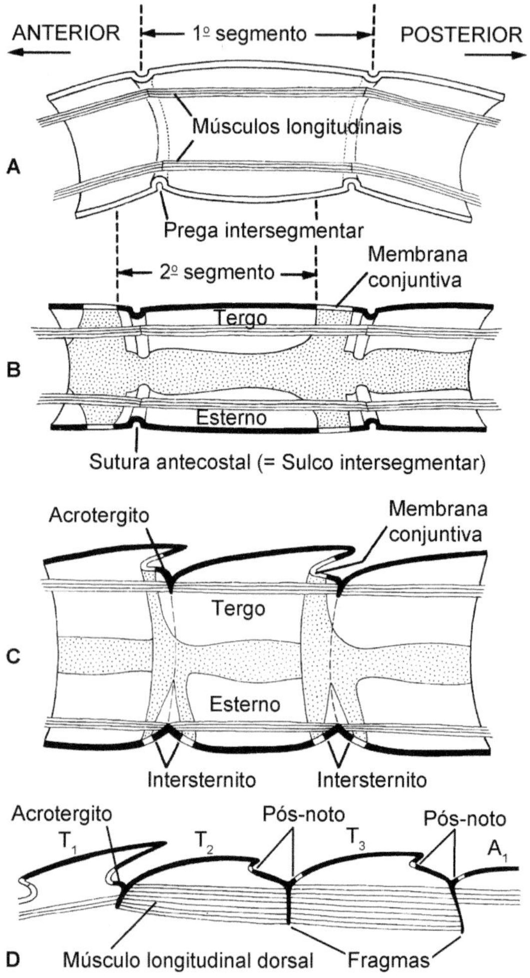

Figura 2.7 Tipos de segmentação do corpo. **A.** Segmentação primária, como observada nas larvas de corpo mole de alguns insetos. **B.** Segmentação secundária simples. **C.** Segmentação secundária mais derivada. **D.** Secção longitudinal do dorso do tórax de insetos alados, nos quais os acrotergitos do segundo e terceiro segmentos aumentaram e tornaram-se o pós-noto. (Segundo Snodgrass, 1935.)

2.2 SEGMENTAÇÃO E TAGMOSE

A segmentação metamérica, tão evidente nos anelídeos, é visível apenas em algumas larvas não esclerotizadas (Figura 2.7A). A segmentação vista no adulto esclerotizado ou em uma ninfa de inseto não é diretamente homóloga àquela das larvas de insetos, uma vez que a esclerotização se estende para além de cada segmento primário (Figura 2.7B,C). Cada segmento aparente representa uma área de esclerotização, que se inicia na frente da prega que demarca o segmento primário e se estende até quase a parte traseira daquele segmento, deixando uma área não esclerotizada do segmento primário, a **membrana conjuntiva** ou **membrana intersegmentar**. Essa **segmentação secundária** significa que a musculatura, a qual está sempre inserida nas pregas, está fixada a uma cutícula sólida em vez de uma cutícula flexível. Os segmentos aparentes dos insetos adultos, tais como os do abdome, são de origem secundária, mas nos referimos a eles simplesmente como segmentos, por todo este texto.

Em insetos adultos e ninfas, e em hexápodes em geral, uma das características externas mais impressionantes é a amalgamação dos segmentos em unidades funcionais. Esse processo de **tagmose** originou os **tagmas** (regiões) familiares da **cabeça**, do **tórax** e do **abdome**. Nesse processo, os 20 segmentos originais se dividiram em uma cabeça com seis segmentos, um tórax com três segmentos, e um abdome com 11 segmentos (mais o télson, primitivamente), todos detectáveis embriologicamente, embora graus variáveis de fusão impliquem que o número total nunca seja visível.

Antes de discutir a morfologia externa com mais detalhes, é necessário fazer algumas indicações de orientação. O corpo bilateralmente simétrico pode ser descrito de acordo com três eixos:

- **Longitudinal**, ou **anterior** a **posterior**, também chamado de **cefálico** (cabeça) a **caudal** (cauda)
- **Dorsoventral**, ou **dorsal** (superior) a **ventral** (inferior)
- **Transversal**, ou **lateral** (exterior), através do eixo longitudinal até a lateral oposta (Figura 2.8).

Para os apêndices, tais como as pernas ou asas, os termos **proximal** ou **basal** significam próximos ao corpo, ao passo que **distal** ou **apical** significam distantes do corpo. Além disso, as estruturas são **medianas**, se estiverem próximas à linha mediana, ou laterais, se estiverem próximas à extremidade do corpo, em relação a outras estruturas.

Quatro regiões principais da superfície do corpo podem ser reconhecidas: o **dorso** ou superfície superior; o **ventre** ou superfície inferior; e as duas **pleuras** laterais, que separam o dorso do ventre e que apresentam as bases dos membros, se eles estiverem presentes. A esclerotização que ocorre em áreas definidas dá

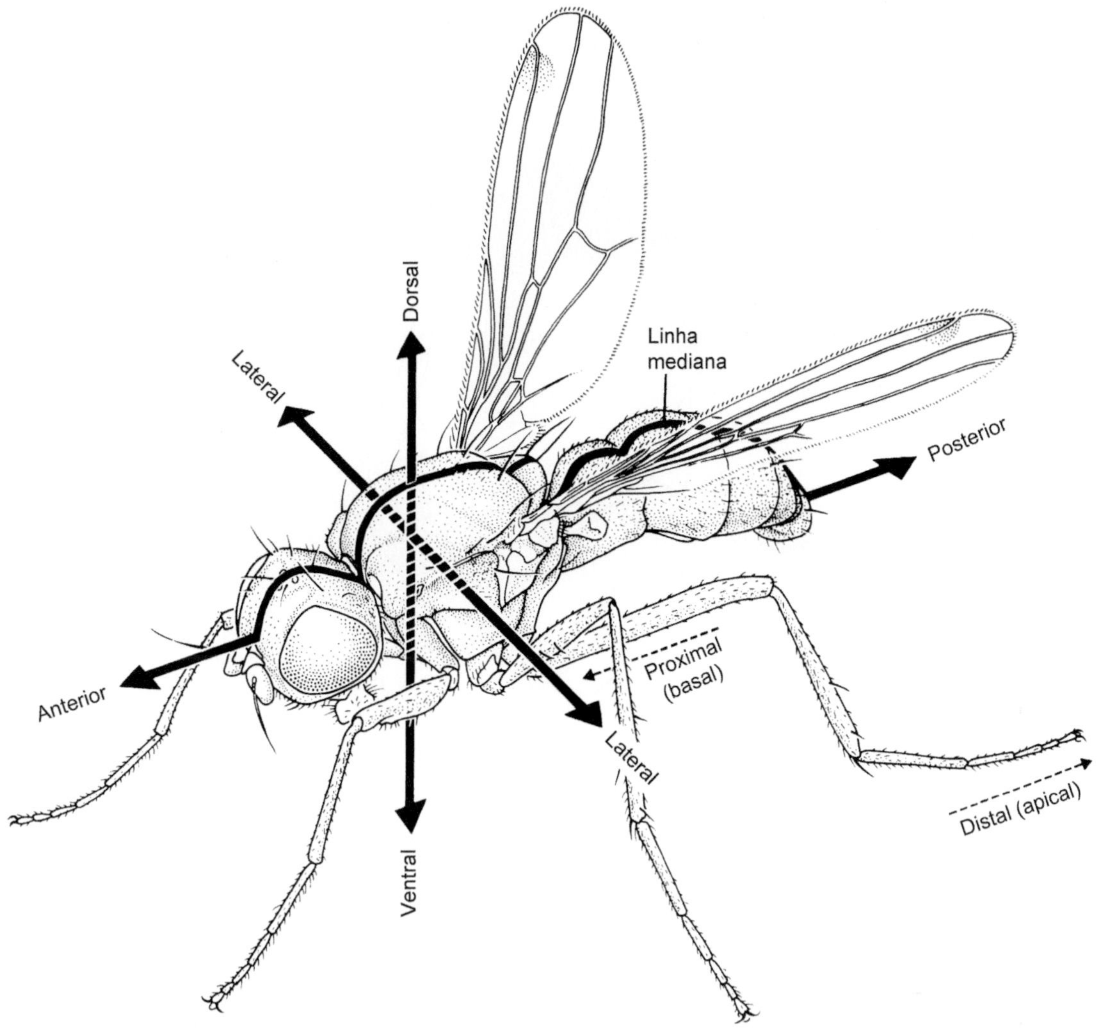

Figura 2.8 Principais eixos do corpo e relação de parte dos apêndices com o corpo, mostrados em uma mosca sepsídea. (Segundo McAlpine, 1987.)

origem a placas chamadas de **escleritos**. Os maiores escleritos segmentares são o **tergo** (a placa dorsal), o **esterno** (a placa ventral) e a pleura (a placa lateral). Se um esclerito for uma subdivisão do tergo, esterno ou pleura, os termos diminutivos **tergito**, **esternito** e **pleurito** podem ser utilizados.

As pleuras abdominais são com frequência pelo menos parcialmente membranosas, mas no tórax elas são esclerotizadas e em geral ligadas ao tergo e ao esterno de cada segmento. Essa fusão forma uma caixa, a qual contém as inserções dos músculos da perna e, nos insetos alados, os músculos do voo. Com exceção de algumas larvas, os escleritos da cabeça estão fundidos em uma cápsula rígida. Nas larvas (mas não nas ninfas), o tórax e o abdome podem permanecer membranosos, a tagmose pode ser menos evidente (tal como na maioria das larvas de vespas e larvas de moscas), e os tergos, esternos e pleuras são raramente evidentes.

2.3 CABEÇA

A rígida cápsula craniana tem duas aberturas, uma posteriormente através do **forame occipital** até o protórax e a outra até as peças bucais. Na maioria das vezes, as peças bucais são direcionadas ventralmente (**hipognato**), embora algumas vezes possam ser direcionadas anteriormente (**prognato**), como em muitos besouros, ou posteriormente (**opistognato**), como exemplo, em pulgões, cigarras e cigarrinhas. Diversas regiões podem ser reconhecidas na cabeça (Figura 2.9): o **crânio posterior**, em forma de ferradura (dorsalmente ao **occipício**), liga-se dorsalmente ao **vértice** e lateralmente à **gena**; o vértice é limítrofe à **fronte** anteriormente, e mais anteriormente fica o **clípeo**, de modo que ambos podem estar fundidos em um **frontoclípeo**. Nos insetos adultos e nas ninfas, **olhos compostos** pares localizam-se mais ou menos dorsolateralmente entre o vértice e a gena, e um par de **antenas** sensoriais encontra-se mais medianamente. Em muitos insetos, três olhos "simples" sensíveis à luz, ou **ocelos**, estão localizados no vértice anterior, em geral dispostos como em um triângulo; muitas larvas têm estemas.

As regiões da cabeça muitas vezes são pouco delimitáveis, de modo que as indicações de seus limites vêm das **suturas** (sulcos externos ou linhas na cabeça). Três tipos de suturas podem ser reconhecidos:

- Vestígios da segmentação original, em geral restritos à **sutura pós-occipital**
- **Linhas de fratura**, em que a cápsula da cabeça do inseto imaturo se racha durante a muda (seção 6.3), incluindo um "Y" invertido frequentemente conspícuo, ou **sutura epicraniana**, no vértice (Figura 2.10); a fronte é delimitada pelos braços desse "Y" (também chamadas de **suturas frontais**)
- Sulcos que refletem as subjacentes cristas esqueléticas internas, tais como a **sutura frontoclipeana** ou **epistomal**, a qual frequentemente delimita a fronte do clípeo, mais anterior.

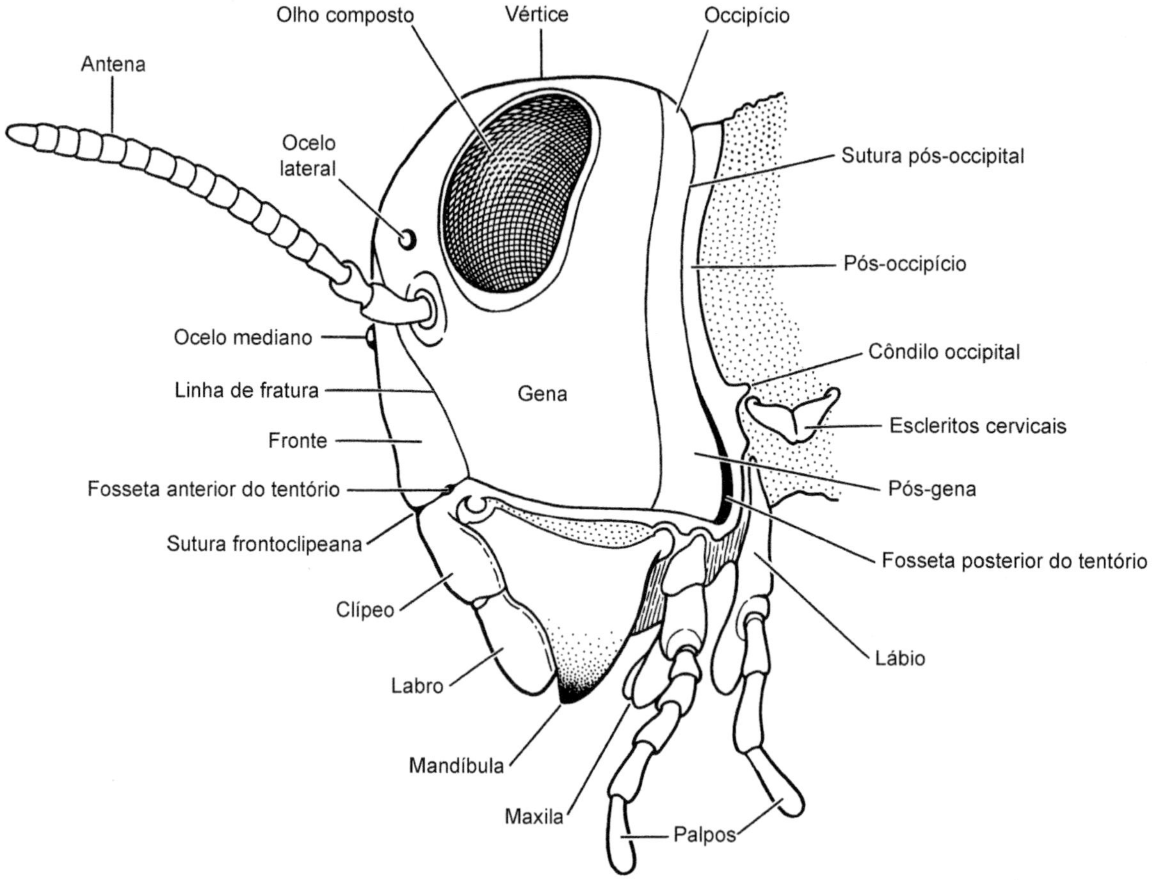

Figura 2.9 Vista lateral da cabeça de um inseto pterigoto generalizado. (Segundo Snodgrass, 1935.)

O endoesqueleto da cabeça consiste em várias cristas e braços invaginados (apófises, ou apódemas alongados), de modo que os mais importantes são os dois pares de braços do tentório, sendo um par posterior e o outro anterior, algumas vezes com um componente dorsal adicional. Alguns desses braços podem estar ausentes ou, nos pterigotos, fundidos para formar o tentório, um suporte endoesquelético. São visíveis fossetas na superfície do crânio, nos pontos onde os braços do tentório invaginam-se. Essas fossetas e as suturas podem produzir marcas conspícuas na cabeça, mas em geral trazem pouca ou nenhuma associação com os segmentos.

A origem segmentar da cabeça é mais claramente demonstrada pelas peças bucais (seção 2.3.1). Da região anterior para a posterior, existem seis segmentos fundidos na cabeça:

- Pré-antenal (ou ocular)
- Antenal, sendo cada antena equivalente a uma perna inteira
- Labral (algumas vezes chamado anteriormente de segmento intercalar, ver seção 2.3.1)
- Mandibular
- Maxilar
- Labial.

O pescoço é essencialmente derivado da primeira parte do tórax e não é um segmento.

2.3.1 Peças bucais

As peças bucais são formadas a partir dos apêndices dos segmentos cefálicos 3-6. Nos insetos onívoros, tais como as baratas, os grilos e as tesourinhas, as peças bucais são do tipo mordedor e mastigador (mandibulados) e assemelham-se mais à provável forma básica do ancestral pterigoto dos insetos do que às peças bucais da maioria dos insetos atuais. Modificações muito grandes da estrutura básica das peças bucais, relacionadas a especializações alimentares, ocorrem na maioria dos Lepidoptera, Diptera, Hymenoptera, Hemiptera, e em muitas das ordens menores. Aqui, primeiro discutimos as peças bucais mandibuladas básicas, tal como exemplificado pela tesourinha europeia, *Forficula auricularia* (Dermaptera: Forficulidae) (Figura 2.10), e depois descrevemos algumas das modificações mais comuns associadas a dietas mais especializadas.

Existem cinco componentes básicos das peças bucais:

- O labro, ou "lábio superior", sendo a superfície ventral chamada de epifaringe
- A hipofaringe, uma estrutura parecida com uma língua
- As mandíbulas
- As maxilas
- O lábio, ou "lábio inferior" (Figura 2.10).

O labro forma o teto da cavidade pré-oral e da boca (ver Figura 3.14) e cobre a base das mandíbulas. Até recentemente, o labro geralmente era considerado associado com o segmento cefálico 1. Entretanto, estudos recentes da embriologia, expressão gênica e inervação do labro mostraram que ele é inervado pelo tritocérebro (os gânglios fundidos do terceiro segmento cefálico) e é formado a partir da fusão de partes de um par de apêndices ancestrais no segmento cefálico 3. Projetando-se em direção anterior, a partir do fundo da cavidade pré-oral, está a hipofaringe, um lóbulo de origem incerta, porém talvez associado com o segmento mandibular; nos apterigotos, tesourinhas e ninfas de efêmeras, a hipofaringe apresenta um par de lóbulos laterais, a superlíngua (Figura 2.10). Ela divide a cavidade em uma bolsa dorsal alimentar, ou cibário, e um salivário ventral, no qual se abre o ducto salivar (ver Figura 3.14). As mandíbulas, as maxilas e o lábio são os apêndices pares dos

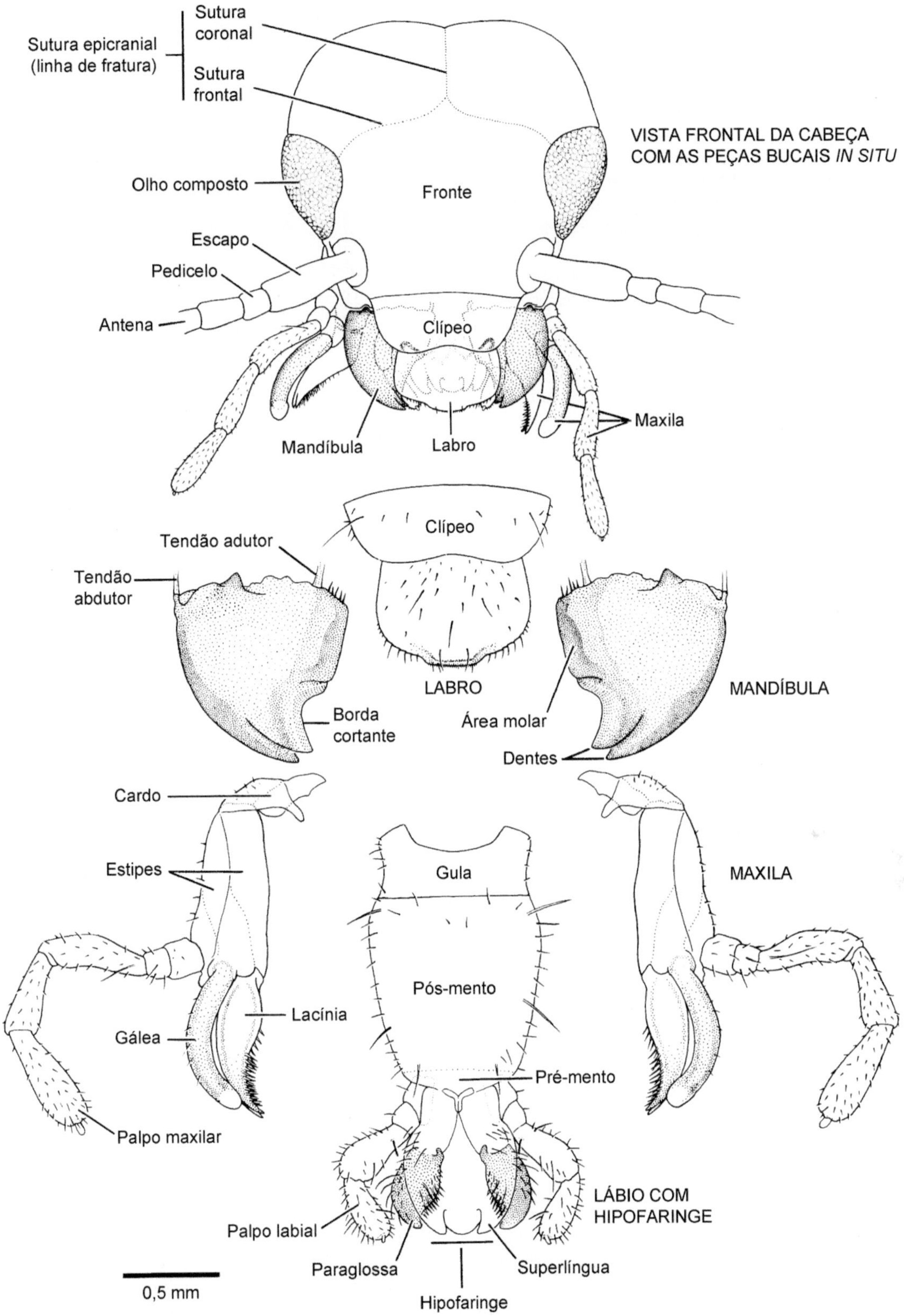

Figura 2.10 Vista frontal da cabeça e peças bucais dissecadas de um adulto de tesourinha *Forficula auricularia* (Dermaptera: Forficulidae). Note que a cabeça é prognata e, portanto, uma placa gular, ou gula, ocorre na região ventral do pescoço.

segmentos 4-6 e são altamente variáveis na estrutura entre as ordens de insetos; sua homologia serial com as pernas locomotoras é mais evidente do que a apresentada pelo labro e pela hipofaringe.

As mandíbulas cortam e trituram o alimento e podem ser utilizadas para defesa. Em geral, elas têm uma borda apical cortante, de modo que a área molar mais basal tritura o alimento. Elas podem ser muito duras (aproximadamente 3 na escala de Moh de dureza mineral, ou uma dureza de denteação de cerca de 30 kg/mm^2) e, portanto, muitos cupins e besouros não têm dificuldade alguma de perfurar através de chapas feitas de metais comuns, tais como cobre, chumbo, estanho e zinco. Atrás das mandíbulas ficam as maxilas, cada qual consistindo em uma parte basal composta do cardo proximal e do estipe mais distal e, preso aos estipes, dois lóbulos – a lacínia mediana e a gálea lateral – e um palpo maxilar lateral articulado. Funcionalmente, as maxilas ajudam as mandíbulas no processamento do alimento; as pontudas e esclerotizadas lacínias seguram e maceram o alimento, ao passo que a gálea e os palpos apresentam cerdas sensoriais (mecanorreceptores) e quimiorreceptores, os quais provam os itens antes da ingestão. Os apêndices do sexto segmento da cabeça estão fundidos com o esterno para formar o lábio, o qual se acredita que seja homólogo com as segundas maxilas de Crustacea. Nos insetos prógnatos, como as tesourinhas, o lábio se liga à superfície ventral da cabeça por meio de uma placa esclerotizada ventromedial, chamada de gula (Figura 2.10). Existem duas partes principais no lábio: o pós-mento proximal, ligado firmemente à superfície posteroventral da cabeça, algumas vezes subdividido em um submento e um mento; e o pré-mento distal livre, que com frequência apresenta um par de palpos labiais, laterais a dois pares de lóbulos, a glossa mediana e a paraglossa mais lateral. A glossa e a paraglossa, algumas vezes incluindo a parte distal do pré-mento ao qual elas se fixam, são conhecidas coletivamente como a lígula; os lóbulos podem estar variavelmente fundidos ou reduzidos, como em *Forficula* (Figura 2.10), no qual a glossa está ausente. O pré-mento com seus lóbulos forma o assoalho da cavidade pré-oral (funcionalmente um "lábio inferior"), ao passo que os palpos labiais têm uma função sensorial, semelhante àquela dos palpos maxilares.

Durante a evolução dos insetos, diversos tipos de peças bucais derivaram da forma básica descrita anteriormente. Com frequência, as estruturas envolvidas com a alimentação são características de todos os membros de um gênero, família ou ordem de insetos, de tal forma que o conhecimento das peças bucais é útil para a classificação e identificação taxonômicas, e para generalizações ecológicas (seção 10.6). Em geral, a estrutura das peças bucais é classificada de acordo com o método de alimentação, porém as mandíbulas e outros componentes podem funcionar em combates defensivos ou até mesmo nas disputas sexuais entre machos, como exemplo, as grandes mandíbulas de certos besouros-machos (Lucanidae). As peças bucais dos insetos se diversificaram em diferentes ordens, de modo que os métodos de alimentação incluindo lamber, aspirar, morder ou perfurar podem estar combinados com sugar e filtrar, além do modo básico de mastigar.

As peças bucais das abelhas são do tipo mastigador e lambedor. Lamber é um modo de alimentação em que o alimento líquido ou semilíquido é transferido do substrato para a boca, aderindo a um órgão protrátil ou "língua". Na abelha-de-mel, *Apis mellifera* (Hymenoptera: Apidae), as glossas labiais alongadas e fundidas formam uma língua peluda, que é cercada por gáleas maxilares e palpos labiais para formar uma probóscide tubular que contém o canal alimentar (Figura 2.11). Na alimentação, a língua é mergulhada no néctar ou mel, que adere aos pelos, e depois é recolhida de modo que o líquido aderido seja carregado para dentro do espaço entre as gáleas e os palpos labiais. Esse movimento para frente e para trás da glossa ocorre repetidamente. O movimento do líquido para a boca parece resultar da ação da bomba do cibário, facilitado por cada retração da língua que empurra o líquido para dentro do canal alimentar. As lacínias e os palpos maxilares são rudimentares e a paraglossa envolve a base da língua, direcionando a saliva do orifício salivar dorsal para dentro de um canal ventral, a partir de onde ela é transportada para o flabelo, um pequeno lóbulo na ponta da glossa; a saliva pode dissolver açúcares sólidos ou semilíquidos. As mandíbulas, esclerotizadas, em forma de colher, ficam na base da probóscide e têm diversas funções, incluindo a manipulação da cera e de resinas vegetais para a construção do ninho, alimentação das larvas e da rainha, limpeza, lutas e retirada de resíduos do ninho, inclusive abelhas mortas.

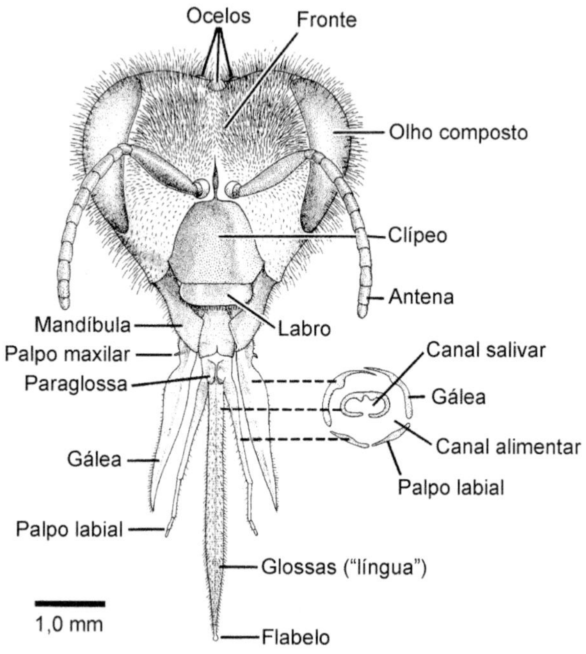

Figura 2.11 Vista frontal da cabeça de uma operária de abelha-de-mel, *Apis mellifera* (Hymenoptera: Apidae), com uma secção transversal da probóscide mostrando como a "língua" (glossas labiais fundidas entre si) está posicionada dentro de um tubo sugador formado pelas gáleas das maxilas e palpos labiais. (Detalhe segundo Wigglesworth, 1964.)

A maioria dos adultos de Lepidoptera e algumas moscas adultas obtêm o seu alimento apenas sugando líquidos por meio de peças bucais sugadoras (hausteladas), as quais formam uma espirotromba ou probóscide (Figuras 2.12 a 2.14). O bombeamento do alimento líquido é obtido por meio de músculos do cibário e/ou da faringe. A espirotromba das mariposas e borboletas, formada pela gálea maxilar muito alongada, é estendida por intermédio de um aumento na pressão da hemolinfa ("sangue") (Figura 2.12A). Ela permanece frouxamente enrolada por causa da elasticidade inerente da cutícula, porém um enrolamento mais apertado exige a contração de músculos intrínsecos (Figura 2.12B). Uma secção transversal da espirotromba (Figura 2.12C) mostra como o canal alimentar, o qual se abre na base no interior da bomba do cibário, é formado pela justaposição e conexão das duas gáleas. A espirotromba de grande parte dos adultos de Lepidoptera é muito óbvia (ver Prancha 3A e Prancha 5G) e a espirotromba de alguns machos de mariposas esfingídeas (Sphingidae), tal como a daqueles da espécie *Xanthopan morgani*, pode atingir grandes comprimentos (ver Figura 11.7).

Algumas poucas mariposas e muitas moscas combinam sugar com perfurar ou morder. Por exemplo, mariposas que perfuram frutas e, excepcionalmente, sugam sangue (algumas espécies de Noctuidae) têm espinhos e ganchos na ponta das suas espirotrombas, os quais são usados para raspar a pele tanto de mamíferos ungulados como de frutas. Para pelo menos algumas mariposas, a penetração é conseguida pelo movimento alternado de prolongar e retrair as duas gáleas que deslizam uma ao lado da outra.

Tipicamente, todos os dípteros têm um órgão tubular sugador, a probóscide, que compreende peças bucais alongadas (normalmente incluindo o labro) (Figura 2.13A). Uma probóscide do tipo que pica e suga parece ser uma característica ancestral dos dípteros. Embora as funções de picar tenham sido perdidas e readquiridas com modificações mais de uma vez, o hábito de se alimentar de sangue é frequente e leva à importância dos Diptera como vetores de doenças. As moscas que se alimentam de sangue

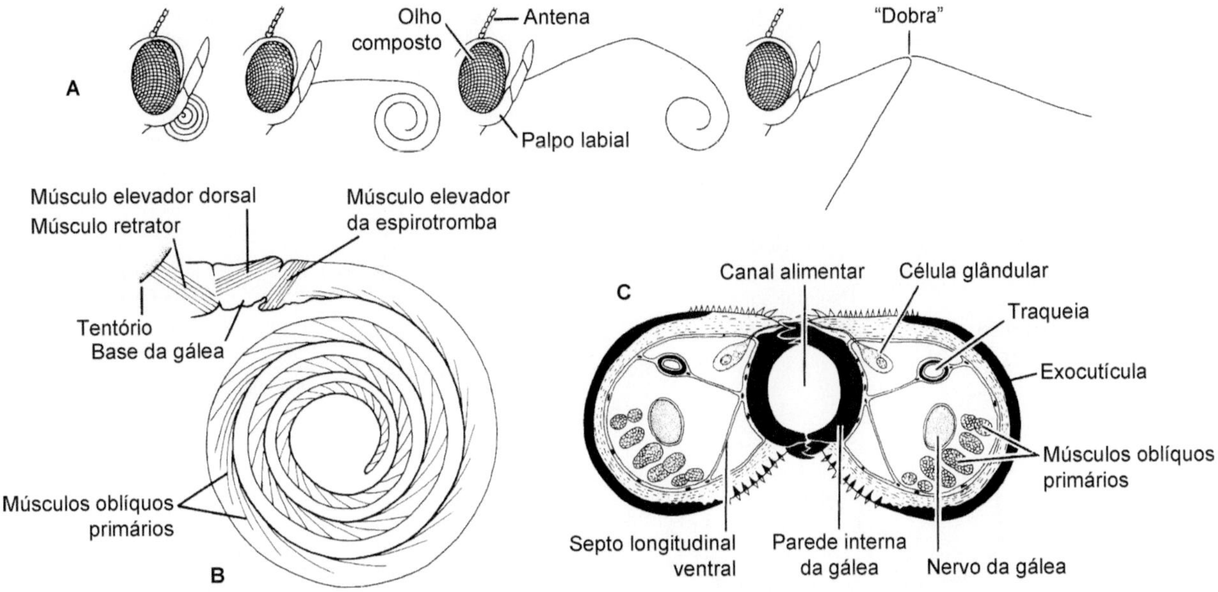

Figura 2.12 Peças bucais da borboleta *Pieris* sp. (Lepidoptera: Pieridae). **A.** Posições da espirotromba, da esquerda para a direita: em repouso, com a região proximal desenrolando-se, a porção terminal desenrolando-se, e completamente distendida, com o ápice em duas das muitas posições diferentes possíveis, por causa da flexão da "dobra". **B.** Vista lateral da musculatura da espirotromba. **C.** Secção transversal da espirotromba na região proximal. (Segundo Eastham & Eassa, 1955.)

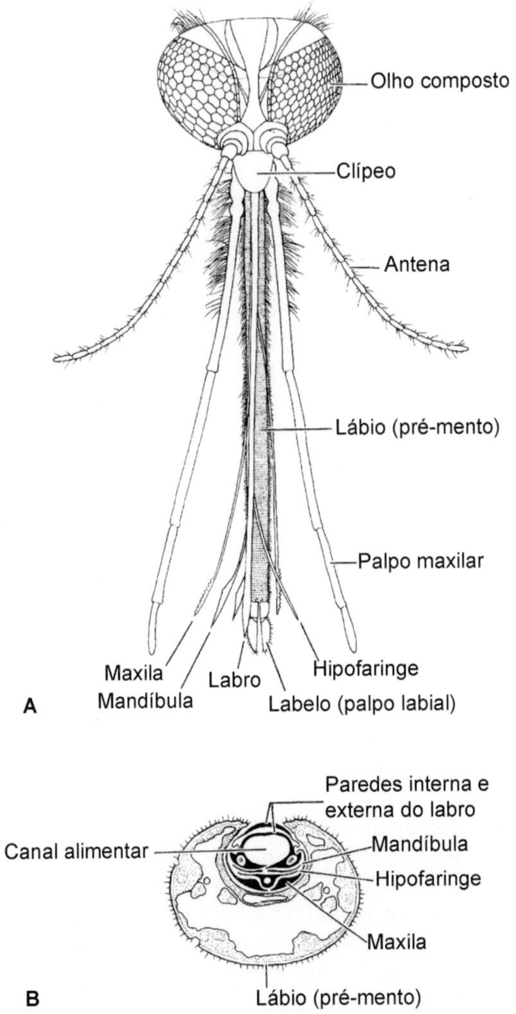

Figura 2.13 Peças bucais de uma fêmea de mosquito em: **A.** vista frontal; **B.** secção transversal. (**A.** Segundo Freeman & Bracegirdle, 1971; **B.** segundo Jobling, 1976.)

têm diversos mecanismos para penetração da pele e alimentação. Nas mutucas (Brachycera: Tabanidae), o lábio da mosca adulta forma uma bainha não perfurante para as outras peças bucais, as quais, juntas, constituem a estrutura perfurante. Por outro lado, os dípteros caliptrados mordedores (Brachycera: Calyptratae, por exemplo, moscas tsé-tsé e moscas-dos-estábulos) não têm mandíbulas e maxilas, e o principal órgão perfurador é o lábio altamente modificado.

As fêmeas de nematóceros que se alimentam de sangue – Culicidae (mosquitos), Ceratopogonidae (mosquitos-pólvora), Psychodidae: Phlebotominae (mosquitos-palha) e Simuliidae (borrachudos) – geralmente têm peças bucais semelhantes, mas diferem no comprimento da probóscide, permitindo a penetração do hospedeiro em diferentes profundidades. Os mosquitos podem sondar profundamente à procura de capilares, porém outros nematóceros que se alimentam de sangue agem mais superficialmente onde uma poça de sangue é induzida no ferimento. O lábio termina em dois **labelos** sensoriais e forma uma bainha de proteção para as pecas bucais funcionais (Figura 2.13A). Dentro, estão as mandíbulas cortantes e as lacínias maxilares com bordas serrilhadas, o labro-epifaringe torcido, e a hipofaringe, todos os quais frequentemente são denominados estiletes (Figura 2.13B). Durante a alimentação, o labro, as mandíbulas e as lacínias atuam como uma unidade única guiada através da pele do hospedeiro. O lábio flexível permanece curvado fora do ferimento. A saliva, a qual pode conter anticoagulante, é injetada através de um ducto salivar que percorre todo o comprimento da hipofaringe com ponta afiada e frequentemente denteada. O sangue é transportado por um canal alimentar formado a partir do labro torcido, vedado ou pelas mandíbulas pareadas ou pela hipofaringe. O sangue capilar pode fluir sem ajuda, mas o sangue de uma poça precisa ser sugado ou bombeado através do bombeamento de duas bombas musculares: a do cibário, localizada na base do canal alimentar, e a faríngea, na faringe entre o cibário e o mesênteron.

Muitas peças bucais são perdidas nos dípteros Brachycera, e as peças bucais remanescentes são modificadas para lamber o alimento utilizando pseudotraqueias dos labelos como "esponjas", tal como na mosca-doméstica (Muscidae: *Musca*) (Figura 2.14A).

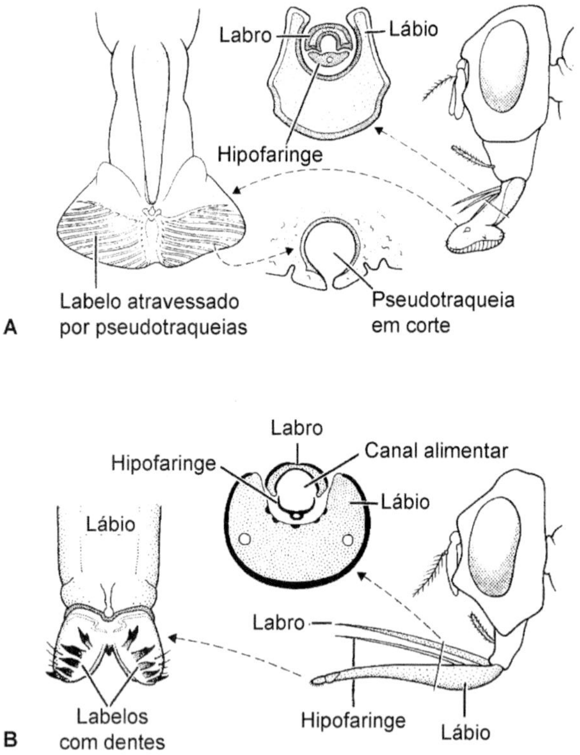

Figura 2.14 Peças bucais de Diptera adultos. **A.** Mosca-doméstica, *Musca* (Muscidae). **B.** Mosca-de-estábulo, *Stomoxys* (Muscidae). (Segundo Wigglesworth, 1964.)

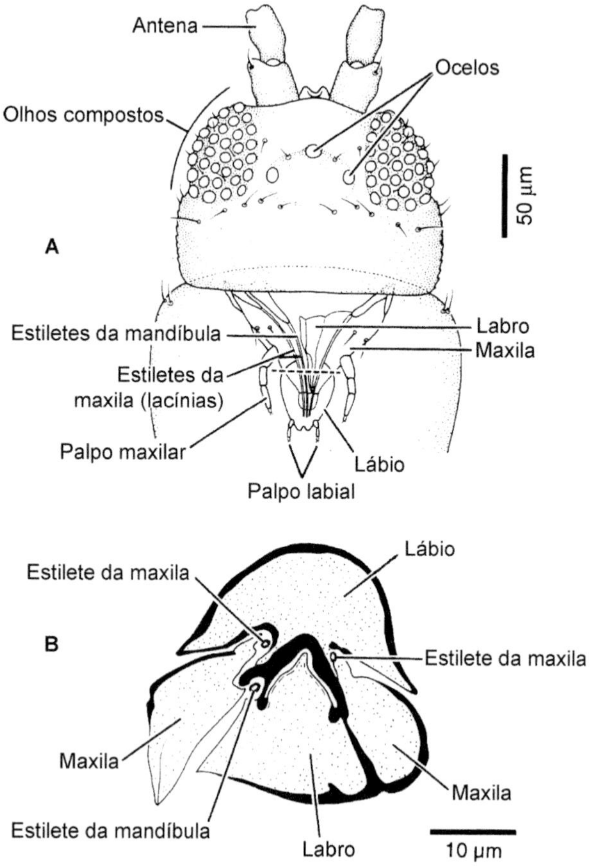

Figura 2.15 Cabeça e peças bucais de um tripes, *Thrips australis* (Thysanoptera: Thripidae). **A.** Vista dorsal da cabeça, mostrando as peças bucais através do protórax. **B.** Secção transversal da probóscide. O plano da secção transversal está indicado pela linha tracejada em (**A**). (Segundo Matsuda, 1965; CSIRO, 1970).

Não dispondo de mandíbulas nem de lacínias maxilares para fazer um ferimento, os ciclórrafos que se alimentam de sangue frequentemente utilizam labelos modificados, nos quais as superfícies internas apresentam dentes afiados, tais como nas moscas-de-estábulo (Muscidae: *Stomoxys*) (Figura 2.14B). Por meio de contração e relaxamento muscular, os lobos labelares se dilatam e se contraem repetidamente, fazendo uma raspagem, frequentemente dolorosa, dos dentes labelares para produzir uma poça de sangue. A hipofaringe aplica saliva, a qual é dissipada através das pseudotraqueias labelares. A absorção de sangue ocorre por ação capilar através de "sulcos alimentares" presentes em posição dorsal em relação às pseudotraqueias, com a ajuda de três bombas operando sincronicamente para produzir uma sucção contínua da labela para a faringe. Uma bomba pré-labral produz as contrações nos labelos, com uma bomba labral mais proximal ligada através de um tubo alimentar à bomba do cibário.

As peças bucais dos dípteros adultos e seu uso na alimentação têm implicações para a transmissão de doenças. Espécies que se alimentam mais superficialmente, tais como os borrachudos, estão mais envolvidas na transmissão de microfilária, a exemplo daquelas de *Onchocerca* (seção 15.3.6), as quais se agregam logo abaixo da pele, enquanto aqueles que se alimentam mais profundamente, tais como os mosquitos, transmitem patógenos que circulam no sangue, como na malária (seção 15.3.1). A transmissão do díptero para o hospedeiro é facilitada pela introdução de saliva no ferimento, e muitos parasitas se agregam nas glândulas ou ductos salivares. As filárias, ao contrário, são muito grandes para entrar no ferimento por essa rota, e deixam o inseto hospedeiro rompendo o lábio ou labelos durante a alimentação.

Outras modificações das peças bucais para perfurar e sugar são encontradas nos percevejos (Hemiptera), tripes (Thysanoptera), pulgas (Siphonaptera) e piolhos picadores (Psocodea: Anoplura). Em cada uma destas ordens, diferentes componentes das peças bucais formam estiletes parecidos com agulhas, capazes de perfurar os tecidos de plantas ou de animais dos quais o inseto se alimenta. Os percevejos têm pares de estiletes mandibulares e maxilares extremamente longos e delgados, os quais se encaixam para formar um feixe de estiletes flexível que contém o canal alimentar e o canal salivar (Taxoboxe 20). Os tripes têm três estiletes – o par de estiletes maxilares (lacínias) mais o estilete mandibular esquerdo (Figura 2.15). Os piolhos sugadores têm três estiletes – o hipofaringeano (dorsal), o salivar (mediano) e o labial (ventral) – que se encontram em uma cavidade ventral da cabeça e que se abrem em uma pequena probóscide eversível, munida de dentes internos os quais agarram o hospedeiro à medida que se alimentam de seu sangue (Figura 2.16). As pulgas têm um único estilete, derivado da epifaringe, e a lacínias da maxila formam duas longas lâminas cortantes que são cobertas por uma bainha formada pelos palpos labiais (Figura 2.17). Os Hemiptera e os Thysanoptera são grupos-irmãos e pertencem ao mesmo agrupamento, assim como os Psocodea (ver Figura 7.5), sendo que os piolhos se originam a partir de um ancestral parecido com psocódeo com peças bucais de um tipo mais geral, mandibulado. Os Siphonaptera são parentes distantes dos outros três táxons; portanto, similaridades na estrutura das peças bucais entre essas ordens são resultado, em grande parte, de evolução paralela ou, como no caso das pulgas, evolução convergente.

Peças bucais perfuradoras ligeiramente diferentes são encontradas nas formigas-leão e nas larvas predadoras de outros Neuroptera. As mandíbulas e maxilas em forma de estilete de cada lado da cabeça se encaixam para formar um tubo sugador (ver

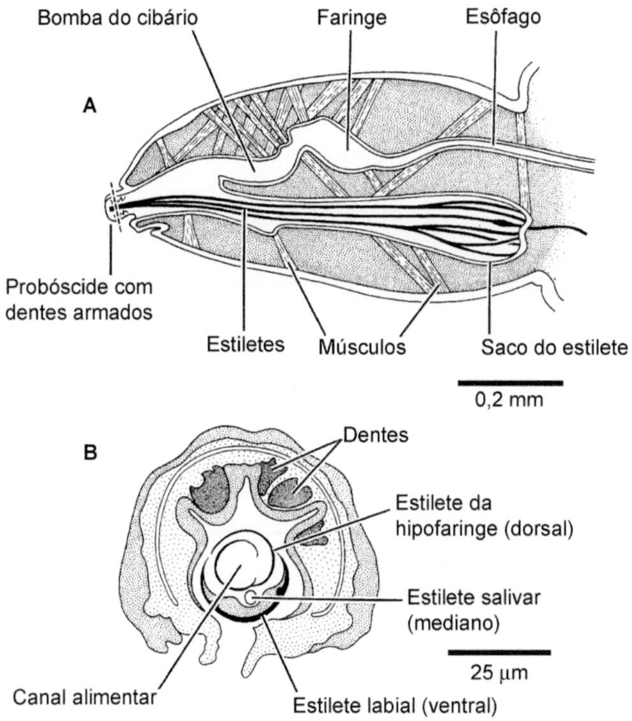

Figura 2.16 Cabeça e peças bucais de um piolho sugador, *Pediculus* (Psocodea: Anoplura: Pediculidae). **A.** Secção longitudinal da cabeça (o sistema nervoso foi omitido). **B.** Secção transversal através da probóscide eversível. O plano da secção transversal está indicado pela linha tracejada em (**A**). (Segundo Snodgrass, 1935.)

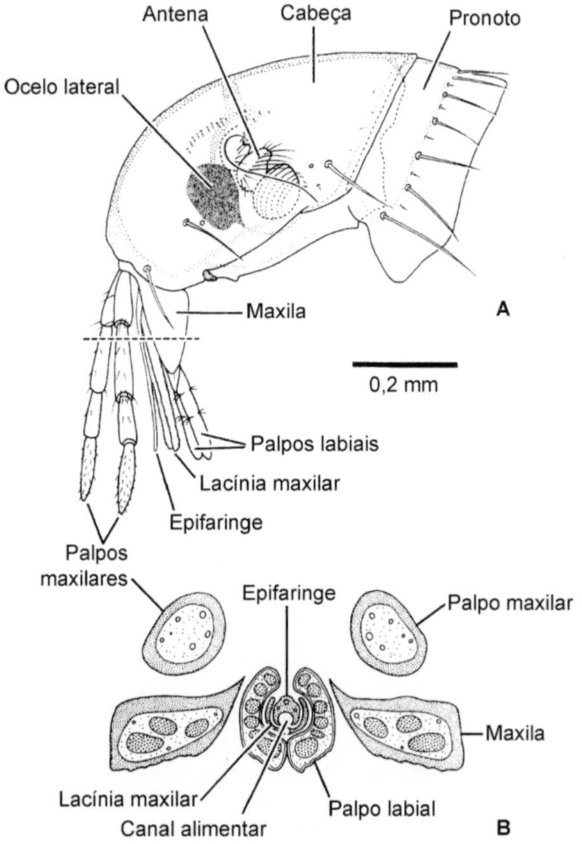

Figura 2.17 Cabeça e peças bucais de uma pulga-do-homem, *Pulex irritans* (Siphonaptera: Pulicidae). **A.** Vista lateral da cabeça. **B.** Secção transversal das peças bucais. O plano de secção transversal está indicado pela linha tracejada em (**A**). (Segundo Snodgrass, 1946; Herms & James, 1961.)

Figura 13.2C) e, em algumas famílias (Chrysopidae, Myrmeleontidae e Osmylidae), também existe um estreito canal de veneno. Em geral, os palpos labiais estão presentes, os palpos maxilares são ausentes e o labro é reduzido. A presa é apanhada pelas pontudas mandíbulas e maxilas, as quais são introduzidas dentro da vítima; o seu conteúdo corporal é digerido extraoralmente e sugado pelo bombeamento do cibário.

Uma modificação única do lábio para a captura de presas ocorre nas ninfas de libélulas (Odonata). Esses predadores capturam outros organismos aquáticos estendendo o seu lábio dobrado (ou "máscara") rapidamente e agarrando suas presas utilizando os ganchos apicais preênseis dos palpos labiais modificados (ver Figura 13.4). O lábio está dobrado entre o pré-mento e o pós-mento e, nessa posição, cobre a maior parte do lado inferior da cabeça. O alongamento do lábio envolve uma repentina liberação de energia, produzida pelo aumento na pressão sanguínea, que é provocado pela contração dos músculos torácicos e abdominais, armazenada elasticamente em um mecanismo cuticular de estalo, presente na junção entre pré-mento e pós-mento. À medida que o mecanismo de estalo é desarmado, a elevada pressão hidráulica lança o lábio para frente rapidamente. A retração do lábio traz a presa capturada até as outras peças bucais, para maceração.

A alimentação por filtração nos insetos aquáticos foi mais bem estudada nas larvas de pernilongos (Diptera: Culicidae), borrachudos (Diptera: Simuliidae) e tricópteros que tecem redes (Trichoptera: muitos Hydropsychoidea e Philopotamoidea), os quais conseguem o seu alimento filtrando partículas (inclusive bactérias, algas microscópicas e detritos) da água em que eles vivem. As peças bucais das larvas de dípteros têm uma série de "tufos" e/ou "leques" de cerdas, os quais geram correntes para alimentação ou capturam substâncias particuladas e depois as transferem para a boca. Por outro lado, os tricópteros tecem redes de seda que filtram substâncias particuladas da água corrente e, depois, usam as cerdas de suas peças bucais para remover partículas das redes. Portanto, as peças bucais dos insetos são modificadas para filtração principalmente pelo aprimoramento das cerdas. Nas larvas de mosquitos, as cerdas laterais palatinas do labro geram as correntes para alimentação (Figura 2.18); elas batem ativamente, fazendo com que a água da superfície, rica em partículas, circule em direção às peças bucais, onde as cerdas das mandíbulas e maxilas ajudam a deslocar as partículas para dentro da faringe, onde se forma um bolo alimentar de tempo em tempo.

Em alguns insetos adultos, tais como as efêmeras (Ephemeroptera), alguns Diptera (berne dos bovinos do hemisfério norte), umas poucas mariposas (Lepidoptera), e machos de cochonilhas (Hemiptera: Coccoidea), as peças bucais são muito reduzidas e não funcionais. Peças bucais atrofiadas estão relacionadas com um curto período de vida na fase adulta.

2.3.2 Estruturas sensoriais cefálicas

As estruturas sensoriais mais óbvias dos insetos estão na cabeça. A maioria dos adultos e muitas ninfas têm olhos compostos em posição dorsolateral na cabeça (provavelmente derivados do segmento 1 da cabeça) e três ocelos no vértice da cabeça. Os ocelos medianos, ou anteriores, ficam no primeiro segmento e são formados por um par de ocelos fundidos; os dois ocelos laterais estão localizados mais posteriormente na cabeça. As únicas estruturas visuais das larvas de insetos são os estemas, ou olhos simples, posicionados lateralmente na cabeça, tanto sozinhos quanto em agrupamentos. A estrutura e o funcionamento desses três tipos de órgãos visuais estão descritos em detalhes na seção 4.4.

As antenas são apêndices pares móveis e articulados. Primitivamente, elas parecem ter oito segmentos nas ninfas e nos adultos, mas com frequência existem numerosas subdivisões, algumas

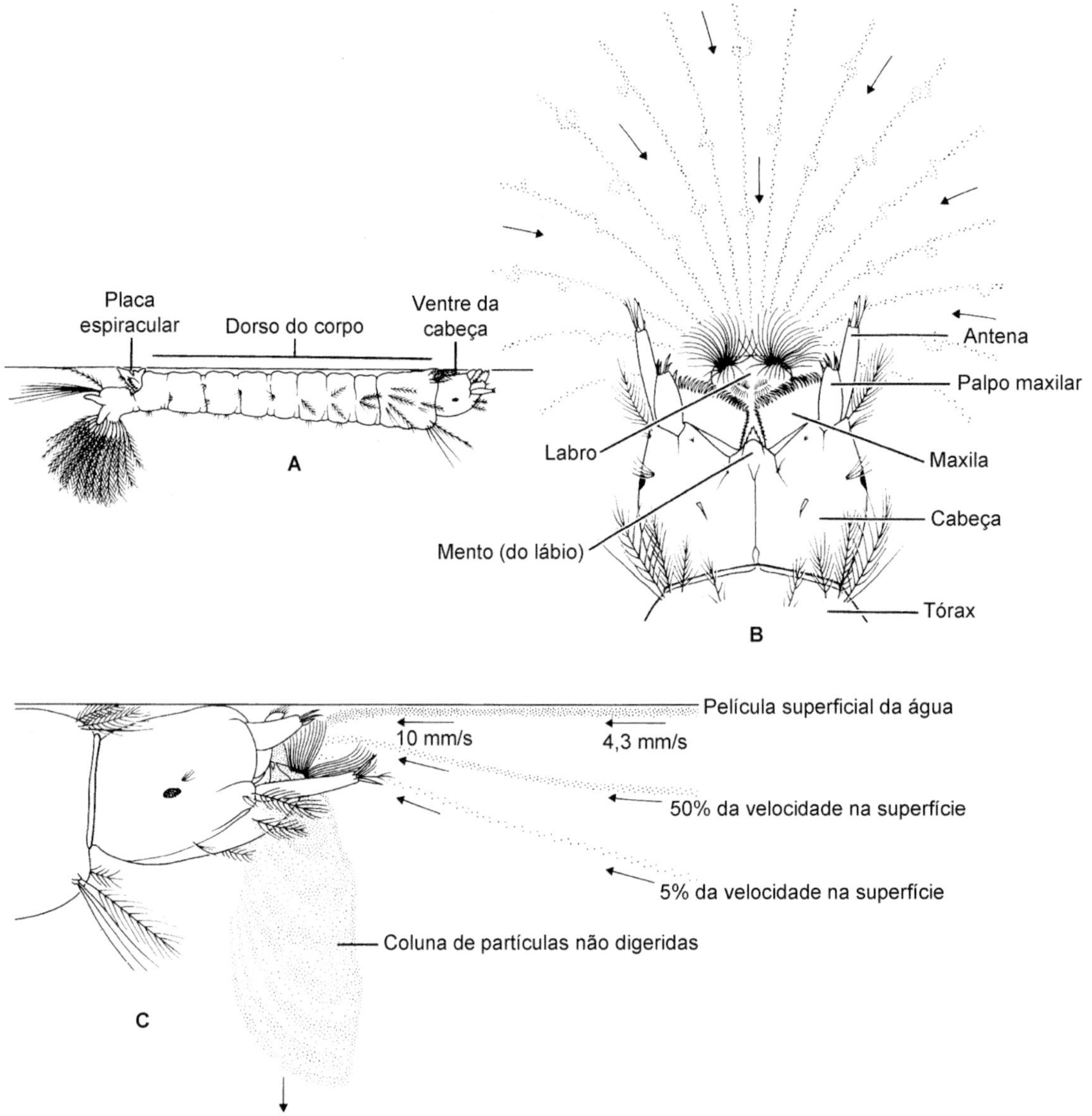

Figura 2.18 Peças bucais e correntes alimentares de uma larva do mosquito *Anopheles quadrimaculatus* (Diptera: Culicidae). **A.** A larva está flutuando logo abaixo da superfície da água, com a cabeça torcida a 180° em relação ao corpo (o qual está com o dorso voltado para cima, de modo que a placa espiracular próxima ao ápice do abdome esteja em contato direto com o ar). **B.** Visto por cima, mostrando o ventre da cabeça e a corrente alimentar gerada pela escova de cerdas do labro (a direção do movimento da água e o caminho percorrido pelas partículas da superfície estão indicados, respectivamente, pelas setas e linhas pontilhadas). **C.** Vista lateral mostrando a água rica em partículas sendo empurrada para dentro da cavidade pré-oral entre as mandíbulas e maxilas, e sua expulsão para baixo, como uma corrente para fora. (**B, C.** Segundo Merritt *et al.*, 1992.)

vezes chamadas de antenômeros. A antena inteira em geral tem três divisões principais (Figura 2.19A): o primeiro artículo, ou escapo, geralmente é maior do que os outros artículos e é um pedúnculo basal; o segundo artículo, ou pedicelo, quase sempre apresenta um órgão sensorial conhecido como órgão de Johnston, o qual responde ao movimento da parte distal da antena em relação ao pedicelo; o resto da antena, chamado de flagelo, é na maioria das vezes filamentoso e multiarticulado (com muitos flagelômeros), mas pode ser reduzido ou modificado variavelmente (Figura 2.19B-I). As antenas são reduzidas ou quase ausentes em algumas larvas de insetos.

Numerosos órgãos sensoriais, ou sensilas, na forma de pelos, botões, fossetas ou cones, ocorrem nas antenas e funcionam como quimiorreceptores, mecanorreceptores, termorreceptores e higrorreceptores (Capítulo 4). As antenas de machos de insetos podem ser mais elaboradas que as das fêmeas correspondentes, aumentando a área de superfície disponível para a detecção de feromônios sexuais da fêmea (seção 4.3.2).

As peças bucais, exceto as mandíbulas, são bem dotadas com quimiorreceptores e cerdas táteis. Essas sensilas estão descritas em detalhes no Capítulo 4.

2.4 TÓRAX

O tórax é composto de três segmentos: o primeiro ou protórax, o segundo ou mesotórax, e o terceiro ou metatórax. Primitivamente, e em apterigotos (traças-saltadoras e traças-do-livro) e insetos imaturos, esses segmentos são semelhantes em tamanho e complexidade estrutural. Na maioria dos insetos alados, o mesotórax e o metatórax são bem maiores em relação ao protórax, e formam um pterotórax, apresentando as asas e a musculatura associada. As asas ocorrem apenas no segundo e terceiro segmentos nos insetos atuais, embora alguns fósseis tenham projeções laminares no protórax (ver Figura 8.3) e mutantes homeóticos possam desenvolver asas ou brotos alares no protórax. Quase todas as

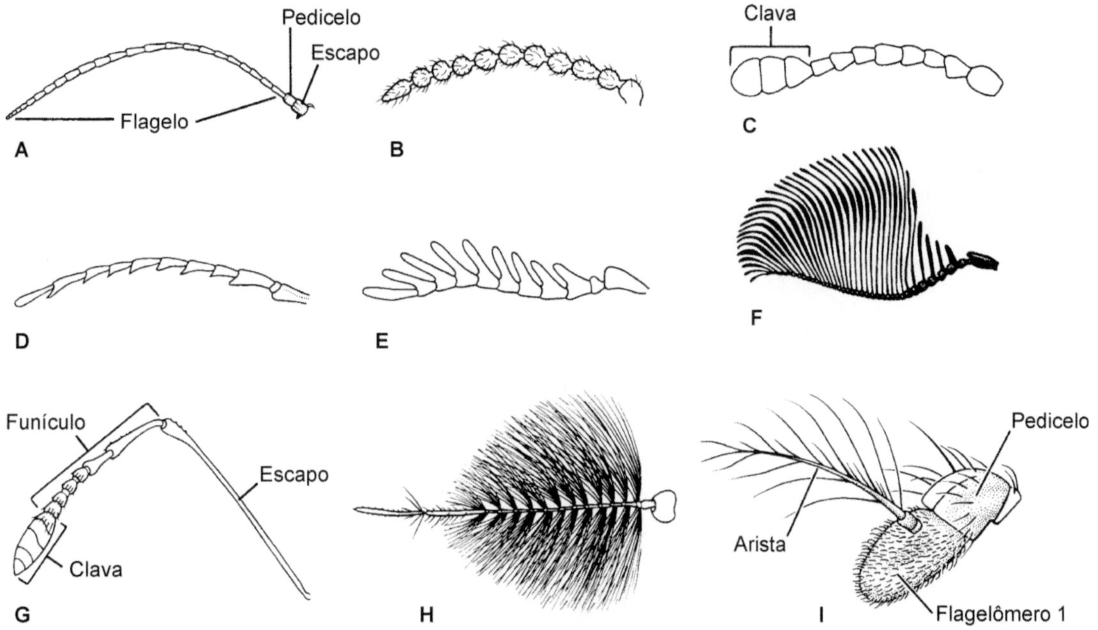

Figura 2.19 Alguns tipos de antenas de insetos: **A.** filiforme – linear e delgada; **B.** moniliforme – como um colar de contas; **C.** clavata ou capitada – como uma clava distinta; **D.** serrata – em forma de serra; **E.** pectinata – em forma de pente; **F.** flabelada – em forma de leque; **G.** geniculada – em forma de cotovelo; **H.** plumosa – com várias voltas de cerdas; **I.** aristada – com um terceiro artículo alargado contendo uma cerda.

ninfas e adultos de insetos têm três pares de pernas torácicas – um par por segmento. Tipicamente, as pernas são utilizadas para andar, embora várias outras funções e modificações associadas ocorram (seção 2.4.1). As aberturas (espiráculos) para o sistema de trocas gasosas, ou sistema traqueal (seção 3.5) estão presentes lateralmente nos segundo e terceiro segmentos torácicos no máximo com um par por segmento. Entretanto, uma condição secundária em alguns insetos é que os espiráculos do mesotórax se abrem no protórax.

As placas do tergo do tórax são estruturas simples nos apterigotos e em muitos insetos imaturos, mas são variavelmente modificadas nos adultos alados. Os tergos torácicos são chamados de notos, para diferenciá-los dos tergos abdominais. O pronoto do protórax pode ser estruturalmente mais simples e menor, em comparação com os outros notos, mas em besouros, louva-deus, muitos percevejos e alguns Orthoptera, o pronoto é aumentado e, em baratas, ele forma um escudo que cobre parte da cabeça e do mesotórax. Cada noto do pterotórax tem duas divisões principais – o alinoto anterior, que apresenta asas, e o pós-noto posterior, que apresenta o fragma (Figura 2.20). Os fragmas são apódemas em forma de placa, que se estendem para dentro abaixo das suturas antecostais, marcando as pregas intersegmentares primárias entre os segmentos; os fragmas proporcionam um ponto de fixação para os músculos longitudinais de voo (Figura 2.7D). Cada alinoto (algumas vezes erroneamente chamado de "noto") pode ter suturas transversais que marcam a posição das cristas de reforço interno e normalmente dividem a placa em três áreas – o pré-escuto anterior, o escuto, e o escutelo menor posterior.

Acredita-se que os escleritos laterais da pleura sejam derivados do segmento subcoxal da perna no inseto ancestral (ver Figura 8.5A). Esses escleritos podem estar separados, como nos peixinhos-de-prata, ou fundidos em uma área esclerótica quase contínua, como ocorre na maioria dos insetos alados. No pterotórax, a pleura está dividida em duas áreas principais – o episterno anterior e o epímero posterior – por uma crista pleural interna, a qual é visível externamente como uma sutura pleural (Figura 2.20). A crista vai desde o processo coxal pleural (o qual se articula com a coxa) até o processo alar pleural (o qual se articula com a asa), proporcionando reforço para esses pontos de articulação. Os epipleuritos são pequenos escleritos localizados abaixo da asa, e consistem nos basalares anteriores ao processo alar pleural e nos subalares posteriores, mas, com frequência, são reduzidos a somente um basalar e um subalar, os quais são pontos de fixação para alguns músculos diretos de voo. O trocantim é o pequeno esclerito anterior à coxa.

O grau de esclerotização ventral no tórax varia muito em diferentes insetos. As placas do esterno, quando presentes, são tipicamente duas por segmento: o eusterno e o esclerito intersegmental seguinte ou intersternito (Figura 2.7C), com frequência chamado de espinasterno (Figura 2.20) porque na maioria das vezes ele tem um apódema interno chamado de espinha (exceto no metaesterno, que nunca tem um espinaesterno). Os eusternos do protórax e do mesotórax podem se fundir com o espinasterno de seu segmento. Cada esterno pode ser simples ou dividido em escleritos separados – tipicamente presterno, basisterno e esternelo. O eusterno pode estar fundido lateralmente com um dos escleritos pleurais e é, então, chamado de lateroesternito. A fusão das placas esternais e pleurais pode formar pontes pré-coxais e pontes pós-coxais (Figura 2.20).

2.4.1 Pernas

Na maioria dos insetos adultos e ninfas, pernas anteriores, medianas e posteriores, todas elas articuladas, ocorrem em protórax, mesotórax e metatórax, respectivamente. Em geral, cada perna tem seis artículos (Figura 2.21) que são, do proximal para o distal: coxa, trocanter, fêmur, tíbia, tarso e pré-tarso (ou, mais corretamente, pós-tarso) com garras. Artículos adicionais – o prefêmur, a patela e o basitarso (ver Figura 8.5A) – são reconhecidos em alguns insetos fósseis e outros artrópodes, como os aracnídeos, e um ou mais desses artículos são evidentes em alguns Ephemeroptera e Odonata. Primitivamente, dois outros artículos ficam próximos à coxa e, nos insetos atuais, um desses, a epicoxa, está associado com a articulação da asa, ou o tergo, e o outro, a subcoxa, com a pleura (Figura 8.5A).

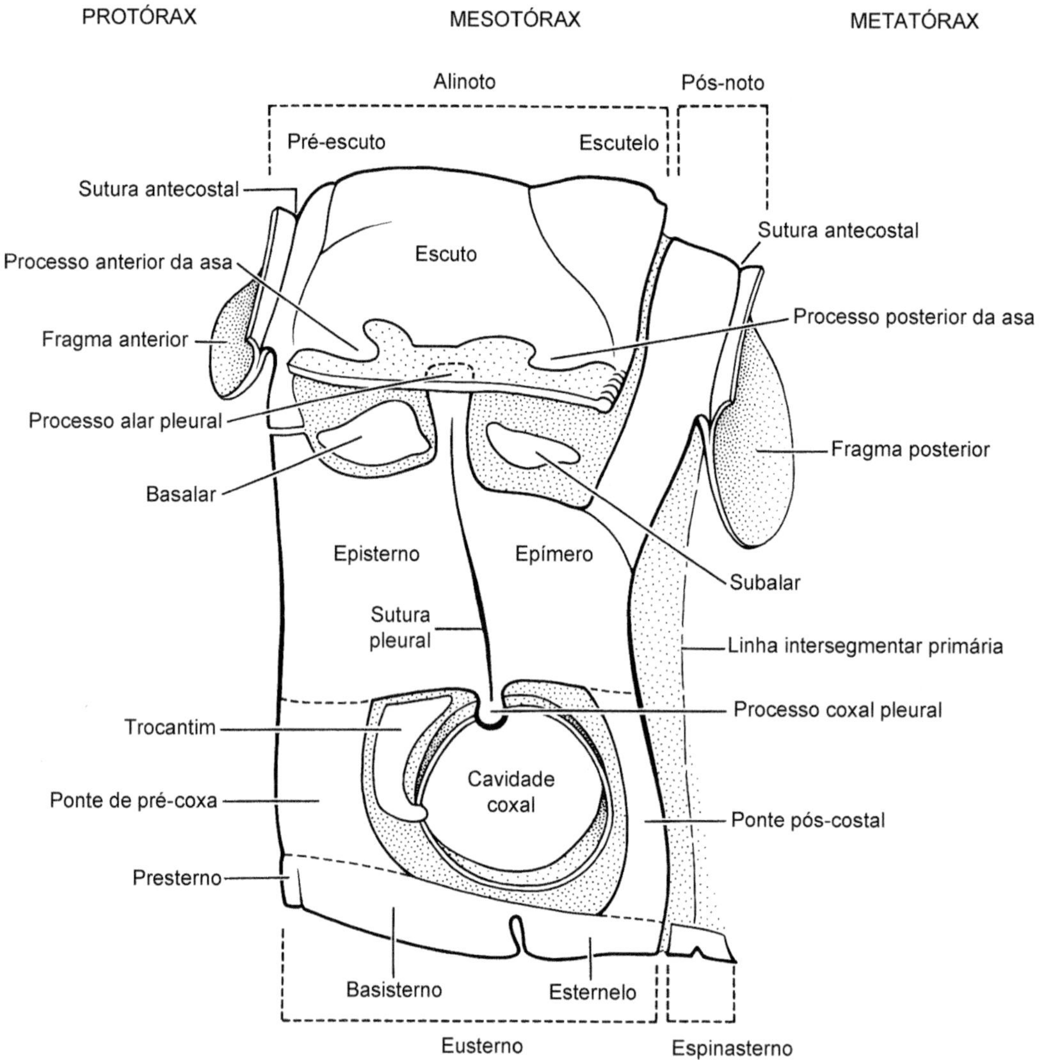

Figura 2.20 Vista lateral diagramática de um segmento torácico portador de asa, mostrando os escleritos típicos e suas subdivisões. (Segundo Snodgrass, 1935.)

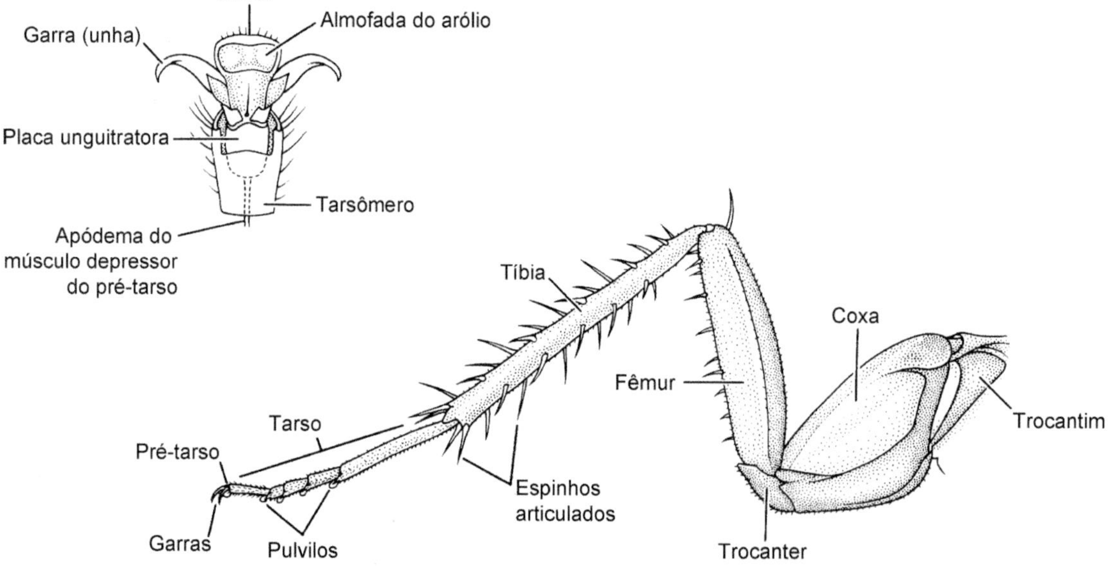

Figura 2.21 Perna posterior de uma barata, *Periplaneta americana* (Blattodea: Blattidae), com ampliação da superfície ventral do pré-tarso e último tarsômero. (Segundo Cornwell, 1968; ampliação segundo Snodgrass, 1935.)

O tarso é subdividido em cinco ou menos componentes, dando a impressão de segmentação; porém, como há apenas um músculo tarsal, o termo mais apropriado para cada "pseudoartículo" é tarsômero. O primeiro tarsômero algumas vezes é chamado de basitarso, mas não deve ser confundido com o artículo chamado de basitarso em certos insetos fósseis. A face inferior dos tarsômeros pode ter almofadas ventrais, ou pulvilos, também chamados de euplântulas, os quais auxiliam na adesão a substratos. A superfície de cada almofada é cerdosa (pilosa) ou lisa. No fim da perna, o pequeno pré-tarso (ampliação na Figura 2.21) apresenta um par de garras laterais (também chamadas de unhas ou unguis) e, em geral, um lóbulo mediano, o arólio. Nos Diptera pode existir um empódio central na forma de espinho ou de almofada, que não é a mesma coisa que o arólio, e um par de pulvilos laterais (como mostrado na mosca *Musca vetustissima*, representada no lado direito da abertura deste capítulo). Essas estruturas permitem às moscas andar nas paredes e nos tetos. O pré-tarso dos Hemiptera pode apresentar diversas estruturas, algumas das quais parecem ser pulvilos, ao passo que outras são chamadas de empódios ou arólios, porém a homologia é duvidosa. Em alguns besouros, tais como os Coccinellidae, Chrysomelidae e Curculionidae, a superfície ventral de alguns tarsômeros é revestida com cerdas adesivas que facilitam escalar. O lado esquerdo da abertura deste capítulo mostra a face inferior do tarso do besouro *Rhyparida* (Chrysomelidae).

Geralmente, o fêmur e a tíbia são os artículos mais compridos da perna, mas variações no comprimento e na robustez de cada artículo estão relacionadas com suas funções. Por exemplo, insetos que andam (gressoriais) ou que correm (cursoriais) normalmente têm fêmures e tíbias bem desenvolvidos em todas as pernas, ao passo que os insetos saltadores (saltatoriais), tais como os gafanhotos, têm fêmures e tíbias posteriores desproporcionalmente desenvolvidos. Nos besouros aquáticos (Coleoptera) e percevejos (Hemiptera), as tíbias e/ou tarsos de um ou mais pares de pernas com frequência são modificados para natação (natatórias), com franjas de pelos longos e finos. Muitos insetos que vivem no solo, tais como as paquinhas (Orthoptera: Gryllotalpidae), ninfas de cigarras (Hemiptera: Cicadidae), e besouros escarabeídeos (Scarabaeidae), têm as tíbias das pernas anteriores alargadas e modificadas para cavar (fossoriais) (ver Figura 9.2), ao passo que as pernas anteriores de alguns insetos predadores, tais como os neurópteros mantispídeos (Neuroptera) e louva-deus (Mantodea), são especializados em capturar presas (raptoriais) (ver Figura 13.3). A tíbia e o tarsômero basal de cada perna posterior das abelhas-de-mel são modificados para a coleta e o carregamento de pólen (ver Figura 12.4).

Essas pernas torácicas "típicas" são uma característica particular dos insetos, ao passo que pernas abdominais são restritas aos estágios imaturos de insetos holometábolos. Existem pontos de vista conflitantes quanto às pernas torácicas do tórax dos estágios imaturos de Holometabola serem: (i) idênticas, no que diz respeito ao desenvolvimento (homologia serial), àquelas do abdome; e/ou (ii) homólogas àquelas do inseto adulto. Estudos detalhados sobre musculatura e inervação mostram similaridade no desenvolvimento das pernas torácicas ao longo de todos os estágios dos insetos, de modo que os ametábolos (sem metamorfose, tal como as traças), os hemimetábolos (metamorfose parcial sem estágio de pupa) e os adultos holometábolos têm inervação idêntica nos nervos laterais. Além disso, a mais antiga larva conhecida (do Carbonífero Superior) tem pernas/estilos torácicos e abdominais com um par de garras cada uma, assim como nas pernas das ninfas e adultos. Embora as pernas das larvas pareçam semelhantes àquelas dos adultos e das ninfas, o termo falsa-perna é utilizado para as pernas de larvas. As falsas-pernas no abdome, em especial nas lagartas, em geral são semelhantes a lóbulos e apresentam, cada uma, um círculo apical ou uma faixa de pequenos ganchos esclerotizados, ou crochetes. As falsas-pernas torácicas podem ter o mesmo número de artículos da perna do adulto, mas esse número é reduzido na maioria das vezes, aparentemente por causa da fusão. Em outros casos, as falsas-pernas torácicas, assim como aquelas do abdome, são protuberâncias não segmentadas da parede do corpo, com frequência apresentando ganchos apicais.

2.4.2 Asas

As asas são completamente desenvolvidas apenas nos adultos, ou excepcionalmente no subimago, o penúltimo estágio de Ephemeroptera. Com frequência, asas funcionais são projeções cuticulares em forma de aba, sustentadas por nervuras esclerotizadas, tubulares. As nervuras maiores são longitudinais, estendendo-se da base da asa até a ponta, e estão mais concentradas na margem anterior. Uma sustentação adicional é dada pelas nervuras transversais, que são suportes transversais os quais se juntam às nervuras longitudinais a fim de dar uma estrutura mais complexa. As nervuras maiores em geral contêm traqueias, vasos sanguíneos e fibras nervosas, de modo que, nas áreas membranosas entre essas nervuras, as superfícies cuticulares dorsal e ventral estão bem próximas entre si. Em geral, as nervuras maiores são alternadamente "convexas" e "côncavas" em relação ao plano da superfície da asa, em especial próximo à junção da asa: essa configuração é descrita por sinais mais (+) ou menos (–). A maioria das nervuras encontra-se em uma área anterior da asa, chamada de remígio (Figura 2.22), a qual, por meio da propulsão dos músculos torácicos de voo, é responsável pela maioria dos

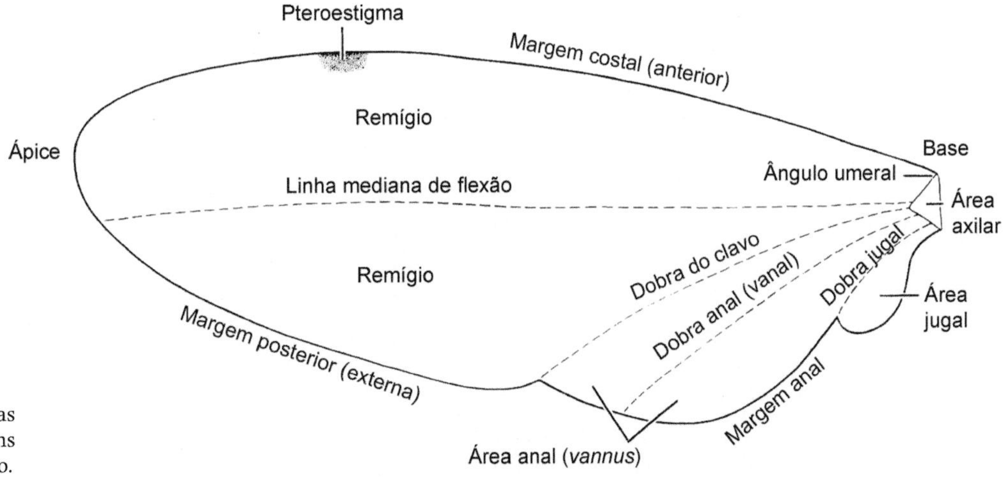

Figura 2.22 Terminologia das principais áreas, dobras e margens de uma asa generalizada de inseto.

movimentos do voo. A área da asa posterior ao remígio algumas vezes é chamada de clavo, porém, mais frequentemente, duas áreas são reconhecidas: uma área anal anterior (ou *vannus*) e uma área jugal posterior. As áreas da asa são delimitadas e subdivididas por linhas de dobra, ao longo das quais as asas podem ser dobradas; e linhas de flexão, nas quais as asas se flexionam durante o voo. A diferença fundamental entre esses dois tipos de linhas é, na maioria das vezes, mal definida, uma vez que as linhas de dobra podem permitir alguma flexão e vice-versa. O sulco do clavo (uma linha de flexão) e a dobra jugal (ou linha de dobra) estão em uma posição praticamente constante em diferentes grupos de insetos, mas a linha mediana de flexão e a dobra (ou linha de dobra) anal (ou vanal) formam limites variáveis e não satisfatórios de áreas. A maneira de dobrar as asas pode ser muito complicada; dobras transversais ocorrem nas asas posteriores de Coleoptera e Dermaptera e, em alguns insetos, a grande área anal pode estar dobrada como um leque.

As asas anteriores e posteriores dos insetos, em muitas ordens, estão acopladas uma à outra, o que aumenta a eficiência aerodinâmica do voo. O mecanismo de acoplamento mais comum (visto claramente em Hymenoptera e alguns Trichoptera) compreende uma linha de pequenos ganchos, ou hâmulos, ao longo da margem anterior da asa posterior, que se prendem a uma dobra ao longo da margem posterior da asa anterior (acoplamento por hâmulos). Em alguns outros insetos (p. ex., Mecoptera, Lepidoptera e alguns Trichoptera), um lóbulo jugal da asa anterior se sobrepõe à parte anterior da asa posterior (acoplamento jugado), ou as margens das asas anteriores e posteriores se sobrepõem amplamente (acoplamento amplexiforme), ou uma ou mais cerdas da asa posterior (o frênulo) enganchamse embaixo de uma estrutura de retenção (o retináculo) na asa anterior (acoplamento frenulado). A mecânica do voo está descrita na seção 3.1.4, e a evolução das asas é tratada na seção 8.4.

Todos os insetos alados compartilham a mesma nervação alar básica, compreendendo oito nervuras, nomeadas, da região anterior para a região posterior da asa, como: pré-costa (PC), costa (C), subcosta (Sc), rádio (R), média (M), cúbito (Cb), anal (A) e jugal (J). Primitivamente, cada nervura tem um setor anterior convexo (+) (um ramo com todas as suas subdivisões) e um setor posterior côncavo (–). Em quase todos os insetos atuais, a pré-costa está fundida com a costa, e a nervura jugal é raramente aparente. O sistema de terminologia das asas apresentado na Figura 2.23 é aquele de Kukalová-Peck, e está baseado em estudos comparativos detalhados de insetos fósseis e vivos. Esse sistema pode ser aplicado à nervação de todas as ordens de insetos, embora até agora não tenha sido amplamente aplicado porque os vários métodos desenvolvidos para cada ordem de insetos têm sido usados por muito tempo e existe uma relutância em deixar de lado sistemas familiares. Dessa maneira, na maioria dos livros-texto a mesma nervura pode ser denominada com nomes diferentes, nas diferentes ordens de insetos, porque as homologias estruturais não foram reconhecidas corretamente nos estudos mais antigos. Por exemplo, até 1991, o sistema de nervação para Coleoptera denominava a rádio posterior (RP) como média (M) e a média posterior (MP) como cúbito (Cb). A interpretação correta das homologias das nervuras é essencial para os estudos filogenéticos, e a implantação de um sistema único, universalmente aplicável, é fundamental.

As células são áreas das asas delimitadas por nervuras, e podem ser células abertas (estendendo-se até a margem da asa) ou células fechadas (rodeada por nervuras). Elas são normalmente denominadas de acordo com as nervuras longitudinais ou com os ramos de nervuras que ficam à sua frente, exceto certas células que são conhecidas por nomes especiais, tais como a célula discal em Lepidoptera (Figura 2.24A) e o triângulo em Odonata (Figura 2.24B). O pteroestigma é uma mancha opaca ou pigmentada localizada anteriormente, próxima ao ápice da asa (Figuras 2.22, 2.23 e 2.24B).

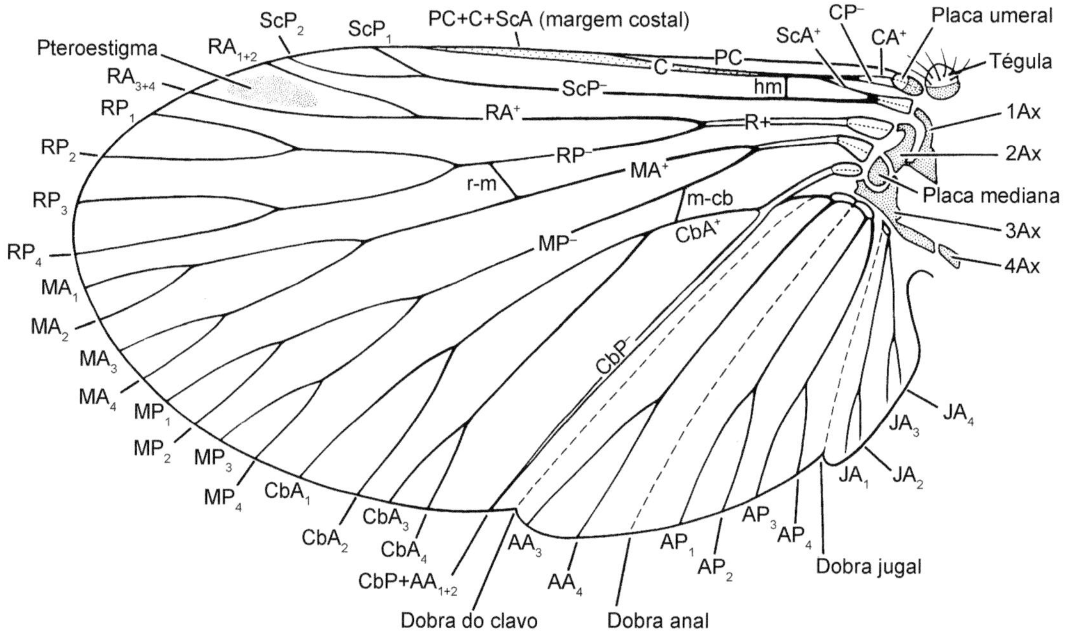

Figura 2.23 Asa generalizada de um inseto neóptero (qualquer inseto vivente e alado, com exceção de Ephemeroptera e Odonata), mostrando a articulação e o esquema de terminologia de nervação da asa de Kukalová-Peck. A notação é como se segue: AA, anal anterior; AP, anal posterior; Ax, esclerito axilar; C, costa; CA, costa anterior; CP, costa posterior; CbA, cúbito anterior; CbP, cúbito posterior; hm, nervura umeral; JA, jugal anterior; MA, média anterior; m-cb, nervura transversal mediano-cubital; MP, média posterior; PC, pré-costa; R, rádio; RA, rádio anterior; r-m, nervura transversal radiomediana; RP, rádio posterior; ScA, subcosta anterior; ScP, subcosta posterior. Os ramos dos setores anteriores e posteriores de cada nervura estão numerados, por exemplo, CbA_{1-4}. (Segundo CSIRO, 1991.)

Os padrões de nervação da asa são constantes nos grupos (em especial famílias e ordens), mas com frequência diferem entre grupos e, junto com dobras ou pregas, constituem as principais características utilizadas na classificação e identificação dos insetos. Em relação ao esquema básico resumido anteriormente, a nervação pode ser bastante reduzida pela perda ou fusão postulada de nervuras, ou com maior complexidade em decorrência de numerosas nervuras transversais ou grande ramificação terminal. Outras características que podem ser diagnósticas das asas de diferentes grupos de insetos são padrões de pigmentação e cores, pelos e escamas. As escamas ocorrem nas asas de Lepidoptera, muitos Trichoptera e de alguns Psocodea e moscas, e podem ser altamente coloridas e ter várias funções, incluindo impermeabilização. O desprendimento de escamas pode permitir que o inseto escape de predadores. Os pelos consistem em pequenos microtríquios, tanto espalhados quanto em grupo, e em grandes macrotríquios, em geral nas nervuras.

Normalmente, dois pares de asas funcionais localizam-se dorsolateralmente como **asas anteriores** no mesotórax e como **asas posteriores** no metatórax; com frequência, as asas são membranosas e transparentes. No entanto, a partir desse padrão básico derivam muitas outras condições, na maioria das vezes envolvendo variação em tamanho, forma e grau de esclerotização, relativos das asas anteriores e posteriores. Exemplos de modificação da asa anterior incluem as asas espessas e coriáceas de Blattodea, Dermaptera e Orthoptera, que são chamadas de **tégminas** (Figura 2.24C); as asas anteriores endurecidas de Coleoptera, que formam estojos de proteção para as asas, os **élitros** (Figura 2.24D); e os **hemiélitros** dos Hemiptera heterópteros, com a parte basal espessa e a parte apical membranosa (Figura 2.24E). Tipicamente, o hemiélitro dos heterópteros é dividido em três áreas de asa: a membrana, o **cório** e o **clavo**. Algumas vezes, o cório é mais dividido, com o **embólio** anterior a R+M, e o **cúneo** distal à **fratura costal**. Em Diptera, as asas posteriores são modificadas como estabilizadores (**halteres**) (Figura 2.24F) e não funcionam como asas, ao passo que nos machos de Strepsiptera as asas anteriores formam halteres e as asas posteriores são utilizadas no voo (Taxoboxe 23). Nos machos de cochonilhas, as asas anteriores têm nervação altamente reduzida e as asas posteriores formam hâmulo-halteres (diferentes dos halteres na estrutura) ou são completamente perdidas.

Insetos pequenos enfrentam diferentes desafios aerodinâmicos quando comparados aos insetos grandes, de modo que a área de suas asas frequentemente é ampliada para auxiliar na dispersão do vento. Os tripes (Thysanoptera), por exemplo, têm asas bem delgadas, mas têm uma franja de cerdas ou cílios para ampliar a

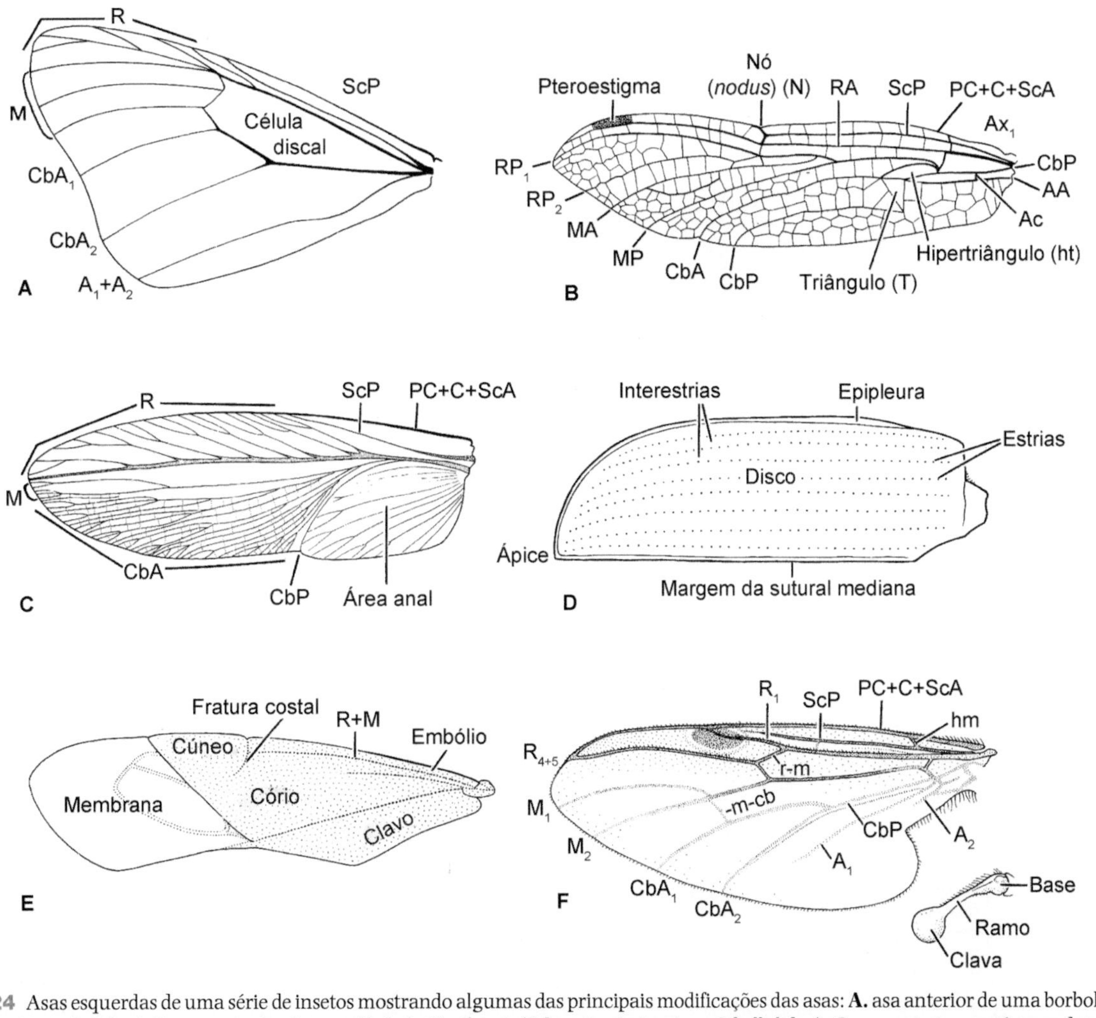

Figura 2.24 Asas esquerdas de uma série de insetos mostrando algumas das principais modificações das asas: **A.** asa anterior de uma borboleta *Danaus* (Lepidoptera: Nymphalidae); **B.** asa anterior de uma libélula *Urothemis* (Odonata: Anisoptera: Libellulidae); **C.** asa anterior ou tégmen de uma barata *Periplaneta* (Blattodea: Blattidae); **D.** asa anterior ou élitro de um besouro *Anomala* (Coleoptera: Scarabaeidae); **E.** asa anterior ou hemiélitro de um percevejo mirídeo (Hemiptera: Heteroptera: Miridae), mostrando as três áreas da asa – a membrana, o cório e o clavo; **F.** asa anterior e haltere de um mosquito *Bibio* (Diptera: Bibionidae). O esquema de terminologia da venação é consistente com aquele usado na Figura 2.23; o de (**B**) segue J.W.H. Trueman, não publicado. (**A-D.** Segundo Youdeowei, 1977; **F.** segundo McAlpine, 1981.)

área da asa (Taxoboxe 19). Nos cupins (Blattodea: Termitoidae) e nas formigas (Hymenoptera: Formicidae), os indivíduos reprodutores com asas ou alados têm grandes asas **decíduas** que são perdidas após o voo nupcial. Alguns insetos não têm asas, são **ápteros**, tanto primitivamente, como nas traças-do-livro (Zygentoma) e nas traças-saltadoras (Archaeognatha), as quais divergiram das outras linhagens de insetos antes da origem das asas, quanto secundariamente, como em todos os piolhos (Psocodea) e pulgas (Siphonaptera), que evoluíram a partir de ancestrais alados. A redução secundária parcial da asa ocorre em vários insetos de asa curta, ou **braquípteros**.

Em todos os insetos alados (Pterygota), uma área triangular na base da asa, a **área axilar** (Figura 2.22), contém os **escleritos articulares** móveis a partir dos quais a asa se articula no tórax. Esses escleritos são derivados, por redução e fusão, de uma faixa de escleritos articulares na asa ancestral. Os três tipos diferentes de articulação da asa, encontrados nos Pterygota viventes, resultam de padrões únicos de fusão e redução de escleritos articulares. Nos Neoptera (todos os insetos alados viventes, exceto os Ephemeroptera e Odonata), os escleritos articulares consistem na **placa umeral**, na **tégula**, e em normalmente três, mas raras vezes quatro, **escleritos axilares** (1Ax, 2Ax, 3Ax e 4Ax) (Figura 2.23). Tanto os Ephemeroptera quanto os Odonata apresentam uma configuração diferente desses escleritos quando comparados com os Neoptera (que significa, literalmente, "nova asa"). Os adultos de Odonata e de Ephemeroptera não podem dobrar suas asas para trás sobre o abdome, como os neópteros fazem. Em Neoptera, a asa se articula por meio de escleritos articulares com os processos anterior e posterior da asa dorsalmente, e ventralmente com o processo alar pleural e com dois escleritos pleurais pequenos (o basalar e o subalar) (Figura 2.20).

2.5 ABDOME

Primitivamente, o abdome dos insetos apresenta 11 segmentos, embora o segmento 1 possa ser reduzido ou incorporado no tórax (tal como em muitos Hymenoptera) e os segmentos terminais normalmente sejam modificados de modo variado e/ou reduzidos (Figura 2.25A). Em geral, pelo menos os primeiros sete segmentos abdominais dos adultos (os **segmentos pré-genitais**) são semelhantes na estrutura e não apresentam apêndices. Entretanto, os apterigotos (traças-saltadoras e traças-do-livro) e muitos insetos aquáticos imaturos têm apêndices abdominais. Os apterigotos têm um par de **estilos** (*styli*) – apêndices rudimentares que têm homologia serial com a parte distal das pernas torácicas – e, na região do meio, um ou dois pares de **vesículas protráteis** ou protrusíveis em pelo menos alguns segmentos abdominais. Essas vesículas são derivadas a partir dos **enditos** da coxa e do trocanter (lóbulos anelados internos) dos apêndices abdominais ancestrais (ver Figura 8.5B). As larvas aquáticas e ninfas podem ter brânquias lateralmente em alguns ou na maioria dos segmentos abdominais (Capítulo 10). Algumas dessas brânquias podem ter homologia serial com as asas torácicas (p. ex., as lâminas branquiais das ninfas de efêmeras) ou com outros derivados das pernas. Os espiráculos com frequência estão presentes nos segmentos de 1 a 8,

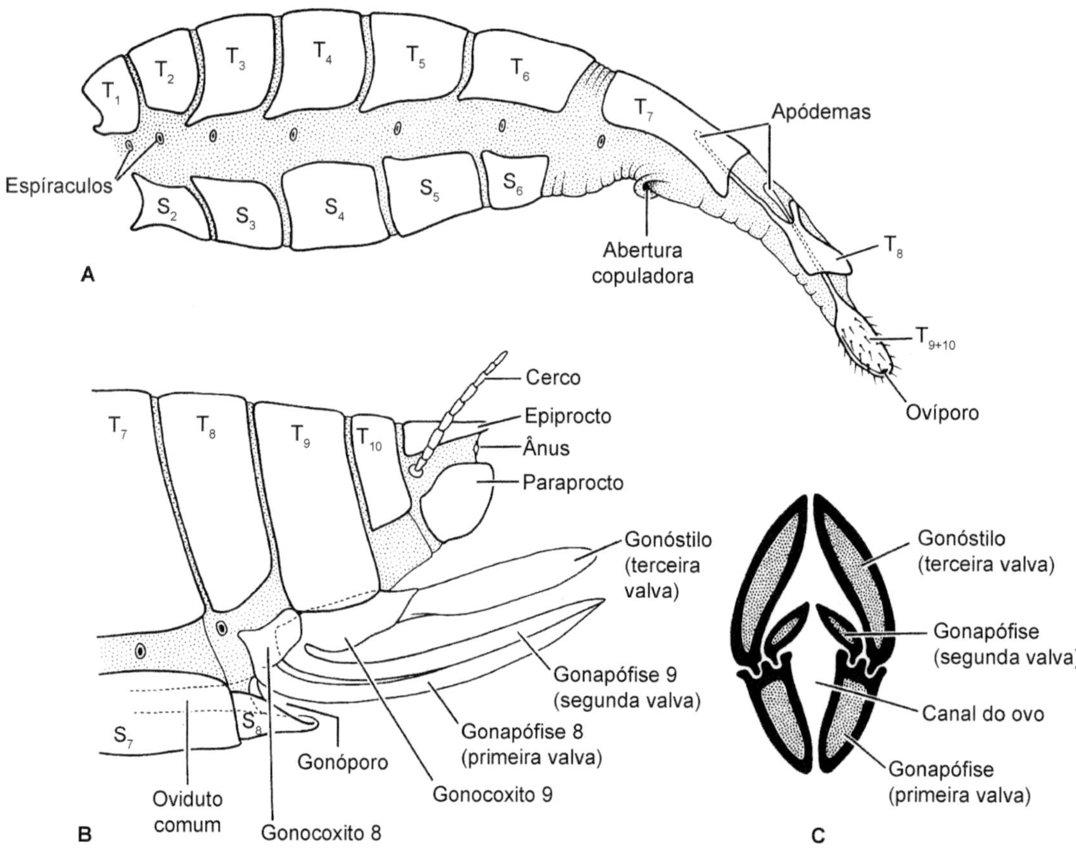

Figura 2.25 Abdome e ovipositor da fêmea. **A.** Vista lateral do abdome de um adulto de mariposa Lymantriidae (Lepidoptera), mostrando o ovipositor de substituição formado por segmentos terminais extensíveis. **B.** Vista lateral de um ovipositor generalizado de ortóptero, composto pelos apêndices dos segmentos 8 e 9. **C.** Secção transversal através do ovipositor de uma esperança (Orthoptera: Tettigoniidae), T_1-T_{10}, tergos dos segmentos um a dez; S_2-S_8, esternos dos segmentos dois a oito. (**A.** Segundo Eidmann, 1929; **B.** segundo Snodgrass, 1935; **C.** segundo Richards & Davies, 1959.)

mas reduções no número ocorrem na maioria das vezes associadas a modificações do sistema traqueal (seção 3.5), em especial nos insetos imaturos, e com as especializações dos segmentos terminais nos adultos.

2.5.1 Terminália

A parte anal-genital do abdome, conhecida como terminália, consiste em geral nos segmentos oito ou nove até o ápice abdominal. Os segmentos oito e nove apresentam a genitália; o segmento 10 é visível como um segmento completo em muitos insetos "inferiores", mas nunca tem apêndices; e o pequeno segmento 11 é representado por um epiprocto dorsal e um par de paraproctos ventrais derivados do esterno (Figura 2.25B). Um par de apêndices, os cercos, articula-se lateralmente no segmento 11; em geral, eles são anelados e filamentosos, mas são modificados (p. ex., as pinças de tesourinhas) ou reduzidos em diferentes ordens de insetos. Um filamento anelado caudal, o apêndice dorsal mediano, aparece a partir da ponta do epiprocto nos apterigotos, na maioria das efêmeras (Ephemeroptera) e em alguns insetos fósseis. A homologia de uma estrutura semelhante, encontrada nas ninfas de Plecoptera, é incerta. Esses segmentos abdominais terminais têm funções excretoras e sensoriais em todos os insetos, mas nos adultos há uma função reprodutiva adicional.

Os órgãos relacionados especificamente com a cópula e a deposição de ovos são conhecidos de forma coletiva como genitália externa, embora eles possam ser, em grande parte, internos. Os componentes da genitália externa dos insetos são muito diversificados na forma e, com frequência, têm considerável valor taxonômico, em particular entre espécies que parecem estruturalmente semelhantes em outros aspectos. A genitália externa masculina é amplamente usada para auxiliar a distinguir espécies, ao passo que a genitália externa feminina pode ser mais simples e menos variada. A diversidade e a especificidade da espécie das estruturas genitais são discutidas na seção 5.5.

A terminália de fêmeas adultas de insetos inclui estruturas internas, para receber o órgão copulador masculino e seus espermatozoides (seções 5.4 e 5.6), e estruturas externas, utilizadas para oviposição (deposição de ovos; seção 5.8). A maioria das fêmeas de insetos tem um tubo para depositar os ovos, o ovipositor; ele é ausente em cupins (Temitoidae), piolhos (Psocodea), fêmeas de cochonilhas (Coccoidea), muitos Plecoptera e na maioria dos Ephemeroptera. Os ovipositores podem ter duas formas:

- Ovipositor apendicular, ou verdadeiro, formado a partir de apêndices dos segmentos abdominais oito e nove (Figura 2.25B)
- Ovipositor de substituição, composto de segmentos abdominais posteriores extensíveis (Figura 2.25A).

Os ovipositores de substituição incluem um número variável de segmentos terminais e, sem dúvida, foram derivados de maneira convergente várias vezes, até mesmo em algumas ordens. Eles ocorrem em muitos insetos, incluindo a maioria dos Lepidoptera, Coleoptera e Diptera. Nesses insetos, a terminália é telescópica e pode ser estendida como um tubo delgado, por meio da manipulação de músculos fixados aos apódemas dos tergos (Figura 2.25A) e/ou esternos modificados.

Ovipositores apendiculares representam a condição primitiva para as fêmeas de insetos, e estão presentes nos Archaeognatha, Zygentoma, muitos Odonata, Orthoptera, alguns Hemiptera, alguns Thysanoptera e Hymenoptera. Em alguns Hymenoptera, o ovipositor é modificado como um ferrão injetor de venenos (ver Figura 14.11) e os ovos são ejetados na base do ferrão. Em todos os outros casos, os ovos passam por um canal na haste do ovipositor (seção 5.8). A haste é composta de três pares de valvas (Figura 2.25B,C) sustentadas em dois pares de valvíferos – a coxa mais os trocanteres, ou gonocoxitos, dos segmentos oito e nove (Figura 2.25B). Os gonocoxitos do segmento oito têm um par de enditos do trocanter (lóbulos internos de cada trocanter), ou gonapófises, que formam as primeiras valvas, ao passo que os gonocoxitos do segmento nove têm um par de gonapófises (as segundas valvas), além de um par de gonóstilos (as terceiras valvas) derivados da parte distal dos apêndices do segmento nove (e homólogos com os estilos dos apterigotos mencionados anteriormente). Em cada metade do ovipositor, a segunda valva desliza, como uma língua escorregando em uma ranhura, pela primeira valva (Figura 2.25C), ao passo que a terceira valva geralmente forma uma bainha para as outras valvas.

A genitália externa dos machos de insetos inclui um órgão para transferência de espermatozoides (tanto empacotados em um espermatóforo quanto livres no líquido) para a fêmea e, com frequência, envolve estruturas que agarram e seguram a parceira durante o acasalamento. Numerosos termos são empregados para os vários componentes em diferentes grupos de insetos, de modo que as homologias são difíceis de serem estabelecidas. Machos de Archaeognatha, Zygentoma e Ephemeroptera têm genitália relativamente simples, que consiste em gonocoxitos, gonóstilos e, algumas vezes, gonapófises no segmento nove (e também no segmento oito em Archaeognatha), tal como nas fêmeas, exceto pela presença de um pênis (falo) mediano ou, às vezes, par ou bilobado, no segmento nove (Figura 2.26A). Acredita-se que o pênis seja derivado dos lóbulos internos fundidos (enditos) das coxas ou dos trocanteres do segmento nove do ancestral. Nas ordens ortopteroides, os gonocoxitos são reduzidos ou ausentes, embora gonóstilos possam estar presentes (chamados estilos), além de haver um pênis mediano, com um lóbulo chamado falômero, em cada lado dele. O destino evolutivo das gonapófises e a origem dos falômeros são incertos. Nos insetos "superiores" – os hemipteroides e as ordens holometábolas –, as homologias e a terminologia das estruturas masculinas são ainda mais confusas se alguém tentar comparar a terminália de diferentes ordens. O órgão copulador inteiro dos insetos superiores em geral é conhecido como edeago e, além da inseminação, ele pode agarrar e produzir estimulação sensorial para a fêmea. Tipicamente, há um pênis tubular mediano (embora algumas vezes o termo "edeago" seja restrito a esse lóbulo), o qual com frequência tem um tubo interno, o endofalo, que é evertido durante a inseminação (ver Figura 5.4B). O ducto ejaculatório abre-se no gonóporo, tanto na ponta do pênis quanto na do endofalo. Lateralmente ao pênis, está um par de lóbulos ou parâmeros, os quais podem ter uma função de agarrar e/ou sensorial. Sua origem é incerta; eles podem ser homólogos aos gonocoxitos e gonóstilos dos insetos inferiores, aos falômeros dos insetos ortopteroides, ou ser derivados *de novo*, talvez até do segmento 10. Esse tipo de edeago trilobado é bem exemplificado em muitos besouros (Figura 2.26B), mas as modificações são muito numerosas para serem descritas aqui.

Muita variação na genitália externa masculina relaciona-se com a posição de acasalamento, que é muito variável entre as ordens e algumas vezes na mesma ordem. As posições de acasalamento incluem *end-to-end* (feita com as regiões posteriores unidas, sendo que o macho e a fêmea estão olhando para lados opostos); lado a lado; macho abaixo, com o dorso para cima; macho por cima, de modo que a fêmea fica com o dorso virado para cima; e até ventre com ventre. Em alguns insetos, a torção dos segmentos terminais pode acontecer depois da metamorfose ou logo antes ou durante a cópula, e a assimetria das estruturas de fixação do macho ocorre em muitos insetos. A cópula e os comportamentos associados estão discutidos em mais detalhes no Capítulo 5.

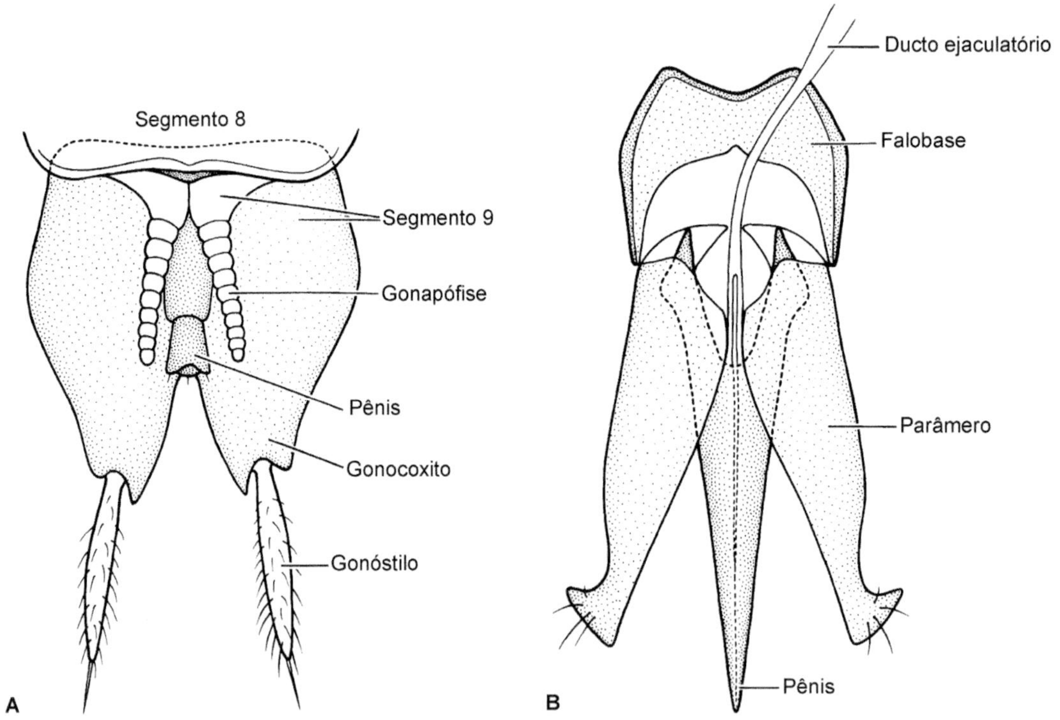

Figura 2.26 Genitália externa do macho. **A.** Segmento abdominal 9 da traça saltadora *Machilis variabilis* (Archaeognatha: Machilidae). **B.** Edeago de um besouro salta-martim (Coleoptera: Elateridae). (**A.** Segundo Snodgrass, 1957.)

Leitura sugerida

Existem diversos excelentes artigos recentes que utilizam uma abordagem com maior enfoque genético ou de desenvolvimento para a compreensão da estrutura dos insetos. As referências a seguir fornecem informações morfológicas e funcionais básicas.

Andersen, S.O. (2010) Insect cuticular sclerotization: a review. *Insect Biochemistry and Molecular Biology* **40**, 166–78.

Beutel, R.G., Friedrich, F., Ge, S.-Q. & Yang, Z.-K. (2014) *Insect Morphology and Phylogeny*. Walter De Gruyter Inc., Berlin.

Binnington, K. & Retnakaran, A. (eds.) (1991) *Physiology of the Insect Epidermis*. CSIRO Publications, Melbourne.

Chapman, R.F. (2013) *The Insects. Structure and Function*, 5th edn. (eds. S.J. Simpson & A.E. Douglas), Cambridge University Press, Cambridge.

Krenn, H.W. & Aspöck, H. (2012) Form, function and evolution of the mouthparts of blood-feeding Arthropoda. *Arthropod Structure and Development* **41**, 101–18.

Krenn, H.W., Plant, J.D. & Szucsich, N.U. (2005) Mouthparts of flower-visiting insects. *Arthropod Structure and Development* **34**, 1–40.

Lawrence, J.F., Nielsen, E.S. & Mackerras, I.M. (1991) Skeletal anatomy and key to orders. In: *The Insects of Australia*, 2nd edn. (CSIRO), pp. 3–32. Melbourne University Press, Carlton.

Nichols, S.W. (1989) *The Torre-Bueno Glossary of Entomology*, 2nd edn. The New York Entomological Society in co-operation with the American Museum of Natural History, New York.

Resh, V.H. & Cardé, R.T. (eds.) (2009) *Encyclopedia of Insects*, 2nd edn. Elsevier, San Diego, CA. [Particularly see articles on anatomy; head; thorax; abdomen and genitalia; mouthparts; wings.]

Richards, A.G. & Richards, P.A. (1979) The cuticular protuberances of insects. *International Journal of Insect Morphology and Embryology* **8**, 143–57.

Snodgrass, R.E. (1935) *Principles of Insect Morphology*. McGraw-Hill, New York. [This classic book remains a valuable reference, despite its age.]

Wootton, R.J. (1992) Functional morphology of insect wings. *Annual Review of Entomology* **37**, 113–40.

Capítulo 3

Anatomia Interna e Fisiologia

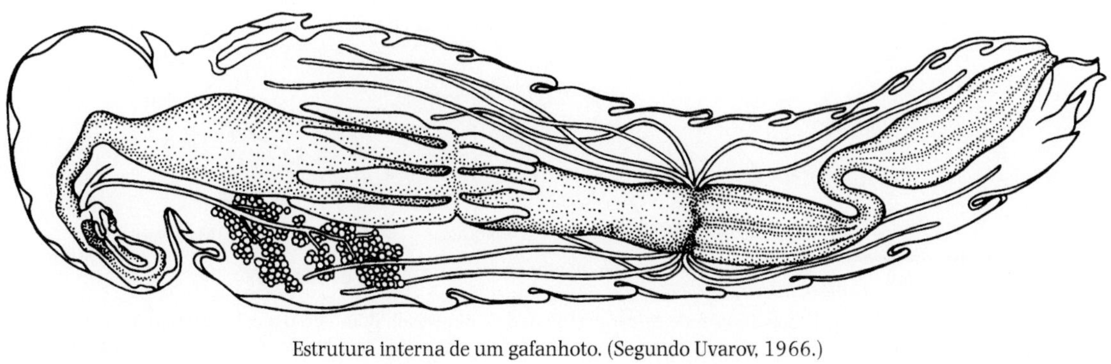

Estrutura interna de um gafanhoto. (Segundo Uvarov, 1966.)

O corpo dissecado de um inseto é uma obra-prima complexa e compacta de um projeto funcional. A Figura 3.1 mostra o "interior" de dois insetos onívoros, uma barata e um grilo, que têm sistemas digestório e reprodutor relativamente não especializados. O sistema digestório, o qual inclui glândulas salivares bem como um trato digestivo longo, consiste em três seções principais. Essas seções atuam no armazenamento, na degradação bioquímica, na absorção e na excreção. Cada seção do trato digestivo tem mais de uma função fisiológica, e isso pode refletir-se em modificações estruturais locais, como o espessamento da parede intestinal ou dos divertículos (extensões) do lúmen principal. Os sistemas reprodutores representados na Figura 3.1 exemplificam os órgãos masculino e feminino de muitos insetos. Esses órgãos podem ser, nos machos, dominados por glândulas acessórias bem visíveis, em especial porque os testículos de muitos insetos adultos são degenerados ou ausentes. Isso ocorre porque os espermatozoides são produzidos durante a fase de pupa ou no penúltimo instar e estocados. Em fêmeas gravídicas de insetos, a cavidade corporal pode estar preenchida por ovos em vários estágios de desenvolvimento, obscurecendo, dessa maneira, outros órgãos internos. Da mesma maneira, as estruturas internas (exceto o trato digestivo) de uma lagarta de último instar larval, bem alimentada, podem estar escondidas pela grande quantidade de tecido gorduroso corporal.

A cavidade corporal dos insetos, chamada de **hemocele** e preenchida por uma **hemolinfa** fluida, é revestida pela endoderme e pela ectoderme. A hemocele não é um celoma verdadeiro, o qual

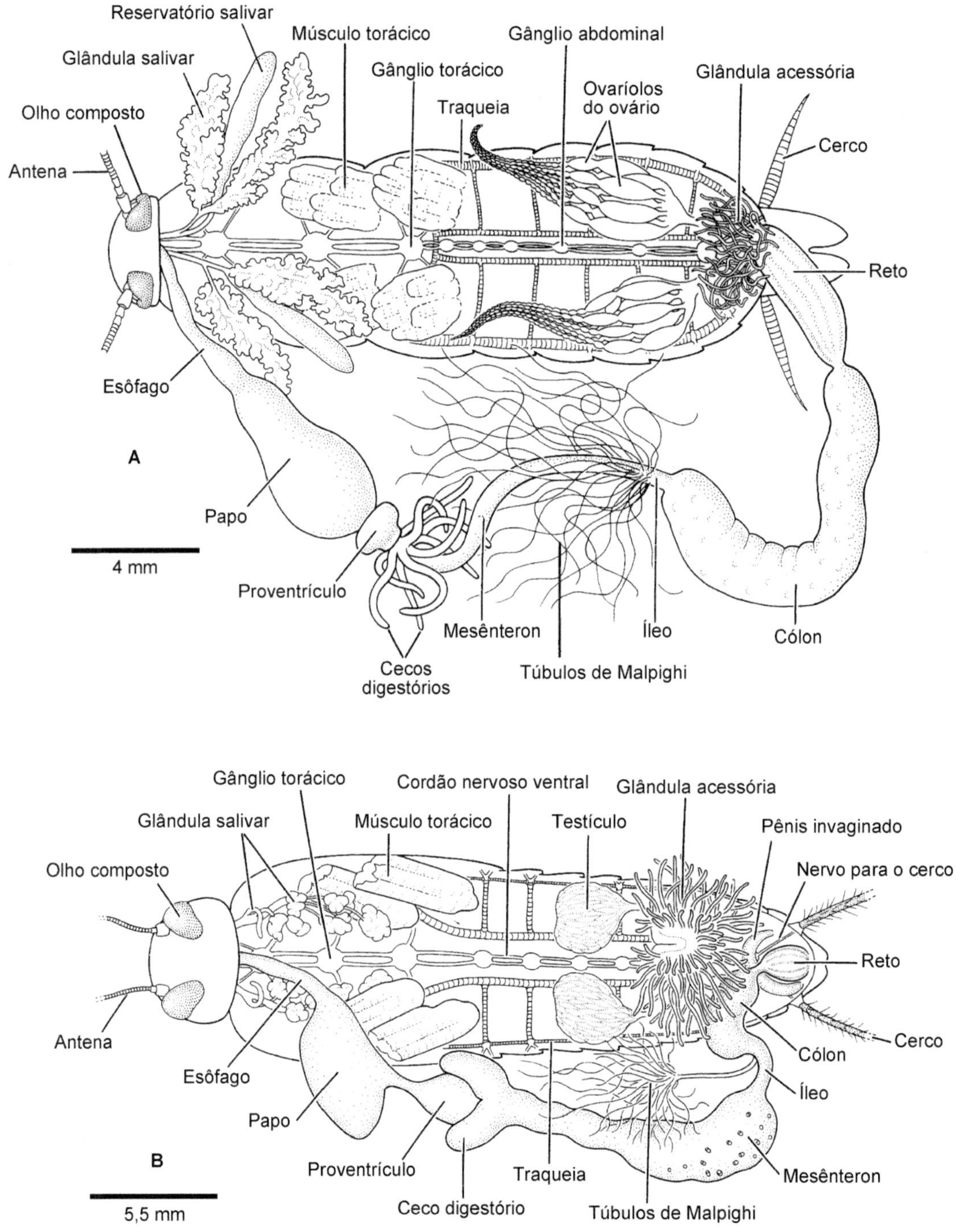

Figura 3.1 Dissecações de: **A.** uma barata fêmea, *Periplaneta americana* (Blattodea: Blattidae); **B.** um grilo macho, *Teleogryllus commodus* (Orthoptera: Gryllidae). O corpo gorduroso e a maior parte das traqueias foram removidos; a maior parte dos detalhes do sistema nervoso não está representada.

é definido como uma cavidade revestida pela mesoderme. A hemolinfa (assim chamada por associar muitas das funções do sangue (hemo-) e da linfa dos vertebrados) banha todos os órgãos internos, distribui nutrientes, remove metabólitos e executa funções imunes. Diferentemente do sangue dos vertebrados, a hemolinfa raramente apresenta pigmentos respiratórios e, portanto, tem pouca ou nenhuma função nas trocas gasosas. Nos insetos, essa função é executada pelo sistema traqueal, um conjunto de tubos ramificados preenchidos por ar (traqueias), os quais permeiam todo o corpo por meio de ramificações finas. A entrada e a saída do gás nas traqueias são controladas por estruturas parecidas com esfíncteres chamadas de espiráculos, que se abrem na parede do corpo. Resíduos não gasosos são filtrados da hemolinfa pelos túbulos de Malpighi (assim chamados em homenagem ao seu descobridor) filamentosos, os quais têm extremidades livres distribuídas por toda a hemocele. O seu conteúdo é esvaziado no trato digestivo, do qual, após modificação posterior, as excretas são, eventualmente, eliminadas através do ânus.

Todos os processos motores, sensoriais e fisiológicos nos insetos são controlados pelo sistema nervoso conjuntamente com os hormônios (mensageiros químicos). O cérebro e o cordão nervoso ventral são prontamente visíveis em insetos dissecados, mas a maioria dos centros endócrinos, sítios neurossecretores, numerosas fibras nervosas, músculos e outros tecidos não podem ser vistos a olho nu.

Este capítulo descreve as estruturas internas dos insetos e suas funções. Os tópicos abordados são músculos e locomoção (andar, nadar e voar), sistema nervoso e coordenação, centros endócrinos e hormônios, hemolinfa e sua circulação, sistema traqueal e trocas gasosas, trato digestivo e digestão, corpo gorduroso, nutrição e microrganismos, sistema excretor e eliminação de excretas e, finalmente, órgãos reprodutores e gametogênese. Os quadros abordam quatro tópicos especiais, a saber, pesquisa de neuropeptídios (Boxe 3.1), hipertrofia traqueal em tenébrios em baixas concentrações de oxigênio (Boxe 3.2), a câmara de filtragem de Hemiptera (Boxe 3.3) e os sistemas criptonefridianos de insetos (Boxe 3.4). Uma abordagem completa da fisiologia dos insetos não pode ser feita em um só capítulo. Para uma visão geral mais abrangente de tópicos específicos, nós sugerimos aos leitores Chapman (2013) e capítulos relevantes em Encyclopedia of Insects (Resh & Cardé, 2009). A maioria dos avanços recentes na fisiologia dos insetos envolve biologia molecular; um resumo das aplicações de biologia molecular em insetos pode ser obtido a partir de uma série de volumes editados por Gilbert *et al.* (2005) e Gilbert (2012) e outras fontes também listadas na seção Leituras adicionais.

3.1 MÚSCULOS E LOCOMOÇÃO

Conforme citado na seção 1.3.4, grande parte do sucesso dos insetos está relacionada à sua capacidade em sentir, interpretar e mover-se por seu ambiente. Embora o voo, que se originou há pelo menos 350 milhões de anos, tenha sido uma grande inovação, a locomoção terrestre e a aquática também são bem desenvolvidas. A força para o movimento origina-se de músculos que atuam contra um sistema esquelético, seja ele o exoesqueleto rígido de cutícula ou, nas larvas de corpo mole, um esqueleto hidrostático.

3.1.1 Músculos

Os vertebrados e muitos invertebrados não Hexapoda têm três tipos de músculos: os estriados, os lisos e os cardíacos. Os insetos têm apenas músculos estriados, assim chamados por causa da sobreposição dos filamentos espessos de miosina e dos filamentos mais finos de actina, criando uma aparência de bandeamento ao microscópio. Cada fibra de músculo estriado compreende muitas células, com uma membrana plasmática e um sarcolema, ou bainha externa, em comum. O sarcolema é invaginado, mas não aberto, no local onde uma traquéola que traz o suprimento de oxigênio (seção 3.5, Figura 3.10B) entra em contato com a fibra muscular. As miofibrilas contráteis percorrem o comprimento da fibra, dispostas em camadas ou em cilindros. Quando observada sob grande ampliação, uma miofibrila compreende um filamento fino de actina disposto entre dois filamentos grossos de miosina. A contração muscular envolve o deslizamento dos filamentos entre si, estimulado por impulsos nervosos. A inervação ocorre por meio de 1 até 3 axônios motores por feixe de fibras, de modo que cada um desses feixes recebe uma traqueia e é considerado uma unidade muscular, de modo que um músculo funcional compreende várias unidades agrupadas.

Existem vários tipos diferentes de músculos. A divisão mais importante é feita entre aqueles que respondem sincronicamente, com um ciclo de contração por impulso, e músculos fibrilares que respondem assincronicamente, com múltiplas contrações por impulso. Exemplos desse último tipo incluem alguns músculos do voo (ver a seguir) e o músculo do tímbale das cigarras (seção 4.1.4).

Não há diferença intrínseca na ação entre os músculos dos insetos e os dos vertebrados, embora os insetos possam produzir feitos musculares prodigiosos para o seu tamanho, como o salto de uma pulga ou a estridulação repetitiva do tímpano de uma cigarra. O reduzido tamanho do corpo favorece os insetos por causa da relação entre: (i) força, a qual é proporcional à secção transversal do músculo e diminui na raiz quadrada da redução do tamanho; e (ii) a massa corporal, que diminui na raiz cúbica da redução do tamanho. Portanto, a razão entre a força e a massa aumenta à medida que o tamanho do corpo diminui.

3.1.2 Fixação da musculatura

Os músculos dos vertebrados trabalham contra um esqueleto interno, mas os músculos dos insetos precisam se fixar na superfície interna de um esqueleto externo. Como a musculatura tem origem mesodérmica e o exoesqueleto tem origem ectodérmica, uma fusão precisa ocorrer. Isso acontece por meio do crescimento de tonofilamentos, finas fibrilas de conexão que ligam a extremidade epidérmica do músculo à camada epidérmica (Figura 3.2A,B). A cada muda, os tonofilamentos são descartados junto com a cutícula e, portanto, devem crescer novamente.

No ponto da fixação dos tonofilamentos, a cutícula interna com frequência está reforçada com cristas ou apódemas, os quais, quando são alongados como braços, são chamados de apófises (Figura 3.2C). Esses pontos de fixação muscular, em particular os apódemas longos e delgados de fixação de músculos individuais, na maioria das vezes incluem resilina para dar uma elasticidade que lembra aquela dos tendões dos vertebrados.

Alguns insetos, incluindo larvas de corpo mole, têm principalmente uma cutícula fina, flexível, sem a rigidez necessária para ancorar a musculatura a não ser que uma força adicional seja proporcionada. O conteúdo corporal forma um esqueleto hidrostático, cuja turgidez é mantida por músculos cruzados de "turgor" na parede do corpo que de forma contínua se contraem contra o líquido incompressível da hemocele, proporcionando um alicerce reforçado para os outros músculos. Se a parede do corpo de uma larva for perfurada, o líquido vaza, a hemocele torna-se compressível e os músculos de turgor fazem a larva ficar flácida.

3.1.3 Rastejar, mover-se em zigue-zague, nadar e andar

As larvas de corpo mole com esqueleto hidrostático movem-se rastejando. A contração muscular que ocorre em uma parte do corpo provoca uma extensão equivalente em outra parte relaxada

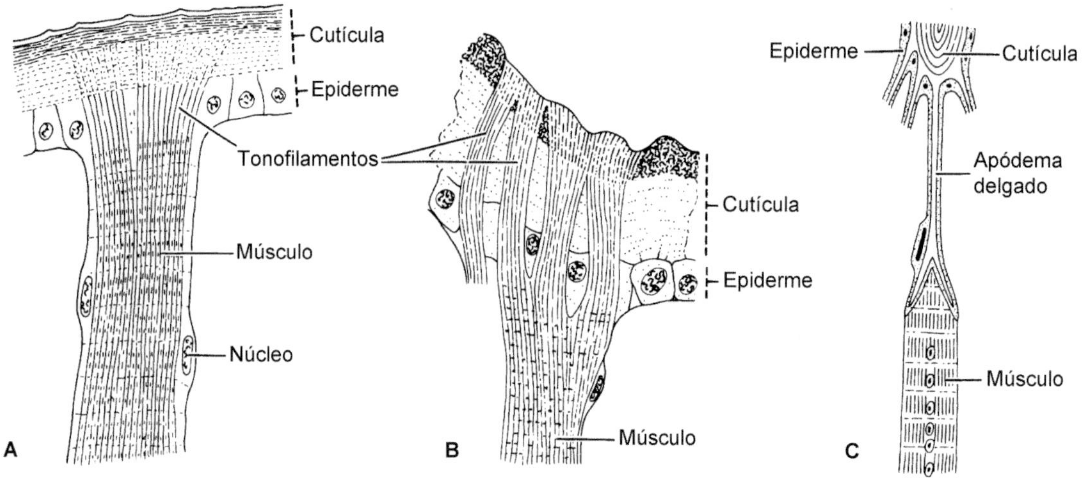

Figura 3.2 Fixação da musculatura à parede do corpo. **A.** Tonofilamentos atravessam a epiderme desde o músculo até a cutícula. **B.** Fixação da musculatura em um besouro adulto de *Chrysobothrus femorata* (Coleoptera: Buprestidae). **C.** Apódema multicelular com a fixação da musculatura em uma de suas apófises ou "tendões" cuticulares delgados. (Segundo Snodgrass, 1935.)

do corpo. Em larvas ápodes (sem pernas), como nas larvas de moscas, ocorrem ondas de contração e relaxamento desde a cabeça até a cauda. Faixas de ganchos adesivos ou tubérculos se prendem e desprendem sucessivamente do substrato para proporcionar um movimento para frente, de modo que, em algumas larvas de moscas, esse deslocamento é auxiliado pelos ganchos bucais. Na água, ondas laterais de contração contra o esqueleto hidrostático produzem uma natação sinuosa, como uma serpente, e ondas anteroposteriores produzem um movimento ondulante.

Larvas com pernas torácicas e falsas-pernas abdominais, como as lagartas, desenvolvem ondas de contração posteroanteriores dos músculos de turgor, de modo que podem ocorrer até três ondas visíveis de contração simultaneamente. Os músculos locomotores atuam em ciclos sucessivos de desprender as pernas torácicas do substrato, movê-las para frente e prender novamente no substrato. Esses ciclos ocorrem juntamente com o inchar, o esvaziar e o movimento para frente das falsas-pernas posteriores.

Insetos com exoesqueletos rígidos podem contrair e relaxar pares de músculos agonistas e antagonistas que se prendem na cutícula. Comparados com os crustáceos e miriápodes, os insetos têm menos (seis) pernas, que estão localizadas mais ventralmente e mais próximas entre si no tórax, permitindo a concentração dos músculos locomotores (para voar e andar) no tórax, e, dessa maneira, possibilitando mais controle e maior eficiência. A locomoção com seis pernas em velocidade baixa a moderada permite um contato contínuo com o chão por intermédio de um tripé formado pelas pernas anteriores e posteriores de um lado, e pela perna do meio do lado oposto, de modo que essa última faz o movimento de empurrar para trás (retração), ao passo que cada perna oposta é movida para frente (protração) (Figura 3.3). O centro de gravidade de um inseto que se locomove lentamente sempre está nesse tripé, proporcionando uma grande estabilidade. O movimento acontece por meio da ação dos músculos torácicos nas bases das pernas, com a propagação pelos músculos internos por toda a perna, para estendê-la ou flexioná-la. A ancoragem ao substrato, necessária para proporcionar uma alavanca para impulsionar o corpo, é feita por meio de garras pontudas e almofadas adesivas (o arólio ou, em moscas e alguns besouros, o pulvilo). Garras, como aquelas ilustradas na abertura do Capítulo 2, podem conseguir um ponto de apoio em qualquer pequena rugosidade de uma superfície, e as almofadas de alguns insetos podem aderir a superfícies perfeitamente lisas pela utilização de lubrificantes nas pontas de numerosas cerdas finas e da ação de forças de coesão de moléculas entre as cerdas e o substrato.

Quando uma locomoção mais rápida é necessária, existem várias alternativas: aumentar a frequência de movimentação da perna por meio do encurtamento do período de retração; aumentar o tamanho do passo; alterar a triangulação do suporte visando adotar um caminhar quadrúpede (uso de quatro pernas); ou até mesmo um caminhar bípede com as pernas posteriores, mantendo as outras pernas acima do substrato. Em altas velocidades, até mesmo aqueles insetos que mantêm a triangulação são muito instáveis e podem, às vezes, não ter nenhuma perna em contato com o substrato. Essa instabilidade em alta velocidade aparentemente não causa nenhuma dificuldade para as baratas, as quais, quando filmadas com câmeras de vídeos de alta velocidade, demonstraram manter velocidades de até 1 m/s à medida que estão rodando e girando até 25 vezes por segundo. Esse movimento é mantido por meio da informação sensorial recebida por uma das antenas cuja ponta permanece em contato com uma parede experimental fornecida, mesmo quando essa parede tem uma superfície em zigue-zague.

Muitos insetos pulam, alguns prodigiosamente, em geral utilizando pernas posteriores modificadas. Em ortópteros, besouros-pulga (Chrysomelidae: Alticini) e um certo número de gorgulhos (Curculionidae), um fêmur posterior alargado apresenta grandes músculos cuja contração lenta produz energia que é armazenada por meio tanto da contorção da junção femorotibial como na esclerotização na forma de mola, por exemplo, o tendão de extensão metatibial. Nas pulgas, a energia é produzida por meio do músculo elevador do trocanter quando eleva o fêmur, e é armazenada pela compressão de uma almofada de resilina elástica localizada na coxa. Em todos esses saltadores, o relaxamento da tensão ocorre de maneira repentina, resultando em uma propulsão do inseto no ar – normalmente de uma maneira não controlada, mas as pulgas podem chegar até seus hospedeiros por algum controle sobre o seu salto. Sugere-se que a principal vantagem para os insetos voadores saltadores seja alcançar o ar e permitir a abertura das asas sem danificá-las no substrato ao redor.

Na natação, o contato com a água é mantido durante a protração, dessa maneira, para avançar, é preciso que o inseto conceda maior impulso para o movimento de remar do que para a braçada de recuperação. Isso é conseguido pela expansão da área efetiva da perna durante a retração, por meio da extensão de franjas de cerdas e espinhos (ver Figura 10.7), que se fecham na perna dobrada durante a braçada de recuperação. Já vimos como algumas larvas de insetos nadam usando contrações contra o seu

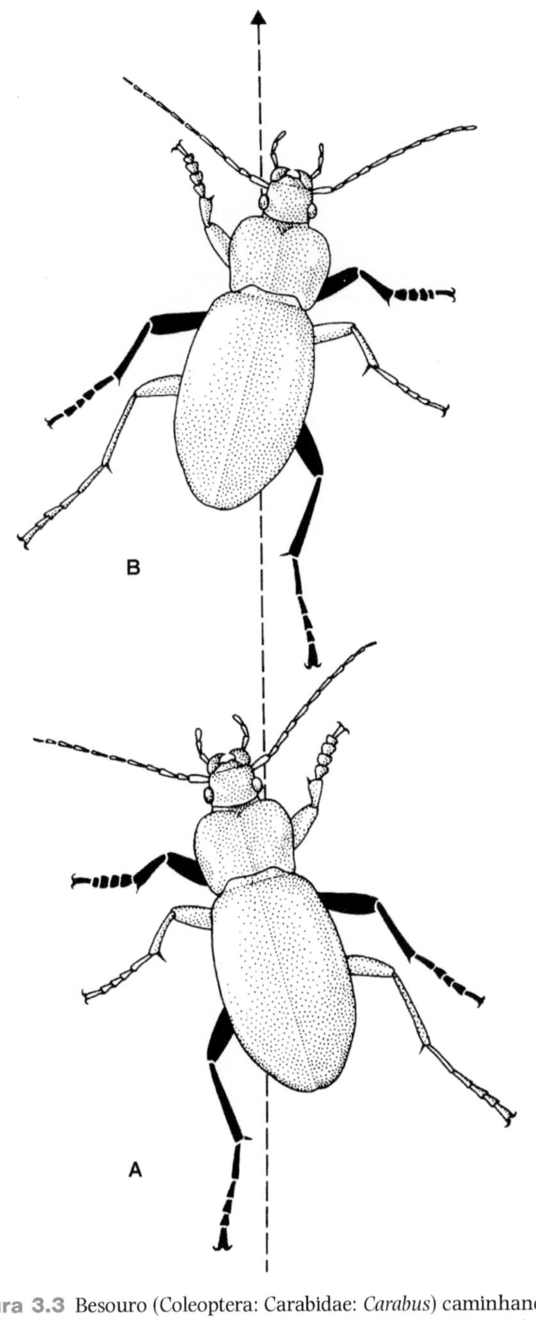

Figura 3.3 Besouro (Coleoptera: Carabidae: *Carabus*) caminhando na direção da linha tracejada. As três pernas mais escuras são aquelas que estão em contato com o substrato, nas duas posições ilustradas – (**A**) é seguida por (**B**). (Segundo Wigglesworth, 1972.)

esqueleto hidrostático. Outros insetos, incluindo muitas ninfas e larvas de tricópteros, podem andar submersos e, em particular em águas rápidas, não nadam rotineiramente.

A película superficial da água pode sustentar alguns insetos especialistas, a maioria dos quais apresenta cutículas hidrófugas (repelentes à água) ou franjas de cerdas, e alguns, como os gerrídeos (ver Figura 5.7), movem-se remando com pernas que têm franjas de cerdas.

3.1.4 Voar

O desenvolvimento do voo permitiu aos insetos mobilidade muito maior, a qual facilitou a localização de comida e parceiros sexuais e conferiu um poder de dispersão muito melhor. Principalmente, o voo permitiu a exploração de muitos ambientes novos. Os micro-hábitats das plantas, como as flores e a folhagem, são mais acessíveis para insetos alados do que para aqueles que não podem voar.

Asas totalmente desenvolvidas e funcionais para o voo só ocorrem nos insetos adultos, embora nas ninfas as asas em desenvolvimento sejam visíveis como brotos alares em todos os instares, exceto no primeiro. Em geral, dois pares de asas funcionais aparecem em posição dorsolateral, constituindo as asas anteriores no segundo segmento torácico e as asas posteriores no terceiro segmento. Algumas das muitas variações derivantes estão descritas no na seção 2.4.2.

Para voar, as forças do peso (gravidade) e do arrasto (resistência do ar ao movimento) devem ser superadas. No voo tipo planado, no qual as asas são mantidas rigidamente distendidas, essas forças são superadas pela utilização de movimentos passivos de ar – conhecidos como vento relativo. O inseto alcança maiores alturas ajustando o ângulo da margem anterior (borda de ataque) da asa quando ela está orientada na direção do vento. Na medida em que esse ângulo (o ângulo de ataque) aumenta, a sustentação aumenta até que o estol ocorre, isto é, quando se perde sustentação catastroficamente. Ao contrário das aeronaves, nas quais, em quase todas, o estol ocorre em torno de 20°, o ângulo de ataque dos insetos pode elevar-se até mais de 30°, até tão alto quanto 50°, proporcionando grande manobrabilidade. Maior capacidade de atingir melhor sustentação e a redução do arrasto podem ser atribuídas a escamas e cerdas nas asas, os quais afetam os limites da superfície da asa.

A maioria dos insetos é capaz de planar, e as libélulas (Odonata) e alguns gafanhotos (Orthoptera), especialmente gafanhotos, planam de forma considerável por grandes extensões. Entretanto, a maioria dos insetos alados voa batendo as asas. Examinar o batimento das asas é difícil, porque a frequência de batimento até mesmo de uma grande e lenta borboleta pode chegar a cinco vezes por segundo (5 Hz), uma abelha pode bater suas asas a uma velocidade de 180 Hz e alguns mosquitos-pólvora emitem um zumbido audível com a sua frequência de batimento das asas de até mais de 1.000 Hz. Entretanto, por meio da utilização de um filme de alta velocidade passado em câmera lenta, a velocidade de batimento da asa do inseto pode ser reduzida desde um valor maior do que a visão humana é capaz de detectar até uma velocidade na qual um batimento possa ser analisado individualmente. Isso revela que um único batimento compreende três movimentos interligados. Primeiro ocorre um ciclo de movimentos para baixo e para frente, seguido de um movimento para cima e para trás. Em segundo lugar, durante o ciclo, cada asa é girada ao redor de sua base. O terceiro componente ocorre na medida em que várias partes da asa flexionam em resposta a variações locais na pressão do ar. Ao contrário do voo planado, no qual o vento relativo ocorre por intermédio de movimentos passivos de ar, no voo verdadeiro o vento relativo é produzido pelo movimento das asas. Os insetos voadores fazem ajustes constantes, de modo que, durante um batimento da asa, o ar à frente do inseto é lançado para trás e para baixo, impulsionando o inseto para cima (elevação) e para frente (impulso). Na ascensão, o ar emergente é direcionado mais para baixo, reduzindo o impulso, mas aumentando a sustentação. No movimento de virar, a força da asa do lado de dentro da curva é reduzida por meio da diminuição da amplitude do batimento.

Apesar da elegância e da complexidade de detalhes do voo dos insetos, os mecanismos responsáveis pelo batimento das asas não são excessivamente complicados. O tórax dos segmentos que abrigam as asas pode ser considerado como uma caixa com os lados (pleura) e a base (esterno) rigidamente fundidos, e as asas são conectadas no local onde o tergo rígido está fixado à pleura por membranas flexíveis. Essa fixação membranosa e a articulação da asa são compostas de resilina (seção 2.1), a qual confere a elasticidade crucial à caixa torácica. Os insetos voadores apresentam um dos dois tipos de organização dos músculos responsáveis pelo voo:

- Musculatura direta de voo ligada às asas, ou
- Um sistema indireto no qual não há nenhuma conexão entre a musculatura e a asa, mas, mais propriamente, a ação muscular deforma a caixa torácica para movimentar a asa.

Alguns grupos, como Odonata e Blattodea, aparentemente usam musculatura direta de voo em graus variados, embora pelo menos alguns músculos para a recuperação sejam indiretos. Outros grupos de insetos utilizam musculatura indireta para o voo, de modo que a musculatura direta proporciona a orientação da asa em vez da produção de força.

Os músculos diretos de voo produzem a batida da asa para cima por meio da contração de músculos fixados à base da asa, em uma posição mais interna em relação ao ponto de giro (articulação) da asa (Figura 3.4A). A batida da asa para baixo é produzida pela contração de músculos que se estendem desde o esterno até a base da asa, em posição mais externa que a do ponto de articulação (Figura 3.4B). Ao contrário, os músculos indiretos de voo fixam-se ao tergo e ao esterno. A contração faz com que o tergo e, com ele, a parte mais basal da asa, seja puxado para baixo. Esse movimento alavanca a parte principal, externa, da asa em uma batida para cima (Figura 3.4C). A batida para baixo é realizada por meio da contração de um segundo grupo de músculos, os quais se distribuem da região anterior até a região posterior do tórax, deformando, dessa maneira, a caixa e levantando o tergo (Figura 3.4D). A cada estágio do ciclo, quando os músculos do voo relaxam, a energia é conservada porque a elasticidade do tórax recupera a sua forma.

Ao que parece, primitivamente, as quatro asas podem ser controladas de forma independente, com uma pequena variação no tempo e na taxa de batimento, permitindo a alteração na direção do voo. Entretanto, uma variação excessiva impede um voo controlado e o batimento de todas as asas é em geral harmonizado, como exemplo, nas borboletas, heterópteros e abelhas, pelo acoplamento das asas anteriores e das asas posteriores, e também por meio de controle neural. Para insetos com baixa frequência de batimento (menor que 100 Hz), como as libélulas, um impulso nervoso para cada batimento é mantido por músculos sincrônicos. No entanto, para asas com batimento rápido, as quais podem chegar a frequências de 100 até mais de 1.000 Hz, seria impossível atingir um impulso por batimento, de modo que músculos assincrônicos são necessários. Nesses insetos, a asa é construída de modo que apenas duas posições são estáveis – completamente para cima ou completamente para baixo. À medida que a asa se move de um extremo ao outro, passa por uma posição intermediária instável. Ao passo que a asa passa por esse ponto instável ("clique"), a elasticidade torácica movimenta a asa rapidamente para a posição estável alternativa. Os insetos que apresentam esse mecanismo assincrônico têm fibrilas peculiares nos músculos de voo com a propriedade de, uma vez que ocorra um relaxamento repentino da tensão muscular, como no ponto de clique, a próxima contração muscular é induzida. Dessa maneira, os músculos podem oscilar, contraindo-se a uma frequência muito mais alta do que os impulsos nervosos, os quais precisam ser apenas periódicos para manter o inseto voando. A harmonização do batimento da asa em cada lado é mantida em virtude da rigidez do tórax – à medida que o tergo é achatado ou relaxado, o que acontece com uma asa deve acontecer identicamente com a outra. No entanto, insetos com músculos indiretos de voo mantêm músculos diretos que são utilizados para fazer ajustes finos na orientação da asa durante o voo.

A direção e quaisquer desvios de percurso durante o voo, talvez causados por movimentos do ar, são percebidos pelos insetos predominantemente por seus olhos e suas antenas. No entanto, as moscas (Diptera) têm um equipamento sensorial

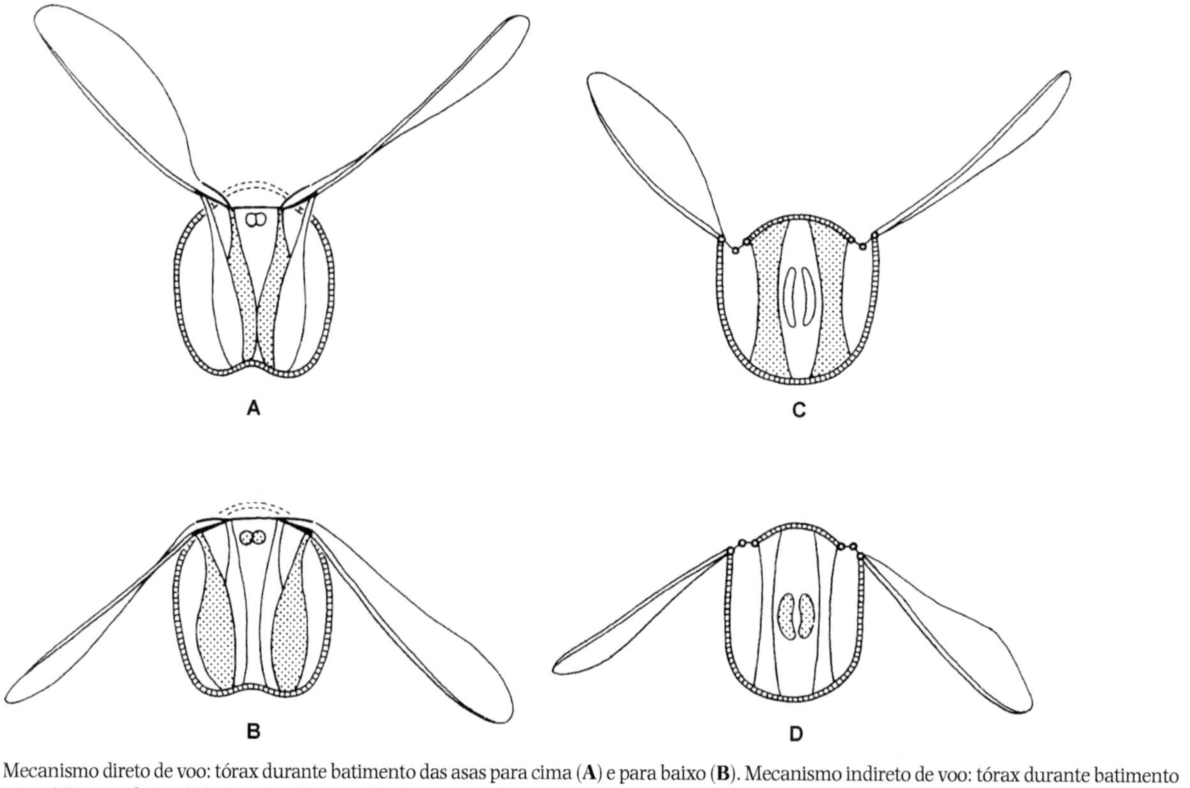

Figura 3.4 Mecanismo direto de voo: tórax durante batimento das asas para cima (**A**) e para baixo (**B**). Mecanismo indireto de voo: tórax durante batimento das asas para cima (**C**) e para baixo (**D**). Os músculos pontilhados são aqueles que estão se contraindo em cada uma das ilustrações. (Segundo Blaney, 1976.)

extremamente sofisticado, de modo que suas asas posteriores são modificadas como órgãos de equilíbrio. Esses halteres, os quais consistem em uma base, um ramo e uma clava apical arredondada em cada um (ver Figura 2.24F), batem no mesmo tempo, mas fora de fase, em relação às asas anteriores. A clava, que é mais pesada do que o resto do órgão, tende a manter os halteres batendo em um plano. Quando a mosca modifica a direção, seja voluntariamente ou por outro motivo, o halter é torcido. O ramo, o qual é abundantemente dotado de sensilas, detecta esse movimento, e a mosca pode responder de maneira adequada.

O início do voo, por qualquer motivo, pode envolver as pernas lançando o inseto no ar. A perda do contato do tarso com o chão causa o disparo neural dos músculos diretos de voo. Nas moscas, a atividade de voo origina-se na contração de um músculo da perna mediana, o qual impulsiona a perna para baixo (e a mosca para cima) e simultaneamente puxa o tergo para baixo, para iniciar o voo. As pernas também são importantes na aterrissagem porque não há uma freada gradual, o que ocorreria se a mosca desse uma pequena corrida para frente ao pousar – todo o impacto recai nas pernas estendidas, dotadas de almofadas, espinhos e garras para adesão.

3.2 SISTEMA NERVOSO E COORDENAÇÃO

O sistema nervoso complexo dos insetos integra um arranjo diverso de informações sensoriais externas e fisiológicas internas, além de gerar alguns dos comportamentos discutidos no Capítulo 4. Em comum com outros animais, o componente básico é a célula nervosa, ou **neurônio**, formada por um corpo celular com duas projeções (fibras): o **dendrito**, o qual recebe os estímulos; e o **axônio**, o qual transmite a informação, tanto para outro neurônio como para um órgão efetor como, por exemplo, um músculo. Os neurônios dos insetos liberam uma diversidade de substâncias químicas nas **sinapses**, tanto para estimular como para inibir neurônios ou músculos efetores. Em comum com os vertebrados, neurotransmissores particularmente importantes incluem a acetilcolina, e catecolaminas como a dopamina. Alguns transmissores neuromusculares são mais específicos aos insetos, como o L-glutamato (estimulante) e o ácido gama-aminobutírico (GABA) (inibidor), com a modulação da atividade muscular por neuroquímicos incluindo a octopamina, a serotonina e a proctolina.

Os neurônios (Figura 3.5) podem ser de, pelo menos, quatro tipos:

- **Neurônios sensoriais** recebem estímulo do ambiente no qual o inseto está e transmitem-nos para o sistema nervoso central (ver a seguir)
- **Interneurônios** (ou neurônios de associação) recebem a informação de um neurônio e a transmitem para outros neurônios
- **Neurônios motores** recebem a informação de interneurônios e a transmitem para os músculos
- **Células neurossecretoras** (células neuroendócrinas), como na seção 3.3.1.

Os corpos celulares dos interneurônios e dos neurônios motores são agrupados por meio de fibras que interconectam todos os tipos de células nervosas para formar centros nervosos chamados de **gânglios**. O comportamento de reflexo simples é bem estudado nos insetos (descrito em maior detalhe na seção 4.5), mas o comportamento dos insetos pode ser complexo, incluindo integração de informação neural nos gânglios.

O **sistema nervoso central** (SNC) (Figura 3.6) é a divisão principal do sistema nervoso e consiste em uma série de gânglios unidos por cordões nervosos longitudinais pares chamados de **conectivos**. Primitivamente, havia um par de gânglios por segmento do corpo, mas em geral os dois gânglios de cada segmento torácico e abdominal estão fundidos em uma única estrutura e os gânglios de todos os segmentos da cabeça estão unidos formando dois centros ganglionares – o **cérebro** e o **gânglio subesofágico** (vistos na Figura 3.7). A cadeia de gânglios torácicos e abdominais, encontrada no assoalho da cavidade corporal, é chamada de **cordão nervoso ventral**. O cérebro, ou o centro ganglionar dorsal da cabeça, é composto de três pares de gânglios fundidos (dos primeiros três segmentos da cabeça):

- **Protocérebro**, associado aos olhos e, portanto, contendo os lobos ópticos
- **Deutocérebro**, inervando as antenas
- **Tritocérebro**, que lida com os sinais que chegam do corpo.

Os gânglios unidos dos três segmentos que contém partes bucais formam o gânglio subesofágico, que emite nervos que inervam as partes bucais.

O **sistema nervoso visceral** (ou **simpático**) consiste em três subsistemas: o sistema nervoso do estomodeu (ou estomatogástrico) (o qual inclui o gânglio frontal); o sistema nervoso visceral

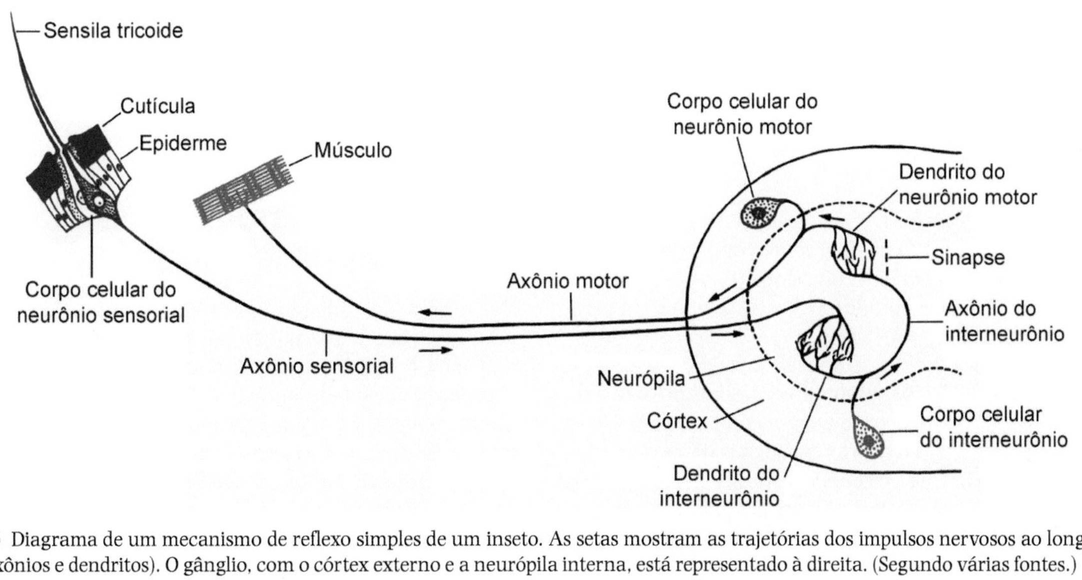

Figura 3.5 Diagrama de um mecanismo de reflexo simples de um inseto. As setas mostram as trajetórias dos impulsos nervosos ao longo das fibras nervosas (axônios e dendritos). O gânglio, com o córtex externo e a neurópila interna, está representado à direita. (Segundo várias fontes.)

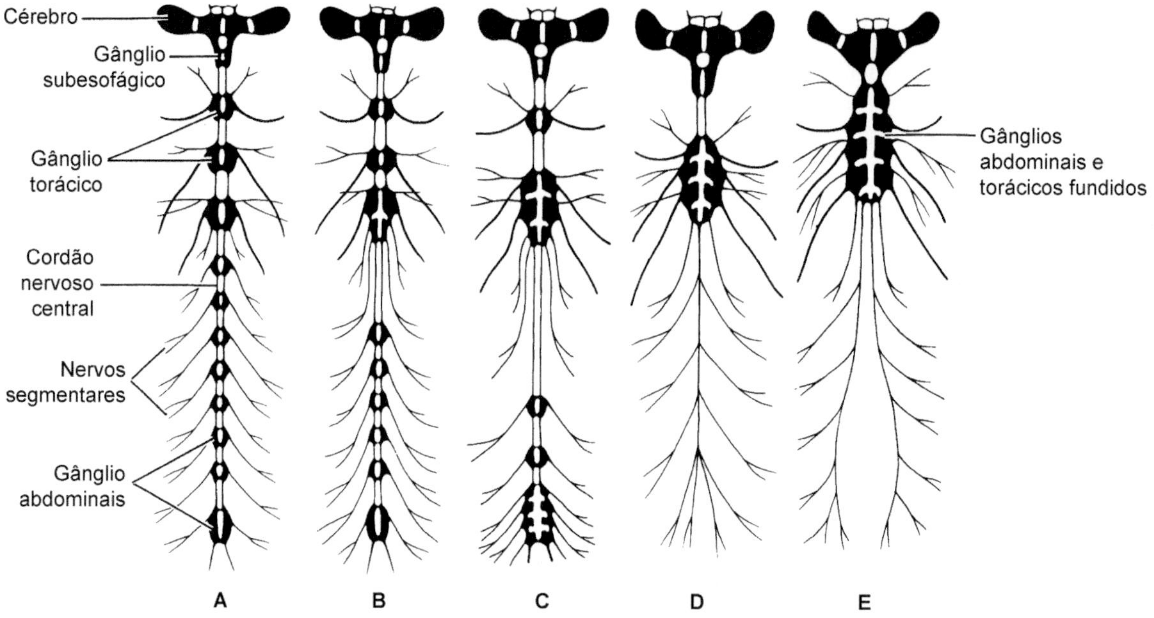

Figura 3.6 Sistema nervoso central de vários insetos, mostrando a diversidade de organização dos gânglios no cordão nervoso ventral. Vários graus de fusão dos gânglios ocorrem do menos ao mais especializado: **A.** três gânglios torácicos e oito abdominais separados, como observado em *Dictyopterus* (Coleoptera: Lycidae) e *Pulex* (Siphonaptera: Pulicidae); **B.** três gânglios torácicos e seis abdominais, como observado em *Blatta* (Blattodea: Blattidae) e *Chironomus* (Diptera: Chironomidae); **C.** dois gânglios torácicos e uma considerável fusão dos gânglios abdominais, como observado em *Crabro* e *Eucera* (Hymenoptera: Crabronidae e Anthophoridae); **D.** gânglios altamente fundidos com um gânglio torácico e nenhum abdominal, como observado em *Musca*, *Calliphora* e *Lucilia* (Diptera: Muscidae e Calliphoridae); **E.** fusão extrema dos gânglios, de modo que o gânglio subesofágico não está separado, como observado em *Hydrometra* (Hemiptera: Hydrometridae) e *Rhizotrogus* (Scarabaeidae). (Segundo Horridge, 1965.)

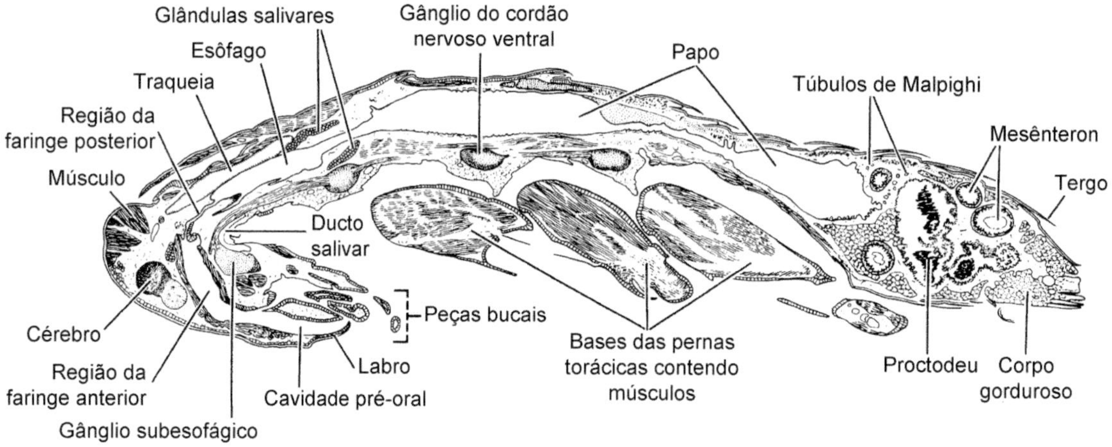

Figura 3.7 Secção mediolongitudinal de uma barata imatura, *Periplaneta americana* (Blattodea: Blattidae), mostrando órgãos e tecidos internos.

ventral; e o sistema nervoso visceral caudal. Juntos, os nervos e os gânglios desses três subsistemas inervam o trato digestivo anterior e posterior, diversos órgãos endócrinos (*corpora cardiaca* e *corpora allata*), os órgãos reprodutores, e o sistema traqueal incluindo os espiráculos.

O **sistema nervoso periférico** consiste em todos os axônios dos neurônios motores que irradiam dos gânglios do SNC e do sistema nervoso estomatogástrico para os músculos, mais os neurônios sensoriais das estruturas sensoriais da cutícula (os órgãos dos sentidos) que recebem estímulos mecânicos, químicos, térmicos ou visuais do ambiente no qual está o inseto. Os sistemas sensoriais dos insetos estão discutidos detalhadamente no Capítulo 4.

3.3 SISTEMA ENDÓCRINO E FUNÇÃO DOS HORMÔNIOS

Hormônios são substâncias químicas produzidas no corpo de um organismo e transportadas, em geral pelos líquidos corporais, para longe do seu local de síntese até locais onde influenciam uma variedade notável de processos fisiológicos, apesar de estarem presentes em quantidades extremamente pequenas. Os hormônios dos insetos foram estudados em detalhe em apenas poucas espécies, porém padrões semelhantes de produção e função podem provavelmente ser empregados para todos os insetos. As ações e inter-relações desses mensageiros químicos são diversas e complexas, mas o papel dos hormônios no processo de muda é de uma importância sobrepujante e será discutido de forma mais completa na seção 6.3. Aqui apresentamos um quadro geral dos centros endócrinos e os hormônios que eles exportam.

Historicamente, a implicação dos hormônios nos processos de muda e metamorfose foi estudada por intermédio de experimentos simples, porém elegantes. Esses experimentos utilizaram técnicas que eliminavam a influência do cérebro (decapitação), isolavam a hemolinfa de diferentes partes do corpo (ligadura), ou conectavam artificialmente a hemolinfa de dois ou mais insetos por meio da junção de seus corpos. A ligadura e a decapitação de insetos possibilitaram aos pesquisadores localizar os locais de controle dos processos de desenvolvimento e reprodução, e demonstrar que existem substâncias que têm influência sobre tecidos em locais distantes daquele de onde a substância foi liberada. Além disso, os períodos críticos do desenvolvimento para a ação dessas substâncias controladoras foram identificados. O percevejo hematófago *Rhodnius prolixus* (Hemiptera: Reduviidae) e diversas mariposas e moscas eram os principais insetos experimentais. Tecnologias mais refinadas permitiram a remoção ou transplantes microcirúrgicos de vários tecidos, transfusão de hemolinfa, extração e purificação de hormônios e marcação radioativa de extratos de hormônios. Atualmente, técnicas de biologia molecular (Boxe 3.1) e técnicas avançadas de química analítica permitem o isolamento dos hormônios, sua caracterização e manipulação.

3.3.1 Centros endócrinos

Os hormônios do corpo dos insetos são produzidos por centros neuronais, neuroglandulares ou glandulares (Figura 3.8). A produção hormonal por meio de alguns órgãos, como os ovários, é secundária em relação à sua função principal, mas muitos tecidos e órgãos são especializados em uma função endócrina.

Células neurossecretoras

Células neurossecretoras (CNS) (também chamadas de células neuroendócrinas) são neurônios modificados encontrados por todo o sistema nervoso (no SNC, sistema nervoso periférico e sistema nervoso estomatogástrico), mas elas ocorrem em grupos maiores no cérebro. Essas células produzem a maioria dos hormônios conhecidos dos insetos, de modo que a exceção notável é a produção por tecidos não neurais de ecdisteroides e hormônios juvenis. No entanto, a síntese e a liberação desses hormônios são reguladas por neuro-hormônios das células neurossecretoras.

Corpora cardiaca

As *corpora cardiaca* (singular: *corpus cardiacum*) são um par de corpos neuroglandulares localizados em cada um dos lados da aorta e atrás do cérebro. Assim como produzem seus próprios neuro-hormônios (como o hormônio adipocinético, AKH), elas armazenam e liberam neuro-hormônios, incluindo o hormônio

Boxe 3.1 Técnicas de genética molecular e sua aplicação na pesquisa de neuropeptídios

A biologia molecular constitui, essencialmente, um conjunto de técnicas para isolamento, análise e manipulação de ácido desoxirribonucleico (DNA) e seus produtos, ácido ribonucleico (RNA) e proteínas. A genética molecular está interessada primariamente nos ácidos nucleicos, ao passo que a pesquisa com as proteínas e seus aminoácidos constituintes envolve a química. Dessa maneira, a genética e a química são integrantes da biologia molecular. Os métodos da biologia molecular proporcionam:

- Um meio de cortar o DNA em locais específicos usando enzimas de restrição e de juntar extremidades livres de fragmentos cortados com enzimas ligases
- Técnicas como a reação em cadeia da polimerase (PCR, *polymerase chain reaction*), que produz inúmeras cópias idênticas por meio de ciclos repetidos de amplificação de um segmento de DNA
- Métodos para o sequenciamento rápido de nucleotídios de DNA ou RNA, e aminoácidos e proteínas
- A capacidade de sintetizar sequências específicas de DNA ou de proteínas
- A capacidade de procurar um genoma para uma sequência específica de nucleotídios utilizando sondas de oligonucleotídios, segmentos de ácidos nucleicos definidos que são complementares à sequência que está sendo procurada
- Mutação dirigida em segmentos específicos de DNA *in vitro*
- Engenharia genética – isolamento e transferência de genes íntegros para outros organismos, com a subsequente transmissão e expressão gênica estável
- Técnicas citoquímicas para observar a transcrição de genes
- Técnicas imuno e histoquímicas para identificar como, quando e onde atua um produto gênico específico
- Sequenciamento relativamente rápido e econômico e montagem do genoma completo, isto é, a totalidade do DNA em um organismo (genômica)
- a capacidade de silenciar (*knockdown*) genes de interesse *in vivo* por "genética reversa" usando a técnica de interferência por RNA (RNAi)
- a capacidade de induzir a superexpressão ou expressão ecotópica *in vivo* de genes específicos.

Costumava ser difícil estudar os hormônios peptídios dos insetos em virtude das pequenas quantidades produzidas por um indivíduo e de sua complexidade estrutural e instabilidade ocasional. A compreensão de que essas proteínas têm papéis cruciais na maioria dos aspectos da fisiologia dos insetos (ver Tabela 3.1), e a recente disponibilidade de algumas das tecnologias listadas antes, tem levado a uma explosão de estudos sobre os sistemas de sinalização por neuropeptídios. Entretanto, apesar de as sequências de aminoácidos dos neuropeptídios serem uma porta de entrada para as poderosas técnicas da genética molecular, ainda existem muitos sistemas de neuropeptídios que continuam "órfãos", cujas funções e receptores ainda continuam desconhecidos. Isso se aplica até mesmo para sistemas de estudo muito bem estudados, como o genoma de *Drosophila*. Alguns neuropeptídios e receptores parecem ter sido perdidos até mesmo em algumas ordens, apesar de os sistemas de sinalização parecerem muito conservados ao longo do tempo evolutivo, presumivelmente, devido ao seu papel central na fisiologia dos insetos. Com o aumento da disponibilidade de genomas completos para maior diversidade de insetos, e com o uso de técnicas de genética reversa para "silenciar" genes, existe escopo para uma compreensão ainda mais abrangente sobre essas substâncias químicas de sinalização tão amplamente difundidas. Não menos importante é o potencial futuro para a pesquisa sobre neuropeptídios e sua aplicação para o controle de insetos pragas, discutido na seção 16.4.3.

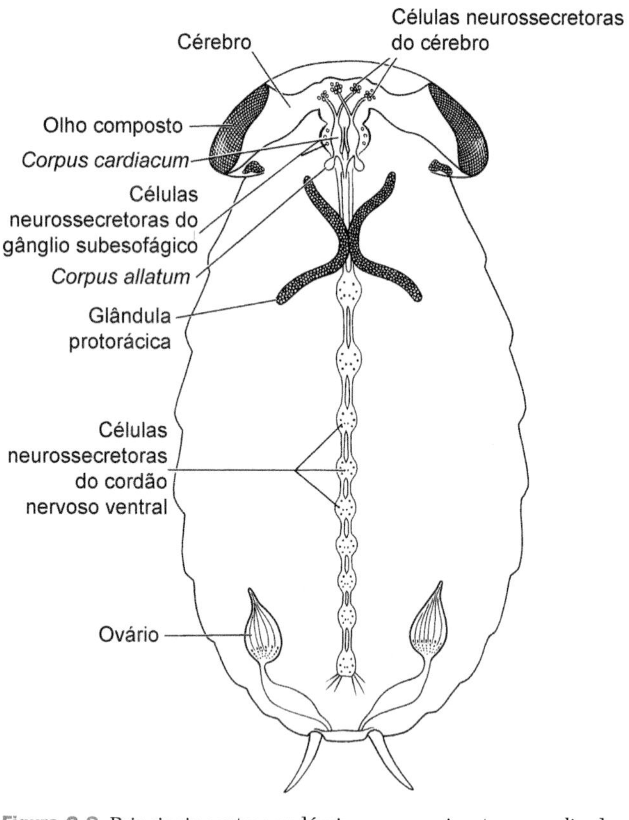

Figura 3.8 Principais centros endócrinos em um inseto generalizado. (Segundo Novak, 1975.)

protoracicotrópico (PTTH [*prothoracicotropic hormone*], primeiramente chamado de hormônio cerebral ou ecdisotropina), originário das células neurossecretoras do cérebro. O PTTH estimula a atividade secretora das glândulas protorácicas.

Glândulas protorácicas

As glândulas protorácicas são glândulas difusas, pares, geralmente localizadas no tórax ou na parte posterior da cabeça. Em Diptera Cyclorrapha, elas fazem parte da glândula em anel, a qual também inclui *corpora cardiaca* e *corpora allata*. As glândulas protorácicas secretam um ecdisteroide, em geral ecdisona (às vezes chamada de hormônio da muda), a qual, após hidroxilação, induz o processo de muda da epiderme (seção 6.3). Na maioria dos insetos, as glândulas protorácicas se degeneram nos adultos, mas são mantidas nas traças-saltadoras (Archaeognatha) e nas traças-do-livro (Zygentoma), as quais continuam sofrendo mudas na fase adulta.

Corpora allata

Os *corpora allata* (singular: *corpus allatum*) são corpos glandulares pequenos, discretos e pares, originários do epitélio e localizados em ambos os lados do trato digestivo anterior. Em alguns insetos, eles se fundem para formar uma glândula única. Sua função é secretar o hormônio juvenil (HJ), o qual tem função reguladora tanto na metamorfose quanto na reprodução. Em Lepidoptera, os *corpora allata* também armazenam e liberam PTTH.

Células Inka

Essas células endócrinas são um dos principais componentes das glândulas da epitraqueia; elas são estruturas pares ligadas aos ramos da traqueia próximos aos espiráculos, e são encontradas nos segmentos protorácicos e abdominais em Lepidoptera, Diptera, e alguns Coleoptera e Hymenoptera. Em outros Holometabola, incluindo a maioria dos besouros e abelhas, e em todos os insetos hemimetábolos examinados até agora, numerosas células Inka pequenas estão dispersas ao longo de todo sistema traqueal. Células Inka produzem e liberam hormônios desencadeadores da pré-ecdise e da ecdise (ETH e PETH), os quais são peptídios que ativam a sequência de ecdise atuando nos receptores do SNC. A sequência da ecdise consiste nos comportamentos de pré-ecdise, ecdise e pós-ecdise, e envolve contrações específicas dos músculos esqueléticos, as quais levam aos movimentos que facilitam a ruptura e a liberação da cutícula velha.

3.3.2 Hormônios

Três hormônios ou tipos de hormônios são partes integrantes nas funções de crescimento e reprodução nos insetos. Eles são os ecdisteroides, os hormônios juvenis e os neuro-hormônios (também chamados de neuropeptídios).

Ecdisteroide é um termo geral empregado para qualquer esteroide com atividade de estimular a muda. Todos os ecdisteroides originam-se de esteroides, como o colesterol, o qual os insetos não conseguem sintetizar *de novo* e precisam consegui-lo por sua dieta. Os ecdisteroides ocorrem em todos os insetos e formam um grande grupo de compostos, dos quais a ecdisona e a 20-hidroxiecdisona são os membros mais comuns. A ecdisona (também chamada de alfaecdisona) é liberada pelas glândulas protorácicas na hemolinfa, e normalmente é convertida no hormônio mais ativo 20-hidroxiecdisona em vários tecidos periféricos. A 20-hidroxiecdisona (com frequência apresentada como ecdisterona ou betaecdisona na literatura mais antiga) é o ecdisteroide mais difundido e importante fisiologicamente nos insetos. A ação dos ecdisteroides na indução da muda foi estudada de maneira extensa e têm a mesma função em diferentes insetos. Ecdisteroides também são produzidos pelo ovário de fêmeas adultas de insetos, e podem estar envolvidos na maturação do ovário (p. ex., deposição de vitelo) ou ser armazenados nos ovos para serem metabolizados durante a formação da cutícula embrionária.

Os hormônios juvenis formam uma família de compostos sesquiterpenoides aparentados, de modo que o símbolo HJ pode significar um hormônio ou uma mistura de hormônios, incluindo HJ-I, HJ-II, HJ-III e HJ-0. A ocorrência de insetos que produzem uma mistura de HJ (como a espécie *Manduca sexta*) complica ainda mais o esclarecimento das funções dos HJ homólogos. Esses hormônios são moléculas sinalizadoras e atuam por meio da ativação lipídica de proteínas que desempenham diversas funções no desenvolvimento e na fisiologia. Sabe-se que sistemas de sinalização baseados em lipídios têm diversos modos de ação e geralmente não exigem uma ligação de alta afinidade aos locais receptores. Os HJ dos insetos têm dois papéis principais – o controle da metamorfose e a regulação do desenvolvimento reprodutor. As características larvais são mantidas e a metamorfose é inibida pelo HJ; para que o adulto se desenvolva, é necessária a ocorrência de muda na ausência do HJ (ver seção 6.3 para detalhes). Portanto, o HJ controla o grau e a direção da diferenciação a cada muda. Em fêmeas adultas de insetos, o HJ estimula a deposição de vitelo nos ovos e afeta a atividade de glândulas acessórias e a produção de feromônios (seção 5.11).

Neuro-hormônios constituem a maior classe de hormônios dos insetos, são peptídios (proteínas pequenas) e, por isso, podem ter o nome alternativo de neuropeptídios. Essas proteínas mensageiras são os principais reguladores de todos processos fisiológicos dos insetos, abrangendo aspectos do desenvolvimento, homeostase, metabolismo e reprodução, assim como a secreção dos HJs e ecdisteroides. Algumas centenas de neuropeptídios foram identificados, e muitos existem em múltiplas formas codificadas pelo mesmo gene, mas resultantes de eventos de duplicação gênica, mutação e seleção, dando origem a sistemas de sinalização intimamente relacionados. Entre essa diversidade, a Tabela 3.1 resume alguns importantes processos fisiológicos que são controlados por neuro-hormônios em diversos insetos. A diversidade e a função vital de coordenação dessas pequenas moléculas continuam a ser descoberta graças à biologia molecular de peptídios (Boxe 3.1), em combinação com a disponibilidade do genoma completo de *Drosophila*. Tanto sinais inibitórios quanto estimulantes são regulados por neuropeptídios, e podem alcançar os sítios efetores terminais (receptores) ao longo de axônios ou através da hemolinfa. Outros neuropeptídios podem exercer controle indiretamente por meio de sua ação em outras glândulas endócrinas (*corpora allata* e glândulas protorácicas). Receptores são sítios de ligação de alta afinidade localizados na membrana plasmática das células-alvo, sendo que a maioria é classificada como receptores acoplados à proteína G (GPCRs).

Tabela 3.1 Exemplos de alguns importantes processos fisiológicos dos insetos mediados por neuropeptídios; note que, na maioria das vezes, somente uma, de geralmente várias funções de cada neuropeptídio, é listada. (Segundo Keeley & Hayes, 1987; Holman *et al.*, 1990; Gäde *et al.*, 1997; Alstein, 2003.)

Neuropeptídio	Ação
Crescimento e desenvolvimento	
Alatostatinas e altotropinas	Induzem/regulam a produção de hormônio juvenil (HJ)
Bursicon	Controla a esclerotização cuticular
Corazonina	Inicia a ecdise
Peptídio cardioativo de crustáceos (CCAP)	Muda para comportamento de ecdise
Hormônio de diapausa (HD)	Causa a dormência em ovos de bicho-da-seda
Hormônio estimulador da pré-ecdise (PETH)	Estimula o comportamento de pré-ecdise
Hormônio estimulador de ecdise (ETH)	Inicia os eventos de ecdise
Hormônio de eclosão (EH)	Controla os eventos de ecdise
Fator indutor de hormônio juvenil esterase	Estimula a enzima de degradação de hormônio juvenil
Hormônio protoracicotrópico (PTTH)	Induz a secreção de ecdisteroides pela glândula protorácica
Fator de tanagem da pupa	Acelera a tanagem da pupa de moscas
Reprodução	
Antigonadotropina	Suprime o desenvolvimento do oócito
Hormônio ovariano ecdisteroidogênico (OEH = EDNH)	Estimula a produção de ecdisteroide ovariano
Peptídio de maturação do ovário (OMP)	Estimula o desenvolvimento dos ovos
Peptídios de oviposição	Estimula a deposição dos ovos
Hormônio protoracicotrópico (PTTH)	Influencia o desenvolvimento dos ovos
Neuropeptídio ativador da biossíntese de feromônio (PBAN)	Regula a produção de feromônio
Homeostase	
Peptídios metabólicos (= família AKH/RPCH)	
Hormônio adipocinético (AKH)	Libera lipídios do corpo gorduroso
Hormônio hiperglicêmico	Libera carboidratos do corpo gorduroso
Hormônio hipoglicêmico	Intensifica a absorção de carboidratos
Fatores de síntese de proteína	Intensifica a síntese de proteínas pelo corpo gorduroso
Peptídios diuréticos e antidiuréticos	
Peptídio antidiurético (ADP)	Suprime a excreção de água
Peptídio diurético (DP)	Intensifica a excreção de água
Hormônio estimulador de transporte de cloro	Estimula a absorção de Cl^- (reto)
Peptídio de transporte de íon (ITP)	Estimula a absorção de Cl^- (íleo)
Peptídios miotrópicos	
Cardiopeptídios	Aumenta a taxa de batimentos cardíacos
Família quinina (p. ex., leucoquininas e miossupressinas)	Regula a contração do trato digestivo
Proctolina	Modifica a resposta excitatória de alguns músculos
Corazonina	Cardioestimulatório
Peptídios cromatotrópicos	
Hormônio de melanização e coloração avermelhada (MRCH)	Induz o escurecimento
Hormônio de dispersão de pigmento (PDH)	Dispersa os pigmentos
Corazonina	Escurece os pigmentos em gafanhotos

Exceções incluem o hormônio protoracicotrópico (PTTH) e os peptídios insulina-símile que se ativam ao se ligarem a receptores de tirosinoquinase. Alguns pares de ligandos e seus receptores são muito específicos ao responder somente a um único tipo de neuropeptídio, ao passo que outros receptores respondem a diversos tipos de ligandos.

3.4 SISTEMA CIRCULATÓRIO

A hemolinfa, o líquido do corpo dos insetos (com propriedades e funções descritas a seguir, na seção 3.4.1), circula livremente em torno dos órgãos internos. O padrão de fluxo é regular entre compartimentos e apêndices, auxiliado por contrações musculares de partes do corpo, em especial as contrações peristálticas de um **vaso dorsal** longitudinal, algumas partes do qual são chamadas, às vezes, de coração. A hemolinfa não entra em contato direto com as células, porque os órgãos internos e a epiderme são cobertos por uma membrana basal que pode regular a troca de materiais. Esse sistema circulatório aberto tem apenas poucos vasos e compartimentos para direcionar o movimento da hemolinfa, ao contrário da rede fechada de vasos sanguíneos encontrada nos vertebrados.

3.4.1 Hemolinfa

O volume da hemolinfa pode ser considerável (20 a 40% do peso corporal) nas larvas de corpo mole, as quais utilizam o líquido corporal como um esqueleto hidrostático, mas representa menos do que 20% do peso corporal na maioria das ninfas e adultos. A hemolinfa é um líquido aquoso que contém íons, moléculas e células. Ela é frequentemente clara e incolor, mas pode ser pigmentada de diferentes cores, como amarelo, verde ou azul, ou, raramente, nos estágios imaturos de algumas moscas aquáticas e endoparasitas, vermelho, em decorrência da presença de hemoglobina. Todas as trocas químicas entre os tecidos dos insetos são mediadas pela hemolinfa – os hormônios são transportados, os nutrientes são distribuídos a partir do trato digestivo, e os resíduos são eliminados para os órgãos excretores. No entanto, a hemolinfa dos insetos apenas raramente contém pigmentos respiratórios e, por isso, tem uma capacidade muito baixa de transporte de oxigênio. Mudanças locais na pressão da hemolinfa são importantes na ventilação do sistema traqueal (seção 3.5.1), na termorregulação (seção 4.2.2) e na muda, ajudando na ruptura da cutícula antiga e na expansão da nova cutícula. A hemolinfa também atua como uma reserva de água, uma vez que o seu principal constituinte, o **plasma**, é uma solução aquosa de íons inorgânicos, lipídios, açúcares (principalmente trealose), aminoácidos, proteínas, ácidos orgânicos e outros compostos. A hemolinfa dos insetos é caracterizada por altas concentrações de aminoácidos e fosfatos orgânicos, e é também o sítio de deposição de moléculas associadas à proteção contra o frio (seção 6.6.1). As proteínas da hemolinfa incluem aquelas que atuam na armazenagem (hexamerinas) e as que transportam lipídios (lipoforinas) ou complexos com ferro (ferritinas) ou hormônio juvenil (proteína acopladora de HJ). As hexamerinas são grandes proteínas que são sintetizadas no corpo gorduroso e que ocorrem na hemolinfa em concentrações muito altas em muitos insetos e acredita-se que atuem como uma fonte de energia e aminoácidos durante os períodos em que não ocorre alimentação, tais como a fase de pupa. Entretanto, suas funções parecem ser muito mais diversas já que, pelo menos em alguns insetos, elas podem ter funções na esclerotização da cutícula e nas respostas imunes, servem como transportadores para HJ e ecdisteroides, e também podem estar envolvidas na formação de castas em cupins por meio da regulação de HJ. As hexamerinas evoluíram a partir de hemocianinas que continham cobre (que funcionam como pigmentos respiratórios em muitos artrópodes) e alguns insetos, tais como os plecópteros, tem hemocianinas que funcionam transportando oxigênio na hemolinfa. Nos plecópteros, esse sistema de transporte de oxigênio baseado em pigmentos ocorre juntamente com um sistema traqueal que leva o oxigênio diretamente para os tecidos. As hemocianinas parecem ter sido perdidas na maioria dos grupos de insetos, mas provavelmente constituem o método ancestral para o transporte de oxigênio nos insetos (seção 8.3).

As células sanguíneas, ou **hemócitos**, são de diversos tipos (em especial plasmatócitos, granulócitos, pró-hemócitos e oenocitoides) e todas são nucleadas. Elas têm quatro funções básicas:

- Fagocitose – a ingestão de pequenas partículas e substâncias como os metabólitos
- Encapsular parasitas e outros materiais exógenos grandes
- Coagulação da hemolinfa
- Armazenagem e distribuição de nutrientes.

A hemocele contém dois tipos adicionais de células. Os **nefrócitos** (algumas vezes chamados de células do pericárdio) em geral ocorrem próximo a ou sobre o vaso dorsal e regulam a composição da hemolinfa peneirando e filtrando certas substâncias e metabolizando-as para usar ou para excretar em outra parte. **Enócitos** são de origem epidérmica, mas podem ocorrer na hemocele, no corpo gorduroso ou na epiderme. Embora suas funções sejam incertas na maioria dos insetos, aparentemente eles têm alguns papéis e estão envolvidos no metabolismo de lipídios, incluindo a síntese dos lipídios (hidrocarbonos) da cutícula, assim como na desintoxicação e na sinalização ontegenética em alguns insetos e, em alguns quironomídeos, produzem hemoglobinas.

3.4.2 Circulação

A circulação nos insetos é mantida principalmente por um sistema de bombas musculares que movimentam a hemolinfa por meio de compartimentos separados por septos fibromusculares ou membranas. A bomba principal é vaso dorsal pulsátil. A parte anterior pode ser chamada de aorta e a parte posterior pode ser chamada de coração, mas os dois termos são utilizados de maneira inconsistente. O vaso dorsal é um tubo simples, geralmente composto de uma camada de células miocárdicas e com aberturas arranjadas em cada segmento, os **óstios**. Os óstios laterais em geral permitem o fluxo da hemolinfa em uma direção, para dentro do vaso dorsal, como resultado de válvulas que evitam o refluxo. Em muitos insetos existem também mais óstios ventrais, os quais permitem que a hemolinfa saia do vaso dorsal, provavelmente para suprir músculos ativos adjacentes. Pode haver até três pares de óstios torácicos e nove pares de óstios abdominais, embora exista uma tendência evolutiva de redução do número de óstios. O vaso dorsal localiza-se em um compartimento, o **seio pericárdico**, acima de um **diafragma dorsal** (um septo fibromuscular – uma membrana de separação) formado de tecido conjuntivo e um par de **músculos alares** por segmento. Os músculos alares sustentam o vaso dorsal, mas suas contrações não afetam o batimento cardíaco. A hemolinfa entra no seio pericárdico através de aberturas segmentares no diafragma e/ou no limite posterior, e depois se movimenta para dentro do vaso dorsal através dos óstios, durante uma fase de relaxamento muscular. As ondas de contração, que normalmente começam na extremidade posterior do corpo, bombeiam a hemolinfa para a região anterior no vaso dorsal e para fora dele, dentro da cabeça, através da aorta. Em seguida, os apêndices da cabeça e do tórax são abastecidos com hemolinfa, à medida que ela circula posteroventralmente, e por fim retorna ao seio pericárdico e ao vaso dorsal. Um padrão generalizado de circulação da hemolinfa no corpo está apresentado na

Figura 3.9A; no entanto, em insetos adultos pode haver uma reversão periódica do fluxo de hemolinfa no vaso dorsal (a partir do tórax para a região posterior) como parte de uma regulação circulatória normal.

Outro componente importante na circulação de muitos insetos é o **diafragma ventral** (Figura 3.9B) – um septo fibromuscular que se localiza no fundo da cavidade corporal e está associado com o cordão nervoso ventral. A circulação da hemolinfa é auxiliada por meio de ativas contrações peristálticas do diafragma ventral, as quais direcionam a hemolinfa posterior e lateralmente no **seio perineural**, abaixo do diafragma. O fluxo de hemolinfa do tórax para o abdome também pode depender, pelo menos parcialmente, da expansão do abdome, o qual, portanto, "suga" a hemolinfa em direção posterior. Os movimentos da hemolinfa são especialmente importantes nos insetos que utilizam a circulação para termorregulação (p. ex., alguns Odonata, Diptera, Lepidoptera e Hymenoptera). Outra função do diafragma pode ser facilitar a troca rápida de substâncias químicas entre o cordão nervoso ventral e a hemolinfa, tanto pela movimentação ativa da hemolinfa quanto pela movimentação do próprio cordão nervoso.

A hemolinfa na maioria das vezes circula nos apêndices unidirecionalmente através de vários tubos, septos, válvulas e bombas (Figura 3.9C). As bombas musculares são chamadas de **órgãos pulsáteis acessórios** e ocorrem na base das antenas, na base das asas e, algumas vezes, nas pernas. Além disso, os órgãos pulsáteis das antenas podem liberar neuro-hormônios que são transportados para o lúmen da antena, a fim de influenciar os neurônios sensoriais. As asas têm uma circulação definida, porém variável, embora possa ser evidente apenas nos adultos jovens. Pelo menos em alguns Lepidoptera, a circulação na asa ocorre por meio do movimento recíproco da hemolinfa (nos seios venosos da asa) e do ar (nas traqueias elásticas da asa) para dentro e para fora da asa, de modo que esse movimento ocorre por intermédio da atividade de órgãos pulsáteis, de maneira reversa em relação ao batimento cardíaco e às alterações do volume traqueal.

O sistema circulatório dos insetos exibe um grau impressionante de sincronização entre as atividades do vaso dorsal, diafragmas fibromusculares e bombas acessórias, mediada por ambas as regulações nervosa e neuro-hormonal. A regulação fisiológica de muitas das funções do corpo, pelo sistema neurossecretor, ocorre por meio dos neuro-hormônios transportados na hemolinfa.

3.4.3 Proteção e defesas por meio da hemolinfa

A hemolinfa proporciona vários tipos de proteção e defesa contra: (i) ferimentos físicos; (ii) a entrada de organismos causadores de doenças, parasitas ou outras substâncias estranhas; e, algumas vezes, (iii) as ações de predadores. Em alguns insetos, a hemolinfa contém substâncias químicas malcheirosas ou repugnantes, as quais agem como um impedimento contra predadores (Capítulo 14). Ferimentos no tegumento induzem um processo de cicatrização que envolve hemócitos e coagulação do plasma. É formado um coágulo sanguíneo para vedar o ferimento e reduzir a perda de mais hemolinfa e a entrada de bactérias. Se organismos causadores de doenças ou partículas entrarem no corpo do inseto, são iniciadas, então, respostas imunológicas. Essas respostas incluem os mecanismos celulares de defesa por meio da fagocitose, do mecanismo de encapsulamento e da formação de nódulos, mediados

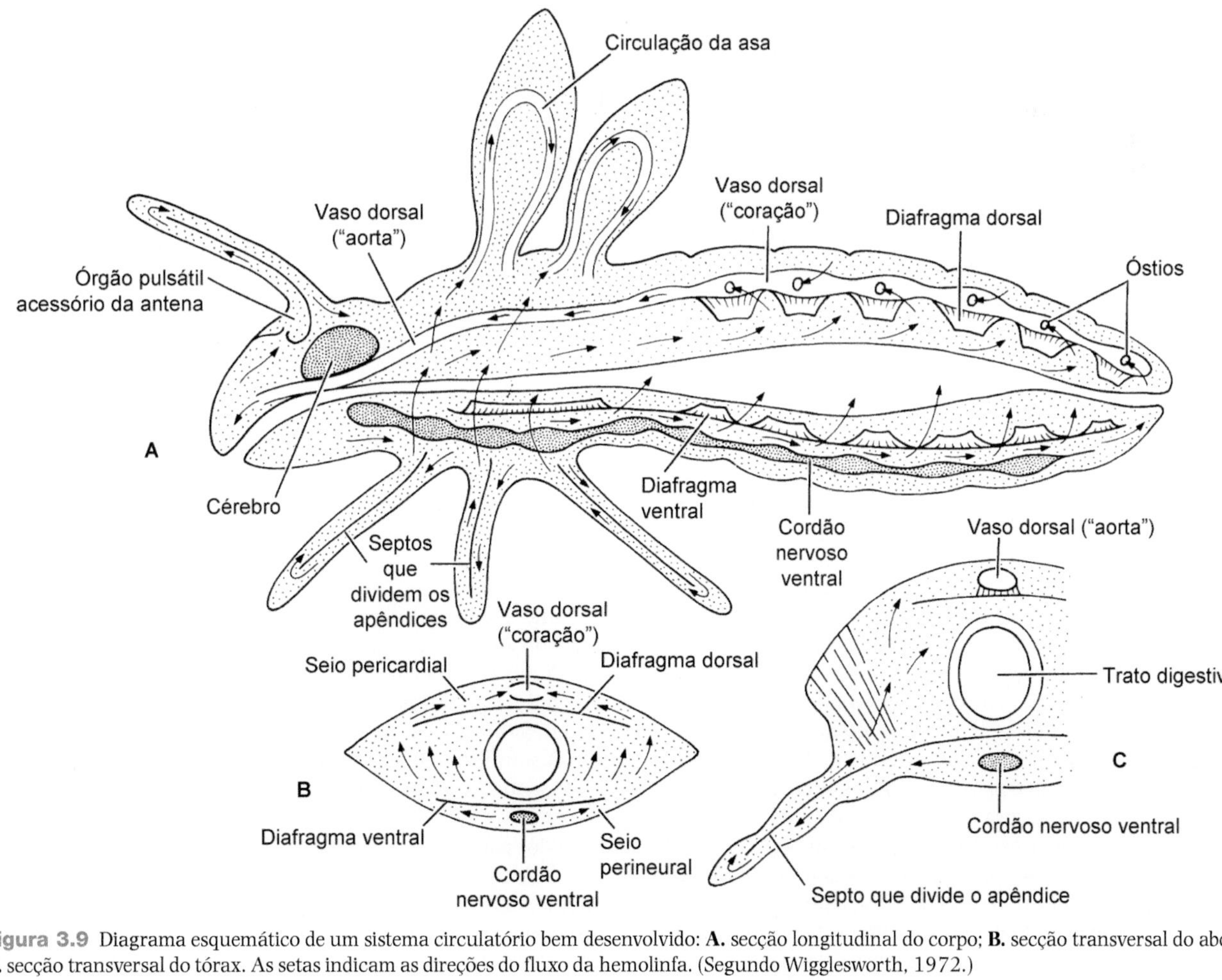

Figura 3.9 Diagrama esquemático de um sistema circulatório bem desenvolvido: **A.** secção longitudinal do corpo; **B.** secção transversal do abdome; **C.** secção transversal do tórax. As setas indicam as direções do fluxo da hemolinfa. (Segundo Wigglesworth, 1972.)

pelos hemócitos, bem como as ações de fatores humorais como as enzimas ou outras proteínas (p. ex., lisozimas, profenoloxidase, lectinas e peptídios).

O sistema imune dos insetos apresenta pouca semelhança com o complexo sistema fundamentado em imunoglobulinas dos vertebrados, no entanto, insetos infectados por bactérias em um nível subletal podem desenvolver rapidamente uma resistência a infecções subsequentes. Os hemócitos estão envolvidos em fagocitar as bactérias, mas, além disso, proteínas imunológicas com atividade antibacteriana aparecem na hemolinfa depois de uma primeira infecção. Por exemplo, proteínas líticas chamadas de cecropinas, as quais rompem as membranas celulares das bactérias ou de outros patógenos, foram isoladas da hemolinfa de algumas mariposas. Além disso, alguns neuropeptídios podem participar em respostas imunes mediadas por células por intermédio da troca de sinais entre o sistema neuroendócrino e o sistema imune, bem como influenciando o comportamento de células envolvidas nas reações imunes.

A enzima fenoloxidase (PO) realiza um papel central na imunoquímica dos insetos. A fenoloxidase é produzida como um zimogênio inativo (proPO), na maioria das vezes em hematócitos (oenocitoides). A fenoloxidase produz compostos orgânicos aromáticos heterocíclicos (indóis), os quais são polimerizados a melanina (utilizada no encapsulamento de material estranho), e as reações enzimáticas envolvidas produzem quinonas, difenóis, superóxidos, peróxido de hidrogênio, e intermediários de nitrogênio reativos. Esses auxiliam na defesa contra bactérias, fungos e vírus. A ativação e a inibição de fenoloxidase envolve os zimogênios (precursores de enzimas), enzimas inibidoras e moléculas sinalizadoras em uma variedade de tipos de células. A imunidade fundamentada em fenoloxidase é metabolicamente cara e tem custos em termos de aptidão.

A resposta imune dos insetos à ingestão de patógenos é localizada no sistema alimentar, particularmente na região mediana, em que duas respostas são induzidas: a produção de espécies de oxigênio reativo (SOR) e de peptídios antimicrobianos (AMP). O manejo das espécies de oxigênio reativo é necessário para a proteção do canal alimentar contra o dano causado pela própria produção de peróxido e ácidos hipoclorosos. Da mesma maneira, peptídios antimicrobianos também precisam ser regulados para proteger a microbiota residente, que é benéfica, enquanto, simultaneamente, respondem rapidamente e eficientemente contra intrusos patogênicos.

3.5 SISTEMA TRAQUEAL E TROCAS GASOSAS

Em comum com todos os animais aeróbicos, os insetos precisam obter o oxigênio do seu ambiente e eliminar o gás carbônico produzido na respiração por suas células. Esse processo compreende as **trocas gasosas**, diferentemente da **respiração**, a qual se refere estritamente aos processos metabólicos celulares que consomem oxigênio. Em quase todos os insetos, as trocas gasosas ocorrem por meio de traqueias internas preenchidas por ar. Esses tubos separam-se e ramificam-se de uma extremidade a outra do corpo (Figura 3.10). Os ramos mais delgados conectam-se com todos os órgãos internos e tecidos, e são especialmente numerosos em tecidos com grandes necessidades de oxigênio. O ar com frequência entra na traqueia através de **espiráculos**, os quais são aberturas controladas por musculatura e estão posicionadas lateralmente no corpo, primitivamente com um par de aberturas por segmento pós-cefálico (mas não no protórax ou abdome posterior nos insetos). Nenhum inseto ainda existente tem mais do que 10 pares (dois pares torácicos e oito pares abdominais) (Figura 3.11A), a maioria tem oito ou nove pares, e alguns têm um par (Figura 3.11C), dois pares ou nenhum par (Figura 3.11D-F). Em geral, os espiráculos têm uma câmara (Figura 3.10A), ou **átrio**, com um mecanismo de abertura e fechamento, ou **válvula**, que pode se projetar externamente ou na extremidade interna do átrio. Nesse último tipo, algumas vezes aparece um aparelho de filtragem que protege a abertura externa. Cada espiráculo pode estar localizado em uma placa de cutícula esclerotizada chamada de **peritrema**.

As traqueias são invaginações da epiderme e, portanto, seu revestimento é uma continuação da cutícula do corpo. A aparência anelar característica das traqueias, vista em secções do tecido (como na Figura 3.7), é decorrente de cristas espirais ou espessamentos do revestimento cuticular, as **tenídias**, os quais permitem que as traqueias sejam flexíveis, mas resistam à compressão (análogo à função da mangueira anelada de borracha de um aspirador de pó). O revestimento cuticular das traqueias é trocado com o restante do exoesqueleto quando o inseto realiza a muda. Em geral, até mesmo o revestimento das ramificações mais delgadas do sistema traqueal é trocado na ecdise, mas o revestimento das extremidades cegas que são preenchidas por um líquido, as **traquéolas**, pode ou não ser trocado. As traquéolas têm menos do que 1 μm de diâmetro, e chegam muito próximas aos tecidos que respiram (Figura 3.10B), algumas vezes até formando projeções dentro das células que abastecem. Entretanto, as traqueias que fornecem oxigênio aos ovários de muitos insetos têm bem poucas traquéolas, as tenídias são fracas ou ausentes, e a superfície da traqueia é evaginada como espirais tubulares que se projetam dentro da hemolinfa. Essas traqueias, convenientemente chamadas de **traqueias aeríferas**, têm uma superfície altamente permeável que permite o arejamento direto da hemolinfa adjacente à traqueia, a qual pode exceder 50 μm de diâmetro.

Nos insetos terrestres e em muitos dos aquáticos, as traqueias abrem-se para o exterior por meio de espiráculos (um **sistema traqueal aberto**) (Figura 3.11A-C). Ao contrário, em algumas larvas aquáticas e em muitas larvas endoparasitas, os espiráculos estão ausentes (um **sistema traqueal fechado**) e as traqueias dividem-se perifericamente para formar uma rede. Essa rede em geral cobre a superfície do corpo (permitindo trocas gasosas cutâneas) (Figura 3.11D) ou localiza-se nos filamentos especializados ou lamelas (brânquias traqueais) (Figura 3.11E,F). Alguns insetos aquáticos com um sistema traqueal aberto carregam um **plastrão** consigo (p. ex., bolhas de ar); essas bolhas podem ser temporárias ou permanentes (seção 10.3.4).

O volume do sistema traqueal corresponde desde 5 até 50% do volume do corpo, dependendo da espécie e do estágio de desenvolvimento. Quanto mais ativo for o inseto, mais extenso será o sistema traqueal. O sistema traqueal pode se expandir durante o crescimento do inseto em resposta às necessidades de oxigênio de partes ou do inseto como um todo (Boxe 3.2). Nas larvas de *Drosophila*, por exemplo, as células traqueais são extremamente sensíveis aos níveis de oxigênio, e modulam a expressão de proteínas induzidas por hipoxia, as quais estimulam o crescimento da traqueia ao longo da direção dos tecidos que estão privados de oxigênio. Além disso, em insetos maiores, fração maior do corpo é dedicada ao volume traqueal. Partes das traqueias podem ser dilatadas ou alargadas para aumentar os reservatórios de ar e as dilatações podem formar **sacos aéreos** (Figura 3.11B), os quais são colapsáveis porque as tenídias do revestimento cuticular são reduzidas ou ausentes. Algumas vezes, o volume traqueal pode diminuir em um estágio de desenvolvimento à medida que os sacos aéreos são fechados pelos tecidos em crescimento. Os sacos aéreos atingem seu maior grau de desenvolvimento em insetos voadores bem ativos, como as abelhas e os dípteros ciclórrafos. Eles podem ajudar no voo por aumentarem a flutuabilidade, mas sua principal função é na ventilação do sistema traqueal.

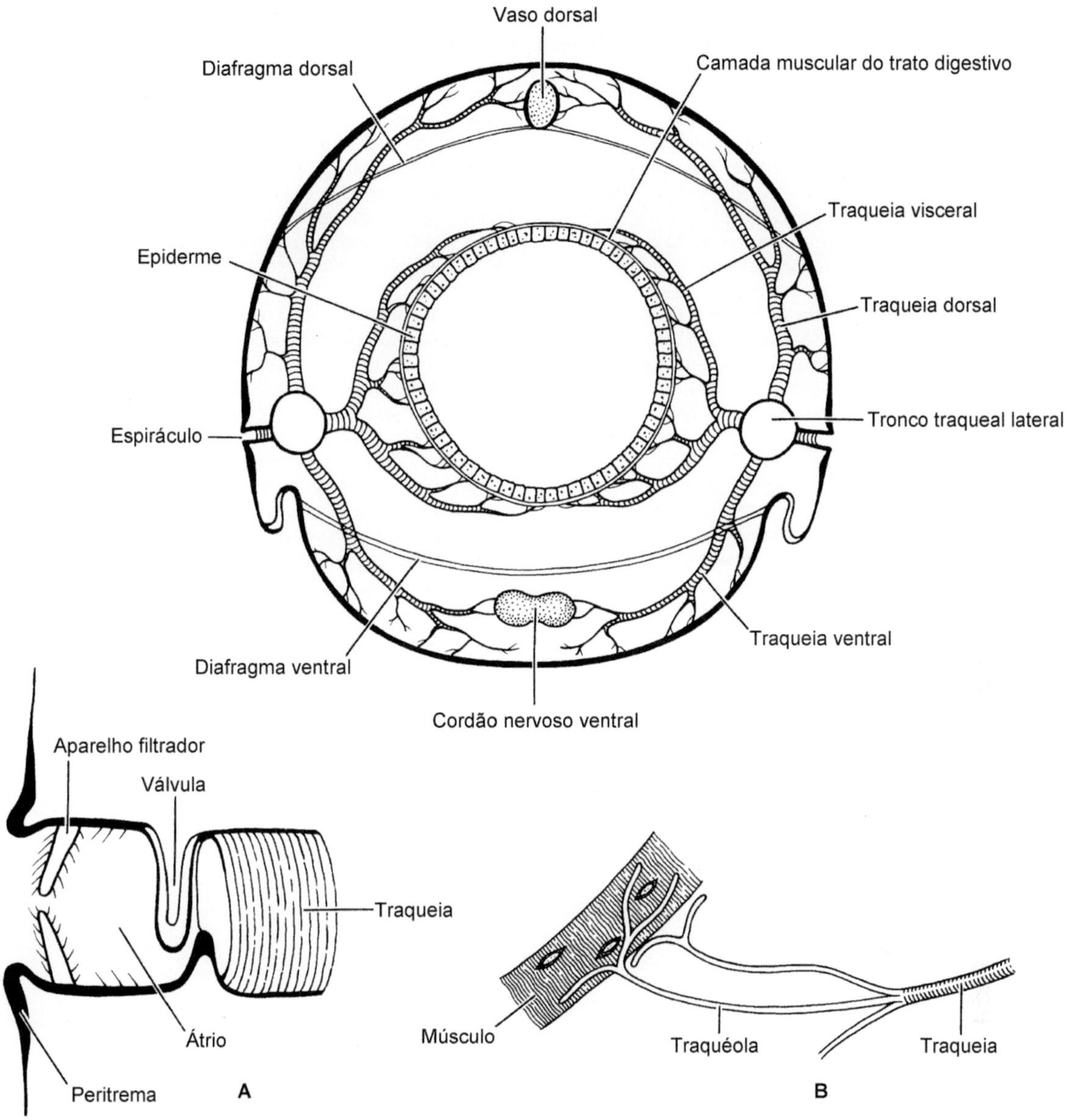

Figura 3.10 Diagrama esquemático de um sistema traqueal generalizado visto em uma secção transversal do corpo, na altura de um par de espiráculos abdominais. Os aumentos mostram: **A.** um espiráculo com átrio, com uma válvula de fechamento na extremidade interna do átrio; **B.** as traquéolas se dirigindo para a fibra muscular. (Segundo Snodgrass, 1935.)

3.5.1 Difusão e ventilação

O oxigênio entra pelo espiráculo, passa através de toda a traqueia até as traquéolas e, depois, para dentro das células-alvo por meio de uma combinação de ventilação e difusão ao longo de um gradiente de concentração, desde altas concentrações no ar externo até baixas concentrações nos tecidos. Ao passo que o movimento resultante de moléculas de oxigênio no sistema traqueal é para dentro, o movimento resultante de dióxido de carbono e de moléculas de vapor de água (nos insetos terrestres) é para fora. Como consequência, as trocas gasosas na maioria dos insetos terrestres constituem um ajuste entre obter oxigênio suficiente e reduzir a perda de água pelos espiráculos. Algumas espécies de insetos realizam as trocas gasosas continuamente (os espiráculos permanecem constantemente abertos), outras realizam as trocas de maneira cíclica, e outras, ainda, de maneira descontínua. Durante os períodos de inatividade, os espiráculos de muitos insetos adultos e de pupas em diapausa são mantidos fechados na maior parte do tempo, abrindo-se apenas periodicamente: isso é denominado troca gasosa descontínua. Quando os espiráculos estão fechados, a respiração celular no corpo consome o oxigênio presente no sistema traqueal e a pressão parcial de oxigênio cai até um certo limiar no qual os espiráculos são rapidamente abertos e fechados em alta frequência (a fase de vibração ou fechamento parcial). Um pouco de oxigênio atmosférico entra nas traqueias durante essa fase, mas o dióxido de carbono continua a crescer até que finalmente dispare a fase de abertura espiracular, durante a qual o oxigênio, o dióxido de carbono e a água traqueal são trocados com o ar externo, tanto por meio de difusão quanto por meio de ventilação ativa. O estudo comparativo de muitos insetos vivendo em diferentes ambientes sugere que a troca gasosa descontínua evoluiu visando à redução da perda de água traqueal, apesar de que essa pode não ser a única explicação, pois alguns insetos de locais áridos realizam trocas gasosas de maneira contínua. Nos insetos de ambientes xéricos, os espiráculos podem ser pequenos e com átrios profundos ou ter malha de projeções cuticulares no orifício. Insetos que vivem em

Boxe 3.2 Hipertrofia traqueal em tenébrios, em baixas concentrações de oxigênio

A resistência à difusão de gases no sistema traqueal dos insetos resulta das válvulas dos espiráculos, quando parcial ou completamente fechadas; das traqueias e do citoplasma abastecido pelas traquéolas no final das traqueias. As traqueias cheias de ar terão resistência muito menor por unidade de comprimento do que o citoplasma aquoso porque o oxigênio se difunde muito mais rápido (várias ordens de magnitude) no ar do que no citoplasma, considerando o mesmo gradiente de pressão parcial de oxigênio. Até pouco tempo atrás, acreditava-se que o sistema traqueal proporcionasse oxigênio mais do que suficiente (pelo menos nos insetos não voadores, que não têm sacos aéreos), de modo que as traqueias oferecessem resistência insignificante à passagem do oxigênio. Experimentos com larvas de tenébrios, *Tenebrio molitor* (Coleoptera: Tenebrionidae), criadas em diferentes níveis de oxigênio (todos na mesma pressão total de gás), mostraram que as principais traqueias que abastecem de oxigênio os tecidos da larva se hipertrofiam (aumentam de tamanho) em níveis baixos de oxigênio. As traqueias dorsal (D), ventral (V) e visceral (ou do trato digestivo) (G, *gut*) são afetadas, mas não a traqueia lateral longitudinal que interconecta os espiráculos (as quatro categorias de traqueias estão ilustradas no detalhe em evidência no gráfico). A traqueia dorsal abastece o vaso dorsal e a musculatura dorsal, a traqueia ventral abastece o cordão nervoso e a musculatura ventral, ao passo que a traqueia visceral abastece o trato digestivo, o corpo gorduroso e as gônadas. O gráfico mostra que as áreas em secção transversal das traqueias são maiores quando as larvas são criadas em oxigênio a 10,5% do que quando são criadas em oxigênio a 21% (como no ar normal) (segundo Loudon, 1989). Cada ponto no gráfico representa uma única larva e é a média das áreas somadas das traqueias dorsal, ventral e visceral para seis pares de espiráculos abdominais. Essa hipertrofia aparentemente é inconsistente com a hipótese amplamente aceita de que a traqueia contribui com resistência insignificante para o movimento líquido de oxigênio nos sistemas traqueais dos insetos. Por outro lado, a hipertrofia pode simplesmente aumentar a quantidade de ar (e, portanto, de oxigênio) que pode ser armazenada no sistema traqueal, em vez de reduzir a resistência ao fluxo de ar. Isso pode ser importante em particular para os tenébrios, porque eles em geral vivem em um ambiente seco e podem minimizar a abertura dos seus espiráculos. Qualquer que seja a explicação, as observações sugerem que algum ajuste pode ser feito no tamanho das traqueias em tenébrios (e talvez em outros insetos) para alcançar as necessidades dos tecidos que estão respirando.

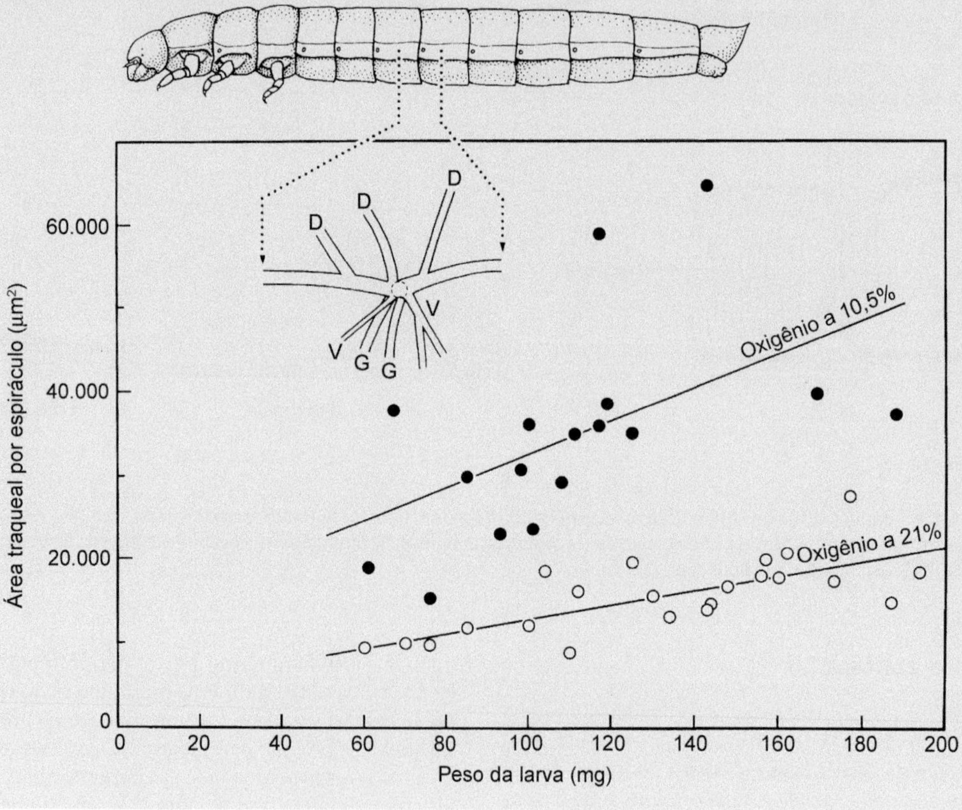

ambientes com baixas concentrações de oxigênio, como os ninhos subterrâneos, podem realizar trocas gasosas descontínuas como um método para aumentar os gradientes de concentração traqueais para facilitar a captação de oxigênio e a emissão de dióxido de carbono.

Nos insetos que não apresentam sacos aéreos, tais como a maioria das larvas holometábolas, a difusão parece ser o mecanismo primário para o movimento de gases na traqueia e é sempre o único meio para trocas gasosas nos tecidos. A eficiência na difusão está relacionada com a distância de difusão e, talvez, com o diâmetro da traqueia (Boxe 3.2). Ciclos rápidos de compressão e expansão traqueal foram observados na cabeça e no tórax de alguns insetos utilizando-se de monitoramento por radiografia. Movimentos da hemolinfa e do corpo não podem explicar esses ciclos, que parecem ser um mecanismo distinto de troca gasosa nos insetos. Além disso, as traqueias grandes ou dilatadas podem servir como uma reserva de oxigênio quando os espiráculos estão fechados. Nos insetos muito ativos, em especial aqueles grandes, movimentos ativos de bombeamento do tórax e/ou do abdome **ventilam** (bombeiam ar através de) partes mais externas do sistema traqueal e, portanto, o caminho de difusão até os tecidos é reduzido. Movimentos torácicos

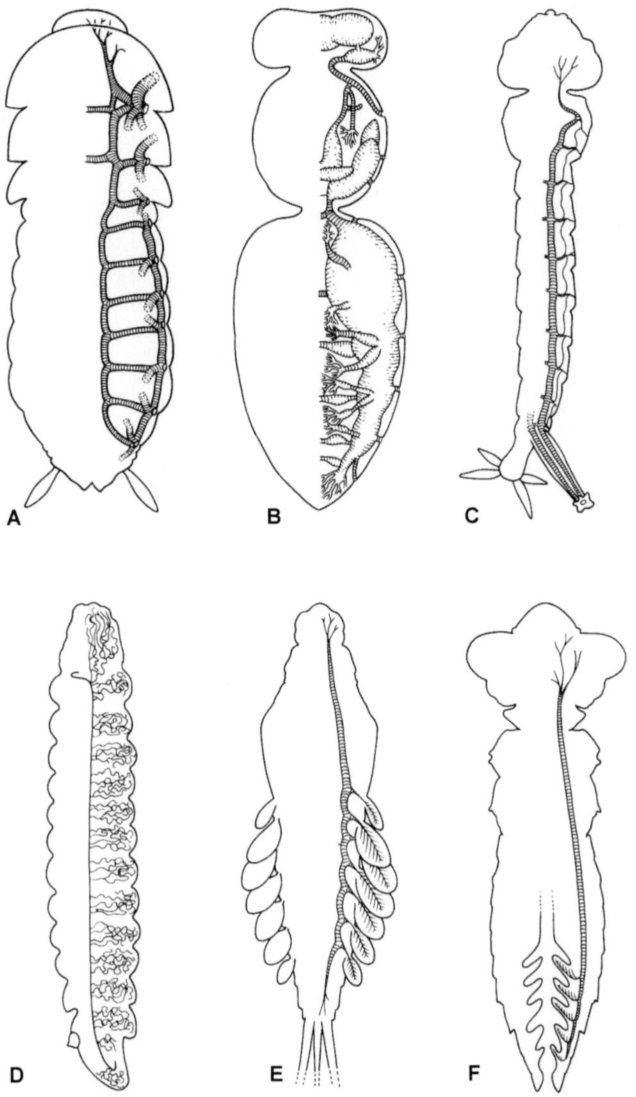

Figura 3.11 Algumas variações básicas nos sistemas traqueais abertos (**A–C**) e fechados (**D–F**) de insetos. **A.** Traqueia simples com espiráculos com válvula, como em baratas. **B.** Traqueia com sacos aéreos mecanicamente ventilados, como em abelhas-de-mel. **C.** Sistema metapnêustico com apenas os espiráculos terminais funcionais, como em larvas de mosquito. **D.** Sistema traqueal inteiramente fechado com trocas gasosas cutâneas, como na maioria das larvas endoparasitas. **E.** Sistema traqueal fechado com brânquias abdominais traqueais, como em ninfas de efêmera. **F.** Sistema traqueal fechado com brânquias traqueais retais, como em ninfas de libélula. (Segundo Wigglesworth, 1972; detalhes em (**A**) segundo Richard & Davies, 1977, (**B**) segundo Snodgrass, 1956, (**C**) segundo Snodgrass, 1935, (**D**) segundo Wigglesworth, 1972.)

rítmicos e/ou achatamento dorsoventral ou o escorregar dos segmentos do abdome entre si (como em um telescópio) expelem o ar, através dos espiráculos, de traqueias extensíveis ou parcialmente compressíveis, ou dos sacos aéreos. O movimento coordenado de abertura e fechamento dos espiráculos comumente acompanha os movimentos ventilatórios e proporciona a base do fluxo unidirecional de ar, que ocorre nas principais traqueias dos grandes insetos. Os espiráculos anteriores se abrem durante a inspiração e os posteriores se abrem durante a expiração. A presença de sacos aéreos, em especial aqueles grandes ou largos, facilita a ventilação por meio do aumento do volume corrente de ar, que pode ser trocado como resultado de movimentos respiratórios. Se as principais ramificações traqueais forem intensamente ventiladas, a difusão parece ser suficiente para oxigenar até mesmo os tecidos que respiram de maneira mais ativa, como exemplo, os músculos do voo. Entretanto, o projeto do sistema de trocas gasosas dos insetos estabelece um limite superior de tamanho, porque, se o oxigênio precisa difundir-se por uma distância considerável, as necessidades de um inseto muito grande e ativo tanto podem não ser satisfeitas, mesmo com movimentos ventilatórios e a compressão e extensão das traqueias, como podem acarretar uma grande perda de água através dos espiráculos. É interessante notar que muitos insetos grandes são longos e estreitos, minimizando, dessa maneira, as distâncias de difusão desde o espiráculo por toda a traqueia até qualquer órgão interno.

3.6 TRATO DIGESTIVO, DIGESTÃO E NUTRIÇÃO

Insetos de diferentes grupos consomem uma variedade espantosa de alimentos, incluindo a aquosa seiva do xilema (p. ex., as ninfas de cercopídeos e as cigarras), sangue de vertebrados (p. ex., percevejos-da-cama e fêmeas de mosquitos), madeira seca (p. ex., alguns cupins), bactérias e algas (p. ex., larvas de borrachudos e de muitos tricópteros), e tecidos internos de outros insetos (p. ex., larvas de vespas endoparasitas). O conjunto diverso de tipos de peças bucais (seção 2.3.1) correlaciona-se com as dietas de diferentes insetos, mas a estrutura e a função do trato digestivo também refletem as propriedades mecânicas e a composição nutricional do alimento ingerido. Quatro importantes especializações alimentares podem ser identificadas, dependendo de o alimento ser sólido ou líquido ou de origem vegetal ou animal (Figura 3.12). Algumas espécies de insetos claramente se enquadram em uma única categoria, mas outras espécies, com dietas mais generalistas, podem se enquadrar em duas ou mais delas, e a maioria dos holometábolos ocupará diferentes categorias em distintos estágios de suas vidas (p. ex., mariposas e borboletas mudam de alimentação sólido-vegetal quando larvas para alimentação líquido-vegetal quando adultas). A morfologia e a fisiologia do trato digestivo estão relacionadas a essas diferenças nas dietas da maneira descrita a seguir. Os insetos que ingerem alimentos sólidos na maioria das vezes têm um trato digestivo amplo, reto e curto, com musculatura forte e, obviamente, proteção contra abrasão (em especial o mesênteron, o qual não tem revestimento cuticular). Essas características são mais óbvias naqueles que se alimentam de sólidos e têm um rápido processamento do alimento, como as lagartas que comem plantas. Ao contrário, os insetos que se alimentam de sangue, seiva ou néctar, em geral têm um trato digestivo longo, estreito e enrolado, para permitir o máximo contato com o alimento líquido; nesse caso, a proteção contra abrasão não é necessária. A especialização mais óbvia do trato digestivo daqueles insetos que se alimentam de líquidos é um mecanismo para retirar o excesso de água para concentrar as substâncias nutritivas antes da digestão, como encontrado nos hemípteros (Boxe 3.3). Do ponto de vista nutricional, a maioria dos insetos que se alimentam de plantas precisa processar grandes quantidades de alimento, porque os níveis nutricionais das folhas e caules são, com frequência, baixos. O trato digestivo é normalmente curto e sem áreas para armazenamento, uma vez que o alimento está disponível de forma contínua. Comparativamente, uma dieta de tecido animal é rica em nutrientes e, pelo menos para os predadores, bem balanceada. Contudo, o alimento pode estar disponível apenas intermitentemente (como exemplo, quando um predador captura uma presa ou quando uma refeição de sangue é obtida) e o trato digestivo geralmente apresenta uma grande capacidade para armazenagem.

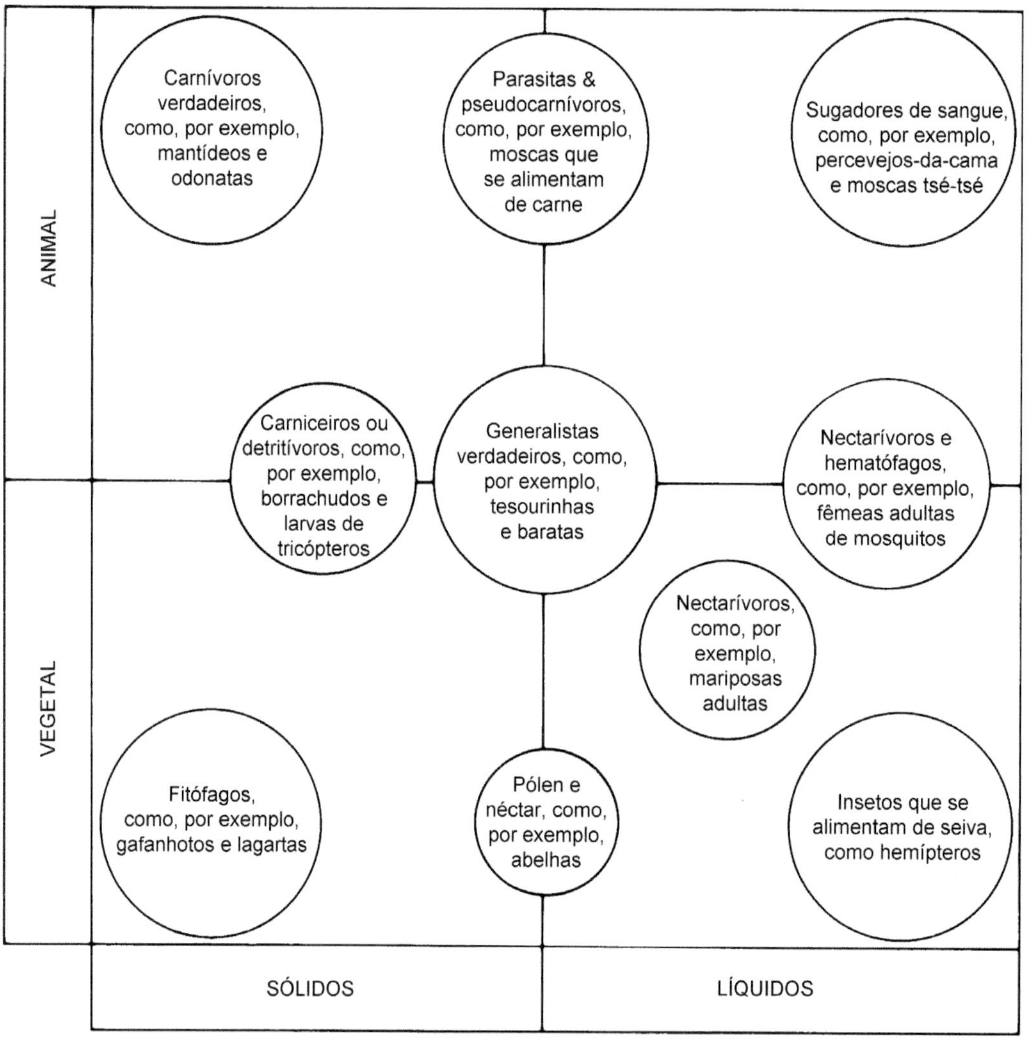

Figura 3.12 Quatro maiores categorias de especialização alimentar de insetos. Muitos insetos são típicos de uma categoria, mas outros se enquadram em duas (ou mais, como as baratas generalistas). (Segundo Dow, 1986.)

Boxe 3.3 Câmara de filtragem dos hemípteros

A maioria dos hemípteros apresenta uma organização singular do mesênteron, relacionada ao seu hábito de se alimentar de líquidos vegetais. Uma região anterior e uma posterior do trato digestivo (tipicamente envolvendo o mesênteron) estão em íntima comunicação para permitir a concentração do alimento líquido. Essa câmara de filtragem permite que o excesso de água e moléculas relativamente pequenas, como açúcares simples, passem de forma rápida e direta do estomodeu para o proctodeu, criando, dessa maneira, um atalho pela principal porção absortiva do mesênteron. Portanto, a região digestiva não é diluída pela água nem congestionada por uma superabundância de moléculas alimentares. Câmaras de filtragem bem-desenvolvidas são características das cigarras e dos cercopídeos, que se alimentam do xilema (seiva rica em íons, pobre em compostos orgânicos e com baixa pressão osmótica), e cigarrinhas e cochonilhas, que se alimentam do floema (seiva rica em nutrientes, em especial açúcares, e com alta pressão osmótica). A fisiologia do trato digestivo desses insetos que se alimentam de seiva é bem pouco estudada porque o registro preciso da composição do líquido do trato digestivo e da pressão osmótica depende da tarefa tecnicamente difícil de obter medidas a partir de um trato digestivo intacto.

Fêmeas adultas de cochonilhas da espécie indutora de galhas do gênero *Apiomorpha* (Eriococcidae) (seção 11.2.5) furam o tecido vascular da parede da galha para obter seiva do floema. Algumas espécies têm uma câmara de filtragem bem-desenvolvida, formada por alças da região anterior do mesênteron e da região anterior do proctodeu contidas interiormente ao reto membranoso. O trato digestivo de uma fêmea adulta de *A. munita* está representado aqui, visto a partir da face ventral do corpo. As peças bucais sugadoras em forma de estilete (ver Figura 11.4C), em série com a bomba do cibário, ligam-se ao curto esôfago, o qual pode ser visto aqui tanto no desenho principal como na vista lateral ampliada da câmara de filtragem. O esôfago termina na região anterior do mesênteron, o qual se enrola sobre si mesmo formando as três voltas da câmara de filtragem. Ele emerge ventralmente e forma uma grande alça de mesênteron que fica livre na hemolinfa. A absorção de nutrientes ocorre nessa alça livre. Os túbulos de Malpighi entram no trato digestivo no início do íleo, antes que o íleo entre na câmara de filtragem onde está rentemente justaposto à região anterior, muito mais estreita, do mesênteron. Na espiral irregular da câmara de filtragem, os líquidos dos dois tubos movem-se em direções opostas (conforme indicado pelas setas).

(*continua*)

Boxe 3.3 Câmara de filtragem dos hemípteros (*Continuação*)

A câmara de filtragem dessas cochonilhas aparentemente transporta açúcares (talvez por meio de bombas de transporte ativo) e água (passivamente) da região anterior do mesênteron para o íleo e, daí, por meio do estreito cólon-reto para o reto, de onde será eliminado como uma excreta adocicada (*honeydew*). Em *A. munita*, a excreta adocicada é composta principalmente por açúcar em vez de água (perfazendo 80% da pressão osmótica total de cerca de 550 mOsm/kg*). Notavelmente, a pressão osmótica da hemolinfa (cerca de 300 mOsm/kg) é muito mais baixa do que na câmara de filtragem (cerca de 450 mOsm/kg) e no reto. A manutenção dessa grande diferença osmótica pode ser facilitada pela impermeabilidade da parede do reto.

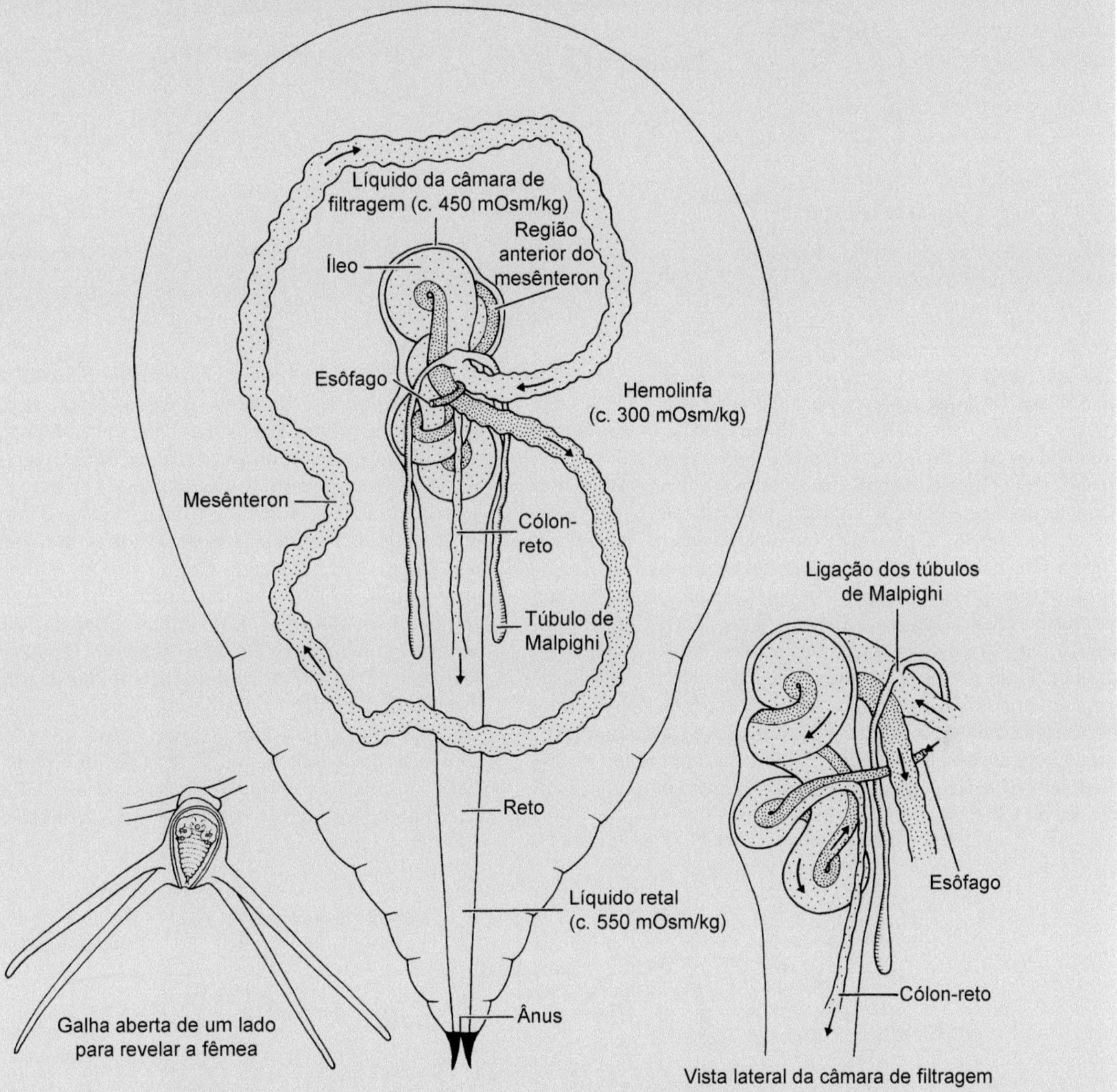

*Os valores de osmolaridade são dados não publicados de P.D. Cooper e A.T. Marshall.

3.6.1 Estrutura do trato digestivo

Existem três regiões principais no trato digestivo dos insetos (ou canal alimentar), com esfíncteres (válvulas) controlando o movimento do alimento-líquido entre as regiões (Figura 3.13). A região anterior do trato digestivo (estomodeu) está relacionada com a ingestão, o armazenamento, a trituração e o transporte do alimento para a próxima região, mediana (mesênteron). Aqui, são produzidas e secretadas enzimas digestivas e ocorre a absorção dos produtos da digestão. O material remanescente no lúmen do trato digestivo, juntamente com a urina formada nos túbulos de Malpighi, chega à região posterior (proctodeu), onde ocorre a absorção de água, de sais e de outras moléculas importantes, antes da eliminação das fezes pelo ânus. O epitélio do trato digestivo tem a espessura de uma camada de células por toda a extensão do canal e está apoiado em uma membrana basal, envolvida por uma camada de musculatura irregularmente desenvolvida. Tanto o estomodeu quanto o proctodeu têm um revestimento cuticular, ao passo que o mesênteron não tem esse revestimento.

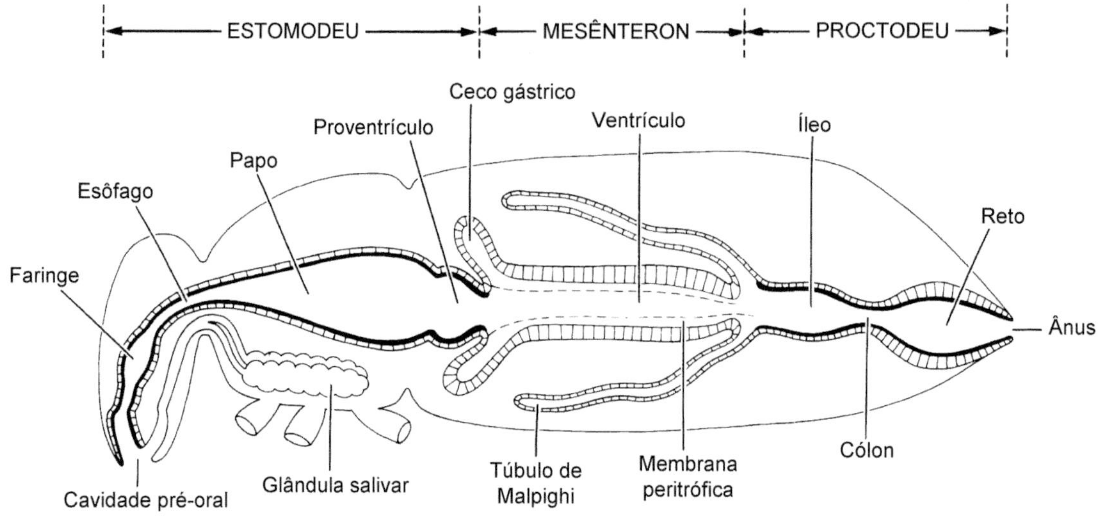

Figura 3.13 Canal alimentar generalizado de um inseto, mostrando a divisão em três regiões. O revestimento cuticular do estomodeu e do proctodeu está indicado por linhas escuras mais espessas. (Segundo Dow, 1986.)

Cada região do trato digestivo apresenta diversas especializações locais, as quais são irregularmente desenvolvidas em diferentes insetos, dependendo da dieta. Em geral, o estomodeu é subdividido em uma faringe, um esôfago e um papo (área de armazenamento de alimento), e nos insetos que ingerem alimentos sólidos com frequência há um órgão para trituração, o proventrículo (ou moela). O proventrículo é especialmente bem desenvolvido em Orthoptera e Blattodea, como as baratas, os grilos e os cupins, nos quais o epitélio é pregueado longitudinalmente formando cristas, em que a cutícula é munida de espinhos ou dentes. Na extremidade anterior do estomodeu, a boca abre em uma cavidade pré-oral, limitada pelas bases das peças bucais e frequentemente dividida em uma região superior, ou cibário, e uma região inferior, ou salivário (Figura 3.14A). O par de glândulas salivares ou labiais pode variar no tamanho e no arranjo, desde simples tubos delgados até estruturas mais complexas, ramificadas ou lobadas.

Glândulas complicadas ocorrem em muitos Hemiptera, que produzem dois tipos de saliva (ver seção 3.6.2). Nos Lepidoptera, as glândulas labiais produzem seda, ao passo que as glândulas mandibulares secretam saliva. Diversos tipos de células secretoras podem ocorrer nas glândulas salivares de um inseto. As secreções dessas células são transportadas ao longo de ductos cuticulares, e despejadas na parte ventral da cavidade pré-oral. Nos insetos que armazenam alimentos no estomodeu, o papo pode guardar a maior parte de alimento e com frequência é capaz de sofrer uma dilatação muito grande, de modo que um esfíncter posterior controla a retenção do alimento. O papo pode ser uma dilatação de parte do trato digestivo tubular (Figura 3.7) ou um divertículo lateral.

O mesênteron tem duas áreas principais: o ventrículo tubular e um divertículo lateral, que termina em fundo cego chamado de ceco. A maioria das células do mesênteron é estruturalmente semelhante, sendo do tipo colunar, com microvilosidades (saliências

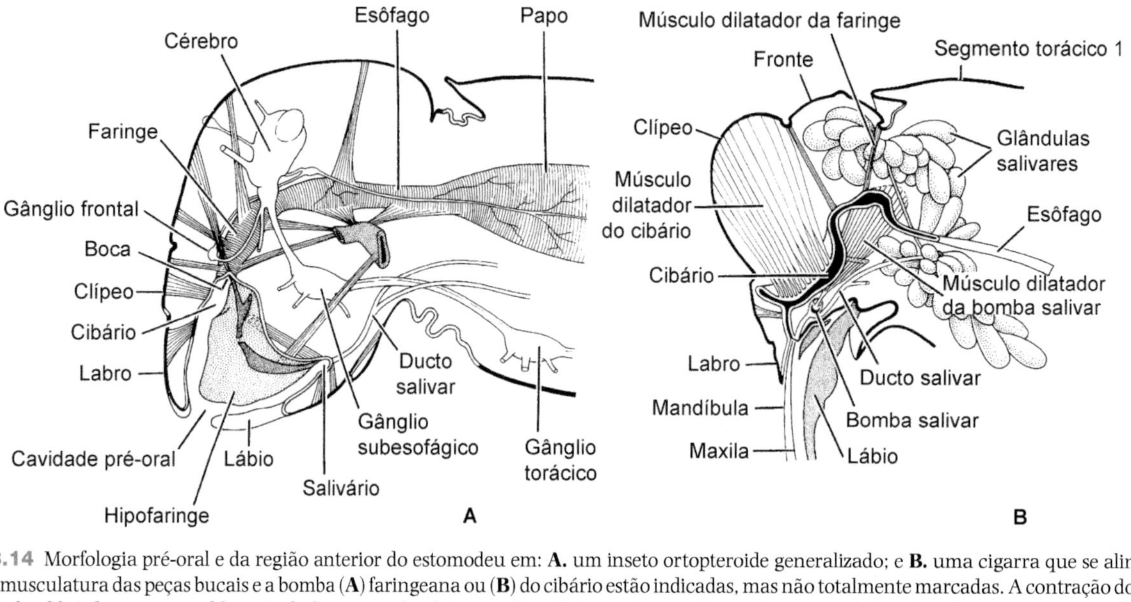

Figura 3.14 Morfologia pré-oral e da região anterior do estomodeu em: **A.** um inseto ortopteroide generalizado; e **B.** uma cigarra que se alimenta do xilema. A musculatura das peças bucais e a bomba (**A**) faringeana ou (**B**) do cibário estão indicadas, mas não totalmente marcadas. A contração dos respectivos músculos dilatadores causa a dilatação da faringe ou do cibário, e o líquido é puxado para dentro da câmara da bomba. O relaxamento desses músculos resulta no retorno elástico das paredes da faringe ou do cibário e expulsa o alimento para cima, para dentro do esôfago. (Segundo Snodgrass, 1935.)

semelhantes a dedos) cobrindo a superfície interna. A distinção entre o epitélio quase indiscernível do estomodeu e o epitélio espesso do mesênteron normalmente é visível em cortes histológicos (Figura 3.15). O epitélio do mesênteron, na maioria das vezes, é separado do alimento por um invólucro fino chamado de matriz peritrófica (ou membrana ou envelope), a qual consiste em uma rede de fibrilas de quitina dispostas em matriz proteico-glicoproteica. Algumas dessas proteínas, chamadas de peritrofinas, podem ter evoluído a partir de proteínas do muco gastrintestinal, adquirindo a capacidade de se ligar à quitina. A membrana peritrófica tanto pode ser formada como lâminas, a partir do mesênteron como um todo, quanto produzida por células da região anterior do mesênteron. Excepcionalmente, não existe membrana peritrófica em Hemiptera e Thysanoptera, assim como também não ocorre nos insetos adultos de várias outras ordens.

Tipicamente, o início do proctodeu é definido através do ponto de entrada dos túbulos de Malpighi, na maioria das vezes dentro de um piloro distinto, o qual forma um esfíncter pilórico muscular, seguido de íleo, cólon e reto. As principais funções do proctodeu são as absorções de água, de sais e de outras substâncias úteis das fezes e da urina. Uma discussão detalhada da estrutura e função está apresentada na seção 3.7.1, adiante.

3.6.2 Saliva e ingestão de alimento

As secreções salivares diluem o alimento ingerido e ajustam o pH e conteúdo iônico. A saliva com frequência contém enzimas digestivas e, nos insetos que se alimentam de sangue, substâncias anticoagulantes também estão presentes. Nos insetos que fazem digestão extraintestinal, como os hemípteros predadores, enzimas digestivas são exportadas para o alimento e o líquido resultante dessa pré-digestão é ingerido. A maioria dos hemípteros produz uma saliva aquosa alcalina, a qual é um veículo para as enzimas (tanto digestivas como líticas), e uma saliva proteinácea solidificadora, que tanto pode formar um revestimento completo em volta das peças bucais (estiletes), à medida que elas furam e penetram no alimento, como pode apenas formar uma borda mais segura no ponto de entrada (seção 11.2.4, Figura 11.4C). O modo de se alimentar formando um revestimento ao redor dos estiletes é característico dos hemípteros que se alimentam do floema e do xilema, como exemplo, os pulgões, as cochonilhas e os cercopídeos, que deixam marcas visíveis formadas por saliva solidificadora exsudada no tecido da planta da qual eles se alimentaram. As marcas formadas pelo revestimento ao redor do estilete podem ser tanto intercelulares como intracelulares, dependendo da espécie de hemíptero. O revestimento pode funcionar para conduzir os estiletes, evitar a perda de líquido das células danificadas e/ou absorver compostos indutores de necrose, atenuando a reação de defesa da planta. Comparativamente, algumas cigarrinhas (os Typhlocybinae) e muitos Heteroptera se alimentam por meio de movimento dos estiletes de maneira a romper as células das plantas, e esses insetos se alimentam principalmente do conteúdo intracelular de células do parênquima das folhas e dos ramos, em vez de se alimentarem do tecido vascular. Essa estratégia de ruptura das células inclui a técnica de "maceração e jato", na qual enzimas salivares dissolvem as paredes celulares, como em Miridae, e o método de "laceração e jato", no qual o movimento do estilete danifica as células da planta, como em Lygaeidae. Os líquidos vegetais liberados são, então "enxaguados" com a saliva e ingeridos por sucção. Uma terceira estratégia alimentar, a alimentação por bomba osmótica, ocorre em Coreidae e funciona por meio do aumento da concentração osmótica nos espaços intercelulares para adquirir ("bombear") os conteúdos das células vegetais sem que as membranas celulares sofram algum tipo de dano mecânico. A alimentação dos Coreidae causa o colapso celular e lesões aquosas.

Nos insetos que se alimentam de líquidos, músculos dilatadores conspícuos estão presos às paredes da faringe e/ou da cavidade pré-oral (cibário) de maneira a formar uma bomba (Figura 3.14B), embora a maioria dos outros insetos tenha algum tipo de bomba faríngea (Figura 3.14A) para ingestão de água e para a ingestão de ar, visando facilitar a expansão da cutícula durante a muda.

3.6.3 Digestão do alimento

A maior parte da digestão ocorre no mesênteron, onde as células epiteliais produzem e secretam enzimas digestivas e também absorvem os produtos resultantes da degradação dos alimentos. O alimento dos insetos consiste principalmente em polímeros de

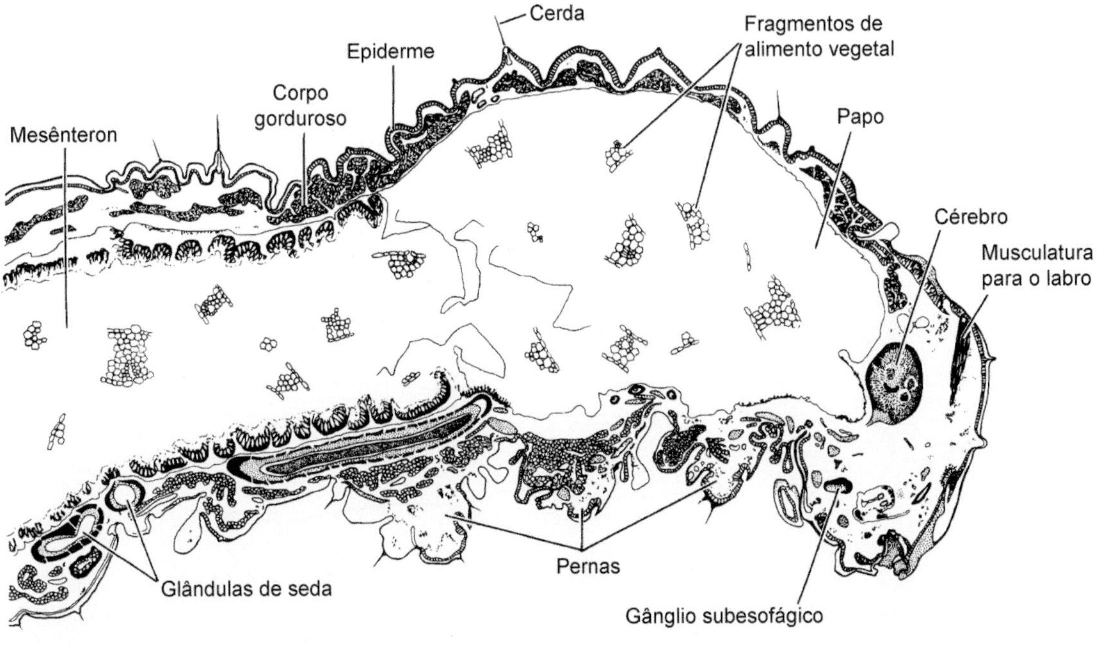

Figura 3.15 Secção longitudinal da região anterior do corpo de uma lagarta da borboleta *Pieris rapae* (Lepidoptera: Pieridae). Observe a espessa camada epidérmica que reveste o mesênteron.

carboidratos e proteínas, os quais são digeridos por meio da quebra enzimática dessas moléculas grandes em monômeros pequenos. O pH do mesênteron varia normalmente entre 6,0 e 7,5, embora valores bastante alcalinos (pH 9 a 12) ocorram em muitos insetos que se alimentam de plantas e que extraem hemiceluloses das paredes celulares vegetais, e valores muito baixos de pH ocorram em muitos dípteros. Valores elevados de pH podem evitar ou reduzir o acoplamento dos taninos da dieta às proteínas do alimento, aumentando, dessa maneira, a digestibilidade das plantas ingeridas. Em alguns insetos, substâncias surfactantes (detergentes) do lúmen do trato digestivo podem ter um papel importante para evitar a formação de complexos tanina-proteína, em particular nos insetos com pH intestinal quase neutro.

Na maioria dos insetos, o epitélio do mesênteron é separado do bolo alimentar pela matriz peritrófica (também denominada membrana ou envelope peritrófico; ver seção 3.6.1), a qual constitui uma peneira de alto fluxo muito eficiente. Ela é perfurada por poros, os quais permitem a passagem de moléculas pequenas, porém restringem o acesso direto de moléculas grandes, bactérias e partículas alimentares às células do mesênteron. A membrana peritrófica também protege os insetos herbívoros de aleloquímicos ingeridos, tais como os taninos (seção 11.2). Em alguns insetos, toda ou a maior parte da digestão do mesênteron ocorre dentro da membrana peritrófica no espaço endoperitrófico. Em outros, apenas a digestão inicial ocorre aí e moléculas pequenas de alimento difundem-se para fora, no espaço ectoperitrófico, onde a digestão adicional acontece (Figura 3.16). Uma fase final de digestão normalmente ocorre na superfície das microvilosidades do mesênteron, onde certas enzimas estão tanto presas em um revestimento mucopolissacarídeo quanto ligadas à membrana celular. Portanto, a membrana peritrófica forma uma barreira permeável e ajuda a compartimentalizar as fases da digestão; além disso, proporciona proteção mecânica para as células do mesênteron, o que anteriormente acreditava-se ser sua função principal. O líquido contendo moléculas de alimento parcialmente digerido e enzimas digestivas provavelmente circula pelo mesênteron em direção posterior, no espaço endoperitrófico, e em direção anterior, no espaço ectoperitrófico, conforme indicado na Figura 3.16. Essa circulação endo-ectoperitrófica pode facilitar a digestão por mover as moléculas de alimento para locais de digestão final e absorção e/ou por conservar as enzimas digestivas, as quais são retiradas do bolo alimentar antes que ele passe para o proctodeu.

Raramente, tanto Hemiptera quanto Thysanoptera (mas não Psocodea), os quais não têm membrana peritrófica, apresentam membrana lipoproteica extracelular, a membrana perimicrovilar (PPM), recobrindo as microvilosidades das células do mesênteron e formando um espaço fechado. A PPM e o espaço perimicrovilar associado podem atuar aprimorando a absorção de moléculas orgânicas, tais como aminoácidos, produzindo um gradiente de concentração entre o conteúdo líquido do lúmen do intestino e o líquido no espaço microvilar adjacente às células do mesênteron. A PPM tem α-glicosidase ligada à membrana, que degrada a sacarose da seiva vegetal ingerida.

3.6.4 Corpo gorduroso

Em muitos insetos, em especial nas larvas de holometábolos, o tecido gorduroso é um componente conspícuo na anatomia interna (Figuras 3.7 e 3.15), tipicamente, constituindo um tecido pálido, formado por camadas frouxas, faixas ou lóbulos de células na hemocele. A estrutura desse órgão é pouco definida e taxonomicamente variável, mas, com frequência, as lagartas e outras larvas apresentam uma camada periférica de corpo gorduroso abaixo da cutícula, e uma camada central em torno do trato digestivo. O corpo gorduroso é um órgão de múltiplas funções metabólicas, incluindo o metabolismo de carboidratos, lipídios e compostos nitrogenados; o armazenamento de glicogênio, gordura e proteínas; a síntese e a regulação da concentração de açúcar sanguíneo; a síntese das grandes proteínas da hemolinfa (tais como hemoglobinas, vitelogeninas para formação do vitelo, e proteínas de armazenamento); e como um órgão endócrino produtor de fatores de crescimento e responsável pela hidroxilação de ecdisona sintetizada nas glândulas protorácicas em 20-hidroecdisona (o hormônio que ativa a muda; seção 3.3.2). As células do corpo gorduroso podem mudar suas atividades em resposta a sinais nutricionais e hormonais, para prover as necessidades de crescimento, metamorfose e reprodução dos insetos. Por exemplo, proteínas específicas para armazenamento são sintetizadas pelo corpo gorduroso durante o último instar larval dos insetos holometábolos, e acumuladas na hemolinfa para serem usadas durante a metamorfose, como uma fonte de aminoácidos para a síntese de proteínas durante a fase de pupa. A califorina, uma proteína de armazenamento da hemolinfa sintetizada no corpo gorduroso de larvas da mosca do gênero *Calliphora* (Diptera: Calliphoridae), pode constituir cerca de 75% (cerca de 7 mg) das proteínas da hemolinfa de uma larva de último instar; a quantidade de califorina decresce até cerca de 3 mg no momento de pupa, e até 0,03 mg depois da emergência da mosca adulta. A produção e deposição de proteínas especificamente para armazenamento de aminoácidos é uma característica que os insetos compartilham com os vegetais que têm sementes, mas não com

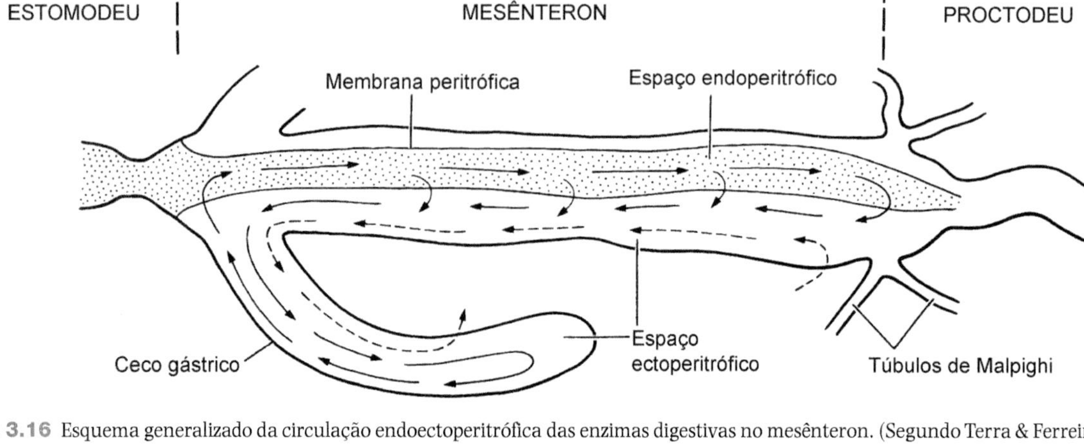

Figura 3.16 Esquema generalizado da circulação endoectoperitrófica das enzimas digestivas no mesênteron. (Segundo Terra & Ferreira, 1981.)

os vertebrados. Os seres humanos, por exemplo, excretam qualquer aminoácido adquirido na dieta que estiver em excesso para as necessidades imediatas.

O principal tipo de célula encontrada no corpo gorduroso é o **trofócito** (ou adipócito), o qual é responsável pela maioria das funções metabólicas e de armazenamento descritas anteriormente. Diferenças evidentes no tamanho do corpo gorduroso em indivíduos distintos da mesma espécie de inseto refletem a quantidade de material armazenado nos trofócitos; um corpo gorduroso pequeno indica tanto a construção ativa de tecidos como um estado de inanição. Dois outros tipos de células – os urócitos e os bacteriócitos (também chamados de micetócitos) – podem ocorrer no corpo gorduroso de alguns grupos de insetos. Os **urócitos** armazenam temporariamente esférulas de uratos, incluindo ácido úrico, um dos resíduos nitrogenados dos insetos. Entre as baratas estudadas, em vez de serem estoques permanentes de resíduos de ácido úrico excretado (excreção armazenada), os urócitos reciclam o urato de nitrogênio, talvez com a ajuda de bactérias dos micetócitos. Os **bacteriócitos** (micetócitos) contêm microrganismos simbióticos e estão espalhados pelo corpo gorduroso das baratas ou presentes em órgãos especiais, algumas vezes cercados por corpo gorduroso. Esses simbiontes são importantes na nutrição dos insetos.

3.6.5 Nutrição e microrganismos

Em termos gerais, nutrição diz respeito à natureza e ao processamento de alimentos necessários para prover as necessidades para o crescimento e o desenvolvimento, envolvendo o comportamento alimentar (Capítulo 2) e a digestão. Os insetos com frequência apresentam dietas pouco usuais ou restritivas. Algumas vezes, embora apenas um ou poucos itens alimentares sejam ingeridos, a dieta proporciona toda a gama de substâncias químicas essenciais para o metabolismo. Nesses casos, a monofagia é uma especialização sem limitações nutricionais. Em outros casos, uma dieta restrita pode exigir a utilização de microrganismos para digerir ou complementar os nutrientes diretamente disponíveis. Em particular, os insetos não conseguem sintetizar esteroides (necessários para o hormônio da muda) e carotenoides (utilizados nos pigmentos visuais), que devem vir da dieta ou de microrganismos.

Os insetos podem abrigar microrganismos extracelulares ou intracelulares, chamados de **simbiontes** porque dependem de seus insetos hospedeiros. Esses microrganismos contribuem para a nutrição de seus hospedeiros por meio da sua atuação na síntese e/ou no metabolismo de esteroides, vitaminas, carboidratos ou aminoácidos. Os microrganismos simbióticos podem ser bactérias ou bacterioides, leveduras ou outros fungos unicelulares, ou protistas. Os estudos sobre sua função, historicamente, não foram possíveis por causa da dificuldade de removê-los (p. ex., com antibióticos, para produzir hospedeiros apossimbiontes) sem causar dano ao inseto hospedeiro, e também pela dificuldade em fazer culturas desses microrganismos fora do hospedeiro. As dietas desses hospedeiros proporcionam algumas pistas sobre as funções desses microrganismos. Os insetos hospedeiros incluem muitos hemípteros que se alimentam de seiva (tais como pulgões, psilídeos, moscas-brancas, cochonilhas, tripes, cigarrinhas e cigarras) e outros insetos que se alimentam de seiva e sangue, como os heterópteros (Hemiptera) e as pulgas (Psocodea), alguns insetos que se alimentam de madeira (tais como cupins e alguns besouros serra-pau e gorgulhos), muitos insetos que se alimentam de sementes ou grãos (alguns besouros), e alguns insetos onívoros (tais como as baratas, alguns cupins e algumas formigas). Os insetos predadores aparentemente não contêm tais simbiontes. O fato de que os microrganismos são necessários para os insetos com dietas subótimas foi confirmado por estudos recentes que mostram, por exemplo, que complementos críticos na dieta de certos aminoácidos essenciais de pulgões apossimbióticos são compensados por meio da produção de simbiontes do gênero *Buchnera* (Gammaproteobactéria). De modo semelhante, a dieta das cigarrinhas (Hemiptera: Cicadellidae) à base de seiva de xilema, relativamente pobre em termos de nutrição, é melhorada pela biossíntese de seus dois simbiontes principais: *Sulcia muelleri* (Bacteroidetes), a qual tem genes para a síntese de aminoácidos essenciais, e *Baumannia cicadellinicola* (Gammaproteobacteria) que proporciona ao seu hospedeiro diversos cofatores, incluindo vitamina B. Em alguns cupins, bactérias espiroquetas proporcionam grande parte das necessidades energéticas, de nitrogênio e de carbono de uma colônia através da acetogênese e da fixação do nitrogênio.

Os simbiontes extracelulares podem estar livres no lúmen do trato digestivo, ou alojados em divertículos ou vesículas do mesênteron ou do proctodeu. Por exemplo, o proctodeu de cupins contém um verdadeiro fermento compreendendo muitas bactérias, fungos e protistas, incluindo flagelados. Esses ajudam na degradação da lignocelulose que, de outra forma, seria imune à digestão, e na fixação do nitrogênio atmosférico. O processo envolve a geração de metano e alguns cálculos sugerem que a digestão da celulose, auxiliada por simbiontes de cupins tropicais, produz uma proporção importante da produção global de metano (um gás que provoca o efeito estufa).

A transmissão de simbiontes extracelulares de um indivíduo para outro envolve, geralmente, a assimilação oral pela prole. Os microrganismos podem ser obtidos do ânus ou das excretas de outros indivíduos, ou ingeridos em um momento específico, como exemplo, em alguns insetos, nos quais os jovens recém-emergidos comem o conteúdo de cápsulas especiais contendo simbiontes depositadas nos ovos.

Simbiontes intracelulares (**endossimbiontes**) podem ocorrer em até 70% de todas as espécies de insetos. Os endossimbiontes provavelmente têm, em especial, uma associação de mutualismo com seu inseto hospedeiro, mas alguns parecem ser parasitas de seus hospedeiros. Exemplos desse último tipo incluem *Wolbachia* (seção 5.10.4, apesar de que essa bactéria pode, algumas vezes, gerar benefícios nutricionais para o inseto hospedeiro, como no percevejo-da-cama, *Cimex lectularius*), *Spiroplasma* e microsporídia. Os endossimbiontes parecem estar alojados no epitélio do trato digestivo, como nos insetos ligueídeos e alguns gorgulhos; entretanto, a maioria dos insetos com microrganismos intracelulares alojam-nos em células especiais que contêm os simbiontes, chamadas de micetócitos ou bacteriócitos. Essas células estão na cavidade corporal, normalmente associadas ao corpo gorduroso ou às gônadas, e com frequência em agregações especiais de micetócitos, formando um órgão chamado de micetoma ou **bacterioma**. Em tais insetos, os simbiontes são transferidos para o ovário e daí para os ovos ou embriões antes da oviposição ou do parto – um processo chamado de **transmissão vertical** ou **transovariana**. Na falta de evidência para transferência lateral (para um hospedeiro não aparentado), esse método de transmissão, encontrado em muitos hemípteros e baratas, indica uma associação muito próxima ou coevolução dos insetos e seus microrganismos. Evidências de benefícios dos endossimbiontes para os hospedeiros estão sendo obtidas rapidamente devido ao sequenciamento genômico e estudos de expressão gênica. Por exemplo, como mencionado antes, o fornecimento, para os pulgões, de aminoácidos essenciais que seriam de outra forma escassos em sua dieta, pelo seu simbionte associado ao bacteriócito, *Buchnera*, é comprovado. É interessante para futuras pesquisas a sugestão de que os biotipos de pulgões com bacteriócitos de *Buchnera* mostram uma capacidade acentuada de transmitir certos vírus de plantas, do gênero *Luteovirus*, em relação aos indivíduos tratados com antibióticos e, portanto, sem simbiontes. A relação entre os endossimbiontes do bacteriócito e seus insetos hospedeiros que se alimentam de floema é uma associação filogenética bem próxima (ver infecções por *Wolbachia*, seção 5.10.4), sugerindo uma associação muito antiga com codiversificação.

Alguns insetos que mantêm fungos essenciais para sua dieta os cultivam externamente ao seu corpo, como modo de converter as substâncias da madeira para uma forma assimilável. Alguns exemplos são os jardins de fungos de algumas formigas (Formicidae) e cupins (Termitidae) (seção 9.5.2 e seção 9.5.3) e os fungos transmitidos por certas pragas de madeira, isto é, vespas da madeira (Hymenoptera: Siricidae) e besouros escolitíneos (Coleoptera: Scolytinae).

Os genes de celulase não foram encontrados nos genomas de *Drosophila melanogaster*, *Anopheles gambiae* e *Bombyx morii*, e, portanto, celulases endógenas eram consideradas como sendo não existentes em todos os insetos. No entanto, experimentos cuidadosos em insetos que ingerem celuloses demonstram que pelo menos em algumas baratas e cupins, grilos, besouros longicórnios e o besouro da folha de mostarda, *Phaedon cochleariae* (Chrysomelidae), são capazes de expressar celulases endógenas e não necessariamente dependem exclusivamente de simbiontes.

3.7 SISTEMA EXCRETOR E REMOÇÃO DE RESÍDUOS

A **excreção** – remoção de produtos residuais do metabolismo do corpo, em especial compostos nitrogenados – é essencial. Ela difere da defecação porque os resíduos de excreção foram metabolizados nas células do corpo em vez de simplesmente terem passado direto da boca até o ânus (algumas vezes essencialmente não alterados quimicamente). Com certeza, as fezes dos insetos, tanto na forma líquida quanto em pelotas e conhecida como *frass*, contêm alimento não digerido e excretas metabólicas. Insetos aquáticos eliminam resíduos diluídos pelo ânus diretamente na água e, dessa maneira, seu material fecal é levado para longe. Em comparação, os insetos terrestres geralmente devem conservar água. Essa necessidade requer uma eliminação eficiente de resíduos de uma forma concentrada ou até mesmo seca, ao mesmo tempo que evita os efeitos potencialmente tóxicos do nitrogênio. Além disso, tanto os insetos terrestres como os aquáticos devem conservar íons, tais como sódio (Na^+), potássio (K^+) e cloro (Cl^-), os quais podem ocorrer em quantidades limitadas no alimento ou, no caso dos insetos aquáticos, podem ser perdidos para o meio por difusão. A produção da urina ou o *frass* dos insetos resulta, desse modo, de dois processos intimamente relacionados: excreção e **osmorregulação** – a manutenção de uma composição favorável de líquido corporal (homeostase osmótica e iônica). O sistema responsável pela excreção e osmorregulação é chamado genericamente de sistema excretor, e suas atividades são executadas em especial pelos túbulos de Malpighi e pelo proctodeu, conforme resumido a seguir. Entretanto, nos insetos que vivem em água doce, a composição da hemolinfa deve ser regulada em resposta à perda constante de sais (como íons) para o meio aquático ao redor, e a regulação iônica envolve tanto o sistema excretor típico quanto células especiais, denominadas **células de cloreto**, as quais normalmente estão associadas ao proctodeu. As células de cloreto são capazes de absorver íons inorgânicos de soluções muito diluídas e são mais bem estudadas em insetos aquáticos e ninfas de libélula.

3.7.1 Túbulos de Malpighi e reto

Os principais órgãos de excreção e osmorregulação nos insetos são os túbulos de Malpighi, que atuam juntamente com o reto e/ou o íleo (Figura 3.17). Os túbulos de Malpighi são protuberâncias do canal alimentar, e consistem em túbulos longos e finos (Figura 3.1) formados de uma camada de células que se dispõem ao redor de um lúmen que termina em fundo cego. Eles variam em número, desde tão pouco como apenas dois, na maioria das cochonilhas, até mais de 200, nos grandes gafanhotos. Em geral, eles são livres, flutuando pela hemolinfa, onde filtram solutos. Apenas os pulgões não têm túbulos de Malpighi, e em Strepsiptera os túbulos são reduzidos a papilas. A abertura deste capítulo mostra o trato digestivo de *Locusta*, mas com somente alguns poucos dos muitos túbulos de Malpighi representados. Acredita-se que estruturas semelhantes tenham surgido por convergência em diferentes grupos de artrópodes, tais como os miriápodes e os aracnídeos, em resposta ao estresse fisiológico da vida terrestre. Tradicionalmente, considera-se que os túbulos de Malpighi dos insetos pertençam ao proctodeu e sejam de origem ectodérmica. A sua posição marca a junção do mesênteron e do proctodeu, que é revestido por cutícula.

A porção anterior do proctodeu é denominada **íleo**, a porção mediana geralmente estreita é o **cólon**, e a larga seção posterior é o **reto** (Figura 3.13). Em muitos insetos terrestres, o reto é o único local de reabsorção de água e solutos das excretas, mas em outros insetos, por exemplo, o gafanhoto do deserto *Schistocerca gregaria* (Orthoptera: Acrididae), o íleo faz alguma contribuição para a osmorregulação. Em alguns poucos insetos, tais como a barata *Periplaneta americana* (Blattodea: Blattidae), até mesmo o cólon pode ser um local potencial para alguma absorção de líquido. A função de reabsorção do reto (e algumas vezes a porção anterior do proctodeu) está indicada por sua anatomia. Na maioria dos insetos, regiões específicas do epitélio retal são mais espessas, formando **almofadas retais** ou papilas, compostas de agregações de células colunares; em geral existem seis almofadas em um arranjo longitudinal, porém pode haver menos almofadas ou muitas do tipo com papilas.

O quadro geral dos processos excretores dos insetos que foi resumido aqui é aplicável para a maioria das espécies de água doce e para os adultos de muitas das espécies terrestres. Os túbulos de Malpighi produzem um filtrado (a urina primária) que é isosmótico, porém ionicamente diferente da hemolinfa, e depois o proctodeu, em especial o reto, seletivamente reabsorve água e certos solutos, mas elimina outros (Figura 3.17). Os detalhes do túbulo de Malpighi e da estrutura do reto, e dos mecanismos de filtração e absorção, diferem entre os táxons, tanto em relação à posição taxonômica quanto à composição da dieta (o Boxe 3.4 apresenta um exemplo de um tipo de especialização – sistemas criptonefridianos), porém o sistema excretor do gafanhoto do deserto *S. gregaria* (Figura 3.18) exemplifica a estrutura geral e os princípios da excreção dos insetos. Os túbulos de Malpighi do gafanhoto produzem um filtrado isosmótico da hemolinfa, o qual é alto em K^+, baixo em Na^+, e tem Cl^- como o principal ânion. O transporte ativo de íons, principalmente K^+, para dentro do lúmen do túbulo, cria um gradiente de pressão osmótica de modo que a água segue passivamente (Figura 3.18A). Os açúcares e a maioria dos aminoácidos também são filtrados passivamente da hemolinfa (provavelmente por meio das junções entre as células do túbulo), ao passo que o aminoácido prolina (posteriormente utilizado como fonte de energia pelas células retais) e compostos orgânicos não metabolizados e tóxicos são transportados ativamente para o lúmen do túbulo. Os açúcares, tais como a sacarose e a trealose, são reabsorvidos do lúmen e retornam para a hemolinfa. A atividade de secreção contínua de cada túbulo de Malpighi leva a um fluxo de urina primária desde o lúmen até dentro do intestino. No reto, a urina é modificada pela remoção de solutos e de água, a fim de manter a homeostase fluida e iônica do corpo do gafanhoto (Figura 3.18B). Células especializadas nas almofadas do reto fazem a recuperação ativa de Cl^- de acordo com a estimulação hormonal. Esse bombeamento de Cl^- gera gradientes elétricos e osmóticos, os quais causam alguma reabsorção de outros íons, água, aminoácidos e acetato.

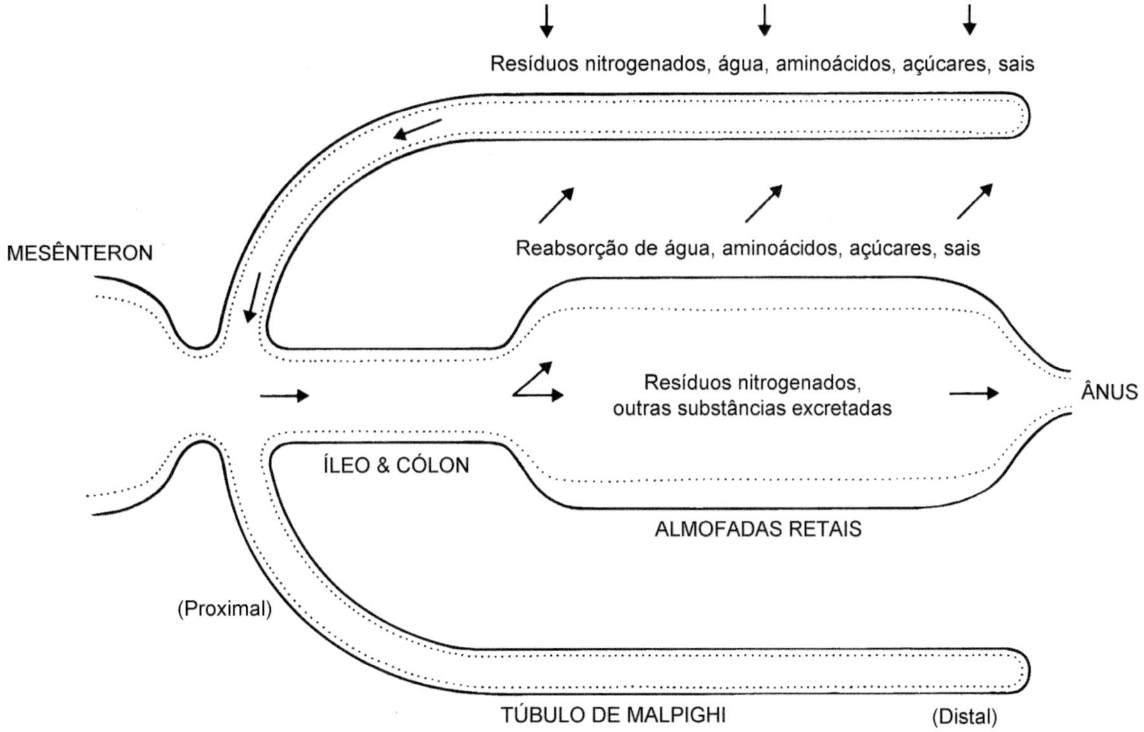

Figura 3.17 Diagrama esquemático de um sistema excretor generalizado mostrando o caminho para eliminação de resíduos. (Segundo Daly *et al.*, 1978.)

Boxe 3.4 Sistemas criptonefridianos*

Muitas larvas e adultos de Coleoptera, larvas de Lepidoptera e algumas larvas de Symphyta têm uma organização modificada do sistema excretor relacionada tanto com a desidratação eficiente das fezes antes da sua eliminação (nos besouros) quanto com a regulação iônica (nas lagartas que comem plantas). Esses insetos têm um sistema criptonefridiano no qual as extremidades distais dos túbulos de Malpighi estão em contato com a parede do reto por meio da membrana perinefridiana. Tal organização permite a alguns besouros que vivem com dieta muito seca, como grãos armazenados ou carcaças secas, serem extraordinariamente eficientes na sua conservação de água. A água pode até mesmo ser retirada do ar úmido do reto. No sistema criptonefridiano do tenébrio, *Tenebrio molitor* (Coleoptera: Tenebrionidae), mostrado aqui, os íons (em especial cloreto de potássio, KCl) são transportados para dentro de seis túbulos de Malpighi e aí concentrados, criando um gradiente osmótico que puxa a água do espaço perirretal circundante e do lúmen do reto. O líquido do túbulo é posteriormente transportado na direção anterior para a região livre de cada túbulo, de onde ele é passado para a hemolinfa ou reciclado no reto.

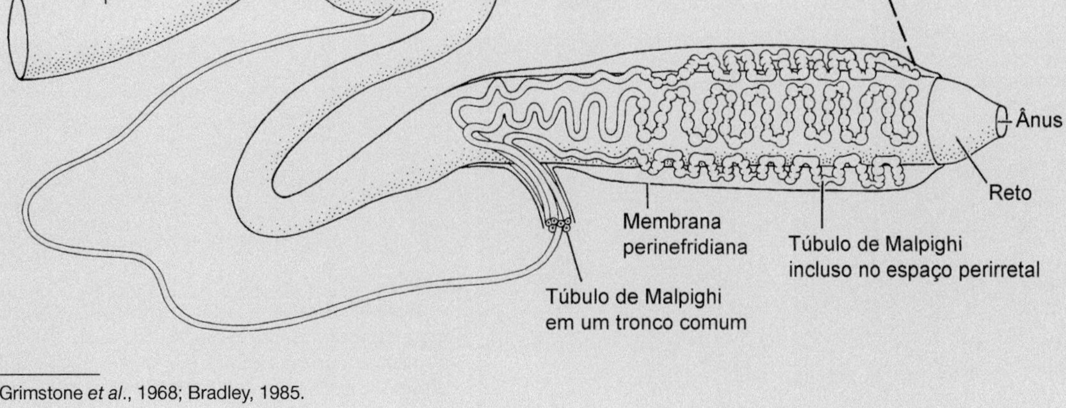

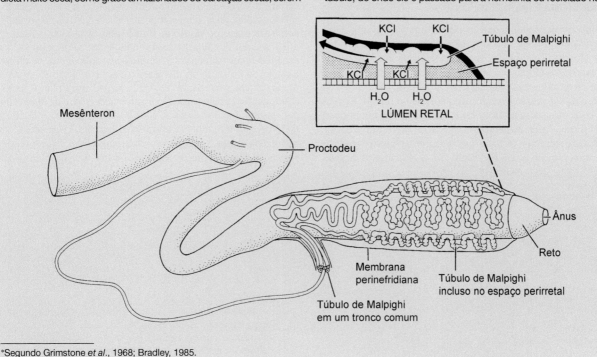

*Segundo Grimstone *et al.*, 1968; Bradley, 1985.

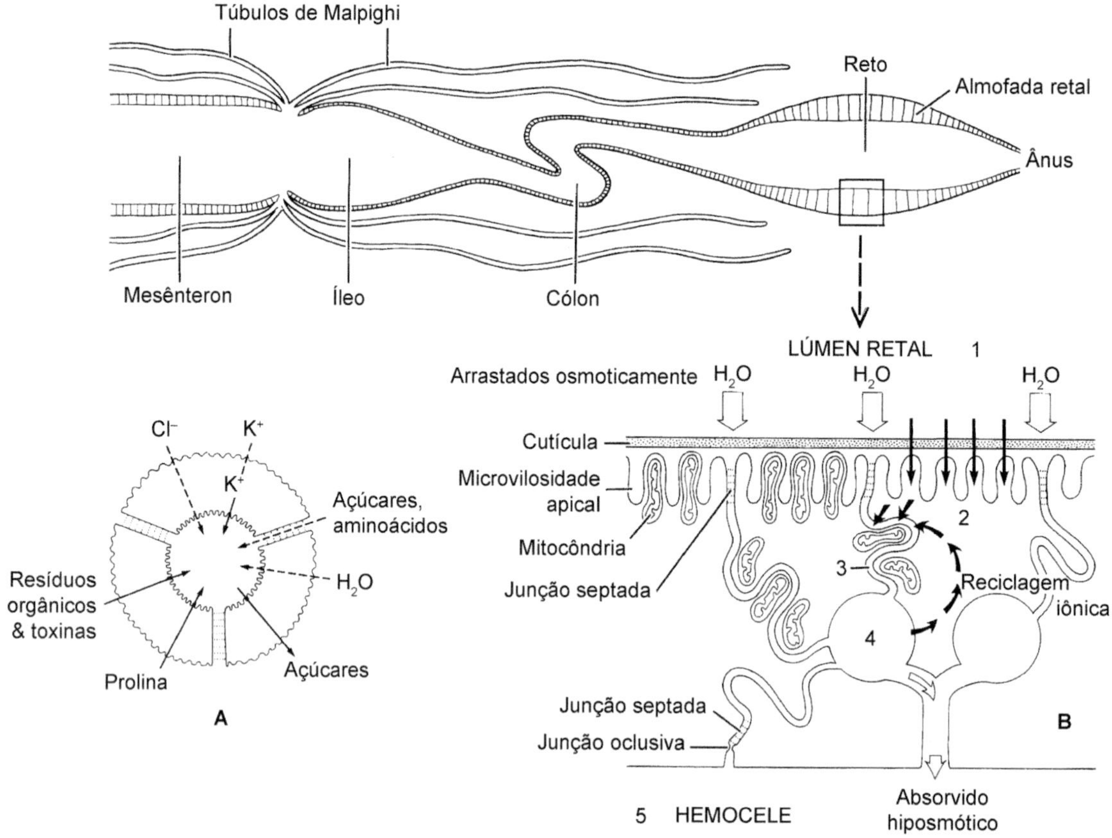

Figura 3.18 Diagrama esquemático dos órgãos do sistema excretor de um gafanhoto *Schistocerca gregaria* (Orthoptera: Acrididae). Apenas alguns dos mais de 100 túbulos de Malpighi estão representados. **A.** Secção transversal de um túbulo de Malpighi mostrando o provável transporte de íons, água e outras substâncias entre a hemolinfa circundante e o lúmen do túbulo; os processos ativos estão indicados por setas contínuas e os processos passivos, por setas pontilhadas. **B.** Diagrama ilustrando os movimentos dos solutos e da água nas células das almofadas retais durante a reabsorção de líquido do lúmen retal. As vias de movimentação da água estão representadas por setas brancas abertas, e os movimentos dos solutos por setas pretas. Os íons são transportados ativamente do lúmen retal (compartimento 1) para o citoplasma da célula adjacente (compartimento 2), e depois para os espaços intercelulares (compartimento 3). As mitocôndrias estão posicionadas para proporcionar a energia necessária para esse transporte iônico ativo. O líquido nos espaços é hiperosmótico (maior concentração iônica) em relação ao lúmen retal, e arrasta a água do lúmen por osmose através das junções septadas entre as células. Dessa maneira, a água move-se do compartimento 1 para o 3, para o 4 e, finalmente, para o 5, que é a hemolinfa na hemocele. (Segundo Bradley, 1985.)

3.7.2 Excreção de nitrogênio

Muitos insetos predadores que se alimentam de sangue ou até mesmo de plantas ingerem nitrogênio, em particular alguns aminoácidos, muito além das suas necessidades. A maioria dos insetos excreta resíduos metabólicos nitrogenados em alguns ou em todos os estágios de suas vidas, embora certa quantidade de nitrogênio seja armazenada no corpo gorduroso ou, em alguns insetos, como proteínas na hemolinfa. Muitos insetos aquáticos e algumas moscas que se alimentam de carne excretam grandes quantidades de amônia, ao passo que em insetos terrestres os resíduos geralmente consistem em ácido úrico e/ou alguns de seus sais (uratos), com frequência combinados com ureia, pteridinas, certos aminoácidos, e/ou compostos derivados do ácido úrico, tais como hipoxantina, alantoína e ácido alantoico. Dentre esses resíduos, a amônia é relativamente tóxica e normalmente deve ser excretada como uma solução diluída, ou rapidamente volatilizada a partir da cutícula ou das fezes (como em baratas). A ureia é menos tóxica, porém mais solúvel, e requer muita água para sua eliminação. O ácido úrico e os uratos necessitam de menos água para sua síntese do que a amônia e a ureia (Figura 3.19), não são tóxicos e, por terem baixa solubilidade em água (pelo menos nas condições ácidas), podem ser excretados essencialmente secos, sem causar problemas osmóticos. Os insetos aquáticos podem

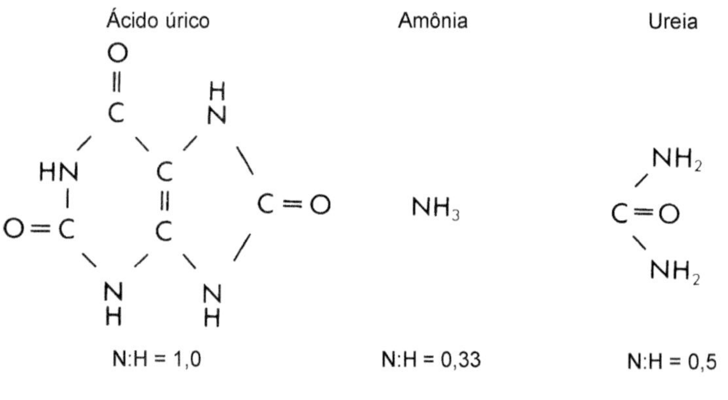

Figura 3.19 Moléculas dos três produtos nitrogenados comuns para excreção. A alta razão N/H do ácido úrico, em relação à amônia e à ureia, significa que menos água é utilizada para a síntese de ácido úrico (uma vez que os átomos de hidrogênio são derivados, em última análise, da água).

conseguir, facilmente, a diluição dos resíduos, mas a conservação de água é essencial para os insetos terrestres e a excreção de ácido úrico (uricotelia) é altamente vantajosa.

Historicamente, a deposição de uratos em células específicas do corpo gorduroso (seção 3.6.4) é considerada uma "excreção" pelo armazenamento de ácido úrico. Entretanto, ela pode constituir um estoque metabólico para reciclagem pelo inseto, talvez com a participação de microrganismos simbióticos, como exemplo, nas baratas que alojam bactérias em seu corpo gorduroso. Essas baratas, incluindo *P. americana*, não excretam ácido úrico nas fezes mesmo se forem alimentadas com uma dieta com alta concentração de nitrogênio, mas produzem grandes quantidades de uratos armazenados internamente. O corpo gorduroso da barata aloja bactérias endossimbiontes (*Blattabacterium*) capazes de sintetizar aminoácidos a partir de amônia, ureia e glutamato, o que foi determinado por meio de análises genômicas.

Os subprodutos da alimentação e do metabolismo não precisam ser excretados como resíduos – por exemplo, os compostos defensivos das plantas contra a ingestão podem ser sequestrados diretamente ou podem formar a base bioquímica para a síntese de produtos químicos utilizados na comunicação (Capítulo 4), incluindo o alerta e a defesa. Os pigmentos brancos derivados do ácido úrico dão cor à epiderme de alguns insetos, além de proporcionarem a cor branca nas escamas da asa de algumas borboletas (Lepidoptera: Pieridae).

3.8 ÓRGÃOS REPRODUTORES

Os órgãos reprodutores dos insetos exibem uma incrível variedade de formas, mas existe um *design* e funcionamento básico para cada componente, de maneira que até mesmo o sistema reprodutor mais aberrante pode ser compreendido em termos de um plano generalizado. Os componentes individuais do sistema reprodutor podem variar na forma (p. ex., das gônadas e glândulas acessórias), na posição (p. ex., da ligação das glândulas acessórias), e no número (p. ex., dos túbulos ovarianos ou testiculares, ou dos órgãos de armazenamento de espermatozoides) entre diferentes grupos de insetos, e algumas vezes até mesmo entre diferentes espécies de um mesmo gênero. O conhecimento da homologia dos componentes auxilia na interpretação da estrutura e da função em diferentes insetos. Sistemas generalizados de machos e fêmeas estão retratados na Figura 3.20, e uma comparação entre estruturas reprodutivas, correspondentes de insetos machos e fêmeas, é apresentada na Tabela 3.2. Muitos outros aspectos da reprodução, incluindo a cópula e a regulação dos processos fisiológicos, serão discutidos em detalhe no Capítulo 5.

3.8.1 Sistema reprodutor feminino

As principais funções do sistema reprodutor feminino são a produção de ovos, incluindo o fornecimento de um revestimento de proteção em muitos insetos, e o armazenamento dos espermatozoides masculinos, até que os ovos estejam prontos para serem fecundados. O transporte dos espermatozoides até o órgão de armazenamento da fêmea, e a sua liberação controlada subsequente requerem a movimentação dos espermatozoides que, em algumas espécies, sabe-se que é mediada por contrações musculares de partes do trato reprodutor da fêmea.

Os componentes básicos do sistema feminino (Figura 3.20A) são pares de ovários, os quais liberam seus oócitos maduros (ovos) através dos cálices para os ovidutos laterais, que se unem para formar o oviduto comum ou mediano. O gonóporo (abertura) do oviduto comum normalmente está escondido em uma inflexão da parede do corpo que com frequência forma uma cavidade, a câmara genital. Essa câmara serve como uma bolsa copulatória durante o acasalamento e, por isso, de modo geral é conhecida como *bursa copulatrix*. A sua abertura externa é a vulva. Em muitos insetos, a vulva é estreita e a câmara genital se torna uma bolsa fechada ou um tubo, chamado de vagina. Dois tipos de glândulas ectodérmicas abrem-se na câmara genital. O primeiro tipo é a espermateca, a qual armazena espermatozoides até que eles sejam necessários para a fecundação dos ovos.

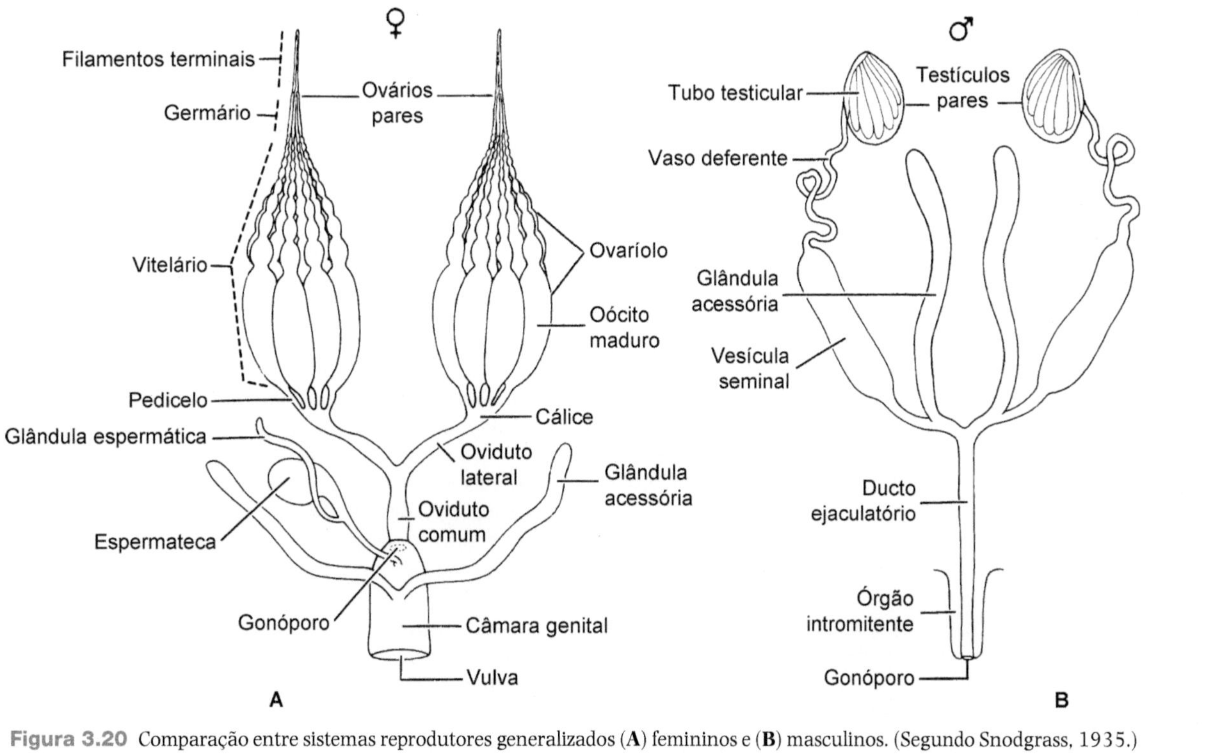

Figura 3.20 Comparação entre sistemas reprodutores generalizados (**A**) femininos e (**B**) masculinos. (Segundo Snodgrass, 1935.)

Tabela 3.2 Órgãos reprodutores femininos e masculinos correspondentes dos insetos.

Órgãos reprodutores femininos	Órgãos reprodutores masculinos
Ovários pares compostos de ovaríolos (tubos ovarianos)	Testículos pares compostos de folículos (tubos testiculares)
Ovidutos pares (ductos que partem dos ovários)	Vasos deferentes pares (ductos que partem dos testículos)
Cálices de ovos (quando presentes, recolhimento dos ovos)	Vesículas seminais (armazenamento de espermatozoides)
Oviduto comum (mediano) e vagina	Ducto ejaculatório mediano
Glândulas acessórias (origem ectodérmica: glândulas coleteriais ou de cimento)	Glândulas acessórias (dois tipos): (i) origem ectodérmica (ii) origem mesodérmica
Bursa copulatrix (bolsa copulatória) e espermateca (armazenamento de espermatozoides)	Não há equivalente
Ovipositor (quando presente)	Genitália (quando presente): edeago e estruturas associadas

Tipicamente, a espermateca é simples, em geral parecida com um saco, com um ducto delgado, e com frequência apresenta um divertículo que forma uma glândula da espermateca tubular. A glândula ou as células glandulares presentes na região da espermateca responsável pelo armazenamento proporcionam a nutrição para os espermatozoides aí contidos. O segundo tipo de glândulas ectodérmicas, conhecidas coletivamente como glândulas acessórias, abre-se mais posteriormente na câmara genital e apresenta várias funções dependendo da espécie (ver seção 5.8).

Cada ovário é composto de um agrupamento de tubos de ovos ou ovarianos, os ovaríolos, cada qual consistindo em um filamento terminal, o germário (no qual os oócitos primários surgem por meio da mitose), em um vitelário (no qual os oócitos crescem por meio da deposição de vitelo, no processo chamado de vitelogênese; seção 5.11.1), e um pedúnculo (ou haste). Um ovaríolo contém uma série de oócitos em desenvolvimento, cada qual circundado por uma camada de células foliculares formando um epitélio (o oócito e seu epitélio são chamados de folículo); os oócitos mais jovens encontram-se próximos do ápice do germário, e os mais maduros, próximos do pedicelo. Três diferentes tipos de ovaríolos podem ser reconhecidos, com base na maneira com a qual os oócitos são alimentados. Um ovaríolo panoístico não tem células especializadas para a nutrição, contendo apenas um cordão de folículos, de modo que os oócitos obtêm os nutrientes da hemolinfa através do epitélio folicular. Os ovaríolos dos outros dois tipos contêm trofócitos (células nutrizes) que contribuem para a nutrição dos oócitos em desenvolvimento. Em um ovaríolo telotrófico ou acrotrófico, os trofócitos estão restritos ao germário e permanecem ligados aos oócitos por meio de fibras citoplasmáticas, à medida que os oócitos movem-se para baixo no ovaríolo. Em um ovário politrófico, vários trofócitos estão ligados a cada oócito, e eles se movem para baixo no ovaríolo juntamente com o oócito, proporcionando os nutrientes até que se esgotem; portanto, oócitos individuais alternam-se com grupos de trofócitos sucessivamente menores. Diferentes subordens ou ordens de insetos em geral apresentam apenas um desses três tipos de ovaríolos.

As glândulas acessórias do trato reprodutor feminino com frequência são chamadas de glândulas coleteriais ou glândulas de cimento, porque, na maioria das ordens de insetos, as suas secreções circundam e protegem os ovos ou fixam-nos no substrato (seção 5.8). Em outros insetos, as glândulas acessórias podem funcionar como glândulas de veneno (como em muitos Hymenoptera) ou como glândulas "de leite", em alguns poucos insetos (p. ex., as moscas tsé-tsé, *Glossina* spp.) que apresentam viviparidade adenotrófica (seção 5.9). Glândulas acessórias de várias formas e funções aparentemente surgiram de maneira independente em diferentes ordens e podem até mesmo não ser homólogas em uma ordem, como em Coleoptera.

3.8.2 Sistema reprodutor masculino

As principais funções do sistema reprodutor masculino são a produção e o armazenamento de espermatozoides, e o seu transporte, de maneira viável, para o trato reprodutor da fêmea. Morfologicamente, o trato masculino consiste em um par de testículos, cada qual contendo uma série de túbulos ou folículos testiculares (nos quais os espermatozoides são produzidos) e que se abrem separadamente em ductos espermáticos derivados da mesoderme, chamados de vasos deferentes, os quais em geral alargam-se posteriormente para formar um órgão de armazenamento de espermatozoides, ou vesícula seminal (Figura 3.20B). Tipicamente, glândulas acessórias tubulares e pares são formadas como divertículos dos vasos deferentes, mas algumas vezes os próprios vasos deferentes são glandulares e cumprem as funções das glândulas acessórias (ver adiante). Os vasos deferentes pares unem-se no local onde eles levam ao ducto ejaculatório, que é derivado da ectoderme – o tubo que transporta o sêmen ou o conjunto de espermatozoides para o gonóporo. Em alguns poucos insetos, em particular algumas moscas, as glândulas acessórias consistem em uma região alargada glandular do ducto ejaculatório.

Dessa maneira, as glândulas acessórias dos insetos machos podem ser classificadas em dois tipos, de acordo com sua derivação mesodérmica ou ectodérmica. Quase todas são de origem mesodérmica e aquelas aparentemente ectodérmicas foram pouco estudadas. Além disso, as estruturas mesodérmicas do trato masculino com frequência diferem morfologicamente dos sacos ou tubos pares básicos já descritos. Por exemplo, em baratas-machos e muitos outros ortopteroides, as vesículas seminais e os numerosos túbulos das glândulas acessórias (Figura 3.1) estão agrupados em uma estrutura única mediana denominada corpo-cogumelo. As secreções das glândulas acessórias masculinas formam o espermatóforo (o revestimento que circunda os espermatozoides de muitos insetos), contribuem na formação do líquido seminal que nutre os espermatozoides durante o transporte até a fêmea, estão envolvidas na ativação (indução da motilidade) dos espermatozoides, e podem modificar o comportamento da fêmea (induzindo a não receptividade a outros machos e/ou estimulando a oviposição; ver seção 5.4, seção 5.11 e Boxe 5.6).

Leitura sugerida

Alstein, M. (2003) Neuropeptides. In: *Encyclopedia of Insects* (eds V.H. Resh & R.T. Cardé), pp. 782–5. Academic Press, Amsterdam.

Bourtzis, K. & Miller, T.A. (eds.) (2003, 2006, 2008) *Insect Symbiosis*. Vols **1–3**. CRC Press, Boca Raton, FL.

Caers, J., Verlinden, H., Zels, S. *et al.* (2012) More than two decades of research on insect neuropeptide GPCRs: an overview. *Frontiers in Endocrinology* **3**, 151. doi: 10.3389/fendo.2012.00151

Chapman, R.F. (2013) *The Insects. Structure and Function*, 5th edn. (eds. S.J. Simpson & A.E. Douglas), Cambridge University Press, Cambridge.

Chown, S.L., Gibbs, A.G., Hetz, S.K. *et al.* (2006) Discontinuous gas exchange in insects: a clarification of hypotheses and approaches. *Physiological and Biochemical Zoology* **79**, 333–43.

Davey, K.G. (1985) The male reproductive tract/The female reproductive tract. In: *Comprehensive Insect Physiology, Biochemistry, and Pharmacology*, Vol. **1**: *Embryogenesis and Reproduction* (eds. G.A. Kerkut & L.I. Gilbert), pp. 1–14, 15–36. Pergamon Press, Oxford.

Dillon, R.J. & Dillon, V.M. (2004) The gut bacteria of insects: nonpathogenic interactions. *Annual Review of Entomology* **49**, 71–92.

Gilbert, L.I. (ed.) (2012) *Insect Molecular Biology and Biochemistry*. Academic Press, London.

Gilbert, L.I., Iatrou, K. & Gill, S.S. (eds.) (2005) *Comprehensive Molecular Insect Science*. Vols **1–6**. Elsevier, Oxford.

González-Santoyo, I. & Córdoba-Aguilar, A. (2012) Phenoloxidase: a key component of the insect immune system. *Entomologia Experimentalis et Applicata* **142**, 1–16.

Harrison, F.W. & Locke, M. (eds.) (1998) *Microscopic Anatomy of Invertebrates*, Vol. **11B**: Insecta. Wiley–Liss, New York.

Hegedus, D., Erlandson, E., Gillott, C. & Toprak, U. (2009) New insights into peritrophic matrix synthesis, architecture, and function. *Annual Review of Entomology* **54**, 285–302.

Hoy, M. (2003) *Insect Molecular Genetics: An Introduction to Principles and Applications*, 2nd edn. Academic Press, San Diego, CA.

Klowden, M.J. (2013) *Physiological Systems in Insects*, 3rd edn. Academic Press, London, San Diego.

Nation, J.L. (2008) *Insect Physiology and Biochemistry*, 2nd edn. CRC Press, Boca Raton, FL.

Nijhout, H.F. (2013) Arthropod developmental endocrinology. In: *Arthropod Biology and Evolution* (eds A. Minelli, G. Boxshall & G. Fusco), pp. 123–48. Springer-Verlag, Berlin, Heidelberg.

Niven, J.E., Graham, C.M. & Burrows, M. (2008) Diversity and evolution of the insect ventral nerve cord. *Annual Review of Entomology* **53**, 253–71.

Ponton, F., Wilson, K., Holmes, A.J. *et al.* (2013) Integrating nutrition and immunology: a new frontier. *Journal of Insect Physiology* **59**, 130–7.

Resh, V.H. & Cardé, R.T. (eds.) (2009) *Encyclopedia of Insects*, 2nd edn. Elsevier, San Diego, CA. [Ver, particularmente, artigos sobre glândulas acessórias; lobos óptico e cerebral; sistema circulatório; digestão; sistema digestivo; excreção; corpo gorduroso; voo; hemolinfa; imunologia; sistema muscular; neuropeptídios; nutrição; sistema respiratório; glândulas salivares; digestão assistida por simbiontes; sistema traqueal; andar e pular; equilíbrio hídrico e iônico e seu controle hormonal.]

Schmid-Hempel, P. (2005) Evolutionary ecology of insect immune defenses. *Annual Review of Entomology* **50**, 529–51.

Sharma, A., Khan, A.N., Subrahmanyam, S. *et al.* (2013) Salivary proteins of plant-feeding hemipteroids – implication in phytophagy. *Bulletin of Entomological Research*. doi:10.1017/S0007485313000618.

Terra, W.R. (1990) Evolution of digestive systems of insects. *Annual Review of Entomology* **35**, 181–200.

White, C.R., Blackburn, T.M., Terblanche, J.S. *et al.* (2007). Evolutionary responses of discontinuous gas exchange in insects. *Proceedings of the National Academy of Sciences* **104**, 8357–61.

White, J.A., Giorgini, M., Strand, M.R. & Pennacchio, F. (2013) Arthropod endosymbiosis and evolution. In: *Arthropod Biology and Evolution* (eds A. Minelli, G. Boxshall & G. Fusco), pp. 441–77. Springer-Verlag, Berlin, Heidelberg.

Capítulo 4

Sistemas Sensoriais e Comportamento

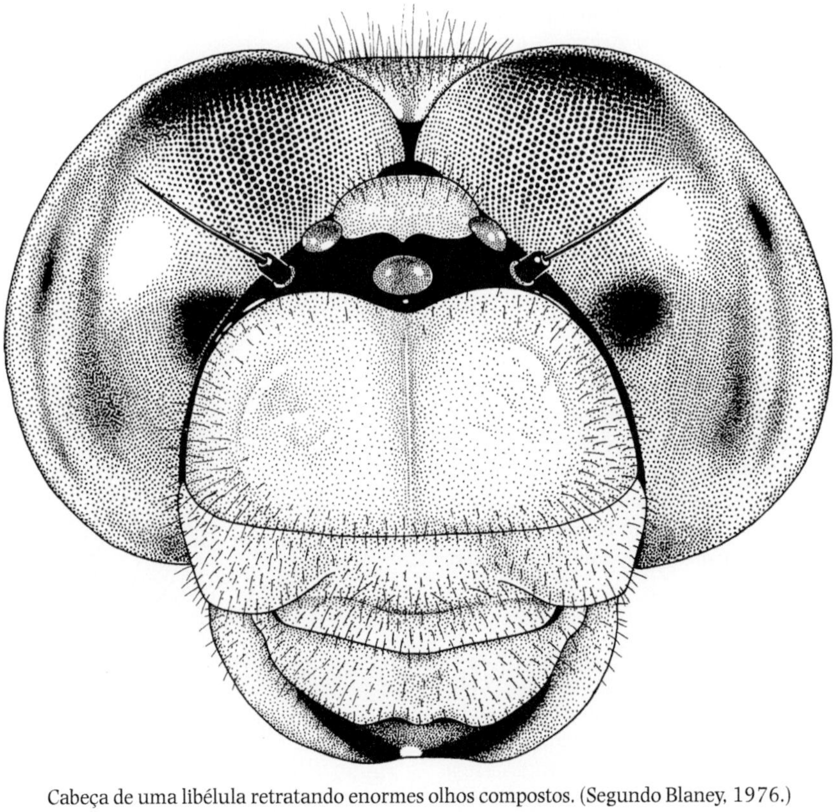

Cabeça de uma libélula retratando enormes olhos compostos. (Segundo Blaney, 1976.)

O sucesso dos insetos se deve, pelo menos em parte, à sua capacidade de perceber e interpretar o ambiente e de discriminar em uma escala fina. Os insetos podem identificar e responder de maneira seletiva a pistas de um meio heterogêneo, eles podem diferenciar entre hospedeiros (tanto plantas como animais), e distinguir entre muitos fatores microclimáticos, tais como variações na umidade, temperatura e correntes de ar.

A complexidade sensorial permite tanto os comportamentos simples quanto os comportamentos complexos dos insetos. Para controlar o voo, por exemplo, o ambiente aéreo deve ser percebido e as respostas apropriadas devem ser dadas. Como grande parte da atividade dos insetos é noturna, a orientação e a navegação não podem contar somente com pistas visuais convencionais, de modo que em muitas espécies noturnas, odores e sons desempenham um papel importante na comunicação. A faixa de informação sensorial usada pelos insetos difere daquela dos seres humanos. Utilizamos primordialmente informações visuais e, ainda que muitos insetos tenham uma visão bem desenvolvida, a maior parte usa mais o olfato e a audição do que os seres humanos.

Os insetos são isolados do meio externo por uma barreira cuticular relativamente inflexível, insensível e impermeável. A resposta para o enigma de como esse inseto blindado pode perceber o ambiente que o circunda encontra-se em estruturas cuticulares frequentes e abundantes que detectam estímulos externos. Órgãos sensoriais (sensilas) projetam-se da cutícula ou, às vezes, alojam-se dentro ou abaixo dela. Células especializadas detectam estímulos que podem ser categorizados como mecânicos, térmicos, químicos e visuais. Outras células (os neurônios) transmitem mensagens para o sistema nervoso central (seção 3.2), no qual são integradas. O sistema nervoso incita e controla comportamentos apropriados, tais como postura, movimento, alimentação, assim como comportamentos associados ao acasalamento e à oviposição.

Este capítulo faz um levantamento dos sistemas sensoriais e apresenta comportamentos selecionados que são induzidos ou modificados por estímulos ambientais. As formas de detecção e, quando for relevante, a produção desses estímulos é tratada na seguinte sequência: tato, postura, som, temperatura, substâncias químicas (com particular ênfase em substâncias químicas de comunicação, denominadas feromônios) e luz. O capítulo termina com uma seção que relaciona alguns aspectos do comportamento de insetos com a discussão precedente a respeito dos estímulos sensoriais. Os quadros abordam quatro tópicos especiais, a saber: a localização auricular de um hospedeiro por uma mosca parasitoide (Boxe 4.1); a recepção de moléculas de comunicação (Boxe 4.2); o eletroantenograma (Boxe 4.3); e relógios biológicos (Boxe 4.4).

4.1 ESTÍMULOS MECÂNICOS

Os estímulos agrupados aqui são aqueles associados à distorção causada pelo movimento mecânico resultante do próprio ambiente, do inseto em relação ao ambiente, ou de forças internas provenientes dos músculos. Os estímulos mecânicos percebidos compreendem toque, estiramento e tensão do corpo, postura, pressão, gravidade, e vibrações, incluindo mudanças de pressão do ar e do substrato envolvido na transmissão do som e na audição.

4.1.1 Mecanorrecepção tátil

O corpo dos insetos é coberto, externamente, por projeções cuticulares, chamadas de microtríquios, quando muitas provêm de uma célula, pelos ou cerdas, ou macrotríquios, se forem de origem multicelular. A maioria das projeções mais flexíveis origina-se a partir de uma cavidade inervada. Essas cavidades são sensilas, denominadas sensilas tricoides (literalmente, pequenos órgãos sensoriais semelhantes a pelos), que se desenvolvem a partir de células epidérmicas que mudam a partir da produção da cutícula. Três células estão envolvidas (Figura 4.1):

- Células tricogênicas, as quais produzem o pelo cônico
- Células tormogênicas, as quais produzem a cavidade
- Neurônio sensorial, ou célula nervosa, que projeta um dendrito no pelo, e um axônio que se enreda interiormente para ligar-se a outros axônios e formar um nervo conectado ao sistema nervoso central.

Sensilas tricoides completamente desenvolvidas desempenham funções táteis. Como sensilas táteis, elas respondem ao movimento do pelo disparando impulsos a partir do dendrito, a uma frequência relacionada com a extensão da deflexão. Sensilas táteis são estimuladas apenas durante o movimento efetivo do pelo. A sensibilidade de cada pelo varia, de modo que alguns são tão sensíveis que podem responder a vibrações de partículas do ar causadas pelo som (seção 4.1.3).

4.1.2 Mecanorreceptores de postura | Proprioceptores

Os insetos necessitam saber continuamente a posição relativa de partes de seu corpo, tais como os membros e a cabeça, e precisam detectar a orientação do corpo em relação à gravidade. Essa informação é transmitida por proprioceptores (receptores de percepção do próprio corpo), dos quais três tipos são descritos aqui. Um tipo de sensila tricoide produz uma informação sensorial contínua, em uma frequência que varia de acordo com a posição da cerda. As sensilas muitas vezes formam um colchão de pequenas cerdas agrupadas, uma placa pilosa, nas articulações ou no pescoço, em contato com a cutícula de uma parte

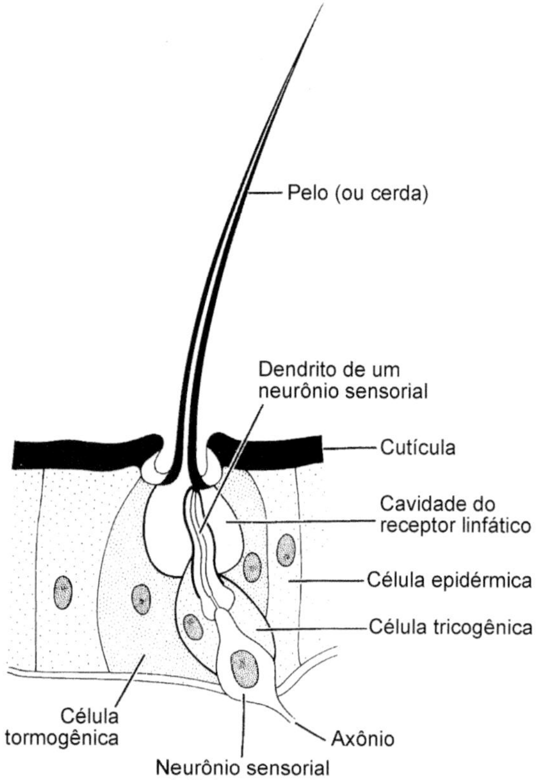

Figura 4.1 Secção longitudinal de uma sensila tricoide mostrando o arranjo das três células associadas. (Segundo Chapman, 1991.)

adjacente do corpo (Figura 4.2A). O grau de flexão da articulação produz um estímulo variável para as sensilas, possibilitando dessa forma o monitoramento das posições relativas de diferentes partes do corpo.

O segundo tipo, receptores de estiramento, compreende proprioceptores internos associados a músculos, como aqueles das paredes abdominais e do intestino. Alterações do comprimento da fibra muscular são detectadas por múltiplas inserções de terminações nervosas, produzindo variação na taxa de disparo da célula nervosa. Receptores de estiramento monitoram funções do corpo como distensão abdominal ou do intestino, ou taxa de ventilação.

O terceiro tipo são os detectores de pressão na cutícula por meio de receptores de tensão denominados **sensilas campaniformes**. Cada sensila consiste em um domo central circundado por um círculo elevado de cutícula e com um único neurônio por sensila (Figura 4.2B). Essas sensilas estão localizadas nas articulações, tais como aquelas das pernas e asas, e outros lugares sujeitos à distorção. Outros locais incluem os halteres (asas posteriores modificadas em forma de clava dos Diptera), na base dos quais existem grupos de sensilas campaniformes dorsais e ventrais que respondem a distorções criadas durante o voo.

4.1.3 Recepção sonora

O som consiste em uma flutuação de pressão transmitida em forma de onda pelo movimento do ar ou do substrato, incluindo a água. Som e audição são termos muitas vezes aplicados a uma faixa bastante limitada de frequências de vibração do ar percebidas pelos ouvidos humanos, que comumente em adultos varia entre 20 e 20.000 Hz (1 hertz (Hz) é a frequência de um ciclo por segundo). Tal definição é restritiva, em particular tendo em vista que, dentre os insetos, alguns sentem vibrações que variam de valores tão baixos quanto 1 a 2 Hz até frequências de ultrassom talvez tão altas quanto 100 kHz. Emissões e recepções especializadas por essa faixa de frequências de vibração são consideradas aqui. A recepção dessas frequências envolve vários órgãos, nenhum dos quais se assemelha aos ouvidos de mamíferos.

O som desempenha um papel importante para os insetos na comunicação acústica intraespecífica. A corte na maioria dos ortópteros, por exemplo, é acústica, de modo que os machos produzem sons específicos da espécie ("cantos") que as fêmeas, predominantemente não cantoras, detectam e a partir dos quais elas escolhem o parceiro para o acasalamento. A audição também permite a detecção de predadores, tais como morcegos insetívoros, os quais utilizam ultrassom na caça. Provavelmente, cada espécie de inseto detecta sons dentro de uma ou duas faixas de frequência relativamente estreitas, que se relacionam com essas funções.

O sistema de comunicação mecanorreceptivo dos insetos pode ser visto como um contínuo de recebimento da vibração do substrato, desde a recepção apenas das vibrações muito próximas transportadas pelo ar, até a audição de sons muito distantes, utilizando membranas cuticulares finas chamadas de **tímpanos** (adjetivo: timpânico). É provável que a sinalização pelo substrato tenha aparecido primeiro na evolução dos insetos; os órgãos sensoriais usados para detectar a vibração do substrato parecem ter sido cooptados e modificados muitas vezes em diferentes grupos de insetos, a fim de permitir a recepção de sons transportados no ar a distâncias e faixas de frequência consideráveis.

Recepção não timpânica de vibração

Dois tipos de recepção de vibrações ou sons que não envolvem os tímpanos (ver a próxima subseção para recepção timpânica) são a detecção de sinais transportados pelo substrato e a capacidade de perceber os movimentos translacionais relativamente amplos do meio circundante (ar ou água), que ocorrem muito próximos a um som. Esse último, designado som de campo próximo, é detectado tanto por pelos sensoriais como por órgãos sensoriais especializados.

Uma forma simples de recepção sonora ocorre em espécies que têm sensilas tricoides muito sensíveis, alongadas, as quais respondem a vibrações produzidas por um som de campo próximo. Como exemplo, as lagartas das mariposas noctuídeas *Barathra brassicae* têm pelos torácicos de cerca de 0,5 mm de comprimento, que respondem de maneira otimizada a vibrações de 150 Hz. Embora no ar esse sistema seja eficaz apenas para sons produzidos localmente, as lagartas podem responder a vibrações provocadas por aproximações audíveis de vespas parasitas.

Os cercos de muitos insetos, em especial grilos, são revestidos por sensilas tricoides longas e finas (cerdas ou pelos filiformes), sensíveis a correntes de ar, as quais podem transportar informações a respeito da aproximação de insetos predadores ou parasitas, ou de um possível parceiro sexual. A direção da aproximação de um outro animal é indicada por quais pelos são flexionados; o neurônio sensorial de cada pelo é ajustado para responder ao movimento em uma direção particular. A dinâmica (o padrão de

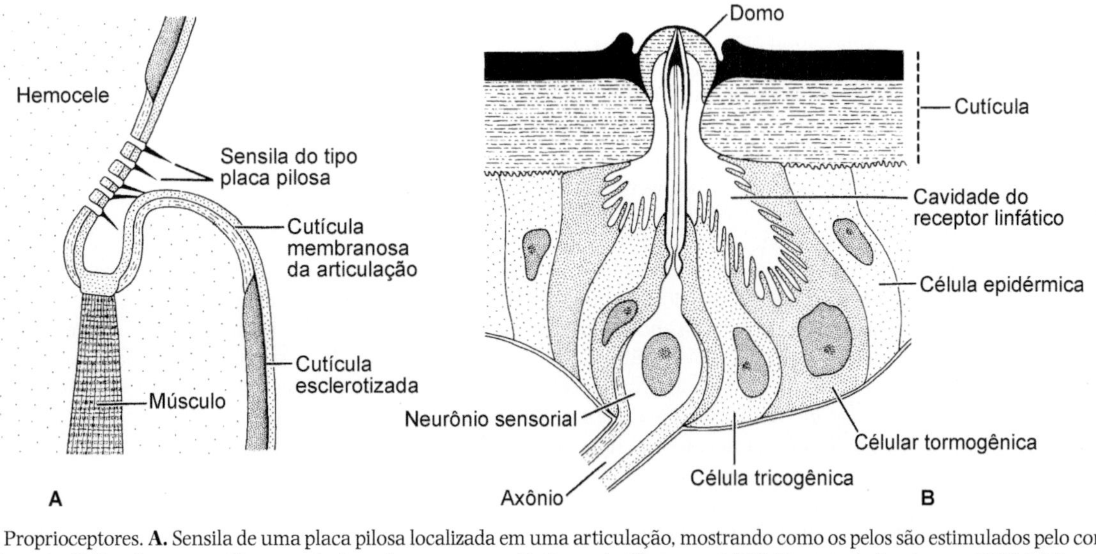

Figura 4.2 Proprioceptores. **A.** Sensila de uma placa pilosa localizada em uma articulação, mostrando como os pelos são estimulados pelo contato com a cutícula adjacente. **B.** Sensila campaniforme no haltere de uma mosca. (**A.** Segundo Chapman, 1982; **B.** segundo Snodgrass, 1935; McIver, 1985.)

variação temporal) do movimento do ar fornece informações sobre a natureza do estímulo (e, portanto, sobre que tipo de animal está se aproximando) e é indicada pelas propriedades dos pelos mecanossensoriais. O comprimento de cada pelo determina a resposta do seu neurônio sensorial ao estímulo: neurônios que inervam pelos curtos são mais sensíveis a estímulos de alta intensidade e alta frequência, ao passo que pelos longos são mais sensíveis a estímulos de baixa intensidade e baixa frequência. As respostas de muitos neurônios sensoriais que inervam diferentes pelos nos cercos são integradas no sistema nervoso central para permitir que o inseto elabore respostas comportamentais apropriadas ao movimento de ar detectado.

Para sons de baixa frequência propagados por meio da água (um meio mais viscoso que o ar), é possível uma transmissão a distâncias maiores. No entanto, poucos insetos aquáticos se comunicam por sons subaquáticos, sons de "tamborilamento" são produzidos por algumas larvas aquáticas para defender território, e os sons produzidos por hemípteros subaquáticos mergulhadores como Corixidae e Nepidae.

Muitos insetos podem detectar ondas transmitidas por meio de um substrato no limite entre um meio sólido e o ar ou entre um meio sólido e a água, bem como ao longo da superfície entre a água e o ar. A percepção de vibrações do substrato é em particular importante para insetos que habitam o solo, em especial para espécies noturnas e insetos sociais que vivem em ninhos escuros. Alguns insetos que vivem na superfície de plantas, tais como os himenópteros (Hymenoptera: Pergidae), comunicam-se uns com os outros por batidas no caule. Muitos percevejos que se alimentam de plantas (Hemiptera), tais como as cigarrinhas, os fulgorídeos e os pentatomídeos, produzem sinais vibratórios que são transmitidos por meio da planta hospedeira. Os gerrídeos (Hemiptera: Gerridae; veja Boxe 10.2) enviam pulsos de ondas por meio da superfície da água para se comunicar na corte ou durante a agressão. Além disso, eles podem detectar vibrações produzidas pelas presas que se debatem ao cair na superfície da água. Os besouros-de-água (Coleoptera: Gyrinidae: veja Figura 10.7) podem navegar usando uma forma de ecolocalização: ondas que se movem na superfície da água, à frente deles, e que são refletidas por obstáculos são percebidas por suas antenas a tempo de adotarem uma atitude evasiva.

Os órgãos sensoriais especializados que recebem vibrações são mecanorreceptores subcuticulares denominados **órgãos cordotonais**. Um órgão cordotonal consiste em um a vários **escolopídios**, cada um dos quais formado por três células ordenadas linearmente: uma **célula apical** subtimpânica, localizada sobre uma célula de bainha (**célula do escolopalo**), a qual envolve a terminação de um dendrito de uma célula nervosa (Figura 4.3). Todos os insetos adultos e muitas larvas têm um órgão cordotonal particular, o **órgão de Johnston**, que se encontra no interior do pedicelo, o segundo artículo da antena. Sua função primária é perceber movimentos dos flagelos das antenas em relação ao resto do corpo, como exemplo, na detecção da velocidade do voo pelo movimento do ar. Além disso, em alguns insetos, atua na audição. Em mosquitos-machos (Culicidae) e Chironomidae, muitos escolopídios estão incluídos no pedicelo intumescido. Esses escolopídios estão presos, em uma extremidade, à parede do pedicelo e, na outra extremidade (sensorial), à base do terceiro artículo da antena. Esse órgão de Johnston, muito modificado, é o receptor masculino para o som do batimento das asas das fêmeas (ver seção 4.1.4), conforme se observa quando os machos deixam de ser receptivos ao som das fêmeas em decorrência de amputação do flagelo terminal ou arista da antena.

A detecção da vibração do substrato envolve o **órgão subgenual**, um órgão cordotonal localizado na região proximal da tíbia de cada perna. Órgãos subgenuais são encontrados na maioria dos insetos, exceto em Coleoptera e Diptera. Esse órgão consiste em um semicírculo de muitas células sensoriais que se encontram na hemocele, conectado em uma ponta à cutícula interna da tíbia e, do outro, à traqueia. Existem órgãos subgenuais em todas as pernas: os órgãos de cada par de pernas podem responder de forma específica a sons transportados pelo substrato em diferentes frequências. A recepção das vibrações pode envolver tanto a transferência direta de vibrações de baixa frequência do substrato para as pernas, como pode haver amplificação e transferência mais complexas. As vibrações transportadas pelo ar podem ser detectadas se causarem vibração do substrato e, consequentemente, das pernas.

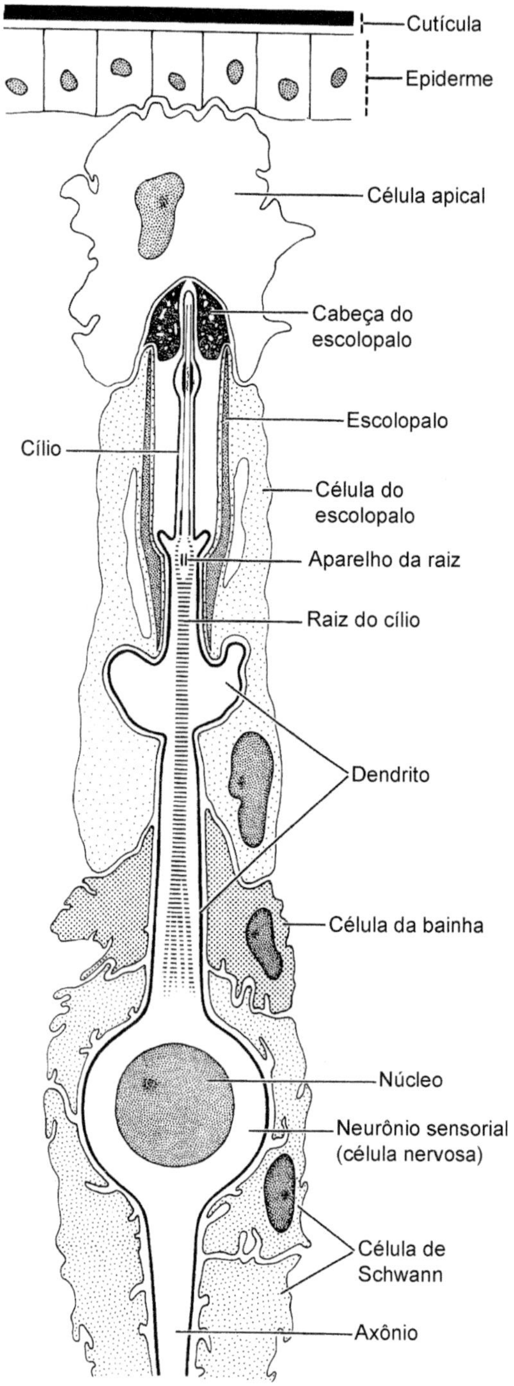

Figura 4.3 Secção longitudinal de um escolopídio, a unidade básica de um órgão cordotonal. (Segundo Gray, 1960.)

Recepção timpânica

O mais elaborado sistema de recepção de som nos insetos envolve uma estrutura receptora específica, o tímpano. Essa membrana responde a sons distantes propagados por vibrações do ar. As membranas timpânicas são ligadas aos órgãos cordotonais e estão associadas a bolsas cheias de ar, tais como modificações da traqueia, que intensificam a recepção do som. Os órgãos timpânicos que atuam como "ouvidos" evoluíram em ao menos sete ordens de insetos em uma diversidade de regiões do corpo:

- No tórax ventral, entre as pernas metatorácicas dos mantídeos
- No tórax de muitas mariposas noctuídeas
- Nas pernas protorácicas de muitos ortópteros
- No abdome de outros ortópteros, cigarras, algumas mariposas e alguns besouros
- Na base das asas de certas mariposas e na nervação radial de alguns neurópteros
- Abaixo do élitro em besouros-tigre, os quais somente são capazes de escutar durante o voo
- No prosterno de algumas moscas (Boxe 4.1)
- Nas membranas cervicais de alguns poucos escaravelhos
- Nas peças bucais de algumas mariposas.

O fato de esses órgãos apresentarem diferentes localizações anatômicas e ocorrerem em grupos distantes de insetos indica que a audição timpânica evoluiu diversas vezes nos insetos. Estudos neuroanatômicos sugerem que todos os órgãos timpânicos dos insetos evoluíram a partir de proprioceptores, e a vasta distribuição de proprioceptores por toda a cutícula dos insetos deve esclarecer a variedade de posições dos órgãos timpânicos.

A recepção timpânica do som é particularmente bem desenvolvida nos ortópteros, em especial nos grilos e esperanças. Na maioria desses ortópteros da ordem Ensifera, os órgãos timpânicos estão na tíbia de cada perna anterior (Figura 4.4; ver também Figura 9.2A). Atrás do par de membranas timpânicas, encontra-se uma traqueia acústica que se estende de um espiráculo torácico por cada perna até o órgão timpânico (Figura 4.4A).

Os grilos e as esperanças da família Tettigoniidae têm sistemas auditivos semelhantes. O sistema nos grilos parece ser menos especializado, pois sua traqueia acústica permanece conectada aos espiráculos ventilatórios do protórax. A traqueia acústica das esperanças forma um sistema totalmente isolado da traqueia ventilatória, abrindo-se por meio de um par distinto de espiráculos acústicos. Em muitas esperanças, a base da tíbia apresenta duas fendas longitudinais separadas, cada uma das quais levando a uma cavidade timpânica (Figura 4.4B). A traqueia acústica, a qual se localiza na parte central da perna, é dividida ao meio nesse ponto por uma membrana, de tal maneira que uma metade se conecta intimamente à membrana timpânica anterior e, a outra metade, à membrana timpânica posterior. O caminho primário do som até o órgão timpânico é normalmente a partir do espiráculo acústico e ao longo da traqueia acústica até a tíbia. A mudança na área transversal decorrente de dilatação da traqueia, atrás de cada espiráculo (às vezes denominada vesícula traqueal) até o órgão timpânico na tíbia, assemelha-se à função de uma corneta, amplificando o som. Embora as fendas das cavidades timpânicas de fato permitam a entrada de som, a sua função exata ainda é discutível. Pode ser que elas permitam a audição direcional, uma vez que diferenças bem pequenas no tempo de chegada das ondas sonoras no tímpano podem ser detectadas por diferenças de pressão pela membrana.

Seja qual for o principal caminho de entrada do som até os órgãos timpânicos, sinais acústicos transportados pelo ar e pelo substrato fazem as membranas timpânicas vibrarem. As vibrações são percebidas por três órgãos cordotonais: o órgão subgenual, o órgão intermediário e a crista acústica (Figura 4.4C). Os órgãos subgenuais, que têm forma e função semelhantes às dos insetos não ortopteroides, estão presentes em todas as pernas, mas a crista acústica e os órgãos intermediários são encontrados apenas nas pernas anteriores associadas aos tímpanos. Isso implica que o órgão auditivo da tíbia é um homólogo serial das unidades de proprioceptores das pernas medianas e posteriores. A crista acústica consiste em uma fileira de até 60 células de escolopídios ligadas à traqueia acústica, e é o principal órgão sensorial

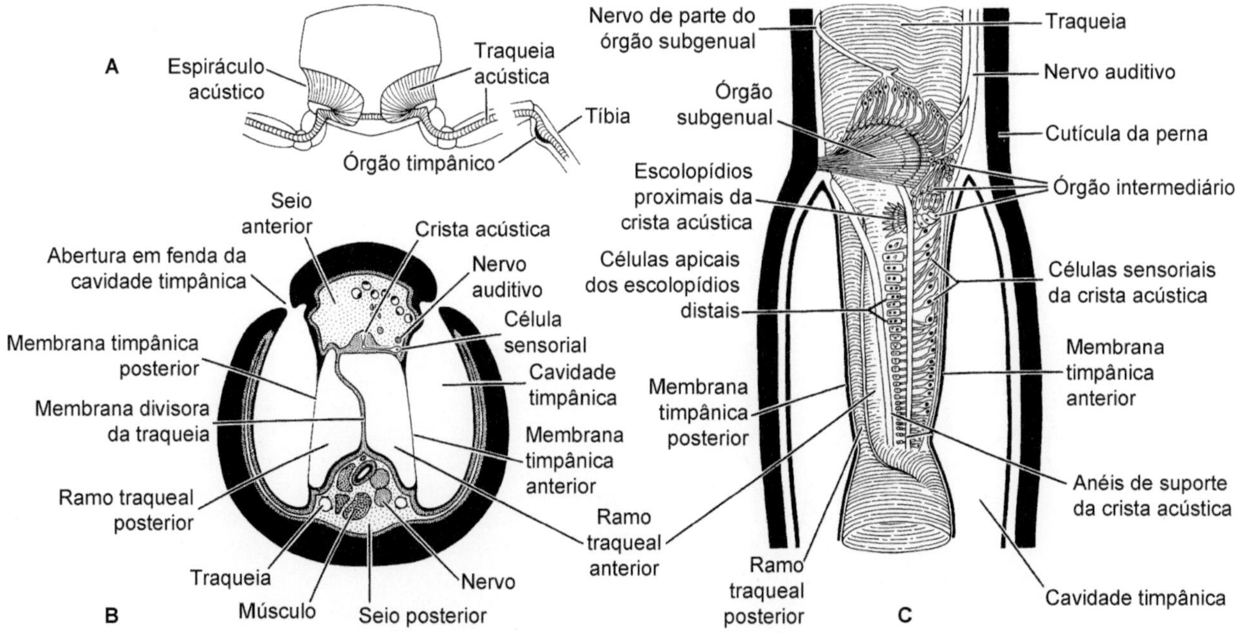

Figura 4.4 Órgãos timpânicos de uma esperança, *Decticus* (Orthoptera: Tettigoniidae). **A.** Secção transversal passando pelas pernas anteriores e protórax para mostrar espiráculos e traqueia acústicos. **B.** Secção transversal passando pela base da tíbia anterior. **C.** Projeção longitudinal da tíbia anterior. (Segundo Schwabe, 1906, em Michelsen & Larsen, 1985.)

para o som transmitido pelo ar nas frequências entre 5 e 50 kHz. O órgão intermediário, o qual consiste em 10 a 20 células de escolopídios, é posterior ao órgão subgenual e virtualmente contínuo à crista acústica. O papel do órgão intermediário é incerto, mas ele pode responder ao som transmitido pelo ar em frequências de 2 a 14 kHz. Cada um dos três órgãos cordotonais é inervado separadamente, mas as conexões neuronais entre os três sugerem que os sinais desses diferentes receptores são integrados.

Os insetos podem identificar, pela audição, a direção de uma fonte sonora, mas a maneira exata como fazem isso varia entre os táxons. A localização do direcionamento do som claramente depende da detecção de diferenças entre o som recebido por um tímpano em relação a outro ou, em alguns ortópteros, por um tímpano em uma única perna. A recepção do som varia de acordo com a orientação do corpo em relação à fonte sonora, permitindo alguma precisão na localização da fonte. Os meios não usuais de recepção do som e a sensibilidade à detecção da direção da fonte sonora, exibidos por certas moscas ormiineas, são discutidos no Boxe 4.1.

A atividade noturna é comum, conforme evidenciado pela abundância e diversidade de insetos atraídos por luz artificial, em especial na faixa ultravioleta do espectro e em noites sem lua. O voo

Boxe 4.1 Localização auricular de um hospedeiro por uma mosca parasitoide

Os insetos parasitoides procuram hospedeiros, dos quais depende o desenvolvimento de seus estágios imaturos, utilizando predominantemente pistas químicas e visuais (seção 13.1). A localização de um hospedeiro distante, por meio da orientação em direção a um som que é específico daquele hospedeiro, é um comportamento bastante incomum. Embora movimentos de ar próximos e de baixa frequência produzidos por hospedeiros esperados possam ser detectados, por exemplo, por pulgas e algumas moscas hematófagas (seção 4.1.3), a localização de hospedeiros por sons emitidos a distância é mais desenvolvida em moscas da tribo Ormiini (Diptera: Tachinidae). Os hospedeiros são grilos-machos, por exemplo, do gênero *Gryllus*, e esperanças, cujas canções usadas para atrair parceiros sexuais (cricri) vão de uma frequência de 2 a 7 kHz. Sob a proteção da escuridão, a fêmea de *Ormia* localiza o chamado do inseto hospedeiro, no qual ou perto do qual ela deposita larvas no primeiro instar (larviposição). As larvas penetram no hospedeiro, no qual se desenvolvem alimentando-se de tecidos selecionados por sete a dez dias; depois disso, as larvas de terceiro instar emergem do hospedeiro, que está morrendo, e entram em fase de pupa no chão.

A localização do chamado de um hospedeiro é um assunto complexo comparado com a simples detecção de sua presença quando seu canto é ouvido, como pode ser entendido por qualquer um que tenha tentado rastrear um grilo ou uma esperança pelo som que está emitindo. A audição direcional é um pré-requisito para se orientar em direção à fonte do som e localizá-la. Na maioria dos animais com audição direcional, os dois receptores ("ouvidos") são separados por uma distância maior que o comprimento de onda do som, de tal forma que as diferenças (p. ex., de intensidade e ritmo) entre os sons recebidos por cada "ouvido" sejam grandes o suficiente para serem detectadas e convertidas pelo receptor e pelo sistema nervoso. No entanto, em animais pequenos, tais como as fêmeas de moscas ormiineas, com um sistema auditivo medindo menos de 1,5 mm, os "ouvidos" estão próximos demais para criar diferenças interauriculares de intensidade e ritmo. É necessária uma abordagem bem diferente para a detecção do som.

Assim como em outros insetos que "ouvem", o sistema receptor contém uma membrana timpânica flexível, um saco aéreo justaposto ao tímpano e um órgão cordotonal ligado ao tímpano (seção 4.1.3). De modo único entre os insetos que ouvem, as membranas timpânicas pares dos ormiineos estão localizadas no prosterno, ventralmente ao pescoço (nuca), voltadas para frente e um pouco escondidas pela cabeça (como ilustrado aqui, na vista lateral de uma fêmea da mosca *Ormia*; segundo Robert *et al.*, 1994). Na superfície interna dessas membranas finas (1 μm), está fixado um par de órgãos sensoriais auditivos, os bulbos acústicos: órgãos cordotonais contendo muitos escolopídios (seção 4.1.3). Os bulbos estão localizados em uma câmara não dividida do prosterno, a qual é aumentada pela transferência da musculatura anterior e conectada ao meio externo pelas traqueias. Uma vista sagital desse órgão auditivo está mostrada no diagrama à direita da mosca. As estruturas são sexualmente dimórficas, com maior desenvolvimento nas fêmeas que estão procurando hospedeiros.

A característica anatômica exclusiva dos animais que contam com audição, incluindo todos os outros insetos estudados, é a ausência de separação entre os "ouvidos": a cavidade auditiva que contém o órgão auditivo não é dividida. Além disso, os tímpanos virtualmente se tocam, de modo que a diferença no tempo de chegada do som em cada ouvido é menor que 1 a 2 microssegundos. A resposta para o dilema físico é revelada por um exame cuidadoso, o qual mostra que os dois tímpanos são,

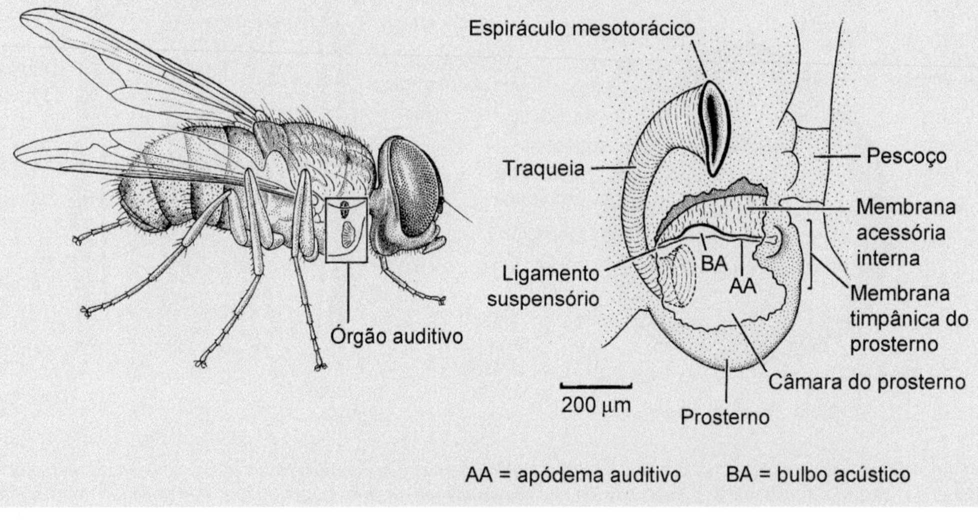

(*continua*)

Boxe 4.1 Localização auricular de um hospedeiro por uma mosca parasitoide (*Continuação*)

na verdade, unidos por uma estrutura cuticular que tem a função de conectar os dois ouvidos. Esse acoplamento mecânico intra-auricular envolve a cutícula conectora atuando como uma alavanca flexível, pivotante ao redor de um fulcro, e que tem a função de aumentar a defasagem de tempo entre o tímpano mais próximo do som (ipsolateral) e o mais distante (contralateral) em cerca de 20 vezes. A membrana do tímpano ipsolateral é a primeira a ser excitada e a vibrar com o som que chega, um pouco antes da contralateral e seguida pela cutícula conectora. Por meio de um mecanismo complexo que envolve algum amortecimento e anulação de vibrações, o tímpano ipsolateral produz a maioria das vibrações.

Essa ampliação das diferenças interauriculares permite uma direcionalidade muito sensível na recepção sonora. Essa nova descoberta na audição dos ormiineos serve de inspiração para aplicações na tecnologia para o auxílio da audição humana.

noturno permite evitar predadores que utilizam a visão para caçar, mas expõe o inseto a predadores noturnos especialistas – os morcegos insetívoros (Microchiroptera). Esses morcegos empregam um sistema sonar biológico usando frequências ultrassônicas que vão de 8 a 215 kHz (de acordo com a espécie) para navegar, detectar e localizar presas, predominantemente insetos voadores.

Ainda que a predação dos morcegos aos insetos ocorra na escuridão da noite e bem acima de um observador humano, é evidente que uma faixa de táxons de insetos pode detectar os ultrassons dos morcegos e adotar ações evasivas apropriadas. A resposta comportamental ao ultrassom, chamada de resposta de alarme acústico, envolve contrações musculares muito rápidas e coordenadas. Isso leva a reações como o "congelamento", desvio imprevisível no voo, ou uma repentina interrupção do voo e queda vertical em direção ao chão. O ato de instigar essas reações, as quais ajudam a escapar do predador, obviamente requer que o inseto ouça o ultrassom produzido pelo morcego. Experimentos fisiológicos demonstram que em poucos milissegundos após a emissão de um som desses ocorre a resposta, a qual antecederia a detecção da presa pelo morcego.

Determinados insetos pertencentes a seis ordens são capazes de detectar e responder ao ultrassom: louva-deus (Mantodea), gafanhotos, esperanças e grilos (Orthoptera), neurópteros (Neuroptera), mariposas (Lepidoptera), besouros (Coleoptera), e algumas moscas parasitoides (Diptera). Órgãos timpânicos ocorrem em diferentes posições entre esses insetos, indicando que a recepção ao ultrassom teve diversas origens independentes entre eles. Os Orthoptera são um dos principais comunicadores acústicos que utilizam o som na sinalização sexual intraespecífica. Evidentemente, a capacidade auditiva surgiu cedo na evolução dos ortópteros, provavelmente há pelo menos cerca de 200 milhões de anos, bem antes de os morcegos aparecerem (talvez durante o Eoceno – 50 milhões de anos atrás –, de onde são os fósseis mais antigos encontrados). Assim, a capacidade dos ortópteros de ouvir os ultrassons dos morcegos pode ser entendida como uma **exaptação** – neste caso, uma predisposição morfológica e fisiológica que foi modificada para acrescentar sensibilidade ao ultrassom. Os grilos, esperanças e gafanhotos que se comunicam intraespecificamente e também ouvem ultrassom apresentam sensibilidade a sons de altas e baixas frequências – e talvez limitem sua discriminação a apenas duas frequências discretas. O ultrassom provoca aversão; o som de baixa frequência (em condições adequadas) causa atração.

Por outro lado, a audição timpânica, que surgiu de forma independente em diversos outros insetos, parece ser especificamente receptiva ao ultrassom. Os dois receptores auditivos de uma mariposa noctuídea, embora sejam diferentes no limiar de recepção, estão sintonizados à mesma frequência ultrassônica, e foi demonstrado experimentalmente que as mariposas apresentam respostas comportamentais (alarme) e fisiológicas (neurais) às frequências sônicas dos morcegos. A fêmea da mosca taquinídea parasita *Ormia* (Boxe 4.1) localiza seu ortóptero hospedeiro rastreando seus chamados de acasalamento. A estrutura e a função do "ouvido" apresentam dimorfismo sexual: a área timpânica da mosca-fêmea é maior, e é sensível tanto à frequência de 5 kHz do grilo hospedeiro como às frequências de 20 a 60 kHz dos ultrassons emitidos por morcegos insetívoros. Ao passo que a menor área timpânica da mosca-macho responde de maneira ótima a 10 kHz e se estende até o ultrassom. Isso sugere que a resposta acústica, originalmente, estava presente em ambos os sexos e era utilizada para detectar e evitar os morcegos; a sensibilidade aos chamados dos grilos seria uma modificação posterior que ocorreu somente nas fêmeas.

Ao menos nesses casos, e provavelmente em outros grupos nos quais a audição timpânica é limitada no âmbito taxonômico e na complexidade, a recepção ao ultrassom parece ter coevoluído com a produção sônica dos morcegos que tentam comê-los.

4.1.4 Produção de som

O método mais comum de produção de som pelos insetos é a **estridulação**, na qual uma parte especializada do corpo, a **palheta**, é friccionada contra outra, a **lima**. A lima é uma série de dentes, cristas ou botões que vibram pelo contato com uma palheta em forma de quilha ou espinho. A lima em si produz pouco som que, portanto, precisa ser amplificado para gerar o som que pode ser propagado pelo ar. As tocas em forma de corneta das paquinhas são um excelente amplificador de som (Figura 4.5). Outros insetos

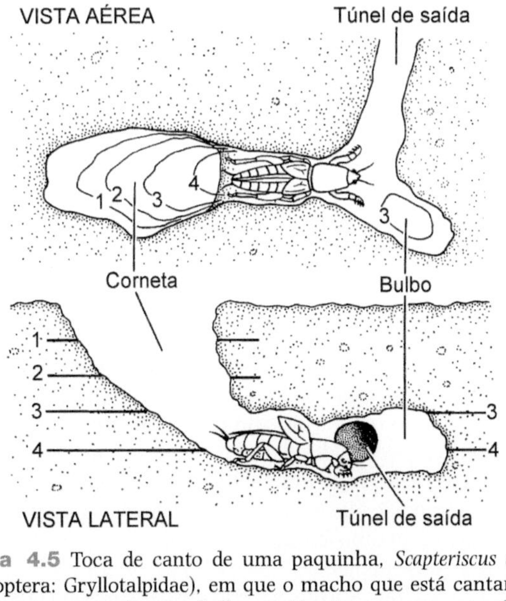

Figura 4.5 Toca de canto de uma paquinha, *Scapteriscus acletus* (Orthoptera: Gryllotalpidae), em que o macho que está cantando se posiciona com sua cabeça no bulbo e as tégminas erguem-se em direção ao gargalo da corneta. As demarcações de profundidade da toca estão em centímetros, com a toca tendo pouco mais de 4 centímetros de profundidade. (Segundo Bennet-Clark, 1989.)

produzem muitas modificações no corpo, em particular nas asas e nos sacos aéreos internos do sistema traqueal, a fim de produzir amplificação e ressonância.

A produção de som por estridulação acontece em algumas espécies de muitas ordens de insetos, mas os Orthoptera apresentam a maior elaboração e diversidade. Todos os ortópteros estriduladores amplificam seus sons utilizando as tégminas (as asas anteriores modificadas). A lima das esperanças e dos grilos é formada a partir da nervura basal de uma ou de ambas as tégminas, e raspa-se contra a palheta na outra asa. Os gafanhotos (Acrididae) atritam uma lima presente nos fêmures posteriores contra uma palheta semelhante na asa tégmina.

Muitos insetos não têm o tamanho, a força ou o refinamento necessário para produzir sons de alta frequência transportados pelo ar, mas eles podem produzir e transmitir sons de baixa frequência por meio de vibração do substrato (tal como madeira, solo ou uma planta hospedeira), que é um meio mais denso. A comunicação dos insetos através da vibração do substrato foi registrada na maioria das ordens dos insetos com asas (pterigotos) e é a modalidade mais comum em pelo menos 10 ordens, mas foi muito pouco estudada na maioria dos grupos. Exemplos de insetos que se comunicam entre si através da vibração do substrato são psilídeos (Psylloidea) e percevejos (Hemiptera), alguns plecópteros (Plecoptera) e gladiadores (Mantophasmatodea). Tais sinais de vibração podem levar um macho até uma fêmea receptiva próxima, embora os feromônios possam ser utilizados para uma atração a longa distância. As vibrações do substrato são também um subproduto da produção de som transportado pelo ar, como em insetos que utilizam sinalização acústica, tais como algumas esperanças, cujo corpo todo vibra à medida que produzem sons estridulatórios audíveis propagados pelo ar. Vibrações do corpo, as quais são transferidas através das pernas para o substrato (uma planta ou o chão), são de baixas frequências, de 1 a 5.000 Hz. As vibrações do substrato podem ser detectadas pelas fêmeas e parecem ser usadas na localização do parceiro para acasalamento a curta distância, ao contrário da sinalização transmitida pelo ar utilizada a distâncias maiores.

Um segundo modo de produção sonora envolve distorção e relaxamento muscular alternados de uma área especializada da cutícula elástica, o **timbale**, que promove estalidos individuais ou pulsos de som modulados de modo variável. A produção de som pelos timbales das cigarras é mais audível para o ouvido humano, mas muitos outros hemípteros e algumas mariposas produzem sons por meio de um timbale. Nas cigarras, apenas os machos têm esses timbales pares, os quais são localizados dorsolateralmente, um de cada lado, no primeiro segmento abdominal. A membrana do tímbale é sustentada por um número variado de cristas. Um músculo forte do timbale distorce a membrana e as cristas para produzir o som; no relaxamento, o timbale elástico retorna à posição de repouso. Para produzir sons de frequências altas, o músculo do timbale se contrai de maneira assincrônica, com muitas contrações por impulso nervoso (seção 3.1.1). Um grupo de sensilas cordotonais está presente e um músculo tensor menor controla a forma do timbale, permitindo, dessa maneira, a alteração da sua propriedade acústica. O ruído de um ou mais estalidos é emitido conforme o timbale se distorce, e sons adicionais podem ser produzidos durante o retorno elástico no relaxamento. O primeiro segmento abdominal contém sacos aéreos – traqueias modificadas – sintonizados para ressonar na mesma frequência ou em uma frequência próxima à frequência natural de vibração do timbale.

O canto de chamada das cigarras em geral está na faixa entre 3 e 16 kHz, normalmente de alta intensidade, conduzido pela distância de até 1 km, mesmo em florestas densas. O som é recebido por ambos os sexos por meio de membranas timpânicas que se localizam em uma posição ventral à posição do timbale masculino, no primeiro segmento abdominal. O canto de chamada das cigarras é específico da espécie: estudos na Nova Zelândia e na América do Norte revelam especificidade na duração e na cadência das fases introdutórias de sinalização, induzindo respostas com um tempo determinado de um parceiro potencial. Entretanto, é interessante que as estruturas para o canto sejam muito homoplásicas, de modo que cantos semelhantes são encontrados em táxons distantemente aparentados, ao passo que outros táxons mais próximos apresentam diferenças marcantes em seus cantos.

Em outros hemípteros que produzem sons, ambos os sexos podem ter timbales mas, por não terem sacos aéreos abdominais, o som é muito abafado em comparação com o das cigarras. Os sons produzidos por *Nilaparvata lugens* (Delphacidae) e provavelmente por outros hemípteros que não as cigarras são transmitidos por vibração do substrato, e são especificamente associados ao acasalamento.

Diversas mariposas produzem ultrassom usando, principalmente, os timbales localizados no tórax ou no abdome, ou uma lima e palheta nas asas, pernas ou genitália. Os cantos ultrassônicos de mariposas são utilizados primariamente para comunicação sexual, particularmente na atração de parceiros e no cortejo, e variam de altos até muito baixos em intensidade. Certas mariposas (Artiidae) podem produzir ultrassom usando timbales metatorácicos e podem ouvir o ultrassom produzido por morcegos predadores. Além da comunicação intraespecífica entre essas mariposas arctiideas, a evolução da produção de som e da audição de ultrassom são exemplos de uma "corrida armamentista" nas interações de predação entre morcegos e mariposas. Portanto, os estalidos de alta frequência que as mariposas arctiideas produzem podem fazer os morcegos desistirem do ataque, e podem ter as seguintes funções (não mutuamente exclusivas):

- Interferência com os sistemas sonares dos morcegos
- Mimetismo auricular de um morcego, para enganar o predador a respeito da presença de uma presa
- Advertir sobre a não palatabilidade (aposematismo; ver seção 14.4).

O zunido ou zumbido característico dos pernilongos, mosquitos e mosquitos-pólvora é um som de voo produzido pela frequência de batimento das asas. Esse som, o qual pode ser virtualmente específico da espécie, difere entre os sexos: o macho produz timbres mais altos que a fêmea. O timbre varia também de acordo com a idade e a temperatura do ambiente, para ambos os sexos. Os machos são capazes de reconhecer as fêmeas de suas próprias espécies pela frequência do bater das asas. Os insetos machos que formam enxames nupciais (para o acasalamento) reconhecem o lugar do enxameamento por marcadores ambientais específicos da espécie em vez de utilizar pistas auditivas (seção 5.1); eles são insensíveis ao som do batimento das asas de machos da própria espécie. Tampouco os machos podem detectar o som das asas de fêmeas imaturas – o órgão de Johnston na sua antena responde somente ao timbre do batimento das asas das fêmeas fisiologicamente receptivas.

4.2 ESTÍMULOS TÉRMICOS

4.2.1 Termorrecepção

Os insetos evidentemente detectam variação na temperatura, conforme se pode observar por seu comportamento (seção 4.2.2), no entanto, o funcionamento e a localização de seus receptores são pouco conhecidos. A maioria dos insetos estudados percebe a temperatura com suas antenas: a amputação causa uma resposta à temperatura diferente daquela de insetos com as antenas intactas. Os receptores de temperatura das antenas são poucos (presumivelmente, a temperatura do meio ambiente é semelhante em todos os pontos ao longo da antena), são expostos ou ocultos em cavidades, e podem estar associados a receptores de umidade na mesma sensila. Nas formigas cortadeiras (espécies de *Atta*), as termossensíveis sensilas celocônicas, do tipo estaca em fosseta, estão agrupadas no flagelômero apical da antena e respondem tanto às mudanças na temperatura do ar quanto ao calor irradiado. Na barata *Periplaneta americana*, o arólio e o pulvilo do tarso apresentam receptores de temperatura, e termorreceptores foram encontrados também nas pernas de alguns outros insetos. Devem existir sensores centrais de temperatura para detectar a temperatura interna, mas existe pouca evidência experimental. Um pequeno conjunto de neurônios ativados pelo calor foram identificados no cérebro de *Drosophila* e parecem permitir que as moscas evitem temperaturas não preferidas. É provável que um mecanismo semelhante ocorra em outros insetos, especialmente aqueles que utilizam a sensação de calor para detectar hospedeiros vertebrados ou micro-hábitats específicos. Em uma grande mariposa Saturniidae, *Hyalophora cecropia*, o gânglio torácico neural exerce o papel de instigar a atividade de músculos do voo dependentes de temperatura.

Uma forma extrema de detecção de temperatura é ilustrada em besouros buprestídeos (Buprestidae) pertencentes ao gênero *Melanophila*, de distribuição praticamente holártica, e também em *Merimna atrata* (o "besouro-fogo" da Austrália). Esses besouros podem detectar e se orientar em direção a incêndios florestais de grande magnitude, onde depositam seus ovos nos troncos dos pinheiros ainda em combustão. Os adultos de *Melanophila* comem insetos mortos pelo fogo, e as suas larvas se desenvolvem como colonizadores pioneiros perfurando as árvores mortas pelo fogo. A detecção e a orientação para incêndios distantes em *Melanophila* e *Merimna* não são realizadas pelo olfato ou visão, mas sim por meio da detecção de radiação infravermelha (IR) por sensilas localizadas em órgãos em fossetas. Em *Melanophila* esses órgãos em fossetas estão próximos às cavidades coxais das pernas mesotorácicas, que são expostas quando os besouros estão voando. Em *Merimna* os órgãos receptores estão localizados na região posterolateral do abdome. Algumas das 50 a 100 pequenas sensilas presentes nas fossetas podem responder com uma expansão, em escala subnanométrica induzida pelo calor, do líquido contido em uma esfera, que age como "recipiente de pressão", na qual a expansão é convertida rapidamente em um sinal para um dendrito mecanorreceptor. Tais receptores hipersensíveis permitem a um besouro buprestídeo adulto em pleno voo localizar uma fonte de IR (indicando uma queimada), talvez, a partir de uma distância de 100 km ou mais. Esse complexo sensorial se assemelha de tal maneira ao sistema auditivo de mariposas noctuídeas que pode ser dito que os besouros "ouvem" o fogo. Cálculos da magnitude de um sinal remoto sugerem que ele é tão fraco que seria difícil distingui-lo do calor de fundo. Embora, evidentemente, o sistema funcione, talvez por meio da soma de múltiplos sensores, um feito de algum interesse para tecnólogos.

Indivíduos de um inseto de semente de coníferas do oeste da América do Norte, *Leptoglossus occidentalis* (Hemiptera: Coreidae), os quais se alimentam sugando o conteúdo de sementes de coníferas, são atraídos pela radiação infravermelha emitida pelos estróbilos, os quais podem ser até 15°C mais quentes do que as acículas ao redor. Esses insetos hemípteros têm locais receptores de infravermelho na região ventral de seus abdomes; a obstrução dos receptores incorre no prejuízo da capacidade de responder ao infravermelho. Nesse sistema, o calor gerado pelos estróbilos é prejudicial para as plantas porque ele leva à herbivoria das sementes. Em outras plantas, as flores, inflorescências ou estróbilos podem produzir calor que atrai os polinizadores para as partes reprodutivas da planta. Uma cica australiana, *Macrozamia lucida*, passa por mudanças diárias na termogênese do estróbilo e na produção de substâncias voláteis que fazem com que tripes (Thysanoptera: *Cycadothrips*) carregados com pólen dos estróbilos masculinos sejam atraídos para os estróbilos femininos para a polinização. No entanto, nesse sistema de polinização "empurra-puxa", os tripes aparentemente respondem às substâncias voláteis liberadas pelo calor da planta em vez de responder à temperatura *per se*.

4.2.2 Termorregulação

Os insetos são pecilotermos, ou seja, eles não têm meios de manter a homeotermia, uma temperatura constante, independente das variações nas condições do meio ambiente. Embora a temperatura de um inseto inativo tenha uma tendência de acompanhar a temperatura do ambiente, muitos insetos são capazes de alterar sua temperatura, tanto para aumentar quanto para diminuir, mesmo que apenas por um curto período. A temperatura de um inseto pode variar em relação ao ambiente tanto por meios comportamentais, utilizando o calor externo (ectotermia), como por mecanismos fisiológicos (endotermia). A endotermia baseia-se no calor gerado internamente, com predominância a partir do metabolismo relacionado com o voo. Uma vez que 94% da energia do voo é gerada como calor (apenas 6% é direcionada à força mecânica nas asas), o voo não é só um processo de alta demanda energética, mas também produz muito calor.

Para entender a termorregulação, é necessária uma avaliação da relação entre calor e massa (ou volume). Nos insetos de tamanho pequeno, o calor gerado é rapidamente dissipado. Em um ambiente a 10°C, uma mamangaba de 100 mg com uma temperatura do corpo de 40°C sofre uma queda de temperatura de 1°C por segundo, na ausência de qualquer geração de calor adicional. Quanto maior for o corpo, mais lenta será essa perda de calor, que é um dos fatores que permite que um organismo maior seja homeotermo, de modo que a maior quantidade de massa diminui a perda de calor. Entretanto, uma outra consequência dessa relação entre massa e calor é que um inseto pequeno pode se aquecer rapidamente utilizando uma fonte de calor externa, mesmo que seja uma fonte tão limitada como um ponto de luz. Claramente, com insetos apresentando uma variação de massa da ordem de 500.000 vezes e uma variação na taxa metabólica da ordem de 1.000 vezes, há lugar para uma ampla variação nas fisiologias e comportamentos termorregulatórios. Revisamos as estratégias termorregulatórias mais comuns a seguir, mas nos referimos à tolerância a temperaturas extremas em outra parte, na seção 6.6.1 e na seção 6.6.2.

Termorregulação comportamental (ectotermia)

A extensão à qual a energia irradiante (seja solar ou do substrato) influencia a temperatura do corpo depende da atitude adotada pelo inseto diurno. O comportamento de se expor ao sol, pelo o qual muitos insetos maximizam a captura de calor, envolve tanto a postura quanto a orientação em relação à fonte de calor. As cerdas de algumas lagartas "peludas", tais como as larvas de mariposas da família Lymantriidae, serve para isolar o corpo da perda convectiva de calor, sem prejudicar a absorção das radiações térmicas. O posicionamento e a orientação das asas podem aumentar a absorção de calor ou, alternativamente, produzir sombra para radiação solar excessiva. Os meios de resfriamento podem incluir um comportamento de busca por áreas sombreadas, tais como procurar micro-hábitats mais frescos ou orientações variadas nas plantas. Muitos insetos de deserto evitam temperaturas extremas se enterrando, ao passo que alguns insetos que vivem em lugares expostos podem evitar o calor excessivo "pernaltando"; ou seja, elevando-se com as pernas estendidas para levantar a maior parte do corpo para fora da estreita camada limítrofe próxima ao chão. A condução de calor a partir do substrato é, portanto, reduzida, e a convecção é aumentada no ar mais fresco que se movimenta acima da camada limítrofe.

Existe uma relação complexa (e controversa) entre regulação da temperatura e coloração e ornamentação dos insetos. Entre alguns besouros do deserto (Tenebrionidae), as espécies escuras se tornam ativas mais cedo durante o dia, em ambientes com temperaturas mais baixas, do que as espécies mais claras, as quais, por outro lado, podem permanecer ativas por mais tempo durante períodos mais quentes. A aplicação de tinta branca em besouros tenebrionídeos escuros causa mudanças substanciais na temperatura do corpo: besouros escuros se aquecem mais rapidamente em uma dada temperatura ambiente e se superaquecem mais depressa também, se comparados com os besouros pintados de branco, que refletem melhor o calor. Existe uma correlação entre essas diferenças fisiológicas e certas diferenças observadas na ecologia térmica entre as espécies escuras e claras. Evidências adicionais do papel da cor vêm de uma cigarra (Hemiptera: *Cacama valvata*) na qual a exposição ao sol envolve o direcionamento da superfície dorsal escura para o sol, ao contrário do resfriamento, quando somente a superfície ventral clara é exposta.

Nos insetos em hábitats aquáticos, a temperatura do corpo deve seguir a temperatura da água. Esses insetos têm pouca ou nenhuma capacidade de regular a temperatura do corpo, além de procurar diferenças microclimáticas no corpo d'água.

Termorregulação fisiológica (endotermia)

Alguns insetos podem ser endotérmicos porque os músculos torácicos do voo apresentam taxa metabólica muito alta e produzem uma grande quantidade de calor. O tórax pode ser mantido a uma temperatura relativamente constante e alta durante o voo. A regulação da temperatura pode incluir revestir o tórax com escamas ou pelos isolantes, mas o isolamento precisa ser equilibrado com a necessidade de dissipar qualquer excesso de calor gerado durante o voo. Algumas borboletas e gafanhotos alternam entre o voo produtor de calor e o voo planado, o qual permite o resfriamento, mas muitos insetos precisam voar continuamente e não podem planar. As abelhas e muitas mariposas evitam o superaquecimento torácico durante o voo aumentando a taxa de batimento cardíaco e fazendo circular a hemolinfa do tórax para o abdome com pouco isolamento térmico, onde a radiação e a convecção dissipam o calor. Pelo menos em algumas mamangabas (*Bombus*) e abelhas (*Xylocopa*), um sistema de contracorrente que, com frequência, evita a perda de calor é desviado durante o voo para aumentar a perda de calor abdominal.

Os insetos que produzem temperaturas elevadas durante o voo frequentemente precisam estar com o tórax aquecido antes que possam levantar voo. Quando as temperaturas do ambiente estão baixas, esses insetos usam os músculos do voo para gerar calor antes de desviar para o uso no voo. Os mecanismos diferem conforme os músculos do voo sejam sincrônicos ou assincrônicos (seção 3.1.4). Os insetos que têm músculos sincrônicos de voo se aquecem contraindo pares de músculos antagônicos sincronicamente e/ou músculos sinérgicos de forma alternada. Essa atividade na maioria das vezes produz alguma vibração da asa, como visto, por exemplo, em odonatos antes do voo. Os músculos assincrônicos de voo são aquecidos movimentando-se os músculos do voo à medida que as asas estão desacopladas, ou a caixa torácica é mantida rígida por músculos acessórios para evitar o movimento das asas. Normalmente, não se observa nenhum movimento das asas, ainda que movimentos pulsantes ventilatórios do abdome possam ser vistos. Quando o tórax está aquecido, mas o animal está sedentário (*i. e.*, à medida que se alimenta), muitos insetos mantém a temperatura por meio do tremor, o qual pode ser prolongado. Por outro lado, abelhas-de-mel forrageando podem se resfriar durante o descanso e devem, então, aquecerem-se antes de decolar.

4.3 ESTÍMULOS QUÍMICOS

Em comparação com os vertebrados, os insetos revelam um uso mais intenso de substâncias químicas na comunicação, em particular com outros indivíduos da sua própria espécie. Os insetos produzem substâncias químicas para muitas finalidades, e a sua percepção no ambiente externo se dá por meio de quimiorreceptores específicos.

4.3.1 Quimiorrecepção

Os sentidos químicos podem ser divididos em **paladar**, para a detecção de substâncias químicas aquosas, e **olfato**, para a detecção de substâncias químicas que são transportadas pelo ar, porém essa distinção é relativa. Podem ser usados termos alternativos, como quimiorrecepção de contato (ou gustativa) e quimiorrecepção distante (ou olfatória). Nos insetos aquáticos, todas as substâncias químicas percebidas estão em uma solução aquosa e, rigorosamente, a toda quimiorrecepção deveria ser aplicado o termo "paladar". Entretanto, se um inseto aquático tem um quimiorreceptor que é equivalente, em termos de estrutura e função, a um receptor olfatório de um inseto terrestre, então, diz-se que o inseto aquático "cheira" a substância química.

Os sensores químicos capturam moléculas químicas, as quais são transferidas a um sítio para reconhecimento, onde elas despolarizam a membrana de um modo específico e estimulam um impulso nervoso. A captura efetiva envolve a localização dos quimiorreceptores. Dessa maneira, muitos receptores de contato (gustativos) ocorrem nas peças bucais, tais como os labelos dos grupos superiores de Diptera (ver Figura 2.14A) onde há receptores de sal e de açúcar, e no ovipositor, para auxiliar na identificação de locais adequados de oviposição. As antenas, que com frequência são conspícuas e direcionadas para frente, são as primeiras a encontrar estímulos sensoriais e são dotadas de muitos quimiorreceptores de distância, alguns quimiorreceptores de contato, e muitos mecanorreceptores. As pernas, em particular os tarsos, os quais estão em contato com o substrato, também têm muitos quimiorreceptores. Nas borboletas, a estimulação do tarso por soluções açucaradas dispara um alongamento automático da espirotromba. Nas moscas-varejeiras, uma sequência complexa de comportamentos estereotipados de alimentação é induzida quando o quimiorreceptor do tarso é estimulado por sacarose. A espirotromba começa a se alongar e, seguindo a estimulação pela sacarose dos quimiorreceptores no labelo, ocorre um alongamento adicional da espirotromba e os lobos labelares se abrem. Com mais estímulo do açúcar, a fonte é sugada até que cesse a estimulação das peças bucais. Quando isso ocorre, segue-se um padrão previsível de busca por mais alimento.

Os quimiorreceptores dos insetos são sensilas com um ou mais poros (orifícios). Dois tipos de sensilas podem ser definidos com base em sua ultraestrutura: **uniporosas**, com um poro, e **multiporosas**, com alguns ou muitos poros. As sensilas uniporosas variam, na aparência, desde pelos a botões, placas ou simplesmente poros em uma depressão cuticular, mas todas apresentam paredes relativamente espessas e um poro permeável simples, o qual pode ser apical ou central. O pelo ou botão contém uma câmara, a qual está em contato basal com uma câmara dendrítica que se encontra sob a cutícula. A câmara externa pode expelir um líquido viscoso, que supostamente auxilia na captura e na transferência de substâncias químicas para os dendritos. Assume-se que esses quimiorreceptores uniporosos detectem substâncias predominantemente por contato, embora exista evidência de alguma função olfatória. Neurônios gustativos (de contato) são mais bem classificados de acordo com a sua função e, portanto, em relação à alimentação. Existem células cuja atividade em resposta à estimulação química pode tanto aumentar quanto reduzir a ingestão de alimentos. Esses receptores são chamados de fagoestimuladores ou fagoinibidores.

O principal papel olfatório vem das sensilas multiporosas (Boxe 4.2), as quais são cerdas em forma de pelos ou de botões, com muitos poros ou fendas circulares nas paredes finas, que se abrem em uma cavidade conhecida como câmara porosa. Ela é fartamente dotada de túbulos porosos, que se dirigem para dentro e encontram dendritos multirramificados. O desenvolvimento de um eletroantenograma (Boxe 4.3) permitiu a revelação da especificidade na quimiorrecepção da antena. Utilizada em conjunto com a microscopia eletrônica de varredura, a microeletrofisiologia e técnicas moleculares modernas ampliaram nosso entendimento sobre a capacidade dos insetos de detectar e responder a sinais químicos muito fracos (Boxe 4.2). É possível alcançar uma grande sensibilidade espalhando muitos receptores pela maior área possível, e permitindo que o volume máximo de ar possa passar pelos receptores. Consequentemente, as antenas de muitos machos de mariposas são grandes e com frequência a área superficial é aumentada por pectinações que formam uma espécie de cesta em forma de peneira (Figura 4.6). Cada antena do macho do bicho-da-seda (Bombycidae: *Bombyx mori*) tem cerca de 17.000 sensilas de diversos tamanhos e várias morfologias na ultraestrutura. As sensilas respondem especificamente a substâncias

Boxe 4.2 Recepção de moléculas de comunicação

Os feromônios e, na verdade, todos os sinalizadores químicos (semioquímicos) devem ser detectáveis até mesmo nas menores quantidades. Por exemplo, a mariposa que se aproxima de uma fonte de feromônio, retratada na Figura 4.7, precisa detectar um sinal inicialmente fraco e, então, responder de forma apropriada orientando-se em direção a ele, discriminando mudanças abruptas na concentração desde zero até sopros concentrados efêmeros. Isso envolve uma capacidade fisiológica de monitorar continuamente e responder a níveis aéreos de feromônios, em um processo envolvendo eventos extra e intracelulares.

Estudos da ultraestrutura de *Drosophila melanogaster* e de diversas espécies de mariposas permitem a identificação de vários tipos de sensilas quimiorreceptivas (olfatórias), a saber: sensila basicônica, sensila tricoide e sensila celocônica. Esses tipos de sensila são amplamente distribuídos entre os táxons de insetos e entre as estruturas, mas com frequência são mais concentrados nas antenas. Cada sensila tem de dois a múltiplos subtipos que divergem, em sua sensibilidade e sintonia, a diferentes substâncias químicas de comunicação. A estrutura de uma sensila olfatória multiporosa generalizada, na presente ilustração, segue Birch e Haynes (1982) e Zacharuk (1985).

Para ser detectado, primeiro o composto químico precisa chegar ao poro de uma sensila olfatória. Em uma sensila multiporosa, ele entra na câmara porosa, entra em contato e atravessa o revestimento cuticular de um túbulo poroso. Em virtude de os feromônios (e outros semioquímicos) serem basicamente compostos hidrofóbicos (lipofílicos), eles precisam ser solubilizados para atingir os receptores. Essa função cabe a proteínas de ligação de odores (OBP, *odorant-binding proteins*) produzidas nas células tormogênicas e tricogênicas (Figura 4.1), a partir das quais elas são secretadas na cavidade linfática das sensilas que circunda o dendrito do receptor. OBPs específicas ligam o semioquímico em um ligante solúvel (complexo OBP-feromônio) o qual é protegido enquanto se difunde pela linfa até a superfície do dendrito. Nesse ponto, a interação com locais carregados negativamente transforma o complexo, liberando o feromônio ao sítio de ligação dos receptores olfatórios apropriados, localizados no dendrito do neurônio, desencadeando uma cascata de atividade neuronal que leva ao comportamento adequado.

Muitas pesquisas envolveram a detecção de feromônios por causa de seu uso no controle de pragas (seção 16.9), mas os princípios descobertos aparentemente se aplicam à recepção de semioquímicos por uma série de órgãos e táxons. Assim, experimentos com o eletroantenograma (Boxe 4.3) utilizando uma única sensila mostram respostas altamente especializadas a semioquímicos específicos e falha para responder até a compostos "trivialmente" modificados. As OBPs estudadas parecem combinar-se uma a uma com cada semioquímico, mas os insetos aparentemente respondem a mais sinais químicos do que OBPs descobertas. Além disso, os receptores olfatórios na superfície do dendrito aparentemente podem ser menos específicos, sendo ativados por vários ligantes não relacionados. Além disso, o modelo a seguir não trata dos efeitos sinérgicos com frequência observados, nos quais um coquetel de substâncias químicas estimula uma resposta mais forte do que qualquer componente isolado. A maneira exata como os insetos são tão espetacularmente sensíveis a tantos compostos químicos específicos, sozinhos ou combinados é uma área ativa de pesquisa, de modo que a microfisiologia e as ferramentas moleculares fornecem muitos *insights* novos.

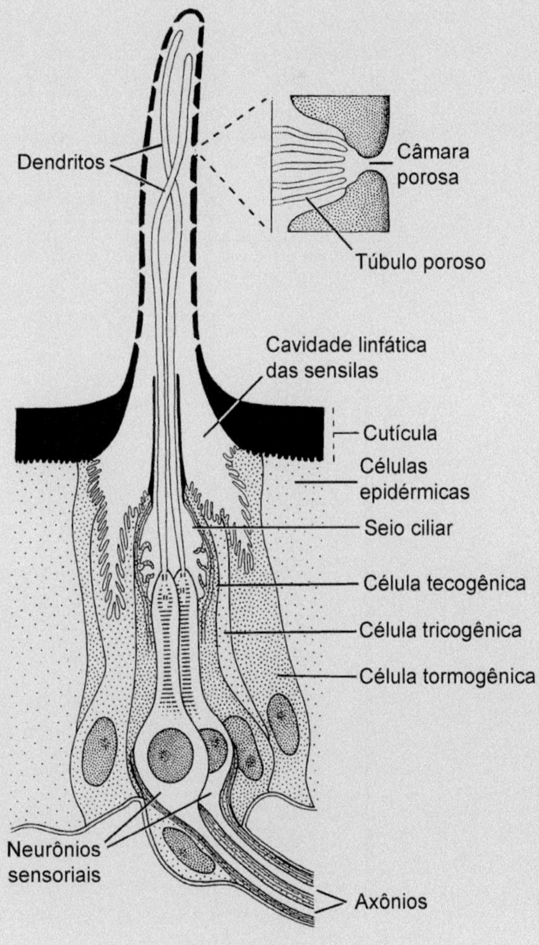

Boxe 4.3 Eletroantenograma

A eletrofisiologia é o estudo das propriedades elétricas de materiais biológicos, tais como todos os tipos de células nervosas, incluindo os receptores sensoriais periféricos dos insetos. As antenas dos insetos apresentam um grande número de sensilas e são o principal local de olfação na maioria dos insetos. Registros da atividade elétrica podem ser feitos de cada sensila individual da antena (registros de uma única célula) ou de toda a antena (eletroantenograma) (como explicado por Rumbo, 1989).

A técnica do eletroantenograma (EAG) mede a resposta total das células receptoras da antena do inseto a estímulos particulares. Os registros podem ser feitos utilizando tanto a antena extirpada quanto ligada a uma cabeça isolada ou ao inseto inteiro. No exemplo ilustrado, estão sendo avaliados os efeitos de um composto particular biologicamente ativo (um feromônio) soprado sobre a antena isolada de um macho de mariposa. O eletrodo registrador, conectado ao ápice da antena, detecta a resposta elétrica, a qual é amplificada e visualizada como um traço, conforme no padrão de EAG ilustrado no desenho superior. Os receptores da antena são muito sensíveis e percebem especificamente odores particulares, como o feromônio sexual de parceiros potenciais da mesma espécie ou substâncias químicas voláteis liberadas pelo hospedeiro do inseto. Compostos diferentes em geral induzem respostas diferentes no EAG da mesma antena, como ilustrado nos dois traços no lado direito inferior.

Essa técnica elegante e simples foi extensivamente utilizada em estudos de identificação de feromônios como um método rápido para o bioensaio de compostos pela atividade. As respostas da antena de um macho de mariposa ao feromônio sexual natural obtido de fêmeas da mesma espécie, por exemplo, são comparadas com as respostas a componentes ou misturas de feromônios sintéticos. Ar puro é soprado continuamente na antena, a uma velocidade constante; as amostras a serem testadas são introduzidas na corrente de ar e a resposta no EAG é observada. As mesmas amostras podem passar por um cromatógrafo a gás (GC, *gas chromatograph*, o qual pode ser conectado com um espectrômetro de massa para se determinar a estrutura molecular dos compostos que estão sendo testados). Assim, a resposta biológica da antena pode ser diretamente associada à separação química (vista como picos no traço do GC), como ilustrado no gráfico do canto inferior esquerdo (segundo Struble & Arn, 1984).

Além de espécies de lepidópteros, dados de EAG foram coletados para baratas, besouros, moscas, abelhas e outros insetos, a fim de medir as respostas das antenas a muitas substâncias químicas voláteis que afetam a atração de hospedeiros, o acasalamento, a oviposição e outros comportamentos. As informações do EAG são valiosas para se assessar o impacto da interferência por RNA (seção 16.4.4) para identificar (por *knockdown*) genes-alvo associados com sentidos e sensilas particulares.

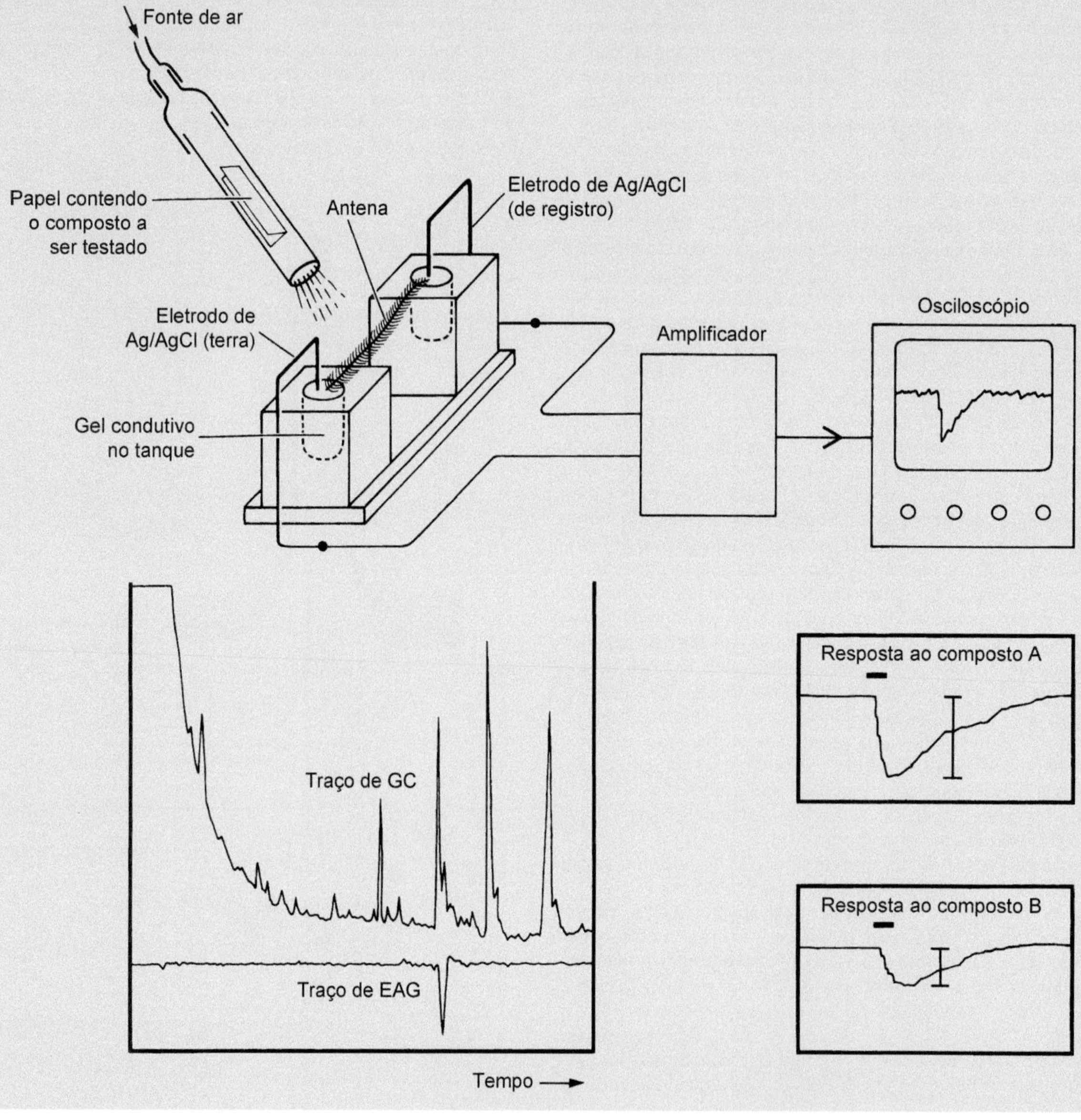

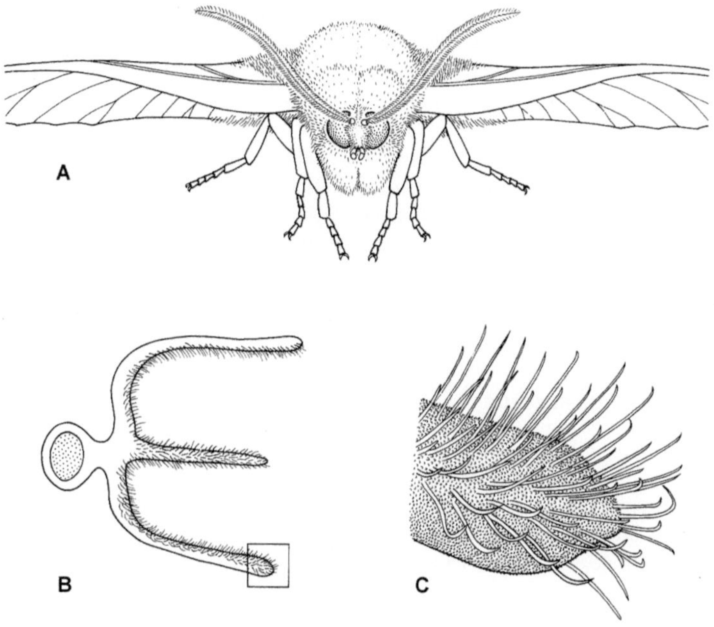

Figura 4.6 Antena de um macho de mariposa *Trictena atripalpis* (Lepidoptera: Hepialidae). **A.** Vista anterior da cabeça mostrando as antenas tripectinadas dessa espécie. **B.** Secção transversal passando pela antena, mostrando os três ramos. **C.** Ampliação da extremidade de um ramo externo de uma pectinação, mostrando sensilas olfatórias.

químicas envolvidas na sinalização sexual produzidas pelas fêmeas (feromônios sexuais; seção 4.3.2). Uma vez que casa sensila tem até 3.000 poros, cada um com 10 a 15 nm de diâmetro, há cerca de 45 milhões de poros por mariposa. Os cálculos relativos ao bicho-da-seda sugerem que apenas umas poucas moléculas poderiam estimular um impulso nervoso acima da taxa de fundo, e uma mudança comportamental poderia ser induzida por menos de 100 moléculas.

Algumas substâncias químicas repelem em vez de atrair insetos. Por exemplo, sabe-se que DEET (*N*, *N*-dietil-3-metilbenzamida) é um eficiente repelente de mosquito, os quais evitam a substância depois de a detectarem utilizando neurônios de receptores olfatórios específicos em curtas sensilas tricoides nas suas antenas. A presença de DEET induz a fuga de mosquitos-machos e fêmeas que estão procurando açúcar e também impede a aproximação de fêmeas que estão procurando sangue para se alimentar.

4.3.2 Semioquímicos | Feromônios

Muitos comportamentos dos insetos dependem do sentido do olfato. Odores químicos, denominados **semioquímicos** (do Grego, *semion* – sinal), são especialmente importantes tanto na comunicação interespecífica quanto na intraespecífica. Essa última é em particular bem desenvolvida nos insetos, e envolve o uso de substâncias químicas denominadas **feromônios**. Quando foram identificados pela primeira vez, na década de 1950, os feromônios foram definidos como "substâncias que são secretadas para o exterior por um indivíduo e recebidas por um outro indivíduo da mesma espécie, no qual provocam uma reação específica, por exemplo, um comportamento ou um processo de desenvolvimento definidos". Essa definição permanece válida até hoje, apesar da descoberta de uma complexidade oculta de coquetéis de feromônios.

Os feromônios são predominantemente voláteis, mas, algumas vezes, são substâncias químicas líquidas de contato. Todos são produzidos por glândulas exócrinas (aquelas que eliminam a secreção para fora do corpo) derivadas de células epidérmicas. Os feromônios podem ser liberados sobre a superfície da cutícula ou a partir de estruturas dérmicas específicas. Órgãos odoríferos podem estar localizados em quase qualquer parte do corpo. Assim, as glândulas odoríferas sexuais nas fêmeas de Lepidoptera ficam no interior de sacos ou bolsas eversíveis entre o oitavo e o nono segmentos abdominais, os órgãos são mandibulares nas fêmeas das abelhas-de-mel, mas estão localizados na tíbia posterior aumentada das fêmeas de pulgões, e no último tergito abdominal nas fêmeas das baratas Blaberidae.

Hidrocarbonetos cuticulares, ocorrem como misturas complexas e atuam em múltiplas funções de impermeabilização e comunicação química. Eles são produzidos a partir de ácidos graxos, sintetizados por enócitos derivados da ectoderme e, talvez, em outros lugares e transportados até a cutícula por meio de transportadores lipoproteicos (p. ex., lipoforina) na hemolinfa. O perfil de hidrocarbonetos cuticulares de qualquer uma espécie pode ser altamente complexo, com a presença, ocasionalmente, de até uma centena de diferentes compostos. Geralmente, os *n*-alcanos (hidrocarbonetos saturados) estão envolvidos no controle do movimento de água através da cutícula, ao passo que hidrocarbonetos insaturados (tais como os alcenos) e os alcanos ramificados metílicos estão, tipicamente, envolvidos na comunicação. Essas moléculas induzem vários comportamentos em insetos solitários ou sociais e podem estar envolvidas no reconhecimento de espécie, sexo, parceiro de ninho e casta, mimetismo químico, sinais de dominância e fertilidade, ou atuar como feromônios sexuais ou desencadeantes ou mesmo sinais químicos para parasitoides. Os hidrocarbonetos que constituem o feromônio da rainha de formigas *Lasius* são conservados evolutivamente quando comparados com os "coquetéis de assinatura" de hidrocarbonetos envolvidos no reconhecimento de parceiros de ninho nas formigas. Além disso, a resposta das operárias ao feromônio da rainha nas formigas *Lasius* parece ser inata, ao passo que formigas aprendem o perfil de hidrocarboneto de suas colônias. Os perfis de hidrocarbonetos de insetos também têm sido utilizados como caracteres quimiotaxonômicos para ajudar na delimitação de espécies (ver seção 7.1.2 e Boxe 7.2).

A classificação dos feromônios a partir de sua estrutura química revela que muitos compostos presentes na natureza (tais como os odores dos hospedeiros) e metabólitos preexistentes (tais como as ceras da cutícula) foram cooptados pelos insetos para serem utilizados na síntese bioquímica de uma enorme variedade de compostos que atuam na comunicação. Essa classificação química, ainda que interessante, é de menor importância para muitos entomólogos do que os comportamentos induzidos pelas substâncias químicas. Numerosos comportamentos dos insetos são controlados por substâncias químicas; entretanto, podemos distinguir entre feromônios que induzem comportamentos específicos e aqueles que desencadeiam mudanças fisiológicas irreversíveis a longo prazo. Desse modo, o comportamento sexual estereotipado de um macho de mariposa é induzido por feromônios sexuais emitidos pelas fêmeas, ao passo que os feromônios de agregação dos gafanhotos vão desencadear a maturação de indivíduos na fase gregária (seção 6.10.5). Aqui, uma classificação adicional dos feromônios é baseada em cinco categorias de comportamento, associadas com sexo, agregação, espaçamento, formação de trilha e alarme.

Feromônios sexuais

Os machos e as fêmeas de insetos da mesma espécie com frequência se comunicam por meio de feromônios sexuais. A localização de um parceiro para acasalamento e a corte podem envolver substâncias químicas em dois estágios, com feromônios de atração sexual agindo a distância, seguidos por feromônios de corte empregados de perto, antes do acasalamento. Os feromônios sexuais envolvidos na atração muitas vezes diferem daqueles utilizados na corte. A produção e a liberação de feromônios que funcionam como atrativos sexuais tendem a ser restritas às fêmeas, embora existam lepidópteros e mecópteros em que são os machos que liberam esses feromônios a distância para seduzir as fêmeas. O inseto que o produz libera feromônios voláteis que estimulam comportamentos característicos naqueles membros do sexo oposto que estejam no alcance da coluna odorífera. Um indivíduo receptor estimulado eleva as antenas, orienta-se em direção à fonte e anda ou voa em direção contrária à do vento, até a fonte, na maioria das vezes fazendo um caminho em zigue-zague (Figura 4.7) com base na capacidade de responder rapidamente às menores alterações na concentração de feromônio com uma mudança de direção (Boxe 4.2). Cada ação consecutiva parece depender de um aumento na concentração desse feromônio transportado pelo ar. Conforme o inseto se aproxima da fonte, pistas sonoras e visuais podem estar envolvidas em um comportamento de cortejo mais próximo.

O cortejo (seção 5.2), que envolve a coordenação entre os dois sexos, pode exigir a estimulação química do parceiro a curta distância, com um feromônio de corte. Esse feromônio pode ser simplesmente uma alta concentração do feromônio de atração, mas existem compostos químicos "afrodisíacos", como visto na borboleta *Danaus gilippus* (Nymphalidae). Os machos dessa espécie, assim como diversos outros lepidópteros, têm tufos de filamentos flexíveis e extrusíveis no abdome (escovas), os quais produzem um feromônio que é pulverizado diretamente na antena da fêmea, à medida que ambos estão voando (Figura 4.8). Esse feromônio tem o efeito de aplacar uma reação natural de fuga da fêmea, que pousa, dobra suas asas e permite a cópula. Em *D. gilippus*, esse feromônio de corte dos machos, um alcaloide pirrolixidínico denominado danaidona, é essencial para o sucesso da corte. Contudo, a borboleta não é capaz de sintetizá-lo sem adquirir um precursor químico se alimentando de plantas específicas na fase adulta. Na mariposa arctiidea, *Creatonotus gangis*, o precursor do feromônio de corte masculino também não pode ser sintetizado pela mariposa, mas é sequestrado da planta hospedeira pela larva, na forma de um alcaloide tóxico. A larva utiliza o composto para sua defesa e na metamorfose as toxinas são transferidas para o adulto. Ambos os sexos as utilizam como compostos de defesa, de modo que o macho, adicionalmente, os converte no seu feromônio.

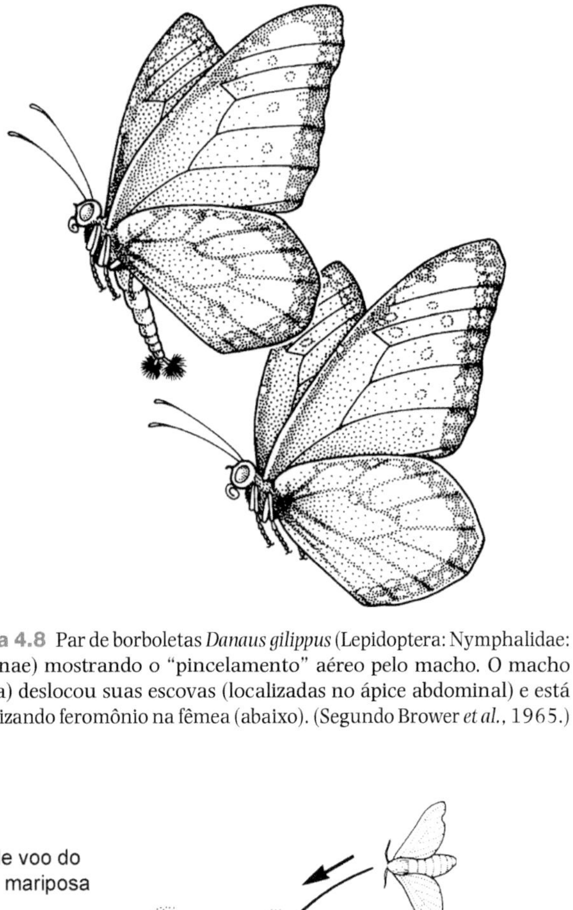

Figura 4.8 Par de borboletas *Danaus gilippus* (Lepidoptera: Nymphalidae: Danainae) mostrando o "pincelamento" aéreo pelo macho. O macho (acima) deslocou suas escovas (localizadas no ápice abdominal) e está pulverizando feromônio na fêmea (abaixo). (Segundo Brower *et al.*, 1965.)

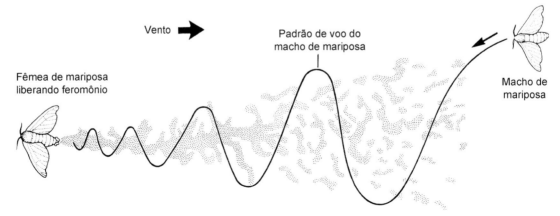

Figura 4.7 Localização de uma fêmea emissora de feromônio por um macho de mariposa, seguindo o rastro em direção contrária à do vento. A trilha de feromônio forma uma coluna um pouco descontínua em decorrência de turbulência, liberação intermitente e outros fatores. (Segundo Haynes & Birch, 1985.)

Esse feromônio é emitido por ele a partir de tubos abdominais infláveis, denominados **coremas**, cujo desenvolvimento é regulado pelo alcaloide precursor do feromônio.

Um exemplo espetacular de sinalização sexual enganosa ocorre em aranhas boleadeiras, as quais não tecem uma teia, mas lançam, rodopiando, um único fio que termina em um glóbulo pegajoso na direção da sua mariposa-presa (como gaúchos utilizando boleadeiras para derrubar gado). Essas aranhas atraem os machos de mariposas para dentro do alcance das boleadeiras usando iscas sintéticas de coquetéis de feromônios sexuais atrativos. As proporções dos componentes variam de acordo com a abundância de uma determinada espécie de mariposa disponível como presa. Princípios semelhantes são utilizados pelo homem no controle de pragas, utilizando iscas contendo feromônios sexuais sintéticos ou outros atrativos (seção 16.9). Certos compostos químicos (p. ex., metileugenol), que tanto ocorrem naturalmente em plantas quanto podem ser sintetizados em laboratório, são utilizados para atrair os machos da mosca-da-fruta (Tephritidae) com propósitos de manejo de pragas. Essas iscas de machos às vezes são denominadas **paraferomônios**, provavelmente porque esses compostos podem ser usados pelas moscas como componentes na síntese de seus feromônios sexuais e foi demonstrado que aumentam o sucesso no acasalamento, talvez por intensificar os sinais sexuais do macho.

Pensava-se que os feromônios sexuais fossem substâncias químicas únicas, específicas da espécie, mas na verdade frequentemente são misturas de substâncias químicas. O mesmo composto químico (p. ex., um álcool em particular com cadeia de 14 carbonos) pode estar presente em uma série de espécies aparentadas ou não, mas ocorre em uma mistura de diferentes proporções com várias outras substâncias químicas. Um constituinte individual pode induzir apenas uma parte do comportamento de atração sexual, ou pode ser necessária uma mistura parcial ou completa. Na maioria das vezes a mistura produz uma resposta maior do que qualquer componente individual, um **sinergismo** amplamente distribuído entre os insetos que produzem misturas de feromônios. A similaridade estrutural química dos feromônios pode indicar relação sistemática entre os insetos que os produzem. No entanto, anomalias evidentes surgem quando feromônios idênticos ou muito semelhantes são sintetizados a partir de compostos derivados de dietas idênticas de insetos não aparentados.

Mesmo se componentes individuais forem compartilhados por muitas espécies, a mistura de feromônios é muito frequentemente específica da espécie. É evidente que os feromônios, e os comportamentos estereotipados que eles despertam, são muito importantes para a manutenção do isolamento reprodutivo entre as espécies. A especificidade da espécie dos feromônios sexuais evita o acasalamento entre espécies antes que os machos e as fêmeas entrem em contato.

Feromônios de agregação

A liberação de um feromônio de agregação faz com que insetos de ambos os sexos da mesma espécie se aglomerem ao redor da fonte do feromônio. A agregação pode aumentar a probabilidade de acasalamento, mas, ao contrário do que ocorre com muitos feromônios sexuais, ambos os sexos podem produzir e responder aos feromônios de agregação. Os benefícios potenciais proporcionados por essa resposta incluem a proteção contra predadores, a utilização máxima de uma fonte alimentar escassa, a superação da resistência de um hospedeiro, ou a coesão dos insetos sociais, bem como a oportunidade de acasalamento.

Os feromônios de agregação são conhecidos em seis ordens de insetos, incluindo as baratas, mas sua presença e seu mecanismo de ação foram estudados com mais detalhes nos Coleoptera, em particular em espécies que causam danos econômicos, tais como os besouros pragas de grãos armazenados (de diversas famílias) e as brocas (Curculionidae: Scolytinae). Um exemplo bem pesquisado de um conjunto complexo de feromônios de agregação é proporcionado pelo besouro *Dendroctonus brevicomis* (Scolytinae) que ataca o pinheiro *Pinus ponderosa*. Na chegada a uma nova árvore, as fêmeas colonizadoras liberam o feromônio *exo*-brevicomina, acrescido por mirceno, um terpeno originado do pinheiro danificado. Ambos os sexos dessa espécie de besouro são atraídos por essa mistura, e os machos recém-chegados então contribuem para a mistura química liberando um outro feromônio, o frontalin. O efeito cumulativo de frontalin, *exo*-brevicomina e mirceno é sinérgico, ou seja, maior que o de qualquer um desses compostos isolados. A agregação de muitos desses besouros supera a secreção defensiva de resinas da árvore.

Feromônios de espaçamento

Existe um limite para o número de besouros *D. brevicomis* (ver anteriormente) que atacam uma única árvore. A interrupção do ataque é acompanhada pela redução dos feromônios atrativos de agregação, mas compostos dissuasivos são também produzidos. Depois que os besouros acasalam na árvore, ambos os sexos produzem feromônios "antiagregação" denominados verbenonas e *trans*-verbenonas. Esses feromônios impedem que mais besouros pousem por perto, promovendo o espaçamento dos novos colonizadores. Quando o recurso é saturado, chegadas adicionais são repelidas.

Tais semioquímicos, denominados feromônios de espaçamento, ou de dispersão, podem provocar um espaçamento apropriado nos recursos alimentares, tal como acontece com alguns insetos fitófagos. Várias espécies de moscas da família Tephritidae põem ovos individualmente em frutas em que a larva solitária se desenvolverá. O espaçamento ocorre porque a fêmea, ao pôr os ovos, deposita um feromônio inibidor de oviposição na fruta em que ela houver posto um ovo, impedindo, dessa forma, uma oviposição subsequente. Os insetos sociais utilizam feromônios para regular muitos aspectos de seu comportamento, incluindo o espaçamento entre as colônias. Os feromônios de espaçamento de odores específicos da colônia podem ser usados para garantir um espaçamento equilibrado entre colônias da mesma espécie, como nas formigas africanas *Oecophylla longinoda* (Formicidae).

Feromônios marcadores de trilhas

Muitos insetos sociais usam feromônios para marcar suas trilhas, em especial para alimentos e para o ninho. Feromônios marcadores de trilhas são compostos químicos voláteis e de vida curta que evaporam dentro de dias, a não ser que sejam reforçados (possivelmente como uma resposta a uma fonte de alimento que dure mais do que o habitual). Os feromônios de trilhas em formigas são em geral resíduos metabólicos excretados pela glândula de veneno, glândula de Dufour ou outras glândulas abdominais. Esses feromônios não precisam ser específicos da espécie, uma vez que várias espécies compartilham alguns compostos em comum. Secreções da glândula de Dufour de algumas espécies de formigas podem ser misturas químicas mais específicas da espécie associadas à marcação de território e a trilhas pioneiras. Em algumas espécies de formigas, feromônios de trilhas são liberados a partir de glândulas exócrinas nas pernas posteriores. As trilhas de formigas parecem ser apolares, isto é, a direção do ninho ou da fonte alimentar não pode ser determinada pelo odor da trilha.

Ao contrário das trilhas marcadas no chão, uma trilha propagada pelo ar – uma coluna odorífera – tem direcionalidade em virtude da crescente concentração do odor em direção à fonte.

Um inseto pode se valer da angulação da trajetória de voo em relação à direção do vento que traz o odor, resultando em um voo em zigue-zague em direção contrária à do vento rumo à fonte. Cada mudança na orientação é produzida onde o odor diminui, no limite da coluna odorífera (Figura 4.7).

Feromônios de alarme

Aproximadamente dois séculos atrás foi reconhecido que as operárias das abelhas-de-mel (*Apis mellifera*) eram alertadas por um ferrão recém-extraído. Nos anos seguintes, foram encontrados muitos insetos gregários que produzem substâncias químicas as quais induzem o comportamento de alerta – feromônios de alarme –, que caracterizam a maior parte dos insetos sociais (cupins e himenópteros eussociais). Além disso, os feromônios de alarme são conhecidos em diversos hemípteros, incluindo membracídeos subsociais (Membracidae), pulgões (Aphididae), e alguns outros percevejos. Os feromônios de alarme são compostos voláteis e efêmeros que são rapidamente dispersos por toda a agregação. O alerta é provocado pela presença de um predador, ou em muitos insetos sociais, uma ameaça ao ninho. O comportamento induzido pode ser uma rápida dispersão, tal como nos hemípteros que se soltam da planta hospedeira, ou escapar de um conflito com um predador grande que não poderiam vencer, como no caso de formigas insuficientemente protegidas que vivem em colônias pequenas. O comportamento de alarme de muitos insetos eussociais é mais familiar para nós quando a perturbação de um ninho induz muitas formigas, abelhas ou vespas a uma defesa agressiva. Os feromônios de alarme atraem operárias agressivas e essas recrutas atacam a causa da perturbação mordendo, picando ou lançando substâncias químicas repelentes. A emissão de mais feromônios de alarme mobiliza defensores adicionais. O feromônio de alarme pode ser depositado sobre um intruso para ajudar a direcionar o ataque.

Ao longo da evolução, os feromônios de alarme podem ter derivado de compostos usados como artifícios gerais contra predadores (alomônios; ver seção 4.3.3), utilizando glândulas cooptadas de muitas partes diferentes do corpo para produzir as substâncias. Os himenópteros, por exemplo, comumente produzem feromônios de alarme a partir de glândulas mandibulares e também a partir de glândulas de veneno, glândulas metapleurais, do ferrão e até mesmo da área anal. Todas essas glândulas também podem ser locais de produção de substâncias químicas de defesa.

4.3.3 Semioquímicos | Cairomônios, alomônios e sinomônios

Substâncias químicas de comunicação (semioquímicos) podem atuar entre indivíduos de uma mesma espécie (feromônios) ou entre espécies diferentes (aleloquímicos). Semioquímicos interespecíficos podem ser agrupados de acordo com os benefícios que eles proporcionam ao produtor e ao receptor. Aqueles que beneficiam o receptor, mas prejudicam o produtor, são cairomônios. Os alomônios beneficiam o produtor modificando o comportamento do receptor, embora tenham um efeito neutro sobre ele. Os sinomônios beneficiam tanto o produtor quanto o receptor. Essa terminologia deve ser aplicada no contexto do comportamento específico induzido no receptor, como pode ser visto nos exemplos discutidos a seguir. Uma substância química em particular pode agir como um feromônio intraespecífico e pode também preencher todas as três categorias de comunicação interespecífica, dependendo das circunstâncias. O uso da mesma substância química para duas ou mais funções, em contextos diferentes, é mencionado como parcimônia semioquímica.

Cairomônios

Mirceno, o terpeno produzido pelo pinheiro *Pinus ponderosa* quando é danificado pelo besouro *Dendroctonus brevicomis* (seção 4.3.2), tem um efeito sinérgico com feromônios de agregação, atraindo mais besouros. Assim, o mirceno e outros terpenos produzidos por coníferas danificadas podem ser cairomônios, ocasionando desvantagem para o produtor, atraindo besouros que danificam a árvore. Um cairomônio não precisa ser produto de um ataque de insetos: besouros escolitíneos (Curculionidae: Scolytinae: *Scolytus* spp.) respondem a alfacubebeno, um produto do fungo *Ceratocystis ulmi* causador da doença do ulmeiro holandês, que indica um ulmeiro (*Ulmus*) enfraquecido ou morto. Os próprios besouros inoculam o fungo em árvores previamente saudáveis, mas as agregações dos besouros induzidas por feromônio ocorrem apenas quando o cairomônio (alfacubebeno do fungo) indica condições adequadas para a colonização. A detecção de plantas hospedeiras por insetos fitófagos também envolve a recepção de substâncias químicas da planta, as quais estão, portanto, atuando como cairomônios.

Os insetos produzem muitas substâncias químicas de comunicação, com benefícios claros. No entanto, esses semioquímicos podem também agir como cairomônios se outros insetos os reconhecerem. Parasitoides especialistas (Capítulo 13) "sequestram" o mensageiro químico para seu próprio uso, utilizando substâncias químicas emitidas pelo hospedeiro, ou plantas atacadas pelo hospedeiro, a fim de encontrar um hospedeiro adequado para o desenvolvimento de sua prole.

Alomônios

Os alomônios são substâncias químicas que beneficiam o produtor, mas têm efeito neutro sobre o receptor. Substâncias químicas de defesa e/ou repelentes, por exemplo, são alomônios que avisam impalatabilidade e protegem o produtor de uma experiência letal de um predador esperado. O efeito em um predador potencial é considerado neutro, uma vez que ele é prevenido de gastar energia procurando uma refeição desagradável.

A família de besouros Lycidae, difundida no mundo todo, tem muitos membros de sabor desagradável advertido por coloração (aposemáticos), incluindo espécies de *Metriorrhynchus* que são protegidas pelo odor de alomônios de alquilpirazinas. Na Austrália, diversas famílias de besouros de parentesco distante incluem muitos mímicos que usam *Metriorrhynchus* como modelo visual. Alguns mímicos são notavelmente convergentes na coloração e em compostos desagradáveis, além de terem alquilpirazinas quase idênticas. Outros apresentam os mesmos alomônios, mas diferem nos compostos desagradáveis, ao passo que alguns têm a substância química de aviso, porém parecem não ter a impalatabilidade. Outros complexos de mimetismo dos insetos envolvem alomônios. O mimetismo e as defesas dos insetos em geral são considerados adiante, no Capítulo 14.

Alguns alomônios de defesa podem ter uma dupla função como feromônios sexuais. Alguns exemplos incluem substâncias químicas de glândulas de defesa de vários percevejos (Heteroptera), gafanhotos (Acrididae) e besouros (Staphylinidae), da mesma maneira que toxinas derivadas das plantas, usadas por alguns Lepidoptera (seção 4.3.2). Muitas fêmeas de formigas, abelhas e vespas aproveitam as secreções das glândulas associadas ao seu ferrão – a glândula de veneno e a glândula de Dufour –, utilizando-as para atrair os machos e induzir a atividade sexual dos machos.

Um uso novo de alomônios ocorre em certas orquídeas, cujas flores produzem odores similares ao feromônio sexual de fêmeas de espécies de abelhas ou de vespas que atuam como seu polinizador específico. Os machos das abelhas ou das vespas são enganados por esse mimetismo químico, e também pela cor e pela forma das flores, com as quais eles tentam copular (pseudocópula; seção 11.3.1). Assim, o odor das orquídeas age como um alomônio benéfico para a planta por atrair o seu polinizador específico, ao passo que o efeito nos insetos machos é quase neutro; no máximo eles desperdiçam tempo e esforço.

Sinomônios

Os terpenos produzidos por pinheiros danificados são cairomônios para os besouros pragas, mas se substâncias químicas idênticas são utilizadas por parasitoides benéficos, a fim de localizar e atacar os besouros pragas, os terpenos atuam como sinomônios (beneficiando tanto o produtor quanto o receptor). Assim, o alfapineno e o mirceno, produzidos por pinheiros danificados, são cairomônios para as espécies de *Dendroctonus*, mas sinomônios para os himenópteros pteromalídeos que parasitam esses besouros. De maneira semelhante, o alfacubebeno produzido pelos fungos do ulmeiro holandês são um sinomônio para os himenópteros braconídios parasitoides dos besouros Scolytinae (para os quais é um cairomônio).

Um inseto parasitoide pode responder diretamente ao odor da planta hospedeira, assim como faz o fitófago que ele está procurando para parasitar, mas esse modo de procura não pode garantir ao parasitoide que o hospedeiro fitófago esteja realmente presente. Há maior chance de sucesso para o parasitoide se ele puder identificar e responder às defesas químicas específicas da planta estimuladas pelo fitófago. Se uma planta hospedeira danificada por um inseto produzir um odor repelente, tal como um terpenoide volátil, a substância química poderia, então, atuar como:

- Um alomônio que atua dissuadindo fitófagos não especialistas
- Um cairomônio que atrai um fitófago especialista
- Um sinomônio que atrai o parasitoide do fitófago.

Evidentemente, os insetos fitófagos, parasitas e predadores utilizam mais do que odores para localizar potenciais hospedeiros ou presas, de modo que a discriminação visual está envolvida na localização de recursos (seção 4.4).

4.3.4 Dióxido de carbono como um sinal sensorial

O dióxido de carbono (CO_2) é importante para a biologia e para o comportamento de muitos insetos, os quais podem detectar e medir a concentração dessa substância química ambiental utilizando células receptoras especializadas. Estruturas sensoriais que detectam o CO_2 atmosférico foram identificadas tanto nas antenas quanto nas peças bucais de insetos. Elas ocorrem nos palpos labiais de lepidópteros adultos, nos palpos maxilares de larvas de lepidópteros e de dípteros nematóceros adultos que se alimentam de sangue (mosquitos e borrachudos), nas antenas de alguns dípteros braquíceros (a mosca-de-estábulo *Stomoxys calcitrans* e a mosca-das-frutas de Queensland *Bactrocera tryoni*), himenópteros (abelhas melíferas e formigas *Atta*) e cupins, e nas antenas e/ou palpos maxilares de coleópteros adultos e larvas. As estruturas sensoriais conhecidas são compostas principalmente de agrupamentos de sensilas que podem estar agregadas em órgãos sensoriais distintos, frequentemente recolhidas em cápsulas ou fossetas, tais como o órgão em fosseta no segmento apical dos palpos labiais de borboletas e mariposas adultas, o qual contém vários cones sensoriais detectores de CO_2 (sensilas). Cada sensila tem as paredes finas com poros e tem dendritos ramificados ou lamelados com maior área superficial distal. Na maioria dos insetos estudados, cada sensila contém uma célula receptora (RC) que difere fisiologicamente da célula típica receptora de odor (Boxe 4.2), que mede a taxa de moléculas odoríferas adsorvidas irreversivelmente pela sensila. Ao contrário, a adsorção de CO_2 pelas células receptoras é reversível e essas RCs têm uma resposta bidirecional às mudanças nas concentrações de CO_2, de modo que tanto aumentos quanto diminuições podem ser detectados e as RC de CO_2 podem sinalizar os níveis de fundo de CO_2 continuamente em uma larga faixa de concentrações sem adaptação sensorial. A detecção dos níveis de CO_2, ou dos gradientes de concentração de CO_2, está envolvida em muitas atividades dos insetos, incluindo permitir ou auxiliar:

- Insetos adultos tais como borboletas e mariposas a localizar plantas hospedeiras saudáveis para oviposição (as plantas liberam ou capturam CO_2, dependendo da sua atividade fotossintética e momento do dia) ou moscas-das-frutas Tephritidae adultas a se alojar em frutas danificadas (as quais liberam CO_2 dos machucados)
- Insetos forrageadores, tais como larvas de lepidóptera ou coleóptera, a localizar ou selecionar raízes, frutas ou flores para se alimentar (esses tecidos vegetais são fonte de CO_2)
- Certas moscas que se alimentam de frutas tais como *Drosophila* a evitar frutas verdes (as quais emitem mais CO_2 do que as maduras)
- Insetos que se alimentam de sangue, tais como os mosquitos, a detectar hospedeiros vertebrados e
- Alguns insetos sociais a regular os níveis de CO_2 em seus ninhos por meio do comportamento de "abanar", na entrada do ninho (tal como nas abelhas) ou mediante alteração da arquitetura do ninho (formigas e cupins).

A concentração atmosférica global de CO_2 aumentou constantemente de cerca de 280 partes por milhão (ppm) antes da Revolução Industrial do final do século XVIII até início do século XIX para cerca de 400 ppm em 2013. Espera-se que um nível muito elevado de CO_2 atmosférico afete a fisiologia dos sistemas sensíveis ao CO_2 dos insetos (e outros organismos), com efeitos concomitantes no comportamento e na reprodução.

4.4 VISÃO DOS INSETOS

Com exceção de algumas poucas espécies subterrâneas e endoparasitas cegas, a maioria dos insetos tem alguma visão, e muitos contam com sistemas visuais altamente desenvolvidos. Os componentes básicos necessários para a visão são uma lente para focar a luz nos fotorreceptores – células que contêm moléculas sensíveis à luz – e um sistema nervoso suficientemente complexo para processar a informação visual. Nos olhos dos insetos, a estrutura fotorreceptiva é o rabdoma, que compreende várias células adjacentes de retínula (ou nervosas) e consiste em microvilosidades bem compactadas contendo pigmentos visuais. A luz que atinge o rabdoma altera a configuração do pigmento visual, disparando uma mudança no potencial elétrico da membrana celular. Esse sinal é, então, transmitido por meio das sinapses químicas para as células nervosas no cérebro. A comparação entre os sistemas visuais dos diferentes tipos de olhos de insetos envolve duas considerações principais: (i) seu poder de resolução das imagens, isto é, a quantidade de pequenos detalhes presentes na imagem formada; e (ii) sua sensibilidade à luz, ou o nível mínimo de luz ambiental no qual o inseto ainda pode enxergar. Os olhos de diferentes tipos e em diferentes insetos variam muito no poder de resolução e na sensibilidade à luz e, portanto, nos detalhes de seu funcionamento.

Os olhos compostos são os órgãos visuais dos insetos mais evidentes e familiares, mas existem outros três modos pelos quais um inseto é capaz de perceber a luz: detecção pela derme, estemas e ocelos. Na cabeça da libélula ilustrada na abertura deste capítulo predominam seus enormes olhos compostos com os três ocelos e o par de antenas no centro.

4.4.1 Detecção dérmica

Nos insetos capazes de detectar a luz que atravessa a superfície de seu corpo, existem receptores sensoriais abaixo da cutícula do corpo, mas não há um sistema óptico com estruturas focais. Evidências para essa resposta geral à luz vêm da persistência de respostas fóticas mesmo com todos os órgãos visuais cobertos, como exemplo, em baratas, e larvas de besouros e lepidópteros. Alguns insetos cavernícolas cegos, que não têm nenhum órgão visual identificável, respondem à luz, assim como o fazem baratas decapitadas. Na maioria dos casos, as células sensitivas e suas conexões com o sistema nervoso central ainda precisam ser descobertas. No entanto, os pulgões apresentam, no interior do próprio cérebro, células sensíveis à luz que detectam mudanças no comprimento do dia, uma pista ambiental que controla o modo de reprodução (sexuada ou partenogenética). O ajuste do relógio biológico (Boxe 4.4) depende da capacidade para detectar o fotoperíodo.

Boxe 4.4 Relógios biológicos

As mudanças sazonais nas condições do ambiente permitem aos insetos ajustar seus ciclos de vida a fim de otimizar o uso das condições favoráveis e minimizar o impacto as desfavoráveis (p. ex., por meio da diapausa; seção 6.5). Flutuações físicas semelhantes em uma escala diária favorecem um ciclo diurno (diário) de atividade e descanso. Os insetos noturnos são ativos à noite; os diurnos, durante o dia; e a atividade dos insetos crepusculares ocorre ao anoitecer e ao amanhecer, quando as intensidades luminosas são transicionais. O ambiente físico externo, como o claro-escuro ou a temperatura, controla alguns padrões diários de atividade, denominados ritmos exógenos. No entanto, muitas outras atividades periódicas são controladas por ritmos endógenos mantidos internamente, que têm frequência como a de um relógio ou de um calendário sem a restrição das condições externas. A periodicidade endógena é, frequentemente, de aproximadamente 24 h (circadiana), mas as periodicidades lunar e as relativas às marés controlam a emergência dos adultos de mosquitos aquáticos de grandes lagos e de zonas marinhas entremarés, respectivamente. Esse ritmo, não aprendido e único na vida do animal, que permite a sincronização da eclosão, demonstra a capacidade inata dos insetos de mensurar a passagem do tempo.

É necessária a realização de experimentos para diferenciar entre os tipos de ritmos exógenos e endógenos. Isso envolve observar o que acontece ao comportamento rítmico quando informações ambientais externas são alteradas, removidas ou tornadas invariáveis. Tais experimentos demonstram que o início (tempo) dos ritmos endógenos tem a extensão de um dia, com o relógio, então em livre curso, sem o reforço diário pelo ciclo de claro-escuro, frequentemente por tempo considerável. Portanto, se baratas noturnas que se tornam ativas ao anoitecer forem mantidas à temperatura constante em um ambiente claro ou escuro constante, elas irão manter o início crepuscular de suas atividades em um ritmo circadiano de 23 a 25 h. As atividades rítmicas de outros insetos podem precisar de um ajuste ocasional do relógio biológico (tal como a escuridão) para evitar a deriva do ritmo circadiano, tanto pela adaptação a um ritmo exógeno quanto pela arritmia.

Relógios biológicos permitem a orientação solar – o uso da elevação do Sol acima do horizonte como uma bússola – contanto que haja meios de estimar (e compensar) a passagem do tempo. Algumas formigas e abelhas-do-mel usam a "bússola luminosa", encontrando a direção a partir da elevação do Sol e utilizando o relógio biológico para compensar para o movimento do Sol pelo céu. Evidências para isso foram obtidas por meio de um elegante experimento com abelhas-do-mel treinadas para forragear no fim da tarde em uma mesa de alimentação (M) posicionada a 180 metros ao noroeste de sua colmeia (C), como ilustrado na figura à esquerda (segundo Lindauer, 1960). Durante a noite, a colmeia foi movida para um novo local a fim de evitar o uso de pontos de referência familiares no forrageamento, e uma seleção de quatro mesas de alimentação (M_{1-4}) foi fornecida a 180 metros ao noroeste, sudoeste, sudeste e nordeste da colmeia. Na manhã seguinte, a despeito de o Sol estar a um ângulo muito diferente daquele da tarde do treinamento, 15 das 19 abelhas foram capazes de encontrar a mesa a noroeste (como ilustrado na figura à direita). A "linguagem da dança" das abelhas-do-mel, que comunica a direção e a distância do alimento para as outras operárias (ver Boxe 12.1), depende da capacidade de calcular a direção a partir do Sol.

O marca-passo circadiano (oscilador) que controla o ritmo está localizado no cérebro; ele não é um receptor externo de fotoperíodo. Evidência experimental demonstra que, em baratas, besouros e grilos, o marca-passo encontra-se nos lobos ópticos, ao passo que em alguns bichos-da-seda, ele fica nos lobos cerebrais que se localizam no interior do cérebro. Nas bem estudadas *Drosophila*, um importante oscilador parece estar localizado entre o protocerebelo lateral e a medula do lobo óptico. Entretanto, a visualização dos sítios de atividade do gene *period* (um gene relógio) não é localizada, e há evidências crescentes de múltiplos centros de marca-passos localizados em todos os tecidos. Ainda não está claro se eles se comunicam uns com os outros ou se funcionam de maneira independente.

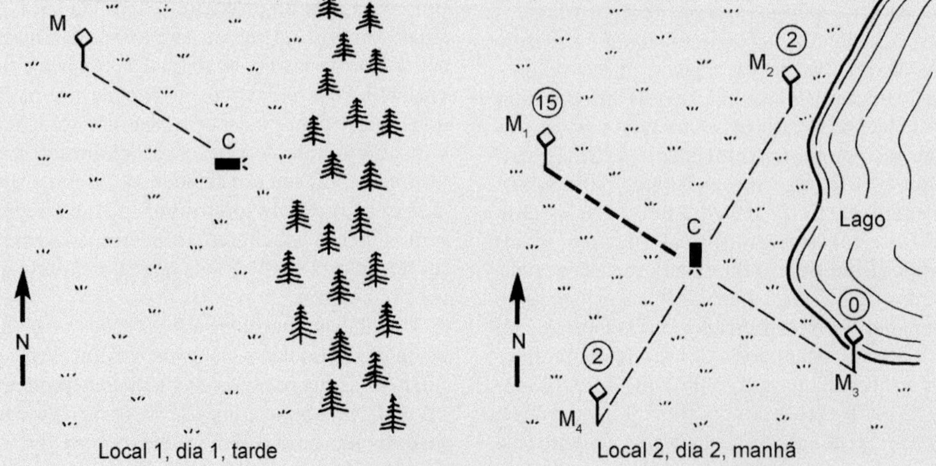

Local 1, dia 1, tarde

Local 2, dia 2, manhã

4.4.2 Estemas

Os únicos órgãos visuais de larvas de insetos holometábolos são estemas, algumas vezes denominados ocelos larvais (Figura 4.9A). Esses órgãos se localizam na cabeça, e variam desde um único ponto pigmentado de cada lado até seis ou mais estemas maiores, cada um com numerosos fotorreceptores e células nervosas associadas. Himenópteros larvais (exceto em vespas sínfitas) e pulgas não têm estemas. No estema mais simples, uma lente cuticular se sobrepõe a um corpo cristalino secretado por diversas células. A luz é focada pela lente em um único rabdoma. Cada estema aponta para uma direção diferente, de modo que o inseto vê apenas alguns poucos pontos no espaço, de acordo com o número de estemas. Algumas lagartas aumentam seu campo de visão e preenchem as lacunas entre as direções detectadas por estemas adjacentes por movimentos exploratórios da cabeça. Outras larvas, tais como aquelas das vespas sínfitas e dos besouros cicindelíneos, têm estemas mais sofisticados. Eles consistem em uma lente de duas camadas que forma uma imagem em uma retina prolongada composta por muitos rabdomas, cada um recebendo luz de uma parte diferente da imagem. Em geral, os estemas parecem projetados para uma alta sensibilidade à luz, com um poder de resolução relativamente baixo.

4.4.3 Ocelos

Muitos insetos adultos, bem como algumas ninfas, têm ocelos dorsais além dos olhos compostos. Esses ocelos não têm relação embriológica com os estemas. Tipicamente, há três pequenos ocelos formando um triângulo no topo da cabeça. A cutícula que cobre um ocelo é transparente e pode ser curvada como uma lente. Ela sobrepõe células epidérmicas transparentes, de modo que a luz passa através delas para uma retina prolongada constituída de muitos rabdomas (Figura 4.9B). Grupos individuais de células da retínula, que contribuem para um rabdoma ou toda a retina, são circundados por células pigmentares ou por uma camada refletora. O plano focal da lente do ocelo fica abaixo dos rabdomas, de maneira que a retina recebe uma imagem embaçada. Entretanto, o ocelo mediano de alguns insetos (p. ex., libélulas) é capaz de focalizar. Os axônios das células retinulares do ocelo convergem em apenas alguns neurônios que conectam os ocelos ao cérebro. No ocelo da libélula *Sympetrum*, cerca de 675 células receptoras convergem em um neurônio grande, dois neurônios médios e alguns pequenos no nervo ocelar.

Os ocelos, portanto, integram a luz em um grande campo visual, tanto opticamente como neuronalmente. Eles são muito sensíveis a baixas intensidades luminosas e a mudanças sutis de luminosidade, mas não são projetados para uma visão de alta resolução. Eles parecem funcionar como "detectores de horizonte" para controlar os movimentos de rolamento e inclinação longitudinal no voo, e para registrar alterações cíclicas na intensidade luminosa que se correlacionam com ritmos diurnos de comportamento.

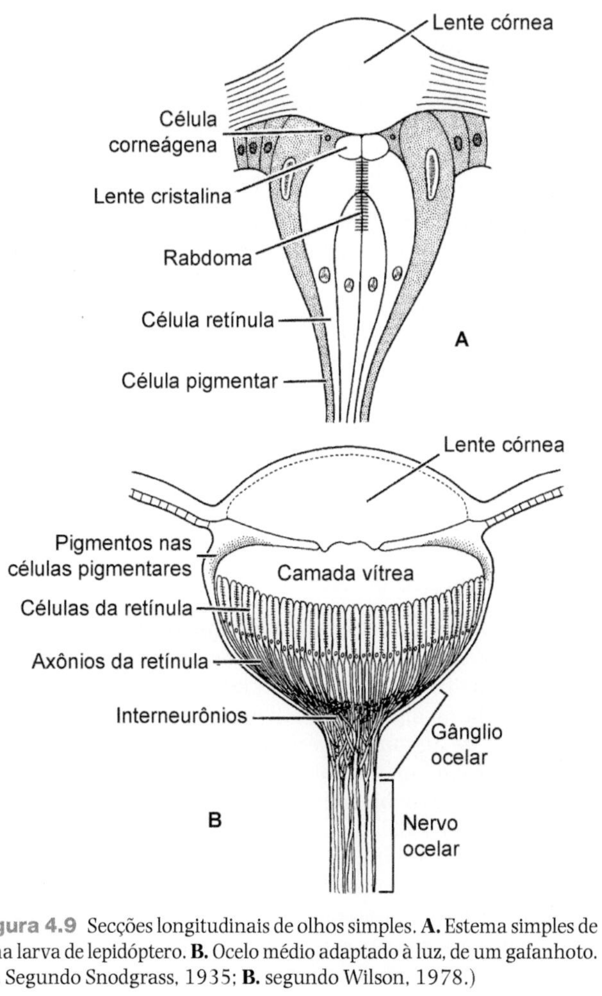

Figura 4.9 Secções longitudinais de olhos simples. **A.** Estema simples de uma larva de lepidóptero. **B.** Ocelo médio adaptado à luz, de um gafanhoto. (**A.** Segundo Snodgrass, 1935; **B.** segundo Wilson, 1978.)

4.4.4 Olhos compostos

O órgão visual mais sofisticado dos insetos é o olho composto. Virtualmente, todos os insetos adultos e ninfas têm um par de olhos compostos grandes e conspícuos, os quais com frequência cobrem quase 360° de espaço visual.

O olho composto é baseado na repetição de muitas unidades individuais denominadas omatídios (Figura 4.10). Cada omatídio assemelha-se a um estema simples: tem uma lente cuticular sobrepondo um cone cristalino, o qual direciona e foca a luz em oito (ou talvez seis a dez) células retinulares alongadas (ver a secção transversal na Figura 4.10B). As células da retínula estão agrupadas em torno do eixo longitudinal de cada omatídio, e cada uma contribui com um rabdômero para o rabdoma no centro do omatídio. Cada agrupamento de células retinulares é circundado por um anel de células pigmentares que absorvem a luz, as quais isolam opticamente um omatídio de seus vizinhos.

A lente córnea e o cone cristalino de cada omatídio focam a luz na extremidade distal do rabdoma a partir de uma região a cerca de 2 a 5 graus de lado a lado. O campo de visão de cada omatídio difere daquele dos seus vizinhos e, em conjunto, o agrupamento de todos os omatídios proporciona ao inseto uma imagem panorâmica do mundo. Desse modo, a verdadeira imagem formada pelo olho composto é constituída de uma série de pontos justapostos de luz de diferentes intensidades, daí o nome olho de aposição.

A sensibilidade à luz dos olhos de aposição é intensamente limitada pelo pequeno diâmetro das lentes das facetas. Insetos crepusculares e noturnos, tais como as mariposas e alguns besouros, superam essa limitação com um arranjo óptico modificado dos olhos compostos, denominados olhos de superposição óptica. Neles, os omatídios não são opticamente isolados uns dos outros por células pigmentares. Em vez disso, a retina é separada das lentes das facetas da córnea por uma ampla zona clara, e muitas lentes cooperam para focar a luz em um único rabdoma (a luz de muitas lentes se sobrepõe na retina). Assim, a sensibilidade desses olhos à luz é muito aumentada. Em alguns olhos de superposição, o pigmento localizado entre os omatídios se desloca para a zona clara durante a adaptação à luz e, por meio disso, o omatídio se torna opticamente isolado, como no olho de aposição.

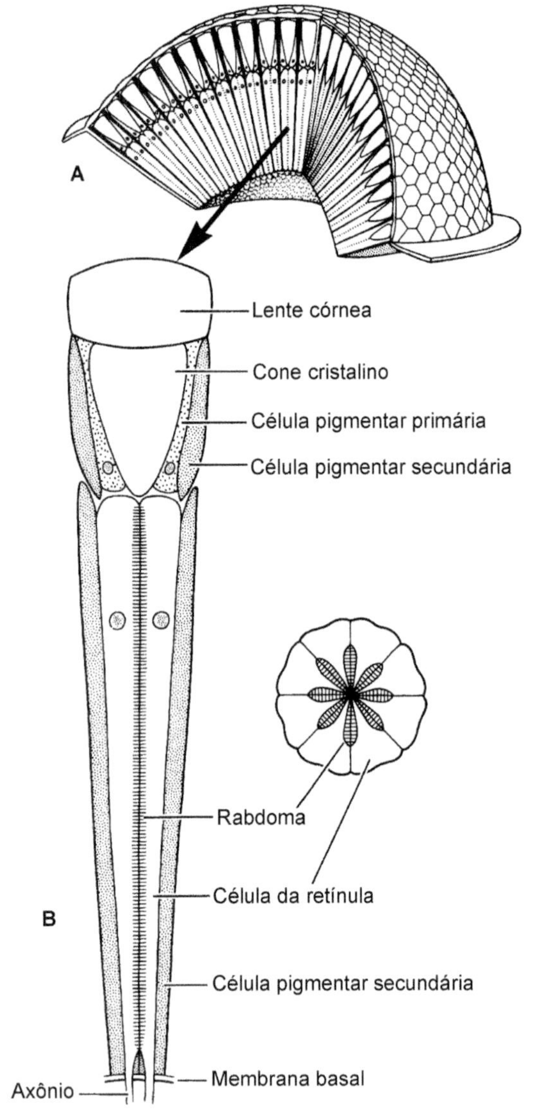

Figura 4.10 Detalhes do olho composto. **A.** Secção tridimensional mostrando o arranjo dos omatídios e das facetas. **B.** Secção transversal ampliada de um único omatídio. (Segundo CSIRO, 1970; Rossel, 1989.)

Em níveis baixos de iluminação, o pigmento volta para a superfície externa do olho de modo a tornar a zona clara acessível para que a superposição óptica ocorra.

Em virtude de a luz que chega a um rabdoma já ter passado através de muitas lentes de facetas, o embaçamento é um problema nos olhos de superposição e a resolução, normalmente, não é tão boa como nos olhos de aposição. No entanto, uma alta sensibilidade à luz é muito mais importante do que um bom poder de resolução para os insetos crepusculares e noturnos, cuja principal preocupação é conseguir ver qualquer coisa. Nos olhos de alguns insetos, a captura de fótons é ainda mais incrementada por um *tapetum* de pequenas traqueias que funcionam como um espelho na base das células retinulares. Essa estrutura reflete a luz que passou por um rabdoma sem ser absorvida, permitindo que ela passe uma segunda vez. A luz refletida pelo *tapetum* produz o brilho luminoso do olho, visto quando um inseto que tem um olho de superposição é iluminado por uma lanterna elétrica ou pelo farol de um veículo à noite.

Em comparação com o olho de um vertebrado, o poder de resolução dos olhos compostos dos insetos é bem pouco eficaz. Entretanto, para a finalidade de controle do voo, navegação, captura de presas, fuga de predadores e localização de parceiros, eles obviamente fazem um trabalho admirável. As abelhas são capazes de memorizar formas e padrões bastante sofisticados, e as moscas e as libélulas perseguem presas ou parceiros com um voo extremamente rápido e acrobático. Os insetos de modo geral são requintadamente sensíveis ao movimento de imagens, o qual proporciona a eles pistas úteis para evitar obstáculos e pousar, e para julgamentos a distância. Os insetos, no entanto, não podem usar com facilidade sua visão binocular para a percepção da distância porque seus olhos estão muito próximos um do outro e seu poder de resolução é bem parco. Uma exceção notável é o louva-deus, o qual é o único inseto que se sabe que usa a disparidade binocular para localizar a presa.

No interior de um omatídio, a maioria dos insetos estudados tem diversas classes de células retinulares que diferem em suas sensibilidades espectrais; essa característica significa que cada uma responde melhor à luz de um comprimento de onda diferente. Variações na estrutura molecular dos pigmentos visuais são responsáveis por essas diferenças na sensibilidade espectral, e são um pré-requisito para a visão de cores dos visitantes de flores, tais como abelhas e borboletas. Muitos insetos têm três classes de receptores de cor (azul, verde e ultravioleta), mas alguns insetos são pentacromáticos, com cinco classes de receptores de diferentes sensibilidades espectrais, em comparação com os humanos bi ou tricromáticos. A maioria dos insetos pode perceber a luz ultravioleta (a qual é invisível para nós), permitindo a eles ver diferentes padrões atrativos das flores, visíveis apenas no ultravioleta.

A luz que emana do céu e a luz refletida das superfícies das águas ou das folhas lustrosas é polarizada, ou seja, tem maior oscilação em alguns planos do que em outros. Muitos insetos podem detectar o plano de polarização da luz e utilizar isso na navegação como uma bússola ou como um indicador de superfícies de água. O padrão de polarização da luz do céu muda sua posição à medida que o sol se desloca cruzando o céu, de tal forma que os insetos podem usar pequenos pedaços de céu limpo para inferir a posição do sol, mesmo quando ele não está visível. Da mesma maneira, foi demonstrado que um besouro de esterco africano se orienta usando a luz polarizada do luar. Até mesmo na impossibilidade de avistar diretamente a lua, esses besouros noturnos podem manter uma linha reta no rolamento do esterco usando a orientação da Via Láctea para se orientarem. A organização das microvilosidades dos rabdômeros dos insetos torna os fotorreceptores inerentemente sensíveis ao plano de polarização da luz, a não ser que sejam tomadas precauções para mudar o alinhamento das microvilosidades. Os insetos com capacidades de navegação bem desenvolvidas com frequência têm uma região especializada da retina no campo visual dorsal, a aba dorsal, na qual as células da retínula são altamente sensíveis ao plano de polarização da luz. Os ocelos e os estemas também podem estar envolvidos na detecção da luz polarizada.

4.4.5 Produção de luz

A exibição visual mais espetacular dos insetos envolve a produção de luz, ou bioluminescência. Alguns insetos cooptam bactérias ou fungos luminescentes simbiontes, mas a luminescência própria é encontrada em alguns Collembola, um homóptero fulgorídeo; um gênero de barata (Blaberiade: *Lucihormetica*); uns poucos mosquitos; e em um grupo diverso entre várias famílias de coleópteros. Os besouros bioluminescentes são membros das famílias Elateridae, Phengodidae, e, notavelmente, Lampyridae (cerca de 2.000 espécies, as quais são todas luminescentes, ao menos na fase larval), de algumas famílias menos conhecidas e notavelmente dos Lampyridae, além de com frequência receberem nomes populares como pirilampos e vaga-lumes. Algum ou todos os estágios e sexos no ciclo de vida dos insetos podem brilhar, usando um ou muitos órgãos luminescentes que podem estar localizados em praticamente qualquer lugar do corpo. A luz emitida pode ser branca, amarela, vermelha ou verde.

O mecanismo de emissão de luz estudado no vaga-lume lampirídeo *Photinus pyralis* pode ser típico dos Coleoptera luminescentes. A enzima luciferase oxida um substrato, a luciferina, na presença de uma fonte energética de adenosina trifosfato (ATP) e oxigênio, para produzir oxiluciferina, dióxido de carbono e luz. Variações na liberação de ATP controlam a taxa de piscadas (pulsos luminosos), e diferenças no pH podem permitir variação na frequência (cor) da luz emitida.

Em larvas de lampirídeos, a emissão de luz funciona como um aviso da impalatabilidade, mas a principal função da bioluminescência em adultos de espécies noturnas é a sinalização de corte. Isso envolve tanto sinais luminosos contínuos (um brilho) como encontrado em fêmeas adultas, que mantêm a aparência de larvas, de alguns táxons, ou sinais luminosos curtos e intermitentes (lampejos), como encontrado em espécies de *Photinus* e *Photuris*. Existe uma variação específica da espécie em duração, número e taxa de pulsos em um padrão, e a frequência de repetição do padrão (Figura 4.11). Geralmente, um macho móvel sinaliza a sua presença incitando a sinalização com um ou mais lampejos, e uma fêmea sedentária indica sua localização com um pulso de resposta. Como ocorre em todos os sistemas de comunicação, há espaço para o abuso, por exemplo, no caso da atração de presas pela fêmea carnívora do lampirídeo *Photurus* (seção 13.1.2).

A bioluminescência está envolvida tanto na atração de presas quanto no encontro de parceiros para o acasalamento, no caso dos mosquitos cavernícolas *Arachnocampa* (Diptera: Mycetophilidae) da Austrália e da Nova Zelândia. Sua exibição de luminescência na zona escura das cavernas se tornou uma atração turística em alguns lugares. Todos os estágios de desenvolvimento desses mosquitos usam um refletor para concentrar a luz que eles produzem a partir de túbulos de Malpighi modificados. Na zona escura de uma caverna, a luz das larvas atrai presas, em especial pequenos mosquitos, para um fio pegajoso que é suspenso pela larva a partir do teto da caverna. O macho adulto voador localiza a fêmea luminescente enquanto ela ainda está no estado farado, e espera pela oportunidade de acasalar quando ela emergir.

4.5 COMPORTAMENTO DOS INSETOS

Muitos dos comportamentos dos insetos mencionados neste capítulo parecem bastante complexos, mas os etólogos tentam reduzi-los a componentes mais simples. Assim, podem ser identificados **reflexos** individuais (respostas simples a estímulos simples), tais como a resposta de voo quando as pernas perdem contato com o chão, e o cessar do voo, quando esse contato é recuperado. Algumas ações reflexas extremamente rápidas, como o bote de alimentação das ninfas de libélulas, ou algumas "reações de fuga" de muitos insetos dependem de um reflexo que envolve **axônios gigantes** que conduzem impulsos rapidamente dos órgãos sensoriais para os músculos. A integração de reflexos múltiplos associada ao movimento dos insetos pode ser dividida em:

- **Cinese**, na qual uma ação não orientada varia de acordo com a intensidade do estímulo
- **Taxia**, na qual o movimento ocorre imediatamente em direção ao estímulo ou na direção oposta.

As cineses incluem acinese, a ausência de movimento sem estimulação; ortocinese, em que a velocidade depende da intensidade do estímulo; e clinocinese, que consiste em um "movimento randômico" de modo que mudanças de curso (voltas) são feitas quando

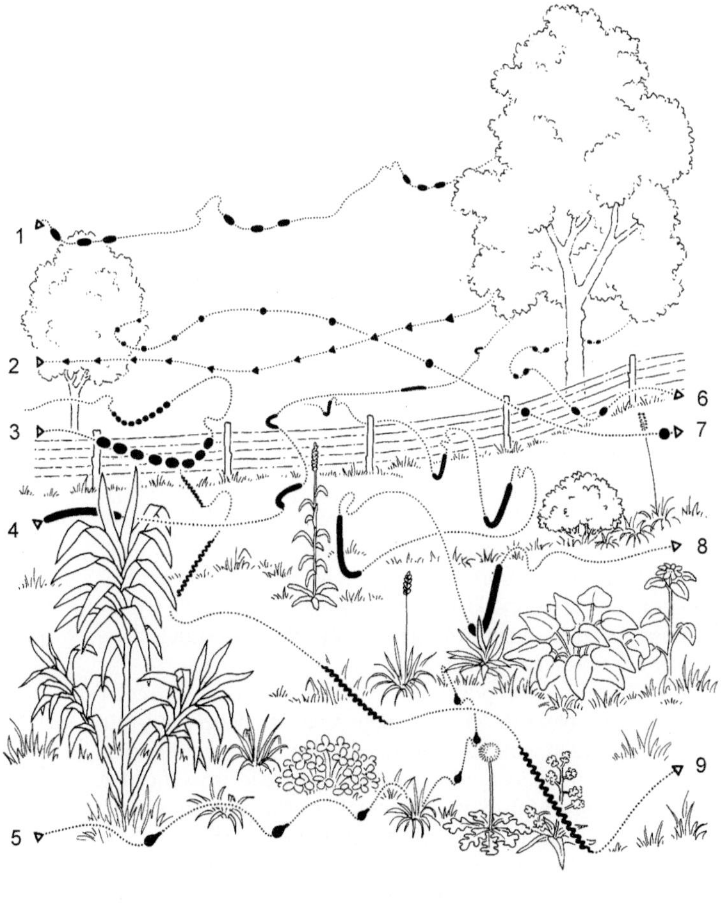

Figura 4.11 Padrões de pulsos luminosos dos machos de nove espécies de vaga-lumes do gênero *Photinus* (Coleoptera: Lampyridae); cada um das quais gera um padrão de sinais distinto para induzir uma resposta das fêmeas de sua espécie. (Segundo Lloyd, 1966.)

estímulos desfavoráveis são percebidos, e em que a frequência de voltas depende da intensidade do estímulo. Maior exposição a estímulos desfavoráveis leva a um aumento da tolerância (aclimatação), de modo que o movimento randômico e a aclimatação irão conduzir o inseto a um ambiente favorável. A resposta dos machos às colunas de atrativos sexuais (Figura 4.7) é um exemplo de clinocinese a um estímulo químico. A orto- e a clinocinese são respostas eficazes a estímulos difusos, tais como temperatura ou umidade, mas respostas diferentes, mais eficientes, são observadas quando um inseto é confrontado por estímulos menos difusos provenientes de um gradiente ou fonte pontual.

As cineses e as taxias podem ser definidas em relação ao tipo de estímulo que induz uma resposta. Os prefixos apropriados incluem anemo-, para correntes de ar; astro-, para solar, lunar ou astral (inclusive luz polarizada); quimio-, para paladar e olfato; geo-, para gravidade; higro-, para umidade; fono-, para som; foto-, para luz; reo-, para correntes de água; e termo-, para temperatura. A orientação e o movimento podem ser positivos ou negativos em relação à fonte de estímulo. Por exemplo, a resistência à gravidade é denominada geotaxia negativa, a atração à luz é denominada fototaxia positiva, e a repulsão à umidade é denominada higrotaxia negativa.

No comportamento de clinotaxia, um inseto se desloca em relação a um gradiente (ou clina) de intensidade de estímulo, como uma fonte de luz ou uma emissão de som. A força do estímulo é comparada em cada lado do corpo por meio de movimentos dos receptores de lado a lado (como na oscilação da cabeça das formigas quando elas seguem uma trilha odorífera), ou pela detecção de diferenças na intensidade do estímulo entre os dois lados do corpo, utilizando pares de receptores, como os quimiossensores maxilares e antenais. Os órgãos timpânicos detectam a direção da fonte sonora por diferenças na intensidade entre os dois órgãos. A orientação com respeito a um ângulo constante de luz é designada menotaxia e inclui a "bússola luminosa", referida no Boxe 4.4. A fixação visual de um objeto, tal como uma presa, é chamada de telotaxia.

Com frequência, a relação entre o estímulo e a resposta comportamental é complexa, e pode ser necessário atingir uma intensidade limiar antes que resulte em uma ação. Uma intensidade estimulatória particular é denominada um disparo para um comportamento particular. Além disso, o comportamento complexo induzido por um único estímulo pode compreender vários passos sequenciais, de modo que cada um dos quais pode ter um limiar mais alto, exigindo um estímulo maior. Como descrito na seção 4.3.2, um macho de mariposa responde a um baixo nível de estímulo por feromônio sexual levantando a antena; a níveis mais altos, ele se orienta em direção à fonte; e em um limiar ainda mais alto, o voo é iniciado. O aumento na concentração incita o voo contínuo e um segundo limiar, mais alto, pode ser necessário antes que ocorra a corte. Em outros comportamentos, vários estímulos diferentes estão envolvidos, tais como da corte até o acasalamento. Essa sequência pode ser vista como uma longa reação em cadeia de estímulo, ação, novo estímulo, próxima ação, e assim por diante, de modo que cada estágio sucessivo de comportamento depende da ocorrência de um novo estímulo apropriado. Um estímulo inapropriado durante uma reação em cadeia (como a apresentação de alimento durante a corte) não é adequado para induzir a resposta habitual.

A maioria dos comportamentos dos insetos é considerada inata, ou seja, eles são geneticamente programados para surgir de forma estereotipada na primeira exposição ao estímulo apropriado. Por outro lado, muitos comportamentos são modificados pelo ambiente e pela fisiologia. Por exemplo, fêmeas virgens e não virgens respondem de maneiras bem diferentes a estímulos idênticos, e insetos imaturos com frequência respondem a estímulos diferentes em comparação com os adultos da mesma espécie. Além disso, evidências experimentais mostram que o aprendizado pode modificar o comportamento inato. O aprendizado é definido como a aquisição de representações neuronais de novas informações (tais como mudanças espaciais no ambiente, ou novas características visuais ou olfatórias), porém sua ocorrência pode ser estimada apenas indiretamente por meio do seu possível efeito no comportamento. Por meio do ensino experimental (utilizando treino e recompensa), abelhas e formigas podem aprender a sair de um labirinto voando ou andando e borboletas podem ser induzidas a mudar sua cor de flor preferida. Larvas de moscas-das-frutas (espécies de *Drosophila*) podem ser treinadas a associar um odor a um estímulo desagradável, como demonstrado pelo seu comportamento posterior de evitar aquele odor aprendido. Os exemplos anteriores de aprendizado associativo derivam em grande parte de estudos em laboratório. Entretanto, o estudo do comportamento natural (etologia) é mais importante para entender o papel desempenhado no sucesso evolutivo da plasticidade comportamental dos insetos, incluindo a capacidade de modificar o comportamento por meio do aprendizado. Em estudos etológicos pioneiros, Niko Tinbergen mostrou que uma vespa escavadora *Philanthus triangulum* (Crabronidae) pode aprender a localização do lugar escolhido para seu ninho fazendo um curto voo para memorizar os elementos do terreno local. O ajuste de características conspícuas da paisagem ao redor do ninho pode enganar a vespa que retorna ao ninho. No entanto, como as vespas identificam relações entre os pontos de referência em vez de características individuais, a confusão pode ser apenas temporária. Vespas do gênero *Bembix* (Sphecidae), filogeneticamente próximas das anteriormente citadas, aprendem a localização do ninho por meio de marcadores mais distantes e sutis, incluindo o aspecto do horizonte, e não são ludibriadas por pesquisadores etólogos movimentando marcadores locais em pequena escala.

Muitas pesquisas recentes documentaram casos de aprendizado em insetos, e a variação individual no aprendizado, baseada geneticamente, também foi registrada em algumas poucas espécies. A ideia difundida de que os insetos têm pequena capacidade de aprendizado claramente está errada.

Leitura sugerida

Blomquist, G.J. & Bagnères, A.-G. (eds) (2010) *Insect Hydrocarbons: Biology, Biochemistry, and Chemical Ecology*. Cambridge University Press, Cambridge.

Chapman, R.F. (2003) Contact chemoreception in feeding by phytophagous insects. *Annual Review of Entomology* **48**, 455–84.

Chapman, R.F. (2013) *The Insects. Structure and Function*, 5th edn (eds S.J. Simpson & A.E. Douglas). Cambridge University Press, Cambridge.

Cocroft, R.B. & Rodríguez, R.L. (2005) The behavioral ecology of insect-vibrational communication. *BioScience* **55**, 323–34.

Connor, W.E. & Corcoran, A.J. (2012) Sound strategies: the 65-million-year-old battle between bats and insects. *Annual Review of Entomology* **57**, 21–39.

Drijfhout, F.P. (2010) Cuticular hydrocarbons: a new tool in forensic entomology. In: *Current Concepts in Forensic Entomology* (eds J. Amendt, C.P. Campobasso, M.L. Goff & M. Grassberger), pp. 179–203. Springer, Dordrecht, Heidelberg, London, New York.

Drosopoulos, S. & Claridge, M.F. (eds) (2006) *Insect Sounds and Communication: Physiology, Behaviour, Ecology and Evolution*. CRC Press, Boca Raton, FL.

Dukas, R. (2008) Evolutionary biology of insect learning. *Annual Review of Entomology* **53**, 145–60.

Gitau, C.W., Bashford, R., Carnegie, A.J. & Gurr, G.M. (2013) A review of semiochemicals associated with bark beetles (Coleoptera: Curculionidae: Scolytinae) pests of coniferous trees: a focus on beetle interactions with other pests and associates. *Forest Ecology and Management* **297**, 1–14.

Greenfield, M.D. (2002) *Signalers and Receivers: Mechanisms and Evolution of Arthropod Communication*. Oxford University Press, New York.

Guerenstein, P.G. & Hildebrand, J.G. (2008) Roles and effects of environmental carbon dioxide in insect life. *Annual Review of Entomology* **53**, 161–78.

Heinrich, B. (1993) *The Hot-blooded Insects: Strategies and Mechanisms of Thermoregulation*. Harvard University Press, Cambridge, MA.

Holman, L., Lanfear, R. & d'Ettorre, P. (2013) The evolution of queen pheromones in the ant genus *Lasius*. *Journal of Evolutionary Biology* **26**, 1549–58.

Howse, P., Stevens, I. & Jones, O. (1998) *Insect Pheromones and their Use in Pest Management*. Chapman & Hall, London.

Hoy, R.R. & Robert, D. (1996) Tympanal hearing in insects. *Annual Review of Entomology* **41**, 433–50.

Kocher, S.D. & Grozinger, C.M. (2011) Cooperation, conflict, and the evolution of queen pheromones. *Journal of Chemical Ecology* **37**, 1263–75.

Leal, W.S. (2005) Pheromone reception. *Topics in Current Chemistry* **240**, 1–36.

Nakano, R., Ishikawa, Y., Tatsuki, S. *et al.* (2009) Private ultrasonic whispering in moths. *Communicative and Integrative Biology* **2**, 123–6.

Resh, V.H. & Cardé, R.T. (eds) (2009) *Encyclopedia of Insects*, 2nd edn. Elsevier, San Diego, CA. [Ver particularmente artigos sobre: bioluminescência, quimiorrecepção, ritmos circadianos, olhos e visão, audição, percepção magnética, mecanorrecepção, ocelos e estemas, orientação, feromônios, comunicação por sinais vibratórios.]

Robert, D. & Hoy, R.R. (2007) Auditory systems in insects. In: *Invertebrate Neurobiology* (eds G. North & R.J. Greenspan), pp. 155–84. Cold Spring Harbor Laboratory Press, New York.

Stumpner, A. & von Helversen, D. (2001) Evolution and function of auditory systems in insects. *Naturwissenschaften* **88**, 159–70.

Syed, Z. & Leal, W.S. (2008) Mosquitoes smell and avoid the insect repellent DEET. *Proceedings of the National Academy of Sciences* **105**, 13598–603.

Wajnberg, E. & Colazza, S. (eds) (2013) *Chemical Ecology of Insect Parasitoids*. Wiley-Blackwell, Chichester.

Wyatt, T.D. (2003) *Pheromones and Animal Behavior: Communication by Smell and Taste*. Cambrige University Press, Cambridge.

Capítulo 5

REPRODUÇÃO

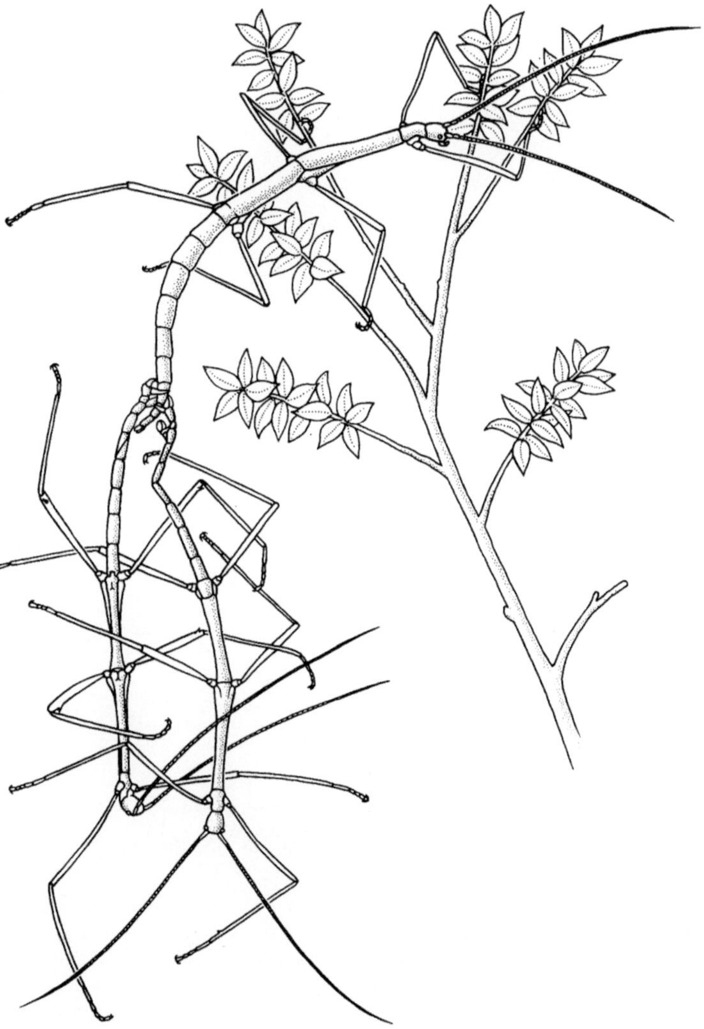

Dois machos de bicho-pau brigando por acesso a uma fêmea. (Segundo Sivinski, 1978.)

A maioria dos insetos é sexuada e, portanto, machos e fêmeas maduros devem estar presentes no mesmo momento e lugar para que ocorra a reprodução. Como os insetos geralmente têm vidas curtas, seu ciclo de vida, comportamento e suas condições reprodutivas devem estar sincronizados. Isso requer respostas fisiológicas complexas e finamente sintonizadas ao ambiente externo. Além disso, a reprodução também depende do monitoramento dos estímulos fisiológicos internos, de modo que o sistema neuroendócrino exerce um papel regulador crucial. Sabe-se que o acasalamento e a produção de ovos são controlados por uma série de modificações hormonais e comportamentais, mas ainda há muito a se aprender sobre o controle e a regulação da reprodução dos insetos, em particular em comparação ao nosso conhecimento sobre a reprodução dos vertebrados.

Esses complexos sistemas comportamentais e reguladores são altamente bem-sucedidos. Por exemplo, insetos praga, geralmente, aumentam em abundância rapidamente. Uma combinação de tempo de geração curto, alta fecundidade e sincronização da população a pistas ambientais permite a muitas populações de insetos reagir de maneira extremamente rápida às condições ambientais apropriadas, tais como uma monocultura ou um relaxamento do controle de um predador. Nessas situações, a perda temporária ou obrigatória dos machos (partenogênese) provou ser outro meio efetivo pelo qual alguns insetos logo exploram recursos abundantes temporariamente (ou sazonalmente).

Este capítulo examina os diferentes mecanismos associados à corte e ao acasalamento, o modo de evitar o acasalamento interespecífico, a garantia da paternidade e a determinação do sexo da prole. Nós também examinamos a eliminação do sexo e mostramos alguns casos extremos em que o estágio adulto foi inteiramente dispensado. Essas observações se relacionam às hipóteses sobre a seleção sexual, incluindo aquelas ligadas ao motivo pelo qual os insetos apresentam tal diversidade notável de estruturas na genitália. O resumo final do controle fisiológico da reprodução enfatiza a complexidade e a sofisticação extremas do acasalamento e da oviposição nos insetos. Oito quadros abordam tópicos especiais, ou seja, cortejo e acasalamento em Mecoptera (Boxe 5.1), acasalamento em esperanças e grilos (Boxe 5.2), acasalamento canibalesco em louva-deus (Boxe 5.3), *puddling* e presentes nupciais em Lepidoptera (Boxe 5.4), precedência espermática (Boxe 5.5), controle do acasalamento e oviposição em uma mosca-varejeira (Boxe 5.6), escolha de sítios de oviposição por mães (Boxe 5.7), e os pais que cuidam de ovos nas baratas-d'água (Boxe 5.8).

5.1 JUNÇÃO DOS SEXOS

Os insetos com frequência são mais conspícuos quando estão sincronizando o momento e o lugar para o acasalamento. As luzes piscantes dos vaga-lumes, o canto dos grilos e a cacofonia das cigarras são exemplos espetaculares. Contudo, há uma riqueza de comportamentos menos pomposos, igualmente importantes ao juntar os sexos e sinalizar a prontidão para acasalar aos outros membros da espécie. Todos os sinais são específicos da espécie, servindo para atrair membros do sexo oposto da mesma espécie. No entanto, pode ocorrer abuso desses sistemas de comunicação, como quando fêmeas de uma espécie predadora de vaga-lume atraem os machos de outra espécie para sua morte, ao imitar o sinal luminoso dessa espécie (seção 13.1.2).

O **enxameamento** é um comportamento característico e talvez fundamental dos insetos, já que ocorre amplamente entre muitos grupos de insetos, tais como efemerópteros e libélulas, e também em mosquitos e borboletas. Os locais do enxameamento são identificados por marcadores visuais (Figura 5.1) e são geralmente

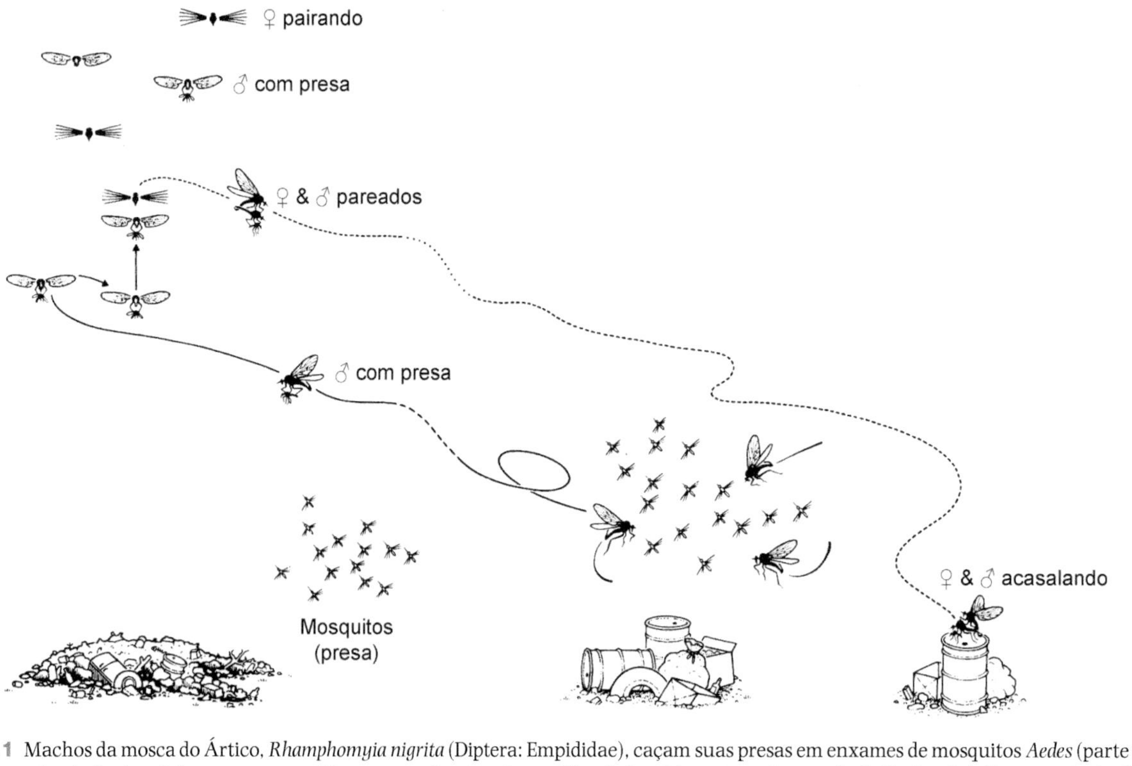

Figura 5.1 Machos da mosca do Ártico, *Rhamphomyia nigrita* (Diptera: Empididae), caçam suas presas em enxames de mosquitos *Aedes* (parte inferior, à direita do centro da ilustração) e as carregam até um marcador visual específico do local de enxame (esquerda da ilustração). Enxames tanto dos empidídeos quanto dos mosquitos se formam próximos a pontos de referência conspícuos, incluindo pilhas de lixo e tambores de óleo, que são comuns em partes da tundra. No enxame de acasalamento (acima à esquerda), um empidídeo macho sobe até uma fêmea pairando acima, eles pareiam e a presa é transferida para a fêmea; o par em cópula pousa (abaixo à direita) e a fêmea se alimenta enquanto eles copulam. As fêmeas parecem obter alimento apenas por intermédio dos machos e, como os itens predados são pequenos, é preciso copular repetidamente para obter nutrientes suficientes para desenvolver um lote de ovos. (Segundo Downes, 1970.)

específicos da espécie, embora já tenham sido relatados **enxames** de espécies misturadas, em especial nos trópicos e subtrópicos. Os enxames são predominantemente apenas do sexo masculino, embora ocorram enxames somente com fêmeas. Os enxames são mais evidentes quando muitos indivíduos estão envolvidos, como quando enxames de quironomídeos são tão densos que podem ser confundidos com fumaça de prédios em chamas, mas enxames pequenos podem ser mais importantes na evolução. Um único inseto macho guardando sua posição sobre um ponto é um enxame de um – ele espera a chegada de uma fêmea receptiva que respondeu de forma idêntica às pistas visuais que identificam o local. A precisão dos locais de enxame permite um encontro de parceiros mais efetivo do que a procura, em particular quando os indivíduos são raros ou dispersos e em baixa densidade. A formação de um enxame permite a insetos de genótipos diferentes se encontrarem e entrecruzarem. Isso é de particular importância se os locais de desenvolvimento larval forem dispersos irregularmente e localmente; ocorreria endocruzamento caso os adultos não se dispersassem.

Além das agregações aéreas, alguns insetos machos formam agregações baseadas no substrato, em que podem defender um território contra machos da mesma espécie e/ou cortejar as fêmeas que se aproximam. Diz-se que as espécies nas quais os machos mantêm territórios que não contêm recursos importantes para as fêmeas (p. ex., substratos para oviposição), e exibem agressão entre machos, além da corte das fêmeas, têm um sistema de acasalamento em ***lek*** (arena). O comportamento de *lek* é comum em moscas das famílias Drosophilidae e Tephritidae. Deve ser mais provável que moscas polífagas tenham um sistema de acasalamento em *lek* do que espécies monófagas porque, nas últimas, os machos podem esperar encontrar fêmeas na fruta em particular que serve como local de oviposição.

Os insetos que formam agregações de acasalamento aéreas ou baseadas no substrato com frequência o fazem nos topos de morros, embora alguns insetos formadores de enxame se agreguem sobre uma lâmina d'água ou usem pontos de referência como arbustos ou gado. A maioria das espécies provavelmente usa pistas visuais para localizar um local de agregação, exceto quando correntes de vento ascendentes podem guiar os insetos para os topos de morros.

Em outros insetos, os sexos podem se encontrar por meio da atração para um recurso comum, e o local de encontro pode não ser localizado visualmente. Para espécies cujo meio de desenvolvimento larval é discreto, como uma fruta em decomposição, fezes de animais ou uma planta ou um vertebrado hospedeiro específico, o melhor local para os machos e fêmeas adultas se encontrarem e acasalarem é naquele recurso. Por exemplo, os receptores olfatórios pelos quais uma mosca-fêmea encontra uma pilha de fezes frescas (o local de desenvolvimento larval) podem ser empregados por ambos os sexos para facilitar o encontro.

Outra comunicação odorífera envolve um ou ambos os sexos produzindo e emitindo um **feromônio**, que é um composto ou uma mistura de compostos químicos perceptíveis a outros membros da espécie (seção 4.3.2). As substâncias emitidas com a intenção de alterar o comportamento sexual do receptor são denominadas feromônios sexuais. Em geral, eles são produzidos pelas fêmeas e anunciam sua presença e disponibilidade sexual a machos da mesma espécie. Os machos receptores que detectam o odor se tornam excitados e se orientam a favor do vento em direção à fonte. Muitos insetos investigados têm feromônios sexuais específicos da espécie, de forma que a diversidade e a especificidade deles são importantes na manutenção do isolamento reprodutivo de uma espécie.

Quando os sexos estão em proximidade, o acasalamento em algumas espécies ocorre sem mais alvoroço. Por exemplo, quando uma mosca-fêmea chega a um enxame de machos da mesma espécie, um macho próximo, reconhecendo-a pelo som particular da frequência de seu batimento de asas, copula imediatamente com ela. Contudo, comportamentos mais elaborados e especializados de curta distância, denominados corte, são corriqueiros.

5.2 CORTE

Embora os mecanismos de atração a longa distância, discutidos anteriormente, reduzam o número de espécies presentes em um local de acasalamento esperado, em geral continua existindo um excesso de parceiros potenciais. Na maioria das vezes ocorre uma discriminação posterior entre espécies e indivíduos da mesma espécie. A corte é o comportamento de curta distância intersexual que induz a receptividade sexual antes (e frequentemente durante) o acasalamento, e que age como um mecanismo para o reconhecimento da espécie. Durante a corte, um ou ambos os sexos procuram facilitar a inseminação e a fecundação ao influenciar o comportamento do outro.

A corte pode incluir exibições visuais, predominantemente pelos machos, incluindo a movimentação de partes ornamentadas do corpo, tais como antenas, pedúnculos oculares e asas "desenhadas", além de movimentos ritualizados ("danças"). A estimulação tátil, como fricção ou batidas, com frequência ocorre mais tarde na corte, quase sempre imediatamente antes do acasalamento, e pode continuar durante a cópula. Antenas, palpos, chifres na cabeça, genitália externa e pernas são usados na estimulação tátil. A corte acústica e sistemas de reconhecimento para acasalamento são comuns em muitos insetos (p. ex., Hemiptera, Orthoptera e Plecoptera). Insetos como grilos, que utilizam chamados de longa distância, podem possuir sons diferentes para uso na corte a curta distância. Outros, tais como as moscas-da-fruta (*Drosophila*), não têm chamados a longa distância e cantam (pela vibração das asas) apenas na corte em proximidade. Em alguns insetos predadores, incluindo moscas empidídeas e mecópteros, o macho corteja uma parceira em perspectiva oferecendo uma presa como um presente nupcial (Figura 5.1 e Boxe 5.1).

Se a sequência de exibições proceder corretamente, a corte progredirá em uma cópula. Às vezes, a sequência não precisa ser completa antes que a cópula se inicie. Em outras ocasiões, a corte deve ser prolongada e repetida. Ela pode ser malsucedida se um dos sexos falhar em responder ou realizar respostas inapropriadas. Em geral, os membros de espécies diferentes diferem em alguns elementos nos seus comportamentos de corte e não ocorrem acasalamentos interespecíficos. As grandes especificidade e complexidade dos comportamentos de corte dos insetos podem ser interpretadas em termos de localização do parceiro, sincronização e reconhecimento da espécie, e vistas como tendo evoluído como um mecanismo de isolamento pré-cópula. Tão importante quanto essa visão é que há evidência igualmente atrativa de que a corte é uma extensão de um fenômeno mais amplo de comunicação competitiva e envolve seleção sexual.

5.3 SELEÇÃO SEXUAL

Muitos insetos são sexualmente dimórficos, em geral com o macho ornamentado com características sexuais secundárias, algumas das quais foram mencionadas anteriormente, com relação à exibição de corte. Em muitos sistemas de acasalamento de insetos, a corte pode ser vista como uma competição intraespecífica por parceiros, com certos comportamentos do macho induzindo a resposta da fêmea de maneira que podem aumentar o sucesso de acasalamento de alguns machos em particular. Uma vez que as fêmeas diferem na sua receptividade aos estímulos dos machos,

Boxe 5.1 Corte e cópula em Mecoptera

O comportamento sexual foi bem estudado na família Bittacidae, nos norte-americanos *Hylobittacus* (*Bittacus*) *apicalis* e em espécies de *Bittacus*, nas espécies australianas de *Harpobittacus* e nos mecópteros mexicanos *Panorpa* (Panorpidae). Os machos adultos caçam artrópodes como lagartas, percevejos, moscas e esperanças. Esses mesmos itens alimentares podem ser presenteados a uma fêmea como uma oferenda nupcial para ser consumida durante a cópula. As fêmeas são atraídas por um feromônio sexual emitido de uma ou mais vesículas ou bolsas eversíveis próximas ao final do abdome do macho, quando ele se pendura na folhagem usando os tarsos anteriores preênseis.

A corte e a cópula em Mecoptera são exemplificadas pelas interações sexuais em *Harpobittacus australis* (Bittacidae). A fêmea se aproxima do macho que está "chamando"; ele, então, interrompe a emissão de feromônios pela retração das vesículas abdominais. Em geral, a fêmea investiga a presa rapidamente, talvez testando sua qualidade, à medida que o macho toca ou esfrega o abdome dela e procura a genitália da fêmea com a sua própria. Se a fêmea rejeita o presente nupcial, ela se recusa a copular. Contudo, se a presa for adequada, as genitálias do par se emparelham e o macho retira temporariamente a presa com suas pernas posteriores. A fêmea se abaixa até ficar com a cabeça pendurada para baixo, suspensa por sua genitália. O macho, então, cede a oferenda nupcial (na ilustração, uma lagarta) à fêmea, a qual se alimenta conforme a cópula continua. Nesse estágio, o macho com frequência sustenta a fêmea segurando suas pernas ou a presa da qual ela está se alimentando. A derivação do nome comum em inglês *hangingflies* (algo como "insetos dependurados") é óbvia!

Observações de campo detalhadas e experimentos de manipulação demonstraram a escolha feminina de parceiros nas espécies de Bittacidae. Ambos os sexos copulam várias vezes por dia com parceiros diferentes. As fêmeas discriminam os machos que fornecem presas pequenas ou não adequadas tanto pela rejeição quanto por copular apenas pouco tempo, o qual seria insuficiente para passar o sêmen ejaculado completo. Considerando um presente nupcial aceitável, a duração da cópula se relaciona com o tamanho da oferenda. Cada cópula nas populações naturais de *Ha. australis* dura de 1 até, no máximo, cerca de 17 min para presas de 3 a 14 mm de comprimento. Em *Hy. apicalis*, que são maiores, as cópulas envolvendo presas do tamanho de moscas-domésticas ou maiores (19 a 55 mm^2, comprimento × largura) duram de 20 a 31 min, resultando em uma transferência máxima de espermatozoides, oviposição aumentada e indução de um período refratário (não receptividade da fêmea a outros machos) de várias horas. As cópulas que duram menos de 20 min reduzem ou eliminam o sucesso de fecundação do macho. (Segundo Thornhill, 1976; Alcock, 1979.)

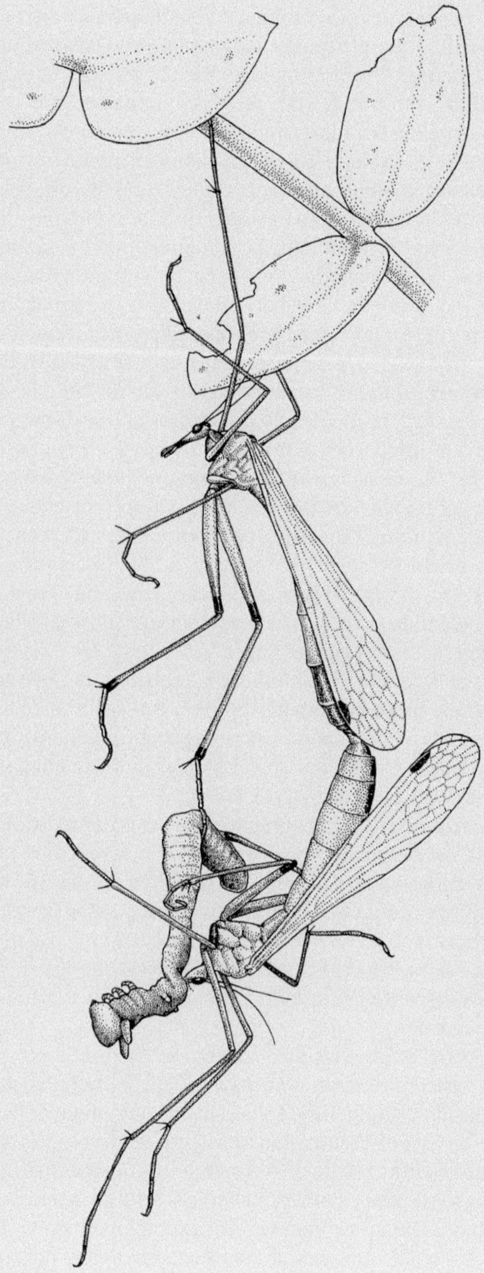

pode-se dizer que as fêmeas escolhem entre seus parceiros e que a corte é, portanto, competitiva. A escolha das fêmeas pode envolver nada mais do que a seleção dos ganhadores em interações de machos, ou pode ser tão sutil como a discriminação entre os espermatozoides de machos diferentes (seção 5.7). Todos os elementos de comunicação associados ao ganho da fecundação de uma fêmea, desde o chamado sexual a longa distância até a inseminação, são vistos como corte competitiva entre machos. Por esse raciocínio, os membros de uma espécie evitam acasalamentos híbridos por causa de um sistema de reconhecimento de parceiro específico que evoluiu sob o controle da escolha da fêmea, em vez de um mecanismo para promover a coesão da espécie.

O conhecimento do dimorfismo sexual em insetos, como em besouros lucanídeos, o canto em ortópteros e cigarras e a cor das asas em borboletas e libélulas, ajudou Charles Darwin a reconhecer a operação da seleção sexual – a elaboração de características associadas à competição sexual em vez de diretamente à sobrevivência. Desde a época de Darwin, os estudos sobre seleção sexual com frequência retratam insetos por causa de seu curto tempo de geração, facilidade de manipulação no laboratório, e relativa facilidade de observação no campo. Por exemplo, os besouros escarabeídeos pertencentes ao grande e diverso gênero *Onthophagus* podem exibir chifres elaborados que variam em tamanho entre indivíduos e na posição no corpo entre espécies. Chifres grandes estão restritos quase exclusivamente aos machos, com apenas uma espécie conhecida na qual a fêmea tem protuberâncias mais bem desenvolvidas do que os machos da mesma espécie. Os estudos mostram que as fêmeas selecionam preferencialmente machos com chifres grandes como parceiros. Os machos medem um ao outro e podem lutar, mas não há *lek*.

Os benefícios para a fêmea vêm das melhores capacidades de defesa contra intrusos dos machos com chifres grandes, que procuram expulsar o residente de um ninho rico em recursos, aprovisionado com fezes, seu parceiro e sua prole (ver Figura 9.6). Contudo, o sistema é mais complicado pelo menos para o norte-americano *Onthophagus taurus*. Nesse besouro, o tamanho do chifre do macho é dimórfico, com os insetos maiores do que um certo tamanho limiar tendo chifres grandes, e aqueles abaixo de certo tamanho tendo apenas chifres mínimos (Figura 5.2). Contudo, os ágeis machos de chifres pequenos conseguem algum sucesso de acasalamento ao evitar sorrateiramente o macho com chifres grandes, porém desajeitado, defendendo a entrada de um túnel seja por evasão ou por cavar um túnel lateral para chegar à fêmea.

Darwin não podia entender por que o tamanho e a localização dos chifres variavam, mas elegantes estudos comparativos contemporâneos mostraram que a elaboração de chifres grandes tem um custo no desenvolvimento. Os órgãos localizados próximos a chifres grandes são reduzidos em tamanho – evidentemente, os recursos são realocados durante o desenvolvimento de tal modo que os olhos, as antenas ou as asas aparentemente "pagam por" estarem próximos a um chifre grande de um macho. Órgãos adjacentes de tamanho regular são desenvolvidos nas fêmeas da mesma espécie com chifres menores e machos da mesma espécie com chifres pouco desenvolvidos. Excepcionalmente, as espécies cujas fêmeas têm chifres longos na cabeça e no tórax têm órgãos adjacentes proporcionalmente reduzidos, assumindo-se que tenha ocorrido uma reversão sexual nas funções de defesa. As diferentes localizações dos chifres parecem ser explicadas pelo sacrifício seletivo de órgãos adjacentes de acordo com o comportamento da espécie. Assim, espécies noturnas que precisam de bons olhos têm seus chifres localizados em outros lugares que não a cabeça; aquelas que precisam voar para localizar fezes dispersas têm chifres na cabeça, onde eles interferem no tamanho dos olhos e das antenas, mas não comprometem as asas. Presumivelmente, o limite superior para a elaboração dos chifres é o peso dos efeitos deletérios sempre crescentes sobre as funções vitais adjacentes ou um limite superior no volume de cutícula nova que pode se desenvolver subepidermicamente na pupa farada na larva de último instar, sob controle do hormônio juvenil.

O tamanho em si pode ser importante na escolha da fêmea: em alguns bichos-pau, os machos maiores com frequência monopolizam as fêmeas. Os machos lutam por suas fêmeas boxeando um ao outro com as pernas, enquanto seguram o abdome da fêmea com seus clásperes (como mostrado para *Diapheromera velii* na

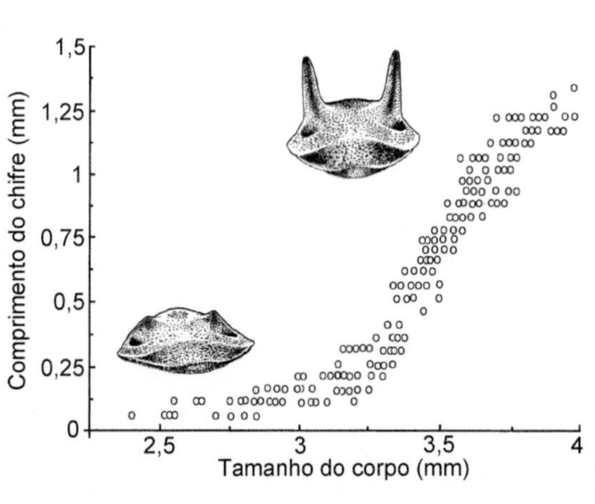

Figura 5.2 Relações entre o comprimento do chifre e tamanho do corpo (largura do tórax) de escarabeídeos machos de *Onthophagus taurus*. (Segundo Moczek & Emlen, 2000; com as cabeças dos besouros desenhadas por S.L. Thrasher.)

abertura deste capítulo). Os ornamentos usados em combates macho contra macho incluem as extraordinárias "galhadas" de *Phytalmia* (Tephritidae) (Figura 5.3) e os pedúnculos oculares de algumas outras moscas (tais como Diopsidae), os quais são usados na competição pelo acesso aos locais de oviposição visitados pelas fêmeas. Além disso, nas espécies estudadas de diopsídeos, a escolha da fêmea é baseada no comprimento do pedúnculo ocular até uma dimensão de separação dos olhos, que pode ultrapassar o comprimento do corpo. Casos como esse fornecem evidências para duas explicações aparentemente alternativas, mas provavelmente não exclusivas, para ornamentos dos machos: filhos "sexy" ou "bons genes". Se a escolha da fêmea começa de forma arbitrária para qualquer ornamento em particular, sua seleção sozinha dirigirá a frequência aumentada e o desenvolvimento da elaboração nos descendentes machos das gerações seguintes (os "filhos sexy"), apesar da contraposição da seleção contra a falta de valor adaptativo convencional. Por outro lado, as fêmeas podem escolher parceiros que possam demonstrar seu valor adaptativo ao carregarem elaborações aparentemente deletérias, indicando assim uma base genética superior ("bons genes"). A interpretação de Darwin sobre o enigma da escolha das fêmeas certamente é evidenciada, em boa parte, por estudos sobre insetos.

5.4 CÓPULA

A evolução da genitália externa masculina fez com que fosse possível para os insetos transferir espermatozoides diretamente do macho para a fêmea durante a cópula. Todos os insetos pterigotos libertaram-se da dependência de métodos indiretos, tais como o macho depositando um **espermatóforo** (pacote de espermatozoides) para que a fêmea o pegue do substrato, como é o caso de Collembola, Diplura, e dos insetos apterigotos. Nos insetos pterigotos, a cópula (ocasionalmente referida como acasalamento) envolve a aposição física das genitálias masculina e feminina, em geral seguida por inseminação – a transferência de espermatozoides por meio da inserção de parte do **edeago** do macho, o pênis, no trato reprodutor da fêmea. Nos machos de muitas espécies, a extrusão do edeago durante a cópula é um processo com dois estágios. O edeago completo é estendido a partir do abdome e, então, o órgão intromitente é evertido ou estendido para produzir uma estrutura expandida, com frequência alongada (variavelmente chamada de **endofalo**, flagelo ou vesica), capaz de depositar sêmen profundamente no trato reprodutor da fêmea (Figura 5.4). Em muitos insetos, a terminália masculina apresenta clásperes especialmente modificados, os quais travam com partes específicas da terminália feminina para manter a conexão de suas genitálias durante a transferência de espermatozoides.

Essa definição mecânica de cópula ignora a estimulação sensorial que é parte vital do ato copulador nos insetos, como também em outros animais. Em cerca de um terço de todos os insetos pesquisados, o macho se engaja na corte para cópula – comportamento que parece estimular a fêmea durante o acasalamento. O macho pode bater, tocar ou morder o corpo ou as pernas da fêmea, vibrar as antenas, produzir sons ou empurrar ou vibrar partes de sua genitália.

Os espermatozoides são recebidos pela fêmea em uma bolsa copulatória (câmara genital, vagina ou ***bursa copulatrix***) ou diretamente dentro de uma **espermateca** ou de seu ducto (como em *Oncopeltus*; Figura 5.4). Um espermatóforo é o meio de transferência de espermatozoides na maioria das ordens de insetos; apenas alguns Heteroptera, Coleoptera, Diptera e Hymenoptera depositam espermatozoides não empacotados. A transferência de espermatozoides requer lubrificação, a qual é obtida pelos líquidos seminais e, em insetos que usam um espermatóforo, o

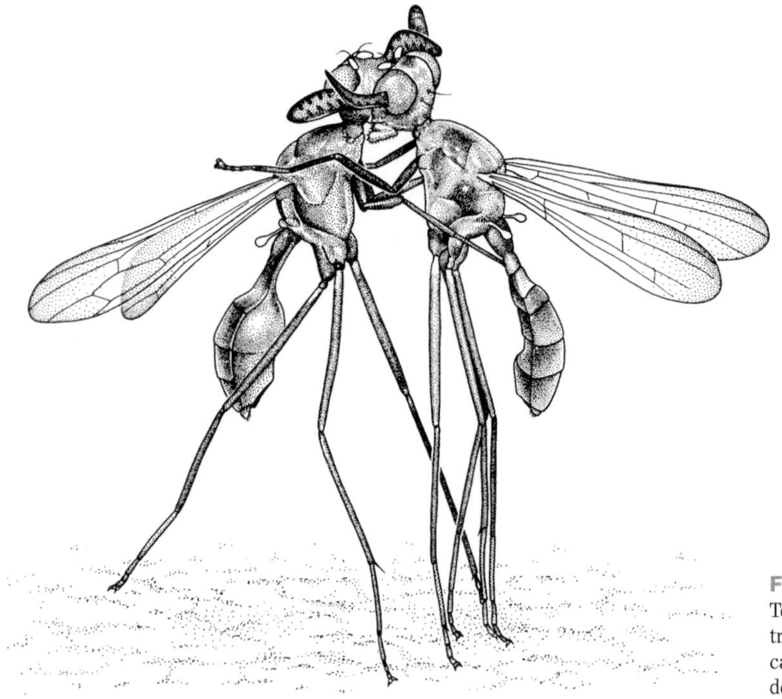

Figura 5.3 Dois machos de *Phytalmia mouldsi* (Diptera: Tephritidae) lutando pelo acesso ao local de oviposição no substrato larval visitado por fêmeas. Essas moscas de florestas tropicais úmidas têm, portanto, um sistema de acasalamento por defesa de recursos. (Segundo Dodson, 1989, 1997.)

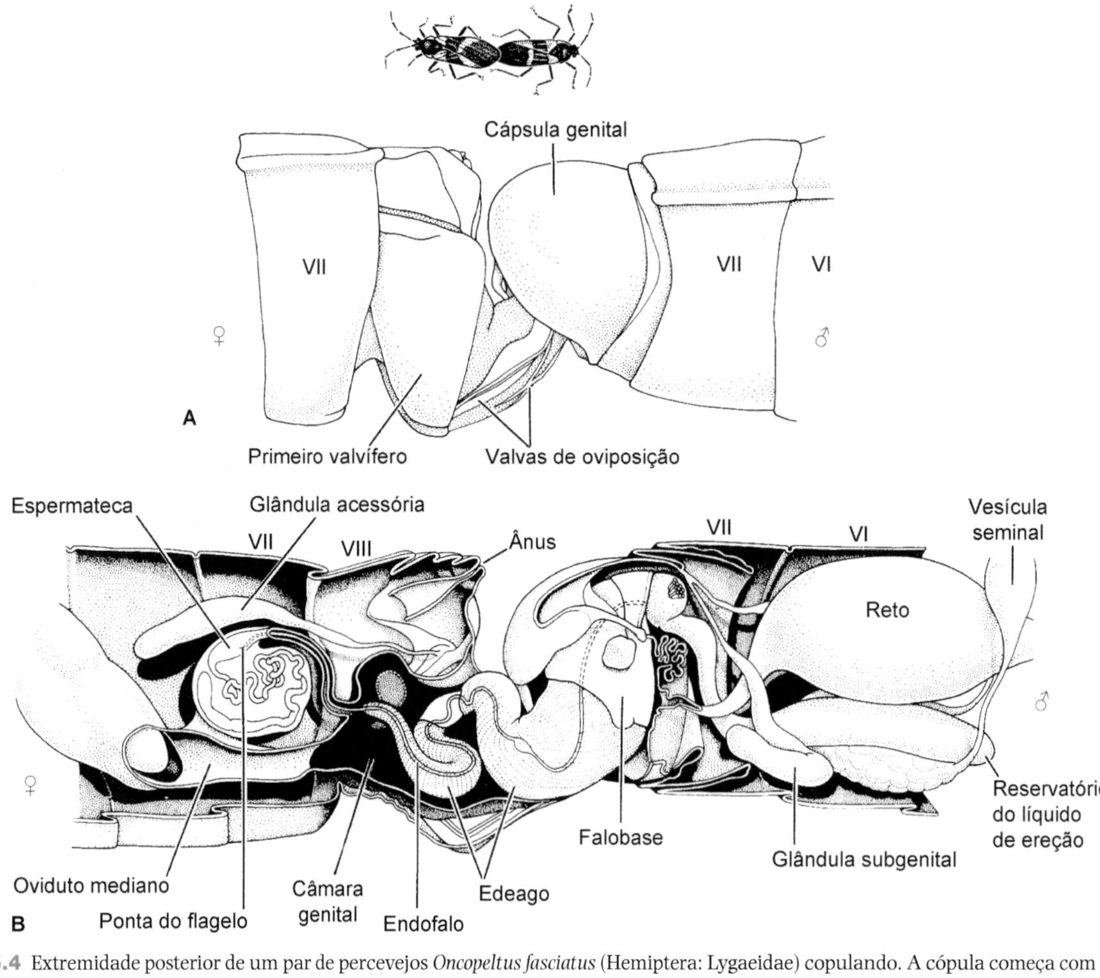

Figura 5.4 Extremidade posterior de um par de percevejos *Oncopeltus fasciatus* (Hemiptera: Lygaeidae) copulando. A cópula começa com o par virado para a mesma direção, então o macho gira seu oitavo segmento abdominal (90°) e a cápsula genital (180°), torna o edeago ereto e ganha acesso à câmara genital da fêmea, antes de girar, voltando-se para a direção oposta. Os percevejos podem copular por várias horas, durante as quais eles caminham com a fêmea à frente e o macho andado de costas. **A.** Visão lateral dos segmentos terminais, mostrando as valvas do ovipositor da fêmea na câmara genital do macho. **B.** Secção longitudinal mostrando estruturas internas do sistema reprodutor, com a ponta do edeago do macho na espermateca da fêmea. (Segundo Bonhag & Wick, 1953.)

empacotamento dos espermatozoides. As secreções das glândulas acessórias dos machos servem para ambas as funções e também, às vezes, facilitam a maturação final dos espermatozoides, fornecendo energia para sua manutenção, regulando a fisiologia da fêmea e, em poucas espécies, fornecendo nutrição para a fêmea (seção 5.4.1; Boxe 5.2). As secreções do líquido seminal dos machos (proteínas e outras moléculas) são o produto de glândulas acessórias, vesículas seminais, ducto e bulbo ejaculatórios, e os testículos. As substâncias químicas do líquido seminal podem estimular diversas respostas fisiológicas e comportamentais pós-cópula na fêmea ao entrar na hemolinfa da fêmea e agir no seu sistema nervoso e/ou endócrino. Dois principais efeitos são: (i) a indução ou desencadeamento da oviposição (deposição dos ovos) por meio do aumento das taxas de ovulação ou postura dos ovos; e/ou (ii) repressão da receptividade sexual para reduzir a probabilidade de que a fêmea acasale novamente.

Boxe 5.2 Acasalamento em esperanças e grilos

Durante a cópula, os machos de muitas espécies de esperanças (Orthoptera: Tettigoniidae) e alguns grilos (Orthoptera: Gryllidae) transferem espermatóforos elaborados, os quais são fixados externamente na genitália da fêmea (ver Prancha 3B). Cada espermatóforo consiste em uma porção grande, proteinácea e sem espermatozoides, o espermatofílax, o qual é ingerido pela fêmea depois da cópula, e uma ampola espermática, ingerida depois que o espermatofílax tenha sido consumido e os espermatozoides transferidos para a fêmea. A ilustração no canto superior esquerdo mostra uma fêmea do grilo *Anabrus simplex* com um espermatóforo fixado no seu gonóporo; na ilustração da direita superior, a fêmea está consumindo o espermatofílax do espermatóforo (segundo Gwynne, 1981). A ilustração esquemática mais abaixo representa a parte posterior de uma fêmea desse grilo mostrando as duas partes do espermatóforo: o espermatofílax (tracejado) e a ampola espermática (pontilhado) (segundo Gwynne, 1990). Durante o consumo do espermatofílax, os espermatozoides são transferidos da ampola, e algumas substâncias são ingeridas ou transferidas que "desligam" a receptividade da fêmea a outros machos. A inseminação também estimula a oviposição pela fêmea, aumentando assim a probabilidade de que o macho que fornece o espermatóforo vá fecundar os ovos.

Existem duas hipóteses principais sobre a importância adaptativa para o macho dessa forma de alimentação nupcial. O espermatofílax pode ser uma forma de investimento parental no qual os nutrientes do macho aumentam o número ou o tamanho dos ovos fecundados por esse macho. Alternativamente, sob o ponto de vista do contexto de conflito sexual, existe uma hipótese que sugere que o espermatofílax seja uma "armadilha sensorial" que seduz a fêmea para cópulas supérfluas e/ou prolongadas que têm alguns possíveis benefícios para o macho. Em particular, o espermatofílax pode servir como um dispositivo de proteção dos espermatozoides ao impedir que a ampola seja removida até que todo o sêmen ejaculado tenha sido transferido, o que pode não ser do interesse da fêmea. Tal inseminação prolongada também pode permitir a transferência de secreções do macho que manipulam uma nova cópula ou o comportamento de oviposição da fêmea para o benefício do sucesso reprodutivo do macho. É claro que o espermatofílax pode servir a ambos os propósitos, de investimento nutricional da prole e esforço de cópula do macho, e há evidências com diferentes espécies para apoiar cada hipótese. A alteração experimental do tamanho do espermatofílax demonstrou que as fêmeas levam mais tempo para consumir os maiores, mas em algumas espécies de esperança o espermatofílax é maior do que seria necessário para permitir a inseminação completa e, nesse caso, o bônus nutricional para a fêmea poderia beneficiar a prole do macho. Entretanto, recentes análises químicas do espermatofílax de um grilo *Gryllodes* mostrou que a sua composição de aminoácidos era altamente desequilibrada, sendo baixa em aminoácidos essenciais e alta em aminoácidos fagoestimulantes que provavelmente aumentam a atração por um alimento de baixo valor calórico. Esses últimos dados dão suporte à hipótese do espermatofílax como uma armadilha sensorial. No entanto, algumas fêmeas de ortópteros podem se beneficiar diretamente a partir do consumo do espermatofílax, tal como foi demonstrado para as fêmeas de uma esperança europeia capaz de conduzir nutrientes derivados do macho para seu próprio metabolismo em algumas poucas horas depois do consumo do espermatofílax. A função do espermatofílax sem dúvida varia entre os gêneros, embora análises filogenéticas sugiram que a condição ancestral dentro de Tettigoniidae era possuir um espermatofílax pequeno que protegia o sêmen ejaculado.

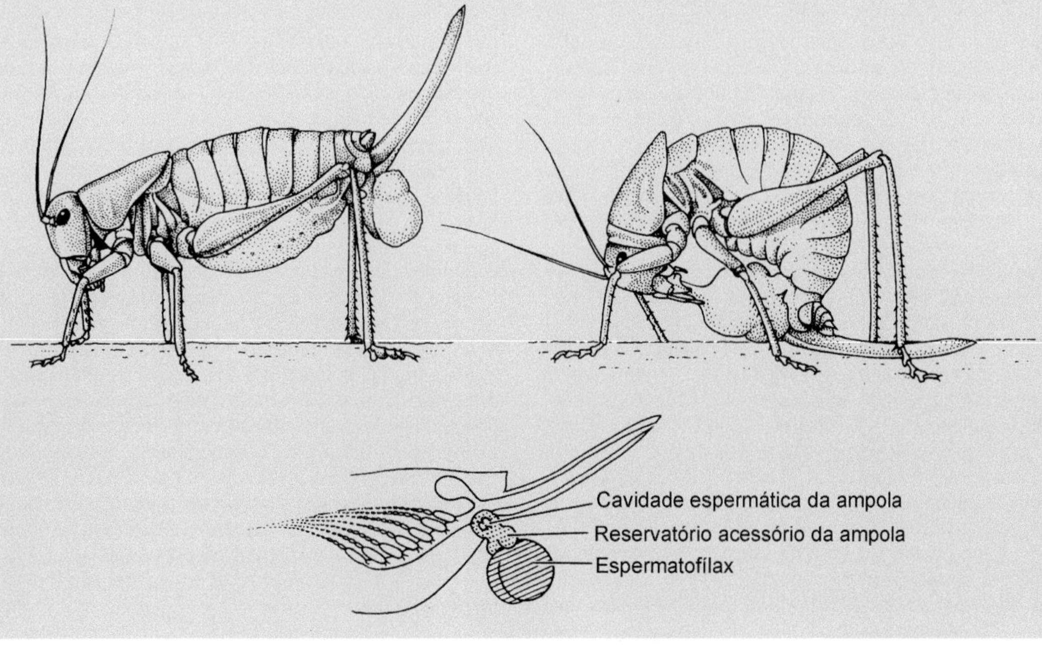

5.4.1 Alimentação nupcial e outros "presentes"

O fornecimento de alimento para as fêmeas, antes, durante e após a cópula, feito pelos machos evoluiu independentemente em diversos grupos diferentes de insetos. Do ponto de vista da fêmea, a alimentação toma uma de três formas:

- Recebimento de alimentos coletados, capturados ou regurgitados pelo macho (Boxe 5.1)
- Obtenção de substâncias químicas atrativas (geralmente na forma de alimento) a partir de produtos glandulares (incluindo o espermatóforo) do macho (Boxe 5.2)
- Canibalização de machos durante ou após a cópula (Boxe 5.3).

Existe controvérsia sobre se, e o quanto, a fêmea tipicamente se beneficia de tais presentes proferidos pelo macho. Em algumas instâncias, os presentes nupciais podem explorar as preferências sensoriais da fêmea e fornecer pouco benefício nutricional, enquanto atraem a fêmea para aceitar grandes ejaculados ou cópulas extrapar, e, portanto, permitem que o macho controle a inseminação. Uma metanálise demonstrou que a produção de ovos e filhotes ao longo da vida da fêmea aumentou com a taxa de acasalamento em grupos de insetos, independentemente de usarem ou não alimentação nupcial, mas que a produção de ovos aumentou, em grande parte, em insetos que usam presentes nupciais, e uma taxa de acasalamento maior tende a aumentar a longevidade de fêmeas de insetos que oferecem presentes nupciais, mas diminui a longevidade em espécies que não oferecem presentes nupciais. Portanto, não parece haver efeito negativo da poliandria (acasalamento da fêmea com múltiplos machos) no sucesso reprodutivo de fêmeas de insetos que oferecem presentes nupciais.

Da perspectiva do macho, a alimentação nupcial pode representar um investimento parental (dado que o macho consegue ter certeza de sua paternidade), pois ela pode aumentar o número ou a sobrevivência da prole do macho, indiretamente, por meio de benefícios nutricionais para a fêmea. Alternativamente, a alimentação de cortejo pode aumentar o sucesso de fertilização do macho, impedindo a fêmea de interferir com a transferência de espermatozoides e induzindo períodos refratários pós-cópula nas fêmeas. Essas duas hipóteses sobre a função da alimentação nupcial não são necessariamente mutualmente excludentes; seus valores explanatórios parecem variar entre grupos de insetos e podem depender, ao menos em parte, do *status* nutricional da fêmea no momento do acasalamento. Os processos de acasalamento de Mecoptera (Boxe 5.1), Orthoptera (Boxe 5.2) e Mantodea (Boxe 5.3) exemplificam os três tipos de alimentação nupcial observados nos insetos.

Em outras ordens de insetos, como nos Lepidoptera e Coleoptera, a fêmea, ocasionalmente, adquire substâncias metabolicamente essenciais ou substâncias químicas defensivas do macho durante a cópula, mas a absorção oral por parte da fêmea geralmente não ocorre. As substâncias químicas são transferidas com o ejaculado do macho. Tais presentes nupciais podem funcionar exclusivamente como uma forma de investimento parental (como pode ser o caso em *puddling*; Boxe 5.4), mas pode também ser uma forma de esforço de acasalamento do macho (ver Boxe 14.3).

5.5 DIVERSIDADE NA MORFOLOGIA DA GENITÁLIA

Os componentes da terminália dos insetos são muito diversos em estrutura e com frequência exibem morfologia específica da espécie (Figura 5.5), mesmo em espécies semelhantes em outros aspectos. Variações nas características externas da genitália masculina na maioria das vezes permitem a diferenciação de espécies, ao passo que as estruturas externas nas fêmeas em geral são mais simples e menos variadas. De modo oposto, a genitália interna das fêmeas de insetos frequentemente mostra maior variação diagnóstica do que as estruturas internas dos machos. Contudo, o desenvolvimento recente de técnicas para everter o endofalo do edeago dos machos permite a demonstração crescente das formas específicas da espécie dessas estruturas masculinas internas. Em geral, a genitália externa de ambos os sexos é muito mais esclerotizada do que a interna, embora partes do trato reprodutor sejam revestidas com cutícula. Cada vez mais, as características da genitália interna dos insetos e mesmo dos tecidos moles são reconhecidas como permitindo a descrição de espécies e fornecendo evidência de relações filogenéticas.

Boxe 5.3 Acasalamento canibalístico em louva-deus

A vida sexual dos louva-deus (Mantodea) é o assunto de certa controvérsia, parcialmente como uma consequência das observações comportamentais feitas sob condições não naturais no laboratório. Por exemplo, há muitos relatos do macho sendo ingerido pela fêmea, geralmente maior, antes, durante ou depois da cópula. Sabe-se que os machos decapitados pelas fêmeas copulam até mesmo mais vigorosamente por causa da perda do gânglio subesofágico que normalmente inibe os movimentos de cópula. O canibalismo sexual foi atribuído à falta de alimento no confinamento, mas as fêmeas de louva-deus de pelo menos algumas espécies podem de fato se alimentar de seus parceiros na natureza.

As exibições de corte podem ser complexas ou ausentes, dependendo da espécie, mas geralmente a fêmea atrai o macho através dos feromônios sexuais e pistas visuais. Tipicamente, o macho se aproxima da fêmea cautelosamente, parando o movimento se ela vira a cabeça na direção dele, e então salta sobre o dorso dela, para além de onde o ataque dela poderia atingi-lo. Uma vez montado, ele se agacha para evitar que sua parceira o agarre. A cópula geralmente dura pelo menos meia hora e pode continuar por várias horas, durante as quais os espermatozoides são transferidos do macho para a fêmea em um espermatóforo. Depois da cópula, o macho se retira apressadamente. Se o macho não estivesse em perigo de se tornar a refeição da fêmea, seu comportamento característico na presença dela seria inexplicável. Além disso, as sugestões de vantagem na aptidão reprodutiva do macho por meio de benefícios nutricionais indiretos a sua prole são negadas pela óbvia falta de vontade do macho de participar do derradeiro sacrifício nupcial – sua própria vida!

Enquanto ainda não há evidências para um aumento no sucesso reprodutivo do macho como resultado do canibalismo sexual, as fêmeas que obtêm uma refeição extra ao ingerir seu parceiro podem ganhar uma vantagem seletiva, especialmente se o alimento for limitado. Essa hipótese é sustentada por experimentos com fêmeas do louva-deus asiático *Hierodula membranacea* em cativeiro às quais foram fornecidas diferentes quantidades de alimento. A frequência de canibalismo sexual foi maior para as fêmeas em piores condições nutricionais e, dentre as fêmeas com a dieta mais pobre, aquelas que ingeriram seus parceiros produziram ootecas (pacotes de ovos) significativamente maiores e, portanto, mais descendentes. Os machos canibalizados estariam fazendo um investimento parental apenas se seus espermatozoides fecundassem os ovos aos quais eles forneceram nutrição. Os dados cruciais sobre a competição espermática em louva-deus não estão disponíveis e, portanto, atualmente as vantagens dessa forma de alimentação nupcial são atribuídas inteiramente à fêmea.

Boxe 5.4 *Puddling* e presentes em Lepidoptera

Qualquer pessoa que já tenha visitado uma floresta tropical úmida deve ter visto aglomerados de talvez centenas de machos de borboletas recém-eclodidos bebendo líquidos, atraídos particularmente por lama, urina, fezes e suor humano (ver Prancha 3A). Machos de borboletas e mariposas frequentemente bebem de poças de líquidos, um hábito conhecido como *puddling*. Esse hábito pode envolver a ingestão oral de quantidades copiosas de líquido, que são expelidas analmente. O *puddling* resulta na tomada de minerais, tais como o sódio, os quais são deficientes na dieta à base de folhas das larvas (lagartas), ou na aquisição de nitrogênio, dependendo do substrato. Borboletas de regiões temperadas parecem buscar, principalmente, sais, ao passo que algumas borboletas de regiões tropicais estão mais interessadas em fontes de proteína (nitrogênio). O viés sexual do *puddling* ocorre porque o macho usa o sódio (ou talvez o nitrogênio em algumas espécies) obtido pela tomada dos líquidos como um presente nupcial para sua parceira. Na mariposa *Gluphisia septentrionis* (Notodontidae), o presente de sódio chega a mais da metade do sódio corporal total do macho e parece ser transferido para a fêmea através do seu espermatóforo (Smedley & Eisner, 1996). A fêmea então reparte muito desse sódio entre seus ovos, os quais contêm várias vezes mais sódio do que os ovos cujos pais são machos que foram experimentalmente impedidos de fazer o *puddling*. Tal investimento paternal na prole é de importância óbvia para eles ao suprir um íon importante para o funcionamento do corpo.

Em algumas outras espécies de Lepidoptera, tais presentes "salgados" podem funcionar para aumentar o valor adaptativo reprodutivo do macho não apenas por aumentar a qualidade de sua prole, mas também por aumentar o número total de ovos que ele pode fecundar, assumindo que ele copule de novo. Na borboleta *Thymelicus lineola* (Hesperiidae), as fêmeas normalmente copulam uma única vez e o sódio doado pelo macho parece essencial para sua fecundidade e longevidade (Pivnick & McNeil, 1987). Os machos dessa espécie copulam muitas vezes e podem produzir espermatóforos sem acesso ao sódio do *puddling*, mas, depois da sua primeira cópula, eles geram menos ovos viáveis se comparados aos machos que copularam de novo e que puderam realizar o *puddling*. Isso levanta a questão de se as fêmeas, as quais deveriam ser seletivas na escolha de seu único parceiro, podem discriminar entre machos fundamentadas na sua carga de sódio. Se elas puderem, então a seleção sexual através da escolha da fêmea também pode ter selecionado o *puddling* nos machos.

Em outros estudos, mostrou-se que os machos de Lepidoptera, ao copularem, doam diversos nutrientes, incluindo zinco, fósforo, lipídios e aminoácidos, a suas parceiras. Assim, a contribuição paternal de compostos químicos para a prole pode ser geral dentro dos Lepidoptera.

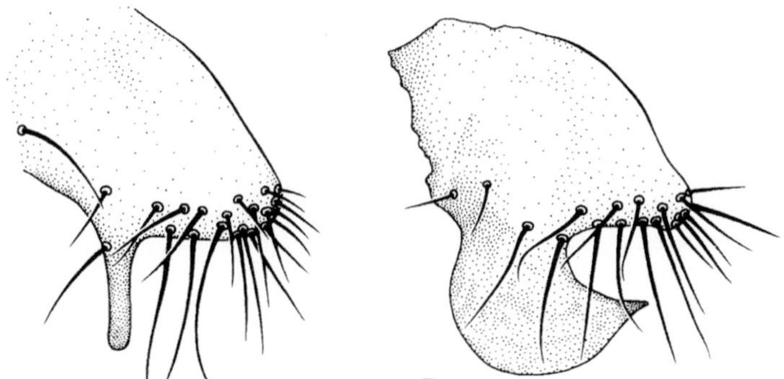

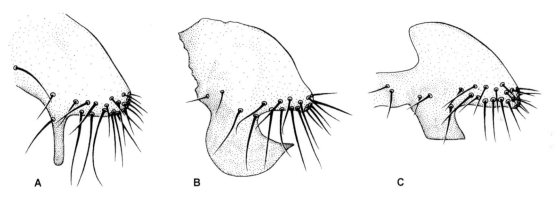

Figura 5.5 Especificidade de espécies em parte da genitália masculina de três espécies irmãs de *Drosophila* (Diptera: Drosophilidae). Processos epandriais do tergito 9 em: **A.** *D. mauritania*; **B.** *D. simulans*; **C.** *D. melanogaster*. (Segundo Coyne, 1983.)

As observações de que a genitália é frequentemente complexa e específica da espécie na forma, às vezes parecendo corresponder justamente entre os sexos, levou à formulação da hipótese "chave-fechadura" como uma explicação desse fenômeno. Acreditava-se que as genitálias masculinas específicas da espécie (as "chaves") se ajustassem apenas a genitálias de fêmeas da mesma espécie (as "fechaduras"), impedindo, assim, a cópula ou a fecundação interespecífica. Por exemplo, em algumas esperanças, as cópulas interespecíficas são malsucedidas na transmissão dos espermatóforos porque a estrutura específica dos clásperes masculinos (cercos modificados) falha em se ajustar à placa subgenital da fêmea "errada". A hipótese chave-fechadura foi postulada em 1844, e tem sido objeto de controvérsia desde então. Em muitos (mas não todos) insetos, a exclusão mecânica da genitália masculina "incorreta" pela fêmea é vista como improvável por vários motivos:

- A correlação morfológica entre as partes de machos e fêmeas da mesma espécie pode ser baixa
- Híbridos interespecíficos, intergenéricos e até mesmo interfamiliares podem ser induzidos
- Experimentos de amputação demonstraram que insetos machos não precisam de todas as partes da genitália para inseminar fêmeas da mesma espécie com sucesso.

Algum apoio para a hipótese chave-fechadura vem de estudos de certas mariposas noctuídeas nas quais se imagina que a correspondência estrutural na genitália interna do macho e da fêmea indique sua função como mecanismo de isolamento pós-cópula, porém pré-zigótico. Experimentos de laboratório envolvendo cópulas interespecíficas apoiam uma função chave-fechadura para as estruturas internas de outras mariposas noctuídeas. A cópula interespecífica pode ocorrer, embora sem um ajuste preciso da vesica (o tubo flexível evertido do edeago durante a inseminação) do macho dentro da bursa da fêmea (bolsa genital); os espermatozoides podem ser descarregados a partir do espermatóforo para a cavidade da bursa, em vez de dentro do ducto que leva à espermateca, resultando em falha na fecundação. Em pares da mesma espécie, o espermatóforo é posicionado de modo que sua abertura fica oposta àquela do ducto (Figura 5.6).

Em espécies de besouros carabídeos japoneses do gênero *Carabus* (subgênero *Ohomopterus*: Carabidae), a peça de cópula masculina (uma parte do endofalo) se ajusta precisamente no

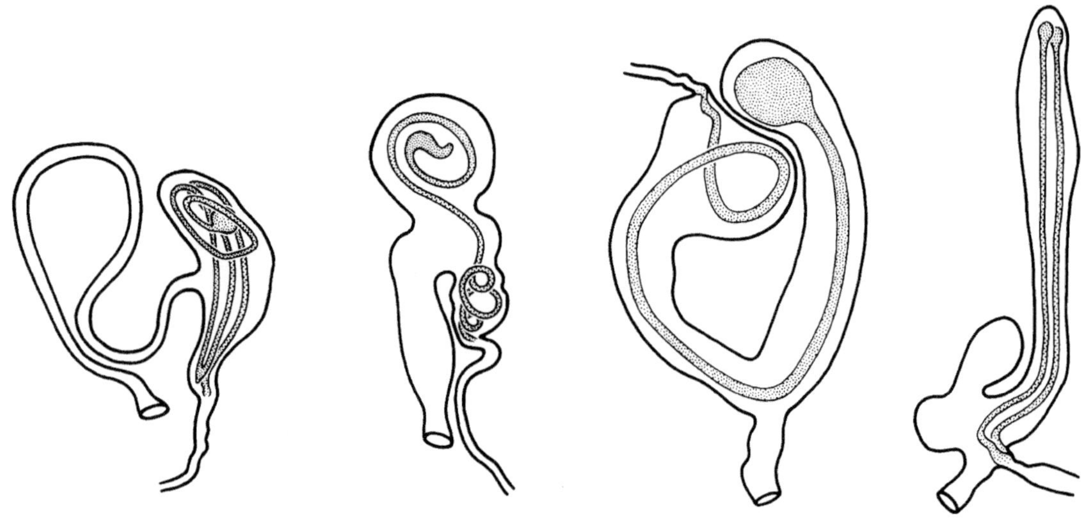

Figura 5.6 Espermatóforos nas bursas dos tratos reprodutores femininos de espécies de mariposa de quatro gêneros diferentes (Lepidoptera: Noctuidae). Os espermatozoides são liberados pela extremidade estreita de cada espermatóforo, o qual foi depositado de modo que sua abertura fique oposta ao "ducto seminal" levando à espermateca (não desenhado). A bursa mais à direita contém dois espermatóforos, indicando que a fêmea copulou mais de uma vez. (Segundo Williams, 1941; Eberhard, 1985.)

apêndice vaginal da fêmea da mesma espécie. Durante a cópula, o macho everte seu endofalo na vagina da fêmea e a peça de cópula é inserida no apêndice vaginal. Espécies parapátricas proximamente relacionadas (as quais têm distribuições imediatamente adjacentes) apresentam tamanho e aparência externa similares, mas sua peça de cópula e seu apêndice vaginal são muito diferentes em forma. Embora os híbridos ocorram em áreas de sobreposição de espécies, observou-se que o acasalamento entre espécies diferentes de besouros resulta em peças de cópula quebradas e membranas vaginais rompidas, bem como em taxas de fecundação reduzidas em comparação com os pares da mesma espécie. Assim, a "chave-fechadura" genital parece selecionar fortemente contra acasalamentos híbridos.

O isolamento reprodutivo mecânico não é a única explicação disponível para a morfologia genital específica da espécie. Cinco outras hipóteses foram levantadas: pleiotropia, reconhecimento genital, escolha da fêmea, conflito intersexual e competição entre machos. As duas primeiras são tentativas adicionais para levar em conta o isolamento reprodutivo de espécies diferentes, ao passo que as três últimas estão relacionadas com seleção sexual, um tópico que é tratado em mais detalhes nas seções 5.3 e 5.7.

A hipótese de pleiotropia explica as diferenças na genitália entre as espécies como efeitos ao acaso de genes que primariamente codificam para outras características vitais do organismo. Essa ideia falha em explicar por que a genitália deveria ser mais afetada do que outras partes do corpo. A pleiotropia também não pode explicar a morfologia genital em grupos (como Odonata) nos quais outros órgãos, que não a genitália masculina primária, exercem uma função intromitente (como aqueles do abdome anterior das libélulas). Tal genitália secundária constantemente se torna sujeita aos postulados efeitos pleiotrópicos ao passo que a primária não, um resultado inexplicável pela hipótese de pleiotropia.

A hipótese do reconhecimento genital envolve o isolamento reprodutivo da espécie por meio da discriminação sensorial da fêmea entre machos diferentes, baseada nas estruturas genitais tanto internas quanto externas. A fêmea, portanto, responde apenas à estimulação genital apropriada de um macho da mesma espécie e nunca àquela de qualquer macho de outra espécie.

Por outro lado, a hipótese de escolha da fêmea envolve a discriminação sexual feminina entre machos da mesma espécie com base em qualidades que podem variar intraespecificamente e para as quais a fêmea exibe preferência. Essa ideia não tem nada a ver com a origem do isolamento reprodutivo, embora a escolha da fêmea possa levar ao isolamento reprodutivo ou à especiação como um subproduto. A hipótese de escolha da fêmea prevê morfologia genital diversa em táxons com fêmeas promíscuas, e genitálias uniformes em táxons estritamente monogâmicos. Essa previsão parece ser realizada em alguns insetos. Por exemplo, nas borboletas neotropicais do gênero *Heliconius*, espécies em que as fêmeas copulam mais de uma vez, é mais provável que existam genitálias masculinas específicas da espécie do que nas espécies em que as fêmeas copulam apenas uma vez. A maior redução na genitália externa (até a quase ausência) ocorre em cupins, os quais, como poderia ser previsto, formam pares monogâmicos.

A variação na morfologia genital e de outras partes do corpo também resulta do conflito intersexual pelo controle da fecundação. De acordo com essa hipótese, as fêmeas desenvolvem barreiras para a fecundação bem-sucedida a fim de controlar a escolha de parceiros, ao passo que os machos evoluem mecanismos para ultrapassar essas barreiras. Por exemplo, em muitas espécies de percevejos aquáticos da família Gerridae, os machos têm processos genitais complexos e apêndices modificados (Figura 5.7) para segurar as fêmeas, as quais por sua vez exibem comportamentos ou características morfológicas (p. ex., espinhos abdominais) para desalojar os machos. Fêmeas do percevejo aquático *Gerris gracilicornis* têm um escudo sobre a abertura da vulva que previne que machos montados realizem intromissões forçadas.

Outro exemplo é o longo tubo da espermateca de algumas fêmeas de grilos (Gryllinae), pulgas (Ceratophyllinae), moscas (p. ex., Tephritidae) e besouros (p. ex., Chrysomelidae), os quais correspondem a um longo tubo do espermatóforo no macho, sugerindo uma competição evolutiva sobre o controle da colocação de espermatozoides na espermateca. No besouro *Callosobruchus maculatus* (Chrysomelidae: Bruchinae), os espinhos no órgão intromitente masculino machucam o trato genital da fêmea durante a cópula, ou para reduzir cópulas posteriores e/ou para aumentar a taxa de oviposição da fêmea, de modo que ambos aumentariam seu sucesso na fecundação. A fêmea responde chutando para desalojar o macho, diminuindo assim a duração da cópula, reduzindo o dano genital e presumivelmente mantendo algum controle sobre a fecundação. Também é possível que a **inseminação**

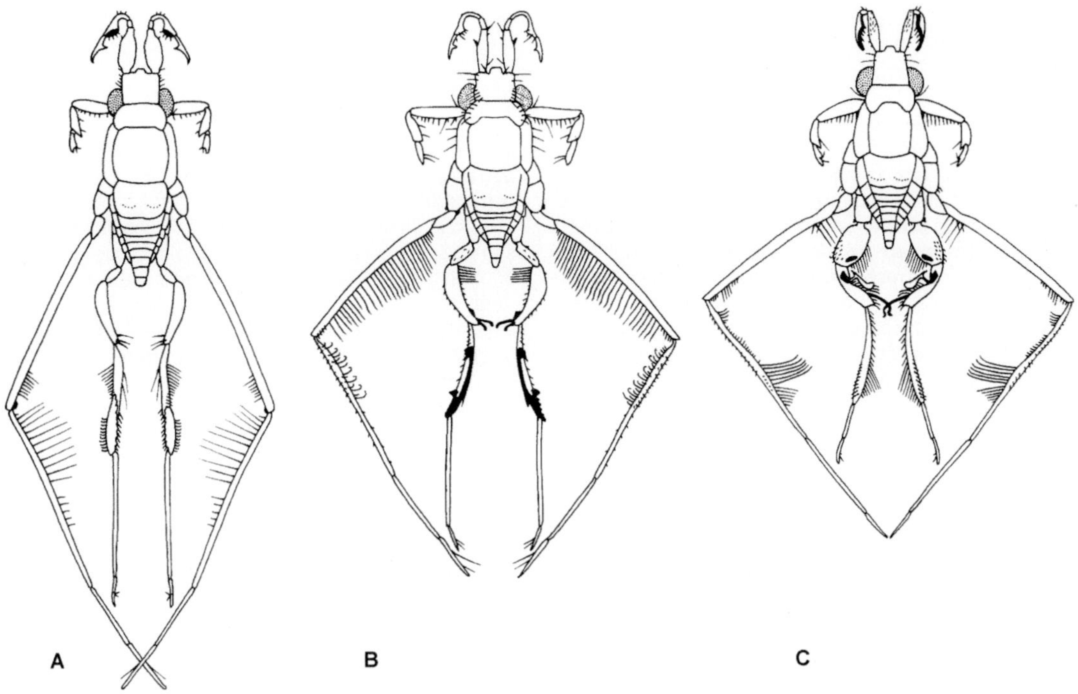

Figura 5.7 Machos de três espécies de percevejos geriídeos do gênero *Rheumatobates* mostrando as modificações específicas da espécie nas antenas e nas pernas (na maioria, cerdas flexíveis). Essas estruturas masculinas não genitais são especializadas para o contato com a fêmea durante a cópula, quando o macho monta no dorso dela. As fêmeas de todas as espécies têm forma de corpo semelhante. **A.** *R. trulliger.* **B.** *R. rileyi.* **C.** *R. bergrothi.* (Segundo Hungerford, 1954.)

traumática (conhecida em Cimicidae, incluindo os percevejos *Cimex lectularius*, e em algumas espécies de Miridae e Nabidae), na qual o macho insemina a fêmea, através da hemocele, ao perfurar a parede do seu corpo com o edeago, tenha evoluído como um mecanismo para que o macho utilize um atalho para a via de inseminação normal controlada pela fêmea. Uma forma de inseminação traumática envolvendo o ferimento de cópula do macho na parede do corpo da fêmea próximo à abertura genital e a transferência espermática no trato genital através do ferimento foi registrada no complexo *Drosophila bipectinata*. Tais exemplos de aparente conflito intersexual poderiam ser vistos como tentativas dos machos de passar por cima da escolha das fêmeas.

Outra possibilidade é que as elaborações da genitália masculina, específicas da espécie, possam resultar de interações de machos da mesma espécie competindo por inseminações. A seleção pode agir nas estruturas genitais masculinas de fixação para impedir a usurpação da fêmea durante a cópula ou agir no próprio órgão intromitente a fim de produzir estruturas que possam remover ou tomar o lugar do espermatozoide de outros machos (seção 5.7). Contudo, embora a substituição de espermatozoides tenha sido documentada em alguns insetos, é improvável que esse fenômeno seja uma explicação geral da diversidade genital masculina porque o pênis dos insetos machos com frequência não pode atingir os órgãos de armazenamento de espermatozoides da fêmea ou, se os ductos da espermateca forem longos e estreitos, a retirada de espermatozoides seria impedida.

Generalizações funcionais sobre a morfologia, específica da espécie, da genitália de insetos são controversas porque explicações diferentes sem dúvida se aplicam a grupos diferentes. Por exemplo, a competição entre machos (por meio de remoção e substituição de espermatozoides; Boxe 5.5) pode ser importante considerando a forma dos pênis de libélulas, mas parece irrelevante como uma explicação nas mariposas noctuídeas. A escolha da fêmea, o conflito intersexual e a competição entre machos podem ter pouco efeito seletivo nas estruturas genitais de espécies de insetos em que as fêmeas copulam com apenas um macho (como em cupins). Em tais espécies, a seleção sexual pode afetar características que determinam qual macho é escolhido como parceiro, mas não como a genitália masculina é modelada. Além disso, chaves-fechaduras tanto mecânicas como sensoriais serão desnecessárias se mecanismos de isolamento, tais como diferenças sazonais ou ecológicas, ou o comportamento de corte forem bem desenvolvidos. Portanto, podemos prever a constância morfológica (ou um alto nível de similaridade, considerando um certo grau de pleiotropia) em estruturas genitais entre espécies de um gênero que apresente exibições pré-cópula específicas da espécie envolvendo estruturas não genitais, seguidas por uma única inseminação de cada fêmea.

5.6 ARMAZENAMENTO DE ESPERMATOZOIDES, FECUNDAÇÃO E DETERMINAÇÃO DO SEXO

Muitas fêmeas de insetos armazenam os espermatozoides que elas recebem de um ou mais machos em seu órgão de armazenamento de espermatozoides, ou espermateca. As fêmeas da maioria das ordens de insetos têm uma única espermateca, mas algumas moscas são notáveis por terem mais, na maioria das vezes duas ou três. Às vezes, os espermatozoides permanecem viáveis na espermateca por um tempo considerável, até mesmo três ou mais anos no caso de abelhas-de-mel. Durante o armazenamento, secreções da glândula da espermateca mantêm a viabilidade dos espermatozoides.

Os ovos são fecundados conforme eles passam pelo oviduto mediano e pela vagina. O espermatozoide entra no ovo através de uma ou mais micrópilas, as quais são canais estreitos que passam pela casca do ovo. A micrópila ou área micropilar é orientada em direção à abertura da espermateca durante a passagem do ovo, facilitando a entrada do espermatozoide. Em muitos insetos, a

Boxe 5.5 Precedência espermática

O pênis ou edeago dos machos de insetos pode ser modificado para facilitar a colocação de seu próprio esperma em uma posição estratégica na espermateca da fêmea, ou mesmo remover o esperma de um rival. O deslocamento de esperma do primeiro tipo, denominado estratificação, envolve empurrar o esperma previamente depositado para o fundo da espermateca, e ocorre em sistemas nos quais opera o princípio "último a entrar, primeiro a sair" (*i. e.*, o esperma mais recentemente depositado é o primeiro a ser usado quando os ovos são fecundados). A precedência espermática do último macho ocorre em muitas espécies de insetos; em outras, há precedência do primeiro macho ou nenhuma precedência (por causa da mistura de espermas). Em algumas libélulas, os machos parecem usar lobos infláveis no pênis para reposicionar o esperma do rival. Tal empacotamento do esperma permite ao macho em cópula colocar o seu esperma mais próximo ao oviduto. Contudo, a estratificação dos espermas de inseminações separadas pode ocorrer na ausência de qualquer reposicionamento deliberado, por causa do desenho tubular dos órgãos de armazenamento.

Uma segunda estratégia de deslocamento de espermatozoides é a remoção, que pode ser alcançada pela retirada direta do esperma existente antes de depositar um sêmen ejaculado ou, indiretamente, ao enxaguar um sêmen prévio ejaculado com um subsequente. Um pênis surpreendentemente longo que pudesse alcançar o interior do ducto da espermateca poderia facilitar o enxágue do esperma de um rival na espermateca. Vários atributos estruturais e comportamentais dos insetos machos podem ser interpretados como dispositivos para facilitar essa forma de precedência espermática, mas alguns dos exemplos mais conhecidos vêm de libélulas.

A cópula em Odonata envolve a fêmea colocando a ponta de seu abdome junto ao lado inferior do abdome anterior do macho, onde seu esperma está armazenado em um reservatório de sua genitália secundária. Em alguns Anisoptera e na maioria dos Zygoptera, tais como o par de libélulas *Calopteryx* em cópula (Zygoptera: Calopterygidae) ilustrado em posição "em círculo" (segundo Zanetti, 1975), o macho gasta a maior parte do tempo de cópula fisicamente removendo o esperma de outros machos dos órgãos de armazenamento de espermatozoides da fêmea (espermatecas e *bursa copulatrix*). Apenas no último minuto ele introduz o seu próprio. Nessas espécies, o pênis do macho é estruturalmente complexo, algumas vezes com uma cabeça extensível usada como um raspador e uma borda para capturar o esperma, além de chifres laterais ou apêndices distais em forma de gancho com espinhos recurvados para remover o esperma rival (detalhe na figura; segundo Waage, 1986). O sêmen ejaculado de um macho pode ser perdido se outro macho copular com a fêmea antes que ela coloque os ovos. Assim, não surpreende que os machos de libélulas guardem suas parceiras, o que explica por que eles são tão frequentemente vistos como pares voando em *tandem*.

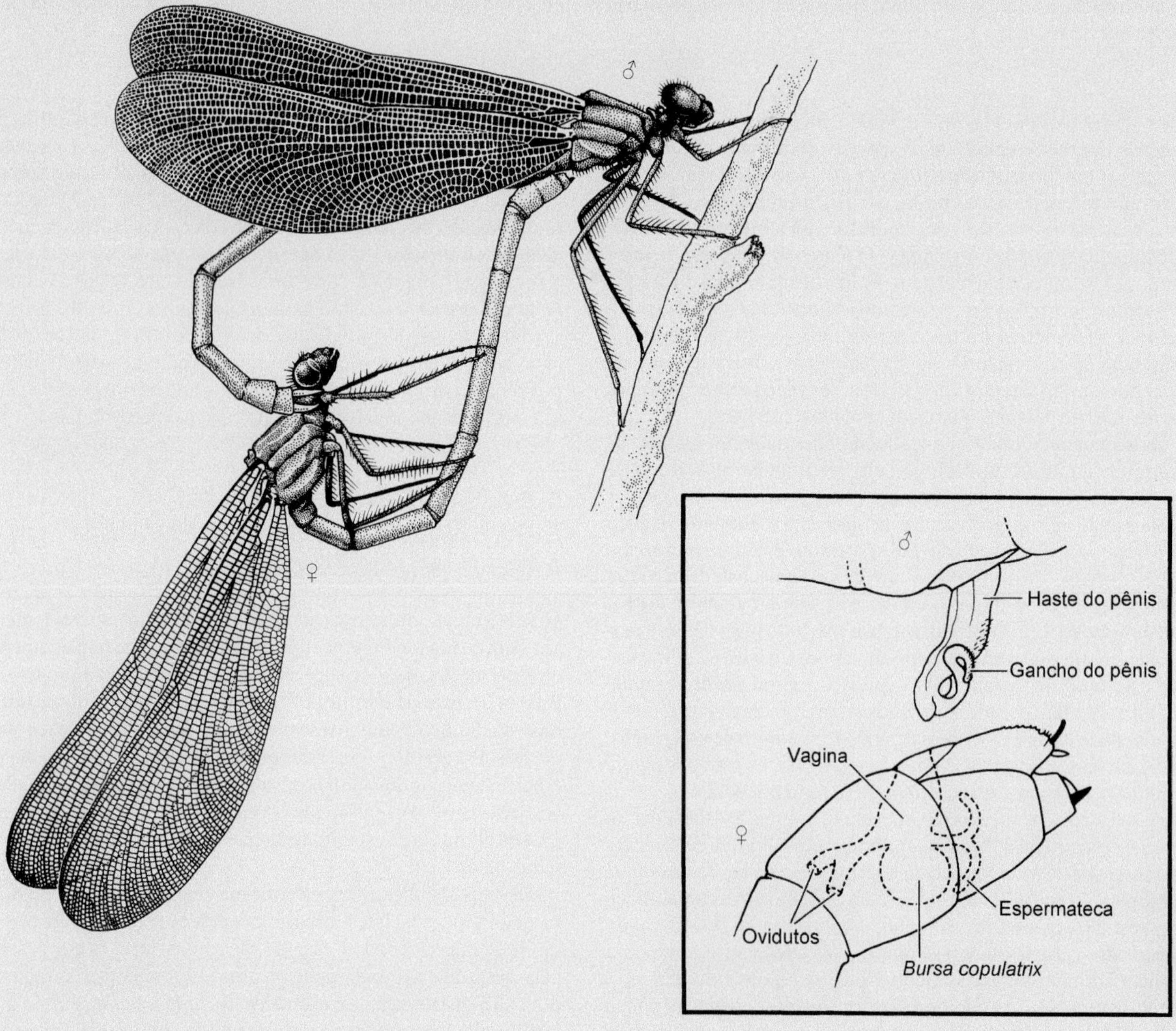

liberação do espermatozoide da espermateca parece ser controlada de maneira muito precisa em tempo e quantidade. Nas rainhas das abelhas-de-mel, podem ser liberados tão pouco quanto 20 espermatozoides por ovo, sugerindo uma economia extraordinária no uso.

Os ovos fecundados da maioria dos insetos dão origem tanto a machos como a fêmeas, de modo que o sexo depende de mecanismos determinadores específicos, os quais são predominantemente genéticos. A maioria dos insetos é **diploide**, ou seja, tem um conjunto de cromossomos de cada progenitor. O mecanismo mais comum é que o sexo da prole seja determinado pela herança de cromossomos sexuais (cromossomos X; heterocromossomos), que são diferenciados dos autossomos remanescentes. Os indivíduos são, então, alocados nos sexos de acordo com a presença de um (XO) ou dois (XX) cromossomos sexuais. Embora XX seja geralmente a fêmea e XO o macho, essa distribuição varia dentro e entre grupos taxonômicos. Mecanismos envolvendo cromossomos sexuais múltiplos também ocorrem e há observações relacionadas de fusões complexas entre cromossomos sexuais e autossomos. *Drosophila* (Diptera) tem um sistema de determinação de sexo XY, no qual as fêmeas (o sexo homogamético) têm dois cromossomos sexuais do mesmo tipo (XX) e os machos (o sexo heterogamético) têm dois tipos de cromossomos sexuais (XY). Os lepidópteros têm um sistema de determinação sexual ZW, no qual as fêmeas têm dois tipos diferentes de cromossomos sexuais (ZW) e os machos têm dois cromossomos do mesmo tipo (ZZ). Com frequência, não podemos reconhecer os cromossomos sexuais, em particular quando se sabe que o sexo é determinado por um único gene em certos insetos, tais como muitos himenópteros e alguns mosquitos e borrachudos. Por exemplo, um gene chamado determinador complementar do sexo (csd) (do inglês *complementary sex determiner*) foi clonado em abelhas melíferas (*Apis melifera*) e demonstrou ser o desencadeador primário na cascata de determinação sexual daquela espécie. Existem muitas variações do csd nas abelhas e, contanto que duas versões sejam herdadas, a abelha torna-se fêmea, enquanto um ovo não fecundado (haploide), com uma única cópia do csd, torna-se macho. Complicações adicionais com a determinação do sexo surgem com a interação do ambiente interno e externo com o genoma (fatores epigenéticos). Além disso, é observada grande variação nas razões sexuais no nascimento. Embora a razão seja frequentemente um macho para uma fêmea, há muitos desvios variando de 100% de um sexo a 100% do outro.

Na **haplodiploidia** (haploidia dos machos), o sexo masculino tem apenas um conjunto de cromossomos. Ele pode surgir tanto em seu desenvolvimento a partir de um ovo não fecundado (contendo metade do complemento cromossômico feminino após a meiose), chamado de **arrenotoquia** (seção 5.10.1), quanto por meio de um ovo fecundado no qual o conjunto paterno de cromossomos é inativado ou eliminado, chamado de **eliminação do genoma paterno** (como em muitos machos de cochonilhas). A arrenotoquia é exemplificada pelas abelhas-de-mel, nas quais as fêmeas (rainhas ou operárias) se desenvolvem a partir de ovos fecundados, ao passo que os machos (zangões) vêm de ovos não fecundados. Contudo, o sexo pode ser determinado por um único gene (p. ex., o *locus* csd, caracterizado recentemente em abelhas-de-mel, como apresentado antes) que é heterozigoto nas fêmeas e hemizogoto nos machos (haploides). A fêmea controla o sexo da prole por meio de sua capacidade de armazenar espermatozoides e controlar a fecundação dos ovos. Evidências apontam para um controle preciso da liberação de espermatozoides do armazenamento, mas se sabe muito pouco sobre esse processo na maioria dos insetos. A presença de um ovo na câmara genital pode estimular contrações das paredes da espermateca, levando à liberação de espermatozoides.

5.7 COMPETIÇÃO ESPERMÁTICA

Acasalamentos múltiplos são comuns em muitas espécies de insetos. A ocorrência de acasalamentos adicionais sob condições naturais pode ser determinada ao observar o comportamento de acasalamento de fêmeas individuais ou pela dissecação para estabelecer a quantidade de espermatozoides ejaculados ou o número de espermatóforos presentes nos órgãos de armazenamento de espermatozoides das fêmeas. Algumas das melhores documentações sobre acasalamentos adicionais vêm de estudos de muitos Lepidoptera, nos quais parte de cada espermatóforo persiste na *bursa copulatrix* da fêmea ao longo de sua vida (Figura 5.6). Esses estudos mostram que acasalamentos múltiplos ocorrem, em algum grau, em quase todas as espécies de Lepidoptera para as quais estão disponíveis dados de campo adequados.

A combinação de fecundação interna, armazenamento de espermatozoides, cópulas múltiplas pelas fêmeas, e a sobreposição na fêmea, de esperma ejaculado por machos diferentes, leva a um fenômeno conhecido como **competição espermática**. Isso ocorre no trato reprodutor da fêmea no momento da oviposição, quando os espermatozoides de dois ou mais machos competem para fecundar os ovos. Tanto mecanismos fisiológicos como comportamentais determinam o resultado da competição espermática. Assim, eventos dentro do trato reprodutor da fêmea, combinados com vários atributos do comportamento de cópula, determinam quais espermatozoides conseguirão atingir os ovos. É importante perceber que o valor adaptativo reprodutivo de um macho é medido em termos de número de ovos fecundados ou prole da qual ele é o pai, e não simplesmente o número de cópulas conseguidas, embora essas medidas estejam às vezes correlacionadas. Quase sempre pode haver um balanço entre o número de cópulas que um macho pode assegurar e o número de ovos que ele irá fecundar em cada acasalamento. Uma alta frequência de cópulas é geralmente associada a pouco investimento de tempo ou energia por cópula, mas também à baixa certeza de paternidade. No outro extremo, os machos que exibem investimento parental substancial, tal como alimentar suas parceiras (Boxes 5.1 a 5.3) e outras adaptações que aumentam mais diretamente a certeza de paternidade, inseminarão menos fêmeas em um dado período.

Há dois tipos principais de adaptações sexualmente selecionadas nos machos que aumentam a certeza de paternidade. A primeira estratégia envolve mecanismos pelos quais os machos podem assegurar que as fêmeas usem seus espermatozoides preferencialmente. Tal **precedência espermática** é alcançada em geral pela substituição do sêmen ejaculado por machos que copularam previamente com a fêmea (Boxe 5.5). A segunda estratégia é reduzir a efetividade ou ocorrência de inseminações subsequentes por outros machos. Vários mecanismos parecem alcançar esse resultado, incluindo tampões reprodutivos, uso de secreções derivadas dos machos para "desligar" a receptividade da fêmea (ver a introdução da seção 5.4 e o Boxe 5.6), cópula prolongada (Figura 5.8), guarda das fêmeas, e estruturas aperfeiçoadas para segurar a fêmea durante a cópula a fim de impedir a "tomada de posse" dela por outros machos. Uma vantagem seletiva importante seria dada a qualquer macho que pudesse tanto conseguir a precedência de esperma quanto impedir outros machos de inseminar com sucesso a fêmea até que seus espermatozoides tenham fecundado pelo menos alguns dos ovos.

Os fatores que determinam o resultado da competição espermática não estão totalmente sob o controle do macho. A escolha da fêmea é uma influência complicadora, como mostrado nas discussões anteriores sobre seleção sexual e morfologia das estruturas genitais. A escolha de parceiros sexuais pela fêmea pode ter

Boxe 5.6 Controle do acasalamento e oviposição em uma mosca-varejeira

A mosca-varejeira *Lucilia cuprina* (Diptera: Calliphoridae) custa à indústria australiana de ovelhas muitos milhões de dólares anualmente, em virtude de perdas provocadas por miíases ou "ataques". Essa mosca nociva pode ter sido introduzida na Austrália a partir da África no fim do século XIX. O comportamento reprodutivo de *L. cuprina* foi estudado em detalhe por causa de sua relevância para o programa de controle dessa praga. O desenvolvimento do ovário e o comportamento reprodutivo da fêmea adulta são altamente estereotipados e prontamente manipulados por meio da alimentação precisa de proteínas. A maioria das fêmeas é anautogênica, isto é, elas precisam de uma refeição de proteínas para desenvolver seus ovos e, em geral, copulam depois de se alimentar e antes que seus oócitos tenham atingido a vitelogênese inicial. Depois de sua primeira cópula, as fêmeas rejeitam novas tentativas de acasalamento por vários dias. O "desligamento" é ativado por um peptídio produzido nas glândulas acessórias do macho e transferido para a fêmea durante a cópula. A cópula também estimula a oviposição; fêmeas virgens raramente põem ovos, ao passo que fêmeas que já copularam o fazem prontamente. Os ovos de cada mosca são colocados em uma única massa de poucas centenas (ilustração superior à direita) e, então, um novo ciclo ovariano começa com outro lote de oócitos se desenvolvendo de maneira sincrônica. As fêmeas podem pôr uma a quatro massas de ovos antes de copular novamente.

Fêmeas não receptivas respondem a tentativas de cópula pelos machos dobrando o abdome sobre seu corpo (ilustração superior à esquerda), chutando os machos (ilustração superior central) ou os evitando ativamente. A receptividade retorna de forma gradual às fêmeas que copularam previamente, ao contrário da sua tendência de colocar ovos, que gradualmente diminui. Quando copulam novamente, tais fêmeas que não põem ovos voltam a fazê-lo. Nem o tamanho do depósito de espermatozoides da fêmea, nem a estimulação mecânica da cópula podem explicar essas mudanças no comportamento da fêmea. Experimentalmente, foi demonstrado que o período refratário de cópula e a prontidão para pôr ovos estão relacionados à quantidade de substância da glândula acessória do macho depositada na *bursa copulatrix* da fêmea durante a cópula. Se um macho copula repetidamente em 1 dia (macho com cópulas múltiplas), menos material da glândula é transferido a cada cópula sucessiva. Assim, se um macho copula, durante um dia, com uma sucessão de fêmeas que são, depois, testadas periodicamente quanto à sua receptividade e prontidão para ovipôr, a proporção de fêmeas não receptivas ou realizando oviposição é inversamente relacionada ao número de fêmeas com as quais o macho copulou antes. O gráfico à esquerda mostra a porcentagem de fêmeas não receptivas a outras cópulas, quando testadas 1 dia ou 8 dias depois de terem copulado com machos com cópulas múltiplas. Os valores percentuais de não receptivas são fundamentados em 1 a 29 testes de fêmeas diferentes. O gráfico à direita mostra a porcentagem de fêmeas que puseram ovos durante 6 h de acesso a um substrato de oviposição, apresentado 1 dia ou 8 dias depois de copular com machos com cópulas múltiplas. Os valores percentuais de fêmeas que ovipuseram são fundamentados nos testes de 1 a 15 fêmeas. Esses dois gráficos representam dados de diferentes grupos de 30 machos; amostras de moscas-fêmeas com menos de cinco indivíduos são representadas por símbolos menores. (Segundo Bartell *et al.*, 1969; Barton Browne *et al.*, 1990; Smith *et al.*, 1990.)

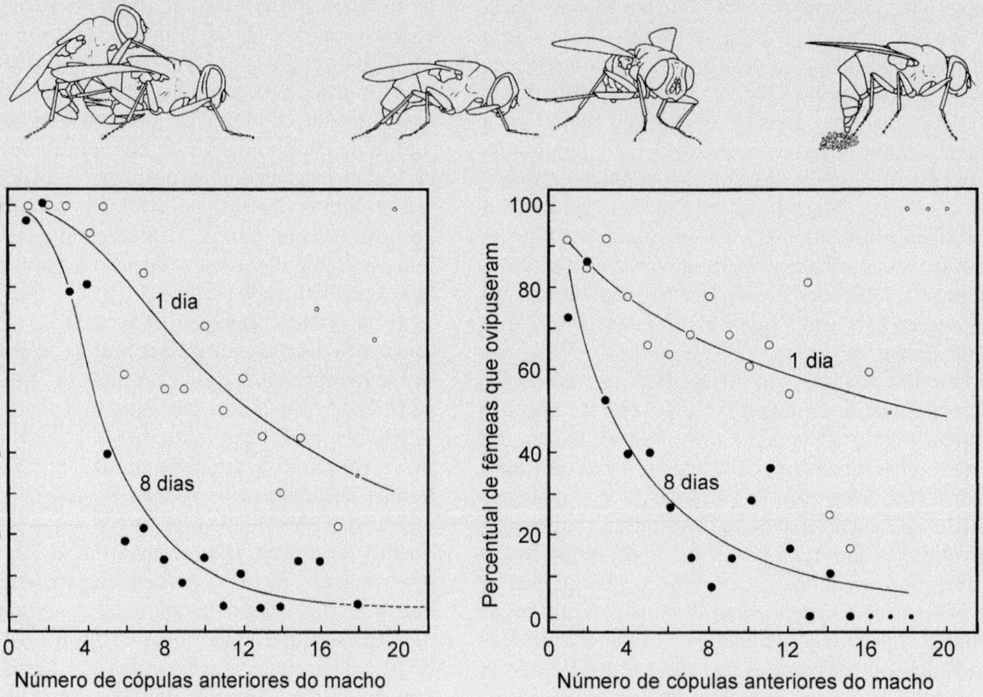

dois lados. Primeiro, há boas evidências de que as fêmeas de muitas espécies escolhem entre os parceiros potenciais. Por exemplo, as fêmeas de muitas espécies de mecópteros copulam seletivamente com machos que fornecem alimento de tamanho e qualidade mínimos (Boxe 5.1). Em alguns insetos, tais como algumas espécies de besouros, mariposas e esperanças, as fêmeas parecem preferir machos maiores como parceiros de cópula. Em segundo lugar, logo após a cópula, a fêmea pode discriminar entre parceiros escolhendo qual espermatozoide será utilizado. Uma ideia é que a variação nos estímulos da genitália masculina induz as fêmeas a usar os espermatozoides de um macho em preferência àqueles de outro, com base em uma "corte interna". O uso diferencial de espermatozoides é possível porque as fêmeas exercem controle desde o transporte do esperma até o armazenamento, manutenção e uso na oviposição. Pesquisa realizada com *Drosophila*, na qual machos transgênicos tiveram seus espermatozoides marcados com sondas

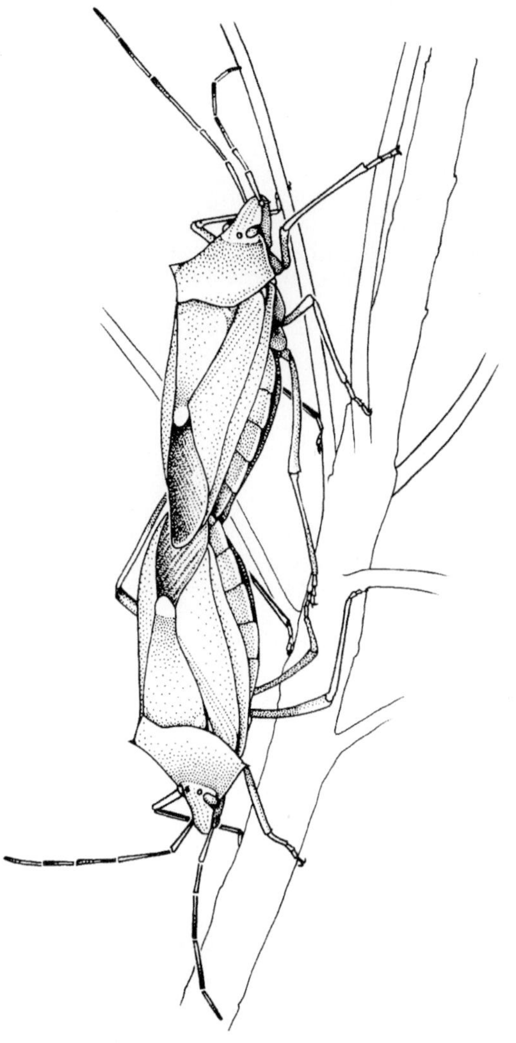

Figura 5.8 Casal de marias-fedidas do gênero *Poecilometis* (Hemiptera: Pentatomidae) copulando. Muitos percevejos heterópteros se engajam em cópula prolongada, impedindo que outros machos inseminem a fêmea até que ela se torne não receptiva a outros machos ou que ela ponha os ovos fecundados pelo macho "em guarda".

fluorescentes, ou vermelhas ou verdes, permitiu a visualização *in vivo* das interações dos espermatozoides de machos competidores e do trato reprodutor feminino com os ejaculados. Essa técnica de marcação também foi utilizada no espermatozoide de duas espécies de *Drosophila* proximamente aparentadas para permitir a visualização de competição espermática interespecífica em fêmeas duplamente acasaladas com machos da mesma espécie e heteroespecíficos. O que se encontrou foi que fêmeas controlam quais espermatozoides foram armazenados e onde eles foram armazenados para evitar espermatozoides heteroespecíficos e favorecer o espermatozoide de machos da mesma espécie para a fecundação.

5.8 OVIPARIDADE (POSTURA DE OVOS)

A vasta maioria das fêmeas de insetos é ovípara, isto é, elas põem ovos. Em geral, a ovulação – a expulsão dos ovos do ovário para dentro dos ovidutos – é seguida rapidamente pela fecundação e, então, pela oviposição. O(s) mecanismo(s) fisiológico(s) que controlam a ovulação é(são) pouco conhecido(s) em insetos, ao passo que a oviposição parece estar tanto sob controle hormonal como neural, e ambos processos podem ser estimulados por peptídios do líquido seminal do macho. A oviposição, processo da passagem do ovo pela abertura genital externa ou vulva para o exterior da fêmea (Figura 5.9), pode estar associada a comportamentos como cavar ou sondar um local de oviposição, mas quase sempre os ovos são simplesmente jogados no chão ou na água. Geralmente, os ovos são depositados sobre ou próximo do alimento requerido pela prole no momento da eclosão (Boxe 5.7). O cuidado dos ovos após a postura quase sempre está ausente ou é mínimo, porém, os insetos sociais (Capítulo 12) desempenham um cuidado altamente desenvolvido e certos insetos aquáticos exibem um cuidado paterno muito incomum (Boxe 5.8).

Um ovo de inseto no ovário da fêmea está completo quando um oócito se torna revestido com uma cobertura protetora externa, a casca do ovo, formada pela membrana vitelínica e o córion. O córion pode ser composto por qualquer uma ou todas as seguintes camadas: camada de cera, porção mais interna do córion, endocórion e exocórion (Figura 5.10). As células dos folículos ovarianos produzem a casca do ovo, e a escultura da superfície do córion geralmente reflete o contorno dessas células. Tipicamente, os ovos são ricos em vitelo e, portanto, grandes em relação ao tamanho do inseto adulto; as células-ovo variam em comprimento de 0,2 mm até cerca de 13 mm. O desenvolvimento embrionário no ovo começa após a ativação do ovo (seção 6.2.1), a qual geralmente é estimulada pela entrada do espermatozoide.

A casca do ovo exerce várias funções importantes. Sua forma permite a entrada seletiva do espermatozoide no momento da fecundação (seção 5.6). Sua elasticidade facilita a oviposição, em especial para espécies nas quais os ovos são comprimidos durante a passagem por um tubo estreito de postura de ovos, como descrito adiante. Suas estrutura e composição dão ao embrião proteção contra condições deletérias como umidade e temperatura desfavoráveis e infecção microbiana, à medida que também permitem a troca de oxigênio e dióxido de carbono entre o interior e o exterior do ovo.

As diferenças observadas na composição e complexidade das camadas da casca do ovo, em diferentes grupos de insetos, geralmente estão relacionadas com as condições ambientais encontradas no local de oviposição. Em vespas parasitas, a casca do ovo é em geral fina e relativamente homogênea, permitindo flexibilidade durante a passagem através do estreito ovipositor, e como o embrião se desenvolve nos tecidos do hospedeiro onde a dessecação não é uma ameaça, a camada de cera da casca está ausente. Por outro lado, muitos insetos põem seus ovos em locais secos e, nesse caso, o problema de evitar perda de água enquanto se obtém oxigênio é frequentemente crítico por causa da alta razão entre a área superficial e o volume da maioria dos ovos. A maioria dos ovos terrestres tem um córion hidrófugo (repelente à água) coberto de cera que contém um sistema de malhas segurando uma camada de gás em contato com a atmosfera exterior por meio de orifícios estreitos, ou aerópilas.

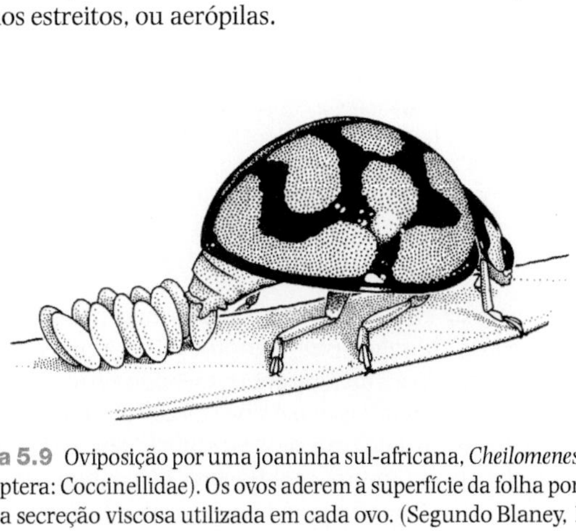

Figura 5.9 Oviposição por uma joaninha sul-africana, *Cheilomenes lunata* (Coleoptera: Coccinellidae). Os ovos aderem à superfície da folha por causa de uma secreção viscosa utilizada em cada ovo. (Segundo Blaney, 1976.)

Boxe 5.7 Mamãe sabe mais?

Entre os insetos hemimetábolos, nos quais os estágios imaturos (ninfas) assemelham-se a pequenos adultos e geralmente se comportam de maneira similar aos adultos, poderia ser esperado que a oviposição no local que tem sustentado os pais fosse uma estratégia adequada para a próxima geração. Por exemplo, a melhor maneira de garantir uma planta hospedeira adequada para a próxima geração é viver nela como um adulto e ovipositar ali. Além disso, ninfas vágeis podem "corrigir" (dentro de certos limites) quaisquer erros de oviposição feitos por suas mães por meio da relocação. Certamente, muitos insetos hemimetábolos terrestres fazem pouco mais do que o mencionado antes. Entretanto, aqueles que exibem socialidade e cuidado parental apresentam seleção de sítio melhorada, incluindo o extraordinário comportamento parental dos percevejos aquáticos gigantes (Boxe 5.8).

Em insetos holometábolos, nos quais os estágios imaturos (larvas) muitas vezes se desenvolvem em um meio diferente daquele dos adultos, a simples estratégia dos hemimetábolos muitas vezes irá falhar. Em vez disso, a fêmea grávida deve procurar um hábitat larval apropriado – um que ela pode ter deixado como larva antes da pupação e início de sua vida adulta. Existem muitos exemplos neste livro da habilidade de pôr ovos adequadamente, de maneira que a próxima geração seja capaz de sobreviver e prosperar. Isso tem sido denominado da hipótese da preferência-*performance* (a preferência da fêmea promove a *performance* do imaturo), ou, mais popularmente, "mamãe sabe mais". Entretanto, isso não é universal – por exemplo, borboletas australianas *Ornithoptera richmondia* ovipositam em uma videira tóxica, *Aristolochia*, mas essa é uma planta hospedeira não nativa e exótica, porém proximamente relacionada com a videira hospedeira "correta" (seção 1.7). Talvez a demonstração mais contundente da negação da universalidade dessa hipótese tenha sido encontrada em um gorgulho da videira (*Otiorhynchus sulcatus*) que se alimenta de framboesa (*Rubus idaeus*), com o adulto se alimentando acima do solo e suas larvas se alimentando das raízes. A biomassa da folhagem não está associada à biomassa das raízes e, portanto, as mães desses gorgulhos são incapazes de distinguir entre plantas infestadas por larvas e aquelas que estão livres de larvas. De fato, as mães tendem a pôr mais ovos em plantas com sistemas radiculares menores, certamente levando a uma *performance* reduzida de suas larvas.

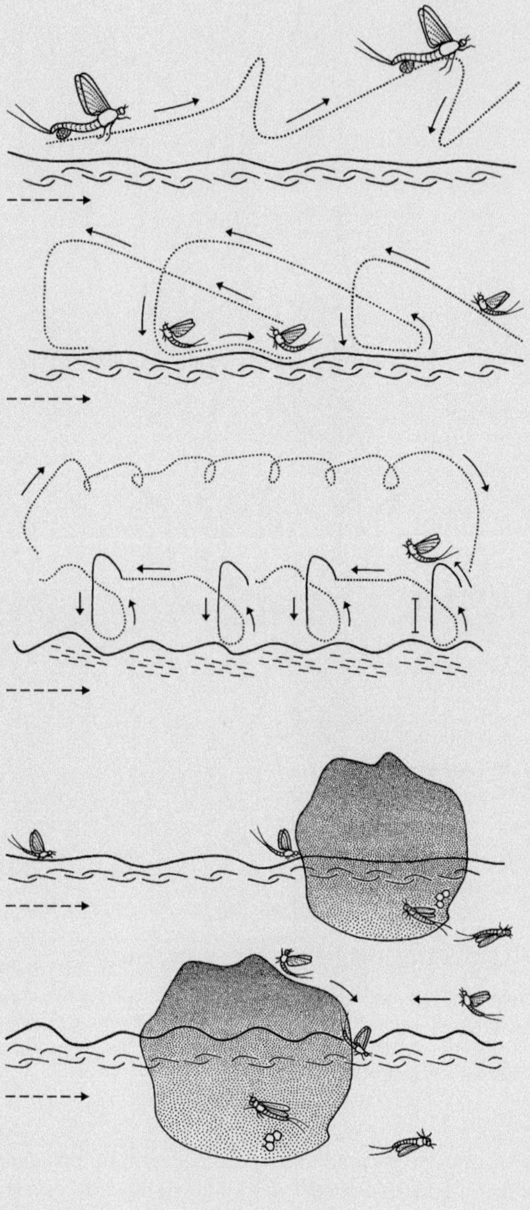

Muitos estudos focaram na *performance* dos estágios imaturos de insetos aquáticos em relação ao comportamento de oviposição do adulto aéreo. Assim, os ovos resistentes à dessecação de mosquitos *Aedes* são postos em locais secos para esperar o enchimento sazonal com água da chuva (seção 6.5). Algumas fêmeas de insetos aquáticos detectam a presença de predadores, tais como ninfas de Odonata, e evitam pôr ovos em tais locais. A despeito da evidência para oviposição seletiva, muitos insetos aquáticos aparentam ser, superficialmente, não seletivos quanto à seleção do sítio, além do mal fundamentado voo compensatório "rio acima" para enfrentar a deriva de larvas/ninfas rio abaixo.

As efêmeras (Ephemeroptera) são os principais entre os insetos que põem seus ovos de maneira que aparenta ser aleatória ou até mesmo contraproducente com relação à sobrevivência dos imaturos. Os seus comportamentos de oviposição podem ser categorizados em cinco grupos funcionais: borrifadores, bombardeiros, mergulhadores, flutuadores e pousadores (ilustrados aqui; segundo Encalada & Peckarsky, 2007; Peckarsky *et al.*, 2012). Efêmeras que habitam riachos são altamente suscetíveis a predação, incluindo por vertebrados tais como as trutas (espécies de *Salmo*), contudo ovipositam e atingem densidades larvais muito altas até mesmo nos riachos mais arriscados. Parece que o sítio de oviposição preferido de fêmeas da efêmera *Baetis* está associado a grandes rochas que afloram em riachos rápidos, relativamente frescos e muito bem oxigenados, onde elas pousam e põem os ovos abaixo da superfície – mas essas também são as águas preferidas pelas trutas. Portanto, existe um equilíbrio complexo entre a exposição aumentada a predação, por trutas, de fêmeas durante a postura dos ovos e de suas ninfas em desenvolvimento, contrapostas pelo aumento no sucesso de eclosão para seus ovos bem localizados. Mamãe, de fato, deve saber mais!

As fêmeas de muitos insetos (p. ex., Zygentoma, muitos Odonata, todos Orthoptera (ver Prancha 1D), alguns Hemiptera, alguns Thysanoptera e a maioria dos Hymenoptera) têm apêndices dos segmentos abdominais oito e nove modificados para formar um órgão de postura de ovos ou ovipositor (seção 2.5.1). Em outros insetos (p. ex., muitos Lepidoptera, Coleoptera e Diptera), são os segmentos posteriores em vez de os apêndices do abdome da fêmea que funcionam como um ovipositor (um ovipositor "de substituição"). Quase sempre esses segmentos podem ser alongados como um tubo telescópico no qual a abertura da passagem dos ovos é próxima à porção terminal. O ovipositor ou a parte terminal modificada do abdome permite ao inseto inserir seus ovos em locais particulares, tais como em frestas, solo, tecidos vegetais ou, no caso de muitas espécies parasitas, dentro de um hospedeiro

Boxe 5.8 Pais que cuidam de ovos – baratas-d'água

O cuidado dos ovos por insetos adultos é comum naqueles que mostram socialidade (Capítulo 12), mas o cuidado somente pelos insetos machos é muito incomum. Esse comportamento é mais conhecido nas baratas-d'água, que são percevejos da superfamília Nepoidea, compreendendo as famílias Belostomatidae e Nepidae, cujos nomes populares na língua inglesa – *giant water bugs* (percevejos aquáticos gigantes), *water scorpions* (escorpiões aquáticos), *toe biters* (mordedores de dedo) – refletem seu tamanho e comportamento. Eles são predadores, entre os quais as maiores espécies se especializam em predar vertebrados como girinos e pequenos peixes, que capturam com as pernas anteriores raptoriais e as peças bucais picadoras. A aquisição evolutiva do tamanho adulto grande, necessário para se alimentar desses itens grandes, é inibida pelo número fixo de cinco instares ninfais em Heteroptera e pelo limitado aumento de tamanho a cada muda (regra de Dyar; seção 6.9.1). Essas restrições filogenéticas (herdadas evolutivamente) foram superadas de maneiras intrigantes – pelo começo do desenvolvimento em um tamanho grande por meio da oviposição de ovos grandes e, em uma família, com a proteção paterna especializada dos ovos.

O cuidado dos ovos na subfamília Belostomatinae envolve os machos "incubando nas costas" – carregando os ovos no seu dorso, em um comportamento compartilhado por cerca de uma centena de espécies em cinco gêneros. Os machos acasalam repetidamente com uma fêmea, talvez até 100 vezes, garantindo assim que os ovos depositados em suas costas sejam somente seus, o que incentiva o seu comportamento de cuidado subsequente. O comportamento de cuidado masculino ativo, denominado "bombeamento da ninhada", envolve "empurrões para cima" subaquáticos ondulatórios pelo macho ancorado, criando correntes de água entre os ovos. Trata-se de uma forma idêntica, porém mais lenta, da exibição de bombeamento usada na corte. Os machos de outros táxons "incubam na superfície", com o dorso (e, portanto, os ovos) mantido horizontalmente na superfície da água de tal modo que os interstícios dos ovos estejam na água e os ápices no ar. Essa posição, única entre os machos incubadores, expõe os machos a maiores níveis de predação. Um terceiro comportamento, "incubação com batimentos", envolve o macho submerso varrendo e circulando água sobre o conjunto de ovos. O cuidado resulta em emergência com sucesso em mais de 95%, ao contrário da morte de todos os ovos se forem removidos do macho, quando aéreos ou submersos.

Membros de Lethocerinae, grupo-irmão de Belostomatinae, mostram comportamentos relacionados que nos ajudam a entender as origens de aspectos dessas defesas paternas dos ovos. Seguindo a corte que envolve bombeamento de exibição como em Belostomatinae, o par copula com frequência entre surtos de oviposição nos quais os ovos são colocados em um caule ou em outra projeção acima da superfície de uma poça ou lago. Depois do término da oviposição, a fêmea deixa que o macho cuide dos ovos, sai nadando e não desempenha mais nenhum papel. O macho "incubador emerso" cuida dos ovos aéreos por poucos dias a 1 semana, até que eles eclodam. Seus papéis incluem submergir periodicamente para absorver e beber água, que ele regurgita sobre os ovos, proteger os ovos e exibir uma postura contra ameaças aéreas. Ovos não cuidados morrem de dessecação; aqueles imersos pela água que sobe são abandonados e se afogam.

Os ovos de insetos têm um córion bem-desenvolvido que permite a troca gasosa entre o ambiente externo e o embrião em desenvolvimento (ver seção 5.8). O problema com um ovo grande em relação a um menor é que o aumento da área de superfície da esfera é muito menor que o aumento no volume. Como o oxigênio é escasso na água e se difunde muito mais devagar do que no ar (seção 10.3), o tamanho aumentado do ovo atinge um limite da capacidade para a difusão de oxigênio da água para o ovo. Para tal ovo em um ambiente terrestre, a troca gasosa é fácil, mas a dessecação pela perda de água se torna um problema. Embora os insetos terrestres usem ceras em volta do córion para evitar dessecação, a longa história aquática de Nepoidea significa que qualquer mecanismo desse tipo foi perdido e não está disponível, fornecendo outro exemplo de inércia filogenética.

Na filogenia de Nepoidea (mostrada na figura em uma forma reduzida, a partir de Smith, 1997), um padrão de aquisição gradual do cuidado paterno pode ser visto. Na família irmã de Belostomatidae, Nepidae (os escorpiões aquáticos), todos os ovos, incluindo os maiores, desenvolvem-se imersos. A troca gasosa é facilitada pela expansão da área de superfície do córion em uma coroa ou em dois chifres longos: os ovos nunca são incubados. Tal elaboração coriônica não evoluiu em Belostomatidae: a exigência de oxigênio dos ovos grandes, com a necessidade de evitar o afogamento ou a dessecação, poderia ter sido resolvida pela oviposição em uma rocha onde batam ondas – embora essa estratégia seja desconhecida em qualquer táxon existente. Desenvolveram-se duas alternativas: evitar a submersão e o afogamento pela oviposição em estruturas emersas (Lethocerinae) ou, talvez na ausência de qualquer outro substrato adequado, ovipôr no dorso do macho que cuida dos ovos (Belostomatidae). Em Lethocerinae, os comportamentos dos machos de aguar os ovos combatem os problemas de dessecação encontrados durante a incubação emersa de ovos aéreos; em Belostomatidae, o comportamento de bombeamento preexistente na corte do macho é uma pré-adaptação para os movimentos de oxigenação para a incubação no dorso do macho. A incubação na superfície e a incubação com batimentos são vistos como comportamentos mais derivados de cuidado masculino.

As características de ovos grandes e do comportamento de incubação dos machos apareceram juntas, assim como as características de ovos grandes e de chifres respiratórios nos ovos, porque a primeira era impossível sem a segunda. Dessa forma, o grande tamanho corporal em Nepoidea deve ter evoluído duas vezes. O cuidado paternal e os chifres respiratórios dos ovos são adaptações diferentes que facilitam a troca gasosa e, portanto, a sobrevivência de ovos grandes.

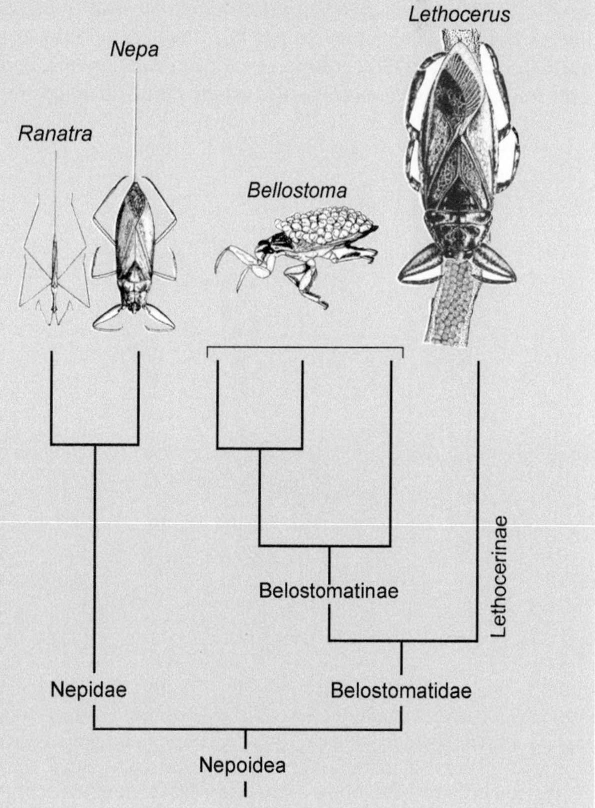

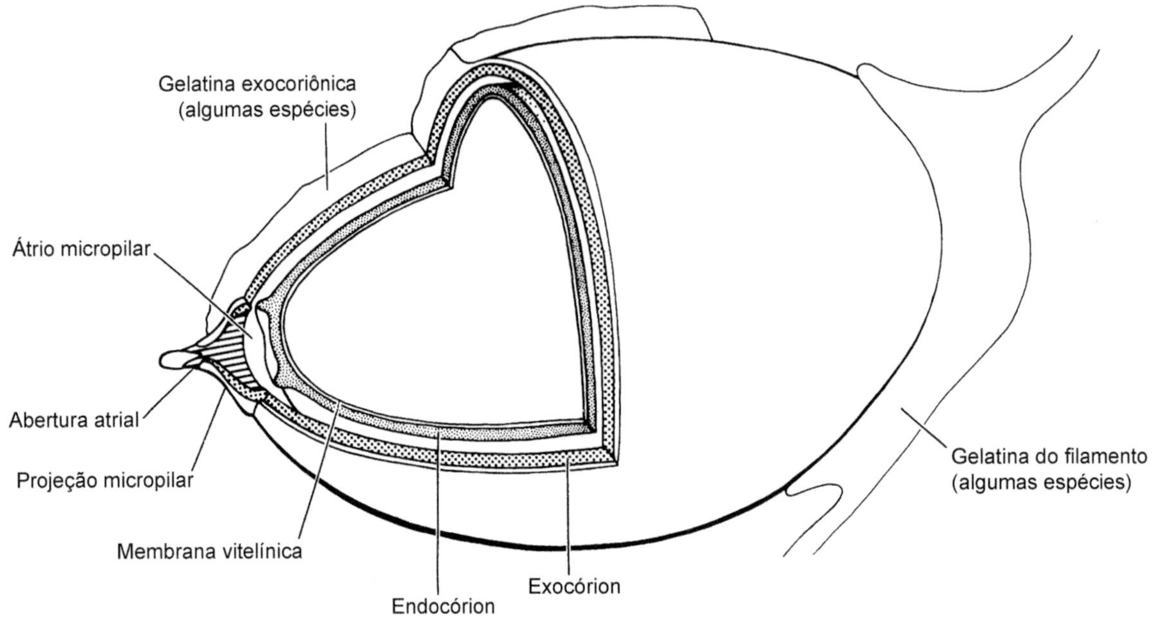

Figura 5.10 Estrutura generalizada de um ovo de libélula (Odonata: Corduliidae, Libellulidae). Algumas libélulas colocam os ovos em água doce, mas sempre exofiticamente (*i. e.*, fora dos tecidos das plantas). As camadas endocoriônica e exocoriônica da casca do ovo são separadas por um espaço distinto em algumas espécies. Matriz gelatinosa pode estar presente no exocórion ou como filamentos de conexão entre os ovos. (Segundo Trueman, 1991.)

artrópode (ver Prancha 6F e Prancha 8D). Outros insetos, tais como cupins, piolhos e muitos Plecoptera, não têm um órgão de postura de ovos e os ovos são simplesmente depositados sobre uma superfície.

Em certos Hymenoptera (formigas, abelhas e algumas vespas), o ovipositor perdeu sua função de postura de ovos e é usado como um ferrão injetor de veneno. Os Hymenoptera que dão ferroadas ejetam os ovos pela abertura da câmara genital, na base do ovipositor modificado. Contudo, em muitas vespas, os ovos passam pelo canal do ovipositor, mesmo quando ele é muito estreito (Figura 5.11). Em algumas vespas parasitas com ovipositores muito finos, os ovos são extremamente comprimidos e esticados conforme eles se movem através do estreito canal do ovipositor.

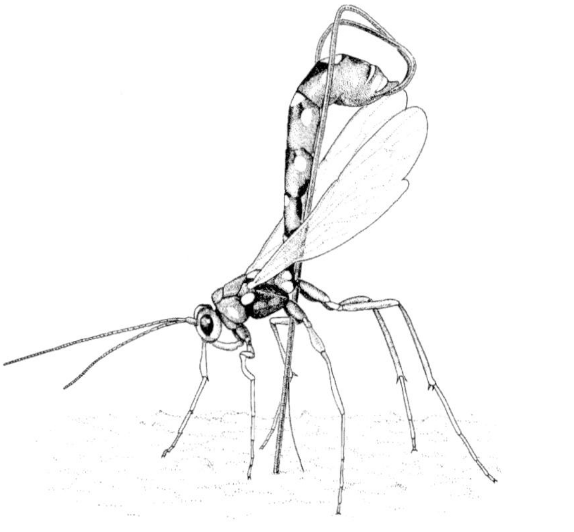

Figura 5.11 Fêmea de uma vespa parasita *Megarhyssa nortoni* (Hymenoptera: Ichneumonidae) sondando uma tora de pinheiro com seu ovipositor muito longo, à procura de uma larva de vespa *Sirex noctilio* (Hymenoptera: Siricidae). Se uma larva for localizada, ela a pica e paralisa antes de pôr seus ovos nela.

As valvas de um ovipositor de inseto geralmente são mantidas juntas por meio de articulações com conectores do tipo macho e fêmea, que impedem o movimento lateral, mas permitem às valvas deslizar para frente e para trás em relação uma à outra. Tal movimento, e algumas vezes também a presença de serrilhas na ponta do ovipositor, é responsável pela ação perfuradora do ovipositor em um local de postura de ovos. O movimento dos ovos pelo tubo do ovipositor é possível por causa das várias "escamas" (microesculturas) dirigidas posteriormente, localizadas nas superfícies internas das valvas. As escamas do ovipositor variam em forma (desde semelhantes a placas até semelhantes a espinhos) e em arranjo entre os grupos de insetos, e são observadas melhor sob microscopia eletrônica de varredura.

As escamas encontradas nos conspícuos ovipositores de grilos e esperanças exemplificam essas variações (Orthoptera: Gryllidae e Tettigonidae). O ovipositor do grilo *Teleogryllus commodus* (Figura 5.12) apresenta escamas em forma de placas sobrepostas, e sensilas curtas dispersas ao longo do comprimento do canal do ovipositor. Essas sensilas podem fornecer informações sobre a posição dos ovos conforme eles se movem pelo canal, ao passo que um grupo de sensilas maiores no ápice de cada valva dorsal sinaliza presumivelmente que o ovo foi expelido. Além disso, em *T. commodus* e alguns outros insetos, existem escamas na superfície externa da ponta do ovipositor que são orientadas na direção oposta daquelas na superfície interior. Imagina-se que elas ajudem na penetração do substrato e mantenham o ovipositor em posição durante a postura dos ovos.

Além da casca, muitos ovos são munidos com uma secreção ou cimento proteináceo que os recobre e os fixa a um substrato, tal como um pelo de vertebrados no caso de piolhos ou uma superfície vegetal no caso de muitos besouros (Figura 5.9). As glândulas coleteriais, glândulas acessórias do trato reprodutor feminino, produzem essas secreções. Em outros insetos, grupos de ovos de casca fina ficam inclusos em uma ooteca, a qual protege os embriões em desenvolvimento da dessecação. As glândulas coleteriais produzem a ooteca bronzeada e semelhante a uma bolsa nas baratas (Taxoboxe 15), e a ooteca espumosa nos

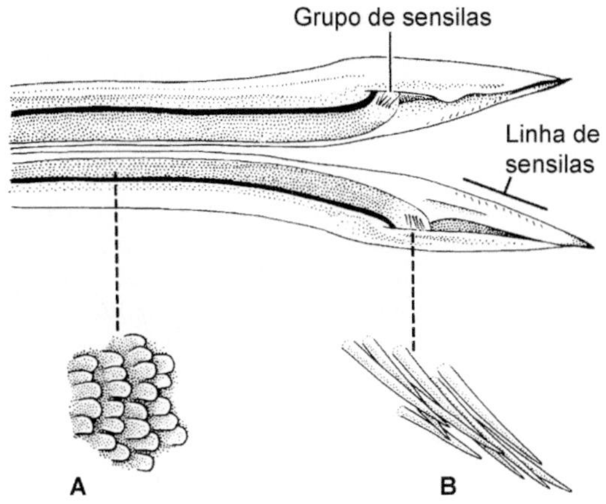

Figura 5.12 Ponta do ovipositor de uma fêmea do grilo *Teleogryllus commodus* (Orthoptera: Gryllidae), aberto longitudinalmente para mostrar a superfície interna das duas metades do ovipositor. As ampliações mostram: **A.** escamas do ovipositor direcionadas posteriormente; **B.** grupo distal de sensilas. (Segundo Austin & Browning, 1981.)

louva-deus (Prancha 3E), ao passo que a ooteca espumosa que recobre os ovos de gafanhotos e outros ortópteros no solo é formada pelas glândulas acessórias em combinação com outras partes do trato reprodutor.

5.9 OVOVIVIPARIDADE E VIVIPARIDADE

A maioria dos insetos é ovípara, de forma que o ato de postura está envolvido na iniciação do desenvolvimento dos ovos. Contudo, algumas espécies são vivíparas, com a iniciação do desenvolvimento do ovo ocorrendo na mãe, a qual dá à luz a prole. O ciclo de vida é encurtado pela retenção dos ovos e até mesmo do jovem em desenvolvimento na mãe. Quatro tipos principais de viviparidade são observados em diferentes grupos de insetos, com muitas das especializações prevalecendo em vários dípteros superiores.

- Ovoviviparidade, em que os ovos fecundados contendo vitelo e cobertos por alguma forma de casca são incubados dentro do trato reprodutor da fêmea. Isso ocorre em algumas baratas (Blattidae), alguns pulgões e cochonilhas (Hemiptera), alguns poucos besouros (Coleoptera) e tripes (Thysanoptera), e algumas moscas (Muscidae, Calliphoridae e Tachinidae). Os ovos completamente desenvolvidos eclodem imediatamente depois de serem postos ou logo antes da deposição a partir do trato reprodutor feminino
- Viviparidade pseudoplacentária, que ocorre quando um ovo deficiente em vitelo se desenvolve no trato genital da fêmea. A mãe fornece um tecido especial semelhante a uma placenta, por meio do qual os nutrientes são transferidos para os embriões em desenvolvimento. Não há alimentação oral e as larvas são postas no momento da eclosão. Essa forma de viviparidade ocorre em muitos pulgões (Hemiptera), algumas tesourinhas (Dermaptera), alguns poucos psocópteros (Psocoptera) e nos percevejos polictenídeos (Hemiptera)
- Viviparidade hemocélica envolve os embriões se desenvolvendo livremente na hemolinfa da fêmea, com a tomada dos nutrientes por osmose. Essa forma de parasitismo interno ocorre apenas em Strepsiptera, em que as larvas saem através de um canal da prole (Taxoboxe 23), e em alguns mosquitos galhadores (Diptera: Cecidomyiidae), em que as larvas podem consumir a mãe (como no desenvolvimento pedogenético; seção 5.10)
- Viviparidade adenotrófica, que ocorre quando uma larva fracamente desenvolvida eclode e se alimenta oralmente de secreções de glândulas acessórias (de "leite") no "útero" do trato reprodutor feminino. A larva completamente desenvolvida é depositada e entra na fase de pupa imediatamente. As famílias de dípteros "pupíparas", notadamente Glossinae (moscas-tsé-tsé), Hippoboscidae e Nycteribidae e Streblidae (moscas do morcego), demonstram a viviparidade adenotrófica.

5.10 MODOS ATÍPICOS DE REPRODUÇÃO

A reprodução sexuada (anfimixia) com indivíduos machos e fêmeas separadamente (gonocorismo) é o modo normal de reprodução nos insetos, e a diplodiploidia, na qual os machos e também as fêmeas são diploides, ocorre como o sistema ancestral em quase todas as ordens de insetos. Contudo, outros modos reprodutivos não são incomuns. Vários tipos de reprodução assexuada ocorrem em muitos grupos de insetos; o desenvolvimento a partir de ovos não fecundados é um fenômeno amplamente distribuído, ao passo que a produção de embriões múltiplos a partir de um único ovo é rara. Algumas espécies exibem reprodução sexuada e assexuada alternadas, dependendo da estação ou da disponibilidade de alimento. Algumas poucas espécies têm ambos os sistemas reprodutivos, feminino e masculino, em um único indivíduo (hermafroditismo), mas a autofecundação foi estabelecida para espécies em apenas um gênero.

5.10.1 Partenogênese, pedogênese e neotenia

Alguns, ou poucos, representantes de virtualmente todas as ordens de insetos dispensaram o acasalamento, com as fêmeas produzindo ovos viáveis, embora não fecundados. Em outros grupos, notadamente os Hymenoptera, ocorre acasalamento, mas os espermatozoides não precisam ser usados na fecundação de todos os ovos. O desenvolvimento a partir de ovos não fecundados é denominado partenogênese, que em algumas espécies pode ser obrigatório, mas em muitas ordens é facultativo. A fêmea pode produzir partenogeneticamente apenas ovos de fêmeas (partenogênese telítoca), apenas ovos de machos (partenogênese arrenótoca), ou ovos de ambos os sexos (partenogênese anfítoca ou deuterótoca). O maior grupo de insetos mostrando arrenotoquia é Hymenoptera, mas algumas espécies também demonstram telitoquia. Onde a telitoquia ocorre em Hymenoptera, ela tem ou uma base genética nuclear (como em espécies eussociais, como *Apis mellifera capensis* e muitas formigas), ou é causada por bactérias que induzem a partenogênese, como *Wolbachia* (seção 5.10.4) (tal como ocorre em muitas vespas solitárias). Nos Hemiptera, os pulgões exibem telitoquia e a maioria das moscas-brancas são arrenótocas. Certos Diptera e alguns poucos Coleoptera são telítocos, e Thysanoptera exibe os três tipos de partenogênese. A partenogênese facultativa e a variação no sexo do ovo produzido podem ser uma resposta a flutuações nas condições ambientais, como ocorre em pulgões que variam o sexo de sua prole e misturam ciclos partenogenéticos e sexuados de acordo com a estação do ano.

Alguns insetos abreviam seus ciclos de vida pela perda do estágio adulto, ou mesmo os estágios adulto e de pupa. Nesse estágio precoce, a reprodução ocorre quase exclusivamente por partenogênese. Pedogênese larval, a produção de jovens por insetos larvais, acontece pelo menos três vezes em mosquitos galhadores (Diptera: Cecidomyiidae) e uma vez nos Coleoptera (*Micromalthus debilis*). Em alguns mosquitos galhadores, em um caso extremo de viviparidade hemocélica, os ovos precocemente desenvolvidos eclodem internamente e as larvas podem consumir o corpo da larva-mãe antes de deixá-lo para se alimentarem do meio circundante cheio de fungos. No bem estudado mosquito galhador *Heteropeza pygmaea*, os ovos se desenvolvem em larvas fêmeas, as quais podem se metamorfosear para fêmeas adultas ou produzir mais larvas pedogeneticamente. Essas larvas, por sua vez, podem ser machos, fêmeas, ou uma mistura de ambos os sexos. As larvas fêmeas podem se tornar fêmeas adultas ou repetir o ciclo pedogenético larval, ao passo que as larvas machos devem se desenvolver até a idade adulta.

Na pedogênese de pupa, que esporadicamente ocorre em mosquitos galhadores, os embriões são formados na hemocele de uma pupa-mãe pedogenética, denominada hemipupa, já que ela difere morfologicamente da pupa "normal". Essa produção de jovens vivos nos insetos com pedogênese na pupa também destrói a pupa-mãe por dentro, pela perfuração larval da cutícula ou pela prole se alimentando da mãe. A pedogênese parece ter evoluído para permitir o uso máximo de hábitats larvais localmente abundantes, mas efêmeros, tais como o corpo de frutificação de um cogumelo. Quando uma fêmea grávida detecta um local de oviposição, os ovos são depositados e a população larval aumenta rapidamente por meio do desenvolvimento pedogenético. Os adultos são desenvolvidos apenas em resposta a condições adversas para as larvas, tais como a diminuição na disponibilidade de alimento e a superlotação. Os adultos podem ser apenas fêmeas, ou machos podem ocorrer em algumas espécies sob condições específicas.

Em táxons verdadeiramente pedogenéticos, não há adaptações reprodutivas além do desenvolvimento precoce do ovo. Por outro lado, na neotenia, um instar não terminal desenvolve características reprodutivas do adulto, incluindo a capacidade de localizar um parceiro, copular e depositar ovos (ou larvas) em uma maneira convencional. Por exemplo, as cochonilhas (Hemiptera: Coccóidea) parecem ter fêmeas neotênicas. À medida que uma muda, para o macho adulto alado, segue o instar imaturo final, o desenvolvimento da fêmea reprodutora envolve a omissão de um ou mais instares em relação ao macho. Na aparência, a fêmea é um instar sedentário larviforme ou semelhante a uma ninfa, parecendo-se com uma versão maior do instar anterior (segundo ou terceiro) em tudo, menos na presença de uma vulva e ovos em desenvolvimento. A neotenia também ocorre em todas as fêmeas membros da ordem Strepsiptera; nesses insetos, o desenvolvimento da fêmea cessa no estágio de pupário. Em alguns outros insetos (p. ex., mosquitos marinhos; Chironomidae), o adulto se parece com a larva, mas isso evidentemente não se deve à neotenia porque o desenvolvimento metamórfico completo é mantido, incluindo um instar de pupa. Sua aparência larviforme resulta, então, da supressão de características adultas, em vez da aquisição pedogenética da capacidade reprodutiva no estágio larval.

5.10.2 Hermafroditismo

Várias espécies de *Icerya* (Hemiptera: Monophlebidae), que foram estudadas citologicamente, são hermafroditas ginomonoicas. Elas se parecem com fêmeas, mas têm um ovotestículo (uma gônada que é parte testículo, parte ovário). Nessas espécies, machos ocasionais surgem de ovos não fecundados e são aparentemente funcionais, mas em geral a autofecundação é garantida pela produção de gametas masculinos antes dos gametas femininos no corpo de um indivíduo (protandria do hermafrodita). A coexistência de ambos hermafroditas e machos é uma condição rara denominada androdioecia. Sem dúvida, o hermafroditismo ajuda muito na dispersão da cochonilha praga *I. purchasi* (ver Boxe 16.3), uma vez que ninfas sozinhas dessa e de outras espécies hermafroditas de *Icerya* podem iniciar novas infestações se dispersas ou acidentalmente transportadas a novas plantas. Além disso, todos os iceriíneos são arrenótocos, de forma que os ovos não fecundados se desenvolvem em machos, e os fecundados em fêmeas.

5.10.3 Poliembrionia

Essa forma de reprodução assexuada envolve a produção de dois ou mais embriões a partir de um ovo pela subdivisão (fissão). Ela é restrita predominantemente a insetos parasitas; ocorre em pelo menos um Strepsiptera e em representantes de quatro famílias de vespas, em especial os Encyrtidae. Ela parece ter surgido independentemente em cada família de vespa. Nessas vespas parasitas, o número de larvas produzido a partir de um único ovo varia em diferentes gêneros, mas é influenciado pelo tamanho do hospedeiro, com menos de 10 até várias centenas, e em *Copidosoma* (Encyrtidae) mais de 1.000 embriões, surgindo de um ovo pequeno e sem vitelo. A nutrição para um grande número de embriões em desenvolvimento obviamente não pode ser suprida pelo ovo original, e é adquirida da hemolinfa do hospedeiro por meio de uma membrana envoltória denominada trofâmnion. Tipicamente, os embriões se desenvolvem em larvas quando o hospedeiro muda para seu instar final, de modo que essas larvas consomem o inseto hospedeiro antes de entrar em fase de pupa e emergir como vespas adultas.

5.10.4 Efeitos reprodutivos de endossimbiontes

Wolbachia, uma bactéria intracelular (Proteobacteria: Rickettsiales) descoberta primeiramente infectando os ovários de mosquitos *Culex pipiens* causa, em alguns acasalamentos entre populações (intraespecíficas), a produção de embriões inviáveis. Tais cruzamentos, nos quais os embriões abortam antes de eclodirem, poderiam retornar à viabilidade depois do tratamento dos pais com antibiótico – ligando, assim, o microrganismo à esterilidade. Esse fenômeno, chamado de incompatibilidade citoplasmática ou reprodutiva, agora foi demonstrado em uma variedade muito grande de invertebrados que são hospedeiros de muitas "cepas" de *Wolbachia*. Levantamentos já sugeriram que até 76% das espécies de insetos possam estar infectadas. *Wolbachia* é transferida verticalmente (herdada pela prole da mãe através do ovo) e causa vários efeitos diferentes, mas relacionados. Efeitos específicos incluem os seguintes:

- Incompatibilidade citoplasmática (reprodutiva), de modo que a direção varia de acordo com um, o outro, ou ambos os sexos de parceiros estarem infectados, e com qual cepa. Incompatibilidade unidirecional tipicamente envolve um macho infectado e uma fêmea não infectada, sendo que o cruzamento recíproco (macho não infectado com fêmea infectada) é compatível (produzindo prole viável). A incompatibilidade bidirecional em geral envolve ambos os parceiros estando infectados com diferentes cepas de *Wolbachia*, e nenhuma prole viável é produzida de qualquer cruzamento
- Partenogênese, ou viés de razão sexual para o sexo diploide (geralmente o feminino), em insetos com sistemas genéticos haplodiploides (seção 5.6, seção 12.2 e seção 12.4.1). Nas vespas parasitas, isso envolve fêmeas infectadas que produzem apenas progênie feminina fértil. O mecanismo é, em geral, a duplicação de gametas, envolvendo a interrupção da segregação cromossômica meiótica de tal modo que o núcleo de um ovo não fecundado e infectado com *Wolbachia* contém dois conjuntos de cromossomos idênticos (diploidia), produzindo uma fêmea. Razões sexuais normais são restauradas pelo tratamento dos pais com antibióticos, ou pelo desenvolvimento em uma temperatura elevada, para a qual *Wolbachia* é sensível
- Feminização, a conversão de machos genéticos em fêmeas funcionais, talvez provocada pela inibição específica de genes que determinam o sexo masculino. Esse efeito foi estudado em isópodes terrestres e alguns poucos insetos (uma espécie de Lepidoptera e uma de Hemiptera), porém pode ser mais difundido em outros artrópodes. Na borboleta *Eurema hecabe* (Pieridae), demonstrou-se que endossimbiontes feminizantes

Wolbachia atuam continuamente nos machos genéticos durante o desenvolvimento larval, levando a uma expressão fenotípica feminina; o tratamento das larvas com antibióticos leva ao desenvolvimento intersexual. Acredita-se que a determinação sexual em lepidópteros esteja completa no início da embriogênese e, portanto, a feminização induzida por *Wolbachia* aparentemente não tem como alvo a determinação sexual embrionária

- A morte dos machos, normalmente durante o início da embriogênese, possivelmente como resultado de feminização letal (ver adiante).

A estratégia de *Wolbachia* pode ser vista como parasitismo reprodutivo (ver também seção 3.6.5), em que a bactéria manipula seu hospedeiro para produzir um desequilíbrio de prole feminina (sendo esse o sexo responsável pela transmissão vertical da infecção), se comparado com hospedeiros não afetados. Apenas em muito poucos casos mostrou-se que a infecção beneficia o inseto hospedeiro, primariamente por meio de fecundidade aumentada ou contribuição nutricional. Certamente, com a evidência derivada das filogenias de *Wolbachia* e seus hospedeiros, *Wolbachia* com frequência é transferida horizontalmente entre hospedeiros não relacionados, e não há coevolução aparente.

Embora *Wolbachia* seja, no momento, o sistema mais bem estudado de um organismo que modifica a razão sexual, há outros organismos semelhantes residentes no citoplasma (tais como as bactérias *Cardinium* nos Bacteroidetes), de modo que os deturpadores mais extremos de razão sexual são conhecidos como assassinos de machos. Esse fenômeno da letalidade masculina é conhecido ao longo de, pelo menos, cinco ordens de insetos, associado a uma variedade de organismos causadores simbióticos-infecciosos herdados da mãe, desde bactérias a vírus e microsporídios. Cada aquisição parece ser independente, e suspeita-se que existam outras. Com certeza, se a partenogênese quase sempre envolve tais associações, ainda há muitas dessas interações por serem descobertas. Além disso, ainda há muito a se aprender sobre os efeitos da idade do inseto, frequência de acasalamentos adicionais e temperatura na expressão e transmissão de *Wolbachia*. Menos ainda se sabe sobre *Cardinium*, a qual ocorre mais comumente em insetos haplodiploides (p. ex., certas vespas parasitas e algumas cochonilhas Diaspididae) e está envolvida na indução de partenogênese. Há um caso intrigante envolvendo a vespa parasita *Asobara tabida* (Braconidae), no qual a eliminação de *Wolbachia* por antibióticos causa a inibição da produção de ovos, tornando as vespas inférteis. Tal infecção obrigatória com *Wolbachia* também ocorre nos nematódeos filariais (seção 15.3.6) e em percevejos *Cimex lectularius*.

5.11 CONTROLE FISIOLÓGICO DA REPRODUÇÃO

O início e o término de alguns eventos reprodutivos na maioria das vezes dependem de fatores ambientais, tais como temperatura, umidade, fotoperíodo ou disponibilidade de alimento ou um local de oviposição adequado. Além disso, essas influências externas podem ser modificadas por fatores internos como a condição nutricional e o estado de maturação dos oócitos. A cópula também pode ativar o desenvolvimento dos oócitos, a oviposição e a inibição da receptividade sexual na fêmea por meio de enzimas ou peptídios transferidos para o trato reprodutor da fêmea, nas secreções das glândulas acessórias dos machos (Boxe 5.6). A fecundação depois da cópula normalmente inicia a embriogênese pela ativação do ovo (Capítulo 6). A regulação da reprodução é complexa e envolve receptores sensoriais, transmissão neuronal e integração das mensagens no cérebro, bem como mensageiros químicos (hormônios) transportados na hemolinfa ou pelos axônios neuronais para os tecidos-alvo ou para outras glândulas endócrinas. Certas partes do sistema nervoso, em particular células neurossecretoras no cérebro, produzem neuro-hormônios ou neuropeptídios (mensageiros proteináceos), além de também controlarem a síntese dos dois grupos de hormônios de insetos: os ecdisteroides e os hormônios juvenis (HJ). Discussões mais detalhadas sobre a regulação e a função de todos esses hormônios são fornecidas nos Capítulos 3 e 6. Os neuropeptídios, os hormônios esteroides e os HJ, todos, exercem papéis essenciais na regulação da reprodução, como resumido na Figura 5.13.

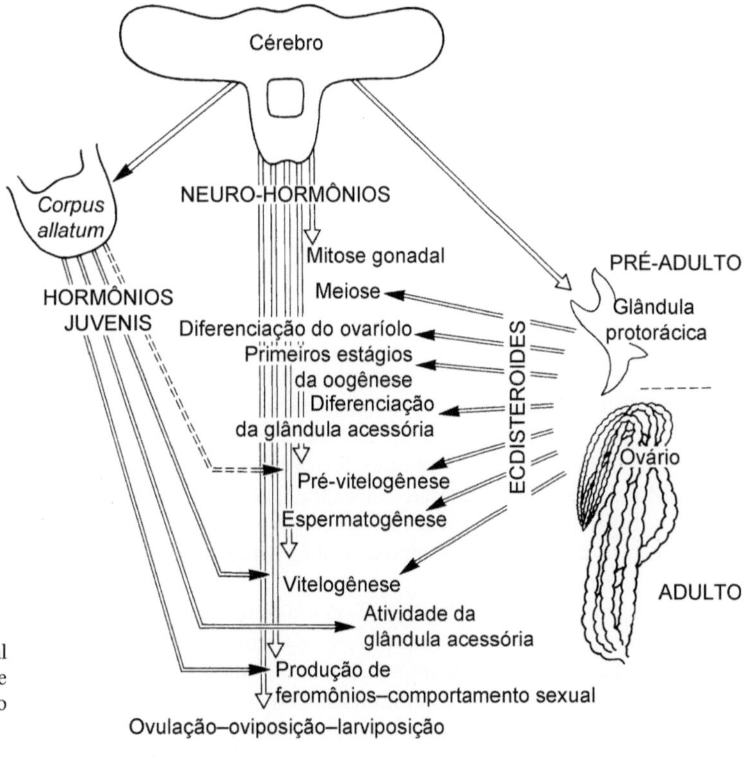

Figura 5.13 Diagrama esquemático da regulação hormonal dos eventos reprodutivos em insetos. A transição da produção de ecdisterona da glândula protorácica do pré-adulto para o ovário do adulto varia entre os táxons. (Segundo Raabe, 1986.)

Os hormônios juvenis e/ou ecdisteroides são essenciais para a reprodução, de modo que o HJ ativa principalmente o funcionamento de órgãos como o ovário, as glândulas acessórias e o corpo gorduroso, ao passo que os ecdisteroides influenciam a morfogênese e também as funções das gônadas. Os neuropeptídios desempenham vários papéis em diferentes estágios da reprodução (ver Tabela 3.1), já que eles regulam a função endócrina (por meio dos *corpora allata* e das glândulas protorácicas) e também influenciam diretamente eventos reprodutivos, em especial a ovulação e a oviposição ou larviposição.

5.11.1 Vitelogênese e sua regulação

No ovário, tanto as células nutrizes (ou trofócitos) quanto as células dos folículos ovarianos estão associadas aos oócitos (seção 3.8.1). Essas células passam nutrientes para os oócitos em crescimento. O período relativamente lento de crescimento dos oócitos é seguido por um período de rápida deposição de vitelo, ou **vitelogênese**, que ocorre principalmente no oócito terminal de cada ovaríolo e leva à produção de ovos completamente desenvolvidos. As vitelogeninas, lipoglicoproteínas específicas das fêmeas, são sintetizadas principalmente pelo corpo gorduroso, sob controle do HJ. Após a migração através da hemolinfa e entrada nos oócitos por endocitose, essas proteínas são chamadas de vitelinas e sua estrutura química pode diferir levemente daquela das vitelogeninas. Corpos de lipídios – a maioria triglicerídios das células foliculares, células nutrizes ou corpo gorduroso – também são depositados no oócito em crescimento.

A vitelogênese foi uma área favorecida de pesquisa sobre os hormônios de insetos porque é acessível à manipulação experimental com hormônios fornecidos artificialmente, e a análise é facilitada pelas grandes quantidades de vitelogeninas produzidas durante o crescimento dos ovos. A regulação da vitelogênese varia entre os táxons de insetos, de modo que o HJ dos *corpora allata*, os ecdisteroides das glândulas protorácicas ou do ovário e os neuro-hormônios cerebrais (neuropeptídios tais como o hormônio ecdisteroidogênico ovariano [OEH, *ovarian ecdysteroidogenic hormone*]) são considerados como indutores ou estimuladores da síntese de vitelogenina em variados graus, dependendo da espécie de inseto (Figura 5.13).

Em alguns insetos voadores (especificamente *Aedes aegypti*, um mosquito, e *Neobellieria bullata*, uma mosca), o desenvolvimento do ovo nos folículos ovarianos, no estágio pré-vitelogênico é inibido por antigonadotropinas. Essa inibição parece ser restrita aos insetos com oócitos que sofrem vitelogênese em diversos ciclos ovarianos. Os peptídios responsáveis por essa supressão eram conhecidos como hormônios oostáticos, mas agora são denominados fatores de modulação oostáticos de tripsina (TMOF, do inglês *trypsin-modulating oostatic factors*). Esses fatores são sintetizados no ovário ou tecido neurossecretor associado ao ovário. Suas ações dependem da inibição da síntese de enzimas proteolíticas ("modulação por tripsina") e, portanto, da inibição da digestão de sangue no intestino médio, que por sua vez impede o ovário de acumular vitelogenina a partir da hemolinfa, restringindo, assim, o desenvolvimento ovariano. Esses efeitos fisiológicos têm levado à consideração do uso de tais peptídios como candidatos para o controle de insetos hematófagos.

A vitelogênese é controlada pelo HJ na maioria dos insetos estudados, mas estamos nos tornando cada vez mais cientes do papel dos ecdisteroides e dos neuropeptídios, um grupo de proteínas para as quais a regulação reprodutiva é apenas uma de uma série de funções no corpo dos insetos (ver Tabela 3.1).

Leitura sugerida

Austin, A.D. & Browning, T.O. (1981) A mechanism for movement of eggs along insect ovipositors. *International Journal of Insect Morphology and Embryology* **10**, 93–108.

Avila, F.W., Sirot, L.K., LaFlamme, B.A., Rubinstein, C.D. & Wolfner, M.F. (2011) Insect seminal fluid proteins: identification and function. *Annual Review of Entomology* **56**, 21–40.

Chapman, R.F. (2013) *The Insects. Structure and Function*, 5th edn. (eds. S.J. Simpson & A.E. Douglas), Cambridge University Press, Cambridge. [Ver, particularmente, os Capítulos 12 e 13.]

Chippindale, A.K. (2013) Evolution: sperm, cryptic choice, and the origin of species. *Current Biology* **23**(19), R885–7.

Choe, J.C. & Crespi, B.J. (eds.) (1997) *The Evolution of Mating Systems in Insects and Arachnids*. Cambridge University Press, Cambridge.

Clark, K.E., Hartley, S.E. & Johnson, S.N. (2011) Does mother know best? The preference–performance hypothesis and parent–offspring conflict in aboveground–belowground herbivore life cycles. *Ecological Entomology* **36**, 117–24.

Eberhard, W.G. (1994) Evidence for widespread courtship during copulation in 131 species of insects and spiders, and implications for cryptic female choice. *Evolution* **48**, 711–33.

Eberhard, W.G. (2004) Male–female conflict and genitalia: failure to confirm predictions in insects and spiders. *Biological Reviews* **79**, 121–86.

Emlen, D.F.J. (2001) Costs and diversification of exaggerated animal structures. *Science* **291**, 1534–6.

Emlen, D.F. (2008) The evolution of animal weapons. *Annual Review of Ecology, Evolution and Systematics* **39**, 387–413.

Encalada, A.C. & Peckarsky, B.L. (2007) A comparative study of the costs of alternative mayfly oviposition behaviors. *Behavioral Ecology and Sociobiology* **61**, 1437–48.

Gwynne, D.T. (2008) Sexual conflict over nuptial gifts in insects. *Annual Review of Entomology* **53**, 83–101.

Han, C.S. & Jablonski, P.G. (2009) Female genitalia concealment promotes intimate male courtship in a water strider. *PLoS ONE* **4**(6), e5793. doi:10.1371/journal.pone.0005793.

Judson, O. (2002) *Dr Tatiana's Advice to All Creation. The Definitive Guide to the Evolutionary Biology of Sex*. Metropolitan Books, Henry Holt & Co., New York.

Mikkola, K. (1992) Evidence for lock-and-key mechanisms in the internal genitalia of the *Apamea* moths (Lepidoptera, Noctuidae). *Systematic Entomology* **17**, 145–53.

Normark, B.B. (2003) The evolution of alternative genetic systems in insects. *Annual Review of Entomology* **48**, 397–423.

Peckarsky, B.L., Encalada, A.C. & Macintosh, A.R. (2012) Why do vulnerable mayflies thrive in trout streams? *American Entomologist* **57**, 152–64.

Rabeling, C. & Kronauer, D.J.C. (2013) Thelytokous parthenogenesis in eusocial Hymenoptera. *Annual Review of Entomology* **58**, 273–92.

Resh, V.H. & Cardé, R.T. (eds.) (2009) *Encyclopedia of Insects*, 2nd edn. Elsevier, San Diego, CA. [Veja, particularmente, os artigos sobre comportamentos de acasalamento; partenogênese; poliembrionia; comportamento de *puddling*; e os quatro capítulos sobre reprodução; determinação sexual; seleção sexual; *Wolbachia*.]

Ross, L., Penn, I. & Shuker, D.M. (2010) Genomic conflict in scale insects: the causes and consequences of bizarre genetic systems. *Biological Reviews* **85**, 807–28.

Saridaki, A. & Bourtzis, K. (2010) *Wolbachia*: more than just a bug in insect genitals. *Current Opinion in Microbiology* **13**, 67–72.

Simmons, L.W. (2001) *Sperm Competition and its Evolutionary Consequences in the Insects*. Princeton University Press, Princeton, NJ.

Simmons, L.W. (2014) Sexual selection and genital evolution. *Austral Entomology* **53**, 1–17.

Siva-Jothy, M.T. (2006) Trauma, disease and collateral damage: conflict in mirids. *Philosophical Transactions of the Royal Society B* **361**, 269–75.

Sota, T. & Kubota, K. (1998) Genital lock-and-key as a selective agent against hybridization. *Evolution* **52**, 1507–13.

Werren, J.H., Baldo, L. & Clark, M.E. (2008) *Wolbachia*: master manipulators of invertebrate biology. *Nature Reviews Microbiology* **6**, 741–51.

Wilder, S.M., Rypstra, A.L. & Elgar, M.A. (2009) The importance of ecological and phylogenetic conditions for the occurrence and frequency of sexual cannibalism. *Annual Review of Entomology* **40**, 21–39.

Vahed, K. (2007) All that glitters is not gold: sensory bias, sexual conflict and nuptial feeding in insects and spiders. *Ethology* **113**, 105–27.

Capítulo 6

Desenvolvimento e Ciclo de Vida dos Insetos

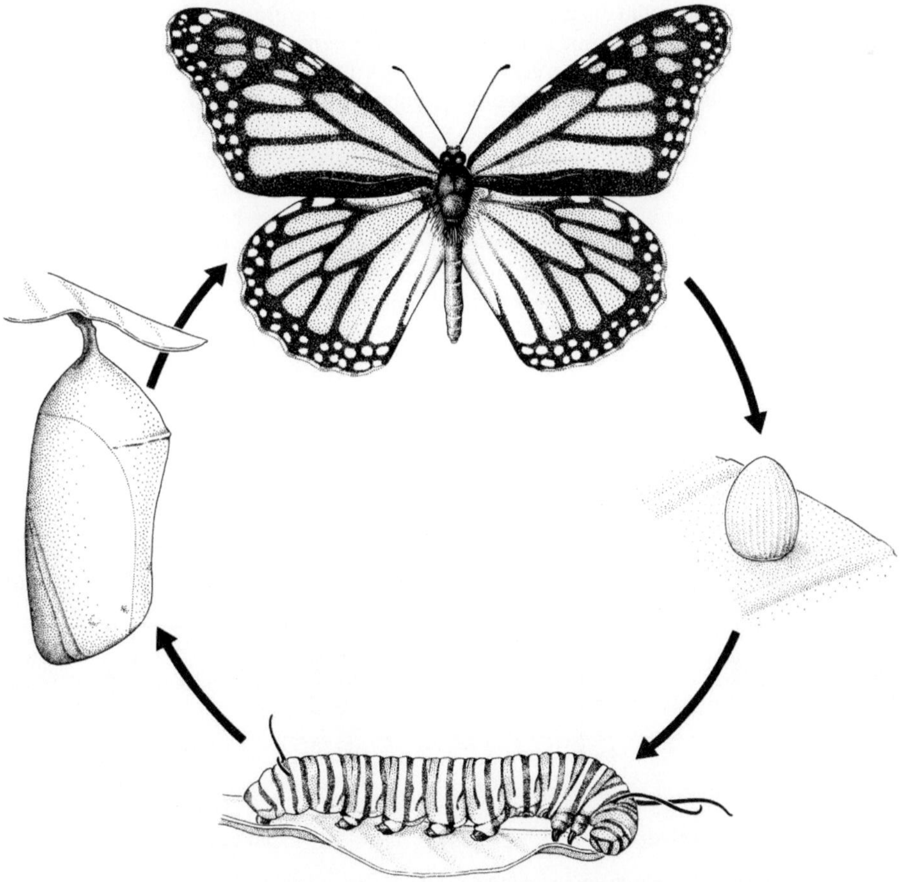

Fases do ciclo de vida da borboleta-monarca, *Danaus plexippus*. (Segundo fotografias de P.J. Gullan.)

Neste capítulo, discutimos o padrão de crescimento desde o ovo até a fase adulta – a ontogenia – e os ciclos de vida dos insetos. São abordadas as várias fases do crescimento desde o ovo, passando pelo desenvolvimento do imaturo, até a emergência do adulto. Novos conhecimentos moleculares sobre o desenvolvimento embriológico dos insetos são discutidos no Boxe 6.1. Nós discutimos a importância de diferentes tipos de metamorfose e sugerimos que a metamorfose completa reduz a competição entre jovens e adultos da mesma espécie, ao fornecer uma diferenciação ecológica clara entre o estágio imaturo e o adulto. Entre os diferentes aspectos dos ciclos de vida abordados estão voltinismo, estágios de repouso, coexistência de diferentes formas dentro de uma mesma espécie, migração, determinação da idade, alometria, e efeitos genéticos e ambientais no desenvolvimento. Nós incluímos um quadro sobre um método de calcular a idade fisiológica, ou dia-graus (grau-dias) (Boxe 6.2). A influência de fatores ambientais – como temperatura, fotoperíodo, umidade, toxinas e interações bióticas – sobre características do ciclo de vida é vital para qualquer pesquisa entomológica aplicada. Do mesmo modo, o conhecimento sobre o processo e a regulação hormonal da muda é fundamental para o controle dos insetos.

As características do ciclo de vida dos insetos são muito diversas e a variabilidade e amplitude de estratégias, observadas em muitos táxons superiores, sugerem que essas características são altamente adaptativas. Por exemplo, diversos fatores ambientais desencadeiam o fim da dormência dos ovos de diferentes espécies de *Aedes*, embora as espécies desse gênero sejam proximamente aparentadas. Contudo, as restrições filogenéticas, tais como o número restrito de instares de Nepoidea (ver Boxe 5.8), sem dúvida exercem um papel na evolução dos ciclos de vida nos insetos.

Portanto, este capítulo descreve os padrões de crescimento e desenvolvimento dos insetos e explora as várias influências ambientais, incluindo as hormonais, sobre crescimento, desenvolvimento e ciclos de vida. Nós não temos a intenção de tentar explicar por que diferentes insetos são como são, ou seja, como sua morfologia evoluiu para produzir as diferenças observáveis na forma do corpo entre as espécies e táxons superiores. No entanto, avanços recentes na biologia do desenvolvimento (**evo-devo**) proporcionaram um arcabouço de mecanismos para ajudar a explicar a evolução da diversidade morfológica. Pesquisas com espécies de *Drosophila*, para as quais tanto o genoma quanto o padrão de desenvolvimento são relativamente bem conhecidos, demonstraram que: "(i) a forma evoluiu em grande parte alterando a expressão de proteínas funcionalmente conservadas; e (ii) tais mudanças ocorrem, em grande parte, por meio de mutações nas sequências reguladoras *cis* de *loci* pleiotrópicos reguladores de desenvolvimento e de genes-alvo presentes nas vastas redes que eles controlam." (Carroll, 2008: 3). Por exemplo, as proteínas Hox de artrópodes têm sequências altamente conservadas em todos os grupos, porém sua expressão varia substancialmente entre os táxons principais (Boxe 6.1). No nível de espécie, diferenças na morfologia (tais como os distintos padrões de pigmentação das asas e abdome de moscas adultas de espécies aparentadas de *Drosophila*) podem ser explicadas por intermédio de mudanças nas **sequências reguladoras** que controlam a expressão de genes que codificam para pigmentação. Informações mais detalhadas sobre a genética da evolução morfológica estão além do escopo de um livro-texto de entomologia, e nós encaminhamos os leitores interessados ao Boxe 6.1 e aos artigos listados na seção de Leitura sugerida no final deste capítulo.

6.1 CRESCIMENTO

O crescimento dos insetos é descontínuo, pelo menos para as partes cuticulares esclerotizadas do corpo, porque a cutícula rígida limita a expansão. O aumento de tamanho ocorre por **muda** – formação periódica de uma nova cutícula de maior área superficial – e subsequente **ecdise**, o abandono da cutícula velha. Então, para os segmentos do corpo e apêndices portadores de escleritos, o aumento nas dimensões corporais está confinado ao período pós-muda imediatamente posterior à muda, antes que a cutícula endureça (seção 2.1). Assim, a cápsula cefálica esclerotizada de uma larva de besouro ou mariposa aumenta suas dimensões de uma maneira saltatória (em grandes incrementos) durante o desenvolvimento, ao passo que a natureza membranosa da cutícula do corpo permite ao corpo larval crescer mais ou menos continuamente.

Os estudos sobre o desenvolvimento de insetos envolvem dois componentes do crescimento. O primeiro, o **incremento da muda**, é o aumento de tamanho que acontece entre um **instar** (estágio de crescimento, ou a forma do inseto entre duas mudas sucessivas) e o próximo. Em geral, o aumento de tamanho é medido como o aumento em uma única dimensão (comprimento ou largura) de alguma parte esclerotizada do corpo, em vez de um aumento no peso, que pode ser enganoso em razão da variabilidade na obtenção de água e alimento. O segundo componente do crescimento é o **período intermudas**, ou intervalo, mais conhecido como **estágio** ou duração do instar, definido como o tempo entre duas mudas sucessivas ou, mais precisamente, entre duas ecdises sucessivas (Figura 6.1 e seção 6.3). A magnitude tanto dos aumentos como dos períodos intermudas pode ser afetada por suprimento de alimento, temperatura, densidade larval e danos físicos (tais como perda de apêndices) (seção 6.10), e pode diferir entre os sexos de uma espécie.

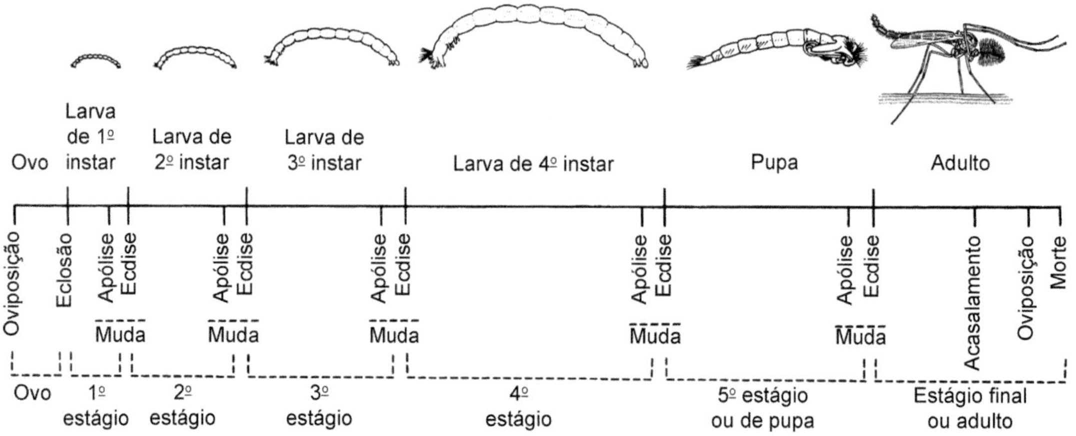

Figura 6.1 Diagrama esquemático do ciclo de vida de um mosquito não hematófago (Diptera: Chironomidae, *Chironomus*), mostrando os diversos eventos e estágios do desenvolvimento dos insetos.

Nos colêmbolos, dipluros e insetos apterigotos, o crescimento é **indeterminado** – os animais continuam a fazer mudas até morrerem. Não há uma muda terminal definitiva em tais animais, mas eles não continuam a crescer em tamanho por toda sua vida adulta. Na vasta maioria dos insetos, o crescimento é **determinado**, uma vez que há um instar em especial que marca o fim do crescimento e das mudas. Todos os insetos com crescimento determinado se tornam reprodutivamente maduros nesse instar final, denominado instar adulto ou imaginal. Esse indivíduo reprodutivamente maduro é chamado de adulto ou **imago**. Na maioria das ordens de insetos, ele é completamente alado, embora já tenha ocorrido perda secundária de asas de maneira independente em adultos de vários grupos, tais como piolhos, pulgas, certas moscas parasitas e nas fêmeas adultas de todas as cochonilhas (Hemiptera: Coccoidea). Em apenas uma ordem de insetos, os Ephemeroptera ou efêmeras, um instar subimaginal precede imediatamente o instar final ou imaginal. Esse **subimago**, embora capaz de voar, apenas raramente é reprodutivo. Nos poucos grupos de Ephemeroptera, em que a fêmea copula como um subimago, ela morre sem fazer a muda para um imago, de maneira que o instar subimaginal é na verdade o estágio final do crescimento.

Em alguns táxons de pterigotos, o número total de estágios de crescimento ou instares pré-adultos pode variar em uma espécie dependendo de condições ambientais, tais como a temperatura durante o desenvolvimento, dieta e densidade larval. Em muitas outras espécies, o número total de instares (embora não necessariamente o tamanho final do adulto) é geneticamente determinado e constante, independentemente das condições ambientais.

6.2 PADRÕES E FASES DO CICLO DE VIDA

O crescimento é uma parte importante da **ontogenia** de um indivíduo, a história do desenvolvimento daquele organismo desde o ovo até o adulto. Igualmente importantes são as mudanças, tanto sutis quanto dramáticas, que acontecem na forma do corpo conforme os insetos sofrem mudas e crescem. As mudanças na forma (morfologia) durante a ontogenia afetam tanto as estruturas externas quanto os órgãos internos, mas apenas as mudanças externas são aparentes em cada muda. Três grandes padrões de mudança morfológica do desenvolvimento durante a ontogenia podem ser distinguidos com base no grau de alteração externa que ocorre nas fases pós-embrionárias do desenvolvimento.

O padrão de desenvolvimento básico (primitivo), **ametabolia**, é aquele no qual o recém-nascido emerge do ovo em uma forma que essencialmente se parece com um adulto em miniatura, faltando apenas a genitália. Esse padrão é retido pelas ordens primitivamente ápteras, Archaeognatha (traças-saltadoras; Taxoboxe 2) e Zygentoma (traças-do-livro; Taxoboxe 3) nas quais os adultos continuam a mudar depois da maturidade sexual. Por outro lado, todos os insetos pterigotos (alados) (seção 7.4.2) passam por mudança na forma, uma **metamorfose**, entre a fase imatura do desenvolvimento e o adulto ou fase de imago alada ou secundariamente áptera. O desenvolvimento de pterigotos pode ser subdividido em **hemimetabolia** (metamorfose parcial ou incompleta; Figura 6.2) e **holometabolia** (metamorfose completa; Figura 6.3 e abertura deste capítulo, que mostra o ciclo de vida de uma borboleta-monarca).

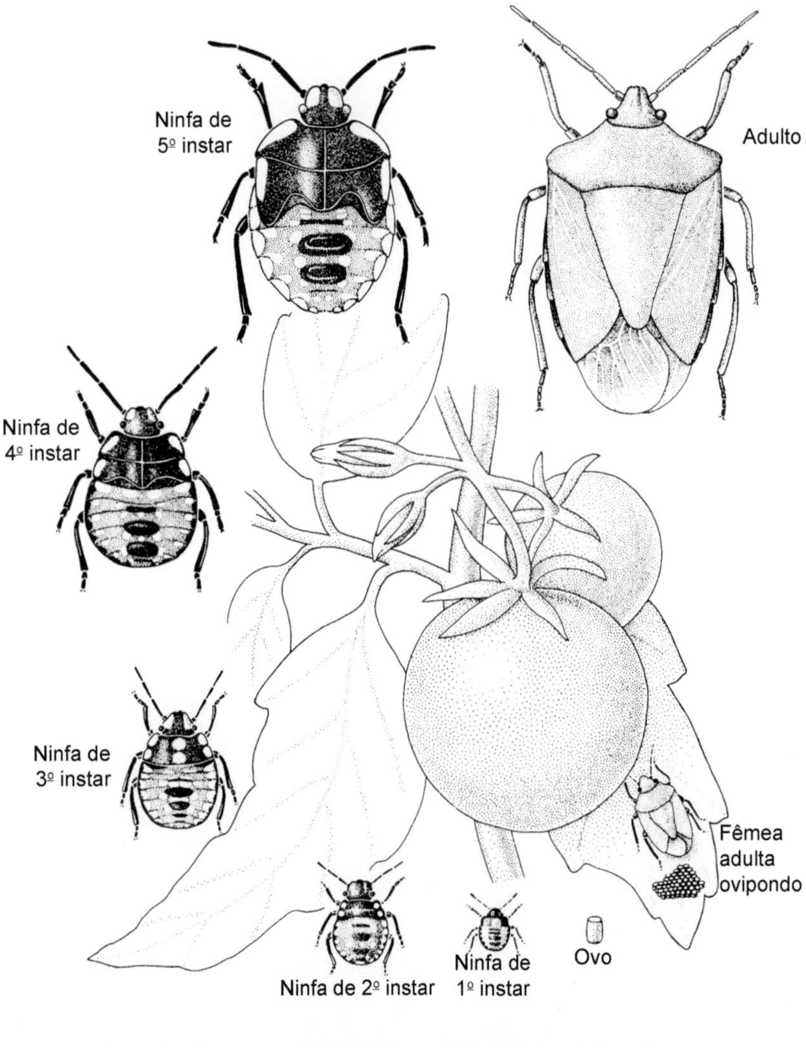

Figura 6.2 Ciclo de vida de um inseto hemimetábolo, a maria-fedida verde, *Nezara viridula* (Hemiptera: Pentatomidae), mostrando os ovos, as ninfas dos cinco instares, e o inseto adulto em um tomateiro. Esse inseto cosmopolita e polífago é uma importante praga mundial de culturas de alimentos e fibras. (Segundo Hely *et al.*, 1982.)

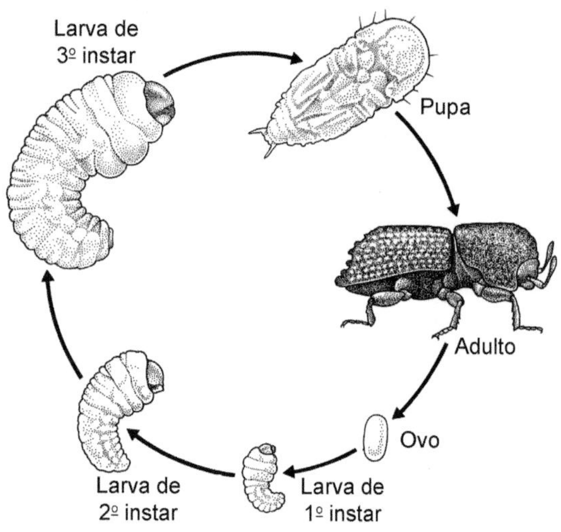

Figura 6.3 Ciclo de vida de um inseto holometábolo, o besouro escolitíneo *Ips grandicollis* (Coleoptera: Curculionidae: Scolytinae), mostrando o ovo, os três instares larvais, a pupa e o besouro adulto. (Segundo Johnson & Lyon, 1991.)

As asas em desenvolvimento são visíveis em bainhas externas na superfície dorsal das ninfas de insetos hemimetábolos, exceto nos instares imaturos mais novos. O termo exopterigoto foi empregado a esse tipo de crescimento "externo" das asas. No passado, as ordens de insetos com desenvolvimento hemimetábolo e exopterigoto eram agrupadas em "Hemimetabola" (também chamado de Exopterygota), mas esse grupo agora é reconhecido referindo-se a um nível de organização em vez de uma unidade filogenética monofilética, ou clado (seção 7.1.1). Por outro lado, as ordens pterigotas que apresentam desenvolvimento holometábolo compartilham a inovação evolutiva de um estágio de repouso ou instar de pupa, no qual é concentrado o desenvolvimento das grandes diferenças estruturais entre os estágios imaturo (larval) e adulto. Todos os insetos que compartilham esse padrão de desenvolvimento derivado singular representam um clado chamado de Endopterygota ou Holometabola. Em muitos Holometabola, a expressão de todas as características adultas é retardada até o estágio de pupa; contudo, nos táxons mais derivados, incluindo *Drosophila*, estruturas unicamente adultas incluindo as asas podem estar presentes internamente nas larvas como grupos de células não diferenciadas (ou *primordia*) chamados de discos imaginais (ou brotos) (Figura 6.4). Tal desenvolvimento das asas é denominado endopterigoto porque as asas se desenvolvem a partir de primórdios em bolsos invaginados do tegumento e são evertidas apenas na muda larva-pupa.

A holometabolia permite que os estágios imaturo e adulto de um inseto se especializem em diferentes recursos, contribuindo, de maneira inequívoca, para a radiação bem-sucedida do grupo (ver seção 8.5).

6.2.1 Fase embrionária

O estágio de ovo começa tão logo a fêmea deposite o ovo maduro. Por motivos práticos, a idade de um ovo é estimada a partir do momento de sua deposição, apesar de o ovo existir antes da oviposição. O começo do estágio de ovo, contudo, não precisa marcar

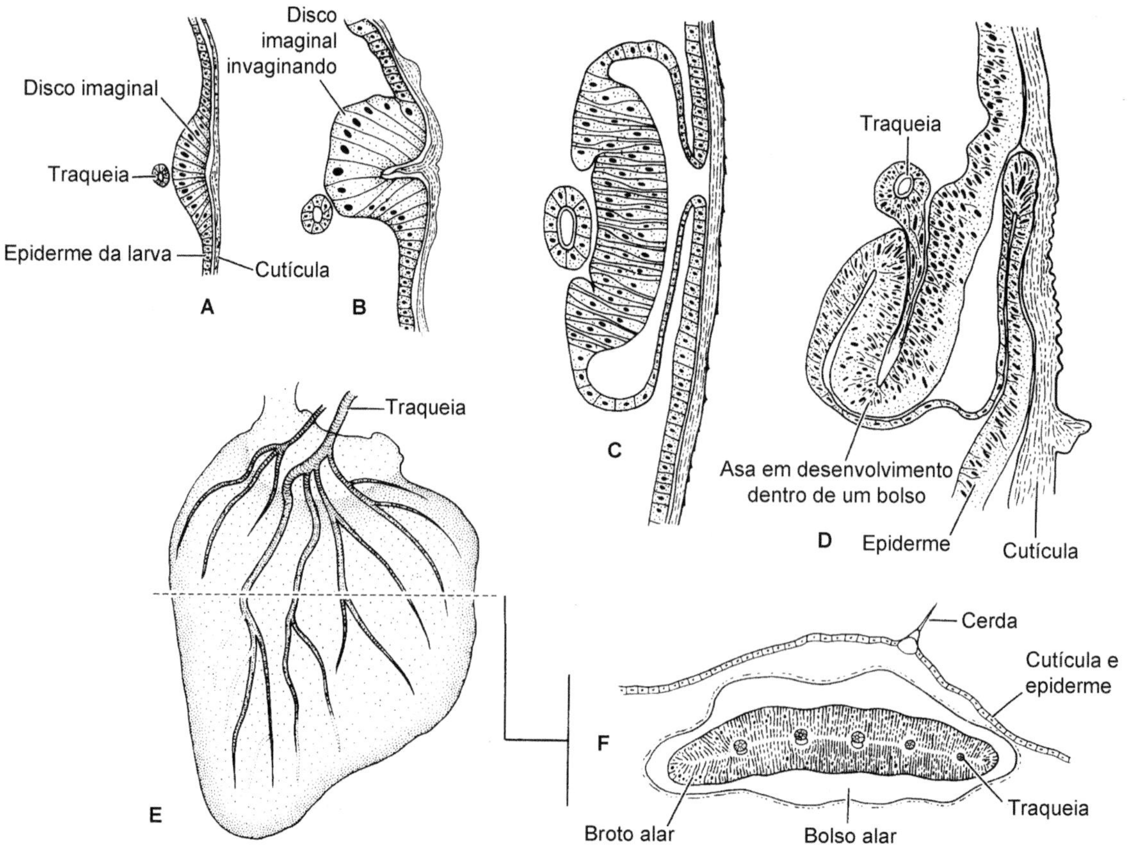

Figura 6.4 Estágios do desenvolvimento das asas da borboleta-branca do repolho, *Pieris rapae* (Lepidoptera: Pieridae). Um disco imaginal da asa em: **A.** uma larva de primeiro instar; **B.** uma larva de segundo instar; **C.** uma larva de terceiro instar; **D.** uma larva de quarto instar. O broto alar, na forma como ele aparece: **E.** se dissecado de dentro do bolso alar; **F.** em secção transversal em uma larva de quinto instar. (**A-E.** Segundo Mercer, 1900.)

o começo da ontogenia de um inseto individual, que pode na verdade começar quando o desenvolvimento embrionário dentro do ovo é desencadeado por ativação. A ativação normalmente resulta da fecundação em insetos com reprodução sexuada, mas em espécies partenogenéticas parece ser induzida por vários eventos na oviposição, incluindo a entrada de oxigênio no ovo ou distorção mecânica.

Seguindo a ativação da célula-ovo do inseto, o núcleo do zigoto se subdivide por divisão mitótica para produzir muitos núcleos filhos, dando origem a um sincício. Esses núcleos e o citoplasma que os cerca, chamados de enérgides, migram para a periferia do ovo, onde a membrana se dobra para dentro, levando à "celularização" da camada superficial para formar a blastoderme com uma única camada de células. Essa clivagem superficial distintiva durante a embriogênese inicial nos insetos é resultado da grande quantidade de vitelo no ovo. A blastoderme geralmente dá origem a todas as células do corpo larval, ao passo que a parte central do ovo, repleta de vitelo, fornece a nutrição para o embrião em desenvolvimento e é usada até o momento da eclosão, ou emergência a partir do ovo.

A diferenciação regional da blastoderme leva à formação do disco germinativo (Figura 6.5A), que é o primeiro sinal do embrião em desenvolvimento, ao passo que o restante da blastoderme torna-se uma membrana fina, a serosa, ou o envoltório embrionário. Em seguida, o disco germinativo desenvolve uma invaginação em um processo denominado gastrulação (Figura 6.5B) e submerge para dentro do vitelo, formando um embrião com duas camadas contendo a cavidade amniótica (Figura 6.5C). Depois da gastrulação, o disco germinativo se torna a banda germinativa, que é externamente caracterizada pela organização segmentada (começando na Figura 6.5D com a formação do protocéfalo). A banda germinativa forma, essencialmente, as regiões ventrais do futuro corpo, o qual progressivamente se diferencia, com cabeça, segmentos corporais e apêndices ficando cada vez mais bem definidos (Figura 6.5E-G). Nesse momento, o embrião passa por um movimento chamado de catatrepsia, que o leva à sua posição final no ovo. Mais tarde, perto do fim da embriogênese (Figura 6.5H,I), as bordas da banda germinativa crescem sobre o vitelo restante e se fundem no meio do dorso para formar as partes lateral e dorsal do inseto: um processo chamado de fechamento dorsal.

Na bem estudada *Drosophila*, o embrião completo é grande e se torna segmentado no estágio de celularização, chamado de "gérmen longo" (como na maioria dos Diptera, Coleoptera e Hymenoptera estudados). Esse gérmen longo contém os *primordia* (rudimentos) de todos os segmentos que irão formar o embrião. Por outro lado, nos insetos de "gérmen curto" (tais como os gafanhotos e o besouro *Tribolium*) o embrião deriva de apenas uma pequena região da blastoderme e o gérmen curto forma principalmente somente as partes anteriores da cabeça, com os segmentos posteriores adicionados após a celularização, durante o crescimento subsequente. Nos insetos de "gérmen intermediário" (tais quais alguns Odonata e grilos), a banda do gérmen se forma a partir de duas agregações de células ventrolaterais, as quais se fundem ventralmente para se tornar os primórdios da cabeça e do tórax, com segmentos abdominais

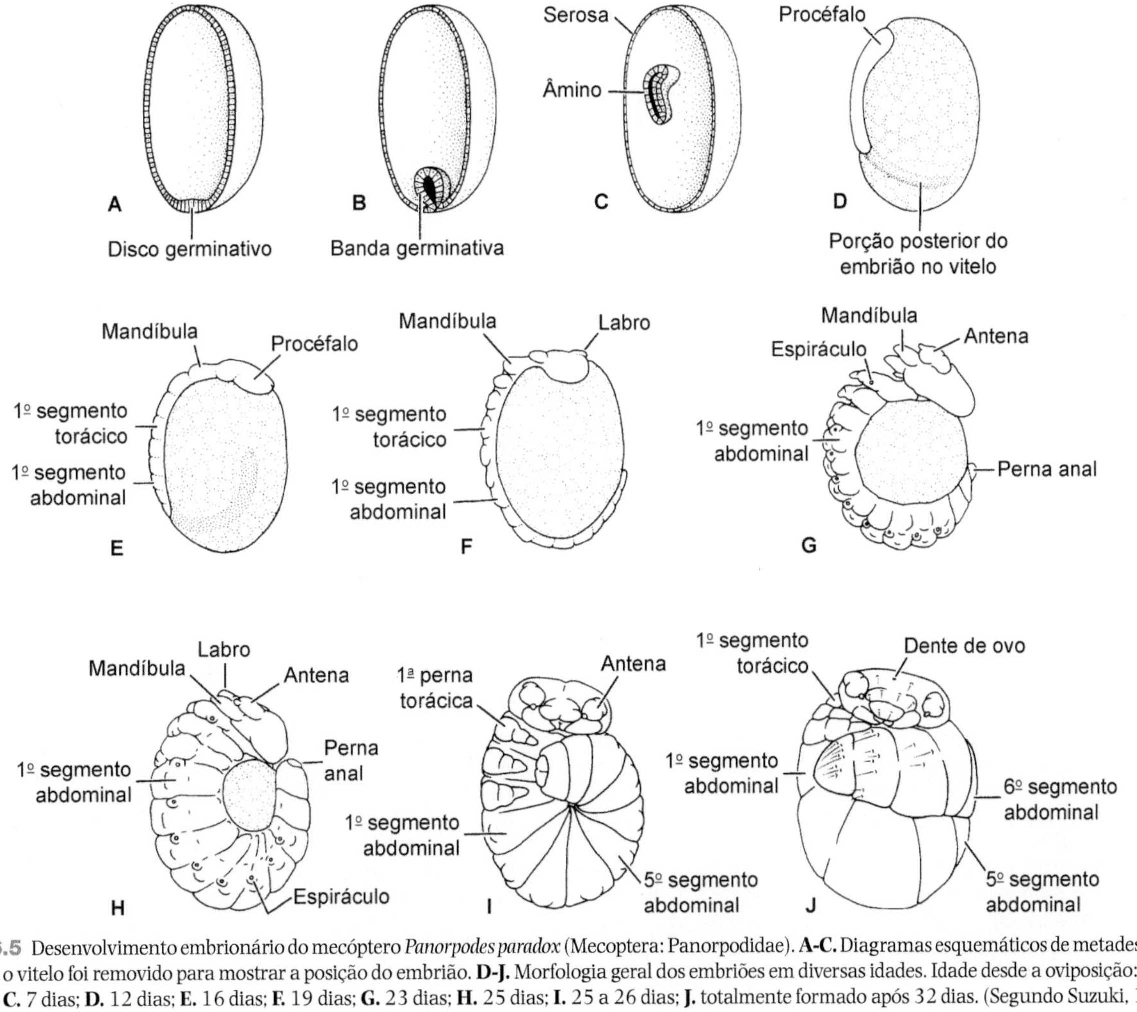

Figura 6.5 Desenvolvimento embrionário do mecóptero *Panorpodes paradox* (Mecoptera: Panorpodidae). **A-C.** Diagramas esquemáticos de metades de ovos, dos quais o vitelo foi removido para mostrar a posição do embrião. **D-J.** Morfologia geral dos embriões em diversas idades. Idade desde a oviposição: **A.** 32 h; **B.** 2 dias; **C.** 7 dias; **D.** 12 dias; **E.** 16 dias; **F.** 19 dias; **G.** 23 dias; **H.** 25 dias; **I.** 25 a 26 dias; **J.** totalmente formado após 32 dias. (Segundo Suzuki, 1985.)

brotando mais tarde, como nos insetos de gérmen curto. No embrião de "gérmen longo" em desenvolvimento, a fase sincicial é seguida por uma intrusão da membrana celular para formar a fase de blastoderme.

A especialização funcional de células e tecidos ocorre durante o período anteriormente mencionado do desenvolvimento embrionário, de modo que no momento da eclosão (Figura 6.5J) o embrião é um pequeno protoinseto comprimido dentro de uma casca de ovo. Nos insetos ametábolos e hemimetábolos, esse estágio pode ser reconhecido como uma pró-ninfa: um estágio especial que emerge do ovo (seção 8.5). Processos moleculares do desenvolvimento envolvidos em organizar a polaridade e a diferenciação de áreas do corpo, incluindo a segmentação, são examinados no Boxe 6.1.

Boxe 6.1 Descobertas moleculares sobre o desenvolvimento dos insetos

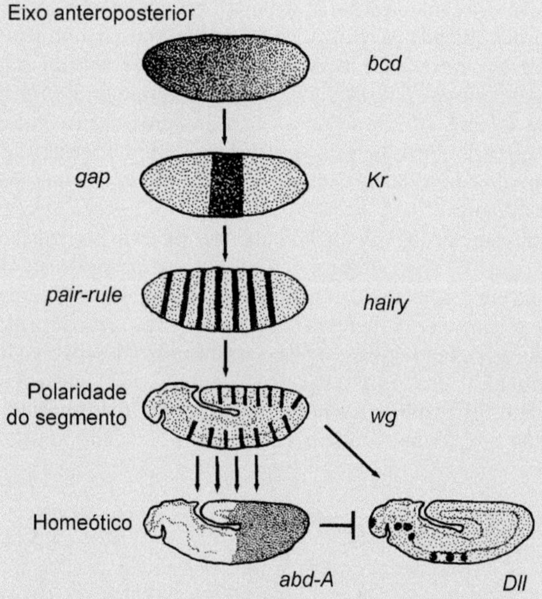

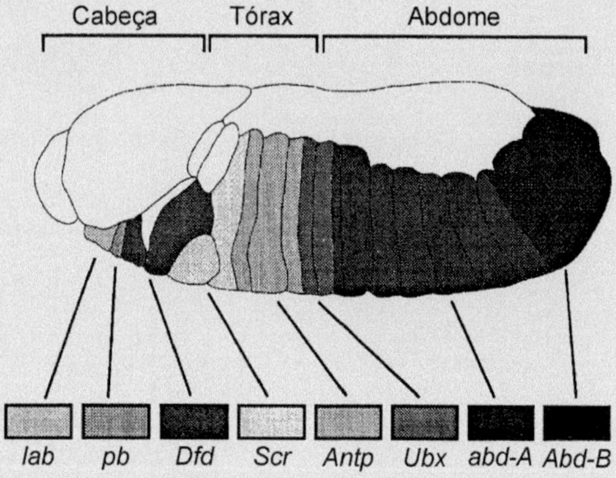

A formação de segmentos no início do desenvolvimento embrionário de *Drosophila* é mais bem conhecida do que qualquer outro processo complexo de desenvolvimento. A segmentação é controlada por uma hierarquia de proteínas conhecidas como fatores de transcrição, as quais se ligam ao DNA e agem para aumentar ou reprimir a produção de mensagens específicas. Na ausência de uma mensagem, a proteína para a qual ela codifica não é produzida. Assim, os fatores de transcrição agem como interruptores moleculares, ligando e desligando a produção de proteínas específicas. Além de controlar os genes abaixo deles em hierarquia, muitos fatores de transcrição também agem em outros genes do mesmo nível, bem como regulando suas próprias concentrações. Os mecanismos e processos observados em *Drosophila* apresentam uma relevância muito maior, inclusive para o desenvolvimento dos vertebrados e a clonagem de genes humanos. Contudo, nós sabemos que *Drosophila* é uma mosca altamente derivada, que apresenta algumas mudanças muito recentes na transcrição quando comparada a outros insetos. Nesse sentido, o besouro castanho, *Tribolium castaneum*, incluindo estudos que utilizam a indução da perda de função por interferência de RNA (RNAi), é um popular modelo emergente para estudos de desenvolvimento de insetos holometábolos.

Durante a oogênese (seção 6.2.1) em *Drosophila*, os eixos anteroposterior e dorsoventral são estabelecidos pela localização dos RNAs mensageiros (mRNA) maternos ou de proteínas em posições específicas dentro do ovo. Por exemplo, os mRNAs dos genes *bicoid* (*bcd*) e *nanos* ficam localizados nas extremidades anterior e posterior do ovo, respectivamente. Na oviposição, essas mensagens são traduzidas e são produzidas proteínas que estabelecem gradientes de concentração por difusão a partir de cada extremidade do ovo. Esses gradientes de proteínas ativam ou inibem diferencialmente os genes mais baixos na hierarquia da segmentação do zigoto – como apresentado na figura superior (baseada em Nagy, 1998), com a hierarquia dos genes do zigoto à esquerda e os genes representativos à direita – como um resultado dos seus limiares diferenciais de ação. A primeira classe de genes do zigoto a ser ativada é a dos genes *gap*, por exemplo, *Kruppel* (*Kr*), que dividem o embrião em zonas largas, e parcialmente sobrepostas, anteroposteriores. As proteínas maternas e *gap* estabelecem um complexo de gradientes sobrepostos de proteínas que fornecem uma estrutura química que controla a expressão periódica (segmentada alternada) dos genes *pair-rule*. Por exemplo, a proteína *pair-rule hairy* é expressa em sete faixas ao longo do comprimento do embrião, enquanto ele ainda está no estágio sincicial. As proteínas *pair-rule*, junto com as proteínas produzidas pelos genes mais altos na hierarquia, ajudam então a regular os genes de polaridade da segmentação, os quais são expressos com periodicidade segmentar e representam o passo final na determinação da segmentação. Uma vez que há muitos membros das várias classes de genes de segmentação, cada linha de células no eixo anteroposterior deve conter uma combinação e concentração única dos fatores de transcrição que informa as células sobre sua posição ao longo do eixo anteroposterior.

Uma vez que o processo de segmentação está completo, é dada a cada segmento em desenvolvimento sua identidade única por meio dos genes homeóticos. Embora esses genes tenham sido descobertos primeiramente em *Drosophila*, desde então foi estabelecido que eles são muito antigos, e alguma forma ou vestígio de um subconjunto é encontrado em todos os animais multicelulares. Quando se percebeu isso, concordou-se que esse grupo de genes seria chamado de genes Hox, embora ambos os termos, homeóticos e Hox, estejam ainda em uso para o mesmo grupo de genes. Em muitos organismos, esses genes formam um único agrupamento em um único cromossomo, embora em *Drosophila* eles estejam organizados em dois agrupamentos, o complexo Antennapedia (Antp-C) anteriormente expresso e o complexo posteriormente expresso Bithorax (Bx-C). A composição desses agrupamentos em *Drosophila* é a seguinte (do anterior para o posterior): (Antp-C) – *labial* (*lab*), *proboscipedia* (*pb*), *Deformed* (*Dfd*), *Sex combs reduced* (*Scr*), *Antennapedia* (*Antp*); (Bx-C) – *Ultrabithorax* (*Ubx*), *abdominal-A* (*abd-A*) e *Abdominal-B* (*Abd-B*), como ilustrado na figura inferior de um embrião de *Drosophila*

(*continua*)

Boxe 6.1 Descobertas moleculares sobre o desenvolvimento dos insetos (*Continuação*)

(segundo Carroll, 1995; Purugganan, 1998). A conservação evolutiva dos genes Hox é impressionante não apenas por eles serem conservados em sua estrutura primária, mas também porque eles seguem a mesma ordem nos cromossomos e a sua ordem temporal de expressão e o limite anterior de expressão ao longo do corpo correspondem à sua posição cromossômica. Na figura inferior, a zona anterior de expressão de cada gene e a zona de expressão mais forte é mostrada (para cada gene, há uma zona de expressão mais fraca posteriormente); conforme cada gene é ligado, a produção de proteínas do gene anterior é reprimida.

A zona de expressão de um gene Hox particular pode ser morfologicamente muito diferente em organismos distintos, de modo que fica evidente que as atividades dos genes Hox demarcam posições relativas, mas não estruturas morfológicas particulares. Um único gene Hox pode regular diretamente ou indiretamente muitos alvos; por exemplo, *Ultrabithorax* regula cerca de 85 a 170 genes. Esses genes *downstream* podem operar em tempos diferentes e também exercem múltiplos efeitos (pleiotropia); por exemplo, *wingless* em *Drosophila* está envolvido sucessivamente em segmentação (embrião), formação dos túbulos de Malpighi (larva) e desenvolvimento das pernas e asas (larva-pupa).

Os limites da expressão de fatores de transcrição são locais importantes para o desenvolvimento de estruturas morfológicas distintas, tais como pernas, traqueias e glândulas salivares. Estudos sobre o desenvolvimento de pernas e asas revelaram algo sobre os processos envolvidos. As pernas surgem na intersecção entre a expressão de *wingless*, *engrailed* e *decapentaplegic* (dpp), uma proteína que ajuda a informar as células sobre sua posição no eixo dorsoventral. Sob a influência do mosaico único de gradientes criado por esses produtos gênicos, as células que formam os primórdios de pernas são estimuladas a expressar o gene *distal-less* (*Dll*), requerido para o crescimento proximodistal da perna. Uma vez que as células potencialmente formadoras de pernas estão presentes em todos os segmentos, assim como estão os gradientes indutores de pernas, o impedimento do crescimento delas nos segmentos inapropriados (p. ex., no abdome de *Drosophila*) deve envolver a repressão da expressão de *Dll* em tais segmentos. Em Lepidoptera, em que as falsas pernas abdominais tipicamente são encontradas do terceiro ao sexto segmentos abdominais, a expressão dos genes homeóticos é fundamentalmente similar a *Drosophila*. No início do desenvolvimento embrionário de Lepidoptera, *Dll* e *Antp* são expressos no tórax, como em *Drosophila*, com a expressão de *abd-A* sendo dominante nos segmentos abdominais, incluindo de 3 a 6, os quais são onde se espera o desenvolvimento das falsas pernas. Ocorre, então, uma mudança dramática, sendo que a proteína abd-A é reprimida nas células dos discos germinais das falsas pernas, seguida por uma ativação de *Dll* e uma regulação positiva da expressão de *Antp* conforme o disco cresce. Dois genes do complexo Bithorax (Bx-C), *Ubx* e *abd-A*, reprimem a expressão de *Dll* (e assim impedem a formação de pernas) no abdome de *Drosophila*. Assim, a expressão das falsas pernas no abdome das lagartas resulta da repressão das proteínas Bx-C, deixando de reprimir, dessa forma, *Dll* e *Antp* e assim permitindo a sua expressão nas células-alvo selecionadas, resultando no desenvolvimento das falsas pernas.

Existe uma condição de certa forma semelhante com relação às asas, em que a condição padrão é a presença em todos os segmentos torácicos e abdominais, sendo que a repressão dos genes Hox reduz o número a partir dessa condição padrão. No protórax, mostrou-se o gene homeótico *Scr* reprime o desenvolvimento de asas. Outros efeitos da expressão de *Scr* na parte posterior da cabeça, segmento labial e protórax parecem ser homólogos em muitos insetos, incluindo a migração ventral e fusão dos lobos labiais, especificação dos palpos labiais e desenvolvimento dos pentes sexuais nas pernas protorácicas dos machos. Mutação experimental que causa dano na expressão de *Scr* leva, entre outras deformidades, ao aparecimento de primórdios alares a partir de um grupo de células localizado dorsalmente junto à base das pernas protorácicas. Esses discos homeóticos mutantes de asas estão situados em uma região muito próxima da prevista por Kukalová-Peck a partir de evidências paleontológicas (seção 8.4, Figura 8.5B). Além disso, a condição aparentemente padrão (perda de repressão da expressão das asas) seria produzida em um inseto similar ao "protopterigoto" hipotético, com protoasas presentes em todos os segmentos.

Com relação às variações na expressão das asas vistas entre os pterigotos, a atividade de *Ubx* difere em *Drosophila* entre os discos imaginais meso e metatorácicos; o anterior produz uma asa, o posterior um halter. *Ubx* não é expresso no disco imaginal da asa (mesotorácico), mas é fortemente expresso no disco metatorácico, no qual sua atividade suprime a asa e promove a formação do halter. Contudo, em alguns não dípteros estudados, *Ubx* é expresso da mesma forma que em *Drosophila* – não no disco imaginal da asa anterior, mas fortemente no disco imaginal da asa posterior – apesar da formação de uma asa posterior completa como em borboletas e besouros. Assim, morfologias muito diferentes de asas parecem resultar da variação da resposta em cascata dos genes de padrões de asas regulados por *Ubx* em vez de um controle homeótico.

Claramente, ainda há muito para ser aprendido com relação à multiplicidade de resultados morfológicos que saem da interação dos genes Hox e suas interações em cascata junto com uma grande variedade de genes. É tentador relacionar grandes variações nas vias Hox com discrepâncias morfológicas associadas com categorias taxonômicas de nível alto (p. ex., classes animais), mudanças mais sutis na regulação dos Hox com níveis taxonômicos intermediários (p. ex., ordens/subordens) e mudanças nos genes regulatórios/funcionais da cascata talvez com a categoria de subordem/família. Apesar de algum progresso no caso de Strepsiptera (seção 7.4.2), tais relações simplistas entre algumas grandes características do desenvolvimento bem conhecidas e radiações taxonômicas podem não levar a um grande ganho de conhecimento sobre a macroevolução dos insetos no futuro imediato. Filogenias estimadas a partir de outras fontes de dados serão necessárias para ajudar a interpretar a importância evolutiva das mudanças homeóticas no futuro.

6.2.2 Fase larval ou ninfal

A fase que emerge do ovo pode ser uma pró-ninfa, ninfa ou larva: a eclosão convencionalmente marca o começo do primeiro estágio, quando se diz que o inseto jovem está no seu primeiro instar (Figura 6.1). Esse estágio termina na primeira ecdise, quando a cutícula antiga é abandonada para exibir o inseto no seu segundo instar. Seguem-se o terceiro e, com frequência, instares subsequentes. Assim, o desenvolvimento do inseto imaturo é caracterizado por mudas repetidas, separadas por períodos de alimentação, de modo que os insetos hemimetábolos geralmente passam por mais mudas para chegar à fase adulta do que os holometábolos.

Todos os insetos holometábolos imaturos são chamados de larvas. Insetos terrestres imaturos com desenvolvimento hemimetábolo, como baratas (Blattodea), gafanhotos e grilos (Orthoptera), louva-deus (Mantodea) e percevejos (Hemiptera), sempre são chamados de ninfas. Contudo, indivíduos imaturos de insetos hemimetábolos aquáticos (Odonata, Ephemeroptera e Plecoptera), embora possuam brotos alares externos pelo menos nos instares tardios, são também na maioria das vezes, mas incorretamente, chamados de larvas (ou algumas vezes de náiades). As larvas verdadeiras são bem diferentes da forma adulta final em todos os ínstares, ao passo que as ninfas se aproximam mais da aparência do adulto a cada muda sucessiva. As dietas e os hábitos de vida larvais são muito diferentes daqueles dos adultos. Já as ninfas com frequência comem o mesmo alimento e coexistem com os adultos de suas espécies. A competição, portanto, é rara entre larvas e seus adultos, mas é provável que seja predominante entre ninfas e seus adultos.

A grande variedade de larvas endopterigotas pode ser classificada em poucos tipos funcionais, em vez de filogenéticos. Com frequência, o mesmo tipo larval ocorre convergentemente em ordens não relacionadas. As três formas mais comuns são as larvas polípodes, oligópodes e ápodes (Figura 6.6). As lagartas de Lepidoptera (Figura 6.6A,B) são larvas polípodes características, com corpos cilíndricos, pernas torácicas curtas e falsas-pernas abdominais (pseudópodes). Os Hymenoptera Symphyta (Figura 6.6C) e muitos Mecoptera também têm larvas polípodes. Essas larvas são um tanto quanto inativas e, em geral, fitófagas. Larvas oligópodes (Figura 6.6D-F) não têm as falsas pernas abdominais, mas têm pernas torácicas funcionais e frequentemente peças bucais prognatas. Muitas são predadores ativos, mas outras são detritívoros com movimentação lenta, vivendo no solo, ou são fitófagas. Esse tipo larval ocorre em pelo menos alguns membros da maioria das ordens de insetos, mas não em Lepidoptera, Mecoptera, Siphonaptera, Diptera ou Strepsiptera. Larvas ápodes (Figura 6.6G-I) não têm pernas verdadeiras e geralmente são vermiformes, vivendo no solo, na lama, no esterco, em material animal ou vegetal em decomposição ou dentro do corpo de outros organismos como parasitoides (Capítulo 13). Os Siphonaptera, Hymenoptera aculeados, Diptera nematóceros e muitos Coleoptera apresentam tipicamente larvas ápodes com uma cabeça bem desenvolvida. Nas larvas dos Diptera Brachycera, os ganchos bucais podem ser a única evidência de uma região cefálica. A larva ápode vermiforme de algumas moscas e vespas parasitas e indutoras de galhas têm estruturas externas muito reduzidas e são difíceis de serem identificadas quanto à ordem, mesmo para um entomólogo especialista. Além disso, as larvas dos primeiros instares de algumas vespas parasitas se parecem com um embrião nu, mas mudam para uma larva ápode típica em ínstares subsequentes.

Uma grande mudança na forma durante a fase larval, tal como diferentes tipos larvais em diferentes instares, é chamada de heteromorfose (ou hipermetamorfose) larval. Nos Strepsiptera e certos besouros, isso inclui uma larva de primeiro instar ativa, ou triungulino, seguida por vários instares larvais posteriores inativos e, algumas vezes, ápodos. Esse fenômeno do desenvolvimento ocorre mais comumente em insetos parasitas, nos quais um primeiro instar móvel é necessário para a localização e entrada no hospedeiro. A heteromorfose larval e diversos tipos larvais são típicos de muitas vespas parasitas, como mencionado anteriormente.

6.2.3 Metamorfose

Todos os insetos pterigotos passam por graus variados de transformação da fase imatura para a adulta de seus ciclos de vida. Alguns exopterigotos, como as baratas, mostram apenas pequenas mudanças morfológicas durante o desenvolvimento pós-embrionário, ao passo que em muitos endopterigotos o corpo é substancialmente reconstruído na metamorfose. A evolução da metamorfose é discutida na seção 8.5.

Apenas ordens pertencentes aos Holometabola (= Endopterigota) apresentam metamorfose envolvendo um estágio de pupa, durante o qual as estruturas adultas são elaboradas a partir de certas estruturas larvais e dos discos imaginais (p. ex., Figura 6.4). Em alguns insetos holometábolos, tais como *Drosophila*, a maioria dos tecidos larvais é destruída na metamorfose e as estruturas da pupa e do adulto são formadas em grande parte a partir dos discos imaginais. Alterações na forma corporal, que são a essência da metamorfose, ocorrem por crescimento diferencial de várias partes do corpo. Órgãos que irão funcionar no adulto, mas que não são desenvolvidos nas larvas, crescem em uma taxa mais rápida do que a média do corpo. O crescimento acelerado dos brotos alares é o exemplo mais óbvio, mas pernas, genitália, gônadas e outros órgãos internos podem crescer em tamanho e complexidade de um modo considerável.

Pelo menos em alguns insetos, o gatilho para o início da metamorfose é a obtenção de um determinado tamanho corporal (a massa crítica), o qual programa o cérebro para a metamorfose alterando os níveis hormonais, como discutido na seção 6.3.

A transferência da muda para um instar de pupa é chamada de empupação, ou muda larval-pupal. Muitos insetos sobrevivem a condições desfavoráveis para o desenvolvimento no estágio de pupa "dormente" e que não se alimenta. No entanto,

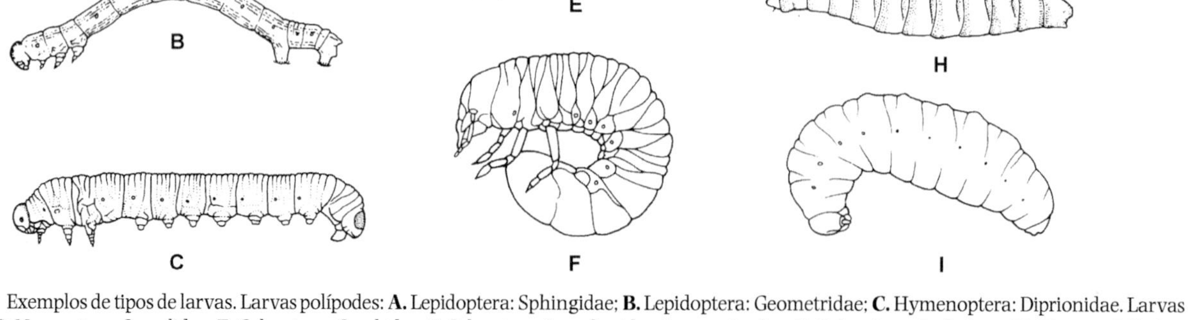

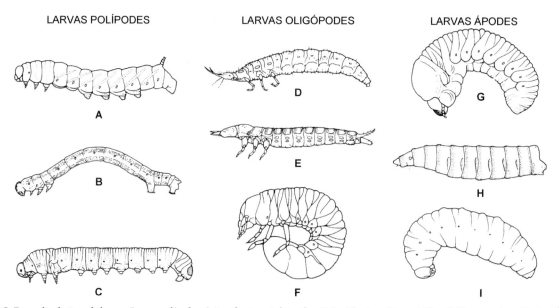

Figura 6.6 Exemplos de tipos de larvas. Larvas polípodes: **A.** Lepidoptera: Sphingidae; **B.** Lepidoptera: Geometridae; **C.** Hymenoptera: Diprionidae. Larvas oligópodes: **D.** Neuroptera: Osmylidae; **E.** Coleoptera: Carabidae; **F.** Coleoptera: Scarabaeidae. Larvas ápodes: **G.** Coleoptera: Scolytinae; **H.** Diptera: Calliphoridae; **I.** Hymenoptera: Vespidae. (**A,E-G.** Segundo Chu, 1949; **B,C.** segundo Borror *et al.*, 1989; **H.** segundo Ferrar, 1987; **I.** segundo CSIRO, 1970.)

frequentemente o que parece ser a pupa é, na verdade, um adulto completamente desenvolvido dentro de uma cutícula de pupa, chamado de adulto farado. Tipicamente, uma cela ou casulo protetor envolve a pupa e, mais tarde, antes da emergência, o adulto farado. Apenas certos Coleoptera, Diptera, Lepidoptera e Hymenoptera possuem pupas desprotegidas.

Vários tipos de pupa (Figura 6.7) são reconhecidos e esses parecem ter surgido convergentemente em diferentes ordens. A maioria das pupas são exaratas (Figura 6.7A-D): seus apêndices (p. ex., pernas, asas, peças bucais e antenas) não estão fortemente aderidos ao corpo; as pupas restantes são obtectas (Figura 6.7G-J): seus apêndices estão cimentados no corpo e a cutícula é frequentemente muito esclerotizada (como em quase todos os Lepidoptera). Pupas exaratas podem ter mandíbulas articuladas (décticas), que o adulto farado usa para perfurar o casulo, ou as mandíbulas podem ser não articuladas (adécticas), quando o adulto geralmente deixa primeiro a cutícula de pupa e, então, usa suas mandíbulas e pernas para sair do casulo ou cela. Em alguns Diptera Cyclorrhapha (os Schizophora), a pupa adecta exarata é encoberta por um pupário (Figura 6.7E,F) – a cutícula esclerotizada do último instar larval. A saída do pupário é facilitada pela eversão de um saco membranoso na cabeça do adulto emergente, o ptilino. Insetos com pupas obtectas podem não possuir um casulo, como nos besouros coccinelídeos e na maioria dos Diptera nematóceros e ortorrafos. Se um casulo está presente, como na maioria dos Lepidoptera, a emergência do casulo ocorre tanto pela pupa, que usa espinhos abdominais dirigidos para trás ou uma projeção na cabeça, quanto um adulto pode emergir da cutícula de pupa antes de sair do casulo, às vezes ajudado por um líquido que dissolve a seda.

6.2.4 Fase de imago ou fase adulta

Exceto os efemerópteros, os insetos não realizam mais mudas depois que a fase adulta é atingida. O estágio adulto, ou de imago, tem um papel reprodutivo e é com frequência o estágio de dispersão em insetos com larvas relativamente sedentárias. O imago que emerge da cutícula do instar anterior (eclosão) pode ser capaz de se reproduzir quase no mesmo instante ou um período de maturação pode preceder a transferência de esperma ou oviposição. Dependendo da espécie e da disponibilidade de alimento, pode haver de um a vários ciclos reprodutivos no estágio de adulto. Os adultos de certas espécies, tais como alguns efemerópteros, mosquitos-pólvora e machos de cochonilha, vivem muito pouco. Esses insetos têm peças bucais reduzidas ou ausentes e voam por apenas poucas horas ou no máximo um dia ou dois – eles simplesmente copulam e morrem. A maioria dos insetos adultos vive pelo menos poucas semanas, na maioria das vezes, poucos meses e, algumas vezes, vários anos; os indivíduos reprodutores de cupins e as rainhas de formigas e abelhas, em particular, vivem muito tempo. A evolução da eussocialidade (seção 12.4) está associada com um crescimento de 100 vezes na duração de vida do adulto, com base em uma comparação da longevidade média de rainhas de formiga, cupim e abelha melífera com aquela de insetos solitários adultos de oito ordens.

A vida adulta se inicia na emergência a partir da cutícula da pupa ou da última ninfa. A metamorfose, contudo, pode ter sido completada algumas horas, dias ou semanas antes, e o adulto farado pode ter descansado na cutícula da pupa até que ocorresse o estímulo ambiental apropriado para a emergência. Mudanças na temperatura ou na luminosidade e, talvez, sinais químicos podem sincronizar a emergência do adulto na maioria das espécies.

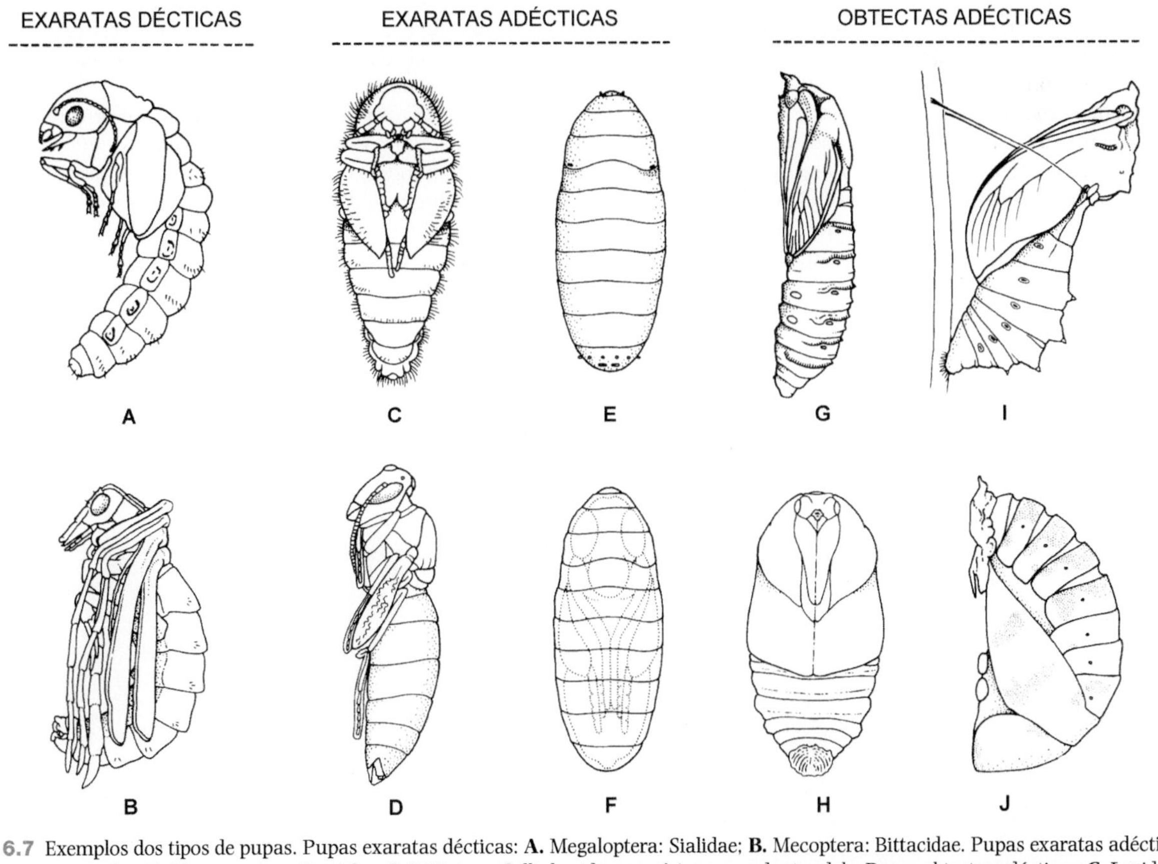

Figura 6.7 Exemplos dos tipos de pupas. Pupas exaratas décticas: **A.** Megaloptera: Sialidae; **B.** Mecoptera: Bittacidae. Pupas exaratas adécticas: **C.** Coleoptera: Dermestidae; **D.** Hymenoptera: Vespidae; **E,F.** Diptera: Calliphoridae, pupário e pupa dentro dele. Pupas obtectas adécticas: **G.** Lepidoptera: Cossidae; **H.** Lepidoptera: Saturniidae; **I.** Lepidoptera: Papilionidae, crisálida; **J.** Coleoptera: Coccinellidae. (**A.** Segundo Evans, 1978; **B,C,E,G.** segundo CSIRO, 1970; **D.** segundo Chu, 1949; **H.** segundo Common, 1990; **I.** segundo Common & Waterhouse, 1972; **J.** segundo Palmer, 1914.)

A nossa compreensão sobre o controle hormonal da emergência resulta substancialmente de estudos na lagarta da folha de tabaco, *Manduca sexta* (Sphingidae), notavelmente por James Truman, Lynn Riddiford e colaboradores. Apesar da enorme variedade de formatos corporais dos insetos, sistemas de controle de eclosão altamente conservados em outros táxons assemelham-se ao encontrado em *M. sexta*. Pelo menos seis hormônios estão envolvidos na eclosão. Poucos dias antes da eclosão, o nível do neuropeptídio **corazonina** aumenta, o nível de ecdisteroides diminui e uma série de eventos fisiológicos e comportamentais se inicia na preparação para a ecdise, incluindo a liberação de hormônios e transmissores neuropeptídios. O **hormônio desencadeador da ecdise** (PETH e ETH, *pre-ecydisis* e *ecdysis triggering hormone*), secretado por **células-Inca** aglomeradas em glândulas epitraqueais e/ou dispersas ao longo do sistema traqueal, e os **hormônios de eclosão** (EH, *eclosion hormones*), secretados por células neurossecretoras no cérebro, estimulam o comportamento pré-eclosão, tal como a procura de um lugar adequado para a ecdise e movimentos para ajudar na futura liberação da cutícula antiga. O PETH (hormônio desencadeador da pré-ecdise) é liberado primeiro e o ETH e o EH então estimulam a liberação um do outro, formando uma alça de retroalimentação positiva. O aumento de EH também libera o **peptídio cardioativo dos crustáceos** (CCAP, *crustacean cardioactive peptide*) a partir de células do cordão nervoso ventral. O CCAP desliga o comportamento pré-eclosão e liga o comportamento de eclosão, incluindo a contração abdominal e os movimentos da base das asas, além de acelerar os batimentos cardíacos. O EH parece também permitir a liberação de outros neurormônios – **bursicon** e **cardiopeptídios** – que estão envolvidos na expansão das asas depois da ecdise. Os cardiopeptídios estimulam o coração, facilitando o movimento de hemolinfa dentro do tórax e, como consequência, dentro das asas. O bursicon induz um breve aumento na plasticidade da cutícula para permitir a expansão alar, seguida pela esclerotização da cutícula em sua forma expandida.

O adulto recém-emergido, ou **teneral**, apresenta cutícula mole, a qual permite a expansão da superfície corporal ao engolir ar, ao colocá-lo dentro dos sacos traqueais e, localmente, ao aumentar a pressão da hemolinfa por atividade muscular. As asas normalmente são projetadas para baixo (Figura 6.8), o que ajuda a serem infladas. A deposição de pigmento na cutícula e nas células epidérmicas ocorre logo antes ou depois da emergência, e é ligada à esclerotização da cutícula do corpo, ou seguida dela, sob a influência do neurormônio bursicon. Um inseto que recentemente realizou a muda é geralmente branco (ver **Prancha 3D**).

Depois da emergência a partir da cutícula da pupa, muitos insetos holometábolos expelem um líquido fecal chamado de **mecônio**. O mecônio representa os restos metabólicos que se acumularam durante o estágio de pupa. De vez em quando, o adulto teneral retém o mecônio no reto até que a esclerotização esteja completa, ajudando assim no aumento do tamanho do corpo.

A reprodução é a principal função da vida adulta e a duração do estágio de imago, pelo menos na fêmea, é relacionada à duração da produção de ovos. A reprodução é discutida em detalhes no Capítulo 5. A senescência se relaciona com o término da reprodução e a morte pode ser predeterminada na ontogenia de um inseto. As fêmeas podem morrer depois da deposição dos ovos e os machos, depois da cópula. Uma vida pós-reprodutiva prolongada é importante em insetos impalatáveis e aposemáticos, permitindo que os predadores aprendam a impalatabilidade da presa a partir de indivíduos que podem ser sacrificados (seção 14.4).

6.3 PROCESSO E CONTROLE DA MUDA

Por motivos práticos, um instar é definido estendendo-se de ecdise a ecdise (Figura 6.1), já que a liberação da cutícula antiga é um evento óbvio. Entretanto, em termos de morfologia e fisiologia, um novo instar aparece no momento da **apólise**, quando a epiderme se separa da cutícula do estágio anterior. A apólise é difícil de detectar na maioria dos insetos, mas o conhecimento de sua ocorrência pode ser importante porque muitos insetos passam bastante tempo no estado farado (escondido dentro da cutícula do instar anterior), esperando as condições favoráveis para a emergência do próximo estágio. Os insetos com frequência sobrevivem a condições adversas como pupas ou adultos farados (p. ex., algumas mariposas adultas em diapausa) porque nesse estado a camada cuticular dupla restringe a perda de água durante um período do desenvolvimento no qual o metabolismo está reduzido e a necessidade de trocas gasosas é mínima.

A muda é um processo complexo que envolve mudanças hormonais, comportamentais, epidérmicas e cuticulares as quais levam ao abandono da cutícula antiga. As células epidérmicas estão ativamente envolvidas na muda – elas são responsáveis pela quebra parcial da cutícula antiga e pela formação da nova cutícula. A muda inicia-se com a retração das células epidérmicas a partir da superfície interna da cutícula antiga, em geral na direção anteroposterior. Essa separação é incompleta porque os músculos e nervos sensoriais conservam sua ligação com a cutícula antiga

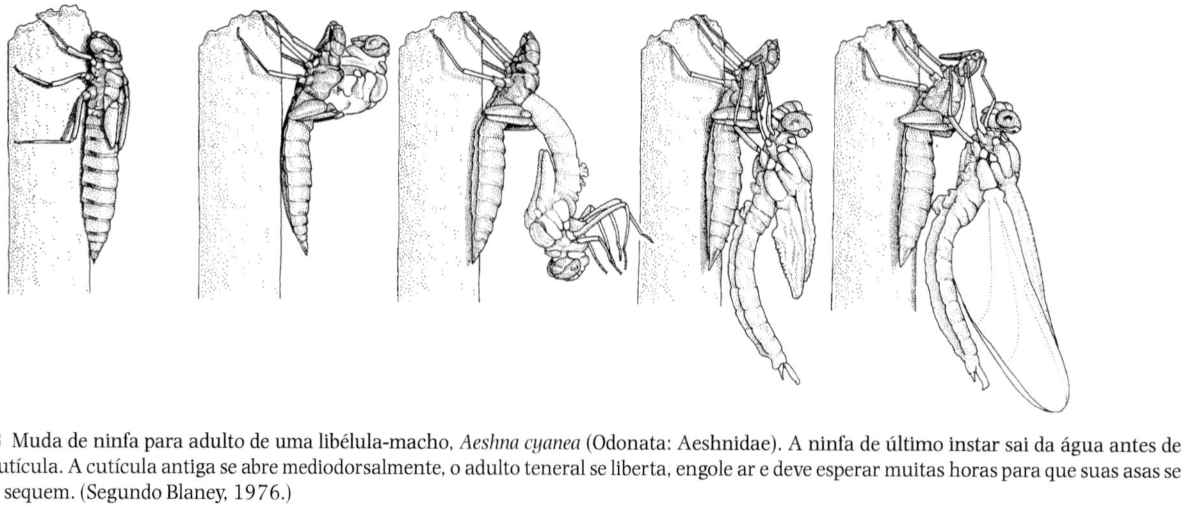

Figura 6.8 Muda de ninfa para adulto de uma libélula-macho, *Aeshna cyanea* (Odonata: Aeshnidae). A ninfa de último instar sai da água antes de deixar sua cutícula. A cutícula antiga se abre mediodorsalmente, o adulto teneral se liberta, engole ar e deve esperar muitas horas para que suas asas se expandam e sequem. (Segundo Blaney, 1976.)

por algum tempo. A apólise está relacionada ou é seguida pela divisão mitótica das células epidérmicas, levando ao aumento no volume e da área de superfície da epiderme. O **espaço apolisial** ou subcuticular formado depois da apólise se torna preenchido com um líquido de muda secretado, porém inativo. As enzimas quitinolíticas e proteolíticas do líquido de muda não são ativadas até que as células epidérmicas tenham secretado a camada externa protetora de uma nova cutícula. Então, a parte interna da cutícula antiga (a **endocutícula**) sofre lise e é presumivelmente reabsorvida, ao passo que a nova cutícula farada continua a ser depositada como uma **procutícula** indiferenciada. A ecdise começa quando os restos da cutícula antiga se rompem ao longo da linha média dorsal, como resultado do aumento da pressão da hemolinfa. A cutícula abandonada consiste em proteínas indigeríveis, lipídios e quitina da **epicutícula** ou **exocutícula** antiga. Uma vez livre da restrição da "pele" anterior, o inseto recém-eclodido expande a nova cutícula engolindo ar ou água e/ou aumentando a pressão da hemolinfa em diferentes partes do corpo, para alisar a epicutícula enrugada e dobrada e esticar a procutícula. Depois da expansão cuticular, alguma parte ou muito da superfície do corpo pode se tornar esclerotizada pelo endurecimento e escurecimento químico da procutícula para formar a exocutícula (seção 2.1). Contudo, em larvas de insetos, a maior parte da cutícula do corpo permanece membranosa e a exocutícula se restringe à cápsula cefálica. Depois da ecdise, mais proteínas e quitina são secretadas pelas células epidérmicas, criando uma parte interna da procutícula, a endocutícula, que pode continuar a ser depositada durante o período intermudas. Algumas vezes, a cutícula é parcialmente esclerotizada durante o estágio e com frequência a superfície externa da cutícula é coberta com secreção de cera. Finalmente, o estágio chega ao fim e a apólise se inicia novamente.

Os eventos anteriores são controlados por hormônios que agem sobre as células epidérmicas, causando as mudanças na cutícula, e também sobre o sistema nervoso, para coordenar os comportamentos associados à ecdise. A regulação hormonal da muda foi mais estudada durante a metamorfose, quando as influências endócrinas na muda *per se* são difíceis de serem separadas daquelas envolvidas no controle de mudanças morfológicas. A visão clássica da regulação hormonal da muda e da metamorfose é apresentada esquematicamente na Figura 6.9. O papel dos centros endócrinos e seus hormônios são descritos em mais detalhes na seção 3.3. Três tipos principais de hormônios controlam a muda e a metamorfose:

- Neuropeptídios, incluindo o **hormônio protoracicotrópico** (PTTH), os **hormônios disparadores de ecdise** (PETH, ETH) e o hormônio de eclosão (EH)
- Ecdisteroides
- **Hormônio juvenil** (HJ), o qual pode ocorrer em várias formas diferentes, até mesmo em um mesmo inseto.

As células neurossecretoras no cérebro secretam PTTH, que passa pelos axônios dos neurônios até os *corpora cardiaca* (ou os *corpora allata* em Lepidoptera), que são um par de corpos neuroglandulares que armazenam e depois liberam o PTTH na hemolinfa. O PTTH inicia cada muda estimulando a síntese e a secreção de ecdisteroides pelas glândulas protorácicas ou de

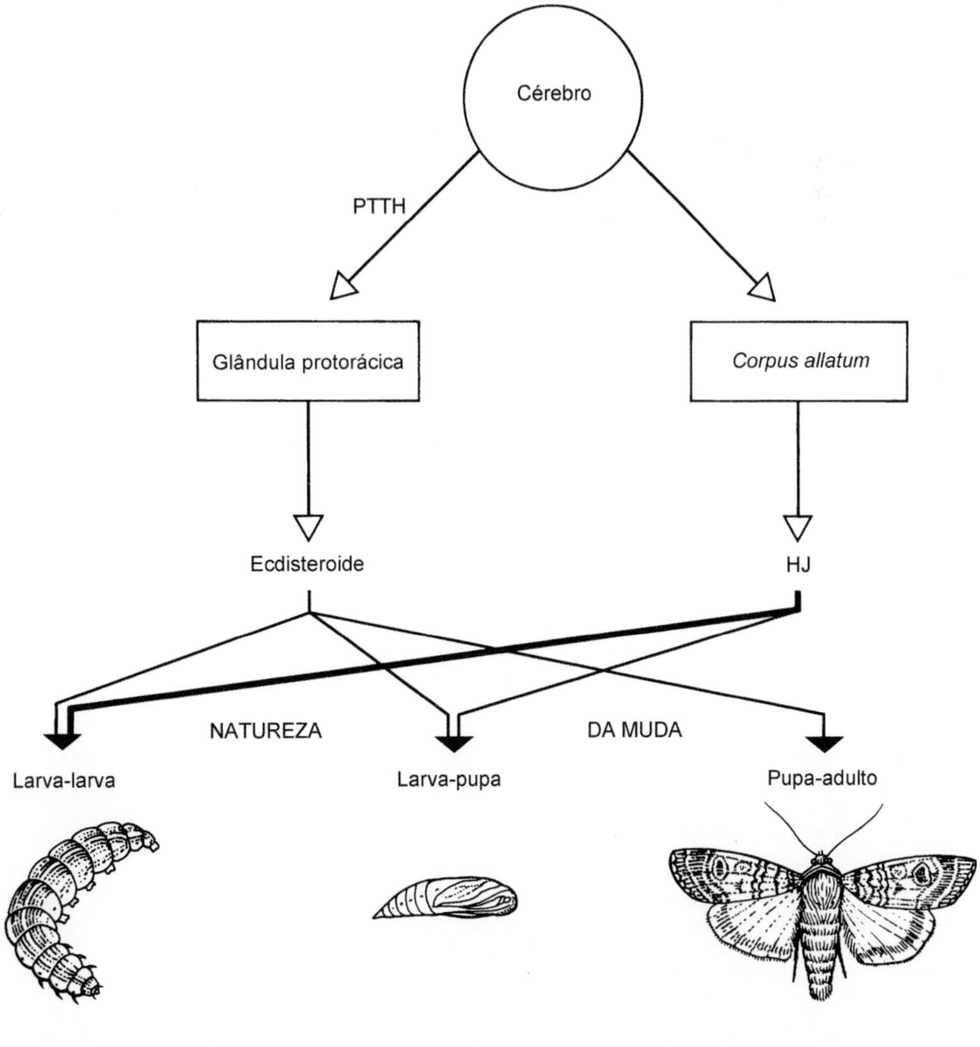

Figura 6.9 Diagrama esquemático da visão clássica sobre o controle endócrino dos processos epidérmicos que ocorrem na muda e na metamorfose, em um inseto holometábolo. Esse esquema simplifica a complexidade da secreção de ecdisteroides e hormônio juvenil e não indica a influência de neuropeptídios como o hormônio da eclosão. HJ, hormônio juvenil; PTTH, hormônio prototoracicotrópico. (Segundo Richards, 1981.)

muda. A liberação de ecdisteroides inicia, então, as mudanças nas células epidérmicas que levam à produção da nova cutícula. As características da muda são reguladas pelo HJ a partir dos *corpora allata*; o HJ inibe a expressão de características adultas, de modo que um alto nível de HJ na hemolinfa é associado a muda entre dois instares larvais, e um nível mais baixo a uma muda entre larva e pupa; o HJ está ausente na muda entre pupa e adulto.

A ecdise é mediada por ETH e EH. O EH é importante em todas as mudas no ciclo de vida de todos os insetos estudados. Esse neuropeptídio age em um sistema nervoso central provido de esteroides para despertar as atividades motoras coordenadas associadas à saída da cutícula antiga. O hormônio da eclosão deriva seu nome da ecdise entre pupa e adulto, ou eclosão, pela qual sua importância foi primeiro descoberta, antes que o seu papel mais amplo fosse imaginado. De fato, a associação do EH com a muda parece ser antiga, já que os crustáceos apresentam homólogos do EH. Na bem estudada lagarta da folha do tabaco, *Manduca sexta* (seção 6.2.4), o mais recentemente descoberto ETH é tão importante para a ecdise quanto o EH, sendo que o PETH inicia o comportamento de pré-ecdise que afrouxa as ligações musculares da cutícula antiga, e o ETH estimula a liberação de EH do cérebro. Outro neuropeptídio, o bursicon, controla a esclerotização da exocutícula e a deposição da endocutícula após a muda em muitos insetos.

A relação entre esse ambiente hormonal e as atividades epidérmicas que controlam a muda e a deposição de cutícula em *M. sexta*, é apresentada na Figura 6.10. Existe uma relação entre o ecdisteroides e os níveis de HJ, e as mudanças na cutícula que ocorrem nos dois últimos instares larvais e no desenvolvimento pré-pupa. Portanto, durante a muda no fim do quarto instar larval, a epiderme responde à onda de ecdisteroides parando a síntese de endocutícula e do pigmento azul inseticianina. Uma nova epicutícula é sintetizada, grande parte da cutícula antiga é digerida, e a produção de endocutícula e inseticianina é retomada no momento da ecdise. No quinto e último instar larval (mas não nos anteriores), o HJ inibe a secreção de PTTH e ecdisteroides e, portanto, o nível de HJ deve diminuir até zero antes que o nível de ecdisteroide possa aumentar. Quando os ecdisteroides iniciam a próxima muda, as células epidérmicas produzem uma cutícula mais dura, com lamelas mais finas (a cutícula da pupa). Essa muda da larva para a pupa é distintiva também pelas ações de genes, incluindo *broad* e *krüppel*, os quais estão ligados ao desenvolvimento em insetos holometábolos.

A diminuição no nível de ecdisteroides, próximo ao final de cada muda, parece ser essencial para a ocorrência da ecdise e pode ser o gatilho fisiológico causador dela. Uma cascata de pequenos hormônios peptídios é liberada depois que a nova cutícula foi formada e o nível de ecdisteroide tenha diminuído para valores abaixo de um limiar (ver seção 6.2.4). Portanto, a apólise no fim do quinto instar larval marca o começo de um período pré-pupa, quando a pupa em desenvolvimento está farada dentro da cutícula larval. Endocutícula e exocutícula diferenciadas aparecem nessa muda entre larva e pupa. Durante a vida larval, as células epidérmicas que cobrem a maior parte do corpo não produzem exocutícula. A cutícula mole e flexível da lagarta, permite o crescimento considerável observável em um instar, especialmente o último instar larval, como consequência da alimentação voraz.

Na lagarta da folha do tabaco, o início da metamorfose envolve a obtenção de massa crítica pela larva do instar final. Isso causa a redução (até zero) na quantidade de HJ circulante pela atividade reduzida dos *corpora allata* e a degradação enzimática do HJ na hemolinfa. Essa redução no HJ inicia uma suspensão subsequente da alimentação causada pelos níveis maiores de ecdisteroide; entretanto, o crescimento não cessa tão logo a massa crítica seja alcançada, porém continua por algum tempo durante as próximas 24 h

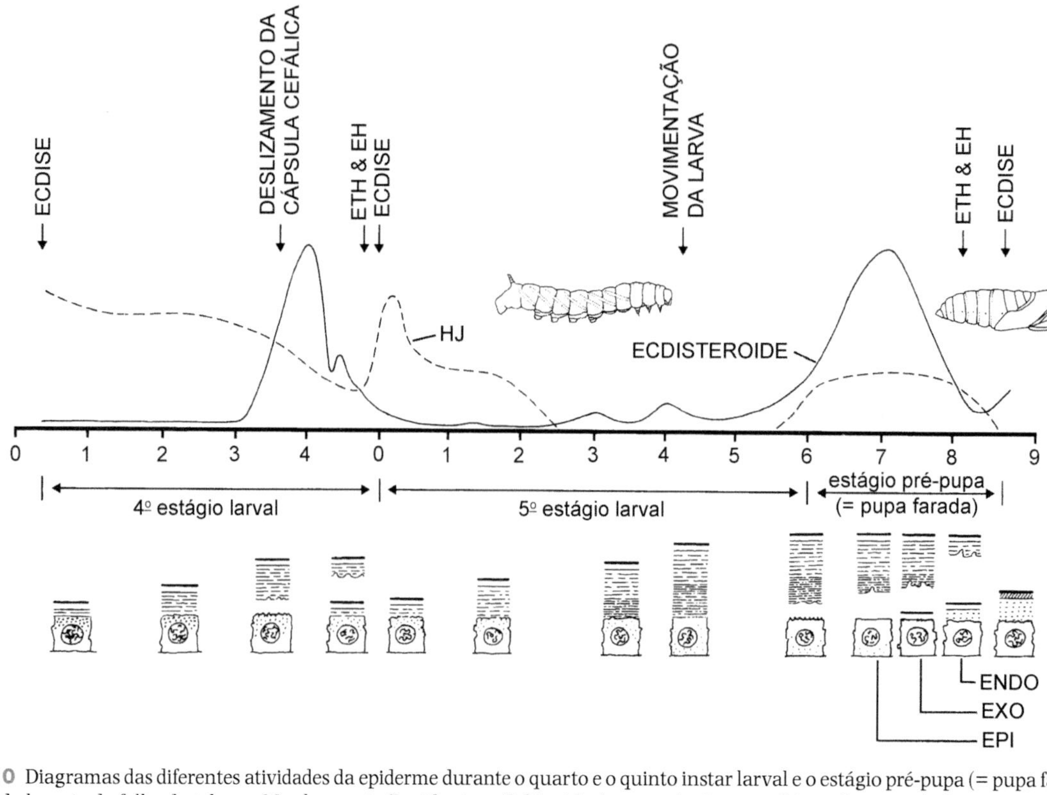

Figura 6.10 Diagramas das diferentes atividades da epiderme durante o quarto e o quinto instar larval e o estágio pré-pupa (= pupa farada) do desenvolvimento da lagarta da folha do tabaco, *Manduca sexta* (Lepidoptera: Sphingidae), com relação ao ambiente hormonal. Os pontos nas células epidérmicas representam grânulos do pigmento azul insecticianina. ETH, hormônio desencadeador da ecdise; EH, hormônio da eclosão; HJ, hormônio juvenil; EPI, EXO, ENDO, deposição da epicutícula, exocutícula e endocutícula da pupa, respectivamente. Os números no eixo *x* representam dias. (Segundo Riddiford, 1991.)

depois que os níveis de HJ tenham chegado a zero, quando uma "janela" fotoperiódica se abre. Nesse momento, o PTTH previamente suprimido se expressa, disparando a liberação repentina de ecdisteroide (como ecdisona) que estimula as mudanças comportamentais e induz o início de uma muda para o desenvolvimento de pupa (esquematicamente apresentado na Figura 6.11). O tamanho final do corpo na metamorfose evidentemente depende de quanta alimentação (e crescimento) ocorreu entre a obtenção da massa crítica e o início retardado da secreção de PTTH e, em última instância, afeta o tamanho do adulto emergente.

6.4 VOLTINISMO

Os insetos são criaturas que vivem pouco, cujas vidas podem ser medidas por seu voltinismo – o número de gerações por ano. A maioria dos insetos leva um ano ou menos para se desenvolver, com uma geração por ano (insetos univoltinos), ou duas (insetos bivoltinos), ou mais de duas (insetos multivoltinos ou polivoltinos). Tempos de geração maiores que um ano (insetos semivoltinos) são encontrados, por exemplo, entre os habitantes dos extremos polares, onde condições adequadas para o desenvolvimento podem existir por apenas poucas semanas em cada ano. Insetos grandes que dependem nutricionalmente de dietas pobres também se desenvolvem devagar durante muitos anos. Por exemplo, cigarras periódicas que se alimentam de seiva das raízes de árvores podem levar 13 ou 17 anos para se tornarem maduras, e já foram relatados casos de besouros que se desenvolvem dentro de madeira morta os quais emergiram depois de mais de 20 anos de desenvolvimento.

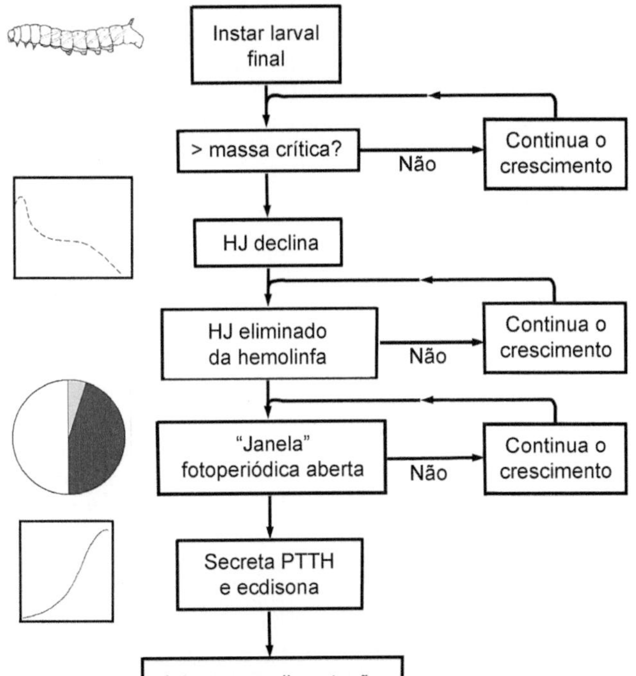

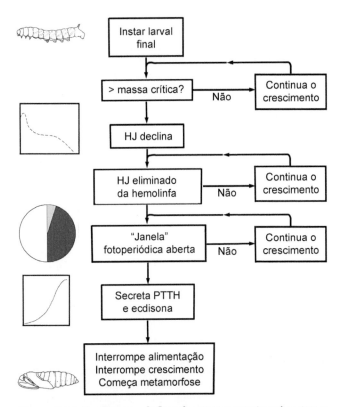

Figura 6.11 Um diagrama de fluxo dos eventos anteriores à metamorfose os quais determinam o tamanho do corpo na lagarta da folha do tabaco *Manduca sexta* (Lepidoptera: Sphingidae). Durante o último instar larval existem três pontos de decisão fisiológica. O tamanho final do inseto é determinado pelo crescimento que ocorre nos intervalos entre esses três eventos condicionais. HJ, hormônio juvenil; PTTH, hormônio prototoracicotrópico. (Segundo Nijhout *et al.*, 2006.)

A maioria dos insetos não se desenvolve continuamente durante o ano, mas suspende seu desenvolvimento durante épocas desfavoráveis por quiescência ou diapausa (seção 6.5). Muitos insetos univoltinos e alguns bivoltinos entram em diapausa em algum estágio, esperando as condições adequadas antes de completar seu ciclo de vida. Para alguns insetos univoltinos, muitos insetos sociais e outros que levam mais de um ano para se desenvolver, a longevidade dos adultos pode se estender por muitos anos. Por outro lado, a vida adulta de insetos multivoltinos pode ser tão curta quanto uma única noite para muitos Ephemeroptera ou mesmo poucas horas na maré baixa, para mosquitos marinhos como *Clunio* (Diptera: Chironomidae).

Insetos multivoltinos tendem a ser pequenos e de desenvolvimento rápido, usando recursos que são distribuídos mais homogeneamente durante o ano. O univoltinismo é comum entre insetos de regiões temperadas, em particular aqueles que usam recursos que são restritos sazonalmente. Esses podem incluir insetos cujos estágios imaturos aquáticos dependem do florescimento de algas na primavera, ou insetos fitófagos que usam plantas anuais de vida curta. Insetos bivoltinos incluem aqueles que se desenvolvem lentamente em recursos distribuídos de forma homogênea e aqueles que procuram um fator distribuído de modo bimodal, tal como temperaturas de outono e primavera. Algumas espécies possuem padrões de voltinismo fixos, ao passo que outras podem variar de acordo com a geografia, em particular em insetos com distribuições amplas em latitude ou elevação.

6.5 DIAPAUSA

A progressão do desenvolvimento desde o ovo até o adulto com frequência é interrompida por um período de dormência. Isso ocorre particularmente em áreas temperadas, quando as condições ambientais se tornam inadequadas, tais como em extremos sazonais de temperaturas altas ou baixas, ou na seca. A dormência pode ocorrer no verão (estivação) ou no inverno (hibernação), e pode envolver quiescência ou diapausa. Quiescência é um estado de desenvolvimento parado ou diminuído como resposta direta a condições desfavoráveis, com a retomada do desenvolvimento imediatamente depois que as condições favoráveis retornam. Por outro lado, a diapausa envolve desenvolvimento reprimido combinado com mudanças fisiológicas adaptativas, de modo que o desenvolvimento não necessariamente recomeça com o retorno das condições favoráveis, mas apenas seguindo estímulos fisiológicos particulares. A distinção entre quiescência e diapausa requer estudos detalhados.

A diapausa que ocorre em um momento fixo, não importando as condições ambientais variáveis, é denominada obrigatória. Insetos univoltinos (aqueles com uma geração por ano) com frequência apresentam diapausa obrigatória para estender um ciclo de vida essencialmente curto a um ano inteiro. A diapausa que é opcional é chamada de facultativa e é de ocorrência generalizada em insetos, incluindo muitos insetos bivoltinos ou multivoltinos nos quais a diapausa ocorre apenas na geração que deve sobreviver a condições desfavoráveis. A diapausa facultativa pode ser induzida pela alimentação. Assim, quando as populações de pulgões estão baixas no verão, as joaninhas *Hippodamia convergens* e *Semidalia unidecimnotata* estivam, mas se os pulgões permanecem em altas densidades (como em plantações irrigadas), os predadores continuarão a se desenvolver sem diapausa.

A diapausa pode durar de dias a meses ou, em casos raros, anos, e pode ocorrer em qualquer estágio do ciclo de vida do ovo ao adulto. O estágio que realiza a diapausa é predominantemente fixo dentro de qualquer espécie, e pode variar entre espécies proximamente relacionadas. A diapausa da pupa e/ou do ovo é comum, provavelmente porque esses estágios são sistemas relativamente fechados, com apenas gases sendo trocados durante a embriogênese e a metamorfose, respectivamente, permitindo melhor sobrevivência durante condições de estresse ambiental. No estágio adulto, a diapausa reprodutiva descreve a interrupção ou a suspensão de reprodução em insetos maduros. Nesse estado, o metabolismo pode ser redirecionado para voo migratório (seção 6.7), produção de crioprotetores (seção 6.6.1) ou simplesmente reduzido durante condições rigorosas para a sobrevivência dos estágios adulto e/ou imaturos. A reprodução começa após a migração ou quando as condições para uma oviposição bem-sucedida e desenvolvimento do estágio imaturo retornam.

Grande parte da pesquisa sobre diapausa foi feita no Japão em relação à produção de seda por bichos-da-seda cultivados (*Bombyx mori*). A produção ótima de seda acontece na geração com diapausa do ovo, mas isso causa um conflito com a necessidade comercial de produção contínua a partir de indivíduos criados a partir de ovos que não sofreram diapausa. Os mecanismos complexos que promovem e encerram a diapausa nessa espécie são agora bem compreendidos. Entretanto, esses mecanismos podem não se aplicar de uma maneira geral e, como o exemplo a seguir de *Aedes* indica, muitos mecanismos diferentes podem acontecer em insetos diferentes, mesmo proximamente relacionados, e muito ainda está por ser descoberto.

As principais pistas ambientais que induzem e/ou terminam a diapausa são fotoperíodo, temperatura, qualidade da alimentação, umidade, pH e substâncias químicas incluindo oxigênio, ureia, e os compostos secundários de plantas. A identificação da contribuição de cada fator pode ser difícil, como exemplo, em espécies de mosquitos do gênero *Aedes*, que põem ovos em diapausa, em poças ou recipientes sazonalmente secos. A inundação do local de oviposição em qualquer momento pode terminar a diapausa embrionária em algumas espécies de *Aedes*. Em outras espécies, muitas inundações sucessivas podem ser necessárias para quebrar a diapausa, de modo que as pistas ambientais aparentemente incluem mudanças químicas, tais como a diminuição do pH por decomposição microbiana dos detritos do corpo d'água. Além disso, uma pista ambiental pode intensificar ou anular uma anterior. Por exemplo, se uma pista de término de diapausa apropriada como inundação ocorre enquanto o fotoperíodo e/ou a temperatura estão "errados", então, ou a diapausa continua ou apenas alguns poucos ovos eclodem.

O fotoperíodo é importante para a diapausa porque a alteração no comprimento do dia diz muito sobre as condições ambientais sazonais futuras. O fotoperíodo aumenta conforme o calor do verão se aproxima, e diminui em direção ao inverno frio (seção 6.10.2). Os insetos podem detectar mudanças no comprimento do dia ou da noite (estímulos fotoperiódicos), algumas vezes com uma precisão extrema, por meio de fotoreceptores cerebrais em vez dos olhos compostos ou ocelos. O cérebro dos insetos também codifica para diapausa: o transplante de um cérebro de uma pupa em diapausa para uma pupa que não esteja em diapausa induz a diapausa na receptora. A operação recíproca causa a retomada do desenvolvimento em um receptor em diapausa. Essa programação pode preceder em muito a diapausa e durar até mesmo uma geração, de tal modo que as condições maternas podem dirigir a diapausa em estágios em desenvolvimento de sua ninhada.

Muitos estudos mostram o controle endócrino da diapausa, mas a grande variação nos mecanismos para regulação da diapausa reflete a evolução independente múltipla desse fenômeno. Em geral, nas larvas em diapausa, a produção do hormônio ecdisteroide de muda a partir das glândulas protorácicas cessa, e o HJ desempenha um papel no término da diapausa. A volta da secreção de ecdisteroides pelas glândulas protorácicas (sob a influência de PTTH) parece essencial para o término na diapausa de pupa. O HJ é importante na regulação da diapausa nos insetos adultos, mas, do mesmo modo que nos estágios imaturos, pode não ser o único regulador. Em larvas, pupas e adultos de *Bombyx mori*, interações antagonísticas complexas ocorrem entre um **hormônio de diapausa** (HD), originário de células neurossecretoras pares no gânglio subesofágico, e o HJ dos *corpora allata*. A fêmea adulta produz ovos em diapausa quando o ovaríolo está sob a influência do hormônio de diapausa, ao passo que na ausência desse hormônio e na presença de hormônio juvenil são produzidos ovos que não entrarão em diapausa. Em mariposas de espécies de *Helicoverpa* e *Heliothis*, a diapausa da pupa pode ser encerrada experimentalmente tanto pelo ecdisteroide ou pelo hormônio da diapausa, mas a ação do hormônio da diapausa requer temperaturas acima de um determinado limiar. Tem sido postulado que o término da diapausa dessas pupas resulta do hormônio da diapasa e do PTTH trabalhando conjuntamente para trazer a retomada do desenvolvimento associado com o término da diapausa, com ambos hormônios provavelmente agindo sobre a glândula protorácica.

6.6 LIDANDO COM EXTREMOS AMBIENTAIS

As variáveis ambientais mais óbvias que confrontam um inseto são flutuações sazonais na temperatura e na umidade. Os extremos de temperaturas e umidades experimentados pelos insetos nos seus ambientes naturais abarcam a variedade de condições encontradas por organismos terrestres. Por motivos de interesse humano na criobiologia (modo de preservação que pode voltar à vida), as respostas a extremos de frio e dessecamento foram mais bem estudadas do que apenas aquelas às altas temperaturas.

As opções disponíveis para evitar os extremos são fuga comportamental, tal como se enterrar dentro de um solo com uma temperatura mais amena, migração (seção 6.7), diapausa (seção 6.5) ou tolerância/sobrevivência *in situ*, em uma condição fisiológica muito alterada, que serão o assunto das seções seguintes.

6.6.1 Frio

Os biólogos já se interessam há muito tempo pela ocorrência de insetos nos extremos da Terra, em uma diversidade surpreendente e às vezes em grandes números. Os insetos holometábolos são abundantes em refúgios dentro de 3° do polo Norte. Alguns poucos insetos, principalmente um mosquito quironomídeo e alguns piolhos de pinguins e focas, são encontrados na região antártica análoga. Elevações altas e congelantes, incluindo geleiras, sustentam insetos residentes, como o mosquito de geleira himalaio *Diamesa* (Diptera: Chironomidae), o qual estabelece um recorde de atividade em clima frio, sendo ativo em uma temperatura do ar de −16°C. Campos cobertos de neve também apresentam insetos sazonalmente ativos no frio, tais como griloblatídeos, e *Chionea* (Diptera: Tipulidae) e *Boreus* spp. (Mecoptera), as "pulgas" da neve. Ambientes de baixa temperatura proporcionam problemas fisiológicos que se parecem com a desidratação na condição de redução de água disponível, mas claramente também incluem a necessidade de evitar o congelamento dos líquidos corporais. A expansão e a formação de cristais de gelo tipicamente matam células e tecidos de mamíferos, mas talvez algumas células de insetos possam tolerar o congelamento. Os insetos podem ter um ou vários conjuntos de mecanismos – coletivamente chamados de **crioproteção** – que permitem a sobrevivência a extremos de frio. Esses mecanismos podem se aplicar em qualquer estágio do ciclo de vida, de ovos resistentes a adultos. Embora eles formem uma série contínua, as seguintes categorias podem ajudar a compreender.

Tolerância ao congelamento

Insetos tolerantes ao congelamento incluem algumas das espécies mais resistentes ao frio, a maioria ocorrendo em locais árticos, subárticos e antárticos que apresentam as temperaturas de inverno mais extremas (p. ex., de –40 a –80°C). A proteção é fornecida pela produção sazonal de agentes nucleantes de gelo (ANGs) sob a indução da queda da temperatura e antes do início do frio rigoroso. Essas proteínas, lipoproteínas e/ou substâncias cristalinas endógenas, tais como os uratos, agem em locais onde o congelamento (seguro) é estimulado do lado de fora das células, tais como na hemolinfa, no intestino ou nos túbulos de Malpighi. A formação controlada e suave de gelo age também para gradualmente desidratar o conteúdo celular e, portanto, evita o congelamento. Adicionalmente, substâncias como o glicerol e/ou os polióis relacionados e açúcares, incluindo o sorbitol e a trealose, permitem o super-resfriamento (*i. e.*, permanecer líquido a temperaturas abaixo de zero sem formação de gelo) e também protegem os tecidos e células antes da ativação completa dos agentes nucleantes de gelo e depois do congelamento. Podem ser produzidas também proteínas anticongelantes; elas realizam alguns dos mesmos papéis protetores, em especial durante as condições de congelamento no outono e durante o degelo na primavera, fora do congelamento no ápice do inverno. O início do congelamento interno com frequência exige o contato do corpo com o gelo externo para iniciar a nucleação do gelo, e pode ocorrer com pouco ou nenhum super-resfriamento interno. A tolerância ao congelamento não garante a sobrevivência, que depende não apenas da temperatura mínima real experimentada, mas também da aclimatação antes do início do frio, da velocidade do início do frio extremo e, talvez, também da extensão e da flutuação das temperaturas experimentadas durante o degelo. Na bem estudada mosca tefritídea produtora de galhas *Eurosta solidaginis*, todos esses mecanismos foram demonstrados, além da tolerância ao congelamento das células, pelo menos nas células do corpo gorduroso.

Evitação do congelamento

A evitação do congelamento descreve tanto uma estratégia de sobrevivência quanto uma capacidade fisiológica de uma espécie de sobreviver a baixas temperaturas sem congelamento interno. Nessa definição, os insetos que evitam o congelamento por super-resfriamento podem sobreviver grandes períodos no estado super-resfriado e mostram alta mortalidade abaixo do ponto de super-resfriamento, mas pouca mortalidade acima dele, e evitam o congelamento. Os mecanismos que estimulam o super-resfriamento incluem evacuação do sistema digestivo para remover os promotores da nucleação de cristais de gelo, junto com a síntese, antes do inverno, de polióis e agentes anticongelantes. Nesses insetos, a resistência ao frio (o potencial para sobreviver ao frio) pode ser calculada prontamente pela comparação do ponto de super-resfriamento (abaixo do qual a morte ocorre) com a temperatura mais baixa que o inseto experimenta. A evitação do congelamento foi estudada nas mariposas *Epirrita autumnata* (Geometridae) e *Epiblema scudderiana* (Tortricidae).

Tolerância ao frio

Espécies que toleram o frio ocorrem principalmente nas áreas temperadas aos polos, onde os insetos sobrevivem a desafios frequentes com temperaturas abaixo de zero. Essa categoria contém espécies com grande capacidade de super-resfriamento (ver anteriormente) e tolerância ao frio, mas se distingue daquelas citadas em razão da mortalidade dependente da duração da exposição ao frio e à baixa temperatura (acima do ponto de super-resfriamento), ou seja, quanto mais longo e frio é o período de congelamento, mais as mortes são atribuíveis ao dano celular e tecidual causado pelo congelamento. Um grupo ecológico notável, que demonstra alta tolerância ao frio, são as espécies que sobrevivem ao frio extremo (mais baixo do que o ponto de super-resfriamento) ao contar com a cobertura de neve, a qual proporciona condições mais "amenas" em que a tolerância ao frio permite a sobrevivência. Exemplos de espécies tolerantes ao frio incluem o besouro *Rhynchaenus fagi* (Curculionidae), na Inglaterra, e a mariposa *Mamestra configurata* (Noctuidae), no Canadá.

Suscetibilidade ao frio

Espécies suscetíveis ao frio não apresentam resistência ao frio e, embora elas possam super-resfriar, a morte é rápida quando expostas a temperaturas abaixo de zero. Tais insetos de regiões temperadas tendem a variar em abundância no verão, de acordo com o rigor do inverno anterior. Assim, muitos pulgões europeus, que são pragas agrícolas (Hemiptera: Aphididae: *Myzus persicae*, *Sitobion avenae* e *Rhopalosiphum padi*), foram estudados e super-resfriam a –24°C (adultos) e –27°C (ninfas) e, mesmo assim, exibem alta mortalidade quando ficam em temperaturas abaixo de zero por apenas um minuto ou dois. Os ovos exibem muito mais resistência ao frio do que as ninfas ou adultos. Uma vez que os ovos que passam o inverno são produzidos apenas por espécies ou clones sexuados (holocíclicos), pulgões com esse ciclo de vida predominam em latitudes cada vez mais altas em comparação com aqueles nos quais o estágio que passa o inverno é a ninfa ou o adulto (espécies ou clones anolocíclicos).

Sobrevivência oportunista

A sobrevivência oportunista é observada em insetos que vivem em climas estáveis e quentes, nos quais a resistência ao frio é pouco desenvolvida. Apesar de o super-resfriamento ser possível, nas espécies que não contam com evitação do frio por meio de diapausa ou quiescência (seção 6.5) a mortalidade ocorre quando um limiar inferior irreversível para o metabolismo é atingido. A sobrevivência a episódios esporádicos ou previsíveis para essas espécies depende da exploração de locais favoráveis, por exemplo, por migração (seção 6.7) ou por seleção local oportunista de micro-hábitats apropriados.

Claramente, a tolerância a baixas temperaturas é adquirida convergentemente, de modo que vários de mecanismos e processos químicos diferentes estão envolvidos em diferentes grupos. Uma característica unificadora pode ser que os mecanismos para crioproteção são um tanto quanto similares àqueles exibidos para evitar a desidratação, que podem ser pré-adaptativos para a tolerância ao frio. Embora cada uma das categorias anteriores contenha algumas espécies não relacionadas, entre os Carabidae bembiíneos terrestres (Coleoptera) as regiões ártica e subártica contêm uma radiação de espécies tolerantes ao frio. Uma pré-adaptação para a condição áptera (perda das asas) foi sugerida para esses besouros, uma vez que é muito frio para aquecer os músculos de voo. No entanto, o verão ártico é infestado por dípteros voadores hematófagos que se aquecem por meio de sua orientação em direção ao sol, quando em repouso.

6.6.2 Calor

Os ambientes terrestres mais quentes habitados – ventarolas em áreas com atividade termal – sustentam alguns poucos insetos especialistas. Por exemplo, as águas mais quentes em fontes termais do Yellowstone National Park, nos EUA, são quentes demais para se tocar, mas pela seleção de micro-hábitats levemente mais frios entre os tapetes de cianobactérias e algas verdes, um díptero, *Ephydra bruesi* (Ephydridae), pode sobreviver a 43°C. Pelo menos algumas larvas de outras espécies de Ephydridae, Stratiomyiidae e Chironomidae (todos Diptera) toleram quase 50°C na Islândia, Nova Zelândia e América do Sul, e talvez em outros lugares onde o vulcanismo produza fontes de água quente. Os outros táxons tolerantes a altas temperaturas são encontrados principalmente entre os Odonata e Coleoptera.

Altas temperaturas tendem a matar as células por desnaturar as proteínas, alterando as estruturas e propriedades das membranas e das enzimas, e pela perda de água (desidratação). Inerentemente, a estabilidade das ligações não covalentes que determinam a estrutura complexa das proteínas determina os limites superiores, porém abaixo desse limiar há muitas reações bioquímicas diferentes e dependentes de temperatura, mas relacionadas entre si. A **aclimatação**, processo no qual ocorre uma exposição gradual a temperaturas crescentes (ou decrescentes), certamente produz maior propensão à sobrevivência em altas temperaturas se comparada à exposição instantânea. O condicionamento por aclimatação deve ser considerado quando são feitas comparações dos efeitos da temperatura nos insetos.

As opções para lidar com altas temperaturas do ar incluem comportamentos como o uso de uma toca durante as épocas mais quentes. Essa atividade apresenta vantagem em razão do tamponamento dos solos, incluindo areias de desertos, contra temperaturas extremas de modo que temperaturas mais ou menos estáveis ocorrem a poucos centímetros abaixo das flutuações da superfície exposta. A fase de pupa, durante o inverno, em insetos de regiões temperadas, com frequência ocorre em uma toca feita por uma larva de último instar e, em áreas quentes e áridas, os insetos noturnos como os besouros carabídeos predadores podem passar os extremos do dia em tocas. Formigas de zonas áridas, incluindo as do Saara, *Cataglyphis*, da Austrália, *Melophorus*, e da Namíbia, *Ocymyrmex*, exibem várias características comportamentais que maximizam sua capacidade de utilizar alguns dos locais mais quentes da Terra. As pernas longas mantêm o corpo no ar mais frio, acima do substrato; elas podem correr tão rápido quanto 1 m/s, e têm boa capacidade de navegação para permitir o retorno rápido à toca. A tolerância a altas temperaturas é uma vantagem para *Cataglyphis* porque elas se alimentam de insetos que morrem do estresse térmico. Contudo, *Cataglyphis bombycina* sofre predação de um lagarto que também apresenta tolerância à alta temperatura, de forma que evitar o predador restringe a atividade acima do solo de *Cataglyphis* a uma faixa de temperatura bastante estreita, entre aquela na qual não há a atividade do lagarto e o seu próprio limiar térmico letal. *Cataglyphis* minimiza a exposição a altas temperaturas usando as estratégias citadas anteriormente, e adiciona a elas uma atividade de descanso do calor: subindo e ficando parada em folhas de gramíneas acima do substrato do deserto, que pode exceder 46°C. Fisiologicamente, *Cataglyphis* pode estar entre os animais terrestres mais tolerantes termicamente porque elas podem acumular altos níveis de "proteínas para choque de calor", antes da saída de sua toca (fresca), para forragear no calor do ambiente externo. Os poucos minutos de duração do forrageamento frenético são um tempo muito curto para a síntese dessas proteínas protetoras depois da exposição ao calor.

Essas "proteínas para choque de calor" (abreviadas como hsp, *heat-shock proteins*), podem ser mais bem denominadas de proteínas induzidas pelo estresse quando envolvidas em atividades relacionadas à temperatura, já que parte do conjunto pode ser induzido também por desidratação e frio. Seu funcionamento em temperaturas mais altas parece agir como chapeirões moleculares ajudando no dobramento das proteínas. Em situações de frio, o dobramento das proteínas não é o problema, mas sim a perda de fluidez da membrana, que pode ser restaurada por mudanças nos ácidos graxos e por desnaturação dos fosfolipídios de membrana, talvez também sob o controle de algumas proteínas de estresse.

A especialização mais extraordinária envolve a larva de um mosquito quironomídeo, *Polypedilum vanderplanki*, que vive na África em afloramentos rochosos de granito dentro de poças temporárias, como aquelas que se formam em depressões feitas por povos nativos quando trituravam grãos. Como as poças secam sazonalmente, as larvas que não conseguiram completar seus desenvolvimentos perdem água até que elas estejam quase completamente desidratadas. Nessa condição de **criptobiose** (vivas, mas com o metabolismo parado) ou **anidrobiose** (vivas, mas sem água), as larvas podem tolerar extremos de temperatura, incluindo temperaturas artificialmente impostas no ar seco de mais de 100°C por 3 h até −270°C por 77 h. Nesse estado, as larvas podem sobreviver em um vácuo, sob alta pressão (1,2 GPa), em etanol 100% por 1 semana, e podem tolerar altos níveis de irradiação, de tal maneira que larvas foram enviadas para o espaço por motivos de pesquisa. Quando são novamente umedecidas, as larvas revivem e rapidamente retornam a um estado ativo e hidratado, alimentam-se e continuam seu desenvolvimento até a chegada de outro ciclo de seca ou até a fase de pupa e emergência do adulto.

A bioquímica molecular desse fenômeno envolve a dessecação lenta o suficiente para permitir a produção de trealose pela regulação positiva das vias de sínteses. As larvas que dessecam muito rapidamente (6 h) não são capazes de reviver, ao passo que aquelas que levam 48 h para dessecar apresentam 100% de renascimento. A produção de trealose ocorre nas células de gordura, desencadeadas pelo início da dessecação, e o açúcar é transportado na hemolinfa e, portanto, para todas as células somáticas. No entanto, isso não é o suficiente para proteger as larvas; além disso, genes sofrem regulação positiva para produzir enzimas que "limpam" os radicais livres de oxigênio produzidos pelo estresse oxidativo. Proteínas Abundantes do Embrião Tardio (LEA, do inglês *Late Embryo Abundant*) são produzidas de maneira que previnem a agregação de proteínas ao passo que água é perdida, e também para fornecer uma estrutura para apoiar a trealose desacompanhada e em complexo com proteínas. À medida que mais água é perdida, o processo de vitrificação se instala para produzir uma larva vítrea e totalmente dessecada.

Durante a fase de secagem, enzimas que degradam trealose são reguladas positivamente, mas elas são ativadas somente durante a reidratação. Da mesma maneira, enzimas de reparo do DNA são produzidas antes término da dessecação, mas também são ativadas somente durante a fase de renascimento. Evidentemente, durante o estágio de vitrificação, o DNA não está verdadeiramente intacto, mas está altamente protegido, com os reparos necessários ocorrendo quando a anidrobiose termina.

6.6.3 Aridez

Em ambientes terrestres, a temperatura e a umidade estão intimamente ligadas e as respostas a altas temperaturas são inseparáveis do estresse hídrico concomitante. Embora água livre possa não estar disponível na região árida dos trópicos por longos períodos, muitos insetos são ativos durante o ano inteiro em locais como o deserto da Namíbia, um deserto onde essencialmente não chove, no sudoeste da África. Esse deserto proporcionou um ambiente de pesquisas para o estudo das relações hídricas em insetos de zonas áridas, desde a descoberta dos besouros tenebrionídeos que bebem água da neblina. A corrente oceânica fria que passa próximo ao deserto da Namíbia produz uma neblina diária que se move em direção ao continente. Isso proporciona uma fonte de umidade do ar que pode ser precipitada sobre os corpos dos besouros, que ficam em uma postura com a cabeça virada para baixo, na face inclinada de dunas de areia, de frente para o vento que carrega a neblina. A umidade precipitada, então, escorre até a boca do besouro. Essa coleta de água atmosférica é apenas um entre vários comportamentos e morfologias dos insetos, que permitem a sobrevivência sob essas condições de estresse. Duas estratégias diferentes exemplificadas por besouros diferentes podem ser comparadas e contrastadas: tenebrionídeos detritívoros e carabídeos predadores, ambos apresentando muitas espécies tolerantes à aridez.

A maior perda de água para muitos insetos ocorre por meio da evaporação através da cutícula, com uma quantidade menor perdida pela troca gasosa nos espiráculos e pela excreção. Alguns besouros de zonas áridas reduziram sua perda de água em 100 vezes por meio de uma ou mais estratégias, incluindo a redução extrema na perda de água pela evaporação através da cutícula (seção 2.1), redução na perda de água espiracular, redução no metabolismo e redução extrema da perda por excreção. Nas espécies estudadas de tenebrionídeos e carabídeos de zona árida, a permeabilidade da cutícula à água é reduzida quase a zero, de modo que a perda de água é virtualmente uma função da taxa metabólica sozinha, ou seja, a perda ocorre pela via respiratória, predominantemente relacionada à variação na umidade local em volta dos espiráculos. O fechamento dos espiráculos em um espaço subelitral úmido é um mecanismo importante para a redução de tais perdas. A observação de níveis surpreendentemente baixos de sódio na hemolinfa de tenebrionídeos estudados, em comparação com os níveis em carabídeos de zonas áridas (e a maioria dos outros insetos), implica redução da atividade das bombas de sódio, gradiente reduzido de sódio ao longo das membranas celulares, redução concomitante inferida na taxa metabólica e perda reduzida de água pela respiração. A precipitação do ácido úrico quando a água é reabsorvida no reto permite a excreção de urina virtualmente seca (seção 3.7.2), a qual, com a retenção de aminoácidos livres, reduz ao mínimo a perda de tudo, exceto das excretas nitrogenadas. Todos esses mecanismos permitem a sobrevivência de um besouro tenebrionídeo em um ambiente árido com escassez sazonal de água e comida. Por outro lado, os carabídeos de deserto incluem espécies que mantêm alta atividade das bombas de sódio e alto gradiente de sódio ao longo das membranas celulares, implicando alta taxa metabólica. Eles também excretam urina mais diluída e parecem ter menor capacidade de conservar aminoácidos livres. Comportamentalmente, os carabídeos são predadores ativos, precisando de uma alta taxa metabólica para buscar as presas, o que resultaria em maiores perdas de água. Isso pode ser compensado pelo alto conteúdo de água de suas presas, comparado com os detritos ressecados que formam as dietas dos tenebrionídeos.

Para testar se essas diferenças são estratégias "adaptativas" diferentes ou se os tenebrionídeos em geral diferem mais dos carabídeos em sua fisiologia, sem relação com qualquer tolerância à aridez, são necessários maior amostragem de táxons e alguns testes apropriados para determinar se as diferenças fisiológicas observadas são correlacionadas com as relações taxonômicas (ou seja, são pré-adaptativas para a vida em ambientes de baixa umidade) ou com a ecologia da espécie.

6.7 MIGRAÇÃO

A diapausa, conforme descrito na seção 6.5, permite a um inseto acompanhar seus recursos no tempo – quando as condições se tornam rigorosas, o desenvolvimento cessa até que a diapausa seja interrompida. Uma alternativa à interrupção da atividade é localizar os recursos no espaço por meio de um movimento direcionado. O termo **migração** já foi restrito às grandes movimentações de um lugar para outro de vertebrados, tais como gnus, salmões e aves migratórias, incluindo andorinhas e várias aves marinhas e limícolas. Contudo, existem bons motivos para expandir essa definição para incluir organismos que preenchem alguns ou todos os critérios seguintes, durante ou próximo a fases específicas de movimentação:

- Movimento persistente para longe de uma área de vida original
- Movimento relativamente reto, se comparado com a guarda de um território ou movimento em zigue-zague dentro de uma área de vida
- Não distraído por (insensível a) estímulos da área de vida
- Comportamentos distintos de pré e pós-movimentação
- Realocação da energia dentro do corpo.

Todas as migrações nesse senso mais amplo são tentativas de proporcionar um ambiente adequado homogêneo, apesar das flutuações temporais em uma única área de vida. Critérios como o comprimento da distância percorrida, área geográfica na qual a migração ocorre e se o indivíduo migrante retorna não são importantes nessa definição. Além disso, a diminuição de uma população (dispersão) ou o avanço em um hábitat similar (extensão da área de vida) não são migrações. De acordo com essa definição, os movimentos sazonais a partir do alto das montanhas de Sierra Nevada até o Vale Central da Califórnia, feitos pela joaninha *Hippodamia convergens*, são uma atividade migratória tanto quanto um movimento transcontinental de uma borboleta-monarca (*Danaus plexippus*).

Os comportamentos pré-migratórios nos insetos incluem o redirecionamento do metabolismo para o armazenamento de energia, interrupção da reprodução, e a produção de asas em espécies polimórficas, nas quais formas aladas e ápteras coexistem (polifenismo; seção 6.8.2). A alimentação e a reprodução são retomadas após a migração. Algumas respostas estão sob controle hormonal, ao passo que outras são induzidas pelo ambiente. Evidentemente, as mudanças pré-migratórias devem antecipar as condições ambientais alteradas às quais a migração evoluiu para evitar. Assim como com a indução de diapausa (seção 6.5), a pista principal é a mudança no comprimento do dia (fotoperíodo). Existe uma forte ligação entre as várias pistas para o início e o término da diapausa reprodutiva, e a indução e a interrupção da resposta migratória nas espécies estudadas, incluindo as borboletas-monarca e o percevejo fitófago *Oncopeltus fasciatus*. Indivíduos de ambas as espécies migram para o sul a partir de sua grande distribuição associada às suas plantas hospedeiras norte-americanas (Apocynaceae). Pelo menos na geração migrante de borboletas-monarca, uma bússola magnética complementa a navegação solar na elaboração da rota rumo ao local onde elas passam o inverno. A diminuição do comprimento do dia induz uma diapausa reprodutiva na qual a inibição do voo é eliminada e a energia é transferida para o voo, em vez de para a reprodução. A geração de inverno de ambas as espécies fica em diapausa, a qual termina com uma migração com dois (ou mais) estágios do sul para o norte, que essencialmente segue o desenvolvimento sequencial das apocináceas anuais subtropicais até as temperadas, chegando até o sul do Canadá. O primeiro voo no início da primavera, a partir da área onde passam o inverno, é curto, com a reprodução e o esforço de voo ocorrendo durante dias de curta duração, mas a próxima geração se estende até bem mais ao norte em dias mais longos, tanto como indivíduos quanto por gerações consecutivas. Apenas poucos, se é que algum, dos indivíduos que retornam são os migrantes originais. Em *O. faciatus* há um ritmo circadiano (ver Boxe 4.4) com oviposição e migração temporalmente segregadas no meio do dia, e o acasalamento e a alimentação concentrados no fim do dia. Tanto esses percevejos quanto as borboletas-monarca têm parentes não migrantes multivoltinos, que permanecem nos trópicos. Portanto, parece que a capacidade de entrar em diapausa e, consequentemente, fugir para o sul no outono permitiu justamente a essas duas espécies invadir os locais de crescimento das apocináceas da região temperada.

É uma observação comum que insetos que vivem em hábitats "temporários", de duração limitada, têm uma proporção mais alta de espécies aladas e, dentro dos táxons polimórficos, maior proporção de indivíduos alados. Em hábitats de longa duração, a perda da capacidade de voo, permanente ou temporária, é mais comum. Assim, entre os percevejos-d'água europeus (Hemiptera: Gerridae), espécies associadas a pequenos corpos d'água temporários são aladas e migram regularmente para procurar novos corpos d'água; aquelas associadas a grandes lagos tendem à perda de asas e a ter comportamentos sedentários. Evidentemente, a capacidade de voar está relacionada à tendência (e capacidade) de migrar no caso dos gafanhotos, como exemplificado em *Chortoicetes terminifera* (o gafanhoto-migratório australiano) e *Locusta migratoria* (Orthoptera: Acrididae), que demonstram migrações adaptativas para explorar condições favoráveis transitórias disponíveis em regiões áridas (ver seção 6.10.5 para o comportamento de *L. migratoria*).

Embora os movimentos em massa descritos anteriormente sejam bastante conspícuos, até mesmo a "dispersão passiva" de insetos pequenos e leves pode preencher muitos dos critérios de migração. Assim, mesmo que o inseto dependa de correntes de vento (ou de água) para a movimentação, pode ser que seja necessário que ele tenha algum ou todos os seguintes itens:

- Mudar o comportamento para embarcar, tal como uma cochonilha jovem que rasteja até o ápice de uma folha e adota, ali, uma postura que melhora as chances de um movimento aéreo estendido
- Estar nas condições fisiológicas e de desenvolvimento adequadas para a jornada, como no estágio alado de pulgões normalmente ápteros
- Sentir as pistas ambientais apropriadas para a partida, como um declínio sazonal das plantas hospedeiras de muitos pulgões
- Reconhecer as pistas ambientais na chegada, tais como odores e cores de uma nova planta hospedeira, e realizar a saída controlada da corrente.

Naturalmente, o embarque nessas jornadas nem sempre termina em sucesso e existem vários insetos que terminam em hábitats inadequados, como geleiras e o oceano aberto. No entanto, claramente alguns insetos fecundos fazem uso de condições meteorológicas previsíveis para fazer longas jornadas em uma direção consistente, sair da corrente de ar e se estabelecer em um hábitat novo adequado. Os pulgões são um grande exemplo, mas certos tripes e cochonilhas e outras pragas agrícolas são capazes de localizar novas plantas hospedeiras dessa forma.

6.8 POLIMORFISMO E POLIFENISMO

A existência de várias gerações por ano é frequentemente associada a mudanças morfológicas entre as gerações. Uma variação similar pode ocorrer de forma contemporânea em uma população, tal como a existência simultânea de formas ("morfos") aladas e ápteras. Diferenças sexuais entre machos e fêmeas e a existência de uma forte diferenciação em insetos sociais como formigas e abelhas são outros exemplos óbvios desse fenômeno. O termo polimorfismo engloba todas as descontinuidades desse tipo que ocorrem na mesma fase do ciclo de vida, em uma frequência maior do que seria esperado apenas em decorrência de mutações recorrentes. Ele é definido como o surgimento simultâneo ou recorrente de diferenças morfológicas distintas, refletindo e, com frequência, incluindo diferenças fisiológicas, comportamentais e/ou ecológicas entre indivíduos da mesma espécie.

6.8.1 Polimorfismo genético

A distinção entre os sexos é exemplo de um polimorfismo particular, denominado dimorfismo sexual, o qual, em insetos, está quase completamente sob determinação genética. Fatores ambientais podem afetar a expressão sexual, como nas castas de alguns insetos sociais ou na feminização de insetos geneticamente machos pela infecção por nematódeos mermitídeos. À parte o dimorfismo dos sexos, genótipos diferentes podem coocorrer em uma única espécie, mantidos pela seleção natural em frequências específicas que variam de um local para outro e de uma época a outra dentro da distribuição de uma espécie. Por exemplo, os adultos de alguns percevejos gerriídeos são totalmente alados e capazes de voar, ao passo que outros indivíduos coexistentes da mesma espécie são braquípteros e não podem voar. Os intermediários estão em uma desvantagem seletiva e as duas formas geneticamente determinadas coexistem em um polimorfismo balanceado. Alguns dos polimorfismos genéticos mais complexos foram descobertos em borboletas que mimetizam borboletas quimicamente protegidas de outras espécies (o modelo) para se defenderem de predadores (seção 14.5). Algumas espécies de borboleta podem mimetizar mais de um modelo e, nessas espécies, a precisão de vários padrões de mimetismo diferentes é mantida porque os intermediários inapropriados não são reconhecidos pelos predadores como sendo não palatáveis e são comidos. O polimorfismo mimético é predominantemente restrito às fêmeas, com os machos sendo geneticamente monomórficos e não miméticos. A base para a mudança entre as diferentes formas miméticas é uma genética mendeliana relativamente simples, que pode envolver poucos genes ou supergenes.

É comum a observação de que algumas espécies individuais com uma grande distribuição latitudinal exibam diferentes estratégias de ciclo de vida de acordo com a localização. Por exemplo, as populações que vivem em altas latitudes (mais próximo aos polos) ou em altas elevações podem ser univoltinas, com um longo período de dormência, ao passo que as populações mais próximas ao Equador ou em elevações mais baixas podem ser multivoltinas e se desenvolverem de forma contínua sem dormência. A dormência é ambientalmente induzida (seção 6.5 e seção 6.10.2), mas a capacidade de um inseto reconhecer e responder a essas pistas ambientais é programada geneticamente. Além disso, pelo menos alguma variação geográfica nos ciclos de vida resulta de polimorfismo genético.

6.8.2 Polimorfismo ambiental ou polifenismo

Uma diferença fenotípica entre as gerações, que não tem uma base genética e é determinada inteiramente pelo ambiente, é frequentemente chamada de polifenismo. A expressão de um fenótipo em particular depende de um ou mais genes que são disparados por uma pista ambiental. Um exemplo é a borboleta *Eurema hecabe* (Lepidoptera: Pieridae), que é encontrada das regiões temperadas a tropical do Velho Mundo, a qual mostra uma mudança sazonal na coloração das asas entre os morfos de verão e de outono. O fotoperíodo induz a mudança morfológica, de modo que o morfo de asas escuras do verão é induzido por 1 dia longo de mais de 13 h. Um dia curto de menos de 12 h induz o morfo de outono com asa mais clara, em particular em temperaturas inferiores a 20°C, de maneira que a temperatura afeta mais os machos do que as fêmeas. Um segundo exemplo é o polifenismo de cor das lagartas da mariposa-americana *Biston betularia cognataria* (Lepidoptera: Geometridae), as quais são herbívoras generalistas com uma cor de corpo que varia para combinar com os galhos verdes ou marrons das suas plantas hospedeiras. Experimentos demonstraram que as lagartas mudam os pigmentos nas suas células epidérmicas primariamente em resposta à sua experiência visual, em vez de ser em relação à sua dieta. Esse polifenismo de cor larval não está relacionado ao polimorfismo genético para as formas melânicas encontradas nas mariposas adultas (ver Boxe 14.1). Em outro gênero de mariposas Geometridae, lagartas de *Nemoria arizonaria* da geração da primavera se alimentam de e se desenvolvem para se assemelhar às flores de carvalho, ao passo que as lagartas da geração do verão se alimentam de folhas e se parecem com galhos do carvalho. Os morfos da flor e do galho são induzidos apenas pela dieta larval.

Entre os polifenismos mais complexos estão aqueles vistos nos pulgões (Hemiptera: Aphidóidea). Nas linhagens partenogenéticas (ou seja, nas quais existe uma identidade genética absoluta), as fêmeas podem exibir até oito fenótipos distintos, além dos polimorfismos nas formas sexuais. Essas fêmeas de pulgões podem variar em morfologia, fisiologia, fecundidade, tamanho e época das ninhadas, tempo de desenvolvimento, longevidade e escolha e utilização da planta hospedeira. As pistas ambientais responsáveis pelas formas alternativas são similares àquelas que governam a diapausa e a migração em muitos insetos (seção 6.5 e seção 6.7), incluindo o fotoperíodo, a temperatura e os efeitos maternos, tais como o tempo passado (em vez do número de gerações) desde a fêmea alada fundadora. A superpopulação induz muitas espécies de pulgões a produzir uma fase alada de dispersão. Ela também é responsável por um dos exemplos mais dramáticos de polifenismo, a transformação da fase de gafanhotos jovens solitários para a fase gregária (seção 6.10.5). Estudos sobre os mecanismos fisiológicos que ligam as pistas ambientais a essas mudanças fenotípicas envolveram o hormônio juvenil (HJ) em muitas mudanças morfológicas de pulgões.

Se os pulgões exibem o maior número de polifenismos, os insetos sociais não ficam muito atrás e, sem dúvida, apresentam maior grau de diferenciação morfológica entre as formas, chamadas de **castas**. Isso é discutido em mais detalhes no Capítulo 12; agora, é suficiente dizer que a manutenção de diferenças fenotípicas entre castas tão distintas como rainhas, operárias e soldados, inclui mecanismos fisiológicos como feromônios transferidos com a alimentação, estímulos olfatórios e táteis, e controle endócrino incluindo HJ e ecdisona. Sobrepostos a esses polifenismos, estão as diferenças dimórficas entre os sexos, as quais impõem limites sobre a variação.

6.9 CLASSIFICAÇÃO ETÁRIA

A identificação dos estágios de crescimento ou da idade dos insetos em uma população é importante na entomologia ecológica ou aplicada. A informação sobre a proporção de uma população em diferentes estágios do desenvolvimento e a proporção de adultos em maturidade reprodutiva, em uma população, pode ser usada para construir tabelas de vida de cada época, a fim de determinar os fatores que causam e regulam as flutuações no tamanho da população e na taxa de dispersão, além de monitorar os fatores de fecundidade e mortalidade na população. Tais dados são necessários para previsões sobre explosões de pragas, como um resultado do clima, e para a construção de modelos de resposta das populações à introdução de um programa de controle.

Muitas técnicas diferentes já foram propostas para estimar o estágio de crescimento ou a idade dos insetos. Alguns produzem uma estimativa de idade cronológica (do calendário) dentro de um estágio, ao passo que a maioria estima o número de instares ou a idade relativa dentro de um estágio, de modo que nesse caso é usado o termo **classificação etária** em vez de determinação da idade.

6.9.1 Classificação etária de insetos imaturos

Para muitos estudos populacionais, é importante saber o número de instares de larva ou de ninfa em uma espécie, e ser capaz de reconhecer o instar ao qual qualquer indivíduo imaturo pertence. Em geral, tal informação está disponível ou é obtida de maneira relativamente simples para espécies com um número constante e pequeno de instares imaturos, em especial aquelas com um ciclo de vida de poucos meses ou menos. Contudo, é mais difícil obter esses dados para espécies com muitos ou com um número variável de instares ou com gerações que se sobrepõem. A última situação pode ocorrer em espécies com muitas gerações por ano não sincronizadas ou em espécies com um ciclo de vida mais longo que um ano. Em algumas espécies, existem diferenças qualitativas (p. ex., coloração) ou merísticas (p. ex., número de artículos da antena) facilmente reconhecíveis entre instares imaturos consecutivos. Com mais frequência, a única diferença óbvia entre os instares sucessivos de larvas ou de ninfas é o aumento no tamanho que ocorre após cada muda (o incremento da muda). Assim, seria possível determinar o número real de instares no ciclo de vida de uma espécie a partir de um histograma de frequências das medidas de uma parte do corpo esclerotizada (Figura 6.12).

Os entomólogos procuram quantificar essa progressão no tamanho para muitos insetos. Uma das primeiras tentativas foi a de H.G. Dyar, que em 1890 estabeleceu uma "regra" a partir de observações em lagartas de 28 espécies de Lepidoptera. As medições de Dyar mostram que a largura da cápsula cefálica aumentava em uma progressão linear regular, em instares sucessivos, por uma proporção (variando de 1,3 a 1,7) que era constante para uma dada espécie. A **regra de Dyar** afirma que:

tamanho pós-muda/tamanho pré-muda
(ou incremento da muda) = constante

Assim, se os logaritmos das medidas de alguma parte esclerotizada do corpo em diferentes instares forem representados em um gráfico, em relação ao número de instares, deve resultar em uma linha reta; qualquer desvio dessa linha reta indica um instar faltando. Na prática, contudo, existem muitos desvios da regra de Dyar, já que o fator de progressão não é sempre constante, em especial em populações no campo submetidas a condições variáveis de alimentação e temperatura durante o crescimento.

Uma "lei" empírica de crescimento relacionada é a regra de Przibram, que afirma que a massa de um inseto dobra durante cada instar, e que a cada muda todas as dimensões lineares aumentam em uma proporção de 1,26. O crescimento da maioria dos insetos não mostra uma concordância geral com essa regra, a qual assume que as dimensões de uma parte do corpo do inseto deveriam crescer a cada muda na mesma proporção que o corpo como um todo. Na realidade, o crescimento na maioria dos insetos é **alométrico**, ou seja, cada parte cresce segundo taxas próprias, e frequentemente de maneira bem diferente em relação à taxa de crescimento do corpo como um todo. Os chifres da cabeça e o tórax dos escaravelhos *Onthophagus*, discutidos na seção 5.3, exemplificam os custos e benefícios associados ao crescimento alométrico.

6.9.2 Classificação etária de insetos adultos

A idade de um inseto adulto não é determinada facilmente. Contudo, a idade adulta é de extrema importância, em particular nos insetos vetores de doenças. Por exemplo, é crucial para a epidemiologia que a idade (longevidade) de uma fêmea adulta de mosquito seja conhecida, uma vez que isso está relacionado com o número de vezes que ela já se alimentou de sangue e, consequentemente, com o número de oportunidades para a transmissão de

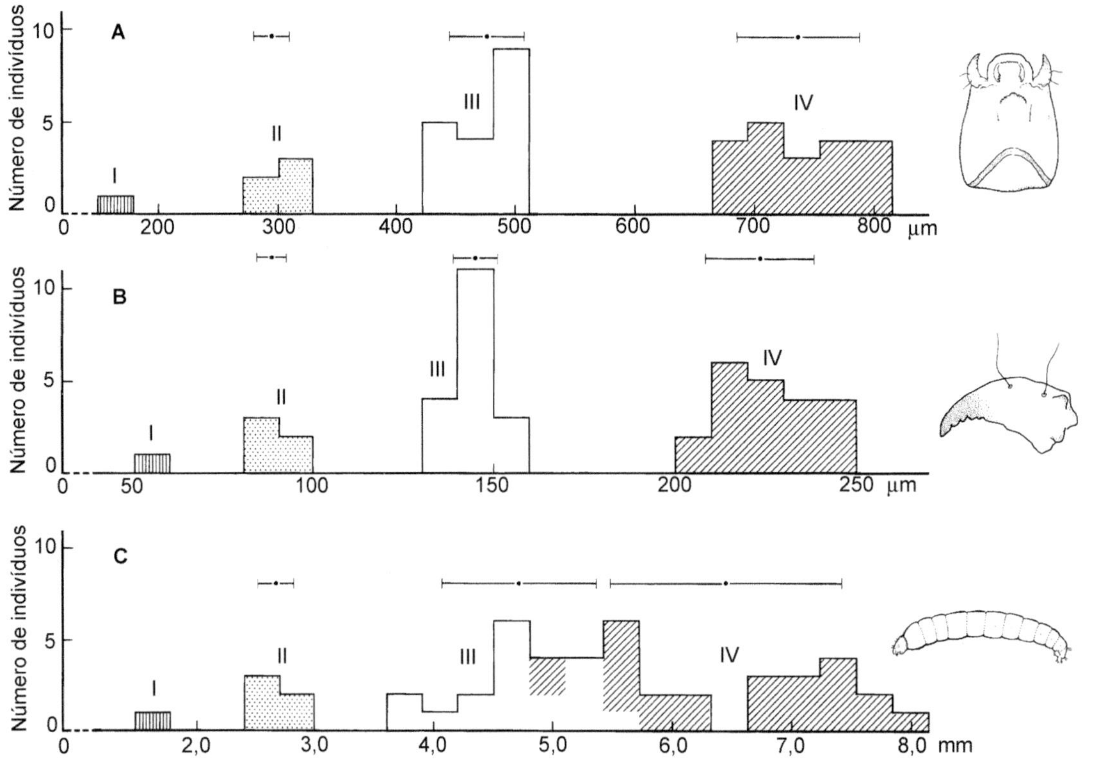

Figura 6.12 Crescimento e desenvolvimento em um mosquito marinho, *Telmatogeton* (Diptera: Chironomidae), mostrando os aumentos no: **A.** comprimento da cápsula cefálica; **B.** comprimento da mandíbula; **C.** comprimento do corpo entre os quatro instares larvais (I-IV). Os pontos e as linhas horizontais acima de cada histograma representam as médias e desvios padrão das medidas para cada instar. Note que os comprimentos da cabeça e da mandíbula esclerotizadas caem em classes discretas de tamanho, representado cada instar, enquanto o comprimento do corpo é um indicador não confiável do número de instares, especialmente para separar as larvas de terceiro e quarto instares.

patógenos (p. ex., veja seção 15.3.1). A maioria das técnicas para avaliar a idade de insetos adultos estima a idade relativa (não cronológica) e, desse modo, classificação etária é o termo apropriado.

Quatro categorias gerais de estimativa de idade foram propostas, com relação a:

- Mudanças relacionadas à idade na fisiologia e na morfologia do sistema reprodutor
- Mudanças em estruturas somáticas
- Desgate e avarias externas
- Mudanças na expressão gênica (perfil de transcrição).

A terceira abordagem se mostrou não confiável, mas os dois primeiros métodos apresentam aplicabilidade ampla, e o quarto está em fase de desenvolvimento.

No primeiro método, a idade é classificada de acordo com a fisiologia reprodutiva em uma técnica aplicável apenas a fêmeas. O exame do ovário de um inseto **paro** (ou seja, que já botou pelo menos um ovo) mostra que permanecem evidências depois que um ovo é posto (ou mesmo reabsorvido) na forma de um **resíduo folicular**, que significa uma mudança irreversível no epitélio. A deposição de cada ovo, junto com a contração da membrana previamente distendida, deixa um resíduo folicular por ovo. O formato real de um resíduo folicular varia entre as espécies, mas uma ou mais dilatações residuais do lúmen, com ou sem pigmentos ou grânulos, é comum nos Diptera. As fêmeas que não têm resíduos foliculares não desenvolveram um ovo e são chamadas de **nulíparas**.

Contar resíduos foliculares pode dar uma medida comparativa da idade fisiológica de um inseto fêmea, permitindo, por exemplo, a discriminação de indivíduos nulíparos de não nulíparos, e frequentemente permitindo uma segregação posterior dentro dos indivíduos paros de acordo com o número de oviposições. A idade cronológica pode ser calculada se o tempo entre oviposições sucessivas (o **ciclo ovariano**) for conhecido. Contudo, em muitos mosquitos e moscas com importância médica nos quais há um ciclo ovariano por cada ingestão de sangue, a idade fisiológica (número de ciclos) possui uma importância maior do que a idade cronológica precisa.

O segundo método aplicável de maneira geral para a determinação da idade apresenta relação mais direta com a cronologia, e muitas das características somáticas que permitem estimar a idade estão presentes em ambos os sexos. Estimativas de idade podem ser feitas a partir de medidas do crescimento cuticular, pigmentos fluorescentes, tamanho do corpo gorduroso, dureza cuticular e, nas fêmeas, cor ou padrões do abdome. As estimativas de idade fundamentadas no crescimento cuticular se baseiam na existência de um ritmo diário de deposição da endocutícula. Nos insetos hemimetábolos, as camadas da cutícula são mais confiáveis, ao passo que, nos holometábolos, os apódemas (projeções internas do esqueleto nas quais os músculos se fixam) são mais confiáveis. As camadas diárias são mais distintas quando a temperatura para formação da cutícula não é alcançada em uma parte de cada dia. O uso dos anéis de crescimento fica mais confuso se o desenvolvimento ocorre em temperaturas baixas demais para a deposição, ou altas demais para a ocorrência de um ciclo diário de deposição e interrupção. Um outro inconveniente dessa técnica é que a deposição cessa depois que certa idade é atingida, talvez apenas 10 a 15 dias depois da eclosão. A idade fisiológica pode ser determinada medindo-se os pigmentos que se acumulam nas células de muitos animais conforme vão envelhecendo, incluindo os insetos. Esses pigmentos fluorescem e podem ser estudados por microscopia de fluorescência. A lipofucsina de células pós-mitóticas na maioria dos tecidos corporais e os pigmentos oculares de pteridina já foram medidos dessa forma, especialmente em moscas. A espectroscopia de infravermelho próximo (NIRS, do inglês *near-infrared reflectance spectroscopy*) é um método não destrutivo usado para medir a energia infravermelho próxima absorvida em comprimentos de onda específicos por material biológico. Essa técnica não foi usada amplamente, mas permite que a idade relativa de fêmeas jovens e mais velhas de mosquitos *Anopheles* seja prevista com cerca de 80% de acurácia.

Uma nova abordagem, usando perfis de transcrição, foi desenvolvida para estimar a idade de fêmeas de mosquitos. Ensaios de genes que revelam padrões de transcrição relacionados a idade têm demonstrado que é possível prever a idade de fêmeas de *Aedes aegypti* e *Anopheles gambiae*.

6.10 EFEITOS AMBIENTAIS NO DESENVOLVIMENTO

A taxa ou o modo do desenvolvimento ou o crescimento de um inseto pode depender de vários fatores. Esses fatores incluem o tipo e a quantidade de comida, a quantidade de umidade (para espécies terrestres) e calor (medido como temperatura), ou a existência de sinais ambientais (p. ex., fotoperíodo), agentes mutagênicos e toxinas ou outros organismos, tanto predadores como competidores. Dois ou mais desses fatores podem interagir para complicar a interpretação das características e padrões do crescimento.

6.10.1 Temperatura

A maioria dos insetos são pecilotérmicos, ou seja, com temperatura corporal variando mais ou menos diretamente com a temperatura ambiental; portanto, o calor dirige a taxa de crescimento e desenvolvimento quando o alimento é ilimitado. Um aumento na temperatura, em uma distribuição favorável, irá acelerar o metabolismo de um inseto e consequentemente aumentar sua taxa de desenvolvimento. Cada espécie e cada estágio no ciclo de vida pode se desenvolver em sua própria taxa com relação à temperatura. Assim, o tempo fisiológico, uma medida da quantidade de calor requerida ao longo do tempo para um inseto completar seu desenvolvimento ou o desenvolvimento de um estágio, tem mais significado como medida do tempo de desenvolvimento do que a idade no tempo do calendário. O conhecimento das relações entre temperatura e desenvolvimento e o uso do tempo fisiológico permitem fazer comparações entre os ciclos de vida e/ou fecundidade de espécies pragas no mesmo sistema (Figura 6.13), e prever os períodos de alimentação larval, duração da geração e tempo para emergência do adulto, sob as condições de temperaturas variáveis que existem no campo. Tais previsões são especialmente importantes para pragas, já que as medidas de controle devem ser temporizadas com cuidado para serem efetivas.

O tempo fisiológico é o produto cumulativo do tempo de desenvolvimento total (em horas ou dias) multiplicado pela temperatura (em graus) acima do limiar de desenvolvimento (ou de crescimento), ou a temperatura abaixo da qual não ocorre desenvolvimento. Assim, o tempo fisiológico é comumente expresso como dia-graus (também grau-dias) (D°) ou hora-graus (h°). Normalmente, o tempo fisiológico é estimado para uma espécie criando-se um certo número de indivíduos do(s) estágio(s) de vida de interesse sob diferentes temperaturas constantes em várias caixas de criação idênticas. O limiar de desenvolvimento é estimado pelo método de regressão linear no eixo x, como descrito no Boxe 6.2, embora estimativas de limiar mais precisas possam ser obtidas por métodos que consomem mais tempo.

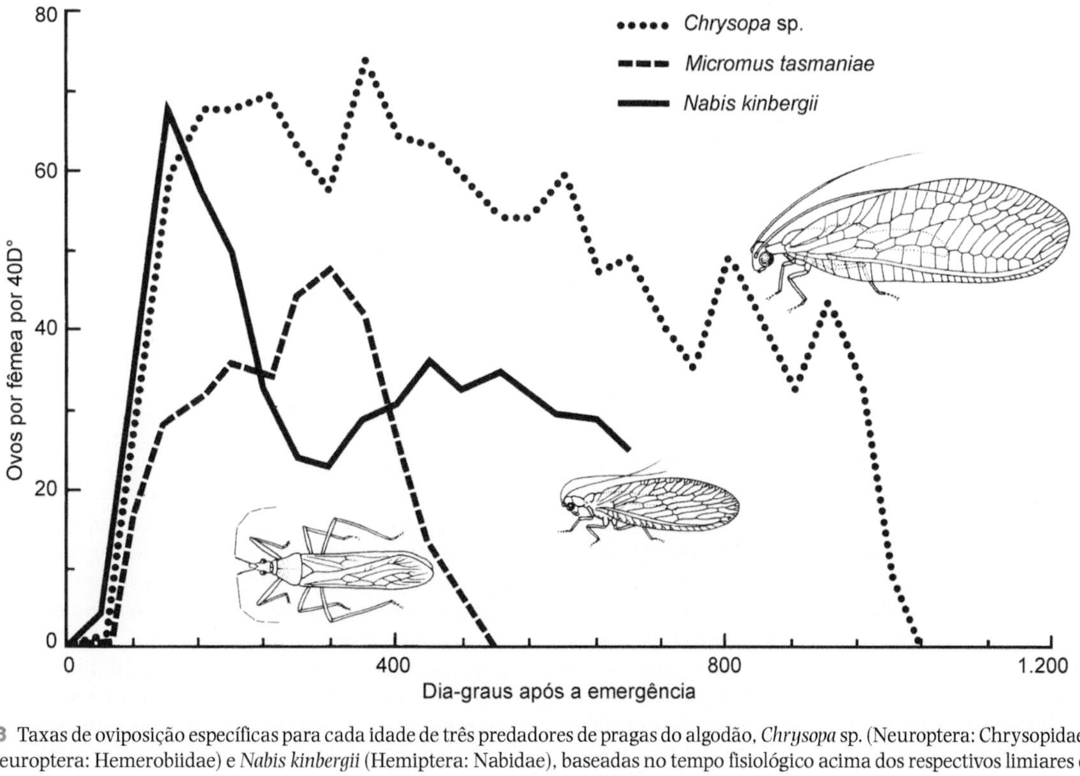

Figura 6.13 Taxas de oviposição específicas para cada idade de três predadores de pragas do algodão, *Chrysopa* sp. (Neuroptera: Chrysopidae), *Micromus tasmaniae* (Neuroptera: Hemerobiidae) e *Nabis kinbergii* (Hemiptera: Nabidae), baseadas no tempo fisiológico acima dos respectivos limiares de desenvolvimento de 10,5°C, –2,9°C e 11,3°C. D°, dia-graus. (Segundo Samson & Blood, 1979.)

Boxe 6.2 Cálculo dos graus-dia

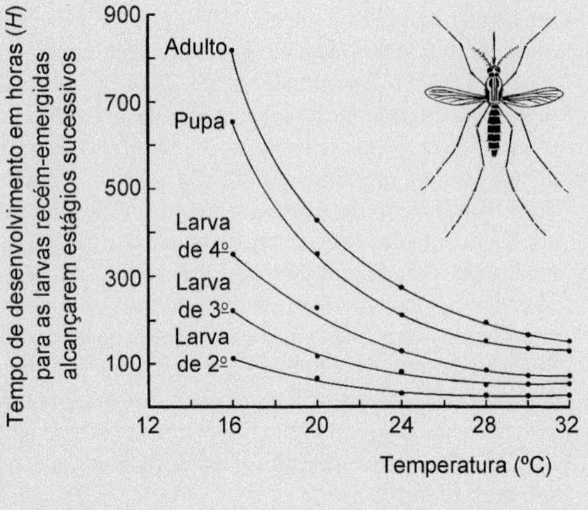

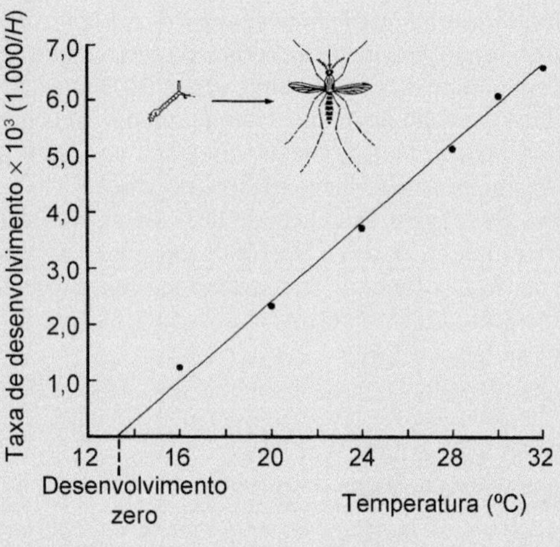

Os dia-graus (ou grau-dias) podem ser estimados de maneira simples (com base em Daly *et al.*, 1978) como exemplificado pelos dados sobre as relações entre temperatura e desenvolvimento no mosquito-da-dengue e da-febre-amarela, *Aedes aegypti* (Diptera: Culicidade) (segundo Bar-Zeev, 1958).

1 Estabelecer, no laboratório, o tempo médio requerido por cada estágio para se desenvolver em diferentes temperaturas constantes. O gráfico à esquerda mostra o tempo em horas (*H*) para larvas recém-emergidas do ovo de *Ae. aegypti* alcançarem os estágios sucessivos do desenvolvimento quando incubadas em várias temperaturas.

2 Representar em gráfico o recíproco do tempo de desenvolvimento (1/*H*), a taxa de desenvolvimento, contra a temperatura para obter uma curva sigmoide com a parte do meio da curva aproximadamente linear. O gráfico à direita mostra a parte linear dessa relação para o desenvolvimento total de *Ae. aegypti* a partir da larva recém-emergida até o estágio adulto. Uma linha reta não seria obtida se temperaturas extremas de desenvolvimento (p. ex., maiores que 32°C ou menores que 16°C) fossem inclusas.

3 Ajustar uma regressão linear aos pontos e calcular a inclinação dessa reta. A inclinação representa a quantidade em horas pela qual as taxas de desenvolvimento são aumentadas para cada 1 grau de aumento da temperatura. Assim, o recíproco da inclinação dá o número de hora-graus, acima do limiar, requerido para completar o desenvolvimento.

4 Para estimar o limiar de desenvolvimento, a reta de regressão é projetada até o eixo x (abscissa) para se obter o zero do desenvolvimento, que no caso de *Ae. aegypti* é 13,3°C. Esse valor de zero pode diferir um pouco do limiar de desenvolvimento real determinado experimentalmente, provavelmente porque em temperaturas baixas (ou altas), a relação temperatura-desenvolvimento raramente é linear. Para *Ae. aegypti*, o limiar de desenvolvimento fica na verdade entre 9 e 10°C.

5 A equação da regressão é $1/H = k(T^{\circ} - T^{t})$, em que H = período do desenvolvimento, T° = temperatura, T^{t} = temperatura limiar de desenvolvimento e k = inclinação da reta.

Assim, o tempo fisiológico para o desenvolvimento é $H(T^{\circ} - T^{t}) = 1/k$ hora-graus, ou $H(T^{\circ} - T^{t})/24 = 1/k = K$ dia-graus, com K = constante térmica ou valor K.

Ao inserir os valores de H, T° e T^{t} para os dados de *Ae. aegypti* na equação dada acima, o valor de K pode ser calculado para cada uma das temperaturas de desenvolvimento de 14 a 36°C:

Temperatura (°C)	*K*
14	1.008
16	2.211
20	2.834
24	2.921
28	2.866
30	2.755
32	2.861
34	3.415
36	3.882

Assim, o valor *K* para *Ae. aegypti* é aproximadamente independente da temperatura, exceto nos extremos (14 e 34 a 36°C), e apresenta média de 2.740 h-graus (ou grau-horas) ou 114 dia-graus (ou grau-dias) entre 16°C e 32°C.

Na prática, a aplicação de tempos fisiológicos estimados em laboratório para populações naturais pode ser dificultada por vários fatores. Sob temperaturas flutuantes, em especial se o inseto experimenta temperaturas extremas, o crescimento pode ser retardado ou acelerado se comparado com o mesmo número de dia-graus sob temperaturas constantes. Além disso, as temperaturas realmente experimentadas pelos insetos em seus micro-hábitats, frequentemente protegidos em plantas, no solo ou no folhiço, podem diferir em vários graus das temperaturas gravadas em uma estação meteorológica distante apenas alguns metros. Os insetos podem selecionar os micro-hábitats que amenizam as condições frias da noite ou reduzem ou aumentam o calor do dia. Assim, as previsões dos eventos dos ciclos de vida dos insetos, baseadas na extrapolação das medições de temperatura em laboratório para o campo, podem não ser precisas. Por isso, as estimativas de tempo fisiológico feitas em laboratório devem ser corroboradas calculando-se as hora-graus ou dia-graus requeridas para o desenvolvimento sob condições mais naturais, mas usando o limiar de desenvolvimento estimado em laboratório, como se segue:

- Colocar ovos recém-postos ou larvas recém-emergidas no seu hábitat de campo apropriado e medir a temperatura a cada hora (ou calcular uma média diária, um método menos preciso)
- Estimar o tempo para a conclusão de cada instar, descartando todas as leituras de temperatura abaixo do limiar de desenvolvimento do instar e subtraindo o limiar de desenvolvimento de todas as outras leituras, a fim de determinar a temperatura efetiva para cada hora (ou simplesmente subtrair o limiar de temperatura da temperatura média diária). Somar os graus de temperatura efetiva para cada hora do começo ao fim do estágio. Esse procedimento é chamado de somação térmica

- Comparar o número de hora-graus (ou dia-graus) estimado em campo para cada instar com o previsto por dados de laboratório. Se existem discrepâncias, o micro-hábitat e/ou as temperaturas flutuantes podem estar influenciando o desenvolvimento do inseto ou o zero do desenvolvimento lido do gráfico pode ser uma estimativa ruim do limiar de desenvolvimento.

Outro problema com a estimativa em laboratório do tempo fisiológico é que as populações de insetos mantidas por longos períodos sob condições de laboratório com frequência passam por aclimatação às condições constantes ou mesmo por mudanças genéticas, em resposta ao ambiente alterado ou como resultado das reduções de população que produzem "gargalos" genéticos. Assim, os insetos mantidos em caixas de criação podem exibir relações temperatura-desenvolvimento diferentes dos indivíduos da mesma espécie em populações selvagens.

Por todas as razões anteriores, qualquer fórmula ou modelo que proponha prever a resposta dos insetos a condições ambientais deve ser testado cuidadosamente para sua adequação às respostas das populações naturais.

6.10.2 Fotoperíodo

Muitos insetos, talvez a maioria, não se desenvolvem continuamente durante o ano inteiro, mas evitam algumas condições sazonais adversas com um período de repouso (seção 6.5) ou migração (seção 6.7). A dormência durante o verão (estivação) e durante o inverno (hibernação) fornece dois exemplos de como evitar extremos sazonais. O indicador ambiental mais previsível das mudanças de estação é o **fotoperíodo**: o comprimento da fase clara diária ou, mais simplesmente, o comprimento do dia. Próximo ao equador, embora a fase do nascer ao pôr do sol do dia mais longo seja somente alguns minutos mais longa do que a do dia mais curto, se a duração do crepúsculo é inclusa então a duração total do dia mostra mudança sazonal mais marcada. A resposta ao fotoperíodo é relacionada à duração, em vez de à intensidade, e há uma intensidade crítica de luz abaixo da qual o inseto não responde; esse limiar é quase sempre escuro como o crepúsculo, mas raramente tão baixo quanto uma noite de lua cheia. Muitos insetos parecem medir a duração da fase clara no período de 24 h, e já foi demonstrado experimentalmente que alguns medem a duração do escuro. Outros reconhecem os dias longos pela luz incidindo na metade "escura" do dia.

A maioria dos insetos pode ser descrita como espécies de "dia longo", com o crescimento e a reprodução no verão e com a dormência iniciando conforme a duração do dia diminui. Outros mostram o padrão contrário, com atividade em "dias curtos" (muitas vezes outono e primavera) e estivação no verão. Em algumas espécies, o estágio do ciclo de vida no qual o fotoperíodo é medido é anterior ao estágio que reage, como acontece quando a resposta fotoperiódica da geração materna de bichos-da-seda afeta os ovos da próxima geração.

A capacidade dos insetos de reconhecer pistas fotoperiódicas sazonais e outras pistas ambientais requer algum modo de medir o tempo entre a pista e o começo ou a interrupção subsequente da diapausa. Isso é atingido por meio de um "relógio biológico" (ver Boxe 4.4), o qual pode ser dirigido por ciclos diários internos (endógenos) ou externos (exógenos), chamados de **ritmos circadianos**. As interações da periodicidade curta dos ritmos circadianos com os ritmos sazonais a longo prazo, tais como o reconhecimento fotoperiódico, são complexas e diversas e, provavelmente, evoluíram muitas vezes entre os insetos.

6.10.3 Umidade

A alta razão entre área de superfície e volume dos insetos significa que a perda de água do corpo é uma ameaça séria em um ambiente terrestre, em especial em um ambiente seco. O baixo teor de umidade do ar pode afetar a fisiologia e, portanto, o desenvolvimento, a longevidade e a oviposição de muitos insetos. O ar suporta mais vapor de água em temperaturas altas do que em baixas. A umidade relativa (UR) em uma temperatura particular é a razão entre a quantidade real de vapor de água presente e aquela necessária para a saturação do ar naquela temperatura. Em umidades relativas baixas, o desenvolvimento pode ser retardado, por exemplo, em muitas pragas de produtos armazenados; mas em umidades relativas maiores ou no ar saturado (100% UR), os insetos ou seus ovos podem se afogar ou ser mais facilmente infectados por patógenos. O fato de que os estágios podem ser bastante prolongados pela umidade desfavorável apresenta sérias implicações para as estimativas do tempo de desenvolvimento, não importando se é usado o tempo fisiológico ou o de calendário. Os efeitos complicadores dos níveis de umidade do ar baixos, e às vezes até dos altos, deveriam ser levados em consideração na obtenção de tais dados.

6.10.4 Agentes mutagênicos e toxinas

As condições de estresse induzidas por produtos químicos tóxicos ou mutagênicos podem afetar o crescimento e a forma dos insetos em graus variados, indo desde a morte, em um extremo, até modificações fenotípicas suaves, no outro limite do espectro. Alguns estágios do ciclo de vida podem ser mais sensíveis a mutagênicos e toxinas do que outros e os efeitos fenotípicos podem não ser facilmente medidos por estimativas grosseiras de estresse, como a porcentagem de sobrevivência. Uma medida da quantidade de estresse genético ou ambiental experimentado pelos insetos durante o desenvolvimento é a incidência de **assimetria flutuante**, ou as diferenças quantitativas entre os lados esquerdo e direito de cada indivíduo, em uma amostra da população. Os insetos são simétricos bilateralmente, sendo que as metades esquerda e direita de seus corpos são imagens espelhadas, exceto pelas diferenças óbvias em estruturas como a genitália de alguns insetos machos. Sob condições estressantes (instáveis) de desenvolvimento, o grau de assimetria tende a aumentar. Entretanto, a genética do desenvolvimento subjacente é pouco conhecida e a técnica não é confiável, sendo que já foram lançadas dúvidas sobre a interpretação, tais como a variação na resposta de assimetria entre diferentes sistemas de órgãos medidos.

6.10.5 Efeitos bióticos

Em muitas ordens de insetos, o tamanho do adulto tem um forte componente genético e o crescimento é fortemente determinado. Em muitos Lepidoptera, por exemplo, o tamanho final do adulto é relativamente constante dentro de uma espécie; a redução na qualidade ou disponibilidade de alimento retarda o crescimento da lagarta em vez de causar um tamanho adulto final reduzido, embora haja exceções. Por outro lado, em moscas que contam com recursos larvais limitados ou efêmeros, tais como uma pequena porção de esterco ou uma poça temporária, a interrupção do crescimento larval resultaria em morte conforme o hábitat diminui. Assim, a superlotação larval e/ou a limitação da disponibilidade de alimento tende a diminuir o período de desenvolvimento e reduzir o tamanho final do adulto. Em alguns mosquitos, o sucesso no hábitat de curta duração, como uma poça, é alcançado por uma pequena proporção da população larval que se desenvolve com extrema rapidez em relação aos seus parentes mais vagarosos. Em mosquitos formadores de larvas pedogenéticas (seção 5.10.1), a lotação com disponibilidade reduzida de alimento termina os ciclos reprodutivos das larvas e induz a produção de adultos, permitindo a dispersão para hábitats mais favoráveis.

A qualidade do alimento parece ser importante em todos esses casos, mas podem existir efeitos relacionados, por exemplo, como um resultado da lotação. Claramente, pode ser difícil de isolar os efeitos da alimentação de outros fatores potencialmente limitantes. Na cochonilha-vermelha da Califórnia, *Aonidiella aurantii* (Hemiptera: Diaspididae), o desenvolvimento e a reprodução em laranjeiras são mais rápidos no fruto, intermediários nos galhos e mais lentos nas folhas. Embora essas diferenças possam refletir estados nutricionais diferentes, uma explicação microclimática não pode ser excluída, já que as frutas podem reter calor por mais tempo que as folhas e ramos, e tais diferenças sutis de temperatura podem afetar o desenvolvimento dos insetos.

Os efeitos da lotação no desenvolvimento são bem conhecidos em alguns insetos, como em gafanhotos nos quais duas fases extremas, denominadas **solitária** e **gregária** (Figura 6.14), diferem em morfometria, cor e comportamento. Em baixas densidades, os gafanhotos se desenvolvem na fase solitária, com uma ninfa característica, uniformemente colorida, e adultos grandes com fêmures posteriores grandes. Conforme a densidade aumenta, induzida na natureza pela maior sobrevivência dos ovos e de ninfas jovens sob condições climáticas favoráveis, mudanças graduais ocorrem e uma ninfa listrada em preto se desenvolve em um gafanhoto menor com fêmures posteriores mais curtos. A diferença mais conspícua é comportamental, com os indivíduos mais solitários afastando-se da companhia uns dos outros, mas realizando, em conjunto, movimentos migratórios noturnos que resultam eventualmente em agregações em um ou poucos locais de indivíduos gregários, os quais tendem a formar enxames enormes e móveis. A mudança comportamental é induzida pela lotação, como pode ser evidenciado pela divisão de uma única massa de ovos de gafanhotos em duas: criar a ninhada em baixas densidades induz gafanhotos solitários, ao passo que seus irmãos criados sob condições de lotação desenvolvem-se em gafanhotos gregários. A resposta à alta densidade populacional resulta da integração de várias pistas, incluindo a visão, o odor e o toque de conspecíficos (talvez principalmente por meio de hidrocarbonetos cuticulares que atuam como feromônios de contato e que são detectados pelas antenas), os quais levam a mudanças endócrinas e neuroendócrinas (ecdisteroides) associadas à transformação do desenvolvimento.

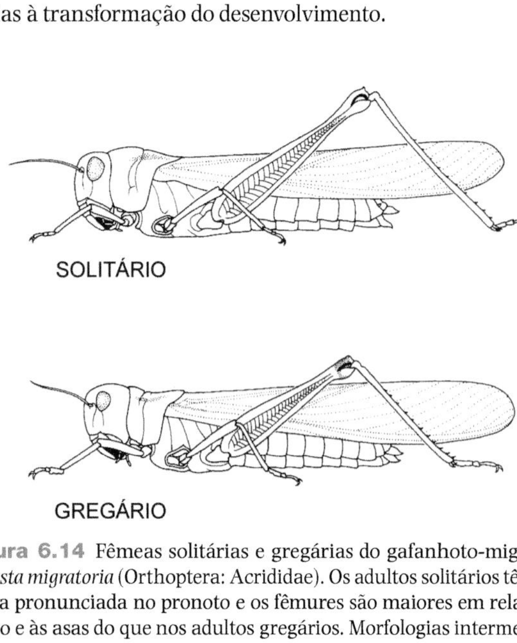

Figura 6.14 Fêmeas solitárias e gregárias do gafanhoto-migratório *Locusta migratoria* (Orthoptera: Acrididae). Os adultos solitários têm uma crista pronunciada no pronoto e os fêmures são maiores em relação ao corpo e às asas do que nos adultos gregários. Morfologias intermediárias ocorrem no transiente (estágio de transição) durante a transformação dos solitários em gregários ou o inverso.

Sob certas circunstâncias, os efeitos bióticos podem ser mais fortes que os fatores de crescimento. Por grande parte do leste dos EUA, as cigarras periódicas de 13 e 17 anos (*Magicicada* spp.) emergem altamente sincronizadas. Em uma determinada época, as ninfas de cigarras estão com vários tamanhos e em diferentes instares, de acordo com a nutrição que elas obtiveram por meio da alimentação do floema de raízes de uma quantidade de árvores. Seja qual for sua condição de crescimento, depois de passados 13 ou 17 anos desde a emergência e a postura de ovos anteriores, a muda final de todas as ninfas as prepara para a emergência sincrônica como adultos. Em um experimento muito inteligente, as plantas hospedeiras foram induzidas a produzir nova folhagem e flores duas vezes em um ano, induzindo a emergência das cigarras adultas um ano antes em comparação com os controles nas raízes de árvores com um período de crescimento anual. Isso implica que a temporização sincronizada para as cigarras depende da capacidade de "contar" os eventos anuais – o aumento previsível de seiva com a passagem de cada primavera, uma vez por ano (exceto quando os pesquisadores manipulam isso!).

Leitura sugerida

Binnington, K. & Retnakaran, A. (eds) (1991) *Physiology of the Insect Epidermis*. CSIRO Publications, Melbourne.

Carroll, S.B. (2008) Evo-devo and an expanding evolutionary synthesis: a genetic theory of morphological evolution. *Cell* **134**, 25–36.

Chown, S.L. & Terblanche, J.S. (2006) Physiological diversity in insects: ecological and evolutionary contexts. *Advances in Insect Physiology* **33**, 50–152.

Daly, H.V. (1985) Insect morphometrics. *Annual Review of Entomology* **30**, 415–38.

Danks, H.V. (ed.) (1994) *Insect Life Cycle Polymorphism: Theory, Evolution and Ecological Consequences for Seasonality and Diapause Control*. Kluwer Academic, Dordrecht.

Dingle, H. (2002) Hormonal mediation of insect life histories. In: *Hormones, Brain and Behavior*, Vol. **3** (eds D.W. Pfaff, A.P. Arnold, S.E. Fahrbach, A.M. Etgen & R.T. Rubin), pp. 237–79. Academic Press, San Diego, CA.

Gilbert, L.I. (ed.) (2009) *Insect Development: Morphogenesis, Molting and Metamorphosis*. Academic Press, London.

Hayes, E.J. & Wall, R. (1999) Age-grading adult insects: a review of techniques. *Physiological Entomology* **24**, 1–10.

Heffer, A. & Pick, L. (2013) Conservation and variation in *Hox* genes: how insect models pioneered the evo-devo field. *Annual Review of Entomology* **58**, 161–79.

Heming, B.-S. (2003) *Insect Development and Evolution*. Cornell University Press, Ithaca, NY.

Karban, R., Black, C.A. & Weinbaum, S.A. (2000) How 17-year cicadas keep track of time. *Ecology Letters* **3**, 253–6.

Minelli, A. & Fusco, G. (2013) Arthropod post-embryonic development. In: Arthropod Biology *and Evolution* (eds *A. Minelli, G. Boxshall & G. Fusco*), pp. 91–122. Springer-Verlag, Berlin.

Nijhout, H.F., Davidowitz, G. & Roff, D.A. (2006) A quantitative analysis of the mechanism that controls body size in *Manduca sexta*. *Journal of Biology* **5**, 1–16.

Resh, V.H. & Cardé, R.T. (eds) (2009) *Encyclopedia of Insects*, 2nd edn. Elsevier, San Diego, CA. [Veja, particularmente, os artigos sobre: estivação; proteção do calor e do frio; controle hormonal do desenvolvimento; diapausa, embriogênese; gases estufa; discos imaginais; metamorfose; migração; muda; segmentação; termorregulação.]

Simpson, S.J., Sword, G.A. & De Loof, A. (2005) Advances, controversies and consensus in locust phase polymorphism research. *Journal of Orthoptera Research* **14**, 213–22.

Simpson, S.J., Sword, G.A. & Lo, N. (2011) Polyphenism in insects. *Current Biology* **21**, R738–R749. doi:10.1016/j.cub.2011.06.006.

Stansbury, M.S. & Moczek, A.P. (2013) The evolvability of arthropods. In: *Arthropod Biology and Evolution* (eds A. Minelli, G. Boxshall & G. Fusco), pp. 479–93. Springer-Verlag, Berlin.

Whitman, D.W. & Ananthakrishnan, T.N. (eds) (2009) *Phenotypic Plasticity of Insects: Mechanisms and Consequences*. Science Publishers, Enfield, NH.

Capítulo 7

Sistemática dos Insetos | Filogenia e Classificação

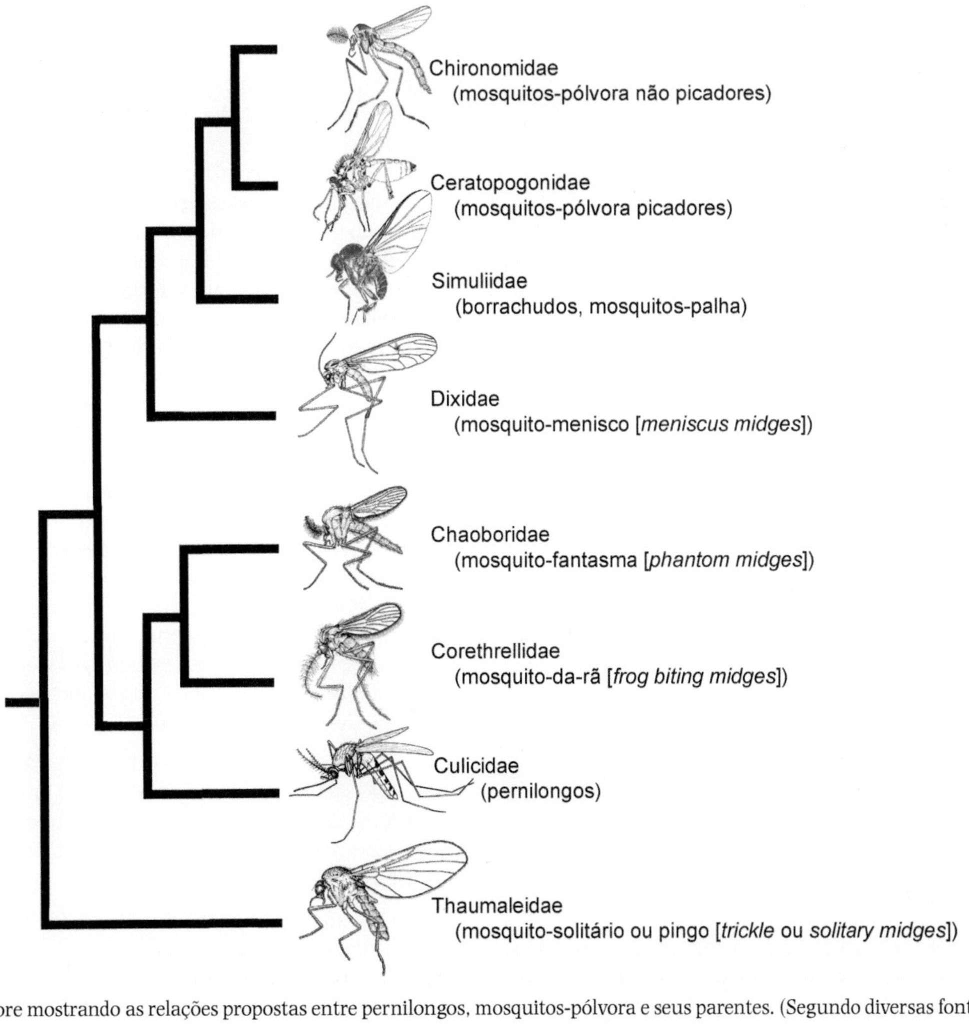

Árvore mostrando as relações propostas entre pernilongos, mosquitos-pólvora e seus parentes. (Segundo diversas fontes.)

É tentador pensar que todo organismo vivente no mundo é conhecido porque existem tantos guias para a identificação e classificação de organismos tais como aves, mamíferos, borboletas e flores. Contudo, os tratamentos variam, talvez com relação ao *status* taxonômico de uma raça geográfica de ave, ou à família à qual uma espécie de planta com flores pertence. Os cientistas não estão sendo perversos: as diferenças podem refletir incertezas, e a concordância sobre uma classificação estável pode ser elusiva. As mudanças surgem a partir da aquisição contínua de conhecimento sobre as relações dos grupos, cada vez mais por meio da adição de dados moleculares a estudos anatômicos prévios. Isso é especialmente verdadeiro para os insetos, com novos dados e ideias diferentes sobre a evolução levando a uma classificação dinâmica, mesmo no nível das ordens de insetos. O conhecimento dos insetos está mudando também devido ao fato de novas espécies estarem sendo descobertas continuamente, particularmente nos trópicos, levando à revisão das estimativas da evolução e biodiversidade global dos insetos (ver seção 1.3).

O estudo dos tipos e diversidade de organismos e suas inter-relações – **sistemática** – inclui dois campos mais estreitamente definidos, porém altamente interdependentes. O primeiro é a **taxonomia**, a qual é a ciência e a prática da classificação. Ela inclui reconhecer, descrever e dar nomes para as espécies e classificá-las em um sistema ordenado de nomes (p. ex., gêneros, famílias etc.) que, para a sistemática moderna, visa refletir sua história evolutiva. O segundo campo é a **filogenética** – o estudo da relação evolutiva dos **táxons** (grupos) – e ela fornece informação essencial para construir uma classificação natural (evolutiva) dos organismos. A taxonomia inclui algumas atividades que consomem muito tempo, incluindo buscas bibliográficas exaustivas e estudo de espécimes, curadoria de coleções, medições de características dos espécimes, e agrupamento de talvez milhares de indivíduos em grupos morfologicamente distintos e coerentes (que são uma primeira aproximação às espécies), e talvez centenas de espécies em grupos maiores. Essas tarefas essenciais requerem uma habilidade considerável e são fundamentais para a ciência mais ampla da sistemática que envolve a investigação da origem, diversificação e distribuição (**biogeografia**), tanto passada como atual, dos organismos. A sistemática moderna se tornou um campo de pesquisas excitante e controverso, em grande parte por causa do acúmulo de quantidades crescentes de dados sobre sequências de nucleotídios e a aplicação de métodos explicitamente analíticos para os dados morfológicos e de ácido desoxirribonucleico (DNA) e, em parte, por causa do crescente interesse na documentação e preservação da diversidade biológica.

A taxonomia fornece a base de dados para a sistemática. A obtenção desses dados e sua interpretação têm sido tema de muitos debates. De modo semelhante, a elucidação da história evolutiva, a filogenética, é uma área estimulante e controversa da biologia, particularmente para os insetos. Os entomólogos são participantes proeminentes nesse empreendimento biológico vital da sistemática. Neste capítulo, os métodos de sistemática são rapidamente revistos, seguidos por detalhes de ideias atuais sobre uma classificação baseada em relações evolutivas postuladas dentro dos Hexapoda, dos quais os Insecta formam o maior dos grupos. Dois exemplos sobre como os entomólogos utilizam múltiplas fontes de dados para reconhecer espécies de insetos são discutidos nos Boxes 7.1 e 7.2. O Boxe 7.3 descreve o uso de *barcodes* de DNA para a descoberta de espécies.

7.1 SISTEMÁTICA

A sistemática, seja baseada em dados morfológicos ou moleculares, depende do estudo e da interpretação de caracteres e seus estados. Um caráter é qualquer característica observável de um táxon, a qual pode diferenciá-lo de outros táxons, e as diferentes condições de um caráter são denominadas de seus estados. Os caracteres variam no número de estados reconhecidos, e podem ser binários – tendo dois estados, tais como presença ou ausência de asas – ou multiestado – tendo mais de dois estados, tais como os três estados, "digitiforme", "curvo" ou "romboide", para a forma do processo do epândrio da genitália de *Drosophila* mostrada na Figura 5.5. Um atributo significa possuir um estado particular de um caráter; portanto, um processo epandrial digitiforme é um atributo de *D. mauritiana* (Figura 5.5A), enquanto um processo curvo em forma de gancho é um atributo de *D. similans* (Figura 5.5B) e um romboide é um atributo de *D. melanogaster* (Figura 5.5C). A escolha de caracteres e seus estados depende do uso pretendido. Um estado de caráter diagnóstico pode definir um táxon e distingui-lo de seus parentes; idealmente ele deve ser sem ambiguidade e, se possível, único para o táxon. Os estados dos caracteres não devem ser muito variáveis em um táxon se vão ser usados para objetivo de diagnose, classificação e identificação. Os caracteres que mostram variação devido a efeitos ambientais são menos confiáveis para o uso na sistemática do que aqueles que estão sob um forte controle genético. Por exemplo, em alguns insetos, características relacionadas ao tamanho variam dependendo da nutrição disponível ao inseto em desenvolvimento. Os caracteres podem ser classificados de acordo com sua precisão de medida. Um caráter qualitativo tem estados discretos (claramente distinguíveis), tais como as formas do processo epandrial (descrito antes). Um caráter quantitativo tem estados com valores que podem ser contados ou mensurados, e estes podem ser ainda mais diferenciados em características merísticas (contáveis) (p. ex., número de segmentos da antena, ou número de cerdas em uma nervura da asa) *versus* características quantitativas contínuas, nas quais as medidas de um caráter que varia continuamente (p. ex., o comprimento ou a largura de uma estrutura) podem ser divididas em estados, arbitrariamente ou por uma codificação estatística de intervalos.

Embora os vários grupos de insetos (táxons), em especial as ordens, sejam razoavelmente bem definidos (com base em caracteres morfológicos), as relações filogenéticas entre os táxons de insetos são objeto de muitas hipóteses diferentes, mesmo no que diz respeito às ordens. Por exemplo, a ordem Strepsiptera é um grupo distinto que é reconhecido facilmente pelo seu estilo de vida parasitoide e pelo macho adulto ter as asas anteriores modificadas como órgãos estabilizadores de voo (Taxoboxe 23), e ainda assim a identidade de seus parentes mais próximos não é óbvia. Os plecópteros (Plecoptera) e as efêmeras (Ephemeroptera) se parecem de certo modo uns com os outros, mas essa semelhança é superficial e enganosa como indicação de parentesco. Os plecópteros são mais proximamente relacionados a baratas, cupins, louva-deus, tesourinhas, gafanhotos, grilos e seus parentes do que às efêmeras. A semelhança pode não indicar relações evolutivas. A similaridade pode derivar de um parentesco próximo, mas pode surgir igualmente por meio de **homoplasia**, que significa evolução convergente ou paralela de estruturas por acaso ou por seleção para funções similares. Apenas a similaridade como resultado de ancestralidade comum (**homologia**) fornece informação sobre filogenia. Dois critérios para homologia são:

- Similaridade na aparência externa, no desenvolvimento, na composição e na posição de certas estruturas
- Conjunção, ou seja dois caracteres homólogos (estados do caráter) não podem ocorrer simultaneamente no mesmo organismo.

Um teste para homologia é a congruência (correspondência) com outras homologias. Portanto, se o estado de um caráter em uma espécie é postulado como sendo homólogo ao estado do mesmo caráter em outra espécie, então essa hipótese de homologia (e ancestralidade compartilhada) seria melhor sustentada se estados compartilhados de muitos outros caracteres forem identificados nas duas espécies.

Em organismos segmentados, tais como os insetos (seção 2.2), algumas estruturas podem estar repetidas em segmentos sucessivos. Por exemplo, cada segmento torácico tem um par de pernas e os segmentos abdominais têm um par de espiráculos cada um. A **homologia serial** refere-se à correspondência de uma estrutura identicamente derivada de um segmento com uma estrutura semelhante em outro segmento (Capítulo 2).

A morfologia (na maioria das vezes da anatomia externa, mas cada vez mais de estruturas internas usando técnicas de tomografia) forneceu a maior parte dos dados sobre os quais os táxons de insetos foram descritos, as relações foram reconstruídas e as classificações, propostas. Caracteres morfológicos podem ser derivados de todas as partes do corpo de um inseto, incluindo tecidos internos e a genitália. As genitálias, principalmente dos insetos machos, são estruturas complexas com partes componentes divergindo separadamente, o que fornece caracteres ideais para a análise filogenética. Parte da ambiguidade e da falta de clareza com relação à filogenia dos insetos foi atribuída a deficiências inerentes à informação filogenética obtida por esses caracteres morfológicos. Depois de investigações sobre a utilidade de cromossomos e, em seguida, sobre as diferenças na mobilidade eletroforética de proteínas, dados de sequências moleculares de genomas nucleares e mitocondriais se tornaram o padrão para a resolução de muitas questões ainda não respondidas, incluindo aquelas relacionadas tanto às relações evolutivas entre os grandes grupos de insetos quanto ao reconhecimento de espécies. Contudo, os dados moleculares não são à prova de erros; assim como em todas as fontes de dados, o sinal pode ser obscurecido por homoplasia, e existem também outros problemas (discutidos adiante). Entretanto, com a escolha apropriada dos táxons e dos genes, as moléculas certamente ajudam a resolver certas questões filogenéticas que a morfologia tem sido incapaz de responder. Isso é particularmente verdadeiro para as relações mais profundas (níveis de família ou ordem) em que, utilizando a morfologia, pode ser difícil ou impossível de reconhecer estados homólogos de caracteres nos táxons comparados, devido à evolução independente de estruturas únicas em cada linhagem. Outra fonte de dados úteis para a inferência de filogenias de certos grupos de insetos deriva do DNA de suas bactérias simbiontes especialistas. Por exemplo, os endossimbiontes primários (mas não os secundários) de pulgões, cochonilhas e psilídeos coespeciam com seus hospedeiros, de modo que as relações entre as bactérias podem ser usadas (com cautela) para estimar as relações entre os hospedeiros. Evidentemente, a abordagem preferencial para se estimarem filogenias é uma abordagem holística, utilizando dados de tantas fontes quantas forem possíveis e com cuidado porque nem todas as similaridades são igualmente informativas para se revelar o padrão filogenético.

7.1.1 Métodos filogenéticos

Os vários métodos que têm como objetivo recuperar o padrão produzido pela história evolutiva se baseiam em observações de organismos fósseis e viventes. Historicamente, as relações dos táxons de insetos eram baseadas em estimativas de similaridade geral (**fenética**) derivadas principalmente a partir da morfologia, e a ordenação taxonômica era determinada pelo grau de diferença. Agora é reconhecido que as análises de similaridade geral provavelmente não vão recuperar o padrão de evolução e, portanto, as classificações fenéticas são consideradas artificiais. O seu uso na filogenia foi, em grande parte, abandonado exceto talvez para organismos, tais como vírus e bactérias, os quais exibem evolução reticulada (caracterizada por intercruzamentos entre linhagens, produzindo uma rede de relações). Entretanto, os métodos fenéticos são úteis em DNA *barcoding* (seção 18.3.3), no qual a identificação de uma espécie desconhecida é frequentemente possível baseada na comparação de sequências de nucleotídios de um de seus genes com aquelas de uma base de dados de espécies identificadas do grupo, porém, o processo tem seus problemas. Métodos alternativos na filogenética são fundamentados na premissa de que o padrão produzido por processos evolutivos pode ser estimado e, além disso, devem estar refletidos na classificação. Métodos populares em uso corrente para todos os tipos de dados incluem a cladística (máxima parcimônia, MP), máxima verossimilhança (ML, do inglês *maximum likelihood*) e inferência bayesiana (BI, do inglês *Bayesian inference*). Uma discussão detalhada dos métodos de inferência filogenética está além do escopo de um livro-texto de entomologia e os leitores devem consultar outras fontes para uma informação aprofundada. Aqui, os princípios e termos básicos são explicados, seguidos por uma seção sobre filogenética molecular que considera o uso de marcadores e problemas genéticos com relações estimadas dos insetos utilizando dados de sequência de nucleotídios.

Árvores filogenéticas, também chamadas dendrogramas, são os diagramas ramificados que representam pretensas relações ou semelhanças entre os táxons. Diferentes tipos de árvores enfatizam diferentes componentes do processo evolutivo. Os **cladogramas** representam apenas o padrão ramificado das relações de ancestral/descendente, e os comprimentos dos ramos não têm nenhum significado. Os **filogramas** mostram o padrão de ramificação e o número de mudanças de estado do caráter representado pelas diferenças nos comprimentos dos ramos. Os **cronogramas** representam explicitamente o tempo ao longo dos comprimentos dos ramos. A evolução é direcional (ao longo do tempo) e, portanto, as árvores filogenéticas normalmente são representadas com uma raiz; árvores não enraizadas devem ser interpretadas com extremo cuidado. Na sistemática moderna, as árvores filogenéticas são a base para construir classificações novas ou revisadas, embora não haja regras universalmente aceitas sobre como converter a topologia de uma árvore em uma classificação ordenada. Aqui utilizamos cladogramas para explicar alguns termos que também se aplicam de modo mais abrangente para árvores filogenéticas derivadas de outros métodos analíticos.

O método cladístico (**cladística**) procura padrões de similaridade especiais com base apenas em características evolutivamente novas compartilhadas (**sinapomorfias**). As sinapomorfias são contrastadas com características ancestrais compartilhadas (**plesiomorfias** ou **simplesiomorfias**), que não indicam proximidade de parentesco. Os termos apomorfia e plesiomorfia são termos relativos porque uma apomorfia em um nível da hierarquia taxonômica, por exemplo, a apomorfia comum de todos os besouros terem asas anteriores na forma de coberturas de proteção (os élitros), se torna uma plesiomorfia se nós considerarmos os caracteres da asa entre as famílias de besouros. Além disso, características que são exclusivas de um grupo particular (**autapomorfias**), mas desconhecidas fora dele, não indicam relações entre os grupos, embora sejam muito úteis para diagnosticar o grupo. A construção de um cladograma (Figura 7.1), um diagrama em forma de árvore que retrata o padrão de ramificação filogenética, é fundamental para a cladística. Os cladogramas são construídos de modo que as mudanças de estado do caráter por toda a árvore são minimizadas, com base no princípio da parcimônia (*i. e.*, uma explicação simples é preferida em detrimento de outra mais complexa). A árvore com menos mudanças (a árvore "mais curta"), é considerada como tendo a topologia (forma da árvore) ótima. É importante lembrar que a parcimônia é uma regra para a avaliação de hipóteses, não a descrição da evolução.

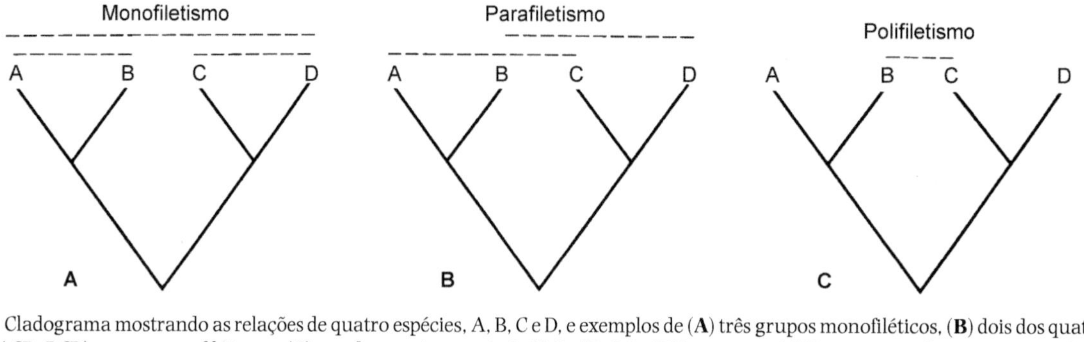

Figura 7.1 Cladograma mostrando as relações de quatro espécies, A, B, C e D, e exemplos de (**A**) três grupos monofiléticos, (**B**) dois dos quatro possíveis (ABC, ABD, ACD, BCD) grupos parafiléticos e (**C**) um dos quatro possíveis (AC, AD, BC e DB) grupos polifiléticos que poderiam ser reconhecidos neste cladograma.

A partir de um cladograma, grupos monofiléticos, ou clados, suas relações entre si e uma classificação podem ser inferidos diretamente. Apenas o padrão de ramificação das relações é considerado. Grupos-irmãos são táxons que são parentes mais próximos um do outro; eles surgem a partir do mesmo nó (ponto de ramificação) em uma árvore. Um grupo monofilético contém um ancestral hipotético e *todos* os seus descendentes (Figura 7.1A). Mais grupos podem ser identificados na Figura 7.1: grupos parafiléticos são aqueles em que falta um clado de todos os descendentes de um ancestral comum, e com frequência são criados por reconhecimento (e remoção) de um subgrupo derivado; grupos polifiléticos falham em incluir dois ou mais clados entre os descendentes de um ancestral comum (p. ex., A e D na Figura 7.1C). Portanto, quando reconhecemos Pterygota (insetos alados ou secundariamente ápteros) como monofilético, duas outras ordens existentes (Archaeognatha e Zygentoma) formam um grado de insetos primitivamente ápteros (Figura 7.2). Se esse grado fosse tratado como um grupo nomeado ("Apterygota"), ele seria parafilético. Se fôssemos reconhecer um grupo dos insetos voadores com asas completamente desenvolvidas e restritas ao mesotórax (moscas verdadeiras, coccoides machos e alguns efemerópteros), esse seria um agrupamento polifilético. Se possível, grupos parafiléticos devem ser evitados porque as únicas características que os definem são as ancestrais compartilhadas com outros parentes indiretos. Desse modo, a falta de asas nos apterigotos parafiléticos é uma característica ancestral compartilhada com muitos outros invertebrados. A ancestralidade diversa de grupos polifiléticos significa que eles são biologicamente não informativos e esses táxons artificiais nunca devem ser incluídos em qualquer classificação.

O uso de árvores (a interpretação e a utilização de filogenias) é fundamental para toda a biologia e, ainda assim, interpretações errôneas de árvores são abundantes. O erro mais comum é entender as árvores como escadas de progresso evolutivo, sendo que frequentemente o grupo-irmão com poucas espécies é erroneamente denominado de táxon "basal" e mal interpretado como se apresentasse características encontradas no ancestral comum. Todas as espécies existentes são misturas de características ancestrais e derivadas e não há um motivo para, *a priori*, assumir que uma linhagem com poucas espécies mantenha mais plesiomorfias do que uma linhagem irmã com muitas espécies. As árvores têm nós basais, mas não têm táxons basais. Os leitores devem procurar os artigos de Gregory (2008) e Omland *et al.* (2008) para mais informações sobre esse tópico importante.

Filogenia molecular

Os pioneiros no campo da sistemática molecular utilizaram a estrutura do cromossomo ou a química de moléculas tais como enzimas, carboidratos e proteínas para se aproximar da base genética da evolução. Embora essas técnicas estejam superadas de maneira geral, a compreensão do padrão de bandas dos cromossomos "gigantes" ainda é importante para localizar a função do gene em alguns dípteros importantes para a medicina, e os padrões comparados de enzimas polimórficas (isoenzimas) ainda é importante para a genética de populações. O campo da sistemática filogenética foi revolucionado por técnicas cada vez mais automatizadas e baratas que possibilitam o acesso ao código genético da vida diretamente através dos nucleotídios (bases) de DNA e RNA, e os aminoácidos das proteínas que são codificados por esses genes. A obtenção de dados genéticos requer a extração de DNA, o uso de reação em cadeia da polimerase (PCR, do inglês, *polymerase chain reaction*) para amplificar o DNA e diversos procedimentos para sequenciar, ou seja, determinar a ordem das bases dos nucleotídios – adenina, guanina (purinas), citosina e timina (pirimidinas) – que compõem a seção selecionada de DNA. De modo geral, são procuradas sequências comparáveis de 300 a 1.000 nucleotídios, preferencialmente utilizando-se vários genes (quanto mais, melhor), para comparações entre diversos táxons de interesse.

A escolha dos genes para o estudo filogenético envolve a seleção daqueles com uma taxa apropriada de substituição (mutação) de evolução molecular para a questão estudada. Táxons proximamente relacionados (que divergiram recentemente) podem ser quase idênticos em genes que evoluem lentamente, proporcionando pouca ou nenhuma informação filogenética, porém devem diferir mais nos genes que evoluem rapidamente. A partir de uma base de dados sempre crescente, genes apropriados ("marcadores") podem ser selecionados com base no sucesso prévio de sua utilização seguindo métodos como em "livros de receita". Podem ser selecionados *primers* (filamentos de ácido nucleico que iniciam a replicação de DNA em um local determinado em um gene selecionado) apropriados já testados. Para a filogenia molecular dos insetos, um conjunto de genes tipicamente inclui um, alguns ou todos os seguintes: os genes mitocondriais *16S*, *COI*, *COII*, a pequena subunidade nuclear de rRNA (*18S*), parte da grande subunidade de rRNA (*28S*) e, progressivamente, cada vez mais genes nucleares codificadores tais como o fator de alongamento 1 alfa (*EF-1*α), histona 3 (*H3*), *wingless* (*wg*), e rudimentar *CAD*. Genes com taxas de mutação muito baixas (altamente conservados) são necessários para inferir padrões de ramificação anteriores a 100 milhões de anos ou mais.

Revoluções em técnicas para a aquisição de dados genéticos têm levado a novas fontes de dados para estudos taxonômicos e filogenéticos. Desde 2007, já foram sequenciados os genomas completos de quase 50 espécies de insetos, incluindo as moscas-da-fruta (mais de 20 espécies de *Drosophila*), o pulgão-da-ervilha (*Acyrthosiphum pisum*), o besouro-castanho (*Tribolium castaneum*) e diversos lepidópteros (incluindo *Bombyx mori* e *Danaus plexippus*),

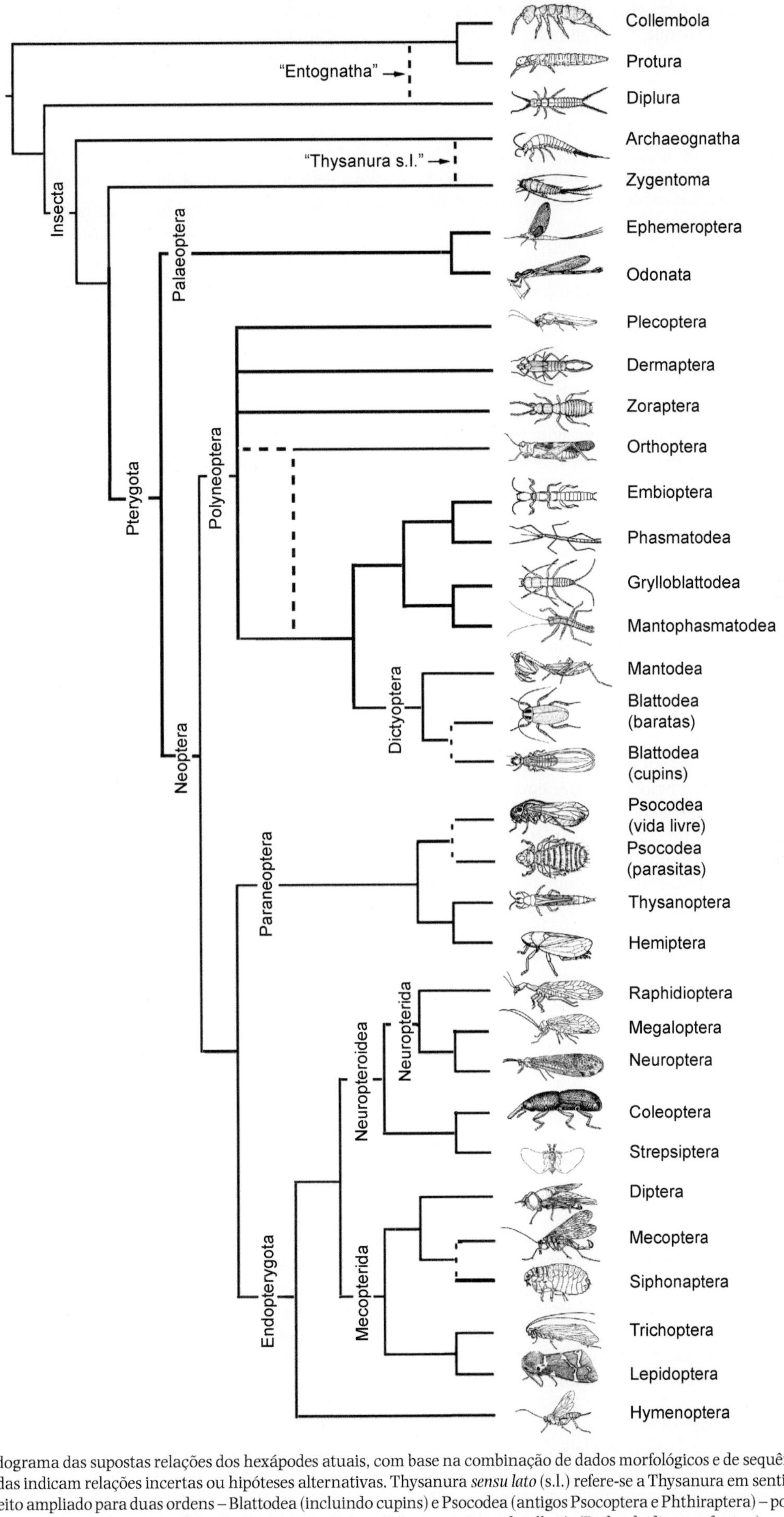

Figura 7.2 Cladograma das supostas relações dos hexápodes atuais, com base na combinação de dados morfológicos e de sequências de nucleotídios. As linhas tracejadas indicam relações incertas ou hipóteses alternativas. Thysanura *sensu lato* (s.l.) refere-se a Thysanura em sentido amplo. Está representado um conceito ampliado para duas ordens – Blattodea (incluindo cupins) e Psocodea (antigos Psocoptera e Phthiraptera) – porém as relações entre as ordens estão apresentadas de forma simplificada (ver Figuras 7.4 e a 7.5 para maiores detalhes). (Dados de diversas fontes.)

espécies de mosquitos (Culicidae), formigas (Formicidae) e abelhas (Apidae). Além dos genomas completos dos insetos, muitos outros genomas mitocondriais (mitogenomas) estão disponíveis para insetos, incluindo para mais de 20 espécies de Lepidoptera, e quase 50 espécies de Orthoptera. Os dados de mitogenomas e transcriptomas são cada vez mais utilizados em estudos filogenéticos dentro e entre ordens de insetos. O transcriptoma é o conjunto de todas as moléculas de RNA que foram transcritas (incluindo mRNA, rRNA, tRNA e RNA não codificante) de uma célula ou uma população de células de um organismo.

A sequência particular de bases de nucleotídios (um haplótipo) produzida depois do processamento pode ser utilizada para examinar a variação genética entre indivíduos em uma população. Entretanto, na filogenia molecular, o haplótipo é utilizado mais como uma característica de uma espécie (ou para representar um táxon superior) para ser comparada entre outros táxons. O primeiro procedimento em uma análise desse tipo é "alinhar" sequências comparáveis (homólogas) em matriz de espécies por nucleotídios, com as linhas apresentando os táxons amostrados e as colunas, o nucleotídio identificado em uma posição particular no gene, lido a partir de onde o *primer* iniciou. Essa matriz é bem comparável com uma elaborada para morfologia na qual cada coluna é um caráter e os diferentes nucleotídios são os vários "estados" na posição. Muitos caracteres serão invariáveis, não modificados entre todos os táxons estudados, enquanto outros irão exibir variação devido à substituição (mutação) no local. Alguns locais são mais predispostos à substituição do que outros, os quais são mais restritos. Por exemplo, cada aminoácido é codificado por um trio de nucleotídios, porém o estado do terceiro nucleotídio em cada trio está mais livre para variar (comparado com as primeiras e segundas posições) sem afetar o aminoácido resultante.

A matriz alinhada de espécies por nucleotídios consistindo no grupo interno (dos táxons estudados) e em um ou mais grupos externos (táxons mais distantemente aparentados), pode ser analisada por um ou mais dentre um conjunto de métodos. Alguns filogeneticistas moleculares argumentam que a parcimônia – minimizando o número de mudanças de estado do caráter por toda a árvore com o mesmo peso alocado para cada substituição observada em uma coluna (caráter) – é a única abordagem justificável, dada a nossa incerteza sobre como a evolução molecular ocorreu. No entanto, cada vez mais as análises são baseadas em modelos mais complexos envolvendo a aplicação de pesos para diferentes tipos de mutações; por exemplo, é mais "provável" que tenha ocorrido uma transição entre uma e outra purina (adenina ↔ guanina) ou entre duas pirimidinas (citosina ↔ timina) do que uma transversão entre uma purina e uma pirimidina, quimicamente mais diferente (e vice-versa). A maioria dos sistematas examina os resultados (árvores filogenéticas) baseados tanto no modelo mais simples (parcimônia) quanto nos modelos ainda mais complexos de "verossimilhança", incluindo programas estatísticos bayesianos, exigindo um ou um conjunto de computadores potentes rodando por dias ou semanas. Cada modelo e método de análise deve proporcionar estimativas de confiança (suporte) para as relações representadas, a fim de permitir a avaliação crítica de todas as relações sobre as quais foram feitas hipóteses.

Os procedimentos descritos brevemente são executados em muitos laboratórios de pesquisa, cobrindo grande parte da imensa diversidade de hexápodes e gerando resultados (ou hipóteses de relações) que são publicadas em numerosos artigos científicos a cada ano. Pode-se desculpar o leitor, se esse for o caso, por perguntar por que existem tantas ideias contraditórias e não resolvidas sobre as relações entre os insetos? Hoje, pode parecer que nós conhecemos menos sobre muitas relações do que conhecíamos anteriormente com base na morfologia ou nos primeiros trabalhos moleculares. Os dados moleculares, os quais podem proporcionar muitos milhares de caracteres e variações de estados de caráter (mutações) mais do que adequadamente suficientes, ainda têm que cumprir sua promessa de uma completa compreensão da evolução dos insetos.

Existem muitos problemas encontrados na filogenética molecular que não foram previstos pelos primeiros profissionais, alguns desses são descritos a seguir.

- É relativamente direto acessar a morfologia de um grupo de insetos, inclusive de espécimes históricos, mas é muito menos fácil obter a mesma diversidade de espécies apropriadamente preservadas para estudos moleculares. A coleta exige um conhecimento e técnicas especializadas, com crescentes impedimentos legais para coletas genéticas
- Mesmo com uma boa amostra de diversidade de material, os procedimentos para extração e sequenciamento de DNA podem não ser bem-sucedidos para alguns espécimes em particular ou mesmo grupos mais amplos, ou para alguns genes, por diversos motivos, incluindo uma preservação fraca que permite que nucleases degradem o DNA ou rearranjos do DNA de algumas espécies, resultando em falhas dos *primers* (ver ponto 8)
- Obtidas as sequências, o procedimento de alinhamento – a construção de colunas de nucleotídios homólogos – torna-se algo não trivial quanto mais táxons distantes forem incluídos, porque as seções dos genes sequenciadas podem diferir em comprimento. Em relação a outras, uma ou mais sequências podem ser mais longas ou mais curtas devido a inserções ou deleções (*indels*) de alguns ou muitos nucleotídios em um ou mais locais. É problemático saber como alinhar tais sequências por meio da inserção de "falhas" (ausências de nucleotídios) e como "pesar" tais mudanças inferidas em relação às substituições regulares de nucleotídios. Embora os genes ribossômicos nucleares (*18S* e *28S*) sejam normalmente escolhidos, especialmente para divergências maiores, esses genes podem apresentar grandes problemas de alinhamento em comparação a genes nucleares que codificam proteínas
- Existem apenas quatro nucleotídios entre os quais pode haver substituições, portanto, quanto maior a taxa de mutação, maior a probabilidade de ocorrer uma segunda (ou mais) mutação(ões) que poderia(m) reverter o nucleotídio para sua condição original ou para outra condição (denominada de "acertos múltiplos"). A existência e a história das substituições que resultaram em um estado final idêntico não podem ser reconhecidas: uma adenina é uma adenina, tenha ou não ocorrido antes uma mutação para guanina e, depois, novamente para adenina
- Existe uma variação na informação filogenética entre diferentes partes de um gene: pode haver regiões, ditas hipervariáveis, com alta concentração de substituições e, portanto, uma grande quantidade de bases "iguais", que podem ser resultado de reversões, dispersas (porém não identificadas) dentro de seções, que são quase impossíveis de serem alinhadas
- Existem diferenças nas propensões de mutação dos locais: não apenas o primeiro e segundo nucleotídio em relação à terceira posição (acima), mas também em relação à estrutura geral e específica (secundária e terciária) da proteína ou molécula de RNA a partir da qual a sequência veio
- O sinal evolutivo derivado de análises filogenéticas de um gene fornece uma compreensão evolutiva sobre aquele gene, porém essa não é necessariamente a "verdadeira" história dos organismos. Talvez não haja uma história "verdadeira" derivada dos genes: muitos insetos se diversificaram muito rapidamente; no entanto a especiação é um processo prolongado historicamente. Processos de fluxo gênico no nível de população, deriva genética, seleção e mutação ocorrem em escalas de tempo

muito mais curtas e podem criar múltiplas histórias sobre os genes. Os genes podem se duplicar dentro de uma linhagem, sendo que cada cópia (parálogo) é sujeita subsequentemente a diferentes substituições. Apenas cópias similares (homólogas) de genes deveriam ser comparadas no estudo filogenético dos organismos

- Ao contrário da genética de populações, o maior desafio para os filogeneticistas é obter *primers* que possam amplificar o *locus*-alvo de diversos de organismos. Porém, os locais de *primers* também divergem com o tempo, reduzindo a "reatividade cruzada" dos *primers* entre táxons distantes. Os *primers* com melhor habilidade em diferentes táxons (incorporando bases degeneradas) irão perder especificidade para o grupo estudado, aumentando a propensão ao *primer* não específico amplificar outras sequências que não as desejadas.

Esses, e outros problemas com dados genéticos, não implicam que tais estudos não possam esclarecer a história evolutiva dos insetos, mas podem explicar os diversos resultados divergentes que podem surgir a partir de estudos filogenéticos moleculares. Alguns problemas podem ser resolvidos, por exemplo, por meio de melhor amostragem ou de modelos aprimorados para o alinhamento e para a variação de locais específicos nas taxas de substituição, de acordo com a melhor compreensão das estruturas moleculares. Conforme muitos mais dados moleculares se tornam disponíveis, incluindo genomas inteiros, os métodos computacionais serão desafiados com o aumento no tamanho das matrizes, incluindo aquelas com estados desconhecidos dos caracteres (falta de genes ou táxons). Talvez as análises filogenéticas irão convergir para relações consistentes entre os grupos de insetos que nos interessam. No momento desta redação, nós assumimos uma abordagem conservadora para descrever e discutir as relações evolutivas neste capítulo, apresentando os agrupamentos fortemente sustentados a partir de estudos moleculares em que existe uma base morfológica congruente.

7.1.2 Taxonomia e classificação

As classificações atuais dos insetos estão baseadas em uma combinação de ideias sobre como reconhecer a posição e as relações dos grupos, sendo que a maioria das ordens está baseada em grupos (táxons) com uma morfologia própria. Isso não significa que esses grupos são monofiléticos; por exemplo, os táxons tradicionalmente definidos Blattodea e Psocoptera são, ambos, parafiléticos (ver adiante na discussão de cada ordem na seção 7.4.2). Entretanto, é improvável que qualquer nível taxonômico superior seja polifilético. Em muitos casos, os agrupamentos presentes coincidem com as primeiras observações não formais sobre os insetos, por exemplo, o termo "besouros" para Coleoptera. No entanto, em outros casos, tais nomes antigos não formais escondem agrupamentos modernos discrepantes, tal como com o antigo termo "mosquitos", que agora parece incluir ordens não relacionadas, desde Ephemeroptera até as moscas verdadeiras (Diptera). Os refinamentos continuam à medida que se verifica que a classificação está defasada em relação à nossa compreensão sobre a evolução dos Hexapoda. Portanto, cada vez mais as classificações atuais combinam ideias tradicionais com as ideias mais recentes sobre filogenia.

Dificuldades em se atingir uma classificação abrangente e coerente dos insetos surgem quando a filogenia é obscurecida por diversificações evolutivas complexas e isso é verdade em todos os níveis taxonômicos (ver Tabela 1.1 para as categorias taxonômicas). Essas diversificações incluem radiações associadas à adoção de um hábito alimentar especializado em plantas ou animais (fitofagia e parasitismo; seção 8.6), e radiações de um único fundador em ilhas isoladas (seção 8.7). Algumas vezes, a evolução do isolamento reprodutivo de táxons proximamente relacionados não é acompanhada por diferenças morfológicas óbvias (para os seres humanos) entre as entidades, e é um desafio delimitar as espécies. Dificuldades emergem também por causa de evidências conflitantes de insetos jovens e adultos, mas, acima de tudo, os problemas derivam do imenso número de espécies (seção 1.3.2).

Os cientistas que estudam a taxonomia de insetos – ou seja, que os descrevem, nomeiam e classificam – encaram uma tarefa intimidadora. Virtualmente, todos os vertebrados do mundo estão descritos, suas distribuições presentes e passadas verificadas, e seus comportamentos e ecologias estudados em algum nível. Em contraste, talvez apenas 5 a 20% do número estimado de espécies de insetos tenham sido descritos formalmente, e o cenário é pior se considerarmos os estudos de biologia. A alocação desproporcional de recursos taxonômicos é exemplificada pelo relatório de Q.D. Wheeler para os Estados Unidos, sobre existência de sete espécies descritas de mamíferos para cada taxonomista de mamíferos, em comparação com 425 espécies descritas de insetos por taxonomistas de insetos. Essas razões, que provavelmente também se aplicam ao mundo todo, tornam-se ainda mais alarmantes se incluirmos as estimativas de espécies não descritas. Poucas espécies de mamíferos não foram nomeadas, mas as estimativas de diversidade global de insetos podem envolver milhões de espécies não descritas.

Novas espécies e outros táxons de insetos (e outros organismos) ganham nomes de acordo com um conjunto de regras desenvolvidas por um acordo internacional e revisadas conforme mudam as práticas e tecnologias. Para todos os animais, o International Code of Zoological Nomenclature (ICZN, Código Internacional de Nomenclatura Zoológica) regula os nomes de espécies, gêneros e famílias (ou seja, do nível de infraespécie até superfamília). O uso padrão de um binômio único (para nomes) para cada espécie (seção 1.4) assegura que as pessoas em qualquer lugar possam se comunicar claramente. Nomes únicos e universais para os táxons resultam da disponibilidade de novos nomes por meio da publicação permanente com a designação apropriada de espécimes-tipo (que servem como referência para os nomes) e do reconhecimento da prioridade dos nomes (*i. e.*, o nome mais antigo disponível é o nome válido para o táxon). Hoje, existe muita controvérsia centrada sobre o que constitui um trabalho "publicado" para os propósitos de nomenclatura, principalmente devido à dificuldade de assegurar a permanência e o acesso a longo prazo das publicações eletrônicas.

Quando uma nova espécie de inseto é reconhecida e um novo nome é publicado, ele deve ser acompanhado por uma descrição dos estágios de vida apropriados (quase sempre incluindo o adulto) em detalhes suficientes a fim de que a espécie possa ser diferenciada dos seus parentes próximos. As características diagnósticas da nova espécie devem ser explicadas e quaisquer variações na aparência ou hábitos devem ser descritas ou discutidas. Sequências de nucleotídios podem estar disponíveis para um ou mais genes de uma nova espécie e, às vezes, sequências diagnósticas de nucleotídios formam parte da descrição da espécie. As sequências devem ser depositadas em bancos de dados *on-line*, tais como o GenBank. De fato, a comparação das sequências de diversos espécimes e populações aparentados frequentemente leva ao reconhecimento de novas espécies que eram, anteriormente, "crípticas", devido à morfologia semelhante, como ocorreu com gorgulhos *Gonipterus* (Boxe 7.1). A delimitação das espécies continua sendo uma das mais desafiadoras tarefas da taxonomia e novos sistemas de caracteres estão sendo explorados em muitos grupos de insetos.

Boxe 7.1 Gorgulhos *Gonipterus* – reconhecimento de um complexo de espécies

Um gorgulho do eucalipto do gênero *Gonipterus*, provavalemente a espécie do leste da Austrália *G. scutellatus*, tem causado danos em plantações no oeste da Austrália, Nova Zelândia, oeste da Europa, Américas do Norte e Sul, e África. A alimentação à base de folhas desses gorgulhos causa danos graves na folhagem (mostrados aqui para *G. platensis*, principalmente segundo fotografias de M. Matsuki), com os adultos (ver Prancha 8F) mastigando as bordas foliares e as larvas, inicialmente, raspando a superfície foliar (mostrado na figura inferior ao centro, com um filamento de excremento a partir do ânus) e posteriormente mastigando toda a folha. Na sua distribuição nativa, o gorgulho é controlado por uma pequena vespa Mymaridae, *Anaphes nitens*, que parasita os ovos do gorgulho (que são depositados de forma agrupada nas folhas, como pode ser visto na ilustração), mas a introdução da vespa como um agente de controle biológico em outros locais tem tido sucesso apenas em alguns casos. O controle incompleto geralmente indica um problema taxonômico que resulta da associação errônea da espécie praga-alvo com seu inimigo natural. Nesse caso, a identidade do gorgulho praga já era problemática há cerca de 100 anos, uma série de nomes de espécies foram sinonimizados sob *G. scutellatus*, e variação foi observada nas estruturas complexas da genitália do macho. Com o intuito de determinar se as diferenças morfológicas observadas têm alguma base genética, um estudo colaborativo gerou e analisou sequências de *CO1* (seção 7.1) de várias populações ao longo da Austrália, e também de algumas populações de outros países. O resultado encontrado foi que agrupamentos de machos fudamentados em similaridades do(s) esclerito(s) interno(s) do edeago se correlacionaram bem com agrupamentos de haplótipos das análises de *CO1*. Cinco (dos 10 agrupamentos) puderam ser associados com espécies já nomeadas, outros eram não descritos e mostraram alguma especificidade regional e de hospedeiro. As pragas de outros países foram atribuídas a três diferentes espécies de acordo com a região: *G. platensis* (Nova Zelândia, América, oeste da Europa), *G. pulverulentus* (leste da África do Sul) e uma espécie não descrita (África, França e Itália). A espécie causadora de problemas nas plantações no oeste da Austrália foi identificada como *G. platensis*, provavelmente recentemente oriunda de sua distribuição nativa na Tasmânia. A integração da morfologia do complexo de *Gonipterus scutellatus* com dados sobre os limites das espécies derivados de análises de haplótipos e distribuições geográficas permite melhor compreensão das relações entre os gorgulhos e suas espécies hospedeiras de eucalipto (muitas são de interesse comercial), e a eficácia variável das vespas Mymaridae nos programas de controle biológico. Nesse último caso, cada espécie de *Gonipterus* pode ter seu parasitoide Mymaridae específico (ainda não determinado), mas o fracasso do controle biológico também parece estar associado com a fraca *performance* das vespas nas estações que sofrem temperaturas abaixo dos 10°C.

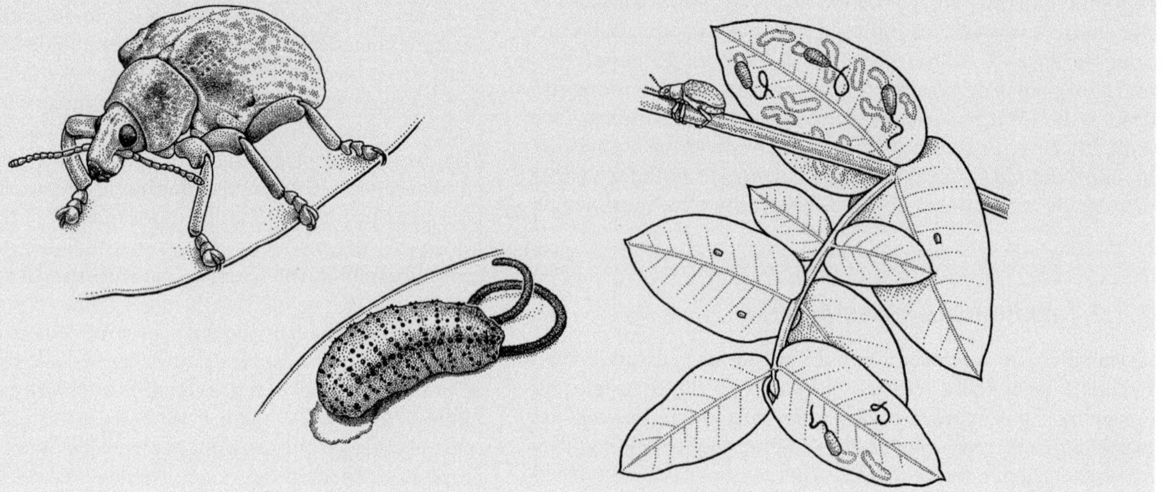

Como os entomólogos reconhecem espécies de insetos

Apesar de existirem inúmeras ideias sobre o que constitui uma espécie, a maioria dos conceitos de espécie se concentra em organismos com reprodução sexuada e pode ser aplicada para a maioria dos insetos. Diferentes conceitos de espécie adotam diferentes propriedades, tais como a distintividade fenética, a diagnosticabilidade ou a incompatibilidade reprodutiva, como seus critérios de espécie. O uso de várias propriedades de definição para espécies tem levado a discordâncias sobre conceitos de espécies, mas a prática efetiva de decidir quantas espécies existem entre uma amostra de espécimes aparentados ou de aparência semelhante é geralmente menos controversa. Os sistematas utilizam na maioria das vezes descontinuidades reconhecíveis na distribuição de caráteres (estados dos caracteres) e/ou na distribuição de indivíduos no tempo e no espaço. O reconhecimento de espécies é uma atividade taxonômica de um especialista, ao passo que a identificação pode ser realizada por qualquer um usando as ferramentas de identificação apropriadas, tais como chaves dicotômicas, chaves interativas eletrônicas ilustradas de computador, bancos de dados de referência, ou, para algumas espécies praga, uma sonda de DNA. Os sistematas de insetos utilizam uma variedade de fontes de dados – morfologia, moléculas (p. ex., DNA, RNA, hidrocarbonetos cuticulares, neuropeptídios etc.), cariótipos, comportamento, ecologia e distribuição – para ordenar indivíduos em grupos (Boxes 7.1 e 7.2). O nome taxonomia integrativa tem sido utilizado para abordagens taxonômicas que utilizam informação de múltiplas disciplinas ou áreas de estudo.

Tradicionalmente, diferenças na aparência externa (p. ex., Figura 5.7), geralmente associadas com características da genitália interna (p. ex., Figura 5.5), foram utilizadas quase exclusivamente para a discriminação de espécies de insetos. Nas décadas recentes, tal variação específica da espécie na morfologia foi frequentemente sustentada por outros tipos de dados, especialmente sequências de nucleotídios de genes mitocondriais e nucleares. Em grupos de insetos

Boxe 7.2 Taxonomia integrativa das baratas *Cryptocercus*

As baratas do leste da América do Norte (Blattodea: *Cryptocercus*) proporcionam um bom exemplo de grupo de insetos que foi estudado do ponto de vista taxonômico utilizando diversas fontes de dados. Todas as populações do complexo de espécies *Cryptocercus punctulatus* nas Montanhas Apalaches são semelhantes em termos de morfologia, comportamento e ecologia, mas foram descritas como sendo quatro espécies com base em números cromossômicos diploides únicos dos machos ($2n$ = 37, 39, 43 ou 45) e algumas bases diagnósticas de dois genes rRNA. Diferenças morfológicas consistentes nas estruturas reprodutivas, especialmente das fêmeas adultas, também sustentam essas espécies. No entanto, parecem existir cinco táxons (como apresentado na árvore) fundamentados na evidência de análises recentes de dados de um gene nuclear e dois genes mitocondriais, e sustentada por dados de hidrocarbonetos cuticulares (ver seção 4.3.2 para informação sobre hidrocarbonetos cuticulares). Os últimos dois conjuntos de dados diferem da informação do cariótipo por indicar dois clados (ou táxons) distintos e não proximamente relacionados com $2n$ = 43, indicando evolução paralela daquele cariótipo talvez pela redução convergente do número cromossômico. As baratas com $2n$ = 43 (atualmente *C. punctulatus sensu stricto*) ocorrem em uma ampla distribuição geográfica comparada com as outras espécies e a variação nas estruturas reprodutivas não foi examinada por toda a distribuição. Nem todos os grupos reconhecidos pelos dados de hidrocarbonetos são totalmente concordantes com aqueles delimitados por outras evidências, já que algumas baratas nos dois clados que são distintas geneticamente e com $2n$ = 43 ou $2n$ = 45 têm hidrocarbonetos semelhantes, além disso existem dois grupos distintos de hidrocarbonetos dentre as baratas com $2n$ = 45. Portanto, a informação de hidrocarbonetos não consegue sustentar duas das supostas espécies de *Cryptocercus*, porém sustenta totalmente outras espécies. Pelo menos em *Cryptocercus*, parece que a diferenciação de hidrocarbonetos cuticulares pode ocorrer com uma mudança mínima genética e de cariótipo e as mudanças nos códigos genéticos para hidrocarbonetos cuticulares não acompanham necessariamente mudanças em outros genes ou no número cromossômico.

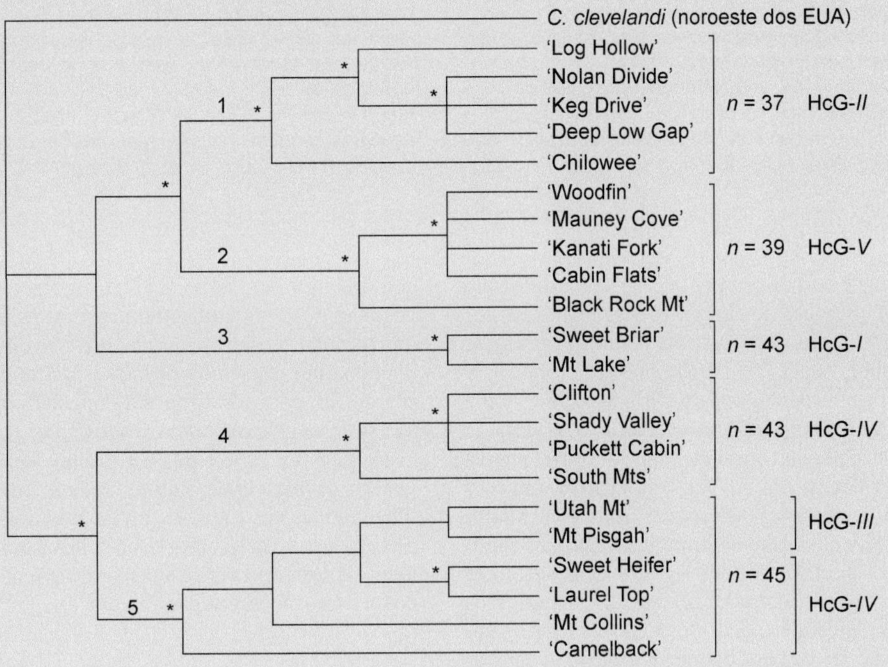

Árvore de consenso estrito do complexo de espécies de *Cryptocercus punctulatus* de 22 locais, baseada em conjuntos de dados combinados de DNA mitocondrial e DNA nuclear. Os nós mais fortemente sustentados estão indicados por asterisco e as cinco espécies supostas estão numeradas de 1 a 5. Cada terminal está identificado com o nome do local de coleta, o número cromossômico diploide do macho e o grupo de hidrocarboneto (HcG). (Segundo Everaerts *et al.*, 2008.)

com espécies morfologicamente similares, particularmente complexos de espécies irmãs ou crípticas (p. ex., o complexo *Anopheles gambiae* discutido no Boxe 15.2), dados não morfológicos são importantes para o reconhecimento de espécies e subsequente identificação.

DNA *barcoding* tem sido promovido como uma ferramenta molecular de diagnóstico para a identificação (ver a seção 18.3.3) e descoberta (Boxe 7.3) de espécies. Apesar de que o marcador padrão seja uma região do DNA mitocondrial, sequências de nucleotídios de outros genes podem ser usados. Dois critérios devem ser usados para o reconhecimento de espécies utilizando dados provenientes de sequências: (i) monofilia recíproca, que significa que todos os membros de um grupo devem compartilhar um ancestral comum mais recente uns com os outros do que com qualquer outro membro de outro grupo em uma árvore filogenética; e (ii) uma distância genética limite, de tal maneira que a distância interespecífica seja maior do que distâncias intraespecíficas por um fator que é diferente para cada gene (p. ex., 10 vezes a média da distância intraespecífica foi proposta para a delimitação de espécies usando dados de *COI*). Na prática, o reconhecimento confiável de espécies requer minuciosa amostragem de táxons e espécimes para evitar a subestimação da variação intraespecífica por meio de uma amostragem geográfica inadequada, ou a sobre-estimativa da distância interespecífica por meio da omissão de espécies. Dados moleculares podem fornecer pistas para possíveis espécies segregadas e, assim, permitir a reinterpretação de dados morfológicos existentes destacando caraterísticas anatômicas que são filogeneticamente informativas.

Boxe 7.3 DNA *barcoding* e descoberta de espécies

Métodos de sequenciamento de DNA acurados, confiavelmente repetíveis e, acima de tudo, baratos, permitem a aquisição de quantidades maciças de informação genômica. Essa fonte de dados rica em informação desafia as análises, e avanços nos métodos técnicos precisam manter o ritmo com a facilidade cada vez maior de se obterem genomas completos de organismos. No entanto, valiosas abordagens mais antigas de gerar dados para a discriminação de espécies continuam sendo úteis, particularmente os, assim chamados, "*barcodes*" de organismos. Esse nome se relaciona por analogia aos códigos universais únicos que são afixados aos itens de varejo que nós compramos.

Para a maioria dos insetos, DNA *barcoding* é baseado em uma parte do gene mitocondrial, *cytochrome c oxidase* subunidade I (*COI* ou *cox1*), o qual apresenta variação (mutações) com uma frequência que permite o agrupamento de indivíduos da mesma espécie e fornece uma distinção cada vez maior com espécies mais distantemente relacionadas. Defensores do *barcoding* argumentam em prol do uso padronizado dessa região gênica particular para a investigação de todas as espécies. No mundo ideal, todos os táxons teriam suas assinaturas distintivas de sequências únicas, permitindo a identificação de toda a diversidade com pouco mais de 500 pares de bases de DNA.

Desde 2003, quando o sistema de *barcoding* de DNA formal foi proposto, tem havido muito progresso, especialmente na identificação de espécies morfologicamente crípticas e na resolução de complexos de espécies muito similares, mas geralmente biologicamente diferentes. Grandes projetos para obtenção dos *barcodes* de amplas partes da biodiversidade foram financiados e realizados, com um progresso variável com relação ao objetivo proposto. Os problemas surgem com organismos que são difíceis de amostrar amplamente, e, portanto, a biblioteca de referência que é utilizada para se compararem os novos *barcodes* é lentamente construída para alguns táxons, especialmente os insetos. Em estudos morfológicos, é possível amostrar toda a diversidade registrada por meio de espécimes em repositórios, embora isso possa ser complicado logisticamente, e é suscetível a falta de financiamento para a curadoria de muitas coleções. Embora esses espécimes de museu, se relativamente frescos e apropriadamente preservados, possam preservar DNA – muitos não contêm ou o DNA está muito degradado para ser utilizado de maneira sistemática. Apesar de o DNA poder ser amplificado de pequenas partes de espécimes preservados, muitos museus são relutantes em permitir que espécimes valiosos, raros e antigos, especialmente tipos, sejam usados em estudos moleculares.

Um sucesso notável do DNA *barcoding* envolve a integração de dados moleculares na associação de lagartas fitófagas, pupas e adultos de lepidópteros e seus parasitoides na Área de Conservación Guanacaste (ACG) no noroeste da Costa Rica. Até 2011, cerca de 5.000 espécies de lagartas tinham sido criadas, seus *barcodes* de DNA tinham sido registrados, as plantas hospedeiras identificadas, e parasitoides associados foram integrados a um esquema de *barcoding*. Esse projeto de 30, ou mais, anos de duração, famoso por seu uso de parataxonomistas, tem aumentando enormemente a diversidade conhecida desse sistema, com espécies crípticas, novas associações e coevolução estreita descoberta em todos os insetos estudados.

A quimiotaxonomia é outra ferramenta para a determinação de espécies; os perfis químicos de diferentes insetos podem ser comparados com métodos estatísticos tais como a análise de componentes principais (PCA, do inglês, *principal component analysis*). Hidrocarbonetos ocorrem na camada lipídica da cutícula dos insetos (seção 2.1 e 4.3.2), são fáceis de extrair e geralmente são quimicamente estáveis, e a combinação de hidrocarbonetos pode ser espécie específica (ver Boxe 7.2). Por exemplo, os perfis de hidrocarbonetos cuticulares de duas espécies crípticas de *Macrolophus* (Hemiptera: Miridae) fornecem um caráter fenotípico confiável para a distinção de adultos das duas espécies, e esses padrões específicos da espécie não são alterados pela dieta. Em cupins, os quais podem ser difíceis de identificar por meio da morfologia (particularmente a morfologia dos operários), existe evidência convincente que os perfis de hidrocarbonetos podem diferenciar espécies. Em alguns estudos que relataram mais de um fenótipo de hidrocarboneto para uma determinada espécie de cupim, outras fontes de evidência (tais como experimentos agonísticos entre colônias e dados genéticos) sugerem que esses fenótipos são taxonomicamente distintos. Entretanto, os dados devem ser interpretados com cuidado porque o ambiente pode influenciar a composição de hidrocarbonetos, como foi encontrado com formigas-argentinas *Linepithema humile* alimentadas com diferentes dietas. Microrganismos (como fungos patogênicos) que vivem na cutícula de um inseto também podem influenciar os perfis de hidrocarbonetos por meio da utilização dos hidrocarbonetos como fonte de energia. Um estudo comportamental detalhado da espécie de *Macrotermes* africana mostrou que apesar dos níveis de mortalidade devido a encontros agressivos aumentarem com diferenças nos hidrocarbonetos cuticulares entre colônias, os cupins demonstraram menor agressão para com colônias vizinhas do que colônias mais distantes, independentemente do fenótipo de hidrocarboneto. Entretanto, diferentes hidrocarbonetos têm distintas funções fisiológicas e comportamentais (impermeabilização *versus* comunicação; ver seção 4.3.2) e alguns hidrocarbonetos provavelmente são mais ambientalmente estáveis do que outros. Claramente, mais estudos são necessários com diferentes tipos de insetos usando múltiplas fontes de dados, incluindo bioensaios comportamentais, para testar para a concordância entre fenótipos de hidrocarbonetos e grupos taxonômicos.

Apesar dos problemas taxonômicos nos níveis de espécie e gênero, devido à imensa diversidade de insetos e às controvérsias filogenéticas em todos os níveis taxonômicos, estamos caminhando em direção a uma visão consensual sobre muitas relações internas dos Insecta e seu agrupamento mais abrangente, os Hexapoda. Essas são discutidas adiante.

7.2 HEXAPODA ATUAIS

Os Hexapoda (em geral colocados na categoria de superclasse) contêm todos os artrópodes de seis pernas. Os parentes mais próximos dos hexápodes eram considerados os miriápodes (centopeias, piolhos-de-cobra e seus parentes), mas sequências moleculares e dados de desenvolvimento junto com um pouco de morfologia (em especial do olho composto e sistema nervoso) sugerem uma ancestralidade compartilhada mais recente para hexápodes e crustáceos (ver Boxe 8.1).

Algumas características diagnósticas dos Hexapoda incluem a posse de uma distinta *tagmose* (seção 2.2), que é a especialização dos segmentos sucessivos do corpo que se unem mais ou menos para formar seções ou tagmas; no caso, a cabeça, o tórax e o abdome. A cabeça é composta por uma região pré-gnatal (geralmente se considera que sejam três segmentos) e três segmentos gnatais portando as mandíbulas, as maxilas e o lábio, respectivamente; os olhos são variavelmente desenvolvidos e podem estar ausentes. O tórax compreende três segmentos, cada um portando um par de pernas; cada perna torácica tem um máximo de seis segmentos nas formas atuais, mas era primitivamente articulada em 11 artículos, com até cinco *exitos* (apêndices externos da perna), um *endito* (apêndice interno) coxal e duas garras terminais. O abdome originalmente tinha 11 segmentos mais um télson ou alguma estrutura homóloga; quando os apêndices abdominais estão presentes, eles são menores e mais fracos do que aqueles do tórax, e primitivamente estavam presentes em todos, exceto o décimo segmento.

As primeiras ramificações na filogenia dos Hexapoda sem dúvida envolvem organismos cujos ancestrais eram terrestres (não aquáticos) e ápteros. Contudo, qualquer agrupamento combinado desses táxons não é monofilético, de modo que é fundamentado em evidentes simplesiomorfias (p. ex., ausência de asas ou a ocorrência de muda depois da maturidade sexual) ou então em estados de caracteres duvidosamente derivados. Portanto, um agrupamento de hexápodes apterigotos (primitivamente ápteros) é um grado de organização, não um clado. As ordens em questão são Protura, Collembola, Diplura, Archaeognatha e Zygentoma. Os Insecta propriamente ditos incluem Archaeognatha, Zygentoma e a grande radiação dos Pterygota (os hexápodes primariamente alados).

As relações entre os táxons componentes que se ramificam a partir de nós próximos da base da árvore filogenética dos Hexapoda são incertas, embora o cladograma exibido na Figura 7.2 e a classificação apresentada nas seções seguintes reflitam nossa visão sintética atual. Tradicionalmente, Collembola, Protura e Diplura eram agrupados como "Entognatha", com base na semelhança da morfologia das peças bucais. As peças bucais entognatas são envolvidas por uma dobra da cabeça que forma uma bolsa, ao contrário das peças bucais dos Insecta (Archaeognatha + Zygentoma + Pterygota) que são expostas (ectognatas). Contudo, algumas vezes Diplura é colocado como grupo-irmão de Insecta, tornando Entognatha, dessa forma, parafilético. Também, Collembola e Protura às vezes são agrupados como Ellipura com base em certas características morfológicas compartilhadas, incluindo uma forma aparentemente avançada de entognatia. Algumas evidências moleculares recentes sustentam a monofiletismo de Entognatha e análises de dados a partir de genes de rRNA sugerem que Diplura é irmão de Protura em um grupo chamado de Nonoculata ("sem olhos") devido à ausência até mesmo de olhos simples, por outro lado, muitos Collembola têm olhos simples agrupados. Dados de sequências de proteínas de determinados genes nucleares sugerem que Diplura é irmão de Collembola, com Protura sendo irmão desses dois grupos mais todos os insetos. Dados recentes de transcriptoma também não conseguem resolver a relação entre ordens de Entognatha, apesar de que Diplura pode ser grupo-irmão dos insetos em vez de os outros Entognatha, como proposto anteriormente. Utilizamos esta última classificação aqui e tratamos os Entognatha como um grupo informal, porém uma amostragem adicional de genes e táxons é necessária para confirmar uma das diversas relações propostas.

7.3 GRUPO INFORMAL ENTOGNATHA | COLLEMBOLA (COLÊMBOLOS), DIPLURA (DIPLUROS) E PROTURA (PROTUROS)

7.3.1 Ordem Collembola (colêmbolos) (ver também Taxoboxe 1)

Os colêmbolos são de pequenos a minúsculos e têm um corpo mole, na maioria das vezes com olhos ou ocelos rudimentares. As antenas têm de quatro a seis artículos. As peças bucais são entognatas, consistindo predominantemente em mandíbulas e maxilas alongadas e envolvidas por dobras laterais da cabeça, com palpos maxilares e labiais ausentes. As pernas têm quatro artículos. O abdome tem seis segmentos com um tubo ventral em forma de ventosa (ou colóforo), um gancho e uma fúrcula (órgão saltador em forma de furca) nos segmentos um, três e quatro, respectivamente. Um gonóporo está presente no segmento 5, o ânus no segmento 6. Cercos estão ausentes. O desenvolvimento larval é epimórfico, ou seja, com um número constante de segmentos por todo o desenvolvimento. Collembola tanto pode formar o grupo-irmão de Protura em um agrupamento chamado Ellipura, ou formar o grupo-irmão de Diplura + Protura (Nonoculata).

7.3.2 Ordem Diplura (dipluros)

Os dipluros (ver também Taxoboxe 1) apresentam tamanho de pequeno a médio, na maioria não são pigmentados, têm antenas longas e moniliformes (como um cordão de contas), mas não têm olhos. As peças bucais são entognatas, com as pontas das mandíbulas e maxilas bem-desenvolvidas protraindo da cavidade bucal, e palpos maxilares e labiais reduzidos. O tórax é fracamente diferenciado do abdome com dez segmentos. As pernas têm cinco artículos, e alguns segmentos abdominais têm pequenos estilos e vesículas protráteis. Um gonóporo se encontra entre os segmentos oito e nove, e o ânus é terminal. Os cercos são de delgados a modificados, com forma de pinça. O sistema traqueal é relativamente bem desenvolvido, ao contrário dos outros grupos entognatos, em que ele é ausente ou pouco desenvolvido. O desenvolvimento larval é epimórfico, com um número constante de segmentos por todo o desenvolvimento. Diplura provavelmente forma o grupo-irmão de Insecta, embora outras hipóteses sugiram que seja irmão de Protura ou de Collembola + Protura, dentro de Entognatha.

7.3.3 Ordem Protura (proturos)

Os proturos (ver também Taxoboxe 1) são hexápodes pequenos, delicados, alongados e, na maioria, não pigmentados, que não têm olhos nem antenas, com peças bucais entognatas consistindo em mandíbulas e maxilas delgadas, as quais protraem levemente da cavidade bucal. Palpos maxilares e labiais estão presentes. O tórax é fracamente diferenciado do abdome com 12 segmentos. As pernas têm cinco artículos. Um gonóporo fica entre os segmentos 11 e 12 e o ânus é terminal. Os cercos estão ausentes. O desenvolvimento larval é anamórfico, ou seja, com segmentos adicionados posteriormente durante o desenvolvimento. Protura ou é grupo-irmão de Collembola, formando Ellipura em uma relação fracamente apoiada com base em algumas características morfológicas, ou pode ser grupo-irmão de Diplura em um agrupamento chamado Nonoculata, com base em dados de genes de RNA ribossômico, a ausência de olhos e túbulos de Malpighi reduzidos a curtas papilas ou ausentes.

7.4 CLASSE INSECTA (INSETOS VERDADEIROS)

Os insetos variam de minúsculos a grandes (0,2 mm a 30 cm de comprimento), com uma aparência muito variável. Insetos adultos em geral têm ocelos e olhos compostos, e as peças bucais são expostas (ectognatas), com palpos maxilares e labiais geralmente bem desenvolvidos. O tórax pode ser fracamente desenvolvido em estágios jovens, mas é evidente e frequentemente muito desenvolvido em estágios adultos alados, associado com os escleritos e a musculatura necessária para o voo; é fracamente desenvolvido em táxons ápteros. As pernas torácicas têm seis artículos (ou poditos): coxa, trocanter, fêmur, tíbia, tarso e pré-tarso. O abdome é primitivamente dividido em 11 segmentos com o gonóporo quase sempre no segmento oito na fêmea e no segmento nove no macho. Os cercos são primitivamente presentes. As trocas gasosas ocorrem predominantemente por meio das traqueias com espiráculos presentes tanto no tórax quanto no abdome, mas que podem estar variavelmente reduzidos ou ausentes em alguns estágios imaturos. O desenvolvimento larval/ninfal é epimórfico, ou seja, com um número constante de segmentos do corpo ao longo do desenvolvimento.

As ordens de insetos tradicionalmente são divididas em dois grupos. Monocondylia é representado por apenas uma ordem pequena, Archaeognatha, na qual cada mandíbula tem uma articulação posterior única com a cabeça. Dicondylia, que contém todas as outras ordens e a maioria das espécies, tem mandíbulas caracterizadas por uma articulação secundária anterior além da primária posterior. Os grupos tradicionais "Apterygota" para os hexápodes primitivamente ápteros e "Thysanura" para os táxons primitivamente ápteros Archaeognatha + Zygentoma são ambos parafiléticos de acordo com a maioria das análises modernas (Figura 7.2).

A classificação tradicional de Insecta reconhecia pelo menos 30 ordens. Entretanto, estudos recentes, especialmente utilizando dados moleculares, mostraram que duas das tradicionais ordens (Blattodea e Psocoptera) são ambas parafiléticas. Em cada caso, a outro grupo aí alojado foi concedido o *status* de ordem devido ao fato de apresentar características diagnósticas autapomórficas. A exigência de monofiletismo das ordens implica que apenas 28 ordens de insetos são reconhecidas aqui, com Isoptera (cupins) incluído em Blattodea e Phthiraptera (piolhos) mais Psocoptera formando a ordem Psocodea. São discutidas a seguir evidências para essas relações. Embora uma nova classificação no nível de ordem seja utilizada para esses grupos, foram apresentados taxoquadros separados para os cupins e os piolhos devido a biologia e morfologia distintas de cada grupo. As hipóteses para as relações de todas as ordens de insetos estão resumidas na Figura 7.2, sendo que as associações incertas ou hipóteses alternativas são apresentadas com linhas tracejadas.

7.4.1 Insecta Apterygota (anteriormente Thysanura sensu lato)

As duas ordens existentes de insetos primitivamente ápteros, Archaeognatha e Zygentoma, quase certamente não são grupos-irmãos com base na maioria das análises de dados morfológicos e moleculares. Dessa maneira, o tradicional agrupamento de Thysanura *sensu lato* (em sentido amplo, no qual o nome foi utilizado pela primeira vez para os insetos ápteros chamados "traças") não deve ser usado. A posição taxonômica dos pouquíssimos antigos fósseis apterigotos (do Devoniano) é incerta.

Ordem Archaeognatha (Microcoryphia; arqueognatos ou traças-saltadoras)

Os arqueognatos (ver também Taxoboxe 2) apresentam tamanho médio, corpo alongado e cilíndrico, e são primitivamente ápteros ("apterigotos"). A cabeça tem três ocelos e grandes olhos compostos que estão em contato medianamente. As antenas são multiarticuladas. As peças bucais se projetam ventralmente, podem estar em parte retraídas na cabeça, e incluem mandíbulas alongadas cada uma com um único côndilo (ponto de articulação), e palpos maxilares alongados com sete artículos. Com frequência se observa um estilo coxal nas coxas das pernas dois e três ou apenas na três. Os tarsos têm dois ou três artículos. O abdome continua o contorno regular do tórax arqueado, e apresenta estilos ventrais que contêm músculos (representando apêndices reduzidos) nos segmentos de 2 a 9 e, em geral, um ou dois pares de vesículas eversíveis mediais aos estilos nos segmentos de 1 a 7. Os cercos são multiarticulados e mais curtos que o apêndice caudal mediano. O desenvolvimento ocorre sem mudança no formato do corpo.

As duas famílias atuais de Archaeognatha, Machilidae e Meinertellidae formam um grupo indubitavelmente monofilético. A ordem é a mais antiga dos Insecta existentes, com supostos fósseis talvez do Carbonífero ou mais antigos, e é grupo-irmão de Zygentoma + Pterygota (Figura 7.2). O táxon fóssil Monura era considerado uma ordem de apterigotos aparentada a Archaeognatha, mas esses fósseis (gênero *Dasyleptus*) parecem ser imaturos de traças-saltadoras e o grupo normalmente é considerado irmão de todos os outros arqueognatos.

Ordem Zygentoma (traças-do-livro)

Os Zygentoma (ver também Taxoboxe 3) têm tamanho médio, são achatados dorsoventralmente e primitivamente ápteros ("apterigotos"). Olhos e ocelos estão presentes, reduzidos ou ausentes, e as antenas são multiarticuladas. As peças bucais são projetadas em posição ventral, um pouco anteriormente, e incluem uma forma especial de mandíbulas duplamente articuladas (dicondílicas) e palpos maxilares com cinco artículos. O abdome continua o contorno regular do tórax e inclui estilos ventrais que contêm músculos (representando apêndices reduzidos) nos segmentos de 7 a 9, pelo menos, e algumas vezes nos segmentos de 2 a 9, e com vesículas eversíveis medianas aos estilos em alguns segmentos. Os cercos são multiarticulados e quase iguais em comprimento ao apêndice caudal mediano. O desenvolvimento ocorre sem mudança na forma do corpo.

Há cinco famílias representadas atualmente e a ordem provavelmente apareceu, pelo menos, no Carbonífero. Zygentoma é o grupo-irmão dos Pterygota (Figura 7.2) em um grupo chamado Dicondylia devido à presença de dois pontos de articulação na base das mandíbulas.

7.4.2 Pterygota

Pterygota, algumas vezes considerada como uma infraclasse, compreende os insetos alados ou secundariamente ápteros, com segmentos torácicos dos adultos em geral grandes e o meso e o metatórax variavelmente unidos para formar um pterotórax. As regiões laterais do tórax são bem desenvolvidas. Existem 11 ou menos segmentos abdominais, que não têm estilos e apêndices vesiculares como os apterigotos. A maioria dos Ephemeroptera tem um filamento terminal mediano. Os espiráculos têm primariamente um aparato muscular de fechamento. O acasalamento é por cópula. A metamorfose é de hemi a holometábola, não existindo muda após a fase adulta, exceto pelo estágio de subimago (subadulto) em Ephemeroptera.

Houve décadas de debate sobre as relações de Odonata (libélulas) e Ephemeroptera (efêmeras) com o restante dos pterigotos, os Neoptera ("asas novas"). Todas as três combinações possíveis (Figura 7.3) desses três táxons já foram sugeridas, com

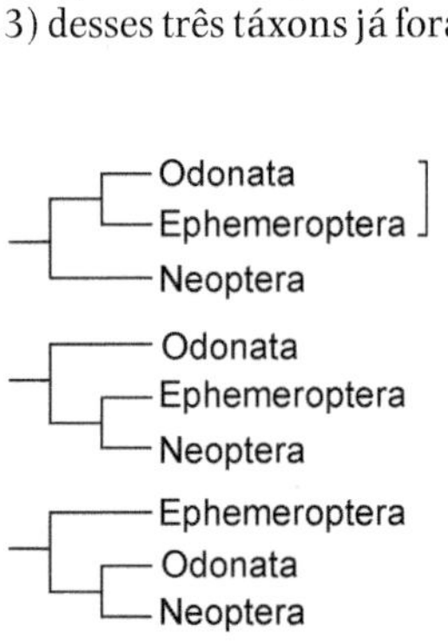

Figura 7.3 As três possíveis relações entre Ephemeroptera, Odonata e Neoptera. A árvore de cima mostra Palaeoptera como monofilético, tal qual indicado pela linha vertical em cima à direita.

base em diferentes evidências. A hipótese de que Ephemeroptera é grupo-irmão de Neoptera (um agrupamento chamado de Chiastomyaria) já recebeu algum apoio de dados de DNA. Um agrupamento composto por Odonata e Neoptera (chamado de Metapterygota) também já recebeu apoio, e é caracterizado morfologicamente por aspectos como a perda da muda no estágio adulto, ausência de um filamento caudal no abdome e presença de uma articulação mandibular anterior robusta. No entanto, nós aceitamos Ephemeroptera como grupo-irmão de Odonata, em um grupo monofilético chamado Palaeoptera (como explicado a seguir), gerando a classificação superior de Pterygota em duas divisões – Palaeoptera e Neoptera.

Divisão Palaeoptera

Os insetos deste importante grupo têm asas que não podem ser dobradas sobre o corpo em descanso porque a articulação da asa como o tórax ocorre via placas axilares, as quais estão fundidas com as nervuras. Essa condição foi denominada "paleóptera" ("asas antigas"). As duas ordens atuais com essas asas com frequência têm nervuras triádicas (nervuras principais pares com nervuras longitudinais intercaladas, de concavidade/convexidade oposta às nervuras principais adjacentes) e uma rede de nervuras transversais (ilustradas no Taxoboxes 4 e 5). A nervação e a articulação das asas, certas estruturas da cabeça, junto com reanálises recentes e rigorosas de dados de sequências de genes, indicam que Odonata e Ephemeroptera formam um grupo monofilético. Os Palaeoptera também incluem algumas ordens extintas (seção 8.2.1), mas suas exatas relações com Odonata e Ephemeroptera não são claras. Apesar de os dados atuais sugerirem que a condição paleóptera é uma sinapomorfia de Palaeoptera, conjuntos um pouco diferentes de fusões de veias das asas podem ser responsáveis por essa condição entre diferentes ordens de Palaeoptera. Ademais, é mais provável que uma asa dobrável tenha sido a condição ancestral dos pterigotos (ver seção 8.4) e que as bases alares não dobráveis das asas de Ephemeroptera e Odonata sejam derivadas secundariamente, assim como, potencialmente, de maneira independente. Portanto, o nome "asas antigas" pode ser um termo inapropriado.

Ordem Ephemeroptera (efêmeras)

A ordem Ephemeroptera (ver também Taxoboxe 4) tem um registro fóssil que data do Permiano e é representada hoje em dia por alguns milhares de espécies. Além das características "paleópteras" de suas asas, as efêmeras mostram um grande número de características únicas, incluindo as peças bucais não funcionais e muito reduzidas dos adultos, a presença de apenas uma placa axilar na articulação das asas, nervura costal hipertrofiada, e pernas anteriores do macho modificadas para segurar a fêmea durante o voo copulatório. A conservação do subimago (estágio subadulto) é exclusiva desse grupo. As ninfas (náiades) são aquáticas e a articulação da mandíbula, que é intermediária entre a monocondilia e a articulação dicondílica do tipo esfera girando dentro de um soquete de todos os Insecta superiores, pode ser diagnóstica.

A diminuição histórica da diversidade de efemerópteros e os níveis altos de homoplasia remanescentes fazem com que a reconstrução filogenética seja difícil. Ephemeroptera é tradicionalmente dividida em duas subordens: Schistonota (com as tecas alares anteriores ninfais separadas uma da outra por uma distância maior que metade seu comprimento) e Pannota ("dorso fundido": com tecas alares anteriores mais amplamente fundidas). Análises de dados morfológicos e moleculares combinados sugerem que Pannota é monofilético, mas que Schistonota é parafilético. Carapacea (Baetiscidae + Prosopistomatidae, que têm um escudo ou carapaça no noto), Furcatergalia (as famílias de Pannota mais algumas outras famílias tais como Leptophlebiidae), Fossoriae (as efêmeras escavadoras), e as superfamílias Caenoidea e Ephemerelloidea são todas monofiléticas. Outras linhagens previamente reconhecidas, incluindo Pisciforma (as efêmeras parecidas com peixes), Setisura (as efêmeras com cabeça achatada) e Ephemeroidea, mais as famílias Ameletopsidae e Coloburiscidae, foram consideradas não monofiléticas.

Ordem Odonata (libélulas)

Os odonatos (ver também Taxoboxe 5) têm asas "paleópteras" assim como muitas características únicas adicionais, incluindo a presença de duas placas axilares (umeral e axilar posterior) na articulação das asas e muitas características associadas ao comportamento copulatório especializado, incluindo a posse de um aparato copulatório secundário nos segmentos ventrais de dois a três do macho e a posição em *tandem* durante a cópula (Boxe 5.5). Os estágios imaturos são aquáticos e têm um lábio preênsil altamente modificado para captura de presas (ver Figura 13.4).

Os odonatólogos (aqueles que estudam libélulas) tradicionalmente reconhecem três grupos, em geral colocados na categoria de subordem: Zygoptera, Anisozygoptera (táxons fósseis mais um gênero atual *Epiophlebia* com duas espécies na família Epiophlebiidae) e Anisoptera, porém os Anisozygoptera atuais agora são em geral incluídos com os Anisoptera na subordem Epiprocta. A avaliação do monofiletismo ou parafiletismo de cada subordem baseia-se muito na interpretação da nervação bastante complexa das asas, incluindo aquela de muitos fósseis. A interpretação da nervação alar nos Odonata e entre eles e outros insetos é enviesada por ideias anteriores sobre parentesco. Desse modo, o sistema de terminologia para nervuras alares de Comstock e Needham implica que o ancestral comum dos Odonata modernos era anisóptero, e que a nervação dos zigópteros é reduzida. Por outro lado, o sistema de terminologia de Tillyard implica que Zygoptera é um grado (é parafilético) com relação a Anisozygoptera que, por sua vez, também é um grado a caminho do monofilético Anisoptera. O consenso recente para os odonatos atuais, com base em dados morfológicos e moleculares, considera tanto Zygoptera quanto Epiprocta monofiléticos, e Anisoptera como grupo-irmão monofilético de Epiophlebiidae.

Zygoptera contém três agrupamentos amplos em nível de superfamília: Coenagrionóidea, Lestoidea e Calopterygoidea, porém as interrelações são incertas. As relações entre as principais linhagens em Anisoptera também são controversas e não há um consenso atual. Da mesma maneira, as posições de muitos táxons fósseis são controversas, mas são importantes para a compreensão da evolução das asas do odonatos.

Divisão Neoptera

Insetos neópteros ("asas novas") diagnosticamente têm asas capazes de serem dobradas sobre seu abdome quando em repouso, com a articulação das asas derivadas de escleritos móveis separados na base das asas, e nervação com nenhuma a poucas nervuras triádicas e, na maioria das vezes, com nervuras transversais anastomosantes (ligantes) ausentes (ver Figura 2.23).

A filogenia (e consequentemente a classificação) das ordens neópteras ainda é um assunto de debate, em especial com relação: (i) à colocação de muitas ordens extintas descritas apenas a partir de fósseis de preservação variavelmente adequada; (ii) às relações entre os Polyneoptera; e (iii) às relações entre alguns grupos de Holometabola (as ordens endopterigotas).

Aqui, resumimos os achados mais recentes das pesquisas, fundamentados tanto em morfologia quanto em moléculas. Nenhum arranjo singular ou combinado de dados fornece resolução não ambígua da filogenia das ordens de insetos, de modo que existem várias áreas de controvérsia. Algumas questões surgem de dados inadequados (amostragem insuficiente ou inadequada de táxons) e do conflito de caracteres entre os dados existentes (suporte para mais de uma filogenia). Na ausência de uma filogenia robusta, os agrupamentos são, de certo modo, subjetivos e existem várias categorias "informais".

Um grupo de 10 ordens chamado de Polyneoptera é grupo-irmão dos Neoptera restantes, os quais podem ser divididos prontamente em dois grupos, Paraneoptera (complexo hemipteroide) e Holometabola (= Endopterygota) (Figura 7.2). A monofilia de Holometabola não é questionada, mas alguns dados moleculares têm sugerido a parafilia de Paraneoptera (com Psocodea sendo grupo-irmão de Holometabola). Esses três clados – Polyneoptera, Paraneoptera e Holometabola – podem ser dados a categoria de subdivisão. Tanto Polyneoptera quanto Paraneoptera têm desenvolvimento hemimetábolo, ao contrário da metamorfose completa de Holometabola, embora dentro dos Paraneoptera alguns grupos apresentem formas convergentes de holometabolia, com um ou mais estágios quiescentes semelhantes à pupa.

Subdivisão Polyneoptera (ou complexo Ortopteroide-Plecopteroide)

Esse agrupamento compreende as 10 ordens Plecoptera, Mantodea, Blattodea (incluindo os anteriormente chamados Isoptera), Grylloblattodea, Mantophasmatodea, Orthoptera, Phasmatodea, Embioptera, Dermaptera e Zoraptera.

Alguns dos eventos de separação de linhagens entre as ordens polineópteras estão se tornando melhor compreendidos, mas as relações mais internas permanecem muito pouco resolvidas e, com frequência, contraditórias entre aquelas sugeridas por morfologia e aquelas baseadas em dados moleculares, ou entre dados de diferentes genes. Existe suporte para o monofiletismo de Polyneoptera com base na presença compartilhada de uma área anal expandida na asa posterior dos grupos alados (exceto nos Zoraptera e Embioptera de corpo pequeno), euplântulas tarsais (ausentes apenas em Zoraptera) e análises recentes de sequências de nucleotídios. No entanto, o monofiletismo de Polyneoptera já foi tido como incerto devido à diversidade de morfologia entre as 10 ordens, a falta de sinapomorfias morfológicas convincentes para todo o grupo e diversas análises contraditórias ou mal resolvidas baseadas em sequências de nucleotídios. Ao contrário, análises independentes recentes de dados ou de genes nucleares que codificam proteínas ou transcriptomas (ESTs) encontraram forte suporte para o monofiletismo de Polyneoptera. Nos Polyneoptera, dois agrupamentos parecem ser robustos, com base em dados morfológicos e moleculares. O primeiro é Dictyoptera (Figura 7.4), que compreende Blattodea (baratas e cupins) e Mantodea (louva-deus). Todos os grupos em Dictyoptera compartilham características marcantes do esqueleto da cabeça (tentório perfurado), peças bucais (musculatura paraglossal), sistema digestivo (provetrínculo denteado) e genitália feminina (ovipositor curto acima de uma grande placa subgenital), que corroboram o monofiletismo. Isso é substanciado por quase todas as análises baseadas em sequências de nucleotídios. O segundo clado robusto, algumas vezes chamado de Xenonomia, é o Grylloblattodea (griloblatódeos, com espécies atuais ápteras, mas com fósseis alados) e a ordem recém-estabelecida, Mantophasmatodea. As relações de Plecoptera, Dermaptera (tesourinhas), Orthoptera (grilos, esperanças e gafanhotos), Embioptera e Zoraptera com outras ordens são incertas, e a posição de Zoraptera tem sido especialmente problemática. Phasmatodea (bichos-pau) e Orthoptera às vezes são tratados como irmãos em um agrupamento chamado Orthopterida, porém a evidência molecular recente sugere uma relação de grupo-irmão entre Phasmatodea e Embioptera.

Ordem Plecoptera (plecópteros)

Plecoptera (ver também Taxoboxe 6) são mandibulados quando adultos, com antenas filiformes, olhos compostos protuberantes, dois ou três ocelos e segmentos torácicos subiguais. As asas anteriores e posteriores são membranosas e similares, exceto pelo fato de que as posteriores são mais largas; apteria e braquipteria são frequentes. O abdome tem dez segmentos, com vestígios dos segmentos 11 e 12 presentes, incluindo cercos. As ninfas são aquáticas.

O monofiletismo da ordem é suportado por alguns poucos caracteres morfológicos, incluindo, no adulto, a rotação e a fusão parcial das gônadas e vesículas seminais no macho, e a ausência de um ovipositor na fêmea. Nas ninfas, a presença de fortes músculos oblíquos ventrolongitudinais indo de um segmento a outro, permitindo o nado por ondulações laterais, e o provavelmente muito difundido "coração do cerco", um órgão circulatório acessório associado às brânquias posteriores abdominais, suportam o monofiletismo da ordem. Nas ninfas de plecópteros, as brânquias podem ocorrer quase em qualquer parte do corpo, ou podem estar ausentes. Essa distribuição variada provoca problemas de homologia das brânquias entre as famílias, e entre aquelas de Plecoptera e de outras ordens. Se Plecoptera é ancestralmente aquático ou terrestre, é uma questão de debate. Plecoptera é uma das linhagens mais antigas de Polyneoptera, mas suas relações incertas são apresentadas aqui como não resolvidas (Figura 7.2). Plecoptera pode ser grupo-irmão de Dermaptera, como sugerido por alguns dados de rDNA, DNA nuclear que codifica proteínas e genoma mitocondrial, ou grupo-irmão de alguns ou de todos os outros Polyneoptera, exceto Dermaptera e Zoraptera. Os primeiros plecópteros fósseis são do início do Permiano e incluem ninfas terrestres, porém as famílias recentes não aparecem até o Mesozoico.

São propostas como relações internas duas subordens predominantemente vicariantes, Antarctoperlaria, do hemisfério sul, e Arctoperlaria, do norte. O monofiletismo de Antarctoperlaria é proposto com base no exclusivo músculo depressor esternal do

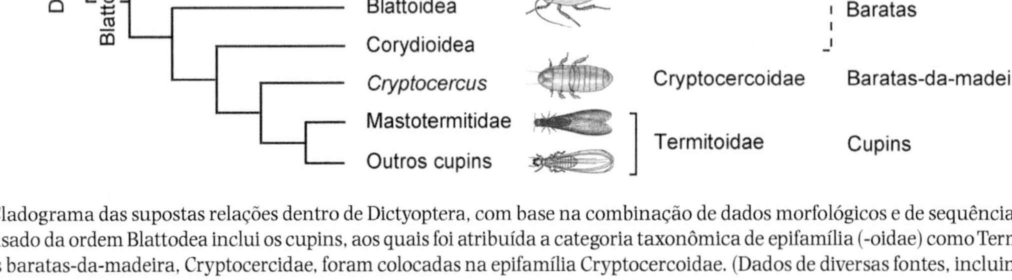

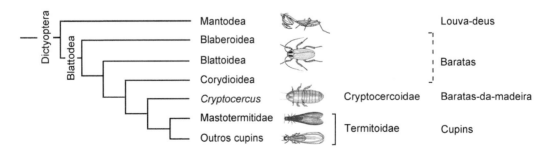

Figura 7.4 Cladograma das supostas relações dentro de Dictyoptera, com base na combinação de dados morfológicos e de sequências de nucleotídios. O conceito revisado da ordem Blattodea inclui os cupins, aos quais foi atribuída a categoria taxonômica de epifamília (-oidae) como Termitoidae; de modo semelhante, as baratas-da-madeira, Cryptocercidae, foram colocadas na epifamília Cryptocercoidae. (Dados de diversas fontes, incluindo Djernæs *et al.*, 2012, com a classificação de Beccaloni & Eggleton, 2013.)

trocanter anterior, ausência do habitual depressor tergal, e presença de células clorídricas floriformes que podem ter uma função sensorial adicional. Alguns táxons inclusos são os grandes Eustheniidae e Diamphipnoidae, os Gripopterygidae e os Austroperlidae: todas famílias do hemisfério sul. Alguns estudos de sequências de nucleotídios apoiam esse clado.

O grupo-irmão Arctoperlaria não tem morfologia que o defina, mas é unido por uma variedade de mecanismos associados à produção de sons relacionados com a procura de parceiros sexuais. As famílias constituintes incluem Capniidae, Leuctridae e Nemouridae (incluindo Notonemouridae), Perlidae, Chloroperlidae, Pteronarcyidae e diversas famílias menores, e a subordem é localizada essencialmente do hemisfério norte, com uma radiação menor de Notonemouridae para o hemisfério sul. Análises de sequências de nucleotídios parecem sustentar o monofiletismo de Arctoperlaria e Antarctoperlaria. As relações entre os Plecoptera atuais foram usadas nas hipóteses sobre as origens das asas a partir de "brânquias torácicas", e ao se traçar o possível desenvolvimento do voo aéreo a partir do batimento das asas com as pernas se arrastando na superfície da água, e formas de voo planado. Pontos de vista atuais da filogenia sugerem que essas características são secundárias e resultantes de reduções.

Ordem Dermaptera (tesourinhas)

As tesourinhas (ver também Taxoboxe 7) adultas são alongadas e dorsoventralmente achatadas com peças bucais mandibuladas e projetadas em posição anterior, olhos compostos variando de grandes a ausentes, sem ocelos, e antenas curtas aneladas. Os tarsos são triarticulados com o segundo tarsômero curto. Muitas espécies são ápteras ou, se aladas, as asas anteriores são pequenas, pergamináceas e lisas, formando tégminas sem nervação, e as asas posteriores são grandes, membranosas, semicirculares e dominadas por um leque anal de nervuras radiais conectadas por nervuras transversais.

Tradicionalmente, são reconhecidas três subordens de tesourinhas, com a maioria das espécies na subordem Forficulina. As cinco espécies que são comensais ou ectoparasitas de morcegos, no Sudeste Asiático, foram colocadas na sua própria família (Arixeniidae) e subordem (Arixeniina). De modo semelhante, 11 espécies que são semiparasitas em roedores africanos foram colocadas na sua própria família (Hemimeridae) e subordem (Hemimerina). As tesourinhas desses dois grupos são cegas, ápteras e exibem viviparidade pseudoplacentária. Estudos morfológicos e moleculares recentes sugerem a derivação de ambos grupos de dentro da superfamília Forficuloidea de Forficulina, fazendo com que essa última subordem seja parafilética e sobrepujando a classificação da antiga subordem em favor de todas as tesourinhas atuais pertencendo a uma subordem, Neodermaptera. Apenas algumas das 11 famílias atuais de neodermápteros parecem ser apoiadas por sinapomorfias. Outras famílias, tais como Pygidicranidae e Spongiphoridae podem ser parafiléticas, uma vez que foi dado muito peso a plesiomorfias, em especial do pênis mais especificamente, e da genitália de modo mais geral, ou homoplasias (convergências) no formato da fúrcula e na redução das asas.

Diferentes fontes de dados têm sugerido relações de grupo-irmão dos dermápteros com Dictyoptera, Embioptera ou Zoraptera. Apesar de consideramos a relação de Dermaptera como não resolvida, uma possível relação como grupo-irmão de Plecoptera recebe algum suporte.

Ordem Zoraptera (zorápteros)

Zoraptera (ver também Taxoboxe 8) é uma das menores e provavelmente a ordem menos conhecida de Pterygota. Os zorápteros são pequenos, um pouco parecidos com cupins, com morfologia simples. Eles têm peças bucais mastigadoras não especializadas, incluindo palpos maxilares com cinco artículos e palpos labiais triarticulados, e fêmures posteriores expandidos dotados de espinhos ventrais robustos. Ocasionalmente, ambos os sexos são ápteros e, nas formas aladas, as asas posteriores são menores que as anteriores; as asas se desprendem como em formigas e cupins. A nervação é altamente especializada e reduzida.

Tradicionalmente, a ordem continha apenas uma família (Zorotypidae) e um gênero (Zorotypus); uma proposta para dividi-lo em diversos gêneros de monofiletismo incerto, delimitados predominantemente com base na nervação das asas, não é amplamente aceita. A posição filogenética de Zoraptera com base em dados de morfologia e de sequências de nucleotídios é controversa, com diversas diferentes posições sugeridas. Atualmente, apenas quatro hipóteses de grupo-irmão são consideradas plausíveis com base em recentes análises filogenéticas; são elas de grupo-irmão de Dermaptera, Dictyoptera, Embioptera, ou todo o restante de Polyneoptera. Os dados moleculares (rDNA e genes nucleares codificantes de proteínas) suportam Zoraptera como um grupo proximamente relacionado a Dictyoptera, apesar de o DNA ribossômico (especialmente *18S*) de Zoraptera ser incomum. Outra relação sugerida é Zoraptera + Embioptera, a qual é sustentada por estados compartilhados de estrutura da base das asas e musculatura da perna posterior, e várias reduções ou perdas de características. Análises recentes de dados de transcriptoma sugerem Zoraptera ou como grupo-irmão de todos os outros Polyneoptera ou somente como grupo-irmão de Dermaptera, e rejeita Zoraptera como grupo-irmão de Embioptera ou Dictyoptera.

Ordem Orthoptera (gafanhotos, esperanças e grilos)

Os ortópteros (ver também Taxoboxe 9) são insetos de tamanho de médio a grande, com as pernas posteriores aumentadas para saltar. Os olhos compostos são bem desenvolvidos, as antenas são alongadas e multiarticuladas, e o protórax é grande com um pronoto semelhante a um escudo, curvado para baixo lateralmente. As asas anteriores formam tégminas estreitas e pergamináceas e as asas posteriores são amplas, com numerosas nervuras longitudinais e transversais, dobradas por baixo das tégminas; apteria e braquipteria são frequentes. O abdome tem oito ou nove segmentos anelados visíveis, com os dois ou três segmentos terminais reduzidos e um cerco uniarticulado. O ovipositor é bem desenvolvido, formado a partir de apêndices abdominais bastante modificados.

Orthoptera é uma das ordens mais antigas de insetos existentes, com um registro fóssil que data de quase 300 milhões de anos atrás. Diversas características morfológicas e alguns dados moleculares sugeriam que os Orthoptera fossem proximamente relacionados a Phasmatodea, tanto que alguns entomólogos chegaram a unir as ordens, no passado. Contudo, evidências moleculares, a diferença no desenvolvimento do broto alar, a morfologia do ovo e a ausência de órgãos de audição em fasmídeos sugerem, fortemente, a distinção. O posicionamento dos ortópteros não foi resolvido por dados moleculares, o que sugere que Orthoptera é grupo-irmão de vários agrupamentos diferentes dentro dos Polyneoptera. Orthoptera pode ser considerado como grupo-irmão de todos os Polyneoptera, exceto Dermaptera, Plecoptera e Zoraptera. Duas das posições alternativas para Orthoptera estão apresentadas por linhas tracejadas na Figura 7.2, mas muitos estudos adicionais são necessários.

A divisão de Orthoptera em duas subordens monofiléticas, Caelifera (gafanhotos; herbívoros terrestres predominantemente ativos durante o dia, rápidos e com visão muito boa) e Ensifera (esperanças e grilos; predadores, onívoros ou fitófagos frequentemente ativos durante a noite, camuflados ou miméticos), é apoiada por evidências morfológicas e moleculares. As relações dos principais agrupamentos dentro de Ensifera variam entre os estudos. Para Caelifera, as sete ou oito superfamílias às vezes são divididas em quatro grupos principais, sendo elas Tridactyloidea, Tetragoidea, Eumastacoidea e os "Caelifera superiores" contendo os gafanhotos acridoides (Acridoidea) mais diversas superfamílias com menos espécies. Tridactyloidea pode ser irmão do restante dos Caelifera, porém as relações internas não estão resolvidas.

Ordem Embioptera (= Embiidina, Embiodea) (embiópteros)

Os embiópteros (ver também Taxoboxe 10) têm um corpo alongado e cilíndrico, algumas vezes achatado nos machos. A cabeça tem olhos compostos com formato de rim, que são maiores nos machos que nas fêmeas, sem ocelos. As antenas são multiarticuladas, e as peças bucais mandibuladas se projetam anteriormente (prognatismo). Todas as fêmeas e alguns machos são ápteros, mas, se presentes, as asas são caracteristicamente delicadas e flexíveis, com os seios sanguíneos das nervuras enrijecidos para o voo por pressão sanguínea. As pernas são curtas, com tarsos triarticulados e o segmento basal de cada tarso anterior é dilatado porque contém glândulas de seda. Os fêmures posteriores são intumescidos por causa dos fortes músculos tibiais. O abdome tem dez segmentos com rudimentos do segmento 11 e com cercos diarticulados. A genitália externa das fêmeas é simples (um ovipositor rudimentar) e a dos machos é complexa e assimétrica.

Diversos nomes de ordem foram utilizados para os embiópteros, porém Embioptera é preferível porque esse nome tem sido mais empregado em trabalhos publicados e seu final combina com os nomes de algumas ordens aparentadas. A maioria das regras de nomenclatura não se aplica aos nomes acima do nível de família e portanto não existe prioridade de nomenclatura no nível ordinal. Os embiópteros são indubitavelmente monofiléticos, com base acima de tudo em sua capacidade de produzir seda por meio de glândulas unicelulares no tarso basal das pernas anteriores e de tecer a seda – puxá-la e cortá-la formando camadas – para construir casas de seda. Fundamentado na morfologia, as relações de grupo-irmão sugeridas para Embioptera são Dermaptera, Phasmatodea, Plecoptera ou Zoraptera, porém avaliações recentes de dados da morfologia da cabeça e de sequências de nucleotídios favorecem Embioptera + Phasmatodea. Historicamente, a classificação dos embiópteros enfatizou muito a genitália masculina. Recentes análises morfológicas e moleculares da maioria dos táxons superiores descritos dos Embioptera atuais sugerem que pelo menos nove das 13 famílias descritas são monofiléticas.

Ordem Phasmatodea (fasmídeos, bichos-pau)

Os Phasmatodea (ver também Taxoboxe 11) exibem formas que são variações cilíndricas alongadas e em forma de um graveto ou achatada, ou com frequência em forma de uma folha. As peças bucais são mandibuladas. Os olhos compostos são relativamente pequenos e localizados anterolateralmente, com ocelos apenas nas espécies aladas e na maioria das vezes apenas nos machos. As asas, se presentes, são funcionais nos machos, mas em geral reduzidas nas fêmeas, e muitas espécies são ápteras em ambos os sexos. As asas anteriores formam tégminas pergamináceas curtas, ao passo que as asas posteriores são amplas, com uma rede de numerosas nervuras transversais e com a margem anterior endurecida para proteger a asa dobrada. As pernas são alongadas, finas e adaptadas para caminhar, com tarsos com cinco artículos. O abdome tem 11 segmentos, de modo que o segmento 11 quase sempre forma uma placa supra-anal escondida nos machos ou um segmento mais óbvio nas fêmeas.

Tradicionalmente, Phasmatodea é considerado como grupo-irmão de Orthoptera dentro do complexo ortopteroide. Evidências de morfologia que sustentam esse grupo vêm de características da genitália e das asas e estudos neurofisiológicos limitados. Phasmatodea se distingue de Orthoptera pela forma do corpo, genitália masculina assimétrica, estrutura do proventrículo, e ausência de rotação dos brotos alares das ninfas, durante o desenvolvimento. Evidências para uma relação de grupo-irmão com Embioptera vêm de algumas análises de morfologia (especialmente da cabeça) e dados de dados moleculares (incluindo transcriptoma). São necessários dados adicionais e uma amostragem taxonômica mais abrangente para resolver essa questão. Além disso, não existe nenhuma classificação pragmática de família ou subfamília de Phasmatodea, e estudos filogenéticos recentes têm demonstrado o não monofiletismo da maioria dos grupos superiores. A única certeza nas relações internas é que o gênero plesiomórfico do Oeste da América do Norte, *Timema* (subordem Timematodea), é irmão dos restantes membros atuais da subordem Euphasmatodea (ou Euphasmida).

Ordem Grylloblattodea (= Grylloblattaria, Notoptera) (griloblatódeos)

Os griloblatódeos (ver também Taxoboxe 12) são insetos de tamanho moderado e corpo mole, com peças bucais mastigadoras projetadas anteriormente e olhos compostos reduzidos ou ausentes. As antenas são multiarticuladas e as peças bucais são mandibuladas. O protórax retangular é maior que o meso e o metatórax e as asas estão ausentes. As pernas têm coxas grandes e tarsos com cinco artículos. Dez segmentos abdominais são visíveis com rudimentos do segmento 11, incluindo cercos com cinco a nove artículos. A fêmea tem um ovipositor curto, e a genitália masculina é assimétrica.

Vários nomes já foram dados a essa ordem de insetos, mas Grylloblattodea é preferido porque esse nome tem o uso mais amplo nos trabalhos publicados e sua terminação combina com os nomes de algumas ordens relacionadas. A maioria das regras de nomenclatura não se aplica aos nomes acima do nível de família e, portanto, não há prioridade no nível da ordem. Inicialmente, a posição filogenética de Grylloblattodea também era controversa, em geral argumentava-se que o grupo era relictual, "preenchendo a lacuna entre as baratas e os ortópteros", ou "primitivo entre os ortopteroides". A musculatura da antena se parece com a dos louva-deus e embiópteros, a musculatura mandibular se parece com a de Dictyoptera, e os músculos maxilares se assemelham com aqueles de Dermaptera. Os griloblatódeos parecem ortopteroides embriologicamente e com base na ultraestrutura dos espermatozoides. Um estudo de filogenia molecular enfatizando os griloblatódeos apoia fortemente uma relação de grupo-irmão com Mantophasmatodea. A evidência morfológica para esta relação inclui diversas potenciais sinapomorfias da cabeça e a perda compartilhada de ocelos e asas.

Grylloblattodea é, algumas vezes, reivindicado como tendo um registro fóssil diverso, mas a alocação da maioria dos fósseis para essa ordem é duvidosa, apesar de que diversos fósseis do Permiano e do Jurássico de táxons alados podem representar grupos-tronco de Grylloblattodea, ou linhagens distintas, porém aparentadas. A diversidade de espécies de griloblatódeos atuais é muito baixa, e eles ocorrem somente no oeste da América do Norte e leste da Ásia.

Ordem Mantophasmatodea (gladiadores)

Mantophasmatodea (ver também Taxoboxe 13) é a ordem mais recentemente reconhecida, compreendendo três famílias da região subsaariana da África, bem como espécimes bálticos em âmbar e um representante recentemente descrito do Jurássico Médio. Os mantofasmatódeos são todos ápteros, sem nem mesmo rudimentos de asas. A cabeça é hipognata, com peças bucais generalistas e antenas finas, longas e multiarticuladas. As coxas não são grandes, os fêmures anterior e médio são largos e têm cerdas ou espinhos ventralmente; as pernas posteriores são alongadas; os tarsos têm cinco artículos, com euplânulas nos quatro segmentos basais; o arólio é muito grande; e o tarsômero distal não se apoia sobre o substrato. Os cercos dos machos são proeminentes, preênseis e não diferencialmente articulados com o tergito 10; os cercos das fêmeas são curtos e uniarticulados. Um ovipositor curto e distinto se projeta além de um lobo subgenital curto, não apresentando qualquer opérculo (placa abaixo do ovipositor) protetor, como encontrado nos fasmídeos.

Com base na morfologia, o posicionamento da nova ordem foi difícil, mas uma relação com os bichos-pau (Phasmatodea) e/ou com os griloblatódeos (Grylloblattodea) foi sugerida. Dados de sequenciamento de nucleotídios justificaram a categoria de ordem e dados de genes ribossômicos e de genes codificantes de proteína apoiam fortemente uma relação de grupo-irmão com Grylloblattodea, enquanto genes mitocondriais sugerem uma relação de grupo-irmão com Phasmatodea. Um agrupamento de Mantophasmatodea e Grylloblattodea tem sido chamado, variavelmente, de Notoptera ou Xenonomia por diferentes autores. A presença de um fóssil convincente de gladiador (*Juramantophasma*) do Jurássico (165 milhões de anos) da China sugere que a ordem teve origem, pelo menos, no começo do Mesozoico e foi mais amplamente distribuída do que sua distribuição atual africana.

O monofiletismo de cada uma das famílias atuais, Austrophasmatidae (sul-africana, com exceção de *Striatophasma* da Namíbia) e Mantophasmatidae (da Namíbia) tem sido apoiado por dados de sequências mitocondriais e de neuropeptídios. O único representante de Tanziophasmatidae (um único espécime macho da Tanzânia) ou é colocado no seu próprio gênero *Tanziophasma* ou algumas vezes é tratado como uma espécie de *Mantophasma* (em Mantophasmatidae), mas nenhum espécime vivo está disponível para análises de DNA.

Ordem Mantodea (louva-deus)

Os Mantodea (ver também Taxoboxe 14) são predadores, com machos geralmente menores do que as fêmeas. A cabeça pequena e triangular é móvel, com antenas delgadas, olhos grandes e bastante separados, e peças bucais mandibuladas. O protórax é estreito e alongado, com o meso e o metatórax mais curtos. As asas anteriores formam tégminas coriáceas, com uma área anal reduzida; as asas posteriores são largas e membranosas, com nervuras longas e não ramificadas e muitas nervuras transversais, mas na maioria das vezes reduzidas ou ausentes. As pernas anteriores são raptoriais, ao passo que as pernas medianas e posteriores são alongadas para andar. O abdome tem o décimo segmento visível, portando cercos variavelmente articulados. O ovipositor é predominantemente interno e a genitália masculina externa é assimétrica.

Mantodea forma o grupo-irmão de Blattodea (incluindo os cupins) (Figura 7.4) e compartilha muitas características com Blattodea, tais como fortes músculos diretos de voo e fracos músculos indiretos de voo (longitudinais), genitália masculina assimétrica e cercos multiarticulados. Características derivadas de Mantodea, em relação a Blattodea, envolvem modificações associadas à predação, incluindo a morfologia das pernas, o protórax alongado, e características associadas a predação visual, marcadamente a cabeça móvel com olhos grandes e separados. A classificação atual no nível de família de Mantodea não é natural, sendo que muitas das mais de 15 famílias reconhecidas provavelmente são parafiléticas. Uma filogenia baseada em vários genes e um ou mais representantes de todas as famílias encontrou que as relações refletem a biogeografia mais do que a classificação tradicional, devido às convergências morfológicas que confundem a delimitação de grupos superiores.

Ordem Blattodea (baratas e cupins)

Os cupins são considerados parte de Blattodea (ver também Taxoboxes 15 e 16), mas são discutidos separadamente a seguir. As baratas são insetos achatados dorsoventralmente, com antenas filiformes e multiarticuladas e peças bucais mandibuladas, projetadas ventralmente. O protórax tem um pronoto aumentado com forma de escudo, que quase sempre cobre a cabeça; o meso e o metatórax são retangulares e subiguais. As asas anteriores são tégminas esclerotizadas que protegem as asas posteriores membranosas, as quais ficam dobradas como um leque embaixo das anteriores. As asas posteriores com frequência são reduzidas ou ausentes e, se presentes, têm como característica muitas nervuras e um grande lobo anal. As pernas podem ter espinhos e os tarsos têm cinco artículos. O abdome tem dez segmentos visíveis, com uma placa subgenital (esterno 9) que comporta, no macho, uma genitália bem desenvolvida e assimétrica, com um ou dois estilos, e que esconde o reduzido segmento 11. Os cercos têm um ou geralmente muitos segmentos; as valvas do ovipositor das fêmeas são pequenas, escondidas embaixo do tergo 10.

Embora por muito tempo Blattodea tenha sido considerada uma ordem (e, portanto, monofilética), evidências convincentes mostram que os cupins surgiram a partir das baratas, e a "ordem" seria, então, parafilética, se os cupins forem excluídos dela. O grupo-irmão dos cupins parece ser *Cryptocercus*, um inseto áptero da América do Norte e leste da Ásia que é sem dúvida uma barata (Figura 7.4). Outras relações internas das baratas não são bem conhecidas, com aparente conflito entre a morfologia e os dados moleculares. Em geral, oito famílias de baratas e nove famílias de cupins são reconhecidas. Ectobiidae (antigamente Blatellidae) e Blaberidae (as maiores famílias) podem ser grupos-irmãos, ou Blaberidae pode tornar Ectobiidae parafilético. Os vários fósseis antigos atribuídos a Blattodea, que têm um ovipositor bem desenvolvido, são melhor considerados como pertencendo a um grupo basal blatoide, isto é, anterior à diversificação das ordens de Dictyoptera.

Epifamília Termitoidae (anteriormente ordem Isoptera; cupins)

Os cupins formam um clado distinto dentro de Blattodea devido à sua eussocialidade e um sistema polimórfico de castas de reprodutores, operários e soldados (ver também Taxoboxe 16). As peças bucais são blatoides e mandibuladas. As antenas são longas e multiarticuladas. As asas anteriores e posteriores são geralmente semelhantes entre si, membranosas e com nervação restrita; porém, *Mastotermes* (Mastotermitidae; com uma espécie existente, *M. darwiniensis*) é uma exceção, com nervação alar complexa e um amplo lobo anal na asa posterior. O macho não tem órgão intromitente, em contraste com a genitália complexa e assimétrica de Blattodea e Mantodea. As fêmeas não têm ovipositor, exceto *Mastotermes*, que tem um ovipositor reduzido do tipo blatoide.

Os cupins compreendem um grupo morfologicamente derivado dentro de Dictyoptera. Uma visão já antiga de que Mastotermitidae seria o grupo-irmão do restante dos cupins é sustentada por todos os estudos: as características particulares citadas anteriormente são, evidentemente, plesiomorfias. Estudos recentes que incluíram a estrutura do proventrículo e dados de sequências de nucleotídios sugerem que os cupins surgiram de um grupo de baratas, tornando assim Blattodea parafilético, se os cupins forem mantidos como ordem Isoptera (Figura 7.4). Portanto, o clado dos cupins teve seu nível de classificação reduzido para epifamília (uma categoria entre superfamília e família) para amenizar a quebra da classificação atual: os nomes de todas as famílias de baratas e cupins são mantidos, como proposto por diversos pesquisadores de cupins. Dado que evidências esmagadoras colocam o gênero *Cryptocercus* como o grupo-irmão dos cupins, a hipótese alternativa da origem independente (consequentemente, convergência) da semissocialidade (cuidado parental e transferência de flagelados simbiontes do tubo digestivo entre gerações) de *Cryptocercus* e da socialidade dos cupins (seção 12.4.2) não é mais plausível. Ainda não há consenso sobre o número de famílias de cupins ou sobre as relações entre as famílias denominadas de "cupins inferiores" (não Termitidae). Além disso, Rhinotermitidae é parafilético com relação a Termitidae.

Subdivisão Paraneoptera (Acercaria ou complexo Hemipteroide)

Essa subdivisão compreende as ordens Psocodea (composta pelas ordens anteriores Psocoptera e Phthiraptera), Thysanoptera e Hemiptera. Esse grupo é definido por características derivadas das peças bucais, incluindo a maxila com lacínia alongada e separada do estipe, um pós-clípeo intumescido contendo um grande cibário (bomba sugadora), e a redução no número de tarsômeros para três ou menos, até quatro túbulos de Malpighi e de alguns gânglios abdominais até um único complexo. O monofiletismo de Paraneoptera é apoiado pela morfologia e DNA ribossômico, apesar de que genes nucleares codificantes de proteínas analisados separadamente e alguns dados de transcriptoma resgatam a parafilia de Paraneoptera, com Psocodea como grupo-irmão de Holometabola.

Em Paraneoptera, a ordem monofilética Psocodea (anteriormente tratada como superordem) contém "Phthiraptera" (piolhos) e "Psocoptera" (psocópteros, piolhos-dos-livros). Phthiraptera surgiu de dentro de Psocoptera, tornando aquele grupo parafilético se Phthiraptera for mantido no nível de ordem. Embora a morfologia do espermatozoide e alguns dados de sequências moleculares impliquem que Hemiptera é irmão de Psocodea + Thysanoptera, um agrupamento de Thysanoptera + Hemiptera (chamado de superordem Condylognatha) é sustentado por dados moleculares e pelas derivações na cabeça e nas peças bucais, incluindo as peças bucais transformadas em estiletes, características da base das asas e presença de um anel esclerotizado entre os artículos do flagelo da antena. Condylognatha, então, forma o grupo-irmão de Psocodea (Figura 7.5).

Ordem Psocodea (psocópteros, piolhos-dos-livros e piolhos)

O uso do nome da ordem Psocodea (ver também Taxoboxes 17 e 18) é defendido para sete subordens que compreendiam as ordens anteriormente chamadas "Psocoptera" (piolhos-dos-livros, psocópteros) e "Phthiraptera" (piolhos) (Figura 7.5). Os psocópteros são insetos pequenos e crípticos com cabeças grandes e móveis, pós-clípeos bulbosos e asas membranosas posicionadas em forma de "telhado" sobre o abdome, exceto por alguns poucos grupos (p. ex., a família Liposcelididae) que têm corpos achatados dorsoventralmente, uma cabeça prognata, e frequentemente são ápteros. Os piolhos são ectoparasitas obrigatórios ápteros de aves e mamíferos, com corpos achatados dorsoventralmente.

Análises filogenéticas de dados morfológicos e moleculares mostraram que a ordem tradicionalmente reconhecida Psocoptera tornava-se parafilética por uma relação de grupo-irmão de Liposcelididae (piolhos-dos-livros) com toda ou parte da ordem tradicionalmente reconhecida Phthiraptera. Uma classificação revisada trata "Psocoptera" mais "Phthiraptera" como uma única ordem. Dentre as três subordens de psocópteros, Troctomorpha, Trogiomorpha e Psocomorpha, existe sustentação para o monofiletismo de Psocomorpha e provavelmente de Trogiomorpha. As relações entre os piolhos são razoavelmente resolvidas, com todas as subordens definidas morfologicamente (Anoplura, Amblycera, Ischnocera e Rhyncophthirina) e provavelmente monofiléticas. Tradicionalmente, o grupo que consiste em Amblycera, Ischnocera e Rhyncophthirina tem sido tratado como o grupo monofilético Mallophaga (piolhos mordedores e mastigadores), com base no seu modo de alimentação e morfologia, contrastando com Anoplura (piolhos picadores e sugadores de sangue). No entanto, dados de rDNA *18S* e evidência combinada de múltiplos genes sugerem que Liposcelididae (Troctomorpha) seja irmão apenas de Amblycera, em vez de todos os outros piolhos; se isso for verdade, então os piolhos não são monofiléticos e o parasitismo surgiu duas vezes ou foi perdido secundariamente em alguns grupos (Figura 7.5). O registro fóssil dos piolhos é muito fraco, mas a descrição recente de um fóssil em âmbar de cerca de 100 milhões de anos atrás, membro dos Liposcelididae, sugere que os piolhos devem ter divergido do restante dos Psocodea pelo menos na metade do Cretáceo e, portanto, os primeiros mamíferos, as primeiras aves e talvez alguns dinossauros podem ser incluídos entre os hospedeiros dos piolhos. Em níveis taxonômicos inferiores (gênero e espécie), estimativas robustas das relações são necessárias para avaliar as interações evolutivas dos piolhos com seus hospedeiros, aves e mamíferos. Para alguns grupos, tais como os piolhos que parasitam primatas, as filogenias têm demonstrado uma coespeciação entre os piolhos e seus hospedeiros (ver seção 13.3.3).

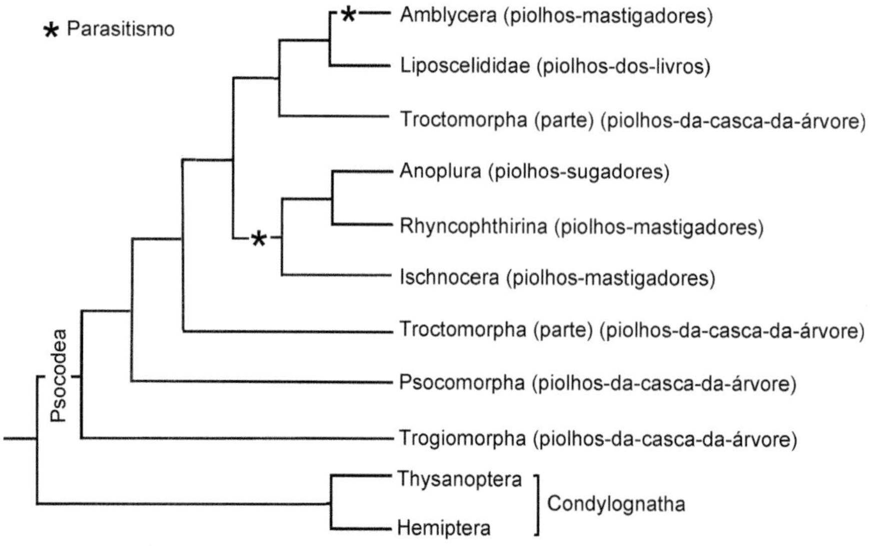

Figura 7.5 Cladograma das supostas relações entre as subordens de Psocodea, com Condylognatha como grupo-irmão. A hipótese representada das relações sugere duas origens de parasitismo na ordem. (Com base em Johnson *et al.*, 2004; Yoshizawa & Johnson, 2010).

Ordem Thysanoptera (tripes)

O desenvolvimento de Thysanoptera (ver também Taxoboxe 19) inclui dois ou três estágios de pupa em uma forma convergente de holometabolia com aquela de Holometabola (=Endopterygota). A cabeça de um tripes é alongada e as peças bucais são únicas, com as lacínias das maxilas formando estiletes sulcados; a mandíbula direita é atrofiada e a esquerda forma um estilete, de modo que os três estiletes juntos formam o aparelho alimentador. Os tarsos são uni ou diarticulados e o pré-tarso tem um arólio (bexiga ou vesícula) apical protrátil. As estreitas asas têm uma franja de longas cerdas marginais, chamadas cílios. A reprodução é haplodiploide.

Evidências moleculares recentes suportam fortemente uma divisão morfológica tradicional de Thysanoptera em duas subordens: Tubulifera, contendo a única e diversificada família Phlaeothripidae, e Terebrantia. Terebrantia inclui uma família bastante especiosa, Thripidae, a qual é monofiletica, e sete famílias menores, das quais ou Merothripidae ou Aelothripidae podem ser grupos irmão do resto de Terebrantia. Estão sendo geradas filogenias em níveis taxonômicos menores, com o objetivo de se estudarem aspectos da evolução da socialidade, em especial as origens dos tripes indutores de galhas e das castas de "soldados" em Thripidae australianos indutores de galhas.

Ordem Hemiptera (percevejos, marias-fedidas, cigarras, cigarrinhas, pulgões, cochonilhas, moscas-brancas etc.)

Hemiptera (ver também Boxe 10.2 e Taxoboxe 20), a maior ordem não endopterigota, tem peças bucais diagnósticas, com mandíbulas e maxilas modificadas em estiletes semelhantes a agulhas, envolvidos por um lábio sulcado em forma de bico, coletivamente formando um rostro ou probóscide. Dentro dele, o feixe de estiletes contém dois canais, um por onde é liberada a saliva e outro por onde passa o alimento líquido. Os palpos labiais e maxilares estão ausentes. O protórax e o mesotórax são geralmente grandes e o metatórax é pequeno. A nervação dos dois pares de asas pode ser reduzida; algumas espécies são ápteras e os machos de cochonilhas têm apenas um par de asas (as asas posteriores são hâmulo-halteres). As pernas na maioria das vezes têm estruturas adesivas pré-tarsais complexas. Os cercos estão ausentes.

Hemiptera e Thysanoptera são grupos-irmãos em um agrupamento chamado Condylognatha dentro de Paraneoptera (Figura 7.2). Hemiptera já foi dividido em dois grupos, Heteroptera (percevejos) e "Homoptera" (cigarras, cigarrinhas, pulgões e cochonilhas), considerados tanto como ordens quanto como subordens. Todos os "homópteros" são fitófagos terrestres e muitos compartilham a característica de produzir uma substância açucarada (*honeydew*) e serem cuidados por formigas. Embora reconhecidos por características como as asas (se presentes) posicionadas em forma de telhado sobre o abdome, asas anteriores membranosas ou em forma de tégminas de textura uniforme, "Homoptera" representa um grado parafilético em vez de um clado e o nome não deve ser utilizado (Figura 7.6). Essa visão é fortemente sustentada por análises filogenéticas de dados morfológicos e de sequências *multilocus* de nucleotídios (codificantes de proteínas nucleares e mitocondrial e genes ribossômicos), que sugerem as relações apresentadas na Figura 7.6. Entretanto, sequências do genoma mitocondrial sugerem padrões diferentes de relação, mas sofre de uma amostragem taxonomicamente desbalanceada e de características problemáticas nos mitogenomas de Sternorrhyncha.

A posição dos clados de Hemiptera tem sido alvo de muita controvérsia e existe uma abundância de nomes. Os quatro táxons monofiléticos, Fulgoromorpha, Cicadomorpha, Coleorrhyncha e Heteroptera (algumas vezes coletivamente chamados de Euhemiptera), podem ser tratados individualmente como uma subordem, ou Fulgoromorpha + Cicadomorpha podem ser unidos em uma subordem Auchenorrhyncha. Também, algumas vezes Coleorrhyncha e Heteroptera são tratados como uma subordem, Prosorrhyncha. O grupo-irmão de Euhemiptera é a subordem Sternorrhyncha, o qual contém os pulgões (Aphidoidea), psilídeos (Psylloidea), cochonilhas (Coccoidea) e moscas-brancas (Aleyrodoidea). Os Sternorrhyncha são caracterizados em especial por possuírem um tipo particular de câmara filtradora no intestino, um rostro que parece surgir entre a base das pernas anteriores, um tarso com um ou dois artículos e, se alados, pela ausência do *vannus* e da dobra vanal nas asas posteriores. Entre Euhemiptera suspeitava-se que um agrupamento tradicional, denominado Auchenorrhyncha, fosse parafilético, mas análises recentes com múltiplos genes apoiam o monofiletismo. Auchenorrhyncha

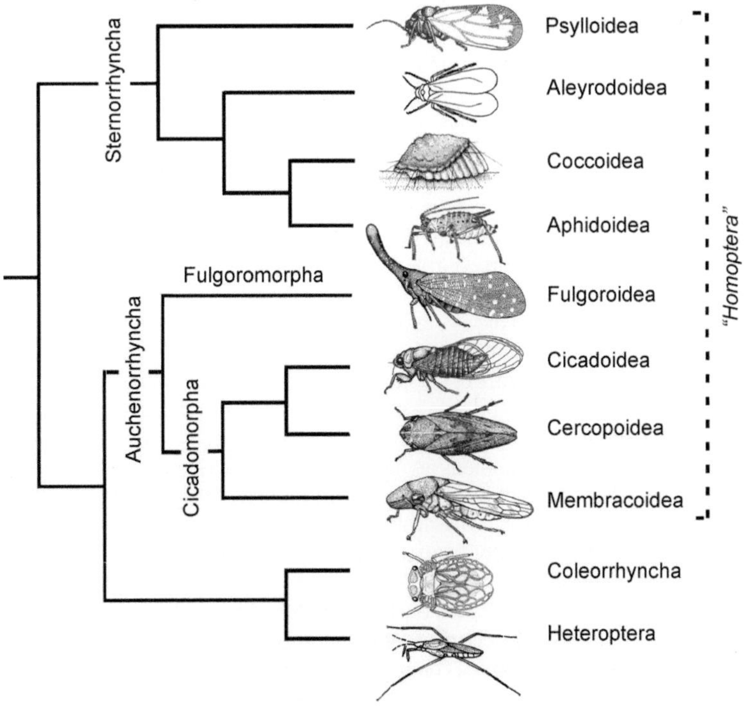

Figura 7.6 Cladograma das relações postuladas dentro de Hemiptera, com base na combinação de dados morfológicos e de sequências de nucleotídios. A linha tracejada e o nome em itálico indicam a parafilia de Homoptera. (Segundo Cryan & Urban, 2012.)

contém os Fulgoromorpha (= Archaeorrhyncha; fulgorídeos, alguns bichos-folha, jequitiranaboia) e Cicadomorpha (= Clypeorrhyncha; cigarras, cigarrinhas, cercopídeos) e é morfologicamente definido pela existência compartilhada de um sistema acústico com tímbale, um flagelo da antena em forma de arista, um lábio que surge da região posteroverntral da cabeça, ductos ejaculatórios laterais nos machos, e estruturas associadas com a junção das asas e a base das asas anteriores, e a ausência compartilhada de uma gula esclerotizada. Muitas espécies de Auchenorrhyncha também compartilham bactérias endossimbiontes (*Sulcia*) do filo Bacteroidetes, ao passo que o diverso grupo de endossimbiontes de Heteroptera e Coleorrhyncha pertencem ao filo Proteobacteria. Essas bactérias fornecem compostos essenciais que não estão disponíveis na dieta (seção 3.6.5).

Os Heteroptera (percevejos, incluindo marias-fedidas, baratas-d'água, barbeiros, reduviídeos, notonectídeos, gerriídeos e outros) têm como seu grupo-irmão Coleorrhyncha, contendo uma única família, Peloridiidae. Embora pequenos, crípticos e raramente coletados, os percevejos dessa família geram interesse filogenético considerável por causa de sua combinação de caracteres ancestrais e derivados, e de sua exclusiva distribuição "relictual" da Gondwana. A diversidade de Heteroptera é distribuída em cerca de 75 famílias, formando o maior clado de Hemiptera. Heteroptera é diagnosticado mais facilmente pela presença de glândulas odoríferas metapleurais, e o monofiletismo não é colocado em dúvida. Sete infraordens (o nível entre subordem e superfamília) são reconhecidas: Cimicomorpha, Dipsocoromorpha, Enicocephalomorpha, Gerromorpha, Leptopodomorpha, Nepomorpha e Pentatomomorpha, com dados moleculares e morfológicos apoiando Nepomorpha (baratas-d'água verdadeiras) como grupo-irmão do restante.

Subdivisão Holometabola (= Endopterygota)

Endopterygota compreende insetos com desenvolvimento holometábolo no qual os instares jovens (larvais) são muito diferentes de seus respectivos adultos. A asa do adulto e a genitália são internalizadas na sua expressão pré-adulta, desenvolvendo-se em discos imaginais que são evaginados na penúltima muda. As larvas não têm ocelos verdadeiros. O "estágio de repouso" ou pupa não se alimenta e precede o adulto (imago), o qual pode permanecer por algum tempo como um adulto farado ("escondido" pela cutícula pupal) (ver seções 6.2.3 e 6.2.4). As características derivadas únicas dos endopterigotos são menos evidentes nos adultos do que nos estágios anteriores do desenvolvimento, mas o clado é recuperado consistentemente por todas as análises filogenéticas. Análises recentes de genes nucleares codificantes de proteínas e dados de transcriptoma têm suplementado estudos anteriores baseados em DNA ribossomal e mitocondrial e confirmam com sucesso a maioria das relações entre ordens dentro de Holometabola.

Um dos grupos mais fortes entre os endopterigotos é Amphiesmenoptera, a relação de grupo-irmão entre Trichoptera (tricópteros) e Lepidoptera (borboletas e mariposas). Um cenário plausível para um táxon ancestral anfiesmenóptero considera uma larva vivendo em solo úmido entre os musgos, seguido por uma radiação para a água (Trichoptera) ou para a alimentação de plantas terrestres (Lepidoptera).

Uma segunda relação bem apoiada – Antliophora – reúne Diptera (moscas), Mecoptera e Siphonaptera (pulgas). As pulgas já foram consideradas um grupo-irmão de Diptera, mas evidência de sequências de nucleotídios sustentam uma relação próxima com os mecópteros (Figura 7.7). Evidências morfológicas existentes há muito tempo e todos os dados moleculares recentes sustentam uma relação de grupo-irmão entre Antliophora e Amphiesmenoptera: um grupo combinado denominado de Mecopterida (ou Panorpida).

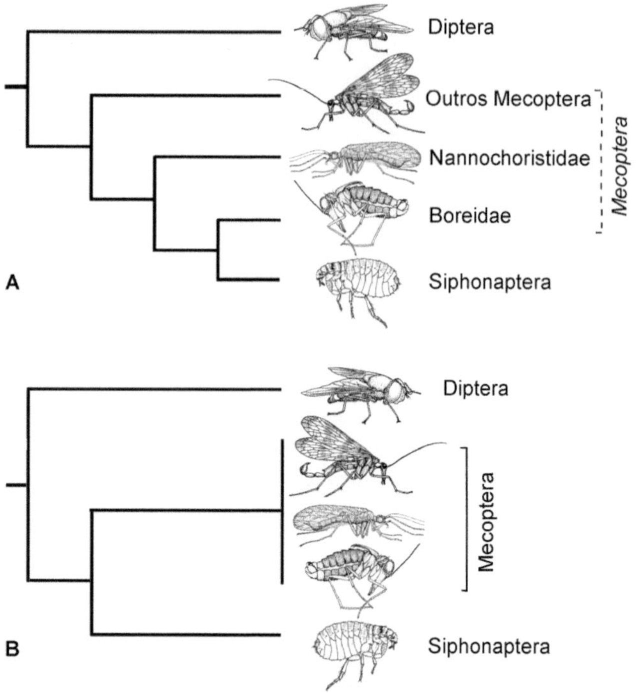

Figura 7.7 Duas hipóteses alternativas para as relações de Antliophora. **A.** Baseada em sequências de nucleotídios, incluindo genes ribossômicos, sustentada pela morfologia. (Com base em Whiting, 2002.) **B.** Baseada em sequências de nucleotídios de cópias únicas de genes que codificam proteínas. (Com base em Wiegmann *et al.*, 2009.) A ordem Mecoptera é parafilética em (**A**), conforme indicado pelo seu nome em itálico e pela linha tracejada, enquanto é monofilética em (**B**), conforme indicado pela linha sólida.

Outra relação fortemente sustentada se dá entre três ordens – Neuroptera, Megaloptera e Raphidioptera – juntos chamados de Neuropterida e, algumas vezes, tratada como um grupo na categoria de ordem que mostra uma relação de grupo-irmão com Coleoptera ou com Coleoptera + Strepsiptera (ver abaixo). Dados morfológicos e todos os dados moleculares sustentam uma relação próxima de Coleoptera com Neuropterida. O grupo superior composto por Neuropterida, Coleoptera e Strepsiptera é chamado de Neuropteroidea.

Strepsiptera é uma ordem filogeneticamente enigmática, mas a semelhança do primeiro instar larval (chamados de triungulinos) e machos adultos àqueles de certos Coleoptera, em especial os parasitas Rhipiphoridae, e algumas características da base das asas foram citadas como indícios de relação próxima. Estudos filogenéticos recentes de genes nucleares codificadores de proteínas e de genomas completos sustentam a relação de Strepsiptera como grupo-irmão de Coleoptera, ou como um grupo dentro de Coleoptera. A relação de Strepsiptera com Diptera, como sugerido por algumas evidências moleculares anteriores e pelo desenvolvimento dos halteres foi refutada. Strepsiptera passou por muita evolução morfológica e molecular, e é bastante derivado em relação a outros táxons. Tal evolução, isolada há muito tempo, do genoma pode criar um problema conhecido como "atração de ramos longos", em que sequências de nucleotídios podem convergir somente por mutações ao acaso para aquelas de táxons não relacionados que também possuem evolução independente há muito tempo.

A relação de uma grande ordem de endopterigotos, Hymenoptera, é a de grupo-irmão de todas as outras ordens de Holometabola, como demonstrado por análises recentes de todas as fontes de dados.

As relações dentro de Holometabola são resumidas na Figura 7.2.

Ordens Neuroptera (neurópteros – formigas-leão, bichos-lixeiros), Megaloptera (megalópteros) e Raphidioptera (rafidiópteros)

Neuropterida (ver também Boxe 10.4 e Taxoboxe 21) compreende três ordens menores (com poucas espécies), cujos adultos têm antenas multiarticuladas, olhos grandes e separados, e peças bucais mandibuladas. O protórax pode ser maior que o mesotórax ou do que o metatórax, que são quase iguais em tamanho. As pernas algumas vezes são modificadas para predação. As asas anteriores e posteriores são similares em forma e nervação, com as asas em repouso frequentemente se estendendo além do abdome. O abdome não tem cercos, e membros dos três grupos compartilham a fusão sinapomórfica da terceira valva do ovipositor.

Muitos neurópteros adultos são predadores e têm asas tipicamente caracterizadas por numerosas nervuras transversais e ramificações no fim das nervuras. As larvas de Neuroptera geralmente são predadores ativos, com mandíbulas e maxilas finas e alongadas que são combinadas para formar peças bucais picadoras-sugadoras. Os megalópteros são predadores apenas no estágio larval aquático; embora os adultos tenham mandíbulas fortes, elas não são usadas para alimentação. Os adultos se parecem muito com os de Neuroptera, exceto pela presença de uma dobra anal na asa posterior. Rafidiópteros são predadores terrestres quando larvas e adultos. O adulto se parece com um louva-deus, com um protórax alongado, e a cabeça móvel que é usada para atacar as presas, como uma cobra. A cabeça da larva é grande e direcionada para frente.

Megaloptera, Raphidioptera e Neuroptera podem ser tratadas como ordens separadas, unidas em Neuropterida, ou Raphidioptera pode estar incluída em Megaloptera. Sem dúvida alguma, Neuropterida é monofilético, com base na morfologia (p. ex., estrutura dos escleritos das asas e ovipositor) e nas sequências de nucleotídios. Os dados moleculares, incluindo transcriptomas, também sustentam a visão já bastante antiga de que Neuropterida forma o grupo-irmão de Coleoptera (agora Coleoptera + Strepsiptera). Neuroptera e Raphidioptera são cada um monofiléticos, embora permaneça uma dúvida com relação ao monofiletismo de Megaloptera. As prováveis relações internas são: (i) Megaloptera tornado parafilético por Raphidioptera, como sugerido por genes nucleares combinados e genes mitocondriais; ou (ii) Megaloptera e Neuroptera como grupos-irmãos, e esses dois como irmãos de Raphidioptera, como sugerido por transcriptomas, algumas análises de genomas mitocondriais completos e características larvais. A posição de Raphidioptera em análises moleculares é influenciada por variação de taxa, a menos que essa variação seja explicitamente compensada.

Ordem Coleoptera (besouros)

A principal característica derivada compartilhada de Coleoptera (ver também Boxe 10.3 e Taxoboxe 22) é o desenvolvimento das asas anteriores como élitros rígidos esclerotizados, que se estendem para cobrir alguns ou muitos dos segmentos abdominais, e sob os quais as asas posteriores propulsoras estão dobradas de forma elaborada quando em repouso.

Coleoptera é o grupo-irmão de Strepsiptera ou (se Strepsiptera for um táxon de besouros altamente derivado) de Neuropterida. Dentro de Coleoptera, quatro linhagens recentes (tratadas como subordens monofiléticas) são reconhecidas: Archostemata, Adephaga, Myxophaga e Polyphaga. As relações entre as subordens são incertas. Archostemata inclui apenas as pequenas famílias recentes Crowsoniellidae, Cupedidae, Jurodidae, Micromalthidae e Ommatidae, e provavelmente constitui o grupo-irmão dos outros Coleoptera atuais. As poucas larvas conhecidas são minadoras de madeira, apresentando uma lígula esclerotizada e uma mola grande em cada mandíbula. Os adultos têm um labro fundido com a cápsula cefálica, coxas posteriores móveis com trocantins geralmente visíveis e cinco (não seis) placas abdominais ventrais (ventritos), mas compartilham com Myxophaga e Adephaga certas características da dobra das asas, ausência de escleritos cervicais, e uma pleura protorácica externa. Ao contrário de Myxophaga, o tarso e o pré-tarso não são fundidos.

Adephaga é diverso, segundo em número de espécies e perde apenas para Polyphaga e inclui besouros terrestres, besouros-tigre, girinídeos, besouros mergulhadores predadores e besouros da casca da árvore, entre outros. As peças bucais das larvas geralmente são adaptadas para alimentação líquida, com um labro fundido e ausência da mola mandibular. Adultos têm a sutura notopleural visível no protórax e seis segmentos abdominais ventrais visíveis, com os três primeiros fundidos em um único ventrito o qual é divido pelas coxas posteriores. Glândulas de defesa pigidiais são comuns em adultos. A família de Adephaga com mais espécies é Carabidae, carabídeos, com um hábito alimentar predominantemente predador. Rhysodidae se alimentam, provavelmente, de micetozoários (Mycetozoa). Adephaga também inclui as famílias aquáticas Dytiscidae, Gyrinidae, Haliplidae e Noteridae (ver Boxe 10.3). A morfologia sugere que Adephaga é grupo-irmão da combinação de Myxophaga e Polyphaga, embora sequências de nucleotídios sugiram vários arranjos das subordens dependendo do gene e da amostra taxonômica.

Myxophaga é um clado de besouros pequenos e primariamente aquáticos ripários, compreendendo as famílias atuais Lepiceridae, Torridincolidae, Hydroscaphidae e Sphaeriusidae (= Microsporidae), unidas pela fusão sinapomórfica de tarso e pré-tarso e pela fase de pupa ocorrer na exúvia do último instar larval. As antenas larvais triarticuladas, as pernas larvais com cinco artículos e uma única garra pré-tarsal, a fusão do trocantino com a pleura e a estrutura dos ventritos sustentam uma relação de grupo-irmão de Myxophaga com os Polyphaga.

Polyphaga contém a maioria (mais de 90% das espécies) da diversidade dos besouros, com cerca de 350.000 espécies descritas. Essa subordem inclui os grandes grupos Staphylinoidea, Scarabaeoidea (escaravelhos e rola-bostas), Buprestoidea e Elateroidea (salta-martim, alguns vaga-lumes), bem como os diversos Cucujiformia, que incluem as joaninhas, besouros serra-pau, vaquinhas e gorgulhos, entre outros. A pleura protorácica não é visível externamente, mas é fundida com o trocantino e permanece internamente com uma "criptopleura". Assim, uma sutura entre o tergo e o esterno é visível no protórax em polífagos, ao passo que duas suturas (a esternopleural e a notopleural) com frequência são visíveis externamente em outras subordens (a não ser que uma fusão secundária dos escleritos obscureça as suturas, como em *Micromalthus*). A dobra transversal da asa posterior nunca cruza a nervura média posterior (MP); escleritos cervicais estão presentes e as coxas posteriores são móveis e não dividem o primeiro ventrito. As fêmeas de Polyphaga possuem ovaríolos telotróficos, que é uma condição derivada dentro dos besouros.

A classificação interna de Polyphaga envolve várias superfamílias, cujos constituintes são relativamente estáveis, embora algumas famílias menores (das quais até mesmo a categoria é debatida) sejam alocadas em clados diferentes por autores diferentes. As grandes superfamílias incluem Staphylinoidea, Scarabaeoidea, Hydrophiloidea, Buprestoidea, Byrrhoidea, Elateroidea, Bostrichoidea, e o agrupamento Cucujiformia. Esse último inclui a vasta maioria dos besouros fitófagos (que se alimentam de plantas), unidos pelos túbulos de Malpighi criptonéfricos do tipo normal, o olho com omatídeos cônicos com rabdoma aberto, e a falta de espiráculos funcionais no oitavo segmento abdominal. As superfamílias constituintes de Cucujiformia são Lymexyloidea, Cleroidea, Cucujoidea, Tenebrionoidea, Chrysomeloidea e Curculionoidea. Evidentemente, a adoção de um hábito fitófago está relacionada à ocorrência de um grande número de espécies nos besouros, sendo que Cucujiformia, em especial os gorgulhos (Curculionoidea), são o resultado de uma radiação principal (ver seção 8.6).

Ordem Strepsiptera (estrepsípteros)

Strepsiptera (ver também Taxoboxe 23) forma uma ordem enigmática apresentando um dimorfismo sexual extremo. A cabeça do macho tem olhos salientes com poucos e grandes omatídeos e ocelos ausentes; as antenas são flabeladas ou ramificadas, com quatro a sete artículos. As asas anteriores são curtas e espessas, e não possuem nervuras, ao passo que as asas posteriores são largas e em forma de leque, com poucas nervuras radiais; as pernas não possuem trocanteres e, com frequência, as garras também estão ausentes. As fêmeas possuem formato de cochonilha ou são larviformes (pedomórficas), ápteras, e geralmente permanecem em estado farado (escondido), projetando-se a partir do hospedeiro. A larva de primeiro instar é um triungulino, sem antenas e mandíbulas, mas com três pares de pernas torácicas; os instares subsequentes são vermiformes, sem peças bucais ou apêndices. A pupa macho se desenvolve em um pupário formado pela cutícula do último instar larval.

A posição filogenética de Strepsiptera é objeto de muita especulação porque as modificações associadas ao seu hábito endoparasita significam que poucos caracteres são compartilhados com possíveis grupos relacionados. Os machos adultos de Strepsiptera lembram os Coleoptera em algumas características das asas e por terem voo posteromotor (usando apenas as asas metatorácicas), e sua larva de primeiro instar (chamada triungulino) e os machos adultos se parecem mais com aqueles de certos Coleoptera, em especial os parasitas Rhipiphoridae. Estudos filogenéticos de genes nucleares codificantes de proteínas e genomas completos apoiam Strepsiptera tanto como grupo-irmão de Coleoptera ou como um grupo dentro de Coleoptera. Uma relação de Strepsiptera com Diptera, como sugerido por evidência molecular anterior e pelo desenvolvimento dos halteres, tem sido refutada. Os halteres derivados das asas anteriores dos Strepsiptera são órgãos giroscópicos de equilíbrio, com o mesmo papel funcional que os halteres de Diptera (embora os últimos sejam derivados das asas posteriores). Strepsiptera passou por muita evolução morfológica e molecular, e é bastante derivado em relação a outros táxons. Tal evolução do genoma isolado há muito tempo pode criar um problema conhecido como "atração de ramos longos", em que sequências de nucleotídios podem convergir somente por mutações ao acaso para aquelas de táxons não relacionados (nesse caso, Diptera) que também apresentam evolução independente há muito tempo.

A ordem claramente é antiga, já que foi descrito um macho adulto bem preservado de um âmbar do Cretáceo de 100 milhões de anos atrás. As relações internas aceitas dos Strepsiptera consideram Mengeniliidae (com fêmeas de vida livre e hospedeiros apterigotos) gurpo-irmão de todos os demais estrepsípteros, os quais são colocados no clado Stylopidia unidos por muitas características morfológicas e pelo endoparasitismo da fêmea adulta e uso de hospedeiros pterigotos. A família recentemente descrita Bahiaxenidae (conhecida por meio de um único macho adulto do Brasil) é considerada grupo-irmão de todos os outros estrepsípteros, com base na morfologia do macho.

Ordem Diptera (moscas e mosquitos)

Os Diptera (ver também Boxe 10.1 e Taxoboxe 24) são prontamente reconhecíveis pelo desenvolvimento das asas posteriores (metatorácicas) como balancins ou halteres e, nos estágios larvais, pela falta de pernas verdadeiras e, com frequência, pela aparência vermiforme. A nervação das asas anteriores (mesotorácicas), que são aquelas que efetivamente realizam o voo, vai de complexa a extremamente simples. As peças bucais vão de picadoras-sugadoras (p. ex., em mosquitos-pólvora e pernilongos) a um tipo de "lambedoras", com um par de labelos pseudotraqueados funcionando como uma esponja (p. ex., moscas-domésticas). As larvas de Diptera não possuem pernas verdadeiras, embora os vários tipos de aparelho locomotor variem de falsas pernas não articuladas a apoios para rastejar, nas larvas de mosca. A cápsula cefálica larval pode ser completa, parcialmente não desenvolvida, ou completamente ausente, em uma cabeça de larva de mosca que consista apenas em mandíbulas esclerotizadas internas ("ganchos bucais") e estruturas de suporte.

Diptera é grupo-irmão de Mecoptera + Siphonaptera em Antliophora. O registro fóssil mostra abundância e diversidade no Triássico Médio, sendo que alguns fósseis duvidosos do Permiano talvez sejam melhor definidos como "Mecopteroides".

Tradicionalmente, Diptera incluía duas subordens, Nematocera (mosquitos, pernilongos e mosquitos-pólvora, entre outros), com um flagelo antenal fino e multiarticulado, e os mais robustos Brachycera ("moscas superiores", incluindo varejeiras e moscas-domésticas), com uma antena mais curta, robusta e com menos artículos. Contudo, Brachycera é irmão de apenas parte de "Nematocera" e, portanto, "Nematocera" é parafilético.

As relações internas entre os Diptera estão se tornando melhor entendidas, embora com algumas exceções notáveis. As ideias sobre as primeiras ramificações na filogenia dos Diptera são inconsistentes. Tradicionalmente, Tipulidae (ou Tipulomorpha) é um clado mais basal, com base em evidências da complexa nervação das asas, embora a cápsula cefálica larval seja incompleta e variavelmente reduzida, o que está de acordo com a posição mais derivada proposta por estudos moleculares. Evidências moleculares sustentam algumas pequenas famílias enigmáticas aquáticas (Deuterophlebiidae e Nymphomyiidae) como possível grupo-irmão de todo o restante de Diptera.

Há um forte apoio para o agrupamento Culicomorpha, compreendendo os pernilongos (Culicidae) e seus parentes (Corethrellidae, Chaoboridae, Dixidae), seu grupo-irmão formado pelos borrachudos, mosquitos-pólvora e seus parentes (Simuliidae, Thaumaleidae, Ceratopogonidae, Chironomidae), como apresentado na abertura deste capítulo. Bibionomorpha, que compreende as famílias Mycetophilidae, Bibionidae, Anisopodidae, entre outras, é bem sustentado por dados morfológicos e moleculares, mas pode incluir Cecidomyiidae (dípteros formadores de galhas).

O monofiletismo de Brachycera, compreendendo as "moscas superiores", é estabelecido por características que incluem o fato de a larva ter cabeça alongada posteriormente, contida dentro do protórax, mandíbula dividida e perda de pré-mandíbula, além de o adulto ter oito ou menos artículos no flagelo antenal, dois ou menos artículos nos palpos, e separação da genitália masculina em duas partes (epândrio e hipândrio). As relações propostas dos Brachycera são sempre com um subgrupo dentro de "Nematocera", com um crescente suporte para uma relação de grupo-irmão com Bibionomorpha. Brachycera contém quatro grupos equivalentes com relações internas mal resolvidas: Tabanomorpha (com uma escova na mandíbula larval e a cabeça larval retrátil); Stratiomyomorpha (compartilhando um aparato maxilar-mandibular modificado e um aparelho filtrador com triturador, e duas famílias com a cutícula larval calcificada e a pupa se formando dentro da exúvia do último ínstar larval); Xylophagomorpha (com uma evidente cápsula cefálica larval alongada, cônica e fortemente esclerotizada, e abdome posteriormente terminando em uma placa esclerotizada com ganchos terminais) e Muscomorpha (adultos com espinhos tibiais ausentes, flagelo com não mais de quatro artículos e cerco da fêmea uniarticulado). Esse último e diverso grupo contém Asiloidea e Eremoneura (Empidoidea e Cyclorrhapha). Eremoneura é um clado fortemente apoiado, com base na nervação alar (perda ou fusão da nervura M_4 e fechamento da célula anal antes da margem), presença de cerdas ocelares, características de palpo e da genitália unitários, mais um estágio larval com apenas três ínstares e redução maxilar. Os Cyclorrhapha, unidos pela metamorfose dentro do pupário formado pela pele do último instar larval, incluem os Syrphidae e as muitas famílias de Schizophora, definidos pela presença de um ptilino em forma de balão que everte da fronte para ajudar o adulto a livrar-se do pupário. Dentro de Schizophora estão os ecologicamente muito diversos acaliptrados e os Calyptrata, as varejeiras e seus parentes, incluindo os ectoparasitas de morcegos e os parasitas de aves/mamíferos.

Ordem Mecoptera (mecópteros) (ver também Taxoboxe 25)

Os adultos de Panorpidae e várias outras famílias, Bittacidae e Boreidae têm um rostro alongado e projetado ventralmente, contendo mandíbulas e maxilas afiladas e lábio alongado; os olhos são grandes e separados, as antenas são filiformes e multiarticuladas. As asas anteriores e posteriores dos mecópteros são estreitas, similares em tamanho, forma e nervação, mas com frequência são reduzidas (p. ex., Boreidae, Apteropanorpidae). As larvas de Panorpidae e Bittacidae têm uma cápsula cefálica fortemente esclerotizada, são mandibuladas e normalmente tem olhos compostos de grupos de estemas; têm pernas torácicas curtas e geralmente estão presentes falsas pernas nos segmentos abdominais um a oito; com ganchos pares ou uma ventosa no segmento terminal (dez).

Embora alguns adultos de Mecoptera se pareçam com neurópteros, fortes evidências apoiam uma relação com Siphonaptera (pulgas), sendo que Mecoptera + Siphonaptera seria grupo-irmão de Diptera. Análise de dados morfológicos não resolveu as relações entre as famílias de mecópteros e as pulgas. A posição filogenética de Nannochoristidae, um táxon mecóptero do hemisfério Sul, tem um importante papel nas relações internas de Antliophora (Diptera + Mecoptera + Siphonaptera). Ele tem sido apontado como grupo-irmão de todos os outros mecópteros, porém estudos alternativos com base em dados de sequências de nucleotídios sugerem que Nannochoristidae pode ser: (i) grupo-irmão de Boreidae + Siphonaptera (Figura 7.7A); ou (ii) parte do grupo monofilético Mecoptera (Figura 7.7B). Análises, na maioria das vezes, de genes nucleares de cópia única codificantes de proteínas ou de transcriptomas apoiam o monofiletismo de Mecoptera (ou seja, Figura 7.7B). Portanto, nós mantemos Nannochoristidae como família e Mecoptera e Siphonaptera são mantidos como ordens separadas, aguardando a resolução desse conflito. São necessárias amostragens taxonômicas e análises adicionais para validar as relações entre as famílias de Mecoptera.

Ordem Siphonaptera (pulgas)

As pulgas (ver também Taxoboxe 26) adultas são ectoparasitas ápteros de mamíferos e aves, comprimidos bilateralmente, com peças bucais especializadas para picar o hospedeiro e sugar sangue; um único estilete do labro e dois estiletes alongados e serrados da lacínia ficam juntos em uma bainha labial e não existem mandíbulas. As pulgas não possuem olhos compostos e as antenas ficam em fundas fendas laterais; as asas estão sempre ausentes; o corpo é armado com muitos espinhos e cerdas direcionados posteriormente, alguns dos quais formam pentes; o metatórax e as pernas posteriores são bem desenvolvidos associados com os saltos. As larvas são delgadas, sem pernas e vermiformes, porém com uma cápsula cefálica mandibulada bem desenvolvida e sem olhos.

Estudos morfológicos anteriores sugeriam que as pulgas fossem grupo-irmão de Mecoptera ou de Diptera. Estudos filogenéticos utilizando sequências de nucleotídios de genes nucleares de cópia única que codificam proteínas e de transcriptomas sustentam uma relação de grupo-irmão de Siphonaptera e Mecoptera, sendo ambos monofiléticos (Figura 7.7B). Uma visão concorrente, baseada em alguns dados moleculares e morfológicos, sugere uma relação de grupo-irmão com apenas parte de Mecoptera, especificamente os Boreidae (Figura 7.7A; ver também "Mecoptera", anteriormente). Algumas das características compartilhadas entre pulgas e mecópteros são encontradas nas estruturas reprodutivas femininas; na ultraestrutura dos espermatozoides e na estrutura do proventrículo, bem como a presença de cromossomos sexuais múltiplos, um processo semelhante de secreção de resilina, a capacidade de salto dos adultos e a produção de um casulo de seda para a pupa. Algumas dessas características podem ser plesiomorfias, e, portanto, aqui as pulgas são mantidas como uma ordem separada.

Um estudo filogenético molecular recente das relações internas das pulgas, utilizando apenas os Boreidae como grupo externo, sugere que a família Tungidae (também chamada Hectopsyllidae; principalmente parasitas de mamíferos) seja grupo-irmão de todas as demais pulgas atuais e que pelo menos dez das 16 famílias atualmente reconhecidas de pulgas podem ser monofiléticas; três são totalmente parafiléticas. O monofiletismo de três outras famílias não pode ser avaliado.

Ordem Trichoptera (Tricópteros)

Os adultos de Trichoptera (ver também Boxe 10.4 e Taxoboxe 27) se assemelham a mariposas e têm peças bucais reduzidas, sem nenhuma espirotromba, mas com palpos maxilares com três a cinco artículos e palpos labiais triarticulados. As antenas são multiarticuladas e filiformes, e quase sempre tão longas quanto as asas. Os olhos compostos são grandes e há dois ou três ocelos. As asas têm pelos ou, menos comumente, escamas, e são diferentes daquelas de todos os Lepidoptera, exceto alguns pelas nervuras anais em alça nas asas anteriores e ausência de uma célula discal. A larva é aquática, tem peças bucais completamente desenvolvidas, três pares de pernas torácicas (cada uma com pelo menos cinco artículos) e, exceto pelas falsas pernas portadoras de ganchos no fim do abdome, não tem as falsas pernas abdominais características de larvas de Lepidoptera. O sistema traqueal é fechado, e associado a brânquias traqueais na maioria dos segmentos abdominais. A pupa também é aquática, fechada em um casulo na maioria das vezes feito de seda, com mandíbulas funcionais que ajudam na emergência do casulo fechado.

Amphiesmenoptera (Trichoptera + Lepidoptera) é agora indiscutível, sustentado pela capacidade compartilhada das larvas de tecer seda a partir de glândulas salivares modificadas e por um grande número de características anatômicas do adulto. Relações internas propostas dentro de Trichoptera variam de estáveis e bem amparadas a instáveis e quase sem evidências. O monofiletismo da subordem Annulipalpia (compreendendo as famílias Hydropsychidae, Polycentropodidae, Philopotamidae e alguns parentes próximos) é bem apoiado pela morfologia da larva e do adulto, incluindo a presença de um artículo apical anelado do palpo maxilar tanto de adultos como de larvas, ausência de parâmeros fálicos no macho, presença de papilas laterais aos cercos nas fêmeas e, na larva, pela presença de ganchos anais alongados, e tergito abdominal 10 reduzido. Annulipalpia inclui os grupos que fazem abrigos e que tecem redes de seda para a captura de alimento.

O monofiletismo da subordem Integripalpia (compreendendo as famílias Phryganeidae, Limnephilidae, Leptoceridae, Sericostomatidae e parentes) é sustentado pela ausência de nervura transversal *m*, asas posteriores mais largas que as anteriores, em especial na área anal, cercos e segmento 11 ausentes nas fêmeas, e estado de caráter larval incluindo esclerotização geralmente completa do mesonoto, pernas posteriores com projeção lateral, calos laterais e mediodorsais no segmento abdominal 1, e ganchos anais curtos e robustos. Nos Integripalpia, as larvas constroem um casulo tubular feito de diversos materiais em diferentes grupos e se alimentam, principalmente, como detritívoros, ou às vezes como predadores ou comedores de algas, mas raramente como herbívoros.

O monofiletismo de uma terceira subordem suposta, Spicipalpia, é mais controverso. Definida como o agrupamento das famílias Glossosomatidae, Hydroptilidae, Hydrobiosidae e Ryacophilidae, as características que a unificam são o ápice espiculado dos palpos maxilares e labiais nos adultos, o segundo artículo ovoide do palpo maxilar, e um ovissaco (apêndice portador de ovos) eversível. Evidências morfológicas e moleculares não conseguem confirmar o monofiletismo de Spicipalpia, a não ser que pelo menos Hydroptilidae (os microtricópteros) seja removido. Algumas vezes, essas famílias são tratadas como sendo parte de Integripalpia. As larvas de Spicipalpia são predadores de vida livre ou construtores de casulos que se alimentam de detritos e algas.

Todas as relações possíveis entre Annulipalpia, Integripalpia e Spicipalpia já foram propostas, algumas vezes associadas a cenários relacionados à evolução da confecção de casulos. Uma ideia antiga de que Annulipalpia seria grupo-irmão de um Spicipalpia parafilético + Integripalpia monofilético encontra apoio em alguns dados morfológicos e moleculares.

Ordem Lepidoptera (mariposas e borboletas)

A cabeça dos Lepidoptera (ver também Taxoboxe 28) adultos apresenta uma espirotromba longa e enrolada, formada das gáleas maxilares bastante alongadas; grandes palpos labiais na maioria das vezes estão presentes, mas outras peças bucais estão ausentes, exceto as mandíbulas, que estão presentes primitivamente em alguns grupos. Os olhos compostos são grandes e os ocelos com frequência estão presentes. As antenas multiarticuladas são geralmente pectinadas nas mariposas, e clavadas ou com um gancho apical nas borboletas. As asas são cobertas completamente com uma camada dupla de escamas (macrocerdas achatadas e modificadas) e as asas posteriores e anteriores são ligadas por um frênulo, um jugo, ou simplesmente se sobrepõem. As larvas de Lepidoptera têm uma cápsula cefálica esclerotizada com peças bucais mandibuladas, em geral seis estemas laterais e antenas curtas e triarticuladas. As pernas torácicas têm cinco artículos e uma única garra tarsal, e o abdome tem dez segmentos com falsas-pernas curtas em alguns segmentos. Os produtos das glândulas de seda são liberados por uma fiandeira característica no ápice do pré-mento labial. A pupa geralmente é uma crisálida contida em um casulo de seda, porém é exposta nas borboletas.

Lepidoptera é grupo-irmão de Trichoptera (ver Trichoptera, anteriormente). Os eventos basais na radiação dessa grande ordem são considerados suficientemente bem resolvidos a fim de servir como um teste para a capacidade de sequências de nucleotídios particulares recuperarem a filogenia esperada. Embora mais de 98% das espécies de Lepidoptera pertençam a Ditrysia, a diversidade morfológica é concentrada em um pequeno grado fora desse grupo. Três das quatro subordens são ramos basais com poucas espécies, cada uma com uma única família (Micropterigidae, Agathiphagidae e Heterobathmiidae), e talvez sucessivamente grupos-irmãos do restante de Lepidoptera (mas Micropterigidae e Agathiphagidae podem ser grupos-irmãos). Esses três grupos não têm a sinapomorfia do quarto grupo megadiverso Glossata, que é a espirotromba enrolada, caracteristicamente desenvolvida, formada pela fusão das gáleas (ver Figura 2.12). O táxon Glossata, com muitas espécies, contém o padrão de ramificação semelhante a um pente de muitos táxons com poucas espécies, mais um agrupamento de muitas espécies unidas pelo fato de a larva (lagarta) ter falsas pernas abdominais com músculos e uma série de ganchos apicais. Esse último grupo contém o grupo diverso Ditrysia, definido pela genitália única com duas aberturas na fêmea, o óstio da bolsa copuladora no esternito 8, e a abertura genital propriamente dita no esternito 9 ou 10. Adicionalmente, o acoplamento das asas é sempre frenulado ou amplexiforme e não jugado, e a nervação alar tende a ser heteroneura (com nervação diferente entre as asas anterior e posterior). Tendências na evolução de Ditrysia incluem a elaboração da espirotromba e a redução ou perda dos palpos maxilares. Uma das relações mais bem sustentadas em Ditrysia, apoiada como sendo monofilética por dados moleculares, é Papilionoidea, as borboletas (composto pelas famílias Papilionidae, Hesperiidae, Hedylidae, Pieridae, Nymphalidae, Lycaenidae e Riodinidae) (Figura 7.8). Elas apresentam hábito diurno, com a exceção dos adultos de uma pequena família neotropical, Hedylidae, os quais são tipicamente noturnos.

Ordem Hymenoptera (formigas, abelhas, vespas, vespas-da-madeira e formigas-feiticeiras)

As peças bucais dos Hymenoptera (ver também Taxoboxe 29) adultos variam entre direcionadas ventralmente até projetando-se para frente, e também variando de mandibuladas generalistas a sugadoras e mastigadoras, sendo que as mandíbulas são utilizadas para matar e manipular presas, defesa e construção do ninho. Os olhos compostos com frequência são grandes; as antenas são longas, multiarticuladas, e quase sempre dispostas anteriormente ou recurvadas dorsalmente. "Symphyta" (vespas-da-madeira) têm um tórax trissegmentado convencional, mas em Apocrita (formigas, abelhas e vespas), o propódeo (segmento abdominal 1) está incluso no tórax para formar o mesossomo. A nervação alar é relativamente completa nos Symphyta grandes, e reduzida nos Apocrita, em relação ao tamanho do corpo, de tal modo que espécies muito pequenas, de 1 a 2 mm, tenham apenas uma nervura dividida, ou nenhuma. Em Apocrita, o segundo segmento abdominal (e algumas vezes também o terceiro) forma uma constrição ou pecíolo (Taxoboxe 29). A genitália feminina inclui um ovipositor compreendendo três valvas e dois grandes escleritos basais, o qual nos Hymenoptera aculeados é modificado como um ferrão associado a um aparato de veneno.

As larvas de Symphyta são eruciformes (com forma de lagarta), com três pares de pernas torácicas portando garras apicais e com algumas pernas abdominais. As larvas de Apocrita são ápodes, com a cápsula cefálica quase sempre reduzida, mas com fortes e proeminentes mandíbulas.

Hymenoptera forma o grupo-irmão de todas as outras ordens de holometábolos (Figura 7.2), como demonstrado por análises moleculares recentes. Tradicionalmente, os Hymenoptera foram tratados como contendo duas subordens, Symphyta (vespas-da-madeira) e Apocrita (abelhas, formigas e maioria das vespas). Contudo, Apocrita é o grupo-irmão de uma única família de Symphyta, os Orussidae (vespas-da-madeira parasíticas; Orussoidea), e, portanto, "Symphyta" forma um grupo parafilético (Figura 7.9).

Dentro de Apocrita, o grupo monofilético de vespas aculeadas (Aculeata) se originou de dentro das vespas parasitas ("Parasitica"). Os principais grupos parasitas incluem Ichneumonoidea, Chalcidoidea, Cynipoidea e Proctotrupoidea, com relações em cada um dos hiperdiversos Chalcidoidea e Ichneumonoidea sendo incertas. Estudos moleculares estão resolvendo as relações dentro dos aculeados (ver Figura 12.2), com Chrysidoidea (betilóideos e aparentados) sendo grupo-irmão do restante, e Vespoidea (incluindo as formigas, formigas-feiticeiras, as vespas e os marimbondos) sendo grupo-irmão de um grande clado que contém as vespas tifioides-pompiloides, Scoliidae e Bradynobaenidae, as formigas (Formicidae) e Apoidea (as abelhas mais as vespas apoides). Apoidea é composto de sete famílias de abelhas (o táxon Anthophila), mais quatro famílias de vespas apoides, com Anthophila sendo grupo-irmão de um grupo de vespas crabronideas (tornando Crabonidae parafilético). A posição de Formicidae é como grupo-irmão de Apoidea (ver Figura 12.2)

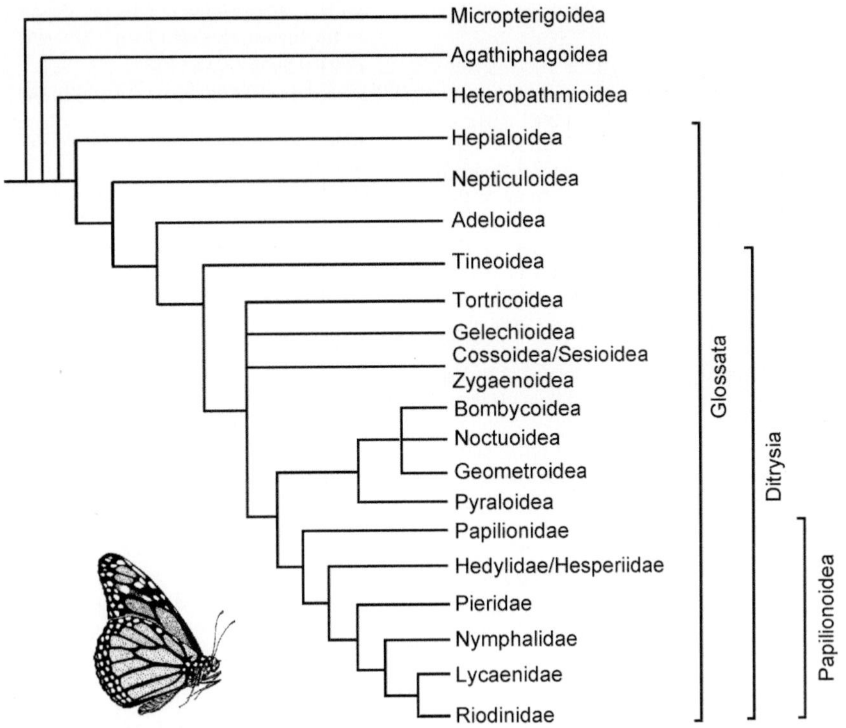

Figura 7.8 Cladograma das relações postuladas de grandes táxons de Lepidoptera selecionados, com base em dados moleculares. (Segundo Mutanen *et al.*, 2010; Regier *et al.*, 2013.)

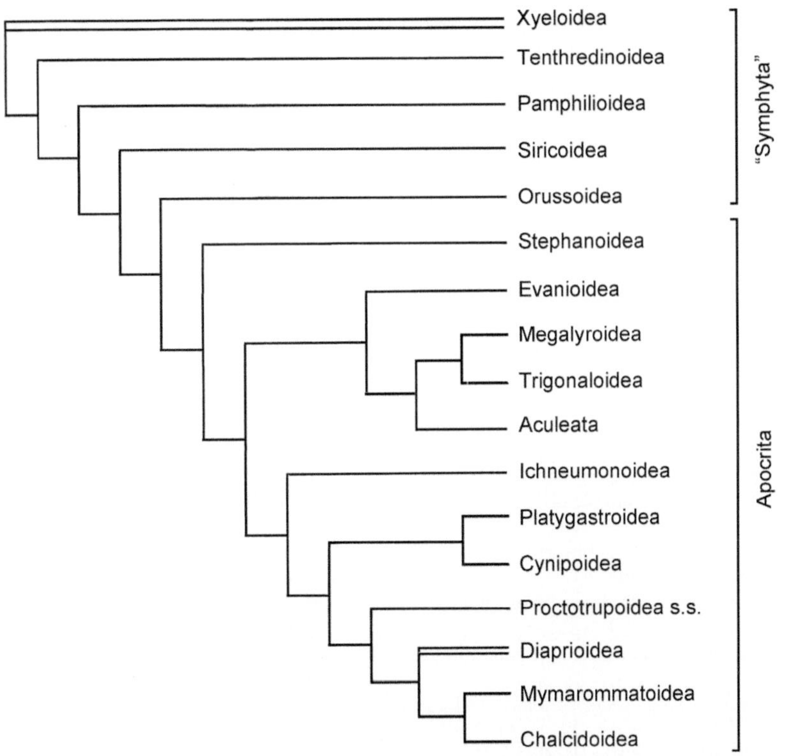

Figura 7.9 Árvore simplificada das relações postuladas entre os grandes táxons de Hymenoptera, com base em dados moleculares e morfológicos. Três táxons com poucas espécies (Cephoidea, Xiphydrioidea e Ceraphronoidea) com posições instáveis foram omitidos; Xyeloidea e Diaprioidea podem ser parafiléticos, como indicado pela linha dupla na árvore. *Sensu stricto* (abreviado como *s.s.*) significa no senso restrito. (Segundo Klopfstein *et al.*, 2013.)

ou como grupo-irmão de Apoidea + Scolioidea; se o primeiro padrão for substanciado, o comportamento compartilhado de formigas e apoides de coletar e transportar presas (como em formigas e vespas apoides) ou pólen (como nas abelhas) para um ninho construído pode ser interpretado como sendo herdado diretamente de um ancestral comum.

Leitura sugerida

Andrew, D.R. (2011) A new view of insect-crustacean relationships II. Inferences from expressed sequence tags and comparisons with neural cladistics. *Arthropod Structure and Development* **40**, 289–302.

Beutel, R.G., Friedrich, F., Hörnschemeyer, T. *et al.* (2011) Morphological and molecular evidence converge upon a robust phylogeny of the megadiverse Holometabola. *Cladistics* **27**, 341–55.

Bitsch, C. & Bitsch, J. (2000) The phylogenetic interrelationships of the higher taxa of apterygote hexapods. *Zoologica Scripta* **29**, 131–56.

Blanke, A., Greve, C., Wipfler, B. *et al.* (2013) The identification of concerted convergence in insect heads corroborates Palaeoptera. *Systematic Biology* **62**, 250–63.

Buckman, R.S., Mound, L.A. & Whiting, M.F. (2013) Phylogeny of thrips (Insecta: Thysanoptera) based on five molecular loci. *Systematic Entomology* **38**, 123–33.

Bybee, S.M., Ogden, T.H., Branham, M.A. & Whiting, M.F. (2008) Molecules, morphology and fossils: a comprehensive approach to odonate phylogeny and the evolution of the odonate wing. *Cladistics* **23**, 1–38.

Cameron, S.L. (2014) Insect mitochondrial genomics: implications for evolution and phylogeny. *Annual Review of Entomology* **59**, 95–117.

Cameron, S.L., Sullivan, J., Song, H. *et al.* (2009) A mitochondrial genome phylogeny of the Neuropterida (lace-wings, alderflies and snakeflies) and their relationship to other holometabolous insect orders. *Zoologica Scripta* **38**, 575–90.

Cameron, S.L., Lo, N., Bourguignon, T. *et al.* (2012) A mitochondrial genome phylogeny of termites (Blattoidea: Termitoidae): robust support for interfamilial relationships and molecular synapomorphies define clades. *Molecular Phylogenetics and Evolution* **65**, 163–73.

Cranston, P.S., Gullan, P.J. & Taylor, R.W. (1991) Principles and practice of systematics. In: *The Insects of Australia*, 2nd edn. (CSIRO), pp. 109–24. Melbourne University Press, Carlton.

Cryan, J.R. & Urban, J. M. (2012) Higher-level phylogeny of the insect order Hemiptera: is Auchenorrhyncha really paraphyletic? *Systematic Entomology* **37**, 7–21.

Damgaard, J., Klass, K.-D., Picker, M.D. & Buder, G. (2008) Phylogeny of the heelwalkers (Insecta: Mantophasmatodea) based on mtDNA sequences, with evidence for additional taxa in South Africa. *Molecular Phylogenetics and Evolution* **47**, 443–62.

Djernæs, M., Klass, K.-D., Picker, M.D. & Damgaard, J. (2012) Phylogeny of cockroaches (Insecta, Dictyoptera, Blattodea),with placement of aberrant taxa and exploration of out-group sampling. *Systematic Entomology* **37**, 65–83.

Dumont, H.J., Vierstraete, A. & Vanfleteren, J.R. (2010) A molecular phylogeny of Odonata. *Systematic Entomology* **35**, 6–18.

Everaerts, C., Maekawa, K., Farine, J.P. *et al.* (2008) The *Cryptocercus punctulatus* species complex (Dictyoptera: Cryptocercidae) in the eastern United States: comparison of cuticular hydrocarbons, chromosome number and DNA sequences. *Molecular Phylogenetics and Evolution* **47**, 950–9.

Friedemann, K., Spangenberg, R., Yoshizawa, K. & Beutel, R.G. (2013) Evolution of attachment structures in the highly diverse Acercaria (Hexapoda). *Cladistics* **30**, 170–201.

Giribet, G. & Edgecombe, G.D. (2012) Reevaluating the arthropod tree of life. *Annual Review of Entomology* **57**, 167–86.

Gregory, T.R. (2008) Understanding evolutionary trees. *Evolution: Education and Outreach* **1**,121–37.

Grimaldi, D. & Engel, M.S. (2005) *Evolution of the Insects*. Cambridge University Press, Cambridge.

Hall, B.G. (2007) *Phylogenetic Trees Made Easy: A How-To Manual*,3rd edn. Sinauer Associates, Sunderland, MA.

Holzenthal, R.W., Blahnik, R.J., Prather, A.L. & Kjer, K.M. (2007) Order Trichoptera Kirby, 1813 (Insecta), Caddisflies. In: *Linnaeus Tercentenary: Progress in Invertebrate Taxonomy* (eds Z.-Q. Zhang & W.A. Shear). *Zootaxa* **1668**, 639–98.

Inward, D.J.G., Vogler, A.P. & Eggleton, P. (2007) A comprehensive phylogenetic analysis of termites (Isoptera) illuminates key aspects of their evolutionary biology. *Molecular Phylogenetics and Evolution* **44**, 953–67.

Ishiwata, K., Sasaki, G., Ogawa, J. *et al.* (2011) Phylogenetic relationships among insect orders based on three nuclear protein-coding sequences. *Molecular Phylogenetics and Evolution* **58**, 169–80.

Janzen, D.H. & Hallwachs, W. (2011) Joining inventory by parataxonomists with DNA barcoding of a large complex tropical conserved wildland in northwestern Costa Rica. *PLoS ONE* **6**, e18123. doi: 10.1371/journal.pone. 0018123.

Jarvis, K.J. & Whiting, M.F. (2006) Phylogeny and biogeography of ice crawlers (Insecta: Grylloblattodea) based on six molecular loci: designating conservation status for Grylloblattodea species. *Molecular Phylogenetics and Evolution* **41**, 222–37.

Johnson, B.R., Borowiec, M.L., Chiu, J.C. *et al.* (2013) Phylogenomics resolves evolutionary relationships among ants, bees, and wasps. *Current Biology* **23**, 2058–62.

Johnson, K.P., Yoshizawa, K. & Smith, V.S. (2004) Multiple origins of parasitism in lice. *Proceedings of the Royal Society of London B* **271**, 1771–6.

Klass, K.-D., Zompro, O., Kristensen, N.P. & Adis, J. (2002) Mantophasmatodea: a new insect order with extant members in the Afrotropics. *Science* **296**, 1456–9.

Klopfstein, S., Vilhelmsen, L., Heraty, J.M. *et al.* (2013) The hymenopteran tree of life: evidence from protein-coding genes and objectively aligned ribosomal data. *PLoS One* **8**(8), e69344. doi: 10.1371/journal.pone .0069344.

Kocarek, P., John, V. & Hulva, P. (2013) When the body hides the ancestry: phylogeny of morphologically modified epizoic earwigs based on molecular evidence. *PLoS ONE* **8**(6), e66900. doi: 10.1371/journal. pone.0066900.

Kristensen, N.P., Scoble, M.J. & Karsholt, O. (2007) Lepidoptera phylogeny and systematics: the state of inventorying moth and butterfly diversity. In: *Linnaeus Tercentenary: Progress in Invertebrate Taxonomy* (eds Z.-Q. Zhang & W.A. Shear). *Zootaxa* **1668**, 699–747.

Lambkin, C.L., Sinclair, B.J., Pape, T. *et al.* (2013) The phylogentic relationships among infraorders and superfamilies of Diptera based on morphological evidence. *Systematic Entomology* **38**, 164–79.

Lawrence, J.F., Ślipiński, A., Seago, A.E. *et al.* (2011) Phylogeny of Coleoptera based on morphological characters of adults and larvae. *Annales Zoologici* **61**, 1–217.

Lemey, P., Salemi, M. & Vandamme, A.-M. (eds) (2009) *The Phylogenetic Handbook: A Practical Approach to Phylogenetic Analysis and Hypothesis Testing*, 2nd edn. Cambridge University Press, New York.

Letsch, H. & Simon, S. (2013) Insect phylogenomics: new insights on the relationships of lower neopteran orders (Polyneoptera). *Systematic Entomology* **38**, 783–93.

Lo, N. & Eggleton, P. (2011) Termite phylogenetics and co-cladogenesis with symbionts. In: *Biology of Termites: A Modern Synthesis* (eds D.E. Bignell, Y. Roisin & N. Lo), pp. 27–50. Springer, Dordrecht.

Luan, Y.X., Mallatt, J.M., Xie, R.D. *et al.* (2005) The phylogenetic positions of three basal-hexapod groups (Protura, Diplura, and Collembola) based on ribosomal RNA gene sequences. *Molecular Biology and Evolution* **22**, 1579–92.

Mapondera, T.S., Burgess, T., Matsuki, M. & Oberprieler, R.G. (2012) Identification and molecular phylogenetics of the cryptic species of the *Gonipterus scutellatus* complex (Coleoptera: Curculionidae: Gonipterini). *Australian Journal of Entomology* **51**, 175–88.

McKenna, D.D. & Farrell, B.D. (2010) 9-genes reinforce the phylogeny of Holometabola and yield alternate views on the phylogenetic placement of Strepsiptera. *PLoS ONE* **5**(7), e11887. doi: 10.1371/journal.pone .0011887.

Miller, K.B., Hayashi, C., Whiting, M.F. *et al.* (2012) The phylogeny and classification of Embioptera (Insecta). *Systematic Entomology* **37**, 550–70.

Mutanen, M., Wahlberg, N. & Kaila, L. (2010) Comprehensive gene and taxon coverage elucidates radiation patterns in moths and butterflies. *Proceedings of the Royal Society B* **277**, 2839–48.

Niehuis, O., Hartig, G., Grath, S. *et al.* (2013) Genomic and morphological evidence converge to resolve the enigma of Strepsiptera. *Current Biology* **22**, 1309–13.

Ogden, T.H., Gattolliat, J.L., Sartori, M. *et al.* (2009) Towards a new paradigm in mayfly phylogeny (Ephemeroptera): combined analysis of morphological and molecular data. *Systematic Entomology* **34**, 616–34.

Omland, K.E., Cook, L.G. & Crisp, M.D. (2008) Tree thinking for all biology: the problem with reading phylogenies as ladders of progress. *BioEssays* **30**, 854–67.

Pohl, H. & Beutel, R.G. (2013) The Strepsiptera-Odyssey: the history of the systematic placement of an enigmatic parasitic insect order. *Entomologia* **1**:e4, 17–26. doi: 10.4081/entomologia.2013.e4.

Predel, R., Neupert, S., Huetteroth, W. *et al.* (2012) Peptidomics-based phylogeny and biogeography of Mantophasmatodea (Hexapoda). *Systematic Biology* **61**, 609–29.

Regier, J.C., Schultz, J.W., Zwick, A. *et al.* (2010) Arthropod relationships revealed by phylogenomic analysis of nuclear protein-coding sequences. *Nature* **463**, 1079–84.

Regier, J.C., Mitter, C., Zwick, A. *et al.* (2013) A large-scale, higher-level, molecular phylogenetic study of the insect order Lepidoptera (moths and butterflies). *PLoS One* **8**(3), e58568. doi: 10.1371/journal.pone.0058568.

Rehm, P., Borner, J., Meusemann, K. *et al.* (2011) Dating the arthropod tree based on large-scale transcriptome data. *Molecular Phylogenetics and Evolution* **61**, 880–7.

Rota-Stabelli, O., Daley, A.C. & Pisani, D. (2013) Molecular timetrees reveal a Cambrian colonization of land and a new scenario for ecdysozoan evolution. *Current Biology* **23**, 392–8.

Sasaki, G., Ishiwata, K., Machida, R. *et al.* (2013) Molecular phylogenetic analyses support the monophyly of Hexapoda and suggest the paraphyly of Entognatha. *BMC Evolutionary Biology* **13**, 236. doi: 10.1186/1471-2148 -13-236.

Schlick-Steiner, B.C., Steiner, F.M. *et al.* (2010) Integrative taxonomy: a multisource approach to exploring biodiversity. *Annual Review of Entomology* **55**, 421–38.

Schuh, R.T. (2000) *Biological Systematics: Principles and Applications*. Cornell University Press, Ithaca, NY.

Sharkey, M.J. (2007) Phylogeny and classification of Hymenoptera. In: *Linnaeus Tercentenary: Progress in Invertebrate Taxonomy* (eds Z.-Q. Zhang & W.A. Shear). *Zootaxa* **1668**, 521–48.

Simon, S., Narechania, A., DeSalle, R. & Hadrys, H. (2012) Insect phylogenomics: exploring the source of incongruence using new transcriptomic data. *Genome Biology and Evolution*. **4**, 1295–309.

Svenson, G.J. & Whiting, M.F. (2009) Reconstructing the origins of praying mantises (Dictyoptera, Mantodea): the roles of Gondwanan vicariance and morphological convergence. *Cladistics* **25**, 468–514.

Thomas, J.A., Trueman, J.W.H., Rambaut, A. & Welch, J.J. (2013) Relaxed phylogenetics and the Palaeoptera problem: resolving deep ancestral splits in the insect phylogeny. *Systematic Biology* **62**, 285–97.

Trautwein, M.D., Weigmann, B.M., Beutel, R. *et al.* (2012) Advances in insect phylogeny at the dawn of the postgenomic era. *Annual Review of Entomology* **57**, 44–68.

Von Reumont, B.M., Jenner, R.A., Wills, M.A. *et al.* (2012) Pancrustacean phylogeny in the light of new phylogenomic data: support for Remipedia as the possible sister group of Hexapoda. *Molecular Biology and Evolution* **29**, 1031–45.

Whitfield, J.B. & Kjer, K.M. (2008) Ancient rapid radiations of insects: challenges for phylogenetic analysis. *Annual Review of Entomology* **53**, 449–72.

Whiting, M.F. (2002) Mecoptera is paraphyletic: multiple genes and phylogeny of Mecoptera and Siphonaptera. *Zoologica Scripta* **312**, 93–104.

Whiting, M.F., Whiting, A.S., Hastriter, M.W. & Dittmar, K. (2008) A molecular phylogeny of fleas (Insecta: Siphonaptera): origins and host associations. *Cladistics* **24**, 677–707.

Wiegmann, B.M., Trautwein, M.D., Kim, J.-W. *et al.* (2009) Single-copy nuclear genes resolve the phylogeny of the holometabolous insects. *BMC Biology* **7**, 34. doi: 10.1186/1741-7007-7-34.

Wiegmann, B.M., Trautwein, M.D., Winkler, I.S. *et al.* (2011) Episodic radiations in the fly tree of life. *Proceedings of the National Academy of Sciences* **108**, 5690–5.

Winterton, S.L., Hardy, N.B. & Wiegmann, B.M. (2010) On wings of lace: phylogeny and Bayesian divergence time estimates of Neuropterida (Insecta) based on morphological and molecular data. *Systematic Entomology* **35**, 349–78.

Yeates, D.K., Wiegmann, B.M., Courtney, G.W. *et al.* (2007) Phylogeny and systematics of Diptera: two decades of progress and prospects. In: *Linnaeus Tercentenary: Progress in Invertebrate Taxonomy* (eds Z.-Q. Zhang & W.A. Shear). *Zootaxa* **1668**, 565–90.

Yoshizawa, K. & Johnson, K.P. (2010) How stable is the "Polyphyly of Lice" hypothesis (Insecta: Psocodea)?: a comparison of the phylogenetic signal in multiple genes. *Molecular Phylogenetics and Evolution* **55**, 939–51.

Zhang, H.-L., Huang, Y., Lin, L.-L. *et al.* (2013) The phylogeny of the Orthoptera (Insecta) as deduced from mitogenomic gene sequences. *Zoological Studies* **52**, 37. http://www.zoologicalstudies.com/content/52/1/37

Zhang, Z.-Q. (ed.) (2011) Animal biodiversity: an outline of higher-level classification and survey of taxonomic richness. *Zootaxa* **3148**, 1–237.

Zhang, Z.-Q. (ed.) (2013) Animal biodiversity: an outline of higher-level classification and survey of taxonomic richness (Addenda 2013). *Zootaxa* **3703**(1), 1–82.

Zwick, P. (2000) Phylogenetic system and zoogeography of the Plecoptera. *Annual Review of Entomology* **45**, 709–46.

Capítulo 8

Evolução e Biogeografia dos Insetos

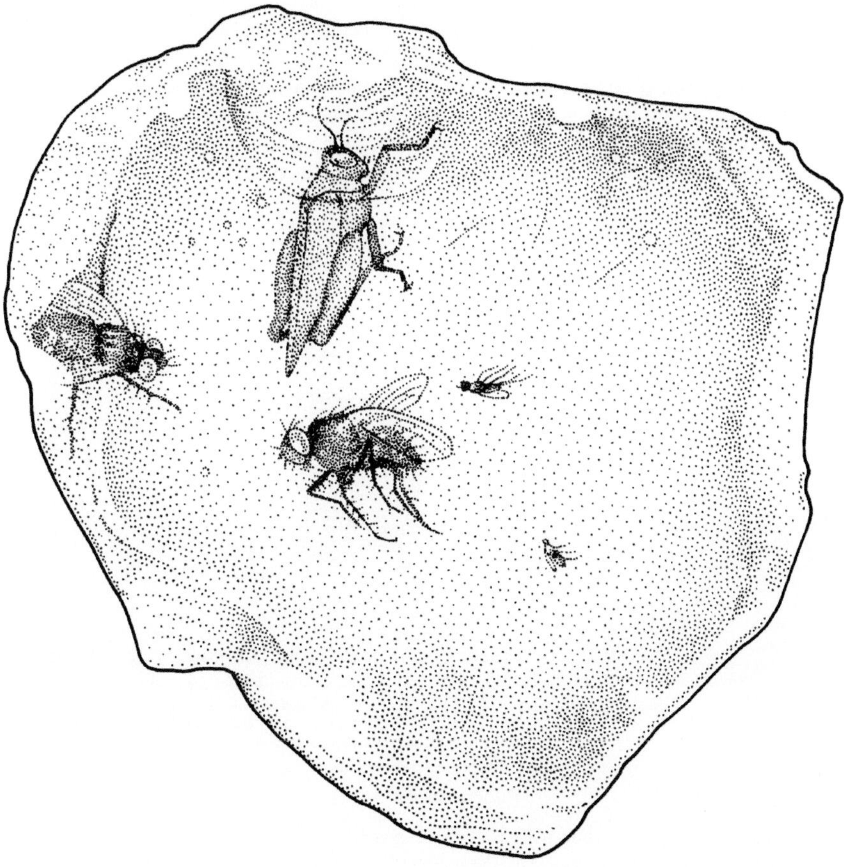

Fósseis: insetos em âmbar.

Os insetos têm uma longa história desde que os Hexapoda surgiram dos Crustacea, talvez há aproximadamente quinhentos milhões de anos. Nesse tempo, a Terra já passou por muita evolução, de secas a enchentes, de eras glaciais a climas quentes e áridos. Ao longo desse tempo, os gases da atmosfera da Terra têm variado em suas proporções. Objetos extraterrestres colidiram com a Terra e grandes eventos de extinção ocorreram periodicamente. Ao longo desse longo tempo, os insetos evoluíram até exibir a enorme diversidade moderna, discutida no primeiro capítulo.

Neste capítulo, introduzimos evidências fósseis e contemporâneas para as épocas associadas com a diversificação dos insetos e seus parentes propostos. Discutimos as evidências para a origem aquática ou terrestre do grupo e, então, discutimos em detalhe alguns aspectos da evolução dos insetos que foram propostos como explicação para o seu sucesso – a terrestrialidade, a origem das asas (e, portanto, do voo) e da metamorfose. Resumimos as explicações para a diversificação dos insetos e revisamos os padrões e as causas da distribuição de insetos no planeta – sua biogeografia. Concluímos com uma revisão dos insetos nas ilhas do Pacífico, chamando atenção para o papel dos padrões e processos vistos ali como uma explicação mais geral para as radiações de insetos. Os dois quadros cobrem a estimativa de datas utilizando fósseis e moléculas (Boxe 8.1), e o gigantismo em insetos alados extintos (Boxe 8.2).

8.1 RELAÇÕES DOS HEXAPODA COM OUTROS ARTHROPODA

O imenso filo Arthropoda, os animais com pernas articuladas, inclui diversas grandes linhagens: os miriápodes (centopeias, milípedes e seus parentes), os quelicerados (límulos e aracnídeos), os crustáceos (caranguejos, camarões e seus parentes) e os hexápodes (artrópodes de seis pernas – os Insecta e seus parentes). Os onícoforos (vermes-aveludados e seus parentes) eram, tradicionalmente, incluídos em Arthropoda, mas agora são considerados como um grupo-irmão. Estudos morfológicos e moleculares recentes sustentam o monofiletismo da artropodização, e as relação internas dos principais grupos de artrópodes estão se tornando mais claras e menos controversas. Diversos, e cada vez maiores, bancos de dados moleculares suportam o monofiletismo de Chelicerata, Mandibulata (= Myriapoda + Crustacea + Hexapoda), Pancrustacea (= Crustacea + Hexapoda), Myriapoda e Hexapoda. Crustacea é parafilético porque Hexapoda foi derivado de dentro dele. A relação de Hexapoda com Crustacea é apoiada também por características compartilhadas da ultraestrutura do sistema nervoso (p. ex., estrutura do cérebro, formação do neuroblasto e desenvolvimento de axônios), do sistema visual (p. ex., a estrutura fina e desenvolvimento dos omatídios e nervos ópticos) e do desenvolvimento, especialmente da segmentação. As principais descobertas dos estudos moleculares de embriologia incluem similaridades na expressão, durante o desenvolvimento, em Hexapoda e Crustacea, incluindo os genes homeóticos (reguladores do desenvolvimento) tais como *Dll* (*Distal-less*) na mandíbula. A segunda antena de Crustacea parece ser homóloga ao labro dos Hexapoda, com ambas sendo derivadas do terceiro segmento cefálico. Características anatômicas de Hexapoda que são compartilhadas com Myriapoda devem ter sido derivadas convergentemente durante a adoção da terrestrialidade.

Dados moleculares que suportam fortemente o parafiletismo de Crustacea são pouco claros com relação ao grupo-irmão de Hexapoda. Dependendo do estudo, Hexapoda é grupo-irmão de um ou mais táxons de Crustacea, a saber Branchiopoda (artêmias, camarões-girino e pulgas-d'água), Remipedia sozinho, ou Remipedia + Cephalocarida (chamado de Xenocarida). Análises recentes de grandes conjuntos de dados filogenômicos favorecem Xenocarida como grupo-irmão de Hexapoda (Figura 8.1).

Paleontólogos identificam o primeiro fóssil crustáceo do Cambriano Superior marinho (505 milhões de anos atrás), ao passo que o primeiro fóssil que seguramente pertence aos hexápodes aparece cerca de 100 milhões de anos depois, em depósitos terrestres (Rhynie Chert) do Devoniano (seção 8.2.1). No entanto, estimativas baseadas em análises de múltiplos conjuntos de dados moleculares (ver Boxe 8.1) sugerem que a linhagem hexápode divergiu dos ancestrais crustáceos no Cambriano ou no Ordoviciano, mas a diversificação dos hexápodes provavelmente não começou até o Siluriano ou Devoniano. A topologia da árvore de Pancrustacea é importante para a compreensão da ecologia e evolução inicial dos hexápodes, especialmente se as transições postuladas do mar para a terra são diretas ou através de água

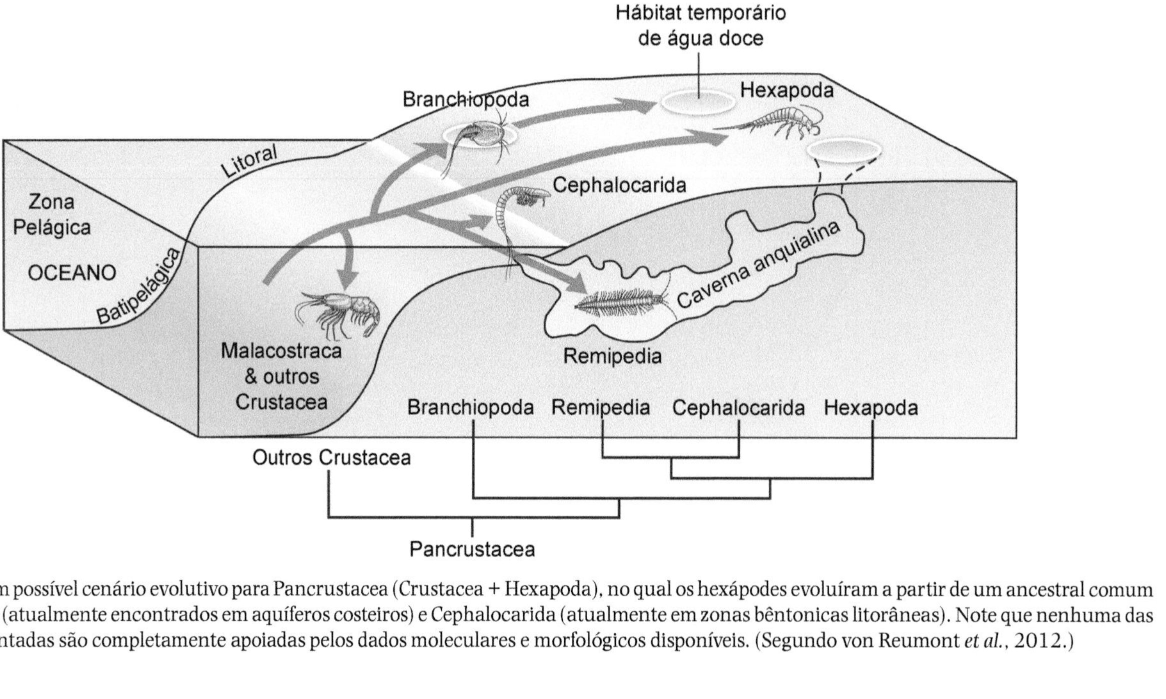

Figura 8.1 Um possível cenário evolutivo para Pancrustacea (Crustacea + Hexapoda), no qual os hexápodes evoluíram a partir de um ancestral comum com Remipedia (atualmente encontrados em aquíferos costeiros) e Cephalocarida (atualmente em zonas bêntonicas litorâneas). Note que nenhuma das relações apresentadas são completamente apoiadas pelos dados moleculares e morfológicos disponíveis. (Segundo von Reumont *et al.*, 2012.)

doce. Remipedia e Cephalocarida são ambos crustáceos marinhos que habitam aquíferos costeiros ou zonas bêntonicas litorâneas, respectivamente, ao passo que os Branchiopoda atuais vivem quase inteiramente em água doce (apesar de o grupo provavelmente ter origem marinha). Portanto, seja qual for o táxon crustáceo grupo-irmão de Hexapoda, uma origem no Cambriano implica que os hexápodes evoluíram nos oceanos, uma vez que todos os grupos eram marinhos naquela época, e a terrestrialização dos hexápodes pode ter ocorrido diretamente a partir de hábitats costeiros. No entanto, se a origem postulada no Cambriano dos hexápodes e linhagens de seus parentes crustáceos putativos for muito precoce, então um cenário alternativo pode ser conjeturado no qual os hexápodes se originaram durante o Ordoviciano ou Siluriano a partir de um ancestral comum compartilhado, talvez, com crustáceos Branchiopoda que viviam em água doce. Seja qual for o grupo-irmão ou datação corretos, uma diversificação antiga dos hexápodes é congruente com a transição independente para a terra dos quelicerados e miriápodes. Os fósseis mais antigos definitivos de plantas terrestres (esporos similares àqueles de hepáticas) são do Ordoviciano Médio (aproximadamente 473 a 471 milhões de anos atrás), apesar de que é provável que suas origens tenham ocorrido ainda mais cedo. Essa janela temporal é consistente com artrópodes colonizando o ambiente terrestre ao mesmo tempo, ou um pouco mais cedo do que as plantas terrestres.

8.2 ANTIGUIDADE DOS INSETOS

8.2.1 Registro fóssil de insetos

Os fósseis mais antigos definitivamente reconhecidos como hexápodes são considerados como sendo Collembola, incluindo *Rhyniella praecursor*, encontrado há cerca de 400 milhões de anos no Devoniano Inferior de Rhynie, Escócia, e arqueognatos um pouco mais novos da América do Norte (Figura 8.2). Dois outros fósseis de Rhynie podem aumentar a diversidade de hexápodes desse período: *Rhyniognatha hirsti*, conhecido apenas por suas peças bucais, parece ser o inseto "ectognato" mais antigo e possivelmente até mesmo um dos primeiros pterigotos; *Leverhulmia maraie* acredita-se ser um apterigoto (de parentesco incerto), mas igualmente pode representar um crustáceo fragmentado. Evidências atormentadoras de plantas fósseis do Devoniano Inferior mostram danos que lembram aqueles provocados por peças bucais picadoras-sugadoras de insetos ou ácaros. Qualquer evidência fóssil mais antiga para Insecta ou seus parentes é difícil de ser encontrada porque depósitos de aluviais (rios ou lagos) apropriados contendo fósseis são raros antes do Devoniano. Filogenias moleculares datadas sugerem uma origem dos hexápodes muito mais antiga do que o Devoniano, sugerindo a existência de "linhagens fantasmas", nas quais o grupo ocorreu, mas os fósseis ainda não foram encontrados (Boxe 8.1).

Boxe 8.1 Dificuldades da datação

Acreditava-se, firmemente, há uma década que estávamos próximos de compreender tanto as relações como também a temporização da evolução na maior parte da árvore da vida – e a origem e principais diversificações dos hexápodes (incluindo os insetos) não eram uma exceção. Os dados moleculares eram uma grande promessa (ver seção 7.1.1). Logo, é apropriado perguntar qual é o motivo de ainda não termos datas definitivas para os principais eventos na evolução dos insetos.

A primeira dificuldade na datação de eventos evolutivos são as complexidades envolvidas na reconstrução da árvore filogenética "correta". Quando eventos de especiação são próximos temporalmente, a quantidade de sinal filogenética, até mesmo de dados moleculares, pode ser pequena, gerando ramos internos curtos na árvore que são difíceis de resolver. Se os eventos são antigos, múltiplas substituições podem ocorrem na mesma posição do gene (homoplasia) – e essas substituições só podem ser inferidas com modelagem probabilística. O aditamento proposto de novos dados genômicos pode não ajudar se existe um sinal filogenético insuficiente para permitir que as divergências mais antigas sejam resolvidas.

Mesmo se tivermos confiança nas nossas árvores evolutivas, existem problemas associados com a datação de eventos. Métodos para derivar a idade de eventos evolutivos, por exemplo a separação de linhagens em um nó a partir do qual descendentes irradiaram, têm progredido robustamente nos últimos anos. Desde o princípio, dada uma filogenia derivada de uma análise morfológica (seção 7.1.1), fósseis bem preservados podiam ser colocados na árvore para gerar uma aproximação da data de origem de uma linhagem de interesse. O advento de filogenias moleculares permitiu a estimativa do tempo de origem de linhagens usando modelos das taxas de variação no DNA (um "relógio molecular"). Desde os primeiros dias, ficou claro que não existe uma taxa de mutação análoga a um relógio que permita um simples retrocesso para datar os nós em uma árvore. Modelos cada vez mais complexos sobre como o DNA evolui têm sido desenvolvidos, usando probabilidade estatística para permitir variações complexas nas taxas de mudança em diferentes linhagens. A estatística (inferência) bayesiana pode levar em consideração a incerteza em uma filogenia estimada, e também pode lidar com amplitudes de variação na incerteza associada a como as calibrações com fósseis são implementadas.

Existem problemas inerentes aos dois métodos de datação (isso é, a utilização de fósseis ou modelos de evolução do DNA), incluindo a dificuldade de interpretar os fósseis. Por exemplo, se a morfologia diagnóstica for obscura, a atribuição de um fóssil na árvore é mais especulativa do que se a morfologia pertinente for visível. Claramente, um fóssil não representa a idade mais antiga de um táxon, mas sim o período de sua preservação. Portanto, as idades dos fósseis são melhor consideradas como uma idade mínima de limitação para os grupos que eles representam. Determinar precisamente as idades dos fósseis também não é sem incerteza, e existem diversos exemplos de interpretações das idades de depósitos fósseis cruciais sendo reavaliadas e ajustadas em muitos milhões de anos. Adicionalmente, geólogos têm modelado a influência dos vieses nos registros fósseis, com algumas regiões geográficas e épocas geológicas sub- ou sobrerrepresentadas.

No entanto, modelos moleculares da evolução de insetos frequentemente inferem datas mais antigas, às vezes muito mais antigas, de origem de um táxon do que é reconhecido a partir do registro fóssil. Evidentemente, nas análises, datas mais recentes não podem ser produzidas porque a idade de cada fóssil fornece uma limitação com relação ao registro mais recente da existência de seu grupo. Inevitavelmente, dadas as imperfeições do registro geológico, muitos táxons devem ter existido por um período de tempo, talvez bastante longo, anterior à data do fóssil mais antigo – o que não é diferente com os insetos. Essas diferenças entre a idade inferida e a idade fóssil podem ser chamadas de "fantasmas" de táxons presentes, mas invisíveis como fósseis. O que podemos esperar são estudos direcionados aos períodos geológicos que são atualmente mais sub-representados (p. ex., o Carbonífero Inferior) e regiões subamostradas que contêm fósseis (a maior parte do hemisfério sul, especialmente para o âmbar do Mesozoico). Com a utilização de hipóteses filogenéticas mais robustas oriundas de dados moleculares adicionais, devemos ver que as estimativas de datação de ambos os tipos de dados devem convergir.

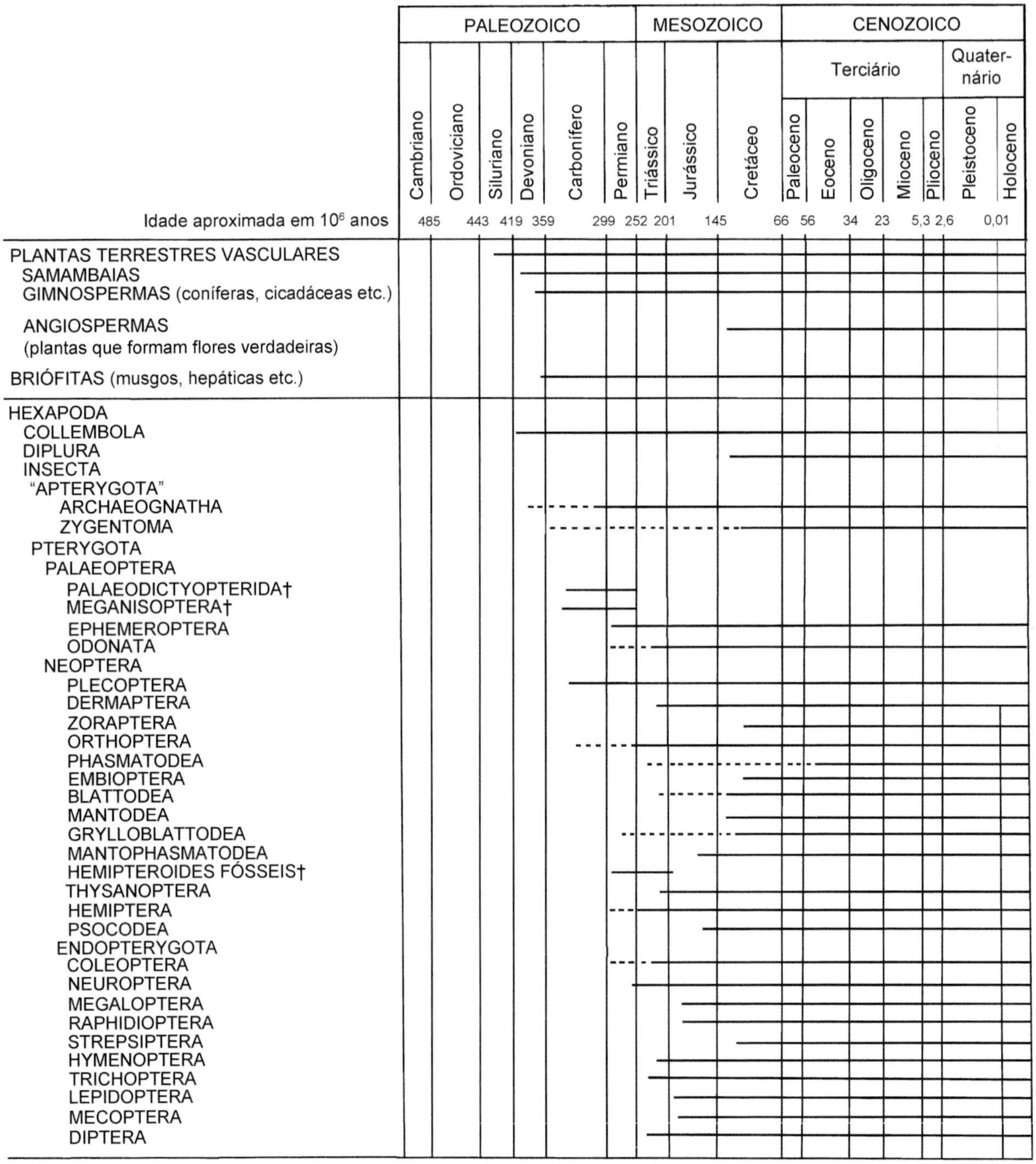

Figura 8.2 História geológica dos insetos com relação à evolução das plantas. Táxons que contêm apenas fósseis estão indicados pelo símbolo †. O registro para as ordens atuais é fundamentado em membros definidos do *crown group* e não inclui fósseis do *stem-group*; as linhas tracejadas indicam incerteza na localização dos fósseis no *crown group*. Portanto, esse gráfico não inclui registros da maioria das primeiras radiações de insetos; por exemplo, os fósseis "parecidos com baratas" ocorrem no Paleozoico, mas não fazem parte dos grupos mais estreitamente definidos Dictyoptera e Blattodea. Protura e Siphonaptera não estão mostrados devido à insuficiência de registro fóssil; Isoptera é parte de Blattodea. O posicionamento de *Rhyniognatha* não é conhecido. (Os registros fósseis de insetos foram interpretados segundo fontes primárias e segundo Grimaldi & Engel, 2005; a data para o início de cada período geológico é aquela da International Commission on Stratiography; o Terciário é geralmente dividido em Paleogeno (66 a 23 milhões de anos) e Neogeno (23 a 2,6 milhões de anos).

No Carbonífero, uma grande radiação é evidenciada pelos fósseis substanciais de insetos do Carbonífero Superior (= período Mississipiano nos EUA). Fósseis do Carbonífero Inferior são desconhecidos, novamente pela falta de depósitos de água doce. Por volta de 300 milhões de anos atrás, um agrupamento provavelmente monofilético de Palaeodictyopteroidea, compreendendo quatro grupos com categoria de ordem agora extintos, Palaeodictyoptera (Figura 8.3), Megasecoptera, Dicliptera (= Archodonata) e Diaphanopterodea, era diverso. Os Palaeodictyopteroidea variavam em tamanho (com envergaduras de até 56 cm), diversidade (são conhecidos cerca de 70 gêneros em 21 famílias) e morfologia, em especial nas peças bucais, na articulação e nas nervuras das asas. Eles se alimentavam, muito provavelmente, perfurando e sugando plantas, utilizando suas peças bucais em forma de bico, as quais, em algumas espécies, tinham cerca de 3 cm de comprimento. As ninfas de Palaeodictyopteroidea eram provavelmente terrestres. Alguns Meganisoptera (possivelmente um grupo basal de Odonata e anteriormente denominado "Protodonata"), tinham asas não só no meso e metatórax, mas também primórdios alares no protórax, assim como os Palaeodictyopteroidea, e incluía os insetos do Permiano com as maiores envergaduras de asas já descritas (Quadro 8.2). Nenhuma ordem de pterigotos atuais está representada de forma inequívoca por fósseis do Carbonífero; supostos Ephemeroptera e Orthoptera, hemipteroides e blatoides fósseis são mais bem tratados como grupos basais ou grupos parafiléticos que não apresentam as características que definam qualquer clado existente. As peças bucais picadoras em forma de bico e o clípeo expandido de alguns insetos do Carbonífero indicam uma origem antiga da herbivoria.

Boxe 8.2 Gigantes existiram – a evolução do gigantismo em insetos

Estamos acostumados com os insetos estarem entre os menores animais que encontramos, com muitos sendo inconspícuos com relação ao tamanho e estilo de vida. No entanto, de volta no Carbonífero e no Permiano, alguns insetos eram muito grandes, como exemplificado pela libélula gigante de Bolsover e um paleodictyoptero pousado sobre uma samambaia arbórea *Psaronius*, apresentados aqui (inspirado por uma ilustração de Mary Parrish em Labandeira, 1998). Os Ephemeroptera e Meganisoptera parecidos com libélulas do Paleozoico Superior tinham envergaduras de até 45 cm e 71 cm, respectivamente. O gigantismo nessa época era evidente, não somente entre os insetos, mas também entre os crustáceos branquiópodes, alguns outros invertebrados e alguns anfíbios.

Desde o reconhecimento mais antigo de gigantismo no registro fóssil dos insetos, níveis elevados de oxigênio atmosférico (acima dos 20% atuais) foram sugeridos, apesar de os processos geológicos responsáveis serem desconhecidos. A restrição do tamanho dos insetos modernos a um tamanho máximo (ver seção 3.5.1) e um formato máximo (volume) modestos parece derivar das leis físicas que governam o transporte de gases ao longo das traqueias para os sítios de captação e liberação nas células (ver Boxe 3.2). O voo é uma atividade que depende tanto de oxigênio que um inseto alado grande em uma atmosfera de oxigênio moderna exigiria traqueias tão densas que não haveria espaço adequado para os músculos e outros órgãos internos.

Novos modelos biogeoquímicos inferem elevado oxigênio atmosférico durante o Carbonífero e o Permiano como demonstrado no gráfico. Níveis de oxigênio de pelo menos 30%, uma vez e meia acima dos níveis atuais, implicam um mundo muito diferente (e muito mais inflamável) do Carbonífero Superior até o Permiano Médio. Para os insetos, as pressões mais altas de oxigênio promoveram maior difusão de oxigênio por meio das traqueias e reduziram a demanda para que o tórax fosse abarrotado de traqueias para fornecer energia para o voo. Além disso, com o elevado oxigênio, o ar seria mais denso, facilitando ainda mais o voo. Essa hipótese para o gigantismo no Paleozoico tem um apelo óbvio, apesar de as consequências morfológicas e fisiológicas (incluindo a habilidade de ventilar ativamente as traqueias) das alterações de composições gasosas ainda precisarem de mais estudos.

A queda do oxigênio atmosférico a partir do Permiano Médio coincidiu com a redução do tamanho máximo dos insetos alados, como esperado. Essa tendência continuou até a extinção em massa do final do Permiano, quando muitos insetos foram extintos, incluindo aqueles grupos nos quais o gigantismo prevaleceu. No entanto, a diminuição no tamanho máximo do Permiano até os tempos modernos parece ser muito grande para ser explicada apenas pelo declínio do oxigênio atmosférico. Além disso, a recorrência postulada de altos níveis de oxigênio no Cretáceo e no Terciário Inferior não foi associada com o ressurgimento de insetos de grande tamanho. A explicação preferida para a subsequente desconexão entre os níveis de oxigênio atmosféricos e o tamanho corporal dos insetos foi o aparecimento de predadores vertebrados terrestres, nomeadamente aves e morcegos.

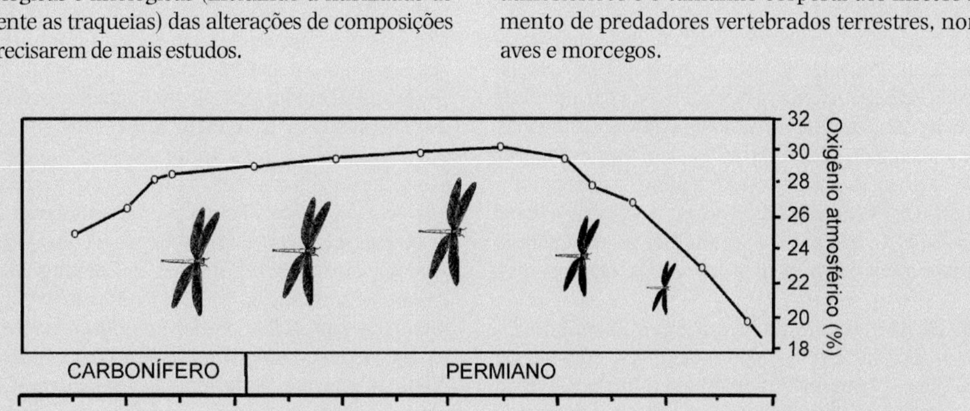

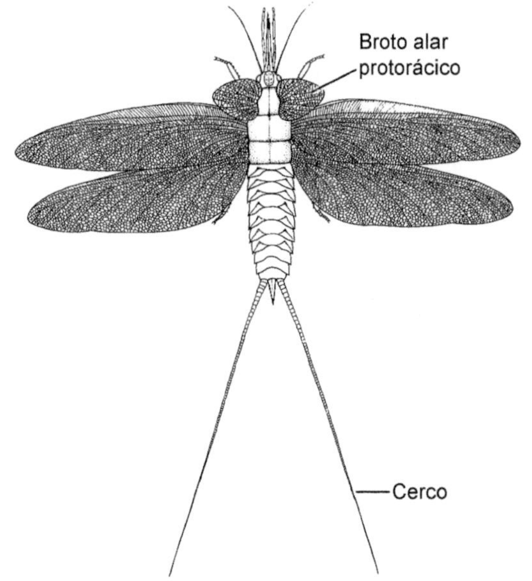

Figura 8.3 Reconstrução de *Sternodictya lobata* (Palaeodictyoptera: Dictyoneuridae). (Segundo Kukalová, 1970.)

Os fósseis mais antigos definitivos de holometábolos são datados entre 328 e 318 milhões de anos atrás dos depósitos de carvão do Carbonífero Superior na bacia do Illinois (EUA) e Pas-de-Calais no noroeste da França. Fósseis representando diversos grupos taxonômicos são alocados para Antliophora, Mecopteroidea, Coleoptera e Hymenoptera ou seu grupo basal. Larvas fósseis representam três principais estratégias de alimentação já evidentes naquela época: uma lagarta ativa com alimentação externa, uma larva ápode com alimentação interna e uma larva predadora. Estimativas moleculares de tempo de origem dos Holometabola e dano fossilizado causado por alimentação de plantas deduzido como tendo sido causado por holometábolos presumem minimamente a origem da holometabolia no Carbonífero Inferior. A diversificação nas ordens atuais, entretanto, não começou até o Carbonífero Superior ou o Permiano.

Durante o Permiano, as gimnospermas (coníferas e suas parentes) se tornaram abundantes em uma flora que era até então dominada por samambaias. Ao mesmo tempo, um aumento dramático ocorreu na diversidade das ordens de hexápodes, com pelo menos 30 ordens de insetos conhecidas do Permiano. A evolução de insetos hemipteroides sugadores de plantas pode estar associada com recente disponibilidade de plantas com um córtex fino e um floema subcortical. Outros insetos do Permiano incluem aqueles que se alimentavam de pólen, outro recurso cuja disponibilidade prévia era restrita.

Muitos grupos presentes no Permiano, incluindo Ephemeroptera (tanto ninfas como adultos), Plecoptera, os primeiros Dictyoptera e as prováveis linhagens basais de Odonata, Orthoptera e Coleoptera, sobreviveram depois desse período. Contudo, linhagens primitivas como Palaeodictyopterida e Meganisoptera desapareceram ao fim do Paleozoico. Esse limite Permiano-Triássico foi o período de uma grande extinção que afetou em particular a biota marinha e coincidiu com uma redução dramática na diversidade de táxons e modos de alimentação dentro das ordens sobreviventes de insetos.

O período Triássico (que começou há cerca de 252 milhões de anos) que apesar de ser famoso pela "dominância" dos dinossauros e pterossauros e pela origem dos mamíferos, foi um período de rápida diversificação dos insetos. As principais ordens de insetos modernos, com exceção de Lepidoptera (a qual tem um registro fóssil escasso), estavam bem representadas no Triássico. Os Hymenoptera são observados pela primeira vez nesse período, mas representados apenas por Symphyta. As famílias viventes mais antigas aparecem junto com táxons diversos com fases jovens (e alguns adultos) aquáticas, incluindo os Odonata modernos, os Heteroptera e muitas famílias de Diptera nematóceros. O Jurássico presenciou a primeira aparição de Hymenoptera aculeados, muitos Diptera nematóceros, e os primeiros Brachycera. Os fósseis do Triássico e do Jurássico incluem alguns materiais de excelente preservação em depósitos de granulação fina, tais como aqueles de Solenhofen, o sítio de insetos lindamente preservados e do *Archaeopteryx*. A origem das aves e sua diversificação subsequente marcaram a primeira competição aérea por insetos desde a evolução do voo.

No Cretáceo (145 a 66 milhões de anos atrás) e por todo o subsequente período Terciário (66 a 2,6 milhões de anos atrás) (agora geralmente subdividido em Paleogeno e Neogeno), excelentes espécimes de artrópodes foram preservados em âmbar, uma secreção vegetal resinosa que prendia os insetos e os fixava em uma cobertura conservante transparente (como ilustrado na abertura deste capítulo e na Prancha 4A). A alta qualidade da preservação de insetos inteiros em âmbar diferencia-se favoravelmente de fósseis de compressão que podem conter pouco mais do que asas enrugadas. Muito do registro fóssil mais antigo de táxons supraespecíficos (grupos acima do nível de espécie) deriva desses espécimes bem preservados em âmbar, mas devem ser identificados os inerentes vieses de amostragem. Táxons de menor tamanho (aprisionados com mais facilidade) e que vivem em florestas estão super-representados. Âmbar de origem cretácea ocorre na França, na Espanha, no Líbano, na Jordânia, na Birmânia (Myanmar), no Japão, na Sibéria, no Canadá e em Nova Jersey, nos EUA, com alguns poucos depósitos de âmbar menos diversos em outras partes da Eurásia. Fósseis de compressão de insetos do Cretáceo também são bem representados na Eurásia. A biota desse período mostra dominância numérica de insetos, coincidente com a diversificação das angiospermas (plantas com flores). A primeira abelha (no sentido *lato*) ocorre em âmbar de Myanmar e foi datada com aproximadamente 100 milhões de anos, e a abelha fóssil mais antiga, *Cretotrigona prisca*, tem datação do Cretáceo Posterior. Âmbar recém-reconhecido dos continentes do hemisfério sul, incluindo a Índia e o norte da Austrália, devem fornecer novas perspectivas sobre a evolução de insetos fora do hemisfério norte.

Os principais tipos de peças bucais de insetos viventes evoluíram antes da irradiação das angiospermas, em associação com a alimentação dos insetos em irradiações mais antigas de plantas terrestres. O registro fóssil indica a grande antiguidade de certas associações insetos-plantas. O Cretáceo inferior da China (130 milhões de anos atrás) revelou tanto angiospermas primitivas quanto uma mosca particular pertencente a Nemestrinidae, com uma probóscide longa tipicamente associada à polinização de angiospermas. Em outra localidade, uma folha fóssil de um plátano ancestral tem o padrão de galerias característico do gênero vivente *Ectoedemia* (Lepidoptera: Nepticulidae), sugerindo uma associação de pelo menos 97 milhões de anos entre a mariposa nepticulídea e determinadas plantas. Tanto Coleoptera quanto Lepidoptera, que são ordens primariamente fitófagas, começaram sua irradiação massiva no Cretáceo. Por volta de 66 milhões de anos atrás, a fauna de insetos se parecia com a moderna, com alguns fósseis podendo ser colocados em gêneros viventes. Para muitos animais, em particular os dinossauros, o limite Cretáceo-Terciário ("K-T") (atualmente denominado com frequência como Cretáceo-Paleogeno, "K-Pg") marcou um grande evento de extinção. Embora normalmente se acredite que os insetos entraram no Terciário com pouca extinção, estudos recentes mostram que, apesar das interações gerais de insetos e plantas terem sobrevivido, a alta diversidade anterior de associações de insetos e plantas especialistas foi bastante atenuada. Pelo menos na paleobiota do sudoeste do estado de Dakota do Norte, EUA, há 66 milhões de anos, uma grande perturbação ecológica retrocedeu as associações especializadas de insetos e plantas.

Nosso conhecimento dos insetos do Terciário vem cada vez mais do âmbar da República Dominicana (ver Prancha 4A), datado do Mioceno (15 a 18 milhões de anos atrás), que complementa o abundante e bem estudado âmbar báltico que deriva de depósitos do Eoceno (37 a 52, principalmente 44, milhões de anos atrás). Os âmbares bálticos foram preservados e agora estão parcialmente expostos no fundo do mar Báltico, ao norte da Europa, e, em um grau menor, no mar do Norte, mais ao sul, e são trazidos para a costa por tempestades periódicas. Muitas tentativas foram feitas de se extrair, amplificar e sequenciar o DNA antigo de insetos fósseis preservados em âmbar: uma ideia popularizada pelo filme Parque dos Dinossauros. Diz-se que a resina do âmbar desidrata os espécimes e, como consequência, protege seu DNA de degradação por bactérias. Já foi relatado sucesso no sequenciamento do DNA antigo de uma variedade de insetos preservados em âmbar, incluindo um cupim (30 milhões de anos atrás), uma abelha sem ferrão (25 a 40 milhões de anos atrás) e um gorgulho (120 a 135 milhões de anos atrás); contudo, a autenticação dessas sequências antigas por repetição falhou. A degradação do DNA de fósseis em âmbar e a contaminação por DNA recente podem ser insuperáveis.

Um resultado incontestável dos estudos recentes de insetos fósseis é que muitos táxons de insetos, em especial gêneros e famílias, revelaram-se muito mais antigos do que se pensava anteriormente. Quanto à espécie, todos os insetos fósseis árticos, subárticos e da zona temperada datando de mais ou menos um milhão de anos atrás parecem ser morfologicamente idênticos a espécies existentes. Muitos desses fósseis pertencem a besouros (em particular seus élitros preservados), mas a situação não parece diferente entre outros insetos. As flutuações climáticas do Pleistoceno (ciclos glaciais e interglaciais) evidentemente provocaram mudanças nas distribuições dos táxons por meio de movimentações e extinções de indivíduos, mas resultaram na criação de poucas, se alguma, espécies novas, pelo menos com base na morfologia. A implicação é que se as espécies de insetos têm tipicamente mais de um milhão de anos, então, os táxons superiores como gêneros e famílias devem ter uma idade imensa.

Técnicas paleontológicas microscópicas modernas podem permitir a dedução da idade para táxons de insetos com base no reconhecimento de tipos específicos de danos provocados pela alimentação em plantas que estão fossilizadas. Conforme observado anteriormente, a produção de galerias em folhas antigas de plátano pode ser atribuída a um gênero de uma mariposa nepticulídea atual, apesar da ausência de quaisquer restos preservados do próprio inseto. De um modo similar, um besouro Cassidinae (Chrysomelidae) causando um tipo singular de dano por pastagem em folhas jovens de gengibre (Zingiberaceae) nunca foi visto preservado contemporaneamente aos fósseis das folhas. O dano característico provocado por sua mastigação das folhas é reconhecível, contudo, em depósitos do Cretáceo superior (cerca 65 milhões de anos atrás) de Wyoming, nos EUA, aproximadamente 20 milhões de anos antes de qualquer fóssil do hispíneo responsável por isso. Até hoje, esses besouros se mantêm especialistas na alimentação de folhas jovens de gengibres e helicônias dos trópicos modernos.

Apesar dessas contribuições valiosas feitas pelos fósseis, deve notar-se que:

- Nem todos os estados de caracteres em um fóssil qualquer estão em condição ancestral
- Os fósseis não devem ser tratados como sendo, na realidade, formas ancestrais de táxons mais tardios
- O fóssil mais antigo de um grupo não representa necessariamente o táxon mais antigo sob o aspecto filogenético
- O fóssil mais antigo de um grupo não pode ser interpretado necessariamente como representante da data de origem daquele grupo (Boxe 8.1).

No entanto, os insetos fósseis podem apresentar uma sequência estratigráfica (temporal) dos fósseis datados mais antigos refletindo ramos iniciais na filogenia. Por exemplo, fósseis de Mastotermitidae foram vistos antes daqueles de cupins "superiores", fósseis de mosquitos antes de moscas-domésticas e varejeiras, e mariposas primitivas antes de borboletas.

Fósseis de insetos podem mostrar que táxons atualmente com distribuição mais restrita já tiveram uma distribuição mais ampla. Entre esses táxons estão incluídos os seguintes:

- Mastotermitidae (Blattodea: Termitoidae), agora representado por uma espécie no norte da Austrália; diverso e abundante em âmbares de República Dominicana (Caribe), Brasil, México, Estados Unidos, França, Alemanha e Polônia; data do Cetáceo Cenomaniano (cerca de 100 milhões de anos atrás) ao Mioceno inferior (cerca de 20 milhões de anos atrás)
- A subfamília de mosquitos-pólvora, Austroconopinae (Diptera: Ceratopogonidae), agora restrita a uma espécie atual de *Austronocops* no oeste australiano, era diversificada no âmbar do Cretáceo inferior libanês (Neocomiano, 120 milhões de anos atrás) e no âmbar do Cretáceo superior siberiano (90 milhões de anos atrás).

Um padrão que emerge do estudo ainda crescente dos insetos em âmbar, em especial daqueles datados do Cretáceo, é a presença anterior no norte de grupos agora restritos ao sul. Podemos inferir que as distribuições modernas, quase sempre envolvendo a Austrália, são relictuais em razão da extinção diferencial no norte. Talvez tais padrões se relacionem à extinção no norte no limite K – T (= K – Pg), em virtude do impacto do meteoro ("meteorito"). Evidentemente, alguns táxons de insetos agora presentes e restritos ao hemisfério sul, mas conhecidos desde 15 a 52 milhões de anos em âmbares dominicanos e bálticos, sobreviveram ao evento K – T e a extinção regional ocorreu mais recentemente.

A relação dos dados de insetos fósseis com a derivação de filogenias é complexa. Embora táxons fósseis antigos pareçam quase sempre preceder táxons que se ramificam posteriormente ("mais derivados"), não parece metodologicamente correto presumir isso. Embora as filogenias possam ser reconstruídas por meio do exame dos caracteres observados somente no material de grupos atuais, os fósseis fornecem informações importantes, não apenas permitindo a datação da idade mínima de origem de estados derivados de caracteres diagnósticos e de clados. Idealmente, todos os dados de fósseis e organismos atuais podem e devem ser reconciliados dentro de uma única estimativa da história evolutiva.

8.2.2 Distribuições dos insetos viventes como evidência para a antiguidade

A evidência da distribuição atual (biogeografia) sugere a antiguidade de muitas linhagens de insetos. A distribuição disjunta, os requerimentos ecológicos específicos e a capacidade de disseminação restrita de insetos em diversos gêneros sugerem que suas espécies constituintes foram derivadas de ancestrais que existiram antes da movimentação dos continentes dos períodos Jurássico e Cretáceo (começando há cerca de 155 milhões de anos). Por exemplo, a ocorrência de várias espécies proximamente relacionadas de várias linhagens de mosquitos quironomídeos (Diptera) apenas no sul da África e da Austrália sugere que a distribuição do táxon ancestral foi fragmentada pela separação das massas continentais durante a quebra do supercontinente Gondwana, dando uma idade mínima de 120 milhões de anos para a separação dessas linhagens de quironomídeos. Tais estimativas são fortalecidas pelos espécimes fósseis relacionados de âmbares do Cretáceo, datando apenas de um pouco depois do começo da quebra do continental austral. Tais estimativas são substanciadas por estudos de datação molecular de quironomídeos.

Uma relação próxima entre figos e vespas-do-figo (ver Boxe 11.1) foi submetida a uma análise filogenética molecular para os figos hospedeiros e as vespas polinizadoras. As irradiações de ambos mostram episódios de colonização e irradiação que basicamente seguem-se uma à outra (coespeciação). Embora estudos anteriores tenham explicado a distribuição dos figos e das vespas-do-figo por vicariância da Gondwana, novos dados e análises sugerem que o mutualismo se originou na Eurásia no Cretáceo superior (há aproximadamente 75 milhões de anos) com as principais linhagens de figos e de vespas polinizadoras se separando durante o Terciário e dispersando em direção ao sul, possivelmente seguindo climas mais quentes. Diversificações subsequentes ocorreram em diferentes continentes durante o Mioceno.

As baratas-da-madeira (Blattodea: *Cryptocercus*) apresentam distribuição disjunta na Eurásia (sete espécies), no oeste dos Estados Unidos (uma espécie), e nos Apalaches do sudeste dos Estados Unidos, onde há diversidade críptica (provavelmente cinco espécies; veja Boxe 7.2). As espécies de *Cryptocercus* são quase indistinguíveis morfologicamente, mas são distintas no número de cromossomos, nas sequências mitocondriais e nucleares, e em seus endossimbiontes. *Cryptocercus* abrigam bactérias endossimbiontes em bacteriócitos do seu corpo gorduroso (ver seção 3.6.5). Uma análise filogenética de sequências de RNA bacteriano mostra que elas seguem fielmente o padrão de ramificação de suas baratas hospedeiras. Usando uma estimativa existente de um modelo do tipo relógio molecular, foram reconstruídas datas para as maiores disjunções na evolução dessas baratas. A ramificação mais antiga, a separação América do Norte/Ásia oriental (em ambos lados do Estreito de Bering), foi datada de 59 a 78 milhões de anos atrás. Esses padrões são muito mais antigos do que as glaciações do Pleistoceno, mas são consistentes com a substituição da floresta por pastos através do Estreito de Bering no início do Terciário. A estase morfológica é evidente na falta de diferenciação óbvia de *Cryptocercus* depois desse longo período.

Tal conservadorismo morfológico e a grande antiguidade de muitas espécies de insetos precisam ser reconciliados com a óbvia diversidade genética e de espécies discutida no Capítulo 1. A ocorrência de conjuntos de espécies, nos depósitos do Pleistoceno, que se parecem com aqueles vistos atualmente (embora não necessariamente na mesma localização geográfica), sugere considerável constância fisiológica, ecológica e morfológica das espécies. Em termos comparativos, os insetos mostram taxas mais lentas de evolução morfológica do que é aparente em muitos animais maiores, tais como os mamíferos. Por exemplo, *Homo sapiens* tem somente 200.000 anos; e qualquer agrupamento de humanos e as duas espécies de chimpanzé têm cerca de 8 a 14 milhões de anos (segundo uma reavaliação de 2012 das datas de divergência). Em contraste, o gênero rico em espécies, *Drosophila*, surgiu a cerca de 100 milhões de anos. Talvez, então, a diferença para os insetos seja que os mamíferos tiveram uma recente irradiação e também sofreram grandes extinções, incluindo perdas significativas no Pleistoceno. Ao contrário, os insetos passaram por irradiações mais antigas e muitas outras subsequentes, cada uma seguida por relativa estase e persistência das linhagens (ver seção 8.6).

8.3 OS PRIMEIROS INSETOS ERAM AQUÁTICOS OU TERRESTRES?

Os artrópodes evoluíram no mar. Essa hipótese é baseada na evidência de uma variedade de formas de artrópodes preservadas em depósitos derivados de ambientes marinhos do Cambriano, tais como Burgess Shale, no Canadá, e a formação Qiongzhusi em Chengjiang, no sul da China. Nosso entendimento sobre a evolução dos artrópodes sugere que muitas colonizações terrestres ocorreram, com uma ou mais colonizações independentes dentro de cada uma das linhagens de aracnídeos, crustáceos + hexápodes, e miriápodes. O cenário evolutivo apresentado na seção 8.1 nos permite inferir que a condição terrestre hexápode evoluiu ou diretamente de um grupo de crustáceos marinhos ou possivelmente através da água doce se branquiópodes forem o único grupo-irmão. A principal evidência que apoia a origem terrestre para os Insecta deriva do fato de que todos os insetos atuais não pterigotos (os apterigotos) e os outros hexápodes (Diplura, Collembola e Protura) são terrestres. Ou seja, todos os primeiros nós (pontos de ramificação) na árvore filogenética dos hexápodes (ver Figura 7.2) são mais adequadamente supostos como terrestres, e não há evidência de fósseis (nem por apresentarem características ligadas ao meio aquático, nem pelos detalhes do local de preservação) que sugira que os ancestrais desses grupos não eram terrestres (embora eles possam ter sido associados com as margens de hábitats aquáticos). Apesar de os jovens de cinco ordens pterigotas (Ephemeroptera, Odonata, Plecoptera, Megaloptera e Trichoptera) viverem quase que exclusivamente em água doce, as posições dessas ordens na Figura 7.2 não permite a inferência da ancestralidade via água doce em protopterigotos.

Outra linha de evidências contra uma origem aquática para os primeiros insetos é a dificuldade em imaginar como um sistema traqueal poderia ter evoluído na água. Em um ambiente aéreo, a simples invaginação das superfícies respiratórias externas e a subsequente elaboração interna provavelmente deu origem a um sistema traqueal (como mostrado na Figura 8.4A) que, mais tarde, serviu como uma pré-adaptação para a troca gasosa traqueal nas brânquias de insetos aquáticos (como mostrado na Figura 8.4B). Assim, estruturas semelhantes a brânquias poderiam assumir uma função de tomada de oxigênio eficiente (mais do que apenas difusão através da cutícula), mas apenas ***depois*** da evolução de traqueias, em um ancestral terrestre. Portanto, a presença de traqueias seria uma pré-adaptação para brânquias eficientes. Uma visão alternativa é a de que as traqueias evoluíram nos primeiros hexápodes que viviam em água doce ou altamente salinas como uma forma de reduzir a perda/ganho de íons para a água circundante durante a tomada de oxigênio; por meio do desenvolvimento de um espaço preenchido por ar ("prototraqueia") abaixo da cutícula, os íons na hemolinfa seriam removidos a partir do contato direto com o epitélio cuticular das brânquias. Independentemente de a traqueia dos hexápodes ter evoluído na água doce ou na terra, é mais provável que os primeiros hexápodes que viviam em ambientes úmidos obtivessem oxigênio pelo menos em parte pela difusão através da cutícula para a hemolinfa onde o transporte de gases era facilitado pelo pigmento respiratório hemocianina, o qual se ligava reversivelmente ao oxigênio (ver seção 3.4.1). A hemocianina, o principal tipo de pigmento respiratório em Crustacea, incluindo potenciais grupos-irmãos aos hexápodes (remípedes e malacostráceos), ocorre de forma modificada em Plecoptera, Zygentoma e alguns outros insetos (mas não em Ephemeroptera, Odonata e os Holometabola). As traqueias (pelo menos em *Drosophila*) surgem a partir de células associadas com as asas e pernas em desenvolvimento, e homólogos do gene indutor de traqueias são expressos nas brânquias de crustáceos, sugerindo que a evolução das traqueias estava associada com o

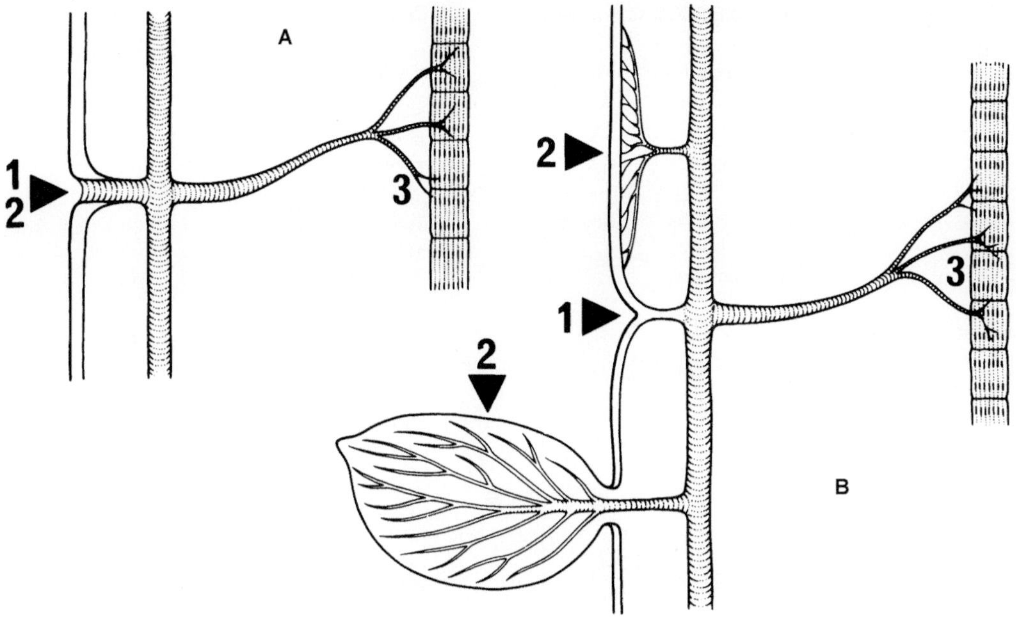

Figura 8.4 Sistema traqueal estilizado. **A.** Tomada de oxigênio por invaginação. **B.** Invaginação fechada, com troca gasosa traqueal por meio de brânquias. *1*, indica o ponto de invaginação do sistema traqueal; *2*, indica o ponto de tomada de oxigênio; *3*, indica o ponto de consumo de oxigênio, tal como os músculos. (Segundo Pritchard *et al.*, 1993.)

desenvolvimento concomitante de brânquias ou asas nos insetos. A substituição do transporte de gás com base na hemolinfa pela troca gasosa traqueal pode ter tido vantagens aerodinâmicas porque o volume de hemolinfa (e peso) parece menor nos insetos que utilizam troca gasosa direta através das traqueias.

Não existe uma única explicação do porquê de virtualmente todos os insetos com desenvolvimento imaturo aquático terem retido um estágio adulto aéreo. Certamente, a retenção ocorreu de forma independente em várias linhagens (bem como diversas vezes dentro de Coleoptera e Diptera). A sugestão de que um adulto alado seja um mecanismo para evitar predadores parece improvável, já que a predação poderia ser evitada por um adulto aquático capaz de mover-se, como é o caso de muitos crustáceos. É concebível que um estágio aéreo seja retido para facilitar o acasalamento. Talvez existam desvantagens mecânicas na cópula subaquática em insetos, ou talvez os sistemas de reconhecimento de parceiros possam não funcionar na água, em especial se eles forem feromonais ou auditivos.

8.4 EVOLUÇÃO DAS ASAS

O sucesso dos insetos pode ser atribuído em grande parte a uma novidade evolutiva: as asas. Os insetos alados são incomuns entre os animais alados porque nenhum membro perdeu sua função preexistente como resultado da aquisição do voo (como nos morcegos e aves nos quais os membros anteriores foram cooptados para o voo). Uma vez que não podemos observar as origens do voo e os fósseis (embora relativamente abundantes) não tenham ajudado muito na interpretação, hipóteses sobre as origens do voo têm sido especulativas. Certamente, o voo (asas) dos insetos se originou apenas uma vez, no nó que une os pterigotos monofiléticos (ver Figura 7.2).

Uma hipótese muito antiga atribui a origem das asas aos paranotos, lobos postulados como sendo derivados *de novo* dos tergos torácicos. Originalmente, esses lobos não eram articulados e, portanto, a traqueação, a inervação, a vascularização e a musculatura teriam origem secundária, embora nenhum mecanismo fosse conhecido. A hipótese do lobo paranotal foi desafiada por uma hipótese de "exito", que pressupõe a origem das asas a partir de estruturas pleurais móveis preexistentes, repetidas em série, tais como um (ou dois) apêndices da epicoxa (Figura 8.5A), um artículo basal da perna. Cada "protoasa" ou broto de asa pode ser imaginado formando-se a partir de um exito (externo) ou pela fusão de um lobo do exito e um do endito (interno) da respectiva perna ancestral. Segundo essa hipótese, segmentos proximais da perna se fundiram com a pleura, fornecendo musculatura existente, articulação e traqueação. A evidência fóssil indica a presença de primórdios alares articulados e traqueados em todos os segmentos do corpo, mais desenvolvidos no tórax (Figura 8.5B).

Investigações detalhadas da embriologia estão fornecendo fortes evidências para a origem das asas. Em uma espécie estudada de efêmera e outros insetos, as asas são derivadas parcialmente de extensões do noto localizadas na junção do tergito e pleurito torácicos, mas tais dilatações paranotais no mesotórax e no metatórax parecem incorporar elementos do coxopodito da pleura dorsal. Um estudo recente da expressão de *vestigial*, o *master gene* da asa, no protórax de *Tribolium* (Coleoptera: Tenebrionidae), sugere a origem dupla das asas a partir da fusão da placa carenada (uma crista lateral do pronoto) e duas placas pleurais (derivadas dos segmentos proximais da perna). O desenvolvimento da asa evidentemente envolve tanto o pronoto como as bases da perna, implicando que as duas hipóteses para a origem das asas devem ser combinadas.

Estudos moleculares da regulação do desenvolvimento (ver Boxe 6.1) demonstram que uma ou algumas mudanças no momento da expressão *downstream* de genes homeóticos de padrão, tais como *sex-combs reduced* (*Scr*), podem variar a repressão de apêndices (p. ex., prevenindo a expressão no protórax). O desenvolvimento irrestrito de apêndices, notavelmente nos segmentos mesotorácico e metatorácico, permite o desenvolvimento de asas. A ativação de uma série de genes do desenvolvimento ao longo de diferentes gradientes (anteroposterior, dorsoventral, proximodistal) controla a expansão de elementos da base da perna (pleural) no desenvolvimento da asa.

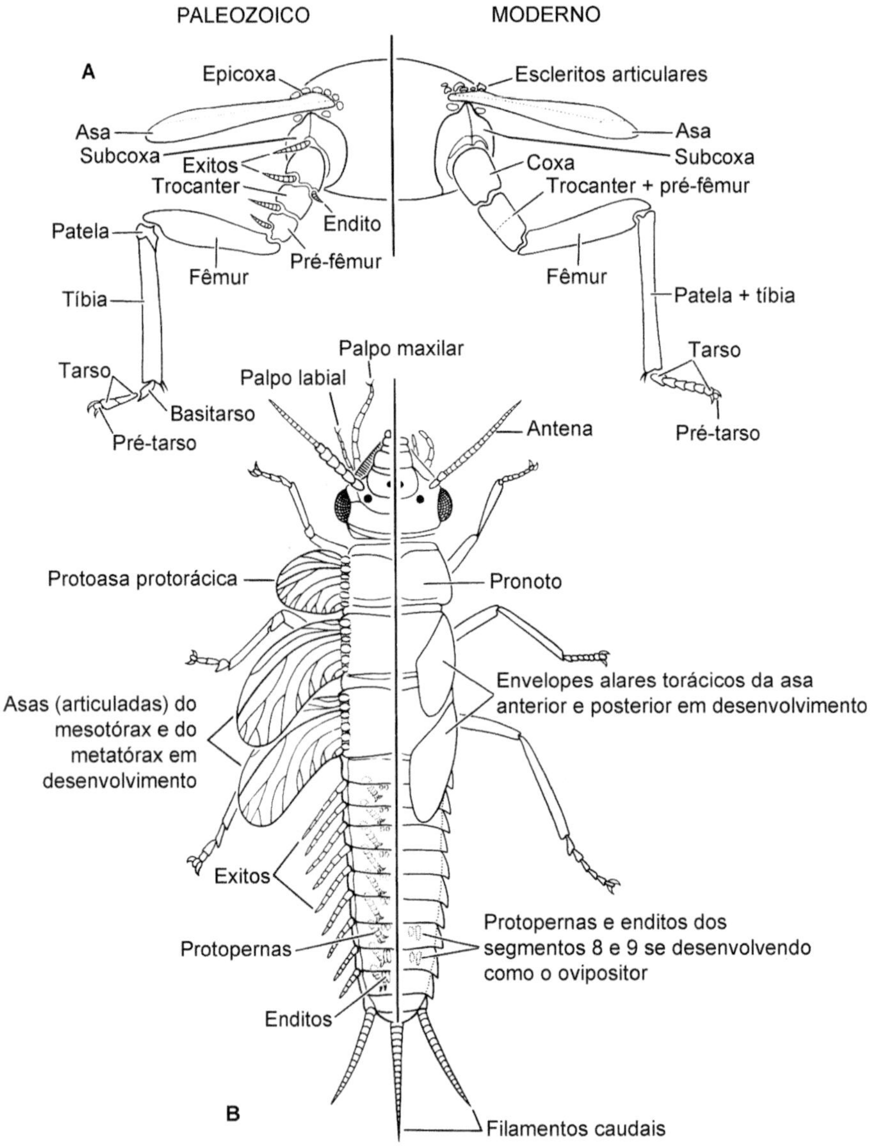

Figura 8.5 Apêndices dos pterigotos (insetos alados) primitivos hipotéticos do Paleozoico (à esquerda de cada diagrama) e modernos (à direita de cada diagrama). **A.** Segmento torácico do adulto mostrando a condição generalizada dos apêndices. **B.** Vista dorsal da morfologia ninfal. (Modificada de Kukalová-Peck, 1991; para incorporar as ideias de J.W.H. Trueman [não publicado].)

A hipótese da origem dupla por "fusão" sobre a origem das asas parece contradizer uma proposta de que as asas derivam de brânquias traqueais de um "protopterigoto" aquático ancestral, com a função de troca gasosa substituída por uma aerodinâmica. A evidente propensão dos hexápodes de desenvolver (e perder) apêndices laterais do tórax e do abdome em resposta às cascatas genéticas de desenvolvimento similares não implica homologia das estruturas (tais como asas, brânquias e pernas).

Todas as hipóteses sobre as asas primitivas fazem uma suposição comum de que as protoasas (primórdios alares) nos adultos originalmente tinham uma função que não seria voar, já que pequenos primórdios alares poderiam ter pouco ou nenhum uso no voo por batimento de asas. Sugestões para funções pré-adaptativas incluem algumas (ou todas!) das seguintes: proteção das pernas, cobertura dos espiráculos, termorregulação, exibição sexual, ajuda para se esconder pela quebra de contorno, fuga de predadores pela extensão de um pulo de escape por meio da planagem. A função aerodinâmica veio apenas depois do aumento de tamanho da asa.

A maneira pela qual o voo evoluiu é especulativa, mas, seja qual for a origem dos primórdios alares, alguma função aerodinâmica evoluiu. Quatro vias para o voo já foram sugeridas:

- Flutuação, na qual os insetos pequenos eram ajudados na dispersão passiva pela convecção
- Planagem, em que as asas primitivas ajudariam o inseto a pairar ou pousar de forma estável em árvores e vegetação alta, talvez depois de um salto com propulsão
- Corrida e pular para voar
- Velejamento superficial, no qual os primórdios alares levantados permitiriam aos adultos de insetos aquáticos deslizar pela superfície da água.

As primeiras duas hipóteses se aplicam da mesma maneira às asas fixas, não articuladas, e às asas articuladas, mas rigidamente estendidas. As asas articuladas e o voo por batimento de asas podem ser mais facilmente incorporados ao cenário de corrida seguida de pulo para o desenvolvimento do voo, embora o voo planado deva ter sido um precursor para o voo batido. A rota de "flutuação" para o voo tem o problema de que as asas, na verdade, impedem a dispersão passiva, e a seleção tenderia a favorecer a diminuição no tamanho do corpo, e a redução das asas com o aumento proporcional de características como cerdas longas. A terceira rota – corrida seguida de pulo – é improvável, já que nenhum inseto poderia atingir a velocidade necessária para o voo originado do chão e que apenas o cenário de um pulo muito forte, que permitiria planagem ou voo, é plausível.

A hipótese do velejamento na superfície requer primórdios alares articulados e sugere que o velejamento pela superfície conduziu à evolução do comprimento da asa mais do que o planeio aéreo e quando os brotos alares alcançaram certas dimensões, então o voo planado ou batido pode ter sido grandemente facilitado. Alguns plecópteros adultos atuais podem velejar pela água mantendo suas asas para cima como velas para aumentar a velocidade. Entretanto, tal comportamento de velejar na superfície certamente evoluiu subsequentemente ao voo, já que um estilo de vida terrestre parece ter surgido muito antes do que um aquático nos insetos. Além disso, evidências fósseis de pterigotos aquáticos não apareceram até quase 100 milhões de anos depois dos primeiros insetos alados conhecidos, apesar da tendência de fossilização em sedimentos de água doce.

A teoria da aerodinâmica foi aplicada ao problema de como primórdios alares grandes deveriam ser para dar alguma vantagem aerodinâmica, de maneira que modelos de insetos foram construídos para realizar testes em túnel de vento. Embora falte realismo a um modelo com restrição de tamanho e asas fixas, mesmo pequenos primórdios de asas proporcionam uma vantagem imediata por permitir algum atraso na velocidade de queda em comparação com um modelo de inseto sem asas com 1 cm de comprimento que não tem controle no planeio. A posse de filamentos caudais e/ou cercos pares daria ainda maior estabilidade ao planeio, em particular quando associada à redução e à eventual perda dos primórdios alares abdominais posteriores. O controle adicional sobre a planagem ou voo viria com o aumento no tamanho do corpo e das asas. Insetos apterigotos viventes revelam morfologias e comportamentos que teriam sido importantes para os primeiros passos para a ocupação do ar. Traças Lepismatidae (Zygentoma) podem utilizar seus corpos achatados e antenas estendidas e filamentos caudais para controlar sua postura e aterrissar em pé depois de um salto. Marchilídeos (Archaeognatha) executam saltos controlados e controlam a aterrissagem utilizando seus apêndices de maneira semelhante às traças, com o filamento terminal mediano sendo especialmente importante na pilotagem do salto. Deve ter havido uma alta vantagem seletiva para qualquer inseto que conseguisse atingir um deslocamento para frente com o batimento de extensões laterais do corpo. A capacidade de dobrar e flexionar as asas ao longo do corpo (condição Neoptera) poderia ter uma vantagem semelhante para os primeiros pterigotos que viviam na vegetação. O voo, incluindo a condição Neoptera, evoluiu por volta do Carbonífero médio (315 milhões de anos) e provavelmente muito antes.

Há uma divisão estrutural básica dos pterigotos em Neoptera, com uma articulação alar complexa que permite o dobramento das asas para trás, sobre o corpo, e Palaeoptera, com asas que não podem ser dobradas (seção 7.4.2). Alguns autores sugerem que os dois tipos de base das asas são tão diferentes que as asas devem ter se originado duas vezes, no entanto, um padrão de nervação básico, comum a todos os pterigotos, independentemente da articulação, implica uma única origem das asas. A base das asas de um pterigoto envolve muitos escleritos articulados: esse sistema é visto em alguns paleópteros fósseis e, de uma forma variavelmente modificada, nos neópteros atuais. Os fósseis dos extintos Diaphanopterodea demonstram que esses paleópteros também tinham a capacidade de dobrar suas asas sobre o abdome. Os Ephemeroptera e Odonata atuais, têm certos escleritos basais alares fundidos para enrijecer a asas, de tal forma que isso impede a asa de se dobrar para trás. A natureza dessas fusões e de outras que ocorreram dentro das linhagens de Neoptera indica que muitos caminhos diferentes surgiram a partir de um ancestral comum.

A proposta tradicional para a origem da nervação envolve arestas traqueadas, com função de suporte ou fortalecimento, na protoasa. De maneira alternativa, as nervuras surgiram ao longo do curso dos canais de hemolinfa que supriam os primórdios alares, do mesmo modo que se observa nas brânquias de alguns insetos aquáticos. O padrão de nervação básico (seção 2.4.2, Figura 2.23) consiste em oito nervuras, cada uma surgindo de um seio sanguíneo basal, denominadas da anterior para a posterior: pré-costa, costa, subcosta, rádio, média, cúbito, anal e jugal. Cada nervura (talvez se excetuando a média) se ramificava basalmente em um componente anterior côncavo e outro posterior convexo, com ramificações dicotômicas adicionais afastadas da base e um padrão poligonal de células. A evolução das asas dos insetos envolveu uma redução frequente no número de células, o desenvolvimento de estruturas de suporte (nervuras transversais), o aumento selecionado da divisão de algumas nervuras e a redução na complexidade ou a perda completa de outras. Embora os músculos torácicos envolvidos no voo possam ser considerados homólogos entre paleópteros e neópteros, alguns dos músculos usados no fornecimento direto e indireto de energia para o voo divergiram, assim como as fases de batimento das asas (seção 3.1.4). Muitas alterações nas funções das asas ocorreram, incluindo a proteção do par posterior de asas pelas asas anteriores modificadas (tégminas ou élitros) em alguns grupos. Um melhor controle de voo foi conseguido em alguns outros grupos por meio do acoplamento das asas anteriores e posteriores como uma unidade e, em Diptera, pela redução das asas metatorácicas a halteres que funcionam como giroscópios.

8.5 EVOLUÇÃO DA METAMORFOSE

Insetos com um ciclo de vida holometábolo, no qual a metamorfose permite que os estágios imaturos larvais sejam ecologicamente separados do estágio adulto, são bem-sucedidos de qualquer maneira. A evolução da condição **holometábola** (com os instares juvenis larvais altamente diferenciados dos adultos por metamorfose), a partir de alguma forma de **hemimetabolia** ou a partir de um ancestral **ametábolo** alado, tem sido discutida por muito tempo. Uma ideia é que as larvas dos insetos holometábolos são o estágio de vida equivalente das ninfas de hemimetálobos e que a pupa surge novamente quando o holometábolo imaturo e os insetos adultos divergiram em suas estruturas. Uma segunda hipótese antiga é de que as larvas evoluíram essencialmente a partir dos embriões ("eclosão precoce"). De acordo com essa proposta, uma pró-ninfa (um estágio que sai do ovo eclodido ou um estágio imediatamente anterior, distinto dos estágios ninfais subsequentes) é o precursor evolutivo da larva holometábola, e a pupa é o único estágio ninfal.

Nos táxons ametábolos (os quais formam os primeiros ramos na filogenia de Hexapoda), em cada muda o instar subsequente é uma versão maior do anterior e o desenvolvimento é linear, progressivo e contínuo. Mesmo os primeiros insetos voadores, tais como os Palaeodictyoptera (Figura 8.3), em todos os estágios (tamanhos) de fossilização as ninfas tinham brotos alares proporcionais ao tamanho e, portanto, eram ametábolos. Um estágio inicial distinto do desenvolvimento, a **pró-ninfa**, é uma exceção à proporcionalidade de desenvolvimento ninfal. O estágio de pró-ninfa, que se alimenta apenas de vitelo, pode sobreviver de forma independente e se mover por alguns dias após a eclosão dos ovos.

Os insetos hemimetábolos atuais, os quais também diferem dos táxons ametábolos porque o instar adulto (com genitália completamente formada e asas) não passa por mudas subsequentes, também têm uma pró-ninfa claramente distinta.

As proporções do corpo da pró-ninfa diferem daquelas dos estágios ninfais subsequentes, talvez restringidas pelo confinamento dentro do ovo e pela morfologia para auxiliar na eclosão. Claramente, a pró-ninfa pterigota não é apenas uma ninfa bastante miniaturizada de primeiro instar. Em certas ordens (Blattodea, Hemiptera e Psocodea), o estágio que eclode do ovo pode ser uma ninfa farada de primeiro instar, dentro de uma cutícula pró-ninfal. Na eclosão, a ninfa emerge do ovo, já que a primeira muda ocorre concomitantemente à eclosão. Em Odonata e Orthoptera, o estágio que sai do ovo é a pró-ninfa, que pode ter uma movimentação limitada, na maioria das vezes especializada, para encontrar um local potencial para desenvolvimento da ninfa antes de realizar a muda para a primeira ninfa verdadeira.

A hipótese da "eclosão precoce" presume que os instares larvais de Holometabola são homólogos a esse estágio pró-ninfal. Os estágios ninfais hemimetábolos estão restritos à pupa holometábola, que é o único estágio ninfal em Holometabola. A evidência que apoia essa hipótese parte da identificação de diferenças entre as cutículas pró-ninfal, ninfal e larval, e da temporização de diferentes formações da cutícula em relação aos estágios embrionários (catatrepsia – adoção da posição final no ovo – e fechamento dorsal; ver seção 6.2.1). Entretanto, forte evidência do contrário advém do número similar de mudas (se as mudas embrionárias forem contadas) em insetos hemimetábolos e holometábolos, e especialmente de estudos e evo-devo que demonstram modos similares de ação do hormônio juvenil (HJ) ao longo do desenvolvimento nos dois grupos.

A metamorfose é controlada pela interação das concentrações de neuropeptídios, ecdisteroides e especialmente de hormônio juvenil (HJ) (seção 6.3). O balanço entre os fatores controladores começa no ovo e continua por todo o desenvolvimento. Diferenças sutis na heterocronia, a alteração no tempo de expressão (ativação) ou restrição (supressão) de diferentes genes envolvidos no processo do desenvolvimento (ver Boxe 6.1), levam a resultados muito diferentes. Em insetos hemimetábolos pós-embrionários a baixa exposição contínua a HJ permite a progressão gradual do desenvolvimento ninfal até a forma adulta. Ao contrário, o nível elevado de HJ no embrião de um inseto holometábolo impede a maturidade, provocando a manutenção da forma larval porque o alto nível constante de HJ suprime a maturação. Em ambas as formas de desenvolvimento, é a cessação do HJ antes da muda final que permite a produção de um instar imaginal.

Em alguns Holometabola, o HJ impede qualquer produção precoce de características adultas na larva até a pupa. Contudo, em outras ordens e certas famílias, algumas características adultas podem escapar da supressão por HJ e começar seu desenvolvimento em instares larvais. Essas características incluem asas, pernas, antenas, olhos e genitália: sua expressão precoce é observada em grupos de células primordiais que se tornam discos imaginais; já diferenciados para sua função adulta final (seção 6.2, Figura 6.4). A oportunidade de variar o início da diferenciação de cada órgão adulto na larva permite uma grande variação e flexibilidade na evolução do ciclo de vida, incluindo a capacidade de encurtá-lo bastante. Por exemplo, variação na expressão de HJ pode influenciar a expressão de pernas em qualquer estágio da larva, desde ápodes (nenhuma expressão de pernas) até essencialmente desenvolvidas por completo (ver Figura 6.6).

Maior compreensão sobre a evolução da metamorfose foi alcançada por meio da extensão de estudos sobre o desenvolvimento molecular desde organismos-modelo holometábolos (*Drosophila melanogaster*, *Bombyx mori*, *Manduca sexta* e *Tribolium castaneum*), incluindo hemimetábolos (*Blattella germanica*, *Oncopeltus fasciatus* e tripes) e organismos ametábolos como *Thermobia domestica*. É evidente que o controle fundamental sobre a muda por meio da inter-relação de ecdisteroides indutores da muda e a ação antimetamorfose do HJ começou anteriormente à origem dos Hexapoda. A evolução de um "fim" (cessação) da muda na maturidade sexual adulta separa os hexápodes ametábolos (e que mudam de maneira contínua) daqueles que têm uma muda terminal para o adulto (excluindo o subimago alado dos efemerópteros, o qual é uma anomalia complexa e desconhecida). Dentre os Pterygota, a diferença heterocrônica no tempo de expressão e sensibilidade ao HJ e aos fatores de transcrição *downstream* [incluindo *Broad-complex* (*Br-C*), homólogo 1 de Krüppel (*Kr*-h1) e especialmente o receptor de HJ tolerante a Metopreno (*Met*)] distingue todos os tipos de desenvolvimento. Em hemimetábolos, a alta expressão de *BR-C* induzida por elevados níveis de HJ em todos os estágios ninfais induz a diferenciação progressiva das asas ao longo de cada muda, com as concentrações de HJ e de *BR-C* diminuindo somente na muda final para o estágio adulto. Em contraste, altos níveis de HJ em holometábolos induzem as mudas entre estágios larvais, com *BR-C* expressado somente quando HJ diminui no final do último instar larval, correlacionado com o início da pupação e o crescimento diferencial de estruturas adultas. Alterações na temporização dos picos de HJ e de ecdisteroide fornecem um mecanismo para o desenvolvimento diferencial, e a mudança da ação do HJ para a inibição da expressão *BR-C* em insetos holometábolos imaturos talvez tenha sido a inovação-chave na transição da hemimetabolia para a holometabolia.

Tais estudos auxiliam na compreensão da "holometabolia" convergente, algumas vezes denominada neometabolia, de alguns Paraneoptera, especificamente Thysanoptera (tripes) e alguns Sternorrhyncha (Aleyrodoidea e machos de Coccoidea). Thysanoptera apresentam desenvolvimento quase hemimetábolo, com dois ou três estágios "pupais" de repouso, e o desenvolvimento das asas é descontínuo. Nos tripes estudados, os perfis de HJ, ecdisteroides e fatores de transcrição *BR-C* e *Kr-h1* no desenvolvimento embrionário se assemelham àqueles dos hemimetábolos, mas no pós-embrião se assemelham mais aos perfis dos holometábolos, com elevado *BR-C* associado com o começo do desenvolvimento das asas na muda da larva para a pró-pupa. Ao que parece, o desenvolvimento de tripes é convergentemente holometábolo, com genes reguladores similares envolvidos no processo.

Esses estudos do desenvolvimento enfraquecem a hipótese da eclosão precoce como uma explicação para as diferenças entre os tipos de desenvolvimento. Em vez disso, parece que as larvas holometábolas têm desenvolvimento equivalente às ninfas hemimetábolas. A evolução das larvas, sem sombra de dúvidas, levou ao sucesso dos Holometabola, uma vez que suas larvas têm necessidades de recursos muito diferentes daquelas dos adultos e não competem com os adultos, ao passo que as ninfas e os adultos dos hemimetábolos tipicamente compartilham o mesmo estilo de vida. Os Holometabola, portanto, desassociaram a vida larval da vida adulta e separaram os recursos utilizados no crescimento daqueles utilizados para a reprodução.

8.6 DIVERSIFICAÇÃO DOS INSETOS

Estima-se que metade dos insetos mastigue, sugue, faça galhas ou galerias nos tecidos vivos das plantas superiores (fitofagia) e, mesmo assim, apenas nove (de 28) das ordens de insetos viventes são primariamente fitófagas. Esse desequilíbrio sugere que, quando uma barreira para a fitofagia (p. ex., a defesa das plantas) é quebrada, ocorre uma assimetria no número de espécies, com a linhagem fitófaga tendo muito mais espécies do que a linhagem dos seus parentes mais próximos (o grupo-irmão) com um hábito alimentar diferente. Por exemplo, a grande diversificação dos quase universalmente fitófagos Lepidoptera pode ser comparada com a de seu grupo-irmão, não fitófago e relativamente pobre em espécies, Trichoptera. Do mesmo modo, o enorme grupo de besouros fitófagos Phytophaga (Chrysomeloidea mais Curculionoidea) é esmagadoramente mais diverso do que os Cucujoidea que, como um todo ou em parte, forma o grupo-irmão de Phytophaga. Claramente, a diversificação dos insetos e a diversificação das plantas com flores estão relacionadas de algum modo, o qual exploramos mais no Capítulo 11. Por analogia, a diversificação dos insetos fitófagos deveria ser acompanhada pela diversificação dos seus insetos parasitas ou parasitoides, como discutido no Capítulo 13. Tal diversificação paralela de espécies claramente exige que o inseto fitófago ou parasita seja capaz de procurar e reconhecer seu(s) hospedeiro(s). De fato, o alto nível de especificidade de hospedeiro observado para os insetos só é possível por causa de seus sistemas sensorial e neuromotor altamente desenvolvidos.

Uma assimetria, similar àquela da fitofagia comparada com a não fitofagia, é observada se a posse de asas for comparada com a apteria. O grupo monofilético Pterygota (insetos alados ou secundariamente ápteros) apresenta muito mais espécies do que seu grupo-irmão imediato, os Zygentoma (traças), ou do que a totalidade dos apterigotos primitivamente ápteros. A conclusão é inevitável: o ganho de voo está correlacionado com a irradiação em qualquer definição do termo. O voo permite aos insetos maior mobilidade, necessária para que utilizem recursos alimentares e hábitats irregularmente distribuídos no espaço, e para que evitem predadores não alados. Essas capacidades podem aumentar a sobrevivência das espécies por reduzir as ameaças de extinção, porém as asas também permitem aos insetos atingir novos hábitats por dispersão através de uma barreira e/ou por expansão de sua distribuição. Assim, os pterigotos vágeis podem ser mais propensos à formação de espécies pelos dois modos de especiação geográfica (**alopátrica**): (i) pequenas populações isoladas, formadas pelos pulsos de dispersão ao acaso de adultos alados, podem ser progenitoras de novas espécies; ou (ii) a distribuição contínua de uma espécie amplamente distribuída pode se tornar fragmentada em grupos isolados por eventos de **vicariância** (divisão da distribuição), como a fragmentação da vegetação ou mudanças geológicas.

Novas espécies surgem conforme os genótipos das populações isoladas divergem dos genótipos das populações parentais. Tal isolamento pode ser fenológico (temporal ou comportamental) levando à especiação **simpátrica**, bem como espacial ou geográfico, de modo que as mudanças de hospedeiro ou dos tempos relacionados à reprodução são melhor documentadas para os insetos do que para quaisquer outros organismos. Postulou-se que os hospedeiros de "raças" de insetos fitófagos especializados representassem a especiação simpátrica em desenvolvimento. O modelo clássico de especiação simpátrica nos insetos é a mosca-das-frutas norte-americana *Rhagoletis pomonella* (Tephritidae), a qual mudou para a maçã (*Malus*) a partir do hospedeiro ancestral, o espinheiro (*Crataegus*), há mais de 150 anos. Foi demonstrado que diferentes populações de larvas da mosca da maçã respondem preferencialmente aos voláteis de frutas de suas plantas hospedeiras natais (diferentes espécies de *Crataegus*). No entanto, agora parece que parte da variação fenológica que contribuiu para a adaptação ecológica relacionada ao hospedeiro e o isolamento reprodutivo em simpatria das raças da maçã e do espinheiro surgiu, de fato, em alopatria, especificamente no México, com um fluxo gênico subsequente para os EUA, levando à variação nas características de diapausa que facilitaram as mudanças para novas plantas hospedeiras, tais como a maçã, a qual tem períodos de frutificação diferentes. Portanto, parte das mudanças genéticas que causaram barreiras para o fluxo gênico entre as raças de moscas-das-frutas evoluiu em isolamento geográfico, enquanto outras mudanças se desenvolveram entre populações em simpatria, levando a um modo de especiação que não é estritamente simpátrico nem alopátrico, mas, em vez disso, mesclado ou pluralístico. Embora a divergência alopátrica pareça ser o modo dominante de especiação nos insetos, fatores que contribuem para a divergência de táxons também podem evoluir sob outras condições geográficas.

Além da especialização de hospedeiro, interações altamente competitivas – corridas armamentistas – entre machos e fêmeas de uma espécie podem fazer com que certas características em uma população tenham uma divergência rápida em relação àquelas de outra população (ver seção 1.3.4). Esse tipo de seleção sexual, chamada de conflito sexual, pode contribuir grandemente para as taxas de especiação em insetos poliândricos (aquelas espécies nas quais as fêmeas copulam múltiplas vezes com diferentes machos). Os machos se beneficiam com adaptações que aumentam sua paternidade, tais como conseguir a precedência espermática, aumentar, a curto prazo, a produção de ovos pela fêmea, e reduzir a taxa de novas cópulas pela fêmea (seção 5.7 e Boxe 5.6), entretanto, se os interesses das fêmeas forem comprometidos pelos machos, as fêmeas irão desenvolver mecanismos para superar as táticas dos machos, levando a uma seleção sexual pós-cópula, tal como competição espermática e escolha críptica da fêmea. Um exemplo extremo de conflito sexual ocorre em táxons com inseminação traumática (seção 5.5). Os diferentes interesses pós-cópula de machos e fêmeas podem levar a uma rápida coevolução antagonista da morfologia e fisiologia reprodutiva, a qual, por sua vez, pode levar a um rápido isolamento reprodutivo de populações alopátricas. O apoio para essa hipótese vem de comparações da riqueza de espécies de pares de grupos relacionados de insetos que diferem no conflito sexual pós-cópula, sendo que cada par de táxons contrastantes é composto de um grupo de espécies poliândrica e um grupo monândrico. Os táxons nos quais as fêmeas copulam com vários machos têm quase quatro vezes mais espécies, em média, do que os grupos relacionados, nos quais as fêmeas copulam com apenas um macho.

Os Holometabola (ver seção 7.4.2) contêm as ordens Diptera, Lepidoptera, Hymenoptera e Coleoptera (seção 1.3), todas elas com uma riqueza de espécies muito alta (megadiversidade). Uma explicação para o seu sucesso é baseada em sua metamorfose (seção 8.5), que permite aos estágios adulto e larval diferirem ou se sobreporem em fenologia, dependendo da temporização de condições adequadas. Recursos alimentares e/ou hábitats alternativos podem ser usados por uma larva sedentária e um adulto vágil, aumentando a sobrevivência das espécies por evitar a competição intraespecífica. Além disso, as condições deletérias para alguns estágios da vida, tais como temperaturas extremas, baixa disponibilidade de água ou falta de alimento, podem ser toleradas por um estágio menos suscetível, por exemplo, uma larva em diapausa, uma pupa que não se alimenta, ou um adulto migratório.

Nenhum fator explica por si só a surpreendente diversificação dos insetos. Uma origem antiga e uma elevada taxa de formação de espécies associada à radiação das angiospermas, combinadas com alta permanência das espécies ao longo do tempo, deixam-nos com o grande número de espécies vivas. Podemos ter algumas ideias sobre os processos envolvidos por meio do estudo de casos selecionados de radiações de insetos em que o contexto geológico de sua evolução seja bem conhecido, como em algumas ilhas do Pacífico.

8.7 BIOGEOGRAFIA DOS INSETOS

Aqueles que assistem a documentários sobre a natureza, visitantes biologicamente atentos de zoológicos e jardins botânicos, e pessoas que viajam pelo mundo estão cientes de que diferentes plantas e animais vivem em partes diferentes do mundo. Isso é mais do que uma questão de clima e ecologia diferentes. Por exemplo, a Austrália abriga as árvores adequadas, mas nenhum pica-pau; tem florestas tropicais, mas não tem macacos; tem também campos, sem ungulados nativos. Os desertos americanos têm cactos, mas regiões áridas em outros lugares têm vários análogos ecológicos, incluindo euforbiáceas suculentas, mas nunca cactos nativos. O estudo das distribuições e as explicações históricas e ecológicas para essas distribuições constituem a disciplina da biogeografia. Os insetos, não em menor grau do que as plantas e os vertebrados, exibem padrões de restrição a uma área geográfica (endemismo), de modo que os entomólogos estiveram, e ainda continuam, entre os biogeógrafos mais notórios. Nossas ideias sobre as relações biológicas entre o tamanho de uma área, o número de espécies que uma área pode suportar, e as mudanças nas espécies (substituição) no tempo ecológico – chamadas de biogeografia de ilhas – vieram do estudo de insetos insulares (ver seção 8.8). Os pesquisadores notaram que as ilhas podem não ser somente oceânicas, mas também hábitats isolados em "oceanos" metafóricos de hábitats inadequados – tais como topos de montanhas envoltos por planícies ou remanescentes florestais em paisagens agrícolas.

Os entomólogos são notórios entre aqueles que estudam a dispersão entre áreas, através de ligações de terras, ou ao longo de corredores, com especialistas em um grupo de besouros terrestres (carabídeos) sendo especialmente notáveis. O paradigma antigo de continentes estáticos na Terra mudou para o de movimento dinâmico provocado pela tectônica de placas. Muitas das evidências sobre faunas em deriva junto com seus continentes partiram de entomólogos que estudavam a distribuição e as relações evolutivas de táxons compartilhados exclusivamente entre os remanescentes modernos separados da massa continental austral antes unida (Gondwana). Dentre essa coorte, aqueles que estudavam insetos aquáticos foram especialmente notórios, talvez porque os estágios adultos sejam efêmeros, e os imaturos tão ligados a hábitats de água doce que a dispersão transoceânica de longa distância parecia uma explicação improvável para muitas distribuições disjuntas observadas. Libélulas, efemerópteros, plecópteros e mosquitos aquáticos (como Diptera: Chironomidae) mostram distribuições disjuntas no hemisfério sul, mesmo em níveis taxonômicos baixos (gêneros e grupos de espécies). As distribuições atuais implicam que seus ancestrais diretos já deveriam existir e estar sujeitos aos eventos da história da Terra no Jurássico superior e no Cretáceo. Esses achados implicam que muitos grupos já existiam há pelo menos 130 milhões de anos. Algumas escalas de tempo parecem ser confirmadas pelo material fóssil, mas nem todas as estimativas moleculares de datas (baseadas em taxas de aquisição de mutações nas moléculas) sustentam uma idade avançada.

Em menor escala, estudos de insetos tiveram um papel importante na compreensão da função da geografia em processos de formação de espécies e na manutenção da diferenciação local. Naturalmente, o gênero *Drosophila* figura de maneira proeminente com sua irradiação havaiana fornecendo dados valiosos. Estudos de especiação parapátrica – divergência de populações espacialmente separadas que compartilham uma fronteira – envolvem o conhecimento detalhado da genética e da microdistribuição de ortópteros, em especial gafanhotos. Pesquisas sobre uma possível especiação simpátrica estão concentradas na mosca-das-frutas *Rhagoletis pomonella* (Tephritidae), para a qual as barreiras para fluxo gênico parecem ter evoluído parcialmente em alopatria e parcialmente em simpatria (ver seção 8.6). As análises de modelagem de distribuição, sobre as quais falamos brevemente na seção 17.1, exemplificam algumas aplicações potenciais da análise racional da biogeografia ecológica para os eventos históricos, ambientais e climáticos relativamente recentes que influenciam as distribuições. Entomólogos que usam essas ferramentas para interpretar material fóssil recente de sedimentos de lagos têm um papel essencial no reconhecimento de como as distribuições de insetos deixaram vestígios de mudanças ambientais passadas e permitiram estimar as flutuações climáticas passadas (seção 17.1.2).

Padrões biogeográficos fortes na fauna moderna estão se tornando mais difíceis de reconhecer e interpretar, uma vez que os humanos são responsáveis pela expansão da distribuição de certas espécies e pela perda de endemismos, de modo que muitos dos nossos insetos mais familiares têm distribuição cosmopolita (isso é, estão virtualmente no mundo inteiro). Existem pelo menos cinco explicações para essa expansão de tantos insetos de distribuição anteriormente restrita.

- Insetos antropofílicos (que gostam de humanos), tais como baratas, traças e moscas-domésticas, acompanham-nos virtualmente a qualquer lugar
- Humanos criam perturbações nos hábitats onde quer que eles vivam, e alguns insetos sinantrópicos (associados a humanos), tal como algumas espécies de formigas (ver Boxe 1.3), agem mais ou menos como ervas daninhas, sendo capazes de ter mais vantagem sob as condições perturbadas do que as espécies nativas. (A sinantropia é uma associação mais fraca com humanos do que a antropofilia.)
- Insetos (e outros artrópodes) parasitas externos (ectoparasitas) e internos (endoparasitas) dos humanos e de animais domésticos são quase sempre cosmopolitas
- Os humanos dependem de agricultura e horticultura, com poucas variedades cultivadas em uma grande extensão. Insetos que se alimentam de plantas (fitófagos), associados com espécies vegetais que já foram locais, mas que agora estão disseminadas pelos humanos, podem seguir as plantas introduzidas e causar danos onde quer que as plantas cresçam. Muitos insetos se distribuíram dessa forma
- Os insetos expandiram suas distribuições por introdução antropogênica (realizada por seres humanos) deliberada de espécies selecionadas como agentes de controle biológico para controlar pragas animais e vegetais, incluindo outros insetos.

Tenta-se restringir a dispersão de pragas agrícolas, florestais e veterinárias por meio de regras de quarentena (ver Boxe 17.5), porém grande parte da mistura da fauna de insetos ocorreu antes que medidas efetivas fossem estabelecidas. Então, insetos que são pragas tendem a ser idênticos em partes climaticamente similares do mundo, o que significa que entomólogos aplicados devem ter uma perspectiva mundial em seus estudos.

8.8 EVOLUÇÃO DOS INSETOS NO PACÍFICO

O estudo da evolução dos insetos (e outros artrópodes, como aranhas) de ilhas oceânicas como o Havaí e Galápagos é comparável em importância aos estudos talvez mais famosos com plantas (p. ex., o gênero *Argyroxiphium* no Havaí), aves (*honeycreepers* havaianos e os "tentilhões de Darwin" de Galápagos), caramujos terrestres (Havaí) e lagartos (iguanas de Galápagos). Os primeiros e mais famosos estudos evolutivos de insetos em ilhas envolveram as moscas-das-frutas (Diptera: Drosophilidae) havaianas. Essa radiação foi revista muitas vezes, mas pesquisas recentes incluem os estudos da evolução de certos grilos, microlepidópteros, besouros carabídeos, moscas pipunculídeas, percevejos mirídeos e libélulas.

Por que esse interesse na fauna de cadeias de ilhas isoladas no meio do Pacífico? A fauna havaiana é altamente endêmica, de modo que aproximadamente 99% das espécies nativas de artrópodes não são encontradas em nenhum outro lugar. O Pacífico é um oceano imenso, no qual fica o Havaí, um arquipélago (cadeia de ilhas) distante cerca de 3.800 km da massa continental mais próxima (América do Norte) ou de outras ilhas vulcânicas elevadas (as

Marquesas). A história geológica, que é relativamente bem conhecida, envolve a produção contínua de material vulcânico novo em um ponto quente oceânico localizado no sudeste da ilha mais nova, Havaí, cuja idade máxima é 0,43 milhão de anos. As ilhas que ficam a noroeste são progressivamente mais velhas, tendo sido transportadas para suas localizações atuais (Figura 8.6) pelo movimento no sentido noroeste da placa do Pacífico. A produção de ilhas desse modo pode ser comparada a uma esteira rolante carregando as ilhas para longe do ponto quente (que fica na mesma posição relativa). Assim, as chamadas "ilhas elevadas" (que têm uma elevação maior do que um banco de areia ou um atol) mais velhas encontradas acima da água são Niihau (datada em 4,9 milhões de anos) e Kauia (cerca de 5,1 milhões de anos), posicionadas ao noroeste. Entre essas duas e Hawai'i estão Oahu (datada em 3,7 milhões de anos), Molokai (1,9 milhão de anos), Maui e Lanai (1,3 milhão de anos) e Kahoolawe (um milhão de anos). Sem dúvida, havia outras ilhas mais velhas – algumas estimativas dizem que a cadeia se originou há cerca de 80 milhões de anos – mas apenas a partir de 23 milhões de anos passou a haver ilhas continuamente elevadas para colonização.

Uma vez que as ilhas são vulcânicas e mesoceânicas, elas se originaram sem qualquer biota terrestre e, sendo assim, seus habitantes presentes devem ter descendido de colonizadores. A grande distância das áreas-fonte (outras ilhas ou os continentes) implica que a colonização é um evento raro, e isso é confirmado em praticamente todos os estudos. A biota de ilhas é um tanto quanto discordante (desequilibrada), se comparada à de continentes. Grandes grupos estão ausentes, presumivelmente por falha ao acaso em chegar e florescer. Aqueles que chegaram com sucesso e fundaram populações viáveis na maioria das vezes especiaram e podem exibir aspectos da biologia um tanto quanto estranhos, com relação aos de seus ancestrais. Assim, algumas libélulas havaianas apresentam larvas terrestres, ao contrário das larvas aquáticas encontradas no resto do mundo; as lagartas de mariposas geometrídeas havaianas são predadoras, não fitófagas; larvas de mosquitos em geral marinhas são encontradas em correntes de água doce.

Como consequência da raridade de eventos fundadores, muitas radiações de insetos foram identificadas como monofiléticas, ou seja, a radiação completa pertence a um clado derivado de um indivíduo ou de uma população fundadora. Para alguns clados, cada espécie da radiação é restrita a uma ilha, ao passo que outras espécies ("amplamente distribuídas") podem ser encontradas em mais de uma ilha. É fundamental para a compreensão da história da colonização e subsequente diversificação uma filogenia das relações entre as espécies no clado. Os Drosophilidae havaianos não têm qualquer espécie amplamente distribuída (ou seja, todas são endêmicas de uma única ilha) e suas relações foram estudadas, primeiro com morfologia e mais recentemente com técnicas moleculares. A interpretação da história desse clado é razoavelmente direta. As distribuições das espécies em geral são congruentes com a geologia, de modo que os colonizadores das ilhas e vulcões mais velhos (aqueles de Oahu e Molokai) deram origem a descendentes que irradiaram mais recentemente nas ilhas e nos vulcões mais novos de Maui e Hawai'i. Cenários semelhantes de uma colonização mais antiga, com uma radiação mais recente associada à idade das ilhas, são vistos nos Pipunculidae, nas libélulas, nos mirídeos havaianos e alguns clados de cicadelídeos, e isso provavelmente é típico para toda a biota diversificada. Quando foram feitas estimativas para datar a colonização e a radiação, parece que poucas, se alguma, se originaram antes da ilha elevada atualmente mais velha (cerca de 5 milhões de anos), e a colonização sequencial parece ter sido aproximadamente contemporânea a cada nova ilha formada.

Insetos aquáticos, tais como borrachudos (Diptera: Simuliidae), cujas larvas vivem em água corrente, não podem colonizar ilhas até que se formem correntes de água e infiltrações permanentes. Conforme as ilhas envelhecem no tempo geológico, a maior heterogeneidade ambiental com a diversidade máxima de hábitats aquáticos pode ocorrer na meia-idade, até que a erosão induzida pela senescência e a perda de áreas elevadas provoquem extinção. Nessa "meia-idade", a especiação ocorre dentro de uma mesma ilha como especializações a diferentes hábitats, como nas libélulas

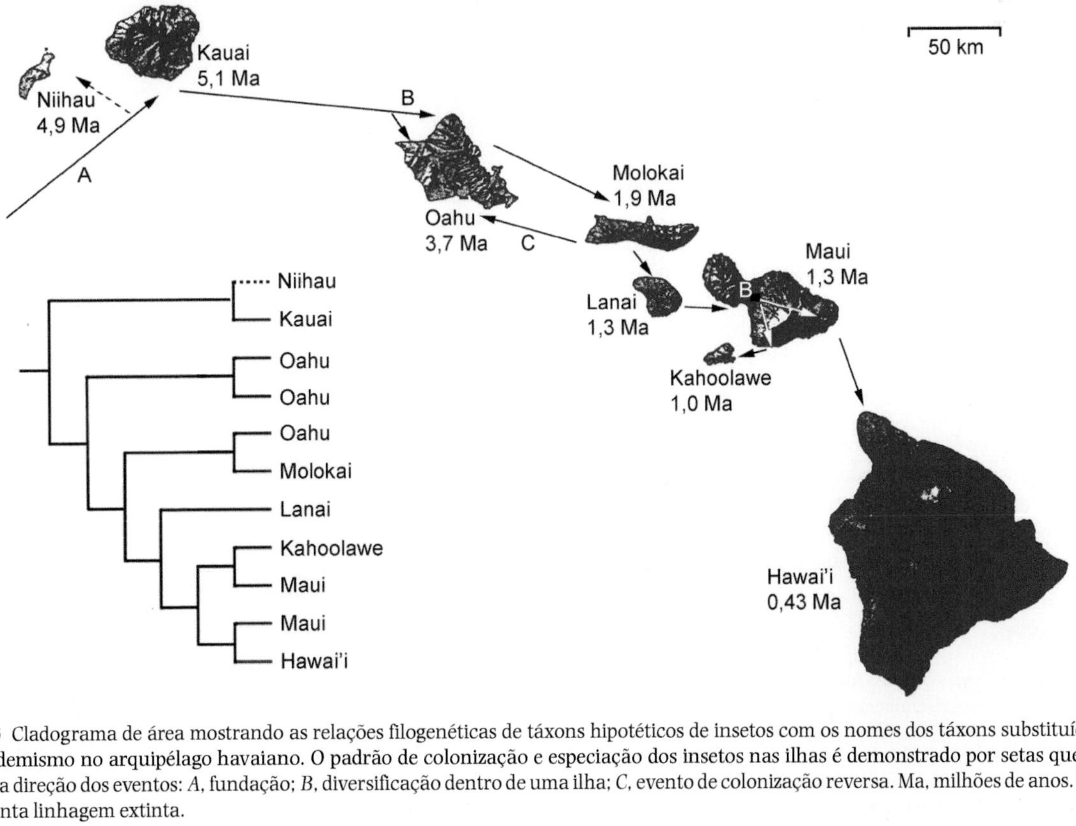

Figura 8.6 Cladograma de área mostrando as relações filogenéticas de táxons hipotéticos de insetos com os nomes dos táxons substituídos por suas áreas de endemismo no arquipélago havaiano. O padrão de colonização e especiação dos insetos nas ilhas é demonstrado por setas que mostram a sequência e a direção dos eventos: *A*, fundação; *B*, diversificação dentro de uma ilha; *C*, evento de colonização reversa. Ma, milhões de anos. Linha tracejada representa linhagem extinta.

havaianas *Megalagrion*. Nesse clado, a maior parte da especiação foi associada à existência de especialistas ecológicos no hábitat larval (água corrente rápida, infiltrações, axilas de plantas ou mesmo hábitats terrestres), colonizando e subsequentemente se diferenciando nas novas ilhas formadas conforme elas se ergueram do oceano e hábitats adequados se tornaram disponíveis. Contudo, no topo desse padrão pode haver radiações associadas a diferentes hábitats na mesma ilha, talvez muito rapidamente após a colonização inicial. Além disso, existem exemplos mostrando a recolonização das ilhas mais novas para as mais velhas (eventos fundadores reversos), que indicam uma complexidade substancial na evolução de algumas radiações de insetos em ilhas.

As fontes para os colonizadores originais algumas vezes são difíceis de serem encontradas porque os descendentes das radiações havaianas com frequência são muito distintos de quaisquer parentes não havaianos esperados. Contudo, o oeste ou o sudoeste do Pacífico é uma fonte provável de carabídeos platiníneos, libélulas *Megalagrion* e vários outros grupos, e a América do Norte, de alguns percevejos mirídeos. Por outro lado, a evolução da fauna de insetos das ilhas Galápagos, no lado leste do oceano Pacífico, apresenta uma história um tanto quanto diferente daquela do Havaí. Espécies de insetos distribuídas de forma ampla nos Galápagos são predominantemente compartilhadas com a América Central ou do Sul, e espécies endêmicas com frequência apresentam relações de grupo-irmão com as terras mais próximas sul-americanas, como é proposto para grande parte da fauna. A fauna de mosquitos-pólvora (Ceratopogonidae) deriva aparentemente de muitos eventos fundadores independentes, e descobertas semelhantes vêm de outras famílias de dípteros. Evidentemente, a dispersão a longa distância do continente mais próximo tem um peso maior do que a especiação *in-situ* na geração da diversidade dos Galápagos, quando comparados ao Havaí. Contudo, algumas estimativas da chegada de fundadores são mais recentes do que as ilhas atualmente mais velhas.

Os ortopteroides dos Galápagos e do Havaí mostram outra característica evolutiva associada à vida em ilhas – perda ou redução das asas (apteria ou braquipteria) em um ou ambos os sexos. Perdas similares são vistas em besouros carabídeos, com perdas múltiplas propostas por análises filogenéticas. Além disso, existem radiações extensivas de certos insetos, nos Galápagos e no Havaí, associadas a hábitats subterrâneos como tubos de lava e cavernas. Estudos sobre o papel da seleção sexual – primariamente a escolha, pela fêmea, de um parceiro para cópula (seção 5.3) – sugere que ela pode ter exercido um papel importante na diferenciação de espécies em ilhas, pelo menos para grilos e moscas-das-frutas.

Todas as ilhas do Pacífico estão altamente impactadas pela chegada e pelo estabelecimento de espécies não nativas, por meio de introduções causadas talvez pela contínua colonização através da água, mas com certeza associadas ao comércio humano, incluindo atividades de controle biológico bem-intencionadas. Algumas introduções acidentais, como as de espécies de formigas andarilhas (ver Boxe 1.3) e de um mosquito vetor de malária aviária, afetaram os ecossistemas nativos do Havaí de modo danoso para muitos táxons. Até mesmo os parasitoides introduzidos para controlar pragas agrícolas passaram a atacar mariposas nativas em hábitats naturais remotos (seção 16.5). Nossos únicos laboratórios naturais para o estudo dos processos evolutivos estão sendo destruídos rapidamente.

Leitura sugerida

Andrew, D.R. (2011) A new view of insect-crustacean relationships II. Inferences from expressed sequence tags and comparisons with neural cladistics. *Arthropod Structure and Development* **40**, 289–302.

Arnqvist, G., Edvardsson, M., Friberg, U. & Nilsson, T. (2000) Sexual conflict promotes speciation in insects. *Proceedings of the National Academy of Sciences* **97**, 10460–4.

Belles, X. (2011) Origin and evolution of insect metamorphosis. In: *Encyclopedia of Life Sciences*, pp. 1–11. John Wiley & Sons, Chichester. 10.1002/9780470015902.a0022854.

Clark-Hachtel C.M., Linz, D.M. & Tomoyasu Y. (2013) Insights into insect wing origin provided by functional analysis of *vestigial* in the red flour beetle, *Tribolium castaneum*. *Proceedings of the National Academy of Sciences* **110**, 16951–6.

Cranston, P.S. & Naumann, I. (1991) Biogeography. In: *The Insects of Australia*, 2nd edn (CSIRO), pp. 181–97. Melbourne University Press, Carlton.

Dudley, R. (1998) Atmospheric oxygen, giant Palaeozoic insects and the evolution of aerial locomotor performance. *Journal of Experimental Biology* **201**, 1043–50.

Engel, M.S., Davis, S.R. & Prokop, J. (2013) Insect wings: the evolutionary development of nature's first flyers. In: *Arthropod Biology and Evolution* (eds A. Minelli, G. Boxshall & G. Fusco), pp. 269–98. Springer, Berlin, New York.

Gillespie, R.G. & Roderick, G.K. (2002) Arthropods on islands: colonization, speciation, and conservation. *Annual Review of Entomology* **47**, 595–632.

Giribet, G. & Edgecombe, G.D. (2012) Reevaluating the arthropod tree of life. *Annual Review of Entomology* **57**, 167–86.

Grimaldi, D. & Engel, M.S. (2005) *Evolution of the Insects*. Cambridge University Press, Cambridge.

Harrison, J.F., Kaiser, A. & VandenBrooks, J.M. (2010) Atmospheric oxygen and the evolution of insect body size. *Proceedings of the Royal Society B* **277**, 1937–46.

Ho, S.Y.W. & Lo, N. (2013) The insect molecular clock. *Australian Journal of Entomology* **52**, 101–5.

Jordan, S., Simon, C. & Polhemus, D. (2003) Molecular systematics and adaptive radiation of Hawaii's endemic damselfly genus *Megalagrion* (Odonata: Coenagrionidae). *Systematic Biology* **52**, 89–109.

Kukalová-Peck, J. (1983) Origin of the insect wing and wing articulation from the arthropodan leg. *Canadian Journal of Zoology* **61**, 1618–69.

Kukalová-Peck, J. (1987) New Carboniferous Diplura, Monura, and Thysanura, the hexapod ground plan, and the role of thoracic side lobes in the origin of wings (Insecta). *Canadian Journal of Zoology* **65**, 2327–45.

Kukalová-Peck, J. (1991) Fossil history and the evolution of hexapod structures. In: *The Insects of Australia*, 2nd edn (CSIRO), pp. 141–79. Melbourne University Press, Carlton.

Labandeira, C.C. (2005) The fossil record of insect extinction: new approaches and future directions. *American Entomologist* **51**, 14–29.

Minakuchi, C., Tanaka, M., Miura, K. & Tanaka, T. (2010) Developmental profile and hormonal regulation of the transcription factors broad and Krüppel homolog 1 in hemimetabolous thrips. *Insect Biochemistry andMolecular Biology* **41**, 125–34.

Mitter, C., Farrell, B. & Wiegmann, B. (1988) The phylogenetic study of adaptive zones: has phytophagy promoted insect diversification? *American Naturalist* **132**, 107–28.

Pritchard, G., McKee, M.H., Pike, E.M. *et al.* (1993) Did the first insects live in water or in air? *Biological Journal of the Linnean Society* **49**, 31–44.

Regier, J.C., Schultz, J.W., Zwick, A. *et al.* (2010) Arthropod relationships revealed by phylogenomic analysis of nuclear protein-coding sequences. *Nature* **463**, 1079–84.

Rehm, P., Borner, J., Meusemann, K. *et al.* (2011) Dating the arthropod tree based on large-scale transcriptome data. *Molecular Phylogenetics and Evolution* **61**, 880–7.

Resh, V.H. & Cardé, R.T. (eds) (2009) *Encyclopedia of Insects*, 2nd edn. Elsevier, San Diego, CA. [Veja, particularmente, os artigos sobre padrões biogeográficos; registro fóssil; evolução e biogeografia de ilhas.]

Rota-Stabelli, O., Daley, A.C. & Pisani, D. (2013) Molecular timetrees reveal a Cambrian colonization of land and a new scenario for ecdysozoan evolution. *Current Biology* **23**, 392–8.

Truman, J.W. & Riddiford, L.M. (1999) The origins of insect metamorphosis. *Nature* **401**, 447–52.

Truman, J.W. & Riddiford, L.M. (2002) Endocrine insights into the evolution of metamorphosis in insects. *Annual Review of Entomology* **33**, 467–500.

von Reumont, B.M., Jenner, R.A.,Wills, M.A. *et al.* (2012) Pancrustacean phylogeny in the light of new phylogenomic data: support for Remipedia as the possible sister group of Hexapoda. *Molecular Biology and Evolution* **29**, 1031–45.

Wheat, C.W. & Wahlberg, N. (2013) Phylogenomic insights into the Cambrian explosion, the colonization of land and the evolution of flight in arthropods. *Systematic Biology* **62**, 93–109.

Whitfield, J.B. & Kjer, K.M. (2008) Ancient rapid radiations of insects: challenges for phylogenetic analysis. *Annual Review of Entomology* **53**, 449–72.

Xie, X., Rull, J., Michel, A.P. *et al.* (2007) Hawthorn-infesting populations of *Rhagoletis pomonella* in Mexico and speciation mode plurality. *Evolution* **61**, 1091–105.

Capítulo 9

Insetos Habitantes do Solo

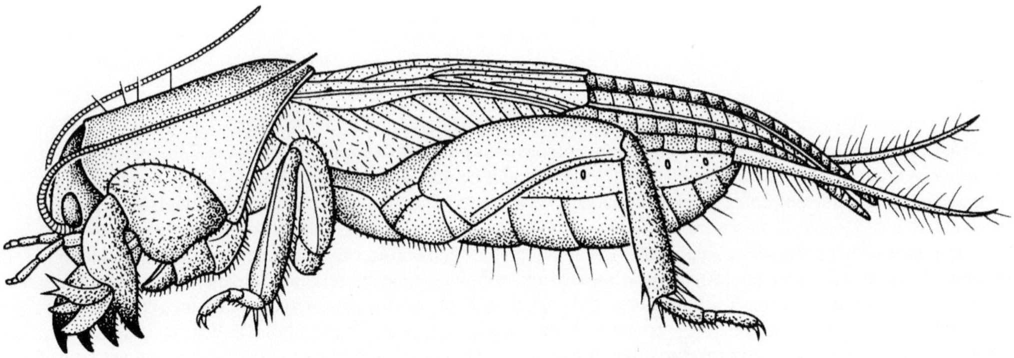

Uma paquinha. (Segundo Eisenbeis & Wichard, 1987.)

O perfil de um solo típico apresenta uma camada superior de material vegetal recentemente depositado, chamada de folhiço, cobrindo o material mais decomposto que se integra com solos orgânicos ricos em húmus. Esses materiais orgânicos estão depositados sobre camadas de solo mineralizado, os quais variam de acordo com a geologia local bem como com fatores climáticos, como precipitação e temperatura presentes e passadas. O tamanho das partículas e a umidade do solo são influências importantes para as microdistribuições de organismos subterrâneos. O hábitat decompositor, incluindo madeira em decomposição, folhiço, carcaça e excrementos, é uma parte integral do sistema do solo. Os processos de decomposição de matéria vegetal e animal e o retorno dos nutrientes para o solo envolvem muitos organismos. Particularmente, as hifas e os corpos de frutificação dos fungos oferecem um meio utilizado por muitos insetos, e todas as faunas associadas a substratos de decomposição incluem insetos e outros hexápodes. Grupos comuns de habitantes de solo são os hexápodes não insetos (Collembola, Protura e Diplura), as traças primitivamente ápteras (Archaeognatha e Zygentoma), e várias ordens ou outros táxons de insetos pterigotos (incluindo Blattodea, as baratas e os cupins; Dermaptera, as tesourinhas; Coleoptera, muitos besouros; e Hymenoptera, particularmente formigas e algumas vespas).

Neste capítulo, consideramos a ecologia e a variedade taxonômica das faunas do solo e decompositoras em relação aos diferentes macro-hábitats do solo, vegetação em decomposição e húmus, madeira morta e em decomposição, excremento e carcaça. Embora os insetos que se alimentam de raízes consumam plantas vivas, nós discutimos esta guilda pouco estudada aqui, em vez de fazê-lo no Capítulo 11. Analisamos a importância das interações insetos-fungos e examinamos duas associações íntimas, e apresentamos uma descrição de um hábitat subterrâneo especializado (cavernas). O capítulo é concluído com uma discussão sobre alguns usos de hexápodes terrestres no monitoramento ambiental. Quatro quadros abordam tópicos especiais, a saber, o uso da mosca-soldado-negra na compostagem (Boxe 9.1), as táticas utilizadas pelas vespas que fazem ninho no solo (especificamente *Philanthus*) para proteger sua cria de microrganismos (Boxe 9.2), o papel dos cupins na modificação de partes da paisagem no sul da África (Boxe 9.3) e a biologia das "pérolas do solo" comedoras de raízes, que são as ninfas de certas cochonilhas (Hemiptera: Margarodidae) (Boxe 9.4).

9.1 INSETOS DO FOLHIÇO E DO SOLO

O folhiço é constituído de restos vegetais caídos, incluindo materiais como folhas, galhos, madeira, fruta e flores em decomposição. A incorporação da vegetação recentemente caída na camada de húmus do solo envolve a degradação por microrganismos como bactérias, protistas e fungos. A ação de nematódeos, minhocas e artrópodes terrestres, incluindo crustáceos, ácaros, e uma variedade de hexápodes (Figura 9.1), degrada partículas maiores e deposita partículas mais finas na forma de fezes. Ácaros (Acari), cupins (Termitoidae), formigas (Formicidae) e muitos besouros (Coleoptera) são artrópodes importantes do

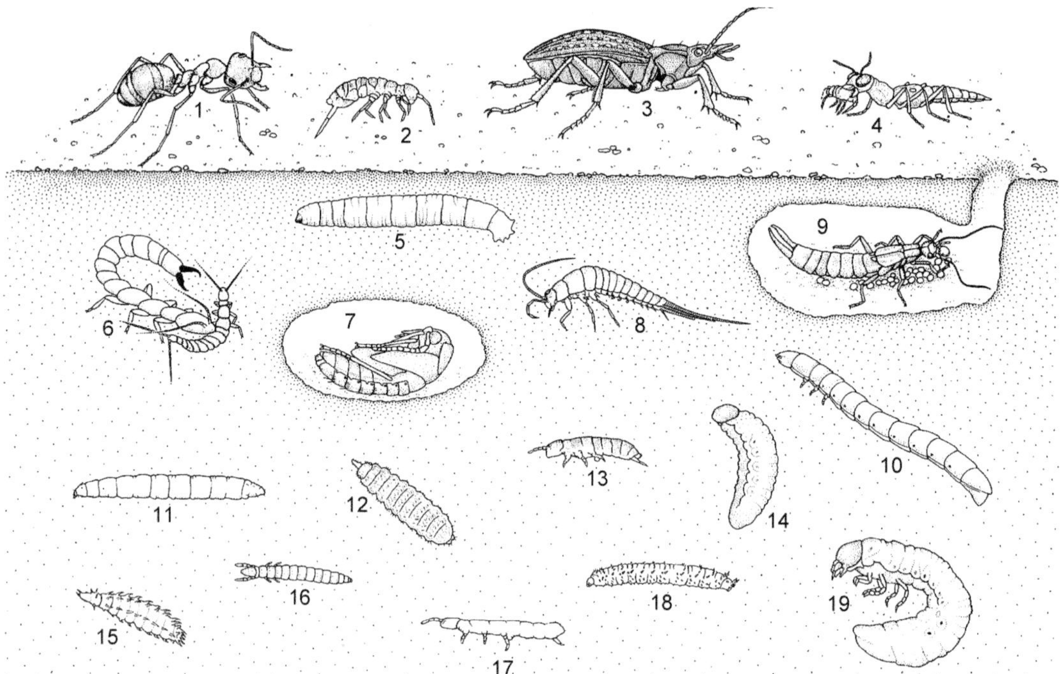

Figura 9.1 Ilustração de solo mostrando alguns insetos e outros hexápodes típicos do solo e do folhiço. Note que os organismos que vivem na superfície do solo e no folhiço têm pernas mais longas que aqueles que vivem em solo mais profundo. Organismos presentes em maiores profundidades geralmente não têm pernas ou as apresentam em tamanho reduzido; são despigmentados e muitas vezes cegos. Os organismos ilustrados são: (1) formiga operária (Hymenoptera: Formicidae); (2) colêmbolo (Collembola: Isotomidae); (3) besouro carabídeo (Coleoptera: Carabidae); (4) besouro (Coleoptera: Staphylinidae) ingerindo um colêmbolo; (5) larva de mosca *crane fly* (Diptera: Tipulidae); (6) dipluro japigídeo (Diplura: Japygidae) atacando um dipluro campodeídeo menor; (7) pupa de besouro carabídeo (Coleoptera: Carabidae); (8) traça-saltadora (Archaeognatha: Machilidae); (9) tesourinha-fêmea (Dermaptera: Labiduridae) cuidando de seus ovos; (10) larva de besouro tenebrionídeo (Coleoptera: Tenebrionidae); (11) larva de mosca *robber fly* (Diptera: Asilidae); (12) larva de mosca-soldado (Diptera: Stratiomydae); (13) colêmbolo (Collembola: Isotomidae); (14) larva de gorgulho (Coleoptera: Curculionidae); (15) larva de muscídeo (Diptera: Muscidae); (16) proturo (Protura: Sinentomidae); (17) colêmbolo (Collembola: Isotomidae); (18) larva de mosca *March fly* (Diptera: Bibionidae); (19) larva de escaravelho (Coleoptera: Scarabaeidae). (Organismos individuais segundo diversas fontes, especialmente Eisenbeis & Wichard, 1987.)

folhiço e de solos ricos em húmus. Os estágios imaturos de muitos insetos, incluindo besouros, moscas (Diptera) e mariposas (Lepidoptera), podem ser abundantes no folhiço e em solos. Por exemplo, em matas e florestas australianas, o folhiço de eucalipto é consumido por larvas de muitas mariposas Oecophoridae e certos besouros Chrysomelidae. Vegetação em decomposição, e frequentemente raízes de plantas e fungos, são consumidos por uma série de larvas de moscas detritívoras, tais como as larvas de moscas-soldado-negras (Stratiomyidae; Boxe 9.1), moscas Bibionidae e moscas Sciaridae (ver também as seções 9.1.1 e 9.5). A fauna do solo também inclui muitos insetos não hexápodes – os colêmbolos (Collembola), proturos (Protura) e dipluros (Diplura) –, e muitas espécies de insetos primitivamente não alados, os Archaeognatha e Zygentoma. Muitos Blattodea, Orthoptera e Dermaptera só aparecem no folhiço terrestre, um hábitat ao qual muitas espécies de diversas ordens menores de insetos, os Zoraptera, Embioptera e Grylloblattodea, estão restritas. Solos que são permanentemente ou regularmente inundados, tais como pântanos e hábitats ripários (nas margens de cursos d'água), integram-se aos hábitats completamente aquáticos (Capítulo 10) e demonstram similaridades de fauna.

No perfil do solo, a transição entre a camada superior de folhiço recentemente caído e a camada mais baixa de folhiço mais decomposto até o solo abaixo, rico em húmus, pode ser gradual. Certos artrópodes podem estar confinados a uma camada ou profundidade em particular, demonstrando comportamento e morfologia diferentes e apropriados à profundidade. Por exemplo, entre os Collembola, espécies de Onychiuridae vivem em camadas profundas do solo e têm apêndices reduzidos, são cegos e brancos, e não têm a fúrcula, órgão para o salto característico da ordem. Em profundidades intermediárias de solo, *Hypogastrura* tem olhos simples, apêndices curtos e fúrcula mais curta do que metade do comprimento do corpo. Por outro lado, Collembola como *Orchesella*, que vive entre o folhiço mais superficial, apresentam olhos maiores, apêndices mais longos, e uma fúrcula alongada, mais comprida do que a metade do corpo.

Os insetos de solo exibem variações morfológicas características. As larvas de alguns insetos têm pernas bem desenvolvidas para permitirem movimentação ativa pelo solo, e as pupas na maioria das vezes apresentam bandas transversais espinhosas que facilitam a movimentação até a superfície do solo para eclosão. Muitos insetos adultos habitantes do solo têm olhos reduzidos e suas asas são protegidas por asas dianteiras endurecidas, ou são reduzidas (braquípteros), ou estão completamente ausentes (ápteros) ou, assim como nos estágios reprodutivos de formigas e cupins, caem após o voo de dispersão (decíduos, ou caducos). A falta da habilidade de voo (seja por ausência primária, seja por perda secundária das asas) em organismos habitantes do solo pode ser compensada pela habilidade de saltar, como um meio de evitar a predação: a fúrcula dos Collembola é um mecanismo de pulo, e os Coleoptera Alticinae ("besouros-pulga") e os Orthoptera terrestres podem saltar para um local mais seguro. O pulo é de pouco valor para organismos subterrâneos, nos quais as pernas anteriores podem ser modificadas para cavar (Figura 9.2), como membros **fossoriais** presentes em grupos que constroem túneis, tais como paquinhas (como ilustrado na abertura deste capítulo), cigarras imaturas, e muitos besouros.

A distribuição de insetos subterrâneos muda sazonalmente. As temperaturas constantes encontradas em maiores profundidades do solo são atraentes no inverno para evitar as baixas temperaturas acima do solo. O nível de água no solo é importante na determinação das distribuições verticais e horizontais. Com frequência, larvas de insetos subterrâneos que vivem em solos úmidos buscam lugares mais secos para a fase de pupa, reduzindo

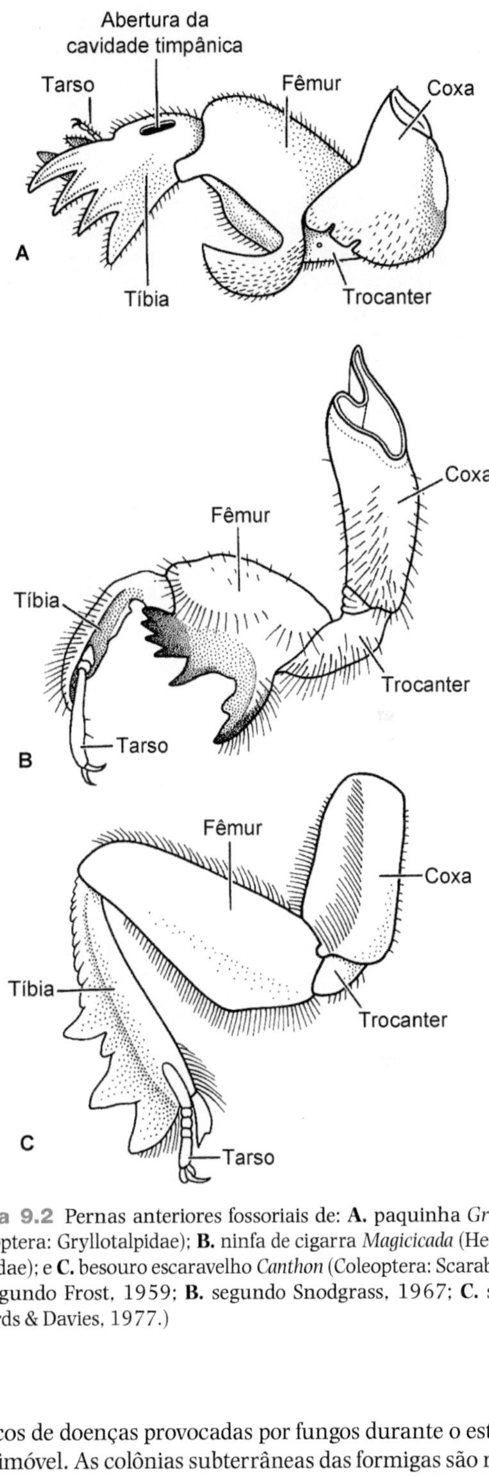

Figura 9.2 Pernas anteriores fossoriais de: **A.** paquinha *Gryllotalpa* (Orthoptera: Gryllotalpidae); **B.** ninfa de cigarra *Magicicada* (Hemiptera: Cicadidae); e **C.** besouro escaravelho *Canthon* (Coleoptera: Scarabaeidae). (**A.** Segundo Frost, 1959; **B.** segundo Snodgrass, 1967; **C.** segundo Richards & Davies, 1977.)

os riscos de doenças provocadas por fungos durante o estágio de pupa imóvel. As colônias subterrâneas das formigas são normalmente localizadas em áreas mais secas, ou a entrada da colônia está elevada acima da superfície do solo para impedir inundações durante a chuva, ou a colônia inteira pode estar elevada para evitar o excesso de umidade no solo. A localização e a estrutura das colônias de formigas e cupins são muito importantes para a regulação da umidade e da temperatura porque, ao contrário de vespas e abelhas sociais, elas não podem ventilar as colônias abanando as asas, embora possam migrar dentro das colônias ou, em algumas espécies, entre colônias diferentes. A regulação passiva do ambiente interno da colônia é exemplificada por cupins *Amitermes* (ver Figura 12.10) e também *Macrotermes* (ver Figura 12.11), os quais mantêm um ambiente interno adequado para o crescimento de fungos específicos que servem de alimento (seção 9.5.3 e seção 12.2.4).

Boxe 9.1 Moscas-soldado podem reciclar lixo orgânico

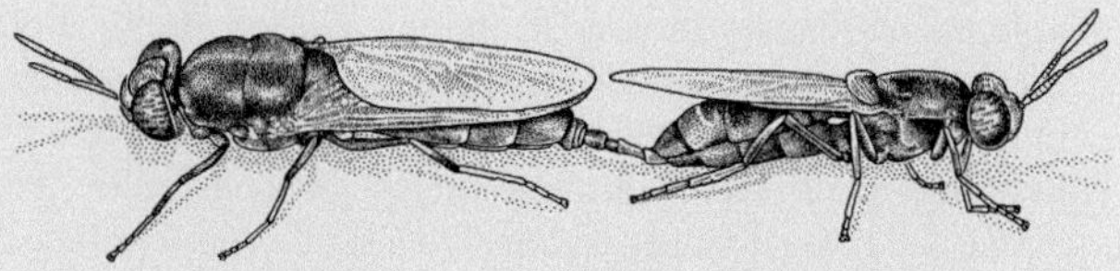

A maioria de nós vive em cidades e tem pouco ou nenhum contato com a gestão de resíduos ou a agricultura, até mesmo na escala de nossos quintais. Em alguns países, um serviço do governo local coleta e separa o nosso lixo doméstico "verde", tal como restos de cozinha e material vegetal, mas para muitas residências, o lixo "verde" não é separado do lixo comum destinado aos aterros. Cada vez mais o gerenciamento de lixo urbano precisa ser reavaliado porque as áreas de aterros são finitas, não renováveis e custosas. Pessoas que cultivam em suas casas sabem que o lixo do jardim (quintal) e da cozinha pode aumentar a fertilidade do solo por meio do húmus produzido pela atividade de minhocas em composteiras (vermicultura). Tais sistemas podem ser escalonados para o uso da comunidade. Entretanto, até mesmo os sistemas fundamentados em minhocas bem gerenciados dependem de alguma pré-triagem (pouco ou nenhum material cítrico ou animal) e podem sofrer com o subproduto do incômodo de moscas tais como *Musca domestica* (mosca-doméstica) e Drosophilidae (moscas-das-frutas/vinagre), e o fracasso em certas condições do ar, água ou temperatura.

Uma contribuição potencialmente valiosa para a rápida degradação do lixo orgânico é baseada em um Stratiomyidae (Diptera), a mosca-soldado-negro *Hermetia illucens*. Essas moscas atraentes são comuns nas partes tropicais e temperadas do planeta, onde ocorrem naturalmente em vegetação em decomposição e algumas vezes em carcaças. Sistemas abertos de compostagem geralmente contêm as larvas detritívoras dessas moscas, e sob certas condições as larvas de moscas-soldado podem dominar e excluir minhocas e todos os outros invertebrados. As vantagens incluem larvas vorazes com uma amplitude de dieta que é mais ampla do que aquela de minhocas, e a tolerância aos baixos níveis de oxigênio, pH mais elevado, maiores temperaturas e a presença de resíduos de origem animal. Além do mais, as larvas maduras e as pré-pupas desses Stratiomyidae são um recurso suplementar valioso para rações animais, incluindo para galinhas e peixes, e como ração viva para animais de estimação como anfíbios e répteis. As pré-pupas são ricas em proteínas e lipídios, e contêm quantidades apreciáveis de fósforo e cálcio da cutícula (como é típico de todos os Stratiomyidae).

Para os sistemas domésticos mantidos para a produção de adubo, o uso de Stratiomyidae no tratamento pode ser desvantajoso, pois a maior parte dos nutrientes acabam reciclados nas larvas e pupas da mosca, e os resíduos que melhoram o solo são apenas modestos quando comparados aos produzidos por sistemas fundamentados em minhocas. Entretanto, para o lixo urbano e da agricultura, incluindo o lixo pútrido como altos níveis de nitrogênio, tal como produzido por porcos, galinhas e resíduos da produção de café, o tratamento rápido e higiênico pode prevalecer sobre a produção de adubo.

O ciclo de vida natural envolve uma fêmea fertilizada de mosca ovipositando entre 500 e 1.000 ovos próximo ao material úmido em decomposição, com o desenvolvimento da larva no material por meio de cinco instares, dos quais o último é um estágio pré-pupa ativo, mas que não se alimenta. De maneira ótima, esse ciclo de vida imaturo leva 2 semanas, mas dura mais tempo em baixas temperaturas. A larva pré-pupa, que pode ter 20 mm de comprimento, migra para longe da fonte de alimento, buscando um local protegido e seco para a pupação (dentro de uma cutícula esclerotizada do último instar larval; seção 6.2.3). O adulto vive por mais ou menos 1 semana, durante a qual ocorre o acasalamento (como apresentado aqui, com a fêmea do lado esquerdo; segundo a fotografia de Muhammad Mahdi Karim, 2009, www.micro2macro.net), e a oviposição começa um novo ciclo.

No uso comercial dessas moscas para o processamento de lixo e para a produção de larvas para ração de animais, essas características são aproveitadas em unidades de processamento de lixo (tal como ilustrado aqui para uma composteira de balde que produz larvas de mosca a partir de restos de comida; segundo Black Soldier Fly Blog, 2012). As moscas podem colonizar uma cultura naturalmente ou podem ser compradas para a "semeadura". A grande vantagem desse sistema é a total exclusão de moscas com maior longevidade e que transmitem doenças que prosperam no lixo não manejado. Em ensaios que utilizaram três unidades por 1 ano, uma entrada de até 100 kg diários de lixo proveniente de restaurantes e supermercados foi convertida em larvas a uma taxa de digestão de 15 kg/m^2 de superfície da unidade por dia, a uma taxa de conversão de 20% de peso molhado (24% de peso seco) da entrada original de resíduos. A bioconversão é mais rápida em altas temperaturas, auxiliada pelo calor produzido pela respiração larval, até que a tolerância máxima ao calor seja atingida e as larvas dispersam para partes mais frescas do meio. Em inversos frios, a atividade diminui, mas pode ser aumentada em estufas – entretanto, temperaturas abaixo de 0°C matam as larvas. Os projetos de produção podem incorporar rampas para as larvas que permitam que as larvas migrem para recipientes de autocoleta.

A nossa própria experiência na Califórnia com latas normais de "compostagem" que naturalmente desenvolveram populações de moscas-soldado-negro foi de que, durante o verão, todo o lixo da casa, incluindo refugo animal tal como pequenos ossos e material vegetal intratável de outras maneiras (cascas cítricas e de abacates, resíduos de uvas), foram consumidos (às vezes de maneira audível) rapidamente por uma camada de 5 a 10 cm de espessura de larvas famintas. A atividade diminuiu no inverno, mas a nossa única perda de larvas foi causada por nossa ausência durante um período de seca prolongado. Em 10 anos, os conteúdos da lata nunca passaram da metade e nós nunca esvaziamos essa lata. Moscas-domésticas nunca estiveram presentes, e as pré-pupas e pupários encobertos eram iguarias muito procuradas por corvídeos, gambás e, ocasionalmente, guaxinins.

Uma pesquisa australiana sugere que sistemas de escala moderada seriam valiosos para locais remotos, incluindo ilhas tropicais/subtropicais, onde hotéis geram resíduos de comida que precisam ser enviados por navio para aterros no continente, com altos custos. Além do mais, as aves nativas adoram o produto produzido!

Uma ameaça constante para os insetos habitantes de solo é o risco de infecção por microrganismos, especialmente fungos patogênicos. Portanto, muitas formigas que fazem ninhos no solo protegem a si mesmas e à cria utilizando secreções antibióticas produzidas a partir de glândulas metapleurais no seu tórax (Taxoboxe 29). Formigas especialistas, que nidificam no solo, da tribo Attini controlam doenças causadas por fungos em seus ninhos com antibióticos produzidos por bactérias simbiontes cultivadas em cavidades da cutícula das formigas (seção 9.5.2). A vespa-europeia *Philanthus triangulum*, e outras vespas-cavadoras do gênero *Philanthus* (Crabronidae), também utilizam bactérias simbiontes para proteger sua prole de infecções durante o desenvolvimento dentro de ninhos em tocas no solo (Boxe 9.2). A bactéria mutualista de ambas formigas Attini e vespas Crabronidae pertence ao Actinomycetales, um grupo caracterizado pela capacidade de sintetizar um conjunto de substâncias químicas antifúngicas e antibacterianas. A maioria das tesourinhas (Dermaptera) vive em ambientes úmidos e deve lidar com a alta exposição a micróbios. Uma análise recente das secreções da glândula defensiva abdominal de diversas tesourinhas (incluindo a tesourinha-europeia, *Forficula auricularia*) identificou 1,4-benzoquinonas que tinham atividade antimicrobiana contra bactérias e fungos entomopatogênicos testados. Espera-se que estudos adicionais sobre as simbioses inseto-micróbio entre os insetos habitantes de solo revelem diversos mecanismos para se defender de patógenos. Um resultado pode ser a identificação de novos antibióticos com aplicações na medicina humana.

Muitos hexápodes habitantes do solo baseiam sua nutrição na ingestão de grandes volumes de solo contendo detritos de animais e vegetais mortos ou em decomposição e microrganismos associados. Esses consumidores em massa, conhecidos como **saprófagos** ou **detritívoros**, incluem hexápodes como alguns Collembola, larvas de besouro, e certos cupins (Termitoidae: Termitinae, incluindo *Termes* e espécies aparentadas). Aparentemente, esses cupins têm celulases endógenas e uma variedade de micróbios intestinais e parecem ser capazes de digerir celulose das camadas de húmus do solo. É produzido excremento em profusão (fezes), e esses organismos claramente desempenham um papel significativo na estruturação de solos nos trópicos e subtrópicos.

Artrópodes que consomem solos húmicos inevitavelmente encontram as raízes das plantas. As partes finas das raízes frequentemente se associam com micorrizas e rizobactérias, formando

Boxe 9.2 Táticas antimicrobianas para proteger a cria de vespas que fazem ninhos no solo

Os insetos habitantes de solo são particularmente suscetíveis a infecções por fungos e bactérias devido a umidade e temperatura adequadas das tocas de solo. Embora a evolução de mecanismos para a proteção contra micróbios deva ter sido favorecida em tais insetos (seção 9.1), bem poucos exemplos são conhecidos. A descoberta de bactérias simbiontes associadas com uma vespa que faz ninhos no solo sugere um tipo importante de mutualismo que pode estar difundido em outros insetos que fazem ninhos no solo, particularmente Hymenoptera. A vespa-europeia *Philanthus triangulum* é uma grande vespa-cavadora (Crabronidae) que constrói ninhos em tocas no solo arenoso e supre as células da cria com abelhas melíferas paralisadas como alimento para suas larvas (como mostrado à esquerda, com uma vespa-fêmea arrastando uma abelha capturada). A vespa-fêmea cobre a parte superior de cada célula da cria com uma substância esbranquiçada que ela secreta a partir de glândulas nas suas antenas. Essas glândulas estão presentes nos antenômeros 4 a 8 (conforme mostrado no desenho do meio de um corte longitudinal da antena, com base em Goettler *et al.*, 2007). A secreção tem duas funções: (i) proporciona uma pista para a orientação da rotação do casulo pela larva da vespa para facilitar, posteriormente, a emergência do adulto a partir da sua célula de cria; e (ii) ela se torna incorporada no casulo da vespa e inibe uma infecção microbiana durante a diapausa de inverno. A substância branca consiste principalmente em bactérias simbiontes do gênero *Streptomyces* (Actinomycetales, a bactéria actinomicete), as quais são cultivadas nas glândulas antenais da fêmea da vespa (mostrada em ampliação à direita, com base em Kaltenpoth *et al.*, 2005). Acredita-se que a bactéria produza antibióticos que controlam o crescimento de outros microrganismos; larvas de vespas desprovidas da substância branca sofrem altos níveis de mortalidade. Observações comportamentais apontam para uma transmissão vertical da bactéria, da vespa-mãe para a prole. Bactérias *Streptomyces* proximamente aparentadas ocorrem em outras espécies de *Philanthus*, sugerindo uma origem antiga para o mutualismo vespa-*Streptomyces*.

Outra tática antimicrobiana praticada pela fêmea da vespa-europeia retarda a degradação fúngica da abelha-presa que ela armazena para sua larva. Lambendo a superfície das abelhas paralisadas antes de depositar um ovo em cada célula da cria, a vespa fêmea aplica grandes quantidades de secreção das suas glândulas pós-faríngeas (PPG, do inglês *post-pharyngeal glands*) sobre a presa. Hidrocarbonetos não saturados na secreção da PPG ajudam a preservar a presa, evitando a condensação de água na cutícula da abelha, criando, portanto, condições desfavoráveis para a germinação de esporos de fungos. Nenhum efeito antifúngico direto, mediado quimicamente pela secreção da PPG, foi detectado. Nos machos dessas vespas, a secreção da PPG funciona como um marcador olfatório para seus territórios e como um odor que atrai as fêmeas, enquanto a glândula homóloga nas formigas produz o odor da colônia. São necessárias pesquisas para investigar a PPG em outros Hymenoptera aculeados para entender a evolução e as funções dessa glândula.

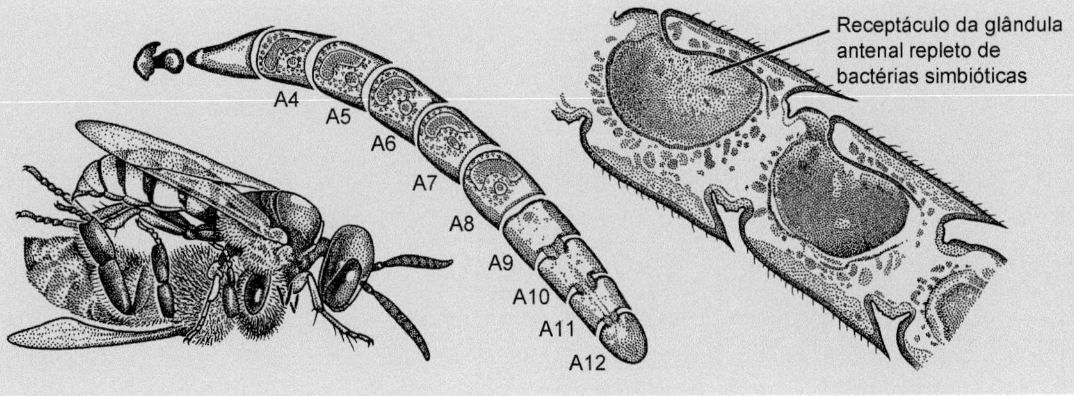

uma zona chamada de rizosfera. As densidades de fungos e bactérias são dez vezes maiores em solos próximos à rizosfera, em comparação com solos distantes das raízes, e as densidades de microartrópodes são correspondentemente maiores próximo à rizosfera. A alimentação seletiva dos Collembola, por exemplo, pode restringir o crescimento de fungos que são patogênicos para as plantas, e seus movimentos ajudam no transporte de fungos e bactérias benéficos para a rizosfera. Além disso, interações de microartrópodes e fungos na rizosfera e em outros lugares pode ajudar na mineralização de nitrogênio e fosfatos, disponibilizando estes elementos para as plantas.

Alguns grupos de insetos habitantes do solo, tais como muitas espécies de formigas e cupins, derivam sua comida majoritariamente da superfície do solo, em vez de a partir de dentro dele. Entre os cupins, por exemplo, existem dois principais grupos de alimentação: (i) os que se alimentam de solo (mencionados anteriormente); e (ii) os que se alimentam de folhiço (incluindo grama). Cupins que se alimentam do folhiço coletam material vegetal vivo ou morto, ao passo que formigas que nidificam no solo coletam artrópodes vivos ou mortos, sementes, e/ou líquidos ricos em açúcares tais como néctar ou *honeydew*, dependendo da espécie de formiga e da estação. Os principais grupos de cupins habitantes do solo são os cupins subterrâneos (Rhinotermitidae, especialmente *Coptotermes* e *Reticulitermes*) e os cupins que constroem cupinzeiros (na maioria das vezes Termitidae tais como espécies de *Macrotermes*, mas também alguns Rhinotermitidae). Os hábitos de nidificação e alimentação dos cupins são discutidos em mais detalhes na seção 12.2.4, e formigas são discutidas na seção 12.2.3. Em diversos ecossistemas, os cupins atuam como engenheiros, criando hábitats heterogêneos e exercendo um papel fundamental na mistura física do perfil do solo e na ciclagem de nutrientes (Boxe 9.3). Em paisagens de savana, os cupinzeiros (tais como os de espécies de *Macrotermes* e *Odontotermes*) geralmente formam ilhas de fertilidade associadas com maior qualidade de forrageio das gramíneas e da vegetação lenhosa e, portanto, criando *hotspots* para o forrageamento de vertebrados herbívoros.

Boxe 9.3 Engenharia de ecossistemas por cupins do sul da África

Os cupins são os mais importantes engenheiros de ecossistemas em diversos lugares, incluindo ambientes rigorosos, devido ao seu amplo forrageamento e à sua habilidade de exercer controle sobre a temperatura e umidade de seus locais de habitação. Os cupins são engenheiros alogênicos, em que eles modificam o ambiente por meio de alterações físicas na forma do hábitat.

Recentemente, os cupins foram confirmados como sendo agentes causadores de formações enigmáticas da paisagem chamadas de "anéis de fadas" – discos uniformemente espalhados desprovidos de vegetação em seus interiores, mas com um anel ou cinturão periférico formado por altas gramíneas perenes de forma densa (como ilustrado aqui; segundo Juergens, 2013). A origem desses círculos tem sido debatida há muito tempo, apesar de cupins ou formigas terem sido apontados como os culpados favoritos. Os círculos ocorrem em pradarias áridas em solo arenoso em partes da borda leste do deserto Namib na Namíbia e partes contíguas de Angola e África do Sul e são encontrados no meio de uma matriz de gramíneas anuais ou de vida curta. O tamanho dos círculos varia, de um diâmetro médio de aproximadamente 4 metros no sul até 35 metros no norte da distribuição, com um diâmetro máximo de quase 50 metros. Círculos individuais persistem por décadas e talvez por algumas centenas de anos. A confirmação do papel dos cupins veio de um estudo envolvendo diversos anos de amostragem em locais ao longo da distribuição conhecida dos anéis de fadas. Somente o cupim *Psammotermes allocerus* (Termitoidae: Rhinotermitidae) foi associado consistentemente com a maioria dos círculos, incluindo os recém-formados. Entre 80 e 100% dos círculos continham ninhos de *P. allocerus* e suas redes de galerias subterrâneas, assim como as características lâminas finas de areia cimentada construídas sobre material das gramíneas para proteger o forrageamento superficial. Nos círculos recém-formados foram observadas as tocas dos cupins, as quais matam as gramíneas por meio de danos nas raízes. O solo sob o centro dos círculos contém maior conteúdo de umidade do que o solo que fica fora do perímetro do círculo, e cupins que escavam em círculos de qualquer idade provavelmente facilitam a acumulação de água da chuva. Além disso, especula-se que os cupins matam as raízes de qualquer gramínea que germine no círculo, assim como se alimentam das gramíneas perenes na borda interna do cinturão periférico, resultando em um alargamento do círculo. A remoção de plantas que transpiram água de dentro dos círculos promoveria a retenção de água, criando condições

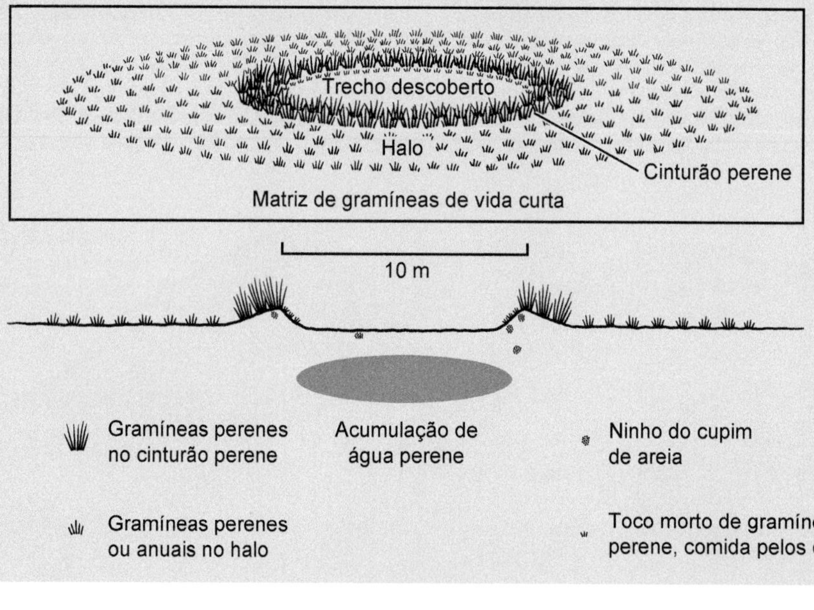

(*continua*)

Boxe 9.3 Engenharia de ecossistemas por cupins do sul da África (*Continuação*)

adequadas do solo para os cupins, e essa fonte perene de água também permitiria o crescimento de gramíneas de vida longa nas periferias. Portanto, os cupins criam e mantêm uma fonte de gramíneas perenes que deveria facilitar sua sobrevivência no deserto, até mesmo em anos de seca extrema.

Um estudo diferente envolvendo uma amostragem mais restrita encontrou uma associação entre os anéis de fadas e a formiga *Anoplolepis steingroeveri* (Hymenoptera: Formicidae), a qual era mais abundante dentro dos círculos do que na matriz circundante. Na principal área de estudo na Namíbia, essas formigas escavaram e danificaram as raízes de gramíneas para ter acesso aos hemípteros Meenoplidae que produzem *honeydew* e que se alimentam nas raízes. Embora em alguns locais as formigas devam desempenhar um papel secundário na manutenção dos círculos livres de vegetação, elas são nômades e não são responsáveis pela formação dos círculos.

Outro exemplo africano de engenharia ambiental por cupins ocorre mais ao sul na área de chuva de inverno no sudoeste da África do Sul. Aqui, gigantescos montes de terra do cupim coletor do sul, *Microhodotermes viator* (Termitoidae: Hodotermitidae), formam um aspecto proeminente e amplamente difundido da paisagem. Os cupinzeiros maduros ou senescentes, chamados de "*heuweltjies*", são geralmente tampados com uma camada de areia e podem alcançar até 32 metros de diâmetro e 2,5 metros de altura. Dados de datação com δ ^{14}C e traços fósseis sugerem que esses enormes cupinzeiros podem ter até 4.000 anos de idade. Os cupins são tanto herbívoros como detritívoros, uma vez que se alimentam mediante coleta de vegetação fresca e também por forrageamento nas fezes de outros animais. Os solos dos *heuweltjies* são tipicamente mais aerados, retêm mais água por períodos mais longos após chuvas, e têm níveis de nutrientes mais elevados e mais atividade biogeoquímica do que solos onde não existem cupinzeiros. Consequentemente, a vegetação nos cupinzeiros pode diferir marcadamente daquela que ocorre longe dos cupinzeiros. Outra característica desses cupinzeiros é seu espaçamento geralmente com padrão uniforme, com a densidade de cupinzeiros variando dependendo da fertilidade do solo e do tipo de vegetação, sob influência da pluviosidade. Os cupins e seus cupinzeiros têm um papel-chave na ciclagem de energia, fornecendo hábitat e recursos alimentares para *aardvarks* e uma série de outros animais mais conspícuos, e promovendo a riqueza e a reposição de espécies na paisagem.

9.1.1 Insetos que se alimentam de raízes

Embora 50 a 90% da biomassa das plantas possa estar abaixo do solo, os herbívoros que se alimentam ocultos nas raízes de plantas são negligenciados nos estudos de interações insetos-plantas. As atividades de alimentação de raízes são difíceis de serem quantificadas no espaço e no tempo, mesmo para táxons carismáticos como as cigarras periódicas (*Magicicada* spp.) das florestas decíduas do leste da América do Norte. Entretanto, essas ninfas de cigarras que se alimentam do xilema da raiz têm as maiores biomassas relatadas por unidade de área de qualquer animal terrestre nativo e podem reduzir o crescimento das árvores, medido por meio de anéis de crescimento, em até 30% quando comparado com árvores não infestadas. Os danos provocados por insetos mastigadores de raízes e minadores, tais como as larvas de algumas mariposas e as larvas de besouros incluindo Elateridae, Tenebrionidae, Curculionidae, Scarabaeidae, Chrysomelidae, Alticinae e Galerucinae, podem tornar-se evidentes apenas se as plantas que estão acima do solo caírem. Entretanto, a letalidade é o extremo de um espectro de reações, com algumas plantas reagindo por meio de um crescimento aumentado acima do solo, outras apresentando reações neutras (talvez por resistência), e outras suportando danos não letais. Insetos que sugam seiva nas raízes da planta, como alguns Aphidae (ver Boxe 11.2) e cochonilhas (Boxe 9.4), provocam a perda de vigor da planta ou morte, em especial se o tecido necrosado que foi atacado pelo inseto for invadido secundariamente por fungos e bactérias. Se ninfas de cigarras periódicas ocorrerem em pomares, elas podem causar danos sérios, porém a natureza do relacionamento com as raízes das quais elas se alimentam continua pouco conhecida (ver também seção 6.10.5). Cada vez mais, no entanto, tem sido demonstrado que as atividades de alimentação de insetos herbívoros habitantes do solo podem influenciar as dinâmicas da comunidade de plantas e a *performance* dos herbívoros que ocorrem acima do solo. Isso ocorre porque as respostas das plantas são tipicamente sistêmicas, e sinais podem mover-se entre as raízes e as partes aéreas da planta.

Insetos que se alimentam de raízes podem explorar uma série de pistas químicas das plantas para localizar seus alimentos vegetais no solo. Emissões de dióxido de carbono (CO_2) da respiração das raízes são rapidamente difundidas no solo e podem fazer com que os insetos habitantes do solo procurem de maneira mais intensa. Estudos limitados sugerem que alguns insetos habitantes do solo podem se orientar para uma fonte de CO_2, mas sugerem que outros exsudatos possam ser sinais mais importantes e alterar a resposta dos insetos ao CO_2. Quase 100 compostos diferentes, na maioria das vezes voláteis, que podem mediar a localização de plantas hospedeiras já foram identificados de raízes na rizosfera. A maioria dessas substâncias químicas age como atraente, mas alguns são repelentes, ou podem atrair ou repelir, dependendo da concentração. Uma vez que os insetos começam a se alimentar nas raízes, alguns compostos, tais como açúcares, agem como fagoestimulantes, ao passo que metabólitos secundários das plantas, tais como fenóis, podem deter a alimentação. Apesar da evidência de que uma diversidade de substâncias químicas pode induzir respostas comportamentais em insetos que se alimentam de raízes, poucas tentativas têm sido feitas para manipular a ecologia química das raízes no manejo de pragas.

Insetos que se alimentam de raízes podem ser pragas importantes da agricultura e horticultura. Por exemplo, o principal dano a campos contínuos de milho na América do Norte é devido a lagartas de raízes do oeste, do norte e do México, que são larvas de espécies de *Diabrotica* (Coleptera: Chrysomelidae). Milharais com raízes danificadas por lagartas são mais suscetíveis a doenças e estresse hídrico e têm uma produção reduzida, levando a uma perda total estimada mais os custos de controle de mais de um bilhão de dólares anualmente nos EUA. Na Europa, a mosca *Delia radicum* (Diptera: Anthomyiidae) danifica as brássicas (couves, repolhos e aparentados) devido às suas larvas que se alimentam de raízes e caules (chamadas de lagartas-da-couve). As larvas de certos dípteros Sciaridae são pragas de cultivos de cogumelos e danificam as raízes de plantas domésticas e cultivadas em estufa. O gorgulho *Otiorhynchus sulcatus* (Coleptera: Curculionidae) é uma praga séria de árvores e arbustos cultivados na Europa e na América do Norte. As larvas danificam tanto o cume quanto as raízes de diversas plantas e podem manter estoques populacionais em áreas abandonadas bem como em áreas cultivadas. Esse *status* de praga do gorgulho é agravado pela sua alta fecundidade e pela dificuldade de detectar sua presença precocemente, inclusive em plantas de viveiro ou em solo que está sendo transportado.

Boxe 9.4 "Pérolas do solo"

Em algumas partes da África, as ninfas encistadas ("pérolas do solo") de certas cochonilhas subterrâneas são utilizadas em colares pela população local. As ninfas desses insetos apresentam poucas características cuticulares, exceto por seus espiráculos e peças bucais sugadoras. Elas secretam uma cobertura opaca ou transparente, vítrea ou perolada que as encerra, formando "cistos" esféricos a ovoides cuja maior dimensão é de 1 a 8 mm, dependendo da espécie. As pérolas do solo pertencem a diversos gêneros de Margarodidae (Hemiptera), incluindo *Eumargarodes*, *Margarodes*, *Neomargarodes*, *Porphyrophora* e *Promargarodes*. Elas ocorrem em todo o mundo, em solos em meio a raízes de gramados, em especial cana-de-açúcar e videiras (*Vitis vinifera*). Elas podem ser abundantes, e sua alimentação na fase de ninfa pode causar perda do vigor da planta ou até morte; em gramados, a alimentação resulta em porções marrons de grama morta. Na África do Sul, elas são pragas sérias em vinícolas; na Austrália, espécies diferentes reduzem a produção de cana-de-açúcar; no sudoeste dos EUA, uma das espécies é uma praga da grama.

O dano à planta é provocado principalmente pelas fêmeas de insetos porque muitas espécies são partenogenéticas ou, pelo menos, nunca foram encontrados machos; quando estes estão presentes, são menores que as fêmeas. Há três instares na fêmea (como ilustrado aqui para *Margarodes* (= *Sphaeraspis*) *capensis*, com base em De Klerk *et al.*, 1982): a ninfa de primeiro instar se dispersa no solo buscando um local de alimentação em raízes, onde muda para o segundo instar ou estágio de cisto; a fêmea adulta emerge do cisto entre a primavera e o outono (dependendo da espécie) e, em espécies com machos, sobe à superfície do solo, onde ocorre o acasalamento. A fêmea, então, enterra-se novamente, cavando com suas grandes pernas dianteiras fossoriais. A coxa da perna dianteira é larga, o fêmur é enorme e o tarso é fundido com a garra fortemente esclerotizada. Em espécies partenogenéticas, as fêmeas podem nunca sair do solo. As fêmeas adultas não têm peças bucais e não se alimentam; no solo, elas secretam massa cerosa de filamentos brancos – um ovissaco, que envolve suas muitas centenas de ovos.

Embora as pérolas do solo possam se alimentar por meio de seus estiletes afilados, os quais são projetados para fora do cisto, as ninfas da maioria das espécies são capazes de dormência prolongada (até 17 anos são registrados para uma espécie). Com frequência, as ninfas encistadas podem ser mantidas secas no laboratório por um ou mais anos, e ainda serem capazes de "emergir" como adultas. Essa vida longa e a habilidade de permanecer dormente no solo, junto com a resistência à dessecação, significam que é difícil erradicá-las de campos infestados, e até a rotação de culturas não as elimina efetivamente. Além disso, a proteção criada pela parede do cisto e a existência subterrânea tornam o controle por inseticidas bastante inapropriado. Muitos desses curiosos insetos nocivos são provavelmente de origem africana e sul-americana, de modo que, antes das restrições de quarentena, podem ter sido difundidos entre países como cistos no solo ou em rizomas.

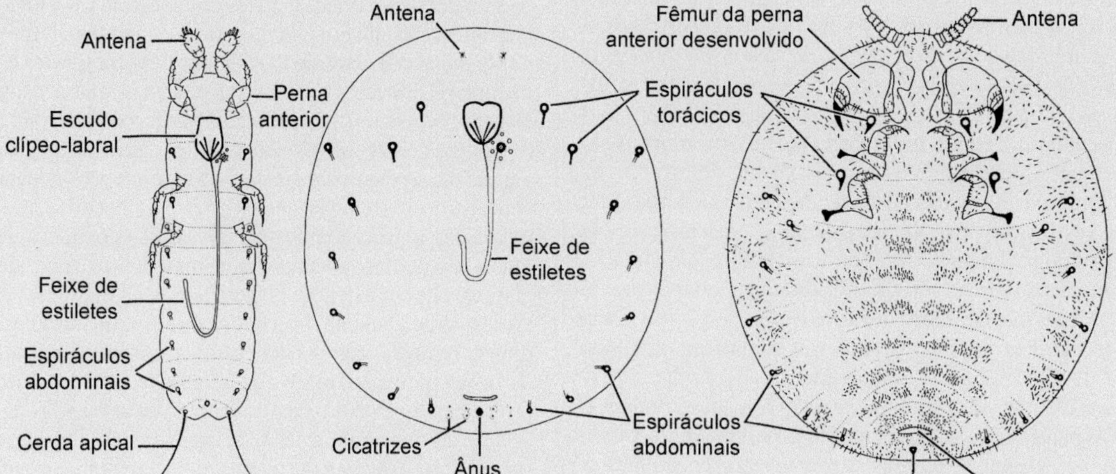

De modo semelhante, as larvas do gorgulho *Sitona*, as quais se alimentam de raízes e nódulos de fixação de nitrogênio de trevo e de outros legumes na Europa e nos EUA, são particularmente problemáticas para culturas de legumes e para pastos. A obtenção de estimativas de perdas de produção devido a essas larvas é difícil, já que sua presença pode ser subestimada ou mesmo passar despercebida; além disso, medir a extensão do dano subterrâneo é tecnicamente desafiador.

Insetos detritívoros que se alimentam no solo provavelmente não evitam de forma seletiva as raízes de plantas. Como consequência, onde existem altas densidades de larvas de moscas que ingerem solo em pastos, como Tipulidae, Sciaridae, e Bibionidae, as raízes são danificadas por suas atividades. Há relatos frequentes sobre essas atividades causando problemas econômicos em pastos manejados, campos de golfe e fazendas produtoras de grama.

O uso de insetos como agentes de controle biológico, para o controle de plantas exóticas/invasoras, enfatiza os fitófagos que se alimentam de partes superficiais como sementes e folhas (ver seção 11.2.7), mas tende a negligenciar os táxons que danificam a raiz. Mesmo com o crescente reconhecimento de sua importância, dez vezes mais agentes de controle de superfície são lançados, em comparação com os que se alimentam de raiz. No ano 2000, mais de 50% dos agentes de controle biológico lançados, que se alimentam de raiz, contribuíram para a supressão das plantas invasoras específicas; em comparação, cerca de 33% dos agentes de controle biológico de superfície contribuíram com alguma supressão da sua planta hospedeira. Os Coleoptera, em particular Curculionidae e Chrysomelidae, parecem ser os mais eficientes no controle, ao passo que Lepidoptera e Diptera são um pouco menos.

9.2 INSETOS E ÁRVORES MORTAS OU MADEIRA EM DECOMPOSIÇÃO

Os insetos podem desempenhar um papel na transmissão de fungos patogênicos, causando o apodrecimento da madeira de árvores mortas ou a morte de árvores hospedeiras. Por exemplo, a grafiose (doença holandesa do ulmeiro) mata os ulmeiros (*Ulmus*) e é causada por fungos transmitidos por besouros (seção 4.3.3; Boxe 17.4), e um fungo patogênico de pinheiros é transmitido por vespas do gênero *Sirex* (ver Boxe 11.3). O apodrecimento contínuo dessas árvores infectadas e daquelas que morrem de causas naturais geralmente envolve outras interações de insetos e fungos.

Os besouros que perfuram madeira (Curculionidae) das subfamílias Scolytinae e Platypodinae são comumente chamados de besouros da casca da árvore ou besouros de ambrosia, dependendo nos seus tipos e nos seus graus de dependência no fungo associado. A associação varia desde a transmissão de fitopatógenos para as árvores hospedeiras, passando pelo enriquecimento da dieta lenhosa com micélios dos fungos, até a **micofagia** (alimentação com fungos) no caso dos besouros da ambrósia. Os besouros da casca da árvore (a maioria, se não todos os Scolytinae) se reproduzem na parte interna da casca de árvores, com muitas espécies entrando em árvores mortas, enfraquecidas ou moribundas, apesar de que algumas espécies atacam e matam árvores sadias (seção 4.3.2 e seção 4.3.3).

Os besouros da ambrósia (Platypodinae e alguns Scolytinae) estão envolvidos em uma associação notável com fungos ambrósia e madeira morta, a qual é denominada popularmente de "a evolução da agricultura" em besouros. Os besouros adultos escavam túneis (em geral chamados de galerias), predominantemente em madeira morta (Figura 9.3), embora alguns ataquem madeira viva. Os besouros minam no floema, na madeira, em brotos, ou em frutos lenhosos, que são por eles infectados com fungos "ambrósia" ectossimbiontes habitantes de madeira, que são transferidos em sáculos cuticulares especiais chamados de **micângios**, os quais armazenam o fungo durante a estivação ou a dispersão do inseto. Os fungos ambrósia parecem dependentes de seus besouros hospedeiros para o transporte e inoculação. Esses fungos, os quais vêm de uma ampla variação taxonômica, reduzem as defesas da planta e degradam a madeira tornando-a mais nutritiva. Tanto a larva quanto o adulto alimentam-se primariamente do fungo extremamente nutritivo. A associação entre o fungo ambrósia e os besouros é aparentemente muito antiga, talvez se originando há 60 milhões de anos com as gimnospermas hospedeiras, mas com o subsequente aumento da diversidade associada a transferências múltiplas para as angiospermas. Hoje, existem mais de 3.000 espécies de besouros da ambrósia, os quais formam uma guilda de forrageamento consistindo em diversos grupos que evoluíram independentemente.

Alguns insetos micófagos, incluindo besouros das famílias Lathridiidae e Cryptophagidae, são fortemente atraídos para florestas recentemente queimadas às quais carregam fungos no micângio. O besouro criptofagídeo *Henoticus serratus*, que é um colonizador pioneiro de florestas queimadas em algumas áreas da Europa, apresenta depressões profundas no lado inferior do seu pterotórax (Figura 9.4), das quais secreções glandulares e material do fungo ascomiceto *Trichoderma* foram isolados. O besouro provavelmente usa suas pernas para encher seu micângio com material do fungo, o qual transporta para hábitats recentemente queimados, agindo como um inoculador. Fungos ascomicetos são fontes importantes de alimento para muitos insetos **pirofílicos**, ou seja, espécies fortemente atraídas para áreas de incêndio ou recentemente queimadas, ou espécies que aparecem principalmente em uma floresta queimada durante alguns anos após o incêndio. Alguns insetos predadores ou que se alimentam de madeira também são pirofílicos. Demonstra-se que diversos heterópteros (Aradidae), moscas (Empididae e Platypezidae) e besouros (Carabidae e Buprestidae) pirofílicos são atraídos pelo calor ou pela fumaça de incêndios, algumas vezes a partir de muito longe. Espécies de besouro Buprestidae (*Melanophila* e *Merimna*) localizam madeira queimada sentindo a radiação infravermelha tipicamente produzida por incêndios florestais (seção 4.2.1).

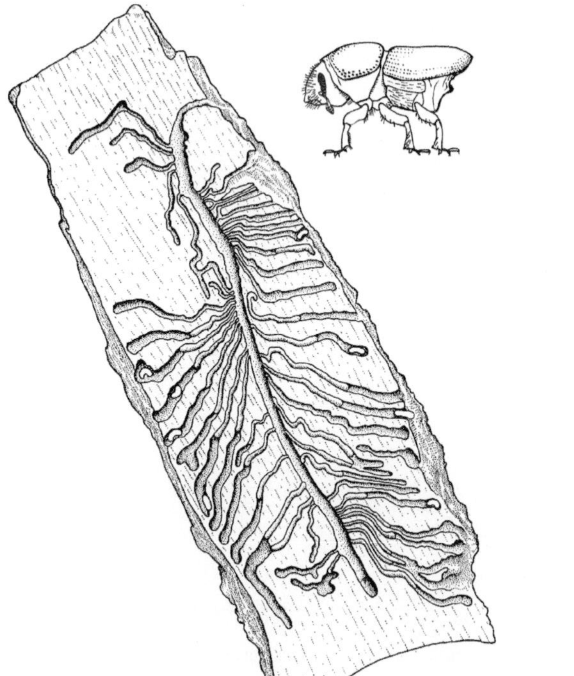

Figura 9.3 Túnel em formato de pluma, escavado pelo besouro *Scolytus unispinosus* (Coleoptera: Curculionidae: Scolytidae), mostrando ovos nas extremidades de diversas galerias; o detalhe mostra um besouro adulto. (Segundo Deyrup, 1981.)

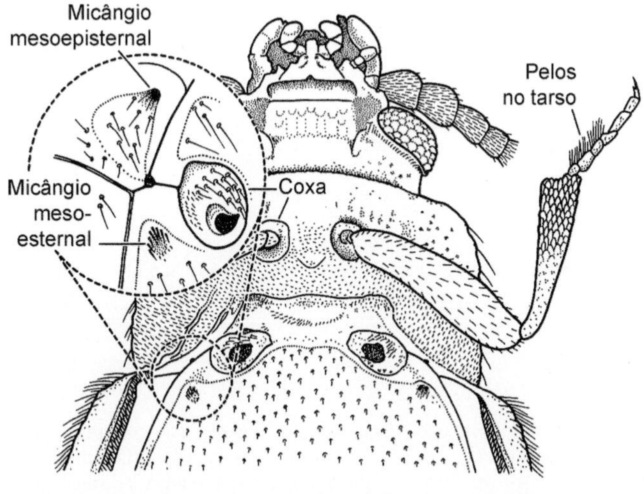

Figura 9.4 Face inferior do tórax do besouro *Henoticus serratus* (Coleoptera: Cryptophagidae), mostrando as depressões, denominadas micângio, usadas para transporte de material fúngico que o besouro irá inocular no novo substrato de madeira recentemente queimada. (Segundo desenho de Göran Sahlén em Wikars, 1997.)

Madeira de lei caída e podre oferece um recurso valioso para uma grande variedade de insetos detritívoros, se eles conseguirem superar os problemas de viver em um substrato rico em celulose e pobre em vitaminas e esteroides. Os cupins, que se alimentam de madeira, são capazes de viver totalmente nessa dieta, tanto por utilizarem enzimas celulases em seus sistemas digestivos e por usarem simbiontes intestinais (seção 3.6.5), quanto pela ajuda de fungos (seção 9.5.3). Demonstra-se que as baratas e os cupins produzem celulase endógena, que permite a digestão da celulose da dieta baseada em madeira em decomposição. Outras estratégias de insetos **xilófagos** (que se alimentam de madeira) incluem ciclos de vida muito longos com desenvolvimento lento e, provavelmente, o uso de microrganismos e fungos xilófagos como alimento.

9.3 INSETOS E EXCREMENTO

As fezes ou os excrementos produzidos por vertebrados podem ser uma fonte rica em nutrientes. Nas pastagens da América do Norte e da África, grandes ungulados produzem volumes substanciais de excremento fibroso e rico em nitrogênio, que contém muitas bactérias e protistas. Insetos **coprófagos** (organismos que se alimentam de excrementos) e predadores, parasitoides e fungívoros associados dependem desse recurso (Figura 9.5). Certas moscas superiores – como as Scathophagidae, Muscidae (em especial a muito difundida mosca-doméstica, *Musca domestica*; a australiana *M. vetustissima*; e a comum mosca tropical, *Haematobia irritans*), Faniidae e Calliphoridae – ovipositam ou larvipositam em excremento fresco. O desenvolvimento pode ser completado antes que o meio se torne muito dessecado. No excremento, larvas de moscas predadoras (em particular outras espécies de Muscidae) podem reduzir seriamente a sobrevivência de coprófagos. Entretanto, na ausência de predadores ou de perturbações no excremento, as larvas que se desenvolvem no excremento em pastos podem originar níveis incômodos de populações de moscas.

Os insetos primariamente responsáveis por perturbarem o excremento e, portanto, por limitarem a reprodução das moscas no meio são alguns dos besouros escaravelhos, que pertencem à família Scarabaeidae. Nem todas as larvas de escaravelhos usam excremento: algumas ingerem matéria orgânica do solo em geral, ao passo que algumas outras são herbívoras em raízes de plantas. Entretanto, muitas são coprófagas. Na África, onde os herbívoros muito grandes produzem grandes quantidades de excremento, muitos milhares de espécies de escaravelhos demonstram uma ampla variedade de comportamentos coprófagos. Muitas podem detectar o excremento assim que ele é depositado por um herbívoro, de modo que o momento em que cai no chão até a invasão é muito rápido. Muitos indivíduos chegam, talvez até muitas centenas, por uma única excreta fresca de elefante. A maioria dos besouros escaravelhos escava redes de túneis logo abaixo ou ao lado do monte de fezes e puxam para baixo pelotas de excremento (Figura 9.6). Outros besouros cortam um pedaço de excremento e movem-no até uma câmara escavada, com frequência também por meio de uma rede de túneis. Esse movimento do monte de fezes para a câmara do ninho pode ocorrer com golpes de cabeça em um pedaço irregular de excremento, ou rolando bolas esféricas moldadas pelo chão até o local de enterro. A fêmea põe ovos dentro das bolotas enterradas, e as larvas desenvolvem-se dentro da bola de alimento fecal, comendo partículas finas e grossas. Os escaravelhos adultos podem também alimentar-se de excremento, mas apenas dos líquidos e da matéria particulada mais fina. Alguns escaravelhos são generalistas e utilizam virtualmente qualquer excremento encontrado, ao passo que outros se especializam de acordo com textura, umidade, tamanho do monte de fezes, conteúdo fibroso, área geográfica e clima. As atividades de diversas espécies de escaravelhos garantem que todo o excremento seja enterrado rapidamente.

Hoje, a maior fonte de excremento é proveniente de nossos animais domésticos. A agricultura, e particularmente a produção de gado, é a maior contribuinte para os gases estufa antropogênicos, principalmente o dióxido de carbono (CO_2), o metano (CH_4) e o óxido nitroso (N_2O). As fezes são uma das fontes desses gases, e um estudo experimental demonstrou que os besouros *Aphodius* conseguem mediar os fluxos de gases do excremento. Somadas ao longo do estudo, as emissões totais de CH_4 foram significativamente mais baixas e as emissões de N_2O foram significativamente mais

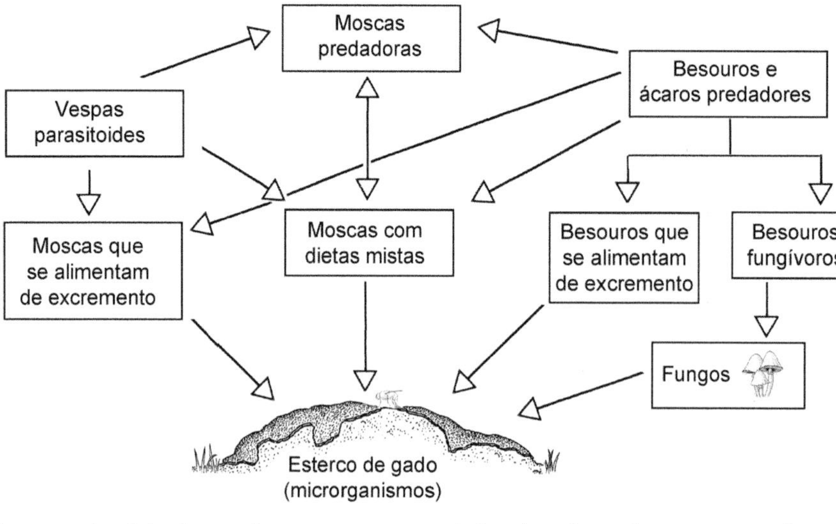

Figura 9.5 Interações dos grupos de artrópodes que são comuns no excremento de gado: as larvas de moscas que se alimentam de excremento (diversas famílias) se alimentam de microrganismos; as larvas dos primeiros instares de moscas de dieta mista se alimentam de microrganismos, mas em instares mais velhos se tornam predadoras; as larvas de moscas predadoras se alimentam exclusivamente de outros insetos; os besouros adultos que se alimentam de fezes (principalmente Scarabaeidae) provavelmente se alimentam principalmente de microrganismos do líquido de fezes frescas, ao passo que suas larvas degradam fibras vegetais em excremento ingerido com o auxílio de bactérias simbiontes do trato digestivo; besouros predadores (tais como os Staphylinidae) se alimentam de outros insetos, especialmente dos estágios imaturos de moscas; besouros que se alimentam de fungos colonizam o excremento nos estágios mais avançados de decomposição depois que os fungos já tiverem se desenvolvido; as larvas de vespas são principalmente parasitoides de moscas que se alimentam de excremento. (Segundo Jochmann *et al.*, 2011.)

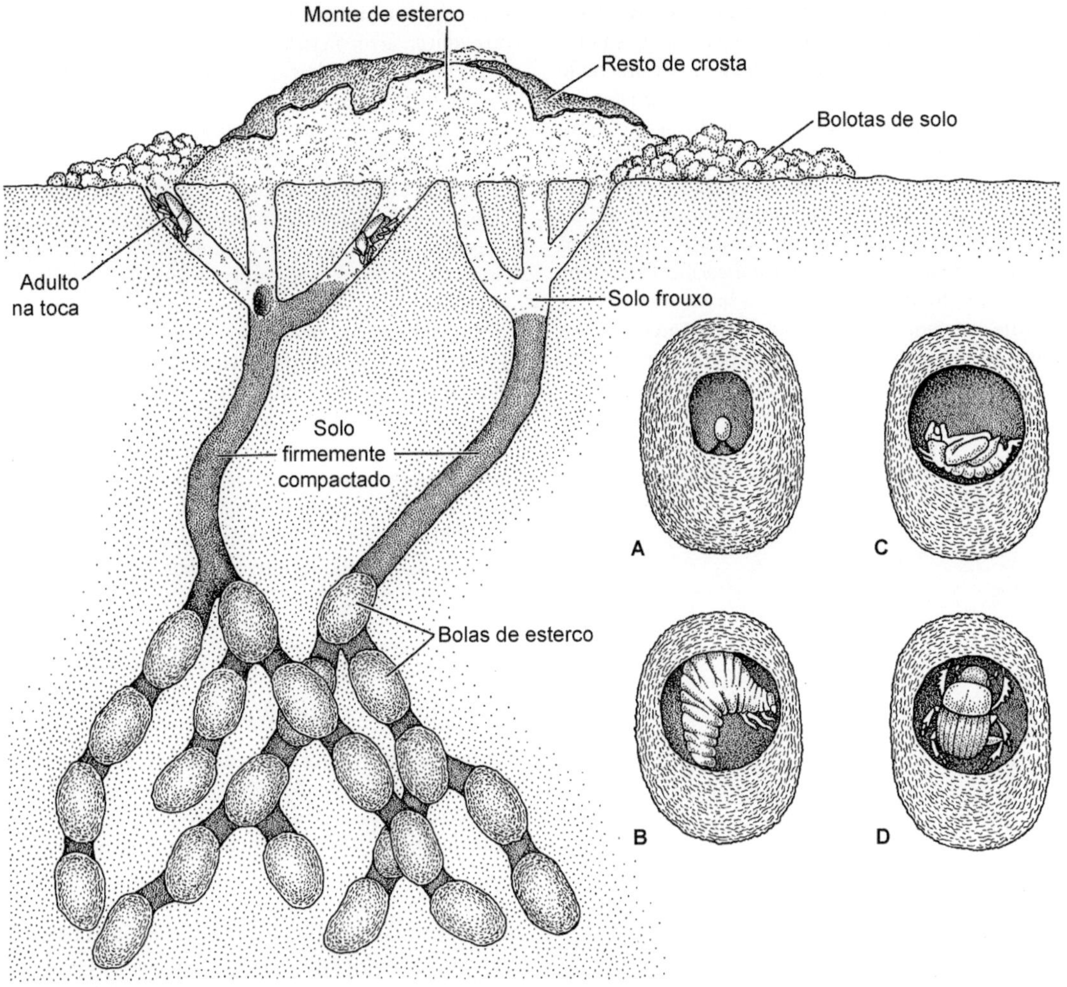

Figura 9.6 Par de besouros escaravelhos *Onthophagus gazella* (Coleoptera: Scarabaeidae) enchendo os túneis que escavaram logo abaixo de um monte de esterco. O destaque mostra uma bola de esterco individual dentro da qual o desenvolvimento do besouro acontece: **A.** ovo; **B.** larva, que se alimenta do esterco; **C.** pupa; e **D.** adulto pouco antes de emergir. (Segundo Waterhouse, 1974.)

altas em excrementos com besouros do que naqueles sem os besouros. Não houve diferença cumulativa no nível de CO_2 emitido de excrementos com e sem besouros, mas o esterco fresco (primeira semana) emitiu maiores quantidades de CO_2 na presença dos besouros. O mecanismo para essas modificações gasosas pode ser o comportamento dos besouros de escavar túneis, que podem secar o excremento e aerar as partes mais profundas das fezes, gerando maior decomposição aeróbica (e reduzida anaeróbica) e reduzida produção de metano; os microrganismos que produzem o metano precisam de condições anaeróbicas.

Na Austrália, continente em que ungulados nativos estão ausentes, os besouros escaravelhos nativos não podem explorar o volume e a textura do excremento produzido por gado, cavalos e ovelhas introduzidos. Como resultado, o excremento permanece nos pastos por períodos prolongados, reduzindo a qualidade do pasto e permitindo o desenvolvimento de números excessivos de moscas incômodas. A introdução de besouros escaravelhos da África e da Europa Mediterrânea tem acelerado, com sucesso, o enterro de excremento em muitas regiões.

Antes da drástica perda do bisão-americano, *Bison bison* (Bovidae), das planícies da América do Norte, seu excremento teria sido hábitat para uma diversidade de besouros e moscas coprófilas. É estimado que cada bisão teria produzido cerca de 25 kg de excremento por dia. Teria a fauna que se alimentava de excremento de bisão sido extinta, ou mudado para o excremento do gado, *Bos taurus*, um parente próximo? Um recente experimento canadense apoia essa última hipótese. Tanto besouros nativos como introduzidos (europeus) quando apresentados ao excremento de bisão ou gado alimentado com uma dieta similar e gado alimentado com uma dieta diferente (silagem de cevada), responderam mais às dietas dos animais vertebrados do às identidades das espécies.

Em florestas tropicais, uma guilda incomum de besouros escaravelhos é registrada forrageando no dossel das árvores em cada subcontinente. Esses coprófagos especialistas têm sido melhor estudados em Sabah, Borneo, onde algumas espécies de *Onthophagus* coletam as fezes de primatas (tais como os gibões, macacos do gênero *Macaca*, entre outros) da folhagem, moldam-nas em bolas e as empurram da borda das folhas. Se a bola cair na folhagem abaixo, então, a atividade repete-se até que caia no chão.

Um problema cada vez maior para o conjunto de insetos que se alimentam de excremento associado com pastagens é o uso muito difundido de substâncias químicas para o controle de parasitas gastrintestinais, tais como nematoides. Esses parasitas geralmente infestam os vertebrados herbívoros (principalmente as ovelhas e o gado) criados para o consumo humano. As substâncias químicas anti-helmínticas ("antivermes") mais utilizadas são as lactonas macrocíclicas, tais como a invermectina. Esses anti-helmínticos são administrados aos herbívoros domésticos de maneira tópica, oral ou subcutânea, e podem passar pelo animal para as fezes, onde eles podem exercer efeitos tóxicos em insetos que não são alvo do tratamento, tais como os besouros escaravelhos e as moscas. Embora os resíduos químicos sejam degradados no excremento com o tempo, a presença desses resíduos pode atrasar a colonização do excremento, especialmente por Diptera. Os resíduos têm o potencial de exercer tanto efeitos letais como efeitos subletais na fauna do excremento, mas o seu impacto depende de uma série de fatores, incluindo a duração e a intensidade dos tratamentos químicos, o tipo de substância química utilizada, e a abundância e comportamento dos insetos que vivem no excremento. Tem sido demonstrado que a invermectina reduz a taxa de desenvolvimento e a sobrevivência de larvas de besouros escaravelhos. Uma consequência do uso da invermectina é a redução da taxa de decomposição do excremento de vertebrados tratados, algumas vezes comparável às taxas quando invertebrados são excluídos das fezes. Tais efeitos ecológicos e não almejados das substâncias químicas como a invermectina devem ser motivo de preocupação para as agências regulatórias.

9.4 INTERAÇÕES DE INSETOS E CARCAÇAS

Em lugares onde as formigas são abundantes, os cadáveres de invertebrados são achados e removidos rapidamente por formigas operárias eficientes que varrem grandes áreas. Os cadáveres de vertebrados (carcaças) sustentam uma grande diversidade de organismos, muitos dos quais são insetos. Esses organismos formam uma **sucessão** – um padrão sequencial contínuo, direcional e não sazonal das populações de espécies, colonizando e sendo eliminadas à medida que a decomposição da carcaça progride (ver Figura 15.2). A natureza e o ritmo da sucessão dependem do tamanho do cadáver, das condições climáticas sazonais e ambientais e do ambiente não biológico (edáfico) ao redor, como o tipo de solo. Os organismos envolvidos na sucessão variam de acordo com a posição dentro ou fora da carcaça, no substrato logo abaixo do cadáver, ou no solo, a uma distância intermediária abaixo ou para longe do cadáver. Além disso, cada sucessão é composta por espécies diferentes e em áreas geográficas distintas, mesmo em lugares com climas similares. Isso ocorre porque poucas espécies têm distribuição muito ampla, e cada área biogeográfica tem suas próprias faunas especializadas em carcaças. Entretanto, as amplas categorias taxonômicas dos especialistas em carcaça são similares em todo o mundo.

O primeiro estágio na decomposição de carcaças, a decomposição inicial, envolve apenas microrganismos já presentes no corpo, mas em poucos dias o segundo estágio, chamado de putrefação, começa. Cerca de duas semanas mais tarde, em meio a fortes odores de decomposição, o terceiro estágio, a putrefação negra, começa, seguida por um quarto estágio, a fermentação butírica, na qual o odor de queijo do ácido butírico está presente. Isso termina em uma carcaça quase seca e o quinto estágio, a lenta decomposição seca, completa o processo, deixando apenas ossos.

A sequência típica de **necrófagos** e saprófagos de carcaça e seus parasitas é geralmente referida como "ondas" sequenciais de colonização. A primeira onda envolve certas moscas-varejeiras (Diptera: Calliphoridae) e moscas-domésticas (Muscidae), que chegam em algumas horas ou, no máximo, em poucos dias. A segunda onda é de sarcofagídeos (Diptera) e outros califorídeos e muscídeos, que chegam logo em seguida, à medida que o cadáver desenvolve um odor. Todas essas moscas botam ovos ou larvipositam no cadáver. Os principais predadores dos insetos da fauna do cadáver são besouros Staphylinidae, Silphidae e Histeridae, e parasitoides himenópteros podem ser entomófagos em todos os hospedeiros citados anteriormente. Nesse estágio, a atividade das moscas-varejeiras cessa à medida que suas larvas deixam o cadáver e entram em estado de pupa no solo. Quando a gordura do cadáver se torna rançosa, uma terceira onda de espécies entra nesse substrato modificado, em especial mais dípteros como certos Phoridae, Drosophilidae, e larvas *Eristalis* (Syrphidae) nas partes líquidas. À medida que o cadáver se torna butírico, uma quarta onda de moscas (Diptera: Piophilidae) e moscas aparentadas usa o cadáver. Uma quinta onda acontece à medida que a carcaça, que cheira a amônia, seca, e larvas e adultos de Dermestidae e Cleridae (Coleoptera) tornam-se abundantes, alimentando-se da queratina. Nos estágios finais da decomposição seca, algumas larvas de tineídeos alimentam-se de quaisquer sobras de pelo.

Imediatamente abaixo do cadáver, larvas e adultos de besouros das famílias Staphylinidae, Histeridae e Dermestidae são abundantes durante o estágio de putrefação. Entretanto, os grupos normais de habitantes do solo estão ausentes durante a fase da carcaça, e apenas retornam lentamente quando o corpo entra na fase de decomposição mais avançada. A sequência previsível de colonização e extinção de insetos de carcaça permite aos entomólogos forenses estimar a idade do cadáver, o que pode ter implicações médico-legais em investigações de homicídio (seção 15.4).

9.5 INTERAÇÕES DE FUNGOS E INSETOS

9.5.1 Insetos fungívoros

Fungos e, em menor escala, bolores são comidos por muitos insetos, chamados de **fungívoros** ou **micófagos**, que pertencem a diversas ordens. Dentre insetos que usam recursos de fungos, Collembola e larvas e adultos de Coleoptera e de Diptera são numerosos. Duas estratégias de alimentação podem ser identificadas: (i) os **micrófagos** reúnem pequenas partículas, como esporos e fragmentos de hifa, ou utilizam meios mais líquidos, ao passo (ii) que os **macrófagos** usam o material de corpos de frutificação, os quais precisam ser rasgados por mandíbulas fortes. A relação entre os fungívoros e a especificidade de sua dieta de fungos varia. Insetos que se desenvolvem como larvas nos corpos de frutificação de grandes fungos muitas vezes são fungívoros obrigatórios, e podem até ser restritos a uma variedade menor de fungos, ao passo que insetos que entram nesses fungos posteriormente no desenvolvimento ou durante a decomposição do fungo são mais provavelmente saprófagos ou generalistas do que micófagos especializados. Macrofungos mais longevos, tais como os cogumelos porosos Polyporacae, têm maior proporção de associados mono ou oligófagos do que cogumelos efêmeros e de distribuição irregular, como os cogumelos lamelados (Agaricales).

Recursos alimentares de fungos menores e mais crípticos também são usados por insetos, mas as associações tendem a ser menos estudadas. Leveduras são naturalmente abundantes em folhas e frutos, caídos ou vivos, de modo que **frugívoros** (que se alimentam de frutas), tais como as larvas de certos besouros Nitidulidae e as drosófilas, conhecidamente procuram e se alimentam de leveduras. Aparentemente, drosófilas fungívoras que vivem em corpos de frutificação de fungos em decomposição também utilizam leveduras, e a especialização em determinados fungos pode refletir variações na preferência por determinadas leveduras. O componente fúngico dos liquens provavelmente serve de alimento para larvas de lepidópteros e plecópteros adultos.

Entre os Diptera que utilizam corpos de frutificação de fungos, os Mycetophilidae são diversos e dividem-se em várias espécies, e muitos parecem ter relações oligófagas com fungos dentre uma grande gama utilizada pela família. O uso, pelos insetos, de partes subterrâneas dos fungos, na forma de micorrizas e hifas no solo, é pouco conhecido. A relação filogenética entre os Sciaridae (Diptera) e os Mycetophilidae, e evidências vindas de fazendas de cogumelos comerciais sugerem que as larvas de Sciaridae normalmente consomem micélios dos fungos. Outras larvas de dípteros, tais como certos Phoridae e Cecidomyiidae, alimentam-se do micélio de cogumelos comerciais e de microrganismos associados, e podem também utilizar esse recurso na natureza.

Uma formiga das florestas tropicais do Sudeste Asiático, *Euprenolepis procera*, se especializou em forragear os corpos de frutificação de diversos fungos que crescem naturalmente. Esses cogumelos representam uma fonte alimentar subótima, em termos nutricionais, e imprevisível do ponto de vista espacial e temporal, à qual essas formigas parecem ter se adaptado por meio do seu estilo de vida nômade e ao processamento de fungos dentro do ninho. Ao contrário das formigas Attini (seção 9.5.2), as operárias de *E. procera* não cultivam nenhum fungo, mas armazenam temporariamente e manipulam o material de fungos em pilhas dentro do ninho, onde ele pode fermentar e se alterar em valor nutritivo. Essas formigas têm efeitos desconhecidos na diversidade e distribuição de fungos pela floresta, mas podem ser importantes agentes dispersores de esporos de fungos, incluindo das micorrizas que têm associação mutualista com muitas plantas tropicais.

9.5.2 Cultivo de fungos por formigas-cortadeiras

Os formigueiros subterrâneos do gênero *Atta* (pelo menos 15 espécies) e as colônias um pouco menores de *Acromyrmex* (mais de 30 espécies) estão entre as maiores construções de terra na floresta Neotropical. As maiores colônias das espécies *Atta* envolvem a escavação de algo em torno de 36 toneladas métricas de solo. Tanto *Atta* quanto *Acromyrmex* são membros de uma tribo de formigas Myrmecinae, a tribo Attini, na qual as larvas dependem obrigatoriamente de fungos simbióticos para se alimentarem. Outros gêneros de Attini têm operários monomórficos (de uma só morfologia) e cultivam fungos em matéria vegetal morta, fezes de insetos (incluindo a sua própria e, por exemplo, excremento de lagarta), flores e frutos. Por outro lado, *Atta* e *Acromyrmex*, os gêneros mais derivados de Attini, têm operários polimórficos de vários tipos ou castas diferentes (seção 12.2.3) que exibem um conjunto de comportamentos complexos, incluindo a secção de tecidos vegetais vivos; daí o nome "formiga-cortadeira". Em *Atta*, as maiores formigas operárias cortam fragmentos de vegetação viva com suas mandíbulas (Figura 9.7A) e transportam os pedaços para a colônia (Figura 9.7B). Durante esses processos, a formiga operária permanece com as mandíbulas cheias, e pode ser alvo do ataque de alguma mosca Phoridae parasita em particular (ilustrada na parte superior direita da Figura 9.7A). A operária menor é recrutada como um defensor, e é carregada no fragmento de folha.

Quando o material chega ao formigueiro das cortadeiras, outros indivíduos lambem qualquer cutícula cerosa das folhas e maceram o tecido da planta com suas mandíbulas. A mistura é então inoculada com um coquetel fecal de enzimas do proctodeu. Isso inicia a digestão do material vegetal fresco, o qual age como um meio de incubação para um fungo, conhecido apenas nesse "jardim de fungos" de formigas-cortadeiras de folhas. Outro grupo especializado de operárias cultiva os jardins inoculando substrato novo com as hifas dos fungos e removendo outras espécies de fungos indesejados, para que se mantenha uma monocultura. O controle de fungos e bactérias externos é facilitado pela regulação do pH (4,5 a 5,0) e por antibióticos, incluindo aqueles produzidos por bactérias actinomicetes mutualistas de *Pseudonocardia* (que antes pensava-se ser *Streptomyces*) e outras bactérias presentes em um biofilme associado às cutículas das formigas, e outras bactérias aparentemente benéficas no jardim de fungos. As bactérias ajudam a controlar uma doença dos jardins de fungos das formigas causada pelo fungo *Escovopsis*, assim como protegem as formigas de infecções fúngicas.

No escuro, e com umidade ótima e temperatura em torno de 25°C, o micélio fúngico cultivado produz corpos nutritivos de hifas denominados gongilídios. Esses gongilídios não são esporóforos, e parecem apenas fornecer alimento para as formigas em uma relação mutualista na qual o fungo ganha acesso ao ambiente controlado. Os gongilídios são manipulados facilmente pelas formigas, servindo de alimento para os adultos, além de serem o alimento exclusivo consumido pelas larvas de formigas Attini. A digestão de fungos requer enzimas especializadas, que incluem quitinases produzidas pelas formigas em suas glândulas labiais.

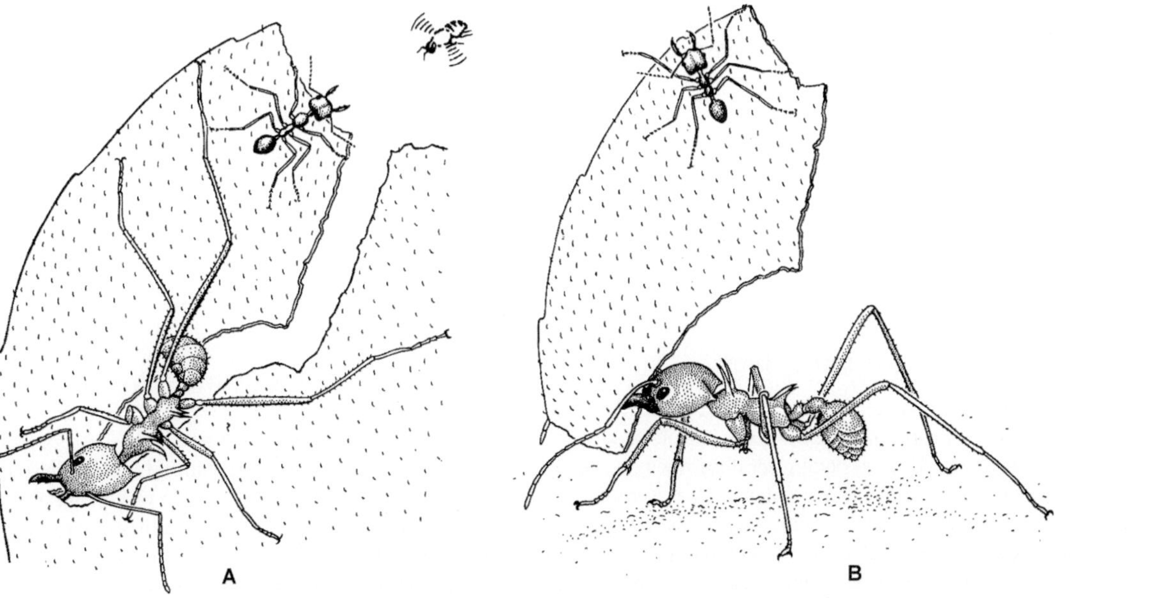

Figura 9.7 Os jardins de fungo da formiga-cortadeira, *Atta cephalotes* (Formicidae), necessitam de suprimento constate de folhas. **A.** Operária de tamanho médio, chamada de média, corta uma folha com suas mandíbulas serrilhadas, ao passo que uma operária menor protege a média de uma mosca Phoridae parasita (*Apocephalus*) que bota seus ovos em formigas vivas. **B.** Operária menor é transportada de carona em um fragmento de folha carregado por uma média. (Segundo Eibl-Eibesfeldt & Eibl-Eibesfeldt, 1967.)

É possível considerar uma origem única para domesticação de fungos, dada a transferência vertical de fungos por meio do transporte na boca da rainha fundadora (nova rainha) e a regurgitação no novo local. Entretanto, estudos moleculares filogenéticos dos fungos por toda a diversidade de formigas Attini revelam mais de uma domesticação a partir de estoques de fungos livres, embora a simbiose ancestral, e portanto, o cultivo pelas formigas, tenha pelo menos 50 milhões de anos. Quase todos os grupos de formigas Attini domesticam fungos pertencentes à tribo Leucocoprineae dos basidiomicetes, propagados como um micélio ou ocasionalmente como uma levedura unicelular. Embora cada colônia Attini tenha uma única espécie de fungo, entre diversas colônias da mesma espécie várias espécies de fungos são cultivadas. Obviamente, algumas espécies de formiga podem mudar seu fungo quando uma nova colônia é construída, talvez quando a fundação da colônia se dá por mais de uma rainha (pleiometrose). Entretanto, entre as formigas-cortadeiras (*Atta* e *Acromyrmex*), as quais se originaram de 8 a 12 milhões de anos atrás, todas as espécies parecem compartilhar uma única espécie derivada de fungo *Leucoagaricus* cultivado.

As formigas-cortadeiras dominam o ecossistema em que ocorrem; algumas espécies *Atta* de campos consomem tanta vegetação por hectare quando gado doméstico, e estima-se que certas espécies de florestas tropicais são responsáveis por 80% de todo dano causado às folhas e que consomem até 17% de toda a produção de folhas. O sistema converte eficientemente a celulose vegetal em carboidratos utilizáveis, de modo que pelo menos 45% da celulose original das folhas frescas são convertidas ao mesmo tempo em que o substrato gasto é ejetado em um compartimento de excremento como refugo do jardim de fungos. Entretanto, gongilídios fúngicos contribuem apenas com uma modesta fração da energia metabólica das formigas, porque a maior parte das necessidades energéticas da colônia provém dos adultos se alimentando de seiva vegetal de fragmentos de folha mastigados.

Formigas-cortadeiras podem ser consideradas altamente polífagas, já que elas utilizam algo entre 50 e 70% de todas as espécies de plantas nativas da floresta Neotropical. Entretanto, como os adultos se alimentam da seiva de menos espécies, e as larvas são monófagas do fungo, o termo polifagia estritamente pode estar incorreto. A chave para a relação é a habilidade das formigas operárias de colherem uma vasta diversidade de fontes, e do fungo cultivado de crescer em uma vasta diversidade de hospedeiros. A textura áspera e a produção de látex nas folhas podem desencorajar as Attini, e defesas químicas podem desempenhar um papel na resistência. Contudo, formigas-cortadeiras adotaram uma estratégia para evitar substâncias químicas vegetais defensivas que agem no sistema digestivo: elas usam o fungo para digerir o tecido vegetal. As formigas e os fungos cooperam para desativar as defesas da planta, de forma que as formigas removem as ceras protetoras da folha que detêm os fungos, e os fungos convertem a celulose, indigerível para as formigas, em carboidratos.

9.5.3 Cultivo de fungos por cupins

A microfauna terrestre das savanas tropicais (campos e florestas abertas) e algumas florestas das regiões zoogeográficas Afrotropicais e Orientais (Indo-Malaia) podem ser dominadas por uma única subfamília de Termitidae, os Macrotermitinae. Esses cupins podem formar, na superfície, montes impressionantes de até nove metros de altura, mas em geral suas colônias consistem em imensas estruturas subterrâneas. A abundância, a densidade e a produção de macrotermitíneos podem ser muito altas e, com estimativas de uma biomassa viva de 10 g/m^2, os cupins consomem mais de 25% de todo o folhiço terrestre (madeira, grama e folhas) produzido anualmente em algumas savanas do oeste africano.

Os recursos alimentares derivados do folhiço são ingeridos, mas não digeridos, pelos cupins: a comida é passada rapidamente pelo trato digestivo e, na defecação, as fezes não digeridas são depositadas em estruturas na colônia, parecidas com alvéolos. Os alvéolos podem estar localizados dentro de várias pequenas câmaras subterrâneas ou em uma grande câmara central de criação ou de vivência. Nesses alvéolos de fezes, um fungo, *Termitomyces*, desenvolve-se. Os fungos são restritos a colônias de Macrotermitinae, ou ocorrem nos corpos dos cupins. Os alvéolos são repostos constantemente e as partes mais velhas são comidas, em um ciclo de 5 a 8 semanas. A ação dos fungos no substrato fecal dos cupins eleva o conteúdo de nitrogênio do substrato de aproximadamente 0,3% até 8%, nos estágios assexuados de *Termitomyces*. Esses esporos assexuados (micotetes) são comidos pelos cupins, assim como o alvéolo mais velho, enriquecido com nutrientes. Embora algumas espécies de *Termitomyces* não apresentem estágio sexuado, outras desenvolvem basidiocarpos de superfície (corpos de frutificação, ou "cogumelos") em um tempo que coincide com as invasões para fundação de colônias dos cupins. Uma nova colônia de cupins é inoculada com o fungo por meio de esporos sexuados ou assexuados transferidos no trato digestivo do(s) cupim(s) fundador(es).

O *Termitomyces* vive como uma monocultura nos alvéolos cultivados por cupins, mas se os cupins forem retirados experimentalmente ou uma colônia morrer, ou se o alvéolo for removido do ninho, muitos outros fungos invadem o alvéolo e o *Termitomyces* morre. A saliva dos cupins apresenta algumas propriedades antibióticas, mas há pouca evidência de que esses cupins sejam capazes de reduzir a competição local com outros fungos. Parece que o *Termitomyces* é favorecido no alvéolo de fungos pelo microclima notavelmente constante no alvéolo, com uma temperatura de 30°C e umidade pouco variável associada a um pH ácido de 4,1 a 4,6. O calor produzido pelo metabolismo do fungo é apropriadamente regulado por meio de uma complexa circulação de ar através das passagens do ninho, conforme ilustrado para a colônia de superfície do *Macrotermes natalensis* africano (ver Figura 12.11).

A origem da relação mutualista entre os cupins e os fungos parece não derivar de um ataque conjunto às defesas das plantas, ao contrário da interação de formigas e fungos observada na seção 9.5.2. Os cupins estão associados intimamente aos fungos, e madeira em decomposição infestada por fungos é provavelmente uma preferência alimentar muito antiga. Os cupins podem digerir substâncias complexas como pectinas e quitinas, e há boas evidências de que eles tenham celulases endógenas, que digerem a celulose consumida na dieta. Entretanto, os Macrotermitinae transferem parte de sua digestão para o *Termitomyces*, fora do trato digestivo. O fungo facilita a conversão de compostos vegetais em produtos mais nutritivos, e provavelmente permite o consumo de uma variedade maior de alimentos que contenham celulose pelos cupins. Dessa maneira, os Macrotermitinae utilizam com sucesso o abundante recurso da vegetação morta.

9.6 INSETOS CAVERNÍCOLAS

Frequentemente, as cavernas são vistas como extensões do ambiente subterrâneo, lembrando hábitats de solo profundo na ausência de luz e na temperatura uniforme, mas diferentes na escassez de alimento. Fontes de alimento em cavernas pouco profundas incluem raízes de plantas terrestres, porém em cavernas mais profundas todo o material vegetal é representado por resíduos trazidos por correntes de água. Em muitas cavernas o material nutritivo vem de fungos e das fezes (guano) de morcegos e de certos pássaros habitantes de cavernas, tais como os andorinhões no Oriente.

Insetos **cavernícolas** (habitantes de cavernas) incluem aqueles que buscam refúgio de condições ambientais exteriores adversas, tais como mariposas e moscas adultas, incluindo mosquitos, que hibernam para evitar o frio do inverno ou estivam para evitar o calor do verão e a dessecação. Insetos **troglóbios** são restritos às cavernas, e na maioria das vezes são filogeneticamente relacionados àqueles habitantes de solo. O grupo dos troglóbios pode ser dominado por Collembola (em especial a família Entomobryidae); outros grupos importantes incluem os Diplura (destacando-se a família Campodeidae), os ortopteroides (incluindo grilos cavernícolas, Rhaphidophoridae), e os besouros (principalmente Carabidae, mas incluindo Silphidae fungívoros).

No Havaí, atividades vulcânicas passadas e presentes produzem uma variedade espetacular de "tubos de lava", de diferentes isolamentos no espaço e no tempo, em relação a outras cavernas vulcânicas. Aqui, estudos da vasta gama de insetos e aranhas troglóbios que vivem em tubos de lava nos ajudaram a chegar a algum entendimento sobre a possível rapidez das taxas de diferenciação morfológica sob essas condições incomuns. Mesmo cavernas formadas por derramamentos de lava muito recentes, como no Kilauea, abrigam espécies endêmicas ou incipientes de grilos cavernícolas *Caconemobius*.

Dermaptera e Blattodea podem ser abundantes em cavernas tropicais, onde são ativos em depósitos de guano. Em cavernas do Sudeste Asiático, uma tesourinha troglóbia é ectoparasita em morcegos aí abrigados. Associados a vertebrados cavernícolas existem muitos outros ectoparasitas mais convencionais, tais como dípteros hipoboscídeos, nicteribídeos e estreblídeos, pulgas e piolhos.

9.7 MONITORAMENTO AMBIENTAL USANDO HEXÁPODES HABITANTES DO SOLO

Atividades humanas como agricultura, silvicultura e pastoreio resultaram na simplificação de muitos ecossistemas terrestres. As tentativas de quantificar os efeitos dessas práticas – com o objetivo de avaliação de conservação, classificação de tipos de solo e monitoramento de impactos – tenderam a ser fitossociológicas, enfatizando o uso de dados de mapeamento da vegetação. Mais recentemente, dados sobre distribuição e comunidades de vertebrados têm sido incorporados às pesquisas com propósitos de conservação.

Embora se estime que a diversidade dos artrópodes seja muito grande (seção 1.3), é raro que dados derivados desse grupo estejam disponíveis rotineiramente na conservação e no monitoramento. Existem diversas razões para essa negligência. Primeiramente, quando "**espécies bandeira**" provocam reações públicas para um problema de conservação, como exemplo, a perda de um determinado hábitat, esses organismos são predominantemente mamíferos peludos, como pandas ou coalas, ou pássaros; raras vezes são insetos. Exceto talvez por algumas borboletas, os insetos em geral não têm o carisma necessário na percepção pública.

Em segundo lugar, os insetos são geralmente difíceis de serem amostrados de uma maneira comparável dentro e entre localidades. A abundância e a diversidade flutuam em uma escala de tempo relativamente curta, em resposta a fatores que podem ser pouco entendidos. Por outro lado, a vegetação de modo geral demonstra menos variação temporal; com o conhecimento da sazonalidade dos mamíferos e dos hábitos migratórios dos pássaros, as variações sazonais das populações de vertebrados podem ser levadas em consideração.

Em terceiro lugar, os artrópodes com frequência são mais difíceis de serem identificados com precisão, em razão do número de táxons e de algumas deficiências no conhecimento taxonômico (discutidas na seção 18.3). Ao passo que mastozoólogos, ornitólogos ou botânicos de campo competentes esperam identificar, até o nível de espécie, todos os mamíferos, pássaros e plantas, respectivamente, de uma área geograficamente restrita (fora das florestas tropicais), nenhum entomólogo pode almejar fazer o mesmo. Contudo, biólogos aquáticos com frequência amostram e identificam todos os macroinvertebrados (a maioria insetos) em ecossistemas aquáticos inspecionados regularmente, com propósitos que incluem o monitoramento de mudanças nocivas na qualidade ambiental (seção 10.5). Estudos similares de sistemas terrestres, com objetivos que envolvem o estabelecimento de diretrizes para a conservação e a detecção de mudanças induzidas pela poluição, são desenvolvidos em alguns países. Os problemas delineados anteriormente são abordados das seguintes maneiras.

Algumas espécies de insetos carismáticos são destacadas, em geral na legislação sobre "espécies ameaçadas" elaborada com o propósito da conservação de vertebrados. Essas espécies são predominantemente lepidópteras, e muito tem sido aprendido sobre a biologia de espécies selecionadas. Entretanto, sob a perspectiva da classificação de sítios com objetivo de conservação, a estrutura de comunidades selecionadas de solo e de folhiço exibe valores potenciais e concretos muito maiores do que qualquer estudo sobre uma única espécie. Problemas de amostragem são suavizados pelo uso de um método de coleta único, em geral o da montagem de armadilhas de queda, mas incluindo a retirada de artrópodes de amostras de folhiço por diversas maneiras (ver seção 18.1.2). As armadilhas de queda coletam artrópodes terrestres móveis capturando-os em recipientes cheios de líquido preservativo e enterrados no substrato. As armadilhas podem ser alinhadas ao longo de um transecto, ou espalhadas de acordo com um método de amostragem padrão de quadrado. De acordo com o tamanho de amostra necessário, as armadilhas podem ser deixadas *in situ* por vários dias ou até por algumas semanas. Dependendo dos locais inspecionados, as coletas de artrópodes podem ser dominadas por Collembola, Formicidae (formigas) e Coleoptera, em particular besouros Carabidae, Tenebrionidae, Scarabaeidae e Staphylinidae, com alguns representantes terrestres de muitas outras ordens.

As dificuldades taxonômicas são frequentemente suavizadas por meio da seleção (entre os organismos coletados) de um ou mais grupos taxonômicos superiores para a identificação em nível de espécie. Os carabídeos em geral são selecionados para o estudo em razão da diversidade de espécies amostradas, do conhecimento ecológico preexistente e da disponibilidade de chaves taxonômicas para o nível de espécie, embora eles sejam basicamente restritos a táxons da região temperada do hemisfério norte. Algumas espécies de carabídeos são quase exclusivamente predadoras e podem ser importantes para o controle biológico de pragas de cultivo e de pasto, porém muitas espécies são onívoras e algumas podem consumir grandes quantidades de sementes, inclusive de ervas daninhas em agriculturas. A presença e abundância de espécies de carabídeos em particular podem mudar dependendo de práticas de manejo de cultivo e, portanto, as respostas dos carabídeos podem ser utilizadas para monitorar os efeitos biológicos de diferentes tratamentos de solo ou de plantio. De modo semelhante, os carabídeos têm sido sugeridos como bioindicadores potenciais de programas de manejo de florestas. Um estudo de 15 anos sobre espécies de carabídeos coletadas em transectos de armadilha de queda em uma série de hábitats no Reino Unido demonstrou um declínio geral na abundância, com cerca de três quartos das espécies sofrendo declínios, os quais foram mais intensos em áreas montanhosas. As populações de regiões de baixa altitude e em bosques no sul estavam estáveis ou aumentaram. Esse estudo enfatizou a necessidade de avaliar tendências populacionais de carabídeos, e outros táxons amplamente distribuídos, ao longo de regiões e hábitats de maneira que seja possível avaliar a perda de biodiversidade adequadamente.

As formigas têm sido o foco de um número de estudos de monitoramento ambiental, especialmente na Austrália, África do Sul e América do Norte. Esses insetos abundantes e predominantemente habitantes do solo são relativamente fáceis de identificar até o nível de gênero e a diversidade de espécies pode ser estimada pela triagem dos espécimes em grupos morfologicamente distintos. A técnica de amostragem preferida para as formigas é a armadilha de queda porque, quando comparada com outros métodos, essa armadilha geralmente captura o maior número de espécies e apresenta a maior congruência com as coletas de formigas feitas com outros métodos. Apesar de a amostragem eficiente de formigas terrestres ser bem rápida no campo, a triagem subsequente e a identificação no laboratório consomem muito tempo. Entretanto, estudos em campo têm mostrado que formigas são bioindicadores úteis da perturbação do hábitat, como evidenciado por mudanças na riqueza e abundância de espécies.

Estudos atuais são ambivalentes no que se refere aos correlatos entre a diversidade de espécies (incluindo riqueza de táxons), estabelecidos a partir de levantamentos da vegetação e daqueles obtidos por meio da montagem de armadilhas para insetos terrestres. Evidências da bem documentada biota inglesa sugerem que a diversidade da vegetação não prediz a diversidade dos insetos. Entretanto, um estudo em ambientes mais naturais, menos afetados pelo homem, no sul da Noruega, mostra congruência entre os índices faunísticos dos Carabidae e aqueles obtidos por meio de levantamentos da vegetação e de pássaros. Estudos posteriores são necessários a respeito da natureza de quaisquer relações entre a riqueza de insetos terrestres e os dados sobre diversidade, obtidos por levantamentos biológicos convencionais de plantas e vertebrados selecionados.

Leitura sugerida

Beynon, S.A. (2012) Potential environmental consequences of administration of anthelmintics to sheep. *Veterinary Parasitology* **189**, 113–24.

Blossey, B. & Hunt-Joshi, T.R. (2003) Belowground herbivory by insects: influence on plants and aboveground herbivores. *Annual Review of Entomology* **48**, 521–47.

Brooks, D.R., Bater, J.E., Clark, S.J. *et al.* (2012) Large carabid beetle declines in a United Kingdom monitoring network increases evidence for a widespread loss in insect biodiversity. *Journal of Applied Ecology* **49**, 1009–19.

Dindal, D.L. (ed.) (1990) *Soil Biology Guide.* JohnWiley & Sons, Chichester.

Edgerly, J.S. (1997) Life beneath silk walls: a review of the primitively social Embiidina. In: *The Evolution of Social Behaviour in Insects and Arachnids* (eds J.C. Choe & B.J. Crespi), pp. 14–25. Cambridge University Press, Cambridge.

Eisenbeis, G. & Wichard,W. (1987) *Atlas on the Biology of Soil Arthropods.* Springer-Verlag, Berlin.

Gasch, T., Schott, M.,Wehrenfennig, C., Düring, R.-A. & Vilcinskas, A. (2013) Multifunctional weaponry: the chemical defenses of earwigs. *Journal of Insect Physiology* **59**, 1186–93.

Hoffman, B.D. (2010) Using ants for rangeland monitoring: global patterns in the responses of ant communities to grazing. *Ecological Indicators* **10**, 105–11.

Hölldobler, B. & Wilson, E.O. (2010) *The Leafcutter Ants: Civilization by Instinct.* W.W. Norton & Company, New York, London.

Hopkin, S.P. (1997) *Biology of Springtails.* Oxford University Press, Oxford.

Hunter, M.D. (2001) Out of sight, out of mind: the impacts of root-feeding insects in natural and managed systems. *Agricultural and Forest Entomology* **3**, 3–9.

Jochmann, R., Blanckenhorn,W.U., Bussière, L. *et al.* (2011) How to test nontarget effects of veterinary pharmaceutical residues in livestock dung in the field. *Integrated Environmental Assessment and Management* **7**, 287–96.

Johnson, S.N. & Murray, P.J. (eds) (2008) *Root feeders – An Ecosystem Perspective.* CAB International,Wallingford.

Johnson, S.N. & Nielsen, U.N. (2012) Foraging in the dark – chemically mediated host plant location by belowground insect herbivores. *Journal of Chemical Ecology* **38**, 604–14.

Johnson, S.N., Hiltpold, I. & Turlings, T.C.J. (eds) (2013) *Advances in Insect Physiology: Behavior and Physiology of Root Herbivores*, Vol. **45**, 264 pp. Academic Press.

Jouquet, P., Traoré, S., Choosai, C. *et al.* (2011) Influence of termites on ecosystem functioning. *Ecosystem services provided by termites. European Journal of Soil Biology* **47**, 215–22.

Juergens, N. (2013) The biological underpinnings of Namib Desert fairy circles. *Science* **339**, 1618–21.

Kaltenpoth, M., Göttler,W., Herzner, G. & Strohm, E. (2005) Symbiotic bacteria protect wasp larvae from fungal infection. *Current Biology* **15**, 475–9.

Larochelle, A. & Larivière. M.–C. (2003) *A Natural History of the Ground-Beetles (Coleoptera: Carabidae) of America North of Mexico.* Faunistica 27. Pensoft Publishers, Sofia.

Lövei, G.L. & Sunderland, K.D. (1996) Ecology and behaviour of ground beetles (Coleoptera: Carabidae). *Annual Review of Entomology* **41**, 231–56.

McGeoch, M.A. (1998) The selection, testing and application of terrestrial insects as bioindicators. *Biological Reviews* **73**, 181–201.

Nardi, J.B. (2007) *Life in the Soil: A Guide for Naturalists and Gardeners.* The University of Chicago Press, Chicago, IL.

New, T.R. (1998) *Invertebrate Surveys for Conservation.* Oxford University Press, Oxford.

Penttilä, A., Slade, E.M., Simojoki, A. *et al.* (2013) Quantifying beetle-mediated effects on gas fluxes from dung pats. *PLoS ONE* **8**(8), e71454. doi: 10.1371/journal.pone.0071454

Picker, M.D., Hoffman, M.T. & Leverton, B. (2006) Density of *Microhodotermes viator* (Hodotermitidae) mounds in southern Africa in relation to rainfall and vegetative productivity gradients. *Journal of Zoology* **271**, 37–44.

Resh, V.H. & Cardé, R.T. (eds) (2009) *Encyclopedia of Insects*, 2nd edn. Elsevier, San Diego, CA. [Veja, particularmente, os artigos sobre insetos cavernícolas; Collembola; hábitats do solo.]

Samuels, R.I., Mattoso, T.C. & Moreira, D.D.O. (2013) Leaf-cutting ants defend themselves and their gardens against parasite attack by deploying antibiotic secreting bacteria. *Communicative and Integrative Biology* **6**, e23095. doi: 10.4161/cib.23095

Schultz, T.R. & Brady, S.G. (2008) Major evolutionary transitions in ant agriculture. *Proceedings of the National Academy of Sciences* **105**, 5435–40.

Sutton, G., Bennett, J. & Bateman, M. (2014) Effects of ivermectin residues on dung invertebrate communities in a UK farmland habitat. *Insect Conservation and Diversity* **7**, 64–72.

Capítulo 10

Insetos Aquáticos

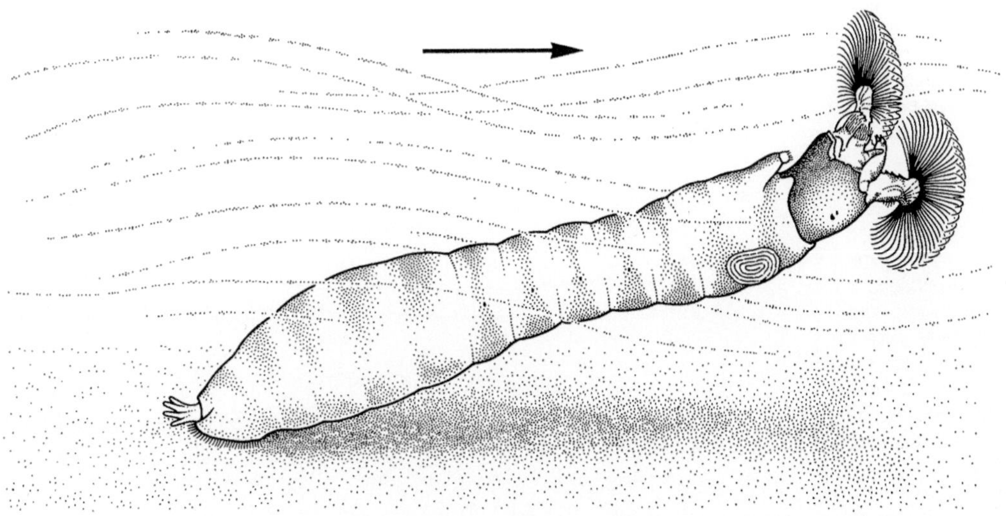

Uma larva de Simuliidae em postura típica de alimentação por filtração. (Segundo Currie, 1986.)

Todo corpo d'água continental, seja ele um rio, riacho, escoamento ou lago, mantém uma comunidade biológica. Os componentes mais familiares com frequência são os vertebrados, tais como peixes e anfíbios. Entretanto, pelo menos em nível macroscópico, os invertebrados constituem o maior número de indivíduos e espécies, e os maiores níveis de biomassa e produção. Em geral, os insetos dominam sistemas aquáticos de água doce, em que apenas os nematódeos podem aproximar-se dos insetos em termos de número de espécies, biomassa e produtividade. Os crustáceos podem ser abundantes, mas raramente diversos em espécies em águas continentais salinas (em especial as temporárias). Alguns representantes de quase todas as ordens de insetos vivem na água, havendo muitas invasões da água doce a partir da terra. Estudos recentes revelaram uma diversidade de besouros aquáticos mergulhadores (Dytiscidae) em aquíferos (águas subterrâneas). Os insetos são quase completamente malsucedidos em ambientes marinhos, com poucas exceções esporádicas, como alguns gerrídeos (Hemiptera: Gerridae) e larvas de dípteros.

Este capítulo examina os insetos bem-sucedidos de ambientes aquáticos e considera a variedade de mecanismos que eles utilizam para obter o escasso oxigênio a partir da água. Algumas de suas modificações morfológicas e comportamentais para a vida aquática são descritas, incluindo a resistência ao movimento da água, e uma classificação baseada em grupos alimentares é apresentada. O uso de insetos aquáticos no monitoramento biológico da qualidade da água é revisado e, os poucos, insetos das zonas marinha e entremarés são discutidos. Os Boxes resumem a informação sobre dípteros aquáticos (Boxe 10.1), Hemiptera (Boxe 10.2), Coleoptera (Boxe 10.3) e Neuropterida (Boxe 10.4), e ressaltam o intercâmbio de insetos entre os sistemas aquáticos e terrestres e, portanto, as interações da zona ripária (a terra que faz interface com o corpo d'água) com o ambiente aquático (Boxe 10.5).

10.1 DISTRIBUIÇÃO E TERMINOLOGIA TAXONÔMICAS

As ordens de insetos que são quase exclusivamente aquáticas em seus estágios imaturos são Ephemeroptera (efêmeras; Taxoboxe 4), Odonata (libélulas; Taxoboxe 5), Plecoptera (plecópteros; Taxoboxe 6) e Trichoptera (tricópteros; Taxoboxe 27). Entre as maiores ordens de insetos, os Diptera (Boxe 10.1 e Taxoboxe 24) têm muitos

Boxe 10.1 Diptera imaturos aquáticos | Moscas e mosquitos

Larvas aquáticas são típicas de muitos Diptera, especialmente no grupo dos "Nematocera" (Taxoboxe 24). Existem mais de 10.000 espécies aquáticas em diversas famílias, incluindo Chironomidae (mosquitos não picadores), Ceratopogonidae (mosquitos-pólvora), Culicidae (mosquitos; Figura 10.2) e Simuliidae (borrachudos) (ver abertura deste capítulo). Os dípteros são holometábolos e suas larvas são em geral vermiformes, como ilustrado aqui para as larvas de terceiro instar de (de cima para baixo) *Chironomus* (Chironomidae), *Chaoborus* (Chaoboridae), de um mosquito-pólvora (Ceratopogonidae) e *Dixa* (Dixidae) (segundo Lane & Crosskey, 1993). Diagnosticamente, elas têm falsas pernas não articuladas variavelmente distribuídas pelo corpo. Primitivamente, a cabeça das larvas é completa e esclerotizada e as mandíbulas funcionam horizontalmente. Em grupos mais derivados, a cabeça é progressivamente reduzida e, no final (no coró), a cabeça e as peças bucais são atrofiadas para um esqueleto cefalofaringiano. O sistema traqueal larval pode ser fechado, com trocas gasosas cuticulares, incluindo através de brânquias ou pode ser aberto com várias localizações espiraculares, incluindo, algumas vezes, uma conexão com a atmosfera através de um sifão respiratório alongado terminal. Os espiráculos, quando presentes, funcionam como um plastrão que mantém uma camada de gás na estrutura, parecida com uma malha, do átrio. Existem normalmente três ou quatro (em borrachudos até dez) instares larvais (ver Figura 6.1). A fase de pupa ocorre predominantemente embaixo d'água: a pupa não é mandibulada, com apêndices fundidos ao corpo; um pupário é formado em grupos derivados (poucos dos quais são aquáticos) a partir da cutícula curtida da larva de terceiro instar preservada. A emergência na superfície da água pode envolver o uso da exúvia como uma plataforma (Chironomidae e Culicidae), ou ocorrer por meio da ascensão do adulto à superfície em uma bolha de ar secretada dentro da pupa (Simuliidae).

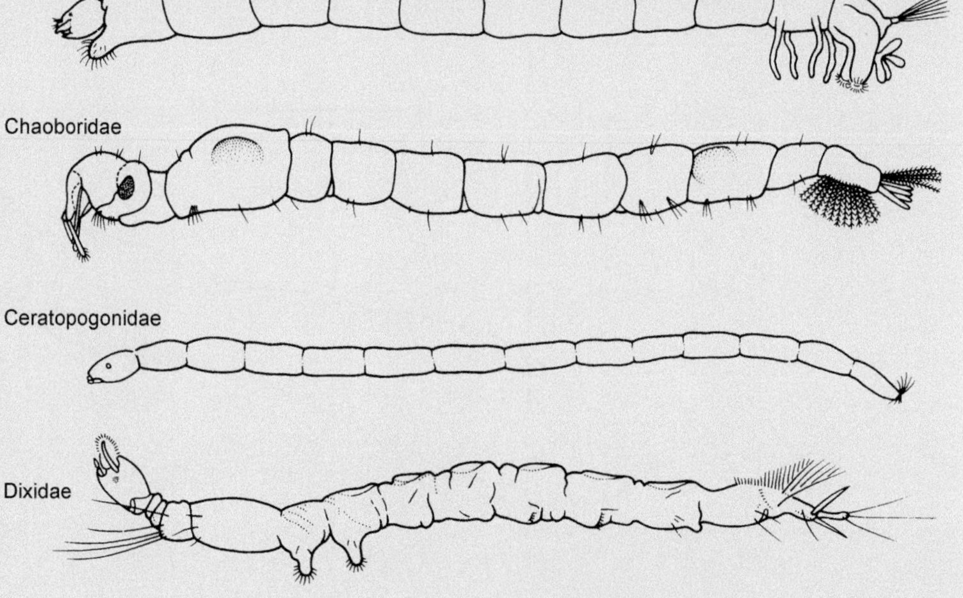

O tempo de desenvolvimento varia de dez dias até mais de 1 ano, havendo muitas espécies multivoltinas; os adultos podem ser efêmeros ou de vida longa. Pelo menos algumas espécies de dípteros ocorrem em praticamente todo o hábitat aquático, desde a costa marinha, lagoas salgadas e fontes sulfurosas até corpos de água doce e estagnada, e de compartimentos temporários até rios e lagos. As temperaturas toleradas vão de 0°C, para algumas espécies, até 55°C, para poucas espécies que vivem em fontes termais (seção 6.6.2). A tolerância ambiental à poluição, demonstrada por certos táxons, é importante na indicação biológica da qualidade da água.

As larvas demonstram diversos hábitos alimentares, variando desde filtradoras (como mostrado na Figura 2.18), consumidoras de algas e saprófagas até micropredadoras.

representantes aquáticos nos estágios imaturos, um número substancial de Hemiptera (Boxe 10.2 e Taxoboxe 20) e Coleoptera (Boxe 10.3 e Taxoboxe 22) tem pelo menos alguns estágios aquáticos e, nas ordens menores, com menos espécies, todos os Megaloptera e alguns Neuroptera desenvolvem-se em água doce (Boxe 10.4 e Taxoboxe 21). Alguns Hymenoptera parasitam presas aquáticas, mas juntamente com certos Collembola, Orthoptera e outros frequentadores de lugares úmidos predominantemente terrestres, não serão considerados neste capítulo.

Entomólogos aquáticos com frequência (e corretamente) restringem o uso do termo **larva** aos estágios imaturos (ou seja, pós-embrionários e pré-pupa) de insetos holometábolos; o termo **ninfa** (ou **náiade**) é utilizado para os insetos hemimetábolos pré-adultos, nos quais as asas desenvolvem-se externamente. Entretanto, para os Odonata, os termos larva, ninfa e náiade são usados permutavelmente, talvez porque o estágio final dos Odonata, que é lento, não se alimenta e se reorganiza internamente, seja ligado ao estágio de pupa de um inseto holometábolo. Embora o termo "larva" seja usado cada vez mais para os estágios imaturos de todos os insetos aquáticos, aceitamos novas ideias sobre a evolução da metamorfose (seção 8.5) e, portanto, utilizamos os termos larva e ninfas em seu significado estrito, incluindo Odonata imaturos.

Alguns insetos aquáticos adultos, incluindo percevejos Notonectidae e besouros Dytiscidae, podem utilizar o oxigênio atmosférico quando submersos. Outros insetos adultos são completamente aquáticos, tais como diversos percevejos Naucoridae e besouros Elmidae e Hydrophilidae, e podem permanecer submersos por longos períodos, obtendo o oxigênio para respiração na água. Entretanto, a maior proporção de adultos de insetos aquáticos é aérea, e apenas os seus estágios de ninfas ou de larvas (e, com frequência, as pupas) vivem permanentemente abaixo da superfície da água, de onde o oxigênio deve ser obtido, embora não haja contato direto com a atmosfera. A divisão ecológica do ciclo de vida permite a exploração de dois hábitats diferentes, embora alguns insetos permaneçam aquáticos ao longo de suas vidas. Excepcionalmente, *Helicus*, um gênero de besouros Dryopidae, tem larvas terrestres e adultos aquáticos.

10.2 EVOLUÇÃO DE ESTILOS DE VIDA AQUÁTICOS

Hipóteses sobre a origem das asas nos insetos (seção 8.4) apresentam diferentes implicações que consideram a evolução de estilos de vida aquáticos. A teoria paranotal sugere que as "asas" se originaram em adultos de um inseto terrestre para o qual os estágios imaturos podem ter sido aquáticos ou terrestres. Alguns proponentes da preferida teoria exito-endito especulam que o progenitor dos pterigotos apresentava estágios imaturos aquáticos. A evidência para a última hipótese parece partir do fato de que os

Boxe 10.2 Hemiptera aquáticos | Percevejos

Entre os insetos hemimetábolos, a ordem Hemiptera (Taxoboxe 20) tem a maior diversidade em hábitats aquáticos. Existem cerca de 4.000 espécies aquáticas e semiaquáticas (incluindo marinhas) em cerca de 20 famílias em todo o mundo, pertencendo a três infraordens heterópteras (Gerromorpha, Leptopodomorpha e Nepomorpha). Essas infraordens apresentam as características da subordem (Taxoboxe 20), de peças bucais modificadas como um rostro (bico), e de asas anteriores como hemiélitros. Todas as ninfas aquáticas são espiraculadas, com diversos mecanismos para trocas gasosas. As ninfas têm um e os adultos têm dois ou mais artículos tarsais. As antenas têm três a cinco artículos e são óbvias em grupos semiaquáticos mas imperceptíveis em grupos aquáticos. Com frequência há redução, perda e/ou polimorfismo das asas. Entretanto, muitos hemípteros aquáticos com asas, especialmente Corixidae e Gerriidae, têm uma grande capacidade de dispersão, empreendendo migrações para evitar condições desfavoráveis e procurar lagoas recém-criadas. Há cinco (raramente quatro) instares ninfais e as espécies são em geral univoltinas. Gerromorphae (gerriídeos, representados aqui por *Gerris*) são detritívoros ou predadores na superfície da água. Os táxons que mergulham são predadores – por exemplo, os Notonectidae, tais como *Notonecta*, os escorpiões-d'água (Nepidae), tais como *Nepa*, e as baratas-d'água gigantes (Belostomatidae) (ver Boxe 5.8) – ou detritívoros fitófagos (p. ex., alguns Corixidae) como Corixa.

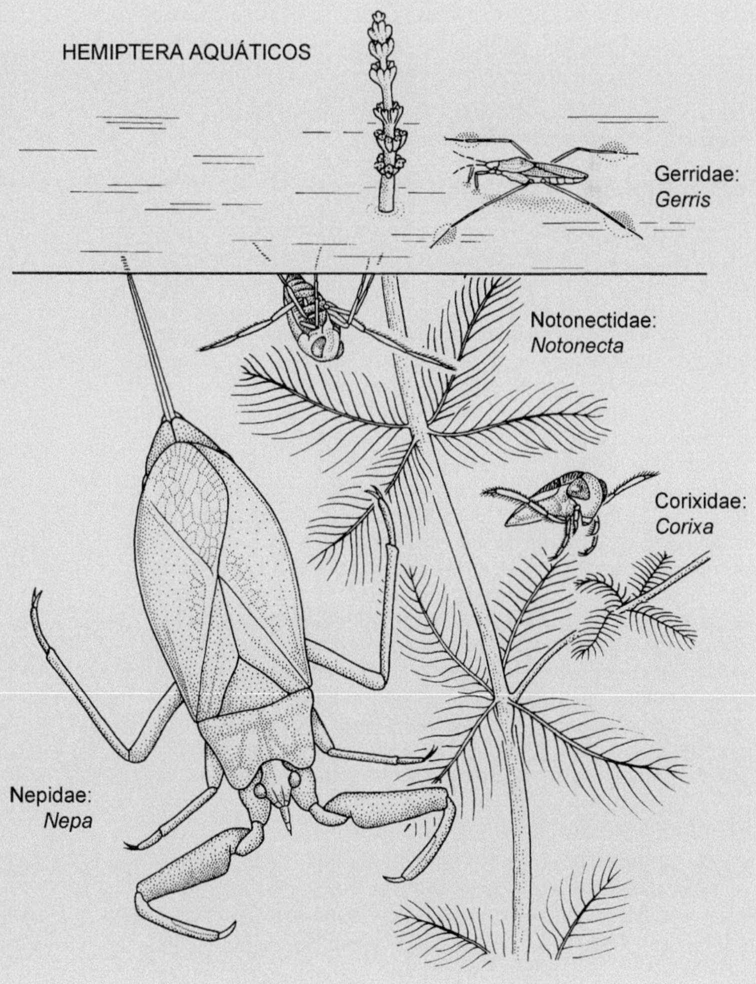

Boxe 10.3 Coleoptera aquáticos | Besouros

A diversa ordem de holometábolos, os Coleoptera (Taxoboxe 22) contêm mais de 5.000 espécies aquáticas (embora essas formem menos de 2% das espécies de besouros descritas mundialmente). Cerca de dez famílias são exclusivamente aquáticas enquanto larvas e adultas; mais algumas são predominantemente aquáticas enquanto larvas e terrestres enquanto adultas, ou muito raramente com larvas terrestres e adultos aquáticos (notavelmente em Dryopidae); e muitas outras têm apenas representação aquática esporádica. As principais famílias de coleópteros que são predominantemente aquáticas no estágio larval ou em ambos estágios larval e adulto são os Gyrinidae, Dytiscidae (besouros mergulhadores predadores; a larva está ilustrada aqui na figura de cima), Haliplidae, Hydrophilidae (larva ilustrada na figura do meio), Scirtidae, Psephenidae (com a larva caracteristicamente achatada ilustrada na figura de baixo) e Elmidae. Os besouros adultos apresentam, como diagnose, as asas mesotorácicas modificadas como élitros rígidos (ver Figura 2.24D e Taxoboxe 22). A troca gasosa nos adultos normalmente envolve reservatórios de ar temporários ou permanentes. As larvas são muito variáveis, mas todas têm cabeça esclerotizada distinta, com mandíbulas fortemente desenvolvidas e antenas com dois ou três artículos. Elas têm três pares de pernas torácicas articuladas e não apresentam falsas pernas abdominais. O sistema traqueal é aberto mas há um número variavelmente reduzido de espiráculos na maioria das larvas aquáticas; algumas têm brânquias abdominais laterais e/ou ventrais, às vezes escondidas sob o esternito terminal. A fase de pupa é terrestre (exceto em alguns Psephenidae nos quais ela ocorre na água), e a pupa não tem mandíbulas funcionais. Embora os coleópteros aquáticos exibam diversos hábitos alimentares, tanto as larvas quanto os adultos da maioria das espécies são predadores ou carniceiros.

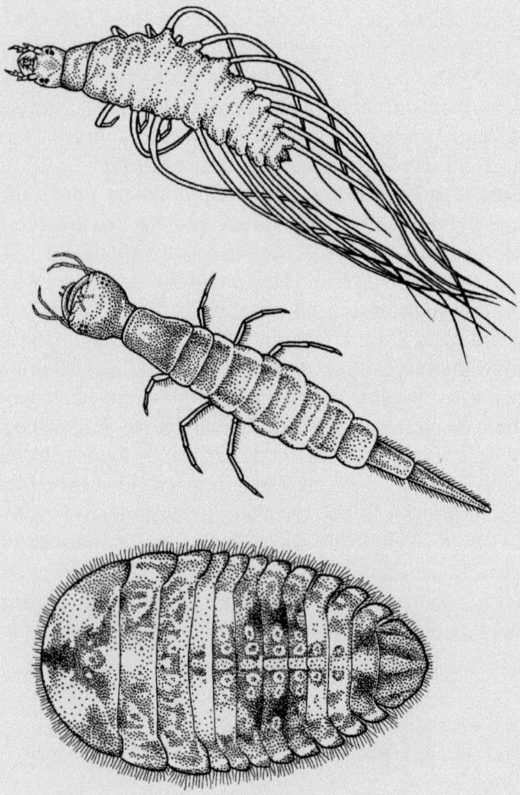

Boxe 10.4 Neuropterida aquáticos

Neuroptera aquáticos (neurópteros)

Os neurópteros (ordem Neuroptera) são holometábolos e todos os estágios da maioria das espécies são predadores terrestres (Taxoboxe 21). Entretanto, todos os Sisyridae, representando aproximadamente 60 espécies, têm larvas aquáticas. Na pequena família Nevrorthidae as larvas vivem em água corrente e algumas larvas de Osmylidae vivem em hábitats ripários marginais úmidos. Os Nevrorthidae são encontrados apenas no Japão, Taiwan, na Europa mediterrânea e Austrália. Os Osmylidae associados à água doce são encontrados na Austrália e no leste asiático, e a família é totalmente ausente no Neártico. As larvas de Sisyridae (como ilustrado aqui; segundo CSIRO, 1970) têm mandíbulas alongadas parecidas com estiletes, antenas filamentosas, brânquias abdominais ventrais pares e não apresentam falsas pernas terminais. A pupa tem mandíbulas funcionais. Os ovos são postos em ramos e no lado de baixo de folhas de árvores que se projetam sobre a água corrente. As larvas que vão eclodindo caem na água, onde são planctônicas e procuram esponjas como hospedeiro. As larvas se alimentam das esponjas utilizando suas peças bucais em forma de estiletes para sugar os líquidos de células vivas. Há três instares larvais, com desenvolvimento rápido, e eles podem ser multivoltinos. A larva de último instar sai da água e a fase de pupa acontece em um casulo de seda na vegetação distante da água.

Megaloptera aquáticos (megalópteros)

Os Megaloptera (Taxoboxe 21) são holometábolos, com cerca de 350 espécies descritas em duas famílias por todo o mundo: Sialidae (com larvas de até 3 cm de comprimento) e as maiores Corydalidae (com larvas de até 10 cm de comprimento). São reconhecidas

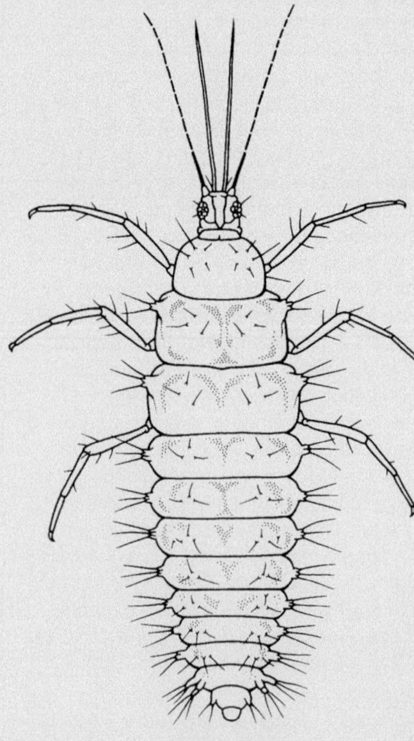

Larva de Sisyridae

(*continua*)

Boxe 10.4 Neuropterida aquáticos *(Continuação)*

Megaloptera: Corydalidae: *Archichauliodes*

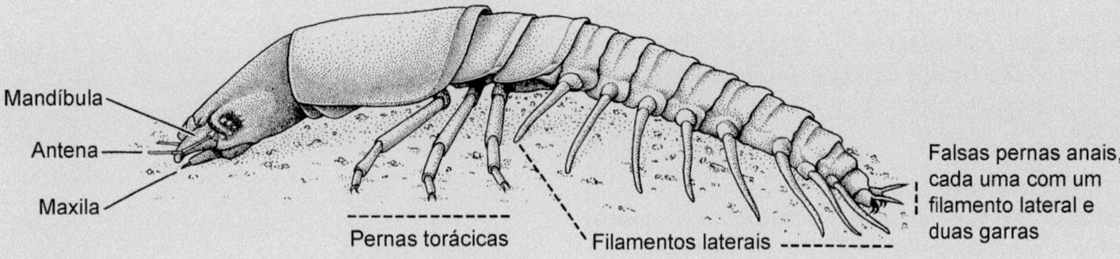

duas subfamílias em Corydalidae: Corydalinae e Chauliodinae. A diversidade de megalópteros é especialmente alta na China e no Sudeste Asiático, na Amazônia e nos Andes. As larvas de Megaloptera são prognatas, com peças bucais bem desenvolvidas, incluindo palpos labiais de três artículos (as larvas de besouros Gyrinidae, parecidas, têm palpos de um ou dois artículos). Elas são espiraculadas, com brânquias consistindo em filamentos laterais nos segmentos abdominais com quatro a cinco segmentos (Sialidae) ou dois segmentos. O abdome da larva termina em um filamento caudal mediano não articulado (Sialidae) ou em um par de falsas pernas anais [conforme ilustrado aqui para uma espécie de *Archichauliodes* (Corydalidae)]. As larvas têm 10 a 12 instares e levam pelo menos 1 ano, normalmente dois ou mais, para desenvolverem-se. Algumas larvas de Megaloptera da costa do Pacífico (principalmente Califórnia) podem sobreviver à seca do riacho enterrando-se debaixo de grandes seixos, enquanto outras parecem sobreviver sem tal estratégia comportamental. A fase de pupa ocorre longe da água, com frequência em substratos úmidos. As larvas são predadoras (do tipo senta e espera) e carniceiras, em águas lóticas e lênticas, e são intolerantes à poluição.

dois grupos basais atuais de Pterygota (efêmeras e libélulas) são aquáticos, em contraste com os apterigotos terrestres; porém, os hábitos aquáticos dos Ephemeroptera e Odonata não podem ter sido primários, uma vez que o sistema traqueal indica um estágio terrestre precedente (seção 8.3).

Quaisquer que sejam as origens do modo de vida aquático, todas as filogenias de insetos propostas demonstram que ele deve ter sido adotado, adotado e perdido, e readotado em diferentes linhagens, ao longo do tempo geológico. As múltiplas adoções independentes de estilos de vida aquáticos são evidentes em particular nos Coleoptera e Diptera, com táxons aquáticos distribuídos entre muitas famílias ao longo de cada uma dessas ordens. Ao contrário, todas as espécies de Ephemeroptera e Plecoptera são aquáticas e, entre os Odonata, as únicas exceções em um estilo de vida aquático quase universal são as ninfas terrestres de algumas poucas espécies.

O movimento a partir da terra para a água provoca problemas fisiológicos, dentre os quais o mais importante é a necessidade de oxigênio. O tópico seguinte considera as propriedades físicas do oxigênio no ar e na água, e os mecanismos pelos quais insetos aquáticos obtêm um suprimento adequado.

10.3 INSETOS AQUÁTICOS E SEUS SUPRIMENTOS DE OXIGÊNIO

10.3.1 Propriedades físicas do oxigênio

O oxigênio compreende 200.000 ppm (partes por milhão) do ar, mas em solução aquosa sua concentração é de apenas cerca de 15 ppm em água fria saturada. A energia no nível celular pode ser fornecida por respiração anaeróbica, mas esse tipo de respiração é ineficiente, fornecendo 19 vezes menos energia por unidade de substrato respirada do que a respiração aeróbica. Embora insetos como certas larvas de mosquitos Chironomidae sobrevivam a longos períodos de condições quase anóxicas, a maioria os insetos aquáticos deve obter oxigênio a partir do meio circundante para funcionarem efetivamente.

As proporções de gases dissolvidos na água variam de acordo com suas solubilidades: a quantidade é inversamente proporcional à temperatura e à salinidade, e proporcional à pressão, decrescendo com a elevação. Em águas **lênticas** (estagnadas), a difusão através da água é muito lenta; levaria anos para que o oxigênio se difundisse por vários metros em águas paradas. Essa taxa lenta, combinada com o oxigênio exigido pela degradação microbiana de matéria orgânica submersa, pode esgotar totalmente o oxigênio no fundo (anoxia bêntica). Entretanto, a oxigenação de águas superficiais por difusão é melhorada por turbulência, a qual aumenta a área de superfície, força a aeração, e mistura a água. Se essa mistura pela turbulência for evitada, por exemplo, em um lago fundo com uma pequena área de superfície, ou um lago com muita vegetação de cobertura ou sob uma cobertura de gelo extensa, a anoxia pode ser prolongada ou permanente. Vivendo sob essas circunstâncias, insetos bênticos precisam tolerar vastas flutuações anuais e sazonais na disponibilidade de oxigênio.

Os níveis de oxigênio em condições **lóticas** (em movimento) podem chegar a 15 ppm, em especial em águas frias. As concentrações de equilíbrio podem ser excedidas se a fotossíntese gerar oxigênio localmente abundante, tal como em piscinas ricas em macrófitas e algas sob a luz do sol. Entretanto, quando essa vegetação respira à noite, o oxigênio é consumido, provocando um declínio do oxigênio dissolvido. Os insetos aquáticos precisam lidar com uma variação diurna de tensões de oxigênio.

10.3.2 Trocas gasosas em insetos aquáticos

Os sistemas de trocas gasosas dos insetos dependem da difusão de oxigênio, a qual é rápida pelo ar, lenta pela água, e ainda mais lenta por meio da cutícula. Os ovos de insetos aquáticos absorvem oxigênio da água com a ajuda de um córion (seção 5.8). Ovos grandes podem ter a superfície respiratória ampliada por chifres ou cristas elaboradas, como nos Nepidae (Hemiptera). Os grandes ovos de baratas-d'água gigantes absorvem oxigênio (Hemiptera: Belostomatidae) com a ajuda de um raro cuidado parental dos ovos pelo macho (ver Boxe 5.8).

Embora a cutícula dos insetos seja muito impermeável, a difusão de gás por meio da superfície do corpo pode ser suficiente para os menores insetos aquáticos, tais como algumas larvas de primeiro instar ou todos os instares de algumas larvas de dípteros. Insetos aquáticos maiores, com demandas respiratórias equivalentes àquelas dos insetos com espiráculos e respiração aérea, necessitam da ampliação de áreas de trocas gasosas ou de algum outro meio de obter mais oxigênio porque a razão reduzida entre área superficial e o volume impede a dependência de apenas trocas gasosas cutâneas.

Os insetos aquáticos demonstram diversos mecanismos para lidar com os níveis de oxigênio muito menores em soluções aquosas. Os insetos aquáticos podem ter sistemas traqueais abertos com espiráculos, como os apresentados por seus parentes com respiração aérea. Esses sistemas podem ser polipnêusticos (oito a dez espiráculos abrindo-se na superfície do corpo) ou oligopnêusticos (um ou dois pares de espiráculos abertos, na maioria das vezes terminais), ou fechados e sem conexão externa direta (seção 3.5, Figura 3.11).

10.3.3 Consumo de oxigênio com sistema traqueal fechado

A simples troca gasosa cutânea em um sistema traqueal fechado é suficiente apenas para os menores insetos aquáticos, como os primeiros instares dos tricópteros (Trichoptera). Para insetos maiores, embora a troca cutânea possa ser responsável por uma parte substancial do consumo de oxigênio, outros mecanismos são necessários.

Um meio predominante de aumentar a área superficial para trocas gasosas é através de brânquias – extensões do corpo lamelares, cuticulares e traqueadas. Elas são geralmente abdominais (ventrais, laterais ou dorsais) ou caudais, mas podem estar localizadas no mento, nas maxilas, no pescoço, na base das pernas, em volta do ânus em alguns Plecoptera (Figura 10.1), ou mesmo no interior do reto, como em ninfas de libélula. Brânquias traqueais são encontradas nos estágios imaturos dos Odonata, Plecoptera, Trichoptera, Megaloptera e Neuroptera aquáticos, alguns Coleoptera aquáticos, uns poucos Diptera e lepidópteros Pyralidae e, provavelmente, atingem sua maior diversidade morfológica nos Ephemeroptera.

Ao interpretar essas estruturas como brânquias, é importante demonstrar que elas de fato funcionam no consumo de oxigênio. Em experimentos com ninfas de *Lestes* (Odonata: Lestidae), as enormes lamelas caudais, parecidas com brânquias, de alguns indivíduos foram removidas quebrando-as no local da autotomia natural. Tanto os indivíduos com brânquias quanto os sem brânquias foram submetidos a ambientes com pouco oxigênio em respirometria fechada, e a sobrevivência foi avaliada. As três lamelas caudais desse Odonata satisfizeram todos os critérios para brânquias, a saber:

- Grande área superficial
- Úmidas e vascularizadas
- Possíveis de serem ventiladas
- Normalmente responsáveis por 20 a 30% do consumo de oxigênio.

Entretanto, com o aumento experimental da temperatura e a redução do oxigênio dissolvido, as brânquias eram responsáveis por um consumo de oxigênio maior, até que o consumo máximo chegasse a 70%. Nesse nível alto, a proporção igualou a proporção de superfície branquial à área de superfície total do corpo. A baixas temperaturas (menores que 12°C) e com oxigênio dissolvido no máximo ambiental de 9 ppm, as brânquias dos lestídeos eram responsáveis por muito pouco consumo de oxigênio;

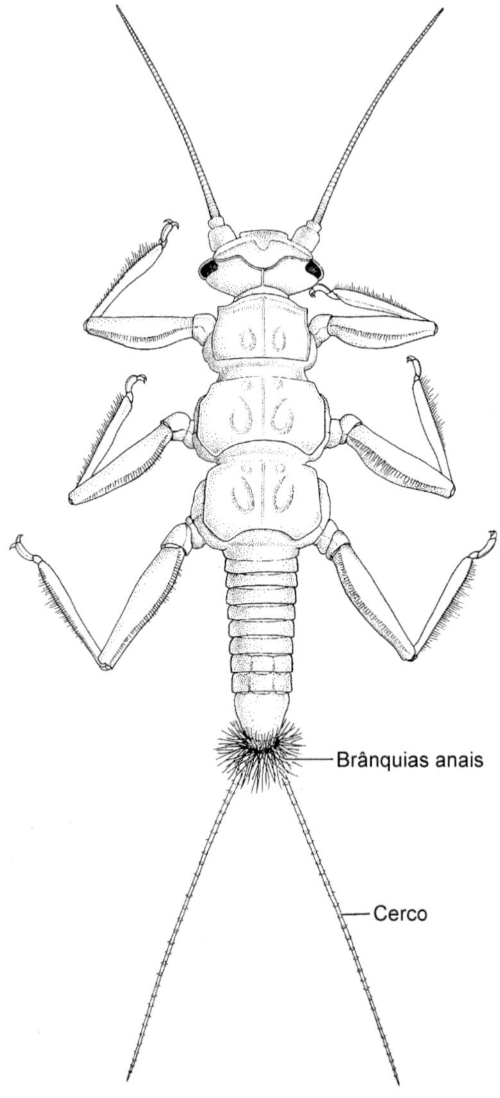

Figura 10.1 Ninfa de plecóptero (Plecoptera: Gripopterygidae) mostrando as brânquias anais filamentosas.

o consumo cuticular era supostamente dominante. Quando as ninfas de efêmeras *Siphlonurus* foram testadas de modo semelhante, a 12 a 13°C as brânquias foram responsáveis por 67% do consumo de oxigênio, o que foi proporcional à sua fração de área de superfície total do corpo.

O oxigênio dissolvido pode ser extraído utilizando-se pigmentos respiratórios. Esses pigmentos são quase universais em vertebrados, mas também são encontrados em alguns invertebrados e até mesmo em plantas e protistas. Entre os insetos aquáticos, algumas larvas de Chironomidae e uns poucos insetos Notonectidae têm hemoglobinas. Essas moléculas são homólogas (mesma derivação) às hemoglobinas de vertebrados como nós mesmos. As hemoglobinas de vertebrados apresentam baixa afinidade por oxigênio; ou seja, o oxigênio é obtido a partir de um ambiente aéreo rico em oxigênio, e descarregado nos músculos em um ambiente ácido (ácido carbônico proveniente de dióxido de carbono dissolvido): o efeito Bohr. Nos locais em que as concentrações de oxigênio ambiental são consistentemente baixas, como nos sedimentos de lagos virtualmente anóxicos e com frequência acídicos, o efeito Bohr seria contraproducente. Ao contrário dos vertebrados, as hemoglobinas dos Chironomidae têm alta afinidade por oxigênio. As larvas de mosquitos Chironomidae podem saturar suas hemoglobinas ondulando seus corpos dentro de seus tubos de seda ou tocas de substrato, a fim de permitir que a água minimamente oxigenada circule sobre a cutícula. O oxigênio é descarregado quando as ondulações param ou quando é necessária a recuperação de uma condição de respiração anaeróbica. Os pigmentos respiratórios permitem liberação de oxigênio muito mais rápida do que a permitida apenas pela difusão.

10.3.4 Consumo de oxigênio com sistema traqueal aberto

Para insetos aquáticos com sistemas traqueais abertos, há uma variedade de possibilidades para a obtenção de oxigênio. Muitos estágios imaturos de Diptera podem obter oxigênio atmosférico suspendendo-se do menisco da água, da maneira como uma larva ou pupa de mosquito (Figura 10.2). Existem conexões diretas entre a atmosfera e os espiráculos no sifão respiratório terminal da larva e no órgão respiratório torácico da pupa. Qualquer inseto que utilize oxigênio atmosférico é independente de níveis baixos de oxigênio dissolvido, como os que ocorrem em águas paradas ou estagnadas. Essa independência do oxigênio dissolvido é particularmente predominante entre larvas de moscas como Ephydridae, em que uma espécie pode viver em poços de petróleo/alcatrão, e certas moscas tolerantes à poluição (Syrphidae), os "corós com rabo de rato".

Diversas outras larvas de Diptera e de besouros Psephenidae apresentam modificações cuticulares em volta das aberturas dos espiráculos, as quais funcionam como brânquias, permitindo um aumento na taxa de extração de oxigênio dissolvido sem o contato do espiráculo com a atmosfera. Uma fonte incomum de oxigênio é o ar guardado nas raízes e nos caules de macrófitas aquáticas. Os insetos aquáticos, incluindo os estágios imaturos de alguns mosquitos, moscas sirfídeas e *Donacia* (um gênero de besouros crisomelídeos), podem utilizar essa fonte. Em mosquitos *Mansonia*, tanto o sifão respiratório larval, que tem um espiráculo, quanto o órgão respiratório torácico da pupa são modificados para a perfuração de plantas.

Reservatórios temporários de ar (brânquias compressíveis) são meios comuns de reservar e extrair oxigênio. Muitos Dytiscidae adultos, Gyrinidae, Helodidae, Hydraenidae, besouros Hydrophilidae e ninfas e adultos de muitos hemípteros Belostomatidae, Corixidae, Naucoridae e Pleidae utilizam esse método de aprimorar as trocas gasosas. A brânquia é uma bolha de ar armazenado, em contato com os espiráculos por vários meios, incluindo a retenção subelitral no caso de besouros aquáticos da subordem Adephaga (Figura 10.3), e franjas de pelos hidrófugos especializados no corpo e nas pernas, como em alguns besouros aquáticos da subordem Polyphaga. Quando o inseto mergulha a partir da superfície, o ar é capturado em uma bolha na qual todos os gases estão inicialmente no equilíbrio atmosférico. Conforme o inseto submerso respira, o oxigênio é consumido e o dióxido de carbono produzido, o qual é perdido devido à sua alta solubilidade na água. Na bolha, conforme a pressão parcial do oxigênio diminui, mais oxigênio difunde-se para dentro a partir da solução na água, mas não rápido o suficiente para evitar o esgotamento continuado dentro da bolha. Enquanto isso, conforme a proporção de nitrogênio na bolha aumenta, ele se difunde para fora, causando a diminuição do tamanho da bolha. Essa contração no tamanho origina o termo "brânquia compressível". Quando a bolha se torna pequena demais, ela é reabastecida pelo retorno do inseto à superfície.

A longevidade da bolha depende das taxas relativas de consumo de oxigênio, e de difusão gasosa entre a bolha e a água ao redor. Um máximo de oito vezes mais oxigênio pode ser fornecido pela brânquia compressível do que o que estava na bolha original.

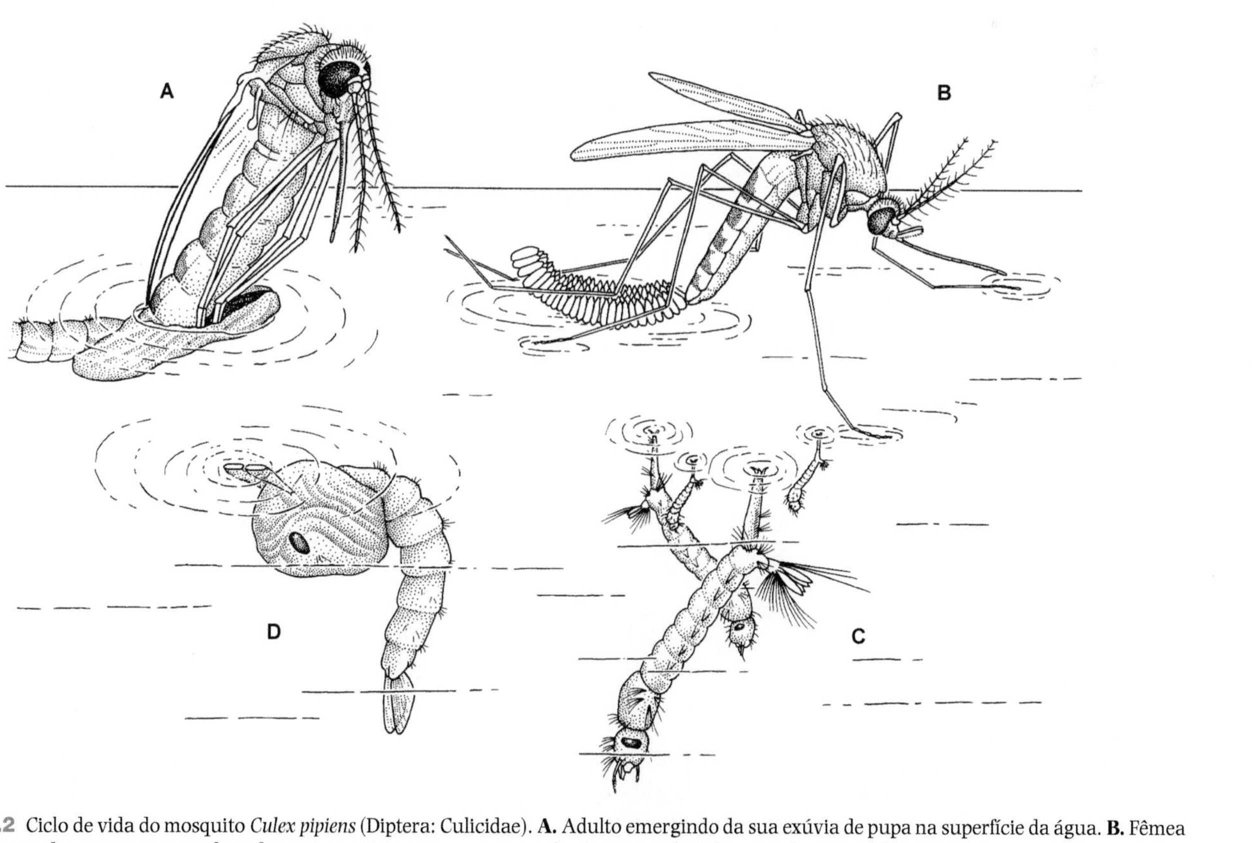

Figura 10.2 Ciclo de vida do mosquito *Culex pipiens* (Diptera: Culicidae). **A.** Adulto emergindo da sua exúvia de pupa na superfície da água. **B.** Fêmea adulta ovipositando, com seus ovos aderindo uns aos outros como uma jangada. **C.** Larvas obtendo oxigênio na superfície da água por meio de seus sifões. **D.** Pupas suspensas do menisco da água, com seu chifre respiratório em contato com a atmosfera. (Segundo Clements, 1992.)

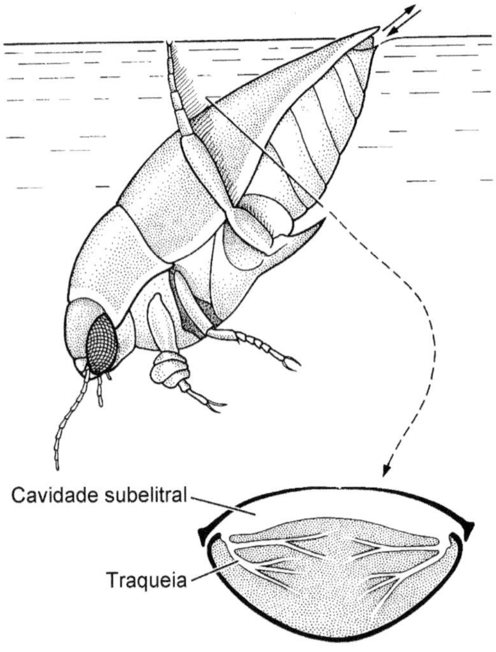

Figura 10.3 Macho do besouro aquático *Dysticus* (Coleoptera: Dysticidae) repondo seu estoque de ar na superfície da água. Abaixo, uma secção transversal do abdome do besouro mostrando o grande reservatório de ar abaixo do élitro e as traqueias abrindo-se nesse espaço de ar. Observação: os tarsos das pernas anteriores são dilatados para formar almofadas adesivas usadas para segurar a fêmea durante a cópula. (Segundo Wigglesworth, 1964.)

Entretanto, o oxigênio disponível varia de acordo com a quantidade de área superficial exposta da bolha e a temperatura de água predominante. A baixas temperaturas, a taxa metabólica é menor, mais gases permanecem dissolvidos na água, e a brânquia dura mais tempo. Inversamente, em temperaturas mais altas, o metabolismo é mais acelerado, menos gás é dissolvido, e a brânquia é menos eficiente.

Outra brânquia "bolha de ar", o **plastrão**, permite que alguns insetos usem reservatórios de ar permanentes, chamados de "brânquias incompressíveis". A água é mantida longe da superfície do corpo por pelos hidrófugos ou por malha cuticular, a qual deixa uma camada de gás permanentemente em contato com os espiráculos. A maior parte do gás é relativamente nitrogênio insolúvel, mas um gradiente é estabelecido em resposta ao uso metabólico do oxigênio, e mais oxigênio se difunde a partir da água para dentro do plastrão. A maioria dos insetos com tal brânquia é relativamente sedentária, já que a brânquia não é muito eficiente para responder a altas demandas de oxigênio. Adultos de alguns besouros Curculionidae, Dryopidae, Elmidae, Hydraenidae e Hydrophilidae, ninfas e adultos de percevejos Naucoridae, e larvas de mariposas Pyralidae utilizam essa forma de extração de oxigênio. Os espiráculos das larvas aquáticas de Diptera, tais como os Tipulidae e Stratiomyidae, funcionam como plastrões, com os gases sendo mantidos na malha de sustentação dentro do átrio espiracular, e com pelos hidrofóbicos externos repelindo a água.

10.3.5 Ventilação comportamental

Uma consequência da lenta taxa de difusão do oxigênio pela água é o desenvolvimento de uma camada de água desprovida de oxigênio que circunda a superfície de dispêndio de gás, seja ela a cutícula, uma brânquia ou um espiráculo. Os insetos aquáticos exibem uma variedade de comportamentos de ventilação que quebram essa camada pobre em oxigênio. Os insetos que difundem os gases pela cutícula ondulam seus corpos nos tubos (Chironomidae), casinhas (ninfas jovens de tricóptero) ou sob abrigos (larvas jovens de lepidópteros), para produzirem correntes frescas pelo corpo. Esse comportamento continua mesmo em instares posteriores dos tricópteros e lepidópteros, cujas brânquias estão desenvolvidas. Muitos insetos aquáticos sem brânquias selecionam suas posições na água para permitir a máxima aeração por meio da circulação da corrente. Alguns dípteros, tais como Blephariceridae (Figura 10.4) e larvas de Deuterophlebiidae, são encontrados apenas em correntezas; simulídeos sem brânquias, plecópteros e larvas de tricópteros sem casinhas são encontrados com frequência em áreas de alto fluxo de água. Os poucos insetos aquáticos sedentários com brânquias, em especial a pupa do borrachudo (Simuliidae), alguns besouros Dryopidae adultos e os estágios imaturos de alguns lepidópteros mantêm uma alta oxigenação local posicionando-se em áreas de corrente bem oxigenada. Para insetos móveis, movimentos de natação, como movimentos de pernas, evitam a formação de uma camada limite pobre em oxigênio.

Embora a maioria dos insetos com brânquias use o fluxo natural da água para trazerem água oxigenada para si, eles podem também ondular seus corpos, baterem suas brânquias, ou bombearem água para dentro e para fora do reto, como nas ninfas de anisópteros. Em ninfas de zigópteros Lestidae (para as quais a função das brânquias é discutida na seção 10.3.3), a ventilação é auxiliada por "movimentos de puxar para baixo" (ou "empurrar para cima") que efetivamente movem a água pobre em oxigênio para longe das brânquias. Quando o oxigênio dissolvido é reduzido mediante aumento na temperatura, as ninfas de *Siphlonurus* elevam a frequência e aumentam a porcentagem do tempo gasto batendo as brânquias.

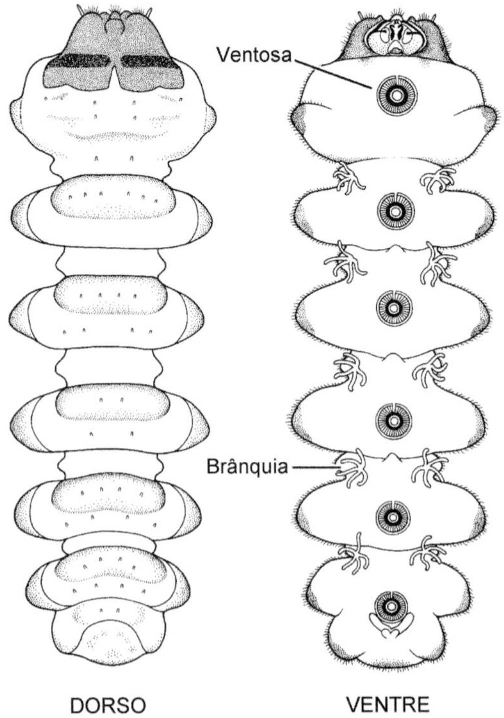

Figura 10.4 Vistas dorsal (esquerda) e ventral (direita) da larva de *Edwardsina polymorpha* (Diptera: Blephariceridae); o ventre apresenta ventosas utilizadas pela larva para aderir às superfícies de rochas em águas de fluxo rápido.

10.4 AMBIENTE AQUÁTICO

Os dois diferentes ambientes aquáticos físicos, o lótico (corrente) e o lêntico (fixo), impõem restrições distintas aos organismos que vivem neles. Nas seções seguintes, destacamos essas condições e discutimos algumas das modificações morfológicas e comportamentais de insetos aquáticos. Além disso, os insetos aquáticos podem responder a condições externas ao corpo d'água, tais como material vegetal e animal proveniente da zona ripária que cai dentro da água (Boxe 10.5).

10.4.1 Adaptações lóticas

Em sistemas lóticos, a velocidade da água corrente influencia:

- O tipo de substrato, com blocos depositados nas áreas de fluxo rápido e sedimentos finos nas de fluxo lento
- O transporte de partículas, tanto como fonte de alimento para os animais filtradores quanto, durante fluxos de pico, como agentes de limpeza
- A manutenção de altos níveis de oxigênio dissolvido.

Um riacho ou rio contém micro-hábitats heterogêneos, com corredeiras (seções de fluxo mais rápido, mais rasas e com pedras) intercaladas com piscinas naturais mais profundas. As áreas de erosão dos bancos alternam-se com áreas em que os sedimentos são depositados, podendo haver áreas de substratos arenosos móveis e instáveis. Os bancos podem ter árvores (uma zona ripária com vegetação) ou podem ser instáveis, com depósitos móveis que mudam com cada cheia. Tipicamente, onde existe vegetação ripária haverá acúmulo local de material **alóctone** (externo ao riacho) flutuante, como montes de folhas e madeira. Em partes do mundo em que ainda existem bacias extensas, arborizadas e preservadas, os cursos de riachos muitas vezes são bloqueados periodicamente por árvores que caem naturalmente. Onde o riacho recebe luz e os níveis de nutrientes permitem, ocorre o crescimento **autóctone** (produzido dentro do riacho) de plantas e macroalgas (macrófitas). Plantas aquáticas com flores podem ser abundantes, em especial em riachos calcários.

Faunas características de insetos habitam esses vários substratos, muitas com modificações morfológicas evidentes. Logo, aqueles que vivem em correntes fortes (espécies **reofílicas**) tendem a ser achatados dorsoventralmente, como nas larvas de Psephenidae (Boxe 10.3), algumas vezes com pernas projetadas lateralmente. Isso não é estritamente uma adaptação a correntes fortes, já que tal modificação é encontrada em muitos insetos aquáticos. Não obstante, o formato e o comportamento minimizam ou evitam a exposição, permitindo que o inseto permaneça dentro de uma camada limite de água parada próxima à superfície do substrato. Entretanto, o fluxo hidráulico de menor escala de águas naturais é complexo e a relação entre forma do corpo, a hidrodinâmica e a velocidade da corrente não é direta.

As casinhas construídas por muitos tricópteros reofílicos auxiliam na hidrodinâmica ou, de outra maneira, modificam os efeitos da corrente. A variedade de formas das casinhas (Figura 10.5) deve agir como lastro contra o deslocamento. Diversas larvas aquáticas têm ventosas (Figura 10.4) que permitem ao inseto grudar-se em superfícies expostas um tanto lisas, tais como laterais de rochas em cachoeiras e cascatas. A seda é largamente produzida, permitindo a manutenção da posição em fluxos mais rápidos. Larvas de borrachudo (Simuliidae) (ver abertura deste capítulo) prendem suas garras posteriores a uma almofada de

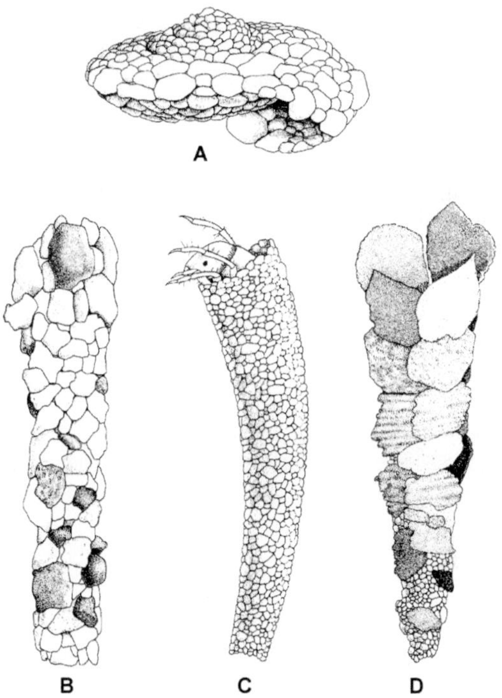

Figura 10.5 Casinhas portáteis das larvas de famílias representativas de tricópteros (Trichoptera). **A.** Helicopsychidae. **B.** Philorheithridae. **C** e **D.** Leptoceridae.

> **Boxe 10.5 Fluxos de insetos entre os meios aquático e terrestre**
>
> Os ecólogos tendiam a considerar os ambientes de água doce e terrestres como sistemas separados com diferentes organismos, processos e métodos de pesquisa apropriados para cada um. Entretanto, está cada vez mais claro que intercâmbios ("fluxos") entre os dois são importantes na transferência de energia (alimento, nutrientes) entre eles. A troca mais óbvia é devida aos insetos adultos emergindo dos lagos e rios e se deslocando para a terra, onde impulsionam a dieta dos predadores ripários, especialmente aves e morcegos que caçam insetos voadores; aranhas, que tecem teias para capturar presas, e artrópodes que vivem no solo, tais como besouros carabídeos. Por sua vez, tal aumento localizado nos predadores pode afetar todas as teias alimentares na zona ripária. O ciclo contrário envolve os insetos terrestres ripários caindo nos riachos e rios, especialmente durante inundações esporádicas, juntamente com os adultos depois do acasalamento e oviposição. Esse recurso alóctone pode proporcionar, sazonalmente, uma entrada substancial na dieta de peixes, tais como os salmonídeos, que se alimentam de partículas que passam boiando. Além disso, muitos besouros e mesmo formigas podem forragear nas margens de corpos d'água à procura de insetos terrestres carregados pela inundação e encalhados em determinados locais. Esses recursos auxiliares dos rios para a zona ripária e vice-versa, com extensão e sazonalidade muito variáveis, estão se tornando mais bem compreendidos por meio de algumas engenhosas manipulações dos subsídios. Além disso, a capacidade de determinar as dietas de predadores e carniceiros utilizando as diferentes "assinaturas" isotópicas dos artrópodes terrestres e insetos aquáticos tem ajudado a reconhecer esses subsídios. O que ainda não está claro é a importância da qualidade da zona ripária (intacta, perturbada ou invadida) para a força desses fluxos predominantemente com base em insetos.

seda que elas tecem em uma superfície de rocha. Outros, incluindo tricópteros Hydropsychidae (Figura 10.6) e muitos Chironomidae, utilizam seda na construção de refúgios. Alguns tecem redes de seda para capturar alimento trazido à vizinhança pelo fluxo do riacho.

Muitos insetos lóticos são menores do que os seus correlatos em águas paradas. O tamanho, juntamente com o projeto de corpo flexível, permite que eles vivam entre as rachaduras e fendas de blocos, pedras e seixos no leito (bentos) do riacho, ou mesmo em substratos arenosos, instáveis. Outro meio de evitar a corrente é vivendo em acúmulos de folhas (montes de folhas) ou minando em madeira imersa. Muitos besouros e dípteros especialistas, tais como as larvas de Tipulidae (Diptera), utilizam esses substratos.

Duas estratégias comportamentais são mais evidentes em águas correntes do que em qualquer outro lugar. A primeira é o uso estratégico da corrente para permitir o arraste a partir de um local inadequado, com a possibilidade de encontrar um local mais adequado. Insetos predadores aquáticos com frequência deixam-se arrastar para localizar agregações de presas. Muitos outros insetos, como plecópteros e efêmeras, em particular *Baetis* (Ephemeroptera: Baetidae), podem demonstrar um padrão diurno periódico de arraste. O arraste "catastrófico" é uma resposta comportamental à perturbação física, tal como poluição ou episódios de fluxo rigoroso. Uma resposta alternativa, a de enterrar-se fundo no substrato (a zona hiporreica), é um outro comportamento particularmente lótico. Na zona hiporreica, as variações de regime de fluxo, de temperatura e, talvez, de pressão de predação podem ser evitadas, embora a comida e o oxigênio disponíveis possam ser diminuídos.

10.4.2 Adaptações lênticas

Com exceção do efeito das ondas nas praias de corpos d'água maiores, os efeitos do movimento da água provocam pouca ou nenhuma dificuldade para os insetos aquáticos que vivem em ambientes lênticos. Entretanto, a disponibilidade de oxigênio é mais problemática, e os táxons lênticos demonstram maior variedade de mecanismos para um consumo de oxigênio mais eficiente, em comparação com insetos lóticos.

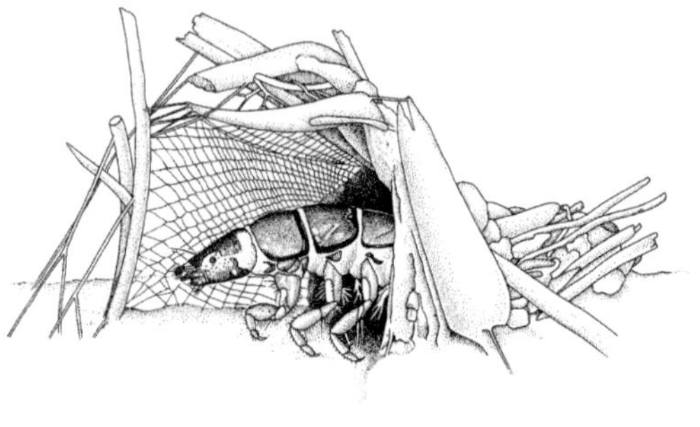

Figura 10.6 Larva de tricóptero (Trichoptera: Hydropsychidae) em seu refúgio; a rede de seda é usada para apanhar alimento. (Segundo Wiggins, 1978.)

A superfície de águas lênticas é utilizada por muito mais espécies (a comunidade do nêuston de insetos semiaquáticos) do que a superfície lótica, porque as propriedades físicas de tensão superficial em águas paradas, que podem sustentar um inseto, são destruídas na água corrente turbulenta. Os gerriídeos e veliídeos (Hemiptera: Gerromorpha: Gerridae e Veliidae) estão entre os mais familiares insetos do nêuston que exploram a película da superfície (Boxe 10.2). Eles utilizam fileiras de pelos hidrófugos (repelentes de água) nas pernas e no ventre, a fim de evitar a ruptura da película. Os gerriídeos deslocam-se com um movimento de remar, e localizam presas (e, em algumas espécies, parceiros) detectando vibrações na superfície da água. Certos besouros Staphylinidae utilizam meios químicos para se movimentarem sobre o menisco, por meio da descarga anal de uma substância semelhante ao detergente que libera a tensão superficial local e impulsiona o besouro para frente. Alguns elementos dessa comunidade do nêuston podem ser encontrados em águas paradas de riachos e rios, e espécies relacionadas de Gerromorpha podem viver na superfície de água de estuários ou mesmo oceânicas (seção 10.8).

Abaixo do menisco de água parada, as larvas de muitos mosquitos alimentam-se (ver Figura 2.18) e se penduram, suspensas por seus sifões respiratórios (Figura 10.2), como fazem certos Tipulidae e Stratomyiidae (Diptera). Besouros Gyrinidae (Figura 10.7) são capazes de andar na interface entre a água e o ar, com uma superfície superior impermeável e uma superfície inferior permeável. De maneira singular, cada olho é dividido de tal forma que a parte superior pode observar o ambiente aéreo, e a metade inferior pode ver embaixo d'água.

Entre a superfície da água e os bentos, organismos planctônicos vivem em uma zona divisível em limnética superior (ou seja, penetrada por luz) e profunda inferior (abaixo da penetração efetiva da luz). Os insetos planctônicos mais abundantes pertencem a *Chaoborus* (Diptera: Chaoboridae); esses insetos passam por uma migração vertical diurna, e a sua predação de *Daphnia* é discutida na seção 13.4. Outros insetos, como os besouros mergulhadores (Dytiscidae), e muitos hemípteros, tais como Corixidae, mergulham e nadam ativamente por essa zona em busca de presas. A zona profunda em geral não tem insetos planctônicos, mas pode sustentar uma comunidade bêntica abundante, predominantemente de larvas de Chironomidae, das quais a maioria apresenta hemoglobina. Mesmo a zona bêntica profunda de alguns lagos profundos, tais como o Lago Baikal na Sibéria, mantém algumas larvas de mosquitos, embora no momento da eclosão a pupa possa precisar subir mais de 1 km até a superfície da água.

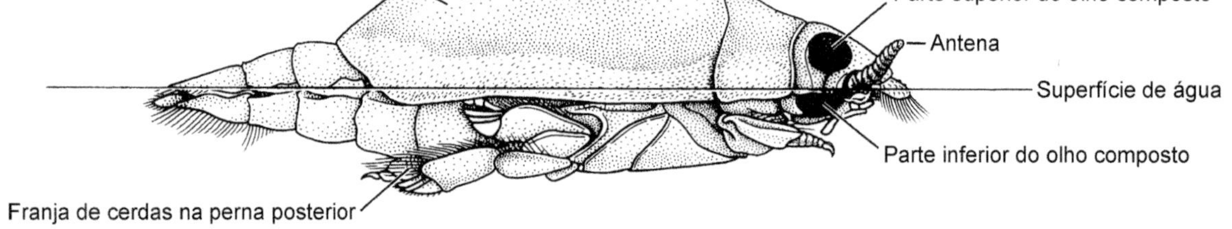

Figura 10.7 Besouro aquático *Gyretes* (Coleoptera: Gyrinidae) nadando na superfície da água. Observação: o olho composto dividido permite ao besouro ver acima e abaixo da água simultaneamente; pelos hidrófugos na margem do élitro repelem a água. (Segundo White *et al.*, 1984.)

Na zona litoral, em que a luz alcança os bentos e as macrófitas podem crescer, a diversidade de insetos é máxima. Muitos micro-hábitats diferenciados estão disponíveis, e fatores físico-químicos são menos restritivos do que nas condições escuras, frias e talvez anóxicas das águas mais profundas.

10.5 MONITORAMENTO AMBIENTAL UTILIZANDO INSETOS AQUÁTICOS

Os insetos aquáticos formam grupos que variam conforme sua localização geográfica, de acordo com processos históricos biogeográficos e ecológicos. Em uma área mais restrita, como um único lago ou uma drenagem de rio, a estrutura da comunidade derivada a partir desse conjunto de organismos localmente disponíveis é bastante limitada por fatores físico-químicos do ambiente. Dentre os fatores importantes que governam quais espécies vivem em um corpo d'água particular, as variações na disponibilidade de oxigênio obviamente levam a diferentes comunidades de insetos. Por exemplo, em condições de baixa disponibilidade de oxigênio, talvez resultante de poluição de esgoto, que consome muito oxigênio, a comunidade é tipicamente pobre em espécies e difere na composição em relação a um sistema comparável bem oxigenado, como o que pode ser encontrado mais acima do local poluído no curso de um rio. Mudanças semelhantes na estrutura da comunidade podem ser observadas em relação a outros fatores físico-químicos como temperatura, sedimento e tipo de substrato e, de modo cada vez mais preocupante, poluentes como pesticidas, materiais acídicos e metais pesados.

Todos esses fatores, que em geral são agrupados sob o termo "qualidade da água", podem ser medidos de maneira físico-química. Entretanto, o monitoramento físico-químico requer:

- Conhecimento sobre quais dentre as centenas de substâncias deve-se monitorar
- Entendimento dos efeitos de sinergismo quando dois ou mais poluentes interagem (o que com frequência exacerba ou multiplica os efeitos de qualquer composto isolado)
- Monitoramento contínuo para detectar poluentes que possam ser intermitentes, como liberações noturnas de produtos de lixo industrial.

O problema é que na maioria das vezes não sabemos com antecedência quais das muitas substâncias liberadas nos canais são biologicamente significantes; mesmo com esse conhecimento, o monitoramento contínuo de mais do que algumas é difícil e caro. Se esses impedimentos pudessem ser superados, uma questão importante permaneceria: quais são os efeitos biológicos dos poluentes? Organismos e comunidades que estão expostos a poluentes aquáticos integram múltiplos efeitos ambientais presentes e de um passado imediato. De forma crescente, os insetos são utilizados na descrição e classificação dos ecossistemas aquáticos, e na detecção de efeitos deletérios de atividades humanas. Para esse último propósito, as comunidades de insetos aquáticos (ou um subconjunto dos animais que compreendem uma comunidade aquática) são utilizadas como substitutos para humanos: suas reações observadas avisam com antecedência sobre mudanças danosas.

Nesse **monitoramento biológico** de ambientes aquáticos, as vantagens de usar os insetos incluem:

- A capacidade de selecionar entre os muitos táxons de insetos em qualquer sistema aquático, de acordo com a análise necessária
- A disponibilidade de muitos táxons onipresentes ou amplamente distribuídos, permitindo a eliminação das razões não ecológicas do porquê de um táxon poder estar ausente em uma área
- A importância funcional dos insetos em ecossistemas aquáticos, abrangendo desde os produtores secundários até os predadores de topo
- A facilidade e a ausência de restrições éticas na amostragem de insetos aquáticos, provendo números de indivíduos e táxons suficientes para serem informativos, e ainda assim serem capazes de ser processados
- A capacidade para identificar a maioria dos insetos aquáticos em um nível significativo
- A previsibilidade e a facilidade de detecção das respostas de muitos insetos aquáticos a perturbações como tipos específicos de poluição.

Respostas típicas, observadas quando comunidades de insetos aquáticos são perturbadas, incluem:

- A maior abundância de certas efêmeras, tais como Caenidae com brânquias abdominais protegidas, e tricópteros, incluindo os filtradores como os Hydropsychidae, à medida que aumenta o material particulado (incluindo sedimentos)
- O aumento dos números de larvas de Chironomidae que têm hemoglobina, à medida que o oxigênio dissolvido é reduzido
- A diminuição de ninfas de plecópteros (Plecoptera), à medida que a temperatura da água aumenta
- A redução substancial na diversidade com a dispersão de pesticidas
- A maior abundância de algumas espécies, mas com a perda generalizada de diversidade, à medida que os níveis de nutrientes são elevados (enriquecimento orgânico, ou **eutrofização**).

Mudanças mais sutis na comunidade podem ser observadas em resposta a fontes de poluição menos óbvias, mas pode ser difícil separar as mudanças induzidas ambientalmente de variações naturais na estrutura da comunidade. Outra área que merece atenção são alguns insetos grandes com estágios juvenis aquáticos que são altamente vágeis como adultos e podem voar grandes distâncias para hábitats que não são adequados para o desenvolvimento dos imaturos. Logo, a defesa dos registros de Odonata adultos como evidência de qualidade adequada dos hábitats aquáticos adjacentes pode não ser tão eficiente. Até mesmo a confirmação de oviposição e algum desenvolvimento das ninfas em um corpo d'água não garante que o local seja adequado – a única confirmação é a evidência de um ciclo de vida completo mediante a descoberta de exúvias ninfais que restaram após a emergência do adulto.

10.6 GRUPOS FUNCIONAIS DE ALIMENTAÇÃO

Embora insetos aquáticos sejam usados amplamente no contexto da ecologia aplicada (seção 10.5), pode não ser possível, necessário ou mesmo instrutivo fazer identificações detalhadas quanto à espécie. Algumas vezes, a estrutura taxonômica é inadequada para permitir uma identificação até esse nível, ou o tempo e o esforço não permitem uma resolução. Na maioria dos estudos de entomologia aquática, há um equilíbrio necessário entre a maximização da informação ecológica e a redução do tempo de identificação. Duas soluções para esse dilema envolvem resumir agrupando táxons em: (i) táxons superiores mais facilmente identificáveis (p. ex., famílias, gêneros); ou (ii) agrupamentos funcionais com base em mecanismos de alimentação ("grupos funcionais de alimentação").

A primeira estratégia admite que uma categoria taxonômica superior resume uma ecologia ou um comportamento consistente entre todas as espécies-membros, e na verdade isso fica evidente em algumas das respostas generalizadas mencionadas anteriormente. Entretanto, muitos táxons intimamente relacionados divergem em suas ecologias, portanto agregados de níveis superiores incluem uma diversidade de respostas. Ao contrário, agrupamentos funcionais não dependem de nenhuma suposição taxonômica, mas utilizam a morfologia das peças bucais como um guia para categorizar modos de alimentação. As seguintes categorias são geralmente reconhecidas, com algumas subdivisões adicionais utilizadas por alguns pesquisadores:

- Mastigadores alimentam-se de tecidos vegetais vivos ou em decomposição, inclusive madeira, os quais eles mastigam, minam ou cortam
- Filtradores alimentam-se de material orgânico particulado fino, filtrando partículas em suspensão (ver abertura do capítulo, ilustrando uma larva de borrachudo do complexo *Simulium vittatum* com o corpo torcido e os leques de alimentação cefálicos abertos) ou detritos finos do sedimento
- Pastadores alimentam-se de algas e diatomáceas raspando superfícies sólidas
- Perfuradores alimentam-se de líquidos de tecidos e de células de plantas vasculares ou algas grandes, perfurando e sugando os conteúdos
- Predadores alimentam-se de tecidos animais vivos engolfando e comendo o animal inteiro ou partes dele, ou perfurando a presa e sugando os líquidos corporais
- Parasitas alimentam-se de tecidos animais vivos como parasitas externos ou internos de qualquer estágio de outro organismo.

Os grupos funcionais de alimentação atravessam os grupos taxonômicos. Por exemplo, o agrupamento "pastadores" inclui algumas larvas convergentes de efêmeras, tricópteros, lepidópteros e dípteros, de modo que dentro de Diptera há exemplos de cada grupo funcional de alimentação.

Mudanças nos grupos funcionais, associadas às atividades humanas, incluem:

- A redução de pastadores com a perda de hábitat ripário, e consequente redução de entradas autóctones
- O aumento de pastadores em virtude do aumento do desenvolvimento de algas e diatomáceas, resultante da intensificação de luz e da entrada de nutrientes
- O aumento de filtradores abaixo de represamentos de água, tais como represas e reservatórios, associado ao aumento de partículas finas em águas paradas a montante.

Alguns dados resumidos sugerem uma mudança sequencial nas proporções dos grupos funcionais de alimentação, relacionada às fontes de entrada de energia para dentro do sistema aquático corrente (denominado de conceito do *continuum* dos rios). Em nascentes ripárias cobertas por sombras de árvores, onde a luz é baixa, a fotossíntese é limitada e a energia provém de altas entradas de materiais alóctones (folhas, madeira etc.). Aqui, os mastigadores como alguns plecópteros e tricópteros tendem a predominar, porque podem quebrar materiais maiores em partículas mais finas. Mais adiante ao longo do rio, filtradores como larvas de borrachudo (Simuliidae) e tricópteros Hydropsychidae filtram as partículas finas produzidas a montante e adicionam, eles próprios, mais partículas (fezes) à corrente. Quando o rio se torna mais largo e com mais luz disponível para a fotossíntese, algas e diatomáceas desenvolvem-se e servem como alimento em substratos duros para pastadores, ao passo que as macrófitas proporcionam um recurso para perfuradores. Os predadores tendem apenas a rastrear a abundância localizada de recursos alimentares. Existem atributos morfológicos grosseiramente associados a cada um desses grupos, já que pastadores em áreas de fluxo rápido tendem a ser ativos, achatados e resistentes à correnteza, quando comparados com os filtradores sésseis e aderentes; pastadores têm mandíbulas características, robustas e em forma de cunha. Embora essa hipótese de uma espiral de nutrientes a jusante seja atraente, assinaturas de isótopos estáveis de carbono e nitrogênio em insetos aquáticos ("você é o que você come") sugerem um papel dominante para os recursos derivados mais localmente na maioria dos sistemas de rios.

10.7 INSETOS DE CORPOS D'ÁGUA TEMPORÁRIOS

Em uma escala de tempo geológica, todos os corpos de água são temporários. Os lagos enchem-se de sedimento, tornam-se pântanos e, no fim, secam completamente. A erosão simplifica as bacias, e os cursos de seus rios mudam. Essas mudanças históricas são lentas, quando comparadas com o tempo de vida dos insetos, e têm pouco impacto na fauna aquática, não considerando a alteração gradual nas condições ambientais. Entretanto, em certas partes do mundo, corpos de água podem se encher e secar em uma escala de tempo muito mais curta. Isso é em particular evidente onde a chuva é muito sazonal ou intermitente, ou onde altas temperaturas provocam taxas elevadas de evaporação. Os rios podem correr durante períodos de chuvas sazonais previsíveis, como é o caso dos "riachos de inverno" nas planícies calcárias no sul da Inglaterra, que só correm durante, e imediatamente após, as chuvas de inverno. Outros podem correr apenas intermitentemente após chuvas pesadas imprevisíveis, tais como os riachos da zona árida na Austrália central e dos desertos do oeste dos EUA. Corpos temporários de águas paradas podem durar tão pouco quanto alguns dias, como em pegadas de animais cheias de água, depressões rochosas, poças ao lado de um rio encachoeirado, ou em poças impermeabilizadas por argila, cheias de água ou neve derretida.

Embora temporários, esses hábitats são muito produtivos e há vida em abundância. Organismos aquáticos aparecem quase imediatamente após a formação desses hábitats. Entre os macroinvertebrados, os crustáceos são numerosos e muitos insetos prosperam em corpos de água efêmeros. Alguns insetos depositam ovos em um hábitat aquático recentemente formado dentro de horas após seu preenchimento, e aparentemente fêmeas grávidas dessas espécies são transportadas para esses locais por longas distâncias, associadas às condições meteorológicas de frentes que trazem a chuva. Uma alternativa à colonização por adultos é a deposição de ovos resistentes à dessecação pela fêmea no local seco de uma futura poça. Esse comportamento é encontrado em alguns Odonata e em muitos mosquitos, em especial do gênero *Aedes*. O desenvolvimento dos ovos em diapausa é induzido por fatores ambientais que incluem umedecimento, talvez necessitando de diversas imersões consecutivas (seção 6.5).

Uma série de adaptações é demonstrada entre insetos que vivem em hábitats efêmeros, quando comparados com seus parentes que vivem em águas permanentes. Primeiramente, o desenvolvimento do adulto é, com frequência, mais rápido, talvez por causa da melhor qualidade de alimento e da menor competição interespecífica. Segundo, o desenvolvimento pode ser escalonado ou assincrônico, de modo que alguns indivíduos atingem a maturidade de maneira muito rápida, aumentando, dessa maneira, a possibilidade de pelo menos alguma emergência de adultos de um hábitat de curta duração. Associado a isso está maior variação no tamanho de insetos adultos de hábitats efêmeros, com a metamorfose acelerada à medida que o hábitat diminui. Certas larvas de dípteros (Diptera: Chironomidae e Ceratopogonidae) podem sobreviver à secagem de um hábitat efêmero descansando em casulos revestidos de seda ou muco entre os detritos no fundo de uma poça, ou por desidratação completa (seção 6.6.2). Em um casulo, a dessecação do corpo pode ser tolerada e o desenvolvimento continua quando a próxima chuva encher a poça. Na condição desidratada, é possível resistir a temperaturas extremas.

Poças temporárias persistentes desenvolvem uma fauna de predadores, incluindo besouros, percevejos e odonatas imaturos, que são a prole de colonizadores aéreos. Esses eventos de colonização são importantes na gênese de faunas de riachos e rios intermitentes que acabam de começar a correr. Além disso, estágios imaturos presentes em águas remanescentes abaixo do leito do rio podem mover-se para o canal principal, ou os colonizadores podem ser arrastados a partir de águas permanentes às quais a água temporária se conecta. É uma observação frequente que águas correntes recentes sejam colonizadas inicialmente por uma única espécie, em geral rara noutros lugares, que rapidamente atinge densidades populacionais altas e, então, logo declinam com o desenvolvimento de uma comunidade mais complexa, incluindo predadores.

Águas temporárias são geralmente salinas, porque a evaporação concentra sais, e esse tipo de poça desenvolve comunidades de organismos especialistas tolerantes à salinidade. Entretanto, poucas, se quaisquer, espécies de insetos que vivem em águas salinas continentais também ocorrem na zona marinha; quase todos os anteriores têm parentes de água doce.

10.8 INSETOS DAS ZONAS MARINHA, ENTREMARÉS E LITORAL

As zonas estuarinas e de manguezais subtropicais e tropicais são transições entre a água doce e a marinha. Aqui, os extremos do verdadeiro ambiente marinho, como os efeitos de ondas e de marés, e alguns efeitos osmóticos, são amenizados. Comunidades de manguezais e "alagados salgados" (como *Spartina, Sarcocornia, Halosarcia* e *Sporobolus*) sustentam uma fauna complexa de insetos fitófagos na vegetação emergente. Em substratos intertidais e poças de maré, dípteros picadores (mosquitos e mosquitos-pólvora) são abundantes e podem ser diversos. Na orla do litoral, espécies de quaisquer entre quatro famílias de hemípteros locomovem-se na superfície, alguns se aventurando em mar aberto. Uns poucos outros insetos, incluindo alguns besouros Staphylinidae *Bledius*, percevejos Fulgoroidae Cixidae e pulgões *Pemphigus* que se alimentam de raízes, ocupam a zona de inundação prolongada por água salgada. Essa fauna é restrita, em comparação com as de ecossistemas terrestres e de água doce.

Poças de zonas de arrebentação em praias rochosas apresentam salinidades que variam por causa da diluição pela água de chuva e da concentração pelo sol. Elas podem ser ocupadas por muitas espécies de percevejos Corixidae e diversas larvas de mosquitos e de Tipulidae. Moscas e besouros são diversos em praias marinhas arenosas e enlameadas marinhas, sendo que algumas larvas e adultos alimentam-se ao longo da orla marítima, na maioria das vezes agregados sobre e sob algas marinhas encalhadas.

Na zona entremarés, que se localiza entre os limites alto e baixo das marés de quadratura, o período de inundação pela maré varia de acordo com o local dentro da zona. A fauna de insetos no nível superior é indistinguível da fauna da orla marítima. Na extremidade inferior da zona, em condições que são essencialmente marinhas, ocorrem tipulídeos, quironomídeos e espécies de diversas famílias de besouros. A fêmea de um tricóptero marinho australasiano notável (Chathamiidae: *Philanisus plebeius*) deposita seus ovos no celoma da estrela-do-mar. Os instares iniciais dos tricópteros alimentam-se de tecidos da estrela-do-mar, porém, mais tarde, instares de vida livre constroem casinhas de fragmentos de algas.

Três linhagens de Chironomidae estão entre os poucos insetos que se diversificaram na zona marinha. *Telmatogeton* (ver Figura 6.12) é comum em tapetes de algas verdes, tais como *Ulva*, e ocorrem no mundo todo, incluindo muitas ilhas oceânicas isoladas. No Havaí o gênero reinvadiu a água doce. O gênero *Clunio*, ecologicamente convergente, também é encontrado no mundo todo. Em algumas espécies, a emergência dos adultos a partir de poças em rochas marinhas é sincronizada com o ciclo lunar, para coincidir com as marés mais baixas. Uma terceira linhagem, *Pontomyia*, abrange desde a zona entremarés até a oceânica, de modo que larvas são encontradas em profundidades de até 30 m em recifes de coral.

Os únicos insetos em mar aberto são os gerriídeos pelágicos (*Halobates*), que têm sido avistados a centenas de quilômetros de distância da praia no Oceano Pacífico. A distribuição desses insetos coincide com acúmulos meio-oceânicos de restos de naufrágios, em que o alimento de origem terrestre complementa uma dieta à base de quironomídeos marinhos.

A fisiologia dificilmente é um fator de restrição da diversificação no ambiente marinho, porque muitos táxons diferentes são capazes de viver em águas salinas continentais e em várias zonas marinhas. Quando vivem em águas muito salinas, os insetos submersos podem alterar sua osmorregulação para reduzir a ingestão de cloretos e aumentar a concentração de sua excreção através dos túbulos de Malphigi e das glândulas retais. Nos gerriídeos pelágicos, que vivem na película superficial, o contato com a água salina precisa ser limitado.

Como a adaptação fisiológica parece ser um problema superável, as explicações para a falta de sucesso dos insetos em relação à sua diversificação no mar devem ser buscadas em outro lugar. A explicação mais provável é a de que os insetos se originaram muito tempo depois que outros invertebrados, como os Crustacea e Mollusca, já haviam dominado o mar. As vantagens da fecundação interna e do voo para os insetos terrestres (incluindo os de água doce) são supérfluas no ambiente marinho, em que os gametas podem ser liberados diretamente no mar e a maré e as correntes oceânicas ajudam na dispersão. Notavelmente, entre os poucos insetos marinhos de sucesso, muitos têm asas modificadas ou perderam-nas completamente.

Leitura sugerida

Andersen, N.M. (1995) Cladistic inference and evolutionary scenarios: locomotory structure, function, and performance in water striders. *Cladistics* **11**, 279–95.

Cover, M. & Resh, V. (2008) Global diversity of dobsonflies, fishflies, and alderflies (Megaloptera; Insecta) and spongillaflies, nevrorthids, and osmylids (Neuroptera; Insecta) in freshwater. *Hydrobiologia* **595**, 409–17.

Dudgeon, D. (1999) *Tropical Asian Streams: Zoobenthos, Ecology and Conservation*. Hong Kong University Press, Hong Kong.

Eriksen, C.H. (1986) Respiratory roles of caudal lamellae (gills) in a lestid damselfly (Odonata: Zygoptera). *Journal of the North American Benthological Society* **5**, 16–27.

Eriksen, C.H. & Moeur, J.E. (1990) Respiratory functions of motile tracheal gills in Ephemeroptera nymphs, as exemplified by *Siphlonurus occidentalis* Eaton. In: *Mayflies and Stoneflies: Life Histories and Biology* (ed. I.C. Campbell), pp. 109–18. Kluwer Academic Publishers, Dordrecht.

Lancaster, J. & Briers, R. (eds.) (2008) *Aquatic Insects: Challenges to Populations*. CAB International, Wallingford.

Lancaster, J. & Downes, B.J. (2013) *Aquatic Entomology*. Oxford University Press, Oxford.

Merritt, R.W., Cummins, K.W. & Berg, M.B. (eds.) (2008) *An Introduction to the Aquatic Insects of North America*, 4th edn. Kendall/Hunt Publishing Co., Dubuque, IO.

Rosenberg, D.M. & Resh, V.H. (eds.) (1993) *Freshwater Biomonitoring and Benthic Macroinvertebrates*. Chapman & Hall, London.

Thorp, J.H. & Rogers, D.C. (2010) *Field Guide to Freshwater Invertebrates of North America*. Academic Press, Boston, MA.

Tundisi, J.G. & Tundisi, T.M. (2011) *Limnology*. CRC Press, Boca Raton, FL.

Wichard, W., Arens, W. & Eisenbeis, G. (2002) *Biological Atlas of Aquatic Insects*. Apollo Books, Stenstrup.

Capítulo 11

Insetos e Plantas

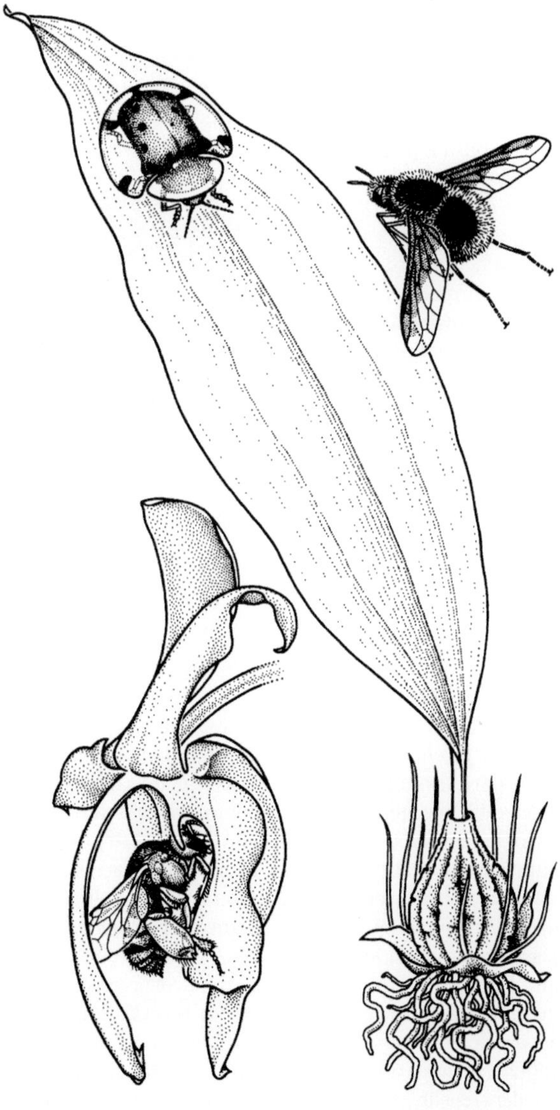

Insetos neotropicais especializados, associados com plantas. (Segundo diversas fontes.)

Insetos e plantas compartilham associações antigas que datam do Carbonífero, há cerca de 300 milhões de anos (ver Figura 8.2). A evidência de danos provocados por insetos, preservada em partes de plantas fossilizadas, indica uma diversidade de tipos de fitofagia (alimentação de plantas) por insetos, associados a samambaias arbóreas e samambaias com sementes dos depósitos de carvão do Carbonífero superior. Antes da origem das agora dominantes angiospermas (plantas com flores), a diversificação de outras plantas com sementes, a saber, coníferas, samambaias com sementes, cicadáceas e bennettitalles (extintas), forneceu a base para a radiação dos insetos com associações alimentares específicas com plantas. Algumas delas, tais como gorgulhos (ver Prancha 4B) e tripes com cicadáceas, persistem até hoje. Contudo, a principal diversificação dos insetos se tornou evidente mais tarde, no período Cretáceo. Nesse momento, as angiospermas cresceram dramaticamente em diversidade, em uma radiação que tomou o lugar dos grupos de plantas antes dominantes do período Jurássico. A interpretação da evolução inicial das angiospermas é controversa, em parte por causa de uma escassez de flores fossilizadas antes do período da irradiação e também em razão da aparente rapidez da origem e da diversificação dentro das principais famílias de angiospermas. Contudo, de acordo com estimativas de sua filogenia, as primeiras angiospermas podem ter sido polinizadas por insetos, talvez por besouros. Os besouros (Coleoptera) se originaram antes das angiospermas e muitos besouros se alimentam, atualmente, de fungos, esporos de samambaias ou pólen de outros táxons como as cicadáceas. Uma vez que esse tipo de alimentação precedeu a radiação das angiospermas, ele pode ser visto como uma pré-adaptação para a polinização de angiospermas. A capacidade dos insetos voadores de transportar pólen de uma flor a outra, em diferentes plantas, é fundamental para a polinização cruzada. Além dos besouros, os táxons polinizadores viventes mais importantes e diversos pertencem a três ordens: os Diptera (moscas), Hymenoptera (vespas e abelhas) e Lepidoptera (mariposas e borboletas). Os táxons polinizadores nessas ordens não estão representados no registro fóssil até o fim do Cretáceo. Embora os insetos quase certamente polinizassem as cicadáceas e outras plantas primitivas, os insetos polinizadores podem ter promovido a especiação nas angiospermas por meio de mecanismos de isolamento mediados por polinizadores.

Como visto no Capítulo 9, muitos hexápodes não insetos modernos e insetos apterigotos são detritívoros que vivem no solo e no folhiço, alimentando-se predominantemente de material vegetal em decomposição. Os primeiros insetos verdadeiros provavelmente se alimentaram de modo similar. Esse modo de alimentação com certeza coloca os insetos que vivem no solo em contato com as raízes das plantas ou órgãos subterrâneos de armazenamento, mas o uso especializado das partes aéreas das plantas por meio de sucção de seiva, mastigação de folhas e outras formas de fitofagia surgiu mais tarde na filogenia dos insetos. A alimentação de tecidos vivos de plantas superiores apresenta problemas que não são experimentados pelos detritívoros que vivem no solo ou no folhiço, nem pelos predadores. Primeiro, para se alimentar de folhas, ramos ou flores, um inseto fitófago deve ser capaz de se segurar na vegetação. Em segundo lugar, o fitófago exposto pode estar sujeito a maior dessecação do que um inseto aquático ou do que um inseto que vive no solo. Terceiro, uma dieta que consiste em tecidos vegetais (excluindo sementes) é nutricionalmente inferior em proteínas, esteróis e vitaminas, se comparada à alimentação de origem animal ou microbiana. Por último, mas não menos importante, as plantas não são vítimas passivas dos fitófagos, mas desenvolveram diversos meios para deter os herbívoros. Isso inclui defesas físicas, tais como espinhos, espículas ou tecidos esclerofílicos, e/ou defesas químicas, que podem repelir, envenenar, reduzir a digestibilidade do alimento ou afetar adversamente, de algum outro modo, o comportamento e a fisiologia dos insetos. Apesar dessas barreiras, cerca de metade de todas as espécies viventes de insetos são fitófagas, e os grupos que se alimentam exclusivamente de plantas, como os Lepidoptera, Curculionidae (gorgulhos), Chrysomelidae (família de besouros fitófagos), Agromyzidae (moscas que escavam galerias em folhas) e Cynipidae (vespas que induzem galhas), têm muitas espécies. As plantas representam um recurso abundante e os táxons de insetos que podem explorá-lo florescem em associação com a diversificação das plantas (seção 1.3.4).

Este capítulo começa com uma consideração sobre as interações evolutivas dos insetos com suas plantas hospedeiras. Então descrevemos a vasta série de interações de insetos com plantas viventes, que pode ser agrupada em três categorias, definidas pelos efeitos dos insetos sobre as plantas. A fitofagia (herbivoria) inclui mastigação de folhas, sucção de seiva, predação de sementes, indução de galhas e escavação de galerias nos tecidos vivos das plantas (seção 11.2). Aqui incluímos uma seção sobre insetos xilófagos (comedores de madeira) que vivem em árvores vivas (Boxe 11.3), contudo, insetos que se alimentam de raízes são tratados na seção 9.1.1. A segunda categoria de interações é importante para a reprodução das plantas, e envolve insetos móveis que transportam pólen entre plantas conspecíficas (polinização) ou sementes a locais adequados para germinação (mirmecocoria). Essas interações são mutualísticas porque os insetos obtêm alimento ou outro recurso das plantas a que eles servem (seção 11.3). As duas primeiras, dessas categorias de interações, são exemplificadas na abertura deste capítulo, a qual apresenta uma abelha polinizadora euglossínea trabalhando na flor de uma orquídea *Stanhopea*, um besouro crisomelídeo se alimentando de uma folha de orquídea, e uma abelha polinizadora rondando essa orquídea. A terceira categoria de interações de insetos e plantas envolve insetos que vivem em estruturas especializadas de plantas e fornecem a suas hospedeiras nutrição ou defesa contra herbívoros, ou ambos (seção 11.4). Esses mutualismos, como as larvas de mosca produtoras de nutrientes que vivem ilesas dentro dos jarros de plantas carnívoras, são incomuns, mas fornecem oportunidades fascinantes para estudos ecológicos e evolutivos. Há uma vasta literatura que trata sobre as interações de insetos e plantas, e o leitor interessado deveria consultar a Leitura sugerida no fim deste capítulo.

Os quatro boxes neste capítulo abordam as figueiras e vespas-do-figo (Boxe 11.1), a filoxera-da-videira (Boxe 11.2), insetos e a madeira de árvores vivas (Boxe 11.3) e a pteridófita *Salvinia* e seus gorgulhos fitófagos (Boxe 11.4).

11.1 INTERAÇÕES COEVOLUTIVAS DE INSETOS E PLANTAS

As interações recíprocas, ao longo do tempo evolutivo, de insetos fitófagos com as plantas que eles utilizam como alimento, ou de insetos polinizadores com as plantas que polinizam, foram descritas como coevolução. Esse termo, criado por P.R. Ehrlich e P.H. Raven em 1964, a partir de um estudo sobre borboletas e suas plantas hospedeiras, foi definido de maneira ampla e, atualmente, vários modos de coevolução são reconhecidos. Eles diferem na ênfase dada à especificidade e à reciprocidade das interações.

A coevolução específica ou pareada refere-se à evolução de uma característica em uma espécie (como a capacidade de um inseto de se desintoxicar de um veneno) em resposta a uma característica de outra espécie (como a elaboração de um veneno por uma planta), a qual, por sua vez, evoluiu originalmente em resposta a uma característica da primeira espécie (ou seja, a preferência alimentar do inseto pela planta). Esse é um modo estrito de coevolução, uma vez que interações recíprocas de pares específicos de espécies são postuladas. Os resultados dessa coevolução podem ser "corridas armamentistas" evolutivas entre a presa e o predador, ou uma convergência de características em mutualismos, de modo que ambos os membros de um par em interação parecem perfeitamente adaptados um ao outro. A evolução recíproca entre as espécies em interação pode contribuir para que pelo menos uma delas se torne subdividida em duas ou mais populações reprodutivamente isoladas (como exemplificado por figueiras e vespas-do-figo; Boxe 11.1), gerando, assim, diversidade de espécies.

Boxe 11.1 Figueiras e vespas-do-figo

As figueiras pertencem ao gênero grande e predominantemente tropical *Ficus* (Moraceae), com pelo menos 800 espécies. Cada espécie de figueira (exceto pelo figo comestível cultivado, que se autofecunda) apresenta mutualismo obrigatório complexo com geralmente uma espécie de polinizador. Esses polinizadores são todas as vespas-do-figo pertencentes à família de himenópteros Agaonidae, a qual compreende numerosas espécies em 20 gêneros. Cada figueira produz uma grande safra de 500 a 1.000.000 de frutos (a partir de inflorescências chamadas de sicônios), com frequência de até duas vezes por ano, mas cada sicônio requer a ação de pelo menos uma vespa para produzir sementes. As espécies de figueiras são dioicas (com sicônios masculinos e femininos em plantas separadas) ou monoicas (com flores masculinas e femininas no mesmo sicônio), de modo que o monoicismo é a condição ancestral. A descrição seguinte, do ciclo de vida de uma vespa-do-figo em relação à floração e produção de frutos das figueiras, aplica-se às plantas monoicas, como exemplo, *Ficus macrophylla* (ilustrada aqui segundo Froggatt, 1907; Galil & Eisikowitch, 1968).

A vespa-fêmea entra no sicônio do figo pelo ostíolo (pequeno orifício), poliniza as flores femininas, que recobrem a cavidade esferoidal interior, ovipõe em algumas delas (sempre aquelas de estilete curto) e morre. Cada larva de vespa se desenvolve dentro do ovário de uma flor, a qual se torna galhada. As flores femininas (em geral as de estilete longo) que escapam da oviposição das vespas formam sementes. Cerca de 1 mês depois da oviposição, machos de vespas ápteros emergem de suas sementes e copulam com as vespas-fêmeas ainda nos ovários dos figos. Pouco depois, as vespas-fêmeas emergem de suas sementes, coletam pólen de outro conjunto de flores dentro do sicônio (que agora está na fase masculina) e partem do figo maduro para localizar outra figueira da mesma espécie na fase adequada de desenvolvimento dos figos para oviposição. Diferentes figueiras em uma população encontram-se em diferentes estados sexuais, mas todos os figos em uma única árvore estão sincronizados. Compostos atrativos voláteis específicos da espécie, produzidos pelas árvores, permitem uma localização muito precisa, sem erros, de outra figueira pelas vespas.

Estudos filogenéticos sugerem que o mutualismo das figueiras e vespas polinizadoras do figo surgiu uma única vez porque os dois grupos na interação são monofiléticos e tiveram uma codiversificação a longo prazo. A associação é antiga, originando-se, talvez há 75 milhões de anos na Eurásia. Estudos antigos sugerem uma cladogênese paralela e a coadaptação dos gêneros de vespas polinizadoras e suas respectivas divisões de *Ficus*. Apesar da dificuldade para se resolverem os nós mais internos das árvores filogenéticas de *Ficus* e dos aganoides, trabalhos recentes confirmam a radiação simultânea das duas linhagens e suas dispersões coordenadas, mas processos tais como a mudança de hospedeiro e extinção de linhagens significam que coespeciação restrita não é o único padrão. Para qualquer par de figueira e vespa-do-figo, as pressões seletivas recíprocas presumivelmente resultam no acoplamento das características de ambas. Por exemplo, os receptores sensoriais da vespa respondem apenas aos compostos voláteis de sua figueira hospedeira, e o tamanho e a morfologia das escamas de proteção do ostíolo do figo permitem a entrada apenas da vespa-do-figo de tamanho e forma "corretos". É provável que uma divergência em uma população local da figueira ou da vespa, por deriva genética ou por seleção, induza a mudança coevolutiva na outra. A especificidade do hospedeiro produz isolamento reprodutivo tanto entre as figueiras como entre as vespas; portanto, é provável que a divergência coevolutiva entre as populações leve à especiação. Em muitos casos, o sistema de polinização pode ser mais complicado porque existem pelo menos 50 espécies de figueiras com mais de uma espécie de vespa polinizadora. A fascinante diversidade de *Ficus* e Agaonidae pode ser uma consequência dessas interações coevolutivas.

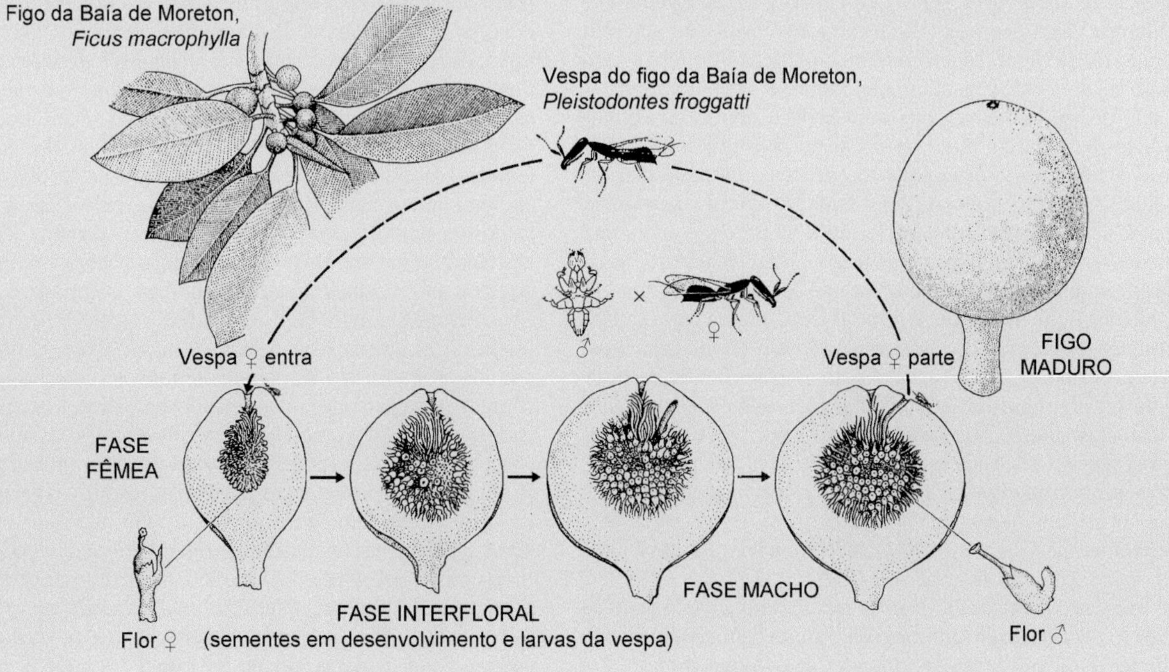

Outro modo, a coevolução difusa ou de guildas, descreve a mudança evolutiva recíproca entre grupos, em vez de pares, de espécies. Aqui, o critério da especificidade é relaxado de modo que uma característica particular em uma ou mais espécies (p. ex., plantas com flores) pode evoluir em resposta a uma característica ou um conjunto de características em várias outras espécies (p. ex., em vários insetos polinizadores diferentes, talvez distantemente relacionados).

Esses são os principais modos de coevolução que se relacionam a interações insetos-plantas, mas sem dúvida eles não são mutuamente exclusivos. O estudo dessas interações é atrapalhado pela dificuldade em se demonstrar inequivocamente que qualquer tipo de coevolução tenha ocorrido. A evolução acontece ao longo do tempo geológico e, desse modo, as pressões seletivas responsáveis por mudanças em táxons que estão "coevoluindo" pode ser inferida apenas de forma retrospectiva, em especial a partir de características correlacionadas dos organismos que interagem. A especificidade das interações de táxons viventes pode ser demonstrada ou refutada de maneira muito mais convincente do que a reciprocidade histórica, na evolução das características desses mesmos táxons. Por exemplo, por meio de observações cuidadosas, pode-se mostrar que uma flor que porta seu néctar no fundo de um tubo muito longo é polinizada exclusivamente por uma espécie particular de mosca ou mariposa com uma probóscide de comprimento apropriado (p. ex., Figura 11.7), ou um beija-flor com comprimento e curvatura de bico particulares. A especificidade dessa associação entre uma espécie polinizadora individual e uma planta é um fato observável, mas o comprimento do tubo da flor e a morfologia das peças bucais são meras correlações e apenas sugerem coevolução (seção 11.3.1).

11.2 FITOFAGIA (OU HERBIVORIA)

Como apresentado na introdução deste capítulo, os insetos enfrentam uma série de desafios para conseguir se alimentar de plantas. A questão mais importante pode ser a dieta subótima fornecida por material vegetal, e as defesas que evoluíram nas plantas para deter ou reduzir a herbivoria. Geralmente, os tecidos que têm o maior valor nutricional são aqueles mais bem defendidos pela planta, tais como ramos e folhas novas. Existe boa evidência de que a *performance* (crescimento ou fecundidade) e abundância de muitos insetos herbívoros seja correlacionada com o estado nutricional (especialmente o conteúdo de nitrogênio disponível) do tecido vegetal no qual os insetos se alimentam. A variação nos nutrientes vegetais também pode influenciar a quantidade de dano para a planta hospedeira, pois os insetos geralmente se alimentam mais para compensar uma dieta de pior qualidade. Diversos estudos recentes demonstraram a importância do papel de endossimbiontes bacterianos na nutrição de insetos fitófagos (seção 3.6.5), especialmente os que se alimentam de seiva e apresentam dieta subótima, tais como os afídeos (Hemiptera: Aphidoidea) que se alimentam de floema, ou as cigarrinhas (Hemiptera: Cercopoidea) que se alimentam do xilema. Essas bactérias podem converter aminoácidos não essenciais, os quais podem ser abundantes no tecido das plantas hospedeiras, em aminoácidos essenciais que são cruciais para o bem-estar do inseto. Alguns insetos que se alimentam de seiva podem processar enormes quantidades de líquidos da planta para conseguir alcançar as suas necessidades nutricionais. Assim, os insetos superam a razão desfavorável de carbono para nitrogênio dos materiais vegetais de diversas maneiras.

A maioria das espécies de plantas suporta faunas complexas de herbívoros, de modo que cada um deles pode ser definido em relação ao número de táxons de plantas utilizados. Dessa forma, monófagos são especialistas que se alimentam de um táxon de plantas, oligófagos se alimentam de poucos, e polífagos são generalistas que se alimentam de muitos grupos de plantas. Vespas cinipídeas (Hymenoptera) indutoras de galhas exemplificam insetos monófagos, uma vez que quase todas as espécies são específicas para uma planta hospedeira; além disso, todas as vespas cinipídeas da tribo Rhoditini induzem suas galhas apenas em roseiras (*Rosa*) (ver Figura 11.5D e a Prancha 5C), e quase todas as espécies de Cynipini formam suas galhas apenas em carvalhos (*Quercus*) (ver Figura 11.5C e a Prancha 6A). A borboleta-monarca, *Danaus plexippus* (Lepidoptera: Nymphalidae), é um exemplo de inseto oligófago com larvas que se alimentam de várias plantas que produzem secreção leitosa, predominantemente espécies de *Asclepias*. A polífaga mariposa-cigana, *Lymantria dispar* (Lepidoptera: Lymantriidae) (ver Prancha 8C), alimenta-se de uma grande variedade de espécies e gêneros de árvores, e a cochonilha-chinesa *Ceroplastes sinensis* (Hemiptera: Coccidae) é verdadeiramente polífaga, de modo que suas plantas hospedeiras registradas pertencem a cerca de 200 espécies em pelo menos 50 famílias. Em geral, grande parte dos grupos de insetos fitófagos, com a exceção de Orthoptera, tende a ser especializada em sua alimentação.

Embora seja útil categorizar os insetos com base nas suas especializações dietárias, na prática existem dificuldades em aplicar os termos monófago e oligófago. Existe um espectro graduado de hábitos alimentares, desde o superespecialista até o supergeneralista, e categorias restritas podem não fazer sentido. Além do mais, determinada espécie de inseto pode ter diferentes preferências em partes distintas de sua distribuição, ou até mesmo durante seu desenvolvimento, e indivíduos de uma mesma população podem variar em suas preferências alimentares. Mesmo assim, entender a especialização ou a amplitude da dieta de insetos herbívoros, especialmente de espécies praga, é importante para muitos estudos de inseto-planta (p. ex., seção 11.2.7). O fato de um táxon de inseto evoluir para ser especialista ou generalista deve depender da interação de uma série de fatores, incluindo a informação sensorial usada para localizar os hospedeiros, as necessidades por nutrientes particulares, e a capacidade de superar ou tolerar as defesas das plantas.

Muitas plantas parecem contar com diversos mecanismos de defesa contra um conjunto muito grande de inimigos, incluindo insetos e vertebrados herbívoros, e patógenos. Essas defesas primariamente físicas ou químicas são discutidas na seção 16.6 em relação à resistência da planta hospedeira aos insetos praga. Espinhos ou pubescência em caules e folhas, sílica ou esclerênquima nos tecidos das folhas, ou formas de folhas que ajudam na camuflagem estão entre os atributos físicos de plantas que podem deter alguns herbívoros. Adicionalmente, além dos compostos químicos considerados essenciais para as funções da planta, muitas plantas contêm compostos cujo papel em geral assume-se que seja defensivo, embora esses compostos talvez exerçam, ou tenham exercido alguma vez, outras funções metabólicas ou simplesmente possam ser resíduos metabólicos. Tais compostos são com frequência chamados de compostos vegetais secundários, fitoquímicos nocivos ou aleloquímicos. Existe uma enorme variedade, incluindo compostos fenólicos (como os taninos), compostos terpenoides (óleos essenciais), alcaloides, glicosídeos cianogênicos e glicosinolatos contendo enxofre. Os níveis dessas substâncias químicas podem variar dentro de uma mesma espécie de planta, devido a diferenças genéticas ou induzidas pelo ambiente entre diferentes indivíduos de plantas. Por exemplo, até mesmo árvores adjacentes da mesma espécie de *Eucalyptus* podem sofrer níveis muito diferentes de dano foliar durante um surto de um inseto, se as árvores diferirem nas características de seus terpenoides foliares. A ação anti-herbívora de muitos desses compostos foi demonstrada ou inferida. Por exemplo, em *Acacia*, a perda dos glicosídeos cianogênicos, em geral amplamente distribuídos, naquelas espécies que abrigam formigas com ferrão mutualistas implica que os compostos químicos vegetais secundários desempenham, de fato, uma função anti-herbívora naquelas muitas espécies que não têm a defesa das formigas.

Em termos de defesa vegetal, os compostos vegetais secundários podem agir em uma de duas formas. No nível comportamental, eles podem repelir um inseto ou inibir a alimentação e/ou oviposição. No nível fisiológico, eles podem envenenar um inseto ou reduzir o conteúdo nutricional de seu alimento. Contudo, os mesmos compostos que repelem alguns insetos podem atrair outros, seja para oviposição, seja para alimentação (agindo, assim, como cairomônios; seção 4.3.3). Diz-se que os insetos atraídos dessa maneira estão adaptados aos compostos químicos de suas plantas hospedeiras, seja por tolerá-los, seja por serem capazes de se desintoxicar, seja por sequestrá-los. Um exemplo é a borboleta-monarca, *D. plexippus*, que normalmente ovipõe em plantas com secreção leitosa, muitas das quais contêm glicosídeos cardíacos tóxicos (cardenólidos), os quais a larva pode sequestrar para usar como um mecanismo antipredação (seção 14.4.3 e seção 14.5.2). Alguns outros insetos herbívoros (besouros Chrysomelidae, hemípteros Lygaeidae e moscas Agromyzidae) que também se alimentam de plantas que contêm cardenolídeos, apresentam a mesma adaptação molecular que permite às larvas de borboletas-monarca se alimentarem nas plantas com secreção leitosa, um caso claro de evolução convergente.

Os compostos vegetais secundários foram classificados em dois grandes grupos com base em suas ações bioquímicas inferidas: (i) qualitativas ou tóxicas e (ii) quantitativas. Os primeiros são venenos efetivos em pequenas quantidades (p. ex., alcaloides, glicosídeos cianogênicos), ao passo que se acredita que os últimos ajam em proporção à sua concentração, sendo mais efetivos em maiores quantidades (p. ex., taninos, resinas, sílica). Na prática, há uma provável série contínua de ações bioquímicas e os taninos não são simplesmente compostos que reduzem a digestão, mas que exercem efeitos antidigestivos e outros efeitos fisiológicos mais complexos. Contudo, para os insetos que são especializados em se alimentar de plantas particulares contendo algum (ou alguns) composto(s) secundário(s) vegetal(is), esses compostos podem agir, na verdade, como fagoestimulantes. Além disso, quanto menor é a variedade de plantas hospedeiras de um inseto, mais provavelmente o inseto será repelido ou detido por compostos químicos que sua planta hospedeira não tem, mesmo que essas substâncias não sejam nocivas se ingeridas.

A observação de que alguns tipos de plantas são mais suscetíveis ao ataque por insetos do que outras também foi explicada pela visibilidade relativa das plantas. Dessa maneira, árvores grandes, perenes e agrupadas são muito mais aparentes a um inseto do que ervas pequenas, anuais e dispersas. Plantas aparentes tendem a apresentar compostos secundários quantitativos, com altos custos metabólicos na sua produção. Plantas não aparentes com frequência têm compostos secundários qualitativos ou tóxicos, produzidos a um baixo custo metabólico. A agricultura humana geralmente transforma plantas de não aparentes a aparentes, quando são cultivadas monoculturas de plantas anuais, com aumentos correspondentes no dano causado por insetos.

Outra consideração é a previsibilidade dos recursos procurados pelos insetos, como a previsibilidade sugerida da presença de folhas novas em um eucalipto ou em algumas outras plantas, em contraposição ao crescimento súbito de novas folhas na primavera em em uma árvore decídua. Contudo, a questão do que é a previsibilidade (ou aparência) das plantas para os insetos é essencialmente não testável. Além disso, os insetos podem aperfeiçoar o uso de recursos intermitentemente abundantes ao sincronizar seus ciclos de vida às mesmas pistas ambientais usadas pela planta.

A variação nas taxas de herbivoria em uma espécie de planta pode estar relacionada com as defesas químicas qualitativas ou quantitativas de plantas individuais (ver anteriormente), incluindo aquelas que são induzidas (seção 11.2.1). Outra característica importante relacionada à variação na herbivoria diz respeito à natureza e à quantidade dos recursos (ou seja, luz, água, nutrientes) disponíveis para as plantas. Uma hipótese é que os insetos herbívoros se alimentam preferencialmente de plantas estressadas (p. ex., afetadas pela saturação do solo por água, pela seca ou por deficiências nutricionais), porque o estresse pode alterar a fisiologia da planta de modos que beneficiem os insetos. De maneira alternativa, os insetos herbívoros podem ter preferência por se alimentar de plantas (ou partes delas) que crescem vigorosamente em hábitats ricos em recursos. Existem evidências contra e a favor de ambos. Portanto, as filoxeras formadoras de galhas (Boxe 11.2) preferem o tecido meristemático de crescimento rápido encontrado em ramos que crescem rapidamente de sua videira hospedeira nativa saudável. Em aparente contradição, a larva da mariposa *Dioryctria albovitella* (Lepidoptera: Pyralidae) ataca as gemas em crescimento do pinheiro *Pinus edulis*, preferindo árvores privadas de nutrientes e/ou com estresse hídrico àquelas adjacentes, menos estressadas. Mostrou-se que a mitigação experimental do estresse hídrico reduz as taxas de infestação e melhora o crescimento do pinheiro. O exame de vários estudos sobre recursos leva à seguinte explicação parcial: insetos que escavam galerias e que sugam seiva parecem se sair melhor em plantas estressadas, ao passo que os indutores de galhas e os insetos mastigadores são adversamente afetados pelo estresse da planta. Além disso, o desempenho dos mastigadores pode ser mais reduzido em plantas estressadas de crescimento lento do que naquelas de crescimento rápido.

A ocorrência de borboletas cujas larvas são adaptadas em se alimentar de plantas que produzem secreções leitosas tóxicas, e o diverso grupo de insetos australianos que se alimentam de folhas de eucalipto ricas em terpeno, sugere que mesmo recursos alimentares com muitas defesas podem se tornar disponíveis para o herbívoro especialista. Evidentemente, nenhuma hipótese (modelo) sozinha de herbivoria é consistente com todos os padrões observados de variação temporal e espacial dentro dos indivíduos, das populações e das comunidades vegetais. Contudo, todos os modelos de teoria atual de herbivoria fazem duas suposições, e ambas são difíceis de confirmar. São elas:

- O dano provocado por herbívoros é uma força seletiva dominante na evolução das plantas
- A qualidade do alimento exerce uma influência dominante na abundância de insetos e no dano que eles causam.

As zonas híbridas entre duas espécies de planta do mesmo gênero fornececem um sistema útil para responder perguntas sobre a herbivoria. A qualidade do alimento dos híbridos pode ser maior do que a das plantas parentais, como resultado das defesas químicas menos eficientes e/ou de maior valor nutritivo dos híbridos geneticamente "reorganizados". Existe ampla evidência de que a diversidade e a abundância de espécies herbívoras são mais elevadas em plantas híbridas do que em plantas parentais, apesar de que abundâncias menores já foram registradas para alguns herbívoros de sementes devido ao reduzido conjunto de sementes produzido pelos hospedeiros híbridos. Entretanto, a evidência para a pressão de herbivoria ser maior em híbridos é geralmente equivocada. Além da qualidade da planta, o fato de que os inimigos naturais podem ter um importante papel na regulação das populações de herbívoros com frequência é negligenciado nos estudos das interações insetos-plantas. Os predadores e parasitoides de insetos fitófagos, por sua vez, podem ser afetados indiretamente pela química das plantas consumidas pelos fitófagos. Portanto, os níveis de herbivoria são mais bem considerados como o resultado de interações tritróficas.

Boxe 11.2 Filoxeras-da-videira

Um exemplo da complexidade de um ciclo de vida de galhamento, da resistência da planta hospedeira e até mesmo da identificação de um inseto é fornecido pela filoxera-da-videira, às vezes chamada de piolho da uva. A distribuição nativa desse pulgão ocorre em regiões temperadas-subtropicais, do leste ao sudoeste da América do Norte, incluindo o México, em uma variedade de espécies de uvas selvagens (Vitaceae: *Vitis* spp.). Seu ciclo de vida completo é holocíclico (produzindo tanto morfos sexuados como assexuados). Na sua distribuição nativa, seu ciclo de vida se inicia com a eclosão de um ovo que atravessou o inverno, o qual se desenvolve em uma fundadora que rasteja da casca da videira até uma folha em desenvolvimento, onde uma galha em bolsa é formada no tecido meristemático em rápido crescimento (como mostrado aqui, com base em várias fontes). Várias gerações de outras ninhadas de fêmeas ápteras (algumas vezes chamadas de galícolas) são produzidas e continuam a usar a galha materna ou induzem a sua própria. Como o *status* de nutrientes da videira muda próximo ao fim da estação, algumas das fêmeas ápteras (às vezes chamadas de radícolas) migram para baixo até as raízes. São as radícolas que sobrevivem ao inverno, quando as folhas das videiras são abandonadas junto com seus galhadores. No solo, as radícolas formam galhas nodosas e tuberosas (intumescimentos) nos subápices das raízes jovens (como ilustrado aqui para o ciclo de vida assexuado), as quais atuam como escoadouros de nutrientes. No outono, naqueles biotipos com estágios sexuados, são produzidos alados (sexúparas) que voam do solo até os ramos da videira, onde dão origem a formas sexuadas ápteras que não se alimentam. Essas formas copulam, e cada fêmea põe um único ovo que invernará. Na distribuição natural do pulgão e do hospedeiro, as plantas parecem mostrar poucos danos causados pela filoxera, exceto talvez no fim da estação, quando o crescimento limitado fornece apenas pouco tecido meristemático para o crescimento explosivo dos galhadores.

Esse ciclo de vida mostra modificações em sua distribuição introduzida (p. ex., Austrália, Europa e África do Sul), envolvendo perda dos estágios sexuados e aéreos, de modo que a persistência se deve majoritariamente ou inteiramente às populações partenogenéticas (ciclo de vida anolocíclico). Também estão envolvidos os efeitos deletérios dramáticos na videira hospedeira, provocados pela alimentação da filoxera. Isso é de grande importância econômica quando o hospedeiro é *Vitis vinifera*, a videira nativa do Mediterrâneo e do Oriente Médio. Em meados do século XIX, videiras americanas carregando a filoxera foram importadas para a Europa; elas devastaram as videiras europeias, que não tinham resistência ao pulgão. O dano se dá em especial pelo apodrecimento das raízes sob altas cargas de radícolas, em vez da sucção de seiva *per se*, e em geral não há estágio aéreo indutor de galhas. O transporte do leste dos EUA para a França, por Charles Valentine Riley, de um inimigo natural, o ácaro *Tyroglyphus phylloxerae*, em 1873, foi a primeira tentativa intercontinental de controlar uma praga de insetos. Contudo, um eventual controle foi atingido enxertando-se a já diversa variedade de cultivares europeus (cépages como Cabernet, Pinot Noir ou Merlot) em estoques de raízes resistentes à filoxera das espécies de *Vitis* norte-americanas. Algumas espécies de *Vitis* não são atacadas pela filoxera e, em outras, a infestação começa e é tolerada em um nível baixo ou rejeitada. A resistência (seção 16.6) é principalmente uma questão da velocidade em que a planta pode produzir compostos complexos inibidores a partir de fenóis naturalmente produzidos que podem isolar cada galha tuberosa em desenvolvimento. Recentemente, parece que alguns genótipos de filoxera conseguiram quebrar as defesas de certos estoques de raízes resistentes, podendo-se esperar ressurgimento.

A história do nome científico da filoxera-da-videira é quase tão complicada quanto seu ciclo de vida. O nome filoxera somente pode se referir às espécies do gênero *Phylloxera* (família Phylloxeridae), as quais atacam em especial *Juglans* (nogueiras), *Carya* (nogueiras-pecãs) e seus parentes. No passado, a filoxera-da-videira já foi conhecida como *Phylloxera vitifoliae* e também como *Viteus vitifoliae* (nome sob o qual ainda é conhecida em partes da Europa e algumas vezes na China), mas aceita-se cada vez mais que o nome do gênero deveria ser *Daktulosphaira*, se um gênero separado for garantido. A existência de uma única espécie (*D. vitifoliae*) com distribuição muito ampla de comportamentos associados a diferentes espécies e cultivares de hospedeiros ainda é uma questão em aberto. Com certeza há grande variação geográfica nas respostas e tolerâncias dos hospedeiros, mas até agora nenhuma característica morfométrica, molecular ou comportamental se relaciona bem com qualquer dos "biotipos" relatados de *D. vitifoliae*. Isso é esperado de uma espécie que forma essencialmente linhagens clonais em seus hospedeiros não nativos.

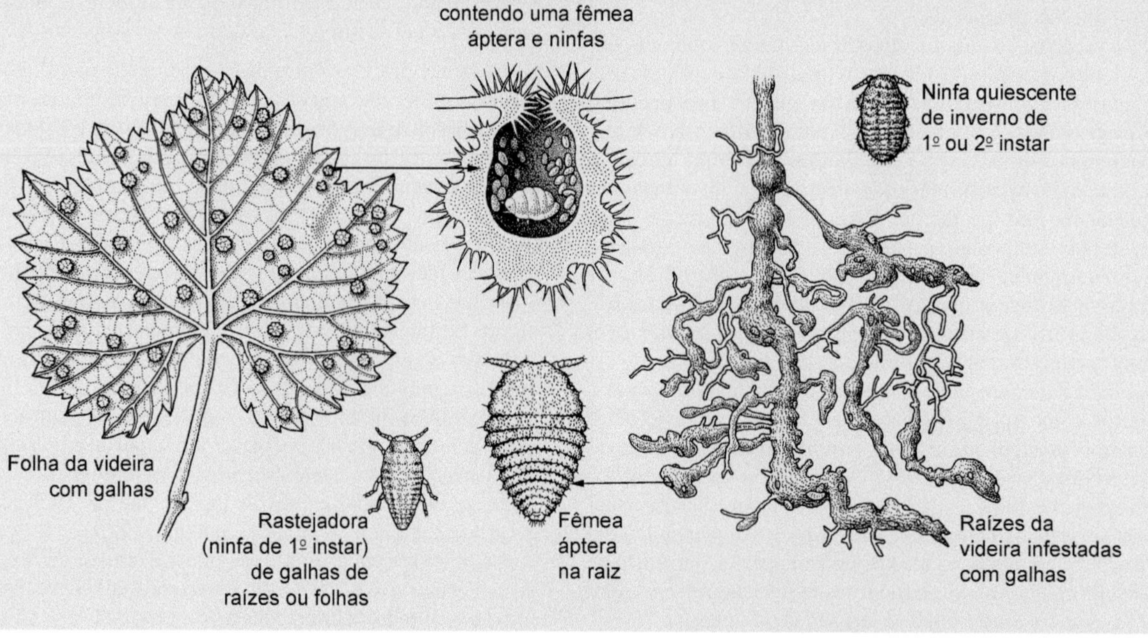

Muitos estudos demonstraram que insetos fitófagos podem prejudicar o crescimento das plantas, tanto a curto quanto a longo prazo. Essas observações levaram à sugestão de que herbívoros com especificidade de hospedeiro podem afetar as abundâncias relativas das espécies de planta ao reduzir as capacidades competitivas da planta hospedeira. A ocorrência de defesas induzidas (seção 11.2.1) apoia a ideia de que é vantajoso para as plantas impedir a herbivoria. Em oposição a essa visão está a hipótese controversa de que níveis "normais" de herbivoria podem ser vantajosos ou seletivamente neutros para as plantas. Algum grau de poda ou aparação pode aumentar (ou pelo menos não reduzir) o sucesso reprodutivo total da planta ao alterar a forma do crescimento ou longevidade e, como consequência, o conjunto de sementes produzidas durante a vida. O fator evolutivo importante é o sucesso reprodutivo ao longo da vida inteira, embora muitas avaliações dos efeitos da herbivoria em plantas envolvam apenas medidas da produção vegetal (biomassa, número de folhas etc.).

Um problema principal com todas as teorias sobre herbivoria é que elas estão amplamente fundamentadas em estudos de insetos mastigadores de folhas, uma vez que o dano causado por esses insetos é mais fácil de ser medido e os fatores envolvidos na desfolhação são mais acessíveis à experimentação do que para outros tipos de herbivoria. Os efeitos dos insetos que realizam sucção de seiva, escavação de galerias em folhas e indução de galhas podem ser igualmente importantes, embora, exceto para algumas pragas agrícolas tais como pulgões, eles sejam pouco conhecidos. As atividades e os efeitos nas plantas dos insetos que realizam sucção de seiva, escavação de galerias em folhas e indução de galhas são apresentados a seguir, contudo, os insetos que se alimentam das raízes são discutidos na seção 9.1.1.

11.2.1 Defesas induzidas

Os compostos vegetais secundários (fitoquímicos nocivos ou aleloquímicos) impedem ou, pelo menos, reduzem a adequação de muitas plantas para alguns herbívoros. Dependendo da espécie de planta, esses compostos químicos podem estar presentes o tempo todo, apenas em algumas partes ou durante estágios particulares da ontogenia, tais como o período de crescimento de folhas novas. Essas **defesas constitutivas** fornecem à planta proteção contínua, pelo menos contra insetos fitófagos não adaptados. Se a defesa é custosa (em termos energéticos) e se o dano provocado pelos insetos é intermitente, as plantas se beneficiariam sendo capazes de acionar suas defesas apenas quando ocorre a alimentação dos insetos. Há boa evidência experimental de que, em algumas plantas, o dano à folhagem ou às raízes induza mudanças químicas nas folhas ou raízes existentes ou futuras, as quais afetam adversamente os insetos. Esse fenômeno é chamado de **defesas induzidas** se a resposta química induzida beneficia a planta. Contudo, as mudanças químicas induzidas podem levar a um maior consumo da folhagem ao diminuírem a qualidade do alimento para os herbívoros, os quais, portanto, comem mais para obter os nutrientes necessários.

Tanto as mudanças químicas a curto prazo (ou rapidamente induzidas) quanto aquelas a longo prazo (ou retardadas) foram observadas em plantas como resposta à herbivoria. Por exemplo, proteínas inibidoras de protease são produzidas rapidamente por algumas plantas, em resposta a danos causados por insetos mastigadores. Essas proteínas podem reduzir de forma significativa a palatabilidade da planta a alguns insetos. Em outras plantas, a produção de compostos fenólicos pode ser aumentada, por períodos curtos ou prolongados, na parte danificada da planta ou, às vezes, na planta inteira. Alternativamente, o equilíbrio carbono-nutrientes a longo prazo pode ser alterado com o prejuízo dos herbívoros.

Tais mudanças químicas induzidas foram demonstradas nas plantas estudadas, mas tem sido difícil demonstrar sua(s) função(ões), em especial porque a alimentação dos herbívoros não é sempre impedida. Algumas vezes, os compostos químicos induzidos, especialmente os voláteis vegetais, podem beneficiar a planta de maneira indireta, não por reduzir a herbivoria, mas por atrair os inimigos naturais dos insetos herbívoros (seção 4.3.3). Entretanto, voláteis vegetais induzidos por herbívoros podem atuar como pistas tanto para outros herbívoros como também para inimigos naturais potenciais. Avanços recentes nas técnicas moleculares permitiram melhor compreensão da função das respostas induzidas. Elas são induzidas por uma "sinalização de oxilipina", envolvendo substâncias químicas relacionadas às lipoxigenases: enzimas vegetais comuns produzidas durante um ferimento (entre outros efeitos). Por exemplo, o ácido jasmônico, o qual é uma das oxilipinas vegetais mais bem estudadas, ativa defesas induzidas contra insetos mastigadores. Estudos intrigantes que "bloquearam" (inibiram a expressão de) genes selecionados do sistema de sinalização em plantas de tabaco nativo demonstraram maior vulnerabilidade de plantas geneticamente "silenciadas" a herbívoros especialistas e a atração de novos fitófagos não adaptados.

Quando a alimentação por herbívoros induz a produção de voláteis pelas plantas, as taxas de atração de outros herbívoros para uma planta que sofreu o dano podem ser reduzidas. As respostas, no entanto, são diversas porque até mesmo espécies de herbívoros e de inimigos naturais proximamente aparentadas podem responder de diferentes maneiras aos mesmo voláteis vegetais induzidos por herbívoros e a quantidade e composição das misturas de voláteis podem variar, dependendo da identidade e número de herbívoros causando o dano. Ademais, a natureza dos voláteis pode ser influenciada pela espécie de planta, seu genótipo, sua idade e condições de crescimento. Todavia, já foi demonstrado experimentalmente que parasitoides podem responder às combinações desses voláteis induzidos e podem discriminar entre plantas que foram danificadas por diferentes herbívoros. Adicionalmente, herbívoros podem alterar os seus comportamentos de oviposição em resposta aos voláteis induzidos por herbívoros, por exemplo, evitando a postura de ovos em partes danificadas da planta.

Embora as populações de insetos herbívoros no campo sejam reguladas por uma série de fatores, ocorrem respostas à variação na química da planta no âmbito da comunidade. Uma possível resposta é o fenômeno que a literatura popular chama de "árvores que conversam", melhor descrito como "espionagem", para descrever uma recepção, por plantas não danificadas, de compostos voláteis emitidos por plantas vizinhas danificadas por herbívoros, induzindo uma resistência amplificada à herbivoria nas plantas receptoras. Trabalhos recentes têm demonstrado que sinais induzidos por afídeos em uma planta individual podem ser transmitidos para plantas não infestadas por intermédio de fungos micorrízicos arbusculares que formam uma rede de micélio que conecta as raízes de plantas vizinhas. Em resposta a esse sinal, plantas vizinhas são capazes de ativar, rapidamente, defesas químicas que detêm os afídeos.

11.2.2 Mastigação de folhas

O dano provocado por insetos mastigadores de folhas é facilmente visível se comparado, por exemplo, com aquele dos muitos insetos sugadores de seiva. Além disso, os insetos responsáveis pela perda de tecido foliar são em geral mais fáceis de identificar do que as pequenas larvas de espécies que minam ou fazem galhas nos órgãos vegetais. De longe, os grupos mais diversos de insetos mastigadores de folhas são Lepidoptera e Coleoptera. A maioria das lagartas de mariposas e borboletas, e muitas larvas e adultos de besouros se alimentam de folhas, embora raízes, gemas, caules, flores ou frutos com frequência também sejam ingeridos. Certos escaravelhos australianos adultos, em especial espécies de *Anoplognathus* (Coleoptera: Scarabaeidae) (Figura 11.1), podem ocasionar desfolhação grave em árvores de eucalipto. As pragas mais importantes que se alimentam da folhagem nas florestas temperadas boreais são larvas de lepidópteros, como aquelas da mariposa-cigana, *Lymantria dispar* (Lymantriidae). Outros grupos importantes de insetos mastigadores de folhas no mundo inteiro são os Orthoptera (a maioria das espécies) (ver Prancha 4C) e Hymenoptera (a maioria dos Symphyta). Os bichos-pau (Phasmatodea) em geral exercem apenas um impacto secundário como mastigadores de folhas, embora explosões populacionais do bicho-pau, *Didymuria violescens* (Taxoboxe 11), possam desfolhar eucaliptos na Austrália. Um número de insetos fitófagos australianos agora danificam eucaliptos que são plantados em silviculturas fora de suas distribuições nativas na Austrália (ver Boxe 17.3), mas os principais insetos que destroem a folhagem são os gorgulhos do eucalipto (ver Boxe 7.1) e os besouros Chrysomelidae.

Níveis altos de herbivoria resultam em perdas econômicas para árvores de florestas e outras plantas, de modo que métodos confiáveis e repetíveis de se estimar o dano são desejáveis. A maioria dos métodos depende da estimativa da área foliar perdida em decorrência de insetos mastigadores de folhas. Isso pode ser medido diretamente a partir do dano foliar, por amostragem realizada de uma única vez, monitoramento de ramos marcados, coleta destrutiva de amostras separadas ao longo do tempo, ou indiretamente, ao medir a produção de fezes (frass) de insetos. Essas classes de medidas podem ser realizadas em vários tipos florestais, de florestas úmidas a xéricas (secas), em muitos países ao redor do mundo. Os níveis de herbivoria tendem a ser surpreendentemente uniformes. Para florestas temperadas, a maioria dos valores da área foliar proporcional perdida varia de 3 a 17%, com um valor médio de 8,8 ± 5,0% ($n = 38$) (valores de Landsberg & Ohmart, 1989). Os dados coletados de florestas úmidas e mangues revelam níveis semelhantes de perda de área foliar (variação de 3 a 15%, com média 8,8 ± 3,5%). Contudo, durante as explosões populacionais, em especial de espécies introduzidas de pragas, os níveis de desfolhação podem ser muito maiores e até mesmo levar à morte da planta. Para alguns táxons vegetais, os níveis de herbivoria podem ser altos (20 a 45%), mesmo sob condições normais, sem explosões populacionais.

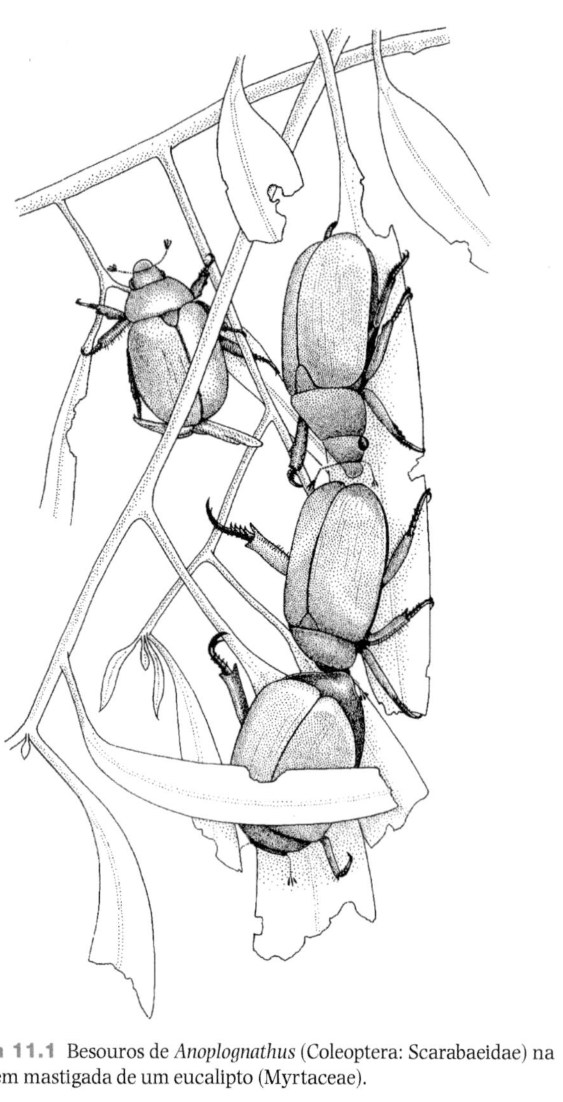

Figura 11.1 Besouros de *Anoplognathus* (Coleoptera: Scarabaeidae) na folhagem mastigada de um eucalipto (Myrtaceae).

Os níveis de herbivoria, medidos como perda da área foliar, diferem entre as populações ou comunidades de plantas por uma série de razões. As folhas de diferentes espécies de plantas variam em sua adequação como alimento para os insetos em razão das variações no conteúdo nutricional e hídrico, no tipo e nas concentrações de compostos vegetais secundários, e no grau de esclerofilia (dureza). Essas diferenças podem ocorrer por causa de diferenças inerentes entre os táxons vegetais e/ou podem estar relacionadas à maturidade e às condições de crescimento das folhas individuais e/ou das plantas amostradas. Comunidades em que a maioria das espécies vegetais constituintes pertença a famílias diferentes (como em muitas florestas temperadas boreais) podem sofrer menos danos pelos fitófagos do que aquelas que são dominadas por um ou poucos gêneros (como as florestas de eucalipto/acácia na Austrália). Nesse último tipo de sistema, as espécies de insetos especialistas podem ser capazes de se transferir de modo relativamente fácil para novas plantas hospedeiras proximamente relacionadas. As condições favoráveis podem, então, resultar em um dano considerável provocado por insetos para todas ou para a maioria das espécies de árvore de uma dada área. Em florestas diversificadas (multigenéricas), os insetos oligófagos provavelmente não conseguem trocar para espécies não relacionadas aos seus hospedeiros normais. Além disso, pode haver diferenças nos níveis de herbivoria dentro de qualquer população de plantas ao longo do tempo, como resultado de fatores sazonais e estocásticos, incluindo a variabilidade nas condições atmosféricas (que afetam tanto os insetos como o crescimento das plantas), ou nas defesas vegetais induzidas por danos provocados por insetos anteriormente. Essa variação temporal no crescimento das plantas e na resposta aos insetos pode influenciar as estimativas de herbivoria feitas em um período de tempo restrito.

11.2.3 Minação e perfuração de plantas

Uma variedade de larvas de insetos reside e se alimenta dos tecidos internos de plantas vivas. Algumas são minadoras, se alimentando logo abaixo da epiderme da planta (a camada mais externa de tecido protetor). Espécies minadoras de folhas vivem entre as duas camadas epidérmicas de uma folha, e sua presença pode ser detectada externamente, depois que a área da qual eles se alimentaram morre, com frequência deixando uma camada fina de epiderme seca. Esse dano foliar aparece como túneis (minas lineares), manchas ou vesículas (minas expandidas) (Figura 11.2). Os túneis podem ser retos (lineares) ou convolutos e quase sempre se tornam mais largos ao longo do seu curso (Figura 11.2A), como resultado de crescimento larval durante o seu desenvolvimento. Geralmente, as larvas que vivem no espaço confinado entre a epiderme superior e a inferior da folha são achatadas. Seus excrementos são deixados no túnel como grânulos pretos ou marrons (Figura 11.2A,B,C,E) ou como linhas (Figura 11.2F).

O hábito de escavar galerias em folhas evoluiu de forma independente em apenas quatro ordens de insetos holometábolos: Diptera, Lepidoptera, Coleoptera e Hymenoptera. Os tipos mais comuns de minadores de folhas são larvas de moscas e mariposas. Algumas das galerias mais proeminentes em folhas resultam da alimentação de larvas de moscas agromizídeas (Figura 11.2A-D). Elas são virtualmente ubíquas; existem cerca de 2.500 espécies, todas elas exclusivamente fitófagas. A maioria é minadora de folhas, embora algumas escavem galerias em caules e algumas poucas ocorram em raízes ou capítulos. Alguns antomiídeos e algumas outras espécies de moscas também escavam galerias em folhas. Os lepidópteros minadores de folhas (Figura 11.2E-G), em sua maioria, pertencem às famílias Gracillariidae, Gelechiidae, Incurvariidae, Lyonetiidae, Nepticulidae e Tisheriidae. Os hábitos das lagartas minadoras de folhas são diversos, com muitas variações em tipos de galeria, métodos de alimentação, disposição das fezes e morfologia larval. Em geral, as larvas são mais especializadas do que aquelas de outras ordens minadoras de folhas, e são muito diferentes de seus parentes não minadores. Uma grande quantidade de espécies de mariposa apresenta hábitos que são intermediários entre a indução de galhas e o enrolamento de folhas. Os Hymenoptera minadores pertencem em especial à superfamília Tenthredinoidea, com a maioria das espécies minadoras de folhas formando minas expandidas. Os Coleoptera minadores são representados por certas espécies de Buprestidae, Chrysomelidae e Curculionidae.

Os minadores de folhas podem provocar danos econômicos ao atacarem a folhagem de árvores frutíferas, hortaliças, plantas ornamentais e árvores de florestas. O minador das folhas de *Citrus*, *Phyllocnistis citrella* (Gracillariidae), se espalhou ao redor do mundo como uma praga séria porque suas larvas minam as folhas de *Citrus* e plantas aparentadas. O minador do espinafre, *Pegomya hyoscyami* (Diptera: Anthomyiidae), causa danos econômicos às folhas do espinafre e da beterraba. As larvas de *Fenusa pusilla* (Hymenoptera: Tenthredinidae) produzem minas expandidas na folhagem de bétula no nordeste da América do Norte, onde ela é considerada uma praga grave. Na Austrália, certos eucaliptos estão propensos aos ataques por minadores de folhas, que podem

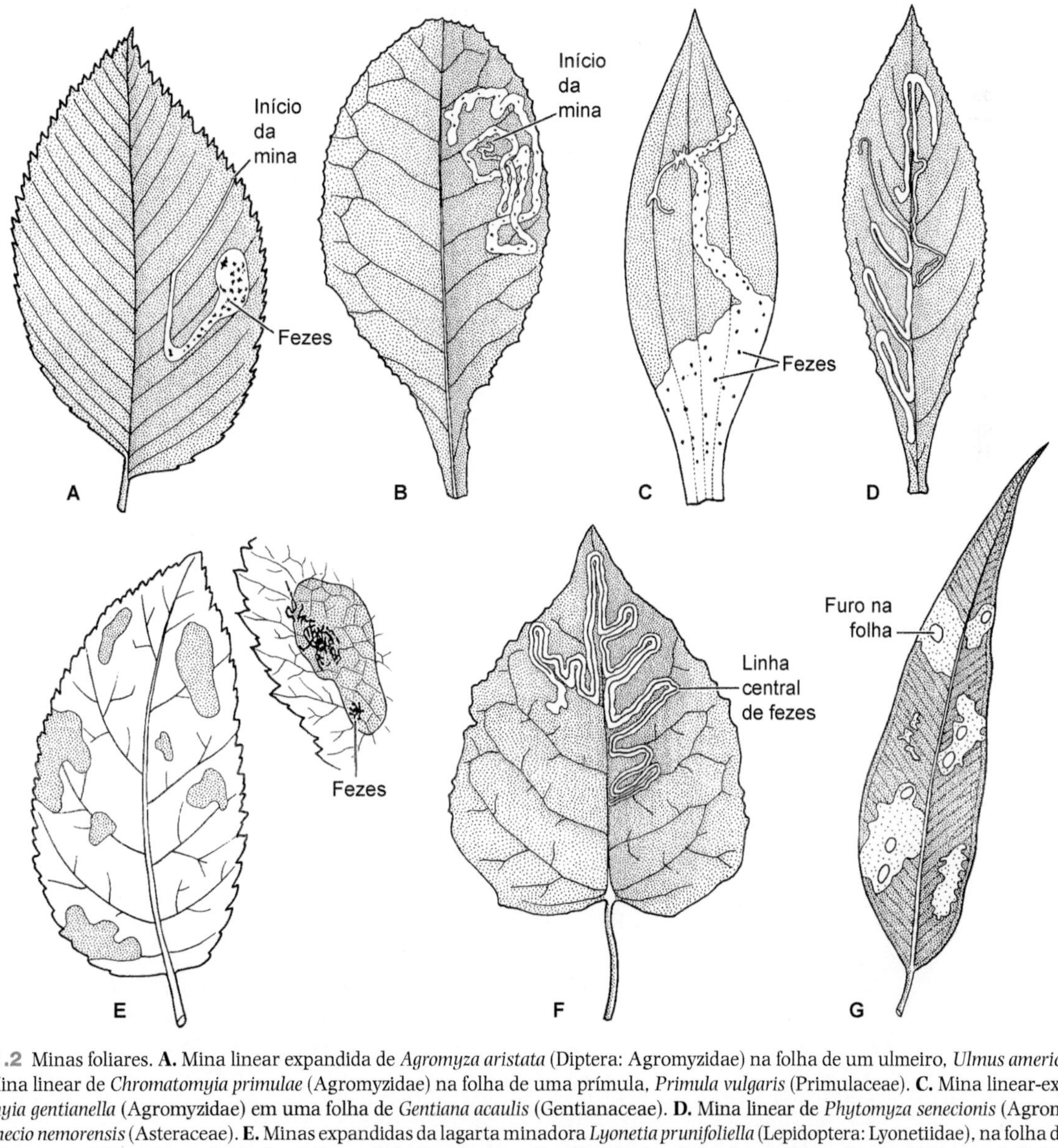

Figura 11.2 Minas foliares. **A.** Mina linear expandida de *Agromyza aristata* (Diptera: Agromyzidae) na folha de um ulmeiro, *Ulmus americana* (Ulmaceae). **B.** Mina linear de *Chromatomyia primulae* (Agromyzidae) na folha de uma prímula, *Primula vulgaris* (Primulaceae). **C.** Mina linear-expandida de *Chromatomyia gentianella* (Agromyzidae) em uma folha de *Gentiana acaulis* (Gentianaceae). **D.** Mina linear de *Phytomyza senecionis* (Agromyzidae) na folha de *Senecio nemorensis* (Asteraceae). **E.** Minas expandidas da lagarta minadora *Lyonetia prunifoliella* (Lepidoptera: Lyonetiidae), na folha da macieira, *Malus* sp. (Rosaceae). **F.** Mina linear de *Phyllocnistis populiella* (Lepidoptera: Gracillariidae) na folha de um álamo, *Populus* (Salicaceae). **G.** Minas expandidas do minador *Perthida glyphopa* (Lepidoptera: Incurvariidae) na folha de um eucalipto, *Eucalyptus marginata* (Myrtaceae). (**A,E – F.** Segundo Frost, 1959; **B – D.** segundo Spencer, 1990.)

provocar danos graves. As vespas do gênero *Phylacteophaga* (Hymenoptera: Pergidae) fazem túneis e vesículas na folhagem de algumas espécies de *Eucalyptus* e gêneros relacionados de Myrtaceae. As larvas de *Perthida glyphopa* (Lepidoptera: Incurvariidae) se alimentam de folhas do eucalipto, *Eucalyptus marginata*, causando minas expandidas e, depois, buracos, quando a larva corta discos nas folhas para seus casulos pupais (Figura 11.2G). Essa espécie de eucalipto é uma importante madeira de lei no oeste australiano e a ação desses minadores pode gerar sérios danos foliares em vastas áreas de florestas de eucalipto.

Os locais onde são feitas as galerias não se restringem às folhas, de modo que alguns táxons de insetos exibem uma diversidade de hábitos. Por exemplo, diferentes espécies de *Marmara* (Lepidoptera: Gracillariidae) não fazem apenas galerias nas folhas, de maneira que algumas fazem túneis abaixo da superfície dos ramos ou nos nós dos cactos, e algumas poucas até mesmo fazem galerias abaixo da casca dos frutos. Uma espécie que tipicamente faz galerias no câmbio de galhos pode até mesmo estender suas galerias até as folhas, caso as condições sejam de superlotação. Um fenômeno icônico australiano, os "rabiscos" nos troncos de diversas árvores de eucalipto com casca lisa (ver Prancha 4D), é o resultado das atividades de insetos abaixo da casca, se alimentando do tecido em crescimento. Apenas recentemente a biologia desse fenômeno foi compreendida: uma larva de mariposa (uma ou mais de até 14 espécies do gênero *Ogmograptis*, família Bucculatricidae) escava um túnel em zigue-zague através e imediatamente abaixo do câmbio em desenvolvimento. A larva do instar inicial faz longas voltas irregulares, seguidas por um zigue-zague mais regular, o qual faz um retorno após uma curva bem fechada. Nesse ponto o câmbio vivente da árvore começa a produzir cortiça e também a produzir tecido de cicatrização localizado em resposta à alimentação da lagarta. Esse túnel acaba preenchido com células de parede fina, altamente nutritivas, as quais são ingeridas pela larva no último estágio, que mina novamente o seu percurso, e quando totalmente saciada, cai no solo para empupar. Toda essa atividade de desenvolvimento ocorreu fora de vista, sob a casca antiga. Quando a casca é trocada, a "mina fantasma" de seu ocupante passado é revelada, mas o autor dos "rabiscos" já partiu.

A minação caulinar, ou alimentação na camada superficial de galhos, ramos ou troncos de árvores (como nos exemplos anteriores), pode ser distinguida da perfuração caulinar, em que o inseto se alimenta nos tecidos mais profundos das plantas. A perfuração caulinar é apenas uma forma de perfuração de plantas, que inclui uma ampla variedade de hábitos que podem ser subdivididos de acordo com a parte da planta que é atacada e se os insetos estão se alimentando em tecidos vegetais vivos, mortos ou em decomposição. O último grupo de insetos saprofíticos é discutido na seção 9.2, e não será tratado mais profundamente aqui. O primeiro grupo inclui larvas que se alimentam de gemas, frutos, nozes, sementes, hastes e madeira. Os perfuradores de hastes, como as vespas do gênero *Cephus* (Hymenoptera: Cephidae) e a lagarta *Ostrinia nubilalis* (Lepidoptera: Pyralidae) (Figura 11.3A), atacam gramíneas e plantas mais suculentas.

Os perfuradores de madeira se alimentam dentro das raízes, galhos, ramos e/ou troncos de plantas lenhosas, em que eles podem se alimentar da casca, do floema, do alburno ou do cerne (Boxe 11.3). O hábito de perfurar madeira é típico de muitos Coleoptera, em especial as larvas de Cerambycidae (serra-paus) (ver Boxe 17.3), Buprestidae (ver Boxe 17.4) e Curculionoidea (gorgulhos), bem como de alguns Lepidoptera (p. ex., Hepialidae e Cossidae; ver Figura 1.3) e Hymenoptera. O hábito de perfurar raízes é bem desenvolvido nos Lepidoptera, mas as larvas de

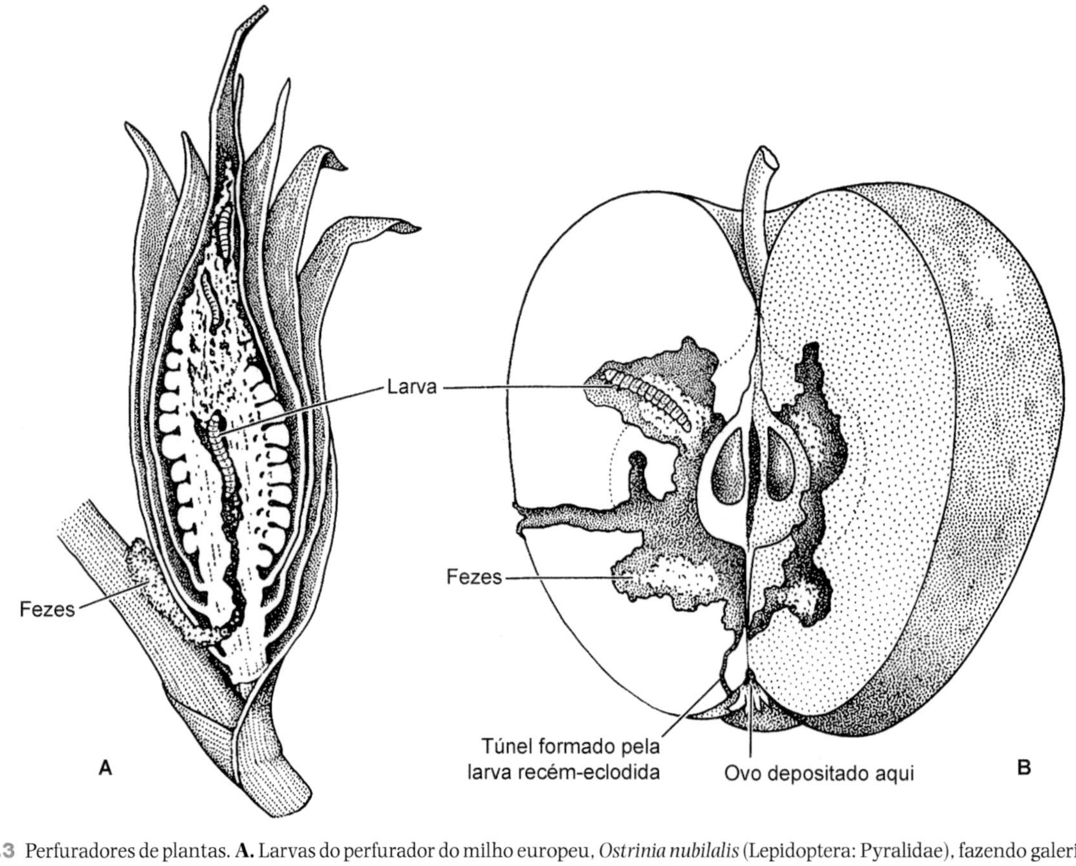

Figura 11.3 Perfuradores de plantas. **A.** Larvas do perfurador do milho europeu, *Ostrinia nubilalis* (Lepidoptera: Pyralidae), fazendo galerias no pedúnculo de um milho. **B.** Larva da mariposa *Cydia pomonella* (Lepidoptera: Tortricidae) dentro de uma maçã. (Segundo Frost, 1959.)

mariposa raramente distinguem entre a madeira de troncos, ramos ou raízes. Muitas espécies provocam danos a órgãos de armazenamento das plantas ao fazer galerias dentro de tubérculos, cormos e bulbos. Alguns dos mais eficientes agentes de controle biológico para plantas daninhas (seção 11.2.7) são insetos especialistas em perfurar raízes tais com as larvas do besouro *Longitarsus jacobaeae* (Chrysomelidae) na invasora erva-de-santiago, *Senecio jacobaea*.

O sucesso reprodutivo de muitas plantas é reduzido ou destruído pela atividade alimentar de larvas que perfuram e se alimentam dos tecidos de frutos, nozes ou sementes. Os perfuradores de frutos incluem:

- Diptera (em especial Tephritidae, tais como *Rhagoletis pomonella* e a mosca-das-frutas ou mosca-do-mediterrâneo, *Ceratitis capitata*)
- Lepidoptera (p. ex., alguns tortricídeos como as mariposas *Grapholita molesta* e *Cydia pomonella*; Figura 11.3B)
- Coleoptera (em particular certos gorgulhos como o gorgulho-da-ameixa, *Conotrachelus nenuphar*).

As larvas de gorgulhos também são ocupantes comuns de sementes e nozes, e muitas espécies são pragas de grãos armazenados (seção 11.2.6).

11.2.4 Sucção de seiva

As atividades de alimentação de insetos que mastigam ou fazem galerias em folhas e brotos causam danos óbvios. Por outro lado, o dano estrutural provocado por insetos sugadores de seiva com frequência é imperceptível, já que a retirada do conteúdo celular dos tecidos vegetais em geral deixa as paredes celulares intactas. O dano à planta pode ser difícil de quantificar, mesmo que o sugador drene os recursos das plantas (ao remover o conteúdo de xilema e floema), causando um estado de saúde precário, tal como crescimento radicular retardado, menos folhas ou menor acúmulo de biomassa total, em comparação com plantas não afetadas. Esses efeitos podem ser detectáveis com confiança apenas por meio de experimentos controlados, nos quais o crescimento de plantas afetadas e não afetadas é comparado. Certos insetos sugadores de seiva de fato provocam necrose conspícua nos tecidos por transmitirem doenças, em especial as virais, ou pela introdução de saliva tóxica, ao passo que outros induzem distorção óbvia nos tecidos ou anormalidades do crescimento chamadas de galhas (seção 11.2.5).

A maioria dos insetos sugadores de seiva pertence aos Hemiptera. Todos os hemípteros têm peças bucais longas, semelhantes a um fio, que consistem em estiletes mandibulares e

Boxe 11.3 Insetos e a madeira de árvores vivas

Árvores vivas fornecem uma ampla folhagem para insetos fitófagos e diferem de plantas anuais e plantios possivelmente apenas na densidade e estrutura heterogênea das folhas disponíveis para os insetos herbívoros, maior altura do dossel acima do solo, e para árvores não decíduas, na disponibilidade mais longa de folhas. Se olharmos para as guildas de insetos associados com plantas, existem poucos que se especializam em árvores. As árvores têm múltiplas origens evolutivas: a maioria das famílias de plantas contém algumas árvores, e poucas contêm somente árvores. Para os insetos, o que faz com que as árvores se tornem especiais é a presença de um volume substancial de madeira – o material inerte, duro e fibroso que está abaixo do câmbio vascular, localizado no caule (tronco), raízes e ramos. A madeira é um composto orgânico de fibras de celulose, o qual fornece tensão, incorporado em matriz de lignina, a qual resiste à compressão. A madeira (cerne) que se desenvolve na parte central da maioria das árvores é morta, e a zona mais clara, algumas vezes verde, denominada de alburno que circunda o cerne e contém os vasos funcionais, é considerada "viva". Do ponto de vista físico, tanto o cerne como o alburno tendem a ser duros e densos, fornecendo apenas materiais refratários para os insetos. Não obstante, um conjunto substancial de insetos dependem da madeira – esses são denominados **xilófagos** mesmo se não se alimentarem diretamente de madeira.

Uma maneira pela qual o xilófago pode ter acesso à lignina e à celulose nutricionalmente insignificantes é infectando a madeira com fungos, que promovem a sua quebra em matéria fúngica que é digestível. Muitos desses fungos são patogênicos, levando à morte das árvores e tornando o substrato mais tratável para a colonização pelos insetos quando a produção de taninos e o fluxo de resinas cessam. Por exemplo, vespas da madeira dos gêneros *Sirex* e *Urocercus* (Hymenoptera: Siricidae) introduzem esporos do fungo *Amylostereum* que ficam armazenados em sacos intersegmentais invaginados conectados ao ovipositor. Durante a oviposição os esporos e muco são injetados no alburno das árvores, especialmente espécies de *Pinus*, causando infecção micelial. A infestação gera condições locais mais secas ao redor do xilema, a qual é ideal para o desenvolvimento das larvas de *Sirex*. A doença fúngica na Austrália e na Nova Zelândia pode causar a morte de árvores já estressadas pelo clima ou pelo dano causado por fogo. O papel dos besouros-da-casca-da-árvore (Coleoptera: Curculionidae: Scolytinae: *Scolytus* spp.) na propagação do fungo causador da doença do ulmeiro é discutido na seção 4.3.3. Outras doenças fúngicas que são transmitidas por insetos para árvores vivas ou mortas encorajam a decomposição da madeira, e o fungo em proliferação é um alimento para os insetos (seção 9.2). Árvores saudáveis, no entanto, podem montar uma defesa (como a liberação de resina) contra o ataque de besouros-da-casca-da-árvore. Contudo, besouros-da-casca-da-árvore que matam árvores, como *Dendroctonus frontalis*, podem causar a morte mesmo sem o auxílio de fungos patogênicos.

Embora alguns cupins (subfamília Macrotermitinae) usem fungos para pré-digerir a madeira (seção 9.5.3), a maioria ou usa flagelados (protistas) simbióticos em seu trato digestivo ou produz suas próprias celulases para quebrar a madeira morta (seção 3.6.5). Contudo, certos cupins, chamados de cupins de "madeira viva" atacam a madeira viva e podem ser pragas especialmente de chá produzido nos trópicos.

Embora os insetos xilófagos possam ser altamente crípticos, a maioria, especialmente as larvas maiores de besouros e mariposas, são evidentes pelas suas fezes, as quais revelam pela visão e odor que a madeira contém um hospedeiro ou presa em potencial. Predadores visuais, como os pica-paus, localizam insetos escondidos também por som (tamborilando na madeira para ouvir os movimentos dos insetos no interior), e uma série de aves arranca a casca da árvore para revelar insetos xilófagos, e algumas até mesmo têm bicos modificados para entrar nos abrigos dos insetos e alcançar os conteúdos. Insetos predadores, e especialmente os parasitoides, usam a quimiorrecepção de semioquímicos (seção 4.3.3), incluindo os terpenos emitidos por pinheiros danificados, para localizar suas presas xilófagas escondidas. O acesso aos alvos escondidos é possível para himenópteros especialistas com ovipositores longos, tal como ilustrado na Figura 5.11. A existência de um conjunto de parasitoides que controlam xilófagos em suas distribuições nativas fornece uma fonte de agentes para controle biológico de pragas xilófagas exóticas de silvicultura. A natureza críptica dos xilófagos imaturos significa que muitos conseguem escapar a inspeção de produtos de madeira, e assim são capazes de se espalharem globalmente, particularmente através de materiais de embalagem utilizados no transporte de produtos em negócios fracamente regulamentados (ver seção 17.4).

maxilares justapostos formando um feixe que fica em um sulco do lábio (Taxoboxe 20). O estilete maxilar contém um canal salivar, que direciona a saliva para dentro da planta, e um canal alimentar, por meio do qual o suco ou a seiva da planta é sugado para dentro do trato digestivo do inseto. Apenas os estiletes entram nos tecidos da planta hospedeira (Figura 11.4A). Eles podem penetrar superficialmente dentro de uma folha ou profundamente dentro de um caule ou de uma nervura central de uma folha, seguindo um caminho intracelular ou extracelular, dependendo da espécie. O local atingido pelas pontas do estilete pode estar no parênquima (p. ex., algumas cochonilhas imaturas e muitos Heteroptera), no floema (p. ex., a maioria dos pulgões, cochonilhas, psilídeos e gafanhotos) ou no xilema (p. ex., cercopídeos e cigarras). O local da alimentação, quer as células do parênquima ou tecido vascular, pode mudar durante o desenvolvimento de uma dada espécie de hemíptero. Além de um tipo de saliva hidrolisante, muitas espécies produzem uma saliva solidificante que forma uma bainha em volta dos estiletes conforme eles entram e penetram no tecido vegetal. Essa bainha pode ser corada nas seções dos tecidos e permite que os rastros dos estiletes sejam traçados até o local de alimentação (Figura 11.4B,C). Existem três estratégias de alimentação em hemípteros: (i) estilete-bainha; (ii) alimentação por ruptura de células; e (iii) bomba-osmótica. Esses três métodos de alimentação são descritos na seção 3.6.2, e as especializações do trato digestivo dos hemípteros, para lidar com uma dieta aquosa, são discutidas no Boxe 3.3. Muitas espécies de Hemiptera herbívoros são consideradas pragas agrícolas importantes. A perda de seiva ocasiona perda de turgor, distorção ou retardo no desenvolvimento dos brotos. A movimentação dos insetos entre as plantas hospedeiras pode levar à transmissão eficiente de vírus e outras doenças vegetais, em especial por pulgões e moscas-brancas. As fezes açucaradas (*honeydew*) dos Hemiptera sugadores de floema, em particular das cochonilhas, servem de alimento para fungos que cobrem folhas e frutos, e podem impedir a fotossíntese. O *honeydew* também serve como uma importante fonte de carboidratos para himenópteros, especialmente formigas (seção 11.4.1; ver Prancha 6B), as quais geralmente defendem os hemípteros de seus inimigos naturais.

Os psilídeos (Hemiptera: Psylloidea) se alimentam sugando seiva, principalmente de plantas lenhosas dicotiledôneas, de uma variedade de tipos de tecidos, incluindo floema, xilema e parênquima do mesofilo, dependendo da espécie. As ninfas são de vida livre, indutoras de galhas (Figura 11.5F) ou formadoras de conchas. A concha do psilídeo é uma cobertura protetora sob a qual a ninfa vive e se alimenta. O hábito de formar a concha é típico de espécies australianas que se alimentam de folhagem de eucalipto. A aparência da concha é gênero- (e algumas vezes espécie-) específica; por exemplo, as ninfas das espécies de *Glycaspis* fazem conchas cônicas, ao passo que as ninfas de *Cardiaspina* constroem conchas que parecem de renda. As ninfas que formam conchas liberam um material açucarado ou amiláceo solidificante de seu ânus e constroem suas conchas construindo suas conchas com uma estrutura sobre seus corpos à medida que rodam sobre um ponto na folha, mas a maioria também produz o *honeydew* tipicamente açucarado. Diversas espécies australianas que formam conchas agora são pragas de eucaliptos de plantação ou ornamentais na América do Norte e América do Sul e na Europa (ver Boxe 17.3 e Prancha 8E).

Os tripes (Thysanoptera), que se alimentam sugando líquidos vegetais, penetram nos tecidos utilizando seus estiletes (Figura 2.15) para perfurar a epiderme e, então, romper as células individuais logo abaixo. As áreas danificadas se descolorem e a folha, a gema, a flor ou o ramo pode murchar e morrer. O dano à

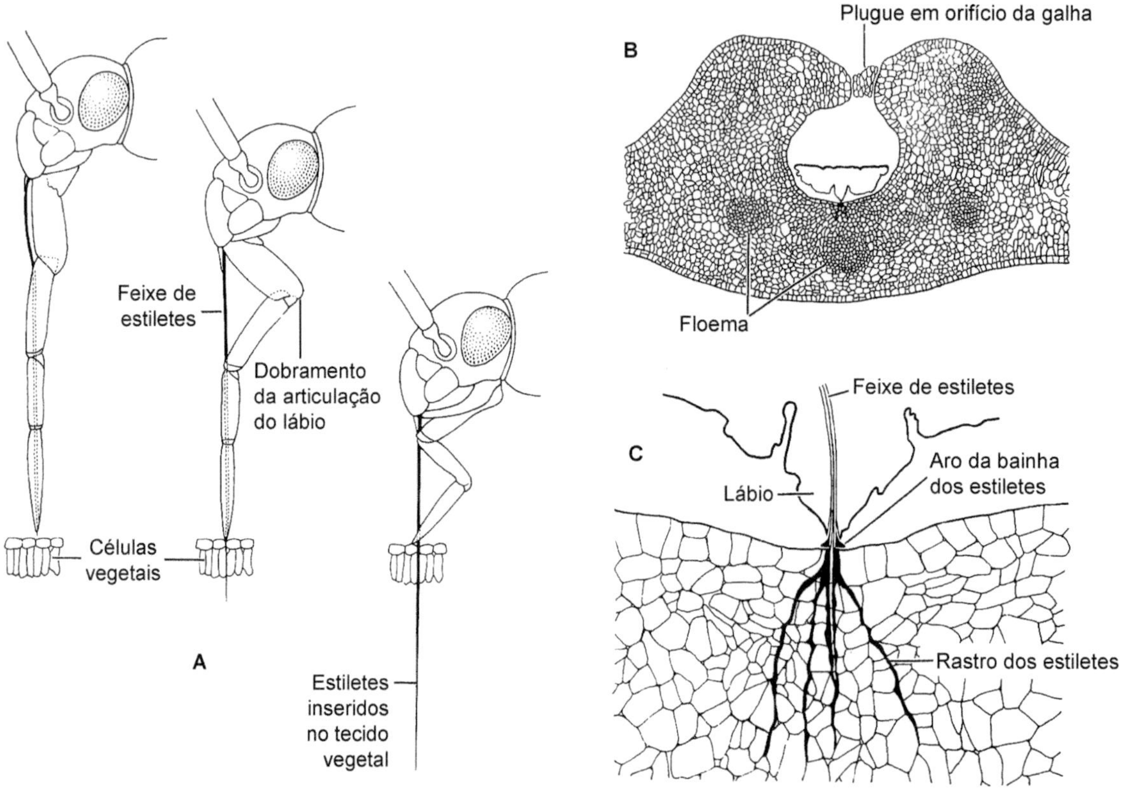

Figura 11.4 Alimentação de um Hemiptera fitófago. **A.** Penetração do tecido vegetal por um percevejo mirídeo, mostrando o dobramento do lábio conforme os estiletes entram na planta. **B.** Secção transversal através de uma galha, em folha de eucalipto, contendo uma ninfa de cochonilha, *Apiomorpha* (Eriococcidae), alimentando-se. **C.** Ampliação do local de alimentação de (**B**), mostrando múltiplos rastros dos estiletes (formados pela saliva solidificante), resultantes da perfuração do parênquima. (**A.** Segundo Poisson, 1951.)

planta tipicamente é concentrado em tecidos de rápido crescimento, de modo que a fase de crescimento acelerado de flores ou folhas pode ser seriamente interrompida. Alguns tripes introduzem saliva tóxica durante a alimentação ou transmitem vírus, como os *Tospovirus* (Bunyaviridae) transportados pelo tripes *Frankliniella occidentalis*. Algumas centenas de espécies de tripes foram registradas atacando plantas cultivadas, mas apenas 14 espécies (todas Thripidae) são conhecidas por transmitirem tospovírus.

Fora de Hemiptera e Thysanoptera, o hábito de sucção de seiva é raro nas espécies viventes. Muitas espécies fósseis, contudo, tinham um rostro com peças bucais picadoras-sugadoras. Os Palaeodictyopteroidea (Figura 8.3), por exemplo, provavelmente se alimentavam sugando líquidos dos órgãos vegetais.

11.2.5 Indução de galhas

As galhas induzidas pelos insetos nas plantas resultam de um tipo muito especializado de interação inseto-planta, em que a morfologia das partes vegetais é alterada, muitas vezes de maneira substancial e característica, pela influência do inseto. Em geral, as galhas são definidas como células, tecidos ou órgãos de plantas patologicamente desenvolvidas que surgiram por hipertrofia (aumento no tamanho das células) e/ou hiperplasia (aumento no número de células), como resultado da estimulação por organismos estranhos. Algumas galhas são induzidas por vírus, bactérias, fungos, nematódeos e ácaros, mas os insetos provocam muito mais. O estudo das galhas das plantas é chamado de cecidologia, os animais indutores de galhas (insetos, ácaros e nematódeos) são os cecidozoários, e as galhas induzidas por cecidozoários são chamadas de zoocecídias. Os insetos cecidogênicos correspondem a cerca de 2% de todas as espécies descritas de insetos, talvez com 13.000 espécies conhecidas. Embora o galhamento seja um fenômeno mundial que ocorre na maioria dos grupos de plantas, um levantamento global mostra um padrão ecogeográfico com a incidência de galhas sendo mais frequente na vegetação com hábito esclerófilo ou, ao menos, vivendo em plantas em ambientes com variação sazonal da umidade.

No âmbito mundial, os cecidozoários principais em termos de número de espécies representam apenas três ordens de insetos: Hemiptera, Diptera e Hymenoptera. Além disso, cerca de 300 espécies dos geralmente tropicais Thysanoptera (tripes) são associadas a galhas, embora não necessariamente como indutores, e algumas espécies de Coleoptera (na maioria gorgulhos) e microlepidópteros (mariposas pequenas) induzem galhas. A maioria das galhas de hemípteros é induzida por Sternorrhyncha, em particular, pulgões, cochonilhas e psilídeos. Existem milhares de Sternorrhyncha galhadores e suas galhas são estruturalmente diversas. Aquelas dos eriococcídeos (Coccoidea: Eriococcidae) indutores de galhas podem ser muito grandes (p. ex., as galhas de espécies de *Cystococcus*; seção 1.8.1; ver Prancha 4F,G) e com frequência exibem um dimorfismo sexual espetacular, com as galhas das fêmeas muito maiores e mais complexas do que as dos machos da mesma espécie (p. ex., as galhas de *Apiomorpha*; Figura 11.5A,B; ver Prancha 5A). No mundo inteiro, há várias centenas de espécies de Coccoidea indutoras de galhas em aproximadamente dez famílias, cerca de 350 Psylloidea formadores de galhas, a maioria em duas famílias, e talvez 700 espécies de pulgões indutores de galhas, distribuídos em três famílias, Phylloxeridae (Boxe 11.2), Adelgidae e Aphididae. As enormes galhas de *Baizongia pistaciae* (Aphididae: Fordinae) em *Pistacia teredinthus* contêm, cada uma, centenas de indivíduos de pulgões (ver Prancha 5B).

Os Diptera contêm o maior número de espécies indutoras de galhas, talvez milhares, mas o número provável é incerto porque muitos dípteros indutores de galhas são pouco conhecidos taxonomicamente. A maioria das moscas e dos mosquitos cecidogênicos pertence a uma família de pelo menos 6.000 espécies, os Cecidomyiidae, e induzem galhas simples ou complexas em folhas, caules, flores, gemas e até mesmo em raízes. A outra família de dípteros que inclui algumas espécies cecidogênicas importantes é Tephritidae, em que os indutores de galhas afetam em geral as gemas, com frequência de Asteraceae. As espécies indutoras de galhas tanto de Cecidomyiidae quanto de Tephritidae apresentam uso real ou potencial no controle biológico de plantas daninhas. Três superfamílias de vespas contêm um número grande de espécies indutoras de galhas: Cynipoidea contém as vespas de galha (Cynipidae, pelo menos 1.400 espécies), as quais estão entre os insetos produtores de galhas mais bem conhecidos na Europa e na América do Norte, onde centenas de espécies formam galhas quase sempre extremamente complexas, em especial em carvalhos (Figura 11.5C; ver Prancha 6A) e roseiras (Figura 11.5D; ver Prancha 5C). Tenthredinoidea tem muitas espécies de insetos formadores de galhas, como as espécies de *Pontania* (Tenthredinidae) (Figura 11.5G) Chalcidoidae inclui várias famílias de indutores de galhas, em particular espécies em Agaonidae (vespas-do-figo; Boxe 11.1), Eurytomidae e Pteromalidae.

Há uma enorme diversidade nos padrões de desenvolvimento, na forma e na complexidade celular das galhas de insetos (Figura 11.5). Elas variam de massas de células relativamente indiferenciadas (galhas "indeterminadas") a estruturas altamente organizadas com camadas histológicas distintas (galhas "determinadas"). As galhas determinadas em geral apresentam forma que é específica para cada espécie de inseto. Cinipídeos, cecidomiídeos e eriococcídeos formam algumas das galhas mais especializadas e histologicamente complexas; essas galhas têm camadas teciduais distintas ou tipos que podem mostrar pouca semelhança com a parte vegetal da qual elas são derivadas. Entre as galhas determinadas, as formas diferentes se relacionam com o modo de formação da galha, que está relacionado à posição inicial e ao modo de alimentação do inseto (como discutido a seguir). Alguns tipos comuns de galhas são:

- Galhas de cobertura, nas quais o inseto fica envolto pela galha com uma abertura (ostíolo) para o exterior, como nas galhas de cochonilhas (Figura 11.5A,B; ver Prancha 5A), ou sem qualquer ostíolo, como nas galhas de cinipídeos (Figura 11.5C)
- Galhas felpudas, que são caracterizadas por suas protuberâncias epidérmicas com densa pilosidade (Figura 11.5D; ver Prancha 5C)
- Galhas de enrolamento e de dobramento, nas quais o crescimento diferencial provocado pela alimentação do inseto resulta em folhas, brotos, ou caules enrolados ou torcidos, os quais ficam quase sempre intumescidos, como em muitas galhas de pulgões (Figura 11.5E)
- Galhas em bolsa, que se desenvolvem como um inchaço da lâmina foliar, formando uma bolsa invaginada de um lado e um inchaço proeminente do outro, como em muitas galhas de psilídeos (Figura 11.5F)
- Galhas típicas, em que o ovo do inseto é depositado dentro dos ramos ou das folhas de modo que a larva fica completamente envolvida durante seu desenvolvimento, como nas galhas de alguns himenópteros (Figura 11.5G)
- Galhas em ponto, nas quais uma leve depressão, algumas vezes circundada por um halo protuberante, é formada no local em que o inseto se alimenta
- Galhas de gema e em roseta, que variam em complexidade e provocam o crescimento de botões ou, algumas vezes, a multiplicação e a miniaturização de folhas novas, formando uma galha semelhante ao cone de um pinheiro.

A formação de galhas pode envolver dois processos separados: (i) a iniciação e (ii) o subsequente crescimento e manutenção da estrutura. Em geral, as galhas podem ser estimuladas

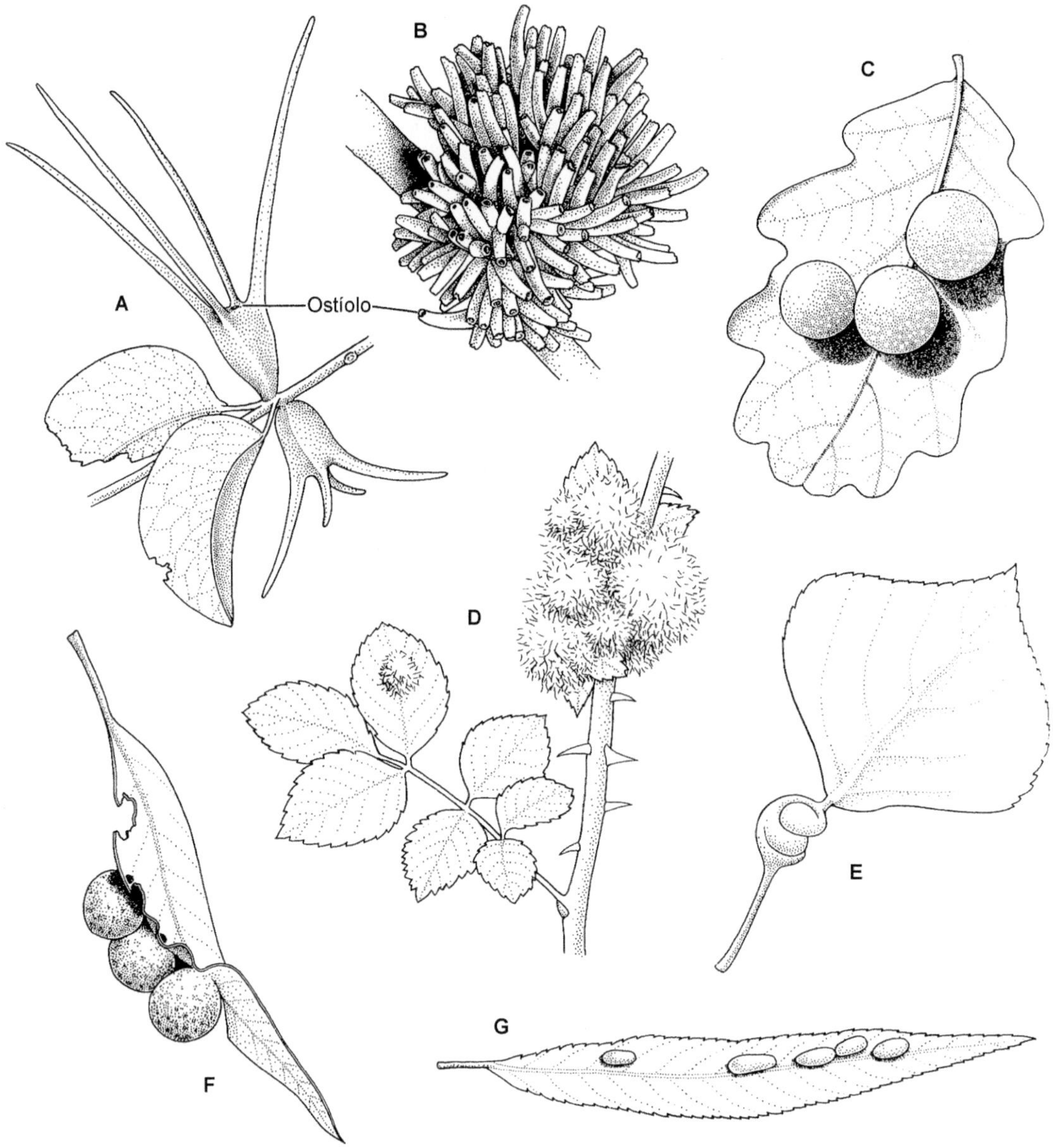

Figura 11.5 Variedade de galhas induzidas por insetos. **A.** Duas galhas de cocoides, cada uma formada por uma fêmea de *Apiomorpha munita* (Hemiptera: Eriococcidae) no caule de *Eucalyptus melliodora*. **B.** Cacho de galhas, cada uma contendo um macho de *A. munita* em *E. melliodora*. **C.** Três galhas formadas por *Cynips quercusfolii* (Hymenoptera: Cynipidae) em uma folha de *Quercus* sp.. **D.** Galhas formadas por *Diplolepis roseae* (Hymenoptera: Cynipidae) em *Rosa* sp.. **E.** Pecíolo foliar de um álamo, *Populus nigra*, galhado pelo pulgão *Pemphigus spirothecae* (Hemiptera: Aphididae). **F.** Três galhas de psilídeos, cada uma formada por uma ninfa de *Glycaspis* sp. (Hemiptera: Psyllidae) em uma folha de eucalipto. **G.** Galhas em forma de feijão, da vespa *Pontania proxima* (Hymenoptera: Tenthredinidae), em uma folha de salgueiro, *Salix* sp. (**D–G.** Segundo Darlington, 1975.)

a se desenvolver apenas a partir do tecido vegetal crescendo ativamente. Desse modo, as galhas são iniciadas em folhas jovens, botões de flores, caules e raízes e, raramente, nas partes maduras das plantas. Algumas galhas complexas se desenvolvem apenas a partir de tecido meristemático indiferenciado, o qual se molda em uma galha característica por meio das atividades do inseto. O desenvolvimento e o crescimento de galhas induzidas por insetos (incluindo, se presentes, as células nutritivas das quais alguns insetos se alimentam) depende da estimulação contínua das células vegetais pelo inseto. O crescimento da galha termina se o inseto morre ou atinge a maturidade. Aparentemente, os insetos galhadores, em vez das plantas, controlam a maioria dos aspectos da formação da galha, primariamente por meio de suas atividades alimentares. Portanto, o fenótipo induzido da galha é uma extensão do fenótipo do inseto galhador.

O modo de alimentação varia em táxons distintos como uma consequência de diferenças fundamentais na estrutura das peças bucais. As larvas de besouros, mariposas e vespas, indutoras de galhas, têm peças bucais mordedoras e mastigadoras, ao passo que as larvas de alguns mosquitos e as ninfas de pulgões, cocoides, psilídeos e tripes têm peças bucais picadoras e sugadoras. As larvas de alguns mosquitos galhadores têm peças bucais vestigiais e absorvem muito do seu alimento por sucção. Assim, esses insetos diferentes causam danos mecanicamente e liberam substâncias químicas (ou talvez material genético, ver a seguir) às células vegetais de várias formas.

Pouco se sabe sobre o que estimula a indução e o crescimento das galhas. Lesões e hormônios vegetais (como citocininas) parecem ser importantes em galhas indeterminadas, mas o estímulo provavelmente é mais complexo para galhas determinadas. Secreções orais, excretas anais e secreções de glândulas acessórias estão envolvidas em diferentes interações inseto-planta que resultam em galhas determinadas. Os compostos mais bem estudados são as secreções salivares de Hemiptera. Substâncias salivares, incluindo aminoácidos, auxinas (e outros reguladores de crescimento vegetal), compostos fenólicos e fenoloxidases, em várias concentrações, podem ter um papel no início e no crescimento das galhas ou na superação das reações defensivas necróticas das plantas. Os hormônios vegetais, como auxinas e citocininas, devem estar envolvidos na cecidogênese, mas não está claro se esses hormônios são produzidos pelo inseto, pela planta, como uma resposta direta ao inseto, ou se são acidentais na indução de galhas. Em certas galhas complexas, como aquelas dos eriococoides e cinipídeos, é aceitável que o desenvolvimento das células vegetais seja redirecionado por entidades genéticas semiautônomas (vírus, plasmídeos ou transpósons) transferidas do inseto para a planta. Assim, a iniciação dessas galhas pode envolver o inseto agindo como doador de ácido desoxirribonucleico (DNA) ou ácido ribonucleico (RNA), como em algumas vespas que parasitam insetos (ver Boxe 13.1). Infelizmente, se comparadas aos estudos anatômicos e fisiológicos de galhas, as investigações genéticas estão apenas no começo.

O hábito de induzir galhas pode ter evoluído da minação ou da perfuração de plantas (especialmente provável para Lepidoptera, Hymenoptera e certos Diptera) ou da alimentação sedentária na superfície (como é provável para Hemiptera, Thysanoptera e Diptera cecidomiídeos). Acredita-se que isso seja benéfico aos insetos, em vez de uma resposta defensiva da planta ao ataque do inseto. Todos os insetos galhadores obtêm seu alimento dos tecidos da galha, e também algum abrigo ou proteção de inimigos naturais e de condições adversas de temperatura e umidade. A importância relativa desses fatores ambientais para a origem do hábito galhador é difícil de determinar porque as vantagens atuais da vida em galhas podem ser diferentes daquelas obtidas nos primeiros estágios da evolução das galhas. Claramente, a maioria das galhas são "drenos" para os produtos assimilados pelas plantas: as células nutritivas que recobrem a cavidade de galhas de vespas e moscas contêm concentrações mais altas de açúcares, proteínas e lipídios do que as células vegetais fora das galhas. Dessa forma, uma vantagem de se alimentar em uma galha, em vez de do tecido vegetal normal, é a disponibilidade de alimento de alta qualidade. Além disso, para insetos sedentários que se alimentam na superfície, como pulgões, psilídeos e cochonilhas, as galhas fornecem um microambiente mais protegido do que a superfície foliar normal. Alguns cecidozoários podem "fugir" de certos parasitoides e predadores que não são capazes de penetrar nas galhas, em particular galhas com grossas paredes lenhosas.

Outros inimigos naturais, contudo, especializam-se em se alimentar de insetos que vivem em galhas ou de suas galhas e, algumas vezes, é difícil determinar quais insetos eram os habitantes originais. Algumas galhas são notáveis pela associação de uma comunidade extremamente complexa de espécies, diferentes do causador da galha, pertencendo a diversos grupos de insetos. Essas outras espécies podem ser parasitoides do formador da galha (ou seja, parasitas que causam a morte eventual de seu hospedeiro; Capítulo 13) ou inquilinos ("hóspedes" do formador da galha) que obtêm sua nutrição dos tecidos da galha. Em alguns casos, os inquilinos das galhas provocam a morte do habitante original por meio do crescimento anormal da galha; isso pode obliterar a cavidade na qual o formador da galha vive ou impedir a emergência a partir da galha. Se duas espécies são obtidas de uma única galha ou de um único tipo de galha, um desses insetos deve ser um parasitoide, um inquilino ou ambos. Existem até mesmo casos de hiperparasitismo, nos quais os próprios parasitoides estão sujeitos ao parasitismo (seção 13.3.1).

11.2.6 Predação de sementes

As sementes das plantas em geral contêm níveis mais altos de nutrientes do que outros tecidos, sustentando o crescimento da plântula. Insetos especializados em se alimentar de sementes utilizam esse recurso. São notáveis insetos predadores de sementes muitos besouros (adiante), formigas (em especial espécies de *Messor*, *Monomorium* e *Pheidole*), que mantêm as sementes em armazéns subterrâneos, percevejos (muitos Coreidae, Lygaeidae, Pentatomidae, Pyrrhocoridae e Scutelleridae), que sugam o conteúdo de sementes maduras ou em desenvolvimento, e algumas mariposas (como algumas Gelechiidae e Oecophoridae).

As formigas citadas anteriormente são predadores de sementes importantes no aspecto ecológico. Essas são as formigas dominantes com relação à biomassa e/ou à quantidade de colônias em desertos e campos secos em muitas partes do mundo. Em geral, as espécies são altamente polimórficas, com os maiores indivíduos apresentando mandíbulas poderosas capazes de quebrar sementes abertas. As larvas são alimentadas com os fragmentos das sementes, mas provavelmente muitas sementes coletadas escapam da destruição por serem abandonadas nos armazéns ou por germinarem de forma rápida nos ninhos das formigas. Assim, a coleta de sementes pelas formigas, a qual poderia ser vista como exclusivamente prejudicial, na realidade pode levar alguns benefícios à planta por meio da dispersão e do fornecimento de nutrientes locais para as plântulas.

Uma série de besouros (em especial os Curculionidae e os Chrysomelidae bruquíneos) se desenvolve inteiramente dentro de sementes individuais ou consome várias sementes dentro de um fruto. Alguns besouros bruquíneos, em particular aqueles que atacam as leguminosas cultivadas como ervilhas e feijões, são pragas importantes. Espécies que se alimentam de sementes secas são pré-adaptadas para serem pragas de produtos armazenados, como grãos e sementes de leguminosas. Os besouros adultos tipicamente ovipõem dentro do ovário em desenvolvimento ou das sementes ou dos frutos, e algumas larvas, então, fazem galerias através da parede ou do tegumento do fruto e/ou da semente. As larvas se desenvolvem e entram na fase de pupa dentro das sementes, de modo que as destroem. O desenvolvimento bem-sucedido em geral ocorre apenas nos estágios finais de maturidade das sementes. Assim, parece haver uma "janela de oportunidade" para a larva; uma semente madura pode ter um tegumento impenetrável, mas se sementes jovens são atacadas, a planta pode abortar a semente infectada ou até mesmo o fruto ou vagem inteiro se foi feito pouco investimento nele. Sementes abortadas e aquelas que caem no chão (maduras ou não) são geralmente menos atrativas para os besouros predadores de sementes do que aquelas retidas na planta, mas, evidentemente, as pragas de produtos armazenados não têm dificuldade em se desenvolver em sementes colhidas e armazenadas. As larvas do gorgulho-do-trigo, *Sitophilus granarius* (Taxoboxe 22) e do gorgulho-do-arroz, *S. oryzae*, desenvolvem-se dentro de grãos secos de milho, trigo, arroz e outras plantas. Os gorgulhos de *Antliarhinus zamiae* atacam os gametófitos de óvulos em cones de suas cicadáceas hospedeiras (gênero *Encephalartos*, Zamiaceae) (ver Prancha 4B). Essa é uma especialização alimentar muito rara, provavelmente porque os tecidos do gametófito da cicadácea são protegidos tanto quimicamente como também por diversas camadas de tecidos protetores. A fêmea do gorgulho usa o seu rostro extremamente alongado para furar orifícios fundos para ter acesso ao tecido do gametófito e então se vira e insere seu ovipositor para depositar ovos. Acredita-se que o rostro é o mais comprido, relativo ao tamanho do corpo, de qualquer espécie de besouro e pode ter até 20 mm de comprimento.

As defesas das plantas contra a predação de sementes incluem o fornecimento de tegumentos protetores ou produtos tóxicos (aleloquímicos) às sementes, ou ambos. Outra estratégia é a produção sincrônica por uma única espécie de planta de uma grande abundância de sementes, com frequência separada por longos intervalos de tempo. Os predadores de sementes não conseguem sincronizar seu ciclo de vida ao ciclo de fartura e escassez, ou são sobrepujados e incapazes de encontrar e consumir a produção total de sementes.

11.2.7 Insetos como agentes de controle biológico contra plantas daninhas

Plantas daninhas são simplesmente plantas que estão crescendo onde não são desejadas. Algumas espécies de plantas daninhas têm poucas consequências econômicas ou ecológicas, ao passo que a presença de outras resulta em perdas importantes para a agricultura ou provoca efeitos prejudiciais em ecossistemas naturais. A maioria das plantas é daninha apenas em áreas fora de sua distribuição nativa, onde condições climáticas e edáficas adequadas, em geral na ausência de inimigos naturais, favorecem seu crescimento e sobrevivência. Às vezes, plantas exóticas que se tornaram plantas daninhas podem ser controladas pela introdução de insetos fitófagos especialistas da área de origem da planta. Isso é chamado de controle biológico clássico de plantas daninhas, e é análogo ao controle biológico clássico de insetos que são pragas (como explicado em detalhes na seção 16.5). Outra forma de controle biológico, o de multiplicação (seção 16.5), envolve o aumento do nível natural dos insetos inimigos de uma planta daninha e, portanto, requer a criação em massa dos insetos para a liberação inundativa. É improvável que esse método de controlar as plantas daninhas tenha uma boa relação de custo-benefício para a maioria dos sistemas inseto-planta. O dano tecidual provocado por insetos introduzidos ou com população aumentada, inimigos de plantas daninhas, pode limitar ou reduzir o crescimento vegetativo (como mostrado para a planta daninha discutida no Boxe 11.4), impedir ou reduzir a reprodução, ou tornar a planta daninha menos competitiva do que as outras plantas no ambiente.

Um programa de controle biológico clássico envolve uma sequência de passos que inclui considerações biológicas e também sociopolíticas. Cada programa é iniciado com uma revisão dos dados disponíveis (incluindo informações taxonômicas e de distribuição) sobre a planta daninha, suas plantas aparentadas, e quaisquer inimigos naturais conhecidos. Isso forma a base para a determinação do estado dos transtornos gerados pela planta em questão, e uma estratégia para coletar, criar e testar a utilidade dos insetos inimigos potenciais. As autoridades reguladoras devem, então, aprovar a proposta de tentativa de controle da planta daninha. Depois, explorações no exterior e levantamentos locais devem determinar agentes de controle potenciais que atacam a planta daninha tanto na sua distribuição nativa quanto nos locais onde ela é introduzida. A ecologia da planta daninha, em especial com relação a seus inimigos naturais, deve ser estudada em sua distribuição nativa. A especificidade de agentes de controle potenciais ao hospedeiro precisa ser testada, tanto dentro como fora do país da introdução e, no primeiro caso, sempre em quarentena. Os resultados desses testes irão determinar se as autoridades reguladoras aprovam a importação dos agentes para liberação subsequente ou apenas para testes mais aprofundados, ou se negam a aprovação. Se forem aprovados e o agente for importado, há um período de criação em quarentena para eliminar quaisquer parasitoides ou doenças importadas antes da criação em massa, como preparação para liberação no campo. A liberação depende de os procedimentos de quarentena serem aprovados pelas autoridades reguladoras. Depois da liberação, o estabelecimento, a propagação e o efeito dos insetos sobre a planta daninha devem ser monitorados. Se o controle da planta daninha é atingido no(s) local(is) de liberação inicial, a propagação dos insetos é auxiliada pela distribuição manual para outras localidades.

Na maioria dos países, os testes modernos de especificidade ao hospedeiro dos insetos herbívoros, que são os potenciais agentes de controle das plantas daninhas, são rigorosos e envolvem a determinação de se o inseto-alvo irá se alimentar e reproduzir em plantas benéficas ou nativas aparentadas às plantas daninhas, por exemplo, do mesmo gênero ou família. Entretanto, a confiabilidade dos testes de amplitude de hospedeiras conduzidos em confinamento (instalações de quarentena) é um problema. Algumas vezes o inseto-alvo irá se alimentar de plantas nativas sob condições artificiais, mas não causará nenhum impacto no campo. Por exemplo, testes recentes retrospectivos das atividades de alimentação e oviposição de duas espécies de besouros liberados em 1943 e 1965 na Nova Zelândia para o controle da erva-de-são-joão, *Hypericum perforatum* (Clusiaceae) (ver adiante) indicaram que as espécies nativas de *Hypericum* eram hospedeiras apropriadas para os besouros. Ainda assim, não existe evidência para o impacto desses agentes de controle em plantas nativas na natureza. Portanto, se os besouros estivessem sendo considerados para a introdução atualmente, os métodos atuais de avaliação de risco teriam concluído que esses agentes seriam introduções arriscadas e caso a introdução não tivesse ocorrido, a Nova Zelândia teria perdido um importante sucesso no controle biológico.

Houve alguns casos extremamente bem-sucedidos de insetos, que foram introduzidos de maneira deliberada, controlando plantas daninhas invasoras. O controle da erva-de-são-joão (ver também anteriormente) é um excelente exemplo. Há um século, essa planta daninha foi registrada pela primeira vez no norte da Califórnia próxima do rio Klamath. Na sua área de distribuição nativa na Europa, essa planta proporcionou medicamentos herbais durante séculos, porém é nociva para ovelhas, gado e cavalos. Por outro lado, na América do Norte, o que se tornou conhecido como a "praga do Klamath" se espalhou rapidamente até que, por volta de 1944, estimava-se que tivesse tornado 2 milhões de acres de terras virtualmente sem valor por serem inadequadas para o gado. A mesma erva daninha invadiu a Austrália, onde cientistas mostraram que besouros fitófagos importados da Inglaterra e da Europa controlavam potencialmente a planta. Embora um esforço semelhante tenha sido proposto nos EUA em 1929, antes de meados da década de 1940 não tinha havia concedida a permissão para soltar essas espécies (provenientes da Austrália, já que a guerra impedia a importação direta da Inglaterra). Dois besouros, *Chrysolina quadrigemina* e *C. hyperici* (Coleoptera: Chrysomelidae), passando pela quarentena, foram liberados e se espalharam rapidamente a partir de alguns locais de liberação no norte da Califórnia, e com a intervenção humana, se dispersaram por todas as terras do oeste americano. Em uma década, esses agentes haviam reduzido a infestação maciça para uma ocorrência esporádica nas margens de estradas. A economia nos primeiros anos foi estimada em milhões de dólares, e essa economia continua. O controle com essas duas espécies persiste na Austrália (em locais apropriados para os besouros) e na Nova Zelândia, e foi alcançado na África do Sul com apenas uma das espécies de *Chrysolina*.

Um sucesso espetacular semelhante foi alcançado para o controle da planta daninha aquática, *Salvinia*, por um gorgulho *Cyrtobagous* em muitos países (Boxe 11.4) e de uma espécie de cacto, *Opuntia* (Cactaceae), na Austrália e África do Sul pelas larvas da mariposa *Cactoblastis cactorum* (Lepidoptera: Pyralidae). Uma planta nativa da Austrália, *Melaleuca quinquenervia* (Myrtaceae), é uma planta daninha agressiva que forma agrupamentos monoespecíficos nos pântanos Everglades na Flórida, nos EUA, e no

Boxe 11.4 Salvinia e gorgulhos fitófagos

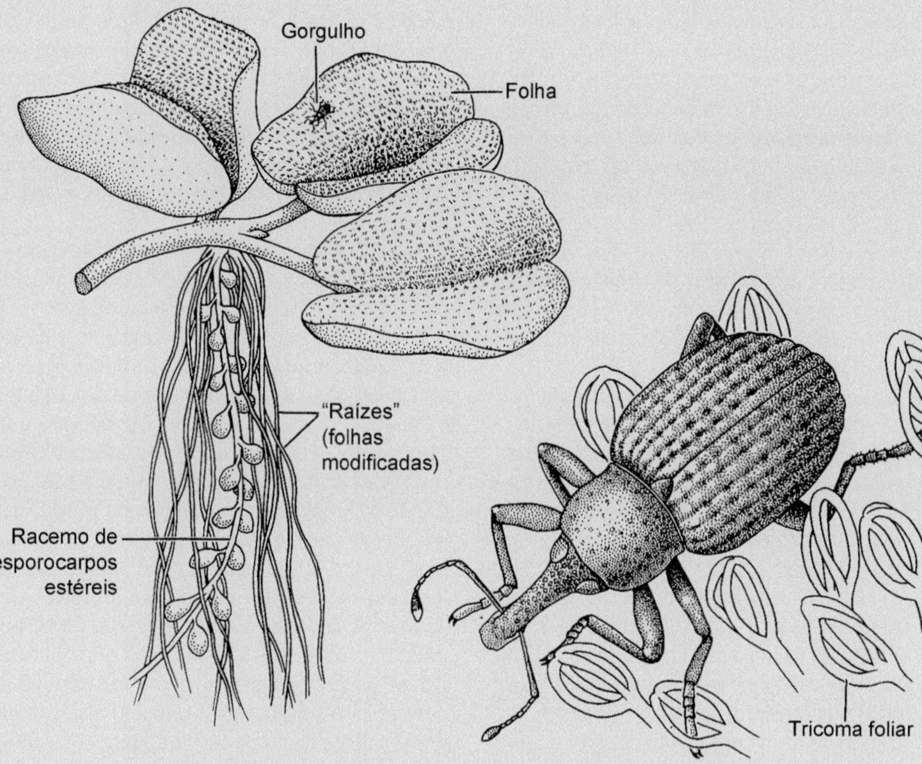

A pteridófita aquática flutuante *Salvinia molesta* (Salvinaceae) (ilustrada aqui segundo Sainty & Jacobs, 1981) se espalhou em virtude da atividade humana, desde 1939, em muitos lagos, rios e canais tropicais e subtropicais por todo o mundo. As colônias de *Salvinia* consistem em rametes (unidades de um clone) conectados por rizomas ramificados horizontais. O crescimento é favorecido por água morna e rica em nitrogênio. As condições adequadas para a propagação vegetativa e a ausência de inimigos naturais em sua distribuição não nativa permitiram uma colonização muito rápida de grandes extensões de água doce. *Salvinia* é uma planta daninha importante porque forma tapetes grossos que bloqueiam completamente cursos d'água navegáveis, segurando o fluxo e prejudicando as pessoas que dependem deles para transporte, irrigação e alimento (em especial peixes, arroz etc.). Esse problema era particularmente grave em partes da África, Índia, Sudeste Asiático e Australásia, incluindo o rio Sepik em Papua-Nova Guiné. A remoção manual e mecânica e os herbicidas eram caros e propiciavam um controle apenas limitado, mas cerca de 2.000 km^2 de superfície de água estavam cobertos por essa planta invasora no início dos anos 1980. O potencial de controle biológico era reconhecido nos anos 1960, embora fosse vagaroso para ser utilizado (por motivos resenhadas adiante) até os anos 1980, quando sucessos notáveis foram atingidos na maioria das áreas onde o controle biológico foi tentado. Lagos e rios represados tornaram-se água livre novamente.

O inseto fitófago responsável por esse controle espetacular de *S. molesta* é um minúsculo (2 mm de comprimento) gorgulho (Curculionidae) denominado *Cyrtobagous salviniae* (mostrado ampliado à direita no desenho, segundo Calder & Sands, 1985). Os gorgulhos adultos se alimentam das gemas de *Salvinia*, ao passo que as larvas fazem galerias pelas gemas e rizomas e também se alimentam externamente das raízes. Os gorgulhos são hospedeiro-específicos, apresentando alta eficiência de procura por *Salvinia* e podendo viver em altas densidades populacionais sem interferência intraespecífica estimulando emigração. Essas características permitem aos gorgulhos controlar *Salvinia* de maneira efetiva.

Inicialmente, o controle biológico de *Salvinia* falhou por causa de problemas taxonômicos não esperados com a planta daninha e o gorgulho. Antes de 1972, pensava-se que a planta daninha fosse *Salvinia auriculata*, espécie sul-americana da qual se alimenta o gorgulho *Cyrtobagous singularis*. Mesmo quando a identidade correta da planta foi estabelecida como *Salvinia molesta*, não se descobriu, até 1978, que sua distribuição nativa era o sudeste do Brasil. Acreditava-se que os gorgulhos que lá se alimentavam de *S. molesta* fossem da mesma espécie dos *C. singularis* que se alimentam de *S. auriculata*. Contudo, depois de testes preliminares e sucesso subsequente no controle de *S. molesta*, o gorgulho foi reconhecido como específico de *S. molesta*, novo para a ciência, e nomeado como *C. salviniae*.

Os benefícios do controle para as pessoas que vivem na África, Ásia, no Pacífico e em outras regiões quentes são grandes, tanto em termos econômicos quanto em ganhos para a saúde humana e para sistemas sociais. Por exemplo, vilas em Papua-Nova Guiné que haviam sido abandonadas por causa da *Salvinia* foram reocupadas. De modo similar, os benefícios ambientais da eliminação das infestações de *Salvinia* são enormes, uma vez que essa planta daninha é capaz de reduzir um ecossistema aquático complexo a virtualmente uma monocultura. Agora, o controle realizado por esse gorgulho está beneficiando sistemas aquáticos nos EUA, em especial nos estados do sudeste, onde *S. molesta* foi introduzida nos anos 1990 por meio do comércio de produtos de aquário e jardinagem.

A economia do controle de *Salvinia* foi estudada apenas no Sri Lanka, onde uma análise de custo-benefício mostrou retornos de investimento de 53:1 em termos de capital e 1.678:1 em termos de horas de trabalho. Apropriadamente, a equipe responsável pela pesquisa ecológica que levou ao controle biológico de *Salvinia* foi reconhecida pela conquista do Prêmio de Ciência da UNESCO em 1985. Os taxonomistas fizeram contribuições essenciais ao estabelecerem as verdadeiras identidades das espécies de *Salvinia* e dos gorgulhos.

Caribe. A introdução deliberada e o estabelecimento bem-sucedido de três espécies de insetos australianos com especificidade restrita ao hospedeiro, o gorgulho *Oxyops vitiosa* (Coleoptera: Curculionidae), o psilídeo *Boreioglycaspsis melaleucae* (Hemiptera: Psyllidae) e o mosquito galhador-de-caule *Lophodiplosis trifida* (Diptera: Cecidomyiidae), têm levado a uma grande redução em floração, produção de sementes e crescimento e sobrevivência de plântulas de *M. quinquenervia*. A redução da reprodução causada pela herbivoria de insetos, combinada com tratamentos com herbicidas e a colheita mecânica de grandes agrupamentos de *M. quinquenervia* levou, pelo menos, a uma redução pela metade da área de infestação nos Everglades.

Em geral, contudo, as chances de um controle biológico bem-sucedido de plantas daninhas por meio da liberação de organismos fitófagos não são altas e variam em circunstâncias diferentes, quase sempre de modo imprevisível. Além disso, os sistemas de controle biológico que são altamente bem-sucedidos e apropriados para o controle de plantas daninhas em uma região geográfica podem ser potencialmente desastrosos em outra região. Por exemplo, na Austrália, onde não há cactos nativos, *Cactoblastis* foi usada com segurança e eficiência para destruir quase por completo vastas invasões de cactos *Opuntia*. Contudo, na década de 1950, essa mariposa também foi introduzida no Caribe e por toda a região há maior probabilidade de extinção das espécies de cactos nativos. Desde 1989 tem se espalhado no sudeste dos EUA a partir de uma introdução ou dispersão natural para a Flórida, chegando até a Carolina do Sul em 2002 e se movendo para o oeste até o Alabama (2004), o Mississippi (2008) e a Louisiana (2009). A despeito das tentativas de limitar a dispersão dessa praga, ela chegou a Isla Mujeres, México, em 2006, mas foi erradicada. Agora, a mariposa potencialmente ameaça muitas espécies nativas de *Opuntia* no único ecossistema dominado por cactos no sudoeste da América do Norte e especialmente México. Embora não exista nenhum método de controle efetivo atual para *C. cactorum*, a possibilidade de utilizar a técnica do inseto estéril (seção 16.10) está sendo investigada.

Em geral, plantas daninhas perenes de áreas não cultivadas são adequadas para o controle biológico clássico, já que plantas de longa duração, que são recursos previsíveis, estão geralmente associadas a insetos inimigos com especificidade de hospedeiro. O cultivo, contudo, pode desestabilizar essas populações de insetos. Por outro lado, o aumento da população dos insetos inimigos de uma planta daninha pode ser mais adequado para plantas anuais de terras cultivadas, em que os insetos criados em massa poderiam ser soltos para controlar as plantas no começo da estação de crescimento. Algumas análises recentes avaliaram a efetividade de um número de programas clássicos de controle biológico contra plantas lenhosas e, apesar de poucos gerarem controle efetivo de plantas daninhas, o sucesso dos programas é altamente benéfico. Existe evidência de que agentes de controle biológico causam alguma redução no tamanho e na massa de plantas, assim como na produção de flores e sementes, e, portanto, têm como alvo a densidade das plantas daninhas, com gorgulhos e besouros Chrysomelidae geralmente sendo mais efetivos do que outros agentes. As razões para a variação ou fracasso no controle de plantas daninhas são diversas. A modelagem de características das plantas daninhas em relação ao impacto quantitativo de seus programas de controle biológicos sugere que plantas assexuadas aquáticas ou de pântanos que não são daninhas em suas distribuições nativas são mais eficientemente controladas, ao passo que as plantas terrestres que se reproduzem de forma sexuada e que são daninhas em suas distribuições nativas são controladas de maneira ineficiente. Portanto, previsões sobre o sucesso ou fracasso do controle devem ser facilitadas pelo conhecimento de características das plantas daninhas, assim como pela ecologia e/ou o comportamento do fitófago. Contudo, algumas pesquisas sugerem que plantas que se tornam daninhas fora de suas distribuições naturais podem evoluir ao longo do tempo e apresentar resistência reduzida (diminuição nas defesas químicas) e tolerância aumentada (p. ex., crescimento mais rápido e maior reprodução) à herbivoria. Consequentemente, até mesmo se a introdução deliberada de insetos herbívoros especialistas atingir altos números, eles podem não exercer controle das plantas. Existe a necessidade de mais avaliações a longo prazo após a soltura de agentes de controle biológico para se avaliar rigorosamente a efetividade dos programas de introdução.

Além da incerteza sobre o sucesso dos programas de controle biológico clássicos, o controle de certas plantas daninhas pode provocar potenciais conflitos de interesse. Às vezes, nem todos podem considerar o alvo como uma planta daninha. Por exemplo, na Austrália, uma planta daninha de pastagem, a planta introduzida *Echium plantagineum* (Boraginaceae), é chamada de "Maldição de Paterson" por aqueles que a consideram uma praga agrícola, e "Jane da Salvação" por alguns criadores de animais e apicultores que a consideram uma fonte de alimentação para animais de criação ou néctar para as abelhas. Um segundo tipo de conflito pode surgir se os fitófagos naturais da planta daninha são oligófagos em vez de monófagos e, portanto, podem se alimentar de algumas espécies que não a planta-alvo. Nesse caso, a introdução dos insetos que não são estritamente específicos ao hospedeiro pode criar uma situação de risco para plantas benéficas e/ou nativas na área proposta para a introdução do(s) agente(s) de controle. Isso é chamado de impacto negativo direto não desejado de um agente de controle biológico. Por exemplo, algumas das cinco espécies de besouros e de mariposa introduzidos na Austrália como potenciais agentes de controle para *E. plantagineum* também se alimentam de outras plantas boragináceas. Os riscos de danos a espécies que não são o alvo devem ser estimados cuidadosamente antes da liberação dos insetos exóticos para o controle biológico de uma planta daninha. Alguns insetos fitófagos introduzidos podem se tornar pragas no seu novo hábitat.

Há outra preocupação ambiental que se refere mesmo para inimigos naturais de plantas daninhas com hospedeiro específico. Pode haver efeitos não desejados sobre os insetos nativos devido ao fenômeno de competição aparente, a qual é a competição devida aos inimigos naturais compartilhados. Portanto, se um herbívoro introduzido para controle biológico e um inseto herbívoro nativo presente no mesmo hábitat forem, ambos, comidos por um predador nativo, então um aumento na abundância do agente de controle provavelmente causará um aumento na abundância do predador, o qual, por sua vez, pode consumir mais herbívoros nativos. Um exemplo documentado é proporcionado pela tentativa de controle biológico da planta daninha *Chrysanthemoides monilifera* ssp. *rotundata* (Asteraceae) na Austrália utilizando um herbívoro altamente específico desse hospedeiro, que se alimenta de sementes, *Mesoclanis polana* (Diptera: Tephritidae). Esse díptero não é muito eficiente em reduzir a produção de sementes de *Chrysanthemoides*, mas é hospedeiro ou presa para diversos inimigos naturais (parasitoides e um predador) que ele compartilha com espécies nativas de herbívoros que se alimentam de sementes de plantas nativas australianas. Um estudo de teia alimentar mostrou que a abundância de *M. polana* introduzida era negativamente correlacionada significativamente com a abundância e a riqueza de espécies de um conjunto de insetos nativos locais. Existem perdas locais de até 11 espécies de dípteros herbívoros que se alimentam de sementes e de seus parasitoides associados com a alta abundância de *M. polana*. A lição é que programas de controle biológico precisam dar mais atenção à rede de interações de espécies que ligam os agentes biológicos às espécies nativas, porque um agente que é atacado por inimigos naturais locais pode causar uma cascata de efeitos ao longo da teia alimentar e causar impacto em espécies nativas em vários níveis tróficos. Se um agente de controle biológico introduzido não é eficiente no controle da planta daninha-alvo (como no caso de *M. polana* e de *Chrysanthemoides*), então a presença daquele agente pode exacerbar os efeitos negativos já presentes nos organismos nativos devido à planta daninha.

11.3 INSETOS E BIOLOGIA REPRODUTIVA DAS PLANTAS

Os insetos estão intimamente associados às plantas. Agricultores e jardineiros estão cientes do papel dos insetos nos danos e na dispersão de doenças. Contudo, certos insetos são vitalmente importantes para muitas plantas, ajudando na sua reprodução, por meio da polinização, ou em sua dispersão, por meio da dispersão de suas sementes.

11.3.1 Polinização

A reprodução sexuada nas plantas envolve a **polinização**: transferência de pólen (gameta masculino dentro de uma cobertura protetora) das anteras de uma flor para o estigma (Figura 11.6A). Um tubo polínico cresce desde o estigma, através do estilete, até um óvulo no ovário, onde ocorre a fecundação. O pólen em geral é transferido por um animal polinizador ou pelo vento. A transferência pode ser das anteras para o estigma da mesma planta (da mesma flor ou de uma flor diferente) (autopolinização) ou entre flores em plantas diferentes (com genótipos diferentes) da mesma espécie (polinização cruzada). Os animais, em especial os insetos, polinizam a maioria das plantas com flores. Argumenta-se que o sucesso das angiospermas está relacionado ao desenvolvimento dessas interações. Os benefícios da polinização por insetos (**entomofilia**) sobre a polinização pelo vento (**anemofilia**) incluem:

- Aumento na eficiência da polinização, incluindo a redução do desperdício de pólen
- Polinização bem-sucedida sob condições não adequadas para a polinização pelo vento
- Maximização do número de espécies de plantas em uma dada área (já que mesmo plantas raras podem receber polens da mesma espécie, carregados por insetos dentro da área).

A autopolinização dentro da mesma flor também traz essas vantagens, mas a autofecundação continuada induz a homozigosidade deletéria e raramente é um mecanismo de fecundação dominante.

Em geral, é vantajoso para a planta que seus polinizadores sejam visitantes especialistas que polinizam fielmente apenas flores de uma ou poucas espécies de plantas. A constância do polinizador, que pode iniciar o isolamento de pequenas populações de plantas, é especialmente prevalente nas Orchidaceae: a família de plantas vasculares com maior número de espécies. Por exemplo, algumas orquídeas Neotropicais são polinizadas exclusivamente por machos de abelhas Euglossini, com as flores de uma dada orquídea atraindo abelhas-macho de apenas uma ou poucas espécies das muitas espécies presentes no hábitat. As orquídeas não produzem néctar, mas sua unidade de pólen pegajosa (**polinário**) se gruda aos machos de abelhas que visitam as flores da orquídea para coletar fragrâncias que são usadas nos próprios comportamentos reprodutivos das abelhas. Os machos de Euglossini também visitam outras plantas, tais como *Anthurium* (Araceae), para coletar fragrâncias florais (ver Prancha 4E).

Os principais táxons **antofílicos** (que frequentam flores) entre os insetos são besouros (Coleoptera), moscas e mosquitos (Diptera), vespas, abelhas e formigas (Hymenoptera), tripes (Thysanoptera) e borboletas e mariposas (Lepidoptera). Esses insetos visitam as flores primariamente para obter néctar e/ou pólen, mas mesmo alguns insetos predadores podem polinizar as flores que eles visitam. O néctar consiste primariamente em uma solução de açúcares, em especial glicose, frutose e sacarose. O pólen com frequência apresenta alto conteúdo de proteínas, além de açúcar, amido, gorduras e traços de vitaminas e sais inorgânicos. No caso de algumas interações bizarras, os himenópteros machos não são atraídos pelo pólen nem pelo néctar, mas pela semelhança da forma, cor e odor de certas flores de orquídeas com fêmeas da mesma espécie (ver Prancha 5D,E). Na tentativa de copular (**pseudocópula**) com a flor imitadora do inseto, o macho inadvertidamente poliniza a orquídea com o pólen que aderiu a seu corpo durante pseudocópulas anteriores. A polinização pseudocopulatória é comum entre as vespas thynníneas australianas (Tiphidae), mas ocorre também em alguns outros grupos de vespas, algumas abelhas e raramente em formigas.

A **cantarofilia** (polinização por besouros) pode ser a forma mais antiga de polinização por insetos. As flores polinizadas por besouros com frequência são brancas ou pouco coloridas, têm odor forte e regularmente forma de tigela ou prato (Figura 11.6). Os besouros visitam as flores principalmente em razão do pólen, embora tecidos nutritivos ou néctar facilmente acessível possam ser utilizados, e os ovários das plantas em geral ficam bem protegidos das peças bucais mastigadoras de seus polinizadores. As principais famílias de besouros que comumente ou exclusivamente contêm espécies antofílicas são os Buprestidae (Figura 11.6B), Cantharidae, Cerambycidae (besouros serra-pau), Cleridae, Dermestidae, Lycidae, Melyridae, Mordellidae, Nitidulidae e Scarabaeidae (escaravelhos).

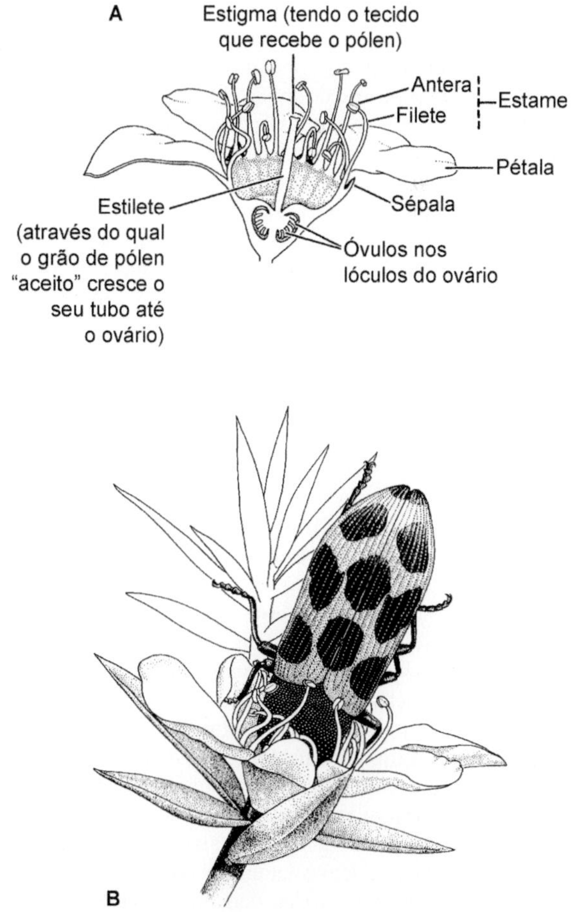

Figura 11.6 Anatomia e polinização de uma flor de *Leptospermum* (Myrtaceae). **A.** Diagrama de uma flor mostrando as partes. **B.** Um besouro, *Stigmodera* sp. (Coleoptera: Buprestidae), alimentando-se de uma flor.

A miofilia (polinização por moscas) ocorre quando as moscas visitam flores para obter néctar (ver Prancha 5F), embora as moscas da família Syrphidae se alimentem mais de pólen do que de néctar. As flores polinizadas por moscas tendem a ser menos chamativas do que outras flores polinizadas por insetos, mas têm um odor forte, na maioria das vezes repugnante. As moscas em geral utilizam muitas fontes diferentes de alimento e, portanto, sua atividade de polinização é irregular e não confiável. Contudo, sua grande abundância e a presença de algumas moscas durante o ano inteiro significam que elas são polinizadoras importantes de muitas plantas. Os dois grupos de Diptera (Nematocera e Brachycera) contêm espécies antofílicas. Entre os Nematocera, os mosquitos e bibionídeos são visitantes frequentes de flores, e certos mosquitos predadores, principalmente espécies de *Forcipomyia* (Ceratopogonidae), são polinizadores essenciais das flores de cacau. Os polinizadores são mais numerosos entre os Brachycera, dos quais se conhecem pelo menos 30 famílias que contêm espécies antofílicas. Os principais táxons de polinizadores são Bombyliidae, Syrphidae e famílias muscoídeas.

A maioria dos membros de Lepidoptera se alimenta das flores utilizando uma espirotromba longa e fina. No táxon rico em espécies Ditrysia (os Lepidoptera "superiores"), a espirotromba é retrátil (ver Figura 2.12 e Prancha 5G), permitindo que se coma e beba a partir de fontes distantes da cabeça. Tal inovação estrutural pode ter contribuído para a radiação desse grupo bem-sucedido, que contém 98% de todas as espécies de Lepidoptera. As flores polinizadas por borboletas e mariposas com frequência são regulares, tubulares e com cheiro doce. A falenofilia ou esfingofilia (polinização por mariposas) está tipicamente associada a flores de cores claras e pendentes para baixo, e que têm antese (abertura das flores) noturna ou crepuscular; ao passo que a psicofilia (polinização por borboletas) é tipificada por flores vermelhas, amarelas ou azuis, direcionadas para cima, que têm antese diurna.

Muitos membros da grande ordem Hymenoptera visitam flores em razão do néctar e/ou pólen. Os Apocrita, que contêm a maioria das vespas (bem como abelhas e formigas), são mais importantes do que os Symphyta com relação à esfecofilia (polinização por vespas). Muitos polinizadores são encontrados nas superfamílias Ichneumonoidea e Vespoidea. As vespas-do-figo (Chalcidoidea: Agaonidae) são polinizadores altamente especializados das centenas de espécies de figueiras (discutidas no Boxe 11.1). As formigas (Formicidae) são polinizadores um tanto quanto fracos, embora a mirmecofilia (polinização por formigas) seja conhecida para algumas espécies de plantas. As formigas são comumente antofílicas (que amam flores), mas raras vezes polinizam as plantas que visitam. Duas hipóteses, talvez agindo juntas, foram postuladas para explicar a escassez de polinização por formigas. Primeiro, as formigas não voam, são em geral pequenas e seus corpos são frequentemente lisos; dessa forma, é improvável que elas facilitem a polinização cruzada porque o forrageamento de cada operária está confinado a uma planta, elas frequentemente evitam o contato com anteras e estigmas, e o pólen não adere a elas com facilidade. Em segundo lugar, as glândulas metapleurais das formigas produzem secreções que se espalham pelo tegumento e inibem fungos e bactérias, mas que também podem afetar a viabilidade do pólen e a germinação. Algumas plantas na verdade evoluíram mecanismos para afastar formigas; contudo, algumas poucas, em especial em hábitats quentes e secos, parecem ter evoluído adaptações para a polinização por formigas.

Em geral, as abelhas são consideradas o mais importante grupo de insetos polinizadores. Elas coletam o néctar e o pólen para suas larvas e também para seu próprio consumo. Há mais de 20.000 espécies de abelhas ao redor do mundo, e todas são antofílicas. As plantas que dependem da melitofilia (polinização por abelhas) quase sempre têm flores chamativas (amarelas ou azuis) e com cheiro doce, que apresentam guias de néctar: linhas (visíveis, com frequência, apenas como luz ultravioleta) nas pétalas que direcionam os polinizadores para o néctar. Existe ampla variação no número de plantas hospedeiras visitadas, com a maioria das abelhas eussociais (tais como a abelha-de-mel e a mamangaba) exibindo polileta (coletam pólen de flores de uma variedade de plantas não aparentadas) e a maioria das outras abelhas exibindo oligoletia (com preferência especializada por pólen, geralmente o pólen de um único gênero de planta). Poucas espécies de abelhas exibem a monoletia, se especializando em coletar o pólen de apenas uma espécie de planta. Entretanto, até as abelhas poliléticas tendem a visitar apelas um tipo de flor durante uma única viagem de forrageamento. Tal constância floral (ou consistência floral) promove a polinização da planta, uma vez que um indivíduo de abelha irá voar entre flores de uma mesma espécie de planta.

A principal abelha polinizadora no mundo todo é a abelha-de-mel, *Apis mellifera* (Apidae) (ver Prancha 5H). Os serviços de polinização fornecidos por essa abelha são extremamente importantes para muitas plantas cultivadas (seção 1.2), mas podem ser causados sérios problemas em ecossistemas naturais que foram invadidos por abelhas melíferas introduzidas. As abelhas-de-mel competem com os insetos e aves polinizadores nativos por exaurirem as fontes de néctar e pólen, além de poderem acabar com a polinização ao tomar o lugar dos polinizadores especialistas de espécies de plantas nativas. Por exemplo, na Austrália, demonstrou-se que abelhas melíferas criadas e selvagens competem com as aves que se alimentam de néctar e reduzem a produção de sementes de algumas plantas nativas, embora as atividades de polinização das abelhas melíferas possam aumentar a produção de sementes de outras plantas nativas para as quais houve um declínio substancial de polinizadores naturais devido a diversas causas. A situação, portanto, é complexa e a remoção das abelhas melíferas exóticas dos hábitats naturais pode ter tanto efeitos positivos quanto negativos sobre as espécies nativas.

Nas áreas mais quentes de alguns países, como a Austrália e o Brasil, as colmeias de abelhas sem ferrão (Apidae: Meliponini) geralmente são mantidas pelo mel ou apenas como um *hobby*. Os Meliponini são inofensivos para as pessoas e os animais domésticos e são resistentes aos parasitas e às doenças das abelhas melíferas. Plantios como os de macadâmia, manga, lichia, abacate, mirtilo e morango se beneficiam da polinização por abelhas sem ferrão e seus voos de curta distância fazem com que elas fiquem dentro dos plantios.

Em agrossistemas, a presença de abelhas nativas e de abelhas melíferas introduzidas é benéfica para a produção das safras, e a polinização por abelhas pode melhorar mais do que a produção de frutos de alguns plantios. Por exemplo, uma pesquisa recente com morangos na Europa demonstrou que a polinização por abelhas produz frutos de qualidade e tempo de prateleira superiores quando comparados com frutos polinizados apenas pelo vento ou por autopolinização. Abelhas nativas selvagens e abelhas melíferas são complementares na polinização de morango. Juntas, suas atividades resultam em frutos que são mais vermelhos, firmes e pesados, com uma razão açúcar-ácido reduzida e menos deformidades. Essas características significam maior valor de mercado e maior tempo de prateleira para os morangos polinizados por abelhas quando comparados com outros métodos de polinização. Os pesquisadores calcularam que a polinização por abelhas valia quase metade do valor da safra de morango da União Europeia, avaliada em 2,90 bilhões de dólares em 2009. Contudo, a manutenção da diversidade de abelhas dentro e próximo de cultivos agriculturais é desafiadora porque o ambiente do plantio pode ser altamente desfavorável para os polinizadores devido ao uso de inseticidas e em geral o plantio de uma única espécie ao longo de grandes áreas, com plantas daninhas anuais sendo mortas com herbicidas, o que leva a nenhuma diversidade de tipos de flores ou de diferentes tempos de floração.

Um declínio global nas populações de muitos polinizadores importantes está causando preocupação em sistemas naturais e de agricultura. Em particular, as perdas das abelhas melíferas de colmeias cultivadas levaram ao reconhecimento de uma síndrome chamada distúrbio do colapso das colônias (ver Boxe 12.3), e ao aumento da conscientização pública dos benefícios da atuação dos polinizadores, incluindo os outros polinizadores além das abelhas. O monitoramento a longo prazo das populações de polinizadores nativos é necessário para estabelecer os dados de referência e para distinguir as flutuações naturais (talvez devido ao clima) das perdas devido às mudanças ambientais tais como a destruição de hábitats, introdução de doenças e uso de pesticidas.

As interações insetos-plantas associadas com a polinização são claramente mutualísticas. A planta é fecundada pelo pólen apropriado e o inseto obtém alimento (ou, às vezes, fragrâncias) fornecido pela planta, quase sempre especificamente para atrair o polinizador. Está claro que as plantas podem experimentar uma forte seleção como resultado dos insetos. Por outro lado, na maioria dos sistemas de polinização, a evolução dos polinizadores pode ter sido pouco afetada pelas plantas que eles visitaram. Para a maioria dos insetos, qualquer planta particular é apenas outra fonte de néctar ou pólen, e mesmo os insetos que parecem ser polinizadores fiéis em um período curto de observação podem utilizar uma variedade de plantas durante sua vida. No entanto, as influências simétricas realmente ocorrem em alguns sistemas de polinização inseto-planta, como evidenciado pelas especializações de cada espécie de vespa-do-figo à espécie de figueira que ela poliniza (Boxe 11.1), e pelas correlações entre os comprimentos da espirotromba (língua) de mariposas e as profundidades das flores, para uma variedade de orquídeas e algumas outras plantas. Por exemplo, a orquídea *Angraecum sesquipedale* tem um tubo floral que pode exceder 30 cm em comprimento, e tem um polinizador, uma mariposa gigante, *Xanthopan morgani praedicta* (Sphingidae), com uma língua de cerca de 22 cm de comprimento (Figura 11.7). Apenas essa mariposa pode atingir o néctar no ápice do tubo e, durante o processo de empurrar sua cabeça dentro da flor, ela poliniza a orquídea. Isso é citado frequentemente como um exemplo espetacular de um polinizador de "língua comprida" que coevoluiu, cuja existência foi prevista por Charles Darwin e Alfred Russel Wallace, ao quais conheciam a flor de tubo longo, mas não a mariposa. Contudo, a interpretação dessa relação como uma coevolução foi questionada com a sugestão de que a língua longa evoluiu na mariposa que se alimenta de néctar a fim de evitar (por manter a distância enquanto se alimenta voando) predadores à espreita (p. ex., aranhas) em outras flores menos especializadas frequentadas por *X. morgani*. Nessa interpretação, a polinização de *A. sesquipedale* segue uma mudança de hospedeiro do polinizador pré-adaptado, com apenas a orquídea mostrando evolução adaptativa. A especificidade da localização das polínias (massas de pólen) na língua de *X. morgani* parece ser um argumento contra a hipótese de mudança de polinizador, mas são necessários trabalhos de campo detalhados para se resolver a controvérsia. Infelizmente, esse raro sistema inseto-planta de Madagascar está ameaçado porque seu hábitat natural de florestas úmidas está sendo destruído.

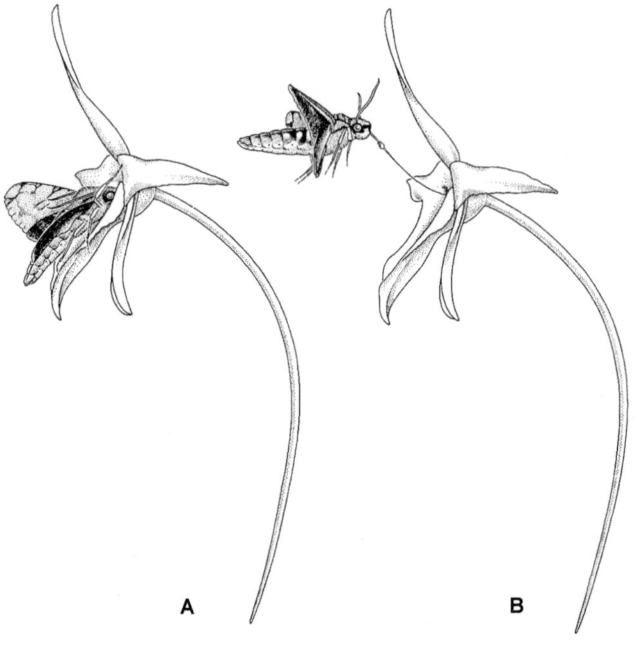

Figura 11.7 Macho da mariposa *Xanthopan morganii praedicta* (Lepidoptera: Sphingidae) se alimentando no longo tubo floral da orquídea *Angraecum sesquipedale*. **A.** Inserção completa da espirotromba da mariposa. **B.** Voo para cima, durante a retirada da espirotromba, com as polínias da orquídea grudadas. (Segundo Wasserthal, 1997.)

11.3.2 Mirmecocoria | Dispersão de sementes por formigas

Muitas formigas são predadoras das sementes que colhem, e se alimentam delas (seção 11.2.6). A dispersão de sementes pode ocorrer quando elas são acidentalmente perdidas no transporte ou quando os depósitos de sementes são abandonados. Algumas plantas, contudo, têm sementes muito duras que são impalatáveis para as formigas e, mesmo assim, muitas espécies de formigas as coletam e dispersam ativamente, um fenômeno denominado **mirmecocoria**. Essas sementes têm corpos comestíveis, chamados de **elaiossomos**, com atrativos químicos especiais que estimulam as formigas a coletá-las. Os elaiossomos são apêndices das sementes que variam em tamanho, forma e cor, e contêm lipídios, proteínas e carboidratos nutritivos em proporções variadas. Essas estruturas apresentam derivações diversas de várias estruturas ovarianas, em diferentes grupos de plantas. As formigas, agarrando o elaiossomo com suas mandíbulas (Figura 11.8), carregam a semente inteira até seu ninho, onde os elaiossomos são removidos e tipicamente fornecidos como alimento às larvas de formiga. As sementes duras são, então, descartadas intactas e viáveis em uma galeria abandonada do ninho ou próximo à entrada do ninho, em uma pilha de lixo.

A mirmecocoria é um fenômeno mundial, mas é desproporcionalmente prevalente em três comunidades vegetais: (i) ervas de floração precoce, que vivem sob o dossel das florestas mésicas temperadas do hemisfério norte; (ii) plantas perenes na vegetação esclerófila australiana e sul-africana; e (iii) um conjunto eclético de plantas tropicais. As plantas mirmecocóricas compõem mais de 11.000 espécies (pelo menos 4,5% de todas as angiospermas) distribuídas entre mais de 80 famílias de

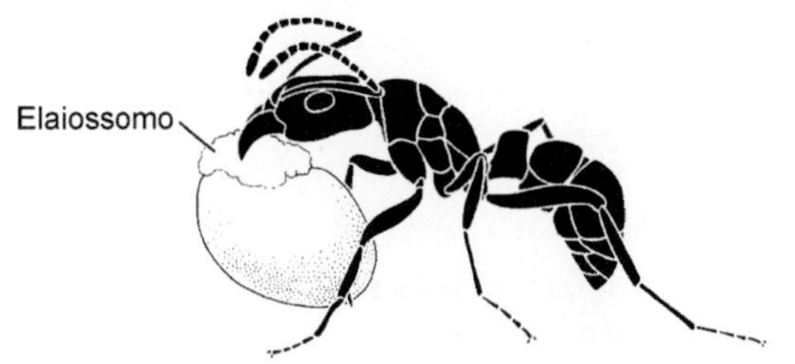

Figura 11.8 Formiga de *Rhytidoponera tasmaniensis* (Hymenoptera: Formicidae) carregando uma semente de *Dillwynia juniperina* (Fabaceae) por seu elaiossomo (apêndice da semente).

plantas. Elas representam um grupo ecológico, em vez de filogenético, embora sejam predominantemente leguminosas. A mirmecocoria evoluiu independentemente pelo menos 100 vezes em angiospermas, e linhagens que são dispersadas por formigas são na maioria das vezes mais ricas em espécies do que seus grupos-irmãos que não são mirmecocóricos.

Essa associação apresenta um benefício óbvio para as formigas, às quais os elaiossomos representam alimento; a mera existência dos elaiossomos é a evidência de que as plantas se tornaram adaptadas para as interações com formigas. A mirmecocoria pode reduzir a competição intraespecífica e/ou interespecífica entre as plantas ao remover as sementes para novos locais. A remoção das sementes para ninhos de formigas subterrâneos fornece proteção contra o fogo ou contra os predadores de sementes, tais como algumas aves, pequenos mamíferos e outros insetos. A estrutura da comunidade sul-africana de *fynbos* (plantas) após uma queimada varia de acordo com a presença de diferentes formigas dispersoras de sementes (ver Boxe 1.3). Além disso, os ninhos de formigas são ricos em nutrientes vegetais, tornando-os melhores microrregiões para a germinação das sementes e o estabelecimento das plântulas. A mirmecocoria pode ser benéfica para plantas que crescem em solos com baixo conteúdo de nutrientes. Contudo, nenhuma explicação universal para a mirmecocoria deveria ser esperada, já que a importância relativa dos fatores responsáveis pela mirmecocoria deve variar de acordo com a espécie de planta e a localização geográfica.

A mirmecocoria pode ser chamada de mutualismo, mas a especificidade e a reciprocidade não caracterizam a associação. Não há evidência de que qualquer planta mirmecocórica dependa de uma única espécie de formiga para coletar suas sementes. De modo similar, não há evidência de que qualquer espécie de formiga tenha se adaptado para coletar as sementes de uma espécie mirmecocórica em particular. Certamente, as formigas que coletam as sementes portadoras de elaiossomos poderiam ser chamadas de uma guilda, e as plantas mirmecocóricas de forma e hábitat similares também poderiam representar uma guilda. Contudo, é altamente improvável que a mirmecocoria represente resultado de coevolução difusa ou de guildas, uma vez que não se pode inferir qualquer reciprocidade. Os elaiossomos são apenas itens alimentares para as formigas, as quais não mostram nenhuma adaptação óbvia para a mirmecocoria. Portanto, essa forma fascinante de dispersão de sementes parece ser o resultado da evolução das plantas, como um resultado da seleção pelas formigas em geral e não de coevolução de plantas e formigas específicas.

11.4 INSETOS QUE VIVEM MUTUALISTICAMENTE EM ESTRUTURAS ESPECIALIZADAS DE PLANTAS

Um grande número de insetos vive em estruturas vegetais, em caules perfurados, galerias foliares ou galhas, mas criam seus próprios espaços de vida por meio de destruição ou manipulação fisiológica. Por outro lado, algumas plantas apresentam estruturas especializadas ou câmaras, que abrigam insetos mutualistas e se formam na ausência desses hóspedes. Dois tipos dessas interações espécies insetos-plantas são discutidos a seguir.

11.4.1 Interações insetos-plantas envolvendo domáceas

Domáceas (pequenas casas) podem ser caules, tubérculos, pecíolos intumescidos ou espinhos ocos, que são usados por formigas para alimentação ou como locais para ninhos, ou ambos. As domáceas verdadeiras são cavidades que se formam independentemente das formigas, como nas plantas cultivadas em estufas, onde as formigas são excluídas. Pode ser difícil reconhecer domáceas verdadeiras no campo porque as formigas com frequência se aproveitam de cavidades e fendas naturais, como túneis perfurados por larvas de besouros ou mariposas. As plantas com domáceas verdadeiras, chamadas de plantas de formigas ou **mirmecófitas**, quase sempre são árvores, arbustos ou lianas de áreas em regeneração ou de sub-bosques de florestas tropicais úmidas de planícies.

As formigas se beneficiam da associação com mirmecófitas por meio do fornecimento de abrigo para seus ninhos, e de recursos alimentares prontamente disponíveis. O alimento vem diretamente à planta por meio de corpos alimentares ou nectários extraflorais (Figura 11.9A), ou indiretamente, por meio de hemípteros que eliminam fezes adocicadas (*honeydew*) e que vivem dentro da domácea (Figura 11.9B). Os corpos alimentares são pequenos nódulos nutritivos na folhagem ou no caule das mirmecófitas. Os nectários extraflorais (NEFs) são glândulas que produzem secreções açucaradas (possivelmente também contendo aminoácidos) atrativas para formigas e outros insetos. Plantas com NEFs com frequência ocorrem em áreas temperadas e não têm domáceas, por exemplo, muitas espécies de *Acacia* australianas, ao passo que as plantas com corpos alimentares quase sempre têm domáceas, e algumas plantas têm tanto NEFs quanto corpos alimentares. Muitas mirmecófitas, contudo, não têm nenhuma dessas estruturas e, em vez disso, as formigas "criam" certos hemípteros (Coccoidea: Coccidae ou Pseudococcidae) em virtude de sua secreção açucarada (excretas derivadas do floema dos quais eles se alimentam) e, possivelmente, comem alguns deles para obter proteínas. Do mesmo modo que os NEFs e os corpos alimentares, os cocoides podem trazer as formigas para uma relação mais próxima com a planta por proporcionarem um recurso àquela planta.

Obviamente, as mirmecófitas recebem alguns benefícios em decorrência da ocupação de suas domáceas. As formigas podem fornecer proteção contra os herbívoros e competidores das plantas ou fornecer nutrientes para sua planta hospedeira. Algumas formigas defendem agressivamente suas plantas contra mamíferos pastadores, removem insetos herbívoros e podam ou arrancam outras plantas, tais como epífitas e lianas que crescem no seu hospedeiro. Esse cuidado extremamente agressivo é demonstrado por formigas de *Pseudomyrmex* que protegem *Acacia* na América tropical. Em vez de proteção, algumas mirmecófitas derivam nutrientes minerais e nitrogênio a partir dos dejetos da colônia de formigas por meio da absorção pelas superfícies internas da domácea. Essa "alimentação" da planta por meio das formigas, chamada de **mirmecotrofia**, pode ser documentada seguindo o destino de um marcador radioativo colocado na presa das formigas. A presa é levada para a domácea, ingerida, e os restos são descartados em túneis de rejeitos; o marcador termina nas folhas da planta. A mirmecotrofia ocorre nas plantas epífitas *Myrmecodia* (Rubiaceae) (Figura 11.10), cujas espécies ocorrem do Sudeste Asiático até Papua-Nova Guiné e o norte da Austrália.

A maioria das associações formigas-plantas pode ser oportunista e não especializada, embora algumas formigas tropicais e subtropicais (p. ex., algumas espécies de *Pseudomyrmex* e *Azteca*) sejam totalmente dependentes de suas plantas hospedeiras particulares (p. ex., espécies de *Acacia* ou *Triplaris* e *Cecropia*, respectivamente) para alimento e abrigo. Do mesmo modo, caso sejam privadas de suas formigas, essas mirmecófitas deterioram-se. Essas relações são obrigatoriamente mutualísticas e, sem dúvida, ainda há outras a serem documentadas.

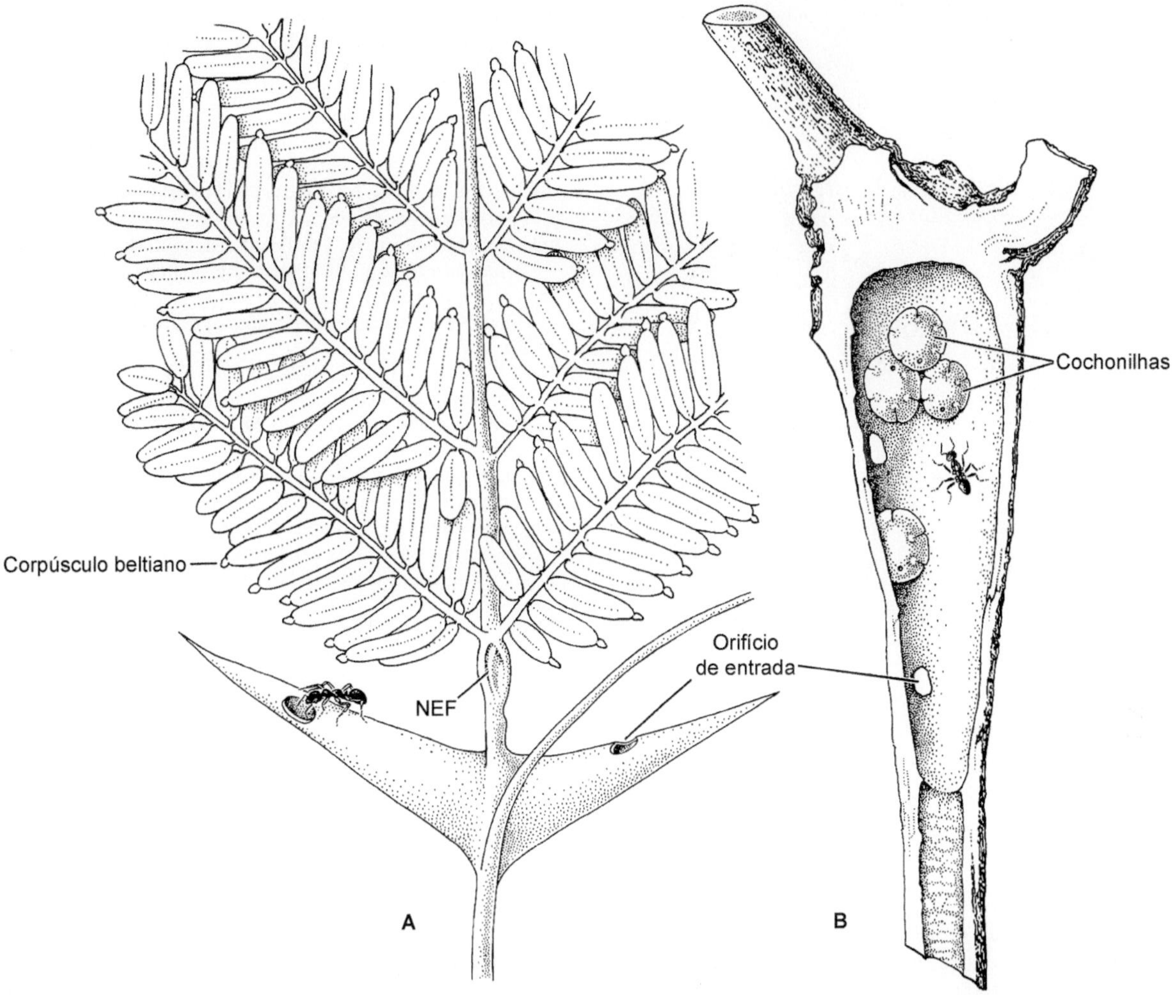

Figura 11.9 Duas mirmecófitas mostrando as domáceas (câmaras ocas) que abrigam as formigas e seus recursos alimentares disponíveis. **A.** Acácia Neotropical, *Acacia sphaerocephala* (Fabaceae), com espinhos ocos, corpos alimentares e nectários extraflorais (NEFs) que são usados pelas formigas *Pseudomyrmex* residentes. **B.** Entrenó intumescido oco de *Kibara* (Monimiaceae), com cochonilhas *Myzolecanium kibarae* (Hemiptera: Coccidae) que excretam um líquido açucarado do qual se alimentam as formigas residentes de *Anonychomyrma scrutator*. (**A.** Segundo Wheeler, 1910; **B.** segundo Beccari, 1877.)

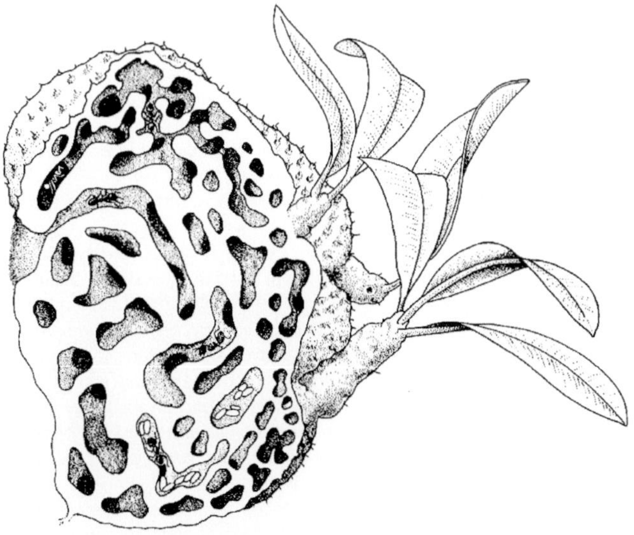

Figura 11.10 Tubérculo da mirmecófita epífita *Myrmecodia beccarii* (Rubiaceae), seccionada para mostrar as câmaras habitadas por formigas. As formigas vivem em câmaras de parede lisa e depositam seus dejetos em túneis enrugados, a partir dos quais a planta absorve os nutrientes. (Segundo Monteith, 1990.)

11.4.2 Fitotelmata | Reservatórios de água mantidos por plantas

Muitas plantas sustentam comunidades de insetos em estruturas que armazenam água. Os reservatórios formados pela água retida nas axilas foliares de muitas bromélias, gengibres e cardos, por exemplo, ou em buracos nos troncos de árvores, parecem ser acidentais para as plantas. Outras, notadamente as plantas portadoras de jarros, apresentam arquitetura complexa, desenhada para atrair e capturar insetos, os quais são digeridos no líquido do reservatório (Figura 11.11).

As plantas portadoras de jarro são um agrupamento convergente de Sarraceniaceae americanas, Nepenthaceae do Velho Mundo e Cephalotaceae endêmicas da Austrália. Elas em geral vivem em solos pobres em nutrientes. Odor, cor e néctar atraem os insetos, predominantemente formigas, para dentro de folhas modificadas: os "jarros". Pelos de proteção e paredes escorregadias impedem a saída e, assim, a presa não pode escapar e acaba se afogando no líquido do jarro, o qual contém enzimas digestivas secretadas pela planta.

Esse ambiente aparentemente inóspito proporciona um lar para alguns insetos especialistas que vivem acima do líquido, e muitos mais vivendo como larvas dentro dele. Os adultos desses insetos podem se mover para dentro e para fora dos jarros impunemente.

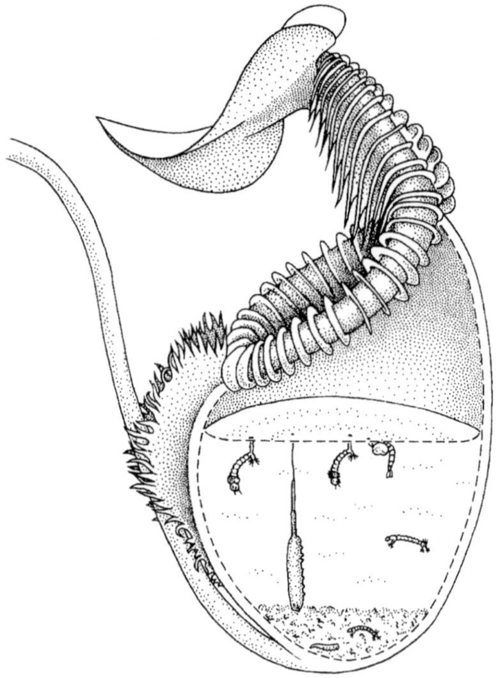

Figura 11.11 Jarro de *Nepenthes* (Nepenthaceae) seccionado para mostrar os mosquitos inquilinos no líquido (sentido horário a partir da esquerda superior): duas larvas de mosquitos, uma pupa de mosquito, duas larvas de quironomídeos, uma larva de mosca pequena e uma grande larva de mosca com cauda.

Larvas de mosquitos são os habitantes mais comuns, mas outras larvas de dípteros de mais de 12 famílias já foram relatadas no mundo inteiro, e odonatos, aranhas e até mesmo uma formiga minadora de caules ocorrem nos jarros de plantas do Sudeste Asiático. Muitos desses insetos inquilinos vivem em uma associação mutualística com a planta, digerindo presas capturadas e microrganismos, e excretando nutrientes de uma forma prontamente disponível para a planta. Outro associado de plantas portadoras de jarro, não comum, é uma formiga *Camponotus* que faz seu ninho nas gavinhas ocas da planta de jarro *Nepenthes bicalcarata*, em Bornéu. As formigas se alimentam de presas grandes aprisionadas ou larvas de mosquitos que elas puxam dos jarros e beneficiam a planta ao impedir o acúmulo em excesso de presas, que pode levar à putrefação do conteúdo do jarro.

Leitura sugerida

Carvalheiro, L.G., Buckley, Y.M., Ventim, R. *et al.* (2008) Apparent competition can compromise the safety of highly specific biocontrol agents. *Ecology Letters* **11**, 690–700.

Center, T.D., Purcell, M.F., Pratt, P.D., *et al.* (2012) Biological control of *Melaleuca quinquenervia*: an Everglades invader. *BioControl* **57**, 151–65.

Clewley, G.D., Eschen, R., Shaw, R.H. & Wright, D.J. (2012) The effectiveness of classical biological control of invasive plants. *Journal of Applied Ecology* **49**, 1287–95.

Cruaud, A., Rønsted, N., Chantarasuwan, B. *et al.* (2012) An extreme case of plant-insect codiversification: figs and fig-pollinating wasps. *Systematic Biology* **61**, 1029–47.

Forneck, A. & Huber, L. (2009) (A) sexual reproduction – a review of life cycles of grape phylloxera, *Daktulosphaira vitifoliae*. *Entomologia Experimentalis et Applicata* **131**, 1–10.

Hare, J.D. (2011) Ecological role of volatiles produced by plants in response to damage by herbivorous insects. *Annual Review of Entomology* **56**, 161–80.

Horak, M., Day, M.F., Barlow, C., Edwards, E.D. *et al.* (2012) Systematics and biology of the iconic Australian scribbly gum moths *Ogmograptis* Meyrick (Lepidoptera: Bucculatricidae) and their unique insect-plant interaction. *Invertebrate Systematics* **26**, 357–98.

Huxley, C.R. & Cutler, D.F. (eds.) (1991) *Ant–Plant Interactions*. Oxford University Press, Oxford.

Julien, M., McFadyen, R. & Cullen, J. (eds.) (2012) *Biological Control of Weeds in Australia*. CSIRO Publishing, Collingwood.

Kaplan, I., Halitschke, R., Kessler, A. *et al.* (2008) Constitutive and induced defenses to herbivory in above- and belowground plant tissues. *Ecology* **89**, 392–406.

Klatt, B.K., Holzschuh, A.,Westphal, C. *et al.* (2013) Bee pollination improves crop quality, shelf life and commercial value. *Proceedings of the Royal Society of London B* **281**, 20132440. doi: org/10.1098/rspb.2013.2440.

Landsberg, J. & Ohmart, C. (1989) Levels of insect defoliation in forests: patterns and concepts. *Trends in Ecology and Evolution* **4**, 96–100.

Lengyel, S., Gove, A.D., Latimer, A.M. *et al.* (2010) Convergent evolution of seed dispersal by ants, and phylogeny and biogeography in flowering plants: a global survey. *Perspectives in Plant Ecology, Evolution and Systematics* **12**, 43–55.

Nilsson, L.A. (1998) Deep flowers for long tongues. *Trends in Ecology and Evolution* **13**, 259–60.

Ode, P.J. (2006) Plant chemistry and natural enemy fitness: effects on herbivore and natural enemy interactions. *Annual Review of Entomology* **51**, 163–85.

Patiny, S. (ed.) (2012) *Evolution of Plant–Pollinator Relationships*. Cambridge University Press, Cambridge.

Price, P.W. (2003) *Macroevolutionary Theory on Macroecological Patterns*. Cambridge University Press, Cambridge.

Price, P.W., Denno, R.F., Eubanks, M.D. *et al.* (2011) *Insect Ecology: Behavior*, Populations and Communities. Cambridge University Press, Cambridge.

Raman, A., Schaefer, C.W. & Withers, T.M. (eds.) (2004) *Biology, Ecology, and Evolution of Gall-Inducing Arthropods*. Science Publishers, Enfield, NH.

Resh, V.H. & Cardé, R.T. (eds.) (2009) *Encyclopedia of Insects*, 2nd edn. Elsevier, San Diego, CA. [Particularly see articles on phytophagous insects; plant–insect interactions; pollination and pollinators; Sternorrhyncha.]

Room, P.M. (1990) Ecology of a simple plant–herbivore system: biological control of *Salvinia*. *Trends in Ecology and Evolution* **5**, 74–9.

Schaller, A. (ed.) (2008) *Induced Plant Resistance to Herbivory*. Springer Science+Business Media B.V.

Schoonhoven, L.M., Van Loon, J.J.A. & Dicke, M. (eds.) (2005) *Insect–Plant Biology*. Oxford University Press, Oxford.

Sharma, A., Khan, A.N., Subrahmanyam, S. *et al.* (2014) Salivary proteins of plant-feeding hemipteroids – implication in phytophagy. *Bulletin of Entomological Research* **104**, 117–136.

Six, D.L. & Wingfield, M.J. (2011) The role of phytopathogenicity in bark beetle–fungus symbioses: a challenge to the classical paradigm. *Annual Review of Entomology* **56**, 255–72.

Speight, M.R., Hunter, M.D. & Watt, A.D. (2008) *Ecology of Insects. Concepts and Applications*, 2nd edn. Wiley-Blackwell, Oxford.

Thompson, J.N. (1994) *The Coevolutionary Process*. University of Chicago Press, Chiacgo, IL.

Van Driesche, R.G., Carruthers, R.I., Center, T. *et al.* (2010) Classical biological control for the protection of natural ecosystems. *Biological Control Supplement* **1**, S2–S33. doi: 10.1016/j.biocontrol.2010.03.003.

Walters, D.R. (2011) *Plant Defense: Warding off Attack by Pathogens, Herbivores, and Parasitic Plants*. Wiley-Blackwell, Chichester.

Wasserthal, L.T. (1997) The pollinators of the Malagasy star orchids *Angraecum sesquipedale*, *A. sororium* and *A. compactum* and the evolution of extremely long spurs by pollinator shift. *Botanica Acta* **110**, 343–59.

White, T.C.R. (1993) *The Inadequate Environment. Nitrogen and the Abundance of Animals*. Springer-Verlag, Berlin.

Willmer, P. (2011) *Pollination and Floral Ecology*. Princeton University Press, Princeton, NJ.

Capítulo 12

SOCIEDADES DE INSETOS

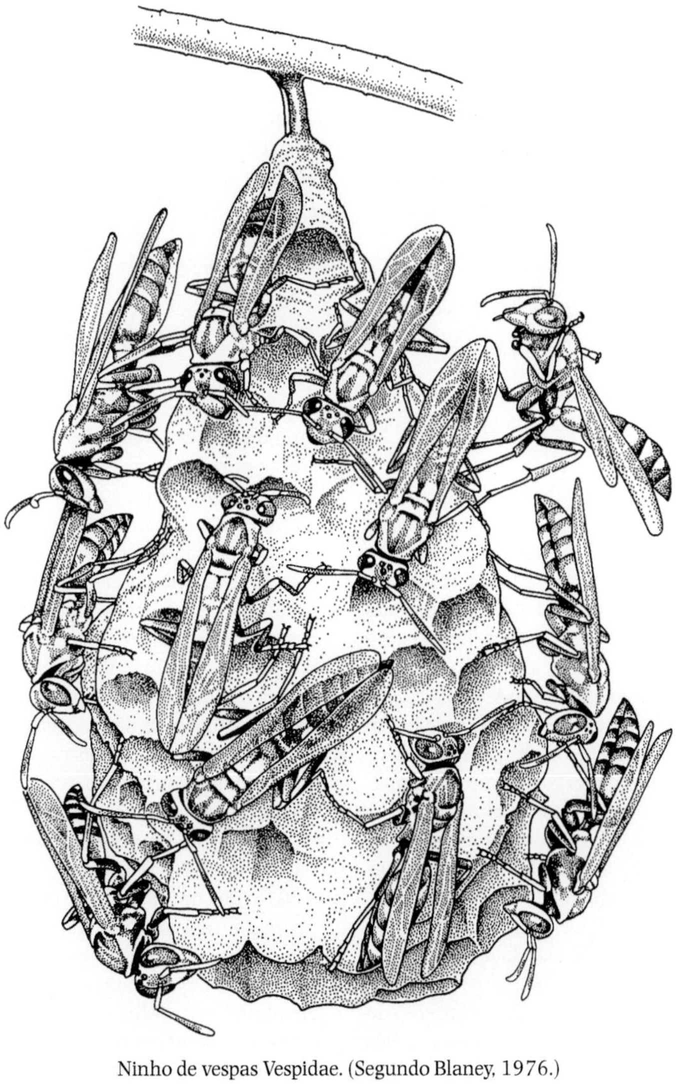

Ninho de vespas Vespidae. (Segundo Blaney, 1976.)

O estudo do comportamento social dos insetos é um tema entomológico comum e há uma vasta literatura, variando de popular a altamente teórica. A proliferação de alguns insetos, principalmente formigas e cupins, é atribuída a uma grande mudança do estilo de vida solitário para o social.

Os insetos sociais são ecologicamente bem-sucedidos e exercem efeitos importantes na vida humana. As formigas "andarilhas" ecologicamente dominantes ameaçam nossa agricultura e nossas atividades ao ar livre, e afetam a biodiversidade (ver Boxe 1.3). Formigas-cortadeiras ou saúvas (*Atta* spp.) são os principais herbívoros nas regiões Neotropicais; nos desertos do sudoeste norte-americano, as formigas coletoras coletam tantas sementes quanto os mamíferos. Em muitas regiões tropicais, os cupins revolvem tanta terra quanto as minhocas. A superioridade numérica de insetos sociais pode ser espantosa, como uma supercolônia japonesa de *Formica yessensis*, estimada em 306 milhões de operárias e mais de um milhão de rainhas distribuídas em mais de 2,7 km^2 entre 45.000 ninhos interconectados. Na savana do oeste da África, foram estimadas densidades de até 20 milhões de formigas por hectare, e colônias nômades solitárias de formigas-safári (*Dorylus* sp.) podem conter 20 milhões de operárias. Estimativas do valor de abelhas melíferas na produção comercial de mel, assim como na polinização da agricultura e da horticultura, chegam a dez bilhões de dólares por ano, globalmente. Não há dúvida de que os insetos sociais influenciam nossas vidas.

Uma definição ampla de comportamento social poderia incluir todos os insetos que interagem de alguma maneira com outros membros de sua espécie. Contudo, os entomólogos restringem **socialidade** a uma faixa mais limitada de comportamentos de cooperação. Entre os insetos sociais, podemos reconhecer os insetos **eussociais** ("sociais verdadeiros"), que cooperam na reprodução e têm uma divisão do trabalho reprodutivo, e os insetos **subsociais** ("falsos sociais"), que apresentam hábitos sociais não tão fortemente desenvolvidos, ficando aquém da cooperação extensiva e da divisão do trabalho reprodutivo. Insetos **solitários** não exibem comportamentos sociais.

A eussocialidade é definida por três características:

- Divisão de trabalho, com um sistema de **castas** envolvendo indivíduos estéreis ou não reprodutivos ajudando aqueles que reproduzem
- Cooperação entre membros da colônia no cuidado aos jovens
- Sobreposição de gerações capazes de contribuir para o funcionamento da colônia.

A eussocialidade é restrita a todas as formigas e cupins, e a algumas abelhas e vespas, assim como as Vespidae, conhecidas como "vespas-do-papel", representadas na abertura deste capítulo. A subsocialidade é um fenômeno mais generalizado, o qual se sabe ter surgido independentemente em 13 ordens de insetos, incluindo algumas baratas, embiópteros, tripes, hemípteros, besouros e himenópteros. À medida que o estilo de vida dos insetos passa a ser melhor conhecido, formas de subsocialidade podem ser encontradas em ainda mais ordens. O termo "pré-socialidade" com frequência é usado para comportamentos sociais que não preenchem a estrita definição de eussocialidade. No entanto, a implicação de que pré-socialidade é um precursor evolutivo para a eussocialidade não é sempre correta, e é melhor evitar o termo.

Neste capítulo, discutimos a subsocialidade antes de tratar detalhadamente a eussocialidade em abelhas, vespas, formigas, cupins e besouros da ambrósia. Concluímos com algumas ideias a respeito das origens e do sucesso da eussocialidade. Nos boxes, nós apresentamos a linguagem de dança das abelhas (Boxe 12.1), a abelha-africana (Boxe 12.2), o assim chamado "distúrbio do colapso das colônias" (Boxe 12.3), e discutimos os insetos sociais em situações urbanas (Boxe 12.4).

12.1 SUBSOCIALIDADE EM INSETOS

12.1.1 Agregação

Agregações não reprodutivas de insetos, tais como as borboletas-monarcas que se agregam durante o inverno em lugares específicos no México e na Califórnia, são interações sociais. Muitas borboletas tropicais formam agregações de repouso, em particular em espécies **aposemáticas** (de sabor desagradável e com sinais de advertência incluindo cor e/ou odor). Insetos aposemáticos fitófagos com frequência formam agregações de alimentação conspícuas, algumas vezes usando feromônios para atrair indivíduos da mesma espécie para um local favorável (seção 4.3.2). Um inseto aposemático solitário corre maior risco de ser encontrado por um predador desavisado (e ser comido por ele) do que se ele for um membro de um grupo conspícuo. Pertencer a um grupo social conspícuo, seja da mesma espécie, seja de várias espécies, proporciona benefícios por compartilhar a coloração de advertência e ensinar os predadores locais.

12.1.2 Cuidado parental como comportamento social

O cuidado parental pode ser considerado um comportamento social; embora poucos insetos, ou nenhum, mostrem total ausência de cuidado parental, os ovos não são postos ao acaso. As fêmeas selecionam um local apropriado para a oviposição, propiciando proteção aos ovos e garantindo uma fonte apropriada de alimento para a prole que vai emergir. A fêmea ovipositora pode proteger os ovos em uma ooteca, ou depositá-los diretamente dentro de um substrato adequado com seu ovipositor, ou modificar o ambiente, como na construção de um ninho. Cuidados parentais são vistos convencionalmente como pós-oviposição e/ou cuidados pós-eclosão, incluindo a provisão e a proteção de reservas de alimento para os jovens. Uma base conveniente para a discussão de cuidado parental é distinguir entre cuidado com e sem a construção de ninho.

Cuidado parental sem construção de ninhos

Para a maioria dos insetos, o mais alto índice de mortalidade ocorre no ovo e no primeiro instar, de modo que muitos insetos cuidam desses estágios até a larva ou ninfa estar madura o suficiente para melhor se defender. As ordens de insetos nas quais o cuidado com o ovo e com os jovens é mais frequente são Blattodea, Orthoptera, Dermaptera (ordens ortopteroides), Embioptera, alguns Psocoptera (apenas alguns psocópteros), Thysanoptera, Hemiptera, Coleoptera e Hymenoptera. Há uma tendência em assumir que a subsocialidade é uma precursora da eussocialidade dos cupins, uma vez que os cupins eussociais são relacionados às baratas. A posição filogenética (ver Figura 7.4) e o comportamento social, incluindo o cuidado parental, da família Cryptocercidae de baratas subsociais dão ideias sobre a origem da socialidade, discutida em maiores detalhes na seção 12.4.2.

O cuidado com o ovo e com o primeiro instar é predominantemente uma função da fêmea; ainda assim, a proteção paterna é conhecida em alguns hemípteros, em especial entre alguns percevejos tropicais (Reduviidae) e baratas-d'água (Belostomatidae). Após cada cópula, a fêmea de Belostomatidae oviposita pequenos grupos de ovos no dorso do macho. Os ovos são cuidados de várias maneiras pelo macho (ver Boxe 5.8) e morrem se forem negligenciados. Não há cuidados com as ninfas dos belostomatídeos, mas, em alguns outros hemípteros, a fêmea (ou, em alguns reduviídeos, o macho) pode cuidar pelo menos das ninfas de primeiro instar. Nessas espécies, a remoção experimental dos cuidados dos adultos aumenta a perda de ovos e ninfas, como resultado de parasitismo e/ou predação. Outras funções do cuidado parental incluem conservar os ovos livres de fungos, manter condições apropriadas para o desenvolvimento do ovo, agrupar os jovens e, algumas vezes, até alimentá-los.

Raramente, certas cigarrinhas (Hemiptera: Membracidae) "delegam" o cuidado parental de seus jovens para as formigas. As formigas coletam secreções açucaradas (*honeydew*) das cigarrinhas, as quais são protegidas de seus inimigos naturais pela presença das formigas. Na presença de formigas protetoras, as fêmeas reprodutoras podem parar de cuidar de sua primeira ninhada prematuramente e criar uma segunda. Uma outra espécie de membracídeo abandona seus ovos na ausência de formigas e procura uma agregação maior de cigarrinhas em que formigas estejam presentes, antes de ovipositar outro lote de ovos.

Muitos besouros minadores de madeira demonstram cuidado subsocial avançado, que se assemelha ao cuidado com a construção de ninho descrito na seção a seguir e na eussocialidade. Por exemplo, todos os Passalidae (Coleoptera) vivem em comunidades de larvas e adultos, de modo que os adultos mastigam madeira morta a fim de formar um substrato para as larvas se alimentarem. Alguns besouros Platypodinae (Curculionidae) preparam galerias para sua prole (seção 9.2), onde as larvas se alimentam de fungos cultivados e são defendidas por um macho que guarda a entrada do túnel (ver também a seção 12.2.5).

Cuidado parental com construção de ninhos solitários

A construção de ninhos é um comportamento social em que os ovos são depositados em uma estrutura nova ou preexistente para a qual os pais trazem suprimentos alimentares aos jovens. A construção de ninho, assim definida, é observada em somente cinco ordens de insetos. Os construtores de ninho entre os subsociais Orthoptera, Dermaptera, Coleoptera e Hymenoptera são discutidos a seguir; os ninhos dos Hymenoptera eussociais e os extraordinários murundus dos cupins eussociais são discutidos mais adiante neste capítulo.

Tesourinhas de ambos os sexos passam o inverno em um ninho. Na primavera, quando a mãe começa a cuidar dos ovos, o macho é expulso (ver Figura 9.1). Em algumas espécies, a tesourinha-mãe forrageia e providencia o alimento para as ninfas jovens. As paquinhas e outros grilos construtores de ninhos subterrâneos exibem comportamento até certo ponto similar. Maior diversidade de comportamentos na construção de ninhos é vista nos besouros, em particular nos coprófagos (Scarabaeidae) e necrófagos (Silphidae). Para esses insetos, a atração por alimentos de vida curta, dispersos, mas ricos em nutrientes, como o excremento (e os restos de animais mortos), induz a competição. Ao localizar uma fonte fresca de alimento, besouros coprófagos enterram-no para evitar que ele seque ou que seja pego por um competidor (seção 9.3; Figura 9.6). Alguns escaravelhos rolam o excremento para longe do local encontrado; outros revestem o excremento com barro. Ambos os sexos cooperam, mas a fêmea é a maior responsável por enterrar e preparar a fonte de alimento para a larva. Os ovos são postos no excremento enterrado e, em algumas espécies, nenhum outro cuidado posterior é tomado. Contudo, o cuidado parental é bem desenvolvido em outras espécies, na maioria das vezes com a fêmea cuidando da redução de fungos e o macho cuidando da remoção ou expulsão de indivíduos da mesma espécie e de formigas.

Entre os himenópteros, a construção subsocial de ninhos é restrita a alguns Apocrita aculeados, especialmente dentre os Vespoidea e Apoidea (Figura 12.2); essas vespas e abelhas são as mais prolíficas e diversificadas construtoras de ninhos dentre todos os insetos. Com exceção das abelhas, quase todos esses insetos são parasitoides, em que o adulto ataca e imobiliza uma presa artrópode da qual os jovens se alimentam. As vespas demonstram uma série progressivamente complexa de estratégias de manipulação de presas e construção de ninhos, desde usar a própria toca da presa capturada (p. ex., muitos Pompilidae), à construção de uma toca simples depois da captura da presa (alguns Sphecidae), até a construção de um ninho antes de capturar a presa (a maioria dos Sphecidae). Em abelhas e vespas da subfamília Masarinae, o pólen é usado no lugar de artrópodes-presas como a fonte de alimento que é coletado e estocado para as larvas. A complexidade do ninho em Aculeata varia de uma toca única aprovisionada com um item alimentar para o desenvolvimento de um ovo, a ninhos multicelulares dispostos radialmente ou linearmente. O lugar primitivo do ninho era provavelmente uma toca preexistente, com o posterior meio de construção composto de solo ou areia. Especializações posteriores envolveram o uso de material proveniente de plantas – tronco, madeira podre, e até madeira sólida pelas abelhas-carpinteiras (Xylocopini) – e construções livres estáveis feitas de vegetação triturada (Megachilidae), de barro (Eumenidae). Uma série de materiais naturais é usada para fazer e selar células, incluindo barro, plantas, seivas, resinas e óleos secretados pelas plantas como recompensa pela polinização e até a cera que adorna cochonilhas de corpo mole. Uma extraordinária substância parecida com celofane produzida pela glândula de Dufor é utilizada pelos Colletidae para proporcionar um resistente e durável revestimento interno da célula, à prova d'água. Em alguns construtores de ninho subsociais, tais como certas vespas Eumeninae, muitos indivíduos de uma espécie podem se agregar, construindo seus ninhos próximos uns dos outros.

Cuidado parental com construção de ninho comunal

Quando condições favoráveis para a construção de um ninho são escassas e dispersas pelo ambiente, pode ocorrer a construção de ninhos comunais. Mesmo sob condições aparentemente favoráveis, muitos himenópteros subsociais e todos os eussociais compartilham ninhos. O ninho comunal pode surgir se as filhas fazem ninho em seu ninho natal, intensificando a utilização de recursos para ninhos e encorajando a defesa mútua contra parasitas. Contudo, o ninho comunal em espécies subsociais permite comportamentos "antissociais" ou egoístas, com frequentes roubos ou apropriações de ninhos e presas, de forma que pode ser necessário um tempo maior para defender o ninho contra outros indivíduos da mesma espécie. Além disso, as mesmas pistas que levam as vespas e abelhas a construírem ninhos comunais podem facilmente direcionar parasitas especialistas de ninhos até o local. Exemplos de ninhos comunais em espécies subsociais são conhecidos ou supostos em Sphecidae, e em abelhas como Halictinae, Megachilinae e Andreninae.

Depois da oviposição, as fêmeas de abelhas e vespas permanecem em seus ninhos frequentemente até que a próxima geração fique adulta. Geralmente elas protegem o ninho, mas também podem remover fezes e manter a higiene no local. O estoque de suprimentos para o ninho pode ser por meio de um fornecimento em massa, como é o caso de muitos Sphecidae comunais e de abelhas subsociais, ou pode haver reabastecimento, como observado em muitas vespas Vespidae que retornam com novas presas à medida que suas larvas se desenvolvem.

Pulgões e tripes subsociais

Alguns pulgões pertencentes às subfamílias Pempihiginae e Hormaphidinae (Hemiptera: Aphididae) têm uma casta sacrificial de soldados estéreis, consistindo em algumas ninfas de primeiro ou segundo instar que exibem comportamento agressivo e nunca se desenvolvem até adultas. Os soldados têm forma de pseudoescorpiões, como resultado de esclerotização do corpo e pernas anteriores dilatadas, e atacam intrusos usando seus chifres frontais (projeções cuticulares anteriores) (Figura 12.1) ou seus estiletes (peças bucais) como armas perfurantes. Esses indivíduos modificados podem defender bons locais de alimentação contra competidores ou defender suas colônias contra predadores. Como a prole é produzida por partenogênese, soldados e ninfas normais da mesma mãe devem ser geneticamente idênticos, favorecendo a evolução desses soldados estéreis e aparentemente altruístas (como resultado de maior aptidão inclusiva por seleção de parentesco; seção 12.4). Um fenômeno semelhante ocorre em outras espécies relacionadas de pulgões, mas nesse caso todas as ninfas se tornam soldados temporários que, mais tarde, mudam para indivíduos não agressivos normais que se reproduzem. Esses polimorfismos incomuns de pulgões levam alguns pesquisadores a declarar que Hemiptera é uma terceira ordem de insetos que demonstra eussocialidade. Apesar de essas poucas espécies de pulgões apresentarem uma clara divisão de trabalho reprodutivo, elas não parecem preencher os outros atributos dos insetos eussociais, já que a sobreposição de gerações capazes de contribuir para o funcionamento da colônia é duvidosa e o cuidado da prole não ocorre. Aqui, consideramos que esses pulgões exibem comportamento subsocial.

Uma série de comportamentos subsociais é encontrada em algumas espécies de vários gêneros de tripes (Thysanoptera: Phlaeothripidae). Pelo menos naqueles tripes que induzem a formação de galhas, o nível de socialidade parece ser similar àquele dos pulgões discutido anteriormente. A socialidade dos tripes é bem desenvolvida nos *Anactinothrips* do Panamá, em que os tripes vivem de forma comunal, cooperam no cuidado com a ninhada, e forrageiam com seus jovens em um padrão altamente coordenado. Porém, essa espécie não apresenta fêmeas não reprodutivas evidentes e todos os adultos podem desaparecer antes de os jovens estarem totalmente desenvolvidos. A evolução de comportamentos subsociais em *Anactinothrips* pode trazer vantagens para os jovens no forrageamento em grupo, uma vez que os locais de alimentação, apesar de estáveis ao longo do tempo, são irregulares e difíceis de localizar. Em várias espécies de tripes australianos indutores de galha, as fêmeas apresentam redução de asa polimórfica associada

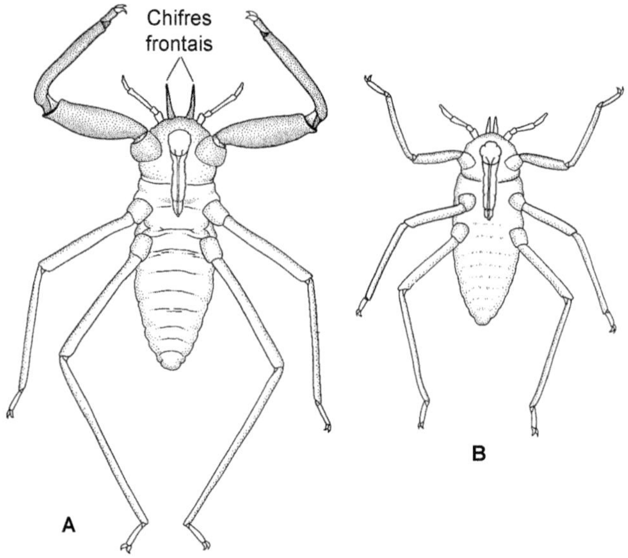

Figura 12.1 Ninfas de primeiro instar do pulgão subsocial *Pseudoregma alexanderi* (Hemiptera: Hormaphidinae). **A.** Soldado semelhante a um pseudoescorpião. **B.** Ninfa normal. (Segundo Miyazaki, 1987b.)

a pernas anteriores aumentadas, em algumas espécies. Essa forma de "soldado" é mais frequente entre os primeiros jovens a se desenvolver, os quais estão envolvidos diferencialmente na defesa da galha contra intrusos de outras espécies de tripes, e parecem ser incapazes de dispersar ou de induzir a formação de galhas. Como na maioria dos tripes, a determinação do sexo é feita por meio de haplodiploidia, com o estabelecimento de uma galha por uma única fêmea produzindo uma prole polimórfica, e com o estabelecimento de múltiplas gerações. A defesa autossacrificial de alguns indivíduos é favorecida pelo alto grau de parentesco demonstrado na prole (altruísmo; seção 12.4). A sobreposição de gerações é modesta, de modo que os soldados defendem seus irmãos e sua ninhada em vez de sua mãe (que morreu). Os soldados se reproduzem, mas a uma taxa muito menor do que a fundadora. Tais exemplos são valiosos para mostrar as circunstâncias sob as quais a cooperação deve ter evoluído.

Quase socialidade e semissocialidade

Entre os grupos de insetos discutidos anteriormente, a divisão de trabalho reprodutivo é restrita aos pulgões subsociais: todas as fêmeas de todos os insetos subsociais podem se reproduzir. Dentro dos Hymenoptera sociais, no entanto, as fêmeas mostram variação na fecundidade, ou divisão de trabalho reprodutivo. Essa variação vai desde totalmente reprodutiva (espécies subsociais já descritas), passando pela fecundidade reduzida (muitas abelhas Halictinae), a postura de ovos somente masculinos (operárias de mamangabas, *Bombus*) e a esterilidade (operárias de formigas *Aphaenogaster*), até as super-reprodutivas (rainhas da abelha melífera, *Apis*). Essa variedade de comportamentos femininos é refletida na classificação de comportamentos sociais em Hymenoptera. Portanto, no comportamento quase social, um ninho comunal consiste em membros da mesma geração, todos os quais ajudam na criação da ninhada, e todas as fêmeas são capazes de pôr ovos, mesmo que não seja necessariamente ao mesmo tempo. No comportamento semissocial, o ninho comunal contém igualmente membros da mesma geração cooperando no cuidado da ninhada, mas há uma divisão de trabalho reprodutivo, com algumas fêmeas (rainhas) pondo ovos, ao passo que suas irmãs atuam como operárias e raramente põem ovos. Isso difere da eussocialidade somente no fato de que as operárias são irmãs das rainhas que estão ovipositando em vez de filhas, como no caso da eussocialidade. Assim como nos himenópteros eussociais primitivos, não há diferença morfológica (tamanho ou forma) entre rainhas e operárias.

Alguns ou todos os comportamentos sociais discutidos anteriormente podem ser precursores evolutivos da eussocialidade. É claro que a construção de ninho solitário é o comportamento primitivo, com a construção de ninho comunal (e comportamentos subsociais adicionais) tendo surgido de forma independente em muitas linhagens de himenópteros Aculeata.

12.2 EUSSOCIALIDADE EM INSETOS

Os insetos eussociais apresentam uma divisão de trabalho em suas colônias, envolvendo um sistema de castas que compreende um grupo reprodutivo restrito de uma ou várias rainhas, ajudado por operárias – indivíduos não reprodutores que auxiliam os reprodutores – e, em cupins e muitas formigas, um grupo adicional de soldados para defesa. Pode haver divisões adicionais em subcastas que realizam tarefas específicas. Os membros mais especializados de algumas castas, tais como as rainhas e os soldados, podem não ter a habilidade de alimentar a si mesmos. Portanto, é também tarefa da operária trazer alimento para esses indivíduos, assim como para a ninhada, a prole em desenvolvimento.

A diferenciação primária é entre fêmea e macho. Nos Hymenoptera eussociais, os quais têm um sistema genético haplodiploide, as rainhas controlam o sexo de sua prole. A liberação do esperma estocado fecunda ovos haploides, que se desenvolvem em uma prole de fêmeas diploides, ao passo que ovos não fecundados produzem uma prole de machos. Na maior parte do ano, fêmeas reprodutivas (rainhas, ou gines) são raras se comparadas às operárias estéreis. Os machos não formam castas e podem ser raros e de vida curta, morrendo logo após o acasalamento. Em cupins, machos e fêmeas podem ser igualmente representados, com ambos os sexos contribuindo para a casta operária. Um único cupim-macho, o rei, pode auxiliar à gine permanentemente.

Membros de castas diferentes, se tiverem os mesmos pais, são geneticamente próximos e podem ser morfologicamente semelhantes ou, como resultado da influência do ambiente, podem ser morfologicamente bem diferentes, em um polimorfismo ambiental denominado de polifenismo. Indivíduos dentro de uma casta (ou subcasta) com frequência apresentam comportamentos diferentes, no que é denominado polietismo, seja um indivíduo fazendo diferentes tarefas, em momentos diferentes de sua vida (polietismo etário), seja por indivíduos dentro de uma casta, especializados em determinadas tarefas durante suas vidas. As complicações do sistema de castas dos insetos sociais podem ser consideradas em termos do aumento de complexidade demonstrado em Hymenoptera, mas concluindo com os sistemas extraordinários dos cupins (Isoptera). As características dessas duas ordens, as quais contêm a maioria das espécies eussociais, são apresentadas nos Taxoboxes 16 e 29.

12.2.1 Himenópteros que apresentam eussocialidade primitiva

Os himenópteros que exibem eussocialidade primitiva incluem as vespas Polistinae (vespas do gênero *Polistes*), vespas Stenogastrinae, e até um Sphecidae (Figura 12.2). Nessas vespas, todos os indivíduos são morfologicamente semelhantes e vivem em colônias que raras vezes duram mais do que 1 ano. A colônia é na maioria das vezes fundada por mais de uma gine, mas rapidamente se torna monogínica, ou seja, dominada por uma rainha, de modo que as outras fundadoras deixam o ninho ou permanecem, mas revertendo para uma posição como a de operária. A rainha estabelece a hierarquia dominante fisicamente por meio de mordidas, perseguição e solicitação de alimento, com a rainha vencedora ganhando os direitos de monopólio para a oviposição e o início da construção de células. A dominância pode ser incompleta, com as não rainhas pondo alguns ovos: a rainha dominante pode comer esses ovos ou deixar que eles se desenvolvam como operárias para ajudar a colônia. A primeira ninhada de fêmeas produzida pela colônia é de operárias pequenas, mas as operárias seguintes aumentam de tamanho na medida em que a alimentação melhora e as operárias aumentam os cuidados com a ninhada. O impedimento sexual nas subordinadas é reversível: se a rainha morre (ou é removida experimentalmente), uma fundadora subordinada toma seu lugar ou, se nenhuma estiver presente, uma operária de alto *ranking* pode acasalar (se houver a presença de machos) e produzir ovos férteis. Algumas outras espécies de vespas primiti-

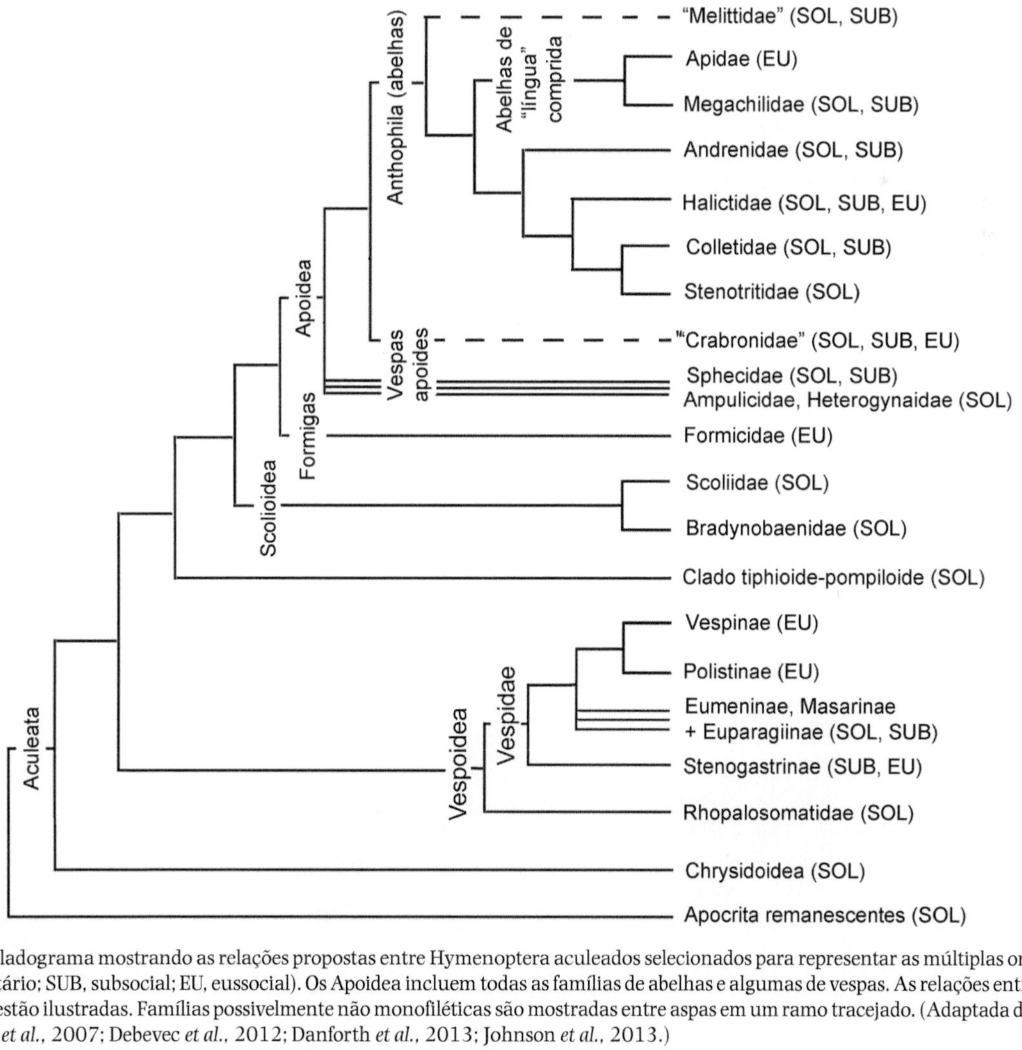

Figura 12.2 Cladograma mostrando as relações propostas entre Hymenoptera aculeados selecionados para representar as múltiplas origens da socialidade (SOL, solitário; SUB, subsocial; EU, eussocial). Os Apoidea incluem todas as famílias de abelhas e algumas de vespas. As relações entre os aculeados não sociais não estão ilustradas. Famílias possivelmente não monofiléticas são mostradas entre aspas em um ramo tracejado. (Adaptada de várias fontes, incluindo Hines *et al.*, 2007; Debevec *et al.*, 2012; Danforth *et al.*, 2013; Johnson *et al.*, 2013.)

vamente eussociais apresentam poliginia, mantendo várias rainhas funcionais por toda a duração da colônia, ao passo que outras apresentam poliginia serial, com uma sucessão de rainhas funcionais.

As abelhas que exibem eussocialidade primitiva, como certas espécies de Halictinae (Figura 12.2), apresentam uma extensão semelhante de comportamentos. Em castas femininas, as diferenças de tamanho entre rainhas e operárias variam de pequena ou nenhuma até inexistência de sobreposição em seus tamanhos. Abelhas mamangabas (Apidae: *Bombus* spp.) fundam colônias por meio de uma única gine, com frequência depois de uma luta até a morte entre as gines que competem por um lugar para o ninho. A primeira ninhada consiste somente em operárias que são dominadas fisicamente pela rainha, por agressões e pela devoração de qualquer ovo de uma operária, e por meio de feromônios que modificam o comportamento das operárias. Na ausência da rainha, ou no final da temporada, à medida que as influências física e química da rainha diminuem, as operárias podem passar por um desenvolvimento ovariano. A rainha finalmente não consegue manter seu domínio sobre aquelas operárias que começaram a desenvolver o ovário, e a rainha é morta ou levada para fora do ninho. Quando isso acontece, as operárias não estão fecundadas, mas podem produzir uma prole de machos a partir de seus ovos haploides. As gines são, portanto, derivadas exclusivamente de ovos fecundados da rainha.

12.2.2 Himenópteros que apresentam eussocialidade especializada | Vespas e abelhas

Os himenópteros altamente eussociais compreendem as formigas (família Formicidae) e algumas vespas, em especial Vespinae, e muitas abelhas, incluindo a maioria dos Apinae (Figuras 12.2 e 12.3). As abelhas são derivadas de vespas apoides e diferem das vespas em anatomia, fisiologia e comportamento, em associação com sua especialização na dieta. A maioria das abelhas alimenta suas larvas com néctar e pólen em vez de matéria animal. As adaptações morfológicas das abelhas associadas à coleta de pólen incluem pelos plumosos (ramificados) e, com frequência, uma tíbia posterior alargada, adornada com pelos, na forma de uma escova (escopa) ou, nas mamangabas e abelhas melíferas, uma franja envolvendo uma concavidade (a corbícula, ou cesta de pólen) (Figura 12.4). O pólen coletado nos pelos do corpo é agrupado pelas pernas e transferido para as peças bucais, escopa ou corbícula. As características diagnósticas e a biologia de todos os himenópteros são tratadas no Taxoboxe 29, o qual inclui uma ilustração da morfologia de uma vespa operária Vespidae e de uma formiga operária.

Colônia e castas em vespas e abelhas eussociais

As castas femininas são dimórficas, diferindo bastante em sua aparência. Em geral, a rainha é maior do que qualquer operária, como ocorre nas Vespidae europeias (*Vespula vulgaris* e *V. germanica*) e nas abelhas melíferas (*Apis* spp.). Uma típica vespa rainha eussocial tem um gáster (abdome) diferentemente (alometricamente) maior. Em vespas operárias, a bursa *copulatrix* é pequena, evitando o acasalamento, embora na ausência da rainha seus ovários se desenvolvam.

Nas vespas Vespidae, a rainha fundadora da colônia, ou gine, produz somente operárias na primeira ninhada. Logo após a eclosão desses ovos, a vespa rainha para de forragear e se dedica exclusivamente à reprodução. À medida que a colônia amadurece, as ninhadas subsequentes incluem proporções cada vez maiores de machos e, finalmente, são produzidas gines no final de sua vida reprodutiva, em células maiores do que aquelas nas quais as operárias são produzidas.

As tarefas das operárias Vespidae incluem:

- Distribuir alimento rico em proteína para as larvas, e rico em carboidrato para as vespas adultas
- Limpar as células e descartar larvas mortas
- Ventilar e condicionar o ar do ninho batendo as asas
- Defender do ninho protegendo as entradas
- Buscar, fora do ninho, água, líquidos açucarados e insetos como presa
- Construir, aumentar e consertar as células e as paredes internas e externas do ninho com polpa de madeira, a qual é mastigada para produzir uma fibra como papel.

Cada operária é capaz de cumprir qualquer uma dessas tarefas, mas com frequência há um polietismo etário: as operárias recém-emergidas tendem a permanecer no ninho engajadas na construção e na distribuição de alimento. As de meia-idade forrageiam por um período, o qual pode ser dividido em fases: coletar polpa de madeira, predar e coletar líquidos. Em idades avançadas, obrigações de guarda são predominantes. Como novas operárias são constantemente produzidas, a estrutura etária permite uma flexibilidade na execução do leque de tarefas necessárias em uma colônia ativa. Há variações sazonais, com o forrageamento ocupando a maior parte do tempo da colônia no período de fundação, com menos recursos – ou uma proporção menor no tempo das operárias – dedicados para essas atividades na colônia mais madura. Ovos masculinos são postos em número maior na medida em que a estação reprodutiva progride, talvez pelas rainhas ou por operárias sobre as quais a influência da rainha tenha diminuído.

Figura 12.3 Abelhas operárias de três gêneros eussociais, a partir da esquerda, *Bombus* (mamangabas), *Apis* (abelhas melíferas) e *Trigona* (abelhas sem ferrão) (todas em Apidae), superficialmente se assemelham entre si na morfologia, mas elas diferem em tamanho e ecologia, incluindo suas preferências de polinização e nível de eussocialidade. (Segundo várias fontes, especialmente Michener, 1974.)

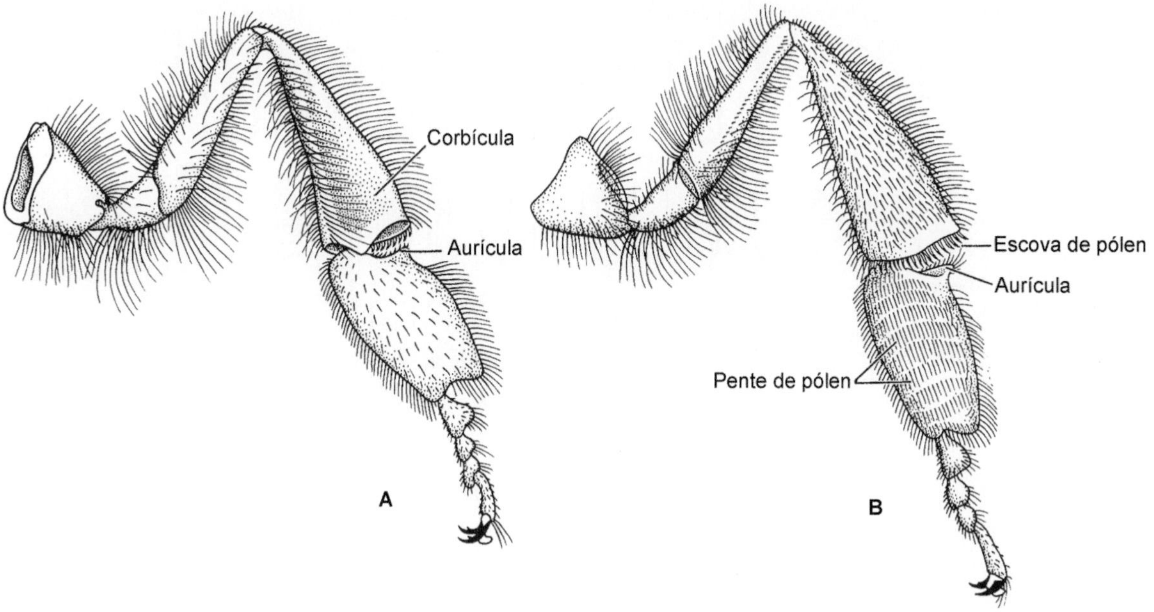

Figura 12.4 Perna posterior de operária de abelha-de-mel, *Apis mellifera* (Hymenoptera: Apidae). **A.** Face externa mostrando a corbícula, ou cesta de pólen (consistindo em uma depressão margeada por cerdas duras), na tíbia, e a aurícula que empurra o pólen para dentro da corbícula. **B.** Face interna com o pente de pólen e a escova de pólen que empurram o pólen para dentro da aurícula, antes do acondicionamento. (Segundo Snodgrass, 1956; Winston, 1987.)

A biologia da abelha melífera, *Apis mellifera*, é extremamente bem estudada em virtude da importância econômica do mel e da relativa facilidade de observar o comportamento desse inseto (Boxe 12.1). As operárias diferem das rainhas por serem menores, terem glândulas de cera, apresentarem um aparato para coleta de pólen, que compreende escovas de coleta de pólen e uma corbícula em cada perna posterior, por terem um ferrão com farpas que não pode ser retraído após o uso, e por alguns outros aspectos associados às tarefas realizadas pelas operárias. O ferrão da rainha tem poucas farpas e é retrátil e reutilizável, permitindo repetidos ataques sobre as pretendentes à sua posição como rainha. As rainhas têm língua mais curta do que as operárias e não têm várias glândulas.

Abelhas melíferas operárias são mais ou menos monomórficas, mas exibem polietismo. Portanto, as operárias jovens tendem a ser "abelhas-de-colmeia", engajadas em atividades dentro das colmeias, tais como cuidar das larvas e limpar células, e operárias mais velhas são "abelhas-de-campo", para forrageamento. Mudanças sazonais são evidentes, como as 8 a 9 semanas de longevidade das abelhas de inverno, comparadas com as 4 a 6 semanas de longevidade das abelhas de verão. O hormônio juvenil (HJ) está envolvido nessas mudanças comportamentais, com níveis de HJ aumentando do inverno para a primavera, e também na mudança das "abelhas-de-colmeia" para "abelhas-de-campo". As atividades das abelhas melíferas operárias estão relacionadas às estações do ano, principalmente pelo gasto de energia envolvido na termorregulação da colmeia.

A diferenciação de castas em abelhas melíferas, assim como nos himenópteros eussociais de modo geral, é amplamente **trofogênica**, isto é, determinada pela quantidade e pela qualidade da dieta da larva. Em espécies que abastecem cada célula com uma quantidade de alimento suficiente para permitir que o ovo se desenvolva para pupa e adulto, sem reabastecimentos posteriores, as diferenças em quantidade e qualidade de alimento aprovisionado para cada célula determinam como a larva irá se desenvolver. Em abelhas melíferas, embora as células sejam construídas de acordo com o tipo de casta que irá se desenvolver dentro dela, a casta não é determinada nem pelo ovo posto pela rainha, nem pela célula em si, mas pela comida fornecida pelas operárias para o desenvolvimento da larva (Figura 12.5). O tipo de célula guia a rainha a pôr ovos fecundados ou não fecundados e a identificar para a operária qual tipo de cuidado (principalmente alimento) deve ser dado ao ocupante. O alimento dado às futuras rainhas, conhecido como "geleia real", difere do alimento da operária por ter um alto teor de açúcar e ser composto predominantemente por produtos da glândula mandibular, ou seja, ácido pantotênico e biopterina. A geleia real também contém uma proteína, chamada de **royalactin**, que induz a diferenciação das larvas de abelha-de-mel em rainhas. Os ovos e as larvas de até 3 dias podem diferenciar-se em rainhas ou operárias, de acordo com a criação. Contudo, no terceiro dia, uma rainha em potencial já foi alimentada de geleia real em uma proporção de até dez vezes mais do que a comida menos nutritiva fornecida a uma futura operária. Nesse estágio, se uma futura rainha for transferida para uma célula de operária para desenvolvimento posterior, ela se tornará uma intercasta, uma rainha parecida com operária. A transferência de uma larva de 3 dias, cuidada como uma operária, para uma célula de rainha proporciona o crescimento de uma operária parecida com rainha que ainda tem as cestas de pólen, ferrão com farpas e mandíbulas de uma operária. Depois de 4 dias de alimentação apropriada, as castas estão totalmente diferenciadas e a transferência entre distintos tipos de células resultará na manutenção do que foi previamente determinado ou na falha do desenvolvimento.

Os efeitos trofogênicos se relacionam com os efeitos endócrinos, já que o estado nutricional está associado à atividade dos *corpora allata*. Claramente os níveis de HJ estão relacionados à diferenciação polimórfica de castas em insetos eussociais, porém existe muita variação específica e temporal nas concentrações de HJ e ainda não é evidente nenhum padrão comum de controle. Efeitos epigenéticos, tais como os que são induzidos por uma alimentação diferenciada (geleia real) no desenvolvimento da casta, provavelmente funcionam por meio da ativação ou a inibição da expressão gênica associada com a trajetória de desenvolvimento larval.

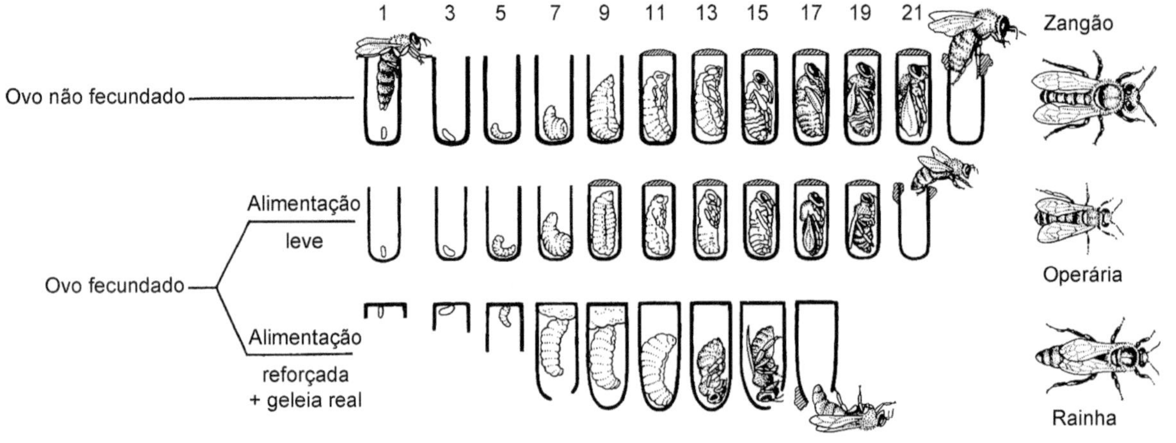

Figura 12.5 Desenvolvimento da abelha-de-mel, *Apis mellifera* (Hymenoptera: Apidae), mostrando os fatores que determinam a diferenciação dos ovos da rainha em zangões, operárias e rainhas (*à esquerda*) e o tempo de desenvolvimento aproximado (em dias) e estágios para zangões, operárias e rainhas (*à direita*). (Segundo Winston, 1987.)

As rainhas mantêm o controle sobre a reprodução das operárias principalmente por meio de **feromônios**. As glândulas mandibulares das rainhas produzem um composto identificado como ácido (*E*)-9-oxodec-2-enoico (9-ODA), mas a rainha intacta inibe o desenvolvimento ovariano das operárias de forma mais efetiva do que esse composto ativo. Um segundo feromônio é encontrado no gáster da rainha e, junto com um segundo composto da glândula mandibular, ele efetivamente inibe o desenvolvimento do ovário. O reconhecimento da rainha pelo resto da colônia envolve um feromônio disseminado pelas operárias serventes que têm contato com a rainha e depois se movem através da colônia como abelhas mensageiras. Além disso, como a rainha se move pelo favo à medida que oviposita dentro das células, ela deixa uma trilha de feromônio de marcação. A produção de rainhas acontece em células que estão distantes do efeito de controle do feromônio da rainha, como ocorre quando os ninhos estão muito grandes. Quando a rainha morre, o sinal volátil do feromônio se dissipa rapidamente, e as operárias se tornam cientes de sua ausência. As abelhas melíferas têm uma comunicação química fortemente desenvolvida, com feromônios específicos associados a acasalamento, alarme e orientação, assim como reconhecimento e regulação da colônia. Ameaças físicas são raras, e são usadas somente pelas gines jovens contra as operárias.

Os machos, denominados **zangões**, são produzidos durante toda a vida da colônia de abelhas melíferas pela rainha ou talvez por operárias com ovários desenvolvidos. Os machos contribuem pouco para a colônia, vivendo somente para acasalar: sua genitália é arrancada depois da cópula e eles morrem.

Precisa ser enfatizado que *A. mellifera* consiste em diversos grupos genéticos diferentes adaptados a condições em distintas partes do mundo e designados de subespécies. Essas subespécies exibem diferentes características de morfologia, fisiologia e comportamento, incluindo o potencial reprodutivo e a agressividade da operária. Por exemplo, no sul da África, dois táxons nativos são reconhecidos – a costeira abelha do Cabo (*A. m. capensis*) e a mais dispersa abelha-africana (*A. m. scutellata*) – e a movimentação humana das colmeias fez com que a abelha do Cabo causasse problemas para as colônias da abelha-africana (ver seção 12.3). A abelha-africana foi introduzida deliberadamente no Brasil, fugiu para áreas selvagens e se espalhou para o norte, causando alarme na América do Norte (Boxe 12.2). Outras espécies de *Apis*, tais como *Apis cerana* (a abelha-de-mel Asiática ou do Leste) e *A. dorsata* (a abelha-de-mel gigante), não foram tão bem estudadas quanto *A. mellifera* mas continuam a proporcionar fontes de mel e cera de abelha para os povos locais nas regiões em que ocorrem.

Construção de ninhos em vespas eussociais

A fundação de uma nova colônia de vespas eussociais acontece na primavera, logo após a emergência de uma rainha de inverno. Depois de sua partida da colônia natal no outono anterior, a nova rainha acasala, mas seus ovaríolos permanecem não desenvolvidos durante a quiescência induzida pela temperatura do inverno ou a diapausa facultativa. Na medida em que as temperaturas da primavera aumentam, as rainhas abandonam a hibernação, começam a alimentar-se de néctar ou seiva, e os ovários crescem. O local de repouso, que pode ser compartilhado por várias rainhas de inverno, não é um local em potencial para a fundação de uma nova colônia. Cada rainha procura individualmente por uma cavidade apropriada e lutas podem ocorrer se os locais para isso forem escassos.

A construção de um ninho começa com o uso das mandíbulas para raspar as fibras da madeira sólida ou, mais raramente, de madeira podre. As vespas voltam para o local do ninho usando pistas visuais, carregando a polpa de madeira mastigada com água e saliva nas mandíbulas. Esse papel cheio de polpa é aplicado na face inferior de um apoio selecionado no alto da cavidade. A partir desse suporte inicial, com essa polpa é formado um pilar descendente, sobre o qual é suspensa, enfim, a colônia embrionária com 20 a 40 células (Figura 12.6). As duas primeiras células em secção transversal são redondas, estão ligadas e, então, um invólucro na forma de guarda-chuva é construído sobre as células. O invólucro é elevado, acima das células, a uma distância equivalente a aproximadamente o diâmetro do corpo da rainha, permitindo que ela repouse ali, enrolada em volta do pilar. O desenvolvimento da colônia se faz pela adição de mais células, agora com secção transversal hexagonal e mais largas na abertura, e tanto pelo alongamento do invólucro quanto pela construção de uma nova célula. A rainha forrageia somente para material de construção no início do ninho. Na medida em que as larvas se desenvolvem nas primeiras células, tanto os líquidos quanto os insetos-presa são procurados para alimentar as larvas em desenvolvimento, embora polpa de madeira continue a ser coletada para a construção de mais células. Essa primeira fase embrionária da vida da colônia termina assim que as primeiras operárias emergem.

À medida que a colônia cresce, mais pilares são adicionados, proporcionando suporte para mais áreas laterais em que células preenchidas de ninhada são alinhadas nos **favos** (séries de células adjacentes alinhadas em fileiras paralelas). Os primeiros invólucros e células se tornam enormes, e seu material pode ser reutilizado em mais construções. Em um ninho subterrâneo, os

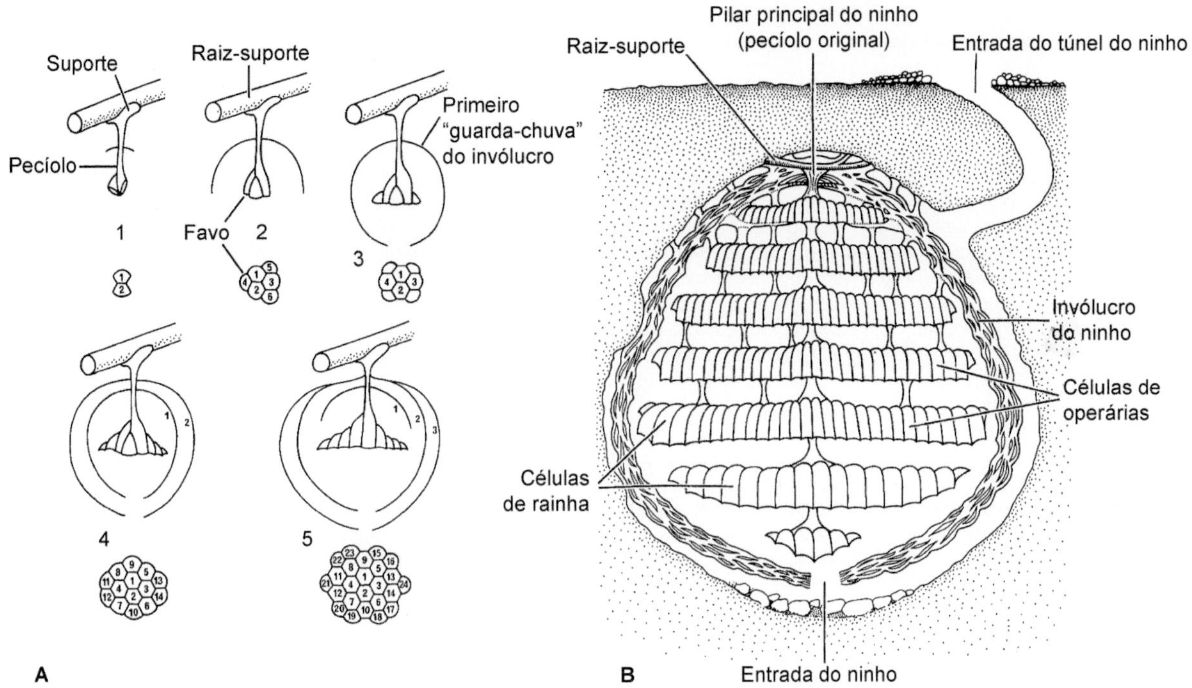

Figura 12.6 Ninho da vespa-europeia *Vespula vulgaris* (Hymenoptera: Vespidae). **A.** Estágios iniciais (1-5) da construção do ninho pela rainha (fase embrionária da vida da colônia. **B.** Ninho maduro. (Segundo Spradbery, 1973.)

ocupantes podem ter que escavar o solo e até pequenas rochas para permitir a expansão da colônia, resultando em um ninho maduro (como na Figura 12.6) que pode conter até 12.000 células. A colônia é razoavelmente independente da temperatura externa, uma vez que o aquecimento do tórax, por meio do batimento das asas, e a alimentação das larvas podem aumentar a temperatura, e altas temperaturas podem ser diminuídas pela ventilação direcional ou pela evaporação de líquido aplicado às células de pupas.

No final da temporada reprodutiva, machos e gines (rainhas em potencial) são produzidos e alimentados com a saliva das larvas e presas trazidas para o ninho pelas operárias. À medida que a rainha envelhece e morre, e as gines emergem do ninho, a colônia entra em declínio rapidamente e o ninho é destruído ao passo que as operárias lutam e as larvas são negligenciadas. As rainhas em potencial e os machos acasalam longe do ninho, e a fêmea que acasalou procura um lugar adequado para passar o inverno.

Construção de ninhos em abelhas melíferas

Em abelhas melíferas, novas colônias são iniciadas se a antiga se tornar muito populosa. Quando uma colônia de abelhas se torna grande demais e a densidade populacional alta demais, uma rainha fundadora, acompanhada por um enxame de operárias, procura um novo local para o ninho. Em virtude de as operárias não poderem sobreviver por muito tempo apenas das reservas de mel carregadas em seu estômago, um lugar adequado deve ser encontrado rapidamente. As batedoras devem iniciar a busca vários dias antes da formação do enxame. Se uma cavidade adequada for encontrada, a batedora retorna para o enxame e comunica a direção e a qualidade do lugar por meio de uma dança (Boxe 12.1). Preferencialmente, o novo lugar deve ser além do território de forrageamento do ninho antigo, mas não tão distante que muita energia seja despendida em um voo de longa distância. As abelhas de áreas temperadas selecionam lugares de ninho fechados, em cavidades de aproximadamente 40 ℓ de volume, ao passo que abelhas mais tropicais escolhem cavidades menores ou fazem ninhos exteriores.

Depois do consenso sobre o local, as operárias começam a construir o ninho usando cera. A **cera** é única para as abelhas sociais e é produzida por operárias que metabolizam o mel em células de gordura localizadas perto das glândulas de cera. Essas células epidérmicas modificadas localizam-se embaixo dos **espelhos de cera** (placas sobrepostas) na região ventral do quarto ao sétimo segmento abdominal. Flocos de cera são expelidos embaixo de cada espelho de cera, e projetados ligeiramente de cada segmento de uma operária que está produzindo cera. A cera é bem maleável a 35°C, temperatura ambiente do ninho, e quando misturada com saliva pode ser manipulada para a construção de células. Na fundação do ninho, as operárias já podem ter cera saindo das glândulas de cera do abdome. Elas começam a construir favos com células hexagonais encostadas entre si, costa com costa, em séries paralelas ou favos. Pilares e pontes de cera separam os favos entre si. A base da célula, grossa e feita de cera, estende-se em uma célula de paredes finas de dimensões extraordinariamente constantes, mesmo tendo várias operárias envolvidas na construção. Ao contrário de outros insetos sociais como as vespas descritas anteriormente, as células não ficam de cabeça para baixo, mas posicionam-se em um ângulo de cerca de 13° acima da horizontal, evitando assim a perda de mel. A precisa orientação das células e dos favos deriva da capacidade das abelhas de detectar a gravidade por meio de placas de pelos proprioceptoras localizadas na base do pescoço. Embora a remoção das placas de pelos evite a construção de células, as abelhas operárias poderiam construir células aproveitáveis mesmo sob condições de ausência de gravidade no espaço.

Ao contrário da maioria das outras abelhas, as abelhas melíferas não mastigam e reutilizam a cera: uma vez que a célula é construída, ela é permanentemente parte do ninho, e as células são reutilizadas depois que a ninhada emerge ou que o estoque de alimento é utilizado. O tamanho das células varia, de modo que as células pequenas são usadas para criar operárias e as mais largas, para os zangões (Figura 12.5). As larvas produzem seda, a partir de suas glândulas salivares modificadas (glândulas labiais), para reforçar as células de cera nas quais elas empupam. Quando o ninho está mais maduro, células cônicas alongadas, nas quais são criadas as rainhas, são

Boxe 12.1 Linguagem de dança das abelhas

As abelhas melíferas têm impressionante potencial de comunicação. Sua capacidade de comunicar locais de forrageamento para suas companheiras de ninho foi reconhecida pela primeira vez quando uma operária marcada voltou para sua colmeia com informações de uma fonte artificial de alimento e, depois, foi impedida de voltar para essa mesma fonte. O rápido aparecimento de outras operárias na fonte indicou que a informação referente aos recursos encontrados havia sido transmitida dentro da colmeia. Observações subsequentes usando uma colmeia com vidro na frente mostraram que as abelhas forrageiras com frequência faziam uma dança ao retornarem ao ninho. Outras operárias seguiam a "dançarina", faziam contato de antenas e provavam a comida regurgitada, como mostra a ilustração superior (segundo Frisch, 1967). A comunicação olfatória por si só poderia ser desconsiderada pela manipulação experimental das fontes de alimento, e a importância da dança tornou-se reconhecida. Variações de danças diferentes permitem a comunicação e o recrutamento de operárias para fontes de alimentos próximas ou distantes, e para alimento *versus* locais de ninho em potencial. O objetivo e as mensagens associadas a três danças – circular, em oito e dorsoventral – tornaram-se bem entendidas.

A presença de alimento próximo é comunicada por uma simples dança circular, de modo que a operária que chega troca néctar e faz círculos fechados, com reversões frequentes, por poucos segundos até poucos minutos, como mostrado na ilustração central (segundo Frisch, 1967). A qualidade do néctar ou do pólen da fonte é comunicada por meio do vigor da dança. Embora nenhum direcionamento seja transmitido, 89% de 174 operárias tocadas pela dançarina durante a dança circular estavam aptas a encontrar a nova fonte de alimento no intervalo de 5 min, provavelmente voando em círculos cada vez maiores até o local da fonte ser encontrado.

As fontes de alimento mais distantes são identificadas por uma dança em oito, a qual envolve balançar o abdome enquanto o desenho de um oito é executado, mostrado na ilustração inferior (segundo Frisch, 1967), bem como o compartilhamento de alimento. As características informativas da dança incluem o comprimento do trajeto retilíneo (medido pelo número de células do favo atravessadas), o ritmo da dança (número de danças por unidade de tempo), a duração do balanço e a produção de ruído (zumbido) durante o trajeto retilíneo, além da orientação da corrida em linha reta relacionada à gravidade. As mensagens transmitidas são a energia necessária para alcançar a fonte (em vez da distância absoluta), a qualidade do alimento e a direção em relação à posição do sol (ver Boxe 4.4). Essa interpretação do significado e do teor das informações da dança em oito foi contestada por alguns pesquisadores, que atribuíram a localização de alimento inteiramente a odores específicos do local e carregados pela dançarina. Essa afirmação está centrada principalmente no tempo prolongado necessário para que as operárias, que observam a dança, localizem um lugar específico. A duração está mais vinculada ao tempo esperado para uma abelha localizar uma coluna de odor e, subsequentemente, ziguezaguear seguindo a coluna (ver Figura 4.7), em comparação com o voo direto a partir da direção mostrada na dança. Depois de alguns estudos bem planejados, é evidente, agora, que a localização do alimento é mais eficiente quando a fonte experimental está localizada na direção contrária à do vento do que quando ela é localizada a favor o vento. Além disso, embora operárias experientes possam localizar alimento pelo odor, a dança em oito serve para comunicar uma informação, para operárias novatas, que permita a elas seguirem na direção correta. Próximo à fonte de alimento, odores específicos parecem ser importantes, e os estágios finais de orientação podem ser a parte mais lenta da localização (em particular em instalações experimentais, com fontes de alimento artificiais colocadas perto de observadores humanos).

A função da dança dorsoventral é diferente das danças circular e em oito por regular os padrões de forrageamento diário e sazonal em relação à flutuação da oferta de alimento. As operárias vibram seus corpos, em particular o abdome, em um plano dorsoventral, normalmente enquanto estão em contato com outra abelha. A dança dorsoventral apresenta picos em horas do dia e estações do ano, quando a colônia precisa ser preparada para forrageamento intensivo, e age para recrutar operárias na área da dança em oito. A dança dorsoventral com o contato com a rainha parece diminuir a capacidade inibitória dela, e é utilizada durante o período em que ocorre a criação da rainha. O término desse tipo de dança dorsoventral pode resultar na partida da rainha com um enxame ou no voo de acasalamento de novas rainhas.

A comunicação de um local adequado para um novo ninho difere um pouco da comunicação de uma fonte de alimento. A exploradora que retorna dança sem nenhum néctar ou pólen, e a dança dura de 15 a 30 min, em vez de 1 a 2 min da dança de forrageamento. Primeiramente, todas as diversas exploradoras que retornam de vários lugares em potencial para os ninhos dançam, com diferenças no ritmo, no ângulo e na duração, que indicam diferentes direções e qualidade dos locais, como na dança em oito. Então, mais exploradoras voam para os locais em potencial e alguns deles são rejeitados. Gradualmente um consenso é obtido, o que é mostrado por uma dança que indica o local aceito.

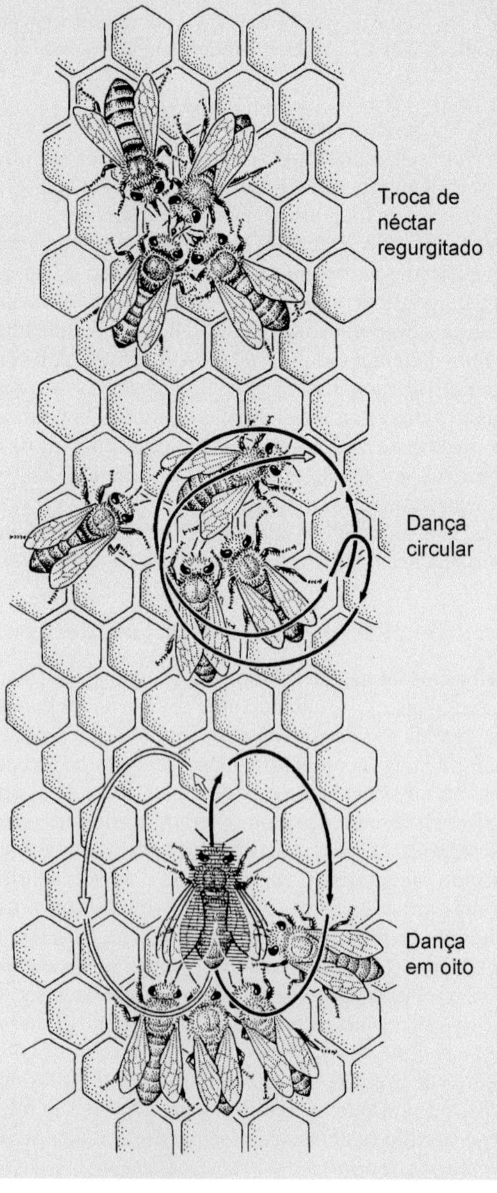

Boxe 12.2 Abelha-africana

A área de distribuição nativa da abelha *Apis mellifera* se estende desde a África mais meridional até a Grã-Bretanha, norte da Europa e em direção ao leste até o Irã e os Urais. Antes dos seres humanos começarem a misturar as populações, provavelmente existiam quatro linhagens genéticas em alopatria geográfica (sem sobreposição), embora tenham sido definidas muitas outras subespécies e/ou raças. Das quatro linhagens, três (do oeste europeu, leste europeu e norte africano) chegaram até o Novo Mundo com fins de apicultura em meados do século XX. Durante a década de 1950, para combater as baixas produções do mel pelas existentes abelhas melíferas europeias, os apicultores brasileiros, com auxílio das agências governamentais, procuraram introduzir a subespécie sul-africana (conhecida como *A. m. scutellata*) no país. Em 1956, rainhas dessa subespécie melhor adaptada aos trópicos, coletadas na África do Sul e Tanzânia, foram introduzidas com sucesso em colmeias de pesquisa de apicultura. A despeito de uma "guarda da rainha" em cada colmeia, algumas rainhas escaparam acidentalmente e essas abelhas se espalharam rapidamente pelo Brasil. Abelhas dessa subespécie são diferentes em termos de comportamento das abelhas melíferas existentes no Novo Mundo, com maior tendência a enxamear, migrar, esconder-se e a serem mais agressivas, incluindo uma defesa do ninho/colmeia mais hostil por uma área mais ampla, e elas alocam maior proporção de indivíduos para guarda. Essas tendências levaram os meios de comunicação (incluindo produtores de cinema) e alguns apicultores a cunhar o termo "abelhas assassinas". Contribuindo para esse medo das abelhas "africanizadas" entre os norte-americanos está o ritmo de dispersão (até 500 km por ano) desde o local de introdução no Brasil para o sul, na Argentina, e em direção norte através da Mesoamérica, chegando até a fronteira EUA/México por volta de 1990.

Entretanto, nem tudo é como previsto. A genética molecular mostra que o rápido avanço foi de quase 100% de abelhas melíferas africanas. Embora a subespécie de *A. m. scutellata* possa formar híbridos com as abelhas melíferas europeias, ela também substitui as formas europeias pela sua maior taxa de aumento, agressividade e usurpação de ninho. Presentemente, as abelhas melíferas africanizadas ocorrem ao longo do sul dos EUA, mas seu avanço rumo ao norte é limitado pelas geladas condições durante o inverno. Além disso, as colmeias comerciais de abelhas melíferas nos EUA são mantidas "recolocando rainhas" europeias, uma vez que aquelas com rainhas africanas ou africanizadas são muito mais difíceis de manipular. A dispersão no sul dos EUA é mais lenta do que na América tropical e Central, talvez por causa da resistência dos apicultores, um clima menos tropical e talvez os efeitos do distúrbio do colapso das colônias (Boxe 12.3). Foram registradas menos mortes de humanos resultantes de ataques de abelhas em comparação com as previsões, apesar de algumas mortes terem ocorrido. Na origem da invasão, os apicultores brasileiros selecionaram linhagens menos agressivas de abelhas africanas. Os medos invocados pelos avisos de abelhas "assassinas" não atenderam as expectativas sensacionalistas iniciais.

Interessantemente, em contraste com o sucesso de *A. m. scutellata* nas Américas, essa abelha se tornou vítima de um parasitismo social no norte da África do Sul, onde uma linhagem da abelha melífera do Cabo, *A. m. capensis*, está devastando colônias da abelha melífera africana em sua distribuição nativa (ver seção 12.3).

construídas no fundo e nas laterais do ninho. A ninhada se desenvolve e o pólen é estocado em células inferiores e centrais, ao passo que o mel é estocado nas células superiores e periféricas. As operárias fabricam o mel em especial a partir do néctar coletado das flores, mas também de secreções provenientes de nectários extraflorais ou de secreções produzidas por insetos (*honeydew*). As operárias carregam néctar para a colmeia em estômagos de néctar, dos quais a ninhada e outros adultos podem ser alimentados diretamente. Porém, com mais frequência, o néctar é convertido em mel pela digestão enzimática dos açúcares para formas mais simples e pela redução de água por evaporação antes do armazenamento em células seladas por cera até serem necessárias para alimentar os adultos ou as larvas. Calcula-se que em 66.000 h de trabalho de abelhas, 1 kg de cera de abelha possa ser modelado em 77.000 células, as quais podem sustentar o peso de 22 kg de mel. Uma colônia média necessita de cerca de 60 a 80 kg de mel por ano.

Ao contrário das vespas, as abelhas melíferas não hibernam com a chegada das baixas temperaturas do inverno da zona temperada. As colônias permanecem ativas durante o inverno, mas o forrageamento é reduzido e nenhuma ninhada é criada. O mel estocado fornece uma fonte de energia para a atividade e geração de calor dentro do ninho. À medida que as temperaturas exteriores caem, as operárias se agrupam com as cabeças voltadas para dentro, formando uma camada inativa de abelhas no exterior e, no interior, permanecem as abelhas ativas, mais quentes e que continuam se alimentando. Apesar do extraordinário estoque de mel e pólen, um inverno longo ou extremamente frio pode matar muitas abelhas.

Colmeias são construções artificiais que lembram ninhos de abelhas melíferas silvestres em algumas dimensões, em especial na distância entre favos. Quando é oferecida uma moldura de madeira separada por um espaço invariável de 9,6 mm, as abelhas melíferas constroem seus favos dentro da moldura, sem a formação de pontes de cera internas necessárias para separar os favos de um ninho silvestre. Essa distância entre os favos é aproximadamente o espaço necessário para que as abelhas se movam livremente em ambos os favos. A possibilidade de remover molduras permite ao apicultor examinar e retirar o mel, e repor as molduras na colmeia. A facilidade da estrutura permite a construção de várias fileiras de caixas. As colmeias podem ser transportadas para lugares mais adequados sem danificar os favos.

Embora a indústria apicultora tenha se desenvolvido por meio da produção comercial de mel, a falta de polinizadores naturais em sistemas de monocultura agrícola leva ao aumento da confiança na transferência das colmeias para garantir a polinização de plantações tão diversas como frutas oleaginosas (especialmente amêndoas), soja, frutas, cravo, canola, alfafa e outras. Somente nos EUA, nos últimos 20 anos cerca de 2,5 milhões de colônias de *A. mellifera* foram alugadas anualmente para a polinização, e o valor para a agricultura americana atribuível à polinização por abelhas melíferas é estimado em mais de US$15 bilhões por ano. Uma perda de rendimento de mais de 90% na produção de frutas, sementes e frutas oleaginosas poderia ocorrer sem a polinização por abelhas melíferas. A ameaça atual à polinização devido ao distúrbio do colapso das colônias (Boxe 12.3) impõe um risco importante para inúmeras culturas polinizadas por abelhas. Além disso, o papel, na polinização, de muitas espécies de abelhas nativas eussociais e solitárias ainda é pouco reconhecido, mas pode ser importante especialmente próximo a áreas de vegetação natural (p. ex., ver seção 11.3.1 para o papel das abelhas na polinização de morangos).

12.2.3 Himenópteros especializados | Formigas

As formigas (Formicidae) formam um grupo bem definido, altamente especializado, provavelmente grupo-irmão de Apoidea (Figura 12.2). A morfologia de uma formiga operária do gênero *Formica* é ilustrada no Taxoboxe 29.

Boxe 12.3 Distúrbio do colapso das colônias

A apicultura é uma arte antiga; os humanos têm mantido abelhas melíferas há muito tempo, e muitas escaparam e formaram colônias "ferais" (para os efeitos nos ecossistemas nativos, ver seção 11.3.1). No entanto, desde a década de 1970 tem havido um declínio nas abelhas selvagens nos EUA, aparentemente causado pela dispersão de um ácaro asiático exótico, *Varroa* (seção 12.3). O número de apiários (colmeias) comerciais também declinou, apesar da disponibilidade de acaricidas (pesticidas para ácaros) para o controle de *Varroa*. No período entre 2005 e 2006, pareceu que o declínio de abelhas melíferas havia se acelerado dramaticamente, com estimativas de perdas de um terço de todas as colmeias a cada ano – e quase metade de todos os apicultores dos EUA abandonaram a prática. O nome "distúrbio do colapso das colônias" (CCD, do inglês *colony collapse disorder*) foi inventado, embora tanto nos EUA, como também no oeste da Europa, declínios históricos similares, de causas desconhecidas, tenham sido documentados previamente. Os sintomas de CCD são ninhos abandonados sem adultos vivos e sem abelhas mortas, mas com a "cria operculada" presente e os estoques de mel e pólen intactos. Curiosamente, outras abelhas melíferas são anormalmente lentas para usurpar essas reservas de alimento e as pragas de colmeia (mariposas e besouros) também retardam seus ataques. A atenção também tem sido chamada para a perda contínua de diversidade das abelhas nativas em partes da América do Norte e da Europa, e declínios em mamangabas nativas no oeste da Europa.

Os serviços prestados por abelhas melíferas necessitam do transporte sazonal de colmeias ao redor dos EUA, por exemplo, mais da metade de todas as colmeias do país (mais de 1,5 milhão de colmeias de fora do estado) são necessárias para a polinização das amendoeiras californianas durante a primavera. Práticas de gerenciamento são necessárias para combinar plantações e estações, e incluem a alimentação suplementar durante o inverno e o transporte de longa distância dos polinizadores (como mostrado aqui no mapa, segundo Mairson, 1993). As perdas efetivas e potenciais dos serviços de polinização são multibilionárias (seção 1.2) e geraram muitos projetos de pesquisa em meio a uma atmosfera de especulação dos meios de comunicação sobre os efeitos prejudiciais na produção de alimentos de "um mundo sem insetos polinizadores".

Muitas causas potenciais foram sugeridas para o CCD. Várias já foram rejeitadas e outras estavam em dúvida como sendo correlacionadas, mas poucas foram verificadas como sendo causadoras. Entre os candidatos de causa única estão:

- Ácaros *Varroa*, especialmente o virulento *V. destructor* da abelha Asiática *Apis cerana*, os quais mudaram para *A. mellifera*
- Vírus, incluindo o vírus IAPV (do inglês, *Israel acute paralizing virus*), transmissível pelo ácaro *Varroa*, o qual causa calafrios, paralisia e morte das abelhas operárias longe da colmeia
- O fungo *Nosema* (um Microsporodia) com uma espécie ocidental sendo substituída pela espécie derivada do oriente, *N. ceranae*.

Desde o início, uma única causa biológica parecia improvável, e, de fato, uma série de estudos demonstrou efeitos sinergéticos negativos associados a muitos fatores. Por exemplo, a suspeita de que a alimentação suplementar com xarope de milho com alta concentração de frutose para as colmeias durante o inverno estivesse envolvida com o CCD foi confirmada. Não por ser um substituto direto ao mel, mas em vez disso, pela falta de substâncias químicas benéficas encontradas na dieta à base de mel, tais como o ácido *p*-cumárico derivado de polens que especificamente induzem (regulação positiva) genes envolvidos na desintoxicação de um acaricida amplamente utilizado dentro de colmeias, o coumafós. Outros estudos demonstraram efeitos tóxicos aditivos e agonísticos entre acaricidas, amplamente detectados em abelhas e produtos derivados, e compostos antimicrobianos e antifúngicos aplicados para manejar a "saúde" da colônia. Em um experimento documentando a fonte e a composição de polens trazidos por operárias para as colônias locadas para a polinização de plantios nomeados no mapa anexo, as abelhas geralmente aparentavam encontrar a maior

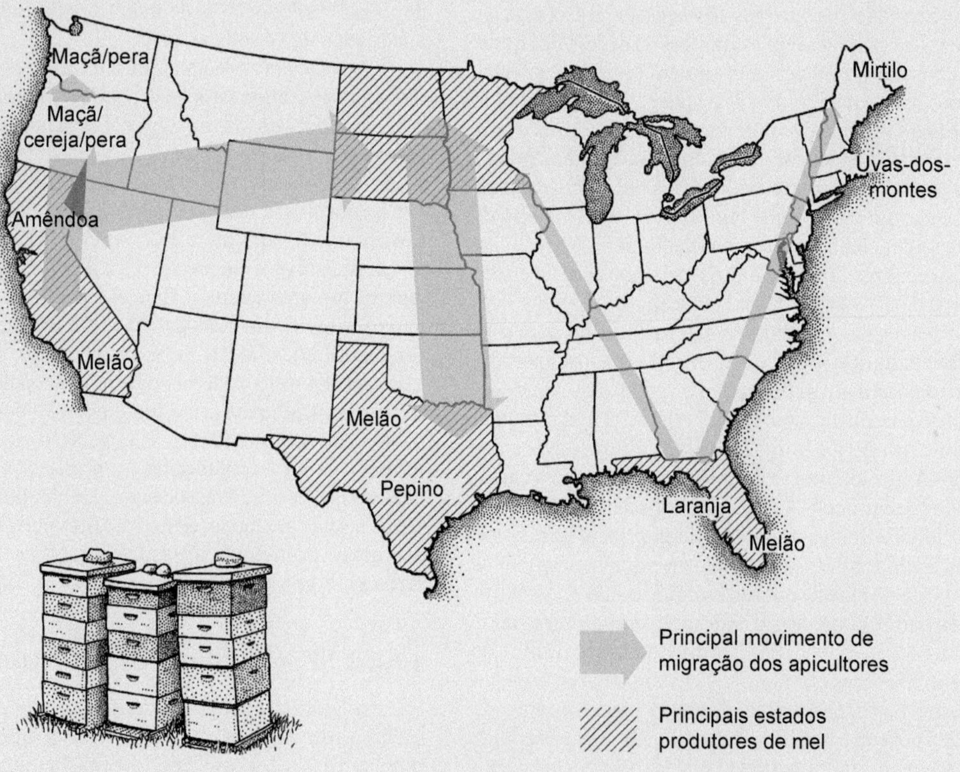

(continua)

Boxe 12.3 Distúrbio do colapso das colônias (*Continuação*)

parte do pólen de ervas daninhas e flores silvestres, em vez das plantas-alvo, tais como pepino, mirtilo etc. O pólen das corbículas (cestos de pólen das abelhas) continha altos níveis de fungicidas e acaricidas, assim como muitos pesticidas diferentes, incluindo alguns exemplos preocupantes de doses letais acima da média de certos inseticidas. O consumo de pólen com altos níveis de fungicidas e acaricidas aumentou a suscetibilidade das abelhas à infecção por *Nosema*, assim como a exposição a alguns (mas não todos) pesticidas.

As suspeitas recaíram em inseticidas neonicotinoides, incluindo imidaclopride (seção 16.4.1 e Boxe 16.4), utilizado em quantidades cada vez maiores tanto como inseticida de amplo espectro e formulado como inseticida sistêmico (utilizado por exemplo, contra os besouros minadores de freixo; Boxe 17.4). Embora não seja letal para as abelhas melíferas em doses recomendadas, essa substância química altamente neuroativa tem efeitos em doses subletais (até mesmo com poucas partes por bilhão de diluição) que podem ser resultado de aplicações de rotina e refletir as condições reais em campo. Nessas concentrações, mudanças sinérgicas nos sistemas imune e neural podem ser esperadas, especialmente em colmeias com uma grande amplitude de substâncias químicas perigosas presentes. Contudo, atribuir a responsabilidade a apenas esse fator, entre os diversos insultos químicos aos quais os insetos polinizadores estão expostos, não parece ser justificado, dada a evidência do papel das diversas práticas de manejo adotadas pelos apicultores.

Colônias e castas em formigas

Todas as formigas são sociais e suas espécies são polimórficas. Há duas castas principais de fêmeas, a rainha reprodutora e as operárias, em geral com dimorfismo completo entre elas. Muitas formigas têm operárias monomórficas, mas outras apresentam subcastas distintas chamadas, conforme os seus tamanhos, **operárias pequenas**, **operárias médias** ou **operárias grandes**. Embora as operárias possam ter formas claramente diferentes, com mais frequência há um gradiente de tamanho. As operárias nunca são aladas, mas as rainhas têm asas que são perdidas depois do acasalamento, assim como os machos, que morrem após o acasalamento. Indivíduos com asas são denominados **alados**. O polimorfismo em formigas é acompanhado pelo polietismo, de modo que o papel da rainha é restrito à oviposição e as operárias fazem todas as outras tarefas. Se as operárias forem monomórficas, pode haver polietismo temporal ou etário, com as operárias jovens incumbindo-se das obrigações de cuidados internos e as mais velhas forrageando fora do ninho. Se as operárias forem polimórficas, a subcasta com os indivíduos grandes geralmente tem um papel de defesa.

As operárias de certas formigas, tais como as lava-pés (*Solenopsis*), têm ovários reduzidos e são irreversivelmente estéreis. Em outras, as operárias têm ovários funcionais e podem produzir alguns ou todos os machos da prole pela postura de ovos haploides (não fecundados). Em algumas espécies, quando a rainha é removida, a colônia continua a produzir gines de ovos fecundados, previamente postos pela rainha, e machos de ovos postos pelas operárias. Foi demonstrado na formiga *Lasius niger* que um feromônio produzido pela rainha (um hidrocarboneto cuticular encontrado na rainha e nos seus ovos) atua tanto como um gatilho para a redução da ativação ovariana das operárias e também como um liberador para reduzir a agressividade das operárias contra a rainha e seus ovos. A inibição pela rainha de suas operárias-filhas é bastante impressionante nas formigas africanas *Oecophylla longinoda*. Uma colônia madura de até meio milhão de operárias, distribuídas por até 17 ninhos, é impedida completamente de reprodução por uma única rainha. As operárias, contudo, produzem uma prole de machos em ninhos localizados fora da influência (ou território) da rainha. A rainha impede a produção de ovos fecundados pelas operárias, mas pode permitir a postura de ovos **tróficos** especializados que são alimentos para a rainha e/ou para as larvas. Dessa maneira, a rainha não somente impede qualquer competição reprodutiva, mas direciona a maior parte da proteína disponível na colônia para a sua própria prole.

A diferenciação de castas é amplamente trofogênica (determinada pela dieta), envolvendo uma distribuição tendenciosa do volume e da qualidade do alimento oferecido à larva. Uma dieta rica em proteína promove a diferenciação da gine/rainha e uma dieta menos rica, mais diluída, leva à diferenciação de operárias. A rainha em geral inibe o desenvolvimento de gines indiretamente por meio da modificação do comportamento de alimentação das operárias direcionado às larvas fêmeas, as quais têm o potencial para diferenciar-se tanto como gines quanto como operárias. Em *Myrmica*, larvas grandes e com desenvolvimento lento se tornam gines, portanto, o estímulo ao desenvolvimento rápido e à metamorfose precoce de larvas pequenas, ou a privação de alimento e a estimulação da larva grande por meio de mordidas para acelerar o desenvolvimento induzem diferenciação como operárias. Quando a influência da rainha diminui, seja em razão do aumento da colônia, seja porque o feromônio inibitório é impedido na sua circulação por toda a colônia, as gines são produzidas a alguma distância da rainha. Existe também um papel para o HJ na diferenciação de castas. O HJ tende a induzir o desenvolvimento da rainha durante os estágios de ovo e larva, além de induzir a produção de operárias grandes nas operárias já diferenciadas.

De acordo com o ciclo sazonal, formigas gines amadurecem para reprodutivas aladas, e permanecem no ninho em um estado sexualmente inativo até que as condições externas sejam adequadas para deixar o ninho. No momento apropriado, elas fazem seu voo nupcial, acasalam, e tentam fundar uma nova colônia.

Construção de ninhos em formigas

Os ninhos subterrâneos de *Myrmica* e os murundus formados por material vegetal decomposto de *Formica* são típicos ninhos de formigas das regiões temperadas. As colônias são fundadas quando uma rainha fecundada perde suas asas e passa o inverno fechada no novo ninho escavado, de onde ela nunca mais sairá. Na primavera, a rainha põe alguns ovos e alimenta as larvas emergidas via **trofalaxia** estomodeal ou oral, isto é, regurgita alimento líquido proveniente de sua reserva interna. As colônias se desenvolvem vagarosamente, ao passo que as operárias aumentam em número, e um ninho pode levar muitos anos até que novos alados sejam produzidos.

Uma colônia fundada por mais de uma rainha, fato conhecido como **pleometrose**, parece ser muito comum, de modo que os trabalhos de escavação do ninho inicial são divididos, como é o caso das formigas *Myrmecocystus mimicus*. Nessa e em outras espécies, os ninhos contendo múltiplas rainhas podem persistir como colônias poligínicas; todavia, a monoginia em geral surge por meio da dominância de uma única rainha, normalmente após a emergência das primeiras operárias. Ninhos poligínicos são associados na maioria das vezes ao uso oportunista de recursos efêmeros ou duradouros, porém com distribuição irregular.

Os ninhos tecidos por espécies de *Oecophylla* são estruturas complexas bem conhecidas (Figura 12.7). Essas formigas-tecelãs africanas e asiáticas/australianas têm territórios extensos os quais as operárias exploram de maneira contínua em busca de qualquer folha que possa ser carregada. Segue-se um notável esforço colaborativo de construção, em que as folhas são manipuladas formando uma "tenda" por operárias dispostas em fila, com frequência envolvendo uma "corrente" de formigas que fazem uma ponte sobre grandes intervalos entre as bordas das folhas. Outro grupo de operárias pega as larvas de ninhos existentes, carregando-as delicadamente entre suas mandíbulas, e levando-as ao local de construção. No local, as larvas são induzidas a produzir fios de seda por suas bem-desenvolvidas glândulas de seda e, então, um ninho é tecido unindo a estrutura de folhas.

Tecidos vivos de plantas proporcionam um local para ninhos de formigas como *Pseudomyrmex ferrugineus*, que constrói o ninho entre os espinhos expandidos de acácias da América Central (ver Figura 11.9A). Nesses mutualismos que envolvem as defesas das plantas, essas se beneficiam pela intimidação de animais fitófagos pelas formigas, como discutido na seção 11.4.1.

A eficiência do forrageamento das formigas pode ser muito elevada. Estima-se que uma típica colônia madura de formigas europeias (*Formica polyctena*) colete cerca de 1 kg de artrópodes como alimento por dia. As formigas-correição são popularmente conhecidas pela atividade predatória voraz. Essas formigas, que pertencem predominantemente às subfamílias Ecitoninae e Dorylinae, alternam-se de forma cíclica entre a fase sedentária (estatária) e a migratória ou nômade. Nessa última fase, um bivaque (agrupamento temporário) noturno é formado, o qual com frequência nada mais é do que um agrupamento exposto da colônia inteira. Cada manhã, os milhões de formigas da colônia movem-se como um todo, carregando as larvas. A borda desse grupo massivo, conforme avança, ataca e forrageia uma série de artrópodes terrestres, de modo que a predação em grupo permite que até presas grandes sejam dominadas. Após cerca de duas semanas de nomadismo, inicia-se um período estacionário durante o qual a rainha põe 100.000 a 300.000 ovos em um bivaque estacionário. Esse é mais abrigado do que um típico bivaque noturno, talvez dentro de um ninho de formigas antigo ou debaixo de um tronco. Três semanas antes da eclosão, as larvas da oviposição anterior completam seu desenvolvimento e emergem como novas operárias, estimulando assim o próximo período de atividade migratória.

Figura 12.7 Formigas-tecelãs *Oecophylla* preparando um ninho, puxando as folhas e unindo-as com seda produzida pelas larvas, que são seguras pelas mandíbulas das formigas operárias. (Segundo CSIRO, 1970; Hölldobler, 1984.)

Nem todas as formigas são predadoras. Algumas coletam grãos e sementes (mirmecocoria; seção 11.3.2) e outras, inclusive as extraordinárias *Myrmecocystus mimicus*, alimentam-se quase exclusivamente das fezes adocicadas (*honeydew*) produzidas por insetos, incluindo aquelas das cochonilhas criadas dentro de ninhos (seção 11.4.1). As operárias dessa espécie retornam ao ninho com o papo cheio de *honeydew*, o qual é utilizado como alimento, via trofalaxia oral, para operárias selecionadas denominadas repletas. O abdome das repletas é tão dilatável que elas se tornam virtualmente "potes de mel" imóveis (ver Figura 2.4), atuando como reserva de alimento para todos dentro do ninho.

12.2.4 Termitoidae (anteriormente ordem Isoptera, cupins)

Todos os cupins (Termitoidae) são eussociais. Suas características diagnósticas e biologia estão resumidas no Taxoboxe 16.

Colônias e castas em cupins

Ao contrário das castas dos holometábolos Hymenoptera eussociais, constituídas somente de adultos e fêmeas, as castas dos hemimetábolos Isoptera envolvem estágios imaturos e igual representação de ambos os sexos. Todavia, antes que as castas sejam mais discutidas, é importante esclarecer os termos para os estágios imaturos nos cupins. Os termitólogos referem-se aos instares de desenvolvimento de reprodutores como ninfas, mais apropriadamente chamadas de ninfas braquípteras; e aos instares de linhagens estéreis como larvas, embora, rigorosamente, essas últimas sejam ninfas ápteras.

Os cupins têm sido divididos em cupins "superiores" e "inferiores", mas as implicações desses termos são inapropriadas. Os cupins "superiores" referem-se à monofilética e especiosa família Termitidae; os "inferiores" referem-se ao grado evolutivo parafilético (ver seção 7.1.1) que compreende todas as outras famílias.

Os Termitidae diferem dos outros cupins da seguinte maneira:

- Membros da família Termitidae tipicamente não têm os simbiontes flagelados encontrados no proctodeu dos "cupins inferiores"; esses protistas (protozoários) secretam enzimas (incluindo as celulases) que podem contribuir com a digestão do conteúdo intestinal. Uma subfamília de Termitidae utiliza um fungo cultivado para pré-digerir o alimento
- Termitidae apresenta um sistema de castas mais elaborado e rígido. Por exemplo, na maioria dos cupins inferiores há uma pequena, ou nenhuma, dilatação do abdome da rainha, ao passo que as rainhas de Termitidae sofrem uma extraordinária fisiogastria, na qual o abdome distende-se de 500 a 1.000% do seu tamanho original (Figura 12.8; ver Prancha 6C); na maioria dos outros cupins há pequena ou nenhuma distensão do abdome da rainha.

Todas as colônias de cupins contêm um par de reprodutores primários – a rainha e o rei, que são antigos adultos alados de uma colônia estabelecida. O rei e a rainha são longevos e acasalam repetidamente ao longo de suas vidas. Com a perda dos reprodutores primários, ocorrem potenciais reprodutores para substituição (em algumas espécies, um pequeno número pode estar sempre presente). Esses indivíduos, chamados de reprodutores suplementares ou neotênicos, ficam com o desenvolvimento suspenso, seja com as asas presentes como brotos (neotênicos braquípteros) ou sem asas (neotênicos ápteros, ou ergatoides), e são capazes de levar a frente o seu papel reprodutivo caso os reprodutores primários morram.

Em contraste com esses reprodutores, ou castas potencialmente reprodutoras, a colônia é numericamente dominada por cupins estéreis com função de operárias e soldados de ambos os sexos. Os soldados têm cabeças distintas fortemente esclerotizadas, com grandes mandíbulas ou um prolongamento anterior (ou tromba) por meio do qual uma secreção viscosa de defesa é expelida. Em algumas espécies, podem ocorrer duas classes de soldados, a maior e a menor. As operárias não são especializadas, são fracamente pigmentadas e pouco esclerotizadas, originando o nome popular de "formigas-brancas".

Os meios de diferenciação de castas são mais bem descritos no sistema mais rígido dos cupins Termitidae, os quais podem ser contrastados com a maior plasticidade exibida pelos demais cupins. Nos *Nasutitermes exitiosus* (Termitidae: subfamília Nasutitermitinae) (Figura 12.8) existem dois caminhos diferentes de desenvolvimento; um leva aos reprodutores e o outro (o qual é posteriormente subdividido) leva às castas estéreis. Essa diferenciação pode ocorrer tão cedo quanto no primeiro estágio larval, embora algumas castas possam não ser morfologicamente reconhecidas até algumas mudas posteriores. O caminho reprodutivo (à esquerda na Figura 12.8) é relativamente constante dentro dos táxons de cupins e com frequência leva ao surgimento de alados: os reprodutores alados que deixam a colônia, acasalam, dispersam e fundam novas colônias. Nos *N. exitiosus*, nenhum neotênico é formado; a reposição para os reprodutores primários perdidos vem dos alados retidos na colônia. Outros *Nasutitermes* mostram grande plasticidade no desenvolvimento.

As linhagens estéreis (sexo neutro) são complexas e variáveis entre as diferentes espécies de cupim. Nos *N. exitiosus*, duas categorias de larvas de segundo instar podem ser reconhecidas de acordo com as diferenças de tamanho, provavelmente relacionadas ao dimorfismo sexual, embora não seja claro qual sexo pertence a qual categoria de tamanho. Nas duas linhagens, uma muda subsequente produz uma ninfa de terceiro instar da casta operária, tanto pequena quanto grande, conforme o caminho. Essas operárias de terceiro instar têm o potencial (competência) para se desenvolver em soldados (por meio de um instar pré-soldado interveniente) ou permanecer como operárias por várias outras mudas. O caminho estéril de *N. exitiosus* envolve operárias grandes que continuam a crescer por sucessivas mudas, ao passo que as operárias pequenas param de mudar depois do quarto instar. Aqueles que mudam para tornarem-se pré-soldados e, em seguida, soldados não vão além no desenvolvimento.

Os cupins não pertencentes aos Termitidae ("inferiores") são mais flexíveis e exibem mais caminhos para a diferenciação. Muitos não têm uma casta operária verdadeira, embora frequentemente apresentem uma casta funcionalmente equivalente a um "trabalho infantil" ou "falsas-operárias", os pseudergates, composta por ninfas cujos brotos alares foram eliminados (regrediram) por muda ou, menos frequentemente, por ninfas braquípteras ou até por larvas indiferenciadas. Ao contrário das operárias "verdadeiras" dos cupins Termitidae, os pseudergates são plásticos em termos de desenvolvimento e conservam a capacidade de se diferenciar em outras castas por meio de muda. A diferenciação de ninfas a partir de larvas e de reprodutores a partir de pseudergates pode não ser possível até que um instar relativamente tardio seja alcançado. Se houver um dimorfismo sexual na linhagem estéril, as operárias grandes serão na maioria das vezes machos, mas as operárias

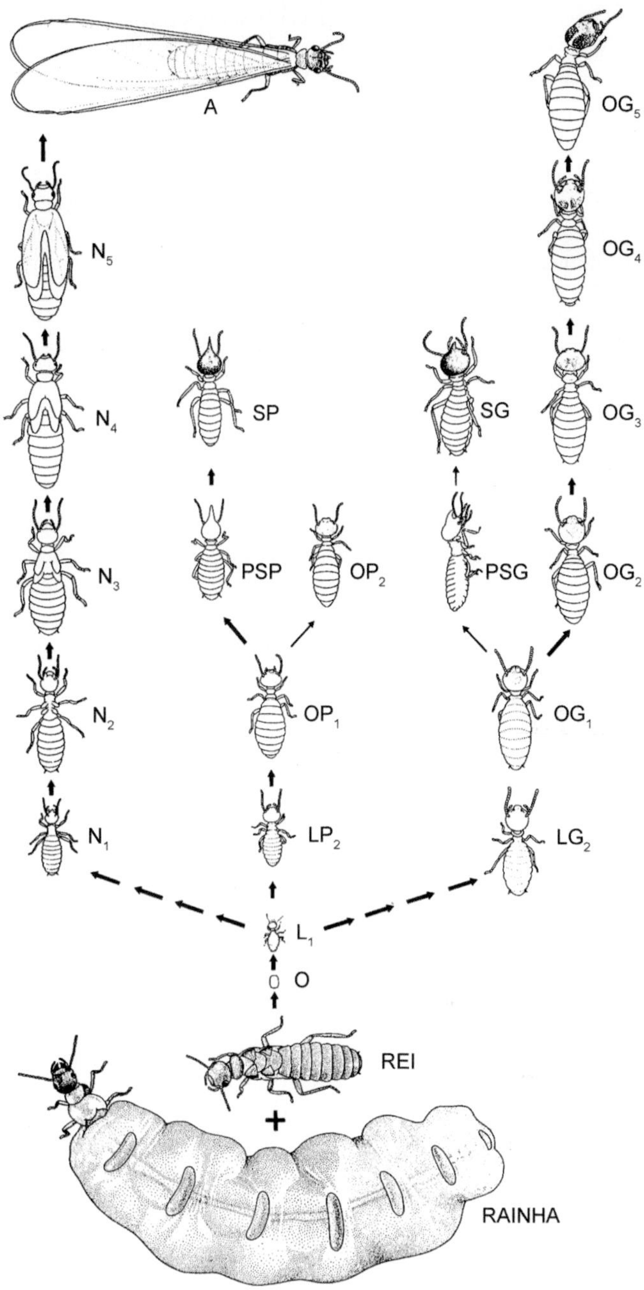

Figura 12.8 Caminhos de desenvolvimento do cupim *Nasutitermes exitiosus* (Termitidae). As setas grossas indicam as principais linhas de desenvolvimento; as setas finas indicam as linhas secundárias. A, alado; O, ovo; L, larva; LG, larvas grandes; PSG, pré-soldado grande; SG, soldado grande; OG, operária grande; N, ninfa; LP, larva pequena; PSP, pré-soldado pequeno; SP, soldado pequeno; OP, operária pequena. Os números indicam os estágios. (Os caminhos com base em Watson & Abbey, 1985.)

podem ser monomórficas. Isso pode acontecer pela ausência de dimorfismo sexual ou, mais raramente, porque somente um sexo é representado. As mudas podem resultar em:

- Mudança morfológica dentro de uma casta
- Nenhum avanço morfológico (muda sazonal)
- Mudança para uma nova casta (tal como os pseudergates para reprodutores)
- Um salto para uma nova morfologia, pulando um instar intermediário
- Suplementação, adicionando um instar à rota normal

- Reversão para uma morfologia anterior (tal como os pseudergates a partir de reprodutores) ou um pré-soldado a partir de qualquer ninfa, larvas de instares avançados ou pseudergates.

A determinação do instar é muito difícil à luz dessas potencialidades de mudas. A única muda inevitável é que um pré-soldado deve mudar para um soldado.

Os pseudergates podem coexistir com operárias verdadeiras em alguns cupins; claramente os pseudergates não são precursores evolutivos das operárias verdadeiras e evoluíram ao longo de diferentes vias de desenvolvimento. A partir de estudos filogenéticos, a casta das operárias verdadeiras parece ter tido múltiplas origens evolutivas, embora ainda seja incerto se os pseudergates surgiram antes das operárias.

Certos cupins incomuns não têm soldados. Até a presença universal de somente um par de reprodutores tem exceções; múltiplas rainhas primárias coabitam em algumas colônias de alguns Termitidae.

Indivíduos de uma colônia de cupins são provenientes de um casal de pais. Assim, as diferenças genéticas que existem entre castas devem ser relacionadas ao sexo ou decorrentes da expressão diferencial de genes. A expressão gênica está sob influências sinergéticas, múltiplas e complexas vinculadas a hormônios (incluindo neuro-hormônios), interações de membros da colônia e fatores ambientais externos (epigenéticos). As colônias de cupins são bem estruturadas e têm alta homeostase: as proporções entre castas são restauradas rapidamente depois de perturbações naturais ou experimentais, por meio do recrutamento de indivíduos de castas apropriadas e eliminação de indivíduos que excedem as necessidades da colônia. A homeostase é controlada por vários feromônios que atuam especificamente sobre os *corpora allata* e, de uma maneira mais geral, no resto do sistema endócrino. Nos bem-estudados *Kalotermes*, os reprodutores primários inibem a diferenciação de reprodutores suplementares e ninfas aladas. A formação de pré-soldados é inibida pelos soldados, mas estimulada por meio de feromônios produzidos pelos reprodutores.

Os feromônios que inibem a reprodução são produzidos dentro do corpo por reprodutores e disseminados para os pseudergates por meio de trofalaxia proctodeal, isto é, alimentando-se de excreções anais. A transferência de feromônios para o resto da colônia acontece por trofalaxia oral. Esse caminho foi demonstrado de maneira experimental em uma colônia de *Kalotermes* por meio da remoção dos reprodutores, e pela divisão da colônia em duas metades com uma membrana. Os reprodutores foram reintroduzidos na membrana, de modo que os seus abdomes foram direcionados para dentro de uma das metades da colônia e as cabeças para a outra. Somente na parte da colônia que continha as cabeças os pseudergates diferenciaram-se em reprodutores: a inibição continuou na parte que continha os abdomes. A pintura do abdome com verniz eliminou qualquer mensagem química cuticular, mas não eliminou a inibição do desenvolvimento dos pseudergates. Por outro lado, quando o ânus foi bloqueado, os pseudergates tornaram-se reprodutores, verificando, desse modo, a transferência anal. Os feromônios inibitórios produzidos pela rainha e pelo rei têm efeitos sinérgicos ou complementares: o feromônio feminino estimula o macho a liberar feromônio inibitório, ao passo que o feromônio masculino tem um efeito estimulatório menor na fêmea. A produção de reprodutores primários e suplementares envolve a eliminação desses feromônios inibitórios produzidos por reprodutores funcionais.

O reconhecimento cada vez maior do papel do HJ na diferenciação de castas vem de observações como a diferenciação de pseudergates em soldados após uma injeção ou aplicação tópica de HJ ou implante dos *corpora allata* de reprodutores. Alguns dos efeitos dos feromônios na composição da colônia podem ser decorrentes da produção de HJ pelos reprodutores primários. A determinação de castas nos Termitidae é originada tão cedo quanto o ovo, durante a maturação no ovário da rainha. À medida que a rainha cresce, os *corpora allata* hipertrofiam e podem alcançar um tamanho 150 vezes maior do que as glândulas de um alado. O conteúdo de HJ dos ovos também varia, e é possível que um alto nível de HJ no ovo cause diferenciação para seguir a linhagem estéril. Esse caminho é reforçado se as larvas forem alimentadas de excreções proctodeais (ou ovos tróficos) que apresentam um nível elevado de HJ, ao passo que um nível baixo de HJ nos ovos permite a diferenciação seguindo o caminho reprodutivo. Em todos os cupins, a diferenciação de operárias e soldados a partir das larvas de terceiro instar está sob um controle hormonal adicional, como demonstrado pela indução de indivíduos dessas castas pela aplicação de HJ.

Construção de ninhos em cupins

Nas partes mais quentes das regiões temperadas do hemisfério norte, os cupins Kalotermitidae, em especial *Cryptotermes*, são bem conhecidos em razão do dano estrutural que eles provocam nas vigas das construções. Os cupins são pragas de madeira seca e úmida nos trópicos e subtrópicos, porém, nessas regiões, eles geralmente são mais conhecidos por causa de seus espetaculares cupinzeiros. Nas pragas de madeira, a colônia pode não ter mais do que algumas poucas centenas de cupins, ao passo que nas formações de murundus (em particular espécies de Termitidae e alguns Rhinotermitidae), vários milhões de indivíduos podem estar envolvidos. Os cupins *Coptotermes formosanus* (Rhinotermitidae) (Figura 12.9) vivem principalmente em ninhos subterrâneos e podem formar imensas colônias de até 8 milhões de indivíduos, e são uma praga importante no sudeste dos EUA, onde suas atividades provavelmente contribuíram para o fracasso dos diques (paredes de enchente) nas enchentes causadas pelo Furacão Katrina em Nova Orleans. Esse cupim minou muitas paredes de diques na sua distribuição nativa na China.

Os cupins podem ser agrupados em quatro grandes categorias de comportamento de nidificação: (i) nidificação e forrageamento em um único pedaço de madeira, ou vários pedaços proximamente

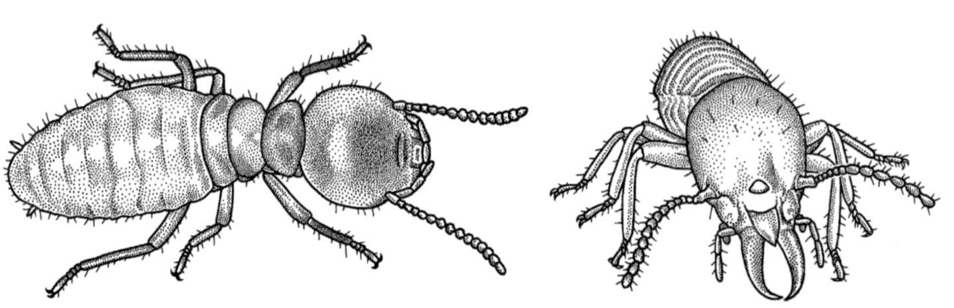

Figura 12.9 O cupim subterrâneo *Coptotermes formosanus* (Blattodea: Termitoidae: Rhinotermitidae): operário (*à esquerda*) e soldado (*à direita*).

associados; (ii) começando em um único fragmento de madeira, mas buscando por e comendo outros pedaços e movendo o ninho para outro fragmento uma vez que o primeiro tenha sido consumido; (iii) a nidificação separada do alimento (não necessariamente a madeira) e do forrageamento para localizar a comida; e (iv) continuamente móvel, sem nenhum ninho permanente, como em espécies que se alimentam no solo e consomem material vegetal em decomposição. Todas as espécies pragas de cupins que são invasoras pertencem às duas primeiras categorias de nidificação.

Em todos os casos, um novo ninho é fundado por um macho e uma fêmea após o voo nupcial dos alados. Uma pequena cavidade é escavada, dentro da qual o casal se fecha. A cópula acontece nessa célula real, e a postura dos ovos começa. A primeira prole é de operárias, que são alimentadas de madeira regurgitada ou outras matérias vegetais, preparadas com simbiontes do trato digestivo, até que elas estejam suficientemente maduras para alimentarem a si mesmas e aumentarem o ninho. No início da vida da colônia, a produção é direcionada para as operárias, com a produção posterior de soldados para defender a colônia. À medida que a colônia se torna madura, mas talvez não antes de 5 a 10 anos de idade, a produção de reprodutores começa. Isso envolve a diferenciação de formas sexuais aladas na estação apropriada para a revoada e a fundação de novas colônias.

Os cupins tropicais podem usar virtualmente toda fonte de alimento rica em celulose, acima e abaixo do solo, desde touceiras de gramíneas e fungos até árvores vivas e mortas. As operárias espalham-se a partir do murundu, com frequência em túneis subterrâneos e, mais raramente, acima do solo, em trilhas marcadas com feromônios, na busca de materiais. Na subfamília Macrotermitinae (Termitidae), fungos são cultivados em favos de fezes de cupim, dentro do murundu, e o cultivo completo de fungos e as excretas servem de alimento para a colônia (seção 9.5.3). Esses cupins que criam fungos formam a maior colônia de cupim conhecida, com uma estimativa de milhões de habitantes em algumas espécies do leste africano.

A maior parte dos murundus gigantes dos cupins tropicais pertence a espécies dos Termitidae. À medida que a colônia cresce por meio da produção de operárias, o murundu é aumentado por camadas de solo e fezes de cupim, até que alguns murundus centenários atinjam dimensões extraordinárias. Arquiteturas diferentes de murundus caracterizam diferentes espécies de cupim; por exemplo, os murundus "magnéticos" dos *Amitermes meridionalis* no norte da Austrália são mais estreitos na direção norte-sul e mais largos na direção leste-oeste, e podem ser usados como uma bússola (Figura 12.10). Essa orientação se relaciona à termorregulação, uma vez que a face mais larga do murundu recebe a exposição máxima ao calor do sol da manhã e da tarde, e a face mais estreita se direciona para o quente sol do meio-dia. A forma do murundu não é o único meio de regulação da temperatura: um projeto interno complexo, em especial nas espécies de *Macrotermes* que cultivam fungos, permite a circulação de ar a fim de permitir o controle microclimático de temperatura e de dióxido de carbono (Figura 12.11).

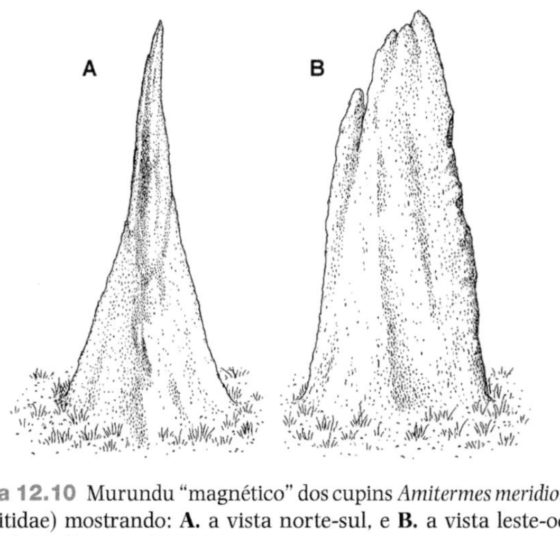

Figura 12.10 Murundu "magnético" dos cupins *Amitermes meridionalis* (Termitidae) mostrando: **A.** a vista norte-sul, e **B.** a vista leste-oeste. (Segundo Hadlington, 1987.)

12.2.5 Besouros de ambrósia eussociais (Coleoptera: Curculionidae)

A associação entre os besouros de ambrósia (Platypodinae e alguns Scolytinae) com os fungos que degradam madeira é discutida na seção 9.2. Esses besouros vivem dentro de uma árvore em uma colônia fundada por uma única fêmea que fura o túnel inicial, o inocula com fungos carregados em micângios (seção 9.2) e oviposita seus ovos. Todos os filhotes da colônia são derivados desse único indivíduo, gerando alto parentesco entre a prole. Esse parentesco, combinado com observações iniciais da demografia da colônia (em particular do besouro platipodíneo *Austroplatypus incompertus*) mostrando a retenção de fêmeas da próxima geração (sobreposição de gerações), representa uma forma de socialidade.

Estudos recentes de *Xyleborinus saxesenii* (Scolytinae: Xyloborini) mostram que uma divisão de trabalho única também está envolvida. Por serem holometábolas, as larvas de besouros da ambrósia são muito diferentes morfologicamente dos adultos, no entanto, existe pouca ou nenhuma diferenciação ecológica, uma vez que todos os estágios dependem da xilofungivoria. Em vez disso, são os papéis das larvas e dos adultos na colônia que diferem. As larvas escavam e aumentam as galerias, e coletam os resíduos ("aglomeração" das fezes de dentro dos túneis), sem a supervisão de adultos. Os besouros adultos protegem a prole, conduzem as bolas de fezes até a entrada, mantêm as culturas de fungos e bloqueiam a entrada da galeria (geralmente pela única fundadora). Todos os estágios e sexos se limpam para remover fungos externos de seus corpos; sem essa limpeza, o supercrescimento é letal.

As fêmeas da prole partem para fundar suas próprias colônias somente quando a colônia alcança uma razão alta o suficiente de fêmeas para prole dependente. Levando em consideração todos esses comportamentos sociais, o sistema dos besouros da ambrósia é evidentemente eussocial, apesar de as filhas não sacrificarem sua reprodução por suas parentes.

12.3 INQUILINOS E PARASITAS DOS INSETOS SOCIAIS

Os domicílios dos insetos sociais proporcionam a muitos outros insetos um local hospitaleiro para se desenvolverem. O termo **inquilino** refere-se a um organismo que divide sua casa com outro. Isso abrange uma série de organismos que apresentam algum tipo de relação obrigatória com outro organismo, nesse caso, um inseto social. Esquemas complexos de classificação envolvem a categorização do inseto hospedeiro e a relação ecológica, conhecida ou suposta, entre inquilino e hospedeiro (p. ex., mirmecófilos, termitoxenos). Todavia, duas divisões alternativas apropriadas para essa discussão envolvem o grau de interação do estilo de vida do inquilino com aquele do hospedeiro. Dessa forma, os **inquilinos integrados** são aqueles que estão incorporados na vida social de seus hospedeiros por meio da modificação do comportamento de ambas as partes, ao passo que os **inquilinos não integrados** são ecologicamente adaptados ao ninho, porém, não interagem socialmente com o hospedeiro. Os inquilinos predadores podem afetar de

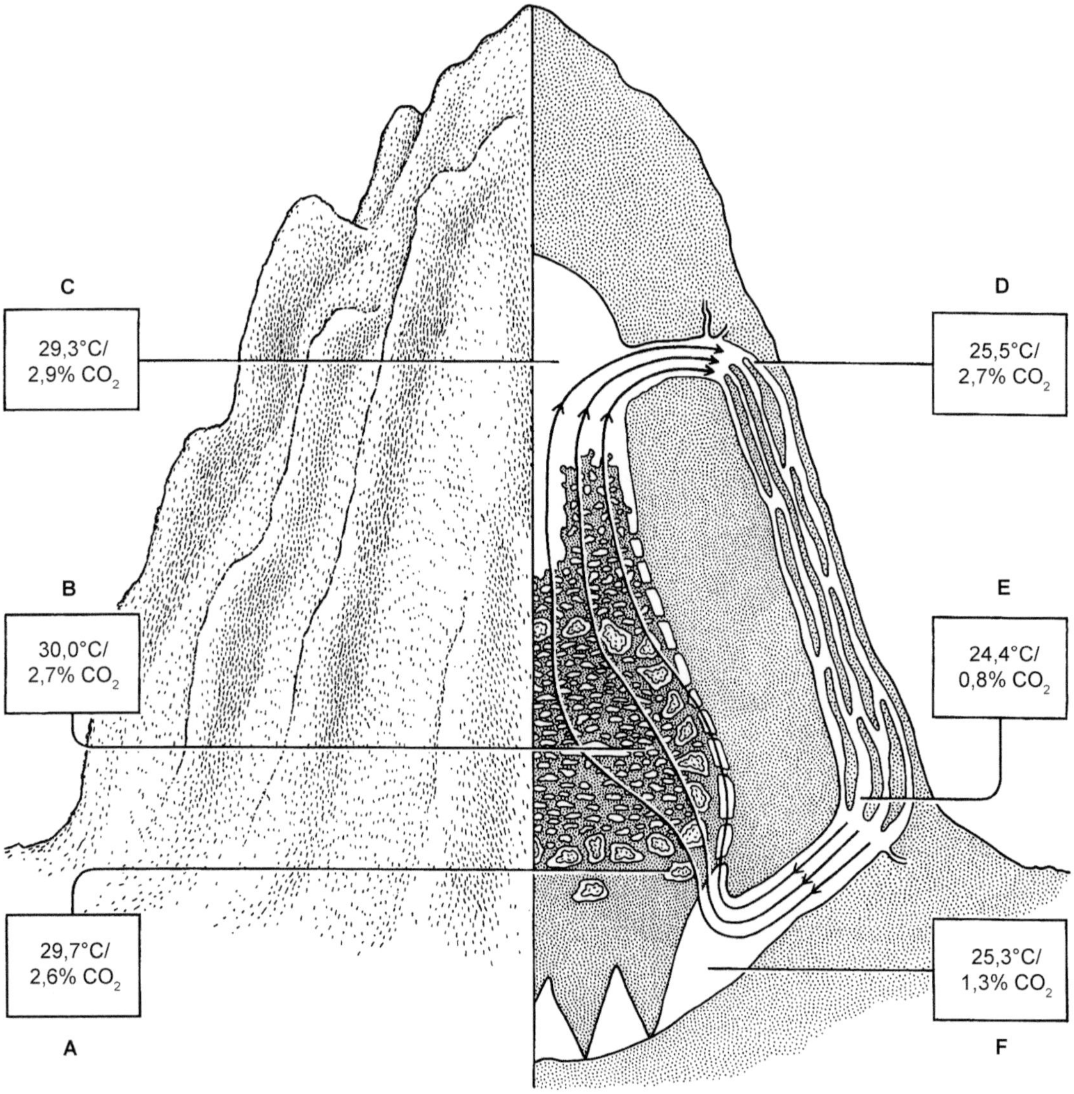

Figura 12.11 Secção de um ninho de cupins africanos *Macrotermes natalensis* (Termitidae) cultivadores de fungos, mostrando como a circulação de ar em uma série de passagens mantém condições favoráveis de cultivo para o fungo no fundo do ninho (**A**) e para a ninhada de cupins (**B**). Medidas de temperatura e de dióxido de carbono são mostradas nos quadros para as seguintes localizações: **A.** favos de fungos; **B.** câmaras das ninhadas; **C.** sótão; **D.** parte superior de um canal estreito; **E.** parte inferior de um canal estreito; e **F.** porão. (Segundo Lüscher, 1961.)

maneira negativa o hospedeiro, de modo que outros inquilinos podem somente se abrigar dentro do ninho ou fornecer algum benefício, como exemplo, alimentar-se dos dejetos do ninho.

A integração pode ser alcançada por meio do mimetismo das pistas químicas usadas pelo hospedeiro na comunicação social (como os feromônios), ou pela sinalização tátil que libera respostas de comportamento social, ou pelos dois. O termo mimetismo wasmanniano compreende algumas ou todas as características químicas ou táteis que permitem que o mimético seja aceito por um inseto social; no entanto, a distinção em relação a outras formas de mimetismo (principalmente o batesiano; seção 14.5.1) não é clara. O mimetismo wasmanniano pode incluir, mas não necessariamente, a imitação da forma do corpo. Por outro lado, o mimetismo de um inseto social pode não implicar inquilinismo: os miméticos de formigas mostrados na Figura 14.12 podem obter alguma proteção contra seus inimigos naturais, como resultado de sua aparência semelhante a uma formiga, mas não são simbiontes nem associados ao ninho.

A quebra do código químico dos insetos sociais ocorre pela capacidade de um inquilino em produzir substâncias químicas de apaziguamento e/ou de adoção: os mensageiros que os insetos sociais usam para reconhecer uns aos outros e distinguirem-se de intrusos. Lagartas de *Phengaris* (anteriormente *Maculinea*) *arion* (a grande borboleta-azul; ver Boxe 1.4) e congêneres, que se desenvolvem nos ninhos de formigas *Myrmica* spp. como inquilinas ou parasitas, transpõem as defesas do ninho das formigas hospedeiras de várias formas. As larvas da borboleta secretam semioquímicos que mimetizam bem os hidrocarbonetos cuticulares das larvas da formiga e, quando pedem por alimento, são nutridas pelas formigas operárias. Adicionalmente, as larvas e pupas da borboleta fazem sons pulsados que, pelo menos em *Phengaris* (anteriormente *Maculinea*) *rebeli* mimetizam aqueles da formiga rainha e, portanto, os intrusos são tratados como realeza.

Certos besouros estafilinídeos também utilizam mimetismo químico, por exemplo, os *Atemeles pubicollis*, que vivem como larvas dentro no ninho da formiga europeia *Formica rufa*. A larva desse estafilinídeo produz uma secreção glandular que induz as formigas cuidadoras de ninhadas a tratarem do estrangeiro. O alimento é obtido pela adoção de uma postura de pedir alimento, similar à de uma larva de formiga que se levanta e faz contato com as peças bucais da formiga adulta, estimulando a liberação de alimento regurgitado. A dieta do estafilinídeo é complementada pela predação das larvas de formigas e larvas de sua própria espécie. A empupação e a emergência dos adultos ocorrem dentro do ninho da *Formica rufa*. No entanto, essa formiga para suas atividades no inverno e durante esse período o estafilinídeo busca abrigos alternativos. Os besouros adultos deixam o hábitat de madeira de *Formica* e migram para o hábitat de gramado, mais aberto, de formigas *Myrmica*. Quando uma formiga *Myrmica* é encontrada, secreções das "glândulas apaziguadoras" do besouro são oferecidas, levando à supressão da agressão da formiga e, então, os produtos de glândulas localizadas na lateral do abdome atraem a formiga. A alimentação dessas secreções parece facilitar a "adoção", já que a formiga subsequentemente carrega o besouro para seu ninho, onde o adulto não maduro passa o inverno como um ladrão de alimento tolerado. Na primavera, o besouro adulto e reprodutivamente maduro parte rumo à floresta em busca de outros ninhos de *Formica* para a oviposição.

Entre os inquilinos de cupins, muitos mostram convergência na forma com relação à fisiogastria (dilatação do abdome), também observada nas rainhas de cupins. No caso curioso das moscas *Termitoxenia* e aparentados (Diptera: Phoridae), a fêmea fisiogástrica de ninhos de cupins era a única forma conhecida por tanto tempo que eram comuns publicações com especulações de que nem larvas, nem machos existiam. Sugeria-se que as fêmeas emergissem diretamente de ovos enormes, sendo braquípteras por toda sua vida (pegando uma carona sobre os cupins para dispersão) e, de modo exclusivo entre os endopterigotas, acreditava-se que as moscas fossem hermafroditas protândricas, funcionando primeiro como machos e depois como fêmeas. A verdade é mais trivial: o dimorfismo sexual é tão grande que os machos alados, coletados na natureza, não foram reconhecidos e foram incluídos em um grupo taxonômico diferente. As fêmeas são aladas, mas perdem tudo, exceto os tocos das nervuras anteriores, após o acasalamento, antes de entrar no cupinzeiro. Embora os ovos sejam grandes, existem estágios larvais de vida curta. Como a fêmea depois da cópula é **estenogástrica** (com abdome pequeno), a fisiogastria deve se desenvolver dentro do cupinzeiro. Portanto, *Termitoxenia* é apenas uma mosca um tanto quanto não convencional, bem adaptada ao rigor da vida em um ninho de cupins em que seus ovos são tratados pelos cupins como se fossem seus, e com atenuação do estágio larval vulnerável, em vez de exibir características únicas no seu ciclo de vida.

O inquilinismo não está restrito a insetos não sociais que burlam as defesas e abusam da hospitalidade dos insetos sociais. O **parasitismo social** ocorre entre espécies de Hymenoptera, com algumas centenas de espécies de formigas, algumas vespas Vespidae e abelhas-de-mel parasitando seus parentes. Por exemplo, algumas formigas podem viver como parasitas sociais temporários ou permanentes em ninhos de outras espécies de formigas. Uma fêmea reprodutora inquilina consegue acesso a um ninho hospedeiro e, normalmente, mata a rainha residente (parasitas temporários) ou tolera (inquilinos permanentes) a formiga rainha residente. Nos casos dos parasitas sociais temporários, a rainha intrusa produz operárias, as quais, eventualmente, tomam posse do ninho. Em contraste, para inquilinos permanentes, a inquilina usurpadora produz somente reprodutores – a casta operária da inquilina é eliminada – e o ninho sobrevive somente até as operárias da espécie hospedeira morrerem.

Como uma guinada adicional na complexa vida social das formigas, algumas espécies podem fazer escravas; elas capturam larvas e pupas dos ninhos de outras espécies e levam-nas aos seus próprios ninhos, onde são criadas como operárias escravas. Esse fenômeno, conhecido como **dulose**, ocorre em diversas espécies inquilinas de formigas, todas as quais fundam suas colônias por parasitismo.

As relações filogenéticas entre formigas-hospedeiras e formigas-inquilinas revelam uma elevada e inesperada proporção de casos nos quais o hospedeiro e o inquilino pertencem a espécies-irmãs (*i. e.*, espécies mais próximas uma da outra) e, em muito mais casos, são parentes próximos congenéricos. Uma possível explicação considera uma situação em que espécies-filhas formadas em isolamento têm um contato secundário depois que as barreiras reprodutivas se desenvolvem. Se nenhuma diferenciação nas substâncias químicas que identificam a colônia ocorrer, é possível para uma espécie invadir a colônia de outra sem que seja notada, e o parasitismo é facilitado.

No sul da África, o parasitismo social está afetando colmeias de abelhas-de-mel-africanas (*Apis mellifera scutellata*), que estão sendo invadidas por uma forma parasítica de uma subespécie diferente, a abelha-de-mel-do-cabo (*A. m. capensis*). As operárias invasoras, que trabalham pouco, produzem ovos femininos diploides por telitoquia. Essas operárias escapam do policiamento habitual da colônia, presumivelmente por mimetismo químico do feromônio da rainha. A colônia é destruída rapidamente por essas parasitas sociais, as quais podem então seguir em frente e invadir outra colmeia. Esse "problema capenses" é uma consequência de apicultores comerciais movimentando colmeias de abelhas-de-mel-do-cabo de suas áreas naturais no litoral para regiões no interior onde somente as abelhas-de-mel-africanas ocorrem naturalmente.

Exemplos de inquilinos não integrados são as moscas do gênero *Volucella* (Diptera: Syrphidae), cujos adultos são miméticos batesianos das vespas *Polistes* ou das abelhas *Bombus*. As moscas-fêmeas parecem ser livres para voar para dentro e para fora dos ninhos dos himenópteros, e põem os seus ovos enquanto andam sobre o favo. As larvas emergidas caem para o fundo do ninho, onde se alimentam de detritos e presas mortas que caíram. Outro sirfídeo, *Microdon*, tem uma larva mirmecófila tão estranha que foi descrita pela primeira vez como um molusco e, depois, como cochonilha. Ela vive ilesa entre os dejetos do ninho (e possivelmente às vezes como predadora de larvas de formigas jovens), mas o adulto é reconhecido como intruso. Os inquilinos não integrados incluem muitos predadores e parasitoides, cuja maneira de burlar o sistema de defesa dos insetos sociais é completamente desconhecida.

Os insetos sociais também sustentam alguns poucos artrópodes parasitas. Por exemplo, os ácaros *Varroa* e *Acarapis* e a mosca *Braula coeca* (Diptera: Braulidae; seção 13.3.3) vivem todos sobre as abelhas melíferas (Apidae: *Apis* spp.). A extensão do dano à colônia, provocado pelo ácaro *Acarapis woodi*, é controvertida, porém infestações por *Varroa destructor* resultam em sérios declínios nas populações de abelhas melíferas na maior parte do mundo (ver Boxe 12.3). Esse ácaro alimenta-se externamente da ninhada (ver Prancha 6D), levando à deformação e morte das abelhas. Baixos níveis de infestação por ácaros são difíceis de detectar, podendo levar vários anos para que uma população de ácaros cresça até um nível que cause dano extensivo à colmeia. A saúde das abelhas é ainda mais ameaçada por doenças virais que os ácaros podem transmitir. Algumas espécies de *Apis*, tais como *A. cerana* (a abelha-de-mel-asiática ou do leste), são mais resistentes ao *Varroa* do que *A. mellifera*. *Apis cerana* é um hospedeiro natural de *V. destructor* (e de *Nosema ceranae*, um Microsporidia parasita que se tornou uma praga de *A. mellifera*) e efetivamente remove o ácaro por meio de um cuidadoso comportamento de limpeza (*grooming*), de modo que as colmeias não são devastadas.

12.4 EVOLUÇÃO E MANUTENÇÃO DA EUSSOCIALIDADE

Em uma primeira impressão, os complexos sistemas sociais dos himenópteros e dos cupins apresentam uma forte semelhança e é tentador sugerir uma origem comum. Todavia, um exame da filogenia apresentada no Capítulo 7 (ver Figura 7.2) mostra que essas duas ordens, além dos pulgões e tripes sociais, são parentes distantes e uma origem evolutiva única é inconcebível. Assim, os possíveis caminhos para a origem da eussocialidade em Hymenoptera e Termitoidea são examinados separadamente, seguidos por uma discussão sobre a manutenção de colônias sociais.

12.4.1 Origens da eussocialidade em Hymenoptera

De acordo com estimativas provenientes da filogenia proposta para Hymenoptera, a eussocialidade surgiu de maneira independente em vespas, abelhas e formigas (Figura 12.2) com múltiplas origens dentro das vespas e abelhas, e algumas perdas por reversão para comportamento solitário. Comparações entre os ciclos de vida de espécies viventes que apresentam diferentes graus de comportamento social permitem extrapolações sobre os possíveis passos para a mudança de um comportamento solitário para eussocial. Três possíveis caminhos são sugeridos e em cada um deles a vida comunal parece proporcionar benefícios por meio da divisão de esforços na construção do ninho e defesa da prole. Portanto, a construção do ninho e o provisionamento (quer com presas ou pólen) são pré-requisitos importantes para a evolução da eussocialidade.

A primeira sugestão considera um sistema subsocial monogínico (uma única rainha), de modo que a eussocialidade se desenvolve com a rainha permanecendo associada à sua prole por meio de uma elevada longevidade materna.

No segundo cenário, que envolve semissocialidade e talvez seja aplicável somente a certas abelhas, várias fêmeas não aparentadas de uma mesma geração se associam e estabelecem uma colônia na qual há alguma divisão de trabalho reprodutivo, porém, a associação dura somente uma geração.

O terceiro cenário envolve elementos dos dois primeiros, com um grupo comunal compreendendo fêmeas aparentadas (em vez de não aparentadas) e múltiplas rainhas (em um sistema poligínico), dentro do qual há uma divisão reprodutiva cada vez maior. A associação de rainhas e filhas surge por meio de uma elevada longevidade.

Esses cenários fundamentados em ciclos de vida devem ser considerados em relação às teorias genéticas sobre a eussocialidade, notavelmente sobre as origens e manutenção do **altruísmo** (ou autossacrifício na reprodução) por seleção. Desde Darwin, sempre houve debates sobre altruísmo: por que alguns indivíduos (operárias não reprodutivas) sacrificam seu potencial reprodutivo em benefício de outros?

Quatro propostas para as origens do sacrifício reprodutivo extremo, observado na eussocialidade, são discutidas a seguir. Três propostas são parcial ou completamente compatíveis entre si, mas a seleção de grupo, a primeira considerada, parece incompatível. Nesse caso, discute-se que a seleção opera no nível de grupo: uma colônia eficiente, com uma divisão altruísta de trabalho reprodutivo, sobreviverá e produzirá mais proles do que uma na qual o excessivo interesse egoísta dos indivíduos leve à anarquia. Embora esse cenário ajude a entender a manutenção da eussocialidade, uma vez que ela já esteja estabelecida, ele contribui pouco ou nada para explicar as origens do sacrifício reprodutivo em insetos subsociais ou não eussociais. O conceito de seleção de grupo que opera em colônias pré-sociais vai contra a visão de que a seleção opera no genoma e, por isso, a origem da esterilidade altruísta do indivíduo é difícil de ser aceita sob essa visão. É entre as três propostas restantes, chamadas de seleção de parentesco, manipulação materna e mutualismo, que as origens da eussocialidade são buscadas com mais frequência.

A primeira, a seleção de parentesco, vai desde o reconhecimento da aptidão darwiniana ou clássica – contribuição genética direta para o *pool* gênico de um indivíduo por meio de sua prole – e é somente parte da contribuição para um indivíduo como um todo, ou aptidão inclusiva ou estendida. Uma contribuição indireta adicional, chamada de **componente de parentesco**, deve ser incluída. Essa é a contribuição para o *pool* gênico feita por um indivíduo que participa e acentua o sucesso reprodutivo de seus parentes. Nesse caso, parentes são indivíduos com genótipos semelhantes ou idênticos derivados do parentesco por terem os mesmos pais. Em Hymenoptera, o grau de semelhança dos parentes é aumentado pelo sistema genético haplodiploide. Nesse sistema, os machos são haploides, de modo que cada espermatozoide (produzido por mitose) contém 100% dos genes paternos. Por outro lado, o óvulo (produzido por meiose) é diploide, mas contém somente metade dos genes maternos. Então, a prole de filhas, produzida a partir de óvulos fecundados, compartilha todos os genes do pai, mas somente metade dos genes da mãe. Em virtude disso, irmãs completas (ou seja, aquelas com o mesmo pai) compartilham em média três quartos de seus genes. Por isso, as irmãs compartilham mais genes entre si do que compartilhariam com a sua própria prole de fêmeas (50%). Nessas condições, a aptidão inclusiva de uma fêmea estéril (operária) é maior que a sua aptidão clássica. Da mesma forma que a seleção atuando sobre um indivíduo deveria maximizar sua aptidão inclusiva, uma operária deveria investir na sobrevivência de suas irmãs, a prole da rainha, em vez de investir na produção de suas próprias jovens fêmeas.

Contudo, a haplodiploidia sozinha é uma explicação inadequada para a origem da eussocialidade porque o altruísmo não surge unicamente do parentesco. A haplodiploidia é universal nos himenópteros, e a consanguinidade favorece eussocialidade repetida; porém, a eussocialidade não é universal em Hymenoptera. Além disso, outros insetos haplodiploides, como os tripes, não são eussociais, embora possam ter comportamento social. Outros fatores que promovem a eussocialidade são reconhecidos na regra de Hamilton, a qual enfatiza a razão de custos e benefícios do comportamento altruísta bem como o parentesco. As condições sob as quais a seleção favorecerá o altruísmo podem ser expressas como segue:

$$rB - C > 0$$

em que r é o coeficiente de parentesco, B é o benefício ganho pelo recebedor do altruísmo, e C é o custo sofrido pelo doador do altruísmo. Portanto, variações nos custos e benefícios modificam as consequências do grau particular de parentesco expresso na Figura 12.12, embora esses fatores sejam difíceis de ser quantificados.

Cálculos de parentesco assumem que toda prole de uma única mãe na colônia tem um mesmo pai, e essa suposição está implícita no cenário de consanguinidade para a origem da eussocialidade. Pelo menos nos insetos eussociais superiores as rainhas podem copular com diferentes machos, então, os valores de r são menores do que o previsto pelo modelo monogâmico. Esse efeito leva a acreditar na manutenção de um sistema eussocial já existente, discutido na seção 12.4.3. De qualquer forma, a oportunidade de ajudar parentes, combinada com um elevado grau de parentesco proporcionado pelo haplodiploidismo, predispõe os insetos à eussocialidade.

Pelo menos duas outras ideias relacionam-se às origens da eussocialidade. A primeira envolve a manipulação materna da prole (tanto comportamental quanto geneticamente), tal como aquela manipulação feita para a redução do potencial reprodutivo de certas proles; a aptidão parental pode ser maximizada garantindo o sucesso reprodutivo de algumas poucas proles selecionadas. A maioria das fêmeas Aculeata pode controlar o sexo da prole pela fecundação ou não do ovo, e é capaz de variar o tamanho da prole pela quantidade de alimento fornecido, fazendo da manipulação materna uma opção plausível para a origem da eussocialidade.

Um outro cenário bem embasado enfatiza as regras de competição e mutualismo. Esse cenário considera os indivíduos atuando para aumentar sua própria aptidão clássica, com as contribuições para a aptidão de vizinhos surgindo apenas casualmente. Cada indivíduo se beneficia da vida na colônia por meio da defesa comunal pela vigilância compartilhada contra predadores e parasitas. Então, o mutualismo (incluindo os benefícios de compartilhar a defesa e a construção de ninho) e a consanguinidade favorecem o estabelecimento de uma vida em grupo. A reprodução diferenciada dentro de uma colônia familiar confere vantagens significativas de aptidão sobre todos os membros por meio da sua consanguinidade.

Concluindo, os três cenários não são mutuamente exclusivos, mas são compatíveis combinados entre si, com a seleção de parentesco, a manipulação da fêmea, e o mutualismo agindo de forma combinada a fim de favorecer a evolução da eussocialidade.

Os Vespinae ilustram uma tendência para a eussocialidade começando a partir de uma existência solitária, com o compartilhamento de ninho e a divisão facultativa de trabalho sendo uma condição derivada. A evolução posterior do comportamento eussocial é encarada como se desenvolvendo por meio da hierarquia de dominância, que surge da manipulação da fêmea e da competição reprodutiva entre aquelas que compartilham o ninho: as "vencedoras" são rainhas e as "perdedoras" são operárias. Desse ponto em diante, os indivíduos atuam para maximizar sua aptidão e o sistema de castas torna-se mais rígido. Na medida em que a rainha e a colônia adquirem maior longevidade e o número de gerações mantidas aumenta, as sociedades monogínicas de vida curta (nas quais existe uma sucessão de rainhas) tornam-se colônias de vida longa, monogínicas e **matrifiliais** (mãe-filha). Excepcionalmente, uma condição poligínica derivada pode surgir em grandes colônias e/ou em colônias em que a dominância da rainha é relaxada.

A evolução da socialidade a partir do comportamento solitário não deve ser vista como unidirecional, com as abelhas e vespas eussociais no "ápice". Estudos filogenéticos recentes mostram muitas reversões, de eussociais para semissociais e até para estilos de vida solitários. Tais reversões ocorrem em abelhas Halictinae e Allodapinae. Essas perdas demonstram que mesmo com a predisposição haplodiploide em direção à vida em grupo, condições ambientais desfavoráveis podem contrariar essa tendência, de modo que a seleção é capaz de atuar contra a eussocialidade.

12.4.2 Origens da eussocialidade em cupins

Ao contrário da haplodiploidia de Hymenoptera, o sexo nos cupins é determinado de forma universal por um sistema cromossômico XX–XY, de modo que não há predisposição genética em direção à eussocialidade baseada na consanguinidade. Além disso, e ao contrário da subsocialidade difundida nos himenópteros, a falta de quaisquer estágios intermediários no caminho para a eussocialidade nos cupins oculta sua origem. Sugere-se que os comportamentos subsociais em alguns louva-deus e baratas (os grupos mais próximos dos cupins) sejam precursores evolutivos para a eussocialidade em cupins. Em particular, o comportamento na família Cryptocercidae, considerado grupo-irmão da linhagem de cupins (ver Figura 7.4), demonstra como a dependência de uma fonte nutricional pobre e a longevidade do adulto podem predispor para a vida social. A necessidade de organismos internos simbiontes para ajudar na digestão de uma dieta à base de madeira, rica em celulose, mas pobre em nutrientes, é a parte central desse argumento. A necessidade de transferir os simbiontes para reabastecer as perdas ocorridas a cada muda estimula níveis extraordinários de interação intracolônia por meio de trofalaxia. Além disso, a transferência de simbiontes entre membros de gerações sucessivas requer sobreposição de gerações. A trofalaxia, o crescimento lento induzido pela dieta pobre, e a longevidade parental atuam em conjunto para favorecer a coesão do grupo. Esses fatores, junto com o fato de que os recursos alimentares adequados, tais como troncos apodrecidos, estão distribuídos de forma irregular, podem levar a uma vida em colônia, mas não explicam prontamente a origem de castas altruístas. Quando um indivíduo ganha benefícios substanciais provenientes da fundação bem-sucedida de uma colônia, e quando há um alto grau de parentesco intracolônia (como é encontrado em alguns cupins), a eussocialidade pode surgir. Contudo, a origem da eussocialidade em cupins permanece bem menos definida do que nos himenópteros eussociais.

12.4.3 Manutenção da eussocialidade | Policiamento

Como já vimos, as operárias de colônias de himenópteros sociais renunciam à sua reprodução e criam a ninhada de sua rainha, em um sistema que depende da consanguinidade – proximidade de parentesco – para "justificar" seu sacrifício. Uma vez que castas não reprodutivas tenham evoluído (teoricamente sob condições de paternidade única), a exigência de um alto grau de parentesco pode ser relaxada se as operárias não têm nenhuma oportunidade para reproduzir-se por meio de mecanismos como o controle químico pela rainha. Não obstante, esporadicamente, e em especial quando a influência da rainha diminui, algumas operárias podem pôr seus próprios ovos. Não se permite que esses ovos "não da rainha" sobrevivam: os ovos são detectados e comidos pela "força policial" de outras operárias. Isso é conhecido nas abelhas melíferas, certas vespas e algumas formigas e, embora incomum, pode ser bastante difundido. Por exemplo, em uma típica colmeia de abelhas melíferas de 30.000 operárias, em média somente três têm ovários funcionais. Embora esses indivíduos sejam ameaçados por outras operárias, eles podem ser responsáveis por até 7% dos ovos de macho em uma colônia. Pelo fato de esses ovos não terem os odores químicos produzidos pela rainha, eles podem ser detectados e são comidos pelas operárias policiais com tal eficiência que somente 0,1% dos machos de uma colônia de abelhas melíferas têm uma operária como mãe.

A regra de Hamilton (seção 12.4.1) fornece uma explicação para o comportamento de policiamento. O parentesco de uma irmã para outra (operária para operária) é $r = 0{,}75$, o qual pode ser reduzido para $r = 0{,}375$ se a rainha tem múltiplos acasalamentos (como acontece). Um ovo não fecundado de uma operária, se permitido desenvolver-se, torna-se um filho para o qual o parentesco com sua mãe é $r = 0{,}5$. Esse valor de consanguinidade é maior do que para as suas meias-irmãs ($0{,}5 > 0{,}375$), fornecendo assim um incentivo para escapar do controle da rainha. Contudo, do ponto de vista das outras operárias, a sua consanguinidade para com o filho de uma outra operária é somente $r = 0{,}125$, "justificando" matar um meio-sobrinho (o filho de outra operária) e cuidar do desenvolvimento de suas irmãs ($r = 0{,}75$) ou meias-irmãs ($r = 0{,}375$) (parentescos retratados na Figura 12.12). Os benefícios evolutivos para qualquer operária derivam de criar os

	irmã	meia-irmã	próprio filho	filho de uma irmã completa	filho da rainha (irmão)	filho de uma meia-irmã
operária	0,75	0,375	0,5	0,375	0,25	0,125

Figura 12.12 O parentesco de uma dada operária com potenciais ocupantes de uma colmeia. (Segundo Whitfield, 2002.)

ovos da rainha e destruir os de suas irmãs. Contudo, quando a força da rainha diminui ou ela morre, a repressão da colônia por feromônios cessa, a anarquia toma conta e todas as operárias começam a pôr ovos.

Além da extrema rigidez encontrada em uma colônia de abelhas melíferas, várias atividades de policiamento podem ser observadas. Em colônias de formigas que não têm uma divisão clara entre rainhas e operárias, existe uma hierarquia com somente a reprodução de certos indivíduos tolerada pelos parceiros de ninho. Embora a coação envolva violência em direção ao infrator, esses regimes apresentam certa flexibilidade, já que existe uma expulsão regular de reprodutores. Até mesmo para abelhas melíferas, à medida que o desempenho da rainha diminui e seu controle feromonal decai, os ovários das operárias se desenvolvem e ocorre oviposição excessiva. As operárias de algumas vespas discriminam a prole de uma rainha que acasalou uma única vez de outras que acasalaram várias vezes, e se comportam de acordo com a consanguinidade. Presumivelmente, colônias poligínicas, em algum momento, permitem que rainhas adicionais se desenvolvam ou retornem e sejam toleradas, proporcionando possibilidades de invasão em decorrência de afrouxamento das interações entreninhos (como em muitas formigas "andarilhas"; ver Boxe 1.3). Os inquilinos discutidos anteriormente na seção 12.3 e no Boxe 1.4 evidentemente escapam dos esforços de policiamento, principalmente por mimetismo químico da espécie hospedeira.

Boxe 12.4 Insetos sociais como pragas urbanas

Os humanos cada vez mais vivem em cidades – áreas urbanas com altas densidades populacionais quando comparadas com áreas rurais ou agriculturais – e divorciados de áreas mais naturais. A vida urbana significa menor exposição e menor tolerância aos insetos do que na maioria das áreas rurais, onde maior diversidade de insetos ocorre. Adicionalmente, alguns insetos, especialmente aqueles com estilos de vida social, se adaptaram bem às cidades, onde eles são geralmente referidos como pragas porque eles competem por recursos. Essas pragas variam com o local – os cupins que causam danos estruturais e formigas invasoras são mais comuns em regiões temperadas quentes do que em regiões tropicais, ao passo que diversas espécies de vespas Vespinae podem ser uma praga sazonal de áreas temperadas. Nossas preocupações com relação a esses insetos (e outros como percevejos-de-cama e baratas) que compartilham nossos ambientes urbanos significam que o controle e a erradicação de pragas urbanas são uma indústria florescente.

Cerca de 80 espécies de cupins são pragas sérias de estruturas de madeira, com cerca de 100 outras espécies causando incômodos em alguma parte do mundo. O custo do dano e controle de cupins ao redor do mundo é estimado acima dos 40 bilhões de dólares por ano. Os mais danosos são os cupins subterrâneos, especialmente *Coptotermes*, *Reticulitermes* e *Odontotermes*, os quais fazem galerias no solo para forragear por alimento. Portanto, o melhor controle de cupins é atingido por meio do isolamento das estruturas de madeira das construções do contato com o solo por meio de lajes de concreto com uma barreira de inseticidas ou repelentes de longa duração, sob e ao redor da laje. Se ocorrerem brechas, o tratamento envolve a remoção da madeira infectada, e ou o tratamento do solo com inseticidas ou um programa de iscas e monitoramento. Uma série de iscas comerciais estão disponíveis, e os cupins são condicionados a utilizar estações com iscas antes da substituição por iscas que contenham inseticidas ativos (especialmente inibidores de síntese de quitina; seção 16.4.2). Recentemente, uma isca resistente às intempéries foi desenvolvida que não necessita mais do que um monitoramento anual, reduzindo os custos de visitas repetidas ao local infestado.

Mais visíveis para os habitantes urbanos, e interagindo conosco de maneira diferente, são as muitas formigas que compartilham nossos arredores. Globalmente, mais de 40 espécies são pragas associadas com nossas moradias, outros tipos de edifícios e jardins ou quintais. Formigas praga incluem aquelas discutidas no Boxe 1.3 como as "formigas andarilhas", especialmente a praticamente cosmopolita formiga-argentina, *Linepithema humile* (ver Prancha 6E), e a formiga *Monomorium pharaonis*. Inclusas nessa lista de pragas estão outras formigas ecologicamente dominantes que adoram perturbações, algumas das quais são nativas onde são consideradas pragas. As diversas formigas-lava-pés (espécies de *Solenopsis*) têm grandes colônias, altas densidades e comportamento agressivo de ferroar, com *S. invicta* (a formiga-lava-pés vermelha importada; Prancha 6E) causando queixas justificáveis. Outra característica de muitas formigas praga é sua tendência de "arrebanhar" (isso é, guardar, gerenciar e proteger), pela sua secreção açucarada (*honeydew*) (seção 11.2.4), qualquer hemíptero sugador de seiva que se alimente em plantas ornamentais ou de jardim, incluindo plantas de interior. O controle de formigas por meio da utilização de feromônios sintéticos e da interrupção de trilhas tem um sucesso limitado, e o melhor controle, apesar de ser caro, ocorre mediante uso de iscas preparadas com inseticidas de ação lenta que são levados de volta para os ninhos por operárias que estão forrageando.

Apenas algumas vespas sociais causam transtorno, principalmente as espécies de *Vespula* (*V. germanica*, *V. pensylvanica* e *V. vulgaris*), que são invasoras fora de suas distribuições naturais. *Vespula pensylvanica* do oeste dos EUA agora está estabelecida no Havaí, e a *V. vulgaris* e *V. germanica* da Eurásia se espalharam para a América do Norte e muitos locais do hemisfério sul. Longe do controle natural, incluindo invernos graves, os números podem crescer dramaticamente em suas distribuições, especialmente onde os invernos são amenos. Um transtorno que dura apenas poucas semanas na distribuição natural pode se estender para até 6 meses em outros locais, com números, durante o verão, tão altos que atividades ao ar livre são reduzidas e turistas voltam para casa. As mortes resultantes de picadas estão na casa de muitas centenas global e anualmente, e assim como a reação às formigas-lava-pés, a reação anafilática em pessoas sensíveis pode ser a responsável. Deve-se ter cuidado especial quando se for ingerir bebidas adocicadas ao ar livre, pois vespas *Vespula* são atraídas para esses líquidos. A destruição dos ninhos (com cuidado) pode reduzir o transtorno, mas a utilização de armadilhas para os adultos não é eficiente, a não ser quando feita de forma intensiva. O uso de iscas preparadas com o inseticida fipronil (seção 16.4.1) pode eliminar ou reduzir bastante a atividade da colônia, mas nenhuma isca para vespas formulada com esse produto químico está disponível para o público.

O controle de formigas, cupins e vespas praga tende a ser feito de propriedade em propriedade (em vez de em uma área mais ampla), geralmente por pessoas com pouca especialização ou pelos proprietários ingênuos. A erradicação da praga de uma propriedade é ineficiente se uma fonte vizinha permanecer. A enorme diversidade de inseticidas disponíveis para o público com certeza leva ao uso inapropriado ou excessivo, resultando na morte de insetos benéficos que não são alvos (incluindo abelhas melíferas) e o escoamento tóxico para os cursos d'água.

Apesar do pânico popular com relação às abelhas e vespas, estimulado por diversos filmes, podem existir interações positivas entre alguns insetos sociais em nossas cidades. Um movimento crescente de se cuidar de colmeias surgiu em Londres (Reino Unido), tanto em Melbourne como em Sydney (Austrália) e em diversas cidades da América do Norte. Os números cresceram tanto que existe receio de que as fontes de néctar não sejam suficientes para suportar tantos apiários urbanos. A interação das abelhas urbanas, e o mel que elas produzem, com o uso de pesticidas urbanos ainda necessita de muitos estudos.

12.5 ÊXITO DOS INSETOS EUSSOCIAIS

Os insetos sociais podem alcançar dominância numérica e ecológica em muitas regiões. Nos Boxes 1.3 e 12.4, descrevemos alguns exemplos nos quais os insetos sociais podem tornar-se um estorvo em virtude de sua dominância e/ou capacidade de invasão. Os insetos sociais tendem a ser abundantes em baixas latitudes e baixas altitudes, e sua atividade é conspícua no verão, em áreas temperadas, ou o ano todo, em climas subtropicais e tropicais. Como uma generalização, os insetos sociais mais abundantes e dominantes são filogeneticamente os mais derivados e apresentam a organização social mais complexa.

Três qualidades dos insetos sociais contribuem para a sua vantagem competitiva, todas elas derivadas do sistema de castas que permite a realização de múltiplas tarefas. Primeiramente, as tarefas de forrageamento, alimentação da rainha, cuidados com a prole e manutenção do ninho podem ser realizadas simultaneamente por diferentes grupos em vez de sequencialmente, como nos insetos solitários. A realização de tarefas em paralelo significa que uma atividade não arrisca a outra, então, o ninho não fica vulnerável aos predadores ou parasitas enquanto o forrageamento está sendo realizado. Além disso, erros individuais têm pouca ou nenhuma consequência em operações paralelas, quando comparadas com aquelas realizadas de maneira serial. Em segundo lugar, a capacidade da colônia em dispor de todas as operárias permite superar sérias dificuldades com as quais um inseto solitário não pode lidar, tais como a defesa contra um predador grande ou mais numeroso ou a construção de um ninho sob condições desfavoráveis. Em terceiro lugar, a especialização de funções associadas a castas permite certa regulação homeostática, incluindo a retenção de reservas de alimento em algumas castas (como as formigas-potes-de-mel) ou nas larvas em desenvolvimento, e controle comportamental da temperatura e de outras condições microclimáticas dentro do ninho. A capacidade de variar a proporção de indivíduos alocados em uma casta em particular permite a distribuição apropriada dos recursos da comunidade de acordo com as diferentes demandas, conforme a estação do ano e a idade da colônia. O uso difundido de uma diversidade de feromônios permite que um alto grau de controle seja exercido, até mesmo sobre milhões de indivíduos. Contudo, dentro desse aparentemente rígido sistema de casta, há espaço para que uma grande variedade de ciclos de vida tenha se desenvolvido, desde as nômades formigas-correição até os inquilinos parasitas.

Leitura sugerida

Abe, T., Bignell, D.E. & Higashi, M. (eds) (2000) *Termites: Evolution, Sociality, Symbioses and Ecology*. Springer, Berlin.

Allsopp, M. (2004) Cape honeybee (*Apis mellifera capensis* Eshscholtz) and varroa mite (*Varroa destructor* Anderson & Trueman) threats to honeybees and beekeeping in Africa. *International Journal of Tropical Insect Science* **24**, 87–94.

Barbero, F., Thomas, J.A., Bonelli, S. *et al*. (2009) Queen ants make distinctive sounds that are mimicked by a butterfly social parasite. *Science* **323**, 782–5.

Bignell, D.E., Roisin Y. & Lo, N. (eds) (2011) *Biology of Termites: A Modern Synthesis*. Springer, Dordrecht, New York.

Choe, J.C. & Crespi, B.J. (eds.) (1997) *Social Behavior in Insects and Arachnids*. Cambridge University Press, Cambridge.

Costa, J.T. (2006) *The Other Insect Societies*. Belknap Press of Harvard University Press, Cambridge, MA.

Crozier, R.H. & Pamilo, P. (1996) *Evolution of Social Insect Colonies: Sex Allocation and Kin Selection*. Oxford University Press, Oxford.

Danforth, B.N., Cardinal, S., Praz, C. *et al*. (2013) The impact of molecular data on our understanding of bee phylogeny and evolution. *Annual Review of Entomology* **58**, 57–78.

Dyer, F.C. (2002) The biology of the dance language. *Annual Review of Entomology* **47**, 917–49.

Eggleton, P. & Tayasu, I. (2001) Feeding groups, lifetypes and the global ecology of termites. *Ecological Research* **16**, 941–60.

Evans, T.A., Forschler, B.T. & Grace, J.K. (2013) Biology of invasive termites: a worldwide review. *Annual Review of Entomology* **58**, 455–74.

Farooqui, T. (2013) A potential link among biogenic amines-based pesticides, learning and memory, and colony collapse disorder: a unique hypothesis. *Neurochemistry International* **62**, 122–36.

Goulson, D. (2013) Neonicotinoids and bees.What's all the buzz? *Significance* **10**(3), 6–11.

Henderson, G. (2008) The termite menace in New Orleans: did they cause the floodwalls to tumble? *American Entomologist* **54**, 156–62.

Hölldobler, B. & Wilson, E.O. (1990) *The Ants*. Springer-Verlag, Berlin.

Hölldobler, B. & Wilson, E.O. (2008) *The Superorganism: The Beauty, Elegance, and Strangeness of Insect Societies*. W.W. Norton & Co., New York.

Holman, L., Jørgensen, C.G., Nielsen, J. & d'Ettorre, P. (2010) Identification of an ant queen pheromone regulating worker sterility. *Proceedings of the Royal Society B* **277**, 3793–800.

Itô, Y. (1989) The evolutionary biology of sterile soldiers in aphids. *Trends in Ecology and Evolution* **4**, 69–73.

Kamakura, M. (2011) Royalactin induces queen differentiation in honeybees. *Nature* **473**, 478–83.

Korb, J. & Hartfelder, K. (2008) Life history and development – a framework for understanding developmental plasticity in lower termites. *Biological Reviews* **83**, 295–313.

Kranz, B.D., Schwarz, M.P., Morris, D.C. & Crespi, B.J. (2002) Life history of *Kladothrips ellobus* and *Oncothrips rodwayi*: insight into the origin and loss of soldiers in gall-inducing thrips. *Ecological Entomology* **27**, 49–57.

Legendre, F., Whiting, M.F., Bordereau, C. *et al*. (2008) The phylogeny of termites (Dictyoptera: Isoptera) based on mitochondrial and nuclear markers: implications for the evolution of the worker and pseudergate castes, and foraging behaviors. *Molecular Phylogenetics and Evolution* **48**, 615–27.

Lenior, A., D'Ettorre, P., Errard, C. & Hefetz, A. (2001) Chemical ecology and social parasitism in ants. *Annual Review of Entomology* **46**, 573–99.

Quicke, D.L.J. (1997) *ParasiticWasps*. Chapman & Hall, London.

Rabeling, C. & Kronauer, D.J.C. (2013) Thelytokous parthenogenesis in eusocial Hymenoptera. *Annual Review of Entomology* **58**, 273–92.

Resh, V.H. & Cardé, R.T. (eds.) (2009) *Encyclopedia of Insects*, 2nd edn. Elsevier, San Diego, CA. [Veja, particularmente, os artigos sobre espécies de *Apis*; agricultura; castas; linguagem da dança; divisão de trabalho em sociedades de insetos; Hymenoptera; Isoptera; cuidado parental; socialidade.]

Rust, M.K. & Su, N.-Y. (2012) Managing social insects of urban importance. *Annual Review of Entomology* **57**, 355–75.

Sammataro, D., Gerson, U. & Needham, G. (2000) Parasitic mites of honey bees: life history, implications and impact. *Annual Review of Entomology* **45**, 519–48.

Schneider, S.S., DeGrandi-Hoffman, G. & Smith, D.R. (2004) The African honey bee: factors contributing to a successful biological invasion. *Annual Review of Entomology* **49**, 351–76.

Schwarz, M.P., Richards, M.H, & Danforth, B.N. (2007) Changing paradigms in insect social evolution: insights from halictine and allodapine Bees. *Annual Review of Entomology* **52**, 127–50.

Van Engelsdorp, D., Evans, J.D., Saegerman, C. *et al*. (2009) Colony Collapse Disorder: A descriptive study. *PLoS ONE* **4**, e6481. doi: 10.1371/journal.pone.0006481.

Wong, J.W.Y., Meunier, J. & Kölliker, M. (2013) The evolution of parental care in insects: the roles of ecology, life history and the social environment. *Ecological Entomology* **38**, 123–37.

Capítulo 13

Predação e Parasitismo em Insetos

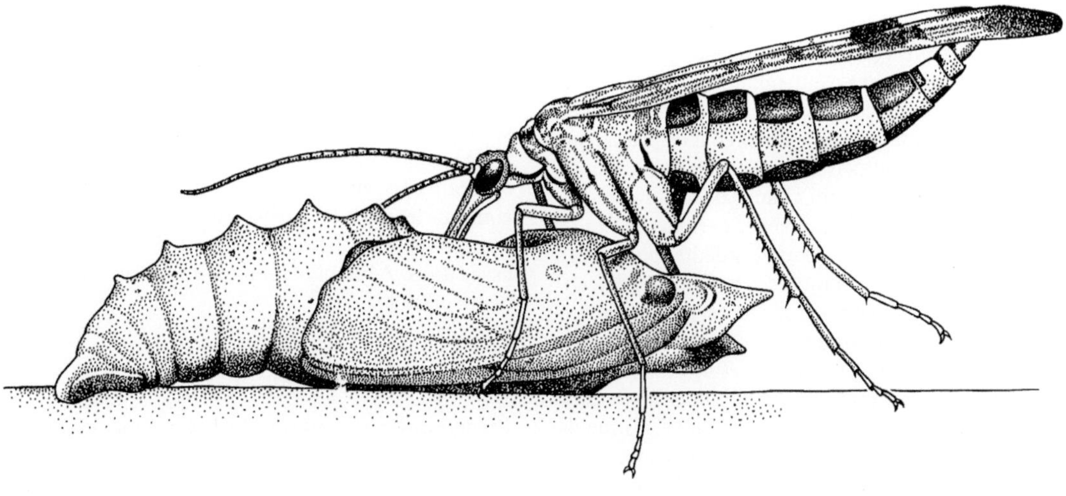

Mecóptero alimentando-se de pupa de borboleta. (Segundo uma fotografia de P.H. Ward & S.L. Ward.)

Muitos insetos são fitófagos, alimentando-se diretamente de produtores primários, as algas e as plantas superiores. Esses insetos abundantes compreendem um recurso alimentar substancial, do qual se alimenta uma série de organismos carnívoros. Indivíduos nesse amplo grupo carnívoro podem ser categorizados do seguinte modo. Um predador mata e consome várias presas durante sua vida. A predação envolve as interações no espaço e no tempo entre o forrageamento do predador e a disponibilidade de presas, embora com frequência seja tratada de forma unilateral como se predação fosse o que o predador faz. Animais que vivem à custa de apenas um outro animal (um hospedeiro), que eventualmente morre como resultado, são chamados de parasitoides; eles podem viver externamente (ectoparasitoides) ou internamente (endoparasitoides). Aqueles que vivem à custa de outro animal (também um hospedeiro), o qual não matam (ou raramente ferem significativamente), são parasitas, que também podem ser internos (endoparasitas) ou externos (ectoparasitas). Um hospedeiro atacado por um parasitoide ou parasita está parasitado, e a parasitose é a condição de estar parasitado. O parasitismo descreve a relação entre o parasitoide ou parasita e o hospedeiro. Predadores, parasitoides e parasitas, embora definidos anteriormente como distintos, podem não ser tão bem definidos, já que parasitoides podem ser vistos como predadores especializados.

Segundo algumas estimativas, cerca de 25% das espécies de insetos são predadoras ou parasitas nos hábitos alimentares em algum estágio do seu ciclo de vida. Representantes entre quase todas as ordens de insetos são predadores, com adultos e estágios imaturos dos Odonata, Mantophasmatodea, Mantodea e ordens Neuropterida (Neuroptera, Megaloptera e Raphidioptera), e adultos dos Mecoptera sendo quase exclusivamente predadores. Essas últimas ordens são tratadas nos Taxoboxes 5, 13, 14, 21 e 25. A abertura deste capítulo ilustra uma fêmea de Mecoptera, *Panorpa communis* (Panorpidae), alimentando-se de uma pupa morta de uma pequena borboleta, *Aglais urticae*. Algumas espécies das ordens primariamente fitófagas Hemiptera (Taxoboxe 20) e Coleoptera (Taxoboxe 22) são predadoras, e alguns hemípteros se alimentam de sangue. Os Hymenoptera (Taxoboxe 29) têm muitas espécies, com uma preponderância de táxons parasitoides que utilizam, quase exclusivamente, hospedeiros invertebrados. Os incomuns Strepsiptera (Taxoboxe 23) são notáveis em serem endoparasitas em outros insetos. Outros parasitas que são de importância médica ou veterinária, tais como piolhos, muitos Diptera e pulgas adultas, são considerados no Capítulo 15 e nos Taxoboxes 18, 24 e 26, respectivamente.

Os insetos são acessíveis para estudos em campo ou em laboratório sobre interações predador-presa, porque são fáceis de manipular, podem ter diversas gerações por ano, e demonstram uma diversidade de estratégias predadoras e defensivas e ciclos de vida. Além disso, os estudos de interações predador-presa e parasitoide-hospedeiro são fundamentais para o entendimento e a eficiência de estratégias de controle biológico de insetos pragas. As tentativas de modelar matematicamente as interações predador-presa com frequência enfatizam parasitoides, uma vez que algumas simplificações podem ser feitas. Elas incluem a capacidade para simplificar estratégias de busca, já que apenas a fêmea parasitoide adulta é quem busca hospedeiros e o número de descendentes por hospedeiro permanece relativamente constante de geração para geração.

Neste capítulo, mostramos como predadores, parasitoides e parasitas forrageiam, isto é, localizam e selecionam suas presas ou seus hospedeiros. Observamos modificações morfológicas de predadores para lidar com as presas, e como algumas das defesas das presas abordadas no Capítulo 14 são superadas. Os meios pelos quais os parasitoides superam as defesas do hospedeiro e desenvolvem-se dentro de seus hospedeiros são examinados, e diferentes estratégias de uso dos hospedeiros pelos parasitoides são explicadas. O uso de vírus ou de partículas parecidas com vírus para superar a imunidade do hospedeiro por certos Hymenoptera parasitoides é abordado no Boxe 13.1. O uso de hospedeiros e a especificidade de ectoparasitas são discutidos a partir de uma perspectiva filogenética. Concluímos com uma consideração sobre as relações entre as abundâncias e as histórias evolutivas de predadores/parasitoides/parasitas e presas/hospedeiros.

13.1 LOCALIZAÇÃO DE PRESA/HOSPEDEIRO

Os comportamentos de forrageamento dos insetos compreendem uma sequência estereotipada de componentes. Esses componentes levam um inseto predador ou em busca de hospedeiro em direção ao recurso e, no contato, permitem ao inseto seu reconhecimento e uso. Vários estímulos ao longo do caminho induzem uma resposta consequente apropriada, envolvendo ação ou inibição. As estratégias de forrageamento dos predadores, parasitoides e parasitas envolvem o equilíbrio entre lucros ou benefícios (a qualidade e a quantidade do recurso obtido) e custo (na forma do gasto de tempo, exposição a ambientes subótimos ou adversos, e os riscos de serem comidos). O reconhecimento do componente temporal é importante, uma vez que todo tempo gasto em atividades outras que não a reprodutiva pode ser visto, em um sentido evolutivo, como tempo perdido.

Em uma estratégia de forrageamento ótima, a diferença entre benefícios e custos é maximizada, seja por meio do aumento do ganho de nutrientes da captura de presas, seja por meio da redução do esforço gasto para pegar a presa, ou ambos. As escolhas disponíveis são:

- Onde e como procurar
- Quanto tempo gastar em buscas infrutíferas em uma área antes de mover-se
- Quanta (se qualquer) energia gastar na captura de alimento subótimo, quando localizado.

Uma necessidade primária é que o inseto esteja no hábitat apropriado para o recurso procurado. Para muitos insetos, isso pode parecer trivial, em especial se o desenvolvimento acontecer na área que continha os recursos utilizados pela geração parental. Entretanto, circunstâncias como sazonalidade, variações climáticas, condições efêmeras ou uma grande depleção dos recursos podem tornar necessária a dispersão local ou talvez movimentos maiores (migração) para alcançar uma localidade apropriada.

Mesmo em um hábitat adequado, os recursos raramente são distribuídos de maneira uniforme, porém ocorrem em grupos de micro-hábitats mais ou menos discretos, chamados de manchas. Os insetos demonstram um gradiente de respostas a essas manchas. Em um extremo, o inseto espera em uma mancha adequada que organismos hospedeiros ou presas apareçam. O inseto pode estar camuflado ou aparente, e uma armadilha pode ser construída. No outro extremo, a presa ou o hospedeiro é buscado ativamente dentro de uma mancha. Como visto na Figura 13.1, a estratégia de espera é economicamente efetiva, mas consome tempo; a estratégia ativa gasta muita energia, mas economiza tempo; e a construção de armadilhas está intermediária entre essas duas. A seleção da mancha é vital para o forrageamento bem-sucedido.

13.1.1 Sentar e esperar

Predadores que sentam e esperam encontram uma mancha adequada e aguardam até que presas móveis cheguem ao alcance de ataque. Como a visão de muitos insetos limita-os ao reconhecimento do movimento, em vez do formato preciso, um predador

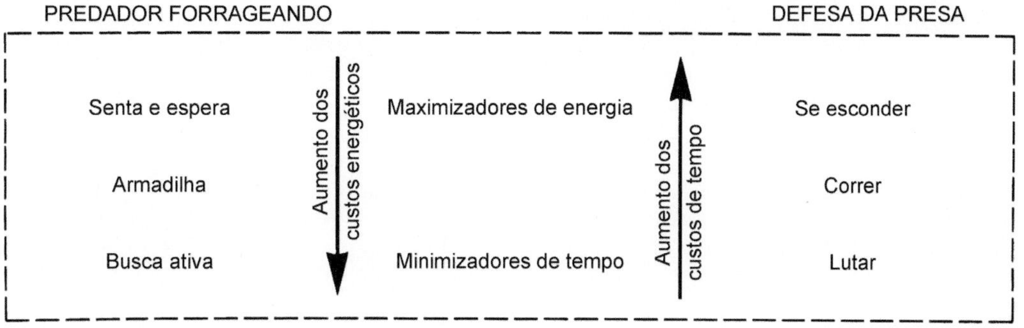

Figura 13.1 Espectro básico do forrageamento do predador e das estratégias de defesa da presa, variando de acordo com os custos e benefícios em tempo e energia. (Segundo Malcolm, 1990.)

que senta e espera pode precisar apenas ficar imóvel para que não seja visto por sua presa. Não obstante, dentre aqueles que esperam, muitos apresentam alguma forma de camuflagem (capacidade críptica). Isso pode ser defensivo, direcionado a predadores altamente visuais como pássaros, em vez de ter evoluído para enganar presas invertebradas. Predadores crípticos, que seguem o modelo de algo que não é de interesse para a presa (como casca de árvore, líquen, um galho, ou mesmo uma pedra), podem ser distinguidos daqueles que seguem o modelo de algo que tenha alguma significância para a presa, tal como uma flor que atua como um atrativo de insetos.

Em um exemplo do último caso, o louva-deus malaio *Hymenopus bicornis* lembra muito as flores vermelhas da orquídea *Melastoma polyanthum*, entre as quais ele se esconde. As moscas são incitadas a pousarem, auxiliadas pela presença de marcas que lembram moscas no corpo do louva-deus: as moscas maiores que pousam são comidas pelo louva-deus. Em outro exemplo relacionado de mimetismo agressivo de forrageamento, o louva-deus africano *Idolum*, que imita uma flor, não se esconde em uma flor, mas realmente se parece com uma graças às projeções coloridas em forma de pétala que saem do protórax e das coxas das pernas anteriores. As borboletas e as moscas que são atraídas para essa "flor" pendurada são capturadas e comidas.

Os insetos que caçam por emboscada incluem os insetos sedentários e crípticos, como o louva-deus, os quais as presas não conseguem distinguir do fundo inerte e não floral de plantas. Embora esses predadores dependam do tráfego geral de invertebrados associados com a vegetação, com frequência eles se localizam próximo a flores, a fim de tirar vantagem da maior taxa de visitação de polinizadores e daqueles que se alimentam de flores.

As ninfas de Odonata, que são grandes predadores em muitos sistemas aquáticos, são clássicos insetos que caçam por emboscada. Elas se escondem em vegetação submersa ou no substrato, esperando que alguma presa passe. Se a espera não proporcionar alimento, o inseto faminto pode mudar para um modo de busca mais ativo. Esse gasto de energia pode trazer o predador para uma área de densidade de presas maior. Em águas correntes, muitos predadores são arrastados passivamente pela corrente para mudar de lugar, talvez induzidos por uma falta local de presas.

As estratégias de sentar e esperar não estão restritas a predadores crípticos e de movimentos lentos. Predadores diurnos, visuais, vorazes e que voam rápido, tais como muitas moscas Asilidae (Diptera) e Odonata adultos, gastam muito tempo pousados proeminentemente na vegetação. A partir dessas localizações conspícuas, sua excelente visão permite detectar insetos que passam voando. Com um voo rápido e precisamente controlado, o predador faz apenas uma incursão curta para capturar presas de tamanho apropriado. Essa estratégia combina economia de energia, porque não é necessário voar incessantemente em busca de presas com eficiência temporal, já que a presa é capturada fora da área imediata de alcance do predador.

Outra técnica de sentar e esperar que envolve maior gasto energético é o uso de armadilhas para emboscar presas. Embora as aranhas sejam os principais representantes desse método, nas partes mais quentes do mundo os buracos de certas larvas de formigas-leão (Neuroptera: Myrmeleontidae) (Figura 13.2A,B) são armadilhas familiares. As larvas cavam buracos diretamente ou os formam movendo-se em forma de espiral para trás, para dentro de areia ou solo fofos. A efetividade da armadilha depende do diâmetro, da profundidade e de quão íngremes são os lados do buraco, que variam de acordo com as espécies e instares. A larva espera, enterrada na base do buraco cônico, por presas que estejam passando e caiam. A fuga é impedida fisicamente pelo declive escorregadio, e a larva pode também jogar areia na presa antes de arrastá-la para debaixo da terra para restringir seus movimentos de defesa. A localização, a construção e a manutenção do buraco têm importância vital para a eficiência de captura, mas a construção e o reparo são energeticamente muito custosos. Foi demonstrado de forma experimental que mesmo formigas-leão esfomeadas (*Myrmeleon bore*) não transferem seus buracos para uma área onde foram disponibilizadas presas artificialmente. Em vez disso, larvas dessa espécie de formiga-leão reduzem suas taxas metabólicas para tolerarem a fome, mesmo se a morte por inanição for o resultado.

Em ectoparasitas holometábolos, tais como pulgas e moscas parasitas, o desenvolvimento dos jovens acontece longe de seus hospedeiros vertebrados. Após a fase de pupa, o adulto deve localizar o hospedeiro apropriado. Já que em muitos desses ectoparasitas os olhos são reduzidos ou ausentes, a visão não pode ser utilizada. Além disso, como muitos desses insetos são ápteros, a mobilidade é restrita. Em pulgas e alguns Diptera, nos quais o desenvolvimento larval com frequência acontece no ninho de um hospedeiro vertebrado, o inseto adulto espera quiescente no casulo da pupa até que a presença de um hospedeiro seja detectada. A duração desse período quiescente pode ser de 1 ano ou mais, assim como nas pulgas de gatos (*Ctenocephalides felis*) – um fenômeno familiar para humanos que entram em uma residência vazia a qual previamente continha gatos infestados por pulgas. Os estímulos que cessam a dormência incluem alguns ou todos dos seguintes: vibração, aumento da temperatura, aumento do dióxido de carbono, ou outros estímulos gerados pelo hospedeiro.

Ao contrário, os piolhos hemimetábolos passam suas vidas inteiras em um hospedeiro, sendo todos os estágios de desenvolvimento ectoparasitas. Qualquer transferência entre hospedeiros se dá por meio de forésia (seção 13.1.3) ou quando indivíduos hospedeiros fazem contato direto, como o da mãe com os jovens em um ninho.

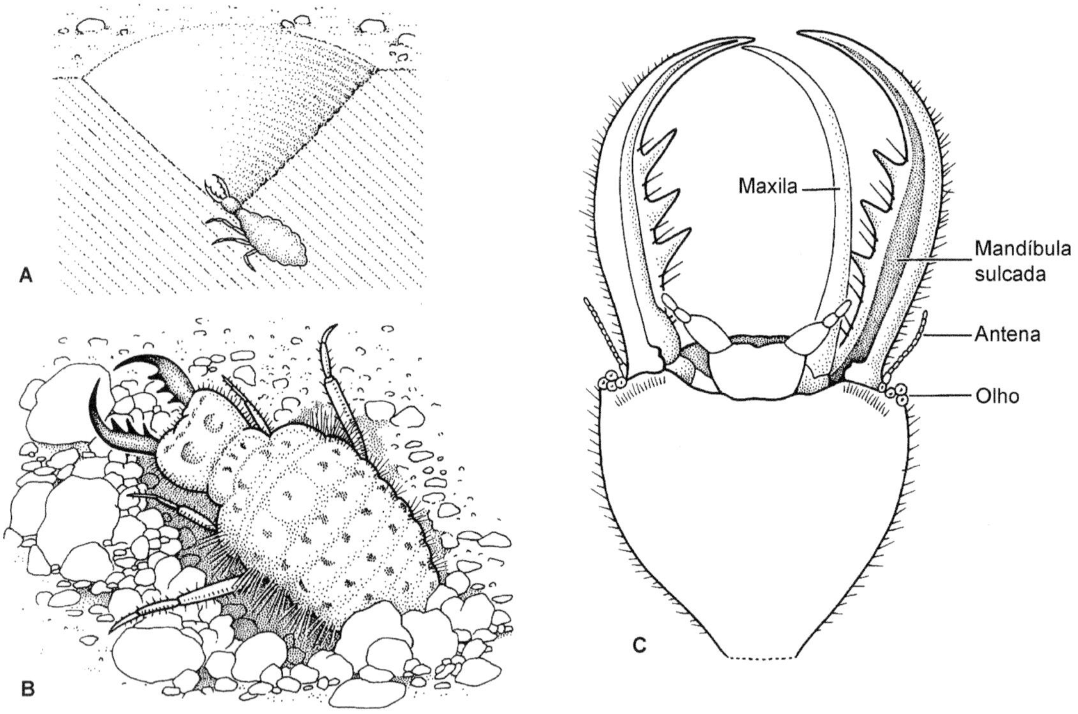

Figura 13.2 Formiga-leão *Myrmeleon* (Neuroptera: Myrmeleontidae). **A.** Larva no seu buraco de areia. **B.** Detalhe do dorso da larva. **C.** Detalhe da vista ventral da cabeça da larva, mostrando como a maxila encaixa-se nas mandíbulas sulcadas para formar um tubo de sucção. (Segundo Wigglesworth, 1964.)

13.1.2 Forrageamento ativo

O forrageamento mais energético envolve busca ativa por manchas adequadas e, uma vez nelas, por presas ou por hospedeiros. Os movimentos associados ao forrageamento e a outras atividades locomotoras, como a busca de parceiros, são tão semelhantes que a "motivação" pode ser reconhecida apenas em retrospecto, pela captura da presa ou pelo encontro do hospedeiro resultantes. Os padrões locomotores de busca utilizados para localizar presas ou hospedeiros são aqueles descritos para orientação geral na seção 4.5, e compreendem locomoção não direcional (aleatória) e direcional (não aleatória).

Forrageamento aleatório ou não direcional

O forrageamento de larvas de besouros Coccinellidae e moscas Syrphidae entre suas presas (pulgões) agrupadas ilustram diversos aspectos da busca aleatória por alimento. As larvas avançam, param periodicamente, e "procuram" ao redor, balançando a parte anterior levantada de seu corpo de um lado para o outro. O comportamento subsequente depende de um afídeo ser encontrado ou não. Se nenhuma presa for encontrada, o movimento continua, intercalando procurar balançando e mudar de direção em uma frequência fundamental. Entretanto, se o contato é feito e a alimentação acontece, ou se a presa é encontrada e perdida, a busca intensifica-se com uma frequência aumentada de procurar balançando e, se a larva está em movimento, mais giros ou mudanças de direção acontecem. A alimentação de fato é desnecessária para estimular essa busca mais concentrada: um encontro malsucedido é o suficiente. Para as larvas de primeiros instares, que são muito ativas, mas têm capacidade limitada para lidar com as presas, esse estímulo de buscar intensivamente próximo a uma oportunidade perdida de alimentação é importante para a sobrevivência.

A maior parte das evidências experimentais de laboratório e dos modelos de forrageamento fundamentados nelas é derivada de espécies únicas de predadores errantes, sobre os quais com frequência presume-se que encontrem uma única espécie de presa aleatoriamente distribuída dentro de manchas selecionadas. Essas premissas podem ser justificadas em modelos de ecossistemas grosseiramente simplificados, como uma monocultura com uma única praga controlada por um predador. Apesar das limitações desses modelos de laboratório, certas descobertas parecem ter relevância biológica geral.

Uma consideração importante é de que o tempo alocado para diferentes manchas por um predador forrageando depende dos critérios para sair de uma mancha. Quatro mecanismos são reconhecidos para provocar a saída de uma mancha:

- Um certo número de itens alimentares encontrados (número fixo)
- Um certo tempo passado (tempo fixo)
- Um certo tempo de busca passado (tempo de busca fixo)
- A taxa de captura de presas abaixo de um certo nível (taxa fixa).

O mecanismo de taxa fixa é favorecido por proponentes do modelo do forrageamento ótimo, mas mesmo isso provavelmente é uma simplificação, caso a receptividade do forrageador à presa seja não linear (p. ex., diminua com o tempo de exposição) e/ou derive de mais do que a simples taxa de encontro de presa ou densidade de presa. Diferenças entre as interações predador/presa em condições simplificadas de laboratório e a realidade no campo causam muitos problemas, incluindo o fracasso em reconhecer uma variação no comportamento da presa que resulte da exposição à predação (talvez múltiplos predadores). Além disso, existem dificuldades na interpretação das ações de predadores polífagos, incluindo as causas de mudanças comportamentais de insetos predadores/parasitoides/parasitas entre diferentes presas ou hospedeiros.

Forrageamento não aleatório ou direcional

Diversos meios direcionais mais específicos para se localizarem hospedeiros podem ser reconhecidos, incluindo o uso de substâncias químicas, som e luz. Experimentalmente, eles são um tanto difíceis de serem estabelecidos e separados, e pode ser que o uso desses sinais seja bastante comum, se pouco entendido. Da variedade de sinais disponíveis, muitos insetos utilizam provavelmente mais de um, dependendo da distância ou da proximidade do recurso buscado. Portanto, a vespa-europeia Crabronidae *Philanthus* (ver também Boxe 9.2), a qual captura apenas abelhas, baseia-se inicialmente na visão para localizar insetos em movimento do tamanho apropriado. Apenas abelhas, ou outros insetos aos quais odores de abelhas foram aplicados experimentalmente, são capturados, indicando um papel do odor quando próximo à presa. Entretanto, a ferroada é aplicada apenas em abelhas verdadeiras, e não em alternativas com cheiro de abelha, demonstrando um reconhecimento tátil final.

Não apenas uma sequência gradual de estímulos pode ser necessária, como visto anteriormente, mas também os estímulos apropriados podem ter de estar presentes de forma simultânea para que induzam o comportamento apropriado. Logo, *Telenomus heliothidis* (Hymenoptera: Scelionidae), um parasitoide de ovos de *Heliothis virescens* (Lepidoptera: Noctuidae), irão examinar e experimentar contas de vidro arredondadas de tamanho apropriado que imitam os ovos de *Heliothis* se elas estiverem revestidas com proteínas de fêmeas de mariposas. Entretanto, o Scelionidae não responde a contas de vidro comuns ou a proteínas de fêmeas de mariposas aplicadas sobre contas de formato inapropriado.

Percevejos predadores de espécies de *Salyavata* (Hemiptera: Reduviidae), os quais caçam nos ninhos de Nasutitermes na Costa Rica, são atraídos pelos remendos feitos pelos cupins nos ninhos de cartão. Depois de capturar e sugar seu primeiro cupim vítima, a ninfa do percevejo utiliza um novo método para "pescar" mais cupins operários descuidados. Ela sacode a carcaça vazia da primeira vítima próximo a outro cupim, o qual agarra a isca oferecida e é puxado para fora da segurança do ninho e consumido. O processo de atrair cupins continua até que o percevejo esteja saciado ou que os cupins completem o reparo e lacrem seu ninho. Os corpos e pernas das ninfas de *Salyavata* são camuflados por pedacinhos do cupinzeiro (ver Boxe 14.2 sobre percevejo reduviídeo africano que utiliza uma dissimulação semelhante). Esse disfarce físico e provavelmente químico pode enganar os cupins-soldados, os quais nunca respondem aos percevejos mas defendem vigorosamente se um experimentador oferecer iscas com pinças.

Substâncias químicas

O mundo da comunicação dos insetos é dominado por substâncias químicas, especialmente por feromônios (seção 4.3). A capacidade de detectar odores químicos e mensagens produzidas por presas ou hospedeiros (**cairomônios**) permite que predadores e parasitoides especialistas localizem seus recursos. Certas moscas Tachinidae parasitas e vespas Braconidae podem localizar seus respectivos hospedeiros, maria-fedida ou cocoide, sintonizando aos feromônios sexuais atrativos de longa distância de seus hospedeiros. Diversos Hymenoptera parasitoides não aparentados utilizam os feromônios de agregação de seus hospedeiros besouros. As substâncias químicas emitidas por plantas estressadas, assim como os terpenos produzidos por pinheiros, quando atacados por um inseto, atuam como **sinomônios** (substâncias químicas de comunicação que beneficiam tanto os produtores quanto os receptores); por exemplo, certos parasitoides Pteromalidae (Hymenoptera) localizam seus hospedeiros, os danosos besouros Scolytidae, dessa maneira. Algumas espécies de pequenas vespas (Trichogrammatidae) que são endoparasitoides de ovos (ver Figura 16.2) são capazes de localizar os ovos postos por suas mariposas hospedeiras preferidas por meio dos feromônios sexuais atrativos liberados pela mariposa. Além disso, há diversos exemplos de parasitoides que localizam suas larvas hospedeiras específicas por odores de excremento: os cheiros de suas **fezes**. A localização química é particularmente valiosa quando os hospedeiros estão escondidos da inspeção visual, por exemplo, alojados em plantas ou outros tecidos.

A detecção química não precisa ser restrita a rastrear compostos voláteis produzidos pelo potencial hospedeiro. Assim, muitos parasitoides que procuram por insetos hospedeiros fitófagos inicialmente são atraídos, a certa distância, a substâncias químicas de plantas hospedeiras, da mesma maneira que o fitófago localizou o recurso. Em um alcance curto, substâncias químicas produzidas por danos provocados pela alimentação e/ou pelo excremento de fitófagos podem permitir a localização precisa do hospedeiro. Uma vez localizado, a aceitação de um hospedeiro como adequado provavelmente envolve substâncias químicas similares ou outras, a julgar pelo uso intensivo das antenas vibrando rapidamente para sentir o potencial hospedeiro.

Os insetos adultos que se alimentam de sangue localizam seus hospedeiros utilizando sinais que incluem substâncias químicas produzidas pelo hospedeiro. Muitas fêmeas de mosquitos picadores podem detectar um aumento dos níveis de dióxido de carbono associados com a respiração animal e voar em direção contrária à do vento, em direção à fonte. Os insetos que mordem hospedeiros muito específicos provavelmente também são capazes de detectar odores sutis: dessa maneira, os borrachudos que mordem humanos (Diptera: Simuliidae) respondem a componentes das glândulas de suor exócrinas humanas. Ambos os sexos da mosca-tsé-tsé (Diptera: Glossinidae) localizam o odor de ar exalado, notavelmente dióxido de carbono, octanóis, acetonas e cetonas emitidos por seus hospedeiros bovinos preferidos.

Som

Os sinais sonoros produzidos por animais, incluindo aqueles emitidos por insetos para atraírem parceiros, são utilizados por alguns parasitas para localizar seus hospedeiros preferidos acusticamente. Dessa maneira, as fêmeas sugadoras de sangue de *Corethrella* (Diptera: Corethrellidae) localizam seu hospedeiro favorito, as pererecas Hylidae, seguindo os chamados da perereca. Os detalhes do comportamento de busca de hospedeiros de moscas Hormiinae Tachinidae são considerados em detalhe no Boxe 4.1. Sabe-se que moscas de outras duas espécies de dípteros são atraídas pelos cantos de seus hospedeiros: fêmeas da Tachinidae larvípara *Euphasiopteryx ochracea* localizam os grilos-machos de *Gryllus integer*, e a Sarcophagidae *Colcondamyia auditrix* encontra seu macho de cigarra hospedeiro, *Okanagana rimosa*, dessa maneira. Isso permite a deposição precisa dos estágios imaturos parasitas nos hospedeiros em que se desenvolvem, ou próximo deles.

Mosquitos-pólvora predadores (Ceratopogonidae) que predam moscas que formam enxames, como os Chironomidae, aparentemente usam sinais similares àqueles usados por suas presas para localizar o enxame; os sinais podem incluir os sons produzidos pela frequência do bater de asas dos membros do enxame. As vibrações produzidas por seus hospedeiros podem também ser detectadas por ectoparasitas, principalmente entre as pulgas. Também há evidência de que certos parasitoides podem detectar a curta distância a vibração no substrato, produzida pelas atividades de alimentação de seus hospedeiros. Assim, *Biosteres longicaudatus*, um endoparasitoide Hymenoptera Braconidae de uma larva da mosca-da-fruta Tephritidae (Diptera: *Anastrepha suspensa*), detecta vibrações feitas pela larva que se movimenta e se alimenta dentro da fruta. Esses sons agem como um gatilho comportamental, estimulando o comportamento de busca por hospedeiro e agindo como um sinal direcional para a localização de seus hospedeiros escondidos.

Luz

As larvas do mosquito Mycetophilidae cavernícola australiano *Arachnocampa* e de seu correlativo da Nova Zelândia, *Arachnocampa luminosa*, utilizam iscas bioluminescentes para capturar pequenos mosquitos em fios pegajosos que elas suspendem no teto da caverna. A luminescência (seção 4.4.5), como todos os sistemas de comunicação, proporciona possibilidades para o abuso; nesse caso, a sinalização bioluminescente de corte entre besouros é indevidamente apropriada. Fêmeas Lampyridae carnívoras de algumas espécies de *Photurus*, em um exemplo de mimetismo agressivo de forrageamento, podem imitar os sinais piscantes de fêmeas de até cinco outras espécies de vaga-lumes. Os machos dessas diferentes espécies piscam suas respostas e são iludidos a pousarem próximo à fêmea mimética, depois do que ela os devora. A fêmea de *Photurus* mimética comeria os machos da sua própria espécie, mas o canibalismo é evitado ou reduzido porque a fêmea *Photurus* é mais pirática apenas depois de acasalar, quando ela se torna relativamente indiferente aos sinais de machos da sua própria espécie.

13.1.3 Forésia

A **forésia** é um fenômeno no qual um ou mais indivíduos são transportados por um indivíduo maior de outra espécie. Essa relação beneficia o carregado e não afeta diretamente o carregador, embora em alguns casos sua progênie possa ser desfavorecida (como veremos adiante). A forésia proporciona um meio de achar um novo hospedeiro ou fonte de alimento. Um exemplo observado com frequência envolve piolhos Isochnorecae (Psocodea) transportados pelos adultos alados de *Ornithomyia* (Diptera: Hippoboscidae). Os Hippoboscidae são moscas ectoparasitas sugadoras de sangue e *Ornithomyia* ocorre em muitas aves hospedeiras. Quando um pássaro hospedeiro morre, os piolhos podem alcançar um novo hospedeiro prendendo-se pelas mandíbulas a um hipoboscídeo, que pode voar para um novo hospedeiro. Entretanto, os piolhos são altamente específicos nos seus hospedeiros, ao passo que os hipoboscídeos são muito menos, e as chances de qualquer caroneiro chegar a um hospedeiro apropriado podem não ser grandes. Em algumas outras associações, tais como o mosquito *Forcipomyia* (Diptera: Ceratopogonidae) encontrado no tórax de várias libélulas adultas em Borneo, é difícil determinar se o caroneiro é na verdade parasita ou meramente forético.

Entre os Hymenoptera que parasitam ovos (principalmente os Scelionidae, Trichogrammatidae e Torymidae), alguns se prendem às fêmeas adultas da espécie hospedeira, portanto, obtendo acesso imediato aos ovos na oviposição. *Matibaria manticida* (Scelionidae), um parasitoide de ovos do louva-deus europeu (*Mantis religiosa*), é forético, predominantemente em hospedeiros fêmeas. A vespa adulta perde suas asas e pode alimentar-se do louva-deus e, portanto, pode ser um ectoparasita. Ela se move para as bases das asas e amputa as asas do louva-deus fêmea e, então, oviposita na massa de ovos do louva-deus enquanto ela está espumosa, antes que a ooteca endureça. Os indivíduos de *M. manticida* que são foréticos em louva-deus machos podem se transferir para a fêmea durante a cópula. Certos Hymenoptera Chalcidae (incluindo espécies de Eucharitidae) têm larvas planídias móveis que procuram ativamente formigas operárias, nas quais eles se prendem, portanto, obtendo transporte para o formigueiro. Aqui, o restante do ciclo de vida imaturo compreende típicas larvas sedentárias que se desenvolvem dentro de larvas ou pupas de formiga.

A mosca-do-berne, *Dermatobia hominis* (Diptera: Oestridae), da região Neotropical (Américas Central e do Sul), que provoca miíases (seção 15.1) de seres humanos e gado, demonstra um exemplo extremo de forésia. A mosca-fêmea não encontra o vertebrado hospedeiro por si só, mas usa os serviços de mosquitos sugadores de sangue, em particular pernilongos e moscas Muscidae. A fêmea da mosca-do-berne, que produz até 1.000 ovos em sua vida, captura um intermediário forético e cola em seu corpo cerca de 30 ovos, de tal maneira que o voo não seja prejudicado. Quando o intermediário encontra um vertebrado hospedeiro do qual ele se alimenta, uma elevação da temperatura induz os ovos a eclodirem rapidamente e as larvas transferem-se para o hospedeiro, no qual elas penetram a pele por meio de folículos capilares e desenvolvem-se dentro da bolha resultante cheia de pus.

13.2 ACEITAÇÃO E MANIPULAÇÃO DA PRESA/HOSPEDEIRO

Durante o forrageamento, há algumas semelhanças na localização da presa por um predador, e do hospedeiro por um parasitoide ou parasita. Quando o contato é feito com a potencial presa ou hospedeiro, sua aceitabilidade deve ser estabelecida, verificando a identidade, o tamanho e a idade do presa/hospedeiro. Por exemplo, muitos parasitoides rejeitam larvas velhas, que estão próximas à pupação. Estímulos químicos e táteis estão envolvidos na identificação específica e em comportamentos subsequentes, incluindo morder, ingerir e continuar a alimentação. Os quimiorreceptores nas antenas e no ovipositor de parasitoides são vitais na detecção química da adequação do hospedeiro e na localização precisa.

Manipulações diferentes sucedem a aceitação: o predador tenta comer presas adequadas, ao passo que parasitoides e parasitas exibem uma diversidade de comportamentos em relação a seus hospedeiros. Um parasitoide pode ovipositar (ou larvipositar) diretamente ou pode subjugar e possivelmente carregar o hospedeiro a algum outro lugar, por exemplo, um ninho, antes do desenvolvimento da prole dentro ou sobre ele. Um ectoparasita precisa ganhar uma posição firme e obter seu alimento. As diferentes modificações comportamentais e morfológicas associadas à manipulação de presas ou de hospedeiros são tratadas em seções separadas a seguir, a partir das perspectivas do predador, do parasitoide e do parasita.

13.2.1 Manipulação da presa por predadores

Quando um predador detecta e localiza a presa adequada, ele precisa capturá-la e prendê-la antes de se alimentar. Como a predação surge diversas vezes e em quase todas as ordens, as modificações morfológicas associadas com esse estilo de vida são altamente convergentes. No entanto, na maioria dos insetos predadores os principais órgãos usados na captura e na manipulação da presa são as pernas e as peças bucais. Tipicamente, pernas **raptoriais** de insetos adultos são alongadas e apresentam espinhos na superfície interna de pelo menos um dos segmentos (Figura 13.3). A presa é capturada fechando-se o segmento cheio de espinhos contra o outro segmento, o qual pode ser ele próprio cheio de espinhos, ou seja, o fêmur contra a tíbia ou a tíbia contra o tarso. Além dos espinhos, pode haver esporões alongados no ápice da tíbia, e as garras apicais podem ser fortemente desenvolvidas nas pernas raptoriais. Em predadores com modificações na perna, geralmente as pernas anteriores são raptoriais, mas alguns hemípteros também empregam as pernas medianas, e os mecópteros (ver Boxe 5.1) agarram a presa com suas pernas posteriores.

Modificações das peças bucais associadas à predação são de dois tipos principais: (i) incorporação de um número variável de elementos em um rostro tubular, para permitir a perfuração e a sucção de líquidos; ou (ii) desenvolvimento de mandíbulas alongadas e reforçadas. Peças bucais modificadas como um rostro (Taxoboxe 20) são encontradas em percevejos (Hemiptera) e

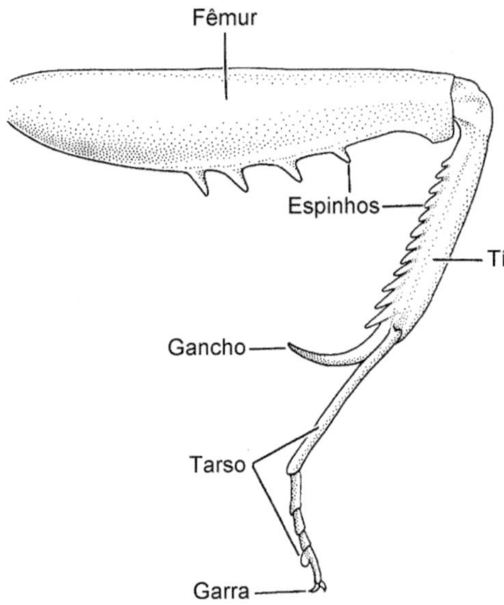

Figura 13.3 Parte distal da perna de um louva-deus, mostrando as fileiras de espinhos opostas que se entrelaçam quando a tíbia é puxada para cima, na direção do fêmur. (Segundo Preston-Mafham, 1990.)

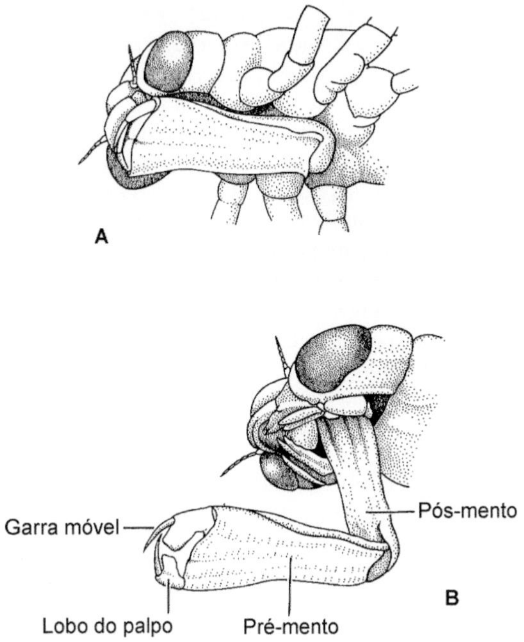

Figura 13.4 Vista ventrolateral da cabeça de uma ninfa de libélula (Odonata: Aeshnidae: *Aeshna*), mostrando a "máscara" labial nas posições: (**A**) dobrada; e (**B**) estendida durante a captura da presa, com ganchos opositores dos lobos do palpo formando pinças em formato de garra. (Segundo Wigglesworth, 1964.)

funcionam para sugar líquidos de plantas ou de artrópodes mortos (como em muitos insetos Gerridae), ou na predação de presas vivas, como em muitos outros insetos aquáticos, incluindo espécies de Nepidae, Belostomatidae e Notonectidae. Entre os insetos terrestres, os percevejos Reduviidae, que usam pernas anteriores raptoriais para capturar outros artrópodes terrestres, são grandes predadores. Eles injetam toxinas e saliva proteolítica na presa capturada, e sugam os líquidos corporais por meio do rostro. Peças bucais similares de hemípteros são utilizadas para sugar sangue, como demonstrado em *Rhodnius prolixus*, um reduviídeo que ganhou fama por seu papel na fisiologia experimental de insetos, e pela família Cimicidae, incluindo o percevejo-de-cama *Cimex lectularius*.

Nos Diptera, as mandíbulas são vitais para a produção de feridas pelos Nematocera sugadores de sangue (mosquitos, mosquitos-pólvora e borrachudos), mas foram perdidas nos grupos de moscas superiores, alguns dos quais recuperaram o hábito de sugar sangue. Dessa maneira, em moscas *Stomoxys* e moscas-tsé-tsé (*Glossina*), por exemplo, estruturas de peças bucais alternativas se desenvolveram; algumas peças bucais especializadas de Diptera sugadores de sangue são descritas na seção 2.3.1 e ilustradas nas Figuras 2.13 e 2.14.

Muitas larvas e alguns adultos predadores têm mandíbulas endurecidas, alongadas e pontudas apicalmente, capazes de perfurar cutículas firmes. Larvas de neurópteros (p. ex., formigas-leão) têm a maxila mais delgada e mandíbulas com sulcos e de pontas afiadas, as quais são pressionadas uma contra a outra para formar um tubo de sucção composto (Figura 13.2C). A estrutura composta pode ser reta, como em perseguidores ativos de presas, ou curvada, como nos insetos que caçam por emboscada que sentam e esperam, como as formigas-leão. O líquido pode ser sugado (ou bombeado) da presa pelo uso de uma diversidade de modificações mandibulares depois que a pré-digestão enzimática liquefizer os conteúdos (digestão extraoral).

Uma modificação morfológica incomum para a predação é encontrada nas larvas dos Chaoboridae (Diptera) que utilizam antenas modificadas para agarrar suas presas planctônicas, os cladóceros. As ninfas de Odonata capturam presas que passam atacando com um lábio altamente modificado (Figura 13.4), que é projetado rapidamente para frente pela liberação da pressão hidrostática, em vez de meios musculares.

13.2.2 Aceitação e manipulação de hospedeiros por parasitoides

As duas ordens com os maiores números e diversidade de larvas parasitoides são os Diptera e os Hymenoptera. Duas abordagens básicas são exibidas quando um potencial hospedeiro é localizado, embora existam exceções. Primeiramente, como visto em muitos Hymenoptera, é o adulto que busca o local de desenvolvimento da larva (ver Prancha 6F). Em contraposição, em muitos Diptera, com frequência é a larva planídia de primeiro instar que faz o contato próximo com o hospedeiro. Himenópteros parasitas utilizam informação sensorial das antenas alongadas e constantemente móveis para localizar com precisão até mesmo um hospedeiro escondido. As antenas e o ovipositor especializado (ver Figura 5.11) apresentam sensilas que permitem a aceitação de hospedeiros e a oviposição precisa, respectivamente. A modificação do ovipositor como um ferrão nos Hymenoptera aculeados permite modificações comportamentais (seção 14.6), incluindo o fornecimento aos estágios imaturos de uma fonte de alimento capturada pelo adulto e mantida viva em um estado paralisado.

Os Diptera endoparasitoides, incluindo os Tachinidae, podem ovipositar (ou, em táxons larvíparos, depositar uma larva) na cutícula ou diretamente dentro do hospedeiro. Em diversas famílias distantemente aparentadas, um ovipositor "de substituição" evoluído de forma convergente (seção 2.5.1 e seção 5.8) é utilizado. Com frequência, porém, os ovos ou larvas do parasitoide são depositados em um substrato adequado e a larva móvel planídia é responsável por encontrar seu hospedeiro. Assim, *Euphasiopteryx ochracea*, um Tachinidae que responde de maneira fonotátil ao chamado do grilo-macho, de fato deposita larvas ao redor do local do chamado e essas larvas localizam e parasitam não apenas o vocalista, mas também outros grilos atraídos pelo chamado. A heteromorfose, na qual a larva de primeiro instar é morfologicamente e comportamentalmente diferente de instares larvais subsequentes (que são vermes parasitas sedentários), é comum entre parasitoides.

Certos dípteros parasitas e parasitoides e alguns himenópteros usam suas habilidades de voo aéreo para obter acesso a um hospedeiro em potencial. Alguns são capazes de interceptar seus hospedeiros durante o voo, outros podem fazer botes rápidos em alvos alertas e defensivos. Alguns dos inquilinos de insetos sociais (seção 12.3) podem entrar no ninho por meio de um ovo depositado em uma operária quando ela está ativa fora do ninho. Por exemplo, certas moscas Phoridae, atraídas por odores de formiga, podem ser vistas se arremessando nas formigas na tentativa de ovipositar nelas. Uma formiga-saúva do oeste indiano (*Atta* sp.) não pode se defender desses ataques ao mesmo tempo que carrega fragmentos de folha em sua mandíbula. Alguma proteção é fornecida colocando-se uma guarda na folha durante o transporte; a guarda é uma operária pequena (mínima) (ver Figura 9.7) que utiliza suas mandíbulas para ameaçar qualquer mosca Phoridae que se aproxime.

O êxito dos ataques desses insetos contra hospedeiros ativos e bem defendidos demonstra grande rapidez na aceitação de hospedeiros, na sondagem e na oviposição. Isso pode contrastar com a ocasional maneira vagarosa de muitos parasitoides de hospedeiros sésseis, como as cochonilhas, pupas, ou estágios imaturos que estão restritos em espaços confinados, como tecido de plantas, e ovos não guardados.

13.2.3 Superação de respostas imunológicas do hospedeiro

Os insetos que se desenvolvem dentro do corpo de outros insetos devem lidar com as respostas imunológicas ativas do hospedeiro. Um parasitoide adaptado ou compatível não é eliminado pelas defesas imunológicas celulares do hospedeiro. Essas defesas protegem o hospedeiro agindo contra parasitoides incompatíveis, patógenos, e material biótico que possa invadir a cavidade do corpo do hospedeiro. As respostas imunológicas do hospedeiro requerem mecanismos para (i) reconhecer o material introduzido como não próprio, e (ii) desativar, suprimir ou remover o material estranho (ver seção 3.4.3). A reação comum do hospedeiro a um parasitoide incompatível é o **encapsulamento**, ou seja, cercar o ovo ou a larva invasora com uma agregação de hemócitos (Figura 13.5). Os hemócitos tornam-se achatados na superfície do parasitoide e a fagocitose começa ao passo que os hemócitos se acumulam, eventualmente formando uma cápsula que cerca e mata o intruso. Esse tipo de reação raramente ocorre quando o parasitoide infecta seus hospedeiros normais, presumivelmente porque o parasitoide ou algum(s) fator(es) associado(s) a ele altera(m) a capacidade do hospedeiro de reconhecer o parasitoide como corpo estranho e/ou de responder a ele. Até mesmo os ovos de alguns insetos, tais como os da mariposa *Manduca sexta*, podem ativar uma resposta imune contra o ovo de um parasitoide generalista como *Trichogramma*, resultando em baixa sobrevivência do parasitoide. Os parasitoides que têm sucesso em lidar com o sistema imunológico do hospedeiro fazem isso de uma ou mais das seguintes maneiras:

- Evitação: por exemplo, os ectoparasitoides alimentam-se externamente do hospedeiro (da mesma maneira dos predadores), parasitoides de ovos ovipositam em ovos hospedeiros que são incapazes de reações imunológicas, e muitos outros parasitoides, pelo menos temporariamente, ocupam órgãos de hospedeiros (tais como o cérebro, um gânglio, uma glândula salivar ou o trato digestivo) e, portanto, escapam das reações imunológicas da hemolinfa do hospedeiro
- Evasão: isso inclui mimetismo molecular (o parasitoide é revestido com uma substância similar às proteínas do hospedeiro, e não é reconhecido como estranho por ele), disfarce (p. ex., o parasitoide pode isolar-se em uma membrana ou cápsula, derivada de membranas embrionárias ou tecidos do hospedeiro; ver também "subversão" a seguir), e/ou rápido desenvolvimento no hospedeiro
- Destruição: o sistema imunológico do hospedeiro pode ser bloqueado tanto por depauperação do hospedeiro como por alimentação intensa que enfraquece as reações de defesa do hospedeiro, e/ou por destruição das células de resposta (os hemócitos do hospedeiro)
- Supressão: as respostas imunológicas celulares do hospedeiro podem ser suprimidas por vírus associados aos parasitoides (Boxe 13.1); com frequência, a supressão é acompanhada pela redução da contagem total de hemócitos do hospedeiro e de outras mudanças na sua fisiologia
- Subversão: em muitos casos, o desenvolvimento do parasitoide ocorre apesar da resposta do hospedeiro; por exemplo, a resistência física ao encapsulamento é conhecida em vespas parasitoides; em dípteros parasitoides, a cápsula hemocítica do hospedeiro é subvertida para ser usada como uma capa que a larva da mosca mantém aberta em uma extremidade por meio de alimentação vigorosa. Em muitos Hymenoptera parasitas, a serosa ou o trofâmnion associado ao ovo parasitoide fragmenta-se em células individualizadas que flutuam livremente na hemolinfa do hospedeiro e crescem de modo a formar células gigantes, ou teratócitos, que podem auxiliar a sobrepujar as defesas do hospedeiro.

Obviamente, os vários meios de lidar com as reações imunológicas do hospedeiro não são discretos, e a maioria dos parasitoides adaptados provavelmente utiliza uma combinação de métodos para permitir o desenvolvimento dentro de seus respectivos hospedeiros. As interações parasitoide/hospedeiro no que diz respeito à imunidade celular e humoral são complexas e variam muito entre táxons diferentes. Nosso entendimento desses sistemas está se desenvolvendo rapidamente, com novas descobertas excitantes a respeito de genomas de parasitoides e associações coevoluídas entre insetos e vírus. Um nível adicional de complexidade surge pelas evidências de que algumas plantas hospedeiras de larvas de lepidópteros podem conter compostos vegetais secundários (tais como alcaloides pirrolizidínicos) que podem reduzir a viabilidade de parasitoides. Embora uma dieta rica nesses compostos também comprometa o crescimento das lagartas, elas podem se beneficiar muito com essa mortalidade induzida de parasitoides quando o risco de parasitismo é alto.

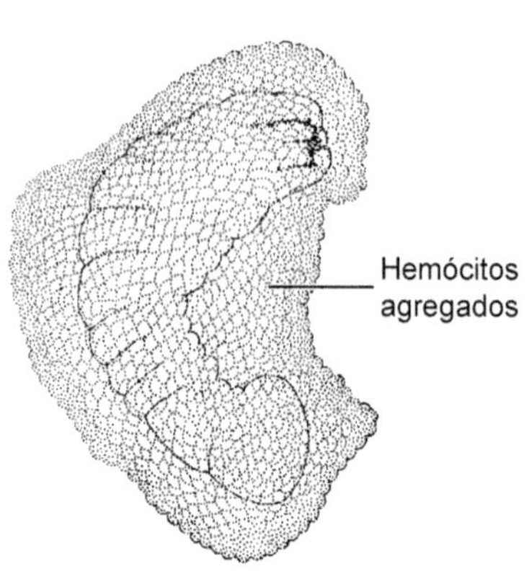

Figura 13.5 Encapsulamento de uma larva viva de *Apanteles* (Hymenoptera: Braconidae) pelos hemócitos de uma lagarta de *Ephestia* (Lepidoptera: Pyralidae). (Segundo Salt, 1968.)

13.3 SELEÇÃO E ESPECIFICIDADE DE PRESA/HOSPEDEIRO

Como vimos nos Capítulos 9 a 11, os insetos variam na diversidade de recursos alimentares que usam. Dessa maneira, alguns insetos predadores são monófagos, utilizando uma única espécie de presa; outros são oligófagos, usando poucas espécies; e muitos são polífagos, alimentando-se de uma variedade de espécies de presas. Em uma grande generalização, os predadores são principalmente polífagos, já que uma única espécie de presa raramente proporcionará recursos adequados. Entretanto, predadores que sentam e esperam (que caçam por emboscada), em virtude de sua localização escolhida, podem ter uma dieta restrita – por exemplo, formigas-leão podem capturar em especial pequenas formigas em seus buracos. Além disso, alguns predadores selecionam presas gregárias, tais como certos insetos eussociais, porque o comportamento previsível e a abundância desse tipo de presa permitem a monofagia. Embora esses insetos-presas possam estar agregados, com frequência eles são aposemáticos e quimicamente defendidos. Entretanto, se as defesas puderem ser superadas, esses recursos alimentares previsíveis e em geral abundantes permitem a especialização do predador.

As interações predador-presa não serão mais discutidas; o restante desta seção diz respeito às relações mais complicadas entre os hospedeiros e os parasitoides e parasitas. Quanto aos parasitoides e sua gama de hospedeiros, a terminologia de monófago, oligófago e polífago é aplicada da mesma maneira que para fitófagos e predadores. Entretanto, uma terminologia diferente, paralela, existe para parasitas: parasitas monóxenos são restritos a um único hospedeiro, oligóxenos a apenas alguns, e políxenos valem-se de muitos hospedeiros. Nas seguintes seções, discutimos primeiro a variedade de estratégias para seleção de hospedeiros por parasitoides e, em seguida, os meios pelos quais um hospedeiro parasitado pode ser manipulado pelo parasitoide em desenvolvimento. Na seção final, os padrões de uso do hospedeiro por parasitas são discutidos, com particular referência para a coevolução.

13.3.1 Uso de hospedeiros por parasitoides

Os parasitoides necessitam de apenas um único indivíduo para completar seu desenvolvimento, sempre matam seu hospedeiro imaturo, e raramente são parasitas no estágio adulto. Os parasitoides que se alimentam de insetos (entomófagos) mostram diversas estratégias para o desenvolvimento em seus insetos hospedeiros selecionados. A larva pode ser ectoparasita, desenvolvendo-se externamente, ou endoparasita, desenvolvendo-se no hospedeiro. Os ovos (ou larvas) de ectoparasitoides são postos no próprio corpo do hospedeiro ou próximo a ele, como são às vezes aqueles dos endoparasitoides. Entretanto, no último grupo, com mais frequência os ovos são postos no corpo do hospedeiro, usando um ovipositor perfurante (em Hymenoptera; veja Prancha 6F e Prancha 8D) ou um ovipositor de substituição (em dípteros parasitoides). Certos parasitoides que se alimentam dentro do casulo da pupa do hospedeiro ou abaixo das coberturas e dos casulos de proteção de cochonilhas e outros são, na verdade, ectófagos (que se alimentam externamente), vivendo internos à proteção, mas externos ao corpo do inseto hospedeiro. Esses modos de alimentação oferecem diferentes exposições ao sistema imunológico do hospedeiro, de modo que os endoparasitoides encontram e os ectoparasitoides evitam as defesas do hospedeiro (seção 13.2.3). Os ectoparasitoides são geralmente menos específicos quanto aos hospedeiros do que os endoparasitoides, uma vez que eles têm menos associação íntima com o hospedeiro do que endoparasitoides, que precisam contrapor as variações específicas do sistema imunológico de cada espécie de hospedeiro.

Os parasitoides podem ser solitários dentro ou fora de seu hospedeiro, ou gregários. O número de parasitoides que podem se desenvolver em um hospedeiro está relacionado com o tamanho do hospedeiro, sua longevidade após a infecção, e com o tamanho (e a biomassa) do parasitoide. O desenvolvimento de diversos parasitoides em um hospedeiro individual acontece comumente quando uma fêmea oviposita diversos ovos em um único hospedeiro, ou, com menos frequência, por poliembrionia, em que um único ovo posto pela mãe divide-se e pode gerar uma prole numerosa (seção 5.10.3). Os parasitoides gregários parecem poder regular o tamanho da ninhada de acordo com a qualidade e o tamanho do hospedeiro.

A maioria dos parasitoides faz discriminação de hospedeiro; ou seja, eles podem reconhecer, e geralmente rejeitar, hospedeiros que já estão parasitados, seja por eles mesmos, seja por outros da sua espécie, seja por outras espécies. A distinção de hospedeiros não parasitados de parasitados em geral envolve um feromônio marcador colocado internamente ou externamente no hospedeiro no momento da oviposição.

Entretanto, nem todos parasitoides evitam hospedeiros que já estão parasitados. No superparasitismo, um hospedeiro recebe múltiplos ovos de um único indivíduo ou de diversos indivíduos da mesma espécie de parasitoides, embora o hospedeiro não possa sustentar a carga total de parasitoides até a maturidade. As consequências de oviposição múltipla são discutidas na seção 13.3.2. Modelos teóricos, alguns dos quais têm sido substanciados experimentalmente, implicam que o superparasitismo irá aumentar:

- Conforme os hospedeiros não parasitados forem se acabando
- Conforme aumentar o número de parasitoides procurando em qualquer mancha
- Em espécies com alta fecundidade e ovos pequenos.

Há alguma evidência de ganhos adaptativos derivados dessa estratégia. O superparasitismo é adaptativo para indivíduos parasitoides quando há competição por hospedeiros escassos, mas a evitação é adaptativa quando os hospedeiros são abundantes. Muitos benefícios diretos resultam no caso de um parasitoide solitário que utiliza um hospedeiro que pode encapsular um ovo de parasitoide (seção 13.2.3). Aqui, um primeiro ovo pode utilizar todos os hemócitos do hospedeiro, e um ovo subsequente pode, portanto, escapar do encapsulamento. Entretanto, a ideia de que o superparasitismo é adaptativo é contrária à recente descoberta de que um vírus causa mudanças comportamentais em uma vespa parasitoide infestada (Figitidae: *Leptopilina boulardi*) de modo que ela oviposita em hospedeiros já parasitados (larvas de *Drosophila*), permitindo que o vírus se transfira para larvas de parasitoide não infectadas dentro da mosca hospedeira. Outros casos de superparasitismo precisam de um exame mais minucioso.

No multiparasitismo, um hospedeiro recebe os ovos de mais de uma espécie de parasitoide. O multiparasitismo ocorre com mais frequência do que o superparasitismo, talvez porque as espécies de parasitoides sejam menos capazes de reconhecer os feromônios marcadores colocados por espécies diferentes. Os parasitoides proximamente aparentados podem reconhecer as marcas uns dos outros, ao passo que espécies mais distantemente aparentadas podem não ser capazes disso. Entretanto, parasitoides secundários, chamados de hiperparasitoides, parecem capazes de detectar os odores deixados por um parasitoide primário, permitindo a localização precisa do lugar para o desenvolvimento do hiperparasita.

O desenvolvimento hiperparasítico envolve um parasitoide secundário desenvolvendo-se ao custo do parasitoide primário. Alguns insetos são hiperparasitoides obrigatórios, desenvolvendo-se apenas dentro de parasitoides primários, ao passo que outros são facultativos, e podem se desenvolver também como parasitoides primários. O desenvolvimento pode ser externo ou interno ao hospedeiro do parasitoide primário, com a oviposição sendo feita no hospedeiro primário, no primeiro caso, ou no parasitoide primário, no segundo caso (Figura 13.6). A alimentação externa é frequente, e os hiperparasitoides são predominantemente restritos ao estágio larval do hospedeiro, às vezes à pupa; hiperparasitoides de ovos e adultos de hospedeiros de parasitoides primários são muito raros.

Os hiperparasitoides pertencem a duas famílias de Diptera (certos Bombyliidae e Conopidae), duas famílias de Coleoptera (alguns Rhipiphoridae e Cleridae), e notavelmente os Hymenoptera, em especial entre 11 famílias da superfamília Chalcidoidea, em quatro subfamílias dos Ichneumonidae, e nos Figitidae (Cynipoidea). Os hiperparasitoides são ausentes entre os Tachinidae e surpreendentemente não parecem ter evoluído em certas famílias de vespas parasitas como Braconidae, Trichogrammatidae e Mymaridae. Nos Hymenoptera, o hiperparasitismo evoluiu diversas vezes, cada uma originando-se de alguma maneira a partir do parasitismo primário, com o hiperparasitismo facultativo demonstrando a facilidade de transição. Os himenópteros hiperparasitoides atacam uma grande diversidade de insetos parasitados por outros Hymenoptera, predominantemente entre os hemípteros (em especial Sternorrhyncha), Lepidoptera e Symphytae. Os hiperparasitoides com frequência têm uma diversidade de possíveis hospedeiros maior do que os parasitoides primários habitualmente oligófagos ou monófagos. Entretanto, da mesma maneira que com os parasitoides primários, os hiperparasitoides endófagos parecem ser mais específicos em relação aos hospedeiros do que àqueles que se alimentam externamente, no que diz respeito aos maiores problemas fisiológicos experimentados quando se desenvolve em outro organismo vivo. Além disso, são conhecidos o forrageamento e a avaliação da adequação do hospedeiro de uma complexidade comparável àquela de parasitoides primários, pelo menos para hiperparasitoides Cynipoidae de parasitoides afidófagos (Figura 13.7). Como explicado na seção 16.5.1, o hiperparasitismo e o grau de especificidade de hospedeiros é uma informação fundamental em programas de controle biológico.

13.3.2 Manipulação de hospedeiros e desenvolvimento de parasitoides

A parasitose pode matar ou paralisar o hospedeiro, e o parasitoide em desenvolvimento, chamado de idiobionte, desenvolve-se rapidamente, em uma situação que difere apenas sutilmente da predação. De grande interesse e complexidade muito maior é o parasitoide conobionte, que põe seus ovos em um hospedeiro jovem, o qual continua a crescer, portanto proporcionando um recurso alimentar crescente. O desenvolvimento do parasitoide pode ser adiado até que o hospedeiro tenha atingido um tamanho suficiente para sustentá-lo. A regulação do hospedeiro é uma

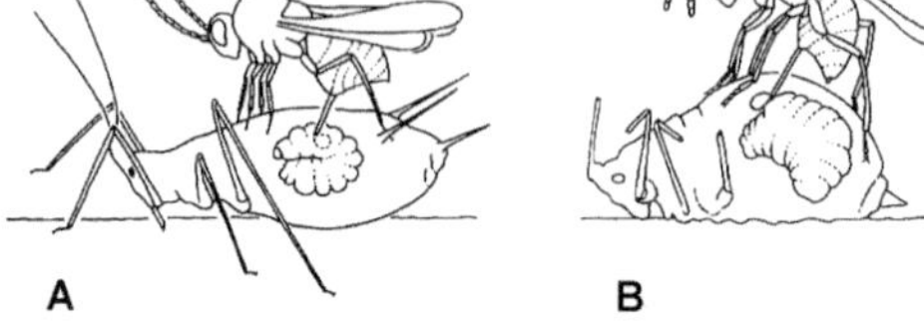

Figura 13.6 Dois exemplos do comportamento de oviposição de himenópteros hiperparasitoides de afídeos. (**A**) Endófago *Alloxysta victrix* (Hymenoptera: Figitidae) ovipositando em um parasitoide primário dentro de um afídeo vivo. (**B**) Ectófago *Asaphes suspensus* (Hymenoptera: Pteromalidae) ovipositando sobre um parasitoide primário em um afídeo mumificado. (Segundo Sullivan, 1988.)

característica de conobiontes, com certos parasitoides sendo capazes de manipular a fisiologia do hospedeiro, incluindo a supressão da sua pupação para produzir um "super-hospedeiro".

Muitos conobiontes respondem aos hormônios do hospedeiro, conforme demonstrado pela: (i) frequente muda ou emergência de parasitoides em sincronia com a muda ou metamorfose do hospedeiro; e/ou (ii) pela sincronização das diapausas do hospedeiro e do parasitoide. Não é certo se, por exemplo, os ecdisteroides do hospedeiro agem diretamente na epiderme do parasitoide para causar a muda, ou agem indiretamente no próprio sistema endócrino do parasitoide a fim de induzir a muda sincrônica. Embora os mecanismos específicos continuem desconhecidos, alguns parasitoides sem dúvida perturbam o sistema endócrino do hospedeiro, provocando suspensão do desenvolvimento, metamorfose acelerada ou retardada, ou inibição da reprodução em um hospedeiro adulto. Isso pode acontecer por meio da produção de hormônios (incluindo miméticos) pelo parasitoide, ou por meio da regulação do sistema endócrino do hospedeiro, ou ambos. Em casos de parasitismo retardado, como observado em certos himenópteros Platygastridae e Braconidae, o desenvolvimento de um ovo posto no ovo do hospedeiro é atrasado em até 1 ano, até que o hospedeiro se torne uma larva de último instar. As mudanças hormonais do hospedeiro, quando se aproxima a metamorfose, estão envolvidas na estimulação do desenvolvimento do parasitoide. Interações específicas dos sistemas endócrinos de endoparasitoides e de seus hospedeiros podem limitar a diversidade de hospedeiros utilizados. Vírus ou partículas parecidas com vírus (Boxe 13.1), que são introduzidas pelo parasitoide, podem também modificar a fisiologia do hospedeiro e determinar a diversidade de hospedeiros.

O hospedeiro não é um veículo passivo para parasitoides – como vimos, o sistema imunológico pode atacar todos, menos os parasitoides adaptados. Além disso, a qualidade do hospedeiro (tamanho e idade) pode induzir a variação no tamanho, na fecundidade e mesmo na razão sexual de parasitoides solitários emergentes. Em geral, mais fêmeas são produzidas a partir de hospedeiros de alta qualidade (grandes), ao passo que os machos são produzidos a partir dos de menor qualidade, incluindo hospedeiros menores e superparasitados. Pulgões hospedeiros, criados experimentalmente em dietas deficientes (sem sacarose ou ferro), produziram parasitoides *Aphelinus* (Hymenoptera: Aphelinidae), que se desenvolveram mais lentamente, produziram mais machos, e demonstraram fecundidade e longevidade menores. Os estágios jovens de um parasitoide conobionte endófago competem com os tecidos do hospedeiro por nutrientes da hemolinfa. Sob condições de laboratório, se um parasitoide puder ser induzido a ovipositar em um hospedeiro "incorreto" (pelo uso dos cairomônios apropriados), o desenvolvimento larval completo com frequência ocorre, demonstrando que a hemolinfa é nutricionalmente adequada para o desenvolvimento de mais do que apenas o parasitoide adaptado. Secreções de glândulas acessórias (que podem incluir venenos paralisantes) são injetadas pela fêmea parasitoide que está ovipositando junto com os ovos, e parecem desempenhar um papel na regulação do suprimento nutricional da hemolinfa do hospedeiro para a larva. A especificidade dessas substâncias pode estar relacionada à criação de um hospedeiro adequado.

No superparasitismo e no multiparasitismo, se o hospedeiro não puder suportar todas as larvas parasitoides até a maturidade, a competição larval na maioria das vezes acontece. Dependendo da natureza das múltiplas oviposições, a competição pode envolver agressão entre irmãos, outros da mesma espécie, ou indivíduos interespecíficos. Os combates entre as larvas, em especial nas larvas de himenópteros mandibulados, podem resultar na morte e no encapsulamento dos indivíduos excedentes. A supressão

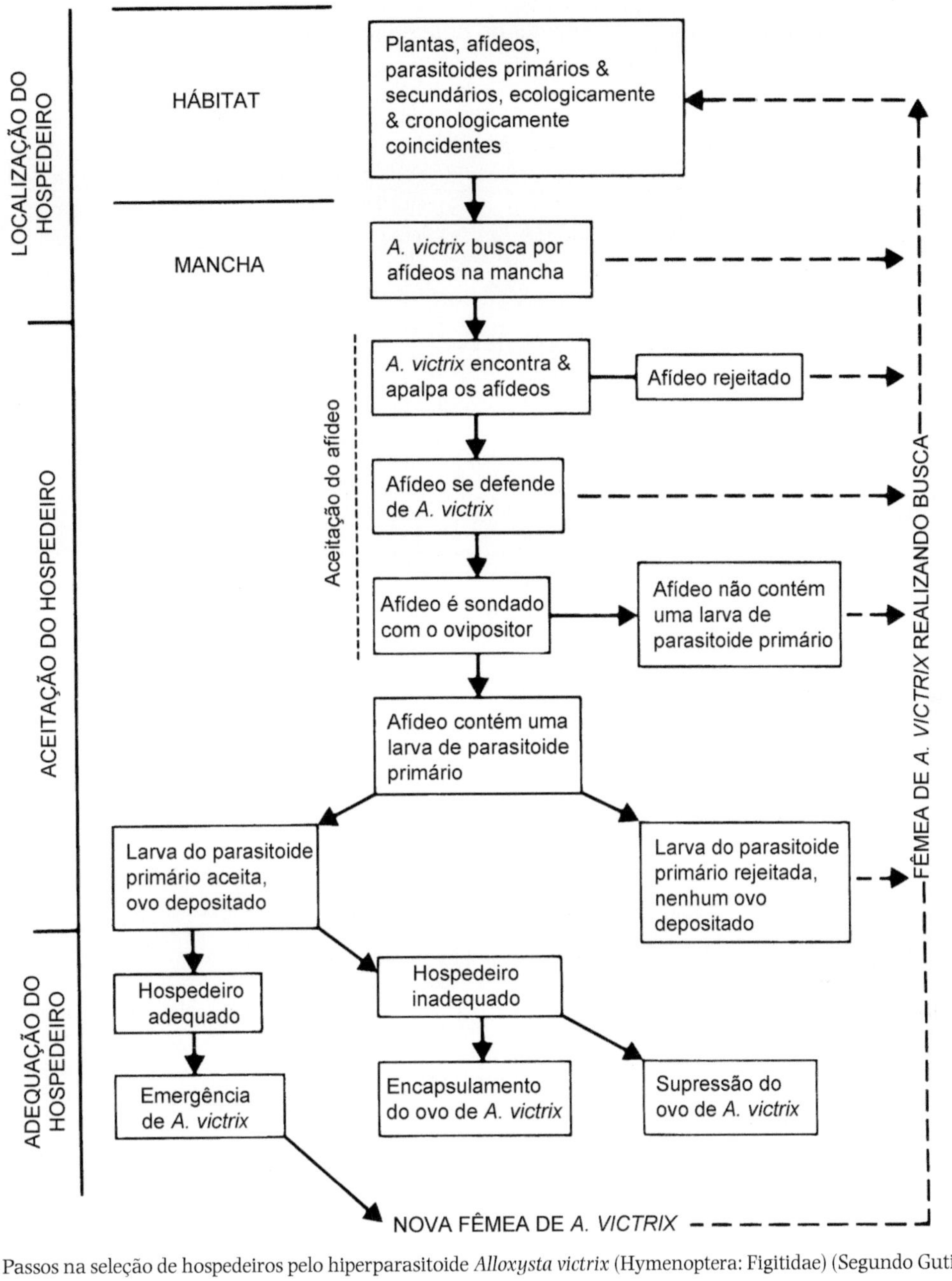

Figura 13.7 Passos na seleção de hospedeiros pelo hiperparasitoide *Alloxysta victrix* (Hymenoptera: Figitidae) (Segundo Gutierrez, 1970.)

fisiológica com venenos, anoxia ou privação alimentar também pode ocorrer. Uma superpopulação larval não resolvida no hospedeiro pode resultar em poucos, pequenos e fracos indivíduos emergindo, ou nenhum parasitoide, se o hospedeiro morrer prematuramente ou os recursos acabarem antes da pupação. O hábito gregário pode ter evoluído a partir do parasitismo solitário, em circunstâncias em que o desenvolvimento larval múltiplo fosse permitido pelo maior tamanho do hospedeiro. A evolução do hábito gregário pode ser facilitada quando os competidores em potencial pelos recursos dentro de um único hospedeiro são parentes. Isso é particularmente verdadeiro na poliembrionia, em que são produzidas larvas clones, geneticamente idênticas (seção 5.10.3).

Os Strepsiptera (Taxoboxe 23) contêm mais de 600 espécies que parasitam exclusivamente outros insetos. No passado, sugeriu-se que os estrepsípteros fossem endoparasitas, porém maior compreensão das interações com seus hospedeiros tornou claro que eles satisfazem a definição de endoparasitoides. Os corpos caracteristicamente aberrantes dos seus hospedeiros, predominantemente hemípteros e himenópteros, são denominados "stylopizados", assim chamados devido a um gênero comum de estrepsípteros, *Stylops*. Na cavidade do corpo do hospedeiro, o crescimento dos estrepsípteros causa malformações, incluindo o deslocamento de órgãos internos, e o tempo de vida do hospedeiro normalmente é ampliado. O hospedeiro continua a crescer e mudar depois de ser parasitado e hospedeiros holometábolos podem sofrer metamorfose. No entanto, o hospedeiro é castrado – os órgãos sexuais degeneram ou não se desenvolvem adequadamente – e o hospedeiro morre diretamente ou indiretamente devido ao parasitismo, mas apenas depois da emergência do macho adulto ou da larva de primeiro instar do Strepsiptera. A morte do hospedeiro pode ser devida à atrofia de seus órgãos internos ou à infecção por patógenos que entram através do orifício de saída do estrepsíptero. O parasitismo por Strepsiptera é diferente daquele de qualquer outro grupo de parasitoide. Os Strepsiptera têm algumas das características dos parasitoides

Boxe 13.1 Vírus, vespas parasitoides e imunidade do hospedeiro

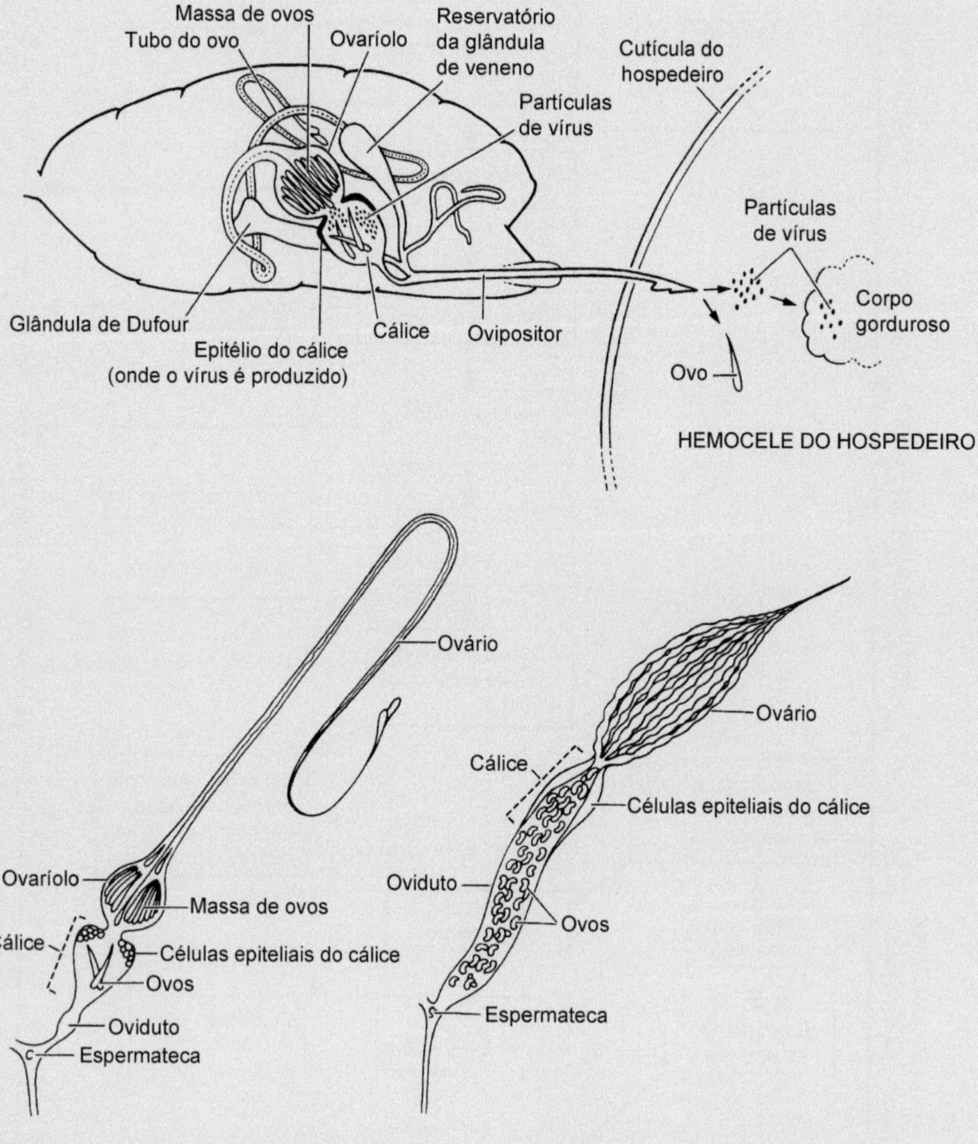

Em certas vespas endoparasitoides nas famílias Ichneumonidae e Braconidae, a fêmea de vespa que está ovipositando injeta na larva do hospedeiro não apenas seu(s) ovo(s), mas também secreções de glândulas acessórias e número substancial de vírus (como ilustrado no desenho superior para o Braconidae *Toxoneuron* (anteriormente *Cardiochiles*) *nigriceps*, segundo Greany *et al.*, 1984) ou partículas semelhantes a vírus. Os vírus pertencem ao Polydnaviridae (os vírus de poli-DNA ou PDVs), os quais são caracterizados por apresentarem DNA circular multipartite de fita dupla. Nos genomas da vespa, os PDVs existem como pró-vírus integrados que são transmitidos entre as gerações de vespas por intermédio da linhagem germinativa. Os bracovírus (os PDVs dos Braconidae) diferem dos ichnovírus (PDVs dos Ichneumonidae) em relação à sua interação com outros fatores derivados de vespas no hospedeiro parasitado. Os PDVs de diferentes espécies de vespas geralmente são considerados como sendo espécies virais distintas, apesar de sua replicação ser totalmente regulada pelas vespas, e eles não podem se multiplicar em hospedeiros Lepidoptera. Dentre os Braconidae, os PDVs ocorrem em um único clado, o grupo microgastroide de subfamílias, e têm coevoluido com suas vespas hospedeiras. Partículas semelhantes a vírus (VLPs) (que se assemelham aos vírus, mas não contêm ácidos nucleicos) são produzidas por diversos Figitidae e Braconidae e pelo Ichneumonidae *Venturia canescens*.

PDVs são derivados de vírus que perderam sua independência, e representam um estágio avançado de integração simbiótica no fenótipo estendido de vespas parasitoides. Sabe-se que a associação evolutiva de ichnovírus com Ichneumonidae não é considerada relacionada com a evolução da associação Braconidae-bracovírus. Enquanto os bracovírus provavelmente evoluíram de um nudivírus ancestral, a origem diferente (mas certamente independente) dos ichnovírus ainda é desconhecida.

Todos os PDVs estão envolvidos na superação das reações imunológicas do hospedeiro e são responsáveis por alterar a fisiologia dos hospedeiros para beneficiar o desenvolvimento da vespa em desenvolvimento aos custos do hospedeiro. Por exemplo, os PDVs provavelmente induzem a maioria das mudanças no crescimento, no desenvolvimento, no comportamento e na atividade hemocítica que são observadas em larvas hospedeiras infectadas. Os PDVs de muitos parasitoides (normalmente Braconidae) necessitam da presença de fatores acessórios, particularmente venenos, para evitar completamente o encapsulamento do ovo da vespa ou para induzir completamente

(*continua*)

Boxe 13.1 Vírus, vespas parasitoides e imunidade do hospedeiro (*Continuação*)

os sintomas no hospedeiro. Portanto, os PDVs têm uma função dupla como mutualistas das vespas e como patógenos dos hospedeiros parasitados por elas.

O epitélio do cálice do ovário no trato reprodutivo da vespa-fêmea é o único local de replicação dos PDVs (confome ilustrado para o Braconidae *Toxoneuron nigriceps* no desenho inferior esquerdo, e para o Ichneumonidae *Campoletis sonorensis* no desenho inferior direito, segundo Stoltz & Vinson, 1979) e é o único local de agregação das proteínas de VLP (como no Ichneumonidae *Venturia canescens*). O lúmen do oviduto da vespa enche-se de PDVs (ou VLPs), os quais, portanto, envolvem os ovos da vespa. Se as VLPs ou os PDVs forem removidos artificialmente dos ovos da vespa, o encapsulamento ocorre se os ovos não protegidos forem injetados no hospedeiro. Se os PDVs (ou as VLPs) apropriados forem injetados no hospedeiro junto com os ovos lavados, o encapsulamento é evitado. O mecanismo fisiológico para esta proteção não é claramente entendido, embora na vespa *Venturia*, a qual reveste seus ovos com VLPs, parece que o mimetismo molecular de uma proteína do hospedeiro com uma proteína da VLP interfere no processo de reconhecimento imune do lepidóptero hospedeiro. A proteína da VLP é semelhante a uma proteína do hemócito do hospedeiro envolvida no reconhecimento de partículas estranhas. No caso dos PDVs, o processo é mais ativo e envolve a expressão de produtos de genes do PDV que interferem diretamente com o modo de ação dos hemócitos dos lepidópteros. Os PDVs parecem contribuir para várias mudanças endócrinas que ocorrem nos hospedeiros parasitados.

conobiontes de modo que o hospedeiro continua a ser móvel e a se desenvolver depois de ser parasitado, embora os hospedeiros stylopizados se desenvolvam por muito mais tempo que os hospedeiros de conobiontes típicos. Além disso, diferente dos conobiontes típicos, os estrepsípteros têm uma diversidade maior de hospedeiros e a família de estrepsípteros Myrmecolactidae exibe um polimorfismo bizarro de utilização do hospedeiro pois os machos parasitam formigas enquanto as fêmeas parasitam louva-deus e ortópteros.

13.3.3 Padrões de uso de hospedeiros e especificidade em parasitas

A vasta gama de insetos que são ectoparasitas em hospedeiros vertebrados é de tal importância para a saúde dos humanos e de seus animais domésticos que dedicamos o Capítulo 15 inteiro a eles, e os assuntos médicos não serão mais considerados aqui. Em contraposição à radiação de insetos ectoparasitas utilizando hospedeiros vertebrados, e aos imensos números de espécies de parasitoides de insetos vistos anteriormente, é notável que haja poucos insetos parasitas de outros insetos ou, de fato, de outros artrópodes.

Embora larvas de Dryinidae (Hymenoptera) desenvolvam-se de forma parasítica, parte externamente e parte internamente em hemípteros, as outras poucas interações parasitas de insetos envolvem apenas ectoparasitismo. Braulidae é uma família de Diptera que inclui algumas moscas aberrantes, parecidas com ácaros, e que pertencem a dois gêneros, *Braula* e *Megabraula*, intimamente associados a *Apis* (abelhas-de-mel). As larvas de Braulidae alimentam-se do pólen e da cera na colmeia, e os adultos usurpam o néctar e a saliva das probóscides das abelhas. Essa associação sem dúvida envolve forésia, de modo que os braulídeos adultos são sempre encontrados nos corpos de seus hospedeiros; porém, se a relação é ectoparasita ainda é uma questão de debate. De modo semelhante, a relação de diversos gêneros de larvas aquáticas de Chironomidae com hospedeiros-ninfas, tais como efemerópteros, plecópteros e libélulas, abrange desde a forésia até o sugerido ectoparasitismo. Há pouca evidência de que quaisquer desses ectoparasitas que utilizam insetos demonstrem um alto grau de especificidade quanto à espécie. Entretanto, esse não é necessariamente o caso para insetos parasitas com hospedeiros vertebrados.

Os padrões da especificidade de hospedeiros e das preferências dos parasitas levantam algumas das mais fascinantes questões na parasitologia. Por exemplo, a maioria das ordens de mamíferos apresenta piolhos (quatro subordens de Psocodea), muitos dos quais são monoxênicos ou encontrados entre uma diversidade limitada de hospedeiros. Mesmo alguns mamíferos marinhos, em especial algumas focas, têm piolhos, embora baleias não os tenham. Nenhum Chiroptera (morcegos) hospeda piolhos, apesar de sua aparente adequação, embora eles hospedem muitos outros insetos ectoparasitas, incluindo os Streblidae e Nycteribiidae, duas famílias de Diptera ectoparasitas que são restritas a morcegos.

Alguns hospedeiros terrestres são livres de todos os ectoparasitas, outros mantêm associações muito específicas com um ou alguns parasitas e, no Panamá, descobriu-se que o gambá *Didelphis marsupialis* abriga 41 espécies de insetos e carrapatos ectoparasitas. Embora quatro de cinco deles estejam comumente presentes, nenhum está restrito ao gambá e todo o resto é encontrado em uma variedade de hospedeiros, desde mamíferos distantemente aparentados até répteis, pássaros e morcegos.

Podemos examinar alguns princípios a respeito dos diferentes padrões de distribuição de parasitas e seus hospedeiros observando, em certo detalhe, os casos em que associações íntimas de parasitas e hospedeiros são esperadas. As descobertas podem, então, ser relacionadas às relações ectoparasita-hospedeiro em geral.

Os piolhos são ectoparasitas permanentes obrigatórios, passando todas as suas vidas em seus hospedeiros e sem nenhum estágio de vida livre (Taxoboxe 18). Pesquisas extensivas, como uma que demonstrou que pássaros Neotropicais tinham a média de 1,1 espécie de piolho por hospedeiro entre 127 espécies e 26 famílias de pássaros, indicam que os piolhos são altamente monoxênicos (restritos a uma espécie de hospedeiro). Um alto nível de coespeciação entre o piolho e o hospedeiro pode ser esperado e, em geral, animais aparentados têm espécies aparentadas de piolhos. A regra de Fahrenholz, bastante citada, afirma formalmente que as filogenias dos hospedeiros e dos parasitas são idênticas, de modo que cada evento de especiação que afeta hospedeiros é acompanhado por uma especiação simultânea dos parasitas, como demonstrado na Figura 13.8A. Segue-se que:

- As árvores filogenéticas de hospedeiros podem ser derivadas das árvores de seus ectoparasitas
- As árvores filogenéticas dos ectoparasitas são deriváveis das árvores de seus hospedeiros (o potencial para a circularidade de raciocínio é evidente)
- O número de espécies parasitas no grupo considerado é idêntico ao número de espécies de hospedeiros considerado
- Nenhuma espécie de hospedeiro apresenta mais de uma espécie de parasita no táxon sob consideração
- Nenhuma espécie de parasitas parasita mais do que uma espécie de hospedeiro.

A regra de Fahrenholz já foi testada para piolhos de mamíferos selecionados dentro da família Trichodectidae, para os quais estão disponíveis árvores filogenéticas robustas, derivadas independentemente de qualquer filogenia de hospedeiros mamíferos. Entre uma amostra desses Trichodectidae, 337 espécies de piolhos parasitam 244 espécies de hospedeiros, com 34% das espécies de hospedeiros parasitadas por mais de um Trichodectidae. Existem diversas explicações possíveis para essas desigualdades. Em primeiro lugar, a especiação pode ter ocorrido de maneira independente entre certos piolhos em um único hospedeiro (Figura 13.8B). Isso é confirmado, com pelo menos 7% de todos os eventos de especiação nos Trichodectidae amostrados reproduzindo esse padrão de especiação independente. Uma segunda explicação envolve a transferência secundária de espécies de piolho para táxons de hospedeiros filogeneticamente não aparentados. Entre as espécies atuais, quando são excluídos os casos que surgem da proximidade artificial de hospedeiros induzida por humanos (responsáveis por 6% dos casos), transferências inconfundíveis e presumidamente naturais (*i. e.*, entre mamíferos marsupiais e eutérios, ou entre pássaros e mamíferos) ocorrem em cerca de 2% dos eventos de especiação. Entretanto, escondidas entre as filogenias de hospedeiro e parasita estão eventos de especiação que envolvem transferência lateral entre táxons de hospedeiros mais intimamente aparentados, mas essas transferências não são capazes de seguir precisamente a filogenia. O exame da filogenia detalhada dos Trichodectidae amostrados prova que um mínimo de 20% de todos os eventos de especiação está associado a transferências laterais secundárias e distantes, incluindo transferências históricas, que estão mais profundamente situadas nas árvores filogenéticas.

Em exames detalhados das relações entre um subgrupo menor de Trichodectidae e oito de seus hospedeiros roedores (Rodentia: Geomyidae), uma grande concordância foi alegada entre árvores derivadas de dados bioquímicos para hospedeiros e parasitas, e alguma evidência de **coespeciação** foi encontrada (padrões idênticos de especiação, medidos por topologia idêntica de árvores, em duas linhagens não aparentadas, mas ecologicamente associadas). Entretanto, demonstrou-se que muitos dos hospedeiros tinham duas espécies de piolho, e dados não considerados mostram que a maioria das espécies de roedores tem uma gama importante de piolhos associados. Além disso, um mínimo de três eventos de transferência lateral (mudança de hospedeiros) aparentemente

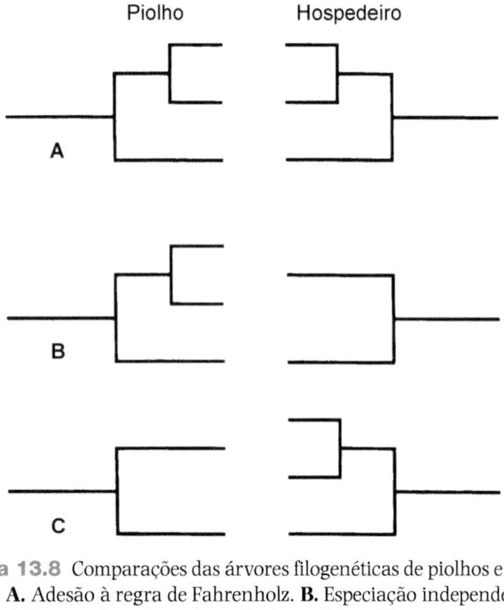

Figura 13.8 Comparações das árvores filogenéticas de piolhos e hospedeiros. **A.** Adesão à regra de Fahrenholz. **B.** Especiação independente do piolho. **C.** Especiação independente dos hospedeiros. (Segundo Lyal, 1986.)

ocorreu em todos os casos entre hospedeiros com limites geograficamente contíguos. Embora muitos eventos de especiação nesses piolhos "sigam" a especiação no hospedeiro, e algumas estimativas até indiquem idades semelhantes das espécies de hospedeiros e parasitas, é evidente dos Trichodectidae que a coespeciação estrita de hospedeiro e parasita não é a única explicação para as associações observadas. Observações como essas têm levado a interpretação de dinâmicas entre parasitas e hospedeiros como um espectro que varia desde comunidades estruturadas densamente amontoadas por altas interações entre espécies até situações mais isoladas, nas quais muitos nichos estão "desocupados" e regras de montagem aleatórias se aplicam. A adequação da teoria de biogeografia de ilha (seção 8.7), com cada hospedeiro sendo visto como uma "ilha", não é clara.

As razões pelas quais piolhos aparentemente monoxênicos às vezes divergem da coespeciação estrita aplicam-se igualmente a outros ectoparasitas, muitos dos quais demonstram variações similares na complexidade das relações com hospedeiros. Divergências da coespeciação estrita aparecem se a especiação do hospedeiro ocorre sem a especiação proporcional do parasita (Figura 13.8C). Esse padrão resultante de relações é idêntico ao observado quando um ou dois táxons-irmãos de parasitas gerados por coespeciação, em combinação com o hospedeiro, subsequentemente tornam-se extintos. Com frequência, um parasita não está presente por toda a distribuição completa de seu hospedeiro, como resultado talvez do fato de o parasita estar restrito em distribuição em decorrência de fatores ambientais independentes daqueles que controlam a distribuição do hospedeiro. Espera-se que ectoparasitas hemimetábolos, como os piolhos, que passam a vida inteira no hospedeiro, sigam de perto as distribuições de seus hospedeiros, mas há exceções em que a distribuição de ectoparasitas é restrita por fatores ambientais externos. Para os ectoparasitas holometábolos, que passam parte de suas vidas longe de seus hospedeiros, esses fatores externos irão exercer ainda mais influência no controle da distribuição do parasita. Por exemplo, um vertebrado homeotérmico pode tolerar condições ambientais que não podem ser suportadas pelo estágio de vida livre de um ectoparasita pecilotérmico, tal como uma larva de pulga. Como a especiação pode ocorrer em qualquer parte da distribuição de um hospedeiro, pode-se esperar que a especiação do hospedeiro ocorra sem necessariamente envolver o parasita. Além disso, um parasita pode mostrar variação geográfica dentro de toda ou parte da distribuição do hospedeiro, que é incongruente com a variação do hospedeiro. Se uma ou ambas as variações levarem à eventual formação de espécies, haverá incongruência entre as filogenias do parasita e do hospedeiro.

Além disso, o pouco conhecimento das interações de hospedeiros e parasitas pode resultar em conclusões enganosas. Um hospedeiro verdadeiro pode ser definido como aquele que proporciona condições para que a reprodução do parasita continue indefinidamente. Quando há mais de um hospedeiro verdadeiro, pode haver um hospedeiro principal (preferido) ou excepcional, dependendo das frequências proporcionais de ocorrência de ectoparasitas. Uma categoria intermediária pode ser reconhecida – o hospedeiro esporádico ou secundário – em que o desenvolvimento do parasita não pode acontecer normalmente, mas uma associação acontece com frequência, talvez por meio das interações predador-presa ou de encontros ambientais (tal como um ninho em comum). Um número pequeno de amostras e informações biológicas limitadas podem permitir que um hospedeiro acidental ou secundário seja confundido com um hospedeiro verdadeiro, gerando possíveis "refutações" errôneas de coespeciação. As extinções de certos parasitas e de hospedeiros verdadeiros (deixando o parasita sobrevivente em um hospedeiro secundário) irá refutar a regra de Fahrenholz.

Mesmo assumindo o reconhecimento perfeito da especificidade do hospedeiro verdadeiro, e o conhecimento da existência histórica de todos os parasitas e hospedeiros, é evidente que transferências bem-sucedidas de parasitas entre hospedeiros aconteceram por toda a história das interações de hospedeiro e parasita. Por exemplo, o mapeamento das associações de hospedeiros em uma árvore filogenética para pulgas sustenta uma associação ancestral das pulgas com mamíferos e quatro transferências independentes de hospedeiro para as aves. A coespeciação é fundamental para as relações entre hospedeiro e parasita, mas os fatores que favorecem desvios devem ser considerados. Predominantemente, esses fatores relacionam-se à: (i) proximidade geográfica e social de hospedeiros diferentes, permitindo oportunidades para a colonização parasita do novo hospedeiro, junto com (ii) a similaridade ecológica de diferentes hospedeiros, permitindo o estabelecimento, a sobrevivência e a reprodução do ectoparasita no novo hospedeiro. Os resultados desses fatores são chamados de **correlação de recurso**, para contrastar com a **correlação filética** inferida pela regra de Fahrenholz. Como com todos os problemas biológicos, a maioria das situações está em algum lugar ao longo de um contínuo entre esses dois extremos e, em vez de forçar padrões em uma categoria ou outra, questões interessantes surgem do reconhecimento e interpretação dos diferentes padrões observados.

Se todas as relações entre hospedeiro e parasita forem examinadas, alguns dos fatores que controlam a especificidade do hospedeiro podem ser identificados:

- Quanto mais forte a integração do ciclo de vida com o do hospedeiro, mais provável será a monoxenia
- Quanto maior a vagilidade (mobilidade) do parasita, mais provavelmente ele será polixênico
- O número de espécies acidentais e secundárias de parasitas aumenta com a especialização ecológica decrescente e com o aumento da distribuição geográfica do hospedeiro, como vimos anteriormente nesta seção para o gambá, que é muito difundido e não especializado.

Se um único hospedeiro compartilha muitos ectoparasitas, pode haver alguma segregação ecológica ou temporal no hospedeiro. Por exemplo, em borrachudos (Simuliidae) hematófagos (sugadores de sangue) que atacam o gado, a barriga é mais atraente para certas espécies, ao passo que outras se alimentam apenas nas orelhas. *Pediculus humanus humanus* (ou *P. humanus*) e *P. humanus capitis* (ou *P. capitis*) (Psocodea: Anoplura), respectivamente os piolhos-do-corpo e da-cabeça humanos, são exemplos ecologicamente separados de táxons-irmãos em que o forte isolamento reprodutivo é refletido apenas por diferenças morfológicas sutis.

13.4 BIOLOGIA DA POPULAÇÃO | ABUNDÂNCIA DE PREDADOR/PARASITOIDE E PRESA/HOSPEDEIRO

Interações ecológicas de um indivíduo, outros da mesma espécie, seus predadores e parasitoides (e outras causas de mortalidade), com seu hábitat abiótico são aspectos fundamentalmente importantes das dinâmicas populacionais. Estimativas precisas de densidade populacional e sua regulação são o coração da ecologia de populações, estudos de biodiversidade, biologia da conservação e monitoramento e manejo de pragas. Diversas ferramentas estão disponíveis para que os entomólogos entendam os efeitos dos muitos fatores que influenciam o crescimento populacional e a sobrevivência, incluindo métodos amostrais, desenhos experimentais e programas de manipulação e de modelagem.

Os insetos em geral estão distribuídos em uma escala mais ampla do que os investigadores podem monitorar em detalhe e, portanto, a amostragem deve ser usada para permitir a extrapolação à população mais ampla. A amostragem pode ser absoluta, caso em que todos os organismos em uma dada área ou volume podem ser avaliados, como exemplo, larvas de mosquito por litro de água, ou formigas por metro cúbico de folhiço. Alternativamente, medidas relativas, tais como número de Collembola em amostras de armadilha de queda, ou microvespas por armadilha *yellow pan*, podem ser obtidas a partir de uma gama de aparelhos de captura (seção 18.1). As medidas relativas podem ou não refletir abundâncias atuais, de modo que variáveis como o tamanho da armadilha, a estrutura do hábitat, o comportamento dos insetos e o nível de atividade afetam a probabilidade de captura. As medidas podem ser integradas ao longo do tempo, por exemplo, uma série de armadilhas pegajosas, de feromônios, ou de luz contínua, ou capturas instantâneas como os habitantes de uma rocha submersa em água doce, os conteúdos de uma rede de varredura escalonada, ou o que cair de uma aplicação de inseticida no dossel de uma árvore. Amostras instantâneas podem não ser representativas, ao passo que amostras de duração mais longa podem superar alguma variabilidade ambiental.

O desenho da amostragem é o componente mais importante em qualquer estudo populacional, de modo que modelos estratificados aleatórios dão força para interpretar estatisticamente os dados. Tal modelo envolve a divisão do local de estudo em blocos (subunidades) regulares e, dentro de cada um desses blocos, os locais de amostragem são distribuídos de maneira aleatória. Estudos-piloto permitem o conhecimento da variação esperada e a comparação apropriada de variáveis ambientais entre o teste e o controle de um estudo experimental. Embora sejam mais amplamente utilizados para os estudos com vertebrados, os métodos de marcação e recaptura são efetivos para libélulas adultas, besouros maiores, mariposas e, com tintas químicas fluorescentes, insetos pragas menores.

Uma consequência universal dos estudos populacionais é que a expectativa de que o número e a densidade de indivíduos aumentem a uma taxa sempre crescente raramente é verificada, talvez apenas durante surtos de pragas que vivem pouco. O crescimento exponencial é previsto porque a taxa de reprodução dos insetos é potencialmente alta (centenas de ovos por mãe) e os tempos de geração são curtos – mesmo com mortalidade tão alta quanto 90%, os números aumentam dramaticamente. A equação para tal crescimento geométrico ou exponencial é:

$$dN/dt = rN$$

em que N é o tamanho ou a densidade da população, dN/dt é a taxa de crescimento, e r é a taxa de aumento instantâneo *per capita*. Em $r = 0$, as taxas de nascimento e morte são iguais e a população está estável; se r for menor que 0, a população diminui; quando r for maior que 0, a população aumenta.

O crescimento continua apenas até um ponto em que algum(s) recurso(s) se torna(m) limitante(s), chamado de capacidade suporte. Conforme a população aproxima-se da capacidade suporte, a taxa de crescimento desacelera-se em um processo representado por:

$$dN/dt = rN - rN^2/K$$

em que K, representando a capacidade suporte, contribui para o segundo termo, chamado de resistência ambiental. Embora essa equação básica de dinâmica populacional apoie uma quantidade importante de trabalho teórico, evidentemente as populações naturais permanecem com flutuações mais estreitas de densidade, bem abaixo da capacidade suporte. A permanência observada ao longo do tempo evolutivo (seção 8.2) permite a inferência de que, em média ao longo do tempo, a taxa de nascimento iguala a taxa de mortalidade.

O parasitismo e a predação são grandes influências na dinâmica populacional, na medida em que afetam a taxa de mortalidade de uma maneira que varia com a densidade de hospedeiros. Assim, o aumento na mortalidade com a densidade (dependência positiva de densidade) contrasta com a diminuição na taxa de mortalidade com a densidade (dependência negativa de densidade). Uma quantidade substancial de evidências teóricas e experimentais demonstra que predadores e parasitoides impõem efeitos que dependem da densidade em componentes das suas teias alimentares, em uma cascata trófica (ver a seguir). A remoção experimental do predador mais importante ("de topo") pode induzir uma grande mudança na estrutura da comunidade, demonstrando que os predadores controlam a abundância de predadores subdominantes e de certas espécies de presas. Os modelos de relações complexas entre predadores e presas com frequência são motivados por um desejo de entender as interações de predadores nativos ou agentes de controle biológico e espécies-alvo de pragas.

Os modelos matemáticos podem começar desde simples interações de um único predador monófago com sua presa. Os experimentos e as simulações sobre as tendências a longo prazo, nas densidades de cada um, mostram ciclos regulares de predadores e presas: quando as presas são abundantes, a sobrevivência dos predadores é alta; à medida que mais predadores tornam-se disponíveis, a abundância das presas é reduzida; os números de predadores decrescem assim como os das presas; a redução da predação permite à presa escapar e reconstruir os números. Os ciclos sinusoidais, temporizados das abundâncias do predador e da presa, podem existir em alguns sistemas naturais simples, tais como o do predador aquático planctônico *Chaoborus* (Diptera: Chaoboridae) e sua presa cladócera *Daphnia* (Figura 13.9).

O exame das respostas alimentares a curto prazo, usando estudos de laboratório de sistemas simples, demonstra que os predadores variam nas suas respostas à densidade da presa. As primeiras suposições dos ecólogos de uma relação linear (densidade de presa maior levando a maior alimentação do predador) foram suplantadas. Uma resposta funcional comum de um predador à densidade da presa envolve uma gradual desaceleração da taxa de predação relativa a maior densidade de presas, até que uma assíntota seja alcançada. Esse limite superior, além do qual nenhuma taxa maior de captura de presa ocorre, é resultante de restrições de tempo de forrageamento e manipulação da presa em que há um limite finito para o tempo gasto em atividades de alimentação, incluindo um período de recuperação. A taxa de captura de presa não depende apenas da densidade de presas: indivíduos de diferentes instares apresentam diferentes perfis de taxas de alimentação e, em insetos pecilotérmicos, há um efeito importante da temperatura ambiental nas taxas de atividade.

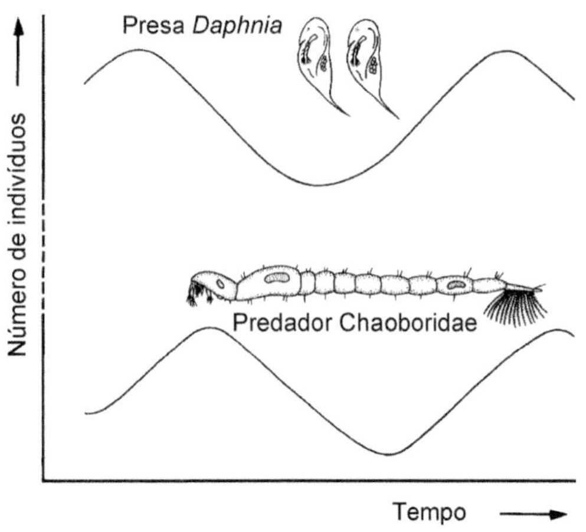

Figura 13.9 Exemplo de ciclo regular dos números de predadores e suas presas: predador planctônico aquático *Chaoborus* (Diptera: Chaoboridae) e sua presa cladócera *Daphnia* (Crustacea).

As suposições de monofagia do predador podem, com frequência, ser biologicamente não realistas, e modelos mais complexos incluem múltiplos itens de presa. O comportamento do predador é fundamentado em estratégias ótimas de forrageamento, envolvendo uma simulação de seleção de presa que varia com as mudanças na disponibilidade proporcional de diferentes presas. Entretanto, os predadores podem não variar entre presas com base em simples abundância numérica relativa; outros fatores incluem diferenças na rentabilidade da presa (conteúdo nutricional, facilidade de manipulação etc.), no nível de fome do predador e, talvez, no aprendizado do predador e no desenvolvimento de uma imagem de busca para presas particulares, independentemente da abundância.

Os modelos de forrageamento e manipulação de presas por predadores, incluindo escolhas mais realistas entre presas mais lucrativas e menos lucrativas, indicam que:

- A especialização da presa deve ocorrer quando a presa mais lucrativa for abundante
- Os predadores devem trocar rapidamente da completa dependência de uma presa à outra, com rara preferência parcial (alimentação misturada)
- A real abundância de uma presa menos abundante deve ser irrelevante para a decisão de um predador de se especializar na presa mais abundante.

Podem ser feitos aperfeiçoamentos a respeito do comportamento de busca de parasitoides, que é simplesmente entendido como sendo semelhante ao de um predador buscando de forma aleatória, independentemente da abundância de hospedeiros, da proporção de hospedeiros já parasitados, ou da distribuição dos hospedeiros. Como vimos anteriormente, os parasitoides podem identificar e responder de maneira comportamental a hospedeiros já parasitados. Além disso, as presas (e os hospedeiros) não são distribuídas de modo aleatório, mas ocorrem em manchas, e dentro das manchas a densidade provavelmente varia. Como predadores e parasitoides agregam-se em áreas de alta densidade de recursos, as interações de predadores/parasitoides (**interferência**) tornam-se significantes, talvez tornando uma área lucrativa menos lucrativa. Por várias razões, pode haver **refúgios** seguros de predadores e parasitoides dentro de uma mancha. Assim, entre cochonilhas da Califórnia (Hemiptera: Diaspididae: *Aonidiella aurantii*) em árvores de cítricos, aquelas na periferia da árvore podem ser até 27 vezes mais vulneráveis a duas espécies de parasitoides, em comparação com cochonilhas individuais no centro da árvore que, portanto, pode ser chamado de refúgio. Similarmente, a cochonilha introduzida, *Aulacaspis yasumatsui* (Diaspididae), em cicadáceas em Guam é mal controlada pelo predador introduzido *Rhyzobius lophanthae* (Coleoptera: Coccinellidae) em folhas que ficam no nível do solo, em comparação com folhas que ficam mais elevadas na planta. As folhas que estão no nível do solo aparentam ser um refúgio contra o predador. Além disso, a efetividade de um refúgio varia entre grupos taxonômicos ou ecológicos: insetos que se alimentam de folhas externamente suportam mais espécies de parasitoides do que insetos minadores de folhas, os quais, por sua vez, suportam mais do que insetos altamente escondidos, como aqueles que se alimentam de raízes ou aqueles que vivem em refúgios estruturais. Essas observações têm implicações importantes para o sucesso de programas de controle biológico.

Os efeitos diretos de um predador (ou parasitoide) na sua presa (ou hospedeiro) se traduzem em mudanças no suprimento de energia da presa ou do hospedeiro (*i. e.*, plantas, se a presa ou o hospedeiro for herbívoro) em uma cadeia de interações. Espera-se que os efeitos do consumo de recursos apliquem-se em cascata a partir dos consumidores de topo (predadores e parasitoides) até a base da pirâmide de energia, por meio de ligações de alimentação entre níveis tróficos inversamente relacionados. Os resultados de experimentos de campo nessas **cascatas tróficas**, envolvendo a manipulação (remoção ou adição) do predador em teias alimentares dominadas por artrópodes terrestres, são sintetizados utilizando-se a metanálise. Isso envolve a análise estatística de uma grande coleção de resultados de análises de estudos individuais, com o propósito de integrar as descobertas. A metanálise encontrou um extensivo suporte para a existência de cascatas tróficas, de modo que a remoção do predador leva, em grande parte, a densidades maiores de insetos herbívoros e níveis maiores de danos às plantas. Além disso, a quantidade de herbívoros que segue o relaxamento da pressão de predação foi significativamente maior em sistemas de cultivo do que em outros sistemas, como pradarias e florestas. É provável que esse controle *top-down* (a partir dos predadores) seja observado com mais frequência em sistemas com manejo do que em sistemas naturais, em virtude da simplificação do hábitat e da estrutura de teias alimentares em ambientes com manejo. Esses resultados sugerem que os inimigos naturais podem ser muito efetivos no controle de pragas de plantas em agroecossistemas e, portanto, a conservação dos inimigos naturais (seção 16.5.1) deve ser um aspecto importante do controle de pragas.

13.5 ÊXITO EVOLUTIVO DA PREDAÇÃO E PARASITISMO DE INSETOS

No Capítulo 11, vimos como o desenvolvimento das angiospermas e sua colonização por insetos herbívoros específicos explicou uma diversificação importante dos insetos fitófagos em relação a seus táxons-irmãos não fitófagos. Existe uma diversificação análoga dos Hymenoptera em relação à adoção de estilos de vida parasitas, porque inúmeros pequenos grupos formam uma "cadeia" na árvore filogenética fora do grupo-irmão primariamente parasita, a subordem Apocrita. Orussoidea (com apenas uma família, Orussidae) é o grupo-irmão de Apocrita, e provavelmente todos são parasitas de larvas de insetos que perfuram madeira. Entretanto, o próximo grupo-irmão potencial que está em "Symphyta" (parafilético) é um pequeno grupo de vespas-da-madeira. Esse grupo-irmão não é parasita (como são os Symphytae restantes) e tem poucas espécies, comparado à combinação especiosa dos Apocrita com Orussoidea. Essa filogenia implica que, nesse caso, a adoção de um estilo de vida parasita foi associada a uma grande radiação evolutiva. Uma explicação pode estar no grau de restrição de hospedeiro: se cada espécie de inseto fitófago for hospedeira de um parasitoide mais ou menos monófago, então, poderíamos esperar encontrar uma diversificação (radiação) de insetos parasitoides que corresponda àquela dos insetos fitófagos. Duas suposições precisam ser examinadas nesse contexto: o grau de especificidade do hospedeiro e o número de parasitoides abrigados por cada um deles.

A questão do grau de monofagia entre parasitas e parasitoides não é respondida de forma conclusiva. Por exemplo, muitos himenópteros parasitas são extremamente pequenos, e a taxonomia básica e as associações de hospedeiros ainda precisam ser completamente resolvidas. Entretanto, não há dúvida de que os himenópteros parasitas são extremamente especiosos (e estudos moleculares estão revelando mais espécies crípticas não descritas ou espécies muito semelhantes) e demonstram um padrão variável de especificidade de hospedeiro, desde monofagia estrita até oligofagia. Entre os parasitoides dentro dos Diptera, os especiosos Tachinidae são relativamente generalistas, especializando-se apenas em hospedeiros que pertencem a grupos de famílias ou mesmo de ordens. Entre os ectoparasitas, os piolhos são predominantemente monoxênicos, assim como muitas pulgas e moscas. No entanto, mesmo se diversas espécies de insetos ectoparasitas nascerem em cada espécie de hospedeiro, como os vertebrados não são numerosos os ectoparasitas contribuem relativamente pouco para a diversificação biológica, em comparação com os parasitoides de hospedeiros insetos (e outros artrópodes diversos).

Há uma evidência importante de que muitos hospedeiros suportam múltiplos parasitoides; um fenômeno bem conhecido para lepidopterologistas, que se esforçam para criar borboletas ou mariposas adultas a partir de larvas recolhidas na natureza: a frequência e a diversidade de parasitoses são muito altas. Conjuntos de espécies de parasitoides e hiperparasitoides podem atacar a mesma espécie de hospedeiro em estações diferentes, em locais diferentes, e em diferentes estágios do ciclo de vida. Há muitos registros de mais de dez espécies de parasitoides por toda a distribuição de alguns lepidópteros muito difundidos e, embora isso também seja verdadeiro para certos coleópteros bem estudados, a situação é menos clara para outras ordens de insetos.

Finalmente, algumas interações evolutivas de parasitas e parasitoides com seus hospedeiros podem ser abordadas. A distribuição em manchas da abundância de hospedeiros potenciais por toda a distribuição do hospedeiro parece proporcionar a oportunidade para maior especialização, talvez levando à formação de espécies dentro da guilda de parasitas/parasitoides. Isso pode ser visto como uma forma de diferenciação de nicho, em que a distribuição total de um hospedeiro proporciona um nicho que é ecologicamente dividido. Os hospedeiros podem escapar da parasitose em refúgios dentro da distribuição, ou por modificação no ciclo de vida, com a introdução de uma fase que o parasitoide não pode encontrar. A diapausa do hospedeiro pode ser um mecanismo para evitar um parasitoide (ou predador) que é restrito a gerações contínuas, com um exemplo extremo de fuga talvez observado na cigarra periódica. Essas espécies de *Magicicada* crescem escondidas por muitos anos como ninfas abaixo do solo, com os adultos bem visíveis aparecendo apenas a cada 13 ou 17 anos. Esse ciclo de um número primo de anos pode evitar predadores ou parasitoides que só são capazes de se adaptar a uma história de vida cíclica e imprevisível. Mudanças do ciclo de vida como tentativas de evitar predadores podem ser importantes na formação de espécies.

As estratégias de presas/hospedeiros e predadores/parasitoides são consideradas como corridas armamentistas evolutivas, de modo que uma sequência gradual de fuga da presa/hospedeiro é desenvolvida por meio da evolução de defesas bem-sucedidas, seguidas por radiação antes que o predador/parasitoide "alcance-os", em uma forma de encontrar presas/hospedeiros. Um modelo evolutivo alternativo considera ambos, presa/hospedeiro e predador/parasitoide, desenvolvendo defesas e as superando em sincronia virtual, em uma estratégia evolutivamente estável chamada de hipótese da "Rainha Vermelha" (segundo a descrição dada em *Alice no País das Maravilhas*, de Alice e a Rainha Vermelha correndo cada vez mais rápido para ficarem paradas). Testes para cada hipótese podem ser delineados, e modelos para cada uma podem ser justificados, de modo que é improvável que evidências conclusivas sejam achadas a curto prazo. O que está claro é que parasitoides e predadores de fato exercem grande pressão de seleção em seus hospedeiros ou presas, e que defesas admiráveis surgiram, como veremos no próximo capítulo.

Leitura sugerida

Asgari, S. & Rivers, D.B. (2011) Venom proteins from endoparasitoid wasps and their role in host-parasite interactions. *Annual Review of Entomology* **56**, 313–35.

Burke, G.R. & Strand, M.R. (2012) Polydnaviruses of parasitic wasps: domestication of viruses to act as gene delivery vectors. *Insects* **3**, 91–119.

Byers, G.W. & Thornhill, R. (1983) Biology of Mecoptera. *Annual Review of Entomology* **28**, 303–28.

Eggleton, P. & Belshaw, R. (1993) Comparisons of dipteran, hymenopteran and coleopteran parasitoids: provisional phylogenetic explanations. *Biological Journal of the Linnean Society* **48**, 213–26.

Feener, D.H. Jr, & Brown, B.V. (1997) Diptera as parasitoids. *Annual Review of Entomology* **42**, 73–97.

Godfray, H.C.J. (1994) *Parasitoids: Behavioural and Evolutionary Ecology*. Princeton University Press, Princeton, NJ.

Gundersen-Rindal, D., Dupuy, C., Huguet, E. & Drezen, J.-M. (2013) Parasitoid polydnaviruses: evolution, pathology and applications. *Biocontrol Science and Technology* **23**, 1–61.

Halaj, J. & Wise, D.H. (2001) Terrestrial trophic cascades: how much do they trickle? *The American Naturalist* **157**, 262–81.

Hassell, M.P. & Southwood, T.R.E. (1978) Foraging strategies of insects. *Annual Review of Ecology and Systematics* **9**, 75–98.

Herniou, E.A., Huguet, E., Thézé, J. *et al.* (2013)When parasitic wasps hijacked viruses: genomic and functional evolution of polydnaviruses. *Philosophical Transactions of the Royal Society B* **368**, 20130051. doi: 10.1098/rstb.2013.0051

Kathirithamby, J. (2009) Host-parasitoid associations in Strepsiptera. *Annual Review of Entomology* **54**, 227–49.

Lyal, C.H.C. (1986) Coevolutionary relationships of lice and their hosts: a test of Fahrenholz's Rule. In: *Coevolution and Systematics* (eds A.R. Stone & D.L. Hawksworth), pp. 77–91. Systematics Association, Oxford.

Pell, J.K., Baverstock, J., Roy, H.E. *et al.* (2008) Intraguild predation involving *Harmonia axyridis*: a review of current knowledge and future persepectives. *BioControl* **53**, 147–68.

Pennacchio, F. & Strand, M.R. (2006) Evolution of developmental strategies in parasitic Hymenoptera. *Annual Review of Entomology* **51**, 233–58.

Poirié, M., Carton, Y. & Dubuffet, A. (2009) Virulence strategies in parasitoid Hymenoptera as an example of adaptive diversity *Comptes Rendus Biologies* **332**, 311–20.

Quicke, D.L.J. (1997) *Parasitic Wasps*. Chapman & Hall, London.

Resh, V.H. & Cardé, R.T. (eds.) (2009) *Encyclopedia of Insects*, 2nd edn. Elsevier, San Diego, CA. [Veja, particularmente, os artigos sobre busca de hospedeiros por parasitoides; Hymenoptera; hiperparasitismo; parasitoides; predação e insetos predadores.]

Schoenly, K., Cohen, J.E., Heong, K.L. *et al.* (1996) Food web dynamics of irrigated rice fields at five elevations in Luzon, Philippines. *Bulletin of Entomological Research* **86**, 451–66.

Strand, M.R. & Burke, G.R. (2012) Polydnaviruses as symbionts and gene delivery systems. *PLoS Pathogens* **8**(7), e1002757. doi: 10.1371/journal.ppat.1002757

Sullivan, D.J. (1987) Insect hyperparasitism. *Annual Review of Entomology* **32**, 49–70.

Symondson,W.O.C., Sunderland, K.D. & Greenstone, M.H. (2002) Can generalist predators be effective biocontrol agents? *Annual Review of Entomology* **47**, 561–94.

Vinson, S.B. (1984) How parasitoids locate their hosts: a case of insect espionage. In: Insect Communication (ed.T.Williams), pp. 325–48. Academic Press, London.

Capítulo 14

Defesa dos Insetos

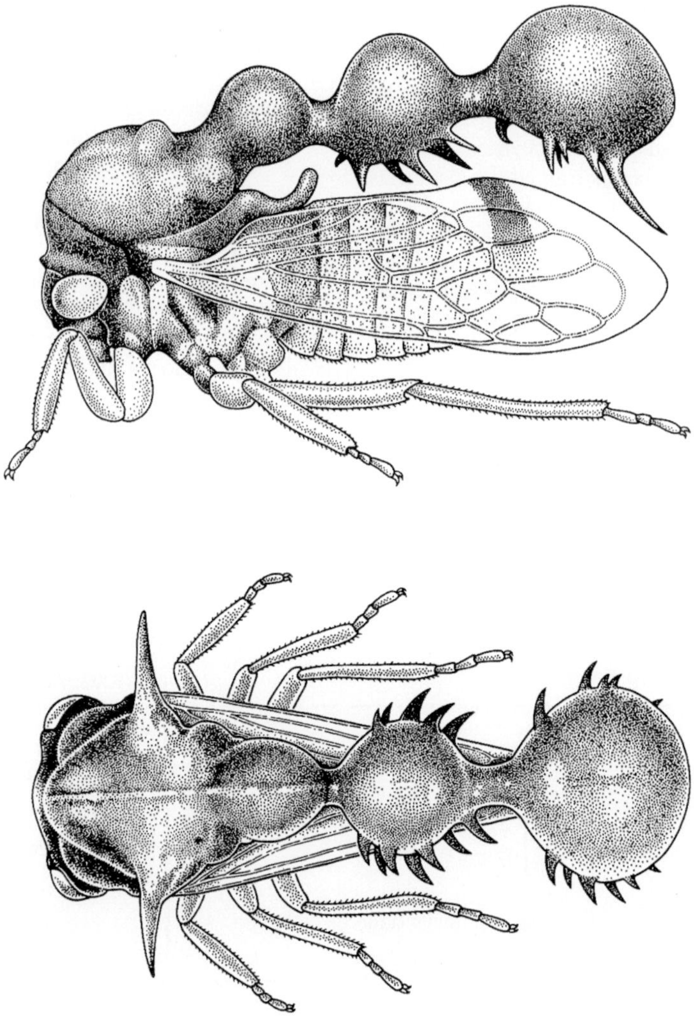

Um hemíptero membracídeo africano imitador de formigas, ilustrado em vistas lateral e dorsal. (Segundo Boulard, 1968.)

Embora alguns humanos comam insetos (seção 1.8.1), muitas culturas ocidentais são relutantes em utilizá-los como alimento; essa aversão não se estende além dos humanos. Para muitos outros organismos, os insetos proporcionam uma fonte importante de alimento, porque eles são nutritivos, abundantes, diversos e encontrados em todos os lugares. Alguns animais, chamados de insetívoros, dependem quase que exclusivamente de uma dieta à base de insetos; os onívoros podem comê-los de modo oportuno; e muitos herbívoros inevitavelmente consomem insetos. Os insetívoros podem ser vertebrados ou invertebrados, incluindo artrópodes – insetos certamente se alimentam de outros insetos. Até mesmo plantas atraem, capturam e digerem insetos; por exemplo, as plantas que formam jarros (tanto as Sarraceniaceae do Novo Mundo quanto as Nepenthaceae do Velho Mundo) digerem artrópodes, predominantemente formigas, nos seus jarros cheios de líquido (seção 11.4.2), e as plantas carnívoras da família Droseraceae capturam muitas moscas. Os insetos, contudo, resistem ativamente ou passivamente a serem comidos por meio de uma variedade de dispositivos de proteção – as defesas dos insetos – que são o assunto deste capítulo.

Uma revisão dos termos discutidos no Capítulo 13 é apropriada. Um predador é um animal que mata e consome vários animais presas durante sua vida. Os animais que vivem à custa de outro animal, mas não o matam, são parasitas, que podem viver internamente (endoparasitas) ou externamente (ectoparasitas). Os parasitoides são aqueles que vivem à custa de um animal que, como consequência, morre prematuramente. O animal atacado por parasitas ou parasitoides é um hospedeiro. Todos os insetos são presas ou hospedeiros potenciais de muitos tipos de predadores (tanto vertebrados quanto invertebrados), parasitoides ou, mais raramente, parasitas.

Existem muitas estratégias defensivas, incluindo o uso de morfologia especializada (como exibido pelo extraordinário membracídeo imitador de formigas da África tropical, *Hamma rectum*, na abertura deste capítulo), comportamento, substâncias químicas nocivas e respostas do sistema imunológico. Este capítulo trata dos aspectos da defesa que incluem fingir-se de morto, autotomia, capacidade críptica (camuflagem), defesas químicas, aposematismo (sinais de aviso), mimetismo e estratégias defensivas coletivas. Esses aspectos são dirigidos contra uma ampla série de vertebrados e invertebrados, mas, em razão de muitos estudos envolverem insetos se defendendo contra aves insetívoras, o papel desses predadores em particular é enfatizado (Boxe 14.1). Três outros boxes tratam de percevejos predadores que se disfarçam com uma "mochila" de lixo (Boxe 14.2), a proteção química dos ovos de insetos (Boxe 14.3) e o mecanismo de defesa dos besouros-bombardeiros (Carabidae) (Boxe 14.4). A defesa imunológica contra microrganismos é discutida no Capítulo 3 e as defesas utilizadas contra parasitoides são consideradas no Capítulo 13.

Um bom cenário para a discussão da defesa e da predação pode ser fundamentado nos investimentos de tempo e energia com os respectivos comportamentos. Assim, ocultamento, fuga por meio de corrida ou de voo, e defesa por ficar e lutar envolvem gastos energéticos crescentes, mas custos cada vez menores no tempo gasto (Figura 14.1). Muitos insetos mudam para outra estratégia se a defesa prévia falha: o esquema não é discreto e apresenta elementos de uma série contínua.

14.1 DEFESA POR OCULTAMENTO

A enganação visual pode reduzir a probabilidade de ser encontrado por um inimigo natural. Pode-se dizer que um inseto críptico bem escondido, que se parece com o fundo geral ou com um objeto não comestível (neutro), "imita" o ambiente em seu entorno. Neste livro, o mimetismo (no qual um animal se parece com outro animal que é reconhecível pelos inimigos naturais) é tratado separadamente (seção 14.5). Contudo, a capacidade críptica e o mimetismo podem ser vistos como similares pelo fato de que ambos surgem quando um organismo ganha em aptidão desenvolvendo uma semelhança (a um objeto neutro ou vivo) evoluída sob seleção natural. Em todos os casos, assume-se que tal semelhança defensiva adaptativa esteja sob seleção pelos predadores ou parasitoides, mas, embora a manutenção da seleção para a precisão da semelhança tenha sido demonstrada para alguns insetos, a origem pode apenas ser suposta.

A capacidade críptica pode ter muitas formas. O inseto pode adotar a camuflagem, tornando difícil distingui-lo do fundo geral em que ele vive (Boxe 14.1), por:

- Parecer-se com um fundo uniformemente colorido, tal como uma mariposa geometrídea verde em uma folha
- Parecer-se com um fundo que tem padrões, como uma mariposa sarapintada em uma casca de árvore (Figura 14.2; ver também a Prancha 7A,G)
- Ser claro embaixo e escuro em cima, como algumas lagartas e insetos aquáticos
- Apresentar um padrão disruptivo (que quebra o contorno), como observado em muitas mariposas que ficam pousadas no folhiço
- Apresentar uma forma bizarra para quebrar a silhueta, como demonstrado por alguns homópteros membracídeos.

Em uma outra forma de capacidade críptica, chamada de disfarce, para contrastar com a camuflagem descrita anteriormente, o organismo engana um predador ao se parecer com um objeto que é uma característica específica particular do seu ambiente, mas que não representa um interesse inerente a um predador. Essa característica pode ser um objeto inanimado, como as fezes de aves com as quais se parecem as larvas jovens de algumas

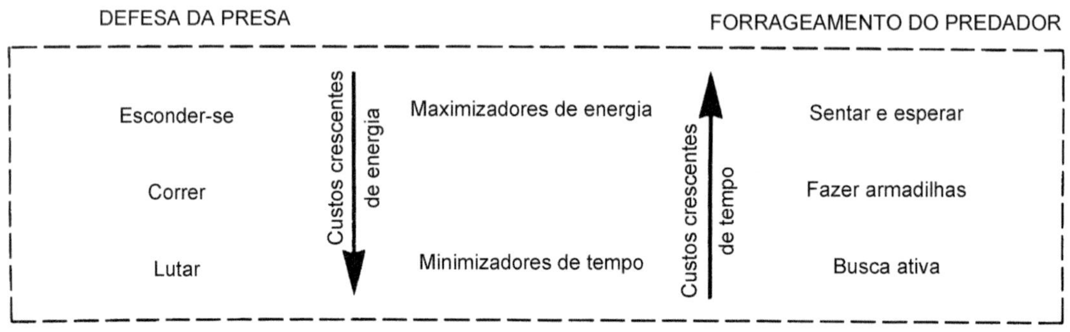

Figura 14.1 Espectro básico das estratégias de defesa da presa e forrageamento do predador, variando de acordo com os custos e benefícios em tempo e energia. (Segundo Malcolm, 1990.)

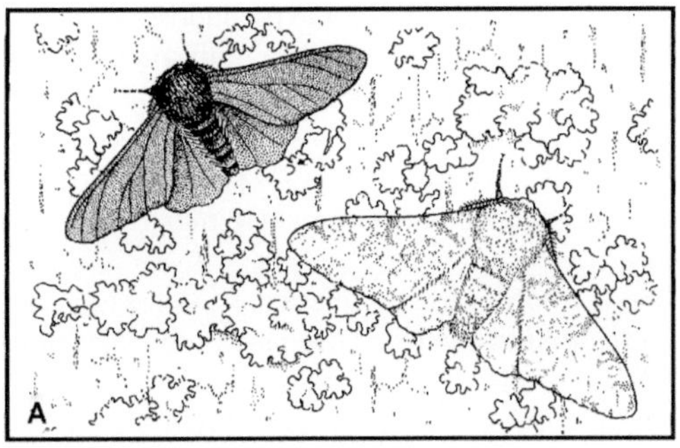

Figura 14.2 Formas claras e melânicas (*carbonaria*) da mariposa *Biston betularia* (Lepidoptera: Geometridae) repousando sobre: (**A**) troncos claros, cobertos por líquen; e (**B**) troncos escuros.

borboletas, tais como *Papilio aegeus* (Papilionidae), ou um objeto animado, mas neutro – por exemplo, as lagartas-mede-palmos (as larvas das mariposas geometrídeas) se parecem com galhos, outras se parecem com parte de uma folha (ver Prancha 7B), alguns membracídeos imitam espinhos surgindo de um caule, e muitos bichos-pau se parecem muito com gravetos e podem até mesmo se mover como um galho ao vento. Muitos insetos, notadamente entre os lepidópteros e ortopteroides, parecem-se com folhas, até mesmo na similaridade da nervação (Figura 14.3), parecendo estar mortas ou vivas, manchadas com fungos, ou mesmo parcialmente comidas por um herbívoro. Contudo, a interpretação da aparente semelhança com objetos inanimados como capacidade críptica simples pode se revelar mais complexa quando sujeita à manipulação experimental (Boxe 14.2).

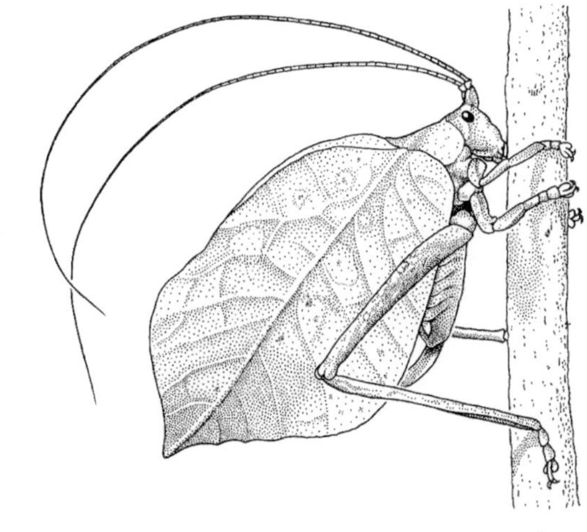

Figura 14.3 Esperança imitadora de folha, *Mimetica mortuifolia* (Orthoptera: Tettigoniidae), na qual a asa anterior se parece com uma folha a ponto de ter nervações semelhantes e pontos se parecendo com manchas de fungos. (Segundo Belwood, 1990.)

A capacidade críptica é uma forma muito comum de os insetos se esconderem, em particular nos trópicos e entre os insetos ativos à noite. Ela apresenta baixos custos energéticos, mas depende de o inseto ser capaz de selecionar o fundo apropriado. Experimentos com duas formas diferentemente coloridas de *Mantis religiosa* (Mantidae), o louva-deus europeu, mostraram que formas marrons e verdes colocadas sobre fundos coloridos apropriados e inapropriados eram predadas de maneira muito seletiva por aves: elas removiam todas as formas "mal combinadas" e não encontraram nenhuma das camufladas. Mesmo se o fundo correto for escolhido, pode ser necessário se orientar corretamente: as mariposas com contornos disruptivos ou com padrões listrados, semelhantes à casca de uma árvore, podem permanecer escondidas apenas se estiverem orientadas em uma direção particular no tronco.

O louva-deus indomalaio, *Hymenopus coronatus* (Hymenopodidae), combina muito bem com a inflorescência rosa de uma orquídea, onde ele fica esperando suas presas. A capacidade críptica é melhorada pela perfeita semelhança dos fêmures das pernas do louva-deus com as pétalas das flores. A capacidade críptica permite que o louva-deus evite ser detectado por suas presas potenciais (visitantes das flores) (seção 13.1.1), bem como o esconde dos predadores.

14.2 LINHAS SECUNDÁRIAS DE DEFESA

Pouco se sabe sobre os processos de aprendizado de vertebrados predadores inexperientes, tais como aves insetívoras. Contudo, estudos dos conteúdos intestinais de aves mostram que os insetos crípticos não são imunes à predação (Boxe 14.1). Uma vez encontrados pela primeira vez (talvez acidentalmente), as aves parecem capazes de detectar presas crípticas subsequentemente por meio de uma "imagem de busca" por algum elemento do padrão. Assim, tendo descoberto que alguns galhos são lagartas, observou-se que os gaios-azuis americanos continuam a bicar gravetos à procura de alimento. Os primatas podem identificar bichos-pau por um único par de pernas não dobradas, e atacarão gravetos de verdade aos quais forem afixadas pernas de bichos-pau experimentalmente. Claramente, pistas sutis permitem a predadores especialistas detectar e comer insetos crípticos.

Uma vez que a ilusão seja descoberta, o inseto presa pode ter defesas posteriores disponíveis guardadas. Na resposta energeticamente menos dispendiosa, a capacidade críptica inicial pode ser exagerada, como quando um inseto disfarçado ameaçado cai no chão e permanece imóvel. Esse comportamento não é restrito a insetos crípticos: mesmo insetos presa visualmente óbvios podem "fingir-se de mortos" (tanatose). Esse comportamento, utilizado por muitos besouros (em particular gorgulhos), pode ser bem-sucedido, uma vez que os predadores perdem o interesse em presas aparentemente mortas ou podem ser incapazes de localizar um inseto imóvel no chão. Outra linha secundária de defesa é levantar voo e mostrar repentinamente uma coloração conspícua nas asas posteriores. Ao pousar, as asas são imediatamente dobradas, a cor some, e o inseto está críptico novamente. Esse comportamento é comum entre certos ortópteros e mariposas; o colorido repentino pode ser amarelo, vermelho, roxo ou, raramente, azul.

Um terceiro tipo de comportamento de insetos crípticos, no momento da descoberta por um predador, é a produção de um comportamento deimático. Um dos mais comuns é abrir as asas anteriores e mostrar "olhos" coloridos e brilhantes que estão geralmente escondidos nas asas posteriores (Figura 14.4).

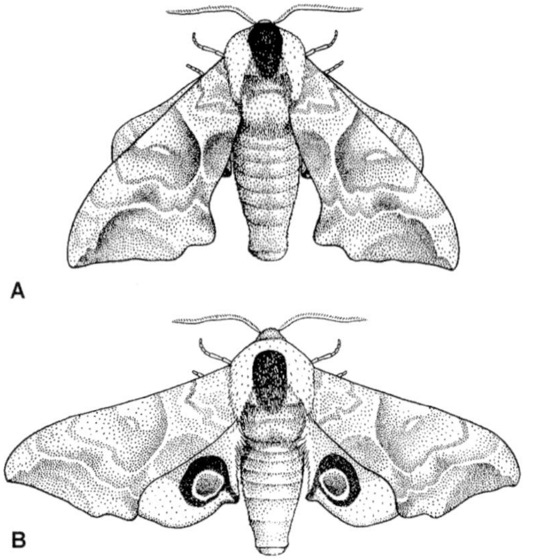

Figura 14.4 Mariposa *Smerinthus ocellatus* (Lepidoptera: Sphingidae). **A.** As asas anteriores amarronzadas cobrem as asas posteriores de uma mariposa em repouso. **B.** Quando a mariposa é perturbada, as manchas ocelares pretas e azuis nas asas posteriores são reveladas. (Segundo Stanek, 1977.)

Experimentos utilizando aves como predadores mostraram que, quanto mais perfeito for o olho (com mais anéis contrastantes para se parecer com olhos verdadeiros), melhor a dissuasão. Nem todos os olhos servem para assustar: talvez uma imitação um tanto ruim de um olho em uma asa possa direcionar a bicada de uma ave predadora para uma parte não vital da anatomia do inseto.

Um tipo extraordinário de defesa dos insetos é a semelhança convergente de uma parte do corpo com uma característica de um vertebrado, embora em uma escala muito menor. Assim, a cabeça de uma espécie de homóptero fulgorídeo, comumente chamado de jequitiranaboia (*Fulgora laternaria*), apresenta estranha semelhança com a de um jacaré. A pupa de uma particular borboleta licenídea se parece com a cabeça de um macaco. Algumas larvas de esfingídeos tropicais assumem uma postura de ameaça que, junto com olhos falsos, que na verdade ficam no abdome, confere-lhes uma impressão semelhante a uma cobra. De modo similar, as lagartas de certas borboletas assemelham-se a uma cabeça de cobra (ver Prancha 7D). Essas semelhanças podem dissuadir os predadores (tais como as aves, que procuram presas "olhando atentamente ao seu redor") por seu efeito de susto, de modo que o predador não leva em consideração a escala incorreta do imitador.

Boxe 14.1 Aves predadoras como agentes de seleção para insetos

Henry Bates, que foi o primeiro a propor uma teoria para o mimetismo, sugeriu que inimigos naturais, como as aves, selecionavam entre presas diferentes, como as borboletas, com base em uma associação entre padrões miméticos e impalatabilidade. Um século depois, Henry Kettlewell argumentou que a predação seletiva pelas aves sobre a mariposa *Biston betularia* (Geometridae) alterava as proporções das formas de colorido claro e escuro (Figura 14.2), de acordo com seu ocultamento (capacidade críptica) em árvores naturais e escurecidas industrialmente sobre as quais as mariposas repousam durante o dia. Lepidopteristas amadores registraram que a proporção da forma escura ("melânica") de *carbonaria* aumentou dramaticamente conforme a poluição industrial aumentava no norte da Inglaterra, em meados do século XIX. Sugeriu-se que a eliminação dos liquens claros nas áreas de repouso em troncos de árvores tornou as formas claras (*typica*) mais visíveis contra os troncos escuros, cobertos de fuligem, e desnudos de liquens (como exibido na Figura 14.2B) e, portanto, elas eram mais suscetíveis ao reconhecimento visual por aves predadoras. Esse fenômeno, chamado de melanismo industrial, foi citado com frequência como um exemplo clássico de evolução por meio de seleção natural.

A história da predação das aves na mariposa *B. betularia* foi desafiada em virtude de seu desenho experimental e procedimentos, e potencialmente de interpretação tendenciosa. Outra complicação é que, adicionalmente às formas extremamente claras ou escuras de *B. betularia*, em algumas regiões da Inglaterra existem morfos de *insularia* com coloração intermediária. Contudo, pesquisas detalhadas recentes (incluindo dados observacionais e experimentais), especialmente pelo falecido Michael Majerus, confirmaram que a predação seletiva por aves é um fator importante causando mudanças na frequência das mariposas típicas e melânicas. Ao que parece:

- As aves são os principais predadores, em vez de morcegos noturnos e insensíveis aos padrões, que são predadores não importantes
- Embora as mariposas repousem em troncos "expostos" aos predadores visualmente orientados durante o dia, a maioria repousa mais alto no dossel, sob ramos ou na junção de galhos
- Não existem diferenças significativas nos sítios de repouso utilizados pelos morfos *typica* (não melânica), *carbonaria* (totalmente melânica) e *insularia* (melânica intermediária)
- A predação diferencial, por aves, de mariposas melânicas é suficiente para explicar o rápido declínio do melanismo de mariposas na Inglaterra pós-industrial, uma vez que a melhor qualidade do ar (particularmente depois das leis do Ar Limpo de 1956 e 1968) reduziu a fuligem na superfície das árvores e melhorou a camuflagem das mariposas não melânicas
- O morfo melânico na Inglaterra se originou de um único haplótipo ancestral que é ortólogo a um importante *loci* que determina o padrão da asa em outros Lepidoptera, incluindo aquele que controla as formas miméticas em borboletas *Heliconius*.

Claramente, a variação de cor em *B. betularia* está sob forte seleção natural. Contudo, experimentos e modelagem sugerem que outros fatores além da predação podem contribuir para mudanças na frequência de melânicas. Ou a migração é maior do que o que as estimativas, ou alguma vantagem não visual deve beneficiar os indivíduos melânicos. Embora não haja evidência direta em *B. betularia*, alguns melânicos podem ter defesas imunológicas mais fortes. Além disso, em tempos de poluição industrial, o melanismo pode fornecer proteção contra os efeitos tóxicos dos poluentes, uma vez que a melanina tem forte ação quelante sobre metais.

Em outros sistemas, evidência convincente de predação por aves se origina de observações diretas, e a inferência a partir de bicadas em asas de borboletas e de experimentos com mariposas diurnas com cor manipulada. Dessa maneira, as borboletas-monarcas (*Danaus plexippus*) em agrupamentos de inverno são comidas por papa-figos de costas escuras (Icteridae), que se alimentam seletivamente de indivíduos fracamente defendidos, e por pássaros fringilídeos, que parecem ser completamente insensíveis às toxinas. Predadores especialistas, como os abelheiros do Velho Mundo (Meropidae) e os jacamares neotropicais (Galbulidae), podem lidar com os ferrões de himenópteros e com as toxinas de borboletas, respectivamente (o abelheiro-de-garganta-vermelha, *Merops bullocki*, é exibido aqui retirando o ferrão de uma abelha em um ramo, segundo Fry *et al.*, 1992). Um conjunto

(*continua*)

Boxe 14.1 Aves predadoras como agentes de seleção para insetos *(Continuação)*

similar de aves se alimenta de forma seletiva de formigas nocivas. A capacidade desses predadores especialistas de distinguir entre padrões variáveis e palatabilidade pode torná-los agentes de seleção na evolução e manutenção de mimetismo defensivo.

As aves são insetívoras observáveis para estudos de laboratório: suas respostas comportamentais prontamente reconhecíveis a alimentos impalatáveis incluem balançar a cabeça, cuspir o alimento, estender a língua, esfregar o bico, fazer esforço para vomitar, grasnar ou, enfim, vomitar. Para muitas aves, uma única tentativa de aprendizado com substâncias químicas nocivas (Classe I) parece levar a uma aversão a longo prazo ao inseto em particular, mesmo com um atraso substancial entre a alimentação e a indisposição. Contudo, estudos de manipulação das dietas de aves são complicados por seu receio em relação a novidades (neofobia), o que, por exemplo, pode levar à rejeição de uma presa que apresente comportamento deimático (seção 14.2). Por outro lado, as aves rapidamente aprendem itens preferidos, como nos experimentos de Kettlewell, em que as aves rapidamente reconheciam ambas as formas de *Biston betularia* em troncos de árvores no arranjo artificial construído.

Talvez nenhum inseto tenha escapado completamente da atenção de predadores e algumas aves podem superar até mesmo as defesas mais graves de insetos. Por exemplo, o gafanhoto *Romalea guttata* (Acrididae) é grande, gregário e aposemático e, se atacado, ele esguicha substâncias químicas voláteis irritantes acompanhadas por um barulho de chiado. Esse gafanhoto é extremamente tóxico e é evitado por todos os lagartos e aves, exceto uma, o picanço *Lanius ludovicanus* (Laniidae), que apanha suas

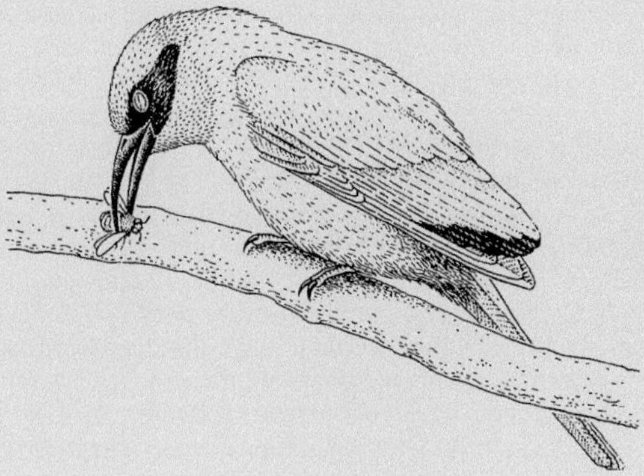

presas, incluindo *R. guttata*, e as espeta "decorativamente" em espinhos com um tempo mínimo de manuseio. Esses itens espetados servem tanto como reservas de alimento quanto em exibições sexuais ou territoriais. *Romalea*, que são eméticos aos picanços quando frescos, tornam-se comestíveis depois de 2 dias de armazenagem, presumivelmente pela desnaturação das toxinas. O comportamento de espetar os gafanhotos exibido pela maioria das espécies de picanços é, então, pré-adaptativo ao permitir que *L. ludovicanus* se alimente de um inseto extremamente bem defendido. Não importa o quão boa é a proteção, não existe uma defesa total na corrida armamentista entre presa e predador.

14.3 DEFESAS MECÂNICAS

As estruturas morfológicas de função predadora, tais como as peças bucais modificadas e pernas com espinhos descritas no Capítulo 13, também podem ser defensivas, em especial se acontece uma luta. Chifres e espinhos cuticulares podem ser utilizados na intimidação de um predador ou no combate com rivais por acasalamentos, território ou recursos, como nos escaravelhos *Onthophagus* (seção 5.3). Para insetos ectoparasitas, que são vulneráveis às ações do seu hospedeiro, a forma do corpo e a esclerotização proporcionam uma linha de defesa. As pulgas são comprimidas lateralmente, tornando esses insetos difíceis de serem desalojados dos pelos do hospedeiro. Os piolhos são achatados dorsoventralmente, estreitos e alongados, o que permite que se encaixem entre as nervuras de penas, a salvo da limpeza com o bico pela ave hospedeira. Além disso, muitos ectoparasitas têm corpos resistentes, e a cutícula fortemente esclerotizada de certos besouros deve agir como um dispositivo mecânico antipredador.

Muitos insetos constroem abrigos que podem deter um predador que não consegue reconhecer a estrutura como contendo algo comestível, ou que é relutante em comer material inorgânico. Por exemplo, os embiópteros (Embioptera) constroem galerias de seda (ver Prancha 7C), nas quais eles vivem gregariamente, protegidos da maioria dos predadores, e as quais podem ser defendidas até mesmo de outros embiópteros. As casinhas das larvas de Tricoptera, construídas com grãos de areia, pedras ou fragmentos orgânicos (ver Figura 10.5), podem ter se originado em resposta ao ambiente físico de água corrente, mas certamente apresentam um papel defensivo. De modo similar, um casulo portátil de material vegetal grudado com seda é construído pelas larvas terrestres de bichos-do-cesto (Lepidoptera: Psychidae). Nos tricópteros e psiquídeos, o casulo serve para proteção durante a fase de pupa. Certos insetos constroem escudos artificiais; por exemplo, as larvas de certos besouros crisomelídeos se decoram com suas fezes. As larvas de certos neurópteros e percevejos reduviídeos revestem-se com liquens e detritos e/ou as carcaças vazias de seus insetos presas, os quais podem agir como barreiras para um predador e também as distinguir das presas (Boxe 14.2).

As ceras e os pós secretados por muitos hemípteros (tais como cochonilhas, pulgões, moscas-brancas e fulgorídeos) podem funcionar para embaraçar as peças bucais de um predador artrópode potencial, mas também exercem um papel de impermeabilidade à água. As larvas de muitas joaninhas (Coccinellidae) são cobertas com cera branca, lembrando, assim, suas cochonilhas presas. Isso pode ser um disfarce para protegê-las das formigas que cuidam das cochonilhas.

As próprias estruturas corporais, tais como as escamas de mariposas e tricópteros, podem proteger, uma vez que elas se soltam prontamente para permitir a fuga de um inseto um pouco desnudado das mandíbulas de um predador, ou dos fios pegajosos de teias de aranhas, ou de folhas glandulares de plantas insetívoras como as dróseras. Uma defesa mecânica que, à primeira vista, parece ser não adaptativa é a autotomia, o abandono de membros, como demonstrado por bichos-pau (Phasmatodea) e talvez alguns mosquitos de Tipulidae (Diptera). A parte superior da perna do bicho-pau tem o trocanter e o fêmur fundidos, com nenhum músculo correndo através da articulação. Um músculo especial quebra a perna em uma zona enfraquecida como resposta a um predador segurando a perna. Bichos-pau e louva-deus imaturos podem regenerar os membros perdidos durante a muda, e até mesmo certos adultos autotomizados podem induzir uma muda adulta na qual o membro pode regenerar.

As secreções dos insetos podem ter um papel de defesa mecânica, agindo como uma cola ou um muco que pode prender predadores ou parasitoides. Certas baratas apresentam uma cobertura de muco permanente no abdome, que confere proteção. As secreções lipídicas dos cornículos (também chamados de sifúnculos) de pulgões podem colar as peças bucais dos predadores ou

Boxe 14.2 Percevejos com mochilas – vestidos para matar?

Certos percevejos predadores (Hemiptera: Reduviidae) do oeste africano se decoram com uma cobertura de poeira que eles aderem ao seu corpo com secreções pegajosas das cerdas abdominais. A essa cobertura inferior os instares ninfais (de várias espécies) adicionam vegetação e restos de peles das presas, em especial formigas e cupins. A "mochila" de lixo resultante pode ser muito maior do que o próprio animal (como nessa ilustração, derivada de uma fotografia de M. Brandt). Assume-se que os percevejos sejam confundidos por seus predadores ou presas por uma pilha inofensiva de entulho; porém, bem poucos exemplos dessa camuflagem enganadora foram testados criticamente.

No primeiro experimento de comportamento, os investigadores Brandt e Mahsberg (2002) expuseram os percevejos a predadores típicos do seu ambiente circundante, isto é, aranhas, lagartixas e lacraias. Três grupos de percevejos foram testados experimentalmente: (i) aqueles que ocorrem naturalmente, com cobertura de poeira e mochila; (ii) indivíduos apenas com a cobertura de poeira; e (iii) aqueles nus, que não têm nem a cobertura de poeira, nem a mochila. O comportamento do percevejo não era afetado, mas as reações dos predadores variavam: as aranhas eram mais lentas na captura dos indivíduos com mochilas do que dos indivíduos dos outros dois grupos; as lagartixas também eram mais lentas para atacar os que tinham mochilas; e as lacraias nunca atacavam os portadores de mochila, embora elas se alimentassem da maioria das ninfas sem mochilas. A proteção antipredador subentendida certamente inclui algum disfarce visual, mas apenas a lagartixa é um predador visual: as aranhas são predadores táteis e as lacraias caçam utilizando pistas químicas e táteis. As mochilas são mais conspícuas do que crípticas, mas confundem predadores visuais, táteis e orientados quimicamente por terem aparência, textura e cheiro errados para uma presa.

Depois, os percevejos diversamente vestidos e sua principal presa, formigas, foram manipulados. As formigas estudadas responderam aos percevejos nus individuais de forma muito mais agressiva do que fizeram com as ninfas cobertas de pó ou portando mochilas. A mochila não diminuiu o risco de resposta hostil (considerada igual à "detecção") além daquela exibida pela cobertura de pó sozinha, rejeitando qualquer ideia de que as formigas pudessem ser atraídas pelo odor de outras da mesma espécie mortas, incluídas na mochila. Uma presa testada, a formiga-correição, é altamente agressiva, mas cega, e, embora incapaz de detectar o predador visualmente, respondeu da mesma maneira como fizeram outras formigas-presa: com agressão dirigida de preferência aos percevejos nus. Evidentemente, qualquer cobertura proporciona "ocultamento", mas não pelo mecanismo protetor visual antes assumido.

Portanto, o que pareceu ser uma simples camuflagem visual se mostrou mais um caso de disfarce para enganar predadores e presas sensíveis ao toque e a substâncias químicas. Uma proteção adicional é proporcionada pela capacidade do percevejo de soltar suas mochilas: ao passo que coletavam os espécimes para pesquisa, Brandt e Mahsberg observaram que os percevejos prontamente largavam suas mochilas em uma estratégia barata de autotomia que lembra o abandono metabolicamente custoso da cauda dos lagartos. Tal pesquisa experimental sem dúvida irá trazer mais luz a outros casos de camuflagem visual/enganação do predador.

pequenas vespas parasitas. Os soldados de cupins têm uma variedade de secreções disponíveis a eles na forma de produtos glandulares cefálicos, incluindo terpenos que secam quando expostos ao ar para formar uma resina. Em *Nasutitermes* (Termitidae), a secreção é ejetada pela tromba em forma de focinho (um rostro ou focinho pontudo) como uma linha fina de secagem rápida que prejudica os movimentos de um predador, como uma formiga. Essa defesa age contra predadores artrópodes, mas é improvável que impeça os vertebrados. As substâncias químicas de ação mecânica são apenas uma pequena seleção do arsenal total dos insetos que pode ser mobilizado para o combate químico.

14.4 DEFESAS QUÍMICAS

As substâncias químicas desempenham papéis vitais em muitos aspectos do comportamento dos insetos. No Capítulo 4, falamos a respeito do uso de feromônios em muitas formas de comunicação, incluindo feromônios de alarme induzidos pela presença de um predador. Compostos químicos semelhantes, chamados de alomônios, que beneficiam o produtor e prejudicam o receptor, desempenham papéis importantes nas defesas de muitos insetos, em especial entre muitos Heteroptera e Coleoptera. A relação entre substâncias químicas de defesa e aquelas utilizadas na comunicação pode ser muito próxima, algumas vezes com a mesma substância preenchendo ambos os papéis. Assim, uma substância química nociva que repele um predador pode alertar aos insetos da mesma espécie sobre a presença do predador e pode agir como um estímulo à ação. Na dimensão de tempo-energia mostrada na Figura 14.1, a defesa química fica em direção à extremidade energeticamente cara, mas eficiente no tempo, do espectro. Os insetos que se defendem quimicamente tendem a apresentar alta visibilidade aos predadores, isto é, eles em geral não são crípticos, são ativos, quase sempre relativamente grandes, de vida longa e com frequência tem comportamento gregário ou social. Na maioria das vezes, eles sinalizam sua impalatabilidade por aposematismo: sinalização de aviso que muitas vezes envolve colorido chamativo (ver Prancha 7E,H), mas muitos incluem produção de odor, ou mesmo de som ou de luz.

14.4.1 Classificação por função das substâncias químicas de defesa

Dentro da diversa variedade de substâncias químicas de defesa produzidas por insetos, duas classes de compostos podem ser distinguidas por seus efeitos em um predador. Substâncias químicas de defesa da Classe I são nocivas porque elas irritam, ferem, envenenam ou entorpecem predadores particulares. Substâncias químicas da Classe II são inócuas, sendo essencialmente substâncias químicas antialimentação que meramente estimulam os receptores olfatórios e gustativos, ou odores indicadores aposemáticos. Muitos insetos utilizam misturas das duas classes de substâncias químicas e, além disso, substâncias químicas da Classe I em baixas concentrações podem resultar em efeitos da Classe II. O contato de um predador com compostos da Classe I resulta em repulsão por meio de, por exemplo, propriedades eméticas (enjoativas) ou indução de dor, e se essa experiência desagradável for acompanhada por compostos odoríferos da Classe II, os predadores aprendem a associar o odor com o encontro. Esse condicionamento resulta em o predador aprender a evitar esse inseto a distância, sem os perigos (para predador e presa) de ter que tocá-lo ou degustá-lo.

As substâncias químicas da Classe I incluem substâncias de efeito imediato, as quais o predador experimenta por manusear o inseto presa (o qual pode sobreviver ao ataque), e substâncias químicas com efeito retardado, frequentemente sistêmico, incluindo vômito ou formação de bolhas. Ao contrário das substâncias químicas de efeito imediato, localizadas em órgãos específicos e aplicadas topicamente (externamente), as substâncias químicas de efeito retardado estão distribuídas de modo mais geral dentro dos tecidos e da hemolinfa do inseto e são toleradas sistemicamente. À medida que um predador evidentemente aprende rapidamente a associar a impalatabilidade imediata com presas particulares (em especial se forem aposemáticas), não está claro como um predador identifica a causa do enjoo algum tempo depois de o predador ter matado e ingerido o culpado tóxico, e qual benefício essa ação traz à vítima. Evidências experimentais em aves mostram que pelo menos esses predadores são capazes de associar um item alimentar em particular com um efeito retardado, talvez por meio do gosto quando regurgita o item. Sabe-se muito pouco sobre a alimentação em insetos para compreender se isso se aplica de modo similar a insetos predadores. Talvez um veneno de efeito retardado, que não consegue proteger um indivíduo de ser ingerido, evoluiu por meio da educação de um predador por um sacrifício, permitindo assim a sobrevivência diferencial dos parentes (seção 14.6).

14.4.2 Natureza química dos compostos de defesa

Os compostos da Classe I são muito mais específicos e efetivos contra predadores vertebrados do que artrópodes. Por exemplo, as aves são mais sensíveis do que os artrópodes a toxinas como cianetos, cardenolídeos e alcaloides. Glicosídeos cianogênicos são produzidos por mariposas zigenídeas (Zygaenidae), percevejos *Leptocoris* (Thopalidae) e borboletas *Acraea* e *Heliconius* (Nymphalidae). Os cardenolídeos são muito predominantes, ocorrendo principalmente em borboletas-monarcas (Nymphalidae), certos besouros cerambicídeos e crisomelídeos, percevejos ligeídeos, gafanhotos pirgomorfídeos (ver Prancha 4C) e até mesmo um pulgão (*Aphis nerii*). Uma variedade de alcaloides é similarmente adquirida de modo convergente em muitos coleópteros e lepidópteros.

A posse de substâncias químicas eméticas ou tóxicas da Classe I é quase sempre acompanhada por aposematismo, em particular a coloração dirigida contra predadores diurnos que caçam visualmente. Contudo, o aposematismo visível é de uso limitado à noite, e os sons emitidos por mariposas noturnas, tais como certas Arctiidae quando ameaçadas por morcegos, podem ser aposemáticos, alertando ao predador sobre uma refeição de gosto desagradável (seção 4.1.4). Além disso, parece provável que a bioluminescência emitida por certas larvas de besouros (Phengodidae e Lampyridae e seus parentes; seção 4.4.5) seja um aviso aposemático de impalatabilidade.

As substâncias químicas da Classe II tendem a ser compostos orgânicos voláteis e reativos com baixo peso molecular, tais como cetonas, aldeídos, ácidos e terpenos aromáticos. Exemplos incluem os produtos das glândulas de cheiro de Heteroptera e muitas substâncias de baixo peso molecular, tais como ácido fórmico, emitidas por formigas. Compostos de gosto amargo, mas atóxicos, como quinonas, são substâncias químicas da Classe II comuns. Muitas secreções de defesa são misturas complexas que podem envolver efeitos sinérgicos. Assim, o besouro carabídeo *Helluomorphoides* emite um composto da Classe II, ácido fórmico, que é misturado com *n*-nonil acetato, que melhora a penetração do ácido na pele, resultando um efeito doloroso de Classe I.

O papel dessas substâncias químicas da Classe II no aposematismo, alerta da presença de compostos da Classe I, foi considerado anteriormente. Em outro papel, essas substâncias químicas da Classe II podem ser utilizadas para dissuadir predadores como as formigas, que dependem de comunicação química. Por exemplo, presas como certos cupins, quando ameaçadas por formigas predadoras, liberam feromônios miméticos de alarme de formigas, induzindo assim comportamentos inapropriados de pânico e defesa no ninho nas formigas. Em outro caso, inquilinos de ninhos de formigas (seção 12.3), os quais podem ser presas para suas formigas hospedeiras, não são reconhecidos como alimento potencial porque eles produzem substâncias químicas que apaziguam as formigas.

Compostos da Classe II sozinhos parecem ser incapazes de dissuadir muitas aves insetívoras. Por exemplo, melros (Turdidae) comerão lagartas notodontídeas (Lepidoptera) que secretam uma solução de ácido fórmico a 30%; muitas aves na verdade incitam formigas a secretar ácido fórmico na sua plumagem em uma aparente tentativa de remover ectoparasitas.

14.4.3 Fontes de substâncias químicas de defesa

Muitas substâncias químicas de defesa, em especial aquelas de insetos fitófagos, são derivadas da planta hospedeira da qual as larvas (Figura 14.5; Boxe 14.3) e, menos comumente, os adultos, alimentam-se. Com frequência, uma associação próxima é observada entre o uso restrito de plantas hospedeiras (monofagia ou oligofagia) e a posse de uma defesa química. Uma explicação pode estar em uma "corrida armamentista" coevolutiva, em que uma planta desenvolve toxinas para dissuadir os insetos fitófagos. Alguns poucos fitófagos superam as defesas e assim se tornam especialistas capazes de se desintoxicar ou sequestrar as toxinas vegetais. Esses herbívoros especialistas podem reconhecer suas plantas hospedeiras preferidas, desenvolver-se nelas, e utilizar as toxinas vegetais (ou metabolizá-las para compostos proximamente relacionados) para sua própria defesa.

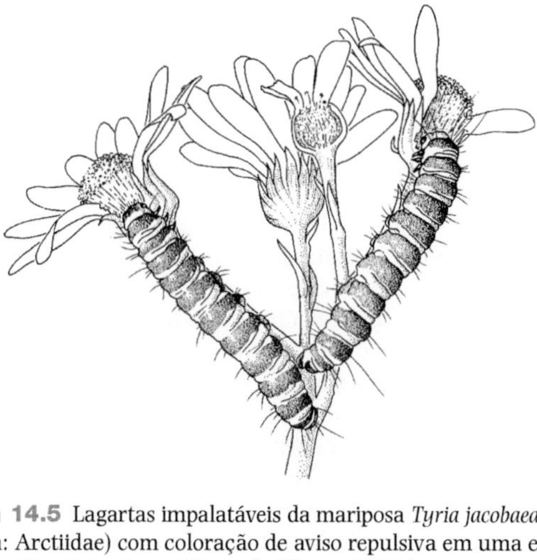

Figura 14.5 Lagartas impalatáveis da mariposa *Tyria jacobaeae* (Lepidoptera: Arctiidae) com coloração de aviso repulsiva em uma erva-de-santiago, *Senecio jacobaeae*. (Segundo Blaney, 1976.)

Boxe 14.3 Ovos quimicamente protegidos

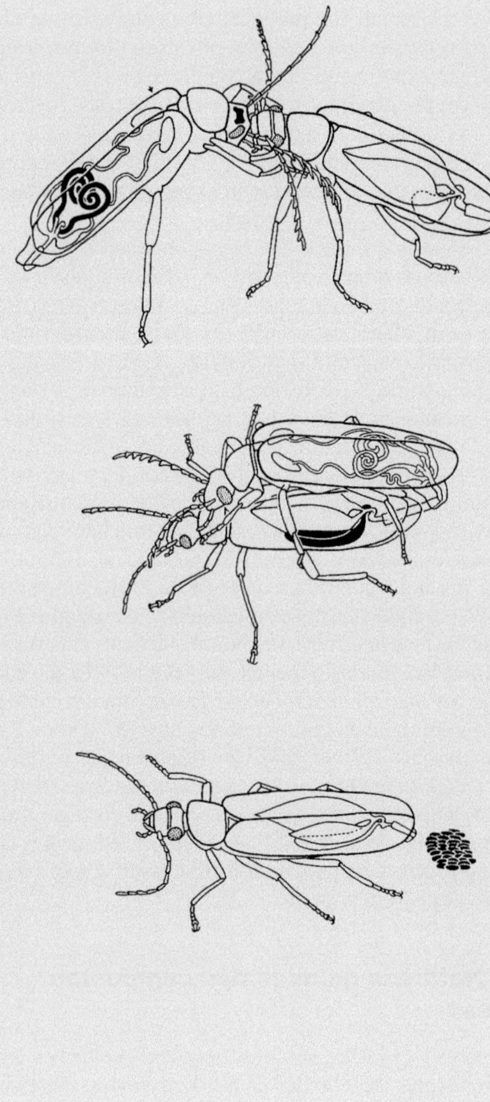

Alguns ovos de insetos podem ser protegidos pelo fornecimento parental de substâncias químicas defensivas, como observado em certas mariposas arctiídeas e algumas borboletas. Os alcaloides pirrolizidínicos das plantas das quais as larvas se alimentam são passados pelos machos adultos para as fêmeas por meio de secreções seminais, e as fêmeas os transmitem aos ovos, que se tornam impalatáveis aos predadores. Os machos avisam sua posse de substâncias químicas de defesa por meio de um feromônio de corte derivado, porém diferente, dos alcaloides adquiridos. Em pelo menos duas dessas espécies de lepidópteros, mostrou-se que os machos têm menos sucesso na corte se forem privados de seus alcaloides.

Entre os Coleoptera, certas espécies de Meloidae e Oedemeridae podem sintetizar cantaridina, e outros, em particular espécies de Anthicidae e Pyrochroidae, podem sequestrá-la de seu alimento. A cantaridina é um sesquiterpeno com toxicidade muito alta em razão de sua inibição da proteína fosfatase, uma enzima importante no metabolismo de glicogênio. A substância química é utilizada para a proteção dos ovos, de modo que certos machos transmitem essa substância química à fêmea durante a cópula. Em *Neopyrochroa flabellata* (Pyrochroidae), os machos ingerem cantaridina exógena e a utilizam como um agente "sedutor" pré-copulatório e como um presente nupcial. Durante a corte, a fêmea experimenta as secreções carregadas de cantaridina da glândula cefálica do macho (como na ilustração do topo, segundo Eisner *et al.*, 1996a,b) e copulam com os machos que se alimentaram de cantaridina, mas rejeitam os machos sem cantaridina. A oferta glandular do macho representa apenas uma fração da sua cataridina sistêmica; muito do restante é armazenado em sua grande glândula acessória e passado, presumivelmente com o espermatóforo, para a fêmea durante a cópula (como mostrado na ilustração do meio). Os ovos são impregnados com cantaridina (provavelmente no ovário) e, depois da oviposição, os conjuntos de ovos (ilustração de baixo) são protegidos dos coccinelídeos e provavelmente também de outros predadores como formigas e besouros carabídeos.

Uma questão não resolvida é: onde os machos de *N. flabellata* adquirem sua cantaridina em condições naturais? Eles podem se alimentar de adultos ou ovos dos poucos insetos que podem fabricar a cantaridina e, nesse caso, seriam *N. flabellata* e outros insetos cantaridifílicos (incluindo certos percevejos, moscas e himenópteros, bem como besouros) predadores seletivos uns dos outros?

Embora alguns insetos aposemáticos sejam proximamente associados com plantas tóxicas para alimentação, certos insetos podem produzir suas próprias toxinas. Por exemplo, entre os Coleoptera, os besouros meloídeos sintetizam cantaridina, os buprestídeos fazem buprestina, e alguns crisomelídeos podem produzir glicosídeos cardíacos. O estafilinídeo extremamente tóxico *Paederus* sintetiza seu próprio agente de formação de bolhas, a pederina. Muitos desses besouros que se defendem quimicamente são aposemáticos (p. ex., Coccinellidae, Meloidae) e efetuam um sangramento-reflexo, vertendo hemolinfa das articulações femorotibiais das pernas, se forem manuseados (ver Prancha 7F). Experimentalmente, mostrou-se que certos insetos que sequestram compostos cianogênicos de plantas podem ainda sintetizar substâncias semelhantes se forem transferidos a plantas hospedeiras sem toxinas. Se essa capacidade precedeu a transferência evolutiva para plantas hospedeiras tóxicas, a posse das vias bioquímicas apropriadas pode ter pré-adaptado o inseto a utilizá-las subsequentemente na defesa.

Uma maneira bizarra de obter uma substância química de defesa é utilizada por vaga-lumes *Photurus* (Lampyridae). Muitos vaga-lumes sintetizam lucibufaginas defensivas, mas as fêmeas de *Photurus* não podem fazê-lo. Em vez disso, elas imitam o sinal luminoso sexual das fêmeas de *Photinus*, atraindo assim vaga-lumes *Photinus* machos, os quais elas comem para adquirir suas substâncias químicas de defesa.

As substâncias químicas de defesa, sejam manufaturadas pelo inseto, sejam obtidas pela ingestão, podem ser transmitidas entre indivíduos da mesma espécie de um mesmo ou de um estágio de vida diferente. Os ovos podem ser especialmente vulneráveis a inimigos naturais em razão de sua imobilidade, e não é surpreendente que alguns insetos dotem seus ovos com substâncias químicas de defesa (Boxe 14.3). Esse fenômeno pode ser muito mais difundido entre os insetos do que se reconhece atualmente.

14.4.4 Órgãos de defesa química

As substâncias químicas de defesa endógenas (aquelas sintetizadas dentro do inseto) geralmente são produzidas em glândulas específicas e armazenadas em um reservatório (Boxe 14.4). A liberação ocorre por meio de pressão muscular ou por evaginação do órgão, mais ou menos como virar para fora os dedos de uma luva. Os Coleoptera desenvolveram uma ampla série de glândulas, muitas eversíveis, que produzem e liberam substâncias químicas de defesa. Muitos Lepidoptera utilizam pelos e espinhos urticantes para injetar substâncias químicas venenosas em um predador. A injeção de veneno por insetos sociais é abordada na seção 14.6.

Ao contrário dessas substâncias químicas endógenas, as toxinas exógenas, derivadas de fontes externas como os alimentos, são geralmente incorporadas nos tecidos ou na hemolinfa. Isso torna a presa completamente impalatável, mas requer que o predador teste a curta distância para aprender, ao contrário dos efeitos a distância de muitos compostos endógenos. Contudo, as larvas de algumas borboletas (Papilionidae) que se alimentam de plantas de gosto ruim concentram as toxinas e as secretam em uma bolsa torácica chamada de osmetério, que é evertido se a larva for tocada. A cor do osmetério com frequência é aposemática e reforça o efeito dissuasivo em um predador (Figura 14.6). Larvas de himenópteros Symphyta (Hymenoptera: Pergidae) armazenam óleos de eucalipto derivados das folhas das quais eles se alimentam, dentro de um divertículo do seu proctodeu, e gotejam esse líquido de gosto ruim e cheiro forte de suas bocas quando perturbadas (Figura 14.7).

Boxe 14.4 Armas químicas binárias dos insetos

O nome comum dos besouros-bombardeiros (Carabidae: incluindo o gênero *Brachinus*) deriva de observações dos primeiros naturalistas, de que os besouros liberavam substâncias químicas voláteis de defesa, as quais apareciam como uma lufada de fumaça acompanhada por um barulho de "estouro" parecido com um tiro. O borrifo, liberado do ânus e capaz de ser direcionado pela extremidade móvel do abdome, contém *p*-benzoquinona, um meio de intimidação de predadores vertebrados e invertebrados. Essa substância química não é armazenada, mas, quando necessária, é produzida de maneira explosiva a partir dos componentes mantidos em glândulas pares. Cada glândula é dupla, compreendendo uma câmara interna compressível, de parede muscular, contendo um reservatório de hidroquinonas e peróxido de hidrogênio, e uma câmara externa, de parede grossa, contendo enzimas oxidativas. Quando ameaçado, o besouro contrai o reservatório e libera o conteúdo por meio da válvula de entrada recém-aberta para dentro da câmara de reação. Aqui ocorre uma reação exotérmica, resultando na liberação de *p*-benzoquinona a uma temperatura de 100°C.

Estudos sobre um besouro bombardeiro queniano, *Stenaptinus insignis* (ilustrado aqui, segundo Dean *et al.*, 1990), mostraram que a descarga é pulsada: a oxidação química explosiva produz um aumento da pressão na câmara de reação, que fecha a válvula de sentido único do reservatório, forçando, assim, a saída do conteúdo através do ânus (como mostrado para o besouro direcionando seu borrifo para um antagonista na sua frente). Isso alivia a pressão, permitindo à válvula abrir, o que permite novo enchimento da câmara de reação pelo reservatório (o qual permanece sob pressão muscular). Assim, o ciclo explosivo continua. Por esse mecanismo, um jato propulsado de alta intensidade é produzido pela reação química, em vez de exigir extrema pressão muscular. Os humanos descobriram os princípios de modo independente e os aplicaram na engenharia (como a propulsão a jato) alguns milhões de anos depois que os besouros bombardeiros desenvolveram sua técnica!

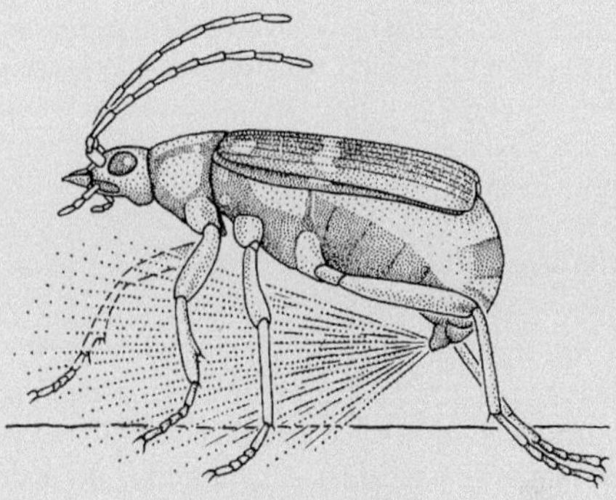

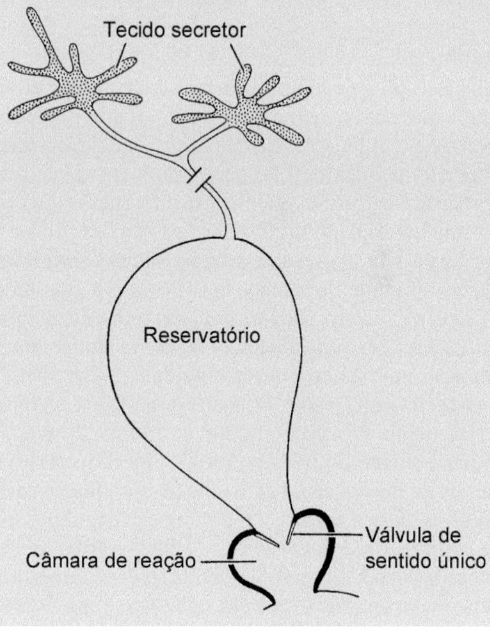

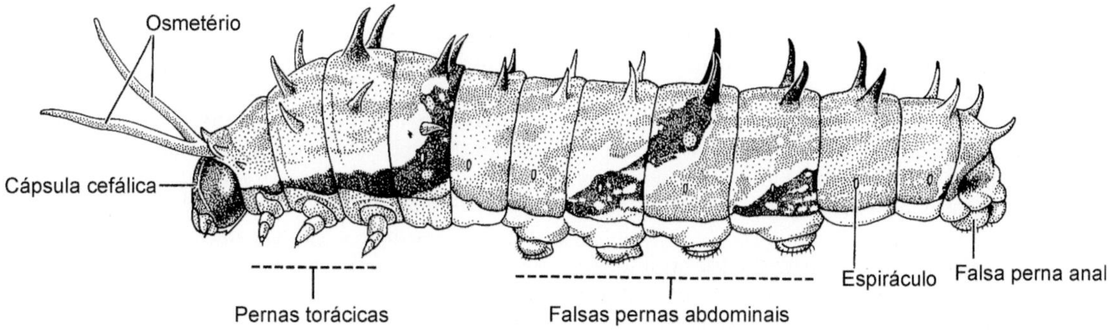

Figura 14.6 Lagarta da borboleta *Papilio aegeus* (Lepidoptera: Papilionidae), com o osmetério evertido atrás de sua cabeça. A eversão desse órgão brilhante e bífido ocorre quando a larva é perturbada, e é acompanhada de um cheiro desagradável.

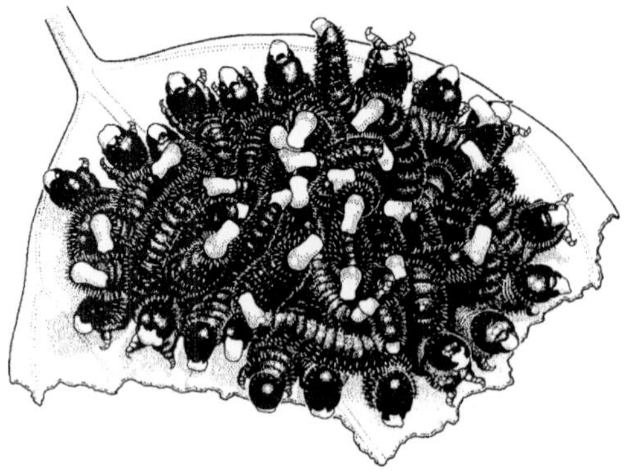

Figura 14.7 Agregação de larvas de *Perga* (Hymenoptera: Pergidae) em uma folha de eucalipto. Quando perturbadas, as larvas curvam seus abdomes no ar e liberam gotas do óleo de eucalipto sequestrado por suas bocas.

14.5 DEFESA POR MIMETISMO

A teoria do mimetismo, uma interpretação da perfeita semelhança entre espécies que não são parentes, foi uma aplicação inicial da teoria da evolução darwiniana. Henry Bates, um naturalista, ao estudar na Amazônia em meados do século XIX, observou que muitas borboletas semelhantes, todas de voo lento e marcadas de modo brilhante, pareciam ser imunes aos predadores. Embora muitas espécies fossem comuns e relacionadas umas às outras, algumas eram raras e pertenciam a famílias um tanto distantemente relacionadas (ver Prancha 8A). Bates acreditava que as espécies comuns fossem quimicamente protegidas do ataque, e que isso era avisado por seu aposematismo: alta visibilidade (conspicuidade comportamental) por meio das cores brilhantes e do voo lento. As espécies mais raras, ele pensava, provavelmente não tinham gosto ruim, mas ganhavam proteção por sua semelhança superficial com as protegidas. Ao ler a ideia que Charles Darwin acabava de propor, Bates percebeu que sua própria teoria de mimetismo envolvia evolução por meio de seleção natural. Espécies pouco protegidas ganham proteção maior contra predação pela sobrevivência diferencial de variantes sutis que se parecem mais com as espécies protegidas na sua visibilidade, cheiro, gosto, textura ou som. O agente de seleção é o predador, o qual preferencialmente se alimenta do mímico inexato. Desde aquela época, o mimetismo é interpretado à luz da teoria evolutiva, e os estudos de insetos, em particular de borboletas, permaneceram centrais para a teoria e a manipulação do mimetismo.

Uma compreensão dos sistemas de defesa do mimetismo (e ocultamento; seção 14.1) pode ser obtida pelo reconhecimento de três componentes básicos: o modelo, o mímico e um observador, que age como um agente de seleção. Esses componentes estão relacionados entre si por meio de sistemas de geração e recepção de sinais, dos quais a associação básica é o sinal de alerta dado pelo modelo (p. ex., cor aposemática que avisa sobre um ferrão ou gosto ruim) e percebido pelo observador (ou seja, um predador faminto). O predador inexperiente deve associar o aposematismo a consequente dor ou gosto ruim. Uma vez aprendido, o predador subsequentemente evitará o modelo. O modelo claramente se beneficia desse sistema coevolutivo, no qual se pode considerar que o predador ganhe por não perder tempo e energia caçando presas não comestíveis.

Uma vez que esse sistema de benefício mutualista evoluiu, ele está aberto à manipulação por outros. O terceiro componente é o mímico: um organismo que parasita o sistema de sinalização enganando o observador, por exemplo, pela falsa coloração de aviso. Se isso provoca uma resposta do observador similar àquela em relação à verdadeira coloração aposemática, o mímico é descartado como alimento intolerável. É importante perceber que o mímico não precisa ser perfeito, mas apenas deve induzir a resposta de evitação apropriada do observador. Dessa maneira, apenas um subconjunto limitado de sinais dados pelo modelo pode ser necessário. Por exemplo, as listras pretas e amarelas de vespas venenosas formam um padrão de cor aposemático que é exibido por incontáveis espécies de muitas ordens de insetos. A exatidão da cópia, pelo menos para nossos olhos, varia consideravelmente. Isso pode ser decorrente de diferenças sutis entre vários modelos venenosos diferentes, ou pode refletir a incapacidade do observador de discriminar: se apenas listras amarelas e pretas são necessárias para dissuadir o predador, pode haver pouca ou nenhuma seleção para refinar o mimetismo de um modo mais completo.

14.5.1 Mimetismo batesiano

Nesses triângulos de mimetismo, cada componente exerce um efeito positivo ou negativo em cada um dos outros. No mimetismo batesiano, um modelo aposemático impalatável tem um mímico comestível. O modelo sofre pela presença do mímico porque o sinal aposemático visando ao observador é diluído conforme cresce a chance de que o observador prove um indivíduo palatável e não consiga aprender a associação entre aposematismo e impalatabilidade. O mímico ganha tanto com a presença do modelo protegido quanto com a enganação do observador. Como a presença do mímico dá desvantagem ao modelo, a interação com o modelo é negativa. O observador se beneficia pela evitação do modelo nocivo, mas perde um alimento em razão da falha em reconhecer o mímico como palatável.

Essas relações de mimetismo batesiano são mantidas apenas se o mímico permanecer relativamente raro. Contudo, se o modelo diminui (numericamente) e o mímico se torna abundante, então, a proteção dada ao mímico pelo modelo diminuirá porque o observador inexperiente cada vez mais encontra e prova mímicos palatáveis. Evidentemente, algumas borboletas miméticas palatáveis adotam diferentes modelos ao longo de sua distribuição. Por exemplo, a borboleta *Papilio dardanus* é altamente polimórfica, com até cinco formas miméticas em Uganda (África central) e muitas mais por toda a sua ampla distribuição. Esse polimorfismo permite uma grande população total de *P. darnadus* sem prejudicar (por diluição) o sucesso do sistema mimético, uma vez que cada forma pode permanecer rara em relação ao seu modelo batesiano. Nesse caso, e para muitos outros polimorfismos miméticos, os machos mantêm o padrão de cor básico da espécie, e apenas entre as fêmeas de algumas populações ocorre o mimetismo de tal variedade de modelos. O padrão conservador dos machos pode ser resultado da seleção sexual para garantir o reconhecimento do macho por fêmeas da mesma espécie de todas as formas para o acasalamento, ou por outros machos da mesma espécie nas disputas territoriais. Uma consideração adicional diz respeito aos efeitos da pressão de predação diferencial sobre as fêmeas (em virtude do seu voo mais lento e de conspicuidade nas plantas hospedeiras), significando que as fêmeas podem ganhar mais pelo mimetismo em relação aos machos, que se comportam de maneira diferente.

As larvas da borboleta tropical do Velho Mundo, *Danaus chrysippus* (Nymphalidae: Danainae), alimentam-se predominantemente de plantas de secreção leitosa (Apocynaceae) das quais elas podem sequestrar cardenolídeos, que são mantidos no estágio adulto aposemático e quimicamente protegido. Uma proporção variável, mas quase sempre alta, de *D. chrysippus* se desenvolve em plantas de secreção leitosa que não têm as substâncias químicas amargas e eméticas, e o adulto resultante não é protegido. Eles são automímicos batesianos intraespecíficos dos seus parentes protegidos. Quando há uma proporção inesperadamente alta de indivíduos não protegidos, essa situação pode ser mantida por parasitoides que parasitam preferencialmente os indivíduos nocivos, talvez utilizando seus cardenolídeos como cairomônios no encontro do hospedeiro. A situação é ainda mais complicada, porque os adultos não protegidos, como em muitas espécies de *Danaus*, procuram ativamente fontes de alcaloides pirrolizidínicos das plantas para utilizar na produção de feromônios sexuais; esses alcaloides também podem tornar o adulto menos palatável.

14.5.2 Mimetismo mülleriano

Em um conjunto contrastante de relações, chamado de mimetismo mülleriano, o(s) modelo(s) e o(s) mímico(s) são todos impalatáveis e com coloração de aviso, e todos se beneficiam da coexistência, uma vez que os observadores aprendem por provarem qualquer indivíduo. Diferentemente do mimetismo batesiano, no qual se prevê que o sistema falha conforme o mímico se torna relativamente mais abundante, os sistemas de mimetismo mülleriano ganham por meio do aprendizado melhorado do predador, quando a densidade de espécies componentes impalatáveis aumenta. "Anéis de mimetismo" de espécies podem se desenvolver, nos quais os organismos de famílias distantes, e até mesmo de ordens diferentes, adquirem padrões aposemáticos semelhantes, embora a fonte de proteção varie bastante. Nas espécies envolvidas, o sinal de aviso dos comodelos difere marcadamente daquele de seus parentes próximos, que são não miméticos.

A interpretação do mimetismo pode ser difícil, em particular para distinguir os componentes miméticos protegidos dos não protegidos. Por exemplo, um século após a descoberta de um dos exemplos aparentemente mais fortes de mimetismo batesiano, a interpretação clássica parece inválida. O sistema envolve duas borboletas danaíneas norte-americanas, *Danaus plexippus*, a borboleta-monarca, e *D. gilippus*, que são modelos com defesa química, cada um sendo imitado por uma forma de borboleta ninfalínea, a *Limenitis archippus* (Figura 14.8). Historicamente, as plantas das quais as larvas se alimentam e a afiliação taxonômica sugeriam que as *Limenitis archippus* fossem palatáveis e, portanto, mímicos batesianos. Essa interpretação sofreu uma reviravolta em decorrência de experimentos em que abdomes isolados de borboletas eram oferecidos a predadores naturais (melros-de-asa-vermelha capturados da natureza). A possibilidade de que a alimentação pelas aves poderia ser afetada por exposição prévia ao aposematismo foi excluída pela remoção das asas das borboletas com padrão aposemático. Observou-se que *Limenitis archippus* é, pelo menos, tão impalatável quanto as borboletas-monarcas, de modo que *D. gilippus* é menos impalatável. Pelo menos nas populações da Flórida, e com esse predador em particular, o sistema é agora interpretado como mülleriano, tanto com *Limenitis archippus* como modelo, quanto com *Limenitis archippus* e a monarca agindo como comodelos, e *D. gilippus* sendo um membro menos bem protegido quimicamente, que se beneficia pela assimetria da sua palatabilidade em relação às outras. Poucos experimentos apropriados como esse, para estimar a palatabilidade com o uso predadores naturais e evitando problemas de aprendizado prévio pelo predador, foram relatados e claramente outros mais são necessários.

Se todos os membros de um complexo de mimetismo mülleriano são aposemáticos e impalatáveis, é possível argumentar que um observador (predador) não é enganado por qualquer membro, e isso pode ser visto mais como um aposematismo compartilhado do que como um mimetismo. Com mais probabilidade, como visto anteriormente, a impalatabilidade é distribuída de maneira desigual, de modo que, nesse caso, alguns observadores especialistas podem considerar a parte menos bem-defendida do complexo como sendo comestível. Essas ideias sugerem que o mimetismo mülleriano verdadeiro pode ser raro e/ou dinâmico e representa uma extremidade de um espectro de interações possíveis.

14.5.3 Mimetismo como uma série contínua

A diferenciação estrita do mimetismo de defesa em duas formas – mülleriano e batesiano – pode ser questionada, embora cada uma dê uma interpretação diferente da ecologia e da evolução dos componentes, e faz previsões diferentes sobre as histórias de vida dos participantes. Por exemplo, a teoria do mimetismo prevê que em uma espécie aposemática deveria haver:

- Número limitado de padrões aposemáticos comodelados, reduzindo o número que um predador tem de aprender
- Modificações comportamentais para "expor" o padrão a predadores potenciais, como exibição conspícua em vez de capacidade críptica, e atividade diurna em vez de noturna
- Vida pós-reprodutiva longa, com exposição conspícua para encorajar o predador inexperiente a aprender sobre a impalatabilidade de um indivíduo pós-reprodutivo.

Todas essas previsões parecem ser verdadeiras em alguns ou na maioria dos sistemas estudados. Além disso, teoricamente deveria haver variação no polimorfismo com a seleção reforçando a uniformidade aposemática (monomorfismo) nos casos müllerianos, mas favorecendo a divergência (polimorfismo mimético) nos casos batesianos (seção 14.5.1). O mimetismo limitado a um sexo (apenas a fêmea) e a divergência do padrão do modelo em relação àquele do mímico (fuga evolutiva) também são previstos

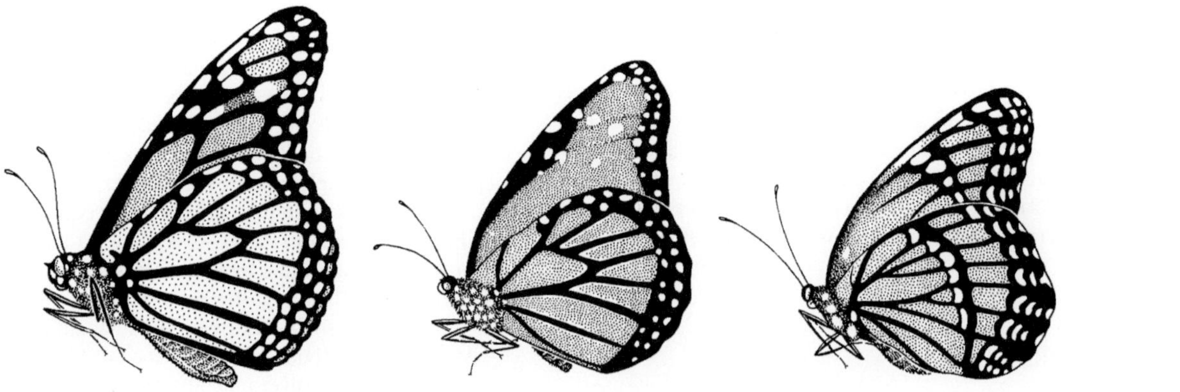

Figura 14.8 Três borboletas ninfalídeas que são comímicos müllerianos na Flórida. **A.** Monarca (*Danaus plexippus*). **B.** Rainha (*Danaus gilippus*). **C.** Vice-rei (*Limenitis archippus*). (Segundo Brower, 1958.)

no mimetismo batesiano. Embora essas previsões sejam confirmadas em algumas espécies miméticas, há exceções a todas elas. O polimorfismo certamente ocorre nas borboletas papilionídeas miméticas batesianas, mas é muito raro em outros casos, mesmo em outras borboletas; além disso, há mímicos müllerianos polimórficos, como *Limenitis archippus*. Sugere-se agora que alguns mímicos relativamente sem defesas podem ser um tanto abundantes em relação ao modelo impalatável e que não necessariamente tenham atingido abundância por meio de polimorfismo. Argumenta-se que isso pode surgir e ser mantido apenas se o predador principal for um generalista que necessita apenas ser dissuadido em relação a outras espécies mais palatáveis.

Uma série complexa de relações miméticas é baseada no mimetismo de besouros licídeos, os quais são quase sempre aposematicamente odoríferos e com coloração de alerta. O licídeo australiano preto e laranja *Metriorrhynchus rhipidius* é protegido quimicamente pela metoxialquilpirazina odorífera e por compostos de gosto amargo e agentes acetilênicos antialimentação. Espécies de *Metriotthynchus* proporcionam modelos para besouros miméticos de pelo menos seis famílias distantemente relacionadas (Buprestidae, Pythidae, Meloidae, Oedemeridae, Cerambycidae e Belidae) e pelo menos uma mariposa. Todos esses mímicos são convergentes em cor; alguns apresentam alquilpirazinas quase idênticas e substâncias químicas de gosto ruim; outros compartilham as alquilpirazinas, mas apresentam substâncias químicas de gosto ruim diferentes; e alguns apresentam a substância química odorífera, mas parecem não ter qualquer substância química de gosto ruim. Esses insetos de colorido aposemático formam uma série mimética. Os oedemerídeos são claramente mímicos müllerianos, modelados de maneira precisa na espécie local de *Metriorrhynchus*, e diferindo apenas no uso de cantaridina como um agente antialimentação. Os mímicos cerambicídeos usam odores repelentes diferentes, ao passo que os buprestídeos não têm odor de alerta, mas são quimicamente protegidos por buprestinas. Finalmente, pitídeos e belídeos são mímicos batesianos, aparentemente sem quaisquer defesas químicas. Depois de um exame químico cuidadoso, o que parece ser um modelo com muitos mímicos batesianos, ou talvez um anel mülleriano, revela-se uma série completa entre os extremos de mimetismo mülleriano e batesiano.

Embora os extremos dos dois principais sistemas de mimetismo sejam bem estudados, e em alguns textos pareçam ser os únicos sistemas descritos, eles são apenas duas das permutações possíveis envolvendo as interações de modelo, mímico e observador. Seguem-se complexidades maiores se o modelo e o mímico são a mesma espécie, como no automimetismo ou nos casos em que existe dimorfismo sexual e polimorfismo. Todos os sistemas de mimetismo são complexos, interativos e nunca estáticos, porque os tamanhos das populações mudam e as abundâncias relativas das espécies miméticas flutuam, de modo que fatores dependentes de densidade exercem um papel importante. Além disso, a defesa oferecida por um colorido aposemático compartilhado, e mesmo por impalatabilidade compartilhada, pode ser evitada por predadores especialistas capazes de aprender e localizar o alerta, superar as defesas e se alimentar de espécies selecionadas no complexo mimético. Evidentemente, a reflexão sobre a teoria do mimetismo exige o reconhecimento do papel dos predadores como agentes flexíveis, capazes de aprender, discriminar, coevoluir e coexistir no sistema (Boxe 14.1).

14.6 DEFESAS COLETIVAS EM INSETOS GREGÁRIOS E SOCIAIS

Os insetos aposemáticos, os quais apresentam defesas químicas, com frequência estão agrupados em vez de uniformemente distribuídos em um hábitat adequado. Dessa maneira, borboletas impalatáveis podem viver em agregações conspícuas como larvas e como adultos; o agrupamento de inverno de borboletas-monarcas adultas migratórias na Califórnia (ver Prancha 3G) e no México é um exemplo. Muitos hemípteros com defesas químicas se agregam em plantas hospedeiras particulares, e algumas vespas se congregam de forma conspícua ao lado de fora de seus ninhos (como exibido na abertura do Capítulo 12). Agrupamentos ordenados ocorrem nas larvas fitófagas de himenópteros Symphyta (Hymenoptera: Pergidae; Figura 14.7), e em alguns besouros crisomelídeos que formam círculos defensivos (cicloalexia). Algumas larvas ficam dentro do círculo e outras formam um anel externo com suas cabeças ou abdomes dirigidos para fora, dependendo de qual extremidade secreta os compostos nocivos. Esses grupos com frequência realizam exibições sincronizadas mexendo a cabeça e/ou o abdome para cima e para baixo, aumentando a visibilidade do grupo.

A formação desses agrupamentos é algumas vezes favorecida pela produção de feromônios de agregação por indivíduos recém-chegados (seção 4.3.2), ou pode ser resultado da incapacidade dos jovens de se dispersarem depois da eclosão de um ou vários conjuntos de ovos. Os benefícios para o indivíduo do agrupamento de insetos com defesas químicas podem estar relacionados à dinâmica do treinamento do predador. Contudo, esses também podem envolver seleção de parentesco em insetos subsociais, em que as agregações compreendem parentes que se beneficiam à custa de um indivíduo "sacrificado" para educar o predador.

Esse último cenário para a origem e a manutenção da defesa em grupo certamente parece se aplicar aos Hymenoptera eussociais (formigas, abelhas e vespas), como visto no Capítulo 12. Nesses insetos, e nos cupins (Blattodea: Termitoidae), as tarefas defensivas são realizadas em geral por indivíduos morfologicamente modificados chamados de soldados. Em todos os insetos sociais o foco para a ação defensiva é o ninho e o principal papel da casta dos soldados é proteger o ninho e seus habitantes. A arquitetura e a localização do ninho são, com frequência, uma primeira linha de defesa, de modo que muitos ninhos são enterrados no solo ou escondidos dentro de árvores, com algumas poucas entradas facilmente defendidas. Ninhos expostos, como aqueles dos cupins das zonas de savana, na maioria das vezes têm paredes duras e indestrutíveis.

Os soldados de cupins podem ser machos ou fêmeas, ter visão fraca ou ser cegos, e apresentar cabeça grande (algumas vezes excedendo o resto do comprimento do corpo). Os soldados podem ter mandíbulas bem desenvolvidas, ou serem nasutos, com mandíbulas pequenas, porém com uma "tromba" ou rostro alongado. Eles podem proteger a colônia por mordidas, por meios químicos ou, como em *Cryptotermes*, por fragmose: ato de bloquear o acesso ao ninho com suas cabeças modificadas. Entre os adversários mais sérios dos cupins estão as formigas, do modo que guerras complexas acontecem entre os dois. Os soldados de cupins desenvolveram uma enorme bateria de substâncias químicas, muitas produzidas em glândulas frontais e salivares altamente elaboradas. Por exemplo, em *Pseudacanthotermes spiniger*, as glândulas salivares ocupam nove décimos do abdome, e os soldados de *Globitermes sulphureus* são completamente preenchidos com um líquido pegajoso amarelo, utilizado para envolver o predador – e o cupim – geralmente de modo fatal. Esse fenômeno suicida também é encontrado em algumas formigas *Camponotus*, que utilizam a pressão hidrostática no gáster para estourar o abdome e liberar um líquido pegajoso das enormes glândulas salivares.

Algumas das atividades defensivas especializadas utilizadas por cupins se desenvolveram convergentemente entre formigas. Dessa maneira, os soldados de algumas formicíneas, em especial do subgênero *Colobopsis*, e várias mirmecíneas exibem fragmose, com modificações da cabeça para permitir o bloqueio das entradas do ninho (Figura 14.9). As entradas dos ninhos são feitas por operárias menores e são de tal tamanho que a cabeça de uma única operária maior (soldado) pode fechá-la; em outras como a mirmecínea *Cephalotes*, as entradas são maiores, e uma formação de guardas-bloqueadoras pode ser necessária para agir como "porteiras". Uma estratégia defensiva adicional dessas mirmecíneas é a cabeça estar coberta com uma crosta de material filamentoso secretado, de modo que a cabeça esteja camuflada quando ela bloqueia uma entrada do ninho em um galho coberto de líquen.

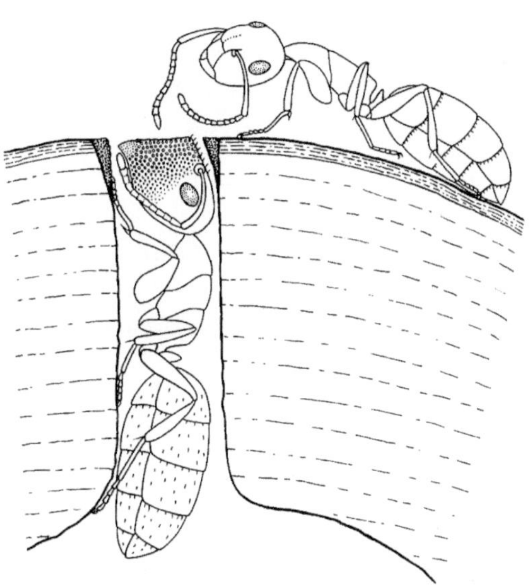

Figura 14.9 Guarda do ninho pela formiga-europeia *Camponotus* (*Colobopsis*) *truncatus* (Hymenoptera: Formicidae): uma operária pequena se aproxima de um soldado que está entrada do ninho com sua cabeça em forma de rolha. (Segundo Hölldobler & Wilson, 1990; por Szabó-Patay, 1928.)

A maioria dos soldados usa suas mandíbulas fortemente desenvolvidas na defesa da colônia, como um modo de ferir o agressor. Uma nova defesa em cupins envolve as mandíbulas alongadas que estalam uma contra a outra, como podemos estalar nossos dedos. Um movimento violento é produzido conforme a energia elástica acumulada é liberada das mandíbulas fortemente apressas (Figura 14.10A). Em *Capritermes* e *Homallotermes*, as mandíbulas são assimétricas (Figura 14.10B) e a pressão liberada resulta no movimento violento apenas da mandíbula direita; a mandíbula esquerda recurvada, a qual fornece a tensão elástica, permanece imóvel. Esses soldados podem apenas atacar para a esquerda! A vantagem dessa defesa é que um golpe poderoso pode ser aplicado em um túnel confinado, em que há espaço inadequado para abrir as mandíbulas o suficiente para obter a ação de alavanca convencional sobre um oponente.

Grandes diferenças entre as defesas dos cupins e aquelas dos himenópteros sociais são a restrição das castas defensivas às fêmeas em Hymenoptera, e o uso frequente de veneno injetado por meio de um ovipositor modificado como um ferrão (Figura 14.11). Ao passo que os himenópteros parasitas utilizam essa arma para imobilizar a presa, em himenópteros sociais aculeados ela é uma arma vital na defesa contra predadores. Muitos himenópteros subsociais e todos os sociais cooperam para ferroar um intruso "em massa", aumentando, dessa maneira, os efeitos de um ataque individual e intimidando até mesmo vertebrados grandes. O ferrão é inserido em um predador por meio de uma alavanca (a fúrcula) que age sobre o braço fulcral, embora a fusão da fúrcula à base do ferrão, em algumas formigas, leve a um ferrão menos manobrável.

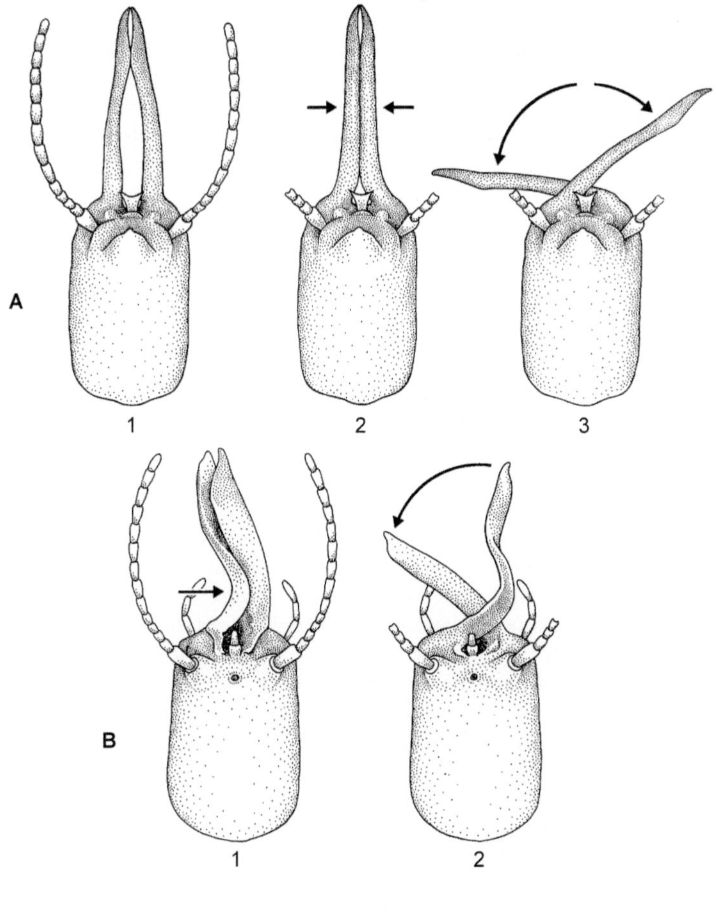

Figura 14.10 Defesa pelo estalo da mandíbula em soldados de cupins (Blattodea: Termitoidae). **A.** Cabeça de um soldado estalador simétrico de *Termes*, em que as mandíbulas longas e finas são fortemente pressionadas uma contra a outra (1) e, então, dobram para dentro (2) antes de deslizarem violentamente uma através da outra (3). **B.** Cabeça de um soldado estalador assimétrico de *Homallotermes*, no qual a força é gerada pelo deslocamento da mandíbula esquerda flexível para a direita (1) até que a mandíbula direita escorregue sob a esquerda para dar um golpe violento (2). (Segundo Deligne *et al.*, 1981.)

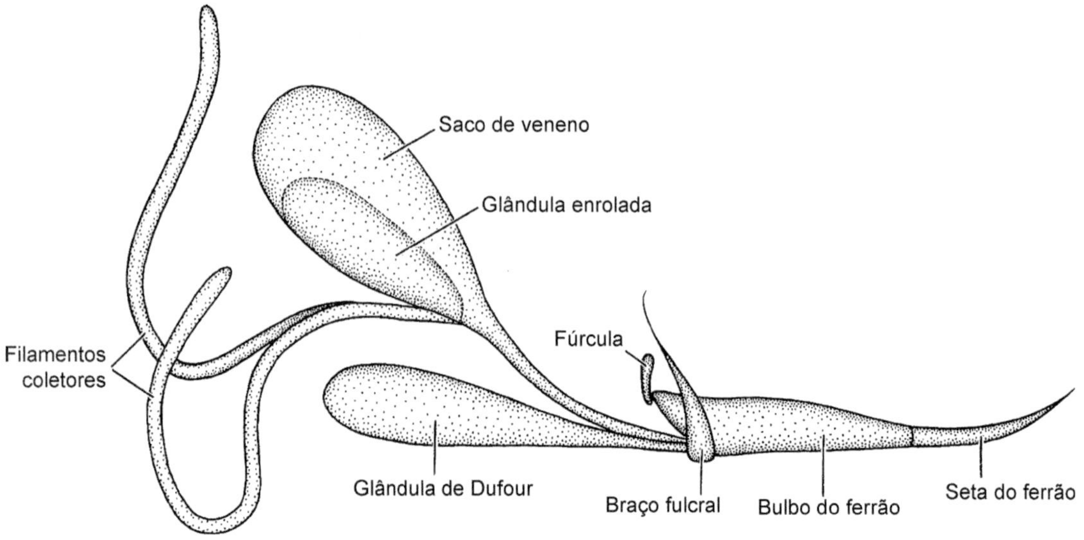

Figura 14.11 Diagrama dos principais componentes do aparato de veneno de uma vespa social aculeada. (Segundo Hermann & Blum, 1981.)

Os venenos incluem uma ampla variedade de produtos, muitos dos quais são polipeptídios. Aminas biogênicas, tais como qualquer uma ou todas as histaminas, dopamina, adrenalina (epirefrina) e noradrenalina (norepirefrina) (e serotonina, em vespas), podem ser acompanhadas por acetilcolina e várias enzimas importantes, incluindo fosfolipases e hialuronidases (as quais são altamente alergênicas). Os venenos de vespas têm diversos vasopeptídios: quininas farmacologicamente ativas que induzem a vasodilatação e relaxam a musculatura lisa em vertebrados. Os venenos de formigas não formicíneas compreendem tanto materiais semelhantes de origem proteica quanto uma farmacopeia de alcaloides, ou misturas complexas de ambos os tipos de componentes. Por outro lado, os venenos de formicíneas são dominados por ácido fórmico.

Os venenos são produzidos em glândulas especiais, localizadas nas bases das valvas internas do nono segmento, compreendendo filamentos livres e um reservatório, o qual pode ser simples ou conter uma glândula enrolada (Figura 14.11). A saída da glândula de Dufour entra na base do ferrão, ventralmente ao ducto de veneno. Os produtos dessa glândula em abelhas e vespas eussociais são pouco conhecidos, mas em formigas a glândula de Dufour é o local de síntese de uma série espantosa de hidrocarbonetos (mais de 40 em uma espécie de *Camponotus*). Esses produtos exócrinos incluem ésteres, cetonas, álcoois e muitos outros compostos utilizados na comunicação e na defesa.

O ferrão é reduzido e perdido em alguns himenópteros sociais, em especial nas abelhas sem ferrão e nas formigas formicíneas. Estratégias defensivas alternativas surgiram nesses grupos; assim, muitas abelhas sem ferrão imitam abelhas com ferrão e vespas, e utilizam suas mandíbulas e substâncias químicas de defesa se forem atacadas. As formigas formicíneas conservam suas glândulas de veneno, as quais espalham ácido fórmico por meio de um **acidóforo**, com frequência direcionado como um *spray* para dentro de um ferimento provocado pelas mandíbulas.

Outras glândulas em himenópteros sociais produzem compostos defensivos adicionais, na maioria das vezes com papéis de comunicação, e incluindo muitos compostos voláteis que servem como feromônios de alarme. Estes estimulam uma ou mais ações defensivas: eles podem chamar mais indivíduos para uma ameaça, marcar um predador de modo que o ataque seja direcionado ou, como um último recurso, incitar a colônia a fugir do perigo. As glândulas mandibulares produzem feromônios de alarme em muitos insetos e também substâncias que provocam dor quando elas entram em ferimentos causados pelas mandíbulas. As glândulas metapleurais de algumas espécies de formigas produzem compostos que as defendem contra microrganismos no ninho por meio de uma ação antibiótica. Ambos os conjuntos de glândulas podem produzir substâncias defensivas pegajosas, e uma ampla variedade de compostos farmacológicos está atualmente sob estudo para determinar possíveis benefícios para os humanos.

Até mesmo os insetos mais bem defendidos podem ser parasitados por mímicos, e a melhor das defesas químicas pode ser quebrada por um predador (Boxe 14.1). Embora os insetos sociais tenham algumas das mais elaboradas defesas vistas nos Insecta, eles permanecem vulneráveis. Por exemplo, muitos insetos se modelam em insetos sociais, com representantes de muitas ordens convergindo morfologicamente com formigas (Figura 14.12), em particular com relação à constrição da cintura e à perda de

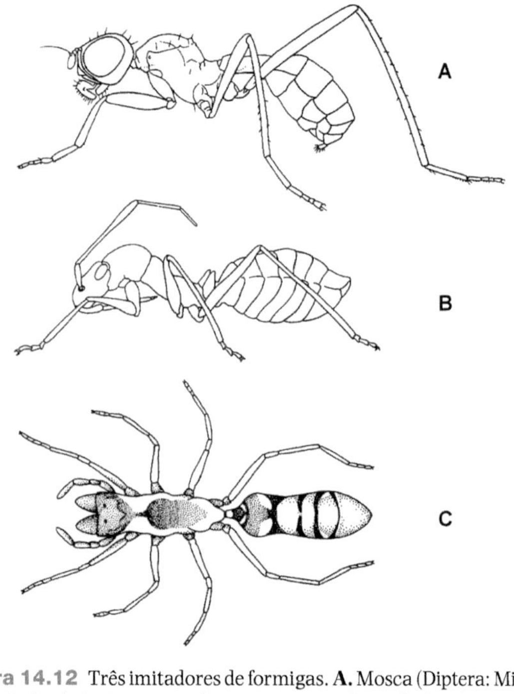

Figura 14.12 Três imitadores de formigas. **A.** Mosca (Diptera: Micropezidae: *Badisis*). **B.** Percevejo (Hemiptera: Miridae: *Phylinae*). **C.** Aranha (Araneae: Clubionidae: *Sphecotypus*). (**A.** Segundo McAlpine, 1990; **B.** segundo Atkins, 1980; **C.** segundo Oliveira, 1988.)

asas, e mesmo às antenas geniculadas. Alguns dos mais extraordinários insetos imitadores de formigas são hemípteros tropicais africanos do gênero *Hamma* (Membracidae), como exemplificado por *H. rectum*, ilustrado em visão lateral e dorsal na abertura deste capítulo.

Os padrões de preto e amarelo aposemáticos de vespas Vespidae e abelhas Apidae fornecem modelos para centenas de mímicos por todo o mundo. Não apenas esses sistemas de comunicação de insetos sociais são parasitados, mas também seus ninhos, os quais fornecem a muitos parasitas e inquilinos um local hospitaleiro para seu desenvolvimento (seção 12.3).

A defesa deve ser vista como um processo coevolutivo continuado, análogo a uma "corrida armamentista", em que novas defesas se originam ou são modificadas e, então, são seletivamente quebradas, estimulando defesas melhoradas.

Leitura sugerida

Brandt, M. & Mahsberg, D. (2002) Bugs with a backpack: the function of nymphal camouflage in the West African assassin bugs: *Paredocla* and *Acanthiaspis* spp. *Animal Behaviour* **63**, 277–84.

Cook, L.M. & Saccheri, I.J. (2013) The peppered moth and industrial melanism: evolution of a natural selection case study. *Heredity* **110**, 207–12.

Cook, L.M., Grant, B.S., Saccheri, I.J. & Mallet, J. (2012) Selective bird predation on the peppered moth: the last experiment of Michael Majerus. *Biology Letters* **8**, 609–12.

Dossey, A.T. (2010) Insects and their chemical weaponry: new potential for drug discovery. *Natural Product Reports*. **27**, 1737–57.

Eisner, T. (2003) *For the Love of Insects*. The Belknap Press, Harvard University Press, Cambridge, MA.

Eisner, T. & Aneshansley, D.J. (1999) Spray aiming in the bombardier beetle: photographic evidence. *Proceedings of the National Academy of Sciences of the USA* **96**, 9705–9.

Eisner, T., Eisner, M. & Siegler, M. (2007) *Secret Weapons: Defenses of Insects, Spiders, Scorpions, and Other Many-Legged Creatures*. The Belknap Press, Harvard University Press, Cambridge, MA.

Gross, P. (1993) Insect behavioural and morphological defenses against parasitoids. *Annual Review of Entomology* **38**, 251–73.

McIver, J.D. & Stonedahl, G. (1993) Myrmecomorphy: morphological and behavioural mimicry of ants. *Annual Review of Entomology* **38**, 351–79.

Moore, B.P. & Brown, W.V. (1989) Graded levels of chemical defense in mimics of lycid beetles of the genus *Metriorrhynchus* (Coleoptera). *Journal of the Australian Entomological Society* **28**, 229–33.

Pasteels, J.M., Grégoire, J.-C. & Rowell-Rahier, M. (1983) The chemical ecology of defense in arthropods. *Annual Review of Entomology* **28**, 263–89.

Resh, V.H. & Cardé, R.T. (eds.) (2009) *Encyclopedia of Insects*, 2nd edn. Elsevier, San Diego, CA. [Veja, particularmente, os artigos sobre coloração aposemática; defesa química; comportamento defensivo; melanismo industrial; mimetismo; veneno.]

Riley, P.A. (2013) A proposed selective mechanism based on metal chelation in industrial melanic moths. *Biological Journal of the Linnean Society* **109**, 298–301.

Ritland, D.B. (1991) Unpalatability of viceroy butterflies (*Limenitis archippus*) and their purported mimicry models, Florida queens (*Danaus gilippus*). *Oecologia* **88**, 102–8.

Starrett, A. (1993) Adaptive resemblance: a unifying concept for mimicry and crypsis. *Biological Journal of the Linnean Society* **48**, 299–317.

Turner, J.R.G. (1987) The evolutionary dynamics of Batesian and Muellerian mimicry: similarities and differences. *Ecological Entomology* **12**, 81–95.

Vane-Wright, R.I. (1976) A unified classification of mimetic resemblances. *Biological Journal of the Linnean Society* **8**, 25–56.

Waldbauer, G. (2012) *How Not to Be Eaten: The Insects Fight Back*. University of California Press, Berkeley, CA.

Wickler, W. (1968) *Mimicry in Plants and Animals*. Weidenfeld & Nicolson, London.

Papers in *Biological Journal of the Linnean Society* (1981) **16**, 1–54 [Inclui uma versão resumida do artigo clássico de 1862 de H.W. Bates.]

Capítulo 15

Entomologia Médica e Veterinária

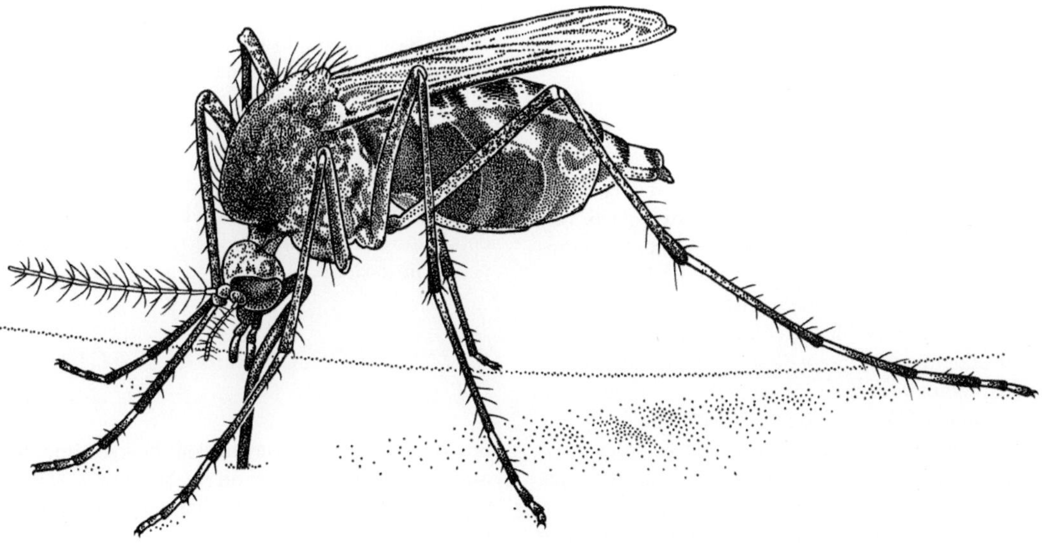

Fêmea adulta de *Aedes aegypti* se alimentando.

Insetos têm um impacto em culturas agrícolas e horticulturas, mas para muitas pessoas o impacto mais importante dos insetos ocorre por meio das doenças que eles transmitem aos seres humanos e aos animais domésticos. O número de espécies de insetos envolvidas não é grande, mas aquelas que transmitem doenças (vetores), causam ferimentos, injetam veneno ou provocam incômodo apresentam sérias consequências sociais e econômicas. Assim, o estudo do impacto médico e veterinário provocado pelos insetos é uma das principais disciplinas da ciência.

A entomologia médica e veterinária difere de outras áreas da atividade entomológica. Em primeiro lugar, a frequente motivação (e o financiamento) para estudos raras vezes está ligada ao inseto propriamente dito, mas às doenças de seres humanos e de animais provocadas por insetos. Em segundo lugar, os cientistas que estudam aspectos médicos e veterinários da entomologia devem ter um amplo entendimento não apenas sobre o inseto que é vetor de uma doença, mas também da biologia do hospedeiro e do parasita. Em terceiro lugar, a maioria desses profissionais não se restringe aos insetos, mas deve considerar outros artrópodes, notavelmente carrapatos, outros ácaros, e, talvez, aranhas e escorpiões.

Por uma questão de brevidade deste capítulo, consideraremos entomólogos médicos aqueles que estudam todas as doenças transmitidas por artrópodes, incluindo as do gado. O inseto, embora seja um elo vital na cadeia da doença, não precisa ser o foco central da pesquisa médica. Entomólogos médicos raramente trabalham de maneira isolada, mas atuam com frequência em equipes multiprofissionais que podem incluir médicos pesquisadores e clínicos, epidemiologistas, virologistas e imunologistas, e devem incluir aqueles que têm habilidade para o controle de insetos.

Neste capítulo, lidaremos com insetos e doenças, e fornecemos detalhes da transmissão da malária, um exemplo de uma importante doença transmitida por insetos. Em seguida, será apresentada uma revisão geral sobre outras doenças nas quais os insetos executam um papel importante: algumas são bem controladas, mas outras são atualmente um risco para a saúde humana – nós discutiremos a dengue e o vírus do Nilo Ocidental como estudos de caso. Uma seção sobre entomologia forense é incluída, e nós terminamos com discussões sobre entomofobia, venenos de insetos, e reações alérgicas e coceiras provocados por insetos. O capítulo inclui quadros que tratam do ciclo de vida de *Plasmodium* (Boxe 15.1), o complexo *Anopheles gambiae* (Boxe 15.2), o uso de mosquiteiros tratados com inseticidas (Boxe 15.3), e três ameaças para nossa saúde e bem-estar causadas por insetos: a ameaça global emergente da dengue por toda a área tropical e subtropical (Boxe 15.4), a dispersão da febre do Nilo Ocidental nos EUA (Boxe 15.5) e o ressurgimento dos percevejos de cama (Boxe 15.6).

15.1 INSETOS COMO CAUSAS E VETORES DE DOENÇAS

Nas regiões tropicais e subtropicais, o papel de insetos na transmissão de protistas, vírus, bactérias e nematódeos é claro. Tais patógenos são os agentes causadores de muitas doenças humanas importantes e amplamente distribuídas, incluindo malária, dengue, febre amarela, oncocercose, leishmaniose, filariose (elefantíase) e tripanossomíase (doença do sono).

O agente causador das doenças pode ser o próprio artrópode, como no caso dos piolhos de corpo e de cabeça dos humanos (*Pediculus humanus humanus* e *P. humanus capitis*, respectivamente), que provocam a pediculose, ou o ácaro *Sarcoptes scabiei*, cujas atividades de escavação na pele causam a sarna. Nas miíases (de *myia*, do grego, mosca), as larvas ou corós de moscas-varejeiras, moscas-domésticas e seus parentes (Diptera: Calliphoridae, Sarcophagidae e Muscidae) podem se desenvolver no tecido vivo, seja como agentes primários, seja penetrando subsequentemente em ferimentos ou danos ocasionados por outros artrópodes, tais como carrapatos e dípteros picadores. Se não for tratado, o animal vitimado pode morrer. Quando a morte se aproxima e a carne apodrece em decorrência da atividade de bactérias, pode ocorrer uma terceira onda de larvas de dípteros especializados, e esses colonizadores estarão presentes no momento da morte. Uma forma particular de miíase que afeta o gado é causada no Velho Mundo por *Chrysomya bezziana* (Calliphoridae), e nas Américas por *Cochliomyia hominivorax* (Calliphoridae) (bicheira; *screw-worm*, em inglês) (ver Figura 6.6H e seção 16.10). O nome *screw-worm*, em inglês, deriva da presença de um anel de cerdas que ocorre na larva e que parece um parafuso (*screw*, em inglês). Muitas miíases, incluindo a bicheira, podem afetar os seres humanos, em particular em condições precárias de higiene. Outros grupos de dípteros "superiores" desenvolvem-se em mamíferos como larvas endoparasitas localizadas na derme, no intestino ou, como no caso de *Oestrus ovis* (Oestridae), que ataca ovinos, nos seios nasais e da cabeça. Em muitas regiões do mundo de criação de gado, as perdas provocadas por danos induzidos por moscas em peles e carnes, e a morte como resultado de miíases, podem chegar a muitos milhões de dólares.

Ainda mais frequente que o dano direto causado pelos insetos está sua ação como vetores, ao transmitirem patógenos indutores de doenças de um hospedeiro animal ou humano para outro. Essa transmissão pode ocorrer por meios mecânicos ou biológicos. A transmissão mecânica ocorre, por exemplo, quando um mosquito transmite mixomatose de coelho para coelho no sangue que está em seu rostro. Da mesma forma, quando uma barata ou mosca-doméstica adquirem bactérias quando estão se alimentando de fezes, podem transmitir fisicamente algumas bactérias localizadas em suas peças bucais, pernas ou corpo para o alimento humano, transmitindo, dessa maneira, doenças entéricas. O agente causador da doença é transportado passivamente de hospedeiro para hospedeiro, e não aumentam em número no vetor. Em geral, na transmissão mecânica, o artrópode é apenas um entre muitas formas de transmissão do patógeno, de modo que condições precárias de higiene, públicas e pessoais, com frequência oferecem caminhos adicionais.

Em contraposição, a transmissão biológica é uma associação muito mais específica entre o inseto vetor, o patógeno e o hospedeiro, e a transmissão nunca ocorre naturalmente sem todos os três componentes. O agente da doença se replica (aumenta em número) dentro do inseto vetor, e com frequência existe uma especificidade restrita entre vetor e o agente da doença. O inseto é, portanto, um elo vital na transmissão biológica, e os esforços para refrear as doenças quase sempre envolvem tentativas de reduzir o número de vetores. Além disso, doenças transmitidas biologicamente podem ser controladas procurando-se interromper o contato entre o vetor e o hospedeiro, e com um ataque direto ao patógeno, em geral quando ainda está dentro do hospedeiro. O controle de doenças compreende uma cominação dessas abordagens, de modo que cada uma delas necessita de um conhecimento detalhado da biologia de todos os três componentes – vetor, patógeno e hospedeiro.

15.2 CICLOS GENERALIZADOS DE DOENÇAS

Em todas as doenças transmitidas biologicamente, um artrópode adulto picador (que suga ou se alimenta de sangue), na maioria das vezes um inseto, em particular uma mosca (Diptera), transmite um parasita de animal para animal, de humano para humano, de animal para um humano ou, muito raramente, de humano para animal. Alguns patógenos de humanos (agentes causadores de doenças humanas, como os parasitas da malária) podem completar seus ciclos de vida parasitários unicamente dentro do inseto vetor e do hospedeiro humano. A malária dos humanos exemplifica uma **doença de ciclo simples**, a qual envolve mosquitos do gênero *Anopheles* (Culicidae), parasitas da malária e humanos. Embora parentes de parasitas da malária ocorram em animais, em especial em outros primatas e em aves, esses hospedeiros e parasitas não estão envolvidos no ciclo da malária dos humanos. Apenas algumas poucas doenças humanas provocadas por insetos apresentam ciclos simples, como é o caso da malária, porque essas doenças requerem a coevolução entre patógeno e vetor e *Homo sapiens*. Como *H. sapiens* tem uma origem evolutiva relativamente recente, houve apenas um pequeno tempo para o desenvolvimento de doenças causadas por insetos exclusivas que requeiram especificamente um humano em vez de usar qualquer outro vertebrado alternativo para completar o ciclo de vida do organismo causador da doença.

Em contraposição às doenças de ciclo simples, muitas outras doenças provocadas por insetos que afetam os humanos incluem um hospedeiro vertebrado (não humano), como, por exemplo, a febre amarela em macacos, a peste em ratos, e a leishmaniose em roedores de deserto. Sem dúvida, o ciclo não humano é primário nesses casos e a inclusão esporádica de humanos em um **ciclo secundário** não é essencial para a manutenção da doença. No entanto, quando ocorrem epidemias, essas doenças podem se espalhar nas populações humanas e podem envolver muitos casos.

Epidemias em humanos com frequência originam-se de ações humanas, como a ocupação de pessoas dentro das áreas naturais de distribuição do vetor e dos animais hospedeiros, os quais atuam como **reservatórios** da doença. Por exemplo, a febre amarela nas florestas nativas da Uganda (África central) tem um ciclo "silvestre" (de florestas), restrito aos primatas que vivem no dossel e, como vetor, o mosquito *Aedes africanus*, que se alimenta exclusivamente de primatas. Somente quando macacos e humanos coincidem em plantações de bananas próximas ou dentro da floresta que *Aedes bromeliae* (antigamente denominado *Ae. simpsoni*), um segundo mosquito vetor que se alimenta tanto em humanos quanto em macacos, pode transferir a febre amarela das matas para os humanos. Como um segundo exemplo, na Arábia, mosquitos *Phlebotomus* (Psychodidae) dependem de roedores cavadores de áreas áridas e, quando se alimentam, transmitem parasitas do gênero *Leishmania* entre os hospedeiros roedores. A leishmaniose é uma doença desfiguradora que tem mostrado um aumento dramático em humanos nas regiões devastadas pela guerra no Iraque e Afeganistão, onde as pessoas se estabelecem dentro de um reservatório de roedores. Ao contrário da febre amarela, parece não haver mudança no vetor quando os humanos entram no ciclo.

Em termos epidemiológicos, o ciclo natural é mantido nos reservatórios animais: primatas silvestres para a febre amarela, e roedores de deserto para a leishmaniose. O controle da doença é claramente complicado na presença desses reservatórios em adição ao ciclo nos humanos.

15.3 PATÓGENOS

Os organismos causadores de doenças, transferidos por insetos, podem ser vírus (denominados "arbovírus", abreviatura de ***arthropod-borne-virus***, do inglês, vírus transmitido por insetos), bactérias (incluindo as riquétsias), protistas, e filárias de nematódeos. A replicação desses parasitas, tanto nos vetores como nos hospedeiros, é uma necessidade e desenvolveu-se em alguns ciclos de vida complexos, em especial entre os protistas e as filárias. A presença de um parasita no inseto vetor (o que pode ser determinado por meio de dissecação e uso de microscopia e/ou meios bioquímicos) em geral parece não provocar mal ao inseto hospedeiro. Quando o parasita está em um estágio apropriado do desenvolvimento, e após a multiplicação ou replicação (amplificação e/ou concentração dentro do vetor), a transmissão pode ocorrer. A transmissão de parasitas do vetor para o hospedeiro ou vice-versa acontece quando o inseto que se alimenta de sangue toma uma refeição no hospedeiro vertebrado. A transmissão do hospedeiro para um vetor previamente não contaminado ocorre por intermédio do sangue infectado com parasitas. A transmissão para um hospedeiro por meio de um inseto infectado em geral ocorre com a injeção conjunta de substâncias anticoagulantes produzidas pelas glândulas salivares e que mantêm a ferida aberta durante a alimentação. Entretanto, a transmissão também pode ocorrer por meio da deposição de fezes perto do local do ferimento. Durante o curso de uma doença, o tempo entre a infecção com o patógeno e os primeiros sintomas é chamado de período de incubação.

Na visão geral que se segue sobre as principais doenças causadas por insetos, a malária será tratada com alguns detalhes. A malária é a doença mais devastadora e mais debilitante no mundo, e ilustra uma série de pontos gerais relacionados à entomologia médica. Isso é seguido por seções mais curtas, que apresentam uma série de doenças patogênicas que envolvem insetos, arranjadas em uma sequência de parasitas, desde os vírus até as filárias.

15.3.1 Malária

A doença

A malária afeta mais pessoas, de maneira mais persistente, em maior área do mundo do que qualquer outra doença causada por insetos. De acordo com a Organização Mundial da Saúde (OMS), 154 a 289 milhões de novos casos de malária ocorreram em 2010, com um número anual de mortes estimado em 660.000, majoritariamente na África Subsaariana. Embora o controle contínuo da malária tenha reduzido a incidência, cerca de 100 países e territórios apresentavam exposição em andamento em 2011. Em alguns países, a malária aumentou como resultado de desigualdade e agitação civil (guerras), das considerações a respeito dos efeitos colaterais indesejados do dicloro-difenil-tricloroetano (DDT), da resistência dos insetos aos pesticidas modernos e dos parasitas da malária aos medicamentos contra a malária, e até mesmo das vendas de medicamentos falsificados e ineficazes contra a malária. Mesmo em países nos quais a transmissão de malária é baixa ou inexistente, a doença acomete os viajantes, pessoal militar, migrantes e refugiados, com cerca de 600 casos anuais notificados na Austrália e 1.500 nos EUA.

Os protistas parasitas que provocam a malária são esporozoários pertencentes ao gênero *Plasmodium*. Cinco (ou provavelmente seis; ver adiante) espécies são responsáveis pelas malárias dos humanos; todas são compartilhadas com pelo menos uma espécie de primata. Os vetores da malária de mamíferos são sempre mosquitos do gênero *Anopheles*, pertencendo a muitas espécies diferentes de acordo com a região.

Durante o curso da doença, existe um período de pré-parasitemia, que ocorre entre a picada infectante e a parasitemia, que é o primeiro aparecimento dos parasitas (esporozoítos; Boxe 15.1) nos eritrócitos. Os primeiros sintomas clínicos definem o final de um período de incubação, de aproximadamente 9 a 14 (*P. falciparum*) a 18 a 40 (*P. malariae*) dias após a infecção. Períodos de febre seguidos de intensos suores reaparecem de forma cíclica após várias horas depois da ruptura sincrônica dos eritrócitos infectados (ver a seguir). O baço fica caracteristicamente aumentado. Cada um dos cinco parasitas da malária induz sintomas muito diferentes entre si, tal como descrito a seguir:

Boxe 15.1 Ciclo de vida de Plasmodium

O ciclo da malária, mostrado aqui modificado de Kettle (1984) e Katz *et al.* (1989), começa com uma fêmea infectada de mosquito *Anopheles* (M) sugando o sangue de um hospedeiro humano (H). A saliva contaminada com o estágio de esporozoíto do *Plasmodium* é introduzida (a). O esporozoíto circula no sangue até chegar ao fígado, onde ocorre um ciclo esquizogônico pré-eritrocítico (ou exoeritrocítico) (b,c) nas células do parênquima do fígado. Isso leva à formação do grande esquizonte, contendo de 2.000 até 40.000 merozoítos, de acordo com a espécie de *Plasmodium*. O período pré-parasitemia da infecção, que se inicia com a picada contagiosa, termina quando os merozoítos são liberados (c) para infectar mais células do fígado ou para entrar na corrente sanguínea e invadir os eritrócitos. A invasão ocorre por meio da invaginação do eritrócito para englobar o merozoíto, o qual subsequentemente se alimenta como um trofozoíto (e) dentro de um vacúolo. O primeiro e os vários ciclos esquizogônicos eritrocíticos subsequentes (d–f) produzem um trofozoíto que se torna um esquizonte, liberando de 6 a 16 merozoítos (f), os quais começam a repetição do ciclo eritrocítico. A saída sincronizada dos merozoítos dos eritrócitos libera produtos dos parasitas, que estimulam as células do hospedeiro a liberar citocinas (uma classe de mediadores imunológicos), as quais provocam a febre e a indisposição de um acesso de malária. Dessa maneira, a duração do ciclo esquizogônico do eritrócito é a duração do intervalo entre os acessos (ou seja, 48 h para a terçã, 72 h para a quartã).

Depois de vários ciclos eritrocíticos, alguns trofozoítos amadurecem em gametócitos (gamontes) (g,h), um processo que leva 8 dias para *P. falciparum*, mas apenas 4 dias para *P. vivax*. Se uma fêmea *Anopheles* (M) se alimentar de um hospedeiro humano infectado nesse estágio do ciclo, ela ingere sangue contendo eritrócitos, alguns dos quais contêm ambos os tipos de gametócitos. Dentro de um mosquito suscetível, o eritrócito é descartado e ambos os tipos de gametócitos (i) se desenvolvem mais: metade são gametócitos femininos, os quais permanecem grandes e são chamados de macrogametas; a outra metade são masculinos, os quais se dividem em oito microgametas flagelados (j), que rapidamente perdem o flagelo (k), e procuram e se fundem com um macrogameta para formar um zigoto (l). Toda essa atividade sexual ocorre em cerca de 15 min, enquanto dentro da fêmea do mosquito a refeição de sangue passa pelo mesênteron. Aqui, o zigoto, inicialmente inativo, torna-se um oocineto (m) que abre passagem para dentro do revestimento epitelial do mesênteron para formar um oocisto maduro (n-p).

A reprodução assexuada (esporogonia), então, ocorre dentro do oocisto que está crescendo. Em um processo dependente da temperatura, numerosas divisões do núcleo originam esporozoítos. A esporogonia não ocorre abaixo de 16°C ou acima de 33°C, explicando, assim, as limitações de temperatura para o desenvolvimento de *Plasmodium*, mencionadas na seção 15.3.1. O oocisto maduro pode conter 10.000 esporozoítos, que são liberados na hemocele (q), a partir da qual eles migram para dentro das glândulas salivares do mosquito (r). Esse ciclo esporogônico leva um mínimo de 8 a 9 dias, e produz esporozoítos que são ativos por até 12 semanas, que é, muitas vezes, a expectativa de vida total do mosquito. A cada alimentação subsequente, a fêmea infectada de *Anopheles* introduz esporozoítos no próximo hospedeiro junto com a saliva contendo um anticoagulante, e o ciclo recomeça.

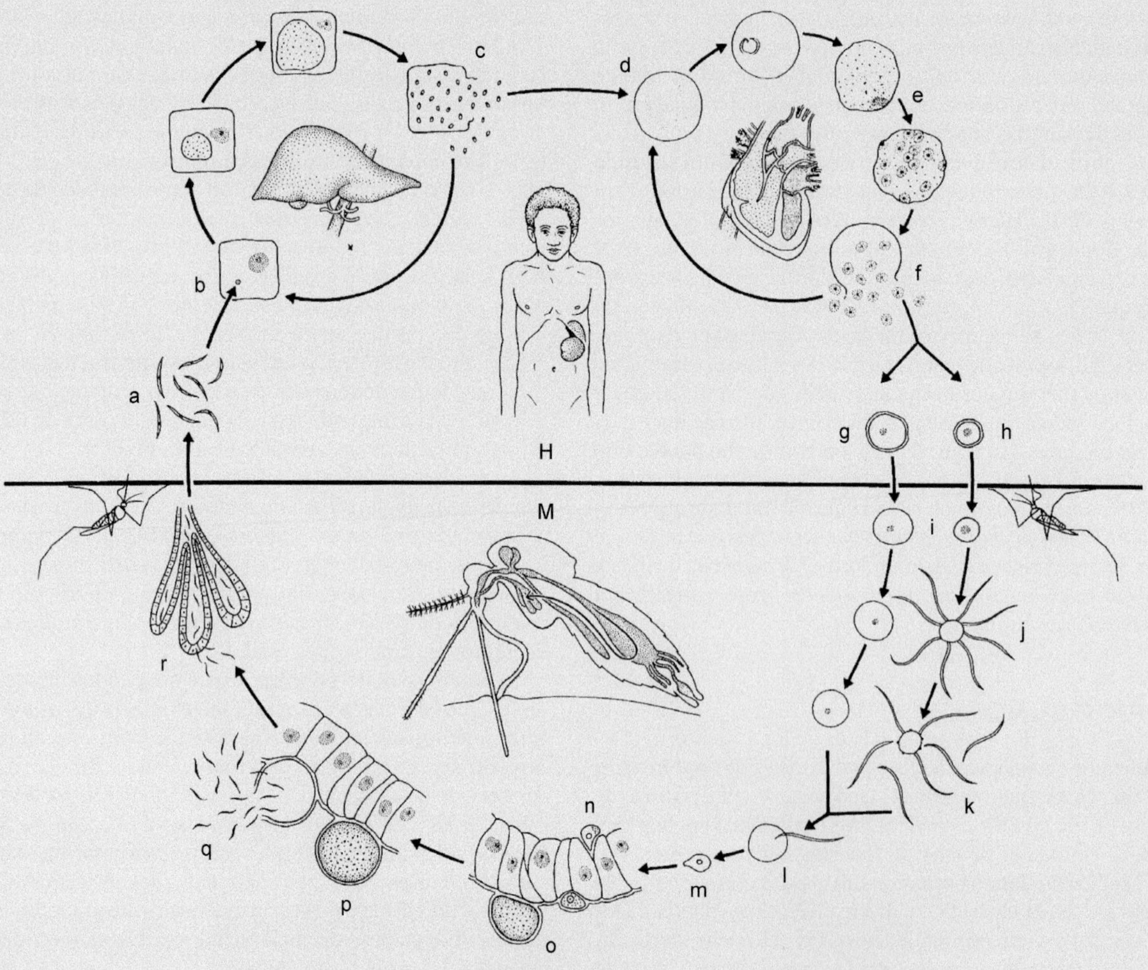

- *Plasmodium falciparum*, ou malária-terçã maligna, mata muitos pacientes não tratados em razão de, como exemplo, malária cerebral ou falência renal. A recorrência de febre tem um intervalo de 48 h (terçã, do latim, "terceiro dia", de modo que o nome da doença derivou do fato de o paciente ter febre em um dia, ficar normal no segundo dia, e ter febre recorrente no terceiro dia). *Plasmodium falciparum* está limitado a uma isoterma mínima de 20°C e é, portanto, mais comum nas áreas mais quentes do planeta
- *Plasmodium vivax*, ou malária-terçã benigna, é uma doença menos séria que raramente mata. Entretanto, tem distribuição maior que *P. falciparum*, com maior tolerância à temperatura, estendendo-se até a isoterma de verão de 16°C. A recorrência da febre tem um intervalo de 48 h, e a doença pode persistir até 8 anos, com reaparecimentos em intervalos de vários meses.
- *Plasmodium malariae* é conhecido como malária-quartã, e é um parasita com distribuição mais ampla, porém mais raro que *P. falciparum* e *P. vivax*. Caso persista por um extenso período, ocorre morte por falência renal. A recorrência da febre tem um intervalo de 72 h, daí o nome quartã (febre em um dia, recorrência no quarto dia). É persistente, com reaparecimentos ocorrendo até meio século após o ataque inicial
- *Plasmodium ovale* é malária-terçã muito parecida morfologicamente com *P. vivax*, com reaparecimentos em intervalos de 17 dias a mais de dois anos. A contribuição de *P. ovale* para a morbidade humana por malária provavelmente foi subestimada. Estudos genéticos recentes identificaram duas formas simpátricas não recombinantes (ou espécies) de *P. ovale*. Mais estudos são necessários para determinar se as duas formas diferem em suas periocidades de reaparecimento e frequência
- *Plasmodium knowlesi* é um parasita de macacos no Sudeste Asiático, mas em humanos frequentemente é erroneamente diagnosticado como *P. malariae*. É uma infecção emergente, tendo sido relatada pela primeira vez em humanos em 1965, e agora é responsável pela maioria dos casos de malária humana em algumas partes do Sudeste Asiático. Por exemplo, *P. malariae* é a principal causa de malária grave e fatal em Bornéu.

Epidemiologia da malária

A malária existe em muitas partes do mundo, mas a incidência varia de lugar para lugar. Como ocorre com outras doenças, a malária é considerada **endêmica** de uma área quando ocorre com uma incidência relativamente constante por meio de transmissão natural ao longo de anos sucessivos. As categorias de endemismo reconhecidas baseiam-se na incidência e na gravidade dos sintomas (aumento do baço) tanto em adultos como em crianças. Ocorre uma **epidemia** quando a incidência em uma área endêmica aumenta ou quando um certo número de casos da doença ocorre em uma nova área. Considera-se que a malária se encontra em um estado estável quando existe pouca variação sazonal ou anual na incidência da doença e é predominantemente transmitida por uma espécie vetora de *Anopheles* fortemente **antropofílica** (que "gosta" do ser humano). Malárias estáveis ocorrem nas áreas mais quentes do planeta, nas quais as condições encorajam a esporogênese rápida, e estão com frequência associadas ao patógeno *P. falciparum*. Em contraposição, malárias instáveis estão associadas a epidemias esporádicas, na maioria das vezes com um vetor de vida mais curta e mais **zoofílico** (que prefere outros animais do que os humanos), que pode ocorrer em um número muito grande. Com frequência, a temperatura do ambiente é mais baixa do que em áreas com malária estável, a esporogênese é mais lenta, e o patógeno é geralmente *P. vivax*.

A transmissão da doença só pode ser entendida em relação ao potencial de cada vetor para transmitir a doença em particular. Isso envolve a relação variavelmente complexa entre:

- Distribuição do vetor
- Abundância do vetor
- Expectativa de vida (capacidade de sobrevivência) do vetor
- Predileção do vetor para se alimentar em humanos (antropofilia)
- Taxa de alimentação do vetor
- Competência do vetor.

Com referência a *Anopheles* e malária, esses fatores podem ser detalhados como segue.

Distribuição do vetor

Mosquitos do gênero *Anopheles* ocorrem praticamente por todo o mundo, com exceção das áreas temperadas frias, e existem mais de 450 espécies conhecidas. No entanto, as espécies de *Plasmodium* patogênicas aos humanos são transmitidas significativamente na natureza por cerca de 30 espécies de *Anopheles*. Algumas espécies apresentam grande significância local, outras podem ser infectadas experimentalmente, mas não apresentam um papel natural, e talvez 75% das espécies de *Anopheles* sejam, ao contrário, refratárias (intolerantes) à malária. Dentre as espécies vetoras, apenas uma porção delas tem importância na malária estável, ao passo que outras se envolvem apenas na propagação epidêmica da malária instável. O *status* do vetor pode variar ao longo da extensão de um táxon, uma observação que pode ser decorrente da presença de espécies crípticas, as quais não apresentam diferenças morfológicas entre si, mas diferem um pouco na biologia e podem apresentar significâncias epidemiológicas substancialmente diferentes, como ocorre no complexo *An. gambiae* (Boxe 15.2).

Abundância do vetor

O desenvolvimento de *Anopheles* depende da temperatura, como em *Aedes aegypti* (ver Boxe 6.2). Ocorrendo uma ou duas gerações por ano em áreas em que as temperaturas de inverno forçam a hibernação das fêmeas adultas, mas com gerações de talvez 6 semanas, a 16°C, entretanto os ciclos de vida podem ser de somente dez dias, em condições tropicais. Sob condições ótimas, com posturas contendo mais de 100 ovos, os quais são colocados a cada 2 ou 3 dias, e um período de desenvolvimento de dez dias, um aumento de 100 vezes na população adulta de *Anopheles* pode ocorrer a cada 14 dias.

Como as larvas de *Anopheles* desenvolvem-se na água, a taxa de chuva governa significativamente esses números. O vetor da malária dominante na África, *An. gambiae* (no sentido restrito; Boxe 15.2), reproduz-se em poças de curta duração que necessitam de reabastecimento; o aumento na taxa de chuva obviamente aumenta o número de locais de reprodução de *Anopheles*. Por outro lado, os rios em que outras espécies de *Anopheles* se desenvolvem nas poças laterais, ou as poças que se formam no curso dos rios em períodos de baixa ou nenhuma vazão, são lavados pela chuva excessiva que ocorre na estação úmida. A sobrevivência do adulto está claramente relacionada à umidade elevada e, no caso da fêmea, à disponibilidade de refeições de sangue e uma fonte de carboidratos.

Taxa de sobrevivência do vetor

A duração da vida adulta da fêmea de mosquitos *Anopheles* infectantes tem grande significância na efetividade de transmissão de uma doença. Se um mosquito morre em 8 ou 9 dias após uma refeição com sangue infectante, não haverá esporozoítos disponíveis e a malária não será transmitida. A idade de um mosquito pode ser

Boxe 15.2 Complexo Anopheles gambiae

Nos primeiros dias da malariologia africana, descobriu-se que o comum *Anopheles gambiae* (Diptera: Culicidae), que se procria em especial em poças, era altamente antropofílico e um vetor muito eficiente da malária por todo o continente. Entretanto, variações sutis na morfologia e na biologia sugeriam que mais de uma espécie deveria estar envolvida. As investigações iniciais permitiram a segregação morfológica de *An. melas* do oeste africano e *An. merus* do leste africano; ambos procriam em água salgada, ao contrário de *An. gambiae*, que procria em água doce. Permaneceram algumas restrições quanto a esta última pertencer a uma única espécie, e estudos envolvendo a criação meticulosa de uma única massa de ovos, fecundação cruzada e a investigação da fertilidade de centenas de descendentes híbridos de fato revelaram descontinuidades no *pool* gênico de *An. gambiae*. Interpretou-se que isso apoia a existência de quatro espécies, uma ideia que foi substanciada por padrões de bandeamento dos cromossomos gigantes da glândula salivar da larva e das células nutrizes ovarianas, e por eletroforese de proteínas. Mesmo com espécimes confiáveis citologicamente determinados, as características morfológicas não permitem a segregação das espécies constituintes dos membros de água doce do complexo *An. gambiae* de espécies-irmãs (ou crípticas).

Anopheles gambiae é agora restrito a um táxon africano muito difundido, com as seguintes formas reconhecidas: *An. arabiensis* foi reconhecido como um segundo táxon-irmão que, em muitas áreas, é simpátrico com *An. gambiae sensu stricto*; *An. quadriannulatus* é um táxon-irmão do leste e sul africano; e *An. bwambae* é um táxon raro e local das poças quentes mineralizadas em Uganda. O limite máximo de distribuição de cada espécie-irmã é mostrado aqui, no mapa da África (dados de White, 1985). As espécies-irmãs diferem marcadamente no seu *status* de vetor: *An. gambiae sensu stricto* é principalmente endofílico (que se alimenta dentro de casa), mas forte seleção no oeste da África exercida pelo uso de mosquiteiros (redes sobre as camas) está favorecendo uma forma exofílica (que se alimenta do lado de fora). *An. arabiensis* também é endofílico e ambas espécies são vetores altamente antropofílicos de malária e filariose bancroftiana. No entanto, quando gado está presente, *An. arabiensis* mostra grande zoofilia, antropofilia muito reduzida e grande tendência para exofilia. Ao contrário dessas duas espécies-irmãs, *An. quadriannulatus* é inteiramente zoofílico e não transmite doenças de importância médica para os humanos. *Anopheles bwambae* é um vetor muito localizado de malária que é endofílico, se cabanas nativas estiverem disponíveis.

Hoje, as espécies do complexo de *Anopheles gambiae* podem ser identificadas utilizando métodos fundamentados em DNA. Além disso, algumas formas cromossômicas dentro de *An. gambiae s.s.* exibem diferenças moleculares (DNA). A compreensão de tal variação é importante devido à possível consequência epidemiológica.

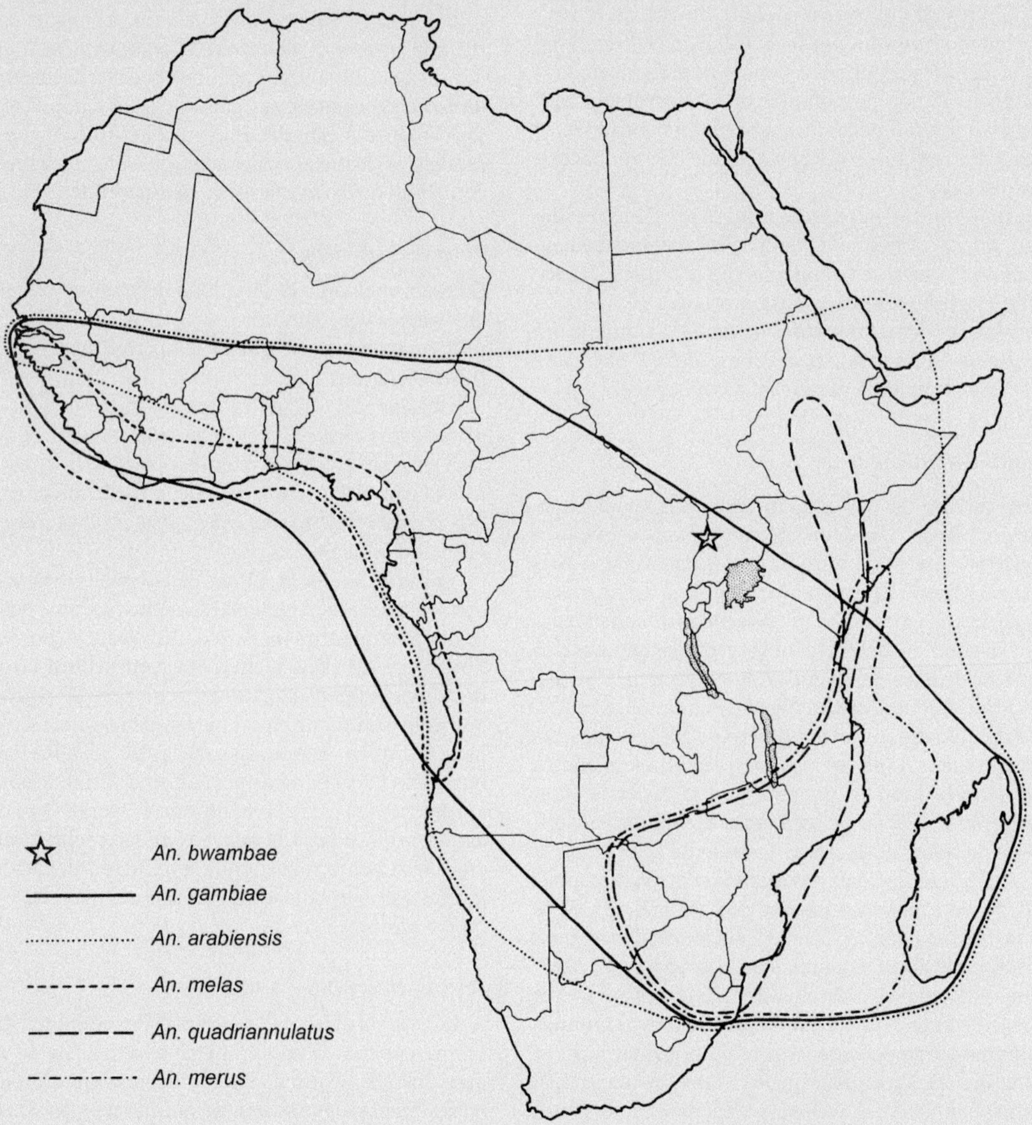

calculada encontrando-se a idade fisiológica baseada nos "resíduos" do ovário deixados a cada ciclo ovariano (seção 6.9.2). Conhecendo-se a idade fisiológica e a duração do ciclo esporogônico (Boxe 15.1), pode ser calculada a proporção da população de cada espécie vetora de *Anopheles* que tenha idade suficiente para ser infectante. Nos *An. gambiae* africanos (no sentido restrito; Boxe 15.2), três ciclos ovarianos completam-se antes que a infecção seja detectada. A transmissão máxima de *P. falciparum* aos humanos ocorre nos *An. gambiae* que completaram de quatro a seis ciclos ovarianos. Apesar de esses indivíduos velhos formarem apenas 16% da população, eles constituem 73% dos indivíduos infectantes. Claramente, a expectativa de vida do adulto (demografia) é importante nos cálculos epidemiológicos. A umidade aumentada prolonga a vida adulta, e a causa mais importante de mortalidade é a dessecação.

Antropofilia do vetor

Para agir como um vetor, uma fêmea de mosquito *Anopheles* precisa se alimentar pelo menos duas vezes: uma para adquirir o *Plasmodium* patogênico, e uma segunda vez para transmitir a doença. A preferência de hospedeiro é um termo usado para a propensão de um mosquito vetor se alimentar em uma espécie particular de hospedeiro. No caso da malária, a preferência por hospedeiros humanos (antropofilia) em vez de hospedeiros alternativos (zoofilia) é crucial para sua epidemiologia em humanos. A malária estável está associada a vetores fortemente antropofílicos que podem nunca se alimentar em outros hospedeiros. Nessas circunstâncias, a probabilidade de duas refeições consecutivas serem tomadas em um humano é muito alta, e a transmissão da doença pode ocorrer mesmo com baixas densidades de mosquitos. Em contraposição, se um vetor tem baixa taxa de antropofilia (baixa probabilidade de se alimentar em humanos), a probabilidade de refeições consecutivas de sangue serem tomadas em humanos é pequena, e a transmissão da malária em humanos por esse vetor em particular é correspondentemente baixa. A transmissão ocorrerá apenas quando os vetores forem muito numerosos, como nos casos epidêmicos de malária instável.

Intervalo de alimentação

A frequência de alimentação da fêmea de um *Anopheles* vetor é importante na transmissão da doença. Essa frequência pode ser estimada por dados de estudos de marcação, soltura e recaptura, ou por estudos das classes de idades ovarianas de mosquitos que vivem dentro de casas. Embora se assuma que é necessária uma refeição de sangue para o amadurecimento de um conjunto de ovos, alguns mosquitos podem amadurecer um primeiro grupo de ovos sem uma refeição, e alguns anofelíneos necessitam de duas refeições. Vetores já infectados podem passar por dificuldades para se alimentar até estarem saciados com uma refeição, em razão do bloqueio do aparelho de alimentação provocado por parasitas, e podem picar várias vezes. Isso, assim como a perturbação durante a alimentação provocada por um hospedeiro irritado, pode levar à alimentação em mais de um hospedeiro.

Competência do vetor

Mesmo que um *Anopheles* não infectado se alimente em um hospedeiro infectante, o mosquito pode não adquirir uma infecção viável, ou o parasita *Plasmodium* pode não conseguir se replicar no vetor. Além disso, o mosquito pode não transmitir a infecção em uma refeição subsequente. Dessa maneira, existe um escopo para uma variação substancial, tanto em uma mesma espécie como entre espécies, na competência para atuar como um vetor de uma doença. Também existe margem relacionada à densidade, condição de infecção e perfil de idade da população humana, considerando-se que a imunidade à malária aumenta com a idade.

Capacidade vetorial

A **capacidade vetorial** de um dado *Anopheles* vetor, de transmitir malária em uma população humana circunscrita, pode ser modelada. Isso envolve uma relação entre:

- Número de fêmeas de mosquito por pessoa
- Taxa diária de picadas em humanos
- Taxa diária de sobrevivência dos mosquitos
- Tempo entre a infecção do mosquito e a produção de esporozoítos nas glândulas salivares
- Competência do vetor
- Algum fator que expresse a taxa de recuperação humana da infecção.

Essa capacidade vetorial deve estar relacionada a alguma estimativa que leve em consideração a biologia e a prevalência do parasita ao modelarmos a transmissão da doença e efetuarmos programas de monitoramento do controle da doença. Nos estudos sobre a malária, a taxa de conversão infantil (ICR, *infantile conversion rate*), que é a taxa na qual crianças jovens desenvolvem anticorpos contra a malária, pode ser usada. Na Nigéria (oeste da África), o Garki Malaria Project notou que mais de 60% da variação do ICR resultou da taxa de picadas em humanos pelas duas espécies dominantes de *Anopheles*. Somente 2,2% da variação restante são explicados por todos os outros componentes da capacidade do vetor.

Controle da malária

A partir da informação anterior, claramente duas estratégias principais poderiam controlar a malária: (i) redução no número de mosquitos; ou (ii) lutar contra a própria doença. Programas dedicados para erradicação da malária foram bem-sucedidos na eliminação da malária dos EUA, da Europa e da antiga URSS. Entretanto, nas partes mais tropicais do mundo, com mosquitos presentes todo o ano, resistentes aos inseticidas, e a resistência pública às substâncias químicas envolvidas, o controle foi ineficiente. Programas difundidos de pulverização como "lençóis" têm sido utilizados para o controle dos mosquitos da malária, mas são muito caros e ineficientes. O uso mais efetivo (e menos danoso ambientalmente) de inseticidas envolve a pulverização das casas com inseticidas de contato que matam os mosquitos adultos quando eles estão em repouso nas paredes. Há um interesse particular no piriproxifeno, um larvicida (juvenoide; seção 16.4.2) que, mesmo em diluições de poucas partes por milhão, evita a metamorfose larval e pupal. No entanto, mesmo essas medidas de controle não irão produzir a erradicação completa, pelo menos não a um custo ambiental ou econômico aceitável. Talvez o meio mais atrativo de interromper quimicamente (e fisicamente) a transmissão de malária pelo mosquito é o uso de mosquiteiros impregnados de inseticida para proteger as pessoas durante o sono e matar ou esterilizar as fêmeas dos mosquitos por contato (Boxe 15.3). No entanto, existe uma preocupação: essa técnica seleciona cepas de vetores que são exofílicas, com a transmissão fora das casas sendo cada vez mais comum.

A estratégia alternativa ou concomitante para controlar a malária é restringir a doença – quanto menos pessoas com malária, menor o risco de um mosquito picador transmitir a doença adiante. Uma pessoa infectada não transmitirá a doença se for tratada nos primeiros 10 dias da enfermidade. Na maior parte do mundo desenvolvido, onde a malária é reconhecida e tratada clinicamente nesse período, a transmissão da malária permanece rara ou não existe. A malária, na China, caiu de cerca de 8.000.000 casos por ano, historicamente, para 2.743 casos autóctones em 2012, graças a um programa agressivo de detecção e tratamento. Por outro lado, em grande parte do mundo em

Boxe 15.3 Mosquiteiros

Para os países nos quais a malária é causa importante de mortes, essencialmente na África abaixo do Saara, a doença e sua mortalidade associada parecia quase intratável. Sabemos, de outras partes do mundo, onde os mosquitos vetores persistem, mas a doença foi reduzida ou eliminada. A erradicação dos vetores não é necessária se outros fatores, tais como as taxas de picadas, podem ser reduzidos. O uso de mosquiteiros tem uma longa história, mas um mosquito infectado pode se alimentar em pontos de contato entre o ocupante e a malha, ou entrando através de danos na malha, e, portanto, elas não têm sido completamente eficientes. A eficácia é aprimorada por meio da aplicação de um inseticida piretroide sintético residual na malha para matar, repelir ou diminuir a longevidade do mosquito (e adicionalmente, impedir outros insetos praga). Com uma alta adoção desse método, tanto o número quanto o tempo de vida médio dos mosquitos são reduzidos e a comunidade pode se beneficiar mesmo com o uso incompleto dos mosquiteiros. Os resultados são semelhantes àqueles obtidos com a aplicação de pulverização interna de inseticida residual e, de fato, alguns problemas são comuns a ambas estratégias: a necessidade de manutenção (novo tratamento) e o desenvolvimento da resistência. Os inseticidas piretroides licenciados para uso em mosquiteiros são altamente efetivos, mas são degradados pela luz solar e pela lavagem. Embora a reaplicação seja simples, envolvendo mergulhar a malha em uma solução aquosa de inseticida e secá-la na sombra, a necessidade e o custo da reaplicação provaram ser o principal impedimento para a implementação efetiva e completa de mosquiteiros tratados com inseticida.

O desenvolvimento recente de malhas tratadas com inseticidas de longa duração que mantêm concentrações letais de inseticida piretroide por, pelo menos, 3 anos, tem sido implementado como resposta à questão da reaplicação. De acordo com os padrões da Organização Mundial da Saúde (OMS) ou o piretroide é incorporado no polietileno do qual a malha é feita e o inseticida migra para a superfície da fibra conforme é perdido, ou o inseticida fica preso na superfície em um polímero à base de resina, utilizado para revestir a cobertura de poliéster da malha. A liberação da substância química não é afetada por múltiplas lavagens, e alguns fabricantes prometem até 8 anos de ação efetiva. Os benefícios são claros e os resultados de testes confirmam uma incidência fortemente reduzida de malária, por exemplo, em aldeias do Quênia e Uganda, e na Papua-Nova Guiné, com a proteção efetiva surgindo com a adoção por uma grande parte da população de risco. Entretanto, com a alta adoção surgem problemas com os mosquitos desenvolvendo resistência aos inseticidas piretroides. Atualmente, uma abordagem foi proposta com dois produtos químicos, com a adição de um regulador de crescimento dos insetos, o piriproxifeno (seção 16.4.2), na mistura. Esse juvenoide apresenta várias formas de ação – ele pode esterilizar fêmeas de mosquitos pelo contato, pode encurtar a duração de vida, e pode ser transportado para os sítios de oviposição para retardar o desenvolvimento dos estágios imaturos.

Existe um debate em andamento sobre como atingir a necessária alta cobertura com os mosquiteiros. Algumas agências, incluindo o US Centers for Disease Control and Prevention, defendem a distribuição sem custo de mosquiteiros para grupos de pessoas de alto risco; defendem também uma intervenção pública de saúde para reduzir a morte e as doenças entre todos os membros da comunidade. Entretanto, tal como é entendido pelas agências associadas com a prevenção de malária, se os mosquiteiros tratados com inseticidas de longa duração se tornarem a principal intervenção de saúde pública na África, deverá haver um comprometimento político e financeiro permanente por parte dos políticos dos países envolvidos, doadores internacionais e fabricantes de malhas de baixo custo. Além disso, é necessária maior compreensão sobre o comportamento noturno de ambos humanos e mosquitos e o tempo que as pessoas passam na cama e usam (ou não) os mosquiteiros em diferentes países em relação ao *status* socioeconômico. Já existe evidência proveniente de áreas em que os mosquiteiros são amplamente utilizados de que os mosquitos com hábito de picar durante a noite em ambientes fechados estão sendo substituídos por uma forma exofílica que pica os humanos mais cedo durante o fim da tarde e também após o amanhecer, no ambiente externo, ou dentro das residências, quando os mosquiteiros não estão em uso.

desenvolvimento, onde a malária é endêmica, os orçamentos e recursos médicos são inadequados para tratar os muitos milhares de casos que se desenvolvem a cada ano.

No nível pessoal, pelo menos até que uma vacina seja desenvolvida, e a despeito da maior resistência do *Plasmodium* aos fármacos, a profilaxia adequada confere, de fato, alta proteção e deve ser utilizada de acordo com a informação atualizada, tal como fornecido pelos Centros de Controle e Prevenção de Doenças dos EUA.

15.3.2 Arboviroses

Os vírus que se multiplicam em um vetor invertebrado e em um hospedeiro vertebrado são denominados arbovírus (do inglês, *ar*thropod-*bo*rne *viruses*). Essa definição exclui os vírus transmitidos mecanicamente, assim como o vírus que causa a mixomatose em coelhos. Não existe amplificação viral nos vetores da mixomatose, como é o caso da pulga do coelho, *Spilopsyllus cuniculi* (Siphonaptera: Pulicidae), e, na Austrália, de mosquitos dos gêneros *Anopheles* e *Aedes*. Os arbovírus estão unidos por sua ecologia, em especial sua habilidade de se replicar em um artrópode. É um grupo não natural, em vez de estar fundamentado em uma filogenia dos vírus, uma vez que os arbovírus pertencem a várias famílias de vírus. Esses incluem alguns Bunyaviridae, Reoviridae e Rhabdoviridae, e notavelmente muitos Flaviviridae e Togaviridae. *Alphavirus* (Togaviridae) inclui vírus transmitidos exclusivamente por mosquitos, em particular os agentes das encefalites equinas, os vírus Ross River na Austrália e a doença de Chikungunya. Esta última é uma doença recém-emergente da África e Ásia em Réunion e nas ilhas vizinhas do Oceano Índico, Iêmen, e ao longo do Mediterrâneo na Itália e França (seção 17.2.3). Membros de *Flavivirus* (Flaviviridae), que incluem a febre amarela, a dengue, a encefalite japonesa, a febre do Nilo Ocidental (ou encefalite do Nilo Ocidental), e muitos outros vírus que provocam encefalite, são transmitidos por mosquitos ou carrapatos.

A febre amarela exemplifica o ciclo de vida de um flavivírus. Um ciclo semelhante ao da febre amarela silvestre (florestal) da África, visto na seção 15.2, envolve um hospedeiro primata da América Central e do Sul, embora com diferentes mosquitos vetores em comparação aos africanos. A transmissão silvestre aos humanos ocorre, como nas plantações de banana da Uganda, mas a doença efetua seu maior impacto fatal em epidemias urbanas. Os insetos vetores urbanos e peridomiciliares na África e nas Américas são as fêmeas do mosquito da febre amarela, *Aedes* (*Stegomyia*) *aegypti*. Esse mosquito adquire o vírus ao se alimentar em um humano infectado com febre amarela e que esteja nos primeiros estágios da doença, desde 6 h pré-clínicas até 4 dias depois. O ciclo viral no mosquito dura 12 dias, após os quais o vírus da febre amarela alcança a saliva do mosquito e permanece aí até o final da vida do mosquito. Com cada refeição subsequente de sangue, a fêmea do mosquito transmite saliva contaminada com o vírus. Isso resulta em uma infecção, e os sintomas da febre amarela desenvolvem-se no hospedeiro em 1 semana. Um ciclo urbano da doença precisa originar-se em indivíduos que foram infectados com a febre amarela do ciclo silvestre (rural), e que se deslocaram para o ambiente urbano. Nesse caso, grandes epidemias da doença podem persistir, como aquelas nas quais centenas ou milhares de pessoas morreram, incluindo a de New Orleans, que ocorreu tão recentemente quanto em 1905. Na América do Sul, os macacos podem morrer de febre amarela, mas os macacos africanos são assintomáticos: talvez os macacos neotropicais ainda precisem desenvolver tolerância à doença. O mosquito vetor urbano comum da febre amarela e da dengue é *Ae. aegypti*. Estudos filogenéticos moleculares demonstram que tanto a doença da febre amarela como o mosquito vetor evoluíram na África Ocidental e foram transportados para o Brasil na mesma época, talvez dentro de navios negreiros portugueses. No entanto, a distribuição geográfica de *Ae. aegypti* é maior que a da doença, sendo que o mosquito está presente no sul dos EUA, onde está se espalhando, na Austrália e em boa parte da Ásia. No entanto, somente na Índia é que existem hospedeiros macacos suscetíveis, mas, até o momento, não infectados com a doença.

Os flavivírus também provocam dengue – uma doença transmitida por insetos que está se intensificando e se espalhando por boa parte dos trópicos (Boxe 15.4). Outros Flaviviridae que afetam os humanos e são transmitidos por mosquitos causam uma série de doenças denominadas encefalites, porque, nos casos clínicos, ocorre a inflamação do cérebro. Cada encefalite tem seu mosquito hospedeiro preferido, com frequência uma espécie de *Culex* para encefalites. O hospedeiro reservatório dessas doenças varia, e, pelo menos no caso da encefalite, isso inclui aves silvestres, com ciclos de amplificação ocorrendo em mamíferos domésticos, como exemplo, porcos, no caso da encefalite japonesa. Cavalos podem ser reservatórios de togavírus, dando origem ao nome de um subgrupo da doença denominado "encefalite equina". O vírus da febre do Nilo Ocidental, pertencente ao complexo viral da encefalite japonesa, se expandiu desde a África e Europa mediterrânea, invadindo a América do Norte recentemente (Boxe 15.5).

Vários flavivírus são transmitidos por carrapatos ixodídeos, incluindo mais vírus que causam encefalites e febres hemorrágicas em humanos, mas de maneira mais significativa em animais domésticos. Bunyaviridae podem ser transmitidos por carrapatos, provocando doenças hemorrágicas notáveis no gado e em ovelhas, em particular quando as condições favorecem uma explosão no número dos carrapatos e a doença se altera de um hospedeiro normal (**enzoótico**) para condições epidêmicas (**epizoóticas**). Bunyaviridae transmitidos por mosquitos incluem a febre de Rift Valley (África), que pode produzir alta mortalidade entre os ovinos e bovinos africanos durante epidemias em massa.

Dentre os Reoviridae, o vírus da doença da língua azul (um *Orbivirus*) é o mais conhecido, mais debilitante, e mais significativo economicamente. A doença, que está virtualmente distribuída por todo o globo e apresenta 26 serotipos diferentes, provoca a ulceração da língua (daí o nome "língua azul") e com frequência uma febre terminal em ovelhas. A língua azul é uma das poucas doenças em que mosquitos do gênero *Culicoides* (Ceratopogonidae) foram claramente estabelecidos como os únicos vetores de um arbovírus de grande significado. Recentemente, a doença da língua

Boxe 15.4 Dengue | Uma doença emergente transmitida por insetos

A dengue e as formas relacionadas de dengue hemorrágica e síndrome de choque da dengue, também conhecida como febre quebra-ossos, são doenças tropicais causadas pela infecção por um vírus, transmitido por mosquito, do gênero *Flavivirus* (Flaviviridae). Os quatro sorotipos (DENV 1 a 4) de *Flavivirus* são suficientemente diferentes entre si para não oferecer nenhuma proteção cruzada, portanto, permitindo infecções subsequentes por uma cepa diferente. Os sintomas da dengue clássica incluem erupções cutâneas, dor de cabeça e dores nos músculos e articulações (por isso, quebra-osso), com alguns sintomas gastrintestinais. Infecção subsequente por um segundo sorotipo pode causar hemorragia (sangramento) séria ou sintomas de síndrome do choque. O período febril (duração da febre) é de cerca de 1 semana, na qual a infecção pode ser passada para um mosquito que estiver se alimentando. O principal vetor é o *Aedes aegypti* (Diptera: Culicidae), mostrado na vinheta deste capítulo. Esse mosquito peridoméstico, altamente tropical, que pica durante o dia, se reproduz em pequenos recipientes com água, especialmente em ambientes urbanos. Outra espécie de mosquito, *Ae. albopictus*, o qual apresenta propensão semelhante como vetor da doença, tem se espalhado desde a Ásia ao redor dos trópicos e subtrópicos, incluindo as Américas, pelas últimas duas décadas. No final do século XX, a dengue afetava pelo menos 50 milhões de pessoas por ano, com centenas de milhares exibindo as formas hemorrágica e de choque. No século atual, importantes surtos da doença já foram registrados por todo o Sudeste Asiático, oeste do Pacífico, Caribe, grande parte da Mesoamérica e América do Sul, incluindo Brasil, e diversos países tropicais africanos. Áreas recentes tais como Havaí e Flórida (EUA) e o norte tropical da Austrália passaram por surtos. As piores notícias são que, em alguns locais, todos os quatro sorotipos podem estar presentes, tal como na epidemia da Índia em 2006, produzindo um aumento na incidência da doença e mortalidade.

Como ainda não há uma vacina contra dengue, o controle dos mosquitos é o principal meio de lutar contra a dispersão da doença. As medidas padrão incluem a educação pública para remover pequenos reservatórios com água, além de pulverização aérea urbana de inseticidas para reduzir a longevidade do adulto. Três novas abordagens podem ser eficientes. (i) Uma fêmea de mosquito em oviposição, especialmente em espécies tais como *Ae. aegypti* que ovipõe um ou alguns poucos ovos sucessivamente, pode transferir uma dose letal do juvenoide piriproxifeno entre recipientes consecutivos, como demonstrado por testes em um cemitério no qual os vasos de flores sustentam grandes populações de mosquitos vetores. (ii) A liberação de adultos criados em laboratório de *Ae. aegypti* transportando bactérias *Wolbachia* (seção 5.10.4) em populações naturais poderia disseminar a infecção de *Wolbachia*, através de ovos, e reduzir o tempo de vida do mosquito adulto pela metade, reduzindo, dessa maneira, as taxas de transmissão. (iii) Outro método inovador é disseminar o copépode *Mesocyclops*, que se alimenta de larvas de mosquito e vive em recipientes com água – uma técnica que proporcionou o controle em testes realizados em Queensland, Austrália, e se mostrou promissora em um controle feito pela comunidade e de custo eficiente no Vietnã.

O aparecimento, ou reaparecimento, da dengue é devido a um conjunto de fatores: (i) um aumento na urbanização com um acesso menor do que o adequado ao fornecimento de água, o que favorece o uso de recipientes de armazenamento inadequados; (ii) o descarte de recipientes, incluindo pneus usados de automóveis, proporcionando locais para reprodução do mosquito; (iii) a mobilidade humana, incluindo viagens internacionais; (iv) a interrupção de projetos urbanos para o controle de mosquitos; e (v) a maior resistência dos mosquitos aos inseticidas. Há um risco realista de que a mudança global do clima contribuirá para a continuação da expansão da doença, já que a seca favorece maior armazenamento de água ao redor das residências e a pobreza impede a vedação desses recipientes contra mosquitos.

Boxe 15.5 Vírus do Nilo Ocidental | Uma doença emergente na América do Norte causada por arbovírus

O vírus do Nilo Ocidental (WNV, do Inglês *West Nile virus*) pertence ao complexo antigênico da encefalite japonesa do gênero *Flavivirus*, família Flaviviridae. Existem outros dez membros desse complexo, incluindo a encefalite de Murra Valley (Austrália), a encefalite de St. Louis (EUA), a encefalite japonesa (na Ásia e oeste do Pacífico, porém ainda se espalhando) e diversos vírus pouco conhecidos, dos quais qualquer um pode se tornar emergente. Todos são transmissíveis por mosquitos (Diptera: Culicidae), e muitos causam febre e, algumas vezes, enfermidades fatais nos humanos.

O WNV foi isolado pela primeira vez em Uganda na região do Nilo ocidental (daí o nome). Por volta de 1950, pacientes, aves e mosquitos no Egito estavam infectados. O vírus, ou anticorpos, presentes em vertebrados foram identificados em grande parte da África e Eurásia no meio da década de 1990, com surtos esporadicamente registrados mesmo na região temperada da Europa (p. ex., Romênia 1996-1997). Nos humanos, os sintomas incluem uma febre parecida com a da gripe, sendo que uma pequena porcentagem (> 15%) desenvolve sintomas de meningite ou encefalite. A recuperação normalmente é completa, mas as dores podem persistir: a morte é rara e limitada, em grande parte, aos idosos.

Os principais vetores de WNV são mosquitos, principalmente espécies que se alimentam em aves, no gênero *Culex*. Muitas espécies estão potencialmente envolvidas, e diferentes espécies predominam em ambientes geográficos e ecológicos diversos. As aves, especialmente aquelas associadas com populações de mosquitos sugadores de aves e que vivem em áreas alagadas, são reservatórios naturais e os principais hospedeiros da doença. Aves migratórias infectadas podem sobreviver disseminando a doença sazonalmente. Na Eurásia existem dois tipos básicos de ciclos – um ciclo rural ou "silvestre" envolvendo aves e mosquitos ornitofílicos (que se alimentam de aves) selvagens, frequentemente de locais úmidos – um ciclo urbano de aves domésticas ou associadas com humanos e mosquitos, particularmente membros do complexo *Culex pipiens*, que se alimentam tanto de aves quanto de humanos.

Na África e Eurásia, as aves de exposição toleram, em grande parte, a doença sem sintomas e os surtos em humanos estão limitados a algumas centenas de casos em cada ocasião. Os cavalos são muito suscetíveis ao WNV e alguns surtos europeus afetaram esses animais diferencialmente, particularmente na França na década de 1960 e em 2000. Aproximadamente um terço de todos os animais infectados morreu e quase metade dos sobreviventes exibiu sintomas residuais 6 meses depois. Foram desenvolvidas vacinas e seu uso é fortemente recomendado em áreas endêmicas. Tanto os cavalos quanto os humanos são becos sem saída para a doença; apenas nas aves o vírus é amplificado para continuação da transmissão através da picada de mosquitos.

No Novo Mundo (hemisfério ocidental), o WNV era desconhecido até 1999 quando apareceu pela primeira vez na área urbana de Nova York, com registros de encefalites em humanos, cavalos e animais domésticos. O vírus pode ter entrado tanto através de uma ave quanto de um mosquito infectado; a cepa do vírus lembrava um isolado encontrado em Israel no ano anterior. A disseminação foi bem rápida, alcançando todos os estados contíguos nos EUA, a maior parte do Canadá e com casos esporádicos no México, Caribe e América Central, tudo isso em menos de uma década. A cepa (tal como em Israel) é mais virulenta do que tem sido usual na Eurásia e causou taxas de mortalidade especialmente altas em aves infectadas, especialmente em sabiás americanos (Turdidae) e corvos (Corvidae). A mortalidade em massa atuou como um indicador precoce da chegada do vírus em uma nova área. Surpreendentemente, a doença sobreviveu aos rigorosos invernos experimentados nos estados do Norte, e a doença tornou-se endêmica por todo o continente. A mortalidade humana ficava inicialmente ao redor de 4% dos casos registrados (mais de 1.000 mortes em 27.000 infectados no final de agosto de 2008). No entanto, essa taxa é uma séria superestimativa já que os muitos casos amenos não foram registrados. As mortes ocorrem principalmente entre os idosos, aqueles com comprometimento imunológico ou pacientes diabéticos. A despeito da disponibilidade da vacina, muitos cavalos foram infectados e morreram.

O ciclo sazonal da doença na América do Norte, mostrado no gráfico (com base na ilustração de W.K. Reisen), envolve números cada vez maiores de larvas de mosquitos na primavera conforme a temperatura sobe, com os mosquitos adultos emergentes se tornando infectados e amplificando os vírus conforme a estação avança. Os primeiros sinais da doença são vistos nas mortes de aves, especialmente corvídeos, começando no final da primavera,

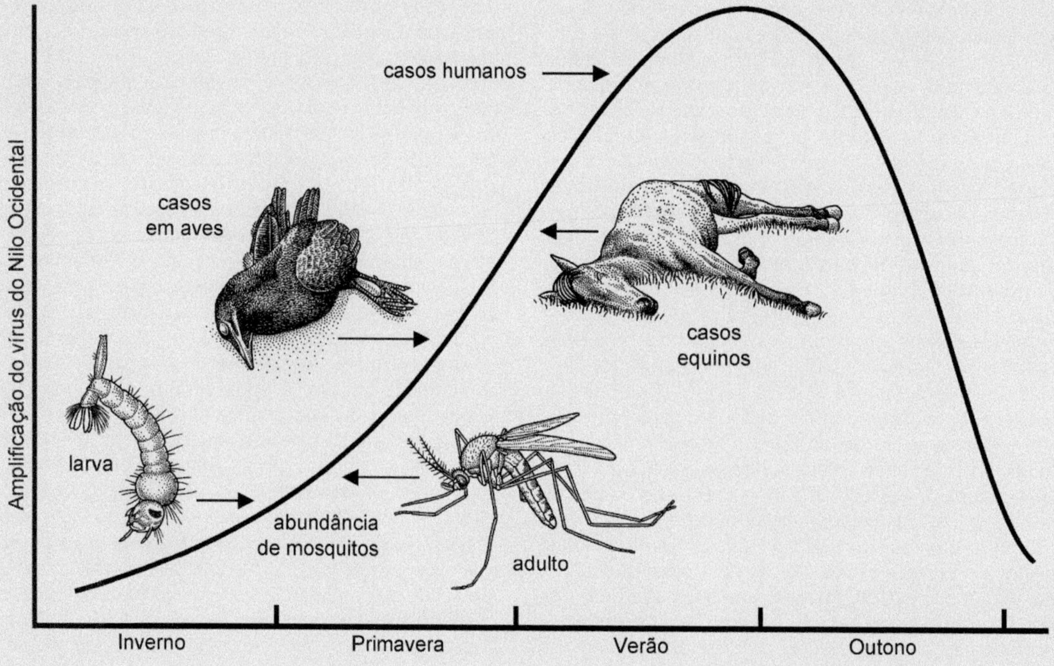

(continua)

Boxe 15.5 Vírus do Nilo Ocidental | Uma doença emergente na América do Norte causada por arbovírus (*Continuação*)

seguido pelo adoecimento e morte em cavalos. Os primeiros casos humanos tendem a aparecer quando a amplificação do vírus nos mosquitos aumentou em direção ao seu pico no meio do verão. No final do verão, o número de mosquitos diminui e o ciclo da doença atenua-se no outono.

Assim como no hemisfério oriental, muitos mosquitos americanos diferentes podem transmitir o WNV, especialmente espécies de *Culex* que se alimentam de aves, humanos e cavalos. O ciclo "rural" frequentemente envolve *Culex tarsalis* em zonas úmidas, incluindo áreas agrícolas de produção de arroz, tais como no vale central da Califórnia, e em áreas urbanas/suburbanas envolvendo mosquitos peridomésticos do grupo de *C. pipiens* que se alimentam de aves e humanos. Pesquisas produzidas em consequência dessa doença recém-emergente mostram interações complexas da paisagem norte-americana (incluindo agricultura irrigada e urbanização), as dinâmicas de população de hospedeiros e vetores, e uma provável forte resposta ao clima, tal como temperaturas ambientais e padrões de precipitação.

Os números alcançaram um pico de quase 10.000 casos (264 mortes) em âmbito nacional em 2003, mas subiram novamente em 2012 para mais de 5.000 casos e 243 mortes. Evidentemente, os norte-americanos continuarão a viver com um WNV um tanto virulento, com os associados custos de cuidados à saúde e com as consequências ambientais pouco conhecidas de uma mortalidade muito alta entre diversas aves locais.

azul se espalhou bastante em direção ao norte e oeste da sua distribuição normal circum-mediterrânea e africana, chegando até os Países Baixos em 2007 e no Reino Unido (através de gado importado da França) no final de 2008, e continua sua expansão ao norte (ver seção 17.2.2).

Estudos sobre a epidemiologia dos arbovírus têm sido complicados com a descoberta de que alguns vírus podem persistir entre as gerações de um vetor. Assim, o vírus La Crosse, um Bunyaviridae que causa encefalite nos EUA, pode passar de um mosquito adulto, através do ovo (**transmissão vertical** ou **transovariana**), para a larva, a qual passa o inverno dentro de um oco de árvore quase congelado. As primeiras fêmeas que emergem na geração de primavera são capazes de transmitir o vírus La Crosse para esquilos ou humanos quando efetuam sua primeira refeição do ano. Suspeita-se que a transmissão transovariana ocorra em outras doenças, além de ser evidenciada em um número cada vez maior de casos, incluindo a encefalite japonesa por mosquitos *Culex tritaenorhynchus* e o vírus do Nilo Ocidental em espécies de *Culex*, mas a significância epidemiológica precisa de verificação.

15.3.3 Riquétsias e peste

Riquétsias são bactérias (Proteobacteria: Rickettsiales) associadas a artrópodes. O gênero *Rickettsia* inclui patógenos virulentos aos humanos. *Rickettsia prowazekii*, que provoca tifo endêmico, influencia questões mundiais tanto quanto qualquer político, causando a morte de milhões de refugiados e soldados em tempos de revolução social, como nos anos da invasão de Napoleão à Rússia e naqueles que se seguiram à Primeira Guerra Mundial. Os sintomas do tifo são dores de cabeça, febre alta, coceira que se espalha, delírio e dores musculares; em epidemias de tifo, de 10 a 60% dos pacientes não tratados morrem. Os vetores do tifo são piolhos (Taxoboxe 18), em especial os piolhos de corpo, *Pediculus humanus humanus*, se tratado como uma subespécie (Psocodea: Anoplura). No passado, infestações de piolhos indicavam condições sanitárias precárias, mas, nas nações ocidentais, após anos de declínio, elas estão ressurgindo. Embora o piolho de cabeça (ou um ecotipo de *P. humanus*, ou a subespécie *P. humanus capitis*), o piolho púbico (*Pthirus pubis*) e algumas pulgas possam transmitir experimentalmente *R. prowazekii*, eles têm baixo ou nenhum significado epidemiológico. Depois que as riquétsias de *R. prowazekii* se multiplicam no epitélio do piolho, elas rompem as células e são evacuadas com as fezes. Uma vez que o piolho morre, demonstrou-se que as riquétsias são pouco adaptadas ao hospedeiro piolho. Hospedeiros humanos são infectados ao esfregar fezes de piolhos infectados (as quais permanecem infecciosas por até 2 meses após terem sido depositadas) para dentro do local de coceira no qual o piolho se alimentou. Existem evidências de um baixo nível de persistência de riquétsias naqueles que se recuperaram de tifo. Eles atuam como reservatórios endêmicos para o ressurgimento da doença, de modo que animais domésticos e alguns poucos animais silvestres podem ser reservatórios da doença. Os piolhos também são vetores da febre recorrente, uma doença causada por espiroquetas que ocorreu historicamente junto com epidemias de tifo.

Outras doenças causadas por riquétsias incluem o tifo murino, transmitido por pulgas vetoras, o tifo do mato, transmitido por ácaros trombiculídeos vetores, e uma série de febres maculosas, denominadas tifos transmitidos por carrapatos. Muitas dessas doenças apresentam uma ampla gama de hospedeiros naturais, de modo que os anticorpos para a amplamente difundida febre maculosa das Rochosas (*Rickettsia ricketsii*) foram registrados em numerosas espécies de aves e mamíferos. Por toda a área de distribuição da doença, do Canadá até o Brasil, várias espécies de carrapatos com amplas gamas de hospedeiros estão envolvidas, sendo que a transmissão ocorre por meio da saliva dos carrapatos durante a atividade alimentar.

A bartonelose (febre de Oroya) é uma infecção provocada por *Bartonella bacilliformis* (Proteobacteria: Rhizobiales) e transmitida por mosquitos sul-americanos da subfamília Phlebotominae (Diptera: Psychodidae), e os sintomas são exaustão, anemia e febre alta, seguida de erupções verrucosas na pele.

A peste é uma doença roedor-pulga-roedor, provocada pela bactéria *Yersinia pestis* (Proteobacteria: Enterobacteriales). Pulgas que transmitem a peste são principalmente *Xenopsylla cheopis* (Siphonaptera: Pulicidae), que é ubíqua entre 35°N e 35°S, mas também inclui *X. brasiliensis* na Índia, África e América do Sul, e *X. astia* no Sudeste Asiático. Embora outras espécies, incluindo *Ctenocephalides felis* e *C. canis* (as pulgas do gato e do cão, também da família Pulicidae), possam transmitir a peste, elas representam um pequeno papel, no máximo. As principais pulgas vetoras ocorrem especialmente em espécies peridomiciliares (habitantes de residências) de *Rattus*, como a ratazana (*R. rattus*) e o rato (*R. norvegicus*). Reservatórios de peste em localidades específicas incluem *Bandicota bengalensis* na Índia, esquilos (*Spermophilus* spp., no oeste dos EUA, e *Citellus pygmaeus*, na Eurásia), *Meriones* spp. no Oriente Médio, e *Tatera* spp. na Índia e na África do Sul. Entre epidemias de peste, a bactéria circula por entre alguns ou todos esses roedores sem mortandade evidente, fornecendo, dessa maneira, reservatórios da infecção silenciosos e de longa duração.

Quando os humanos se tornam envolvidos em epidemias de peste (como a pandemia denominada "Peste Negra", que devastou a Europa durante o século XIV), a mortandade pode aproximar-se de 90% em pessoas desnutridas e aproximadamente 25% em pessoas previamente bem-nutridas e saudáveis. O ciclo epidemiológico da peste começa entre os ratos, de modo que as pulgas naturalmente transmitem *Y. pestis* entre ratos peridomiciliares. Em uma epidemia de peste, quando os ratos, que são o hospedeiro preferido, morrem, algumas pulgas infectadas deslocam-se e acabam matando a preferência secundária, as ratazanas. Uma vez que *X. cheopis* prontamente pica humanos, pulgas infectadas novamente mudam de hospedeiro na ausência dos ratos. A peste é um problema particular em que as populações de ratos (e pulgas) são elevadas, como ocorre em condições de superlotação humana e condições urbanas insalubres. Condições epidêmicas precisam de condições anteriores adequadas de temperaturas amenas e alta umidade, que encorajam o aumento nas populações de pulgas por meio do aumento da sobrevivência das larvas e longevidade dos adultos. Assim, variações naturais na intensidade das epidemias de peste estão relacionadas ao clima de anos anteriores. Mesmo durante epidemias prolongadas de peste, períodos com um número menor de casos costumam ocorrer quando condições quentes e secas impedem o recrutamento, uma vez que as larvas de pulgas são muito suscetíveis à dessecação e a baixa umidade reduz a sobrevivência dos adultos nos anos subsequentes.

Durante o período infectante de sua vida, a habilidade da pulga em transmitir a peste varia de acordo com mudanças fisiológicas internas induzidas por *Y. pestis*. Se a pulga toma uma refeição de sangue infectado, *Y. pestis* aumenta em número no proventrículo e no mesênteron e pode formar um tampão intransponível. Uma próxima alimentação envolve uma tentativa infrutífera da faringe bombeadora em forçar mais sangue para dentro do trato digestivo, de forma que o resultado seja uma mistura contaminada de sangue e bactérias regurgitada. Entretanto, o período de sobrevivência de *Y. pestis* fora da pulga (de não mais que algumas poucas horas) sugere que a transmissão mecânica seja pouco provável de ocorrer. Mais provavelmente, mesmo se o bloqueio no proventrículo for aliviado, ele fracassa em funcionar apropriadamente como uma válvula de mão única e, a cada tentativa subsequente de alimentação, a pulga regurgita uma mistura contaminada de sangue e patógeno para dentro do ferimento provocado por sua alimentação em cada um dos sucessivos hospedeiros.

15.3.4 Outros protistas além da malária

Alguns dos mais importantes patógenos transmitidos por insetos são protistas (protozoários) que afetam uma proporção substancial da população do planeta, em particular nas áreas subtropicais e tropicais. A malária já foi abordada com detalhes na seção 15.3.1, e dois importantes protistas flagelados de significado médico são descritos a seguir.

Trypanosoma

Trypanosoma é um grande gênero de parasitas do sangue de vertebrados, transmitido geralmente por moscas "superiores" que se alimentam de sangue. No entanto, por toda a América do Sul, percevejos Triatominae ("barbeiros"), em especial *Rhodnius prolixus* e *Triatoma infestans* (Hemiptera: Reduviidae), transmitem tripanossomos que provocam a doença de Chagas. Os sintomas da doença são predominantemente fadiga, com problemas cardíacos e intestinais, se não for tratada. A doença afeta pelo menos 7 a 8 milhões de pessoas na região Neotropical, especialmente em áreas rurais, e causou mais de 10.000 mortes em 2010. Em uma perspectiva de saúde pública nos EUA, estima-se que 300.000 dos milhões de migrantes latinos que entram nos EUA inevitavelmente devem ter a doença, a maioria de infecções adquiridas em outros lugares. No entanto, a quase ausência de casos da doença causados por vetores no sul dos EUA é surpreendente dada as altas porcentagens de Triatominae infectados, como foi avaliado com dados de DNA em Tucson, no sul do Arizona.

Outras doenças parecidas, denominadas **tripanossomoses**, incluem a doença do sono, transmitida a humanos da África e a seu gado por moscas-tsé-tsé (espécies de *Glossina*) (Figura 15.1). Nessa e em outras doenças, o ciclo de desenvolvimento da espécie de *Trypanosoma* é complexo. Uma alteração morfológica acontece no protista ao passo que ele migra desde o trato digestivo da mosca-tsé-tsé, mais ou menos na região final livre da membrana peritrófica, em direção anterior até a glândula salivar. A transmissão ao hospedeiro humano ou bovino ocorre por meio da injeção de saliva. Dentro do vertebrado, os sintomas dependem da espécie de tripanossomo: nos humanos, a infecção vascular e linfática é seguida pela invasão do sistema nervoso central, levando ao surgimento de sintomas de "sono", os quais são seguidos por morte.

Leishmania

Um segundo grupo de flagelados pertence ao gênero *Leishmania*, que inclui parasitas que causam doenças que provocam ulcerações internas nas vísceras e ulcerações externas desfiguradoras em humanos e cães. Os vetores são exclusivamente flebotomíneos (Diptera: Psychodidae) – mosquitos pequenos a minúsculos que podem passar pelas telas contra mosquitos e, em vista de suas taxas de picadas em geral muito baixas, têm uma impressionante habilidade para transmitir a doença. A maioria dos ciclos gera infecções em animais silvestres, tais como roedores de deserto e de floresta, canídeos e Hyrax, de modo que os humanos se tornam envolvidos quando suas habitações se expandem em áreas que naturalmente abrigam esses reservatórios animais. A doença é encontrada em quase 90 países, e cerca de dois milhões de novos casos são diagnosticados por ano, resultando em um total de aproximadamente 12 milhões de pessoas infectadas em um determinado momento. A leishmaniose visceral (também conhecida como *kala-azar* [calazar]) inevitavelmente mata se não for tratada; a leishmaniose cutânea desfigura e deixa cicatrizes; a leishmaniose mucocutânea destrói as membranas mucosas da boca, nariz e garganta. Infecções de leishmaniose foram contraídas por tropas servindo no Iraque e no Afeganistão.

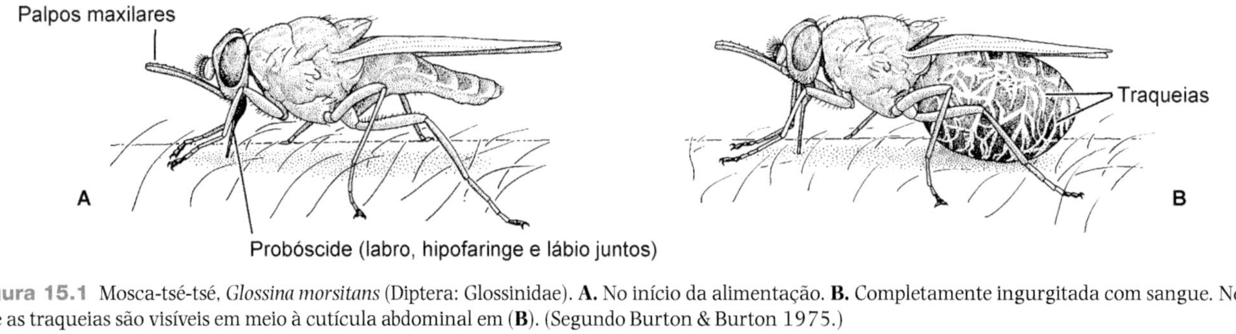

Figura 15.1 Mosca-tsé-tsé, *Glossina morsitans* (Diptera: Glossinidae). **A.** No início da alimentação. **B.** Completamente ingurgitada com sangue. Note que as traqueias são visíveis em meio à cutícula abdominal em (**B**). (Segundo Burton & Burton 1975.)

15.3.5 Filarioses

Duas das cinco principais doenças debilitantes transmitidas por insetos são causadas por nematódeos, especificamente as filárias da família Onchocercidae. As doenças são as filarioses bancroftiana e brugiana, coloquialmente denominadas elefantíase e oncocercose (ou cegueira-dos-rios). Outras filarioses provocam menores problemas aos humanos. *Dirofilaria immitis* (filariose do cão) é uma das poucas doenças com significado veterinário ocasionadas por esse tipo de parasita. Essas filárias dependem da bactéria *Wolbachia* para o desenvolvimento do embrião e, portanto, a infecção pode ser reduzida ou eliminada com o uso de antibióticos (ver também seção 5.10.4).

Filarioses bancroftiana e brugiana

Dois vermes nematódeos, *Wuchereria bancrofti* e *Brugia malayi*, são responsáveis por mais de cem milhões de casos ativos de filarioses em todo o mundo, com *B. timori* causando filariose humana somente em partes da Indonésia. Os vermes vivem no sistema linfático, provocando debilitação e edema, culminando com intumescimentos extremos dos membros inferiores ou partes genitais, denominados elefantíase. Embora a doença seja observada com pouquíssima frequência na forma extrema, o número de pacientes está aumentando, uma vez que o número do principal vetor, o mosquito peridomiciliar distribuído por todo o mundo, *Culex pipiens quinquefasciatus*, está aumentando. A Organização Mundial da Saúde (OMS) está coordenando ações para erradicar a filariose, incluindo o uso de fármacos antifilariais.

O ciclo inicia-se com a tomada de pequenas microfilárias junto com sangue ingerido pelo mosquito vetor. As microfilárias deslocam-se desde o trato digestivo do mosquito, pela hemocele, para os músculos de voo, onde amadurecem de modo a formar larvas infectantes. A larva de 1,5 mm de comprimento migra através da hemocele até a cabeça do mosquito, onde, na próxima vez que o mosquito se alimentar, rompe o labelo e invade o hospedeiro por meio do ferimento provocado pela picada do mosquito. Nos hospedeiros humanos, a larva amadurece lentamente, por mais de muitos meses. Os sexos são separados, e o acasalamento de vermes maduros deve ocorrer antes de novas microfilárias serem produzidas. Essas microfilárias não conseguem amadurecer sem a fase no mosquito. Deslocamentos cíclicos (nos períodos noturnos) das microfilárias para o sistema circulatório periférico podem torná-las mais disponíveis aos mosquitos em alimentação. Os vetores são principalmente espécies de *Culex*, *Aedes*, *Anopheles* e *Mansonia*.

Oncocercose

A oncocercose mata poucas pessoas, mas debilita milhões de pessoas (99% das quais vivem na África Subsaariana) ao causar escoriações nos olhos, levando à cegueira. O nome comum de "cegueira-dos-rios" refere-se ao impacto causado por essa doença em pessoas que vivem nas margens dos rios, onde o inseto vetor, borrachudos do gênero *Simulium* (Diptera: Simuliidae), vive dentro das águas correntes. O patógeno é uma filária, *Onchocerca volvulus*, cuja fêmea atinge 50 mm de comprimento e o macho é menor, com 20 a 30 mm. As filárias adultas vivem em nódulos subcutâneos e são relativamente inofensivas, embora causem irritação da pele. São as microfilárias que provocam o dano ao olho quando invadem os tecidos e morrem ali. Foi demonstrado que o principal borrachudo vetor é um dos mais extensos complexos de espécies crípticas: "*Simulium damnosum*" apresenta pelo menos 30 espécies determinadas citologicamente, conhecidas do oeste e leste africanos; na América do Sul, também parece ocorrer uma diversidade semelhante de espécies crípticas de *Simulium* vetores. As larvas, que são animais filtradores comuns em águas correntes, são controladas com facilidade de imediato, mas os adultos são fortemente migratórios e a reinvasão de rios previamente controlados permite a recorrência da doença. O Programa Africano para o Controle da Oncocercose (APOC) utiliza uma rede de paramédicos da comunidade para distribuir o fármaco antifilarial ivermectina para reduzir a doença. Embora a perda de visão seja irreversível, a prevalência da doença está diminuindo. Ainda não se sabe se a redução pode ser mantida após a cessação proposta do programa em 2015.

15.4 ENTOMOLOGIA FORENSE

Como visto na seção 15.1, algumas moscas desenvolvem-se em tecido vivo, com duas ondas discerníveis: colonizadores primários que provocam miíase inicial, com miíases secundárias desenvolvendo-se em ferimentos preexistentes. Uma terceira onda pode ocorrer antes da morte. Essa **sucessão** ecológica resulta de alterações na atratividade do substrato a diferentes insetos. Uma sucessão análoga de insetos ocorre em um cadáver depois da morte (seção 9.4), com um curso ligeiramente semelhante quer o cadáver seja um porquinho-da-índia (Figura 15.2), um porco, um coelho, ou um humano. Embora o processo de decomposição do corpo seja contínuo, por pragmatismo, ele é dividido em uma série de estágios (até nove, dependendo do autor e da região) identificados por características físicas do corpo e da assembleia associada de insetos. Quatro estágios nomeados são ilustrados na Figura 15.2, mas uma nomenclatura usada para cadáveres humanos tem cinco estágios: fresco, inchado, decadência, pós-decadência e seco. Essa sucessão mais ou menos previsível em cadáveres é usada com propósitos de medicina legal por **entomólogos forenses** como um método faunístico para calcular o tempo decorrido (e até mesmo as condições ambientais predominantes) desde a morte, no caso de cadáveres humanos. É importante notar que a sucessão de artrópodes que ocupa um cadáver (seja humano ou animal) não é a progressão desde um conjunto discreto de organismos para outro, mas ganho e a perda gradual de táxons de artrópodes continuamente ao longo do tempo.

A sequência generalizada de colonização ocorre como se segue. Um cadáver fresco é rapidamente visitado por uma primeira onda de *Calliphora* (moscas-varejeiras) e *Musca* (moscas-domésticas), que ovipõem ou deixam larvas vivas sobre o cadáver. Seu desenvolvimento subsequente para larvas maduras (que abandonam o cadáver para empuparem longe do local de desenvolvimento da larva) é dependente da temperatura. Tendo conhecimento sobre a espécie em particular, o tempo de desenvolvimento larval em diferentes temperaturas e a temperatura ambiente no cadáver, pode ser feita uma estimativa do tempo pós-morte do cadáver, talvez com precisão de menos de metade de um dia se for fresco, mas com uma precisão que diminui com o aumento do tempo de exposição.

À medida que o cadáver envelhece, larvas de dípteros Piophilidae aparecem, juntamente com ou seguidas por larvas e adultos de *Dermestes* (Coleoptera: Dermestidae). Quando o corpo se torna mais seco, ele frequentemente é colonizado por uma sequência de diferentes larvas de dípteros, incluindo as de Drosophilidae e *Eristalis* (Diptera: Syrphidae). Depois de alguns meses, quando o cadáver está completamente seco, mais espécies de Dermestidae aparecem e várias espécies de traças-de-roupa (Lepidoptera: Tineidae) alimentam-se dos restos ressecados.

Esse esboço simplificado pode tornar-se confuso por uma série de fatores que incluem:

- Geografia, com espécies diferentes de insetos (embora talvez aparentadas) estando presentes em regiões diferentes, em especial se considerarmos uma escala continental

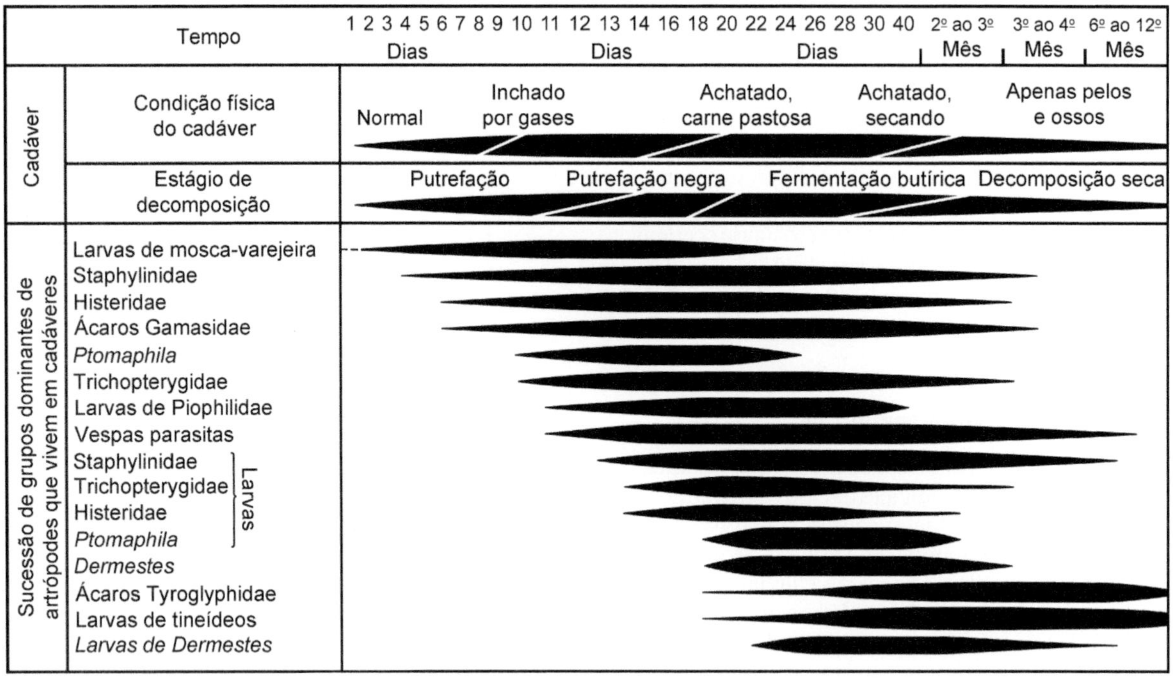

Figura 15.2 Os estágios de decomposição da carcaça associados com uma sucessão de grupos de artrópodes em cadáveres de porquinho-da-índia durante a primavera em um hábitat de floresta em Perth, Austrália. A variação da espessura de cada banda indica a abundância relativa aproximada dentro dos grupos em momentos diferentes. (Segundo Bornemissza, 1957.)

- Dificuldade de identificação dos primeiros estágios, especialmente de moscas-varejeiras, quanto à espécie
- Variação nas temperaturas do ambiente, de forma que a exposição direta à luz solar e as altas temperaturas podem acelerar a sucessão (levando até mesmo a uma rápida mumificação), e condições abrigadas ou de frio podem retardar o processo
- Variação na exposição do cadáver, de modo que o enterramento, mesmo que seja parcial, retarda consideravelmente o processo e provoca uma sucessão entomológica muito diferente
- Variação na causa e no local da morte, sendo que a morte por afogamento e o subsequente grau de exposição na orla pode resultar em uma fauna necrófaga diferente daquela que infestaria um cadáver terrestre, também havendo diferenças entre um encalhe marinho ou de água doce.

Problemas na identificação de larvas usando morfologia são atenuados com o uso de técnicas baseadas em ácido desoxirribonucleico (DNA). A evidência forense entomológica mostra-se crucial nas investigações pós-morte. A evidência forense entomológica tem sido particularmente bem-sucedida no estabelecimento de disparidades entre o local da cena do crime e o local no qual o cadáver foi encontrado, e entre o tempo desde a morte (talvez um homicídio) e a disponibilidade subsequente do cadáver para a colonização de insetos.

15.5 INCÔMODOS CAUSADOS PELOS INSETOS E ENTOMOFOBIA

Nossa percepção de incômodo pode estar pouco relacionada ao papel dos insetos na transmissão de doenças. O incômodo provocado pelos insetos é frequentemente percebido como produto de altas densidades de determinadas espécies, como ocorre com as moscas *Musca vetustissima* em áreas rurais da Austrália, ou com formigas e traças que vivem em torno das casas. A maioria das pessoas apresenta uma evitação mais justificável de insetos que frequentam o lixo, como as moscas-varejeiras e as baratas; de insetos que mordem, como algumas formigas; e outros que injetam venenos, como abelhas e vespas. Muitos vetores de doenças sérias são, por outro lado, incomuns e apresentam comportamentos não conspícuos, além de seus hábitos picadores, de forma que o público leigo pode não os reconhecer como um incômodo em particular.

Insetos e aracnídeos inofensivos podem, algumas vezes, provocar reações como respostas fóbicas injustificadas (aracnofobia ou entomofobia ou parasitose ilusória). Esses casos podem gerar uma investigação que consome muito tempo e não resulta em frutos por parte dos entomólogos médicos, quando as consultas mais apropriadas deveriam estar na área psicológica. Entretanto, certamente existem casos em que o paciente com "picadas de insetos" persistentes e coceiras persistentes, nas quais nenhuma causa física consegue ser estabelecida, sofrem, na realidade, de uma infestação local ou generalizada e não diagnosticada de ácaros microscópicos. Nessas circunstâncias, a diagnose de parasitose ilusória, em virtude da incapacidade do médico de identificar a causa real, e a indicação de aconselhamento psicológico não resultam em nenhuma ajuda, para dizer o mínimo.

Existem, entretanto, alguns insetos que não transmitem doenças, mas se alimentam de sangue e sua observação quase sempre provoca aflição – os percevejos-de-cama e os piolhos. *Cimex lectularius* (Hemiptera: Cimicidae), o percevejo-de-cama cosmopolita, e *C. hemipterus*, o percevejo-de-cama tropical, são pragas que estão ressurgindo (Boxe 15.6). O percevejo-de-cama tropical ocorre principalmente entre os 30° de latitude e o percevejo-de-cama cosmopolita em áreas temperadas, embora ambas espécies possam ocorrer fora de suas distribuições normais e por vezes conjuntamente. Os EUA continental parecem ter somente *C. lectularius*, mas *C. hemipterus* pode invadir assim como o fez no nordeste da Austrália. O piolho (tanto um ecotipo de *Pediculus humanus* ou a subespécie *P. humanus capitis*) também preocupam muito os pais, provavelmente devido ao estigma social, embora sua presença cause coceira. Apesar de inúmeros produtos para matar piolhos, eles persistem devido à resistência ao inseticida e/ou tratamento ineficiente ou inconsistente (p. ex., muitos tratamentos matam os piolhos adultos, mas não seus ovos), e são adquiridos facilmente por contato entre cabeças.

Boxe 15.6 O ressurgimento dos percevejos-de-cama

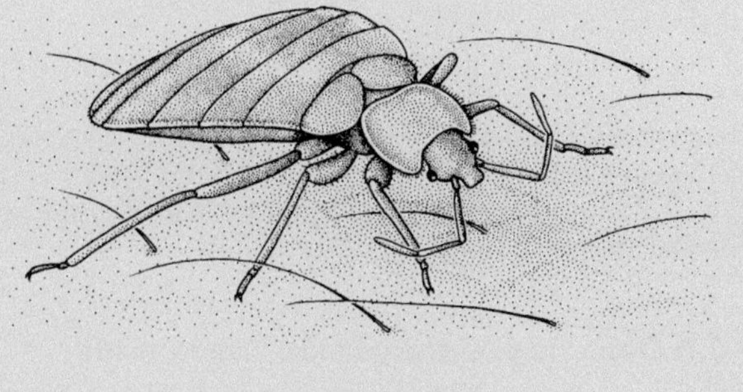

Dependendo da idade e da localização dos leitores deste livro, os percevejos-de-cama podem ser tanto um problema histórico eliminado há muito tempo, uma "história de horror" de um albergue tropical praiano para mochileiros, ou, cada vez mais, um souvenir indesejado de um hotel de conferências ou de um cruzeiro de alta classe, ou até mesmo uma infestação na sua própria casa. Até o final da década de 1990, os registros de percevejos-de-cama (um deles está mostrado aqui, sobre a pele de seu hospedeiro, com base em Anon, 1991) eram escassos, tal como tem sido desde a década de 1940, quando os inseticidas modernos reduziram sua incidência até a raridade. Evidentemente, esses hemípteros sugadores de sangue estão voltando com ímpeto. Relatos da América do Norte, Austrália e partes da Europa registram um aumento maciço de queixas e até mesmo a documentação de litígios envolvendo hóspedes que foram contaminados em hotéis. Uma pesquisa de 2011 nos EUA relatou que um em cada cinco americanos tiveram uma infestação em suas casas ou conheciam alguém que já havia encontrado percevejos-de-cama, e que a consciência pública do problema havia ressurgido junto com os insetos.

Existem várias explicações possíveis para essa reincidência dos percevejos-de-cama, particularmente a interrupção do controle geral de insetos, substituído pelo controle pontual de pragas específicas, a resistência a alguns inseticidas e a relutância em tratar os quartos, são fatores importantes. Por exemplo, as mudanças no controle das baratas, de inseticidas superficiais de amplo espectro para o uso de iscas seletivas, reduziu a exposição indireta dos percevejos-de-cama. Pelo menos na espécie tropical de percevejo-de-cama *Cimex hemipterus* (Hemiptera: Cimicidae) na África, há evidências de resistência aos piretroides sintéticos, embora a resistência a inseticidas mais antigos seja conhecida há muito tempo para o percevejo-de-cama de regiões mais temperadas, *Cimex lectularius*. Quando os percevejos-de-cama começaram a ressurgir no início do século XXI, os operadores de pesticidas tinham pouca experiência com essas pragas "históricas" e não estavam familiarizados com os sintomas (picadas misteriosas, pequenas manchas de sangue defecado nos lençóis e um odor doce e enjoativo característico) ou com os locais de agregação críptica durante o dia dos percevejos. Outro problema é que as infestações podem ser ocultadas, especialmente por aqueles envolvidos na indústria hoteleira, por temerem uma perda nos negócios (porém, expondo-se a processos!). Um novo método para descobrir a presença de percevejos-de-cama é o uso de cachorros treinados, os quais conseguem detectar até mesmo a presença dos ovos.

A ressurgência dos percevejos-de-cama está associada, sem dúvidas, com o aumento das viagens aéreas modernas, e com o refúgio diurno dos percevejos-de-cama em lugares escuros, incluindo as bagagens dos viajantes, especialmente quando deixadas jogadas no chão durante o dia, acessíveis aos insetos. Pode-se assumir que o predomínio das infestações em algumas acomodações para mochileiros esteja associado com viagens de longa distância que acentuam o transporte entre albergues infestados por percevejos-de-cama em diferentes continentes. As interceptações de quarentena de percevejos-de-cama em aeroportos frequentemente estão associadas com tecidos e com posses domésticas tais como mobília.

15.6 VENENOS E ALERGÊNICOS

15.6.1 Venenos de insetos

Algumas das primeiras experiências de pessoas com insetos são memoráveis por sua dor. Embora a picada das fêmeas de muitos himenópteros sociais (abelhas, vespas e formigas) possa parecer não ter sido provocada, é uma defesa agressiva da colônia. O veneno é injetado pelo ferrão, o ovipositor modificado da fêmea (Figura 14.11). O ferrão da abelha-de-mel tem farpas voltadas para trás, que permitem que ele seja usado uma única vez, uma vez que é provocado um dano fatal na abelha quando ela deixa o ferrão acompanhado do saco de veneno no ferimento ao passo que ela se empenha em retrair o ferrão. Em contraposição, o ferrão de vespas e formigas é liso, pode ser retraído, e tem a capacidade de ser usado repetidas vezes. Em algumas formigas, o ferrão está amplamente reduzido e o veneno é borrifado ao redor livremente, ou pode ser direcionado com grande precisão para dentro de um ferimento feito pelas mandíbulas. Os venenos de insetos sociais são discutidos com mais detalhes na seção 14.6.

15.6.2 Insetos que induzem a formação de bolhas e coceiras

Algumas toxinas produzidas por insetos podem causar dano aos humanos, mesmo não sendo inoculadas por meio de um ferrão. Besouros Meloidae contêm substâncias tóxicas, cantaridinas, que podem ser liberadas se o besouro for amassado ou manipulado. As cantaridinas provocam a formação de bolhas na pele e, se ingeridas, a inflamação dos tratos urinário e genital, o que levou à sua notoriedade (denominado *Spanish fly*, em inglês) como um suposto afrodisíaco. Besouros Staphylinidae do gênero *Paederus* produzem potentes venenos de contato, incluindo a paederina, que ocasiona o estabelecimento retardado de formação grave de bolhas e ulceração de longa duração.

Lagartas de lepidópteros, em especial de mariposas, são uma causa frequente de irritações da pele ou de reação urticante (um nome derivado de uma reação semelhante à que ocorre no contato com urtigas, gênero *Urtica*). Algumas espécies apresentam espinhos ocos que contêm os produtos de uma glândula de veneno subcutânea, e que são liberados quando o espinho é quebrado. Outras espécies apresentam cerdas e pelos que contêm toxinas e que provocam uma irritação intensa quando essas cerdas entram em contato com a pele humana. Lagartas-urticantes incluem os Thaumetopoeidae e alguns Limacodidae. As lagartas do pinho e do carvalho (*Thaumetopoea pityocampa* e *T. processionea*, respectivamente), do paleártico, vivem em grupos e forrageiam ninhos de seda que se assemelham a barracas que elas constroem nas árvores. As lagartas-australianas *Ochrogaster* combinam excremento (fezes secas de inseto), exúvias da larva e pelos eliminados, formando sacos que ficam suspensos em árvores e arbustos. Se o saco sofrer um dano por contato direto ou em decorrência de fortes ventos, os pelos urticantes são espalhados para longe. Em partes da América do Sul, as cerdas da taturana *Lonomia obliqua* (Saturniidae) são ocas e contêm veneno anticoagulante com uma enzima que destrói eritrócitos, proteínas e tecido conjuntivo. As reações nos humanos variam desde coceira, problemas intestinais, falência renal, hemorragia cerebral e até mesmo morte, embora uma antitoxina reduza a taxa de mortalidade. Essa síndrome hemorrágica grave é mais frequente no sul do Brasil, onde se acredita que o desmatamento tenha reduzido os inimigos naturais dessa taturana.

A dor causada pela picada de um himenóptero pode durar algumas horas, as reações urticantes podem durar alguns dias, e as bolhas provocadas por besouros e que levam a ulcerações podem durar algumas semanas. No entanto, o significado médico desses insetos daninhos aumenta quando exposições repetidas induzem doenças alérgicas em alguns humanos.

15.6.3 Capacidade alergênica dos insetos

Os insetos e outros artrópodes estão frequentemente envolvidos em doenças alérgicas, as quais ocorrem quando a exposição a algum alergênico de artrópode (um componente químico de peso molecular moderado, em geral uma proteína) desencadeia uma reação imunológica excessiva em algumas pessoas e animais que foram expostos. Aqueles que manipulam insetos em seus afazeres, como ocorre em empresas que criam insetos, na produção de alimento para peixes tropicais, ou em laboratórios de pesquisa, com frequência desenvolvem reações alérgicas a um ou mais dentro de uma ampla gama de insetos. Larvas de besouros do gênero *Tenebrio*, larvas de mosquitos do gênero *Chironomus*, gafanhotos e moscas-varejeiras estão todos envolvidos. Produtos armazenados infestados por ácaros astigmatas produzem diversas doenças alérgicas com reações de coceira. A alergia mais significativa provocada por artrópodes aparece em decorrência da matéria fecal de ácaros *Dermatophagoides pteronyssinus* e *D. farinae*, os quais são onipresentes e abundantes nas casas distribuídas por várias regiões do globo. A exposição a artrópodes alergênicos que ocorrem naturalmente e a seus produtos pode ser subestimada, embora o papel dos ácaros de poeira seja atualmente bem reconhecido.

Os insetos venenosos e urticantes discutidos anteriormente podem provocar grandes perigos quando alguns indivíduos sensibilizados (previamente expostos e suscetíveis a alergias) são expostos novamente, uma vez que é possível ocorrer um choque anafilático, levando à morte se não for tratado. Indivíduos que apresentam indicações de reações alérgicas à picada de himenópteros devem tomar precauções apropriadas, incluindo evitar o contato com alergênicos e carregar adrenalina (epinefrina).

Leitura sugerida

Amendt, J., Campobasso, C.P., Goff, M.L. & Grassberger, M. (eds) (2010) *Current Concepts in Forensic Entomology*. Springer, Dordrecht, Heidelberg, London, New York.

Battisti, A., Holm, G., Fagrell, B. & Larsson, S. (2011) Urticating hairs in arthropods: their nature and medical significance. *Annual Review of Entomology* **56**, 203–20.

Bonilla, D.L., Durden, L.A., Eremeeva, M.E. & Dasch, G.A. (2013) The biology and taxonomy of head and body lice – implications for louse-borne disease prevention. *PLoS Pathogens* **9**(11), e1003724. doi: 10.1371/journal.ppat.1003724

Byrd, J.H. & Castner, J.L. (eds) (2009) *Forensic Entomology: The Utility of Arthropods in Legal Investigations*, 2nd edn. CRC Press, Boca Raton, FL.

Doggett, S.L., Dwyer, D.E., Peñas, P.F. & Russell, R.C. (2012) Bed bugs: clinical relevance and control options. *Clinical Microbiology Reviews* **25**, 164–92.

Eldridge, B.F. & Edman, J.D. (eds) (2003) *Medical Entomology: A Textbook on Public Health and Veterinary Problems Caused by Arthopods*, 2nd edn. Springer, Berlin.

Gennard, D. (2012) *Forensic Entomology: An Introduction*, 2nd edn.Wiley-Blackwell, Chichester.

Goff, M.L. (2009) Early post-mortem changes and stages in decomposition in exposed cadavers. *Experimental and Applied Acarology* **49**, 21–36.

Guzman, M.G., Halstead, S.B., Artsob, H. *et al.* (2010) Dengue: a continuing global threat. *Nature Reviews Microbiology* **8**, S7–S16.

Hinkle, N.C. (2000) Delusory parasitosis. *American Entomologist* **46**, 17–25.

Kramer, L.D., Styer, L.M. & Ebel, G.D. (2008) A global perspective on the epidemiology of West Nile virus. *Annual Review of Entomology* **53**, 61–81.

Lehane, M.J. (2005) *Biology of Blood-sucking Insects*, 2nd edn. Cambridge University Press, Cambridge.

Lockwood, J.A. (2008) *Six-legged Soldiers: Using Insects as Weapons of War*. Oxford University Press, New York.

Mullen, G.R. & Durden, L.A. (eds) (2009) *Medical and Veterinary Entomology*, 2nd edn. Academic Press, San Diego, CA.

Reinhardt, K. & Siva-Jothy, M.T. (2007) Biology of the bed bugs (Cimicidae). *Annual Review of Entomology* **52**, 351–74.

Resh, V.H. & Cardé, R.T. (eds) (2009) *Encyclopedia of Insects*, 2nd edn. Elsevier, San Diego, CA. [Veja, particularmente, os artigos sobre percevejos-de-cama; sugar sangue; peste bubônica; parasitose ilusória; dengue; entomologia forense; piolho, humano; malária; entomologia médica; entomologia veterinária; febre amarela; zoonoses, transmissão por artrópode.]

Russell, R.C., Otranto, D.P. & Wall, R.L. (2013) *Encyclopedia of Medical and Veterinary Entomology*. CAB International, Wallingford.

Villet, M.H. (2011) African carrion ecosystems and their insect communities in relation to forensic entomology. *Pest Technology* **5**(1), 1–15.

Capítulo 16

Manejo de Pragas

Controle biológico de pulgões por besouros coccinelídeos. (Segundo Burton & Burton, 1975.)

Os insetos tornam-se pragas quando conflitam com nosso bem-estar, estética ou lucros. Por exemplo, insetos normalmente inócuos podem provocar reações alérgicas graves em pessoas sensibilizadas, e a redução ou a perda da produção de plantas alimentícias é um resultado universal das atividades de alimentação dos insetos e da transmissão de patógenos. As pragas, portanto, não apresentam uma importância ecológica particular, mas são definidas de um ponto de vista puramente antropocêntrico. Os insetos podem ser pragas de pessoas de forma direta, por meio da transmissão de doenças (Capítulo 15), ou indireta, ao afetar nossos animais domésticos, plantas cultivadas ou reservas de madeira. De uma perspectiva conservacionista, insetos introduzidos tornam-se pragas quando tomam o lugar das espécies nativas, quase sempre com efeitos que são resultantes em outras espécies não insetos na comunidade. Algumas formigas introduzidas e comportamentalmente dominantes, tais como a formiga-cabeçuda, *Pheidole megacephala*, e a formiga-argentina, *Linepithema humile*, provocam impacto negativo sobre a biodiversidade em muitas ilhas, incluindo aquelas do Pacífico tropical (ver Boxe 1.3). As abelhas-de-mel (*Apis mellifera*) fora de sua distribuição nativa formam ninhos selvagens e, embora elas sejam generalistas, podem ganhar na competição com insetos locais. Os insetos nativos em geral são polinizadores eficientes de uma variedade menor de plantas nativas do que são as abelhas-de-mel, de modo que a perda deles pode levar a um menor conjunto de sementes. A pesquisa sobre pragas de insetos relevantes para a biologia da conservação está aumentando, mas permanece modesta se comparada a uma vasta literatura sobre pragas de nossas plantações, plantas de jardins e árvores florestais.

Neste capítulo, tratamos predominantemente da ocorrência e do controle de pragas de insetos da agricultura, incluindo horticultura ou silvicultura, e com o manejo de insetos de importância médica e veterinária. Muitos dos tópicos discutidos são relevantes também para a entomologia urbana – o estudo dos insetos e aracnídeos que afetam as pessoas, seus animais de estimação e suas propriedades em ambientes urbanos (p. ex., incômodas moscas, cupins, besouros minadores de madeira, pulgas e pragas de jardim). Começamos com uma discussão sobre o que constitui uma praga, como os níveis de danos são estimados e porque os insetos se tornam pragas. Em seguida, os efeitos dos inseticidas e os problemas de resistência a inseticidas são abordados antes de uma visão geral sobre manejo integrado de pragas (MIP). O restante do capítulo discute os princípios e métodos de manejo aplicados no MIP, em especial: (i) controle químico, incluindo reguladores de crescimento dos insetos e neuropeptídios e o uso rapidamente em expansão de inseticidas neonicotinoides; (ii) controle biológico utilizando inimigos naturais (tais como os besouros coccinelídeos se alimentado de pulgões, mostrados na abertura deste capítulo) e microrganismos; (iii) resistência da planta hospedeira; (iv) controle mecânico, físico e cultural; (v) uso de atrativos como feromônios; e, finalmente, (vi) controle genético dos insetos pragas. Sete boxes abordam tópicos de interesse especial, nominalmente as pragas emergentes de culturas nos EUA (Boxe 16.1), a mosca-branca *Bemisia tabaci* (Boxe 16.2), a cochonilha *Icerya purchasi* (Boxe 16.3), inseticidas neonicotinoides (Boxe 16.4), a cochonilha-da-mandioca *Phenacoccus manihoti* (Boxe 16.5), a cigarrinha *Homalodisca vitripennis* (Boxe 16.6), e o besouro-da-batata *Leptinotarsa decemlineata* (Boxe 16.7). É fornecida uma lista mais ampla de leituras adicionais do que para os outros capítulos, em virtude da importância e da extensão dos tópicos abordados neste capítulo.

16.1 INSETOS COMO PRAGAS

16.1.1 Determinação do status de praga

O *status* de praga de uma população de insetos depende da abundância de indivíduos bem como do tipo de incômodo ou lesão que o inseto inflige. Lesão é o efeito normalmente deletério das atividades dos insetos (em especial alimentação) sobre a fisiologia do hospedeiro, ao passo que dano é a perda mensurável de utilidade do hospedeiro, tal como qualidade ou quantidade da produção ou da estética. A lesão do hospedeiro (ou o número de insetos utilizado como uma estimativa da lesão) não necessariamente inflige danos detectáveis e, mesmo que o dano ocorra, ele pode não resultar em perda econômica apreciável. Algumas vezes, contudo, o dano provocado até mesmo por poucos insetos é inaceitável, como em frutos infestados por moscas-das-frutas. Outros insetos devem atingir densidades altas ou epidêmicas antes de se tornarem pragas, como gafanhotos se alimentando de pastos. A maioria das plantas tolera lesões consideráveis nas raízes ou nas folhas sem perda significativa de vigor. A não ser que essas partes sejam colhidas (p. ex., legumes e verduras que sejam raízes ou folhas) ou sejam a razão para a comercialização (p. ex., plantas de ambientes internos), certos níveis de alimentação dos insetos nessas partes deveriam ser mais toleráveis do que em frutos, cujos consumidores querem que estejam sem marcas. Quase sempre, os efeitos da alimentação dos insetos podem ser meramente cosméticos (tais como pequenas marcas na superfície do fruto), de modo que a educação do consumidor é mais desejável do que controles caros. Como a competição de mercado demanda altos padrões de aparência para os alimentos e outras mercadorias, a determinação do *status* de praga frequentemente requer julgamentos socioeconômicos tanto quanto biológicos.

Algumas vezes são tomadas medidas preventivas para enfrentar a ameaça de chegada de um novo inseto praga particular. Em geral, contudo, o controle torna-se econômico apenas quando a densidade ou a abundância de insetos provocam (ou espera-se que causem, se não forem controladas) perdas financeiras de produtividade ou negociabilidade maiores do que os custos do controle. Medidas quantitativas de densidade de insetos (seção 13.4) permitem a determinação do *status* de praga de diferentes espécies de insetos associadas a culturas agrícolas particulares. Em cada caso, um **nível de dano econômico (NDE)** é determinado como a densidade de pragas na qual a perda provocada pela praga se iguala em valor ao custo das medidas de controle disponíveis ou, em outras palavras, à densidade de população mais baixa que irá provocar o dano econômico. A fórmula para calcular o NDE inclui quatro fatores:

- Custos de controle
- Valor de mercado da cultura
- Perda de produção atribuível a uma unidade de insetos
- Efetividade do controle

e é a seguinte:

$$\mathrm{NDE} = C/VDK,$$

em que o NDE é o número de pragas por unidade de produção (p. ex., insetos/ha), C é o custo da(s) medida(s) de controle por unidade de produção (p. ex., \$/ha), V é o valor de mercado por unidade de produto (*i. e.*, \$/kg), D é a perda de produção por unidade de insetos (p. ex., kg de redução da safra por n insetos) e K é a redução proporcional da população de insetos provocada pelas medidas de controle.

O NDE calculado não será o mesmo para diferentes espécies de pragas na mesma cultura ou para um inseto em particular em diferentes culturas. O NDE também pode variar dependendo de condições ambientais, como o tipo de solo ou de chuvas, já que essas condições podem afetar o vigor das plantas e o crescimento compensatório. As medidas de controle normalmente são fomentadas antes que as densidades de pragas atinjam o NDE, uma vez que pode haver um intervalo de tempo antes que as medidas se tornem efetivas. A densidade na qual as medidas de controle deveriam ser aplicadas para impedir uma população crescente de insetos de atingir o NDE é chamada de **nível de controle (NC)** (ou de "nível de ação"). Embora o NC seja definido em termos de densidade populacional, ele na verdade representa o tempo para o fomento de medidas de controle. Ele é colocado explicitamente em um nível diferente do NDE e tem, portanto, caráter de previsão, de modo que a quantidade das pragas é usada como um índice do momento em que o dano econômico irá ocorrer.

Os insetos pragas podem ser descritos como sendo um dos seguintes:

- Não econômicos, caso as suas populações nunca estejam acima do NDE (Figura 16.1A)
- Pragas ocasionais, se suas densidades populacionais superam o NDE apenas sob circunstâncias especiais (Figura 16.1B), tais como condições climáticas atípicas ou uso inapropriado de **inseticidas**
- Pragas perenes, se a população geral da praga em equilíbrio é próxima ao NC, de modo que a densidade populacional das pragas atinja o NDE com frequência (Figura 16.1C)
- Pragas-chave ou graves, se seus números (na ausência de controles) sempre são maiores do que o NDE (Figura 16.1D). Pragas graves devem ser controladas para que as plantas sejam cultivadas lucrativamente.

O NDE não considera a influência de fatores externos variáveis, incluindo o papel de inimigos naturais, resistência a inseticidas e os efeitos de medidas de controle nos campos ou canteiros vizinhos. No entanto, a virtude do NDE é sua simplicidade, com o manejo dependendo da disponibilidade de regras de decisão que possam ser compreendidas e implementadas com relativa facilidade. O conceito do NDE foi desenvolvido primariamente como um meio para um uso mais sensato de inseticidas, e sua aplicação está restrita basicamente a situações nas quais as medidas de controle são discretas e mitigadoras, ou seja, inseticidas químicos ou microbianos. Com frequência, os NDE e os NC são difíceis ou impossíveis de se aplicar em razão da complexidade de muitos agrossistemas e da variabilidade geográfica dos problemas com pragas. Modelos mais complexos e limiares dinâmicos são necessários, mas esses requerem anos de pesquisa de campo.

A discussão anterior se aplica em particular a insetos que provocam danos diretamente em uma cultura agrícola. Para pragas florestais, a estimativa de quase todos os componentes do NDE é difícil ou impossível e os NDE são relevantes apenas para produtos florestais a curto prazo, tais como árvores-de-natal. Além disso, se os insetos são pragas porque eles podem transmitir (serem vetores de) doenças de plantas ou animais (p. ex., o psilídeo dos citros asiáticos que transmite a doença *greening* dos citros, ver Boxe 16.1), então, o NC pode ser sua primeira aparição. A ameaça de um vírus afetando plantações ou criações de animais, e se

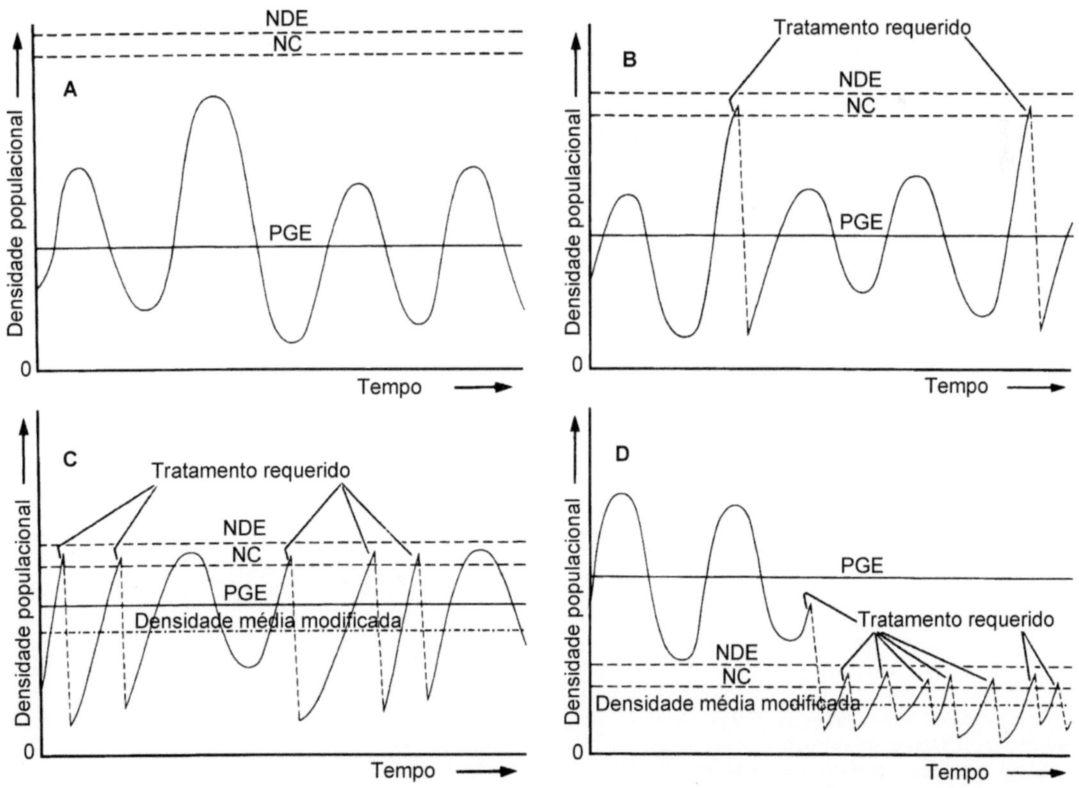

Figura 16.1 Gráficos esquemáticos das flutuações de populações teóricas de insetos em relação à sua população geral de equilíbrio (PGE), seu nível de controle (NC) e nível de dano econômico (NDE). A partir da comparação da densidade geral de equilíbrio com o NC e o NDE, as populações de insetos podem ser classificadas como: **A.** pragas não econômicas, se as densidades nunca ultrapassam o NC ou o NDE; **B.** pragas ocasionais, se as densidades populacionais excedem o NC e o NDE apenas sob circunstâncias especiais; **C.** pragas perenes, se a população geral de equilíbrio é próxima ao NC de modo que o NC e o NDE são ultrapassados frequentemente; **D.** pragas graves ou chave, se as densidades populacionais sempre são maiores que o NC e o NDE. Na prática, como indicado aqui, as medidas de controle são instigadas antes que o NDE seja atingido. (Segundo Stern *et al.*, 1959.)

espalhando por meio de um inseto vetor requer vigilância constante para o aparecimento de vetor e para a presença do vírus. Com a primeira ocorrência do vetor ou dos sintomas da doença pode ser necessário tomar precauções. Para doenças economicamente muito graves, e quase sempre atingindo saúde humana, as precauções são tomadas antes que qualquer NC seja atingido, e o monitoramento e a modelagem da população do inseto vetor ou do vírus são usados para estimar quando o controle preventivo é necessário. Cálculos como a capacidade vetorial, comentada no Capítulo 15, são importantes ao permitir decisões sobre a necessidade e a temporização apropriada para medidas de controle preventivo. Contudo, em doenças humanas originadas de insetos, essas análises racionais são quase sempre substituídas pelas socioeconômicas, nas quais os níveis de insetos vetores que são tolerados em países menos desenvolvidos ou em áreas rurais requerem ações em países desenvolvidos ou comunidades urbanas.

Uma limitação do NDE é sua falta de adequação para pragas múltiplas, já que os cálculos ficam complicados. Contudo, se as lesões de pragas diferentes produzem o mesmo tipo de dano, ou se os efeitos de diferentes lesões são aditivos em vez de interativos, o NDE e o NC ainda podem ser aplicados. A capacidade de realizar decisões de manejo para um complexo de pragas (muitas pragas em uma cultura) é uma parte importante do manejo integrado de pragas (MIP) (seção 16.3).

Boxe 16.1 Insetos pragas exóticos nas culturas nos EUA

O comércio global ("comércio livre") trouxe passageiros acidentais, incluindo insetos nocivos, potenciais e reais, para nossas culturas e plantas ornamentais (ver seção 17.4). As inevitáveis pragas recém-chegadas e estabelecidas devem ser inspecionadas e medidas de controle devem ser planejadas. Neste boxe, discutimos uma ameaça de longa data e duas ameaças emergentes de insetos para a agricultura nos EUA como exemplos dessa questão.

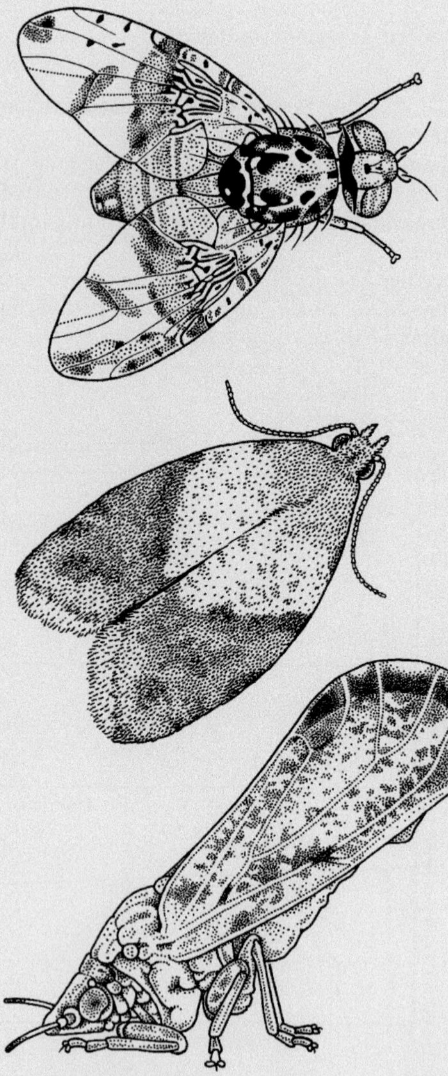

Mosca-da-fruta Tephritidae

As moscas da família Tephritidae incluem algumas das pragas mais problemáticas de agricultura, causando danos reais ou potenciais a muitos produtos comerciais de horticultura através do desenvolvimento larval no produto (seção 11.2.3). O dano econômico aos cultivadores não vem apenas das perdas nos cultivos, mas também das perdas na exportação devido a restrições de quarentena impostas pelos países importadores que não têm a praga. Embora existam moscas Tephritidae nativas que causam danos a frutas nos EUA, as espécies mais problemáticas para a agricultura vêm de outros lugares. A situação é particularmente ruim no Havaí. Lá, uma sequência de invasões de moscas *Bactrocera cucurbitae*, em 1895, a mosca-da-fruta do Mediterrâneo (*Ceratitis capitata*), em 1907, a mosca-da-fruta oriental (*Bactrocera dorsalis*), em 1945, depois da Segunda Guerra Mundial, e a mosca-da-fruta da Malásia (*Bactrocera latifrons*), em 1983, devastou o diverso e valioso setor de agricultura tropical. Como um centro comercial, o Havaí poderia atuar como uma fonte potencial de tais pragas para outros lugares ao redor do Pacífico, incluindo os EUA continental. Na Califórnia, de 1954 até 2012, 17 espécies de moscas-da-fruta foram detectadas, e mais de 240 projetos de erradicação foram realizados. A maioria das detecções envolveu as moscas *Ceratitis capitata*, a mosca-da-fruta oriental e a mosca-da-fruta mexicana (*Anastrepha ludens*). A mosca-da-fruta do Mediterrâneo *Ceratitis capitata* (mostrada na figura do topo) é potencialmente uma das pragas mais destrutivas conhecidas para a agricultura, já que pode atacar mais de 250 espécies de frutas e vegetais. Embora apresente uma preferência por frutas macias e carnosas, tais como pêssegos, damascos e cerejas, quase qualquer fruta e a maioria dos vegetais cultivados nas áreas temperadas e subtropicais dos EUA pode servir como hospedeiro para a larva se desenvolver.

Adultos e larvas de *Ceratitis capitata* são encontradas ao longo na maioria dos anos pelos programas de monitoramento por todo o estado a Califórnia e a erradicação de surtos envolve a TIE (técnica do inseto estéril), *sprays* de iscas, o descascamento de frutas e o aumento do uso de armadilhas. Entretanto, há controvérsias sobre se a espécie, de fato, foi eliminada, ou se está presente em níveis populacionais não detectáveis. A distinção é importante: perdas anuais estimadas de $ 1,3 a 1,8 bilhão de dólares podem incorrer no comércio de agricultura se essa praga se tornar (ou for declarada) uma presença permanente na Califórnia. Análises recentes de padrões históricos de captura e a modelagem da probabilidade de captura de moscas-da-fruta na Califórnia sugerem que algumas espécies, incluindo *Ceratitis capitata*, a mosca-da-fruta mexicana e a mosca-da-fruta oriental, estão estabelecidas e são amplamente distribuídas. A despeito desses resultados, os altos padrões fitossanitários praticados na Califórnia devem garantir que seus parceiros de negócios vão continuar classificando suas exportações como livres de risco com relação às moscas-da-fruta. Entretanto, caso o estado da Califórnia corte

(*continua*)

Boxe 16.1 Insetos pragas exóticos nas culturas nos EUA *(Continuação)*

o financiamento para o monitoramento de Tephritidae e para a eliminação de infestações detectadas, as consequências para os negócios serão terríveis.

Mariposa Epiphyas

A mariposa *Epiphyas postvittana* (Lepidoptera: Tortricidae) (mostrada na figura do meio), é nativa da Austrália, onde suas larvas são herbívoras generalistas que se alimentam de uma diversidade de plantas dicotiledônias, incluindo culturas nativas e comerciais. Na Nova Zelândia, onde ela é uma invasora bem estabelecida, a mariposa se alimenta da maioria das culturas de frutas, vegetais e ornamentais, tanto externas, quanto de estufas. As larvas danificam frutas e folhagem, sendo que as larvas dos últimos instares grudam as folhas aos frutos com teias de seda, abaixo das quais elas raspam a superfície do fruto, causando dano estético. Por outro lado, no Havaí, onde essa mariposa tem estado presente desde por mais de um século, o dano na horticultura é modesto e, no Reino Unido, a espécie tem estado presente sem maiores consequências econômicas por 70 anos. A determinação do risco de praga para essa espécie de mariposa nos EUA previu uma alta probabilidade de estabelecimento, com consequências graves proporcionais na fixação em culturas e em ecossistemas naturais americanos, incluindo perdas financeiras devido à quarentena que poderia ser imposta por países importadores, tais como o Japão. Como era aparentemente inevitável, em 2007 a espécie foi reconhecida na Califórnia (por um dos poucos lepidopterologistas com conhecimento suficiente para identificá-la). Dada sua conhecida ampla fitofagia e o valor da horticultura para o estado, esforços de controle foram assumidos rapidamente. Quarentena, inspeções em viveiros e medidas de controle derivadas da experiência da Nova Zelândia, baseadas em feromônios sintéticos da mariposa, foram estabelecidos na tentativa de erradicar a praga. Infelizmente, a espécie claramente já estava presente há algum tempo e foi encontrada em numerosos municípios ao redor de Bay Area ao norte e centro da Califórnia. A extensiva pulverização aérea de feromônio sobre os centros populacionais causou o alerta público e a preocupação com a imagem de "limpo, verde, orgânico" do estado, no meio de discussões sobre o quão nociva a mariposa *Epiphyas postvittana* poderia ser. Até 2012, a mariposa havia se espalhado para quase 20 municípios, principalmente costeiros, na Califórnia, mas, apesar das previsões, não havia atingido níveis de surtos, provavelmente devido aos inimigos naturais residentes, especialmente as vespas parasitoides generalistas que utilizam a mariposa em vez de outras mariposas hospedeiras. Ademais, uma expansão ainda maior da mariposa pode ser restrita por fatores climáticos, particularmente a temperatura e a aridez.

Psilídeo dos citros asiáticos e huanglongbing (HLB) (greening dos citros)

A doença vegetal conhecida como *huanglongbing* (HLB ou doença do dragão amarelo) ou *greening* dos citros nos EUA e com diversos nomes tais como clorose variegada dos citros ou amarelinho, é responsabilizada por devastar culturas de citros nos EUA e em outros locais. O patógeno, uma bactéria móvel limitada ao floema *Candidatus Liberibacter asiaticus* (Alphaproteobacteria), é transmitida pelo psilídeo dos citros asiáticos, *Diaphorina citri* (Hemiptera: Psyllidae) (mostrado na figura inferior). Esse psilídeo também pode transmitir bactérias proximamente relacionadas e, na África, o psilídeo africano, *Trioza erytreae*, transmite *Candidatus Leberibacter africanus*. A doença, como os nomes comuns sugerem, afeta os frutos e a cor das folhas dos citros, e reduz a qualidade, o sabor e a produção (assim como o fazem os fungos que crescem nos açúcares das excretas adocicadas produzidas por insetos sugadores de seiva). No final, o *huanglongbing* faz com que os citros e as árvores rutáceas proximamente relacionadas, tais como a murta (*Murraya paniculata*), enfraqueçam e morram. A doença foi descrita pela primeira vez em 1929, registrada na China em 1943 e a variante africana foi observada em 1947. O psilídeo dos citros asiáticos foi encontrado primeiramente no Brasil na década de 1940 e se espalhou para Guam, Porto Rico e Havaí e essas áreas estão em quarentena para os citros. No entanto, esse vetor para a doença foi encontrado na Flórida em 1998 e agora infecta a maioria das áreas produtoras de citros dos EUA, assim como boa parte da América do Sul e do Caribe. A própria doença começou a afetar a qualidade das frutas nos pomares de cítricos da Flórida em 2005, levando à redução do rendimento e do tamanho do fruto, com uma casca espessa que retém parte da cor verde do fruto não maduro (daí o nome de *greening*, esverdeamento). O manejo do psilídeo nos EUA depende fortemente do uso de inseticidas (gerando resistência evoluída no campo), assim como inclui o uso de inimigos naturais, particularmente uma vespa ectoparasitoide, *Tamarixia radiata* (Eulophidae), que foi introduzida na Flórida. Outro parasitoide primário de *D. citri*, a vespa endoparasitoide, *Diaphorencyrtus aligarhensis* (Encyrtidae), não consegui se estabelecer na Flórida e não compete bem onde *T. radiata* está presente. As taxas de infestação na Flórida são menores do que as esperadas, mas as Eulophidae se espalharam rapidamente, inclusive chegando acidentalmente até o Texas.

16.1.2 Por que insetos se tornam pragas?

Os insetos podem tornar-se pragas por um ou mais motivos. Em primeiro lugar, alguns insetos previamente inofensivos tornam-se pragas depois de sua introdução acidental (ou intencional) em áreas fora de sua distribuição nativa (p. ex., o escaravelho vermelho discutido no Boxe 1.5), onde podem escapar da influência controladora de seus inimigos naturais. Tais ampliações de distribuição permitiram a muitos insetos fitófagos previamente inócuos florescerem como pragas, em geral seguindo a propagação deliberada de suas plantas hospedeiras por meio do cultivo humano. Em segundo lugar, um inseto pode ser inofensivo até que ele se torne o vetor de um patógeno vegetal ou animal (incluindo humano). Por exemplo, os mosquitos vetores de malária e filariose ocorrem nos EUA, Inglaterra e Austrália, mas as doenças estão ausentes atualmente. Em terceiro lugar, insetos nativos podem se tornar pragas se eles se mudam de suas plantas nativas para as introduzidas; essa troca de hospedeiro é comum para insetos polífagos e oligófagos. Por exemplo, o besouro oligófago da batata mudou de outras plantas solanáceas hospedeiras para a batata, *Solanum tuberosum*, durante o século XIX (Boxe 16.7), e algumas larvas polífagas de *Helicoverpa* e *Heliothis* (Lepidoptera: Noctuidae) se tornaram pragas importantes do algodão cultivado e de outras culturas dentro da distribuição nativa das mariposas. Outros insetos polífagos que se alimentam de plantas, tais como a mariposa *Epiphyas postvittana* (Tortricidae) e várias moscas Tephritidae (Boxe 16.1), as quais mudaram de hospedeiro para plantas cultivadas na sua área de distribuição nativa, tornaram-se pragas importantes em outros países devido a introduções acidentais. Novas pragas estão aparecendo continuamente e algumas bem conhecidas estão se disseminando, concomitantemente com o comércio global em expansão (seção 17.4).

Um quarto problema relacionado é que os ecossistemas simplificados, virtualmente monoculturas, nos quais nossas plantas alimentícias e árvores florestais são cultivadas e em que nossos animais de criação crescem, criam agregados densos de recursos previsivelmente disponíveis que encorajam a proliferação de insetos especialistas e alguns generalistas. Certamente, o *status* de praga de muitas lagartas noctuídeas nativas é elevado pelo fornecimento de recursos alimentares abundantes. Além disso, os inimigos naturais de insetos pragas em geral requerem hábitats ou recursos alimentares mais diversos e são afastados das agromonoculturas. Em quinto lugar, além das monoculturas em grande escala, outros métodos de cultivo podem fazer com que espécies previamente benignas ou pragas secundárias se tornem as principais pragas. Práticas culturais, como o cultivo contínuo sem um período de parada, permitem o aumento da quantidade de insetos pragas. O uso inapropriado ou prolongado de inseticidas pode eliminar inimigos naturais dos insetos fitófagos à medida que seleciona inadvertidamente a resistência a inseticidas nesses últimos. Livres dos inimigos naturais, outras espécies previamente não pragas às vezes aumentam em número até que atinjam os NC. Esses problemas do uso de inseticida são discutidos em mais detalhes na seção 16.2.

Algumas vezes, a razão primária de um inseto que causa incômodos menores se tornar uma praga importante não é clara, pelo menos até que pesquisas extensivas sejam conduzidas. Essa mudança de *status* pode ocorrer de maneira repentina e nenhuma das explicações convencionais dadas anteriormente pode ser totalmente satisfatória sozinha ou combinada com as outras. Um exemplo é a ascensão à notoriedade de uma mosca-branca, que é variavelmente conhecida como *Bemisia tabaci* biotipo B ou *Bemisia argentifolii*, ou o grupo Oriente Médio – Ásia Menor 1 (ver Boxe 16.2). Embora essa mosca-branca agora pareça ser uma espécie geneticamente distinta que foi transportada acidentalmente ao redor do mundo, seu *status* de praga pode estar mais ligado à sua capacidade de induzir mudanças fisiológicas deletérias em plantas hospedeiras, do que a uma transmissão mais eficiente de vírus ou a falta de inimigos naturais em áreas aonde foi introduzida.

Boxe 16.2 Bemisia tabaci | Um complexo de espécies praga

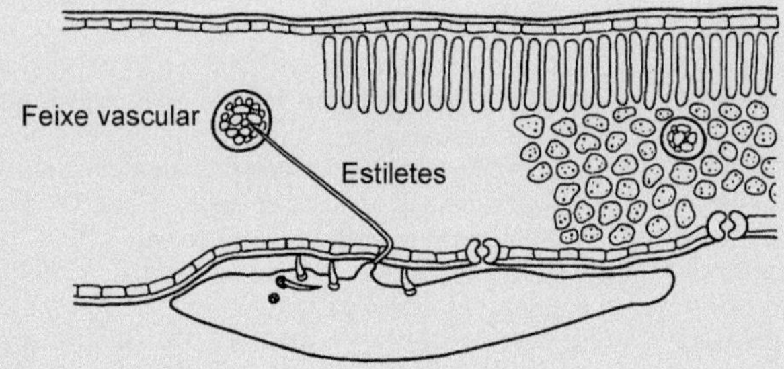

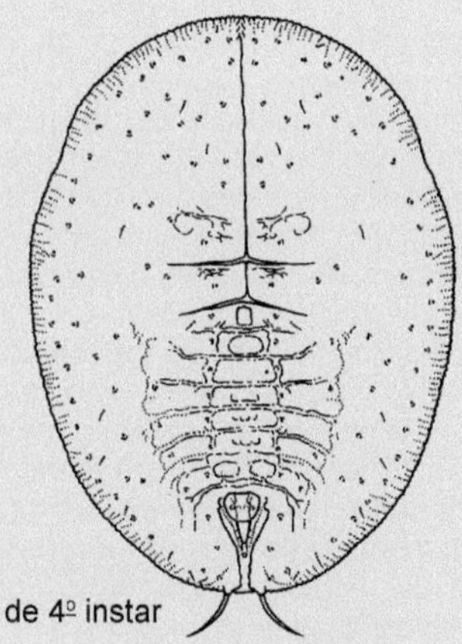

Dorso da ninfa de 4º instar

Bemisia tabaci, com frequência chamada de mosca-branca do tabaco ou da batata-doce, é uma mosca-branca (Hemiptera: Aleyrodidae) polífaga e predominantemente tropical/subtropical, que se alimenta de numerosas plantas fibrosas (em particular algodão), alimentícias e ornamentais. As ninfas sugam a seiva do floema de nervuras pequenas (como ilustrado de maneira diagramática à esquerda da figura, segundo Cohen *et al.*, 1998). Suas peças bucais afiladas (seção 11.2.4; Figura 11.4) devem encontrar um feixe vascular adequado para que os insetos se alimentem com sucesso. As moscas-brancas provocam dano à planta por induzirem mudanças fisiológicas em alguns hospedeiros, como o amadurecimento irregular no tomate e o embranquecimento das folhas de abóbora e abobrinha, ao sujá-las com suas excretas líquidas adocicadas e provocar o subsequente crescimento de fungos, além de por meio da transmissão de numerosos begomovírus (Geminiviridae) que causam doenças nas plantas. Aparentemente, os endossimbiontes primários de *B. tabaci* (Gammaproteobacteria: *Candidatus* Portiera aleyrodidarum) medeiam a transmissão de begomovírus através dessas moscas-brancas, de maneira semelhante à maior transmissão de luteovírus devido aos endossimbiontes *Buchnera* dos afídios (seção 3.6.5).

As infestações de *B. tabaci* ficaram mais graves desde o começo dos anos 1980, em decorrência da agricultura intensiva contínua, com alta dependência de inseticidas, e da dispersão possivelmente relacionada do que é uma forma virulenta do inseto ou uma espécie próxima morfologicamente indistinguível. A área provável de origem dessa praga, quase sempre chamada de *B. tabaci* biotipo B, é a região do Oriente Médio – Ásia Menor. Desde os anos 1990, certos entomólogos (em especial nos EUA) reconhecem a praga grave como uma espécie separada, *B. argentifolii*, conhecida nos EUA como *silverleaf whitefly* (mosca-branca da folha prateada; a ninfa de quarto instar ou "pupário" está representada à direita, com base em Bellows *et al.*, 1994), assim denominada em razão dos sintomas foliares que ela causa na abóbora e na abobrinha. *Bemisia argentifolii* exibe diferenças cuticulares pequenas e lábeis com relação a outras formas ou biotipos de *B. tabaci*, porém não foi encontrada nenhuma característica morfológica confiável para separá-las. Contudo, claras informações mitocondriais, de alozimas e outras informações genéticas permitem o reconhecimento de muitos biotipos de *B. tabaci*. Alguns biotipos exibem incompatibilidade reprodutiva variável, como mostrado por experimentos com cruzamentos.

O aparecimento e a dispersão súbitos dessa praga aparentemente nova, *B. tabaci* biotipo B ou *B. argentifolii*, ou o grupo genético "Oriente Médio – Ásia Menor 1", realçam a importância de reconhecer diferenças taxonômicas e biológicas sutis entre táxons de insetos economicamente importantes. Análises recentes de sequências de *citocromo c oxidase* subunidade I sugerem que *B. tabaci* seja um complexo de espécies-irmãs com mais de 35 entidades geneticamente distintas, algumas das quais incluem mais de um dos 40 biotipos reconhecidos. Um argumento convincente foi proposto para se abandonar a classificação ilusória em biotipos, e em vez disso, reconhecer as entidades geneticamente e, provavelmente, reprodutivamente distintas, como espécies morfologicamente indistinguíveis.

É plausível que a seleção forte, resultando de uso intenso de inseticidas, possa selecionar espécies ou linhagens particulares de moscas-brancas (ou de suas bactérias simbiontes) que são mais resistentes aos produtos químicos. O controle biológico efetivo das moscas-brancas *Bemisia* é possível pela utilização de vespas parasitoides hospedeiro-específicas, tais como espécies de *Encarsia* e *Eretmocerus* (Aphelinae). Contudo, a aplicação intensiva e frequente de inseticidas de amplo espectro afeta o controle biológico de maneira adversa. Até mesmo *B. tabaci* biotipo B pode ser controlada se o uso de inseticidas for reduzido.

16.2 EFEITOS DOS INSETICIDAS

Os inseticidas químicos desenvolvidos durante e após a Segunda Guerra Mundial eram inicialmente efetivos e baratos. Os fazendeiros passaram a contar com os novos métodos químicos de controle de pragas, que rapidamente substituíram formas tradicionais de controle químico, cultural e biológico. Os anos 1950 e 1960 foram épocas de explosão no uso de inseticidas, mas o uso continuou a aumentar, de modo que a aplicação de inseticidas é ainda a única tática principal de controle de pragas empregada atualmente. Embora as populações de pragas sejam eliminadas pelo uso de inseticidas, efeitos não desejáveis incluem os seguintes:

- Seleção de insetos que são geneticamente resistentes aos produtos químicos (seção 16.2.1)
- Destruição de organismos não planejados, incluindo polinizadores, os inimigos naturais das pragas e artrópodes de solo
- Ressurgimento da praga – como uma consequência dos dois primeiros efeitos mencionados, um aumento dramático no número de pragas-alvo pode ocorrer (p. ex., várias explosões da cochonilha-australiana como um resultado do uso de diclorodifeniltricloroetano (DDT) na Califórnia, nos anos 1940 (Boxe 16.3)). Se os inimigos naturais se recuperam muito mais devagar do que a população da praga, a última pode exceder os níveis encontrados antes do tratamento com inseticidas
- Explosão secundária de praga – uma combinação da eliminação da praga que era o alvo original e os dois primeiros efeitos mencionados pode levar insetos previamente não considerados pragas a ficarem livres do controle e se tornarem as principais pragas.
- Efeitos ambientais adversos, resultando em contaminação do solo, dos sistemas aquáticos e dos próprios produtos com compostos químicos que se acumulam biologicamente (em especial em vertebrados) como resultado da bioampliação através das cadeias alimentares.
- Risco direto à saúde humana por meio do manuseio e do consumo de inseticidas, ou indireto, por meio da exposição a fontes ambientais.

Boxe 16.3 Cochonilha-australiana

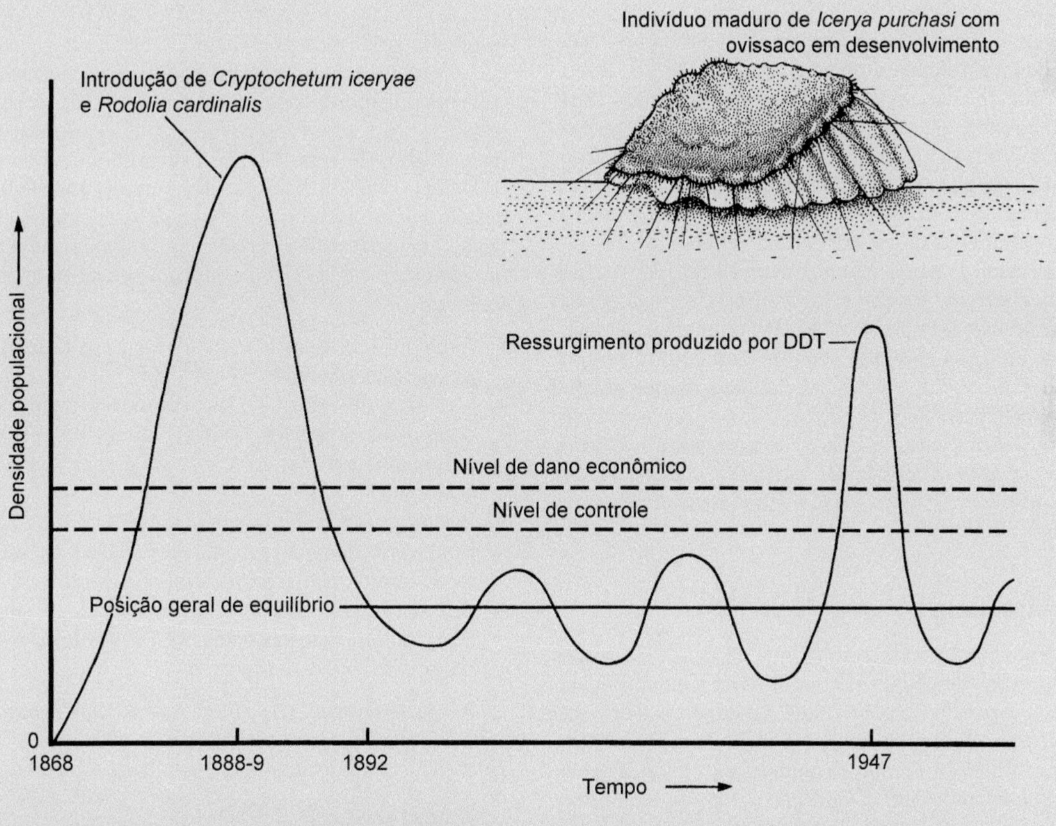

Um exemplo de um sistema de controle biológico clássico espetacularmente bem-sucedido é o controle das infestações da cochonilha-australiana, *Icerya purchasi* (Hemiptera: Monophlebidae; ver Prancha 8B), em pomares de cítricos na Califórnia de 1889 em diante, como ilustrado no gráfico acima (segundo Stern *et al.*, 1959). O controle foi interrompido apenas pelo uso de DDT, o qual matou os inimigos naturais e permitiu o ressurgimento da cochonilha-australiana.

O adulto hermafrodita autofecundante dessa cochonilha produz um ovissaco estriado branco característico (ver junto ao gráfico e a Prancha 8B) sob o qual várias centenas de ovos são postos. Esse modo de reprodução, no qual um único indivíduo imaturo pode estabelecer uma nova infestação, combinado com a polifagia e a capacidade para o multivoltinismo em climas quentes, faz da cochonilha-australiana uma praga potencialmente séria. Na Austrália, o país de origem dessa cochonilha, as populações são mantidas em controle por inimigos naturais, especialmente joaninhas (Coleoptera: Coccinellidae) e moscas parasitas (Diptera: Cryptochetidae).

A cochonilha-australiana foi relatada pela primeira vez nos EUA por volta de 1868 em uma *Acacia* crescendo em um parque no norte da Califórnia. Em 1886, ela estava devastando a nova indústria em expansão de cítricos no sul da Califórnia. Inicialmente, a

(*continua*)

Boxe 16.3 Cochonilha-australiana (*Continuação*)

distribuição nativa dessa praga era desconhecida, mas correspondências entre entomólogos nos EUA, Austrália e Nova Zelândia identificaram a Austrália como a fonte. O impulso para a introdução de inimigos naturais exóticos veio de C.V. Riley, Chefe da Divisão de Entomologia do Departamento de Agricultura dos EUA. Ele providenciou que A. Koebele coletasse os inimigos naturais na Austrália e Nova Zelândia de 1888 a 1889 e os enviasse a D.W. Coquillett para criação e liberação nos pomares da Califórnia. Koebele obteve muitas cochonilhas-australianas infectadas com moscas de *Cryptochetum iceryae* e também coccinelídeos de *Rodolia cardinalis*. A mortalidade durante os vários carregamentos foi alta e apenas cerca de 500 joaninhas chegaram vivas aos EUA; essas foram criadas e distribuídas para todos os criadores de cítricos da Califórnia com resultados surpreendentes. As joaninhas se alimentaram das infestações da cochonilha-australiana, a indústria de cítricos foi salva e o controle biológico se tornou popular. A mosca parasita foi grandemente esquecida nesses primeiros dias de entusiasmo com os predadores coccinelídeos. Milhares de moscas foram importadas como resultado das coletas de Koebele, mas o estabelecimento a partir dessa fonte é duvidoso. Talvez a principal ou única fonte das populações presentes de *C. iceryae* na Califórnia seja um lote enviado no fim de 1887 por F. Crawford de Adelaide, Austrália, a W.G. Klee, o Inspetor do Estado da Califórnia para Pragas de Frutos, que realizou solturas perto de São Francisco no começo de 1888, antes que Koebele tenha visitado a Austrália.

Hoje, tanto *R. cardinalis* quanto *C. iceryae* controlam as populações de *I. purchasi* na Califórnia, sendo que a joaninha é dominante nas áreas de cítricos quentes e secas do interior e a mosca é mais importante na região litorânea mais amena; a competição interespecífica pode ocorrer se as condições forem adequadas para ambas espécies. Além disso, a joaninha, e, em um grau menor, a mosca, foi introduzida com sucesso em vários países ao redor do mundo em qualquer lugar onde *I. purchasi* tenha se tornado uma praga, incluindo as Ilhas Galápagos onde plantas nativas estavam ameaçadas. Tanto o predador quanto o parasitoide se mostraram ser reguladores efetivos das quantidades de cochonilhas-australianas, presumivelmente devido à sua especificidade e capacidade de busca efetiva, ajudada pela dispersão limitada e comportamento de agregação da sua cochonilha-alvo. Infelizmente, poucos sistemas de controle biológico subsequentes envolvendo coccinelídeos desfrutaram do mesmo sucesso.

Apesar do aumento do uso de inseticidas, o dano provocado pelas pragas de insetos aumentou; por exemplo, o uso de inseticidas nos Estados Unidos aumentou em dez vezes dos anos 1950 até 1985, ao passo que a proporção de safras perdidas para os insetos quase dobrou (de 7% para 13%) durante o mesmo período. Esse quadro não significa que os inseticidas não controlaram os insetos, porque os insetos não resistentes são claramente mortos por venenos químicos. Em vez disso, uma série de fatores são responsáveis por esse desequilíbrio entre os problemas com pragas e as medidas de controle. O comércio humano acelerou a dispersão de pragas para áreas fora da distribuição de seus inimigos naturais. A seleção por culturas com alta produtividade quase sempre resultou inadvertidamente em suscetibilidade a insetos pragas. Monoculturas extensas são corriqueiras, com a redução do saneamento e de outras práticas culturais como a rotação de culturas. Finalmente, o *marketing* comercial agressivo dos inseticidas químicos levou ao seu uso inapropriado, talvez especialmente nos países em desenvolvimento.

16.2.1 Resistência a inseticidas

A resistência aos inseticidas é o resultado da seleção de indivíduos que são predispostos geneticamente a sobreviver a um inseticida. A tolerância, a capacidade de um indivíduo de sobreviver a um inseticida, não tem relação nenhuma com a base da sobrevivência. A resistência evoluída em campo é a diminuição, com base genética, na suscetibilidade de uma população a um inseticida (uma toxina) causada pela exposição ao inseticida em campo. Ao longo das últimas décadas, mais de 700 espécies de artrópodes pragas desenvolveram resistência a um ou mais inseticidas, assim como resistência a toxinas que têm sido inseridas por meio de engenharia genética nas principais plantas de cultivo (ver seção 16.6.1).

A mosca-branca do tabaco (Boxe 16.2), o besouro-da-batata (Boxe 16.7) e a traça das crucíferas (ver discussão sobre *Bacillus thuringiensis* (Bt) na seção 16.5.2) são resistentes a virtualmente todos os produtos químicos disponíveis para o controle. O controle dessas e de muitas outras pragas, com base em produtos químicos, pode tornar-se relativamente ineficaz em breve porque muitos mostram resistência múltipla ou cruzada. A resistência cruzada é o fenômeno de um mecanismo de resistência a um inseticida conferindo tolerância a outro. A resistência múltipla é a ocorrência, em uma única população de insetos, de mais de um mecanismo de defesa contra um dado composto, ou a resistência a diversos compostos devido à expressão de múltiplos mecanismos de resistência. A dificuldade de se distinguir a resistência cruzada da resistência múltipla apresenta um grande desafio à pesquisa sobre resistência a inseticidas. Os *loci* de genes envolvidos na resistência podem interagir de maneira sinérgica, antagonista ou aditiva. Os mecanismos de resistência a inseticidas incluem:

- Aumento de comportamentos de fuga; alguns inseticidas, como os derivados de nim e os piretroides, podem repelir insetos
- Mudanças fisiológicas, tais como sequestro (deposição de compostos químicos tóxicos em tecidos especializados), permeabilidade (penetração) cuticular reduzida ou excreção acelerada
- Desintoxicação bioquímica (chamada de resistência metabólica) mediada por enzimas especializadas, tais como esterases, mono-oxigenases e glutationa S-transferases
- Aumento da tolerância como resultado de sensibilidade reduzida à presença do inseticida no seu sítio de ação (chamada de resistência no sítio de ação).

A lagarta-da-maçã, *Heliothis virescens* (Lepidoptera: Noctuidae), uma das principais pragas do algodão nos Estados Unidos, exibe resistência comportamental, à penetração, metabólica e no sítio de ação.

Insetos fitófagos, em especial os polífagos, com frequência desenvolvem resistência mais rapidamente do que seus inimigos naturais. Os herbívoros polífagos podem estar pré-adaptados para evoluir a resistência a inseticidas porque eles apresentam mecanismos gerais de desintoxicação para compostos secundários encontrados entre suas plantas hospedeiras. Certamente, a desintoxicação de produtos químicos inseticidas é a forma mais comum de resistência a inseticidas. Além disso, os insetos que mastigam plantas ou consomem os conteúdos celulares não vasculares parecem ter maior capacidade de evoluir a resistência a pesticidas se comparados às espécies que se alimentam de floema ou xilema. A resistência também se desenvolveu sob condições de campo em alguns inimigos naturais artrópodes (p. ex., alguns neurópteros, vespas parasitas e ácaros predadores), embora poucos tenham sido testados. Encontrou-se variabilidade intraespecífica nas tolerâncias a inseticidas entre certas populações sujeitas a diferentes doses de inseticidas.

A resistência a inseticidas no campo é baseada em relativamente poucos genes (resistência monogênica), isto é, decorrente de variantes alélicas em apenas um ou dois *loci*. Aplicações propositais de produtos químicos em campo para matar todos os indivíduos levam à rápida evolução da resistência, porque a seleção forte favorece novas variantes, como alelos muito raros, para resistência presentes em um único *locus*. Por outro lado, a seleção em laboratório quase sempre é mais fraca, produzindo resistência poligênica. A resistência, em um único gene, a inseticidas poderia também ser resultante de modos de ação muito específicos de certos inseticidas, os quais permitem pequenas mudanças no sítio de ação para conferir resistência.

O manejo da resistência a inseticidas requer um programa de uso controlado de produtos químicos com as metas primárias de: (i) evitar ou (ii) reduzir o desenvolvimento de resistência nas populações de pragas; (iii) provocar, nas populações resistentes, a reversão a níveis mais suscetíveis; e/ou (iv) favorecer a resistência em inimigos naturais selecionados. As táticas para o manejo da resistência podem envolver manter reservatórios de insetos pragas suscetíveis (em refúgios ou por imigração a partir de áreas não tratadas) para promover a diluição de quaisquer genes resistentes, variar a dose ou a frequência de aplicação de inseticidas, utilizar produtos químicos menos permanentes e/ou aplicar inseticidas com uma rotação ou sequência de produtos químicos diferentes ou como uma mistura. A estratégia ótima para retardar a evolução da resistência é utilizar inseticidas apenas quando o controle por inimigos naturais não consegue reduzir o dano econômico. Além disso, o monitoramento da resistência deveria ser um componente integral do manejo, uma vez que ele permite a antecipação de problemas e a determinação da efetividade das táticas operacionais de manejo.

O reconhecimento dos problemas discutidos anteriormente, o custo dos inseticidas, uma forte reação do consumidor a práticas agronômicas ambientalmente danosas e a contaminação química dos produtos levou ao atual desenvolvimento de métodos alternativos de controle de pragas. Em alguns países e para certas culturas, os controles químicos cada vez mais são integrados a, e às vezes substituídos por, outros métodos.

16.3 MANEJO INTEGRADO DE PRAGAS

Historicamente, o manejo integrado de pragas (MIP) foi primeiramente estimulado durante os anos 1960, como um resultado da falha de inseticidas químicos, em especial na produção de algodão, a qual, em algumas regiões, necessitava de pelo menos 12 aplicações por safra. A filosofia do MIP é limitar o dano econômico à safra e ao mesmo tempo minimizar os efeitos adversos nos organismos não alvo na lavoura e no ambiente circundante e nos consumidores do produto. O MIP bem-sucedido precisa de um conhecimento completo sobre a biologia dos insetos praga, seus inimigos naturais e da planta, para permitir o uso racional de várias técnicas de cultivo e controle sob diferentes circunstâncias. Se os pesticidas forem aplicados como parte do MIP, então o nível de controle ou os limites de tratamento devem ser utilizados, e seus efeitos nos inimigos naturais, monitorados. O conceito-chave no MIP é a integração das (ou compatibilidade entre) táticas de manejo de pragas. Os fatores que regulam as populações de insetos (e outros organismos) são variados e inter-relacionados de maneira complexa. Assim, o MIP bem-sucedido requer um conhecimento tanto dos processos populacionais (p. ex., crescimento e capacidades reprodutivas, competição e efeitos de predação e parasitismo) quanto dos ambientais (p. ex., clima, condição dos solos, distúrbios como fogo e disponibilidade de água, nutrientes e abrigo), alguns dos quais são primariamente estocásticos na natureza e podem exercer efeitos previsíveis ou imprevisíveis sobre as populações de insetos. A forma mais avançada de MIP também leva em consideração os custos e benefícios sociais e ambientais em um contexto ecossistêmico, quando se tomam as decisões de manejo. São feitos esforços para conservar a saúde e a produtividade dos ecossistemas a longo prazo, com uma filosofia que se aproxima daquela da agricultura orgânica. Um dos poucos exemplos desse MIP avançado é o manejo de insetos pragas no arroz irrigado tropical, em que há o treinamento coordenado dos agricultores por outros agricultores e pesquisa de campo envolvendo as comunidades locais para executar o MIP de forma bem-sucedida. Ao redor do mundo, outros sistemas de MIP funcionais incluem os campos de algodão, alfafa e cítricos em certas regiões, e muitas culturas em estufas.

Apesar das vantagens econômicas e ambientais do MIP, a instalação dos sistemas avançados de MIP tem sido vagarosa, até mesmo em países desenvolvidos. Com frequência, o que é chamado de MIP é simplesmente o "manejo integrado de pesticidas" (às vezes chamado de MIP de primeiro nível), com os consultores de pragas monitorando as plantações para determinar quando aplicar inseticidas. Os motivos universais para a falta de adoção de um MIP avançado incluem:

- Falta de dados suficientes sobre a ecologia de muitos insetos praga e seus inimigos naturais
- Necessidade de conhecimento sobre o NDE para cada praga de cada cultura
- Necessidade de pesquisas interdisciplinares para se obterem as informações descritas
- Riscos de danos causados por pragas a plantações, associados a estratégias de MIP
- Aparente simplicidade do controle feito totalmente por inseticidas, combinado com pressões mercadológicas das empresas de pesticidas
- Necessidade de treinar fazendeiros, fiscais de agricultura, silvicultores e outros nos novos princípios e métodos; e, mais importante,
- O dilema de se escolher entre atividades de MIP para campos individuais que fornecem os melhores retornos econômicos a curto prazo e atividades de MIP que são melhores se implementadas regionalmente e têm benefícios a longo prazo, incluindo benefícios ambientais que se aplicam a mais do que fazendas individuais.

Um MIP bem-sucedido com frequência requer extensas pesquisas biológicas. Essas pesquisas aplicadas provavelmente não serão financiadas por muitas empresas industriais porque o MIP pode reduzir seu mercado de inseticidas. Contudo, o MIP incorpora o uso de inseticidas químicos, mas em um nível reduzido, embora seu principal foco seja o estabelecimento de diversos outros métodos de controlar pragas de insetos. Esses métodos em geral envolvem modificar o ambiente físico ou biológico do inseto ou, mais raramente, impor mudanças nas propriedades genéticas do inseto. Dessa maneira, as medidas de controle que podem ser usadas no MIP incluem: inseticidas, controle biológico, controle cultural, melhoramento da resistência da planta e técnicas que interfiram com a fisiologia ou reprodução da praga, em especial métodos de controle genéticos (p. ex., técnica de insetos estéreis; seção 16.10), semioquímicos (p. ex., feromônios) e reguladores de crescimento dos insetos. O restante deste capítulo discute os vários princípios e métodos do controle de insetos pragas que poderiam ser empregados nos sistemas de MIP.

16.4 CONTROLE QUÍMICO

Apesar dos riscos dos inseticidas convencionais, um certo uso é inevitável. Contudo, a escolha e a aplicação cuidadosa do produto químico podem reduzir o dano ecológico. Doses supressoras cuidadosamente temporizadas podem ser liberadas em estágios vulneráveis do ciclo de vida das pragas ou quando uma população de pragas está para explodir em quantidade. O uso apropriado e eficiente exige um conhecimento completo da biologia da praga no campo e uma avaliação das diferenças entre os inseticidas disponíveis

Uma série de produtos químicos foi desenvolvida com o propósito de matar insetos. Esses produtos entram no corpo dos insetos pela penetração através da cutícula, chamada de ação de contato ou entrada dérmica, por meio da inalação no sistema traqueal ou pela ingestão oral para o sistema digestivo. A maioria dos venenos de contato também age como venenos estomacais, se ingeridos pelo inseto, e os produtos químicos tóxicos que são ingeridos pelo inseto após o deslocamento pela planta hospedeira são chamados de inseticidas sistêmicos. Fumigantes utilizados para controlar insetos são os venenos de inalação. Alguns produtos químicos podem agir simultaneamente como venenos de inalação, de contato e estomacais. Os inseticidas químicos em geral apresentam um efeito agudo e seu modo de ação (*i. e.*, método de causar a morte) é por meio do sistema nervoso, pela inibição da acetilcolinesterase (uma enzima essencial para a transmissão dos impulsos nervosos nas sinapses) ou pela ação direta nas células nervosas. A maioria dos inseticidas sintéticos (incluindo os piretroides) são venenos nervosos. Outros inseticidas químicos afetam os processos metabólicos ou do desenvolvimento dos insetos, seja por imitarem ou interferirem com a ação de hormônios, seja por afetarem a bioquímica da produção de cutícula. Estão incluídas, após as seções sobre inseticidas e reguladores de crescimento de insetos, duas subseções que cobrem o uso potencial de neuropeptídios e interferência por RNA no controle de insetos. Ambos os métodos envolvem a engenharia genética de plantas ou vírus como sistemas de distribuição.

16.4.1 Inseticidas (venenos químicos)

Os inseticidas químicos podem ser produtos sintéticos ou naturais. Produtos naturais derivados de plantas, geralmente chamados de inseticidas botânicos, incluem:

- Alcaloides, incluindo a nicotina do tabaco
- Rotenona e outros rotenoides das raízes de leguminosas (Fabaceae)
- Piretrinas, derivadas de flores de *Tanacetum cinerariifolium* (antes em *Pyrethrum* e depois em *Chrysanthemum*)
- Óleos essenciais derivados de plantas aromáticas
- Nim, isto é, extratos da árvore *Azadirachta indica* (Meliaceae). Essas árvores apresentam uma longa história de uso como inseticidas. A árvore de nim é famosa, em especial na Índia, no Paquistão e em algumas áreas da África, por suas propriedades anti-insetos. A abundância de árvores de nim em muitos países em desenvolvimento significa que fazendeiros com poucos recursos têm acesso a inseticidas não tóxicos para controlar pragas de cultura e de produtos armazenados.

Alcaloides inseticidas são usados desde o século XVII, e o piretro desde pelo menos o começo do século XIX. Embora os inseticidas baseados em nicotina tenham sido abandonados por motivos que incluem a alta toxicidade aos mamíferos e a atividade inseticida limitada, a nova geração de nicotinoides ou neonicotinoides, os quais são pesticidas sintéticos modelados na nicotina natural, apresentam um grande mercado, em particular o inseticida sistêmico imidacloprid, que é utilizado contra diversos insetos praga (ver adiante e o Boxe 16.4). Os neonicotinoides atingem seletivamente os receptores nicotínicos de acetilcolina (nAchRs) no sistema nervoso central do inseto e causam paralisia e morte, frequentemente em algumas poucas horas. Os rotenoides são venenos mitocondriais que matam os insetos pela falência respiratória, mas também envenenam peixes e devem ser mantidos longe dos corpos d'água. As piretrinas (e os piretroides sintéticos estruturalmente relacionados) são especialmente efetivas contra larvas de Lepidoptera, matam com o contato mesmo em doses baixas e apresentam baixa persistência ambiental. Uma vantagem da maioria das piretrinas e piretroides e também dos derivados de nim é sua toxicidade muito menor a mamíferos e aves, se comparados com inseticidas sintéticos, embora os piretroides sejam altamente tóxicos para peixes. Muitos insetos praga desenvolveram resistência a piretroides. Extratos do cerne das sementes e das folhas de nim agem como repelentes, agentes contra a alimentação e/ou inibidores de crescimento. O principal composto ativo nas sementes é azadiractina (AZ), um limonoide. Os derivados de nim podem repelir, evitar o estabelecimento e/ou inibir a oviposição, inibir ou reduzir o consumo de alimento, interferir na regulação do crescimento (como discutido na seção 16.4.2), bem como reduzir a fertilidade, a longevidade e o vigor dos adultos. Em anos recentes, o interesse pelo uso de óleos essenciais como inseticidas de baixo risco tem aumentado. Esses óleos são produzidos pela destilação do material vegetal e contêm misturas de terpenos voláteis e, em menor grau, fenólicos que podem ter efeitos inseticida, repelente e/ou redutores de crescimento de insetos. Os óleos essenciais atuam por contato ou inalação e têm efeitos neurotóxicos nos insetos. Os requisitos de registro têm reduzido o uso de óleos essenciais como inseticidas, mas o óleo de laranja é permitido na França para o controle de problemas selecionados de moscas-brancas e alguns outros produtos são comercializados nos Estados Unidos.

As spinosinas formam um tipo único de inseticidas baseados em metabólitos das bactérias que ocorrem naturalmente no solo, *Saccharopolyspora spinosa* e *S. pogona*. Atualmente, existem dois tipos comerciais do produto: o spinosad que contém uma mistura de spinosina A e spinosina D e o spinetoram que é uma mistura de dois derivados de spinosina semissintéticos. As spinosinas afetam o sistema nervoso dos insetos, de forma relacionada àquela dos neonicotinoides. O spinosad age relativamente rápido (morte em 1 a 2 dias), e mata os insetos mediante contato ou após ser ingerido. O spinosad degrada rapidamente com a exposição à luz, tem baixa toxicidade aos mamíferos, toxicidade leve a moderada às aves, peixes e invertebrados aquáticos, e pode ter toxicidade de campo reduzida para insetos benéficos. Alguns estudos em campo e laboratório têm demonstrado resistência a spinosinas por insetos.

As outras grandes classes de inseticidas não apresentam análogos naturais. Esses são os carbamatos sintéticos (p. ex., aldicarb, carbaril, carbofuran, metiocarb, metomil, propoxur), organofosforados (p. ex., cloropirifós, diclorvós, dimetoato, malation, paration, forato) e organoclorados (também chamados de hidrocarbonetos clorados, por exemplo, aldrin, clordane, DDT (**d**icloro**d**ifenil**t**ricloroetano), dieldrina, endossulfan, hexacloreto de γ-benzeno (lindane), heptaclor). Certos organoclorados (p. ex., aldrin, clordane, dieldrina, endossulfan e heptaclor) são conhecidos como ciclodienos em virtude de sua estrutura química. Uma classe relativamente nova de inseticidas são os fenilpirazóis (ou fiproís, com algumas similaridades com DDT), dos quais o mais amplamente utilizado é o fipronil, vendido como marcas registradas tais como Frontline®, MaxForce®, Regent® e Termidor®, e estão registrados para diversos usos como inseticidas.

Boxe 16.4 Inseticidas neonicotinoides

A planta do tabaco, *Nicotiana tabacum*, foi introduzida das Américas para a Europa em meados do século XVI para servir como fumo, mas em menos de um século sua utilidade como um inseticida e repelente de inseto foi bem reconhecida. *Nicotiana* pertence à família Solanaceae, contém muitos alcaloides, alguns dos quais são psicotrópicos, enquanto outros apresentam toxicidade variada. A nicotina, um potente estimulante, compõe até cerca de 6% do peso seco do tabaco, é induzível em plantas como uma defesa química anti-herbivoria. Até os 1950, a nicotina inseticida derivada de resíduos da indústria do tabaco era utilizada amplamente como um pó para as lavouras ou um sulfato aquoso, com uma produção anual máxima de cerca de 2.500 toneladas. Curiosamente, embora derivada diretamente de plantas, a nicotina nunca foi permitida em produções orgânicas.

Devido à toxicidade para animais (incluindo humanos), custos de produção e a disponibilidade de um inseticida sintético alternativo, o uso da nicotina diminuiu. Contudo, o seu modo de ação na ligação aos receptores colinérgicos no sistema nervoso do inseto foi emulado na síntese bioquímica de novos químicos que se assemelham à nicotina, os neonicotinoides. Os neonicotinoides são apresentados como representando menor ameaça aos mamíferos e ao ambiente e são mais flexíveis na aplicação, incluindo aplicações solúveis em água e revestimento de sementes, com captação pelas plantas como um pesticida sistêmico. Isto é, o inseticida é absorvido do solo pelas raízes ou a partir de borrifos foliares e se torna distribuído em todos os tecidos da planta. Neonicotinoides geralmente são aplicados como um revestimento nas sementes antes de serem semeadas: nas principais áreas de produção dos EUA e do Canadá praticamente todas as sementes de milho e de soja são tratadas, independentemente do nível de ameaça real por insetos. Os benefícios alegados são a redução dos danos por insetos do solo que se alimentam das raízes, insetos que se alimentam de floema acima e abaixo do solo e besouros que consomem as folhas e os ramos.

Desde que os neonicotinoides ficaram disponíveis há cerca de duas décadas, uma série desses pesticidas, especialmente a imidacloprida, passaram a dominar o controle de insetos em aplicações nos agroecossistemas aráveis, horticulturas e jardins domésticos. Esse período coincide com o reconhecimento cada vez maior das perdas de insetos benéficos, especialmente as abelhas melíferas (ver síndrome do colapso da colônia SCC, Boxe 12.3), mas também as mamangabas e outros insetos não alvo que não se alimentam diretamente nas plantas tratadas. Para muitos ambientalistas, os neonicotinoides representam ameaças comparáveis com aquelas associadas com o DDT há 50 anos, com amplas repercussões negativas em ecossistemas. Para cientistas (e a maioria dos políticos) preocupados em aumentar a produção barata de comida para uma população global cada vez maior, os riscos são não comprovados, pequenos e/ou gerenciáveis.

As rápidas aprovações desses químicos, por exemplo pela US Environmental Protection Agency (EPA), parecem ter sido concedidas sem os testes adequados para os efeitos de doses ultrabaixas em organismos não alvo e vários outros efeitos subletais – dependendo exclusivamente de estudos conduzidos pela indústria. A exposição recente de abelhas melíferas a níveis de neonicotinoides comparáveis àqueles encontrados em néctar e pólen de plantas visitadas em paisagens agrícolas induziram a desorientação, alteraram a memória olfatória e causaram outros sintomas neurológicos observados na SCC. O declínio dos insetos, por exemplo no Reino Unido e boa parte da Europa Ocidental, é indiscutível, assim como o declínio em muitas aves insetívoras – no entanto, é quase impossível desmembrar as causas, uma vez que a intensificação em andamento da agricultura e a perda da diversidade de hábitats é visível para todos. É na Europa continental que as restrições sobre os inseticidas neonicotinoides são mais prevalentes. Depois de ações unilaterais por vários países, com base, principalmente, em evidência circunstancial, a European Food Safety Authority produziu um relatório revisado por pares sobre o uso seguro de três neonicotinoides. Como resultado, a Comissão Europeia recomendou, como precaução, o cessamento do tratamento das sementes, aplicação no solo (grânulos) e tratamentos foliares em plantios atrativos para abelhas, e a maioria dos países-membros concordou. Nos EUA, a EPA está no meio do processo de voltar a registrar os neonicotinoides, sob pressão de uma coalizão de apicultores, conservacionistas, agrônomos sustentáveis, observadores de aves e senadores ambientalmente informados. A lacuna de informação ainda é grande e os experimentos necessários em abelhas melíferas com quantidades realistas (nanogramas) dessas substâncias químicas ainda precisam ser executados.

Desconcertantemente, os estudos de longa duração em campos plantados com uma sucessão de cultivos tratados demonstram que uma alta porcentagem das substâncias químicas utilizadas não é incorporada pelas plantas-alvo cultivadas, mas pode acumular-se no solo e alcançar lençóis freáticos e cursos d'água, onde insetos não alvo são impactados. As plantas (p. ex., os dentes-de-leão) próximas aos campos de cultivos tratados adquirem doses sistêmicas e podem passar essas substâncias adiante para os polinizadores que evitam os cultivos tratados. Os organismos que se alimentam diretamente das sementes expostas que foram tratadas morrem, assim como morrem também as abelhas expostas à poeira de neonicotinoides que é espalhada pelo vento. Em concordância com princípio da precaução, o uso de neonicotinoides deve ser restringido, assim como a União Europeia sugere, até que estudos meticulosos, revisados por pares, conduzidos por pesquisadores independentes sejam executados.

A maioria dos inseticidas sintéticos é de amplo espectro de ação, ou seja, eles apresentam uma ação mortífera não específica e a maioria age no sistema nervoso dos insetos (ou, casualmente, dos mamíferos). Os organoclorados são produtos químicos estáveis e persistentes no ambiente, apresentam baixa solubilidade em água, mas solubilidade moderada em solventes orgânicos, e se acumulam na gordura de mamíferos. Seu uso é proibido em muitos países, e eles não são adequados para uso em MIP. Os organofosfatos podem ser altamente tóxicos para os mamíferos, mas não são armazenados na gordura e, uma vez que são menos danosos ambientalmente e não permanentes, são adequados para o MIP. Eles em geral matam os insetos por contato ou ingestão, embora alguns sejam sistêmicos na ação, sendo absorvidos no sistema vascular das plantas de modo que matam a maioria dos insetos que se alimentam de floema. A não persistência significa que sua aplicação deve ser temporizada com cuidado para assegurar a morte eficiente das pragas. Os carbamatos em geral agem por contato ou ação estomacal, mais raramente por ação sistêmica, e apresentam persistência curta a mediana. Os neonicotinoides, tais como imidacloprida, tiametoxam e clotianidin são extremamente tóxicos a insetos em decorrência de seu bloqueio aos receptores nicotínicos de acetilcolina (nAChRs), menos tóxicos a mamíferos e relativamente não permanentes (provavelmente menos de um ano e ainda menos se expostos à luz). A imidacloprida (comercializada com marcas registradas tais como Admire®, Advantage®, Confidor®, Gaucho® e Merit®) mata os insetos por contato ou por ingestão, tem forte atividade aguda e residual contra insetos sugadores e alguns mastigadores, é transportada nas plantas e pode ser utilizada na pulverização foliar, na injeção no tronco, no tratamento das sementes ou na aplicação no solo. Além dos seus usos na agricultura e horticultura, a imidacloprida é amplamente utilizada nos ambientes urbanos para o controle de baratas, cupins e pulgas. O inseticida fenilpirazol fipronil é um veneno de contato e estomacal, que age como um potente inibidor dos canais de cloro regulados por ácido γ-aminobutírico (GABA, *gamma-aminobutyric acid*) nos neurônios de insetos, mas é menos potente em vertebrados. Contudo, o veneno e seus produtos de degradação são moderadamente persistentes e um fotodegradado (um produto da quebra por exposição à luz) parece ter toxicidade aguda a mamíferos que é cerca de dez vezes aquela do próprio fipronil. Embora haja preocupações sobre saúde humana e ambiental associadas a seu uso, ele é muito efetivo no controle de muitos insetos foliares e do solo, para tratar sementes, e como uma formulação de isca para matar formigas, himenópteros vespídeos, cupins e baratas. O fipronil em iscas é levado de volta aos ninhos de insetos sociais pelas operárias em forrageamento e pode matar a colônia inteira.

Além das propriedades químicas e físicas dos inseticidas, sua toxicidade, persistência no campo e método de aplicação são influenciados pelo modo como eles são formulados. A formulação refere-se a quais e como outras substâncias são misturadas ao ingrediente ativo, e restringe amplamente o modo de aplicação. Os inseticidas podem ser formulados de vários modos, incluindo como soluções e emulsões, como pós não umidificáveis que podem ser dispersos na água, como pós ou grânulos (*i. e.*, misturados com um transportador inerte), ou como fumigantes gasosos. A formulação pode incluir abrasivos que danificam a cutícula e/ou iscas que atraem os insetos (p. ex., fipronil com frequência é misturado a uma isca de comida de peixe para atrair e envenenar formigas e vespas pragas). Os mesmos inseticidas podem ser formulados de modos diferentes de acordo com as exigências de aplicação, por exemplo, como pulverização aérea de uma lavoura em contraste com o uso doméstico.

Há uma preocupação crescente sobre os efeitos subletais de pesticidas em organismos não alvo, especialmente polinizadores de plantas (p. ex., os efeitos da imidacloprida no comportamento da abelha melífera; Boxe 12.3), e inimigos naturais das pragas (p. ex., efeitos no desenvolvimento de insetos predadores que se alimentaram de afídeos tratados com derivados de nim). Tais efeitos incluem mudanças fisiológicas ou comportamentais nos indivíduos que sobrevivem à exposição ao inseticida. Cada país tem regulamentos para os testes de efeitos colaterais de pesticidas em espécies benéficas antes do registro e uso da substância química. O método tradicional de teste envolve a determinação da dose letal mediana (LD_{50} ou a dose necessária para matar metade dos indivíduos da amostra testada) ou a concentração letal (LC_{50}) estimada para a espécie testada. Também têm sido feitos esforços para selecionar substâncias químicas com os menores efeitos em não alvos, com base em valores de LD_{50}, porém os efeitos subletais geralmente não são considerados pelas autoridades reguladoras. Entretanto, existe uma literatura cada vez maior sobre os efeitos dos pesticidas em não alvos, e têm sido desenvolvidos métodos para detectar várias mudanças mediadas quimicamente na fisiologia (incluindo bioquímica, neurofisiologia, desenvolvimento, longevidade, fecundidade e razão sexual) e comportamento (incluindo aprendizado, alimentação, oviposição, mobilidade e navegação/orientação) de insetos não alvo expostos a inseticidas. Os procedimentos de regulamentação de inseticidas precisam ser modificados para testar os efeitos subletais além da mortalidade de organismos não alvo.

16.4.2 Reguladores de crescimento de insetos

Reguladores de crescimento de insetos (RCIs) são compostos que afetam o crescimento dos insetos por meio da interferência no metabolismo ou no desenvolvimento. Eles oferecem um alto nível de eficiência contra estágios específicos de muitos insetos praga, com um baixo nível de toxicidade aos mamíferos. Os dois grupos utilizados com mais frequência de RCIs são diferenciados por seu modo de ação. (i) Os produtos químicos que interferem na maturação normal dos insetos, ao perturbar o controle hormonal da metamorfose, são os mímicos de hormônio juvenil, assim como os juvenoides (p. ex., fenoxicarb, hidroprene, metoprene, piriproxifeno). Esses análogos sintéticos do **hormônio juvenil** (HJ) param o desenvolvimento de tal modo que o inseto não consegue atingir o estágio adulto ou o adulto resultante é estéril e malformado. Como os juvenoides afetam de modo deletério os adultos, em vez dos insetos imaturos, seu uso é mais apropriado para espécies em que o adulto, em vez da larva, é a praga, tais como pulgas, mosquitos e formigas. (ii) Os inibidores da síntese de quitina (p. ex., buprofezin, ciromazine, diflubenzuron, hexaflumuron, lufenuron, triflumuron) impedem a formação de **quitina**, que é um componente essencial da cutícula dos insetos. Muitos inseticidas convencionais provocam uma fraca inibição da síntese de quitina, mas as benzoilureias (também conhecidas como benzoilfenilureias ou acilureias, das quais diflubenzuron e triflumuron são exemplos) inibem fortemente a formação de cutícula. Insetos expostos a inibidores de síntese de quitina em geral morrem durante ou imediatamente após a ecdise. Tipicamente, os insetos afetados soltam apenas parte da cutícula velha ou nem o fazem, e, se conseguem escapar de suas exúvias, seu corpo fica mole e se fere facilmente, como resultado da fraqueza da nova cutícula.

Os RCIs, que são um tanto permanentes em ambientes internos, controlam bem os insetos pragas em locais de armazenagem e recintos domésticos. Com frequência, os juvenoides são usados no controle de pragas urbanas e os inibidores de síntese de quitina apresentam maior aplicação no controle de besouros pragas de grãos armazenados. Contudo, os RCIs (p. ex., piriproxifeno) foram usados também em lavouras, por exemplo em cítricos no sul da África. Esse uso levou a várias explosões de pragas secundárias em decorrência dos efeitos adversos nos inimigos naturais, em especial coccinelídeos, mas também vespas parasitoides. Nos EUA, nas áreas de plantação de cítricos da Califórnia, muitos produtores estão interessados em usar RCIs, como piriproxifeno e buprofezin, para controlar a cochonilha *Aonidiella aurantii* (Diaspididae), mas o seu uso precisa ser temporizado para reduzir os efeitos não alvo nos coccinelídeos predadores que controlam várias cochonilhas pragas. O uso de buprofezin, diflubenzuron e piriproxifeno tem se mostrado efetivo contra o psilídeo do cítrico asiático, *Diaphorina citri* (ver Boxe 16.1), o qual está desenvolvendo resistência aos inseticidas utilizados na Flórida, mas os possíveis efeitos nos parasitoides de *D. citri* precisam ser avaliados. A aplicação de metoprene (quase sempre utilizado como um larvicida de mosquitos) em áreas alagadas pode ter efeitos em insetos não alvo e outros artrópodes.

Os derivados de nim formam outro grupo de compostos reguladores do crescimento com importância no controle dos insetos. Sua ingestão, injeção ou aplicação tópica interrompe a muda e a metamorfose, com o efeito dependendo do inseto e da concentração do produto químico aplicado. Larvas ou ninfas tratadas não conseguem realizar a muda, ou a muda resulta em indivíduos anormais no instar subsequente; larvas ou ninfas de último instar tratadas em geral produzem pupas e adultos deformados e inviáveis. Esses efeitos fisiológicos dos derivados de nim não são completamente compreendidos, mas acredita-se que resultem de mais de um modo de ação. O principal princípio ativo de nim, azadiractina (AZ), parece agir bloqueando o transporte e a liberação do hormônio peptídio protoracicotrópico (PTTH) a partir do cérebro, o qual controla a liberação de ecdisteroide, impedindo, portanto, o crescimento normal da concentração de ecdisteroides que inicia a muda. De maneira igualmente importante, a divisão celular também é bloqueada no estágio de prometáfase, levando a muitas anormalidades nos tecidos com rápidas divisões, tais como brotos alares, testículos e ovários.

O mais novo grupo de RCIs desenvolvido para uso comercial compreende as bisacil-hidrazinas ou os mímicos de hormônios da muda, frequentemente chamados de compostos que aceleram a muda (p. ex., tebufenozide, metoxifenozide e halofenazide), os quais são agonistas da ecdisona que parecem interromper a muda ao se ligarem à proteína receptora de ecdisona. Eles são tóxicos aos insetos suscetíveis principalmente quando ingeridos (ao contrário do que ocorre por contato) e o "hiperecdisonismo" resultante desencadeia uma tentativa de muda em larvas suscetíveis. Entretanto, devido a quantidade e estabilidade da bisacil-hidrazina na hemolinfa do inseto, vários genes envolvidos no processo de muda não podem ser expressados. Por exemplo, o hormônio da eclosão (o qual desencadeia a ecdise para completar uma muda normal, ver seção 6.3) é reprimido e a larva não consegue completar a sua muda; ela fica presa na sua cutícula velha. Além disso, a nova cutícula formada na presença de bisacil-hidrazina é geralmente malformada. Portanto, as bisacil-hidrazinas descarrilham o processo de muda nos níveis molecular, ultraestrutural e fisiológico, levando à morte prematura. Esses compostos foram usados com sucesso contra pragas de insetos imaturos, em especial lepidópteros, e não apresentam efeitos adversos nos inimigos naturais devido a sua ação táxon-específica. Assim que mais receptores de ecdisona (EcRs) forem identificados em espécies praga adicionais, será cada vez mais fácil desenvolver outros inseticidas que aceleram a muda, que controlam pragas específicas de forma seletiva e segura.

Há alguns outros tipos de RCIs, tais como os análogos de hormônio antijuvenil (p. ex., precocenos), mas esses apresentam agora pouco potencial no controle de pragas. Os hormônios antijuvenis interrompem o desenvolvimento ao acelerar o término dos estágios imaturos.

16.4.3 Neuropeptídios e controle de insetos

Os neuropeptídios dos insetos são pequenos peptídios que regulam a maioria dos aspectos do desenvolvimento, metabolismo, homeostase e reprodução (resumidos na Tabela 3.1). Embora os neuropeptídios provavelmente não sejam utilizados como inseticidas *per se*, o conhecimento de suas ações químicas e biológicas pode ser aplicado em novas abordagens para o controle dos insetos. A manipulação neuroendócrina envolve interromper um ou mais dos passos do processo hormonal geral de síntese – secreção – transporte – ação – degradação. Por exemplo, desenvolver um agente para bloquear ou superestimular o sítio de liberação ou o receptor (alvo) poderia alterar a secreção de um neuropeptídio e afetar a aptidão do inseto. Além disso, a natureza proteica dos neuropeptídios faz com que eles sejam fáceis de controlar utilizando tecnologia de ácido desoxirribonucleico (DNA) recombinante e engenharia genética. Contudo, os neuropeptídios produzidos por bactérias ou plantas transgênicas cultivadas que expressam genes para neuropeptídios devem ser capazes de penetrar através do intestino ou da cutícula do inseto. Plantas transgênicas que contêm RNA de fita dupla contra genes de insetos foram testadas com algum sucesso, incluindo em algodão contra larvas de *Helicoverpa* (Lepidoptera) e em milho contra larvas de *Diabrotica* (Coleoptera).

A manipulação dos vírus de insetos parece mais promissora para o controle. Genes de neuropeptídios ou "antineuropeptídios" poderiam ser incorporados no genoma de vírus específicos dos insetos. Esses agiriam então como vetores de expressão dos genes para produzir e liberar o(s) hormônio(s) de insetos dentro das células infectadas. Baculovírus apresentam o potencial para serem usados desse modo, em especial em Lepidoptera. Normalmente, esses vírus provocam mortalidade lenta ou limitada nos seus insetos hospedeiros (seção 16.5.2), mas sua eficácia poderia ser melhorada ao criar um desequilíbrio endócrino que mata os insetos infectados mais rápido ou aumenta a mortalidade mediada por vírus entre os insetos afetados. Uma vantagem da manipulação neuroendócrina é que alguns peptídios podem ser específicos de insetos ou de artrópodes: uma propriedade que reduziria efeitos deletérios em muitos organismos não alvo.

16.4.4 Interferência por RNA e controle de insetos

Uma empolgante ferramenta que promete o controle altamente específico de insetos envolve o uso de sequências de RNA geradas externamente (exógenas) para interferir com ("silenciar" ou "nocautear") a expressão de um gene-alvo por meio do RNA mensageiro complementar interno (endógeno). Essa técnica dependia, inicialmente, da descoberta de mecanismos em células vivas para regular a expressão de RNA mensageiro (mRNA). Trabalhando com o sequenciamento do genoma completo de *Drosophila melanogaster* e anotando as funções de seus genes, em seguida sequenciando os genomas de *Apis mellifera* (a abelha-de-mel) e *Tribolium castaneum* (o besouro-castanho da farinha), se descobriu que muitos genes são idênticos, com funções presumivelmente homólogas entre todos os insetos. Para genes-alvo, RNA de fita dupla (dsRNA) pode ser gerado e transferido para o inseto, onde ele irá interagir com o gene-alvo para prevenir sua expressão. A transferência do dsRNA de tal forma que a expressão do gene-alvo é bloqueada em todo o inseto ainda é problemática. Isso é particularmente importante fora do laboratório, onde a imersão do inseto-alvo em dsRNA ou a microinjeção na hemocele não são possíveis. O caminho a ser seguido no controle de insetos praga em cultivos de muitos hectares (ou seja, aqueles produzidos em larga escala) é provavelmente por meio da transferência contínua, através da ingestão da planta hospedeira que foi tornada transgênica para transferir um dsRNA específico.

16.5 CONTROLE BIOLÓGICO

A regulação da abundância e a distribuição das espécies são fortemente influenciadas pelas atividades dos inimigos que ocorrem naturalmente, em especial predadores, parasitas/parasitoides, patógenos e/ou competidores. Na maioria dos ecossistemas manejados, essas interações biológicas são intensamente restritas ou interrompidas em comparação com ecossistemas naturais, e certas espécies se livram de sua regulação natural e se tornam pragas. No controle biológico, a intervenção humana deliberada tenta restaurar algum equilíbrio ao introduzir ou melhorar os inimigos naturais dos organismos-alvo, tais como insetos pragas ou plantas daninhas. Uma vantagem dos inimigos naturais é a sua especificidade de hospedeiro, mas uma desvantagem (compartilhada com outros métodos de controle) é que eles não erradicam as pragas. Assim, o controle biológico pode não necessariamente aliviar todas as consequências econômicas das pragas, mas espera-se que os sistemas de controle reduzam a abundância da praga-alvo até abaixo do NC. No caso de plantas daninhas, os inimigos naturais incluem insetos fitófagos (o controle biológico de plantas daninhas é discutido na seção 11.2.7). Várias abordagens ao controle biológico são identificadas, mas essas categorias não são discretas e as definições publicadas variam bastante, levando a alguma confusão. Tal sobreposição é reconhecida no sumário seguinte das estratégias básicas de controle biológico.

O controle biológico clássico envolve a importação e o estabelecimento de inimigos naturais de pragas exóticas, com a intenção de que ele atinja o controle da praga-alvo com pouca ajuda posterior. Essa forma de controle biológico é apropriada quando insetos que se dispersam ou são introduzidos (geralmente por acidente) em áreas fora de sua distribuição natural tornam-se pragas em especial por causa da ausência de inimigos naturais. Três exemplos de controle biológico clássico bem-sucedido são resumidos nos Boxes 16.3, 16.5 e 16.6. Apesar dos muitos aspectos benéficos dessa estratégia de controle, podem surgir impactos ambientais negativos por meio de introduções mal planejadas de inimigos naturais exóticos. Muitos agentes introduzidos não conseguiram controlar as pragas; por exemplo, mais de 60 predadores e parasitoides foram introduzidos no nordeste da América do Norte com pouco efeito até agora sobre o alvo, a mariposa-cigana, *Lymantria dispar* (Lymantriidae) (ver Prancha 8C). Algumas introduções exacerbaram os problemas das pragas, ao passo que outras se tornaram as próprias pragas. Introduções de espécies exóticas em geral são irreversíveis e espécies não alvo podem sofrer piores consequências pelos predadores e parasitoides eficientes do que pelos inseticidas químicos, os quais provavelmente não provocam extinções totais de espécies nativas de insetos.

Boxe 16.5 Taxonomia e controle biológico da cochonilha-da-mandioca

A mandioca (*Manihot esculenta*) é um importante cultivo alimentar para 200 milhões de africanos. Em 1973, uma nova cochonilha (Hemiptera: Pseudococcidae) foi encontrada atacando a mandioca na região central da África. Nomeada em 1977 como *Phenacoccus manihoti*, essa praga se espalhou rapidamente, até que em no início dos anos 1980, estava causando perdas na produção de mais de 80% ao longo da África tropical. A origem dessa cochonilha foi considerada como sendo a mesma da fonte original da mandioca – as Américas. Em 1977, aparentemente o mesmo inseto foi localizado na América Central e norte da América do Sul, e vespas parasitas atacando a cochonilha também foram encontradas. Entretanto, como agentes de controle biológico, essas vespas não conseguiram se reproduzir nas cochonilhas africanas.

Trabalhando a partir de coleções existentes e amostras frescas, taxonomistas rapidamente reconheceram que duas espécies proximamente aparentadas de cochonilhas estavam envolvidas. A espécie que infestava a mandioca africana foi identificada como sendo da região central da América do Sul, e não de regiões mais ao norte. Quando a busca por inimigos naturais foi deslocada para a região central da América do Sul, o verdadeiro *P. manihoti* foi eventualmente encontrado na bacia do Paraguai, junto com uma vespa da família Encyrtidae, *Apoanagyrus* (antigamente conhecida como *Epidinocarsis*) *lopezi*. A vespa apresentou um controle biológico espetacular quando foi liberada na Nigéria e até 1990 havia se estabelecido com sucesso em 26 países africanos e havia se espalhado em mais de 2,7 milhões de km^2. Atualmente, a cochonilha é considerada com tendo sido controlada quase que por completo em toda a sua distribuição na África.

Quando o surto da cochonilha ocorreu pela primeira vez em 1973, embora fosse claro que se tratava de uma introdução de origem Neotropical, a taxonomia detalhada no nível específico não era suficientemente refinada e a busca pela cochonilha e sua inimiga natural foi mal encaminhada por 3 anos. A busca foi redirecionada graças à pesquisa taxonômica. A economia foi enorme: até 1988, os gastos totais nas tentativas de controle da praga foram estimados em $14,6 milhões de dólares. Em contrapartida, a identificação precisa da espécie gerou um benefício anual estimado em pelo menos $200 milhões de dólares e a economia financeira pode continuar indefinidamente.

Boxe 16.6 Controle biológico da cigarrinha Homalodisca vitripennis | Um sucesso no Pacífico

A cigarrinha *Homalodisca vitripennis* (Hemiptera: Cicadellidae), a qual é nativa da região sudeste dos EUA e nordeste do México, está causando agitação fora da sua área de distribuição nativa. Esse grande cicadelídeo (mais de 13 mm de comprimento) suga o xilema e pode ser vetor de uma bactéria, *Xylella fastidiosa*, que pode ser letal para certas plantas, incluindo videiras, nas quais ela é chamada de doença de Pierce. Outros pequenos cicadelídeos nativos podem transmitir a doença em brotos jovens de videiras, mas as partes afetadas são podadas anualmente na manutenção de rotina da viticultura. A grande cigarrinha *Homalodisca vitripennis* pode atacar ramos lenhosos maduros, injetando a bactéria mais profundamente nos tecidos que não são podados depois da coleta, causando uma doença incurável que é letal devido ao estresse hídrico.

A cigarrinha *Homalodisca vitripennis* entrou no sul da Califórnia no final dos anos 1980, provavelmente como massas de ovos em plantas de horticultura comercializadas. A partir dali ela começou a se espalhar em direção ao norte, hospedada nos citros, nos quais o dano é modesto, sendo porém capaz de se transferir para diversas plantas hospedeiras, especialmente no ambiente urbano. Uma nova cepa de *X. fastidiosa* transmitida pela cigarrinha *H. vitripennis* está aumentando o dano em oleandros, causando o murchamento das folhas e morte nessa importante planta californiana de paisagismo, especialmente ao longo de milhares de quilômetros de canteiros centrais que dividem as autoestradas. A cigarrinha foi transferida para o Pacífico – primeiramente para a Polinésia Francesa (Taiti em 1999, por meio de plantas que escaparam da quarentena), depois para o Havaí em 2004, para a

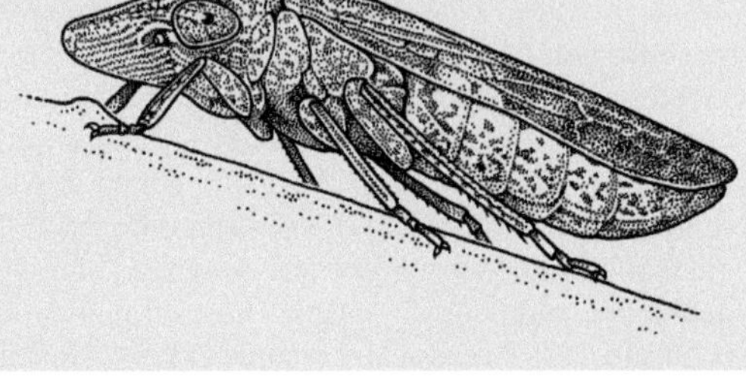

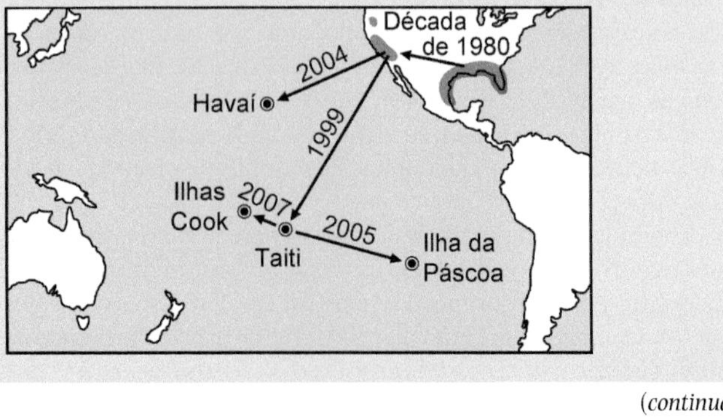

(*continua*)

Boxe 16.6 Controle biológico da cigarrinha Homalodisca vitripennis | Um sucesso no Pacífico (*Continuação*)

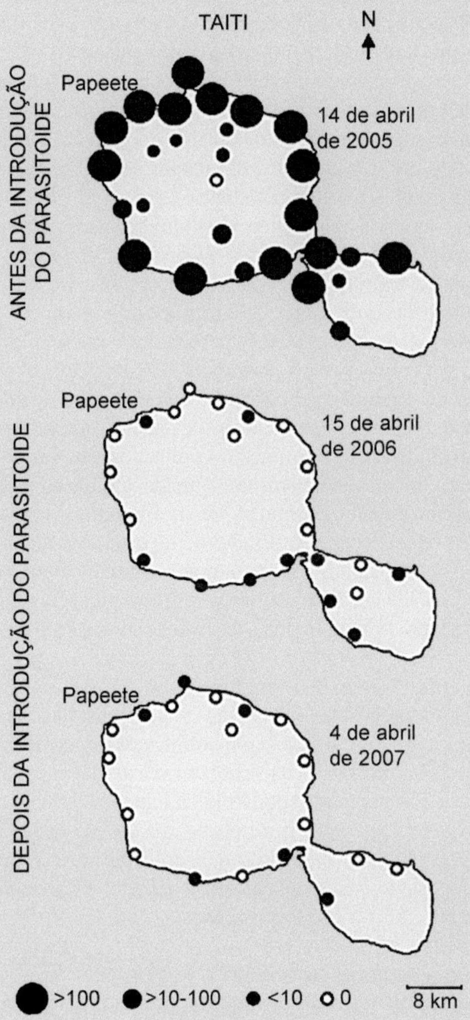

muito remota Ilha de Páscoa em 2005 e para as Ilhas Cook em 2007 (conforme mostrado no mapa do Pacífico, com datas baseadas em Petit *et al.*, 2008). Nas condições tropicais da Polinésia Francesa, as cigarrinhas se reproduzem o ano todo e as infestações rapidamente tornam-se imensas – causando o fenômeno conhecido localmente como *mouche pisseuse* – fazendo com que excretas líquidas gotejem das árvores urbanas. As exportações e a vegetação nativa estavam ameaçadas e o risco de um movimento progressivo era muito alto. Os insetos se espalharam para muitas das ilhas da Polinésia Francesa, talvez com a transmissão acidental através do povo local que carregava plantas com os ovos. Aeronaves, barcos e os carregamentos associados eram fontes potenciais para uma dispersão a longa distância.

Em resposta a esse surto, foi considerada a liberação de um parasitoide de ovos de hospedeiro específico, uma minúscula vespa – *Gonatocerus ashmeadi* (Hymenoptera: Mymaridae). A ausência de qualquer parente próximo da cigarrinha na região do Pacífico indicava que a liberação segura, depois da criação e avaliação em quarentena por aproximadamente 12 meses, parecia garantida e, em maio de 2005, uma primeira liberação dos inimigos naturais foi feita em um único local no Taiti. Em 4 meses, os agentes de controle biológico se espalharam por 5 km a partir do local de liberação tanto a favor como contra os ventos predominantes. Depois de apenas 7 meses, houve um declínio de 98% nas cigarrinhas, conforme mensurado pela abundância de ninfas em coletas de rede de varredura, e mantido por mais de 2 anos depois do estabelecimento (como mostrado aqui nos mapas do Taiti, com base em Grandgirard *et al.*, 2009). Um cálculo retroativo mostrou que a taxa de dispersão de *G. ashmeadi* foi, em média, de 4 m por dia, e levou menos de 1 ano para esse parasitoide de ovos de espalhar por toda a Polinésia Francesa (foram necessários cerca de 6 anos para a cigarrinha chegar a essa mesma distribuição) (dados de Petit *et al.*, 2008, 2009).

Obviamente, dado esse extraordinário sucesso, pode-se perguntar por que tal controle não pode ser utilizado na Califórnia para prevenir a ameaça à indústria multimilionária de vinhos se a cigarrinha chegar até as áreas importantes de viticultura. A resposta para o sucesso da cigarrinha e de seu parasitoide no Pacífico é o seu desenvolvimento contínuo nas condições tropicais mais uniformes e favoráveis. No clima mediterrâneo do sudoeste dos EUA, o parasitoide deve sobreviver a um "período de baixa" no inverno, quando nenhum ovo de cigarrinha está disponível por vários meses, e depois, na primavera, deve se ajustar com a emergência sincronizada da praga. Essa defasagem pode impedir o sucesso do controle através de parasitoides de ovos, a não ser que sejam encontrados agentes de controle alternativos com ciclos de vida mais bem sincronizados com aquele da cigarrinha.

Agentes de controle biológico introduzidos podem ter tanto efeitos não intencionais diretos (discutidos aqui) e indiretos (p. ex., ver competição aparente na seção 11.2.7) na fauna nativa (e flora). Há casos documentados de agentes de controle biológico introduzidos que aniquilaram invertebrados nativos. Diversos insetos havaianos endêmicos (alvos e não alvos) tornaram-se extintos aparentemente em grande parte como resultado das introduções para controle biológico. A fauna de gastrópodes endêmica da Polinésia foi quase completamente substituída por espécies exóticas introduzidas de maneira acidental e deliberada. Argumentou-se que a introdução da mosca *Bessa remota* (Tachinidae) da Malásia para Fiji, a qual levou à extinção da mariposa-alvo *Levuana iridescens* (Zygaenidae), foi um caso de extinção de uma espécie nativa induzida pelo controle biológico. Contudo, essa parece ser uma interpretação simplificada demais e permanece incerto se a mariposa praga era realmente nativa de Fiji ou um inseto acidental, de nenhuma importância econômica, em outro lugar da sua distribuição nativa. As espécies de mariposa mais proximamente relacionadas a *L. iridescens* ocorrem predominantemente da Malásia à Nova Guiné, mas sua sistemática é pouco conhecida. Mesmo que *L. iridescens* fosse nativa de Fiji, a destruição do hábitat, em especial a substituição das palmeiras nativas por coqueiros, também pode ter afetado as populações da mariposa que provavelmente passavam por flutuações naturais em abundância.

Pelo menos 84 parasitoides de lepidópteros praga foram soltos no Havaí, de modo que 32 se estabeleceram principalmente como pragas em baixas altitudes, nas áreas agrícolas. As suspeitas de que as mariposas nativas estavam sofrendo impacto nos hábitats naturais, em altitudes maiores, foram confirmadas parcialmente. Em um exercício de criação em massa, foram criadas mais de 2.000 larvas de lepidópteros do remoto Pântano Alaka'i, em altas altitudes do Kauai, produzindo tanto mariposas adultas como parasitoides que emergiram das larvas, cada um dos quais foi identificado e categorizado como nativo ou introduzido. A parasitose, baseada na emergência de parasitoides adultos, era de aproximadamente 10% ao ano; maior, com base em dissecações das larvas; e cresceu para 28%, para agentes de controle biológico em certas espécies de mariposas nativas. Cerca de 83% dos parasitoides pertenciam a uma das três espécies de controle biológico (dois braconídeos e um ichneumonídeo), e havia alguma evidência de que elas competissem com os parasitoides nativos. Esses efeitos não planejados importantes parecem ter se desenvolvido ao longo de muitas décadas, mas o progresso da invasão dentro dos hábitats e hospedeiros nativos não foi documentado.

O besouro *Agrilus planipennis* (Buprestidae) é uma praga exótica das árvores de freixo na América do Norte (discutido no Boxe 17.4). Três espécies de vespas parasitoides foram amplamente liberadas em uma tentativa de controlar esse besouro. No entanto, existe uma fauna nativa diversa de espécies de *Agrilus* nos EUA e México e sabe-se que duas das vespas introduzidas parasitam as espécies nativas de *Agrilus* até certo ponto. As consequências a longo prazo para as populações dos besouros nativos devido a essas introduções de inimigos naturais ainda são desconhecidas.

A derradeira medida de impacto de um agente de controle biológico é seu efeito no tamanho populacional tanto da praga-alvo como das espécies não alvo. Infelizmente, é raro que os impactos populacionais sejam estimados, até mesmo para as espécies-alvo. Geralmente, não existe informação populacional suficiente para o período antes e depois da liberação do agente de controle biológico para determinar os prováveis efeitos na praga (ou erva daninha) e, em geral, pouco ou nada é conhecido sobre os tamanhos populacionais de espécies não alvo. Ocasionalmente, ataques não alvo não são antecipados e dados da fase pré-soltura não estão disponíveis.

Uma forma controversa de controle biológico, algumas vezes denominada **controle biológico neoclássico**, envolve a importação de espécies não nativas para controlar as nativas. Sugeriu-se que essas associações novas são muito efetivas em controlar pragas porque a praga não coevoluiu com os inimigos introduzidos. Infelizmente, as espécies que mais provavelmente seriam agentes efetivos de controle biológico neoclássico, em razão de sua capacidade de utilizar novos hospedeiros, são também aquelas que mais provavelmente seriam uma ameaça a espécies não alvo. Um exemplo dos possíveis perigos do controle neoclássico é fornecido pelo trabalho de Jeffrey Lockwood, que fez campanhas contra a introdução de uma vespa parasita e um fungo entomófago da Austrália como agente de controle de gafanhotos de distribuição nativa no oeste dos EUA. Os potenciais efeitos ambientais adversos dessas introduções incluem a supressão ou a extinção de muitas espécies de gafanhotos não alvo, com as prováveis perdas concomitantes da diversidade biológica e do controle existente de plantas daninhas, e interrupções das cadeias alimentares e da estrutura das comunidades vegetais. A incapacidade de se preverem os resultados ecológicos das introduções neoclássicas significa que elas são de alto risco, em especial em sistemas em que o agente exótico está livre para expandir sua distribuição por meio de grandes áreas geográficas.

Agentes polífagos apresentam o maior potencial para ameaçar organismos não alvo, e espécies nativas e ambientes tropicais e subtropicais podem ser especialmente vulneráveis a introduções exóticas porque, em comparação com as áreas temperadas, as interações bióticas podem ser mais importantes do que os fatores abióticos na regulação de suas populações. Lamentavelmente, os países e os estados que têm mais a perder por introduções inapropriadas são exatamente aqueles que apresentam as restrições de quarentena mais negligentes e poucos, ou nenhum, protocolos para a liberação de organismos exóticos.

Os agentes de controle biológico que já estão presentes ou não são permanentes podem ser os preferidos para a liberação. A **multiplicação** é ocasionalmente usada como um termo geral para a complementação dos inimigos naturais existentes, incluindo a **liberação periódica** daqueles que não se estabelecem de maneira permanente, mas, no entanto, são efetivos por algum tempo depois da liberação. Liberações periódicas podem ser feitas regularmente durante uma estação, de modo que a população do inimigo natural é gradualmente aumentada a um nível no qual o controle da praga é muito efetivo. A multiplicação ou a liberação periódica pode ser alcançada por uma de duas formas, a inoculação ou a inundação, embora em alguns sistemas uma distinção entre os seguintes métodos possa não ser aplicável, especialmente se a natureza do controle for difícil de determinar. A **inoculação** (também chamada de liberação ou controle biológico por inoculação) é a liberação periódica de um inimigo natural incapaz de sobreviver de forma indefinida ou de seguir uma distribuição de praga em expansão. O controle depende da progênie dos inimigos naturais, em vez da liberação original. Exemplos dessa estratégia incluem as vespas *Trichogramma* e *Encarsia* que podem ser criadas em massa e liberadas em estufas onde sua progênie proporciona um controle por toda a estação, ou certos insetos patogênicos que se multiplicam, mas não persistem permanentemente. A **inundação** (também chamada de liberação ou controle biológico por inundação) se parece com o uso de inseticidas, uma vez que o controle é alcançado pelos indivíduos liberados ou aplicados, em vez de por sua progênie; o controle é relativamente rápido, mas de curta duração. Exemplos claros de inundação são os entomopatógenos, tais como certas bactérias e fungos, utilizados como inseticidas microbianos (seção 16.5.2). Para os casos em que o controle a curto prazo é mediado pela liberação original, e a supressão da praga é mantida por um tempo, por meio das atividades da progênie do inimigo natural original (tal como *Chrysoperla carnae*) o processo de controle então não é estritamente de inoculação, nem de inundação. As liberações de multiplicação são particularmente apropriadas para pragas que combinam boas capacidades de dispersão com altas taxas reprodutivas – características que as fazem candidatas inadequadas para o controle biológico clássico. O sucesso do controle biológico por multiplicação é demonstrado pelo uso em larga escala de diversos inimigos naturais para o controle de artrópodes pragas em estufas na Europa, concomitante com reduções substanciais no uso de pesticidas.

O **controle biológico por conservação** é uma outra estratégia ampla de controle biológico que procura proteger e/ou melhorar as atividades dos inimigos naturais e, portanto, reduzir os efeitos das pragas. Em alguns ecossistemas, isso pode envolver a preservação dos inimigos naturais existentes por meio de práticas que minimizem a interrupção de processos ecológicos naturais. Por exemplo, os sistemas de MIP para arroz, no Sudeste Asiático, encorajam práticas de manejo, tais como redução ou interrupção do uso de inseticidas, que interfiram minimamente nos predadores e parasitoides que controlam as pragas do arroz, tais como o hemíptero *Nilaparvata lugens*. O potencial de controle biológico é muito maior nos países tropicais do que nos temperados em virtude da alta diversidade de artrópodes e a atividade dos inimigos naturais durante o ano inteiro. Complexas teias alimentares de artrópodes e altos níveis de controle biológico natural foram demonstrados em campos tropicais irrigados de arroz. Além disso, para muitos sistemas agrícolas, a manipulação ambiental (também conhecida como engenharia ambiental) pode aumentar muito o impacto dos inimigos naturais na redução das populações de pragas. Tipicamente, isso envolve alterar o hábitat disponível para os predadores e parasitoides de insetos a fim de melhorar as condições para seu crescimento e reprodução por meio do fornecimento ou da manutenção de abrigos (incluindo locais de hibernação), alimentos alternativos e/ou locais de oviposição. Por exemplo, plantas que estão florescendo, como o gergelim, podem ser plantadas proximamente aos cultivos de arroz na Ásia para fornecer uma fonte de néctar para vespas parasitoides que atacam *Nilaparvata lugens*. De modo similar, a efetividade dos entomopatógenos dos insetos pragas algumas vezes pode ser aumentada pela alteração das condições ambientais no momento da aplicação, como exemplo, pela pulverização de uma lavoura com água para elevar a umidade durante a liberação de fungos patógenos.

Todos os sistemas de controle biológico deveriam ser sustentados por robustas pesquisas taxonômicas tanto sobre a praga quanto sobre os inimigos naturais. A falha em investir recursos adequados nos estudos de sistemática pode resultar em identificações incorretas das espécies envolvidas e, no fim, eles podem custar mais em tempo e recursos do que qualquer outra fase do sistema de controle biológico. O valor da taxonomia no controle biológico é exemplificado pela cochonilha-da-mandioca na África (Boxe 16.5) e no manejo de *Salvinia* (ver Boxe 11.4).

As duas próximas subseções tratam de aspectos mais específicos do controle biológico por inimigos naturais. Os inimigos naturais estão divididos arbitrariamente em artrópodes (seção 16.5.1), e organismos menores não artrópodes (seção 16.5.2), que são usados para controlar vários insetos pragas. Além disso, muitos vertebrados, em especial aves, mamíferos e peixes, são predadores de insetos, e sua importância como reguladores das populações de insetos não deveria ser subestimada. Contudo, como agentes de controle biológico, o uso de vertebrados é limitado porque a maioria é generalista na dieta e seus locais e momentos de atividade são difíceis de serem manipulados. Uma exceção pode ser o peixe *Gambusia*, que foi solto em muitos corpos d'água tropicais e subtropicais ao redor do mundo em um esforço de controlar os estágios imaturos de dípteros picadores, em particular os mosquitos. Embora se tenha alegado a existência de algum controle, as interações competitivas foram gravemente prejudiciais para os peixes nativos pequenos. Aves, como predadores que caçam visualmente e influenciam as defesas dos insetos, são discutidas no Boxe 14.1.

16.5.1 Inimigos naturais artrópodes

Artrópodes entomófagos podem ser predadores ou parasitas. A maioria dos **predadores** são outros insetos ou aracnídeos, em particular aranhas (ordem Araneae) e ácaros (Acarina, também chamado Acari). Ácaros predadores são importantes na regulação das populações de ácaros fitófagos, incluindo os nocivos ácaros da família Tetranychidae. Alguns ácaros que parasitam insetos imaturos e adultos ou se alimentam de ovos de insetos são agentes de controle potencialmente úteis para certas cochonilhas, gafanhotos e pragas de produtos armazenados. As aranhas são predadores diversos e eficientes, exercendo um impacto muito maior sobre as populações de insetos do que os ácaros, em particular em ecossistemas tropicais. O papel das aranhas pode ser melhorado no MIP pela preservação das populações existentes ou pela manipulação do hábitat em seu benefício, mas sua falta de especificidade alimentar é restritiva. Besouros predadores (Coleoptera: em especial Coccinellidae e Carabidae) e neurópteros predadores (Neuroptera: Chrysopidae e Hemerobiidae) foram usados com sucesso no controle biológico de pragas agrícolas, mas muitas espécies predadoras são polífagas e inapropriadas para se atingirem insetos pragas particulares. Os insetos predadores entomófagos podem se alimentar de vários ou de todos os estágios (do ovo ao adulto) de sua presa, e cada predador em geral consome várias presas durante sua vida, de modo que o hábito predador com frequência caracteriza os instares imaturo e adulto. A biologia dos insetos predadores é discutida no Capítulo 13 da perspectiva do predador.

O outro tipo principal de inseto entomófago é parasita quando larva, e de vida livre quando adulto. A larva desenvolve-se tanto como um endoparasita, no inseto hospedeiro, quanto externamente, como um ectoparasita. Em ambos os casos, o hospedeiro é consumido e morto no momento em que as larvas completamente alimentadas entram na fase de pupa dentro ou próximo dos restos do hospedeiro. Esses insetos, chamados de **parasitoides**, são todos holometábolos e na maioria são vespas (Hymenoptera: especialmente as superfamílias Chalcidoidea, Ichneumonoidea e Platygasteroidea) ou moscas (Diptera: em especial Tachinidae). Chalcidoidea contém cerca de 20 famílias e talvez 100.000 a 500.000 espécies (a maioria não descrita), das quais a maioria é parasitoide, incluindo parasitoides de ovos como Mymaridae e Trichogrammatidae (Figura 16.2), e grupos ricos em espécies ectoparasitas e endoparasitas, Aphelinidae e Encyrtidae, que são agentes de controle biológico de pulgões, cochonilhas (Boxe 16.5), afídeos e moscas-brancas. Ichneumonoidea inclui duas grandes famílias, Braconidae (ver Prancha 8D) e Ichneumonidae, as quais contêm numerosos parasitoides que se alimentam principalmente de insetos e com frequência exibindo uma especificidade de hospedeiro bastante estreita. Platygasteroidea contém Platygasteridae, que são parasitas de ovos e de larvas de insetos, e Scelionidae (ver Prancha 6F), que parasitam os ovos de insetos e aranhas. Os parasitoides de muitos desses grupos de vespas são utilizados para controle biológico, ao passo que dentro dos Diptera apenas os taquinídeos são comumente utilizados como agentes de controle biológico.

Os próprios parasitoides quase sempre são parasitados por parasitoides secundários, chamados de **hiperparasitoides** (seção 13.3.1), que podem reduzir a efetividade do parasitoide primário no controle do hospedeiro primário: o inseto praga. No controle biológico clássico, em geral é tomado muito cuidado para excluir especificamente os hiperparasitoides naturais dos parasitoides primários, e também os parasitoides e predadores especializados de outros inimigos naturais exóticos introduzidos. Contudo, alguns inimigos naturais altamente eficientes, em especial certos coccinelídeos predadores, algumas vezes eliminam os organismos dos quais se alimentam de forma tão efetiva que suas próprias populações se extinguem, com o subsequente ressurgimento não controlado da praga. Nesses casos, um controle biológico limitado dos inimigos naturais da praga pode ser garantido. Com mais frequência, os parasitoides exóticos que são importados livres de seus hiperparasitoides naturais são utilizados por hiperparasitoides nativos no seu novo hábitat, com efeitos prejudiciais variáveis no sistema de controle biológico. Pouco pode ser feito para resolver esse último problema, exceto testar a capacidade de troca

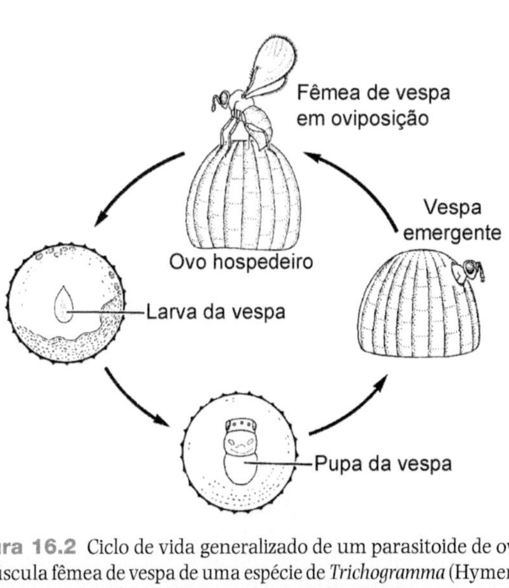

Figura 16.2 Ciclo de vida generalizado de um parasitoide de ovo. Uma minúscula fêmea de vespa de uma espécie de *Trichogramma* (Hymenoptera: Trichogrammatidae) ovipõe em um ovo de lepidóptero; a larva da vespa se desenvolve dentro do ovo do hospedeiro, transforma-se em pupa e emerge como um adulto, de modo que, com frequência, o ciclo de vida completo leva apenas 1 semana. (Segundo van den Bosch & Hagen, 1966.)

de hospedeiro de alguns hiperparasitoides nativos antes da introdução dos inimigos naturais. É claro que o mesmo problema se aplica a predadores introduzidos, que podem se tornar sujeitos à parasitose e à predação por insetos nativos na nova área. Tais riscos aos sistemas de controle biológico clássico resultam da complexidade das teias alimentares, as quais podem ser imprevisíveis e difíceis de testar antes das introduções.

Alguns passos positivos de manejo podem facilitar o controle biológico a longo prazo. Por exemplo, há evidências claras de que o fornecimento de um hábitat estável, com diversidade estrutural e florística próximas ou dentro de uma lavoura, pode favorecer a quantidade e a efetividade de predadores e parasitoides. A estabilidade do hábitat é naturalmente maior em sistemas perenes (p. ex., florestas, pomares e jardins ornamentais) do que em culturas anuais ou sazonais (em especial monoculturas), em decorrência das diferenças na duração da lavoura. Em sistemas instáveis, o fornecimento permanente ou a manutenção de cobertura do solo, cercas vivas ou faixas, ou manchas de vegetação nativa remanescente ou cultivada permitem aos inimigos naturais sobreviver a períodos desfavoráveis, como o inverno ou a época da colheita, e então invadir novamente a próxima safra. O abrigo de extremos climáticos, em particular durante o inverno, nas áreas temperadas, e recursos alimentares alternativos (quando os insetos praga não estão disponíveis) são essenciais para a continuidade das populações de predadores e parasitoides. Em particular, os adultos de vida livre dos parasitoides em geral requerem fontes de alimento diferentes de suas larvas, tais como néctar e/ou pólen de plantas com flores. Assim, práticas adequadas de cultivo podem contribuir com benefícios importantes para o controle biológico. A diversificação dos agrossistemas também pode fornecer refúgio para as pragas, mas as densidades provavelmente serão baixas, com dano significativo apenas para culturas com baixo NDE. Para essas culturas, o controle biológico deve ser integrado e realizado por outros métodos de MIP.

Os insetos praga precisam disputar com os predadores e parasitoides, e também com os competidores. As interações competitivas parecem ter pouca influência reguladora na maioria dos insetos fitófagos, mas podem ser importantes para espécies que utilizam recursos espacialmente ou temporalmente restritos, tais como organismos hospedeiros/presas dispersos ou raros, esterco ou carcaças de animais. A competição interespecífica pode ocorrer dentro de uma guilda de parasitoides ou predadores, em particular para os de alimentação generalista e hiperparasitoides facultativos, e pode inibir os agentes de controle biológico.

O controle biológico que utiliza inimigos naturais é particularmente bem-sucedido no confinamento de estufas ou em certas lavouras. O uso comercial das liberações de inundação e sazonalmente de inoculação de inimigos naturais é comum em muitas estufas, pomares e campos na Europa e nos Estados Unidos. Na Europa, mais de 80 espécies de inimigos naturais estão disponíveis comercialmente, de forma que os artrópodes mais comumente vendidos são várias espécies de vespas parasitoides (incluindo *Aphidius*, *Encarsia*, *Leptomastix* e *Trichogramma* spp.), insetos predadores (em especial besouros coccinelídeos como *Cryptolaemus montrouzieri* e *Hippodamia convergens*, percevejos mirídeos (*Macrolophus*) e antocorídeos (*Orius* spp.)) e ácaros parasitas (*Amblyseius* e *Hypoaspis* spp.).

16.5.2 Controle microbiano

Os microrganismos incluem bactérias, vírus e pequenos eucariotos (p. ex., protistas, fungos e nematódeos). Alguns são patógenos de insetos, geralmente matando os seus hospedeiros, e desses muitos são hospedeiro-específicos a um gênero ou família particular de insetos. A infecção ocorre por esporos, partículas virais ou organismos que permanecem no ambiente dos insetos, com frequência no solo. Esses patógenos entram nos insetos por vários caminhos. A entrada pela boca (*per os*) é comum para vírus, bactérias, nematódeos e protistas. A entrada pela cutícula e/ou por ferimentos ocorre em fungos e nematódeos; os espiráculos e o ânus são outros locais de entrada para os fungos e nematódeos. Os vírus e protistas também infectam os insetos por meio do ovipositor da fêmea ou durante o estágio de ovo. Os microrganismos, então, multiplicam-se dentro do inseto vivo, mas devem matá-lo para liberar mais esporos ou partículas infecciosas ou, no caso dos nematódeos, jovens. As doenças são comuns em populações densas de insetos (pragas ou não pragas) e sob condições ambientais adequadas para os microrganismos. Em densidades baixas do hospedeiro, contudo, a incidência de doenças é frequentemente baixa em virtude da falta de contato entre os patógenos e seus insetos hospedeiros.

Os microrganismos que provocam doenças em populações naturais ou criadas de insetos podem ser usados como agentes de controle biológico do mesmo modo que outros inimigos naturais (seção 16.5.1). As estratégias comuns de controle são apropriadas, em especial:

- Controle biológico clássico (*i. e.*, a introdução de um patógeno exótico, tal como a bactéria *Paenibacillus* (antes *Bacillus*) *popilliae*, estabelecida nos Estados Unidos para o controle do besouro-japonês *Popillia japonica* (Scarabaeidae))
- Multiplicação por meio de um dos seguintes fatores:
  - (i) Inoculação (p. ex., um único tratamento que fornece controle para toda a estação, como no fungo *Lecanicillium longisporum* usado contra pulgões *Myzus persicae* em estufas)
  - (ii) Inundação (*i. e.*, entomopatógenos como *Bacillus thuringiensis* utilizados como inseticidas microbianos; ver a subseção sobre Bactérias, adiante)
- Conservação de entomopatógenos por meio da manipulação do ambiente (p. ex., aumentado a umidade para melhorar a germinação e a viabilidade dos esporos de fungos).

Alguns organismos causadores de doenças são um pouco específicos quanto ao hospedeiro (p. ex., vírus), ao passo que outros, tais como espécies de fungos e nematódeos, com frequência apresentam uma ampla distribuição de hospedeiros, mas apresentam cepas diferentes que variam na sua adaptação ao hospedeiro. Dessa maneira, quando formuladas como um inseticida microbiano estável, diferentes espécies ou cepas podem ser utilizadas para matar espécies pragas com pouco ou nenhum dano a insetos não alvo. Além da virulência para as espécies-alvo, outras vantagens dos inseticidas microbianos incluem sua compatibilidade com outros métodos de controle e a segurança de seu uso (atóxico e não poluente). Para alguns entomopatógenos (patógenos de insetos), vantagens adicionais incluem o rápido início da inibição da alimentação nos insetos hospedeiros, estabilidade e, portanto, longa validade, e frequentemente a capacidade de autorreplicar e assim permanecer nas populações-alvo. Obviamente, nem todas essas vantagens se aplicam a todos os patógenos; muitos apresentam uma ação lenta nos insetos hospedeiros, de modo que a eficácia depende de condições ambientais adequadas (p. ex., alta umidade ou proteção da luz) e densidade e/ou idade apropriadas do hospedeiro. A grande seletividade dos agentes microbianos também pode ter desvantagens práticas quando uma única lavoura apresenta duas ou mais espécies de pragas não relacionadas, cada uma exigindo um controle microbiano separado. Todos os entomopatógenos são mais caros para serem produzidos do que os produtos químicos, e o custo é ainda maior se vários agentes devem ser utilizados. Contudo, bactérias, fungos e nematódeos, que podem ser produzidos em massa em fermentadores líquidos (cultura *in vitro*), são muito mais baratos de se produzir do que aqueles microrganismos (a maioria vírus e protistas) que necessitam de hospedeiros vivos (técnicas *in vivo*). Alguns dos problemas com o uso de agentes microbianos estão sendo solucionados pela pesquisa em fórmulas e métodos de produção em massa.

Os insetos podem se tornar resistentes a patógenos microbianos, como evidenciado pelo sucesso precoce na seleção de abelhas-de-mel e bichos-da-seda resistentes a patógenos virais, bacterianos e protistas. Além disso, muitas espécies de pragas exibem variabilidade genética intraespecífica importante nas suas respostas a todos os principais grupos de patógenos. A atual raridade de resistência significativa no campo, a agentes microbianos, provavelmente resulta da exposição limitada dos insetos aos patógenos, em vez de qualquer incapacidade da maioria dos insetos praga em desenvolver resistência. É claro que, diferentemente dos produtos químicos, os patógenos apresentam a capacidade de coevoluir com seus hospedeiros e, com o tempo, é provável que haja um balanço constante entre resistência do hospedeiro, virulência do patógeno e outros fatores, como a permanência.

Cada um dos cinco maiores grupos de microrganismos (vírus, bactérias, protistas, fungos e nematódeos) apresenta diferentes aplicações no controle de insetos pragas. Os inseticidas com base na bactéria *Bacillus thuringiensis* foram os mais largamente utilizados, porém fungos, nematódeos e vírus entomopatogênicos apresentam aplicações específicas e quase sempre altamente bem-sucedidas. Embora os protistas, em especial microsporídios como *Nosema*, sejam responsáveis por explosões naturais de doenças em muitas populações de insetos e possam ser apropriados para o controle biológico clássico, eles apresentam menor potencial comercialmente do que outros microrganismos em virtude de sua patogenicidade tipicamente baixa (infecções são crônicas em vez de agudas) e da presente dificuldade de produção em grande escala para a maioria das espécies.

Nematódeos

Os nematódeos de quatro famílias, Mermithidae, Heterorhabditidae, Steinernematidae e Neotylenchidae, incluem agentes de controles úteis ou potencialmente úteis para insetos. Os estágios infecciosos dos nematódeos entomopatogênicos (frequentemente chamados de EPNs) são, em geral, aplicados como inundação, embora o estabelecimento e a continuidade do controle sejam praticáveis sob condições particulares. Espera-se que a engenharia genética de nematódeos melhore sua eficácia de controle biológico (p. ex., virulência aumentada), eficiência de produção e capacidade de armazenamento. Contudo, os nematódeos entomopatogênicos são suscetíveis à dessecação, que restringe seu uso a ambientes úmidos.

Os nematódeos mermitídeos são grandes e infectam seus hospedeiros sozinhos, eventualmente os matando quando eles saem pela cutícula. Eles matam uma ampla variedade de insetos, mas as larvas aquáticas de borrachudos e mosquitos são os alvos principais para controle biológico por mermitídeos. Um obstáculo principal para seu uso é a necessidade de produção *in vivo* e sua sensibilidade ambiental (p. ex., a temperatura, poluição e salinidade).

Os heterorrabditídeos e steinernematídeos são nematódeos pequenos que vivem no solo, associados às bactérias simbiontes do intestino (dos gêneros *Photorhabdus* e *Xenorhabdus*) que são patogênicas aos insetos hospedeiros, matando-os por septicemia. Junto com suas respectivas bactérias, os nematódeos de *Heterorhabditis* e *Steinernema* podem matar seus hospedeiros em dois dias de infecção. Eles podem ser produzidos em massa, de modo fácil e barato, e aplicados com equipamento convencional, além de apresentarem a vantagem de serem capazes de procurar por seus hospedeiros. O estágio infeccioso é o jovem de terceiro estágio (ou estágio dauer) – o único estágio encontrado fora do hospedeiro. A localização do hospedeiro é uma resposta ativa a estímulos físicos e químicos. Embora esses nematódeos sejam melhores em controlar pragas do solo, alguns besouros perfuradores de plantas e mariposas pragas podem também ser controlados. Recentemente, o papel de espécies de *Steinernema*, disponíveis comercialmente, como potenciais agentes de controle biológico foi demonstrado para pequenos besouros de colmeias (*Aethina tumida*: Nitidulidae), os quais se tornaram uma praga de colmeias de abelhas fora de sua distribuição nativa na África. As paquinhas (Gryllotalpidae: *Scapteriscus* spp.) são pragas do solo que podem ser infectadas com nematódeos por serem atraídas para armadilhas acústicas contendo a fase infecciosa de *Steinernema scapterisci*, e serem, então, liberadas para inocular o restante da população de grilos.

Os Neotylenchidae contêm o parasita *Beddingia siricidicola* (antigamente *Deladenus siricidicola*), que é um dos agentes de controle biológico da vespa *Sirex noctilio* (Hymenoptera: Siricidae) – uma praga importante das plantações florestais de *Pinus* spp., na Austrália, África do Sul e América do Sul, e que recentemente invadiu a América do Norte. Os nematódeos jovens infectam as larvas de *S. noctilio*, levando à esterilização das fêmeas adultas resultantes. Esse nematódeo tem duas formas completamente diferentes – uma com um ciclo de vida parasita dentro dessa vespa e a outra com diversos ciclos de alimentação dentro do pinheiro no fungo introduzido pela vespa durante a oviposição. O ciclo de alimentação à base de fungos de *B. siricidicola* é utilizado para criar, em massa, o nematódeo, e assim obter os nematódeos jovens infecciosos para a finalidade de controle biológico clássico.

Fungos

Fungos são os organismos causadores de doenças mais comuns em insetos, com aproximadamente 750 espécies conhecidas infectando artrópodes, embora apenas poucas dúzias infectem naturalmente insetos com importância médica ou agrícola. Pelo menos 12 espécies de fungos entomopatogênicos (aqueles que são patogênicos aos insetos) têm sido utilizadas para desenvolver cerca de 170 produtos para o controle de pragas. Os esporos dos fungos que entram em contato e aderem a um inseto germinam, liberando hifas. Essas penetram na cutícula, invadem a hemocele e causam a morte rapidamente, em decorrência da liberação de toxinas ou, mais devagar, em virtude da proliferação massiva das hifas que interrompem as funções corporais dos insetos. O fungo então esporula, liberando esporos que podem estabelecer infecções em outros insetos e, assim, a doença fúngica pode se dispersar em meio à população de insetos.

A esporulação e as subsequentes germinação e infecção dos esporos dos fungos entomopatogênicos quase sempre exigem condições úmidas. Embora a formulação dos fungos em óleos melhore sua capacidade de infecção em baixas umidades, a necessidade de água pode restringir o uso de algumas espécies a ambientes particulares, tais como solo, estufas ou plantações tropicais. Apesar dessa limitação, a principal vantagem dos fungos como agentes de controle é a sua capacidade de infectar insetos por penetrar a cutícula em qualquer estágio do desenvolvimento. Essa propriedade significa que os insetos de todas as idades e hábitos alimentares, até mesmo os sugadores de seiva, são suscetíveis a doenças provocadas por fungos. Contudo, os fungos podem ser difíceis de se produzir em massa, e a duração do armazenamento de alguns produtos fúngicos pode ser limitada, a não ser que sejam mantidos em temperaturas baixas. Um novo método de aplicação utiliza fitas de feltro contendo culturas de fungos vivos aplicadas a troncos ou ramos de árvores e, no Japão, é feita utilizando-se uma cepa de *Beauveria brongniartii* contra besouros serras-pau perfuradores de cítricos e amoreiras. Espécies úteis de fungos entomopatogênicos pertencem a gêneros como *Beauveria*, *Entomophthora*, *Hirsutella*, *Isaria*, *Metarhizium*, *Nomuraea* e *Verticillium*. Muitos desses fungos matam seus hospedeiros após crescerem muito pouco na hemocele dos insetos; nesse caso, acredita-se que as toxinas provoquem a morte.

Fungos entomopatogênicos têm sido usados primariamente como micoinseticidas inundativos. *Lecanicillium lecanii* e *L. longisporum* (ambos antigamente conhecidos como *Verticillium lecanii*) são utilizados comercialmente para controlar pulgões e cochonilhas em estufas europeias. Espécies de *Entomophthora* também são úteis para o controle de pulgões em estufas. Espécies de *Beauveria* e *Metarhizium*, conhecidas como muscardina branca e verde, respectivamente (dependendo da cor dos esporos), são patógenos de pragas de solo, tais como cupins e larvas de besouros, e podem afetar outros insetos, como exemplo, os cercopídeos da cana-de-açúcar e certas mariposas que vivem em micro-hábitats úmidos. Uma espécie de *Metarhizium*, *M. acridum* (antigamente *M. anisopliae* var. *acridium*), foi desenvolvida como um micoinseticida bem-sucedido para gafanhotos migratórios e solitários na África. Nos ambientes de água doce, alguns fungos aquáticos tais como espécies de *Coelomomyces* e *Lagenidium giganteum* podem causar altos níveis de mortalidade em mosquitos, e *L. giganteum* foi desenvolvido como um agente de controle biológico disponível comercialmente devido à facilidade de cultura.

Bactérias

As bactérias raramente provocam doenças em insetos, embora bactérias saprófitas, as quais mascaram a causa real da morte, com frequência invadam insetos mortos. Relativamente poucas bactérias são usadas para o controle de pragas, mas várias demonstraram ser entomopatógenos úteis contra pragas particulares. *Paenibacillus popilliae* é um patógeno obrigatório de besouros escarabeídeos (Scarabaeidae) e causa a "doença leitosa" (assim chamada pela aparência branca do corpo das larvas infectadas). Esporos ingeridos germinam no intestino larval e levam à septicemia. Larvas e adultos infectados morrem lentamente, o que significa que *P. popilliae* não é adequada como um inseticida microbiano, mas a doença pode ser transmitida a outros besouros pelos esporos que persistem no solo. Assim, *P. popilliae* é útil no controle biológico por introdução ou inoculação, embora ela seja cara para ser produzida. Duas espécies de *Serratia* são responsáveis pela "doença do âmbar" no besouro escarabeídeo *Costelytra zealandica*, uma praga de pastos na Nova Zelândia, e foram desenvolvidas para o controle de escarabeídeos. *Bacillus sphaericus* apresenta uma toxina que mata larvas de mosquitos. As cepas de *Bacillus thuringiensis* apresentam um amplo espectro de atividade contra larvas de muitas espécies de Lepidoptera, Coleoptera e Diptera aquáticos, mas podem ser usadas apenas como inseticidas de inundação por causa da falta de persistência no campo.

Bacillus thuringiensis, geralmente chamada de Bt, foi isolada pela primeira vez a partir de bichos-da-seda (*Bombyx mori*) doentes por um bacteriologista japonês, Shigetane Ishiwata, cerca de um século atrás. Ele deduziu que uma toxina estava envolvida na patogenicidade de Bt e, pouco tempo depois, outros pesquisadores japoneses demonstraram que a toxina era uma proteína presente apenas em culturas esporuladas, estava ausente dos filtrados da cultura e, portanto, não era uma exotoxina. Dos muitos isolados de Bt, vários foram comercializados para o controle de insetos. Bt é produzida em fermentadores líquidos grandes e formulada de vários modos, incluindo em forma de pós e grânulos que podem ser aplicados às plantas como pulverizações aquosas. Atualmente, o isolado de Bt mais amplamente utilizado está disponível em numerosos produtos comerciais utilizados para controlar lepidópteros pragas em florestas, culturas de vegetais e campos.

Bt forma esporos, cada um contendo uma inclusão proteica chamada de cristal, a qual é a fonte das toxinas que causam a maioria das mortes das larvas. O modo de ação de Bt varia entre diferentes insetos suscetíveis. Em algumas espécies, a ação inseticida é associada aos efeitos tóxicos das proteínas do cristal apenas (como para algumas mariposas e borrachudos). Contudo, em muitas outras (incluindo diversos lepidópteros), a presença do esporo aumenta a toxicidade de maneira substancial, e em alguns poucos insetos, a morte resulta de septicemia que se segue à germinação dos esporos no intestino médio, em vez das toxinas. Nos insetos afetados pelas toxinas ocorre paralisia das peças bucais, do intestino e, com frequência, do corpo, de modo que a alimentação é inibida. Durante a ingestão por uma larva de inseto, o cristal é dissolvido no intestino médio, liberando proteínas denominadas deltaendotoxinas. Essas proteínas são protoxinas que devem ser ativadas pelas proteases do intestino médio alcalino antes que elas possam interagir com o epitélio intestinal e destruir sua integridade, depois do que o inseto enfim morre. Larvas de instares iniciais em geral são mais suscetíveis a Bt do que larvas mais velhas ou insetos adultos. Bt é inofensivo aos mamíferos, incluindo os seres humanos, os quais têm um intestino ácido e não apresentam receptores para a ligação da toxina.

O controle efetivo dos insetos praga por Bt depende dos seguintes fatores:

- A população dos insetos ser uniformemente jovem para ser suscetível
- Alimentação ativa dos insetos de tal modo que eles consumam uma dose letal
- Uniformidade da pulverização de Bt
- Persistência de Bt, em especial a falta de desnaturação pela luz ultravioleta
- Adequação da cepa e formulação de Bt para o inseto-alvo.

Diferentes isolados de Bt variam bastante em sua atividade inseticida contra uma dada espécie de inseto, e um único isolado de Bt em geral exibe atividade muito diferente em insetos diferentes. No presente, há cerca de 100 subespécies (ou sorovares) reconhecidas de Bt baseadas no sorotipo e em certos dados bioquímicos e de variedade de hospedeiros. Há uma discordância, contudo, com relação à base para o esquema de classificação de Bt, uma vez que pode ser mais apropriado utilizar um sistema com base nos genes da toxina do cristal, os quais determinam diretamente o nível e a extensão da atividade de Bt. O esquema de nomenclatura atual para as deltaendotoxinas de Bt (ou proteínas cristal) é fundamentado exclusivamente em um agrupamento hierárquico usando a identidade de sequências de aminoácidos e cada proteína Cry ou Cyt tem um nome único com quatro ranques, por exemplo Cry4Ba2 ou Cyt2Ba6. As toxinas Cry são ativadas pelas proteases do inseto hospedeiro após a ligação com receptores específicos no epitélio do mesênteron (como descrito anteriormente), ao passo que as toxinas Cyt se inserem dentro do epitélio através da interação direta com lipídios de membrana. Adicionalmente, algumas culturas de Bt produzem proteínas inseticidas vegetativas (Vips) ou betaexotoxinas; essas são efetivas contra vários insetos, incluindo larvas do besouro-da-batata do Colorado, mas são tóxicas aos mamíferos. Portanto, a natureza e efeitos inseticidas de vários isolados de Bt estão longes de serem simples e mais pesquisa sobre os modos de ação dessas toxinas são desejáveis, especialmente sobre a compreensão da base sobre a resistência potencial e efetiva ao Bt.

Os produtos de Bt são cada vez mais utilizados para o controle de vários Lepidoptera (tais como lagartas em crucíferas e em florestas) desde 1970. Durante as primeiras duas décadas de uso, a resistência era rara ou desconhecida, exceto em uma mariposa de grãos armazenados (Pyralidae: *Plodia interpunctella*). O primeiro inseto a mostrar resistência no campo foi uma importante praga de plantas, a traça-das-crucíferas (Plutellidae: *Plutella xylostella*), a qual se alimenta de plantas Brassicaceae (repolho e seus parentes). Criadores de agrião no Japão e no Havaí reclamaram que Bt reduziu sua capacidade de matar essa praga e, em meados de 1989, outros relatos de mariposas resistentes no Havaí foram confirmados em áreas onde altas doses frequentes de Bt foram utilizadas. De modo similar, no Japão, em 1988, foi encontrado um nível extremamente alto de resistência a Bt em mariposas em estufas em que o agrião era cultivado ao longo do ano todo, com um total de 40 a 50 aplicações de Bt ao longo de três ou quatro anos. Mariposas resistentes a Bt também foram relatadas nos Estados Unidos continental, América Central, Tailândia, nas Filipinas e outras partes da Ásia. Além disso, estudos de laboratório e relatórios de campo indicaram que mais de uma dúzia de outras espécies de insetos evoluíram naturalmente ou poderiam ser produzidas para exibir diferentes níveis de resistência. Mostrou-se que os mecanismos de resistência a Bt da traça-das-crucíferas derivam de um único gene que confere resistência a quatro toxinas Bt diferentes.

A resistência envolve mutação nos receptores ou proteases de toxinas de Bt. Uma questão diferente é a indução fisiológica da tolerância a Bt (ou resistência induzida) em larvas que foram expostas previamente a baixas doses de toxinas de Bt. Além disso, a indução imunológica e tolerância a Bt podem ser transmitidas, maternamente, para a prole (através dos ovos). Essa tolerância foi demonstrada em algumas espécies de Lepidoptera e parece ser uma resposta imunológica envolvendo um aumento da atividade enzimática no mesênteron e na hemolinfa larval. Um trabalho recente identificou genes em *Heliothis armigera* que sofrem *up-regulation* em indivíduos que são tolerantes a Bt. Tais resultados também podem ajudar a explicar a redução na suscetibilidade a toxinas de Bt que ocorrem à medida que a larva envelhece.

Os problemas com inseticidas químicos estimularam o interesse no uso de produtos derivados de Bt como um método alternativo de controle de pragas. Além das aplicações convencionais de Bt, a engenharia genética com genes de Bt produziu plantas transgênicas (assim chamadas "plantas Bt") que fabricam suas próprias toxinas protetoras (seção 16.6.1), tais como o algodão Bollgard II® que expressa duas toxinas Bt, e variedades transgênicas de milho e soja, que são amplamente cultivadas nos Estados Unidos e em outros locais. O atual otimismo levou à crença de que é improvável que os insetos desenvolvam níveis extremamente altos de resistência a Bt no campo, como um resultado tanto da instabilidade da resistência quanto da diluição por imigrantes de populações suscetíveis (ver também a seção 16.6.1). As estratégias para impedir ou desacelerar a resistência aos produtos de Bt são as mesmas que aquelas usadas para retardar a resistência aos inseticidas sintéticos. Evidentemente, o sucesso continuado dos produtos de Bt e os benefícios dos avanços tecnológicos dependerão do uso apropriado, bem como do conhecimento e da limitação da resistência às proteínas do cristal de Bt.

Vírus

Muitos vírus infectam e matam insetos, mas aqueles com potencial para o controle de insetos são de apenas três grupos virais, todos com corpos de inclusão proteicos, que envolvem os vírions (partículas virais). Essas espécies virais "oclusas" são consideradas seguras porque foram encontradas apenas em artrópodes, e parecem ser incapazes de se replicar em vertebrados ou culturas de células de vertebrados, embora parentes distantes de dois desses grupos possuam um conjunto maior de hospedeiros. Muitos vírus "não oclusos" que infectam insetos são considerados inseguros para o controle de pragas por causa da sua falta de especificidade e possíveis efeitos colaterais adversos (como a infecção de vertebrados e/ou insetos benéficos). Um grupo relativamente novo de vírus de insetos, os ascovírus (Ascoviridae), são conhecidos por infestar apenas certas lagartas de lepidópteros, causando uma doença crônica fatal. Entretanto, eles são transmitidos de hospedeiro para hospedeiro apenas por fêmeas de vespas parasitoides na oviposição e, portanto, são difíceis de serem utilizados para o controle de pragas.

Os grupos entomopatogênicos úteis são os vírus de poliedrose nuclear (VPNs), vírus de granulose (VGs) (ambos pertencentes a Baculoviridae – os baculovírus ou BVs), os vírus de poliedrose citoplasmática (VPCs) (Reoviridae: *Cypovirus*) e os entomopoxvírus (EPVs) (Poxviridae: Entomopoxvirinae). Os baculovírus se replicam dentro do núcleo das células hospedeiros, ao passo que os VPCs e EPVs se replicam no citoplasma celular do hospedeiro. Os baculovírus apresentam genomas de DNA e são encontrados na sua maioria em endopterigotos, como larvas de mariposas e besouros, as quais se tornam infectadas quando ingerem os corpos de inclusão junto com seu alimento. Os corpos de inclusão dissolvem no alto pH do intestino médio dos insetos e liberam o(s) vírion(s) (Figura 16.3). Esses infectam as células epiteliais do intestino e geralmente se espalham para outros tecidos, em particular o corpo gorduroso. Os corpos de inclusão de VPN são, em geral, muito estáveis e podem persistir no ambiente por anos (se protegidos da luz ultravioleta, como no solo), aumentando sua utilidade como agentes de controle biológico ou inseticidas microbianos. A especificidade de hospedeiro de diferentes vírus também influencia sua utilidade potencial como agentes de controle de pragas; alguns baculovírus (tais como o VPN *Helicoverpa*) são específicos a um gênero de insetos. Os VPCs apresentam genomas de ácido ribonucleico (RNA) e foram encontrados em algumas centenas de espécies de insetos, em especial de Lepidoptera e Diptera. Seus corpos de inclusão são menos estáveis do que aqueles dos VPNs. Os EPVs apresentam genomas grandes de DNA e infectam uma ampla variedade de hospedeiros em Orthoptera, Lepidoptera, Coleoptera e Diptera, porém isolados individuais do vírus geralmente apresentam uma faixa estreita de hospedeiros. A infecção das células dos insetos segue uma via similar àquela dos baculovírus. Atualmente, os baculovírus de pragas Lepidoptera compõe a vasta maioria dos vírus registrados para uso como biopesticidas.

Para certas pragas, os inseticidas virais proporcionam alternativas plausíveis aos controles químicos, mas vários fatores podem restringir a utilidade de diferentes vírus. Idealmente, os inseticidas virais deveriam ser específicos do hospedeiro, virulentos, matar rápido, persistir por um tempo razoável no ambiente após a aplicação, e serem facilmente obtidos em grandes quantidades. Os VPCs preenchem mal esses requisitos, ao passo que outros vírus se saem melhor nesses critérios, embora eles se tornem inativos pela luz ultravioleta dentro de horas ou dias, quase sempre matem as larvas devagar e/ou apresentem uma baixa virulência, e os custos de produção possam ser altos. Os pesticidas virais são produzidos em sua maioria por métodos *in vivo* ou *in vitro* de pequena escala, que são caros em decorrência dos custos de se criarem larvas; embora métodos recentes de produção *in vivo* de baixo custo tenham melhorado muito a relação custo/benefício para a produção de pesticidas de baculovírus. Além disso, o uso de novas tecnologias de cultura de tecidos reduziu significativamente o custo muito alto dos métodos de produção *in vitro*. Os problemas de potência podem ser solucionados pela engenharia genética no intuito de aumentar a velocidade de ação ou a virulência dos vírus ocorrendo naturalmente, tais como os baculovírus que infectam as pragas heliotiníneas (Lepidoptera: Noctuidae: *Helicoverpa* e *Heliothis* spp.) do algodão. A presença de proteínas particulares parece melhorar a ação de baculovírus; os vírus podem ser modificados a fim de produzir muito mais proteínas ou o gene que controla a produção da

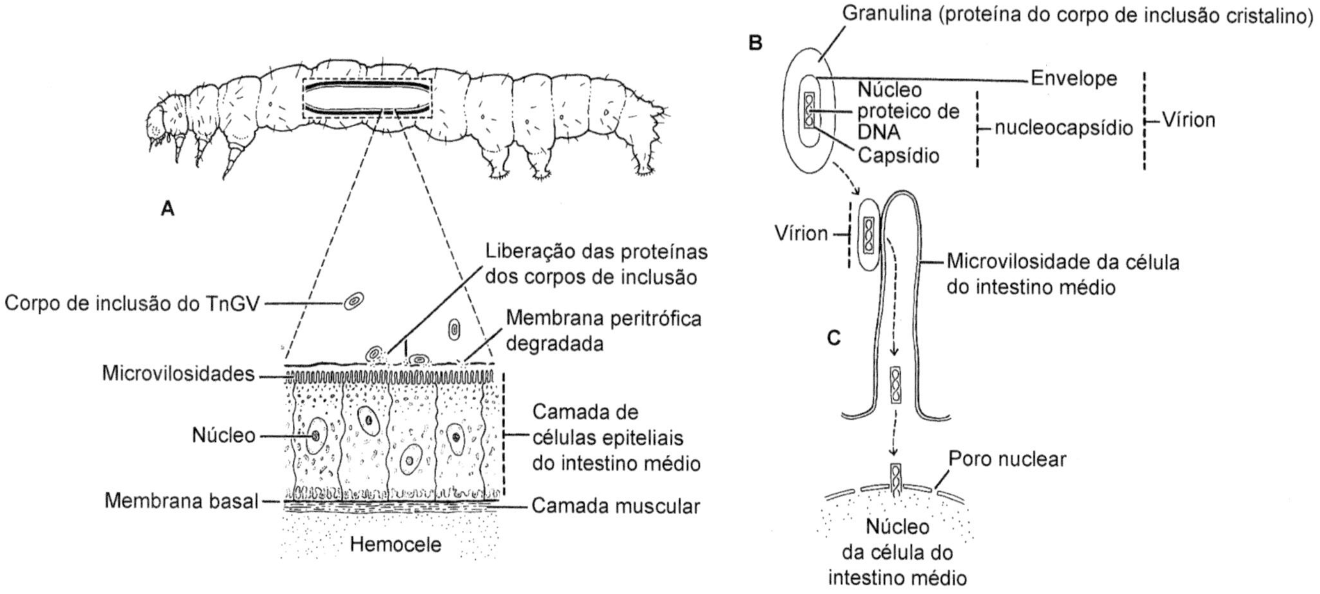

Figura 16.3 Modo de infecção das larvas de insetos por baculovírus. **A.** Uma lagarta da mariposa *Trichoplusia ni* (Lepidoptera: Noctuidae) ingere os corpos de inclusão viral de um vírus de granulose (chamado de TnGV, *Trichoplusia ni granulosis virus*) com seu alimento, e os corpos de inclusão se dissolvem no intestino médio alcalino, liberando proteínas que destroem a membrana peritrófica do inseto, permitindo que os vírions tenham acesso às células epiteliais do intestino médio. **B.** Corpo de inclusão de um vírus de granulose com um vírion em secção longitudinal. **C.** Um vírion adere a uma microvilosidade de uma célula do intestino médio, onde o nucleocapsídio abandona o seu envelope, entra na célula e se move para o núcleo no qual o DNA viral se replica. Os vírions recém-sintetizados então invadem a hemocele da lagarta, onde corpos de inclusão virais são formados em outros tecidos (não mostrado). (Segundo Entwistle & Evans, 1985; Beard, 1989.)

proteína pode ser adicionado aos vírus que não o têm. Há um interesse comercial considerável na fabricação de inseticidas virais produtores de toxinas por meio da inserção dos genes que codificam produtos inseticidas, como as neurotoxinas ou proteases específicas de insetos, dentro de baculovírus, e testes em campo realizados recentemente demonstraram que baculovírus recombinantes não são persistentes no ambiente e parecem ter efeitos mínimos, ou nenhum, em organismos não alvo. No entanto, a comercialização de baculovírus geneticamente modificados (GM) é limitada, aparentemente devido a preocupações do mercado em relação à segurança ambiental. Obviamente, qualquer vírus GM deve ser avaliado cuidadosamente antes da sua aplicação em grande escala, porém tais pesticidas biológicos devem ser mais seguros e mais efetivos do que muitos pesticidas químicos aos quais os insetos estão desenvolvendo uma resistência cada vez maior.

Os insetos pragas que danificam culturas de alto valor, como as lagartas que atacam o algodão e vespas que atacam florestas de coníferas, são adequados para o controle viral porque os retornos econômicos substanciais ultrapassam os grandes custos de desenvolvimento (incluindo a engenharia genética) e produção. O outro modo pelo qual os vírus de insetos poderiam ser manipulados para uso contra pragas é transformar as plantas hospedeiras de modo que elas produzam as proteínas virais que danificam o epitélio intestinal de insetos fitófagos. Isso é análogo à engenharia da resistência da planta hospedeira pela incorporação de genes exógenos dentro dos genomas das plantas utilizando a bactéria *Agrobacterium tumefaciens* como um vetor (seção 16.6.1).

16.6 RESISTÊNCIA DA PLANTA HOSPEDEIRA AOS INSETOS

A resistência vegetal a insetos consiste nas qualidades genéticas herdadas que resultam em uma planta ser menos danificada do que outra (suscetível) que está sujeita às mesmas condições, mas que não apresenta essas qualidades. A resistência vegetal é um conceito relativo, uma vez que variações temporais e espaciais no ambiente influenciam sua expressão e/ou efetividade. Em geral, a produção de plantas resistentes a insetos particulares é conseguida pelos cruzamentos seletivos para as características de resistência. As três categorias funcionais de resistência vegetal aos insetos são:

- Antibiose, em que a planta é consumida e afeta adversamente a biologia do inseto fitófago
- Antixenose, em que a planta é um hospedeiro ruim, impedindo qualquer alimentação dos insetos
- Tolerância, em que a planta é capaz de resistir ou se recuperar do dano causado por insetos.

Os efeitos de antibióticos sobre os insetos variam de leves a letais, e os fatores de antibiose incluem toxinas, inibidores de crescimento, níveis reduzidos de nutrientes, exsudatos viscosos de tricomas (pelos) glandulares e altas concentrações de componentes vegetais indigeríveis, como a sílica e a lignina. Os fatores de antixenose incluem repelentes e restringentes químicos vegetais, pubescência (uma cobertura de tricomas simples ou glandulares), ceras superficiais e espessura ou dureza das folhas – todos os quais podem impedir a colonização dos insetos. A tolerância envolve apenas características das plantas e não das interações inseto-planta, uma vez que ela depende apenas da capacidade da planta de superar em crescimento ou se recuperar do desfolhamento ou outro dano provocado pela alimentação dos insetos. Essas categorias de resistência não são necessariamente discretas – qualquer combinação pode ocorrer em uma planta. Além disso, a seleção para resistência a um tipo de inseto pode tornar uma planta suscetível a outro ou a doenças.

A seleção e a criação da planta hospedeira para a resistência pode ser um meio extremamente efetivo para controlar insetos pragas. O enxerto dos cultivares suscetíveis de *Vitis vinifera* em raízes de videiras americanas naturalmente resistentes confere uma resistência substancial contra a filoxera (ver Boxe 11.2). No International Rice Research Institute (IRRI), numerosos cultivares de arroz foram desenvolvidos com resistência a todos os principais insetos pragas do arroz no Sul e Sudeste Asiático. Alguns cultivares de algodão são tolerantes ao dano provocado pela alimentação de certos insetos, ao passo que outros cultivares foram desenvolvidos em decorrência de seus compostos químicos (tais como gossipol) que inibem o crescimento dos insetos. Em geral, há mais cultivares de cereais e grãos resistentes a insetos do que culturas de verduras e frutas resistentes. Os primeiros com frequência apresentam maior valor por hectare, e os últimos apresentam baixa tolerância do consumidor a qualquer dano, mas, talvez de modo mais importante, os fatores de resistência podem ser deletérios para a qualidade do alimento.

Os métodos convencionais de obter a resistência da planta hospedeira a pragas não são sempre bem-sucedidos. Apesar de mais de 50 anos de esforço intermitente, nenhuma variedade comercialmente adequada de batata resistente ao besouro *Leptinotarsa decemlineata* (Chrysomelidae) foi desenvolvida. As tentativas de produzir batatas com altos níveis de glicoalcaloides tóxicos em grande maioria pararam, em parte porque as batatas com alto nível de glicoalcaloides na folhagem com frequência apresentam tubérculos ricos nessas toxinas, resultando em riscos para a saúde humana. A criação de batatas com tricomas glandulares também tem utilidade limitada, por causa da capacidade do besouro de se adaptar a hospedeiros diferentes. O mecanismo de resistência mais promissor para controlar o besouro-da-batata é a produção de batatas geneticamente modificadas que expressam um gene exógeno para uma toxina bacteriana que mata muitas larvas de insetos (Boxe 16.7).

Boxe 16.7 Besouro-da-batata

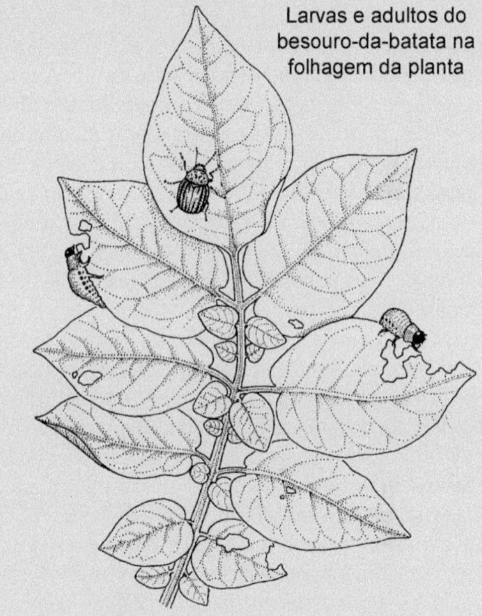

Larvas e adultos do besouro-da-batata na folhagem da planta

Larva

Adulto

Leptinotarsa decemlineata (Coleoptera: Chrysomelidae), conhecido popularmente como besouro-da-batata do Colorado nos EUA e como escaravelho-da-batateira em Portugal, é um besouro notável (ilustrado aqui, segundo Stanek, 1969) que se tornou uma praga importante de batatas cultivadas no hemisfério norte. Provavelmente originalmente nativo do México, ele expandiu sua variedade de hospedeiros há cerca de 170 anos e então se dispersou para a Europa vindo da América do Norte na década de 1920, e ainda está expandindo sua distribuição. Por exemplo, ele entrou na China pelo Cazaquistão na década de 1990 e se espalhou para o leste a uma velocidade de 40 km por ano, ameaçando a produção chinesa de batatas. Seus hospedeiros atuais são cerca de 20 espécies de Solanaceae, especialmente *Solanum* spp. e em particular *S. tuberosum*, a batata cultivada. Outros hospedeiros ocasionais incluem *Solanum lycopersicum*, o tomate cultivado, e *Solanum melongena*, a berinjela. Os besouros adultos são atraídos por produtos químicos voláteis liberados pelas folhas das espécies de *Solanum*, das quais eles se alimentam e onde eles põem ovos. As fêmeas dos besouros vivem cerca de dois meses, tempo no qual elas podem pôr, cada uma, alguns poucos milhares de ovos. As larvas desfolham as plantas da batata (como ilustrado aqui), resultando em perdas de produção de até 100% se o dano ocorrer antes da formação do tubérculo. O besouro-da-batata é o mais importante desfolhador de batatas e, onde ele está presente, as medidas de controle são necessárias para que as coletas cresçam com sucesso.

Os inseticidas controlaram efetivamente o besouro-da-batata até que ele desenvolveu resistência ao DDT nos anos 1950. Desde então, o besouro desenvolveu resistência a cada novo inseticida (incluindo piretroides sintéticos e, mais recentemente, imidacloprida, um neonicotinoide) em taxas progressivamente mais rápidas. Atualmente, muitas populações de besouros são resistentes a todos os inseticidas tradicionais, embora alguns inseticidas neonicotinoides ainda controlem populações resistentes. Um inseticida semicarbazona, a metaflumizona, potencialmente pode ser usado se não houver resistência cruzada com os neonicotinoides. A alimentação pode ser inibida pela aplicação nas superfícies foliares de inibidores da alimentação, incluindo produtos de nim e certos fungicidas; contudo, os efeitos deletérios sobre as plantas e/ou a supressão lenta das populações de besouros tornaram os inibidores de alimentação impopulares. O controle de culturas, por meio da rotação de culturas, retarda a infestação das batatas e pode reduzir o desenvolvimento de populações de besouros no começo da estação. Os adultos em diapausa em sua maioria passam o inverno no solo de campos onde as batatas tenham sido plantadas no ano anterior e são lentos para colonizar novos campos porque a maior parte da dispersão pós-diapausa ocorre andando. Contudo, as populações de besouros de segunda geração podem ser ou não reduzidas em tamanho se comparadas com aquelas de culturas não rotacionadas. Tentativas de produzir variedades de batatas resistentes a esse besouro não conseguiram combinar níveis úteis de resistência (seja por compostos químicos ou pelos glandulares) com um produto adequado para comercialização. Mesmo o controle biológico foi malsucedido porque os inimigos naturais conhecidos geralmente não se reproduzem suficientemente rápido e os indivíduos não consomem presas suficientes para regular as populações do besouro-da-batata efetivamente, e a maioria dos inimigos naturais não pode sobreviver aos invernos frios das áreas temperadas de cultivo de batatas. Contudo, a criação em massa e liberações de multiplicação de certos predadores (p. ex., duas espécies de

(*continua*)

Boxe 16.7 Besouro-da-batata (*Continuação*)

percevejos pentatomídeos) e um parasitoide dos ovos (uma vespa eulofídea) podem proporcionar um controle substancial. Pulverizações de inseticidas bacterianos podem produzir um controle microbiano efetivo se as aplicações forem temporizadas para atingir as larvas vulneráveis de primeiro instar. Duas cepas da bactéria *Bacillus thuringiensis* produzem toxinas que matam as larvas do besouro-da-batata. Um programa de controle integrado efetivo envolve aplicações de biopesticidas no início da estação de Bt de rápida ação para controlar as larvas de instares iniciais, seguidas de aplicações de lenta ação do fungo *Beauveria bassiana* (ver seção 16.5.2) contra qualquer larva de instares mais tardios que sobreviver ao tratamento de Bt. Os genes bacterianos, especialmente *cry3a*, responsáveis pela produção da toxina Cry3A de *B. thuringiensis* ssp. *tenebrionis* (= *B.t.* var. *san diego*) foram colocados por engenharia genética em batatas pela inserção dos genes em outra bactéria, *Agrobacterium tumefaciens*, a qual é capaz de inserir seu DNA dentro daquele da planta hospedeira. Notavelmente, essas batatas transgênicas são resistentes tanto ao estágio adulto quanto aos estágios larvais do besouro-da-batata, e também produzem batatas de alta qualidade. Contudo, seu uso tem sido limitado pelas preocupações de que os consumidores rejeitarão batatas transgênicas [ver boxe 2 em Sanahuja *et al.* (2011) em Leituras adicionais] e porque as plantas Bt não impedem certas outras pragas que ainda precisam ser controladas com inseticidas. É claro que mesmo que as batatas Bt se tornem populares, o besouro-da-batata pode desenvolver rapidamente resistência à toxina Cry3A.

16.6.1 Engenharia genética de resistência do hospedeiro e problemas potenciais

Os biólogos moleculares utilizam técnicas de engenharia genética para produzir variedades resistentes a insetos de diversas plantas cultivadas, incluindo milho, algodão, tabaco, tomate, batata e arroz, que podem fabricar proteínas inibidoras da alimentação ou inseticidas exógenos sob as condições de campo. Os genes que codificam essas proteínas são obtidos de bactérias ou de outras plantas, e são inseridos na planta receptora quase sempre por dois métodos comuns: (i) o método da biobalística (ou biolística), utilizando uma fibra ou partícula de metal revestida de DNA para perfurar a parede celular e transportar o gene para dentro do núcleo; ou (ii) por meio de um plasmídeo da bactéria formadora de galha *Agrobacterium tumefaciens*. Essa bactéria pode mover parte do seu próprio DNA para dentro de uma célula vegetal durante a infecção, porque ela apresenta um plasmídeo indutor de tumor (Ti, do inglês, *tumor-inducing*) contendo um pedaço de DNA que pode se integrar nos cromossomos da planta infectada. Os plasmídeos Ti podem ser modificados pela remoção de sua capacidade indutora de tumor, e genes exógenos úteis, tais como toxinas inseticidas, podem ser inseridos. Esses plasmídeos vetores são introduzidos dentro das culturas de células vegetais, das quais as células transformadas são selecionadas e regeneradas como plantas inteiras.

O controle dos insetos por meio de plantas resistentes geneticamente modificadas (transgênicas) tem várias vantagens sobre os métodos de controle com base em inseticidas, incluindo proteção contínua (mesmo das partes das plantes inacessíveis a pulverizações de inseticidas), eliminação dos custos financeiros e ambientais do uso imprudente de inseticidas, e modificações mais baratas de uma nova variedade vegetal em comparação com o desenvolvimento de um novo inseticida químico. Atualmente, um assunto altamente controverso é a dúvida se essas plantas geneticamente modificadas (GM) (também conhecidas como cultivos biotecnológicos) levam a maior ou menor segurança humana e ambiental. Os problemas com plantas GM que produzem toxinas exógenas incluem complicações com a solicitação de registro e patente para essas novas entidades biológicas, e o potencial para o desenvolvimento de resistência nas populações de insetos-alvo. Por exemplo, a resistência dos insetos às toxinas de *Bacillus thuringiensis* (Bt) (seção 16.5.2) é esperada após a exposição contínua a essas proteínas nos tecidos das plantas transgênicas. Desde a sua comercialização em 1996, cultivados transgênicos Bt têm sido plantados em um total cumulativo de mais de 400 milhões de hectares (cerca de 1 bilhão de acres) por todo o mundo. Até o momento, cinco das 13 principais espécies de insetos praga alvejados por cultivados Bt evoluíram resistência (ou seja, redução relatada da eficácia do cultivado) ao milho e algodão Bt plantados em campo (Figura 16.4). Além disso, diversas outras espécies de

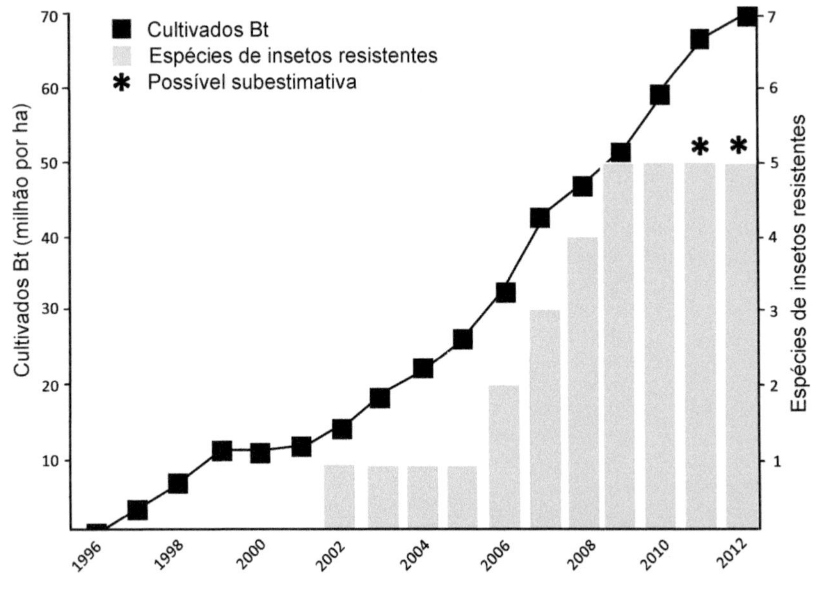

Figura 16.4 Área global plantada com cultivados Bt, anualmente, e número cumulativo de espécies de insetos apresentando resistência evoluída em campo associada com redução na eficiência dos cultivados Bt. A área de cultivados Bt aumentou de 1,1 milhão de hectares (ha) em 1996 para 66 milhões de hectares em 2011. O * indica possíveis subestimativas que ainda precisam de confirmação por publicações reportando a resistência. (Segundo Tabashnik *et al.*, 2013.)

insetos apresentam evidências de resistência evoluída em campo aos cultivados Bt, e, portanto, é essencial melhorar o gerenciamento da resistência de maneira proativa para prolongar a eficácia dos cultivados GM.

Refúgios de plantas que não expressam as toxinas parecem retardar a resistência porque permitem que as poucas pragas resistentes copulem com os abundantes indivíduos suscetíveis produzidos nas plantas refúgio que não apresentam as toxinas Bt. A progênie híbrida de tais cruzamentos irá morrer em culturas de Bt se a herança de resistência for uma característica recessiva e especialmente se uma alta dose de toxinas for ingerida por larvas híbridas em plantas Bt e, portanto, a evolução da resistência na população praga é retardada. Os insetos resistentes à Bt também podem apresentar menor aptidão (sobrevivência, tempo de desenvolvimento e massa corpórea) em relação aos insetos suscetíveis nos refúgios onde eles não estão expostos às toxinas Bt. O uso de refúgios em associação a culturas transgênicas é obrigatório como uma estratégia de resistência nos Estados Unidos, Austrália e muitos outros países. A resistência às toxinas Bt também pode ser retardada utilizando plantas transgênicas que produzem duas ou mais toxinas distintas, e restringindo a expressão das toxinas a certas partes da planta (p. ex., às cápsulas de algodão em vez de ao algodoeiro inteiro) ou aos tecidos danificados pelos insetos. Muitos cultivados Bt, chamados de **pirâmides**, agora produzem duas ou mais diferentes toxinas Bt que são ativas contra a mesma praga. Já foi demonstrado que a resistência às pirâmides evolui mais rapidamente se plantas com duas toxinas forem cultivadas ao mesmo tempo que plantas com uma única toxina. A explicação é que plantas com uma única toxina selecionam para resistência em insetos de cada toxina separadamente, de maneira que plantas com duas toxinas se tornam ineficientes. Uma limitação específica das plantas modificadas para produzir as toxinas Bt é que o esporo, e não apenas a toxina, deve estar presente para a máxima atividade de Bt em alguns insetos-praga.

A incursão recente da lagarta polífaga do algodão do Velho Mundo, *Helicoverpa armigera* (Lepidoptera: Noctuidae) nas Américas (especificamente no estado do Mato Grosso no Brasil) tem consequências sérias para os cultivos, incluindo para a agricultura Bt. Atualmente, áreas enormes de soja e milho Bt e áreas menores de algodão Bt (principalmente expressando apenas a toxina Cry1) são plantadas no Brasil. As práticas de gerenciamento de resistência que frequentemente são obrigatórias em outros lugares, tais como a manutenção de refúgios livres de Bt ou a aragem do solo para matar pupas resistentes, não são implementadas no Brasil. Dada a capacidade de *H. armigera* para evoluir resistência aos inseticidas e aos cultivados Bt e a presença durante todo o ano de plantas hospedeiras adequadas, é provável que essa praga invasora se espalhe, incluindo provavelmente em direção ao norte para a América Central e para os Estados Unidos. Os impactos econômicos e ambientais serão substanciais.

É possível que a resistência vegetal baseada em toxinas (**aleloquímicos**) de genes transferidos a plantas possa resultar em exacerbação, em vez de alívio dos problemas com pragas. Em baixas concentrações, muitas toxinas são mais ativas contra os inimigos naturais de insetos fitófagos do que contra seus hospedeiros pragas, afetando adversamente o controle biológico. Alcaloides e outros aleloquímicos ingeridos por insetos fitófagos afetam o desenvolvimento ou são tóxicos aos parasitoides que se desenvolvem dentro dos hospedeiros que os contêm, e podem matar ou esterilizar os predadores. Em alguns insetos, os aleloquímicos sequestrados durante a alimentação passam para os ovos, com consequências deletérias para os parasitoides de ovos. Além disso, os aleloquímicos podem aumentar a tolerância das pragas a inseticidas ao selecionar enzimas desintoxicantes que levam a reações cruzadas com outros produtos químicos. A maioria dos outros mecanismos de resistência vegetal diminui a tolerância das pragas a inseticidas e, portanto, melhoram as possibilidades de utilizar os pesticidas seletivamente para facilitar o controle biológico.

Além dos riscos de seleção inadvertida da resistência a inseticidas, há vários outros riscos ambientais como resultado do uso de plantas transgênicas. Em primeiro lugar, há a preocupação de que genes das plantas modificadas possam se transferir a outras variedades ou espécies de plantas, levando a um aumento da tendência da planta receptora do transgene a tornar-se daninha, ou a extinção de espécies nativas pela hibridação com plantas transgênicas. Em segundo lugar, a própria planta transgênica pode se tornar daninha se a modificação genética melhora a sua adaptação a certos ambientes. Em terceiro lugar, organismos não alvo, tais como insetos benéficos (polinizadores e inimigos naturais) e outros insetos não pragas, podem ser afetados pelo uso por humanos de plantas transgênicas. Esse risco pode ocorrer de duas principais maneiras: (i) por meio da ingestão acidental de plantas geneticamente modificadas, incluindo seu pólen; e (ii) pelos efeitos indiretos devido a mudanças do hábitat em áreas de cultivo de cultivados geneticamente modificados. Um risco potencial às populações de borboletas-monarca, *Danaus plexippus*, em virtude de as larvas se alimentarem da folhagem de suas plantas hospedeiras polvilhadas com o pólen de milho Bt, teve alguma má repercussão. As plantas de secreção leitosa, que são hospedeiras das larvas de monarcas, e os campos comerciais de milho com frequência crescem em grande proximidade nos Estados Unidos. Seguindo a determinação detalhada da distância e do conteúdo de Bt do pólen dispersado, a exposição das lagartas ao pólen de milho foi quantificada. Um levantamento abrangente do risco concluiu que a ameaça às populações de borboletas era baixa. Em contrapartida, uma ameaça altamente significativa às monarcas é o enorme aumento da área de agricultura dos Estados Unidos plantada com milho e soja que foram geneticamente modificados para tolerar herbicidas. Como consequência, as plantas daninhas que costumavam crescer dentro e nos arredores de plantações de milho e soja no cinturão do milho na região do Meio-Oeste dos Estados Unidos foram quase totalmente eliminadas. A consequente perda das plantas de secreção leitosa usadas pelas larvas e as plantas daninhas anuais usadas como fonte de néctar pelas borboletas adultas tem levado a uma redução das principais áreas de reprodução das monarcas. Estimativas sugerem que talvez 50 a 60 milhões de hectares (até 150 milhões de acres) de hábitat de reprodução possam ter sido perdidos. Tal perda é agravada pela rápida expansão dos campos agrícolas em hábitats de pradaria e outros hábitats que eram fontes de plantas de secreção leitosa. Essas mudanças de hábitat nos Estados Unidos estão contribuindo para o declínio contínuo e dramático nos números de borboletas-monarca. A borboleta-monarca tem recebido muita atenção porque é uma **espécie bandeira** carismática (seção 1.7), e efeitos semelhantes em populações de vários outros insetos provavelmente não serão notados tão prontamente.

16.7 CONTROLE FÍSICO

O controle físico refere-se a métodos não químicos e não biológicos que destroem as pragas ou fazem o ambiente inadequado para a entrada ou a sobrevivência de pragas. A maioria desses métodos de controle pode ser classificada como passiva (p. ex., cercas, trincheiras, armadilhas, óleos e pós inertes) ou ativa (p. ex., tratamentos mecânicos, de impacto e térmicos). As medidas de controle físico em geral estão limitadas a ambientes confinados como estufas, estruturas de armazenamento de alimento (p. ex., silos) e espaços domésticos, embora certos métodos, como barreiras ou trincheiras de exclusão, possam ser empregados em campos de cultivo.

O método mecânico mais bem conhecido de controle de pragas é o "mata-moscas", mas o procedimento de peneirar e separar, utilizado em moinhos de farinha para remover os insetos, é outro exemplo. Um método óbvio é a exclusão física, como exemplo, o empacotamento de produtos alimentícios, a selagem semi-hermética de silos de grãos, ou a colocação de telas de malha em estufas. Além disso, os produtos podem ser tratados ou armazenados sob condições controladas de temperatura (baixa ou alta), composição de gases atmosféricos (p. ex., baixo oxigênio (O_2) ou alto dióxido de carbono (CO_2), ou ambos), ou umidade relativa baixa, que pode matar ou reduzir a reprodução de insetos pragas. Para as pragas de produtos armazenados, uma atmosfera controlada de baixo O_2 e alto CO_2 leva a uma mortalidade mais alta do que qualquer um desses tratamentos sozinhos, e os níveis de CO_2 acima de 40% são necessários para uma ação mortal mais eficiente com o CO_2 sozinho. A radiação ionizante pode ser utilizada como um tratamento de quarentena para os insetos dentro de frutos exportados, e a imersão de mangas em água quente foi utilizada para matar imaturos de moscas-da-fruta tefritídeas. O uso de certos métodos físicos de controle estão sendo ampliados e frequentemente estão substituindo o brometo metílico (também chamado bromometano), que é utilizado como um esterilizante de solos e ainda é usado como fumigante em muitos produtos armazenados e exportados/importados, mas que terá seu uso interrompido (como exigido pelo Protocolo de Montreal) em virtude de diminuir o ozônio na atmosfera.

As armadilhas que utilizam luz ultravioleta de comprimento de onda longo (p. ex., lâmpadas que atraem os insetos voadores para uma grade de metal eletrificado) ou superfícies aderentes podem ser efetivas em domicílio ou em locais de venda de alimentos no varejo ou em estufas, mas não devem ser utilizadas em ambientes externos em virtude da possibilidade de capturar insetos nativos ou benéficos introduzidos. Um estudo de capturas de insetos em armadilhas elétricas, em jardins suburbanos nos Estados Unidos, mostrou que insetos de mais de 100 famílias não alvo foram mortos; cerca de metade dos insetos capturados eram insetos aquáticos não hematófagos, mais de 13% eram predadores e parasitoides, e apenas cerca de 0,2% eram os incômodos dípteros picadores.

16.8 CONTROLE DE CULTURAS

Os agricultores de subsistência utilizam métodos de cultura para o controle de pragas há séculos, e muitas de suas técnicas são aplicáveis à agricultura intensiva de grande escala e também de pequena escala. Tipicamente, as práticas de culturas envolvem reduzir as populações de insetos nas lavouras por apenas uma ou uma combinação das seguintes técnicas: rotação de culturas, lavramento ou queima do restolho da safra para interromper os ciclos de vida das pragas, temporização ou disposição cuidadosas do plantio para evitar sincronia com as pragas, destruição das plantas selvagens que abrigam as pragas e/ou cultivo de plantas não alimentícias para conservar os inimigos naturais, e o uso de raízes e sementes livres de pragas. O plantio misturado de várias culturas (chamado de policultura) pode reduzir o aparecimento da lavoura (hipótese do aparecimento vegetal) ou a concentração de recursos para as pragas (hipótese da concentração de recursos), aumentar a proteção das plantas suscetíveis que crescem próximas a plantas resistentes (hipótese da resistência associativa), e/ou promover os inimigos naturais (hipótese dos inimigos naturais). Pesquisas recentes em agroecologia compararam as densidades dos insetos praga e de seus inimigos naturais em monoculturas e policulturas (incluindo diculturas e triculturas) para testar se o sucesso da policultura pode ser mais bem explicado por uma hipótese em particular; contudo, as hipóteses não são mutuamente exclusivas e há algum suporte para cada uma.

Na entomologia médica, os métodos de controle de culturas consistem em manipulações do hábitat, tais como drenagem de pântanos e remoção ou cobertura de recipientes armazenadores de água para limitar os locais de criação de larvas de mosquitos transmissores de doenças, e a cobertura de montes de lixo para impedir o acesso e a reprodução de moscas disseminadoras de doenças, assim como o uso de mosquiteiros para prevenir que mosquitos vetores de doenças mordam pessoas que estão dormindo (ver Boxe 15.3). Exemplos do controle de cultura de pragas de animais de criação incluem a remoção de esterco que abriga moscas pragas e armadilhas simples, por meio das quais o gado passa, que removem e matam as moscas que estão descansando sobre ele. Esses métodos de exclusão e captura também poderiam ser classificados como métodos físicos de controle.

16.9 FEROMÔNIOS E OUTROS ATRATIVOS DE INSETOS

Os insetos utilizam diversos odores químicos chamados de **semioquímicos** para se comunicarem dentro e entre espécies (seção 4.3.2). Os **feromônios** são produtos químicos particularmente importantes, utilizados para a sinalização entre membros da mesma espécie – esses são, com frequência, misturas de dois, três ou mais componentes, os quais, quando liberados por um indivíduo, induzem uma resposta específica em outro indivíduo. Outros membros da espécie, por exemplo, parceiros interessados, chegam à fonte. Feromônios derivados naturalmente ou sintéticos, em especial feromônios sexuais, podem ser utilizados no manejo de pragas para atrapalhar o comportamento e impedir a reprodução dos insetos praga. O feromônio é emitido a partir de dispersores pontuais espalhados, com frequência em associação com armadilhas que são colocadas na lavoura. A força da resposta dos insetos depende do desenho, da colocação e da densidade dos dispersores. A taxa e a duração da emissão de feromônios de cada dispersor dependem do método de liberação (p. ex., a partir de borrachas, microcápsulas, capilares ou pavios impregnados), da força da formulação, do volume original, da área de superfície da qual eles são volatilizados, e da longevidade e/ou estabilidade da formulação. Iscas para machos, como cuelure, trimedlure e metileugenol (às vezes chamados de **paraferomônios**), que são fortemente atrativas para muitas moscas-das-frutas tefritídeas, podem ser liberadas de maneira semelhante aos feromônios. Imagina-se que o metileugenol atraia os machos da mosca-da-fruta oriental *Bactrocera dorsalis* em razão do benefício que seu consumo confere ao seu sucesso em acasalamentos (ver "Feromônios sexuais" na seção 4.3.2). Algumas vezes, outros atrativos, tais como iscas com alimentos e locais de oviposição, podem ser incorporados em um esquema de manejo de pragas para funcionar de maneira análoga aos feromônios (paraferomônios), como discutido adiante.

Há três usos principais para os feromônios dos insetos (e, às vezes, outros atrativos) no manejo de horticulturas, agrícola e florestal: o monitoramento, a atração-aniquilação e a interrupção dos acasalamentos. Os feromônios dos insetos são usados no monitoramento, para inicialmente se detectar a presença de uma praga particular e, então, realizar alguma medida de sua abundância. Uma armadilha contendo o feromônio apropriado (ou outra isca) é colocada na cultura suscetível, e inspecionada em intervalos regulares para a presença de quaisquer indivíduos da praga atraída para a armadilha. Na maioria das espécies, as fêmeas emitem feromônios sexuais para os quais os machos respondem e, assim, a presença de machos da praga (e, por inferência, das fêmeas) pode ser detectada mesmo em densidades populacionais muito baixas, permitindo o reconhecimento precoce de uma explosão iminente. O conhecimento da relação entre o tamanho da área de captura da armadilha e a densidade real de pragas permite uma decisão sobre quando o limiar econômico (seção 16.1.1) para a cultura será atingido e facilita o uso eficiente de medidas de controle, tais como a aplicação de inseticidas. O monitoramento é uma parte essencial do MIP.

A atração-aniquilação (também chamada de aniquilação em massa), na qual indivíduos da espécie praga alvo são atraídos e removidos da população é outra maneira de utilizar feromônios no manejo de pragas. Duas abordagens são reconhecidas. A captura em massa usa iscas semioquímicas, geralmente feromônios, para atrair insetos praga para a fonte, onde eles são capturados de várias maneiras (p. ex., em armadilhas de grande capacidade, no papel viscoso ou sobre uma grade de eletrocussão). Esse método tem sido utilizado contra uma série de pragas de florestas, agricultura e pomares. Uma estratégia semelhante chamada de atração e morte difere da captura em massa na maneira como mata os insetos. Os sistemas de atração e morte usam inseticidas, ou em alguns casos esterilizantes ou patógenos, em combinação com uma isca. Essa estratégia tem sido utilizada principalmente nos campos de algodão e pomares. As iscas podem ser luz (p. ex., ultravioleta), cor (p. ex., amarelo é um atrativo comum), semioquímicos como feromônios ou odores produzidos pelo local de acasalamento ou oviposição (p. ex., esterco), atrativos da planta hospedeira, animal hospedeiro ou empíricos (p. ex., as iscas químicas de moscas-das-frutas). Algumas vezes, a isca, como o metileugenol para as moscas-das-frutas tefritídeas, é mais atrativa do que qualquer outra substância utilizada pelo inseto. A efetividade da técnica de atração-aniquilação parece ser inversamente relacionada à densidade populacional da praga e ao tamanho da área infestada. Assim, esse método provavelmente é mais efetivo para o controle de insetos pragas não residentes que se tornam abundantes por meio de imigração anual ou sazonal, ou pragas que são geograficamente restritas ou sempre presentes em baixa densidade. Os sistemas de captura em massa por feromônios foram testados em especial para certas mariposas, como a mariposa-cigana (Lymantriidae: *Lymantria dispar*) (ver Prancha 8C), pelo uso de seus feromônios sexuais femininos, e para besouros escolitíneos (Curculionidae: Scolytinae), pelo uso de seus feromônios de agregação (seção 4.3.2). Uma vantagem dessa técnica para os escolitíneos é que ambos os sexos são capturados. O sucesso é difícil de ser demonstrado por causa das dificuldades de se desenharem experimentos controlados de grande escala. No entanto, a captura em massa parece ser efetiva em populações isoladas de mariposas-ciganas e em baixas densidades de besouros escolitíneos. Se as populações de besouros são grandes, mesmo a remoção de parte da população da praga pode ser benéfica, porque em besouros que matam árvores há uma retroalimentação positiva entre a densidade populacional e o dano.

O terceiro método de uso prático de feromônios envolve feromônios sexuais e é chamado de interrupção dos acasalamentos (algumas vezes previamente chamado de "confundir os machos", o qual, como veremos, é um termo inapropriado). Ele foi aplicado com muito sucesso no campo para diversas espécies de mariposas, tais como a lagarta *Pectinophora gossypiella* (Gelechiidae) no algodão, a lagarta *Choristoneura fumiferana* (Tortricidae) em florestas boreais canadenses, a mariposa *Grapholita molesta* (Tortricidae) em pomares de drupas, e a mariposa *Keiferia lycopersicella* (Gelechiidae) em plantações de tomate, e é uma das estratégias usadas no controle da mariposa *Epiphyas postvittana* (Tortricidae) (Boxe 16.1). Basicamente, numerosos dispersores de feromônios sintéticos são colocados dentro da lavoura de modo que o nível de feromônio sexual feminino no pomar ou no campo passa a ser maior do que o nível de fundo. Uma redução no número de machos localizando mariposas fêmeas significa menos acasalamentos e uma população diminuída em gerações subsequentes. Os mecanismos comportamentais ou fisiológicos exatos, responsáveis pela interrupção dos acasalamentos, estão longe de estar determinados, mas estão relacionados ao comportamento alterado em machos e/ou fêmeas. A interrupção do comportamento do macho pode ser por meio de habituação – modificações temporárias no sistema nervoso central – em vez de adaptação dos receptores nas antenas ou confusão, resultando no ato de seguir rastros falsos de odores. Os altos níveis de fundo favorecidos pelo uso de feromônios sintéticos também podem mascarar (camuflar) os rastros de feromônios naturais das fêmeas de tal modo que os machos não podem mais diferenciá-los, e/ou reduzem os acasalamentos por competição com as fontes naturais. Algumas vezes, a presença contínua do feromônio sintético pode avançar o ritmo circadiano da resposta do macho de maneira que os machos voam antes de as fêmeas estarem receptivas. Todos os quatro possíveis mecanismos de interrupção do acasalamento (listados anteriormente) podem ocorrer em *Pectinophora gossypiella*. O conhecimento do(s) mecanismo(s) da interrupção é importante para a produção do tipo apropriado de formulação e de quantidades de feromônio sintético necessárias para causar a interrupção e, portanto, o controle.

Todos os três métodos de feromônios descritos foram utilizados com mais sucesso para tratar certas pragas de mariposas, besouros e moscas-das-frutas. O controle de pragas utilizando feromônios parece mais efetivo para espécies que: (i) são muito dependentes de pistas químicas (em vez de visuais) para localizar parceiros dispersos ou recursos alimentares; (ii) apresentam uma distribuição de hospedeiros limitada; e (iii) são residentes e relativamente sedentárias de modo que populações localmente controladas não sofrem constantes adições por imigração. As vantagens de utilizar a captura em massa por feromônios ou interrupção de acasalamentos incluem:

- Não toxicidade, deixando frutas e outros produtos livres de produtos químicos tóxicos (inseticidas)
- A aplicação pode ser necessária apenas uma ou poucas vezes por estação
- Limitação da supressão à espécie-alvo, a não ser que os predadores ou parasitoides usem o próprio feromônio da praga para a localização do hospedeiro
- Melhora do controle biológico (exceto para a circunstância mencionada no ponto anterior).

As limitações do uso de feromônios incluem:

- Alta seletividade e, portanto, nenhum efeito sobre outras pragas primárias ou secundárias
- Custo-efetividade apenas se a praga-alvo é a principal praga para a qual é feito o planejamento de aplicação de inseticidas
- Necessidade de que a área tratada seja isolada ou grande, a fim de evitar fêmeas grávidas voando a partir de lavouras não tratadas
- Necessidade de conhecimento detalhado sobre a biologia da praga no campo (em especial sobre atividade de voo e acasalamento), uma vez que a temporização da aplicação é crítica para o controle bem-sucedido, caso se queira evitar o uso contínuo e caro
- A possibilidade de que o uso artificial selecione para uma mudança na preferência e na produção de feromônios naturais, como foi demonstrado para algumas espécies de mariposas.

As três últimas limitações se aplicam também ao manejo de pragas por meio do uso de inseticidas químicos ou microbianos; por exemplo, a temporização apropriada das aplicações de inseticida é particularmente importante para estágios-alvo vulneráveis da praga, a fim de reduzir a pulverização desnecessária e cara e minimizar os efeitos ambientais prejudiciais.

16.10 MANIPULAÇÃO GENÉTICA DOS INSETOS PRAGAS

O controle genético envolve espalhar, seja por herança ou acasalamento, fatores que reduzam o dano da praga. Um elemento herdável é introduzido em uma população-alvo de praga, por meio de membros geneticamente modificados da mesma espécie praga. Assim, as estratégias de controle genético são altamente espécie-específicas, mas dependem no comportamento de busca por parceiros desses insetos modificados, os quais precisam dispersar e buscar ativamente membros de suas espécies. As estratégias de controle genético ou são autolimitantes, em que a modificação genética é mantida na população-alvo somente por meio da liberação adicional, ou são autossuficientes, em que a modificação é planejada para persistir indefinidamente na população-alvo. A maioria das estratégias autolimitantes envolve o uso de machos de insetos estéreis (como discutido adiante), é segura e tem sido bem-sucedida na supressão ou eliminação de populações-alvo. Em contrapartida, estratégias autossuficientes dependem de um elemento egoísta de DNA (tal como a bactéria *Wolbachia*) como um gene condutor para espalhar a característica nova pela população de inseto. Tais métodos estão sendo desenvolvidos em mosquitos (Culicidae), com o objetivo de introduzir novas características, tais como a capacidade reduzida dos mosquitos-praga de transmitir os patógenos que causam doenças. Tais estratégias, no entanto, são controversas devido ao risco de liberação de uma modificação genética que pode ter consequências não intencionais e permanentes em populações naturais.

Cochliomyia hominivorax (Calliphoridae), uma mosca-varejeira do Novo Mundo, é uma praga devastadora de animais de criação na América tropical, uma vez que põe seus ovos em ferimentos, onde a larva provoca miíase (seção 15.1) por se alimentar dos ferimentos supurados crescentes de animais vivos, incluindo alguns humanos. Talvez a mosca tenha estado presente historicamente nos Estados Unidos, mas sazonalmente se dispersou para os estados do sul e sudoeste, onde perdas econômicas importantes relacionadas ao couro e a carcaças de animais de criação exigiram uma campanha de controle contínua. Como a fêmea de *C. hominivorax* acasala apenas uma vez, o controle pode ser alcançado ao inundar a população com machos inférteis, de modo que o primeiro macho a chegar e a copular com cada fêmea seja provavelmente estéril e os ovos resultantes, inviáveis. A **técnica do macho estéril** (também chamada de técnica do inseto estéril ou técnica de liberação de insetos estéreis [SIRM, *sterile insect release method*]), nas Américas, depende de instalações de criação em massa, localizadas no México, onde bilhões de larvas dessa mosca-varejeira são criadas em meios artificiais de sangue e caseína. As larvas (Figura 6.6H) caem no chão das câmaras de criação, onde formam um pupário. Em um momento crucial, depois da gametogênese, a esterilidade do adulto em desenvolvimento é induzida por irradiação com raios gama dos pupários de cinco dias. Esse tratamento esteriliza os machos e, embora as fêmeas não possam ser separadas no estágio pupal e sejam também liberadas, a irradiação impede a sua oviposição. Os machos estéreis liberados se misturam com a população selvagem e a cada acasalamento a proporção fértil diminui, de modo que a erradicação é uma possibilidade teórica.

A técnica erradicou *C. hominivorax*, primeiro da Flórida e depois do Texas e no oeste dos Estados Unidos e, mais recentemente, do México, de onde antes se originavam as reinvasões para os Estados Unidos. A meta de criar uma zona tampão livre de moscas do Panamá para o norte foi atingida, somada à eliminação progressiva nos países da América Central e a continuidade das liberações formando uma "barreira de moscas estéreis" permanente no leste do Panamá. Em 1990, quando *C. hominivorax* foi introduzida acidentalmente na Líbia (norte da África), as instalações mexicanas foram capazes de produzir moscas estéreis suficientes para impedir o estabelecimento dessa praga potencialmente devastadora.

A impressionante razão custo/benefício do controle e da erradicação dessa mosca-varejeira, pelo uso da técnica do inseto estéril, induziu o gasto de somas substanciais em tentativas de controlar pragas econômicas semelhantes. Outros exemplos de erradicações bem-sucedidas de insetos pragas envolvendo liberação de insetos estéreis são as moscas-das-frutas *Ceratitis capitata* (Tephritidae), do México e do norte da Guatemala; *Bactrocera cucurbitae* (Tephritidae), do arquipélago Ryukyu, do Japão, e *Bactrocera tryoni*, do oeste da Austrália. A frequente falta de sucesso de outras tentativas pode ser atribuída a dificuldades com um ou mais dos seguintes pontos:

- Incapacidade de criar a praga em massa
- Falta de competitividade dos machos estéreis, incluindo discriminação contra machos estéreis criados em cativeiro pelas fêmeas selvagens
- Divergência genética e fenotípica da população de cativeiro, de tal modo que os insetos estéreis acasalem preferencialmente uns com os outros (acasalamento assortativo)
- Liberação de número inadequado de machos para inundar as fêmeas
- Falha dos insetos irradiados em se misturar com a população selvagem
- Dispersão fraca dos machos estéreis a partir do local de liberação e rápida reinvasão dos tipos selvagens.

Foram feitas tentativas de introduzir genes deletérios dentro de espécies pragas que podem ser criadas em massa e liberadas, com a intenção de que genes prejudiciais se espalhassem em meio à população selvagem. Os motivos para a falha dessas tentativas provavelmente incluem aquelas citadas anteriormente para muitas liberações de insetos estéreis, em particular sua falta de competitividade, junto com a deriva genética e a recombinação que reduz os efeitos genéticos. Contudo, novas abordagens transgênicas significam que o uso de insetos modificados geneticamente no controle de pragas está se tornando factível. É possível criar insetos transgênicos que podem ser sexados geneticamente usando marcadores herdáveis ou que carregam marcadores de proteínas fluorescentes que permitem que eles sejam prontamente distinguidos dos insetos não modificados. Um método avançado derivado da técnica do inseto estéril é a soltura de insetos que carregam um marcador dominante letal (do inglês, *release of insects carrying a dominant lethal marker*, **RIDL**). Os insetos RIDL apresentam modificações genéticas que levam sua prole a morrer, mas os adultos RIDL sobrevivem e reproduzem-se normalmente se alimentados com uma dieta contendo um suplemento (um antibiótico). Essa abordagem tem sido utilizada em *Ceratitis capitata*, e alguns lepidópteros e mosquitos, e para insetos fêmeas e machos, mas ainda não foi utilizada em populações naturais de pragas.

Leitura sugerida

Alphey, L. (2014) Genetic control of mosquitoes. *Annual Review of Entomology* **59**, 205–24.

Altieri, M.A. (1991) Classical biological control and social equity. *Bulletin of Entomological Research* **81**, 365–9.

Barratt, B.I.P., Howarth, F.G., Withers, T.M. *et al.* (2010) Progress in risk assessment for classical biological control. *Biological Control* **52**, 245–54.

Beech, C.J., Koukidou, M., Morrison, N.I. & Alphey, L. (2012) Genetically modified insects: science, use, *status* and regulation. *Collection of Biosafety Reviews* **6**, 66–124.

Boyer, S., Zhang, H. & Lempérière, G. (2012) A review of control methods and resistance mechanisms in stored-product pests. *Bulletin of Entomological Research* **102**, 213–29.

Brewer, M.J. & Goodell, P.B. (2012) Approaches and incentives to implement integrated pest management that addresses regional and environmental issues. *Annual Review of Entomology* **57**, 41–59.

Caltagirone, L.E. (1981) Landmark examples in classical biological control. *Annual Review of Entomology* **26**, 213–32.

Caltagirone, L.E. & Doutt, R.L. (1989) The history of the vedalia beetle importation to California and its impact on the development of biological control. *Annual Review of Entomology* **34**, 1–16.

De Barro, P.J., Liu, S.-S., Boykin, L.M. & Dinsdale, A.B. (2011) *Bemisia tabaci*: a statement of species *status*. *Annual Review of Entomology* **56**, 1–19.

Desneux, N., Decourtye, A. & Delpuech, J.-M. (2007) The sublethal effects of pesticides on beneficial arthropods. *Annual Review of Entomology* **52**, 81–106.

Dhadialla, T.S. (ed.) (2012) *Advances in Insect Physiology: Insect Growth Disruptors*. Vol. **43**. Academic Press, London.

Dillman, A.R., Chaston, J.M., Adams, B.J. *et al.* (2012) An entomopathogenic nematode by any other name. *PLoS Pathogens* **8**(3), e1002527. doi: 10.1371/journal.ppat.1002527

Ehler, L.E. (2006) Integrated pest management (IPM): definition, historical development and implementation, and the other IPM. *Pest Management Science* **62**, 787–9.

Flint, M.L. & Dreistadt, S.H. (1998) *Natural Enemies Handbook. The Illustrated Guide to Biological Pest Control*. University of California Press, Berkeley, CA.

Gibert, L.I. & Gill, S.S. (eds) (2010) *Insect Control: Biological and Synthetic Agents*. Academic Press, London.

Gilbert, L.I., Iatrou, K. & Gill, S.S. (eds) (2005) *Comprehensive Molecular Insect Science* Vol. 6, *Control*. Elsevier Pergamon, Oxford.

Goulson, D. (2013) An overview of the environmental risks posed by neonicotinoid insecticides. *Journal of Applied Ecology* **59**, 977–87.

Grafton-Cardwell, E.E., Stelinski, L.L. & Stansly, P.A. (2013) Biology and management of Asian citrus psyllid, vector of the huanglongbing pathogens. *Annual Review of Entomology* **58**, 413–32.

Grandgirard, J., Hoddle, M.S., Petit, J.N. *et al.* (2008) Engineering an invasion: classical biological control of the glassy-winged sharpshooter, *Homalodisca vitripennis*, by the egg parasitoid *Gonatocerus ashmeadi* in Tahiti and Moorea, French Polynesia. *Biological Invasions* **10**, 135–48.

Hajek, A. (2004) *Natural Enemies: An Introduction to Biological Control*. Cambridge University Press, Cambridge.

Hogg, B.N., Wang, X.G., Levy, K. *et al.* (2013) Complementary effects of resident natural enemies on the suppression of the introduced moth *Epiphyas postvittana*. *Biological Control* **64**, 125–31.

Hoy, M.A. *Insect Molecular Genetics: An Introduction to Principles and Applications*, 3rd edn. Academic Press, London & San Diego, CA.

Isman, M.B. (2006) Botanical insecticides, deterrents, and repellents in modern agriculture and an increasingly regulated world. *Annual Review of Entomology* **51**, 45–66.

Jervis, M. (ed.) (2007) *Insects as Natural Enemies: A Practical Perspective*. Springer, Dordrecht.

Jonsson, M., Wratten, S.D., Landis, D.A. & Gurr, G.M. (2008) Advances in conservation biological control of arthropods. *Biological Control* **45**, 172–5. [Parte de uma edição especial desse periódico sobre o uso de controle biológico para a conservação.]

Kirst, H.A. (2010) The spinosyn family of insecticides: realizing the potential of natural products research. *The Journal of Antibiotics* **63**, 101–11.

Lockwood, J.A. (1993) Environmental issues involved in biological control of rangeland grasshoppers (Orthoptera: Acrididae) with exotic agents. *Environmental Entomology* **22**, 503–18.

Louda, S.M., Pemberton, R.W., Johnson, M.T. & Follett, P.A. (2003) Nontarget effects – the Achille's heel of biological control? Retrospective analyses to reduce risk associated with biocontrol introductions. *Annual Review of Entomology* **48**, 365–96.

Morales-Ramos, J., Rojas, G. & Shapiro-Ilan, D.I. (eds.) (2014) *Mass Production of Beneficial Organisms: Invertebrates and Entomopathogens*. Academic Press, London.

Neuenschwander, P. (2001) Biological control of the cassava mealybug in Africa: a review. *Biological Control* **21**, 214–29.

Papadopoulos, N.T., Plant, R.E. & Carey, J.R. (2013) From trickle to flood: the large-scale, cryptic invasion of California by tropical fruit flies. *Proceedings of the Royal Society B* **280**, 0131466. doi: 10.1098/rspb.2013.1466.

Pedigo, L.P. & Rice, M.E. (2006) *Entomology and Pest Management*, 5th edn. Pearson Prentice-Hall, Upper Saddle, NJ.

Radcliffe, E.B., Hutchison, W.D. & Cancelado, R.E. (eds) (2009) *Integrated Pest Management: Concepts, Tactics, Strategies and Case Studies*. Cambridge University Press, Cambridge.

Rahman, A.M., Roberts, H.L.S., Sarjan, M. *et al.* (2004) Induction and transmission of *Bacillus thuringiensis* tolerance in the flour moth *Ephestia kuehniella*. *Proceedings of the National Academy of Sciences* **101**, 2696–9.

Regnault-Roger, C., Vincent, C. & Arnason, J.T. (2012) Essential oils in insect control: low-risk products in a high-stakes world. *Annual Review of Entomology* **57**, 405–24.

Resh, V.H. & Cardé, R.T. (eds) (2009) *Encyclopedia of Insects*, 2nd edn. Elsevier, San Diego, CA. [Ver artigos sobre controle biológico de insetos pragas; plantas geneticamente modificadas; resistência a inseticidas e acaricidas; manejo integrado de pragas; patógenos de insetos; feromônios; controle físico de insetos pragas; técnica de insetos estéreis.]

Robinson, W. (2005) *Urban Insects and Arachnids: A Handbook of Urban Entomology*. Cambridge University Press, Cambridge.

Roy, H.E., Vega, F.E., Chandler, D. *et al.* (eds) (2010) *The Ecology of Fungal Entomopathogens*. Springer, Dordrecht. [Publicado anteriormente em *BioControl* **55** (1).]

Sanahuja, G., Banakar, R., Twyman, R.M. *et al.* (2011) *Bacillus thuringiensis*: a century of research, development and commercial applications. *Plant Biotechnology Journal* **9**, 283–300.

Shelton, A. (ed.) (2013) Biological Control: A Guide to Natural Enemies in North America. http://www.nysaes.cornell.edu/

Simberloff, D. (2012) Risks of biological control for conservation purposes. *BioControl* **57**, 263–76.

Suckling, D.M. & Brockerhoff, E.G. (2010) Invasion biology, ecology, and management of the light brown apple moth (Tortricidae). *Annual Review of Entomology* **55**, 285–306.

Tabashnik, B.E., Brévault, T. & Carrière, Y. (2013) Insect resistance to Bt crops: lessons from the first billion acres. *Nature Biotechnology* **31**, 510–21.

Tay, W.T., Soria, M.F., Walsh, T. *et al.* (2013) A brave New World for an Old World pest: *Helicoverpa armigera* (Lepidoptera: Noctuidae) in Brazil. *PLoS ONE* **8**(11), e80134. doi: 10.1371/journal.pone.0080134

Thacker, J.R.M. (2002) *An Introduction to Arthropod Pest Control*. Cambridge University Press, Cambridge.

Van Driesche, R., Hoddle, M. & Center, T. (2008) *Control of Pests and Weeds by Natural Enemies: An Introduction to Biological Control*. Blackwell Publishing, Malden, MA.

Van Emden, H. (2013) *Handbook of Agricultural Entomology*. Wiley-Blackwell, Chichester.

Vincent, C., Hallman, G., Panneton, B. & Fleurat-Lessard, F. (2003) Management of agricultural insects with physical control methods. *Annual Review of Entomology* **48**, 261–81.

Wajnberg, E. & Colazza, S. (eds) (2013) *Chemical Ecology of Insect Parasitoids*. Wiley-Blackwell, Chichester.

Williams, D.F. (ed.) (1994) *Exotic Ants: Biology, Impact, and Control of Introduced Species*. Westview Press, Boulder, CO.

Witzgall, P., Kirsch, P. & Cork, A. (2010) Sex pheromones and their impact on pest management. *Journal of Chemical Ecology* **36**, 80–100.

Zhang, H., Li, H.C. & Miao, X-X. (2013) Feasibility, limitation and possible solutions of RNAi-based technology for insect pest control. *Insect Science* **20**, 15–30.

Capítulo 17

Insetos em um Mundo em Mudança

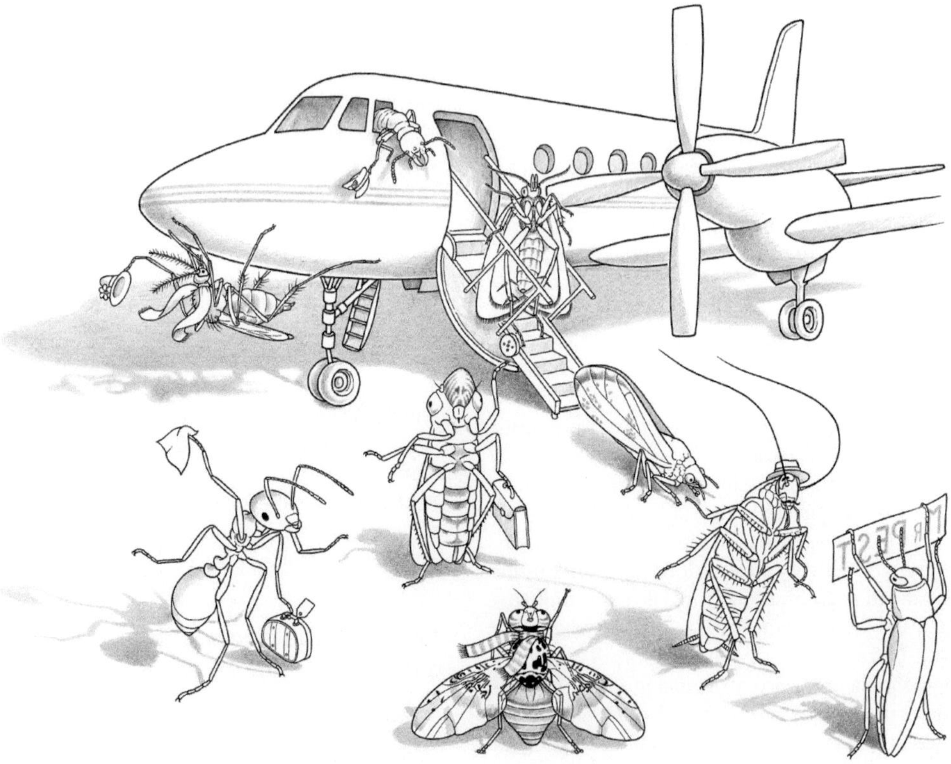

Os insetos podem tirar proveito dos nossos meios de transporte.

Nós vivemos com mudança em nossos ambientes e clima, e na demografia humana (especialmente o crescimento populacional). As consequências da dominância de nossa espécie, com sua demanda desproporcional e cada vez maior pelos recursos da Terra, continuam a aumentar. Igualmente, desde de sua origem, há cerca de 400 milhões de anos, os insetos têm sido expostos a mudanças extraordinárias devido a eventos geológicos e climáticos, e interações bióticas diversas. Grandes extinções foram causadas por impactos de bólidos (material extraterrestre), atividade vulcânica maciça, e aquecimentos e resfriamentos globais. Ao longo de dezenas de milhões de anos, continentes se uniram e se dividiram, oceanos se formaram e desapareceram, e as proporções de gases atmosféricos flutuaram. Indiscutivelmente, as quantidades de gases "estufa" (dióxido de carbono [CO_2], metano e óxido nitroso), assim como seus impactos no clima, variaram no passado geológico, conjuntamente com o armazenamento e a liberação de carbono dos oceanos e da vegetação. Tais mudanças causaram consequências para a vida na Terra, com efeitos em cascata ao longo dos níveis tróficos.

A complexidade de mudanças graduais ou a longo prazo é que as observações de qualquer pessoa são inadequadas para tirar conclusões definitivas sobre causa e efeito. Assim é com os dados climáticos. O aumento de cerca de 1°C nas temperaturas médias globais desde o início do século XX é indiscutível. Contudo, a despeito dos dados a longo prazo sobre as temperaturas nos oceanos e em terra, pluviosidade, níveis dos mares e extensão do gelo nos polos, as mudanças globais induzidas pela temperatura são sutis e inconsistentes a curto prazo. Em nossas vidas, estamos cientes de anos mais quentes, estações mais secas ou chuvosas, e especialmente em anos recentes, eventos climáticos mais extremos. Secas multianuais e enchentes "centenárias" são parte do "novo normal". Muitas geleiras estabelecidas há muito tempo, incluindo aquelas curiosidades em montanhas equatoriais (tropicais) em África, Indonésia e Nova Guiné, logo serão completamente perdidas. Um resultado muito visível da mudança climática pode ser visto em uma caminhada até a face de geleiras nas montanhas da Nova Zelândia, as quais, devido ao recuo glacial, estão muitos quilômetros mais distantes do que há apenas duas décadas.

Embora exista incerteza sobre os detalhes precisos dos locais e grau das respostas regionais ao aquecimento global, os dados prevendo os padrões a longo prazo da mudança climática claramente demonstram um aumento dos gases estufa induzidos pelos humanos, e também mudanças no uso da terra. Neste capítulo, olhamos para como os insetos já estão respondendo às mudanças climáticas e às modificações do ambiente/hábitat, e nossa movimentação de insetos e hospedeiros ao redor do globo. Naturalmente, a maioria das pesquisas tem sido realizada sobre as respostas dos insetos à mudança climática com relação ao nosso próprio bem-estar e o bem-estar de nossos animais e cultivados. A importância da modelagem nas previsões sobre como a mudança irá afetar os insetos é abordada. Discutimos o aumento da globalização biótica, incluindo de insetos que são um incômodo, e aqueles que são agriculturalmente ou medicamente significativos, exploramos quais mudanças já foram detectadas, especulamos sobre o futuro para os insetos e, em última instância, para nós mesmos, nossos cultivos e nossas doenças. Concluímos observando a necessidade de um maior papel dos entomólogos na biossegurança. Os Boxes cobrem a modelagem das distribuições de moscas-da-fruta depois de novos estabelecimentos (Boxe 17.1), a expansão da praga do café com a mudança climática (Boxe 17.2), o grupo em constante expansão de insetos associados com os eucaliptos (Boxe 17.3), como os insetos alteram nossas paisagens urbanas (Boxe 17.4) e como a biossegurança está mudando o comércio global (Boxe 17.5). A ilustração na abertura deste capítulo, em apreciação ao desenho do ilustrador de insetos Canadense Barry Flahey (http://www.magma.ca/cerca de bflahey/), destaca alguns insetos-praga conhecidos por pegar carona em nossos meios de transporte.

17.1 MODELOS DE MUDANÇA

No Capítulo 6, vimos algumas maneiras pelas quais fatores ambientais afetam o desenvolvimento dos insetos. Aqui, iremos examinar alguns modelos preditivos sobre como a abundância e a distribuição dos insetos podem mudar com relação aos fatores climáticos abióticos. Tais modelos são usados para: (i) prever a distribuição potencial caso uma espécie "escape" de sua distribuição nativa (o quão longe ela irá se expandir?); (ii) prever o que poderá acontecer sob cenários de aquecimento global; e (iii) reconstruir os climas passados (ou as distribuições passadas de espécies durante um clima pretérito) a partir de dados sobre a distribuição de insetos atuais. Cada vez mais, os modelos são testados para sua veracidade em comparação com mudanças de distribuição observadas para prever mudanças futuras e passadas.

Muitos aspectos são incluídos em modelos climáticos com menor frequência, apesar de determinarem respostas climáticas, especialmente dos insetos. O primeiro aspecto é incidência e duração da diapausa (seção 6.5). Início e término da diapausa podem ser desencadeados pelo fotoperíodo – duração do dia – e, portanto, são previstos pelo calendário, em vez de variáveis climáticas. Contudo, para muitos insetos, a entrada ou a saída da diapausa ou ambas são influenciadas pelo clima, especialmente a temperatura, a qual evidentemente varia entre os anos e continuará variando a longo prazo com a mudança climática. A diapausa, que pode ser obrigatória ou facultativa, é muito mais prevalente onde os recursos flutuam sazonalmente e é mais rara em climas menos sazonais e tropicais. Baixas temperaturas durante o inverno interagem com a diapausa e a sobrevivência. Temperaturas mais amenas encorajam maior sobrevivência (redução da morte) durante a diapausa, mas menor cobertura de neve pode diminuir a sobrevivência por não fornecer uma proteção termal contra as flutuações letais dos ciclos de frio e descongelamento. Temperaturas mais amenas nos invernos e primaveras podem gerar um conflito temporal com o desencadeamento fixo por meio do fotoperíodo para o término da diapausa. O recomeço do desenvolvimento pode se tornar dissociado da disponibilidade de plantas hospedeiras ou outros recursos. As temperaturas máximas previstas se aproximam ou excedem as temperaturas letais para muitos insetos.

Outro aspecto está associado com o tempo e o número de gerações (voltinismo; seção 6.4). As mudanças climáticas têm efeitos diretos no desenvolvimento dos insetos, o qual depende em grande parte da temperatura (dentro de certos limites superiores e inferiores), uma vez que os insetos são pecilotérmicos. Tempos de geração mais curtos sob temperaturas mais elevadas, especialmente se o desenvolvimento começa mais cedo no ano, aumentarão o número de gerações para muitos insetos, e, portanto, a propensão para o aumento do tamanho populacional na ausência de um aumento proporcional em predação, parasitismo ou doença.

17.1.1 Modelagem climática e de distribuições de insetos

A abundância de qualquer espécie ectotérmica é determinada em grande parte por fatores ecológicos proximais, incluindo as densidades populacionais de inimigos naturais e competidores (seção 13.4) e interações com o hábitat, disponibilidade de comida e clima. Embora as distribuições de espécies de insetos resultem desses fatores ecológicos, existe também um componente histórico. A ecologia determina se uma espécie pode viver em uma área; a história determina se ela vive, ou se já teve a oportunidade de viver lá. Essa diferença refere-se ao tempo; dado tempo suficiente, um fator ecológico torna-se um fator histórico. No contexto dos estudos atuais sobre onde insetos invasores ocorrem e quais seriam os potenciais limites de suas propagações, a história explica a distribuição original, ou nativa. Conhecimento sobre a ecologia pode permitir a previsão de distribuições potenciais ou futuras sob condições de mudança ambiental (p. ex., como o resultado dos "efeitos estufa") ou como o resultado da dispersão acidental (ou intencional) por humanos. Portanto, o conhecimento ecológico dos insetos-praga e seus inimigos naturais, especialmente informação sobre como o clima influencia os seus desenvolvimentos, é vital para a previsão de surtos de pragas e para o manejo bem-sucedido das pragas.

Muitos modelos referem-se a biologia populacional de insetos economicamente importantes, em especial aqueles que afetam os principais sistemas de cultivo nos países ocidentais. Um exemplo de um modelo climático da distribuição e abundância de artrópodes é o sistema fundamentado em computador chamado CLIMEX (desenvolvido por R.W. Sutherst e G.F. Maywald), o qual prevê a abundância relativa e a distribuição potencial ao redor do globo de um inseto usando dados ecofisiológicos e a distribuição geográfica atual conhecida. Um "índice ecoclimático" (IE) anual, descrevendo o quão favorável climaticamente é um dado local para a colonização permanente de uma espécie de inseto, é derivado de um banco de dados climático combinado com estimativas das respostas de um inseto a temperatura, umidade e duração do dia. O IE é calculado como explicado a seguir (Figura 17.1). Um índice de crescimento populacional (IC) é determinado, em primeiro lugar, a partir de valores semanais que são utilizados para computar a média anual para a obtenção de uma medida do potencial de crescimento de uma população. Esse IC é estimado de dados da incidência sazonal e abundância relativa de um inseto ao longo de sua distribuição. Em segundo lugar, o IC é reduzido pela incorporação de quatro índices de estresse, os quais são medidas de frio, calor, secura e umidade.

Geralmente, a distribuição geográfica existente e a incidência sazonal de uma espécie praga são conhecidas, mas os dados biológicos referentes aos efeitos climáticos sobre o desenvolvimento são escassos. Felizmente, os efeitos limitantes do clima sobre uma espécie podem ser estimados ou derivados de sua distribuição geográfica atual. Tolerâncias climáticas são inferidas a partir do clima dos locais onde a espécie ocorre e elas são descritas pelos índices de estresse do modelo CLIMEX. Os valores dos índices de estresse são ajustados progressivamente até as previsões do CLIMEX corresponderem à distribuição observada da espécie. Naturalmente, outras informações sobre as tolerâncias climáticas da espécie devem ser incorporadas quando possível, porque o procedimento descrito anteriormente tem como premissa que a distribuição presente é limitada somente pelo clima, o que é uma simplificação.

Tal modelagem climática foi realizada para muitas espécies de insetos-praga, incluindo moscas-da-fruta (Boxe 17.1), o afídeo do trigo, *Diuraphis noxia* (Hemiptera: Aphididae), o besouro-da-batata, *Leptinotarsa decemlineata* (Coleoptera: Chrysomelidae), moscas *Cochliomyia* (Diptera: Calliphoridae), espécies de moscas picadoras *Haematobia*, besouros rola-bosta, formigas-lava-pés invasoras *Solenopsis*, besouros da casca da árvore e besouros do café, *Araecerus* (Coleoptera: Anthribidae) (Boxe 17.2). O resultado é valioso para a entomologia aplicada, particularmente em epidemiologia, quarentena, controle de insetos-praga e manejo entomológico de plantas daninhas e pragas animais (incluindo outros insetos).

Na realidade, informações detalhadas sobre as *performances* ecológicas podem nunca ser obtidas para muitos táxons, embora tais dados sejam essenciais para os modelos de distribuição ecofisiológicos descritos anteriormente. No entanto, existe demanda para os modelos de distribuição mesmo na ausência de dados de *performance* ecológica. Levando em consideração essas restrições práticas, uma classe de modelos foi desenvolvida que aceita dados pontuais de distribuição como um substituto para "características de *performance* (processo)" dos organismos. Esses pontos são definidos bioclimaticamente, e distribuições potenciais podem ser modeladas usando alguns procedimentos flexíveis. As análises têm como premissa que as distribuições atuais das espécies são restringidas (limitadas) por fatores bioclimáticos. Os modelos permitem estimar as restrições potenciais sobre a distribuição de uma espécie em um processo passo a passo. Primeiro, os locais onde uma espécie ocorre são registrados e o clima é estimado para cada ponto, usando um conjunto de medidas bioclimáticas baseadas em registros apropriados existentes provenientes de estações meteorológicas. A precipitação anual, a sazonalidade da precipitação, a precipitação do trimestre mais seco,

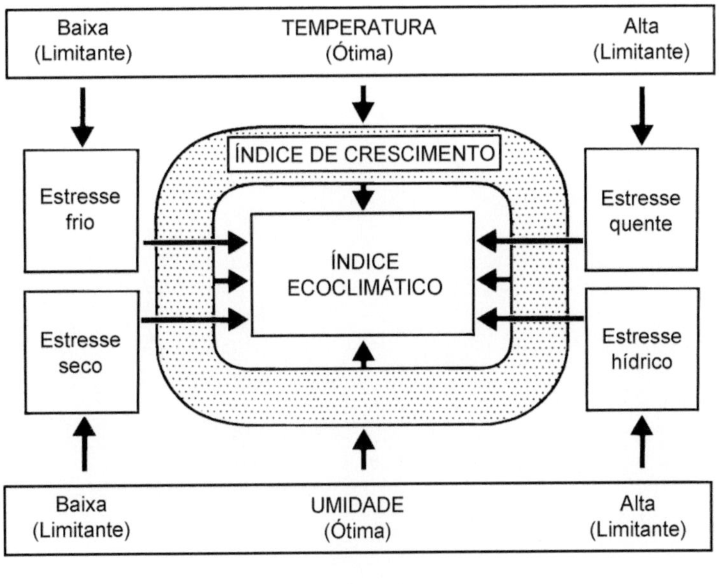

Figura 17.1 Fluxograma ilustrando a derivação do "índice ecoclimático" (IE) como o produto do índice de crescimento populacional e quatro índices de estresse. O valor do IE descreve o quão favorável climaticamente é uma região em particular para uma determinada espécie. A comparação dos valores de IE permite a avaliação de diferentes regiões com relação a suas adequações relativas para uma determinada espécie. (Segundo Sutherst & Maywald, 1985.)

a temperatura mínima do período mais frio, a temperatura máxima do período mais quente e a elevação parecem ser particularmente influentes, com um papel significativo na determinação da distribuição de organismos ectotérmicos. A partir dessas informações, o perfil bioclimático é desenvolvido dos dados climáticos agrupados por local, gerando um perfil do conjunto de condições climáticas em todas as localidades para a espécie. Em seguida, os perfis bioclimáticos produzidos são combinados com as estimativas climáticas em outras localidades mapeadas ao longo de uma grade regional para identificar todas as outras localidades com climas similares. Aplicativos especializados podem então ser utilizados para medir a similaridade entre as localidades, com a comparação sendo feita por meio de um modelo de elevação digital com uma resolução fina. Todas as localidades dentro da grade com climas similares ao perfil formado para a espécie formam um domínio bioclimático previsto. Isso é representado espacialmente (mapeado) como uma "distribuição potencial prevista" para o táxon em consideração, na qual isolinhas (ou cores) representam diferentes graus de confiança na previsão de presença do táxon.

Boxe 17.1 Modelagem das distribuições de moscas-da-fruta

Modelos bioclimáticos têm sido usados para simular as respostas de insetos-praga caso eles cheguem em uma nova área. A mosca-da-fruta de Queensland (*Australian Q-fly*), *Bactrocera tryoni* (Diptera: Tephritidae), é uma praga potencialmente invasora altamente polífaga que pode afetar muitas frutas comerciais. A fêmea oviposita em uma fruta em amadurecimento, depositando uma ninhada de ovos. A alimentação larval combinada com o crescimento bacteriano causa o apodrecimento e a destruição do fruto. Até mesmo danos pequenos em um pomar restringem o comércio interestadual e internacional dos frutos.

A resposta conhecida de *B. tryoni* aos parâmetros climáticos na Austrália tem sido usada para extrapolar para a América do Norte, caso a espécie consiga entrar lá. Primeiro, usando o CLIMEX (seção 17.1.1, Figura 17.1), a resposta de *B. tryoni* ao clima da Austrália foi modelada (segundo Sutherst & Maywald, 1991). Os índices de estresse do CLIMEX foram inferidos a partir de mapas da distribuição geográfica e de estimativas da abundância relativa dessa espécie em diferentes partes da sua distribuição nativa. O mapa da Austrália retrata os índices ecoclimáticos (IE), descrevendo o quão favorável é cada localidade para a colonização permanente por *B. tryoni*. A área de cada círculo é proporcional ao seu IE. Cruzes indicam localidades que a mosca não poderia colonizar de maneira permanente.

A sobrevivência potencial de *B. tryoni* como uma praga imigrante na América do Norte foi prevista usando o CLIMEX por correspondência climática com a distribuição nativa da mosca na Austrália. O transporte acidental dessa mosca poderia levar ao seu estabelecimento no ponto de entrada ou poderia fazer com que ela fosse levada a outras áreas com climas mais favoráveis para sua persistência. Caso *B. tryoni* se estabeleça na América do Norte, a costa leste de Nova York até a Flórida e ao oeste até o Kansas, Oklahoma e Texas nos EUA e boa parte do México são previstos como estando sob muito risco. É improvável que o Canadá e boa parte do centro e oeste dos EUA sustentem a colonização permanente. O alto risco de infestação por *B. tryoni* está restrito a certas regiões do continente, e as autoridades de quarentena têm mantido a vigilância apropriada.

Modelos sofisticados que incorporam parâmetros adicionais estão sendo desenvolvidos. Uma aplicação inicial permite a avaliação de como a mosca-da-fruta de Queensland e o pessoal de biossegurança poderiam responder, caso a mosca fosse introduzida no oeste da Austrália (onde ela já invadiu e já foi erradicada anteriormente). O modelo incorpora a modelagem detalhada da história de vida de coortes de insetos, levando em consideração temperatura do ambiente, heterogeneidade da paisagem e dispersão estocástica das moscas, e incorporando a variação dos hospedeiros de acordo com a sazonalidade. Tal modelo dinâmico, com alguns dados entomológicos e geográficos fixos e outros elementos estocásticos (permitindo variação na dispersão e na temporização da história de vida), possibilita a avaliação em tempo real da provável expansão, e a efetividade das estratégias de controle.

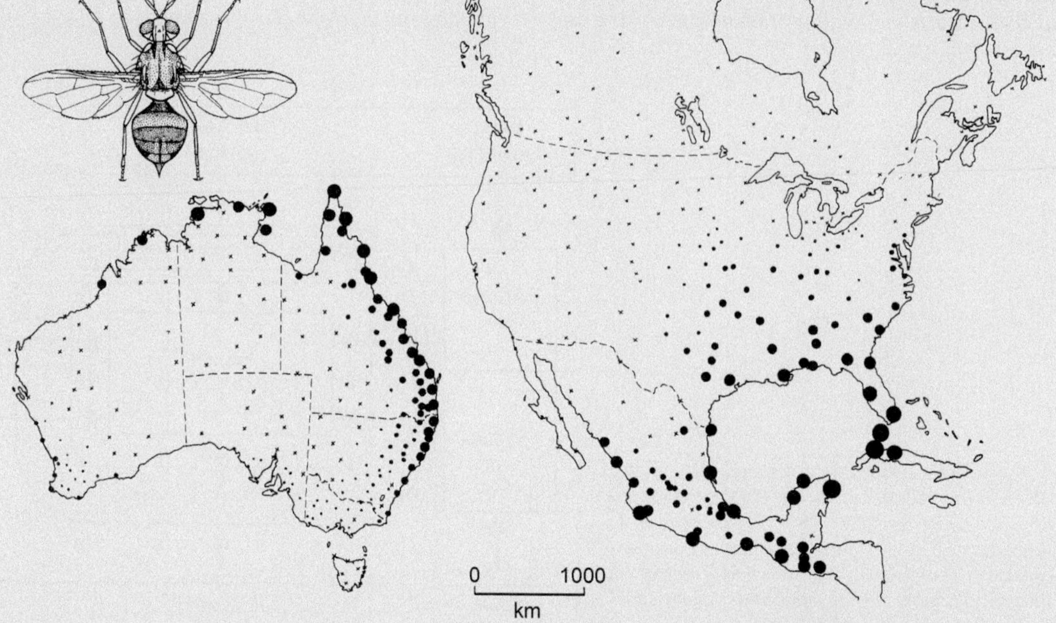

Boxe 17.2 Problema fervilhando? Um besouro ameaça o café

Poderia um despretensioso inseto levar um dos mais lucrativos comércios de substâncias aditivas do mundo a uma parada? Não se trata de um besouro mastigador de folhas de coca, ou um hemíptero sugador de seiva de maconha, ou uma mariposa do tabaco – mas sim um despretensioso gorgulho com um vício por grãos de café. Bilhões de xícaras de café são bebidas por dia, fornecendo a principal fonte de cafeína e, para muitos de nós, a droga recreativa preferida. No entanto, parece que atualmente a fonte da bebida favorita do mundo está ameaçada por um efeito colateral não esperado da mudança climática. Os piores cenários preveem que todos os locais onde as plantas crescem de maneira ótima (para o café prêmio) não serão mais adequados até 2080 com as alterações climáticas, em combinação com uma ameaça crescente de um inseto predador de sementes.

Nosso café vem de frutos (sementes) de um arbusto que pertence ao gênero *Coffea*, o qual se originou nos planaltos da Etiópia no nordeste da África e subsequentemente foi relocado para o Iêmen, do lado oposto do Golfo de Aden (ver o mapa). Os efeitos estimulantes do alto conteúdo de cafeína foram descobertos, reputadamente, por pastores de cabras que observavam o rebanho ficar hiperativo depois de se alimentar nos arbustos de café.

Quando foi introduzido na Europa nos séculos XVI e XVII, o consumo de café explodiu. A demanda cresceu de tal forma que para complementar a espécie de café prêmio original, *C. arabica*, uma segunda espécie de café (*C. canephora* = *C. robusta*) foi colocada em produção. Essa espécie menos desejada, um pilar do café instantâneo, é nativa das florestas úmidas de baixadas na África, e apesar de ser mais robusta do que *C. arabica*, não consegue tolerar nem temperaturas acima dos 26°C, nem condições prolongadas de seca. Entre essas duas espécies, o café é produzido hoje em dia em áreas climaticamente adequadas ao longo de toda a região tropical e subtropical do planeta. Atualmente, cerca de 26 milhões de fazendeiros ao redor do mundo depende do café para fornecer uma fonte de renda a partir da indústria global de exportação de 15 bilhões de dólares.

Tudo isso está sendo ameaçado por temperaturas elevadas e padrões de chuva alterados, que já são evidentes em áreas de plantio de café, talvez especialmente no leste da África. As mudanças de temperatura e umidade são especialmente desafiadoras para *C. arabica*, que é plantada entre 1.000 e 2.000 metros de elevação sob a sombra de árvores, onde as temperaturas ambientais variam estreitamente de 18 a 21°C. Plantas estressadas produzem grãos menores e de menor qualidade.

No entanto, as mudanças climáticas não são toda a história. Um besouro, conhecido como broca-do-café, *Hypothenemus hampei* (Coleoptera: Curculionidae, Scolytinae), é um besouro-da-ambrosia (o adulto está ilustrado no centro, à esquerda) com fêmeas que perfuram os frutos de café (ilustrados no topo, à esquerda) e escavam galerias onde depositam seus ovos. A alimentação das larvas aumenta o dano aos grãos (ilustrados na parte de baixo, à esquerda, com vários adultos). Os besouros são resistentes (efetivamente quebrando) à cafeína, a qual é tóxica para outros insetos. O dano aos valiosos grãos é agravado pela entrada, por meio das perfurações, de patógenos bacterianos e fúngicos, um ou mais dos quais provavelmente estão associados de forma específica aos besouros, sendo carregados em estruturas especiais para portar fungos sobre ou dentro dos corpos dos besouros. O café arábica é o hospedeiro favorito do besouro, mas outras espécies de café também são ocasionalmente afetadas. O besouro é original da África tropical, mas uma consequência dos negócios mundiais de mercadorias (como já vimos em outras partes deste livro) é a redistribuição das pragas, e a broca-do-café está hoje em todas as áreas de produção de café no mundo, com exceção da China e do Nepal. Além disso, com as temperaturas mais elevadas nas áreas de plantio de *C. arabica* no leste da África, cada vez mais o besouro se sobrepõe com a distribuição do café arábica e tem aumentado seu número de gerações por ano. Estudos demonstram que, em uma década, esse gorgulho já estendeu sua distribuição latitudinal em mais de 300 metros no Monte Kilimanjaro na Tanzânia, onde as temperaturas antigamente mantinham sua distribuição restrita às encostas mais baixas. O mesmo tem sido observado na Indonésia, com o aumento das temperaturas.

As previsões baseadas em cenários bem-aceitos de mudanças climáticas para o leste da África, usando o modelo climático CLIMEX, implicam que a praga vai se espalhar rapidamente para todas as áreas de plantio de café prêmio no leste da África, da Etiópia ao Quênia, e além disso, o número de gerações por ano do besouro poderá aumentar até 10 gerações. Isso vai reduzir a renda dos fazendeiros de subsistência ao longo de todo o continente (e provavelmente em todos outros lugares onde a broca-do-café estiver presente), vai aumentar a demanda por pesticidas e vai reduzir a disponibilidade do café orgânico prêmio, resultando em maior utilização do café robusta, de menor qualidade, e inevitavelmente vai aumentar o custo do nosso vício diário por café.

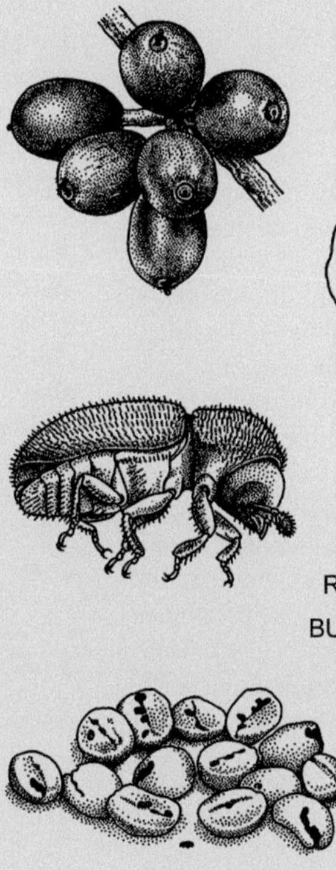

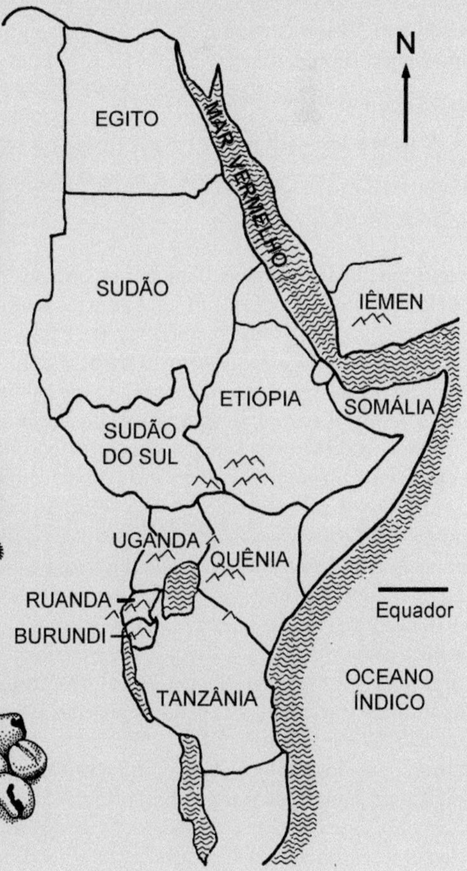

17.1.2 Clima e mudanças históricas na distribuição de insetos

As técnicas de modelagem se prestam a fazer recuos, permitindo a reconstrução das distribuições passadas das espécies com base no clima passado e/ou na reconstrução de climas passados com base nos fósseis pós-glaciais, representando informação sobre a distribuição passada. Tais estudos surgiram com pólen (palinologia) de lagos e pântanos, nos quais vastas assembleias de pólen, os quais geralmente incluem algumas "espécies indicadoras" que facilitam o monitoramento das mudanças na vegetação ao longo do tempo e entre paisagens, estão associadas com climas passados reconstruídos. Dados mais refinados são provenientes de insetos preservados, incluindo besouros (especialmente os seus élitros) e cápsulas de cabeça larval de mosquitos Chironomidae. Organismos de vida curta, como os insetos, respondem mais rapidamente aos eventos climáticos do que as árvores. A extrapolação a partir dos controles bioclimáticos que determinam as distribuições atuais de espécies de insetos para esses mesmos táxons, preservados por centenas ou milhares de anos, permite a reconstrução de climas passados. Por exemplo, importantes características do fim do período Quaternário incluem uma rápida recuperação das condições extremas que culminaram com a última glaciação (14.500 anos atrás), com reversões intermitentes a períodos mais frios em uma tendência geral de aquecimento. Tais dados provenientes de modelos de insetos fósseis são utilizados para refinar sinais mais imperfeitos fornecidos pelo pólen. Dados não biológicos que fornecem uma verificação para essas reconstruções baseadas em insetos têm surgido de sinais químicos independentes e congruência com o período frio do Dryas recente (11.400 a 10.500 anos atrás), e registros documentados na história humana, como um evento de aquecimento durante o século XII medieval e a Pequena Era do Gelo do século XVII, quando "Feiras de Gelo" foram realizadas no rio Tâmisa congelado em Londres. As mudanças de temperatura inferidas variam de 1°C até 6°C, algumas vezes em apenas algumas décadas.

17.2 INSETOS ECONOMICAMENTE SIGNIFICATIVOS COM AS MUDANÇAS CLIMÁTICAS

A confirmação de alterações bióticas que ocorreram no passado, associadas com a temperatura, dá apoio para a modelagem de mudanças que ainda estão por ocorrer. Por exemplo, estimativas foram feitas para mosquitos vetores transmissores de doenças e mosquitos picadores sob diferentes cenários de mudança climática. Essas estimativas variam de estimativas ingênuas de aumento da distribuição de vetores de doenças para áreas povoadas que atualmente se encontram livres de doenças (onde vetores existem na ausência do vírus), até modelos cada vez mais sofisticados para levar em conta taxas de desenvolvimento alteradas para vetores e arbovírus, e ambientes alterados para o desenvolvimento larval. A ligação com o clima é extremamente complexa, e os estudos continuam especulativos se fundamentados em modelos simples que não incluem detalhes sobre os principais fatores. Até mesmo as projeções sobre as principais mudanças na transmissão de doenças por insetos podem não ter detalhes cruciais. Devido à incerteza nos modelos e à falta de clareza sobre o clima previsto para o futuro, alguns legisladores continuam a negar a existência ou a significância biótica da mudança climática. No entanto, a Europa certamente aqueceu 0,8°C no século XX, e expectativas realistas preveem um aumento global entre 2,1°C e 4,6°C no século XXI, junto com variação proporcional em outros fatores climáticos, tais como sazonalidade e precipitação. As distribuições alteradas previstas para os insetos são evidentes, especialmente a partir de estudos de espécies individuais de borboletas e libélulas, e de insetos que afetam nossa saúde e a saúde de nossos cultivados e animais.

O clima (quer mudando ou não), sem sombra de dúvidas, tem um efeito profundo e um controle primordial sobre o potencial de cada um e todos os vetores que transmitem doenças. Entre os fatores discutidos na seção 15.3.1, o ambiente (por meio do clima) afeta diretamente distribuição, abundância, expectativa de vida (sobrevivência) e competência dos vetores. Entre os fatores que afetam esses ciclos complexos de vetor–patógeno–hospedeiro, as temperaturas elevadas vão reduzir o tempo de geração dos vetores, aumentar a taxa de crescimento populacional dos vetores, diminuir o período de incubação dos patógenos e aumentar o período durante o qual a transmissão pode ocorrer – todos aumentando o potencial para a transmissão. No entanto, isso é contrariado pela diminuição na longevidade do adulto e pelo encurtamento do ciclo de vida do vetor. No bem estudado ciclo de doença do vírus do Nilo ocidental nos Estados Unidos (ver Boxe 15.5), as respostas à temperatura do mosquito *Culex pipiens quinquefasciatus* eram não lineares – de maneira que a competência do vetor sob condições ambientais alteradas não poderia ser prevista com facilidade. Para insetos vetores com estágios imaturos aquáticos, as mudanças previstas em gravidade e frequência das secas e enchentes irão afetar as populações de maneira divergente e, em grande parte, imprevisível. Adicione variabilidade genética do vetor, adaptação à mudança ambiental e mudanças demográficas do hospedeiro com o clima, e veremos que a previsão é cheia de dificuldades. A Figura 17.2 resume as interações complexas de alguns (ou muitos) fatores ambientais que afetam os ciclos epidemiológicos de vetor–patógenos–hospedeiros.

Olhando para as relações entre as interações inseto–planta e os fatores ambientais, novamente encontramos muita complexidade, com diversas variáveis afetando o hospedeiro (planta) com os cenários de mudanças ambientais. Assim, com o aumento do CO_2, temperaturas elevadas e estresse hídrico mais frequente, as plantas alteram os recursos para os herbívoros, incluindo insetos que se alimentam acima e abaixo do solo. Estimativas de que as plantas irão produzir mais biomassa, porém de qualidade nutricional mais baixa (folhas exauridas de nutrientes, por exemplo), sugerem que insetos herbívoros serão menores e irão necessitar de períodos de desenvolvimento mais longos (ou ambos) e terão menor aptidão. Um clima alterado irá alterar a fenologia (tempo) da disponibilidade de recursos, especialmente em plantas hospedeiras de regiões temperadas, a temporização da atividade dos insetos herbívoros com relação à disponibilidade de comida (tanto folhas como flores) e irá afetar o conjunto de predadores e parasitoides que procuram por suas presas. Cada um irá responder de maneira diferente, de acordo com suas preferências e tolerâncias fisiológicas. Embora essa dessincronização potencial das partes dessas complexas interações seja, novamente, difícil de modelar e prever, algum progresso tem sido alcançado em sistemas manipulados experimentalmente e usando "experimentos naturais" nos quais "efeitos estufa" são observados em agroecossistemas.

17.2.1 Saúde agricultural futura

A agricultura será afetada por mudanças de temperatura, precipitação (quantidade e sazonalidade), disponibilidade hídrica, quantidade absoluta de CO_2 disponível para a fotossíntese e quantidade de irradiação solar. É esperado que todos os fatores mudem com o tempo, algumas vezes de maneira benéfica, e outras vezes retardando a produção de safras. Para tal atividade economicamente importante, os modelos proliferam, embora poucos considerem os

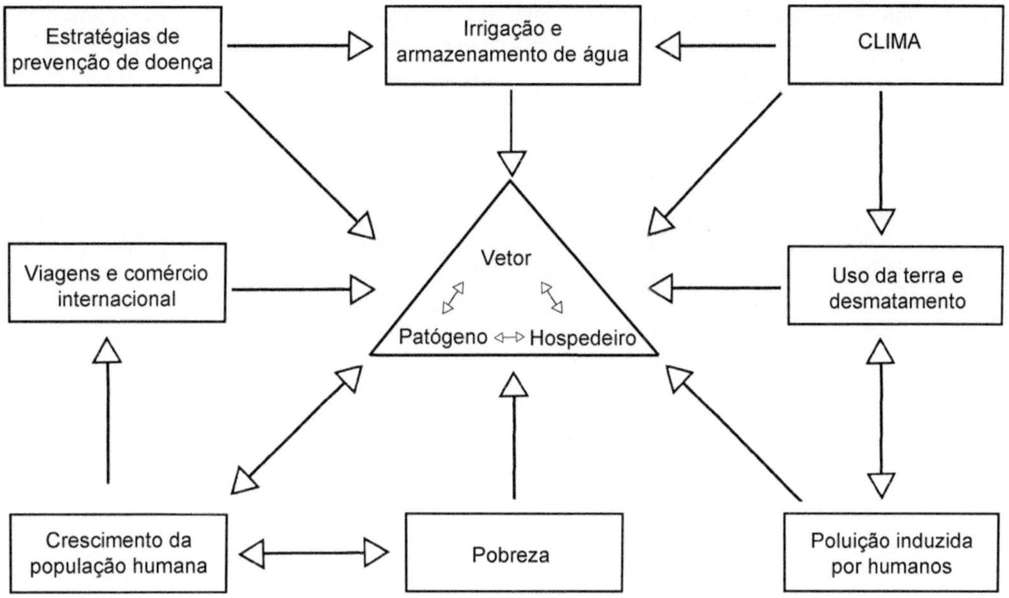

Figura 17.2 A complexidade das interações de alguns dos muitos fatores ambientais que afetam o ciclo epidemiológico entre vetor–patógeno–hospedeiro. (Adaptada de Sutherst, 2004; Tabachnick, 2010.)

impactos da mudança sobre os insetos – tanto os insetos-praga como os benéficos – associados com a agricultura. Evidentemente, um aumento da atividade de insetos-praga levaria a um aumento na demanda por inseticidas, adicionando custos de produção, assim como ocorreria também com a pesquisa para estabelecer agentes de controle biológico mais apropriados. A perda do controle efetivo das pragas por seus inimigos naturais poderia aumentar se algumas pragas de safras encontraram uma "fuga" de seus inimigos naturais mais restringidos climaticamente, compostos de predadores e parasitoides especialistas.

Controle biológico efetivo depende da atividade de predadores e de parasitoides adultos, da suscetibilidade da espécie-praga em questão e do estado de saúde da planta hospedeira (p. ex., o crescimento de novos brotos, a produção de sementes e frutas etc.). Os primeiros dois fatores são vulneráveis à alteração da diapausa nas pragas ou nos parasitoides. Se cada um utiliza uma pista diferente para terminar a diapausa, os ciclos de vida fortemente sincronizados necessários para o controle sustentável serão desacoplados. Se cada espécie que interage responde de maneira diferente às mudanças climáticas, certas plantas hospedeiras podem escapar das pragas e, por sua vez, pragas podem evitar parasitoides.

Em teoria, a emergência mais precoce dos adultos de pragas hospedeiras sob condições mais quentes significaria que os ovos são depositados mais cedo, desse modo, evitando a atenção de parasitoides de ovos, tais como as vespas Trichogrammatidae. Sob temperaturas mais elevadas e umidade mais baixa, vespas parasitas podem não conseguir exercer qualquer controle, e geralmente os parasitoides parecem ser mais sensíveis à variabilidade climática do que seus hospedeiros. Estudos de interações tritróficas de plantas, larvas de lepidópteros e seus parasitoides sugerem que a assincronia fenológica ocorre entre os parasitoides e seus hospedeiros quando eventos climáticos extremos, tais como enchentes e secas, causam um deslocamento temporal nas populações de lagartas, fazendo com que elas estejam menos disponíveis para parasitoides especializados que estão em sua fase de busca por hospedeiros.

Exemplos de fugas de parasitoides incluem o pulgão *Aphis gossypii*, o qual é previsto se tornar uma praga mais séria em um cenário de elevação de níveis de CO_2, com maior sobrevivência em parte devido aos tempos estendidos de desenvolvimento do seu importante predador, o besouro coccinelídeo, *Propylaea japonica*, sob condições alteradas. A cochonilha da mandioca, a qual é geralmente bem controlada por um ou mais himenópteros Encyrtidae (ver Boxe 16.5), responde ao estresse de seca de suas plantas hospedeiras de mandioca por meio do aumento de sua taxa de encapsulamento de parasitoides (seção 13.2.3). A combinação de estresse de seca e maior resistência da cochonilha aos parasitoides pode levar a maiores perdas desse importante cultivado para muitos africanos rurais.

Temperaturas mais elevadas podem significar um término mais precoce da dormência (diapausa) e o avanço sazonal da postura de ovos (pelo menos em espécies com controle por temperatura em vez de duração do dia para esses comportamentos) e também um desenvolvimento mais rápido e potencialmente mais gerações. Para pragas multivoltinas, como os pulgões, as lagartas *Ostrinia nubilalis* e *Paralobesia viteana* (Lepidoptera: Tortricidae), são previstas gerações adicionais se os graus-dia acumularem-se mais rapidamente com as alterações climáticas. Para a praga global de frutas do tipo pomo, a mariposa *Cydia pomonella*, na Suíça a chance de uma segunda geração aumenta de menos de 20% para cerca de 70 ou 100%, com um grande risco até mesmo de uma terceira geração nos próximos 50 anos sob as previsões atuais de temperatura. Embora a diapausa na mariposa *Cydia pomonella* seja induzida pela diminuição no fotoperíodo (duração do dia), seleção para o início da diapausa com fotoperíodos mais curtos pode ocorrer, como em alguns outros lepidópteros. A estação mais longa e um número maior de mariposas com as alterações climáticas com certeza farão com que o manejo dessa praga precise ser alterado.

17.2.2 Saúde animal futura

Um conjunto de doenças de nossa pecuária (aves e mamíferos criados para o consumo humano) tem expandido sua distribuição geográfica recentemente. Em alguns casos, essa expansão tem sido relacionada com a mudança climática, mas em outros casos tem sido associada com maior movimento global de seres humanos e vetores. Temperaturas elevadas podem permitir um desenvolvimento mais rápido de organismos patogênicos, especialmente de insetos ectotérmicos vetores de arbovírus (ver seção 15.3.2).

Um exemplo bem estudado é o do vírus da língua azul (BTV, do inglês *bluetongue virus*), o qual causa a doença em ruminantes (ovelhas e, ocasionalmente, gado). O vírus é transmitido por mosquitos picadores (Ceratopogonidae: *Culicoides* spp.), especialmente *Culicoides imicola*. A doença estava presente em África, Ásia, Austrália, América do Sul e América do norte, mas somente nos últimos anos ela se expandiu em direção ao norte para a Europa, causando mortes em ovelhas e no gado. A introdução de novos sorotipos do vírus, mudança na espécie vetor e temperaturas elevadas podem ter contribuído para a expansão da distribuição dessa doença atualmente. Embora a grande varredura no sul e centro da Europa tenha começado no final da década de 1990 em associação a um clima que estava esquentando, o pulo para o noroeste da Europa parece ter ocorrido em 2006, um ano no qual o clima foi calculado (de maneira retrospectiva) como tendo sido ótimo para a expansão do mosquito. A aplicação de tais modelos para incluir previsões futuras de mudança climática implica um inevitável risco aumentado de o BTV continuar sua expansão em direção ao norte da Europa, com um aumento proporcional nas mortes e nos custos do manejo. Entretanto, outros pesquisadores consideram que outros fatores não climáticos estão atuando, incluindo um papel para o movimento de risco de animais de caça para parques de animais selvagens europeus – trazendo o BTV para a distribuição de espécies de *Culicoides* que podem transmiti-lo de grandes mamíferos africanos assintomáticos para o veado europeu e ovelhas suscetíveis.

Contudo, em uma expansão paralela impressionante, a doença equina conhecida como enfermidade do cavalo africano, que é transmitida pelo mesmo mosquito hematófago, tem expandido de sua área endêmica na África Subsaariana para o nordeste (Índia e Paquistão) e Península Ibérica (Espanha e Portugal) no oeste. Isso sugere que a expansão desse arbovírus esteja primariamente associada com a expansão da distribuição do(s) vetor(es), devido às alterações de prevalência ou sazonalidade, seja de maneira direta ou indireta causadas pela mudança climática. O mesmo se aplica a outros vetores de doenças que afetam nossa saúde.

17.2.3 Saúde humana futura

O clima alterado certamente tem um papel no aumento dos patógenos transmitidos por insetos, afetando a transmissão de doenças humanas. Nosso mundo de mudanças cada vez mais rápidas e cada vez mais conectado encoraja a expansão, induzida por seres humanos, de doenças e seus vetores. Temperaturas mais elevadas e padrões alterados de precipitação fazem com que regiões se tornem recém-adequadas para mais vetores tropicais e subtropicais. A chegada de doenças exóticas é aumentada por muitas de nossas atividades, incluindo migração de humanos infectados com patógenos. Assim, a malária entrou no Novo Mundo por meio do comércio de escravos, nos séculos XV e XVI, a partir de sua origem na África Ocidental, e foi transmitida por uma série de mosquitos vetores *Anopheles* existentes nas Américas na sua chegada. No início da década de 1930, um membro do complexo altamente vetorial *An. gambiae*, quase certamente *An. arabiensis* (ver Boxe 15.2), chegou no Brasil por intermédio do transporte por humanos vindos da África. Somente por uma coincidência com o programa de erradicação da febre amarela no Brasil, esse vetor foi eliminado. Cenários similares e novos para a expansão de doenças transmitidas por insetos continuam a surgir.

A febre Chikungunya, a qual se espalhou recentemente na Europa (Itália e França), exemplifica a coincidência de fatores contribuintes. Primeiro, um mosquito vetor mais eficiente, *Aedes albopictus*, tem se espalhado de sua distribuição nativa no Sudeste Asiático (logo o seu nome mosquito-tigre-asiático) para boa parte do mundo subtropical e tropical. A expansão da distribuição tem sido incrementada pela sua biologia – os ovos são postos em pequenos recipientes de água que também são capazes de movimentos acidentais ou intencionais ao redor do planeta. A chegada dessa importante espécie invasora na América do Norte ocorreu por meio do comércio não regulamentado de pneus usados de veículos, armazenados ao ar livre e, consequentemente, destinados para reciclagem. A água acumulada nesses pneus manteve altas densidades de ovos e larvas de *Ae. albopictus*, o qual persistiu ao longo do Pacífico ao passo que os pneus eram enviados para os Estados Unidos. A entrada nos Estados Unidos foi essencialmente não regulamentada, e a espécie rapidamente encontrou um lar em "hábitats" similares ao longo de todo o sul dos Estados Unidos. Um comércio similar parece ter sido envolvido na transferência para a América Central e América do Sul, Europa e demais locais. Uma rota alternativa de dispersão na água associada a plantas do tipo "bambu da sorte" importadas da Ásia para os Estados Unidos e Europa permitiu que uma forma de *Ae. albopictus* se estabelecesse em estufas de horticultura na Europa. Na Itália, o número de mosquitos vetores potenciais aumentou rapidamente na primeira década do século XXI e alcançou proporções de praga. O problema das picadas em humanos é agravado pela propensão de *Ae. albopictus* de transferir arbovírus quando a fêmea se alimenta (seção 15.5). Quando o vírus chikungunya, conhecido anteriormente como uma doença rara na África, chegou à Itália com migrantes africanos, *Ae. albopictus* – um vetor eficiente – já estava estabelecido. Uma "nova" doença chegou e se estabeleceu devido aos padrões alterados de migração humana, distribuição alterada de um vetor potente e ao aquecimento do clima da Europa que permitiu que tanto o vetor como o arbovírus persistissem e se espalhassem.

Sem dúvidas, a mudança climática também teve um papel na rápida taxa atual de expansão da dengue (ver Boxe 15.4), devido ao aumento do armazenamento de água por seres humanos como consequência das secas cada vez mais frequentes, mas sem que os recipientes sejam à prova de mosquitos. Como ilustrado na Figura 17.2, a mudança climática interage com a ecologia humana e altera o curso potencial de doenças mediadas por insetos, incluindo a dengue.

17.3 IMPLICAÇÕES DAS MUDANÇAS CLIMÁTICAS PARA BIODIVERSIDADE E CONSERVAÇÃO DE INSETOS

17.3.1 Mudanças de distribuição

Pesquisadores que estudam as respostas de insetos às mudanças climáticas em andamento sugerem que os insetos devem "seguir" seus climas preferidos, alterando suas distribuições para latitudes e/ou altitudes mais elevadas, em resposta ao aumento de temperatura. Um estudo de borboletas do oeste da Europa (limitado apenas às espécies não migrantes, e excluindo táxons monófagos e/ou restritos geograficamente) é bastante conclusivo. A extensão das distribuições em direção ao norte é evidente para a maioria das espécies (63% de 57 espécies), ao passo que apenas duas espécies mudaram suas distribuições em direção ao sul. Para muitas espécies de borboletas para as quais os limites mudaram, o deslocamento observado da distribuição foi de 35 a 240 km nos últimos 30 a 100 anos e coincidiu bastante com o movimento em direção ao norte das curvas isotérmicas durante o período. Que tais mudanças tenham sido induzidas por um aumento modesto da temperatura de $< 1°C$, certamente fornece evidência dos efeitos dramáticos do "aquecimento global" em andamento para o resto deste século.

Uma ordem inteira de insetos pode estar correndo risco devido às mudanças climáticas – os Grylloblattodea. Todas as espécies norte-americanas (gênero *Grylloblatta*) dependem de campos nevados, cavernas de gelo e hábitats periglaciais, todos os quais estão ameaçados pelo aquecimento global. Da mesma maneira, a diversidade do leste asiático é restrita às áreas temperadas frias e montanhosas. No oeste da América do Norte, a previsão é de que a taxa de retração de geleiras aumente entre duas e quatro vezes quando comparada com a taxa atual, que já é uma alta taxa de perda. Buscas atuais não têm conseguido encontrar diversas espécies de *Grylloblatta* da Califórnia, aparentemente devido à perda de hábitat induzida pelo clima. Contudo, para os Grylloblattodea do leste asiático, estudos evolutivos moleculares sugerem que esses insetos podem estar respondendo mais a criação e perda histórica de pontes continentais por mudanças no nível do mar entre o Japão e o continente, devido a mudanças cíclicas climáticas durante o Plioceno e o Pleistoceno, do que aos efeitos diretos do clima alterado.

Com relação à conservação de insetos, a habilidade dos insetos em responderem às mudanças climáticas por meio da migração para seguir climas adequados é restringida pela geografia predominante. Logo, insetos que aumentam suas distribuições altitudinais serão limitados se as montanhas forem muito baixas para fornecer condições apropriadas mais frias. Embora a maior parte da pesquisa seja conduzida com espécies temperadas de insetos, até mesmo formigas e mariposas Geometridae estudadas ao longo de um transecto altitudinal na Costa Rica podem sofrer com lacunas de deslocamento de distribuição e extinção potencial dentro de um deslocamento de distribuição de altitude previsto de 1.000 metros. Igualmente, os continentes são circundados pelo litoral e por oceanos inóspitos que impedem a expansão das distribuições. Podemos esperar que insetos com distribuições estreitas e restritas sofram contrações de suas populações, ou até mesmo venham a se extinguir, quando confrontados com temperaturas mais elevadas. Em contrapartida, aquelas espécies que conseguirem superar as barreiras aos seus movimentos podem tornar-se mais abundantes (talvez como "invasoras") e interagir negativamente com residentes. Ambos os resultados ocorrem. Adicionalmente, até dentro de áreas maiores de hábitat, a interferência humana em tais hábitats (fragmentação) significa que possibilidades para se acomodar às temperaturas elevadas são restritas por barreiras à mudança de distribuição. As limitações incluem a conversão contínua de áreas para a agricultura "hostil" de monoculturas, e expansão de paisagens urbanas que previnem o deslocamento adequado das distribuições pelos insetos que são incapazes de tolerar tais modificações no uso da terra. As soluções podem estar no aumento da conectividade de pequenas áreas fragmentadas de hábitat adequado ("manchas") para permitir a reconexão de populações isoladas e ameaçadas em **metapopulações** mais sustentáveis por meio de corredores de hábitat adequado em matriz de ambientes inadequados. Tais esquemas de conservação incluem o restabelecimento de vegetação ripária nativa ao longo de rios e riachos, e corredores de áreas de arbustos e bosques, especialmente para algumas espécies carismáticas de borboletas. Esses irão permitir que muitos insetos consigam seguir seus "envelopes" climáticos ótimos, com menos barreiras para o movimento.

17.3.2 Mudanças temporais e assincronia em interações mutualistas

O aquecimento climático pode levar à emergência mais prematura de espécies ou populações de insetos na primavera ou no verão. Por exemplo, os registros a longo prazo do Central Valley na Califórnia mostram que a data do primeiro voo de 70% de 23 espécies de borboletas avançou, em média, cerca de 24 dias em um período de 31 anos, com fatores climáticos explicando a maior parte da variação nessa tendência. Um fenômeno associado é o aumento da assincronia fenológica observada em alguns sistemas inseto–planta, com a atividade do inseto se tornando incompatível com a disponibilidade de plantas hospedeiras. Mudanças similares nos períodos de atividade de insetos hospedeiros e seus parasitoides podem levar a maiores ou menores níveis de parasitismo, dependendo de respostas individuais à temperatura das espécies que interagem. Tais assincronias tróficas podem ter sérias consequências ecológicas e podem levar ao declínio ou à extinção de espécies.

A partir de uma perspectiva de conservação, plantas com flores e biodiversidade de polinizadores especialistas podem estar ameaçadas, se o período de voo dos polinizadores adultos (especialmente lepidópteros, himenópteros e dípteros) tornar-se assincrônico com as plantas com flores com as quais eles têm relação próxima, muitas vezes obrigatória. Temos evidências de grandes avanços da florada de muitas plantas de primavera no hemisfério norte em resposta a um aquecimento de menos de 1°C. Isso não será um problema para polinizadores generalistas, como as abelhas-de-mel, mas pode ser um problema para um grande conjunto de especialistas, tais como as abelhas solitárias. Certamente, esse cenário supõe que os polinizadores respondem a sinais ambientais diferentes daqueles das plantas com flores – se ambos se tornam mais prematuros em conjunto, tudo está bem. No entanto, ainda não está claro se o descasamento fenológico ou a resposta idêntica serão a norma.

17.4 COMÉRCIO GLOBAL E INSETOS

Apenas algumas gerações atrás, dependíamos de frutos produzidos em uma área local limitada. Vegetais e frutas eram plantados regionalmente, comidos sazonalmente e preservados para tempos de vacas magras. A madeira para construção e lenha vinha de florestas próximas de nossos domicílios. No entanto, algumas mercadorias exóticas têm sido negociadas por centenas de anos, incluindo temperos do Extremo Oriente. Plantas exóticas para a horticultura e agricultura foram colhidas de áreas remotas do planeta. Com o crescimento da população superando a produção local de recursos, ou com as pessoas vivendo onde poucos desses recursos estavam disponíveis para começar, o comércio de mercadorias aumentou. Nos tornamos cada vez mais interdependentes, especialmente no chamado mundo desenvolvido. Exigimos, e temos esperado de nossas lojas, a disponibilidade durante todo o ano de produtos sazonais, onde quer que vivamos. Podemos presumir que assim que começamos a armazenar e negociar grãos, as pragas de produtos armazenados começaram a pegar carona com os cultivados. Inicialmente, muitos cultivados importados no Novo Mundo, tais como batatas, tomates, milho e pimentões, chegaram à Europa sem suas pragas, uma vez que o transporte foi feito por meio de sementes, presumivelmente livres de pragas por pura sorte e não por design. Somente séculos mais tarde algumas pragas dessas plantas chegaram (p. ex., o besouro-da-batata do Colorado, Boxe 16.7).

Muitos insetos-praga também se espalharam ao redor do planeta em plantas ornamentais e em flores. O comércio da floricultura pode facilmente distribuir pequenos insetos que se alimentam das flores e folhagem, tais como os tripes (Thysanoptera), as cochonilhas (Hemiptera: Coccoidea), as moscas-brancas (Hemiptera: Aleyrodoidea) e os psilídeos (Hemiptera: Psylloidea). Por exemplo, *Euphorbia pulcherrima* (Euphorbiaceae), a qual é amplamente distribuída e vendida na América do Norte na época do natal, é uma excelente hospedeira das moscas-brancas introduzidas *Bemisia* (ver Boxe 16.2) e do tripes, *Echinothrips americanus* (Thripidae), o qual é nativo do leste da América do Norte, tem viajado com o comércio da horticultura para boa parte da Europa e está se fortalecendo na Ásia. O mosquito-tigre-asiático, *Aedes albopictus* (Diptera: Culicidae), tem sido transportado ao redor do planeta associado com a água de plantas "bambu da sorte", *Dracaena braunii* (Asparagaceae). Acredita-se, popularmente, que essa planta traga felicidade e prosperidade para seus donos, mas frequentemente ela traz mosquitos transmissores da dengue.

Não são só as plantas comestíveis e ornamentais que são negociadas frequentemente – por exemplo, nossas casas são construídas com madeira, até mesmo quando vivemos em locais áridos e sem árvores. A maioria da madeira utilizada na construção ao redor do planeta vem de apenas algumas poucas espécies do diverso gênero *Pinus*. Duas espécies, *Pinus radiata*, a qual crescia somente na região costeira da Califórnia central, e *Pinus patula*, das planícies do sudeste do México, dominam as florestas de plantação, incluindo na Austrália e no sul da África, respectivamente. Ambas espécies são altamente afetadas pelas vespas da madeira *Sirex*, as quais acredita-se que tenham sido introduzidas a partir da Europa com madeira e lenha. Globalmente, a fibra de celulose (historicamente utilizada para o papel e embalagens, mas com usos cada vez mais diversos como aditivo de alimentos, ingrediente inativo em fármacos e como um componente da viscose etc.) depende em grande parte de poucas espécies de *Eucalyptus*, originalmente de florestas do sudeste da Austrália. Essas espécies de árvores, as quais estavam livres de pragas há mais de 100 anos, estão sendo cada vez mais danificadas por insetos-praga introduzidos pelo comércio (Boxe 17.3). A madeira, os produtos florestais e a agricultura parecem particularmente suscetíveis às pragas transportadas globalmente – o diagrama na Figura 17.3, com base nas principais pragas de madeira do mundo, mas aplicável de maneira mais abrangente, apresenta as características dominantes que levam a sua globalização. Um aumento gigantesco do comércio, homogeneização dos cultivados mais importantes no mundo e espécies de silvicultura, e o fracasso de se interceptarem insetos (incluindo aqueles associados não só com materiais vivos, mas também com materiais de embalagens, tais como estruturas de madeira e madeira similar barata e na forma original) estão levando a um conjunto global de espécies-praga que estão esperando para burlar a biossegurança e expandir suas distribuições como pragas. O comércio irrestrito, sem dúvidas, permitiu que a diversidade de insetos brocadores de madeira viva e morta entrasse nas mais longínquas localidades, incluindo a América do Norte. O besouro *Agrilus planipennis* (Buprestidae) (Boxe 17.4) exemplifica a rota de introdução e subsequente dispersão, descoberta tardia e dificuldades em manejar esse destruidor de árvores. Eventos climáticos mais extremos, amplamente previstos pelos modelos atuais, estressam as árvores de florestas e aumentam a suscetibilidade aos insetos-praga, tais como os besouros-da-casca-da-árvore ou os besouros-da-ambrosia (seção 9.2).

Assim como no transporte de pneus usados de carros, maquinário industrial sujo tem permitido que insetos exóticos, especialmente as formigas "andarilhas" (ver Boxe 1.3), peguem caronas para outras partes do mundo. A menos que a biossegurança/vigilância por quarentena seja melhorada, podemos esperar cada vez mais pragas como essas, que podem causar mudanças no hábitat de magnitude similar àquelas esperadas apenas com um clima alterado.

Naturalmente, todo o movimento de cultivados corre o risco de transportar insetos (ver os exemplos nos Boxes 16.1 e 17.3). Liberados dos controles naturais de suas áreas de vida, muitos insetos estão predispostos a se tornarem "invasores" em uma nova localidade. Isso é especialmente o caso se os insetos encontram monoculturas de uma hospedeira apropriada em um estado "livre de pragas". No passado, e ainda mais em países que dão valor ao seu *status* de livre de pragas, os governos buscam proteger-se contra pragas invasoras por meio de biossegurança de fronteiras (Boxe 17.5), com avaliação de risco e inspeção seletiva do transporte "sob risco". Tal "biossegurança" é mais fácil de operar em entidades políticas únicas (países) com fronteiras seguras formadas pelo litoral, tais como a Austrália, Nova Zelândia e Japão, mas é muito mais difícil em países com fronteiras terrestres extensivas com outros países vizinhos. Assim como economia nos custos de controle, incluindo os pesticidas, os benefícios da certificação de mercadorias livres de pragas encontram-se especialmente em exportações de alta qualidade e alto valor. A presença verificada ou potencial de pragas não desejadas em cultivados irá fazer com

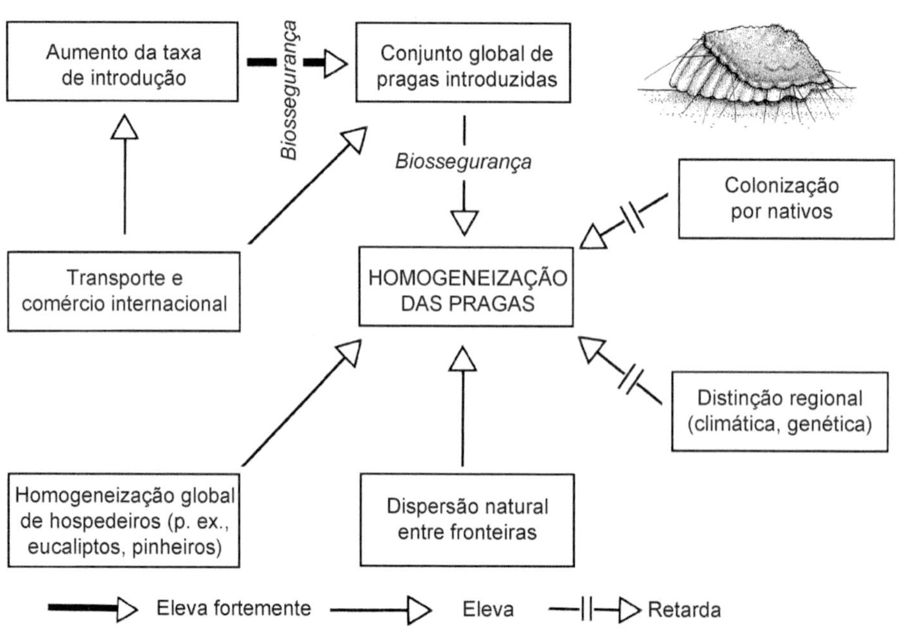

Figura 17.3 Interações dos fatores associados com a homogeneização de insetos-praga. Detalhe: *Icerya purchasi* (Hemiptera: Monophlebidae), uma cochonilha que é uma praga global (ver Boxe 16.3). (Adaptada de Garnas *et al.*, 2012.)

Boxe 17.3 Eucaliptos globais e suas pragas

Os eucaliptos e seus parentes (Myrtaceae) formam um diverso grupo de árvores australianas; o maior gênero deles, *Eucalyptus*, tem espécies de madeira com grande valor, especialmente como polpa para a produção de celulose (para papel e outros produtos diversos com valor adicional; ver texto). Espécies comercialmente importantes têm sido cultivadas não só na Austrália, fora de suas distribuições nativas, mas também em boa parte do mundo. A forma atrativa dos indivíduos maduros de muitas espécies tem encorajado o seu uso como árvores de paisagismo urbano, notavelmente na Califórnia. A folhagem jovem de certas espécies ornamentais constitui um recurso importante para o comércio floral; outras espécies são cultivadas por seus óleos essenciais, usados na medicina herbal, fragrâncias, repelentes de insetos, ou antimicrobianos. Um fator atraente para o cultivo mundial de eucaliptos foi a sua "fuga" da atenção de um conjunto de insetos fitófagos nativos da Austrália (p. ex., seções 11.2.2 a 11.2.5), cujos danos reduzem taxas de crescimento, diminuem a qualidade da madeira, a forma da árvore madura, e a estética da folhagem ornamental, e em alguns casos, causam mortalidade.

Por cerca de um século, os eucaliptos nos EUA (incluindo no Havaí) permaneceram livres de pragas. No entanto, principalmente desde a década de 1980, um conjunto de insetos fitófagos da Austrália se estabeleceu nos EUA. Esse conjunto inclui besouros crisomelídeos mastigadores de folhas, vespas galhadoras, vários psilídeos e dois brocadores que pertencem ao gênero *Phoracantha* (Cerambyciade). A primeira chegada que foi reconhecida, do brocador do eucalipto, *P. semipunctata* (ilustrado no Taxoboxe 22), foi introduzido acidentalmente em virtualmente todas as regiões do planeta nas quais *Eucalyptus* é plantado. Um brocador introduzido subsequentemente, *P. recurva*, tem uma biologia semelhante, mas ao passo que *P. semipunctata* foi rapidamente controlado por uma vespa parasitoide de ovos (Encyrtidae) da Austrália, *P. recurva* é menos controlado e tem se tornado dominante na Califórnia. Um besouro *Gonipterus* (Curculionidae) (ver Prancha 8F) tem se estabelecido amplamente, mas é parcialmente controlado por uma vespa australiana introduzida que é parasitoide de ovos (Mymaridae), cuja eficácia pode ser comprometida pela descoberta recente de uma espécie críptica do besouro (ver Boxe 7.1). Talvez a praga com a dispersão mais rápida e talvez a praga mais devastadora, a vespa *Leptocybe invasa* (Eulophidae) alcançou a Flórida após se espalhar ao redor do planeta em países que cultivam eucalipto em menos de uma década. Essa vespa telítoca induz a formação de galhas na folhagem e em ramos novos em várias espécies de eucaliptos, incluindo os importantes economicamente *E. camaldulensis* e *E. globulus*, e atualmente não existe método de controle adequado. Muitas dessas pragas já haviam se estabelecido fora da Austrália, e evidentemente entraram nos EUA por rotas indiretas, ao passo que outras parecem ter chegado diretamente da Austrália, talvez com a ajuda de agentes humanos. A chegada contínua de pragas, especialmente os psilídeos formadores de conchas (ver Prancha 8E), significa que a busca por agentes de controle biológico nas distribuições nativas deve continuar.

Inesperadamente, alguns insetos fitófagos nativos, talvez especialmente na América do Sul, podem e de fato se deslocam para eucaliptos ornamentais e de plantações. Esses insetos ou são herbívoros generalistas, ou se alimentam especificamente de plantas da família Myrtaceae que são aparentadas aos eucaliptos. Ironicamente, isso significa a região nativa da diversidade de *Eucalyptus* está atualmente ameaçada pela introdução de pragas exóticas adquiridas na distribuição expandida de plantações comerciais. A globalização pode ser um processo de mão dupla – com a exportação de insetos-praga de eucalipto e a importação de outros. A vigilância deste comércio, por meio de procedimentos mais rigorosos de quarentena, será necessária para limitar o impacto inevitável da transferência contínua de insetos.

Boxe 17.4 Insetos exóticos mudam paisagens

Florestas nativas e paisagens rurais são parte de nossa cultura e herança – das florestas dominadas por pinheiros do Norte, as sequoias da Califórnia, os cedros do Oriente Médio, aos eucaliptos e acácias da Austrália. As paisagens urbanas de árvores nativas e exóticas podem significar muito para os moradores de áreas urbanas por fornecer sombra e beleza. Grandes árvores exóticas antigas, como as sequoias e os carvalhos, podem ganhar *status* de patrimônio até mesmo em novas terras. Enquanto a perda por desmatamento de florestas inteiras, tais como as florestas tropicais da Ásia e da América do Sul, recebe a devida atenção dos conservacionistas, as perdas insidiosas de espécies individuais de árvores podem ser tão preocupantes quanto. Hoje em dia é difícil lembrar o quão importante os ulmeiros (espécies de *Ulmus*) eram na Europa ocidental, como retratado no início do século XIX pelo artista de paisagens Inglês, John Constable. Na década de 1960, uma infecção por fungos dos ulmeiros (a doença holandesa do ulmeiro), transmitida por duas espécies de besouros *Scolytus* (Curculionidae), chegou à Inglaterra. Em uma década, 75% (mais de 20 milhões) de árvores estavam mortas e a árvore dominante foi perdida das áreas rurais. A doença holandesa dos ulmeiros causou uma devastação similar aos ulmeiros de boa parte da América do Norte, onde os ulmeiros também são danificados seriamente por besouros-da-folha-do-ulmeiro, *Xanthogaleruca luteola* (Chrysomelidae) e, mais recentemente, pelo besouro-japonês, *Popillia japonica* (Scarabaeidae).

Árvores de paisagismo na América do Norte estão seriamente ameaçadas pelo besouro *Agrilus planipennis* (Buprestidae), um besouro nativo da Ásia. O besouro se alimenta de árvores de freixo (*Fraxinus* spp.): na folhagem como adultos e sob a casca da árvore como larvas (como demonstrado aqui; parcialmente segundo Cappaert *et al.*, 2005). Os belíssimos besouros adultos, verde-esmeralda iridescente, usam uma ampla variedade de espécies de árvores hospedeiras no Japão. Nos EUA, os freixos são árvores populares em lotes e criam avenidas bem arborizadas nos subúrbios. Em 2002, respondendo às mortes locais de árvores de freixo, entomólogos encontraram o besouro *A. planipennis* próximo de Detroit, na região sudeste de Michigan. Subsequentemente, em menos de uma década, muitos milhões de árvores de freixo morreram na "área núcleo". A despeito da rápida instalação de uma zona de quarentena, com multas para o transporte de madeira, dezenas de milhões de árvores de freixo estão sendo perdidas em uma região cada vez maior, incluindo o sul de Ontário, Michigan, Ohio, Illinois, Indiana, Pennsylvania, Missouri, Virginia e West Virginia. Os custos para os municípios, os proprietários de lotes e de viveiros chegou aos milhões de dólares, e o aspecto estético das árvores em ruas de subúrbios, assim como os valores da biodiversidade em bosques, foram perdidos. O besouro *A. planipennis* ataca todas as espécies de freixo da América do Norte, embora com diferentes intensidades, e a ameaça de um conjunto ainda mais amplo de hospedeiros, assim como no Japão, continua a ser possível. As árvores de freixo europeu agora estão ameaçadas por uma população de *A. planipennis* estabelecida na área de Moscou e que está se espalhando para o oeste e para o sul.

Com base em estudos genéticos, o *A. planipennis* é nativo da China, e foi aparentemente exportado na madeira usada em paletes e embalagens. A partir de técnicas de cruzamento de

(*continua*)

Boxe 17.4 Insetos exóticos mudam paisagens (*Continuação*)

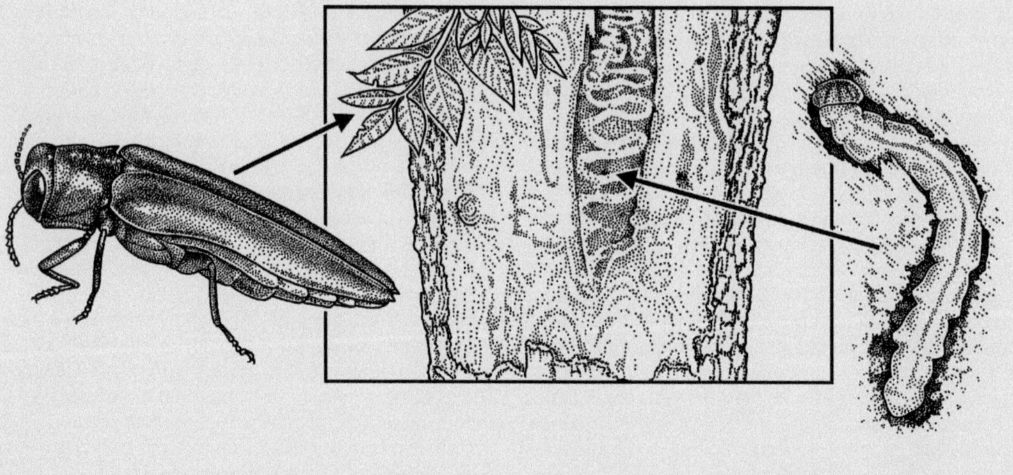

datação usando a dendrocronologia ("anéis da árvore") em árvores de freixo mortas pelos buprestídeos, o besouro *A. planipennis* parece estar nos EUA desde pelo menos uma década antes da primeira detecção. Tal tempo de atraso entre a chegada e a detecção parece ser comum a muitas invasões e obviamente atrapalha o controle. Para árvores ornamentais valiosas, o encharcamento com um inseticida sistemático (imidacloprida; seção 16.4.1) irá salvar a árvore, embora com pouco conhecimento sobre os efeitos ambientais negativos. Tais estratégias são impróprias para bosques extensos e os esforços têm sido feitos para introduzir agentes de controle biológico clássicos (seção 16.5) a partir da distribuição nativa na China. O candidato mais promissor é o endoparasitoide larval gregário, *Tetrastichus planipennisi* (Eulophidae). Nos EUA, uma vespa parasitoide nativa, *Atanycolus hicoriae* (Braconidae), consegue se desenvolver dentro do besouro *A. planipennis*, mas seu ciclo de vida é pouco sincronizado para exercer o controle. Interessantemente, *Cerceris fumipennis* (Crabronidae), uma vespa solitária nativa que provisiona seus ninhos com besouros buprestídeos, pode ajudar a localizar populações que de outra maneira são muito crípticas até praticamente o momento da morte da árvore.

Outra espécie de *Agrilus*, o besouro *Agrilus auroguttatus* (ver Prancha 8G), pode estar pronta para destruir muitos carvalhos na Califórnia. Evidência inicial da morte de carvalhos no município de San Diego, atribuída aos efeitos da seca, foi subsequentemente revelada como tendo sido causada por besouros *A. auroguttatus*. Esse lindo buprestídeo é nativo do árido sudoeste do Arizona, onde ele parece estar sob controle por inimigos naturais. A movimentação interestadual do besouro estava provavelmente associada com madeira cortada para lenha.

Novas espécies invasoras, quantidades das quais aparecem a cada ano, exemplificam os riscos de movimentos acidentais de espécies prejudiciais por meio do comércio pouco regulamentado. Até mesmo as inspeções mais diligentes podem deixar escapar besouros que vivem em madeira utilizada como material de embalagem, ou lenha, mas os custos de erradicação ("fechar a porteira") são imensos quando comparados com a prevenção inicial.

Boxe 17.5 Insetos e biossegurança | Perspectiva australiana

Biossegurança é o termo criado recentemente para todos os aspectos da proteção de economia, ambiente e saúde humana contra os impactos negativos associados a entrada, estabelecimento ou dispersão de pragas exóticas (incluindo plantas daninhas) e doenças. Como definido, a biossegurança é mais ampla do que a quarentena, pois ela inclui pragas e plantas daninhas que não são vetores de doenças, mas podem causar grande prejuízo econômico ou ambiental.

A Austrália, como um continente insular, tem um *status* relativamente livre de pragas e livre de doenças que gera uma vantagem nos mercados globais. A economia nacional tem uma ênfase primária muito forte na produção (agricultura, pesca e silvicultura) e depende das exportações para o seu padrão de vida. A proteção desse *status* por meio de políticas de biossegurança pode servir como um modelo para balancear a necessidade de se negociar e a proteção dos recursos naturais e da agricultura.

Com custos estimados nos bilhões de dólares para a incursão de uma única espécie de formigas "andarilhas" (ver Boxe 1.3), é necessário tomar precauções para prevenir incursões. Sendo relativamente livre de pragas, a Austrália, justificadamente, poderia restringir a entrada de muitos produtos agrícolas de partes menos favorecidas do planeta. Aqui, a Organização Mundial do Comércio tem um papel, fornecendo regras que governam a biossegurança e as restrições ao livre comércio. Portanto, embora as nações tenham permissão para adotar as medidas necessárias para a proteção humana, de animais e da vida e saúde de plantas, tais medidas precisam ser "baseadas em ciência, não mais restritivas do que o necessário e não arbitrárias ou injustificadamente discriminatórias contra parceiros de negócios". O conceito de um "Nível Apropriado de Proteção" se aplica. Para a Austrália (e Nova Zelândia), o nível apropriado é ajustado para alto, para defender seu *status* substancialmente livre de pragas, com o risco de incursão reduzido para praticamente zero. Entretanto, isso é uma causa de disputa, pois parceiros de negócios alegam que ele é projetado para proteger primariamente os produtores contra "a competição justa".

Contra esse plano de fundo, muitos países empregam entomólogos (e biólogos vegetais e cientistas ligados) para fornecer a ciência necessária para a avaliação de risco de caso a caso por praga e por cultivado. Fatores biológicos avaliados para insetos-praga potenciais incluem distribuição e comportamento nativos, propensão para se dispersar naturalmente ou por ações humanas, plausibilidade de interceptação e detecção, plausibilidade de estabelecimento e dispersão a partir da origem, e possibilidades de controle biológico e/ou outras formas de erradicação. Modelos preditivos como o CLIMEX (Boxe 17.1) são essenciais para a avaliação do impacto da chegada de um novo inseto. A perícia

(*continua*)

Boxe 17.5 Insetos e biossegurança | Perspectiva Australiana *(Continuação)*

entomológica é entremeada com avaliações sociopolíticas e econômicas para produzir análises de risco para qualquer dado inseto invasor. Tal procedimento de biossegurança difere da quarentena na mudança de se fazer cumprir o "risco zero" para a incursão do "risco manejável" calculado.

A análise de risco permite a identificação e a listagem dos insetos "mais procurados" e a produção de folhetos educacionais para o reconhecimento e ações a serem tomadas. A lista atual australiana inclui a mariposa *Lymantria dispar* (Lymantridae), o besouro asiático *Anoplophora glabripennis* (Cerambycidae), o mosquito-tigre-asiático (Culicidae: *Aedes albopictus*), o cupim *Coptotermes formosanus* (Rhinotermitidae) e o besouro *Trogoderma granarium* (Dermestidae). Esses insetos cobrem uma ampla variedade de biologias, mas são unidos por serem pragas sérias em outros lugares, e na devastação que eles causariam se conseguissem burlar a biossegurança.

A biossegurança, de acordo com esse esquema, requer entomólogos bem treinados com um conhecimento substancial de: (i) diagnósticos de uma ampla variedade de insetos-praga e insetos-praga em potencial; (ii) taxonomia moderna, incluindo técnicas moleculares, para distinguir nativos dos novos insetos; e (iii) desenhos amostrais para pesquisar materiais de todos os tipos importados de maneira ótima e eficiente. Neste livro, apresentamos exemplos de fracassos da distinção entre as pragas e espécies aparentadas (da significância no controle biológico eficaz) e também de brechas contínuas de biossegurança e de pragas emergentes, tais como aquelas mencionadas no Boxe 16.1. Evidentemente, será necessária uma demanda contínua por pessoal de biossegurança especializado em entomologia, para detecção e controle, incluindo (esperançosamente) programas de controle biológico.

que eles tenham valor apenas localmente, uma vez que qualquer país beneficiário desejaria excluir a praga e recusaria a entrada da mercadoria contaminada. Os custos da erradicação de um inseto-praga introduzido podem chegar aos milhões de dólares (ver Boxe 1.3), se é que a eliminação de fato pode ser alcançada. Claramente, a prevenção é a melhor opção, com a vigilância das fronteiras sendo essencial, ainda que as regras da Organização Mundial do Comércio que lidam com "mercado livre" favoreçam o comércio sem restrições às preocupações de biossegurança. Seria possível colocar um valor nas plantas e insetos nativos em suas paisagens nativas, ou devemos aceitar a homogeneização global, com uma biota daninha em todos os lugares?

Leitura sugerida

Auger-Rozenberg, M.-A. & Roques, A. (2012) Seed wasp invasions promoted by unregulated seed trade affect vegetal and animal biodiversity. *Integrative Zoology* **7**, 228–46.

Bale, J.S. & Hayward, S.A.L. (2010) Insects overwintering in a changing climate. *The Journal of Experimental Biology* **213**, 980–94.

Bentz, B.J., Régnière, J., Fettig, C.J. *et al.* (2010) Climate change and bark beetles of the Western United States and Canada: direct and indirect effects. *BioScience* **60**, 602–13.

Cornelissen, T. (2011) Climate change and its effects on terrestrial insects and herbivory patterns. *Neotropical Entomology* **40**, 155–63.

Garcia-Adeva, J.J., Botha, J.H. & Reynolds, M. (2012). A simulation modelling approach to forecast establishment and spread of *Bactrocera* fruit flies. *Ecological Modelling* **227**, 93–108.

Garnas, J.R., Hurley, B.P., Slippers, B. & Wingfield, M.J. (2012) Biological control of forest plantation pests in an interconnected world requires greater international focus. *International Journal of Pest Management* **58**, 211–23.

Hoffmann, A.A. (2010) A genetic perspective on insect climate specialists. *Australian Journal of Entomology* **49**, 93–103.

Jaramillo, J., Muchugu, E., Vega, F.E. *et al.* (2011) Some like it hot: the influence and implications of climate change on coffee berry borer (*Hypothenemus hampei*) and coffee production in East Africa. *PLoS One* **6**(9), e24528. doi: 10.1371/journal.pone.0024528

Paine T.D., Steinbauer, M.J. & Lawson, S.A. (2011) Native and exotic pests of *Eucalyptus*: a worldwide perspective. *Annual Review of Entomology* **56**, 181–201. Simberloff, D. (2012) Risks of biological control for conservation purposes. *BioControl* **57**, 263–76.

Sutherst, R.W. (2004) Global change and human vulnerability to vector-borne diseases. *Clinical Microbiology Reviews* **17**, 136–73.

Tabachnick, W.J. (2010) Challenges in predicting climate and environmental effects on vector-borne disease episystems in a changing world. *The Journal of Experimental Biology* **213**, 946–54.

Thomson, L.J., Macfadyen, S. & Hoffmann, A.A. (2010) Predicting the effects of climate change on natural enemies of agricultural pests. *Biological Control* **52**, 296–306.

Zavala, J.A., Nabity, P.D. & DeLucia, E.H. (2013) An emerging understanding of mechanisms governing insect herbivory under elevated CO_2. *Annual Review of Entomology* **58**, 79–97.

Capítulo 18

Métodos em Entomologia | Coleta, Preservação, Curadoria e Identificação

Alfred Russel Wallace coletando borboletas. (Segundo diversas fontes, especialmente van Oosterzee, 1997; Gardiner, 1998.)

Para muitos entomólogos, questões sobre como e o que coletar e preservar são determinadas pelo projeto de pesquisa (ver também seção 13.4). A escolha das metodologias pode depender do táxon desejado, do estágio de desenvolvimento, da extensão geográfica, do tipo de planta ou animal hospedeiro, do *status* do vetor de doenças e, principalmente, do plano de amostragem e de custo-efetividade. Um fator comum a todos esses estudos é a necessidade de comunicar a informação sem ambiguidade, no mínimo o que diz respeito à identidade do(s) organismo(s) estudado(s). Certamente, isso envolverá a identificação de espécimes para fornecer nomes (seção 1.4), o que é necessário não só para comunicar a outras pessoas sobre o trabalho, mas também para ter acesso a estudos já publicados sobre os mesmos insetos ou outros aparentados. A identificação correta requer um material apropriadamente preservado de maneira a permitir o reconhecimento de características morfológicas que variam entre os táxons e diferentes estágios do ciclo de vida, ou permitir a extração, posteriormente, e a amplificação do DNA se uma abordagem de *barcoding* for utilizada. Depois de realizadas as identificações, os espécimes permanecem importantes e até mesmo têm valor agregado, de modo que é importante preservar algum material (**vouchers**) para referência futura. Conforme o conhecimento cresce, pode ser necessário visitar novamente o espécime a fim de confirmar a identidade ou para comparar com outro material coletado posteriormente.

Neste capítulo, revisamos vários métodos de coleta, técnicas de montagem, preservação e cura dos espécimes, e discutimos métodos e princípios de identificação, incluindo métodos baseados em DNA.

18.1 COLETA

Aqueles que estudam vários aspectos da biologia dos vertebrados e das plantas podem observar e manipular os organismos estudados no campo, identificá-los e, para os animais grandes, também capturá-los, marcá-los e soltá-los com pouco ou nenhum efeito prejudicial. Entre os insetos, essas técnicas estão disponíveis talvez para borboletas e libélulas, besouros e percevejos grandes. A maioria dos insetos pode ser identificada com segurança apenas depois de coleta e preservação. Naturalmente, isso levanta considerações éticas, e é importante:

- Coletar de forma responsável
- Obter a(s) licença(s) apropriada(s)
- Garantir que **espécimes voucher** sejam depositados em uma coleção bem mantida de museu.

Coletar responsavelmente significa coletar apenas o que for necessário, evitar ou minimizar a destruição do hábitat, e tornar os espécimes tão úteis quanto possível para todos os pesquisadores, fornecendo etiquetas com dados de coleta detalhados. Em muitos países ou em áreas de reserva designadas, é necessária uma licença para coletar insetos. É responsabilidade do coletor solicitar as licenças e satisfazer as exigências de qualquer agência responsável por emiti-las. Além disso, se, antes de mais nada, os espécimes valem a pena para serem coletados, eles devem ser preservados como um registro do que foi estudado. Os coletores devem assegurar que todos os espécimes (no caso de um trabalho taxonômico) ou pelo menos espécimes *voucher* representativos (no caso de pesquisas ecológicas, genéticas ou comportamentais) sejam depositados em um museu reconhecido. Espécimes *voucher* de levantamentos ou estudos experimentais podem ser vitais para pesquisas futuras.

Dependendo do projeto, os métodos de coleta podem ser ativos ou passivos. A coleta ativa envolve procurar por insetos no ambiente, e pode ser precedida por períodos de observação antes da obtenção de espécimes para propósitos de identificação. A coleta ativa tende a ser bem específica, permitindo focar nos insetos a serem coletados. A coleta passiva envolve a construção ou a instalação de armadilhas, iscas ou dispositivos de extração, e a captura depende da atividade dos próprios insetos. Esse é um tipo muito mais geral de coleta, além de ser relativamente não seletivo quanto ao que é capturado.

18.1.1 Coleta ativa

A coleta ativa pode envolver pegar indivíduos fisicamente do hábitat, utilizando os dedos, um pincel fino, uma pinça ou um aparelho aspirador. Essas técnicas são úteis para insetos relativamente lentos, como estágios imaturos e adultos sedentários, que podem ser incapazes de voar ou hesitantes para voar. Os insetos que podem ser achados por meio da procura em hábitats particulares, como exemplo, revirando pedras, retirando a casca de árvores ou observando durante o repouso à noite, são todos acessíveis para coleta direta dessa maneira. Insetos que voam à noite podem ser seletivamente coletados com uma armadilha de luz – peça de tecido branco com luz ultravioleta suspensa acima dela (porém, tenha o cuidado de proteger os olhos e a pele à exposição à luz ultravioleta).

A captura com redes tem sido, há muito tempo, uma técnica popular para a captura de insetos ativos. A abertura deste capítulo representa o naturalista e biogeógrafo Alfred Russel Wallace tentando capturar, com a rede, a borboleta rara *Graphium androcles*, em Ternate, em 1858. A maioria das redes para insetos tem um cabo de cerca de 50 cm de comprimento e um saco o qual é mantido aberto por um arco de 35 cm de diâmetro. Para insetos móveis, que voam rápido, como borboletas e moscas, uma rede com um cabo mais longo e uma abertura mais larga é apropriada, ao passo que uma rede com abertura mais estreita e cabo mais curto é suficiente para capturar insetos pequenos e/ou menos ágeis. O saco da rede deve sempre ser mais fundo do que o diâmetro, de modo que os insetos capturados fiquem presos no saco quando a rede é torcida. As redes podem ser utilizadas para capturar insetos durante o voo ou, por meio de movimentos de varrer o substrato, para capturar insetos que levantam voo em decorrência de perturbação, como exemplo, quando voam das flores ou de outra vegetação. Técnicas de bater (varrer) a vegetação necessitam de uma rede mais robusta do que aquelas usadas para interceptar o voo. Alguns insetos, quando perturbados, deixam-se cair no chão: isso é especialmente verdadeiro para os besouros. A técnica de bater a vegetação à medida que uma rede ou bandeja é mantida embaixo permite a captura de insetos com esse comportamento de defesa. De fato, é recomendável que, mesmo quando se deseja capturar insetos em posições expostas, uma rede ou bandeja seja colocada embaixo para capturar o espécime que irá tentar escapar da captura deixando-se cair no chão (de onde poderá ser impossível localizá-lo). As redes devem ser esvaziadas com frequência para evitar o dano aos componentes mais frágeis, provocado por objetos mais compactos. O esvaziamento depende dos métodos que serão utilizados para a preservação. Indivíduos selecionados podem ser removidos manualmente ou por aspiração, ou o conteúdo completo pode ser esvaziado em um recipiente, ou em uma bandeja branca, da qual táxons específicos podem ser retirados (mas tome cuidado com insetos voadores rápidos que podem ir embora).

As técnicas de rede descritas anteriormente podem ser utilizadas em hábitats aquáticos, embora as redes específicas sejam de materiais diferentes daqueles usados para insetos terrestres, e de menor tamanho (a resistência de arrastar uma rede na água é muito maior do que no ar). A escolha do tamanho da malha é uma consideração importante: uma rede de malha mais fina, necessária para capturar uma pequena larva aquática, em comparação a um besouro adulto, produz mais resistência para ser arrastada na água. As redes aquáticas são em geral mais rasas e de formato triangular, em vez do formato circular utilizado para capturar insetos aéreos ativos. Isso permite o uso mais efetivo em ambientes aquáticos.

18.1.2 Coleta passiva

Muitos insetos vivem em micro-hábitats dos quais são difíceis de serem retirados – em especial no folhiço e em sedimentos semelhantes, ou em tufos profundos da vegetação. A inspeção física do hábitat pode ser difícil e, nesses casos, o comportamento dos insetos pode ser usado para separá-los da vegetação, detrito ou solo. Particularmente úteis são as respostas fototáteis e termotáteis negativas e higrotáteis positivas, por meio das quais os insetos desejados movem-se para longe de uma fonte de calor e/ou luz forte e ao longo de um gradiente de umidade crescente, no final do qual eles são concentrados e capturados. O funil de Tullgren (algumas vezes chamado de funil de Berlese) compreende um funil de metal grande (p. ex., 60 cm de diâmetro) que se afila para um recipiente coletor substituível. Dentro do funil, uma malha de metal sustenta a amostra de folhiço ou vegetação. Uma tampa bem ajustada, contendo lâmpadas para iluminação, é colocada logo acima da amostra e cria um gradiente de calor e umidade que guia os animais vivos para baixo no funil, até que eles caiam no recipiente coletor que contém etanol ou outra substância conservante.

O extrator de Winkler funciona segundo princípios semelhantes, por meio da secagem da matéria orgânica (liteira, solo, folhas), forçando os animais móveis para baixo, em direção a uma câmara coletora. O aparato consiste em uma armação de arame encapada com tecido, o qual é amarrado no topo para garantir que os espécimes não escapem e para evitar a invasão de carniceiros/detritívoros, como as formigas. A matéria orgânica pré-peneirada é colocada em um ou mais sacos de malha, os quais são pendurados em uma armação de metal dentro do extrator. O fundo do extrator afila-se até uma porção em que um recipiente coletor de plástico contendo líquido conservante ou papel de seda umedecido para materiais vivos é enroscado. Os extratores de Winckler são pendurados em um galho de árvore ou em uma corda amarrada entre dois objetos, e funciona por meio do efeito de secagem pelo sol e pelo vento. Entretanto, até mesmo condições de vento brando podem fazer com que muito detrito caia no depósito, dessa maneira prejudicando o principal objetivo da armadilha. Eles são extremamente leves, não necessitam de força elétrica e são muito úteis para coletar em áreas distantes, embora, quando colocados em construções ou em áreas sujeitas à chuva ou à alta umidade, possam levar muitos dias para secar completamente e, assim, a extração da fauna pode ser lenta.

Sacos de separação baseiam-se na resposta fototática (luz) positiva de muitos insetos voadores. Os sacos são feitos de um tecido de algodão grosso, com a extremidade superior fixada a um anel interno de suporte no alto do qual está uma tampa clara de Perspex®; eles podem ficar tanto suspensos por barbantes quanto sustentados por um tripé. Coletas feitas por varredura ou coletas especializadas do hábitat podem ser iniciadas derrubando-se rapidamente o conteúdo da rede no separador e fechando a tampa. Aqueles insetos móveis (voadores), que são atraídos pela luz, voarão para o alto, para a superfície clara, de onde eles podem ser coletados com um aspirador com um tubo comprido introduzido através de uma abertura estreita na lateral do saco.

A atividade de voo dos insetos é raramente aleatória, de modo que é possível ao observador reconhecer rotas utilizadas com mais frequência e colocar as armadilhas de barreira para interceptar a rota de voo. Margens de hábitats (ecótonos), cursos d'água e corredores na vegetação são, evidentemente, as rotas mais utilizadas. Armadilhas que se baseiam na interceptação da atividade de voo e na subsequente resposta previsível de certos insetos incluem as armadilhas de Malaise e armadilhas de interceptação de voo. A armadilha de Malaise é um tipo de tenda modificada na qual os insetos são interceptados por meio de uma barreira transversal de rede. Aqueles que procuram voar ou escalar a face vertical da armadilha são direcionados por essa resposta inata para o ângulo superior da armadilha e dali para um recipiente coletor, normalmente contendo líquido conservante. Uma armadilha de Malaise modificada, com uma canaleta preenchida por líquido localizada abaixo, pode ser utilizada para capturar e preservar todos aqueles insetos cuja reação natural é se deixar cair quando fazem contato com uma barreira. Com base em princípios semelhantes, a armadilha de interceptação de voo consiste em uma superfície vertical, como se fosse uma janela de vidro, Perspex® ou tecido de malha preto, com uma canaleta de líquido conservante colocada abaixo. Apenas os insetos que se deixam cair quando entram em contato com uma barreira são coletados quando eles caem no líquido conservante. Ambas as armadilhas são convencionalmente colocadas com a base no solo, mas qualquer uma das duas pode ser elevada acima do solo, por exemplo, no dossel de uma floresta, e ainda assim irá funcionar apropriadamente.

A interceptação de insetos que rastejam pode ser feita introduzindo-se recipientes no solo de modo que a borda superior fique no nível do solo, fazendo com que os insetos ativos caiam no recipiente e não possam escalar para fora. Essas armadilhas de queda (armadilhas de *pitfall*) variam em tamanho e podem ser cobertas com um tipo de telhado, que reduz a diluição pela chuva e impede o acesso de vertebrados curiosos (Figura 18.1). A captura pode ser melhorada pela construção de uma espécie de cerca para guiar os insetos para o *pitfall*, e pela colocação de iscas na armadilha. Os espécimes podem ser coletados secos, se o recipiente contiver inseticida e papel amassado, porém com mais frequência eles são coletados em um líquido pouco volátil, como propilenoglicol ou etilenoglicol e água, com uma composição variável dependendo da frequência de visitação para que o conteúdo seja esvaziado. Adicionar algumas gotas de detergente ao líquido da armadilha *pitfall* reduz a tensão superficial e evita que o inseto flutue na superfície do líquido. As armadilhas *pitfall* são utilizadas de forma rotineira para estimar a riqueza de espécies e as abundâncias relativas de insetos de solo ativos. Entretanto, é raramente entendido que podem surgir fortes tendências no sucesso de captura entre locais comparados que tenham diferente estrutura de hábitat (densidade da vegetação). Isso se deve ao fato de que a probabilidade de captura de um indivíduo (propensão à captura) é afetada pela complexidade da vegetação e/ou do substrato que circunda cada

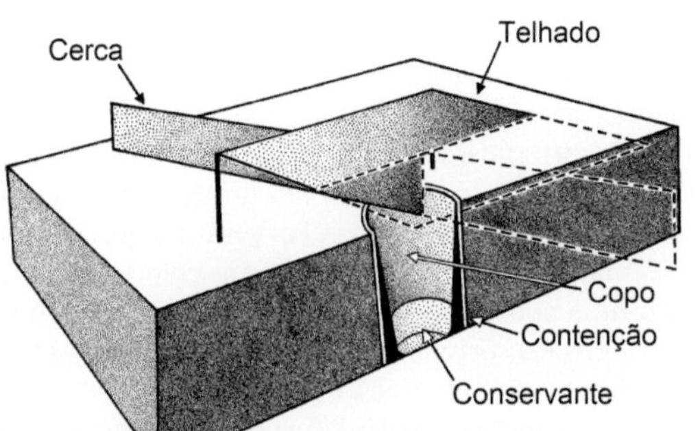

Figura 18.1 Representação de armadilha do tipo *pitfall*, aberta para mostrar o copo interno cheio de líquido conservante. (Segundo desenho não publicado de A. Hastings.)

armadilha. A estrutura do hábitat deve ser medida e controlada visando a esses estudos comparativos. A propensão à captura também é afetada pelos níveis de atividade dos insetos (em razão de seu estado fisiológico, clima etc.), por seu comportamento (p. ex., algumas espécies evitam armadilhas ou escapam delas) e pelo tamanho da armadilha (p. ex., armadilhas pequenas podem excluir espécies grandes). Dessa maneira, a taxa de captura (C) para armadilhas *pitfall* varia com a densidade da população (N) e com a propensão à captura (T) do inseto, de acordo com a equação $C = TN$. Normalmente, os pesquisadores estão interessados em estimar a densidade populacional dos insetos capturados ou em determinar a presença ou ausência de espécies, mas esses estudos serão tendenciosos se a propensão à captura mudar entre os locais de estudo ou ao longo do intervalo de tempo de estudo. Do mesmo modo, comparações das abundâncias de diferentes espécies serão tendenciosas se uma espécie tiver maior propensão à captura do que outra.

Muitos insetos são atraídos por iscas colocadas ao redor ou nas armadilhas; elas podem ser intencionalmente "genéricas", para atrair muitos insetos, ou "específicas", visando a um único alvo. As armadilhas *pitfall*, que capturam um amplo espectro de insetos móveis de solo, podem ter sua eficiência aumentada ao colocar iscas com carne (para atração pela carne putrefata), excrementos (para insetos coprófagos, tais como os besouros rola-bosta), frutas frescas ou podres (para certos Lepidoptera, Coleoptera e Diptera), ou feromônios (para insetos-alvo específicos, como moscas-da-fruta). Uma mistura doce, fermentada, de álcool mais açúcar mascavo ou melaço pode ser utilizar para revestir as superfícies a fim de atrair insetos que voam de noite, um método chamado de "adoçamento". O dióxido de carbono e as substâncias voláteis, tais como butanol, podem ser utilizados para atrair insetos que procuram vertebrados como hospedeiros, como mosquitos e mutucas.

As cores atraem diferencialmente os insetos: amarelo é uma isca forte para muitos himenópteros e dípteros. Esse comportamento é explorado nas armadilhas de pratos amarelos (armadilhas *yellow pan*), que são simples pratos amarelos preenchidos com água e um detergente para diminuir a tensão superficial, colocados no solo para atrair insetos voadores que irão morrer por afogamento. Piscinas externas funcionam como gigantescas armadilhas de pratos amarelos.

A captura por meio de luz (ver seção 18.1.1 para armadilhas de luz) explora a atração pela luz de muitos insetos voadores noturnos, em particular pela luz ultravioleta emitida por lâmpadas fluorescentes e de vapor de mercúrio. Depois de atraídos pela luz, os insetos podem ser capturados manualmente ou aspirados individualmente de um lençol branco pendurado atrás da luz, ou podem ser afunilados para um recipiente semelhante a um reservatório cheio de caixas de ovo de papelão. Raramente existe a necessidade de matar todos os insetos que chegam a uma armadilha de luz, e os insetos vivos podem ser isolados e examinados para serem retidos ou liberados.

Em água corrente, a colocação estratégica de redes fixas para interceptar a corrente irá capturar muitos organismos, incluindo estágios imaturos de insetos vivos, os quais, de outra maneira, poderiam ser difíceis de ser obtidos. Em geral, é utilizada uma rede de malha fina, presa a uma estrutura firme como um dique, uma árvore ou uma ponte, para interceptar a corrente de modo que insetos levados pela correnteza (seja deliberadamente, seja porque foram carregados) penetrem na rede. Outras técnicas de captura passiva na água incluem armadilhas para emergência, que são geralmente grandes cones invertidos, para dentro dos quais os insetos adultos voam quando emergem. Essas armadilhas também podem utilizadas em situações terrestres, como exemplo, sobre detritos ou excrementos etc.

18.2 PRESERVAÇÃO E CURADORIA

A maioria dos insetos adultos é pregada com alfinete ou montada e armazenada seca, embora os adultos de algumas ordens e todos os insetos imaturos de corpo mole (ovos, larvas, ninfas, pupas ou pupários) sejam preservados em frascos com etanol (álcool etílico) a 70 a 80% ou montados em lâminas para microscópio. Os envoltórios da pupa, casulos, coberturas de cera e exúvias podem ser mantidos secos e pregados com alfinete, montados em cartões ou pontas, ou, se forem delicados, podem ser armazenados em cápsulas de gelatina ou em líquido conservante.

18.2.1 Preservação seca

Como matar e manipular antes da montagem seca

Os insetos que se pretende pregar no alfinete e armazenar secos são mortos de melhor forma tanto pela utilização de um pote ou tubo mortífero contendo um veneno volátil quanto pelo uso de um congelador. O congelamento evita o uso de agentes químicos mortíferos, mas é importante colocar os insetos em um recipiente pequeno, hermético, para evitar o dessecamento, e congelá-los por, pelo menos, 12 a 24 h. Insetos congelados devem ser manipulados com cuidado e descongelados apropriadamente antes de serem alfinetados; caso contrário, os frágeis apêndices podem quebrar. O agente mortífero líquido mais seguro e mais facilmente disponível é o acetato de etila, o qual, embora inflamável, não é especialmente perigoso, a não ser que seja diretamente inalado. Ele não deve ser utilizado em um quarto fechado. Substâncias mais venenosas, tais como cianureto e clorofórmio, devem ser evitadas por todos, exceto os entomólogos mais experientes. Os recipientes mortíferos de acetato de etila são feitos colocando-se uma mistura espessa de gesso e água no fundo de um tubo ou garrafa ou pote com boca larga, a uma profundidade de 15 a 20 mm; o gesso deve estar completamente seco antes de usar. Para "carregar" um tubo mortífero, uma pequena quantidade de acetato de etila deve ser derramada dentro da garrafa e absorvida pelo gesso, o qual pode ser coberto com um lenço de papel ou uma bucha de celulose. Com o uso frequente, em particular em clima quente, o recipiente precisará ser recarregado regularmente, adicionando mais acetato de etila. Um lenço de papel amassado colocado no recipiente evitará que os insetos tenham contato entre si e se danifiquem. Os tubos mortíferos devem ser mantidos limpos e secos, e os insetos devem ser removidos tão logo morram para evitar a perda da cor. Mariposas e borboletas devem ser mortas separadamente, para evitar que contaminem outros insetos com suas escamas. Para detalhes sobre o uso de outros agentes mortíferos, refira-se a Martin (1977) ou Upton & Mantle (2010) em Leitura sugerida.

Insetos mortos exibem *rigor mortis* (endurecimento dos músculos), o que torna seus apêndices difíceis de serem manipulados, de modo que é normalmente melhor mantê-los no tubo mortífero ou em uma atmosfera hidratada por 8 a 24 h (dependendo do tamanho e da espécie) até que eles tenham relaxado (ver a seguir), em vez de alfinetá-los imediatamente após a morte. Deve ser ressaltado que alguns insetos grandes, em especial gorgulhos, podem levar muitas horas para morrer nos vapores de acetato de etila e que alguns insetos não congelam com facilidade e, assim, podem não ser mortos rapidamente em um congelador doméstico normal.

É importante eviscerar (remover o trato digestivo e outros órgãos internos de) insetos grandes e fêmeas ovígeras (em especial baratas, gafanhotos, gafanhotos-verdes dos EUA, louva-deus, bichos-pau e mariposas muito grandes), caso contrário, os abdomes podem apodrecer e a superfície dos espécimes se tornar engordurada. A evisceração é melhor fazendo-se uma secção ao longo da lateral do abdome (na membrana entre o tergo e o esterno) utilizando tesouras finas e afiadas, e removendo os conteúdos do corpo com um par de pinças finas. Uma mistura de três partes de pó de talco e uma parte de ácido bórico pode ser polvilhada na cavidade do corpo, a qual, nos insetos grandes, pode ser preenchida cuidadosamente com algodão.

As melhores preparações são feitas montando-se os insetos ao passo que eles ainda estão frescos, e os insetos que secam devem ser relaxados antes de serem montados. O relaxamento envolve colocar os espécimes secos em uma atmosfera saturada de água, preferencialmente com uma substância para a contenção de mofo, de um a vários dias, dependendo do tamanho dos insetos. Uma caixa de relaxamento apropriada pode ser feita colocando-se uma esponja úmida ou areia molhada no fundo de um recipiente plástico ou de um pote largo, e com a tampa fechada firmemente. A maioria dos insetos pequenos fica relaxada em 24 h, mas os espécimes grandes levam mais tempo, durante o qual eles devem ser verificados regularmente para assegurar que eles não se tornem muito úmidos.

Montagem em alfinete, dupla montagem (com microalfinete), montagem sobre pontas ou cartões e técnicas para esticar e aplanar apêndices

Os espécimes devem montados apenas quando estiverem completamente relaxados, isto é, quando suas pernas e asas puderem ser livremente movimentadas, em vez de estarem duras ou secas e frágeis. Todos os métodos de montagem a seco utilizam alfinetes entomológicos – esses alfinetes são de aço inoxidável, a maioria com 32 a 40 mm de comprimento, são encontrados em várias espessuras e podem ter uma cabeça sólida ou de náilon. *Nunca use alfinetes de costureira para montar insetos*; eles são muito curtos e muito grossos. Existem três métodos extensamente utilizados para montar insetos, e a escolha do método apropriado depende do tipo de inseto e de seu tamanho, bem como o propósito da montagem. Para coleções científicas e profissionais, os insetos podem ser diretamente alfinetados com um alfinete entomológico, montados em microalfinetes ou montados em pontas, como descrito a seguir.

Alfinetar diretamente

Este método envolve inserir um alfinete entomológico, de grossura apropriada para o tamanho do inseto, diretamente através de seu corpo; a posição correta para passar o alfinete varia entre as ordens de insetos (Figura 18.2; seção 18.2.4) e é importante colocar o alfinete no local sugerido para evitar danificar estruturas que podem ser úteis na identificação. Os espécimes devem ser posicionados nos três quartos superiores do alfinete, deixando pelo menos 7 mm acima do inseto a fim de permitir que a montagem seja agarrada abaixo da cabeça do alfinete com o uso de pinças entomológicas (as quais têm uma ponta larga, truncada) (Figura 18.3). Os espécimes são, então, mantidos nas posições desejadas em um pedaço de espuma de polietileno ou em uma prancha de cortiça até que eles sequem, o que pode levar até 3 semanas considerando espécimes grandes. Um dessecador ou outros métodos artificiais de secagem são recomendados em climas úmidos, porém a temperatura do forno não deve se elevar acima de 35°C.

Montagem com microalfinete (montagem em estágios ou dupla montagem)

Este método é utilizado para insetos muito pequenos e envolve espetar o inseto, com um microalfinete, a uma plataforma que é montada em um alfinete entomológico (Figura 18.4A,B); os microalfinetes são alfinetes muito finos, sem cabeça, de aço inoxidável e com 10 a 15 mm de comprimento, e as plataformas são pequenos quadrados ou tiras retangulares de material natural ou sintético.

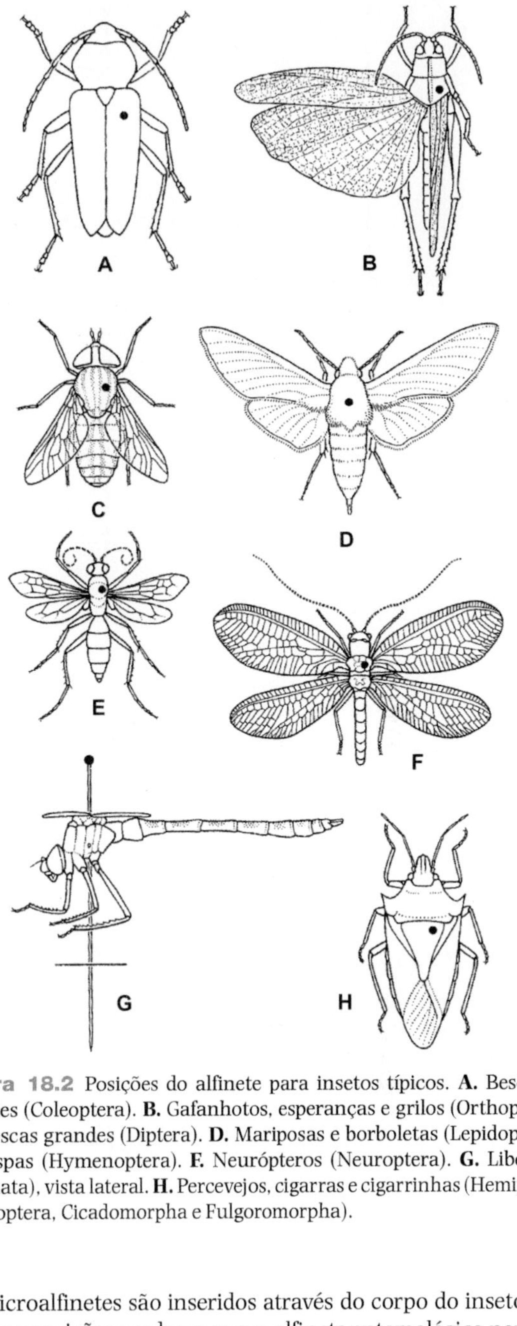

Figura 18.2 Posições do alfinete para insetos típicos. **A.** Besouros grandes (Coleoptera). **B.** Gafanhotos, esperanças e grilos (Orthoptera). **C.** Moscas grandes (Diptera). **D.** Mariposas e borboletas (Lepidoptera). **E.** Vespas (Hymenoptera). **F.** Neurópteros (Neuroptera). **G.** Libélulas (Odonata), vista lateral. **H.** Percevejos, cigarras e cigarrinhas (Hemiptera: Heteroptera, Cicadomorpha e Fulgoromorpha).

Os microalfinetes são inseridos através do corpo do inseto nas mesmas posições usadas com um alfinete entomológico normal. Vespas pequenas e mariposas são montadas com seus corpos paralelos à plataforma, com a cabeça voltada para fora do alfinete entomológico, ao passo que besouros, percevejos e moscas pequenas são espetados com seus corpos formando ângulos retos em relação à plataforma e à esquerda do alfinete entomológico. Alguns insetos muito pequenos e delicados, que são difíceis de serem alfinetados, como pernilongos ou outros mosquitos pequenos, são espetados a suportes cúbicos; um cubo é montado em um alfinete entomológico e um microalfinete é inserido horizontalmente através da medula, de modo que a maior parte do seu comprimento projeta-se para fora e o inseto é, então, espetado ventralmente ou lateralmente (Figura 18.4C,D).

Montagem em pontas

Este método é utilizado para insetos pequenos que poderiam ser danificados se fossem espetados (Figura 18.5A) (porém *não* para mariposas pequenas, porque a cola não adere bem às escamas, nem moscas, porque estruturas importantes seriam escondidas),

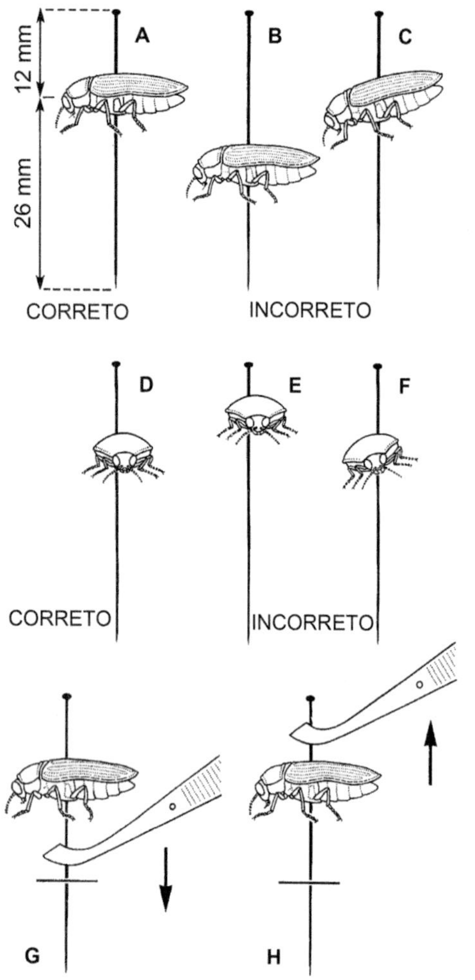

Figura 18.3 Posições corretas e incorretas para alfinetar. **A.** Inseto em vista lateral, posicionado corretamente. **B.** Posição muito baixa do alfinete. **C.** Inclinado no eixo longitudinal, em vez de horizontal. **D.** Inseto em vista frontal, posicionado corretamente. **E.** Posição muito alta no alfinete. **F.** Corpo inclinado lateralmente e posição do alfinete incorreta. Manipulação dos insetos com pinças entomológicas: **G.** Colocação do inseto montado na espuma ou cortiça; **H.** Remoção da montagem da espuma ou cortiça. (**G, H.** Segundo Upton, 1991.)

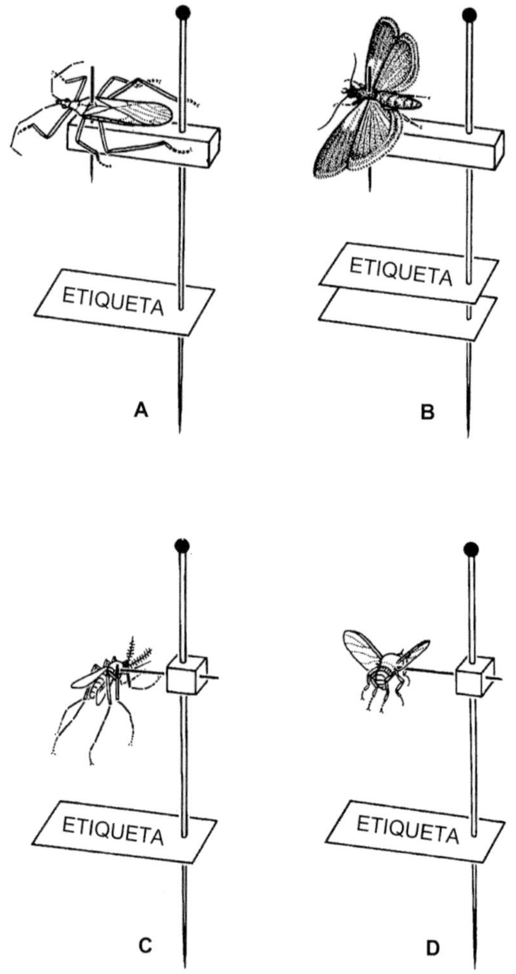

Figura 18.4 Utilização de microalfinetes com montagens em plataformas e cubos. **A.** Pequeno percevejo (Hemiptera) em uma plataforma, com a posição do alfinete no tórax, conforme mostrado na Figura 18.2H. **B.** Mariposa (Lepidoptera) em uma plataforma, com a posição do alfinete no tórax, conforme mostrado na Figura 18.2D. **C.** Pernilongo (Diptera: Culicidae) em um cubo, com o tórax espetado lateralmente. **D.** Borrachudo (Diptera: Simuliidae) em um cubo, com o tórax espetado lateralmente. (Segundo Upton, 1991.)

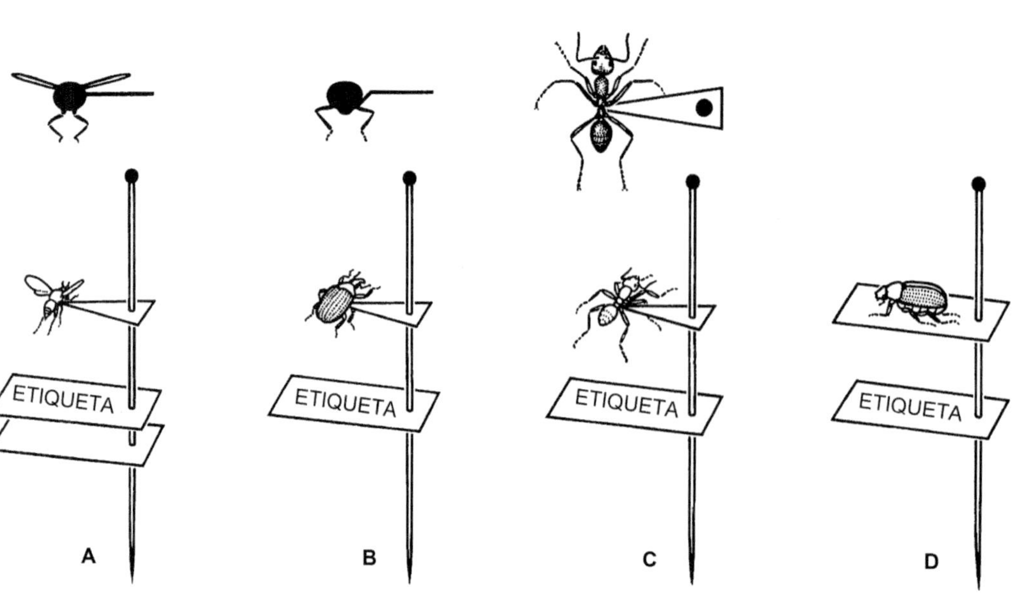

Figura 18.5 Montagens em ponta: **A.** vespa pequena; **B.** gorgulho; **C.** formiga. Montagem em cartão: **D.** besouro colado em um cartão. (Segundo Upton, 1991.)

para insetos muito esclerotizados de tamanho pequeno a médio (em especial gorgulhos e formigas) (Figura 18.5B,C), cuja cutícula é muito dura para ser perfurada com um microalfinete, ou para montar espécimes pequenos que já estejam secos. As pontas são feitas de pequenos pedaços triangulares de cartolina branca, que tanto pode ser cortada com tesouras quanto perfurada usando um perfurador especial para ponta. Cada ponta é montada em um alfinete entomológico robusto que é inserido centralmente, próximo da base do triângulo, e o inseto é depois colado ao ápice da ponta usando uma minúscula quantidade de cola hidrossolúvel, por exemplo, à base de goma arábica. A cabeça do inseto deve estar à direita quando o ápice da ponta estiver direcionado para longe da pessoa que está fazendo a montagem. Para a maioria dos insetos muito pequenos, o ápice da ponta deve entrar em contato com o inseto no lado vertical do tórax, abaixo das asas. As formigas são coladas no ápice superior da ponta, e duas ou três pontas, cada uma com uma formiga do mesmo ninho, podem ser colocadas em um alfinete entomológico. Para os insetos pequenos, com um tórax inclinado lateralmente, como os besouros e percevejos, o ápice da ponta pode ser ligeiramente curvado para baixo antes de ser aplicada a cola no ápice superior da ponta.

Montagem em cartões

Para coleções de passatempo ou propósitos de exposição, os insetos (em especial os besouros) são, algumas vezes, montados em cartão, o que envolve colar cada espécime, normalmente por seu ventre, em um pedaço retangular de cartão através do qual passa um alfinete entomológico (Figura 18.5D). A montagem em cartão não é recomendada para insetos adultos porque estruturas na parte de baixo ficam escondidas por serem coladas; entretanto, a montagem em cartão pode ser conveniente para montar exúvias, envoltórios de pupas, pupários ou escamas de cobertura.

Técnicas para esticar e aplanar apêndices

É importante expor as asas, as pernas e as antenas de muitos insetos durante a montagem porque características utilizadas para identificação com frequência estão nos apêndices. Os espécimes com asas abertas e pernas e antenas arrumadas de maneira nítida também são mais atraentes em uma coleção. A técnica para esticar envolve segurar os apêndices para longe do corpo à medida que os espécimes estão secando. As pernas e as antenas podem ser mantidas em uma posição quase natural com alfinetes (Figura 18.6A), e as asas podem ser abertas e mantidas horizontalmente abertas em uma tábua de montagem utilizando pedaços de papel transparente, celofane, papel impermeável etc. (Figura 18.6B). As tábuas de montagem podem ser construídas com pedaços de espuma de polietileno ou cortiça flexível colados a folhas de madeira compensada; várias pranchas com diversas larguras e encaixes são necessárias para manter os insetos de diferentes tamanhos de corpo e envergaduras. Os insetos devem ser deixados para secar completamente antes que os alfinetes e/ou os papéis para fixação sejam removidos, mas é essencial manter os dados de coleta associados corretamente a cada espécime durante a secagem. Uma etiqueta permanente com os dados deve ser colocada em cada alfinete entomológico abaixo do inseto montado (ou à sua ponta ou plataforma) depois que o espécime for removido da prancha de secagem ou de montagem. Algumas vezes, duas plataformas são utilizadas: uma superior, para os dados de coleta, e uma segunda, inferior, para a identificação taxonômica. Ver seção 18.2.5 para informações sobre os dados que precisam ser registrados.

18.2.2 Fixação e preservação úmida

A maioria dos ovos, ninfas, larvas, pupas, pupários e adultos de corpo mole são preservados em meio líquido porque a secagem normalmente provoca enrugamento e deterioração. O conservante mais comumente utilizado para o armazenamento a longo prazo de insetos é o etanol (álcool etílico) misturado com água em várias concentrações (em geral de 75 a 80%). O isopropanol (álcool isopropílico ou propan-2-ol) pode substituir o etanol, incluindo para espécimes que serão utilizados em análises de DNA (seção 18.3.3). No entanto, os pulgões e cochonilhas são, com frequência, preservados em álcool láctico, que é uma mistura de duas partes de etanol a 95% e uma parte de ácido láctico a 75%, porque esse líquido previne que eles se tornem

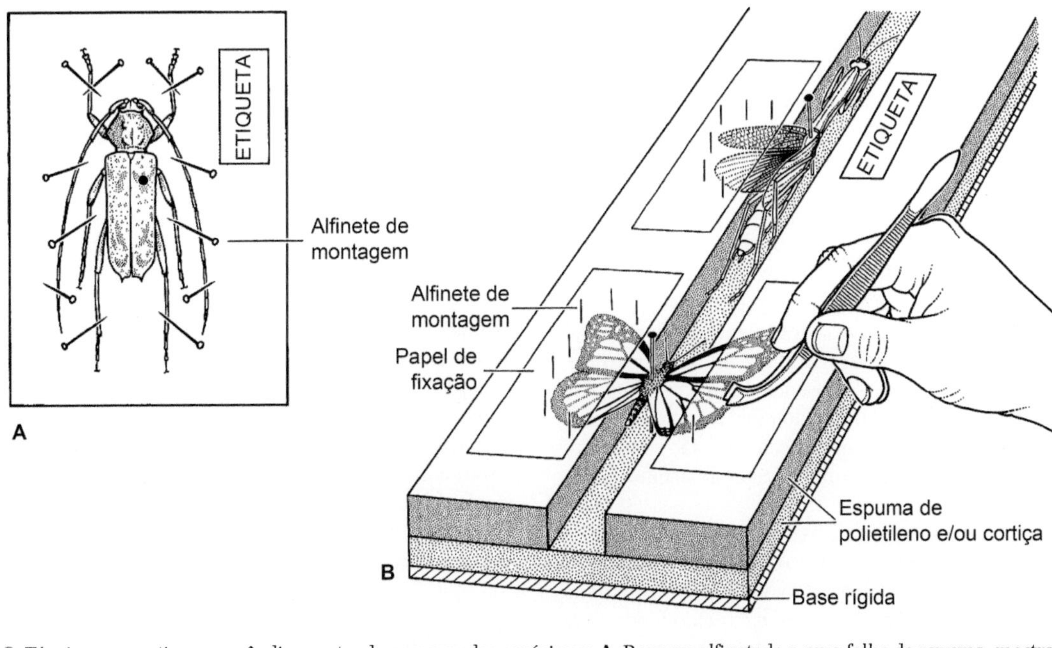

Figura 18.6 Técnica para esticar os apêndices antes da secagem dos espécimes. **A.** Besouro alfinetado a uma folha de espuma, mostrando as antenas abertas e as pernas seguradas com alfinetes. **B.** Tábua de montagem com um louva-deus e uma borboleta, mostrando as asas abertas mantidas no lugar por meio de um papel de fixação alfinetado.

quebradiços e facilita o amolecimento subsequente dos tecidos corporais antes da montagem em lâminas. A maioria dos insetos imaturos irá encolher, e aqueles pigmentados irão descolorir se colocados diretamente no etanol. Os insetos imaturos e de corpo mole, bem como os espécimes dos quais se pretende estudar estruturas internas, devem primeiro ser jogados vivos em um fixador antes do líquido conservante. Todos os fixadores contêm etanol e ácido acético glacial, em várias concentrações, combinado com outros líquidos. Os fixadores que contêm formalina (formaldeído a 40% em água) nunca devem ser usados para espécimes dos quais se pretenda fazer lâminas (uma vez que os tecidos internos irão endurecer e não irão amolecer posteriormente), mas são ideais para espécimes dos quais se pretenda fazer estudos histológicos. As receitas para alguns fixadores comumente empregados são:

KAA: duas partes de ácido acético glacial, 10 partes de etanol a 95% e uma parte de querosene (sem corante).

Líquido de Carnoy: uma parte de ácido acético glacial, seis partes de etanol a 95% e três partes de clorofórmio.

AGA: uma parte de ácido acético glacial, seis partes de etanol a 95%, quatro partes de água e uma parte de glicerol.

FAA: uma parte de ácido acético glacial, 25 partes de etanol a 95%, 20 partes de água e cinco partes de formalina.

Líquido de Pampel: duas a quatro partes de ácido acético glacial, 15 partes de etanol a 95%, 30 partes de água e seis partes de formalina.

Cada espécime ou coleta deve ser armazenado em um frasco ou garrafa de vidro separado, que é vedado para evitar a evaporação. A etiqueta com os dados (seção 18.2.5) deve estar dentro do frasco para evitar que seja separada do espécime. Os frascos podem ser armazenados em prateleiras ou, para dar mais proteção contra a evaporação, também podem ser colocados em um pote maior contendo etanol.

18.2.3 Montagem para lâminas de microscopia

As características que precisam ser visualizadas para a identificação de muitos dos insetos pequenos (e seus estágios imaturos) com frequência podem ser vistas satisfatoriamente apenas sob a maior ampliação de um microscópio composto. Os espécimes devem, portanto, ser montados inteiros em lâminas de vidro para microscópio ou dissecados antes da montagem. Além disso, a distinção de estruturas minúsculas pode exigir que a cutícula seja tingida, para diferenciar as várias partes, ou o uso de microscópios ópticos especiais, tais como o microscópio com contraste de fase ou com interferência de fase. Existe uma ampla gama de escolhas de corantes e meios de montagem, de modo que os métodos de preparação dependem, em grande parte, de qual tipo de montagem será empregada. Os meios de montagem podem ser tanto aquosos, à base de goma arábica e hidrato de cloral (p. ex., meio de Hoyer, líquido de Berlese), quanto à base de resinas (p. ex., bálsamo canadense, Euparal). Os primeiros são mais convenientes para a preparação de montagens temporárias com algum propósito de identificação, mas deterioram (com frequência irremediavelmente) com o tempo, ao passo que os últimos são mais demorados para ser preparados, porém são permanentes e, assim, são recomendados para espécimes taxonômicos que se pretenda armazenar a longo prazo.

Antes da montagem em lâminas, os espécimes em geral são "limpos", permanecendo de molho tanto em soluções alcalinas (p. ex., hidróxido de potássio [KOH] a 10% ou hidróxido de sódio [NaOH] a 10%) ou em soluções ácidas (p. ex., ácido láctico ou lactofenol) para amolecer e remover os conteúdos do corpo. As soluções de hidróxido são utilizadas quando o amolecimento completo de tecidos moles é necessário e são mais apropriadas para espécimes que deverão ser montados em meios à base de resinas. Ao contrário, a maioria dos meios à base de goma arábica e hidrato de cloral continua a limpar os espécimes depois da montagem e, assim, agentes de amolecimento mais delicados podem ser usados ou, em alguns casos, insetos muito pequenos podem ser montados diretamente no meio sem nenhuma limpeza prévia. Depois do tratamento com o hidróxido, os espécimes devem ser lavados em uma solução ácida fraca para interromper o amolecimento. Os espécimes limpos são montados diretamente em meios à base de goma arábica e hidrato de cloral, mas devem ser corados (se necessário) e desidratados completamente antes de serem colocados em meios à base de resinas. Se um espécime será corado (p. ex., em fucsina ácida ou clorazol black E), então, ele deve ser colocado antes da desidratação em um pequeno recipiente com o corante pelo tempo que for necessário para produzir a tonalidade de cor desejada. A desidratação envolve banhos sucessivos em uma série de álcool graduado (normalmente etanol) com várias passagens em álcool absoluto. Um banho final em isopropanol (álcool isopropílico) é recomendado porque esse álcool é hidrofílico e remove todos os vestígios de água do espécime.

O último passo da montagem é colocar uma gota do meio de montagem centralmente em uma lâmina de vidro, colocar o espécime no líquido e, com cuidado, baixar uma lamínula sobre a preparação. Colocar uma pequena quantidade do meio de montagem embaixo da lamínula ajudará a reduzir a possibilidade de formação de bolhas na preparação. As lâminas devem ser mantidas na posição plana (horizontal) enquanto secam, o que pode ser acelerado em um forno a 40 a 45°C; as lâminas preparadas utilizando meios aquosos devem ser secas em forno por apenas poucos dias, mas os meios à base de resinas podem ser deixados no forno por várias semanas (o meio de bálsamo canadense pode levar muitos meses para endurecer se não for seco em forno). Se for necessário o armazenamento a longo prazo de lâminas feitas em goma arábica e hidrato de cloral, um "anel" de esmalte isolante deve ser feito nelas para proporcionar uma vedação hermética ao redor das extremidades da lamínula. Finalmente, é essencial etiquetar cada lâmina seca com os dados de coleta e, se disponível, a identificação (seção 18.2.5). Para explicações mais detalhadas sobre métodos de preparação de lâminas, procure Upton (1993), Upton & Mantle (2010) ou Brown (1997) em Leitura sugerida.

18.2.4 Hábitats, montagem e preservação de cada ordem

A lista seguinte está em ordem alfabética, por ordem, e fornece um resumo dos hábitats comuns ou dos métodos de coleta, além de recomendações de montagem e preservação de cada tipo de inseto ou outros hexápodes. Os insetos que irão ser alfinetados e armazenados secos podem ser mortos tanto em um congelador quanto em um recipiente mortífero (seção 18.2.1); a lista também especifica aqueles insetos que devem ser preservados em etanol ou fixados em outro líquido antes da preservação (seção 18.2.2). Em geral, sugere-se etanol a 75 a 80% para armazenagem líquida, porém a intensidade preferida na maioria das vezes difere entre os coletores e depende do tipo de inseto. Para instruções detalhadas sobre como coletar e preservar diferentes insetos, procure na lista de Leitura sugerida no final deste capítulo.

Archaeognatha (Microcoryphia; traças-saltadoras)

Eles ocorrem na liteira, por baixo da casca de árvores, ou em condições semelhantes. Colete e preserve em etanol a 80%.

Blattodea (baratas)

São ubíquas, encontradas em ambientes desde peridoméstico até vegetação nativa, incluindo cavernas e tocas; elas são predominantemente noturnas. Eviscere os espécimes grandes e prenda com alfinete através do centro do metanoto – as asas do lado esquerdo podem ser abertas. Também podem ser preservadas em etanol a 80%.

Blattodea | Termitoidae (anteriormente ordem Isoptera; cupins)

Colete os cupins de colônias em morrinhos (cupinzeiros), em árvores vivas ou mortas, ou sob o solo. Preserve todas as castas disponíveis em etanol a 80%.

Coleoptera (besouros)

Os besouros são encontrados em todos os hábitats. Prenda com alfinete os adultos e os armazene secos; passe o alfinete através do élitro direito, próximo à parte dianteira, de modo que o alfinete apareça nas pernas mediana e posterior (Figuras 18.2A, 18.3 e 18.6A). Monte os espécimes menores em pontas de cartão, com o ápice da ponta ligeiramente curvado para baixo (Figura 18.5B) e entrando em contato com o tórax lateral posterior, entre os pares de pernas medianas e posteriores. Os estágios imaturos são preservados em líquido (armazenados em etanol a 85 a 90%, preferencialmente depois de fixação em KAA ou líquido de Carnoy).

Collembola (colêmbolos)

São encontrados no solo, na liteira e em superfícies de água (doce e intermarés). Colete em etanol a 95 a 100% e preserve em lâminas para microscópio.

Dermaptera (tesourinhas)

Os locais favoritos incluem a liteira, por baixo da casca de árvores ou debaixo de troncos, na vegetação morta (incluindo ao longo da costa, na praia) e em cavernas; excepcionalmente eles são ectoparasitas de morcegos. Passe o alfinete através do élitro direito e com as asas esquerdas abertas. Colete uma amostra representativa de estágios imaturos em líquido de Pampel e, depois, em etanol a 75%.

Diplura (dipluros)

Ocorrem em solo úmido embaixo de rochas ou toras. Colete em etanol a 75%; preserve em etanol a 75% ou faça a montagem em lâmina.

Diptera (moscas)

As moscas são encontradas em todos os hábitats. Prenda com alfinete os espécimes adultos e armazene-os secos, ou preserve em etanol a 75%; passe o alfinete, na maioria dos adultos, à direita do centro do mesotórax (Figura 18.2C); monte na plataforma ou cubo os espécimes menores (Figura 18.4C,D) (a montagem em pontas de cartão não é recomendada). Colete estágios imaturos em líquido de Pampel ou fixe em água quente (os maiores) ou etanol a 75 a 80% (os espécimes menores). Monte em lâminas os adultos menores e as larvas de algumas famílias.

Embioptera (Embiidina, Embiodea; embiópteros)

Os locais típicos para as galerias de seda dos embiópteros são dentro ou por baixo de cascas de árvores, liquens, pedras ou madeira. Preserve e armazene em etanol a 75 ou 80% ou monte em lâmina; os adultos alados podem ser alfinetados através do centro do tórax com as asas abertas.

Ephemeroptera (efêmeras)

Os adultos ocorrem junto de água. Preserve em etanol a 75% (preferencialmente depois de fixar em líquido de Carnoy ou FAA) ou passe o alfinete através do centro do tórax, com as asas abertas. Os estágios imaturos são aquáticos. Colete-os e preserve-os em etanol a 75 ou 80% ou primeiro fixe em líquido de Carnoy ou FAA, ou armazene dissecado em lâminas ou em microfrascos.

Grylloblattodea (Grylloblattaria ou Notoptera; griloblatódeos)

Podem ser coletados sobre ou embaixo de pedras, ou sobre a neve ou o gelo. Preserve os espécimes em etanol a 75% (preferencialmente depois de fixar em líquido de Pampel), ou monte em lâminas.

Hemiptera

Os Cicadomorpha (cigarras, cigarrinhas, cercopídeos), Fulgoromorpha (fulgorídeos), e Heteroptera (percevejos) estão associados a suas plantas hospedeiras ou são predadores e de vida livre; formas aquáticas também têm esses hábitos. Preserve os adultos secos; passe o alfinete através do escutelo ou do tórax, à direita do centro (Figura 18.2H); abra as asas das cigarras e dos fulgorídeos, prenda na ponta ou na plataforma os espécimes menores (Figura 18.4A). Preserve as ninfas em etanol a 80%.

Os Aphidoidea (pulgões) e Coccoidea (cochonilhas) são encontrados associados a suas plantas hospedeiras, incluindo folhas, troncos, raízes e galhas. Armazene as ninfas e os adultos em álcool láctico ou etanol a 80%, ou secos, em uma parte da planta; monte em lâmina para identificar.

Os Aleyrodoidea (moscas-brancas) estão associados a suas plantas hospedeiras. A ninfa séssil de último instar ("pupário") ou sua exúvia ("envoltório da pupa") são de importância taxonômica. Preserve todos os estágios em etanol a 80 a 95%; monte em lâminas os pupários ou as exúvias.

Os Psylloidea (psilídeos) estão associados às plantas hospedeiras; crie as ninfas para obter os adultos. Preserve as ninfas em etanol a 80%, monte a seco as galhas ou conchas (caso presentes). Preserve os adultos em etanol a 80% ou monte a seco em pontas; monte lâminas com as partes dissecadas.

Hymenoptera (formigas, abelhas e vespas)

Os Hymenoptera são onipresentes, e muitos são parasitas; nesse caso, a associação hospedeira deve ser conservada. Colete as abelhas e as vespas em etanol a 80% ou prenda com alfinete e armazene a seco: passe o alfinete em adultos grandes à direita do centro do mesotórax (Figura 18.2E) (algumas vezes, com o alfinete inclinado para não atingir a base das pernas anteriores); monte em ponta os adultos menores (Figura 18.5A); monte em lâmina se forem muito pequenos. Os estágios imaturos devem ser preservados em etanol a 80%, com frequência depois de fixar em líquido de Carnoy ou KAA. As formigas necessitam de um etanol mais forte (90 a 95%); monte pontas de séries de formigas de cada ninho, com cada formiga colada na parte superior da ponta entre os pares de pernas medianos e posteriores (Figura 18.5C); duas ou três formigas de um único ninho podem ser montadas em pontas separadas, em um único alfinete entomológico.

Lepidoptera (borboletas e mariposas)

Os Lepidoptera são onipresentes. Colete por meio de rede e (em especial as mariposas) perto de uma fonte de luz. Passe o alfinete verticalmente através do tórax, e abra as asas de forma que as margens posteriores das asas anteriores estejam em ângulo reto em relação ao corpo (Figuras 18.2D e 18.6B). Os microlepidópteros ficam mais bem presos em microalfinetes (Figura 18.4B) imediatamente após a morte. Os estágios imaturos são mortos em KAA ou água fervente e transferidos para etanol a 80 a 90%. Borboletas podem ser armazenadas secas em envelopes com as asas fechadas e posteriormente relaxadas e suas asas podem ser posicionadas.

Mantodea (louva-deus)

São geralmente encontrados na vegetação, algumas vezes atraídos pela luz à noite. Crie as ninfas para obter os adultos. Eviscere os espécimes grandes. Passe o alfinete entre as bases das asas e posicione as asas no lado esquerdo (Figura 18.6B).

Mantophasmatodea (gladiadores)

São encontrados nas montanhas na Namíbia de dia, e também em elevações menores na África do Sul à noite. Passe o alfinete no tórax mediano, ou transfira para etanol a 80 a 90%.

Mecoptera (mecópteros)

Os Mecoptera frequentemente ocorrem em hábitats úmidos, próximos a rios ou em prados úmidos. Nos adultos, passe o alfinete à direita do centro do tórax, com as asas abertas. Alternativamente, todos os estágios podem ser fixados em KAA, FAA ou etanol a 80%, e preservados em etanol a 80%.

Megaloptera (megalópteros)

São normalmente encontrados em hábitats úmidos, com frequência, próximos a rios e lagos. Nos adultos, passe o alfinete à direita do centro do tórax com as asas abertas. Alternativamente, todos os estágios podem ser fixados em FAA ou etanol a 80%, e preservados em etanol.

Neuroptera (neurópteros, formigas-leão, bichos-lixeiros)

Os Neuroptera são onipresentes, associados à vegetação, algumas vezes encontrados em locais úmidos. Nos adultos, passe o alfinete à direita do centro do tórax com as asas abertas (Figura 18.2F) e com um suporte para o corpo. Alternativamente, preserve em etanol a 80%. Os estágios imaturos são fixados em KAA, líquido de Carnoy ou etanol a 80%, e preservados em etanol.

Odonata (libélulas)

Embora sejam geralmente encontradas próximo à água, as libélulas adultas podem dispersar e migrar; as ninfas são aquáticas. Se possível, mantenha o adulto vivo e deixo-o sem alimento por 1 a 2 dias antes de matar (isso ajuda a preservar a cor do corpo depois da morte). Passe o alfinete através da linha mediana do tórax, entre as asas, com o alfinete emergindo entre o primeiro e o segundo par de pernas (Figura 18.2G); posicione as asas com as margens frontais das asas posteriores em ângulo reto em relação ao corpo (um bom método para esticar as asas é colocar a libélula recém-alfinetada de cabeça para baixo, com a cabeça do alfinete enfiada na espuma de uma tábua de montagem). Preserve os estágios imaturos em etanol a 80%; as exúvias devem ser colocadas em um cartão associado ao adulto.

Orthoptera (gafanhotos, grilos, esperanças)

Os Orthoptera são encontrados na maioria dos hábitats terrestres. Retire o trato digestivo de todos os espécimes, exceto dos menores, e passe o alfinete verticalmente através do quarto direito posterior do protórax, abrindo as asas esquerdas (Figura 18.2B). As ninfas e os adultos de corpo mole devem ser fixados em líquido de Pampel e depois preservados em etanol a 75 ou 80%.

Phasmatodea (fasmídeos, bichos-pau)

São encontrados na vegetação, normalmente à noite (algumas vezes atraídos pela luz). Crie as ninfas para obter os adultos, e retire o trato digestivo de todos os espécimes, exceto dos menores. Passe o alfinete através da base do mesotórax, com o alfinete emergindo entre as bases das pernas mesotorácicas; abra as asas esquerdas e dobre as antenas para trás, ao longo do corpo. Preserve os ovos das fêmeas fixando-os em água quente ou a 50°C em um forno; armazene os ovos secos em associação com a fêmea.

Plecoptera (plecópteros)

Os plecópteros adultos estão restritos à proximidade de hábitats aquáticos. A coleta pode ser feita por meio de rede ou diretamente do substrato; raras vezes eles são atraídos pela luz. As ninfas são aquáticas e encontradas especialmente embaixo de pedras. Nos adultos, passe o alfinete através do centro do tórax com as asas abertas, ou preserve em etanol a 80%. Os estágios imaturos são preservados em etanol a 80%, dissecados, em lâminas ou microfrascos.

Protura (proturos)

Os proturos são coletados com mais facilidade extraindo-os do folhiço com o uso de um funil de Tullgren. Colete e preserve em etanol a 80%, ou monte em lâminas.

Psocodea | "Phthiraptera" (piolhos)

Os piolhos podem ser encontrados nos seus hospedeiros vivos por meio da inspeção da plumagem ou da pele, e podem ser retirados com o uso de um pincel molhado em etanol. Os piolhos afastam-se de hospedeiros recém-mortos à medida que a temperatura cai, e podem ser recolhidos utilizando-se um pano preto de fundo. Os ectoparasitas também podem ser retirados de um hospedeiro vivo mantendo-se o corpo do hospedeiro em um saco, porém com a cabeça para fora e, nesse saco, é colocado clorofórmio para matar os parasitas de modo que, posteriormente, o saco pode ser retirado, deixando o hospedeiro ileso. A legislação relativa à manipulação de hospedeiros e de clorofórmio faz desta uma técnica especial. Os piolhos são preservados em etanol a 80% e montados em lâmina.

Psocodea | "Psocoptera" (psocópteros)

Os psocópteros ocorrem na folhagem, na casca de árvores e em superfícies de madeira úmidas, algumas vezes em produtos armazenados. Colete com um aspirador ou com pincel encharcado com etanol a 80%, e preserve nessa solução; espécimes menores podem ser montados em lâmina.

Raphidioptera (rafidiópteros)

São tipicamente encontrados em hábitats úmidos, com frequência próximo a rios e lagos. Os adultos podem ser alfinetados ou fixados em FAA ou etanol a 80%; estágios imaturos são preservados em etanol a 80%.

Siphonaptera (pulgas)

As pulgas podem ser retiradas da ave ou do mamífero hospedeiro por meio de métodos semelhantes àqueles resumidos anteriormente para os piolhos. Se estiverem em um ninho, utilize pinças finas ou um pincel molhado em álcool. Colete os adultos e as larvas em etanol a 75 a 80%; preserve em etanol ou por meio de montagem em lâmina.

Strepsiptera

Os machos adultos são alados, ao passo que as fêmeas e os estágios imaturos são endoparasitas, em especial de cigarrinhas (Hemiptera) e Hymenoptera. Preserve em etanol a 80% ou por meio de montagem em lâmina.

Thysanoptera (tripes)

Tripes são comuns em flores, fungos, folhiço e algumas galhas. Colete os adultos e as ninfas em AGA ou etanol a 60 a 90%, e preserve por meio de montagem em lâmina.

Trichoptera (tricópteros)

Os tricópteros adultos são encontrados perto de água e são atraídos pela luz; os estágios imaturos são aquáticos e encontrados em todo tipo de água. Nos adultos, passe o alfinete à direita do centro do mesonoto, com as asas abertas, ou preserve em etanol a 80%. Os estágios imaturos são fixados em FAA ou etanol a 75%, e preservados em etanol a 80%. Tricópteros muito pequenos e ninfas dissecadas são preservados por meio de montagem em lâmina.

Zoraptera (zorápteros)

Ocorrem em madeira apodrecida e por baixo da casca de árvores, sendo que alguns são encontrados em ninhos de cupins. Preserve em etanol a 75% ou monte em lâmina.

Zygentoma (traças-do-livro)

As traças são peridomésticas e também ocorrem no folhiço, por baixo da casca de árvores, em cavernas e com cupins e formigas. Elas são frequentemente noturnas e esquivas para a manipulação normal. Colete anestesiando com etanol, ou utilize um funil de Tullgren; preserve com etanol a 80%.

18.2.5 Curadoria

Preparação de etiquetas

Até mesmo os espécimes mais bem preservados e expostos são de pouco ou nenhum valor científico sem os dados associados, como exemplo, local e data de captura e hábitat. Essa informação deve estar associada somente ao espécime. Embora isso possa ser feito por meio de um sistema único de marcação com números ou letras, associado a uma agenda ou um arquivo de computador, é indispensável que apareça também em uma etiqueta permanente impressa associada ao espécime. A informação que se segue é a informação mínima que deve estar registrada, preferencialmente em um caderno de campo no momento da captura, em vez de apenas com base na memória, mais tarde.

- Local – normalmente em ordem descendente desde país e estado (o seu material pode ser de interesse não apenas local), município, ou distância de locais identificados em mapa. Inclua nomes com base em mapas de hábitats, tais como lagos, lagoas, pântanos, córregos, rios, florestas etc.
- Coordenadas – preferencialmente utilizando um sistema de posicionamento global (GPS, do inglês *global position system*) e citando latitude e longitude, em vez de sistemas métricos não universais. De modo crescente, esses locais são utilizados em sistemas de informação geográfica (GIS, do inglês *geographic information systems*) e em modelos fundamentados em clima, os quais dependem de um posicionamento preciso de área
- Altitude – extraída de um mapa ou de um GPS (uma vez que a precisão na detecção da altitude aumentou)
- Data – em geral em sequência de dias em números arábicos, mês preferencialmente em letras abreviadas ou números romanos (para evitar a ambiguidade de, por exemplo, 9.11.2001, que é 9 de novembro em muitos países, mas 11 de setembro em outros), e ano, do qual o século pode ser omitido. Dessa forma, 2.iv.1999 e 2 Abr.1999 são alternativas aceitáveis
- Identificação do coletor, uma breve identificação do projeto e quaisquer códigos que se refiram ao caderno de campo
- Método de coleta, qualquer associação a hospedeiros, ou registro de criação e qualquer informação de micro-hábitat.

Em outra etiqueta, registre os detalhes da identificação do espécime, incluindo o nome da pessoa que fez a identificação e a data em que isso foi feito. É importante que subsequentes examinadores do espécime saibam a história e o momento de estudos prévios, em particular em relação a mudanças em conceitos taxonômicos que ocorram nesse período. Se o espécime for utilizado na descrição taxonômica, essa informação também deve constar em etiquetas preexistentes ou em etiquetas adicionais. É importante nunca descartar etiquetas prévias: a transcrição pode provocar a perda de evidências úteis da caligrafia e, quando muito, informações muito importantes de condição, local etc. Admita que todos os espécimes valiosos o suficiente para serem conservados e etiquetados têm importância científica potencial para o futuro e, assim, imprima etiquetas em papel de alta qualidade utilizando tinta permanente, que podem ser feitas hoje em dia por impressoras *laser* de alta qualidade.

Cuidado com as coleções

As coleções começam a se deteriorar rapidamente, a não ser que sejam tomadas precauções contra pragas, mofo e variações de temperatura e umidade. A alteração rápida de temperatura e umidade deve ser evitada, e as coleções devem ser mantidas em um lugar tão escuro quanto possível porque a luz causa o desbotamento. A aplicação de alguns inseticidas pode ser necessária para matar pragas como *Anthrenus*, os "besouros de museu" (Coleoptera: Dermestidae), porém o uso de qualquer produto químico perigoso deve estar de acordo com os regulamentos locais. O congelamento (abaixo de −20°C por 48 h) também pode ser utilizado para matar qualquer infestação de pragas. Frascos de etanol devem estar tampados com firmeza por uma tampa de náilon com três voltas, se disponível, e preferencialmente armazenados em recipientes maiores com etanol. Grandes coleções em etanol devem ser mantidas em áreas separadas, ventiladas e à prova de fogo. Coleções de lâminas de vidro são armazenadas de preferência na posição horizontal, porém nas grandes coleções taxonômicas de grupos preservados em lâminas, algum armazenamento vertical de lâminas bem secas pode ser necessário em termos de custo e economia de espaço.

Além das pequenas coleções pessoais ("de passatempo") de insetos, é uma boa praxe científica providenciar o depósito eventual de coleções em locais maiores ou instituições nacionais, como museus. Isso garante a segurança de espécimes valiosos e os coloca em um círculo científico mais amplo porque facilita o compartilhamento de dados e permite o empréstimo para colegas e outros cientistas.

18.3 IDENTIFICAÇÃO

A identificação dos insetos é o centro de quase todo estudo entomológico, mas isso não é sempre reconhecido. Muito frequentemente um levantamento é realizado por uma entre várias razões (p. ex., para classificar a diversidade de lugares particulares ou para detectar insetos praga), mas com pouca atenção para a eventual necessidade, ou até mesmo a total exigência, de identificar os organismos de maneira correta. Existem vários caminhos possíveis para se obter a identificação correta, dos quais o mais satisfatório seria encontrar um especialista interessado na taxonomia do(s) grupo(s) de insetos estudados. Essa pessoa deve ter tempo disponível e estar disposta a comprometer-se com o exercício unicamente pelo interesse no projeto e nos insetos coletados. Embora essa possibilidade tenha sido corriqueira, atualmente não é mais porque o quadro de especialistas diminuiu e as premências sobre os especialistas em taxonomia remanescentes aumentaram. Uma solução mais satisfatória é incorporar as exigências de identificação em cada projeto de pesquisa no início da investigação, incluindo apresentar um orçamento realista para o componente de identificação. Mesmo com esse planejamento, pode haver outros problemas:

- Restrições logísticas que impeçam a identificação oportuna de amostras em massa (especiosas) (p. ex., amostras do dossel de uma floresta tropical úmida por meio de fumaça, amostras de campos colhidas com aspirador), mesmo que a habilidade taxonômica esteja disponível
- Ausência de entomólogos que tanto estejam disponíveis quanto que tenham as habilidades necessárias para identificar todos, ou mesmo grupos selecionados, dos insetos encontrados
- Ausência de especialistas que conheçam os insetos da área na qual o seu estudo será feito – conforme visto no Capítulo 1, os entomólogos estão distribuídos de maneira inversa à diversidade de insetos
- Ausência de especialistas capazes ou preparados para estudar os insetos coletados porque a condição ou o estágio do ciclo de vida dos espécimes impede a pronta identificação.

Não há uma resposta única para esses problemas, mas certas dificuldades podem ser minimizadas por uma consulta prévia a especialistas locais ou a informações relevantes publicadas, pela coleta de estágios de desenvolvimento apropriados, por meio da correta preservação do material e também do uso de material *voucher*. Pode se dar início à identificação dos espécimes pelo uso de publicações taxonômicas, tais como guias de campo e chaves de identificação, que são desenvolvidos para esse propósito.

18.3.1 Chaves de identificação

Os produtos de estudos taxonômicos normalmente incluem chaves para a determinação dos nomes (ou seja, para identificação) de organismos. Tradicionalmente, as chaves envolvem uma série de questões relativas a presença, formato ou cor de uma estrutura, que são apresentadas na forma de opções. Por exemplo, pode ser necessário determinar se um espécime tem asas ou não – no caso de o espécime examinado ter asas, então, todas as possibilidades de insetos sem asas são eliminadas. A próxima questão pode ser o fato de haver um ou dois pares de asas e, se houver dois pares, a próxima questão poderia ser se um par de asas é modificado de algum modo em relação ao outro par. Esse meio de prosseguir escolhendo uma dentre duas possibilidades (pares), dessa maneira eliminando uma opção a cada passo, é chamada de "chave dicotômica", porque a cada passo consecutivo existe uma dicotomia, ou ramo. Pode-se seguir na chave até que finalmente a escolha seja feita entre duas alternativas que não levam a nenhum outro passo: esses são os terminais da chave, os quais podem ser de qualquer categoria (seção 1.4) – famílias, gêneros ou espécies. Essa escolha final fornece o nome e, embora seja satisfatório acreditar que essa seja a "resposta", é necessário checar a identificação em relação a alguma forma de descrição. Um erro de interpretação no começo da chave (tanto pelo usuário quanto por quem elaborou a chave – o compilador) pode induzir respostas corretas para todas as questões subsequentes, mas uma determinação final errada. Entretanto, uma conclusão errada só pode ser identificada pela comparação do espécime com alguma descrição "diagnóstica" referente ao táxon que foi obtido pela chave.

Algumas vezes, a chave pode fornecer várias escolhas em um ponto e, uma vez que cada possibilidade é mutuamente exclusiva (ou seja, todos os táxons se encaixam em uma entre múltiplas escolhas), isso pode proporcionar um caminho mais curto em meio às escolhas disponíveis. Outros fatores que podem ajudar uma pessoa no uso dessas chaves é fornecer ilustrações claras sobre o que se espera observar em cada ponto. Inevitavelmente, assim como discutimos na introdução do Glossário, existe uma linguagem associada às estruturas morfológicas que são utilizadas nas chaves. Essa terminologia pode causar muita confusão, em especial se diferentes nomes forem utilizados para estruturas que pareçam ser as mesmas ou que sejam muito semelhantes, entre diferentes grupos taxonômicos.

Uma boa ilustração pode valer por mil palavras; no entanto, também existem problemas inesperados com chaves ilustradas. Pode ser difícil relacionar um desenho de uma estrutura com o que se vê na mão ou no microscópio. Fotografias, que parecem ser uma ajuda óbvia, na verdade podem atrapalhar porque estão sempre tentando dar uma visão completa do organismo ou da estrutura (e, dessa maneira, confirmar ou negar uma similaridade geral ao organismo estudado) e falham porque a chave necessita de apenas um detalhe em particular. Outra grande dificuldade com qualquer chave em ramos, mesmo se for bem ilustrada, é que a pessoa que a elaborou obriga o caminho através da chave, e, mesmo se a característica que precisa ser observada for difícil de ser visualizada, a estrutura precisa ser reconhecida e uma escolha entre as alternativas deve ser feita para ser possível prosseguir. Há pouco ou nenhum espaço para erros tanto pela pessoa que elaborou a chave quanto pela pessoa que a está utilizando. Até mesmo as chaves mais bem construídas podem exigir informações de uma estrutura que até mesmo o mais bem-intencionado usuário não consegue ver; por exemplo, uma escolha em uma chave pode exigir a determinação de uma característica de um dos sexos, e o usuário tem apenas o outro sexo ou um espécime imaturo. A resposta para a identificação sem dúvida alguma exige que outra estrutura seja averiguada, utilizando a capacidade dos computadores de permitir o acesso múltiplo aos dados necessários para a identificação. Em vez de uma estrutura dicotômica, o compilador constrói uma matriz de todas as características que, de alguma maneira, podem ajudar na identificação e permitem que o usuário selecione (com alguma orientação disponível para aqueles que desejarem) quais características examinar. Dessa maneira, não importaria se um espécime não tem a cabeça (porque estragou), ao passo que uma chave convencional pode exigir a determinação de características da antena logo no início. Usando uma chave gerada em computador, a chamada de chave interativa, pode ser possível prosseguir utilizando opções que não envolvam caracteres anatômicos "ausentes" e ainda assim chegar a uma identificação. A possibilidade de ligar ilustrações e fotografias, com escolhas de "parece com isso, ou isso, ou isso", em vez de escolhas dicotômicas, pode permitir uma movimentação mais eficiente em meio a opções menos restritas do que as chaves em papel. As chaves de computador prosseguem eliminando as respostas possíveis até que reste(m) uma (ou algumas poucas) possibilidade(s) – estágio em que descrições detalhadas podem aparecer, permitindo comparações ideais. A capacidade de anexar informação concisa a respeito dos táxons incluídos permite a confirmação de identificações por meio de ilustrações e características diagnósticas resumidas. Além disso, o compilador pode anexar todos os tipos de dados biológicos sobre os organismos, mais referências. Avanços como esses, como os implementados em programas de computador como o Lucid (www.lucidcentral.com), sugerem que as chaves interativas inevitavelmente serão o método preferido pelo qual os taxonomistas irão apresentar seu trabalho para aqueles que necessitam identificar insetos.

18.3.2 Taxonomias não oficiais e espécimes voucher

Como explicado em outro momento neste livro, a diversidade absoluta de insetos significa que até mesmo algumas espécies razoavelmente comuns ainda não estão descritas de maneira formal. Apenas na Inglaterra pode-se dizer que toda a fauna foi descrita e reconhecida pelo uso de chaves de identificação. Em outros lugares, a proporção da fauna não descrita e não identificada pode ser grande. Isso é um obstáculo para compreender como separar as espécies e transmitir as informações sobre elas. Em resposta à falta de nomes formais e chaves, algumas taxonomias "informais" surgiram, as quais deixam de lado o demorado método formal de identificar e nomear as espécies. Embora não se pretenda que essas taxonomias sejam permanentes, elas de fato satisfazem a necessidade e podem ser eficazes. Um sistema prático é o uso de números *voucher* ou códigos como identificadores únicos de espécies ou **morfoespécies** (estimativas de espécies baseadas em critérios morfológicos), seguindo a análise morfológica comparativa pela variação geográfica completa do táxon, mas antes do ato formal de publicar os nomes como binômios em latim (seção 1.4). Se o nome informal estiver na forma de um nome de espécie, ele é referido como um nome em manuscrito – e, algumas vezes, ele nunca se torna publicado. O uso de nomes não publicados causa confusões futuras de nomenclatura e, portanto, é preferível usar números ou códigos *voucher*. Nesse sistema, os táxons podem ser comparados por meio de sua variação ecológica e de distribuição de maneira idêntica àqueles táxons que têm nomes formais.

Em tratamentos mais restritos, os códigos informais referem-se apenas à biota de uma região limitada, em geral em associação com um inventário (levantamento) de uma área restrita. Os códigos atribuídos nesses estudos com frequência representam morfoespécies, as quais podem não ter sido comparadas com espécimes de outras áreas. Além disso, as unidades codificadas informais podem incluir táxons que podem ter sido descritos formalmente em outro lugar. Esse sistema está sujeito à impossibilidade de comparação das unidades com aquelas de outras áreas – é impossível estimar a diversidade beta (sucessão de espécies com a distância). Além disso, os *vouchers* (ou morfoespécies) podem ou não corresponder a unidades biológicas reais – embora, rigorosamente, essa crítica possa ser feita em maior ou menor grau a todas as formas de sistemas taxonômicos. Para exercícios simples de contagem de números em locais específicos, sem questões adicionais a serem feitas com os dados, um sistema de *voucher* representando morfoespécies pode aproximar-se da realidade, a não ser que seja atrapalhado, por exemplo, pela presença de polimorfismo, espécies crípticas ou estágios de desenvolvimento não associados.

A necessidade de manter espécimes *voucher* para cada isolado é indispensável para todas as taxonomias informais. Isso permite a pesquisadores contemporâneos e futuros integrar táxons informais no sistema oficial, e manter a associação da informação biológica com os nomes, sejam eles formais ou informais. Em muitos casos em que a informalidade é defendida, a ignorância do processo taxonômico é o principal motivo, mas, em outros casos, os números absolutos de morfoespécies rapidamente isoladas que não têm identificação formal exigem tal atitude.

18.3.3 Identificações baseadas em DNA e espécimes voucher

O DNA dos insetos é obtido para estudos de população, a fim de ajudar na delimitação das espécies (Boxe 7.3) ou para propósitos filogenéticos e, conforme publicado recentemente, pode ser utilizado para identificações baseadas em DNA, nas quais a sequência de pares de bases de um ou mais genes é utilizada como critério principal para reconhecer espécies, uma técnica denominada **DNA barcoding**. A identificação é baseada na observação de que alguns genes apresentam variações (mutações) com uma taxa que permite o agrupamento de indivíduos da "mesma espécie" e fornece uma distinção cada vez maior quanto mais distante for o grau de parentesco entre as espécies. O uso bem-sucedido do *barcoding* de DNA para a identificação de insetos necessita de bases de dados (bibliotecas) abrangentes de referência de sequências de espécimes identificados autoritariamente, representando a diversidade de táxons sendo estudadas, e contra as quais uma sequência de um determinado organismo a ser identificado pode ser comparada. A compilação de tais bibliotecas de DNA é custosa financeiramente e em termos de tempo, em grande parte graças ao enorme esforço necessário para adquirir e identificar espécimes de referência. O processo tem sido facilitado por meio da extração de DNA de espécimes preservados adequadamente de museus, identificados de maneira precisa. Existe um número de grandes projetos para fazer o "*barcode*" de grupos de insetos e tais projetos têm como propósito manter coleções de *vouchers* dos espécimes que tiverem o *barcode* quantificado, o que é essencial para o controle de qualidade (ver adiante).

O *barcode* mais frequentemente utilizado é a terminal 5' da região mitocondrial da subunidade 1 da *citocromo c oxidase* (*COI* ou *cox*1), a qual pode ser obtida de maneira razoavelmente fácil e barata para a maioria dos animais, incluindo insetos. As sequências *COI* até mesmo de insetos proximamente aparentados normalmente diferem em grande porcentagem, permitindo a identificação das espécies. Entretanto, para alguns grupos de insetos, o *COI* não resolve diferenças no nível de espécie e outras regiões do gene precisam ser utilizadas. Além disso, a interpretação das sequências mitocondriais pode ser complicada pela amplificação inadvertida de cópias nucleares parálogas e endossimbiontes que podem ser herdados, tais como *Wolbachia*.

Outra aplicação de *barcodes* de DNA é associar os estágios imaturo e adulto de uma espécie de inseto (seção 7.1.2) quando apenas um estágio imaturo é coletado e a criação para identificar o adulto é impossível ou difícil. Isso pode ser especialmente útil para a identificação de pragas coletadas apenas como larvas.

Uma aplicação muito recente e relacionada da identificação por DNA é o novo campo da **ecogenômica**, o qual tem sido desenvolvido e usado principalmente para a compreensão da biosfera microbiana. Essa tecnologia utiliza principalmente métodos fundamentados em sequências que dependem do sequenciamento barato de alto rendimento de DNA e RNA extraídos diretamente de amostras ambientais, tais como amostras de água ou perfis de solo. Na entomologia, a ecogenômica pode definir a biodiversidade de insetos no nível do DNA e utilizar esse conhecimento para quantificar as funções e interações de organismos no nível do ecossistema e relacionar essas características com processos ecológicos e evolutivos. Por exemplo, milhares de espécimes de insetos podem ser coletados de localidades ou hábitats de interesse e algum DNA pode ser extraído de cada espécime para ser sequenciado para permitir a segregação dos espécimes em entidades geneticamente distintas ou espécies putativas. Embora os nomes científicos possam não ser necessariamente associados com os espécimes, seria possível amostrar e comparar um grande número de locais de amostragem para determinar se, por exemplo, alguma entidade genética é potencialmente singular a um único ou a um número limitado de locais, ou se algumas entidades são sempre encontradas juntas. Atualmente, um projeto ambicioso utilizando ecogenômica para analisar amostras de insetos coletadas em fragmentos isolados de floresta tropical no noroeste da Austrália, na região de Kimberley, pretende avaliar a estrutura da metacomunidade de invertebrados desse tipo de hábitat e, em última análise, melhorar o manejo e a conservação da região.

A preservação ideal dos insetos para subsequente extração, amplificação e sequenciamento do DNA em geral exige espécimes frescos, preservados e armazenados em um congelador, preferencialmente a −80°C, ou em etanol absoluto e refrigerado. Espécimes de museus, se relativamente frescos e preservados de maneira apropriada, podem reter DNA, mas muitos não o mantêm, ou o DNA está muito degradado para ser utilizado de maneira adequada. Embora o DNA possa ser amplificado a partir de partes pequenas de um espécime preservado, muitos museus são relutantes em permitir que espécimes raros, antigos e valiosos, especialmente tipos, sejam amostrados de maneira destrutiva.

Por último, mas não menos importante, é essencial que as sequências de nucleotídios obtidas a partir de espécimes sejam arquivadas em repositórios apropriados a longo prazo (p. ex., GenBank) e que **espécimes *voucher*** apropriados sejam conservados e, se possível, a maioria ou parte dos espécimes dos quais o DNA foi extraído. Por exemplo, o DNA pode ser extraído de uma única perna de insetos grandes ou, para insetos pequenos, como tripes e cochonilhas, existem métodos para obter o DNA a partir do espécime inteiro, porém mantendo a cutícula relativamente intacta como *voucher*. A preservação de espécimes *voucher* e seu armazenamento seguro a longo prazo (em coleções de museus) é essencial porque esses espécimes cumprem um papel de arquivo, permitindo a verificação subsequente da identificação e a reavaliação de estudos que tiverem utilizado os espécimes.

Leituras sugerida

Textos regionais para identificar insetos

África

Picker, M., Griffiths, C. & Weaving, A. (2005) *Field Guide to Insects of South Africa*. Edição atualizada. Struik Publishers, Cape Town.

Scholtz, C.H. & Holm, E. (eds.) (1985) *Insects of Southern Africa*, University of Pretoria, Pretoria.

Austrália

CSIRO (1991) *The Insects of Australia*, 2nd edn. Vols. I e II. Melbourne University Press, Carlton.

Zborowski, P. & Storey, R. (2010) *A Field Guide to Insects in Australia*, 3rd edn. New Holland Publishers Australia, Chatswood.

Europa

Chinery, M. (2012) *Insects of Britain and Western Europe*, 3rd edn. Bloomsbury Publishing, London.

Gibbons, B. (1996) *Field Guide to Insects of Great Britain and Northern Europe*. Crowood Press, Wiltshire.

Richards, O.W. & Davies, R.G. (1977) *Imms' General Textbook of Entomology*, 10th edn. Vol. 1: *Structure, Physiology and Development*; Vol. 2: *Classification and Biology*. Chapman & Hall, London.

Américas

Arnett, R.H. Jr. (2000) *American Insects – A Handbook of the Insects of America North of Mexico*, 2nd edn. CRC Press, Boca Raton, FL.

Arnett, R.H. & Thomas, M.C. (2001) *American Beetles*, Vol. I: *Archostemata, Myxophaga, Adephaga, Polyphaga: Staphyliniformia*. CRC Press, Boca Raton, FL.

Arnett, R.H., Thomas, M.C., Skelley, P.E. & Frank, J.J. (2002) *American Beetles*, Vol. II: *Polyphaga: Scarabaeoidea through Curculionoidea*. CRC Press, Boca Raton, FL.

Hogue, C.L. (1993) *Latin American Insects and Entomology*. University of California Press, Berkeley, CA.

Johnson, N.F. & Triplehorn, C.A. (2005) *Borror and DeLong's Introduction to the Study of Insects*, 7th edn. Brooks/Cole, Belmont, CA [agora Cengage Learning, Independence, KY].

Merritt, R.W. & Cummins, K.W. (eds) (2008) *An Introduction to the Aquatic Insects of North America*, 4th edn. Kendall/Hunt Publishing, Dubuque, IA.

Identificação de insetos imaturos

Chu, H.F. & Cutkomp, L.K. (1992) *How to Know the Immature Insects*. William C. Brown Communications, Dubuque, IA.

Stehr, F.W. (ed.) (1987) *Immature Insects*, Vol. 1. Kendall/Hunt Publishing, Dubuque, IA. [Aborda não insetos hexápodes, apterigotos, Trichoptera, Lepidoptera, Hymenoptera e muitas ordens pequenas.]

Stehr, F.W. (ed.) (1991) *Immature Insects*, Vol. 2. Kendall/Hunt Publishing, Dubuque, IA. [Abrange Thysanoptera, Hemiptera, Megaloptera, Raphidioptera, Neuroptera, Coleoptera, Strepsiptera, Siphonaptera e Diptera.]

Métodos de coleta e preservação

Brown, P.A. (1997) A review of techniques used in the preparation, curation and conservation of microscope slides at the Natural History Museum, London. The Biology Curator, Issue 10, special supplement, 34 pp.

Covell, C.V., Jr. (2009) Collection and preservation. In: *Encyclopedia of Insects*, 2nd edn (eds V.H. Resh & R.T. Cardé), pp. 201-06. Elsevier, San Diego, CA.

Gibb, T. & Oseto, C. (2005) *Arthropod Collection and Identification: Laboratory and Field Techniques*. Academic Press, Burlington, MA.

Martin, J.E.H. (1977) Collecting, preparing, and preserving insects, mites, and spiders. In: *The Insects and Arachnids of Canada*, Part 1. Canada Department of Agriculture, Biosystematics Research Institute, Ottawa.

McGavin, G.C. (1997) *Expedition Field Techniques. Insects and Other Terrestrial Arthropods*. Expedition Advisory Centre, Royal Geographical Society, London.

Melbourne, B.A. (1999) Bias in the effect of habitat structure on pitfall traps: an experimental evaluation. *Australian Journal of Ecology* **24**, 228-39.

New, T.R. (1998) *Invertebrate Surveys for Conservation*. Oxford University Press, Oxford.

Oman, P.W. & Cushman, A.D. (2005) *Collection and Preservation of Insects*. Fredonia Books, Amsterdam.

Upton, M.S. (1993) Aqueous gum-chloral slide mounting media: an historical review. *Bulletin of Entomological Research* **83**, 267-74.

Upton, M.S. & Mantle, B.L. (2010) *Methods for Collecting, Preserving and Studying Insects and Other Terrestrial Arthropods*, 5th edn. The Australian Entomological Society Miscellaneous Publication No. 3, Canberra. 81 pp.

Coleções de museu

Arnett, R.H. Jr, Samuelson, G.A. & Nishida, G.M. (1993) *The Insect and Spider Collections of the World*, 2nd edn. Flora & Fauna Handbook No. 11. Sandhill Crane Press, Gainesville, FL. [hbs.bishopmuseum.org/codens/codensr-us.html]

Nishida, G.M. (2009) Museums and Display Collections. In: *Encyclopedia of Insects*, 2nd edn (eds V.H. Resh & R.T. Cardé), pp. 680-84. Elsevier, San Diego, CA.

Taxoboxes

As estimativas sobre os números de espécies são principalmente oriundas de Zhang (2013) e são para as espécies existentes descritas, a não ser quando relatado o contrário.

Taxoboxe 1 Entognatha | Hexápodes não insetos (Collembola, Diplura e Protura)

Os Collembola, Protura e Diplura são reunidos como os "Entognatha", com base na morfologia semelhante das peças bucais, em que as mandíbulas e as maxilas estão circundadas por dobras da cabeça (exceto quando evertidas para a alimentação). Embora a monofilia dos entógnatos tenha sido contestada por muitos anos, dados moleculares recentes dão suporte para esse grupo, o qual pode ser tratado como uma classe dentro dos hexápodes e no mesmo nível dos Insecta. Tratamos essas ordens juntas aqui, embora possa ocorrer que a entognatia desses táxons possa não ser homóloga e esses hexápodes não insetos possam não formar um grupo monofilético (seção 7.2). Todos apresentam fertilização indireta – os machos depositam massas de espermatozoides ou espermatóforos pedunculados, os quais são coletados do substrato por fêmeas livres. Para considerações filogenéticas sobre esses três táxons, ver a seção 7.2 e a seção 7.3.

Collembola (colêmbolos)

Os colêmbolos são hexápodes não insetos, e incluem cerca de 8.000 espécies descritas em mais de 30 famílias existentes, mas a verdadeira diversidade de espécies pode ser muito maior. São pequenos (geralmente de 2 a 3 mm, mas podem chegar até 17 mm), têm corpo mole que pode ser globular ou alongado (como ilustrado aqui para *Isotoma* e *Sminthurinus*; segundo Fjellberg, 1980), pálido ou, muitas vezes, caracteristicamente pigmentado nas cores cinza, azul ou preto. Os olhos e/ou ocelos são pouco desenvolvidos ou ausentes; as antenas apresentam quatro a seis artículos. Atrás das antenas, geralmente há um par de órgãos pós-antenais, estruturas sensoriais especializadas (que alguns acreditam ser o vértice remanescente da segunda antena dos crustáceos). As peças bucais entógnatas compreendem as maxilas e as mandíbulas alongadas, circundadas por dobras pleurais da cabeça; os palpos maxilares ou labiais estão presentes como vestígios. Cada perna tem um ou dois segmentos subcoxais aparentes, coxa, trocânter, fêmur e o tibiotarso, ao qual a garra e um apêndice empodial estão ligados. O abdome com seis segmentos apresenta um tubo ventral sugador (o colóforo), um gancho de retenção (o retináculo) e uma fúrcula (órgão bifurcado para pulo, em geral com três segmentos) nos segmentos 1, 3 e 4, respectivamente, estando o gonóporo no segmento 5 e o ânus no segmento 6; não há cercos. O tubo ventral é o principal ponto de troca de água e sal e, por isso, é importante para o equilíbrio de líquidos, mas também pode ser usado como um órgão adesivo. O órgão de pulo (fúrcula), formado pela fusão de um par de apêndices, é mais longo em espécies de superfície do que naquelas que vivem dentro do solo (como demonstrado na Figura 9.1). Em geral, a distância do pulo é relacionada com o comprimento da fúrcula, de modo que algumas espécies podem saltar até 10 cm. Entre os hexápodes, os ovos dos Collembola exclusivamente são microlécitos (não têm grandes reservas de vitelo) e holoblásticos (com clivagem completa). Os estágios imaturos são semelhantes aos adultos, desenvolvendo-se de maneira epimórfica (com número constante de segmentos); a maturidade nos machos é alcançada após cinco mudas, mas frequentemente mais depois de mais mudas nas fêmeas, e as mudas continuam a ocorrer por toda a vida. Os colêmbolos são mais abundantes em solo e folhiço úmidos, onde são grandes consumidores de vegetação em decomposição, mas também ocorrem em cavernas, em fungos, como comensais de formigas e cupins, em superfícies de águas calmas e na zona entremarés. A maioria das espécies se alimenta de hifas e/ou esporos de fungos ou material vegetal morto, algumas comem outros pequenos invertebrados. Muitas espécies de colêmbolos podem digerir tecidos vegetais e de fungos, porém não está claro se as enzimas envolvidas (celulase, quitinase e trealase) são produzidas pelos próprios colêmbolos ou por microrganismos em seu trato digestivo. Apenas algumas poucas espécies são prejudiciais para plantas vivas; por exemplo, a espécie *Sminthurus viridis* (Sminthuridae) danifica os tecidos de plantações como de alfafa e trevos, podendo provocar prejuízos econômicos. Os colêmbolos podem atingir densidades extremamente altas (p. ex., 10.000 a 100.000 indivíduos por metro quadrado) e são ecologicamente importantes por adicionarem nutrientes para o solo por meio de suas fezes e por facilitarem o processo de decomposição, por exemplo, estimulando e inibindo as atividades de diferentes microrganismos. Especificamente, seu hábito de pastar seletivo pode afetar tanto a distribuição vertical de espécies de fungos quanto a taxa de decomposição do material do folhiço pelos fungos.

Diplura (dipluros)

Os dipluros são hexápodes não insetos, com quase 1.000 espécies em até 10 famílias. Apresentam tamanho pequeno a médio (2 a 5 mm, chegando excepcionalmente até 50 mm), na maioria não pigmentados e pouco esclerotizados. Não têm olhos e suas antenas são longas, moniliformes e multiarticuladas. As peças bucais são entógnatas, e as mandíbulas e maxilas são bem desenvolvidas, de modo que as pontas são visíveis protraindo da cavidade de dobra pleural; os palpos maxilares e labiais são reduzidos. O tórax é pouco diferenciado do abdome e apresenta pernas com cinco artículos cada. O abdome tem 10 segmentos, alguns dos quais apresentam pequenos estiletes e vesículas protráteis; o gonóporo fica entre os segmentos 8 e 9, e o ânus é terminal; os cercos são filiformes (como ilustrado aqui para *Campodea*; com base em Lubbock, 1873) ou em formato de pinça (como em *Parajapyx* mostrado aqui; com base em Womersley, 1939). O desenvolvimento das formas imaturas é epimórfico, de modo que as mudas continuam por toda a vida. Algumas espécies são gregárias, e as fêmeas de certas espécies cuidam dos ovos e dos jovens. Os dipluros são geralmente onívoros, alguns se alimentam de vegetação viva e decomposta, e os dipluros Japygidae são predadores.

(continua)

Taxoboxe 1 Entognatha | Hexápodes não insetos (Collembola, Diplura e Protura) *(Continuação)*

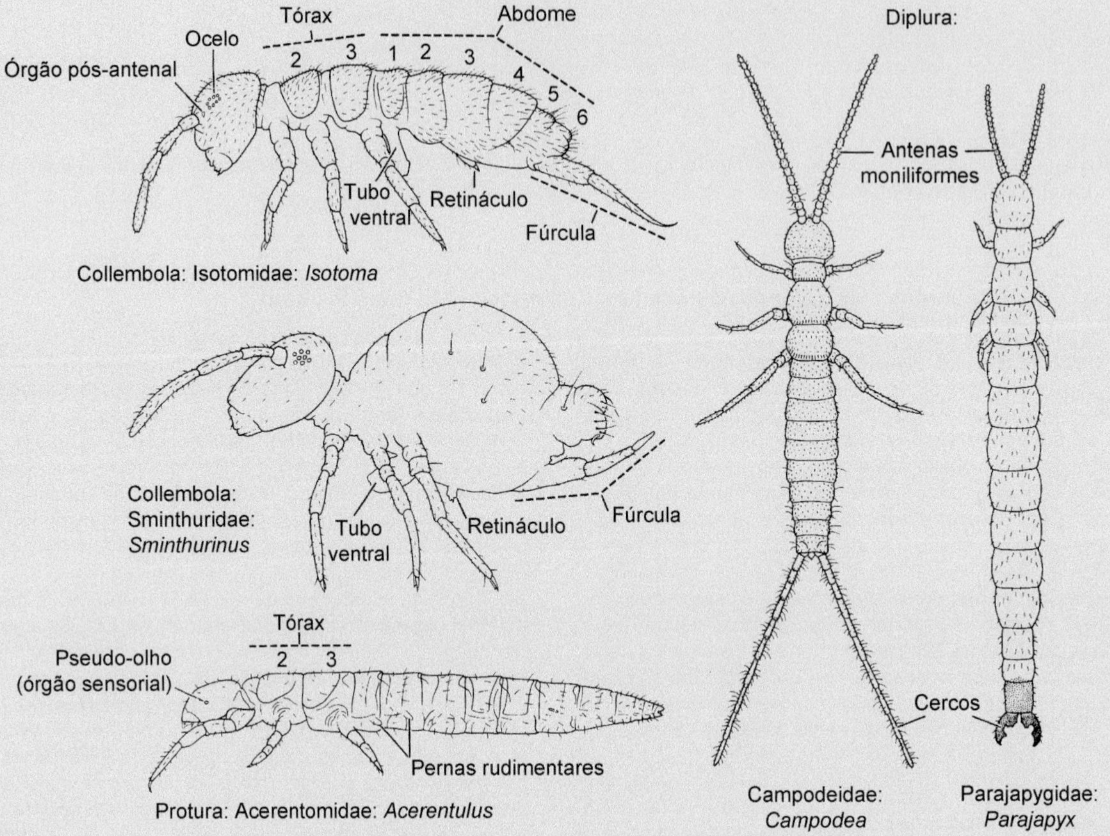

Protura (proturos)

Os proturos são hexápodes não insetos, com mais de 800 espécies descritas em sete famílias. Quase metade das espécies pertencem ao gênero *Eosentomon* (Eosentomidae). Os proturos são pequenos (com menos de 2 mm de comprimento), delicados, alongados, pálidos a brancos ou quase não pigmentados, com corpo fusiforme e cabeça de formato cônico. O tórax é pouco diferenciado do abdome. Olhos e antenas são ausentes, e as peças bucais são entógnatas, consistindo em mandíbulas e maxilas delgadas, levemente protraídas de uma cavidade de dobra pleural; palpos labiais e maxilares estão presentes. O tórax é pouco desenvolvido e apresenta pernas compostas de cinco artículos; as pernas anteriores estão dispostas à frente (como ilustrado aqui para o *Acerentulus*; com base em Nosek, 1973), desempenhando uma função sensorial de antena. O abdome do adulto tem 12 segmentos, estando o gonóporo entre os segmentos 11 e 12, e há um ânus terminal; não há cercos. O desenvolvimento imaturo é anamórfico (de modo que os segmentos surgem posteriormente durante o desenvolvimento). Os proturos são crípticos, encontrados exclusivamente em solo, musgos e folhiços. Sua biologia é pouco conhecida, mas eles provavelmente se alimentam de material vegetal em decomposição e fungos; sabe-se que algumas espécies se alimentam de micorrizas de fungos.

Taxoboxe 2 Archaeognatha (ou Microcoryphia; traças-saltadoras)

As traças-saltadoras são insetos primitivamente ápteros, com cerca de 500 espécies em duas famílias atuais. O desenvolvimento é ametábolo e o processo de muda continua por toda a vida. São de tamanho médio, com 6 a 25 mm de comprimento, alongados e cilíndricos. A cabeça é hipógnata e apresenta grandes olhos compostos que fazem contato dorsalmente; três ocelos estão presentes; as antenas são multiarticuladas. As peças bucais são parcialmente retraídas dentro da cabeça, com mandíbulas alongadas e monocondílicas (uma só articulação) e palpos maxilares alongados, com sete artículos. O tórax é acorcundado com segmentos subiguais e não fundidos e com pleuras pouco desenvolvidas; as pernas têm largas coxas, cada uma apresentando um estilete, e os tarsos têm dois ou três artículos. O abdome tem 11 segmentos e continua o contorno torácico; os segmentos 2 a 9 apresentam estiletes ventrais que contêm músculos (representando membros), ao passo que os segmentos 1 a 7 têm um ou dois pares de vesículas protráteis em posição mediana em relação aos estiletes (totalmente desenvolvidas apenas em indivíduos maduros). Nas fêmeas, as gonapófises dos segmentos 8 e 9 formam um ovipositor. Um longo apêndice caudal dorsal multiarticulado, localizado em posição médio-dorsal no tergo do segmento 11, forma uma extensão do epiprocto, que fica entre os cercos pareados e dorsalmente em relação à genitália. Os cercos multiarticulados pares são mais curtos que o apêndice caudal mediano (como ilustrado aqui para *Petrobius maritima*; segundo Lubbock, 1873).

(continua)

Taxoboxe 2 Archaeognatha (ou Microcoryphia; traças-saltadoras) *(Continuação)*

A fecundação é indireta; as gotículas de espermatozoides são presas a linhas de seda produzidas pelas gonapófises do macho, ou os espermatóforos pedunculados são depositados no chão, ou, mais raramente, os espermatozoides são depositados no ovipositor da fêmea. As traças-saltadoras costumam ser ativas à noite, alimentando-se no folhiço, detritos, algas, liquens e musgos, e abrigando-se sob cascas ou no folhiço durante o dia. Elas podem correr rápido e saltar, usando o tórax arqueado e o abdome flexionado para impulsionarem-se por distâncias consideráveis.

As traças-saltadoras são semelhantes superficialmente às traças-dos-livros (Zygentoma), mas diferem nas estruturas pleurais e principalmente na morfologia das peças bucais. Essas duas ordens representam os remanescentes viventes de uma radiação mais ampla de insetos primitivamente não voadores. As relações filogenéticas são discutidas na seção 7.4.1 e demonstradas na Figura 7.2.

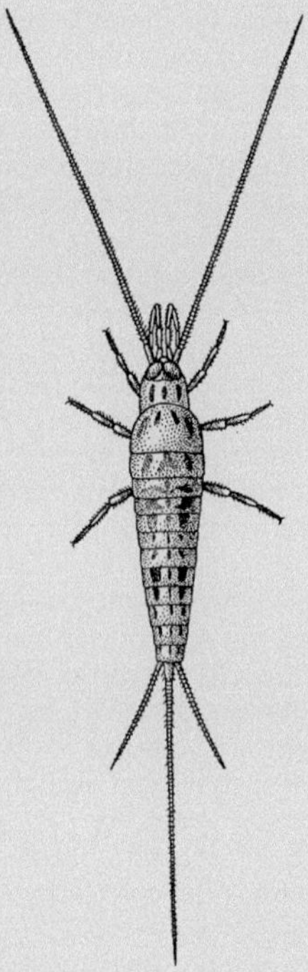

Traça-saltadora, Archaeognatha: Machilidae: *Petrobius maritima*

Taxoboxe 3 Zygentoma (traças-dos-livros)

As traças-dos-livros são insetos primitivamente ápteros, com cerca de 600 espécies em cinco famílias atuais. O desenvolvimento é ametábolo e o processo de muda continua por toda a vida. Seus corpos são médios (5 a 30 mm de comprimento) e achatados dorsoventralmente, com frequência apresentando escamas prateadas. A cabeça é hipógnata a levemente prógnata; olhos compostos estão ausentes ou reduzidos a omatídios isolados, e pode haver um a três ocelos; as antenas são multiarticuladas. As peças bucais são mandibuladas e incluem mandíbulas dicondílicas (com duas articulações) e palpos maxilares de cinco artículos. Os segmentos torácicos são subiguais e não fundidos, com pleuras pouco desenvolvidas; as pernas têm coxas grandes e tarsos formados por dois a cinco artículos. O abdome apresenta 11 segmentos e continua o afilamento do tórax, apresentando estiletes ventrais contendo músculos presentes pelo menos nos segmentos 7 a 9, e ocasionalmente nos segmentos 2 a 9; os indivíduos maduros podem ter um par de vesículas protráteis, mediais aos estiletes nos segmentos 2 a 7, embora estejam geralmente reduzidos ou ausentes. Nas fêmeas, as gonapófises dos segmentos 8 e 9 formam um ovipositor. Um longo apêndice caudal dorsal multiarticulado, localizado em posição médio-dorsal no tergo do segmento 11 forma um epiprocto entre os cercos e dorsalmente em relação à genitália. Os cercos multiarticulados, pares e alongados são quase tão longos quanto o apêndice caudal mediano (como ilustrado aqui para *Lepisma saccharina*, segundo Lubbock, 1873).

A fecundação é indireta, por meio de espermatóforos em forma de cantil, que as fêmeas coletam do substrato. Muitas traças-dos-livros vivem no folhiço ou sob cascas; algumas são subterrâneas ou cavernícolas, porém algumas espécies podem tolerar a baixa umidade e as altas temperaturas de áreas áridas; por exemplo, existem traças-dos-livros Lepismatidae que habitam as dunas de areia do deserto da Namíbia, no sudoeste africano, onde são importantes detritívoros. Algumas outras espécies de Zygentoma vivem em tocas de mamíferos, poucas são comensais em ninhos de formigas e cupins, e diversas espécies são insetos sinantrópicos familiares, vivendo em habitações humanas. Esses últimos incluem *L. saccharina*, *Ctenolepisma longicaudata* (traças-dos-livros) e *Thermobia domestica* (= *Lepismodes inquilinus*; traças), que se alimentam de materiais como papel, algodão e restos vegetais, usando a própria celulase para digerir a celulose.

As ordens Zygentoma e Archaeognatha representam os remanescentes viventes de uma radiação mais ampla de insetos primitivamente não voadores. Insetos de ambos grupos são semelhantes superficialmente, mas diferem nas estruturas pleurais e as traças-dos-livros têm mandíbulas dicondílicas (como os insetos alados, os Pterygota) ao contrário das mandíbulas monocondílicas das traças-saltadoras. As relações filogenéticas são discutidas na seção 7.4.1 e ilustradas na Figura 7.2.

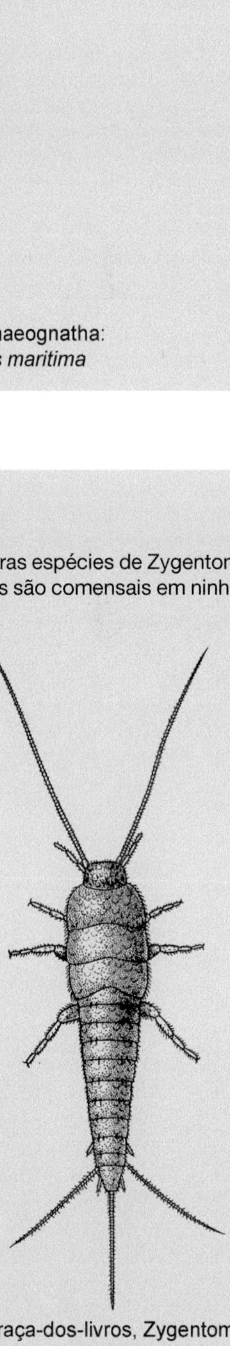

Traça-dos-livros, Zygentoma: Lepismatidae: *Lepisma saccharina*

Taxoboxe 4 Ephemeroptera (efêmeras)

As efêmeras constituem uma pequena ordem de cerca de 3.000 espécies descritas em cerca de 40 famílias, com maior diversidade de gêneros na região neotropical relativamente pouco estudada. Os adultos têm peças bucais reduzidas e grandes olhos compostos, em especial em machos, e três ocelos. Suas antenas são filiformes, algumas vezes multiarticuladas. O tórax, em particular o mesotórax, é aumentado para o voo, com grandes asas anteriores triangulares e asas posteriores menores (como ilustrado aqui para um macho adulto de *Ephemera danica*, segundo Stanek, 1969; Elliott e Humpesch, 1983), as quais são, às vezes, muito reduzidas ou ausentes. Os machos têm pernas anteriores alongadas, usadas para agarrar a fêmea durante o voo nupcial. O abdome apresenta dez segmentos, tipicamente com três filamentos caudais longos e multiarticulados constituídos por um par de cercos laterais e, com frequência, um filamento terminal mediano.

O desenvolvimento é hemimetábolo. As ninfas têm 12 a 45 instares aquáticos, com peças bucais mandibuladas completamente desenvolvidas. Asas em desenvolvimento são visíveis nas ninfas mais velhas (como ilustrado aqui para uma ninfa de Leptophlebiidae). A respiração é favorecida por um sistema traqueal fechado sem espiráculos, com brânquias abdominais lamelares em alguns segmentos e, às vezes, em outros lugares, incluindo as maxilas e o lábio. As ninfas têm três filamentos caudais comumente filiformes, constituídos de cercos emparelhados e um filamento terminal mediano variavelmente reduzido (raramente ausente). O penúltimo instar ou subimago (subadulto) é completamente alado, e voa ou rasteja.

O subimago e o adulto não se alimentam e vivem pouco. Excepcionalmente, os subimagos acasalam-se e o estágio adulto é omitido. As imagos em geral formam enxames para acasalamento, às vezes com centenas de machos, sobre a água ou próximo de pontos de referência. A cópula normalmente acontece durante o voo, e os ovos são depositados na água pela fêmea tanto submergindo seu ápice abdominal abaixo da superfície quanto deslizando por baixo da água.

As ninfas comem algas, diatomáceas ou fungos aquáticos, ou coletam detritos finos; algumas são predadoras de outros organismos aquáticos. O desenvolvimento leva de 16 dias até mais de 1 ano em águas frias e de alta latitude; algumas espécies são multivoltinas. As ninfas ocorrem predominantemente em riachos frios de fluxo rápido bem oxigenados, havendo menos espécies em rios mais lentos e em lagos frios; algumas toleram temperaturas elevadas, enriquecimento orgânico ou maiores cargas de sedimento.

As relações filogenéticas são discutidas na seção 7.4.2 e ilustradas nas Figuras 7.2 e 7.3.

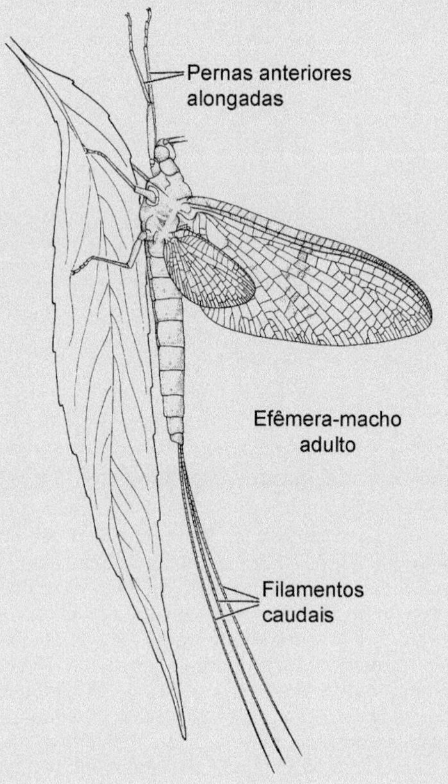

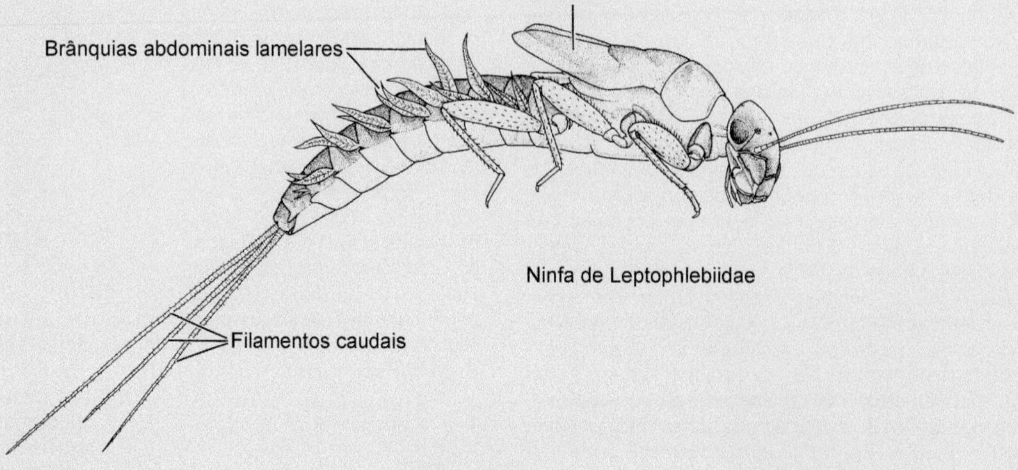

Taxoboxe 5 Odonata (libélulas)

Esses insetos conspícuos compreendem uma ordem pequena, basicamente tropical, contendo quase 6.000 espécies descritas, com cerca da metade pertencendo à subordem Zygoptera e as espécies restantes à subordem Epiprocta, compreendendo as duas espécies atuais de Epiophlebiidae (anteriormente tratada como subordem Anisozygoptera), irmã da especiosa Anisoptera (seção 7.4.2). Os adultos são médios a grandes (de menos de 2 cm a mais de 15 cm de comprimento, com envergadura máxima de 17 cm na libélula gigante sul-americana (Pseudostigmatidae; *Mecistogaster*). Apresentam cabeça móvel com olhos compostos grandes e multifacetados, três ocelos, antenas curtas como cerdas e peças bucais mandibuladas. O tórax é maior para acomodar os músculos de voo de dois pares de asas membranosas alongadas com muitas nervuras. O abdome delgado com dez segmentos termina em órgãos de apreensão em ambos os sexos; os machos têm uma genitália secundária no ventre do segundo para o terceiro segmento abdominal; as fêmeas na maioria das vezes apresentam um ovipositor no ápice ventral do abdome. Nos Zygoptera adultos, os olhos são amplamente separados e as asas anteriores e posteriores são iguais na forma com bases estreitas (como ilustrado na figura superior à direita para um Lestidae, *Austrolestes*, segundo Bandsma & Brandt, 1963). Adultos anisópteros têm olhos contíguos ou pouco separados, e suas asas apresentam células fechadas características chamadas de triângulo (T) e hipertriângulo (ht) (Figura 2.24B);

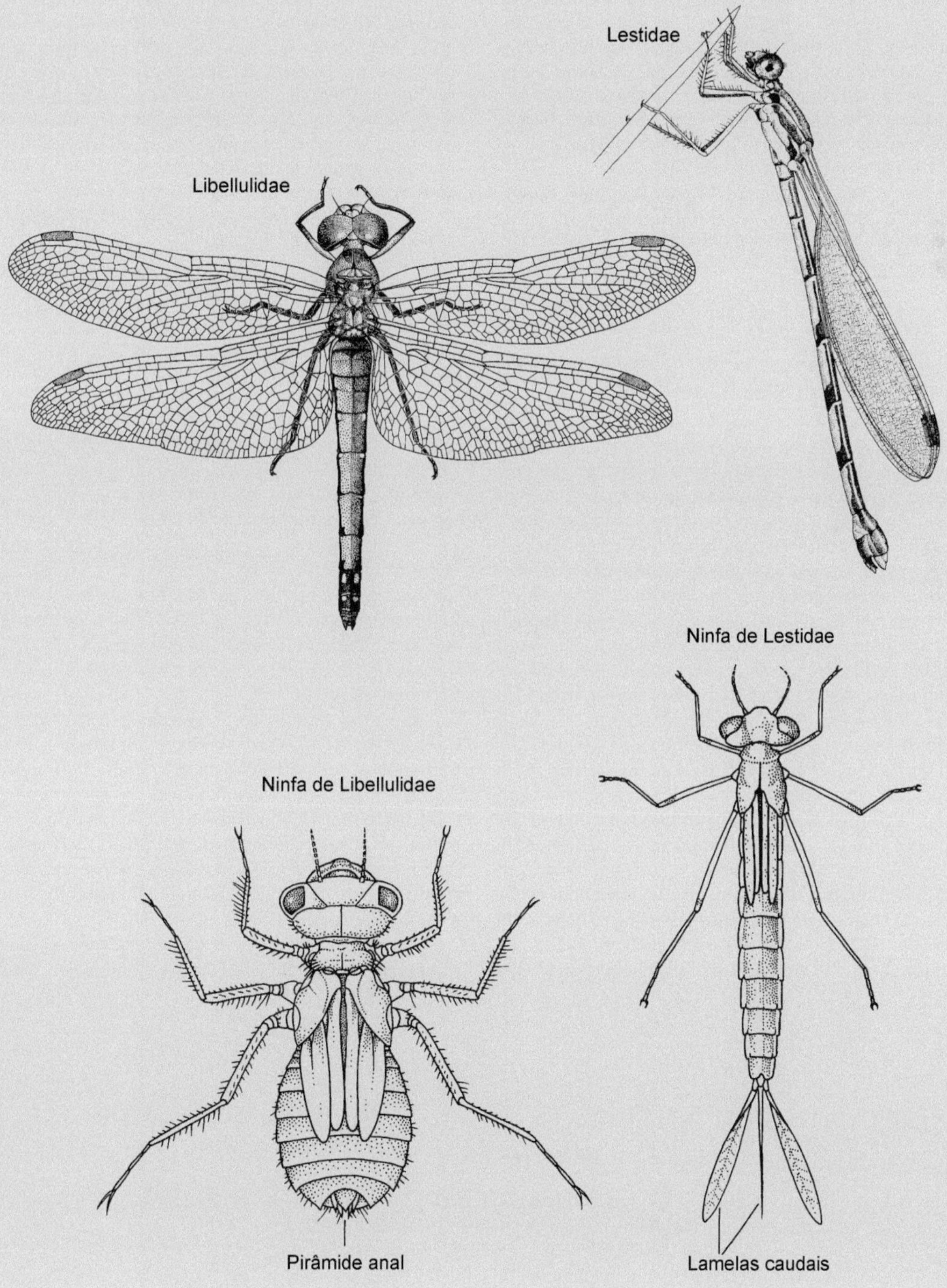

(*continua*)

Taxoboxe 5 Odonata (libélulas) (*Continuação*)

as asas posteriores são consideravelmente mais largas na base do que as asas anteriores (como ilustrado na figura superior à esquerda para uma libélula Libellulidae, *Sympetrum*, segundo Gibbons, 1986). As ninfas de Odonata têm um número variável de até 20 instares aquáticos, com peças bucais mandibuladas completamente desenvolvidas, incluindo um lábio extensível preênsil ou "máscara" (Figura 13.4). As asas em desenvolvimento são visíveis em ninfas mais velhas. O sistema traqueal é fechado e não tem espiráculos, mas superfícies especializadas de trocas gasosas estão presentes no abdome como brânquias externas (Zygoptera) ou dobras internas no reto (Anisoptera; Figura 3.11F). As ninfas zigópteras (tais como a Lestidae, ilustrada na figura inferior à direita, segundo CSIRO, 1970) são mais delgadas, com a cabeça mais larga que o tórax, e o ápice do abdome com três (raramente duas) brânquias traqueais alongadas (lamelas caudais). As ninfas anisópteras (como a Libellulidae, ilustrada na figura inferior à esquerda, segundo CSIRO, 1970) são mais robustas, com a cabeça raramente muito mais larga que o tórax e o ápice abdominal caracterizado por uma pirâmide anal constituída de três projeções curtas e um par de cercos em ninfas mais velhas. Muitas ninfas anisópteras ejetam água rapidamente do seu ânus – "propulsão a jato" – como um mecanismo de escape.

Antes do acasalamento, o macho enche sua genitália secundária com esperma da abertura da genitália primária no nono segmento abdominal. Na cópula, o macho segura a fêmea pelo pescoço ou pelo protórax e o par voa em *tandem*, normalmente para um poleiro. A fêmea então dobra seu abdome para frente para conectar-se com a genitália secundária do macho, formando então a posição "em círculo" (como ilustrado no Boxe 5.5). O macho pode deslocar o esperma de outro macho antes de transferir o seu próprio (Boxe 5.5), e o acasalamento pode durar de segundos a diversas horas, dependendo da espécie. A oviposição pode acontecer com o par ainda na posição de *tandem*. Os ovos (Figura 5.10) são postos na superfície da água, na água, na lama, na areia ou em tecido vegetal, dependendo da espécie. Após a eclosão, o animal recém-eclodido ("pró-ninfa") imediatamente muda para a primeira ninfa verdadeira, primeiro estágio que se alimenta.

As ninfas são predadoras de outros organismos aquáticos, ao passo que os adultos caçam presas terrestres aéreas. Na metamorfose (Figura 6.8), o adulto farado move-se para a superfície da água/terra onde a troca gasosa atmosférica começa; então, ele arrasta-se de dentro da água, ancora-se na terra, e a imago emerge da cutícula da ninfa de último instar. A imago vive bastante, é ativa e aérea. As ninfas ocorrem em todos os corpos d'água, em particular em águas paradas, bem oxigenadas; entretanto, temperaturas elevadas, enriquecimento orgânico ou maiores cargas de sedimento são toleradas por muitas espécies.

As relações filogenéticas são discutidas na seção 7.4.2 e ilustradas nas Figuras 7.2 e 7.3.

Taxoboxe 6 Plecoptera (plecópteros)

Os plecópteros constituem uma ordem menor e com frequência críptica de 16 famílias, com quase 4.000 espécies em todo o mundo, predominantemente em áreas temperadas e frias. São hemimetábolos, com os adultos semelhantes a ninfas com asas. O adulto é mandibulado com antenas filiformes, olhos compostos salientes, e dois ou três ocelos. Os segmentos torácicos são subiguais, as asas anteriores e posteriores são membranosas e semelhantes (exceto pelo fato de as asas posteriores serem mais largas), e as asas recolhidas envolvem parcialmente o abdome e estendem-se além do ápice abdominal (como ilustrado para um adulto do Gripopterygidae australiano, *Illiesoperla*); entretanto, apteria e braquipteria são frequentes. As pernas não são especializadas e o tarso é composto de três artículos. O abdome é mole e tem dez segmentos, de modo que os vestígios dos segmentos 11 e 12 servem como paraprocto, cercos e epiprocto, uma combinação que serve como estrutura acessória de cópula para macho, às vezes em conjunto com os escleritos abdominais dos segmentos 9 e 10. As ninfas têm de 10 a 24 instares aquáticos, raramente chegando a 33, com peças bucais mandibuladas completamente desenvolvidas; os brotos alares são visíveis primeiro em ninfas meio desenvolvidas. O sistema traqueal é fechado, com brânquias simples ou plumosas nos segmentos basais abdominais ou próximas ao ânus (Figura 10.1) – às vezes extrusíveis do ânus –, ou nas peças bucais, no pescoço ou no tórax, ou sem brânquia nenhuma. Os cercos são em geral multiarticulados, e não há nenhum filamento terminal mediano.

Os plecópteros com frequência copulam durante o dia; algumas espécies batem no substrato com seu abdome antes da cópula. Ovos podem ser jogados dentro da água, postos em uma gelatina na água ou postos embaixo de pedras na água ou em cavidades úmidas próximas da água. Os ovos podem ter diapausa. O desenvolvimento ninfal pode levar vários anos, em algumas espécies.

As ninfas podem ser onívoras, detritívoras, herbívoras ou predadoras. Os adultos alimentam-se de algas, liquens, plantas superiores e/ou madeira decomposta; alguns podem não se alimentar. As ninfas maduras arrastam-se para o limite da água, onde acontece a emergência do adulto. As ninfas ocorrem predominantemente em substratos rochosos ou com cascalho na água fria, em especial em riachos bem aerados, com menos espécies em lagos. Em geral, elas são muito intolerantes à poluição orgânica e térmica.

As relações filogenéticas são discutidas na seção 7.4.2 e ilustradas na Figura 7.2.

Plecóptero adulto Gripopterygidae

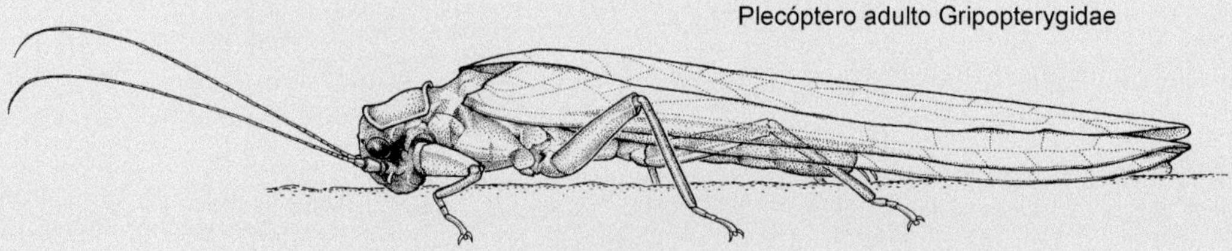

Taxoboxe 7 Dermaptera (tesourinhas)

As tesourinhas compreendem uma ordem presente no mundo inteiro contendo quase 2.000 espécies descritas, geralmente distribuídas em 11 famílias, mas com uma classificação instável. São hemimetábolos, com corpos de tamanho pequeno a médio (4 a 25 mm de comprimento), alongados e dorsoventralmente achatados. A cabeça é prógnata; os olhos compostos podem ser grandes, pequenos ou ausentes, e não há ocelos. As antenas são curtas a médias e filiformes, com artículos alongados; há menos artículos nas antenas de indivíduos imaturos do que em adultos. As peças bucais são mandibuladas (seção 2.3.1; Figura 2.10). As pernas são relativamente curtas e os tarsos têm três artículos, de modo que os segundos tarsômeros são curtos. O protórax apresenta um pronoto parecido com um escudo, e os escleritos meso e metatorácicos têm tamanho variável. As tesourinhas são ápteras ou, se aladas, suas asas anteriores são pequenas e coriáceas, com tégmina suave e sem veias; as asas posteriores são grandes, membranosas e semicirculares (como ilustrado aqui, para um macho adulto da tesourinha europeia, *Forficula auricularia*) e, quando em descanso, são dobradas como em leque e, então, projetam-se levemente de maneira longitudinal por baixo da tégmina; a nervação da asa posterior é dominada pelo leque anal dos ramos de A_1 e por nervuras transversais. Os segmentos abdominais são telescopados (tergos sobrepostos), com dez segmentos visíveis no macho e oito na fêmea, terminados em cercos proeminentes modificados em pinças; esses cercos com frequência são mais pesados, maiores e mais curvos em machos do que em fêmeas.

A cópula é terminoterminal, e os espermatóforos do macho podem ser guardados na fêmea por alguns meses antes da fecundação. Espécies ovíparas botam ovos em geral em um buraco em meio a restos (Figura 9.1), guardam os ovos e os lambem para remover fungos. A fêmea pode ajudar as ninfas a eclodirem dos ovos e cuidar delas até o segundo ou terceiro instar. A maturidade é atingida após quatro ou cinco mudas. Os dois grupos semiparasitas, Arixeniidae e Hemimeridae, exibem viviparidade pseudoplacentária (seção 5.9).

As tesourinhas são principalmente cursoriais e noturnas, de modo que a maioria das espécies raramente voa. A alimentação é predominantemente de matéria animal e vegetal morta e em decomposição, com alguma predação e algum dano à vegetação viva, em especial em jardins. Alguns são comensais ou ectoparasitas de morcegos no Sudeste Asiático (família Arixeniidae), ou semiparasitas de roedores africanos (família Hemimeridae): as tesourinhas de ambos grupos são cegas, ápteras e com pinças parecidas com varetas. As pinças de tesourinhas de vida livre são usadas para a manipulação de presas, defesa e ataque e, em algumas espécies, para segurar o parceiro durante a cópula. O nome comum em inglês *earwig* ("cabelo de orelha") pode ser derivado de uma suposta predileção por entrar em orelhas, ou de uma corruptela de *ear wing* ("asa de orelha"), referindo-se ao formato da asa, mas essas afirmações não são confirmadas.

As relações filogenéticas são discutidas na seção 7.4.2 e ilustradas na Figura 7.2.

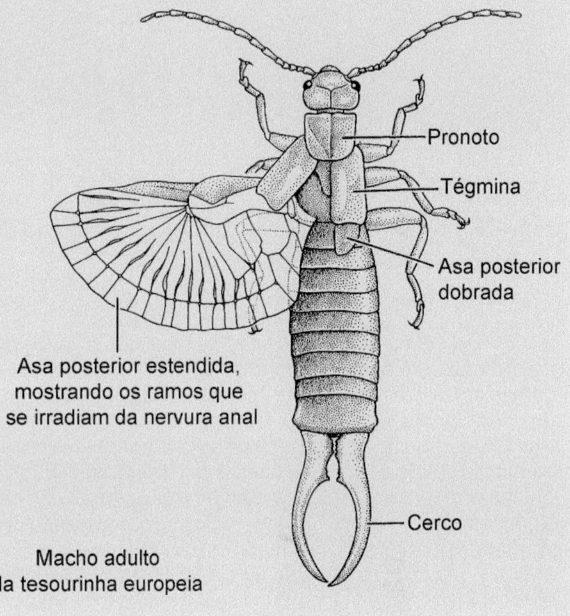

Macho adulto da tesourinha europeia

Taxoboxe 8 Zoraptera

Esses insetos compreendem o único gênero *Zorotypus*, algumas vezes subdividido em sete gêneros, contendo quase 40 espécies descritas encontradas mundialmente em regiões tropicais e temperadas quentes, exceto na Austrália. São pequenos (< 4 mm de comprimento) e um pouco parecidos com cupins. A cabeça é hipógnata, e os olhos compostos e ocelos estão presentes nas espécies aladas, mas ausentes nas espécies ápteras. As antenas são moniliformes e têm nove artículos, e as peças bucais são mandibuladas, com palpos maxilares de cinco artículos e palpos labiais de três artículos. O protórax subquadrado é maior do que o meso e metatórax que apresenta uma forma semelhante. As asas são polimórficas; algumas formas são ápteras em ambos os sexos, enquanto outras formas são aladas, com dois pares de asas em forma de remo com nervação reduzida e asas posteriores menores (como ilustrado aqui para *Zorotypus hubbardi*; segundo Caudell, 1920). As asas caem assim como em formigas e cupins. As pernas têm coxas bem desenvolvidas, fêmures posteriores aumentados apresentando fortes espinhos ventrais, e tarsos de dois artículos, cada um com duas garras. O abdome de 11 segmentos é curto e um tanto intumescido, com os cercos ocupando apenas um segmento. A genitália masculina é assimétrica.

Os estágios imaturos são polimórficos de acordo com o desenvolvimento das asas. Os zorápteros são gregários, ocorrendo em folhiço, madeira em decomposição, ou perto de colônias de cupins, alimentando-se de fungos e algumas vezes de pequenos artrópodes. Filogeneticamente são enigmáticos, tendo uma provável relação dentro dos Polyneoptera (ver seção 7.4.2 e Figura 7.2).

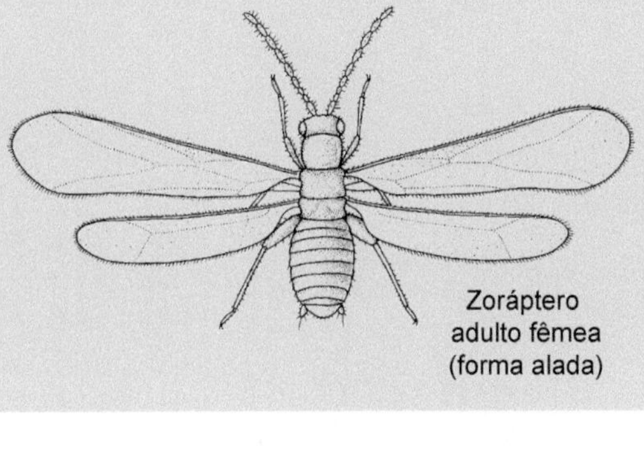
Zoráptero adulto fêmea (forma alada)

Taxoboxe 9 Orthoptera (gafanhotos, esperanças e grilos)

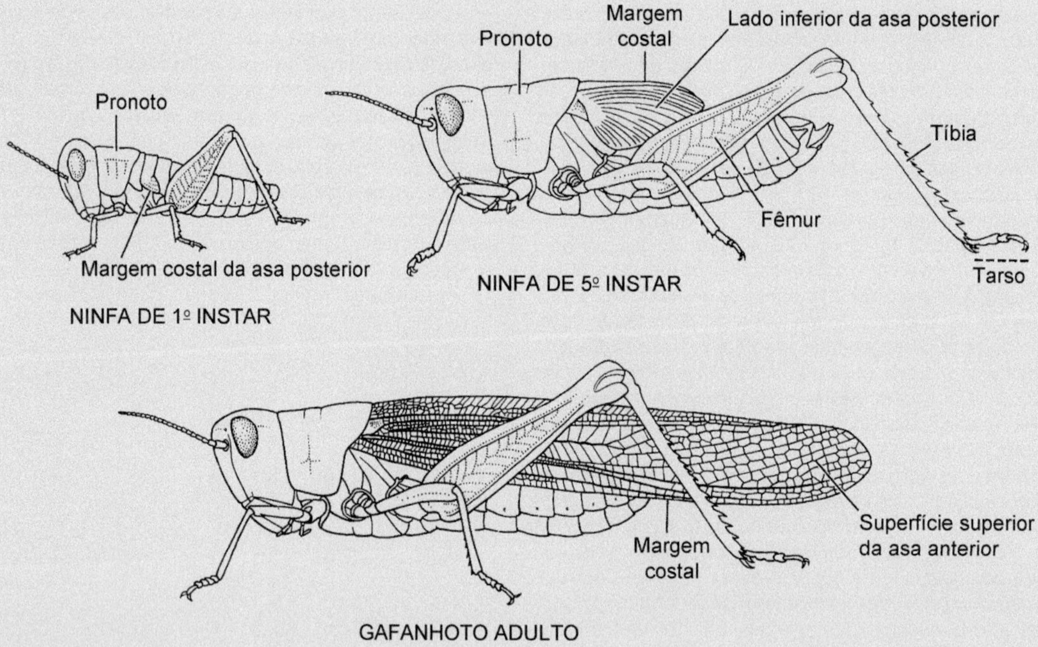

Orthoptera é uma ordem, presente no mundo inteiro, de quase 24.000 espécies em até 40 famílias (a classificação é instável), compreendendo duas subordens: Caelifera (gafanhotos) e Ensifera (esperanças e grilos). Os ortópteros apresentam desenvolvimento hemimetábolo e são tipicamente cilíndricos e alongados, de tamanho médio a grande (até 12 cm de comprimento), com pernas posteriores bastante desenvolvidas para saltar. Eles são hipógnatos e mandibulados, e têm olhos compostos bem desenvolvidos; os ocelos podem estar presentes ou ausentes. As antenas são multiarticuladas. O protórax é grande, com um pronoto semelhante a um escudo se curvando sobre a pleura; o mesotórax é pequeno e o metatórax é grande. As asas anteriores formam tégminas estreitas e coriáceas; as asas posteriores são largas, com numerosas nervuras longitudinais e transversais, dobradas em leque sob as tégminas. Apteria e braquipteria são frequentes. As pernas são, na maioria das vezes, alongadas e finas, sendo as posteriores grandes, em geral saltatórias; os tarsos têm um a quatro artículos. O abdome tem oito a nove segmentos anelares visíveis, com dois ou três segmentos terminais reduzidos. As fêmeas têm um ovipositor apendicular bem desenvolvido (Figura 2.25B,C; Boxe 5.2). Cada cerco consiste em um único artículo.

A corte pode ser elaborada e, com frequência, envolve comunicação pela produção e recepção de sons (seção 4.1.3 e seção 4.1.4). Na cópula, o macho monta sobre a fêmea e o acasalamento, algumas vezes, prolonga-se por muitas horas. Os ovos de Ensifera são postos um a um em plantas ou no solo, ao passo que os Caelifera usam seu ovipositor para enterrar massas de ovos em câmaras no solo. A diapausa do ovo é frequente. As ninfas se parecem com adultos pequenos, exceto pela falta de desenvolvimento das asas e da genitália, mas os adultos ápteros podem ser difíceis de serem distinguidos das ninfas. Em todas as espécies aladas, a orientação dos brotos alares ninfais se modifica entre as mudas (como ilustrado aqui para um gafanhoto); nos instares iniciais, os rudimentos dos brotos alares estão posicionados em posição lateral, com a margem costal orientada ventralmente, até que antes do penúltimo instar ninfal eles se giram em volta de sua base de modo que a margem costal fica dorsal e a superfície ventral morfológica fica externa; a asa posterior então recobre a anterior (como na ninfa de quinto instar, ilustrada aqui). Durante a muda para o adulto, as asas voltam à sua posição normal com a margem costal ventral. Essa "rotação" do broto alar, por outro lado conhecida apenas em Odonata, é única para os Orthoptera dentre as ordens de Polyneoptera.

Os Caelifera são herbívoros terrestres predominantemente ativos durante o dia, de movimentação rápida e com boa acuidade visual e incluem alguns insetos destruidores tais como os gafanhotos formadores de nuvens (seção 6.10.5; Figura 6.14; Pranchas 4C e 7A). Os Ensifera são ativos com mais frequência durante a noite, camuflados ou miméticos, e são predadores, onívoros ou fitófagos, e têm antenas longas (normalmente mais de 30 artículos) (Pranchas 1D e 3B,F).

As relações filogenéticas são consideradas na seção 7.4.2 e ilustradas na Figura 7.2.

Taxoboxe 10 Embioptera (Embiidina; embiópteros)

Há mais de 450 espécies descritas de embiópteros (talvez até cerca de dez vezes mais permanecem não descritos) em, talvez, 13 famílias, distribuídas por todo o mundo. De tamanho pequeno a médio, eles têm corpo alongado, cilíndrico, e um pouco achatado em machos. A cabeça é prógnata, e os olhos compostos são reniformes (em forma de rins), maiores em machos do que em fêmeas; não há ocelos. As antenas são multiarticuladas, e as peças bucais são mandibuladas. O protórax quadrado é maior do que o meso ou o metatórax. Todas as fêmeas e alguns machos são ápteros, e, quando presentes, as asas (ilustradas aqui para *Embia major*; segundo Imms, 1913) são caracteristicamente moles e flexíveis, sendo que as veias dos seios sanguíneos se endurecem pela pressão da hemolinfa durante o voo. As pernas são curtas, com tarsos de três artículos; o artículo basal de cada tarso anterior é intumescido e contém glândulas de seda, enquanto os fêmures posteriores são intumescidos com fortes músculos tibiais. O abdome tem dez segmentos, e apenas os rudimentos do segmento 11; os cercos têm dois artículos e respondem a estímulos táteis. A genitália feminina externa é simples, enquanto a genitália masculina é complexa e assimétrica. Os estágios imaturos se assemelham aos adultos, exceto por suas asas e genitália.

Durante a cópula, o macho segura a fêmea com suas mandíbulas prógnatas e/ou seus cercos assimétricos. Os embiópteros vivem em agregados em galerias de seda, tecidas com as glândulas de seda tarsais (presentes em todos os instares); as galerias ocorrem no folhiço, embaixo de pedras, ou rochas, em troncos de árvore, ou em fendas em cascas ou no solo, frequentemente em volta de um refúgio central. Sua alimentação inclui folhiço, musgos, cascas e folhas mortas. As galerias são estendidas até novas fontes de alimentos, e a segurança das galerias só é deixada quando os machos maduros se dispersam para novos lugares, onde copulam, não se alimentam, e algumas vezes são comidos pelas fêmeas da própria espécie (Prancha 7C). Os ovos e primeiros estádios ninfais são supervisionados pela mãe dentro da galeria, com a fêmea de algumas espécies alimentando as ninfas com material vegetal mastigado. Os embiópteros rapidamente retornam às suas galerias, por exemplo, quando ameaçados por um predador.

Relações filogenéticas são discutidas na seção 7.4.2 e ilustradas na Figura 7.2.

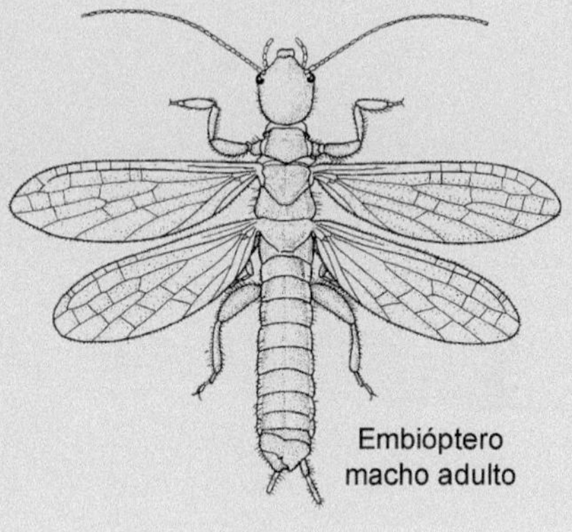
Embióptero macho adulto

Taxoboxe 11 Phasmatodea (bichos-pau)

Phasmatodea é uma ordem presente no mundo inteiro, predominantemente tropical, com mais de 3.000 espécies descritas, para a qual falta uma classificação baseada em filogenia. Eles apresentam desenvolvimento hemimetábolo, são cilíndricos e alongados (Prancha 1C) e, quanto à forma, são semelhantes a um graveto ou achatados e, com frequência, semelhantes a uma folha, com até mais de 30 cm de comprimento do corpo (*Phobaeticus chani*, a espécie mais longa, tem comprimento do corpo de até 36 cm e um comprimento total, incluindo as pernas estendidas, de até 57 cm, incluindo as pernas, e é de Bornéu). Os bichos-pau têm peças bucais mandibuladas. Os olhos compostos estão localizados anterolateralmente e são relativamente pequenos; os ocelos ocorrem apenas nas espécies aladas, em geral só nos machos. As antenas variam de curtas a longas, com 8 a 100 artículos. O protórax é pequeno, sendo o mesotórax e o metatórax alongados se o inseto for alado, mas curtos se ele for áptero. As asas, quando presentes, são funcionais nos machos, mas frequentemente reduzidas nas fêmeas; muitas espécies são ápteras em ambos os sexos. As asas anteriores formam tégminas coriáceas, ao passo que as posteriores são largas, com uma rede de numerosas nervuras transversais e a margem anterior endurecida como um remígio, que protege a asa dobrada. As pernas são alongadas, finas, gressoriais e com tarsos com cinco artículos; elas podem ser abandonadas como mecanismo de defesa (seção 14.3), e podem ser regeneradas em uma muda ninfal. O abdome tem 11 segmentos, com o segmento 11 muitas vezes formando uma placa supra-anal escondida nos machos ou um segmento mais óbvio nas fêmeas; a genitália masculina é assimétrica e oculta. Os cercos são variavelmente alongados e consistem em um único artículo.

Na cópula geralmente prolongada, o pequeno macho monta sobre a fêmea, como ilustrado aqui para o bicho-pau *Didymuria violescens* (Phasmatidae). Os ovos na maioria das vezes se parecem com sementes (como mostrado na ampliação do ovo de *D. violescens*; com base em CSIRO, 1970) e são depositados um a um, colados na vegetação ou soltos ao chão; pode haver uma diapausa comprida do ovo. As ninfas de bichos-pau, em sua maioria, parecem-se com adultos, exceto por não apresentarem desenvolvimento de asas e genitália, pela ausência do ocelo e pelo menor número de artículos antenais.

Os Phasmatodea são fitófagos e predominantemente se parecem (imitam) com várias características da vegetação, tais como caules, galhos e folhas. Junto com os hábitos crípticos, os bichos-pau demonstram uma série de defesas antipredador, que variam de movimento geral lento, posturas grotescas e frequentemente assimétricas até fingir-se de morto (seções 14.1 e 14.2) e, em várias espécies, ejeção de substâncias químicas nocivas a partir de glândulas protorácicas.

As relações filogenéticas são consideradas na seção 7.4.2 e mostradas na Figura 7.2.

(*continua*)

Taxoboxe 11 Phasmatodea (bichos-pau) (*Continuação*)

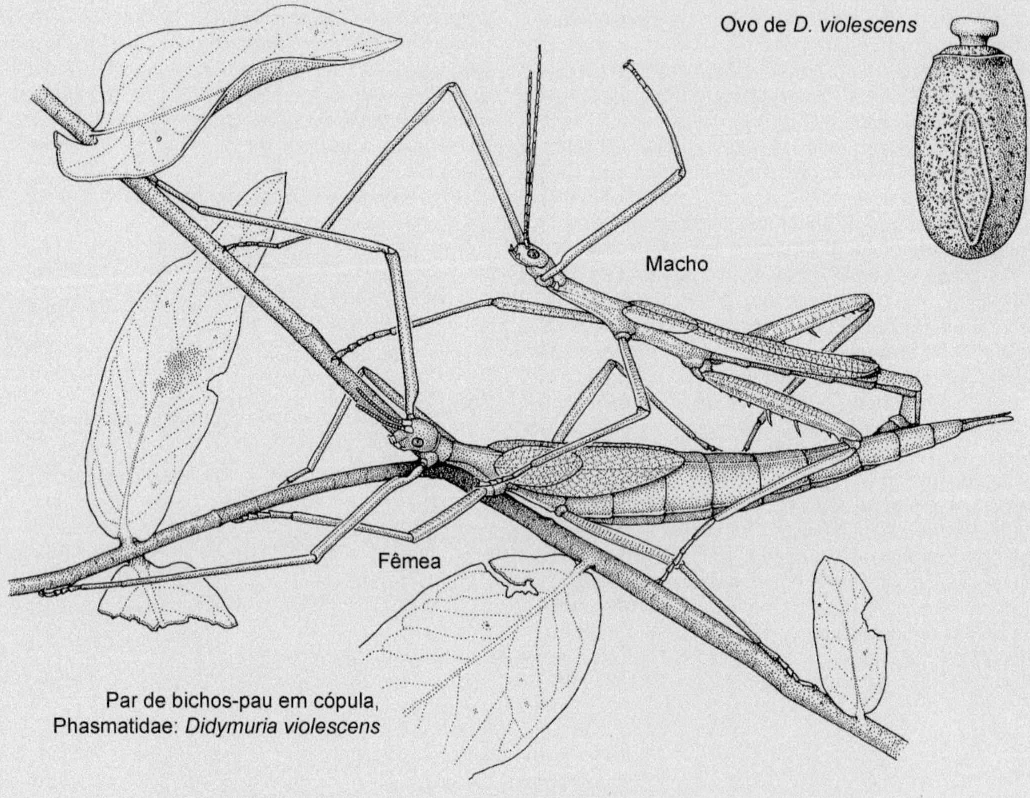

Par de bichos-pau em cópula, Phasmatidae: *Didymuria violescens*

Taxoboxe 12 Grylloblattodea (Grylloblattaria ou Notoptera; griloblatódeos)

Os Gryloblattodea compreendem uma única família, Grylloblattidae, contendo 32 espécies descritas, restritas ao oeste norte-americano e do centro até o leste asiático, incluindo o Japão, mas apresentam alta diversidade fóssil, com mais de 500 espécies extintas em muitas famílias. As espécies norte-americanas são particularmente tolerantes ao frio e podem viver em grandes altitudes, em geleiras e bancos de neve; as espécies asiáticas habitam regiões montanhosas e as frias florestas temperadas. Grylloblattodea são insetos de tamanho médio (14 a 35 mm de comprimento), com corpo alongado, pálido e cilíndrico, que é também mole e pubescente. A cabeça é prógnata e os olhos compostos são reduzidos ou ausentes; não há ocelos. As antenas são multiarticuladas e as peças bucais são mandibuladas. O protórax quadrado é maior que o meso ou metatórax; não há asas. As pernas são cursoriais, com grandes coxas e tarsos de cinco artículos. O abdome tem dez segmentos visíveis, de modo que os rudimentos do 11º segmento apresentam cercos com cinco a dez artículos. A fêmea tem um ovipositor curto e a genitália masculina é assimétrica.

A cópula acontece lado a lado, com o macho à direita, como ilustrado aqui, para uma espécie japonesa comum, *Galloisiana nipponensis* (segundo Ando, 1982). Os ovos podem entrar em diapausa por até 1 ano em madeira úmida ou no solo sob pedras. As ninfas, que lembram os adultos, desenvolvem-se aos poucos em oito instares. O tempo de vida típico é estimado em 5 anos, mas pode ser muito maior em algumas espécies. Griloblatódeos norte-americanos, gênero *Grylloblatta*, são ativos durante o dia e a noite em baixas temperaturas, alimentando-se de artrópodes mortos e de matéria orgânica, em especial na superfície do gelo e da neve, quando derretem na primavera; dentro de cavernas (incluindo cavernas de gelo); em solo alpino e lugares úmidos, como debaixo de pedras. A perda rápida de tais hábitats devido às mudanças climáticas faz com que as áreas de distribuição de algumas espécies estejam se reduzindo substancialmente, causando preocupação quanto à conservação de espécies de montanha (seção 17.3).

As relações filogenéticas são discutidas na seção 7.4.2 e ilustradas na Figura 7.2.

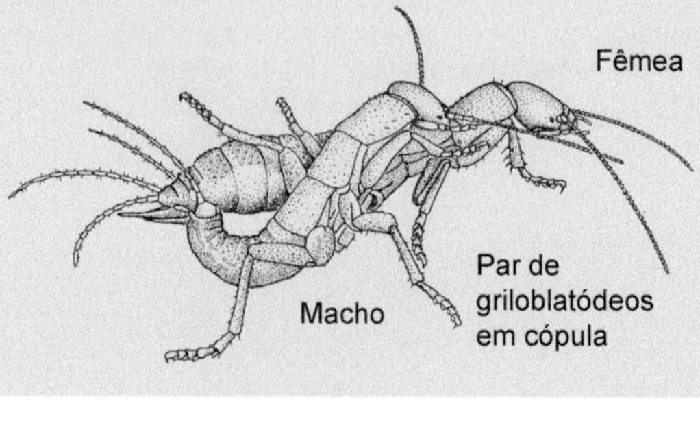

Par de griloblatódeos em cópula

Taxoboxe 13 **Mantophasmatodea (gladiadores)**

A descoberta de uma ordem de insetos previamente desconhecida não é um evento usual. No século XX apenas duas novas ordens foram descritas: Zoraptera em 1913 e Grylloblattodea em 1932. O começo do século XXI viu uma excitação dos interesses científicos e da mídia popular sobre a descoberta inusitada e o subsequente reconhecimento de uma nova ordem, os Mantophasmatodea.

O primeiro reconhecimento formal desse novo táxon foi a partir de um espécime preservado em âmbar báltico de 45 milhões de anos, o qual apresentava uma semelhança superficial com um bicho-pau ou um louva-deus, mas obviamente não pertencia nenhum dos dois. Logo após, um espécime de museu da Tanzânia e outro da Namíbia foram descobertos, e a comparação com mais espécimes de fósseis incluindo adultos demonstrou que o fóssil e os insetos recentes eram aparentados. Buscas adicionais em museus e apelos aos curadores revelaram espécimes de afloramentos rochosos na Namíbia. Uma expedição encontrou espécimes vivos em diversas localidades da Namíbia, e subsequentemente muitos espécimes foram identificados em coleções históricas e recentes em vegetações suculentas (denominadas "karoo" e "fynbos") na África do Sul.

Atualmente há duas ou três famílias de Mantophasmatodea, com pelo menos três gêneros extintos e cerca de 12 atuais (existe uma divergência sobre a delimitação de gêneros e famílias), e cerca de 20 espécies atuais descritas (além de muitas não descritas), agora restritas ao sudoeste da África (Namíbia e África do Sul), e à Tanzânia na África oriental. A classificação no nível de família e gênero continua mudando, conforme novas espécies são descobertas e as relações são investigadas (ver o registro para esta ordem na seção 7.4.2).

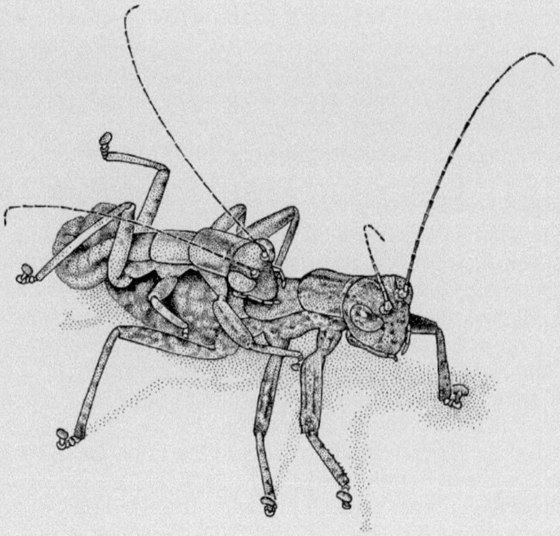

Os Mantophasmatodea são insetos hemimetábolos de tamanho moderado (até 2,5 cm de comprimento nas espécies atuais, 1,5 cm em espécies fósseis), com uma cabeça hipógnata com peças bucais generalizadas (mandíbulas com três pequenos dentes) e antenas longas e delgadas com 26 a 32 artículos e uma região distal angulada. A pleura protorácica é grande e exposta, não coberta por lóbulos do pronoto. Cada tergo do tórax sobrepõe pouco e é menor do que o anterior. Todas as espécies são ápteras, sem quaisquer rudimentos de asas. As coxas são alongadas, os fêmures anterior e mediano são um pouco largos e têm cerdas ou espinhos ventralmente. Os tarsos têm cinco artículos com euplânulas nos quatro artículos basais, o arólio é muito grande, e, caracteristicamente, os tarsômeros distais são mantidos fora do substrato (daí o nome "andarilhos de calcanhar", do inglês *heelwalkers*). As pernas posteriores são alongadas e podem ser usadas para realizar pequenos saltos. Os cercos do macho são salientes (como no macho mostrado no Apêndice; segundo uma fotografia de M.D. Picker), usados para segurar, e não formam uma articulação diferenciada com o décimo tergito. Os cercos da fêmea têm um único artículo e são curtos. O ovipositor projeta-se para além do curto lóbulo subgenital e não há opérculo de proteção (placa abaixo do ovipositor) como ocorre nos louva-deus.

Os gladiadores se comunicam entre si para o reconhecimento da espécie e localização de parceiros sexuais através de vibrações no substrato que eles produzem batendo seu abdome repetidamente. A cópula pode ser prolongada (até 3 dias ininterruptos) e, pelo menos em cativeiro, o macho é comido pela fêmea depois da cópula. O macho monta na fêmea com sua genitália encaixada do lado direito da fêmea, como mostrado aqui para um par em cópula de gladiadores sul-africanos (segundo uma fotografia de S.I. Morita). Os ovos são postos em um saco de ovos feito de grãos de areia grudados por uma secreção resistente à água. O ciclo de vida não é bem conhecido, embora saiba-se que o resistente estágio de ovo sobrevive à estação seca e o desenvolvimento ninfal coincide com os meses de chuva. A cutícula da muda é comida após a ecdise. Pelo menos algumas espécies da Namíbia são diurnas, enquanto as espécies sul-africanas são noturnas. Os gladiadores vivem no solo ou em arbustos ou em moitas de grama. Normalmente eles ocorrem solitariamente ou em casais. Todos são predadores, alimentando-se, por exemplo, de pequenas moscas, percevejos, e mariposas e, daí o nome comum alternativo "gladiadores". Os fêmures raptoriais são sulcados para acomodar a tíbia durante a captura de presa; em descanso os membros raptoriais não são dobrados. A maioria das espécies exibe variação de cor considerável desde verde-claro até marrom-escuro. Os machos geralmente são menores e de cor diferente das fêmeas.

A maioria das evidências moleculares sugere que os gladiadores sejam o grupo-irmão de Grylloblattodea, o que é uma das relações sugeridas com base na morfologia (ver seção 7.4.2 e Figura 7.2).

Taxoboxe 14 **Mantodea (louva-deus)**

Os Mantodea são uma ordem de cerca de 2.400 espécies de predadores hemimetábolos, de tamanho moderado a grande (1 a 15 cm de comprimento), classificados em 8 a 15 famílias, com classificação instável no nível de família. Os machos são em geral menores do que as fêmeas. A cabeça é pequena, triangular e móvel, com antenas delgadas, olhos grandes e bem separados, e peças bucais mandibuladas. O tórax compreende um protórax estreito e alongado, e mesotórax e metatórax mais curtos (quase subquadrados). As asas anteriores formam tégminas pergamináceas, com a área anal reduzida; as asas posteriores são largas e membranosas, com longas nervuras não ramificadas e muitas nervuras transversais. A apteria e a subapteria são frequentes. As pernas anteriores são raptoriais (Figura 13.3 e conforme ilustrado aqui, para um louva-deus de uma espécie de *Tithrone* segurando e comendo uma mosca; segundo Preston-Mafham, 1990), ao passo que as pernas medianas e posteriores são alongadas para caminhar. No abdome, o décimo segmento visível apresenta cercos variavelmente articulados. O ovipositor é predominantemente interno; a genitália externa do macho é assimétrica.

Os ovos são postos em uma ooteca (Prancha 3E) produzida a partir de secreções espumosas das glândulas acessórias que endurecem ao contato com o ar. Algumas fêmeas guardam sua

(continua)

Taxoboxe 14 Mantodea (louva-deus) *(Continuação)*

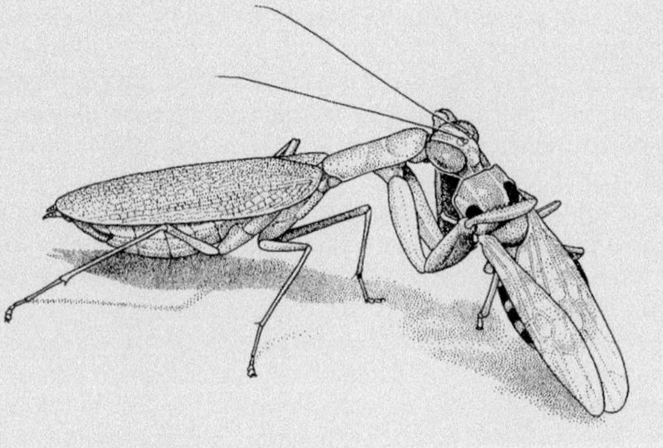

ooteca. As ninfas de primeiro instar não se alimentam, mas mudam imediatamente. Seguem-se tão pouco quanto três ou tanto quanto doze instares; as ninfas se parecem com adultos, exceto pela falta de asas e genitália. Os louva-deus adultos são predadores que sentam e esperam (ver seção 13.1.1) e que usam suas cabeças completamente móveis e uma visão excelente para detectar presas. As fêmeas de louva-deus às vezes comem o macho durante ou após a cópula (Boxe 5.3); os machos com frequência exibem uma corte elaborada.

Os Mantodea são, sem dúvida, o grupo-irmão de Blattodea (baratas e cupins), formando o agrupamento Dictyoptera (Figuras 7.2 e 7.4).

Taxoboxe 15 Blattodea (baratas)

O conceito de Blattodea (também chamada de Blattaria) foi ampliado (ver a seguir e também Figura 7.4) para incluir tanto as baratas quanto os cupins (ver Taxoboxe 16). Este taxoboxe aborda apenas as características das baratas, as quais compreendem cerca de 4.500 espécies descritas em cinco ou mais famílias em todo o mundo. São hemimetábolos, com corpos dorsoventralmente achatados, pequenos a grandes (menores que 3 mm a maiores que 100 mm). A cabeça é hipógnata, e os olhos compostos podem ser moderadamente grandes a pequenos, ou ausentes em espécies cavernícolas; os ocelos são representados por dois pontos pálidos. As antenas são filiformes e multiarticuladas, e as peças bucais são mandibuladas. O protórax apresenta um pronoto desenvolvido em forma de escudo, com frequência cobrindo a cabeça; o meso- e o metatórax são retangulares e subiguais. As asas anteriores (Figura 2.24C) são esclerotizadas como tégminas, protegendo as asas posteriores membranosas; cada tégmen é desprovido de lóbulo anal e dominado por ramos de veias radiais (R) e cúbito-anais (CbA). Por outro lado, as asas posteriores têm um grande lóbulo anal, com muitas ramificações nos setores radial, CbA e anal; em descanso, elas permanecem dobradas como um leque, embaixo da tégmina. A redução das asas é frequente. As pernas são, muitas vezes, espinhosas (Figura 2.21) e apresentam tarsos de cinco artículos. As grandes coxas terminam no mesmo ponto e dominam o tórax ventral. O abdome tem dez segmentos visíveis, com a placa subgenital (esterno 9) frequentemente apresentando um ou um par de estiletes no macho, e escondendo o segmento 11, que é representado apenas por paraproctos pares. Os cercos têm de um a geralmente muitos artículos. A genitália masculina é assimétrica, e as válvulas do ovipositor da fêmea estão escondidas dentro de um átrio genital.

O acasalamento nas baratas pode envolver corte com estridulação; ambos os sexos podem produzir feromônios sexuais, e a fêmea pode montar o macho antes da cópula terminoterminal. Os ovos em geral são postos em uma ooteca em forma de bolsa, que consiste em duas fileiras paralelas de ovos em um envoltório coriáceo (seção 5.8), o qual pode ser carregado externamente pela fêmea (como ilustrado aqui para uma fêmea de *Blatella germanica*; segundo Cornwell, 1968). Certas espécies demonstram uma variedade de formas de ovoviviparidade em que uma ooteca variavelmente reduzida é retida dentro do trato reprodutivo em um "útero" (ou saco reprodutivo), durante a embriogênese, com frequência até a eclosão das ninfas; a viviparidade real é rara. A partenogênese ocorre em algumas espécies. As ninfas desenvolvem-se lentamente, lembrando pequenos adultos ápteros.

As baratas estão entre os insetos mais familiares, em virtude da propagação de hábitos associados a humanos em cerca de 30 espécies, incluindo *Periplaneta americana* (a barata-americana), *B. germanica* (a barata-alemã) e *B. orientalis* (a barata-oriental). Essas baratas peridomésticas noturnas, malcheirosas, que transmitem doenças e buscam refúgio não são representativas da diversidade mais ampla. Tipicamente, as baratas são tropicais, noturnas ou diurnas e, às vezes, arbóreas, com algumas espécies cavernícolas. As baratas incluem espécies solitárias e gregárias; *Cryptocercus* vive em grupos familiares. As baratas são, em maioria, carniceiras saprófagas, mas algumas comem madeira e usam protistas entéricas para a digestão. Quase todas as baratas, e os cupins *Mastotermes* (ver adiante), abrigam bactérias endossimbiontes (*Blattabacterium*) em regiões de seus corpos gordurosos; as bactérias, as quais provavelmente reciclam resíduos nitrogenados, são transmitidas verticalmente (*i. e.* através dos ovos).

As relações filogenéticas são discutidas na seção 7.4.2 e ilustradas na Figura 7.2 e na Figura 7.4. Há muito tempo sabe-se que *Cryptocercus* tem características parecidas com as de cupins, tais como socialidade e digestão de celulose através de protistas, e essas semelhanças refletem as relações reais, sendo que os cupins sugiram a partir de Blattodea (Figura 7.4). Aqui, nós consideramos os cupins como baratas derivadas, porque, do contrário, Blattodea seria parafilético; no entanto, nós discutimos os cupins separadamente, no Taxoboxe 16.

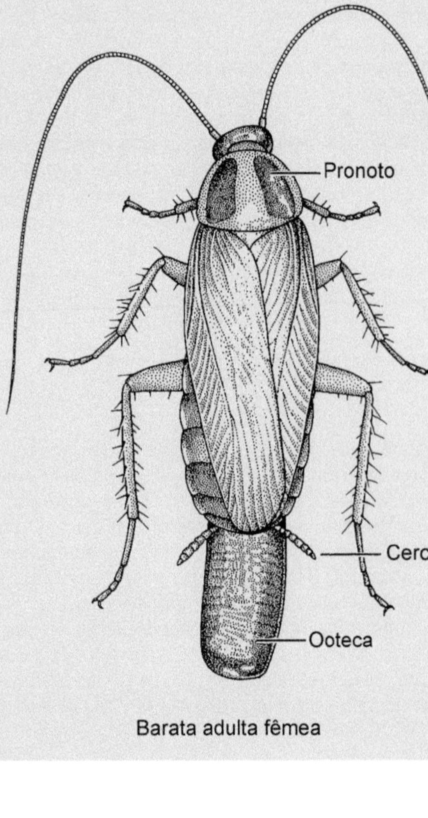

Barata adulta fêmea

Taxoboxe 16 Blattodea | Epifamília Termitoidae (anteriormente ordem Isoptera; cupins)

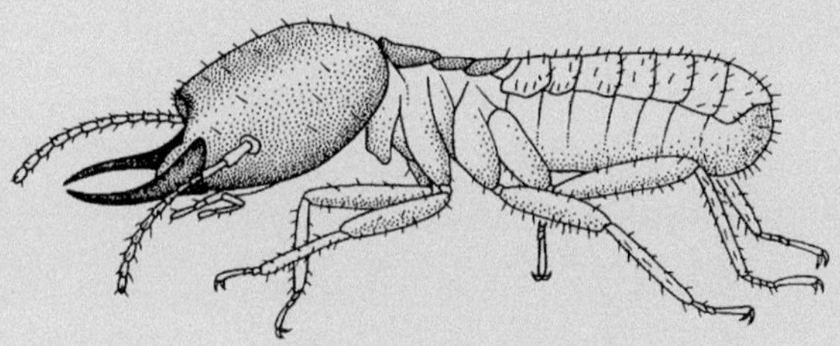

Soldado de *Coptotermes*

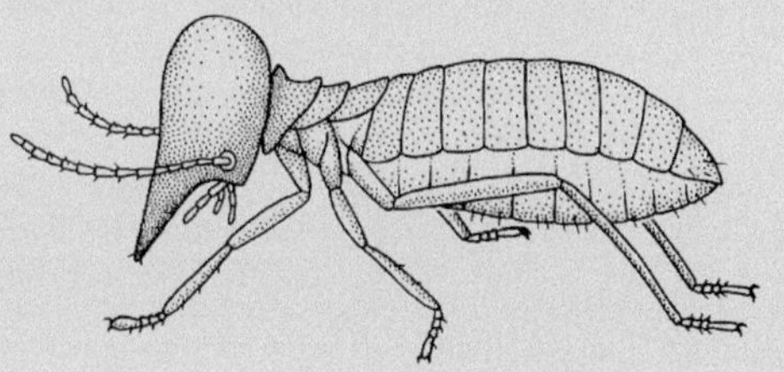

Soldado de *Nasutitermes*

Os cupins formam um pequeno clado autapomórfico com cerca de 3.000 espécies descritas de neópteros hemimetábolos, vivendo socialmente em um sistema de castas polimórficas com reprodutores, operárias e soldados (seção 12.2.4; Figura 12.8; Prancha 6C). Todos os estágios são de tamanho pequeno a médio (mesmo os reprodutores alados costumam ter menos de 20 mm de comprimento). A cabeça é hipógnata ou prógnata, e as peças bucais são tipicamente blatoides e mandibuladas, mas variam entre as castas: os soldados com frequência apresentam um desenvolvimento bizarro de suas mandíbulas ou um prolongamento anterior (tromba) (como ilustrado à esquerda para o mandibulado *Coptotermes* e à direita para o nasuto *Nasutitermes*; segundo Harris, 1971). Os olhos compostos são, na maioria das vezes, reduzidos, e as antenas são longas e multiarticuladas, com número variável de artículos. As asas são membranosas, com nervação restrita; as asas anteriores e posteriores são semelhantes, exceto em *Mastotermes*, que têm nervação complexa e o lobo anal das asas posteriores expandido. Todas as castas apresentam, no fim do abdome, um par de cercos com um a cinco artículos cada. A genitália externa é ausente, exceto em *Mastotermes*, em que as fêmeas têm um ovipositor blatoide reduzido e o macho apresenta um órgão copulatório membranoso.

Em relação à anatomia interna, predomina um trato alimentar enrolado, que inclui um proctodeu elaborado contendo bactérias simbiontes e, em todas as espécies, exceto as da família Termitidae, também protistas (a seção 9.5.3 discute o cultivo de fungos por Macrotermitinae). A troca de alimento entre os indivíduos (trofalaxia) é a única maneira de prover simbiontes aos jovens e aos indivíduos recém-mudados, além de ser uma justificativa para a eussocialidade universal dos cupins.

Os ninhos podem ser galerias ou estruturas mais complexas no interior de madeiras, como madeira de lei podre ou até mesmo árvores saudáveis, ou ninhos acima do solo (cupinzeiros), como os conspícuos murundus de terra (Figuras 12.10 e 12.11). Os cupins alimentam-se predominantemente de material rico em celulose; muitos coletam gramíneas e levam o alimento de volta para os seus cupinzeiros subterrâneos ou acima do solo. Os cupins são importantes organismos decompositores, especialmente nos ecossistemas tropicais de planície, onde eles podem constituir 95% da biomassa de insetos do solo. Nos trópicos, a biomassa de cupins comumente varia entre 70 e 110 kg/ha, baseada em abundâncias de 2.000 a 7.000 indivíduos/m^2, mas algumas vezes muito maior. Tais valores são comparáveis com a biomassa de vertebrados herbívoros nos mesmos ecossistemas. Embora os cupins tenham um papel essencial na manutenção do funcionamento e diversidade de muitos hábitats, eles são mais bem conhecidos por serem pragas de nossos cultivos, árvores e lenha (Boxe 12.4). Contudo, menos de 200 espécies são reconhecidas como pragas.

Os cupins pertencem à ordem Blattodea dentro de um clado denominado Dictyoptera. Em geral, são reconhecidas sete a nove famílias e 16 subfamílias de cupins, com cerca de 70% das espécies pertencendo aos Termitidae. Quanto às relações filogenéticas de cupins e Dictyoptera, ver a seção 7.4.2 e as Figuras 7.2 e 7.4.

Taxoboxe 17 Psocodea | "Psocoptera" (psocópteros)

A ordem Psocodea (anteriormente considerada superordem) contém as antigas ordens "Psocoptera" (psocópteros, piolhos-de-livro) e "Phthiraptera" (piolhos; ver Taxoboxe 18) e contém quase 11.000 espécies descritas. São reconhecidas sete subordens de Psocodea, incluindo Psocomorpha, Trogiomorpha e Troctomorpha. As últimas três subordens são os psocópteros não parasitas. Eles são insetos minúsculos a pequenos (1 a 10 mm de comprimento) comuns, mas crípticos. O desenvolvimento é hemimetábolo, com cinco ou seis instares ninfais. Eles têm cabeça grande e móvel, e grandes olhos compostos; três ocelos estão presentes nas espécies aladas, mas ausentes nas ápteras. As antenas têm geralmente 13 artículos e são filiformes. As peças bucais apresentam mandíbulas mastigadoras assimétricas, lacínias maxilares em forma de bastão e palpos labiais reduzidos. O tórax varia de acordo com a presença de asas. O pronoto é pequeno, ao passo que o mesonoto e o metanoto são maiores. As pernas são gressoriais e finas.

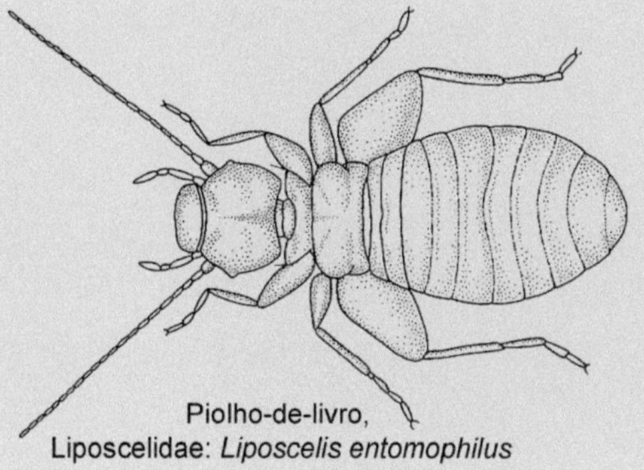

Piolho-de-livro,
Liposcelidae: *Liposcelis entomophilus*

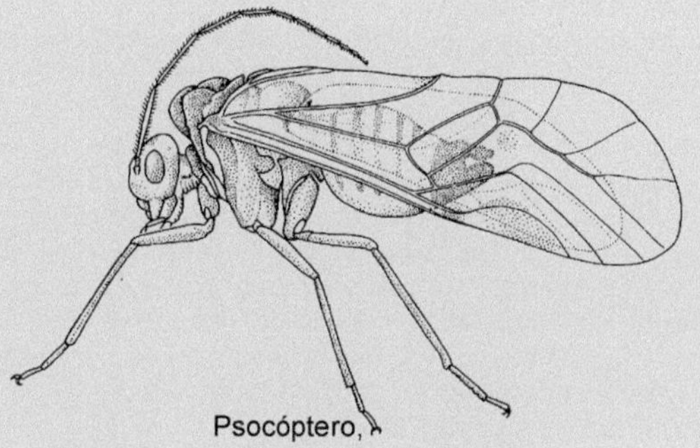

Psocóptero,
Psocidae: *Amphigerontia contaminata*

(*continua*)

Taxoboxe 17 Psocodea | "Psocoptera" (psocópteros) (*Continuação*)

As asas são frequentemente reduzidas ou ausentes (como mostrado aqui para *Liposcelis entomophilus* (Liposcelidae); com base em Smithers, 1982). Quando presentes, as asas são membranosas, com nervação reduzida, de modo que a asa posterior está ligada à asa anterior (que é maior) durante o voo e em repouso, quando as asas são mantidas dobradas em forma de teto sobre o abdome (como mostrado aqui para *Amphigerontia contaminata* (Psocidae); segundo Badonnel, 1951). O abdome tem dez segmentos visíveis, de forma que o 11º é representado por um epiprocto dorsal e por paraproctos laterais pares. Os cercos estão ausentes.

A corte com frequência envolve uma dança nupcial, seguida pela transferência de espermatozoides por meio de um espermatóforo. Os ovos são postos em grupos ou um a um sobre a vegetação ou sob a casca de árvores, em locais onde as ninfas subsequentemente se desenvolvem. A partenogênese é comum, e pode ser obrigatória ou facultativa. A viviparidade é conhecida em pelo menos um gênero.

Os adultos e as ninfas se alimentam de fungos (hifas e esporos), liquens, algas e ovos de insetos, ou são detritívoros e se alimentam de matéria orgânica morta. Algumas espécies são solitárias, outras podem ser comunais, formando grupos pequenos de adultos e ninfas sob teias.

As relações filogenéticas de Psocodea são consideradas na seção 7.4.2 e ilustradas na Figura 7.2 e na Figura 7.5.

Taxoboxe 18 Psocodea | "Phthiraptera" (piolhos)

Quatro das sete subordens da ordem Psocodea são parasitas de vertebrados homeotermos e antigamente compreendiam a ordem "Phthiraptera": os piolhos. Existem quase 5.000 espécies desses piolhos, os quais são ectoparasitas altamente modificados, ápteros, achatados dorsoventralmente, como exemplificado por *Werneckiella equi*, o piolho de cavalos (Ischnocera: Trichodectidae) ilustrado aqui. As quatro subordens de piolhos são: Rhynchophthirina (um pequeno grupo encontrado apenas em elefantes, javalis africanos e porcos do mato), Amblycera e Ischnocera (esses três táxons formam os piolhos picadores ou mastigadores, anteriormente chamados Mallophaga), e Anoplura (piolhos sugadores). O desenvolvimento é hemimetábolo. As peças bucais são mandibuladas em Amblycera, Ischnocera e Rhynchophthirina, e com forma de bico para perfurar e sugar em Anoplura (Figura 2.16), os quais também não possuem palpos maxilares. Os olhos são ausentes ou reduzidos; as antenas ficam abrigadas em sulcos (Amblycera) ou estendidas, filiformes (e algumas vezes modificadas como clásperes) em Ischnocera e Anoplura. Os segmentos torácicos são variavelmente fundidos, e completamente fundidos em Anoplura. As pernas são bem desenvolvidas e robustas com tarsos com um ou dois artículos e garras fortes utilizadas para agarrar o pelo ou pelagem do hospedeiro. Os ovos são postos no pelo ou nas penas do hospedeiro. As ninfas parecem adultos menores, menos pigmentados, e todos os estágios vivem no hospedeiro.

Os piolhos são ectoparasitas obrigatórios sem nenhum estágio de vida livre e ocorrem em todas as ordens de aves e na maioria das ordens de mamíferos (com a notável exceção dos morcegos). Ischnocera e Amblycera se alimentam de penas de aves e pele de mamíferos, sendo que alguns poucos amblíceros se alimentam de sangue. Anoplura se alimenta apenas de sangue de mamíferos.

O grau de especificidade de hospedeiro entre os piolhos é alto e muitos grupos monofiléticos de piolhos ocorrem em grupos monofiléticos de hospedeiros. Entretanto, a especiação do hospedeiro e a especiação do parasita não se encaixam precisamente e, historicamente, muitas transferências ocorreram entre táxons ecologicamente próximos mas não aparentados (seção 13.3.3). Além disso, mesmo quando as filogenias do piolho e do hospedeiro combinam, pode ser evidente uma defasagem entre a especiação do hospedeiro e a diferenciação do piolho, embora a transferência gênica tenha sido interrompida simultaneamente.

Assim como para a maioria dos insetos parasitas, alguns piolhos estão envolvidos na transmissão de doenças. *Pediculus humanus humanus* (subordem Anoplura), o piolho-do-corpo humano, é um vetor do tifo (seção 15.3.3). É notável que a subespécie *P. humanus capitis*, o piolho-da-cabeça de humanos, e *Pthirus pubis*, o piolho-do-púbis (ilustrado à direita na diagnose de piolhos no Apêndice), são vetores insignificantes de tifo, embora frequentemente ocorram junto com o piolho-do-corpo.

Os piolhos evoluíram a partir de psocópteros de vida livre, provavelmente duas vezes. As relações filogenéticas de Psocodea são consideradas na seção 7.4.2 e representadas nas Figuras 7.2 e 7.5.

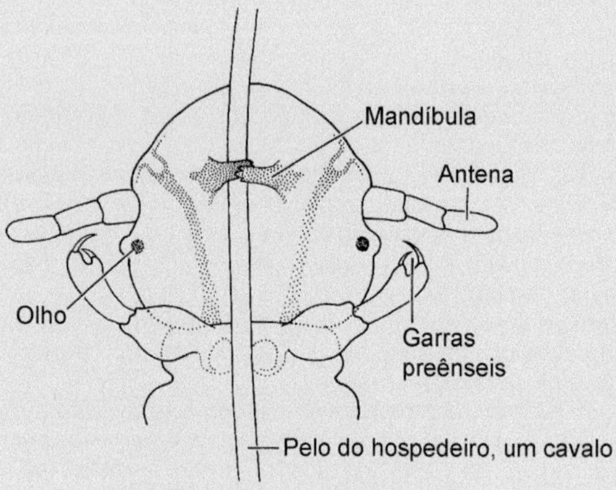

VISTA VENTRAL DA CABEÇA

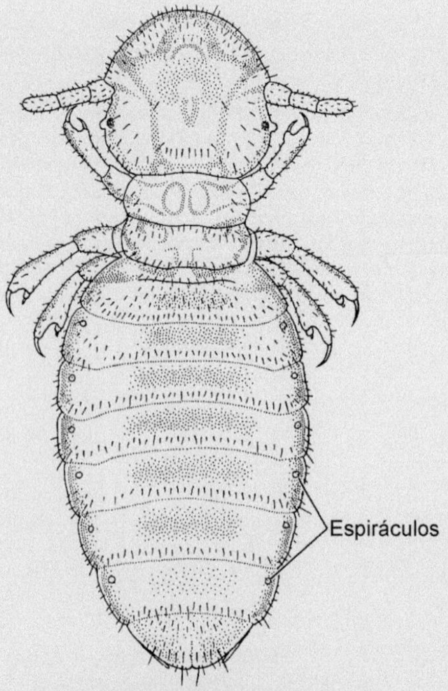

VISTA DORSAL DO PIOLHO

Taxoboxe 19 Thysanoptera (tripes)

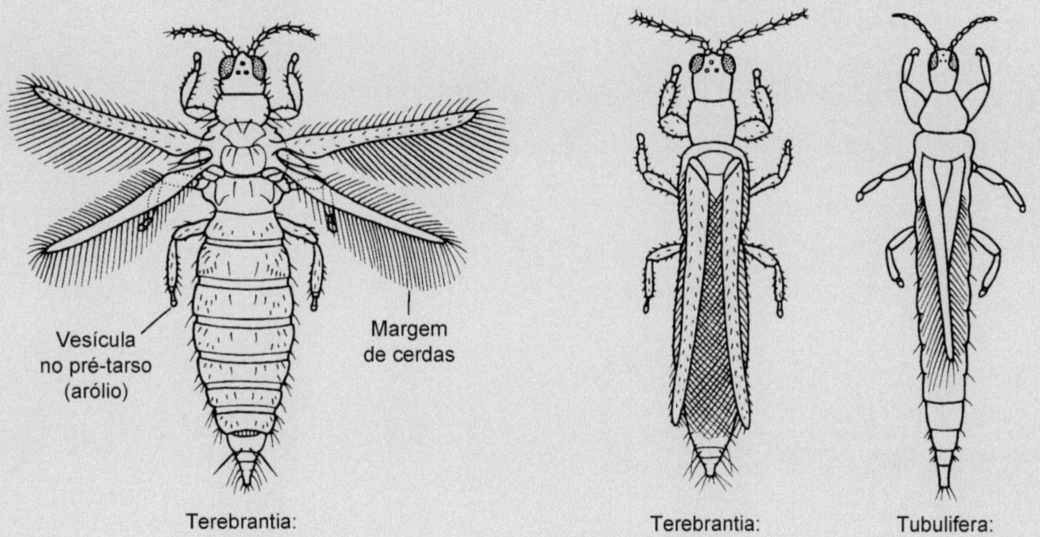

Thysanoptera, presente no mundo inteiro, é uma ordem de insetos minúsculos a pequenos (de 0,5 mm a um comprimento máximo de 15 mm, mas frequentemente 1 a 3 mm), compreendendo quase 6.000 espécies em duas subordens: Terebrantia, com oito famílias (incluindo Thripidae, com muitas espécies), e Tubulifera, com apenas uma família (Phlaeothripidae, com muitas espécies). Seu desenvolvimento é holometábolo, mas convergente com o que é visto em Holometabola (ver seção 8.5). O corpo é fino e alongado; a cabeça é alongada e geralmente hipógnata. As peças bucais (Figura 2.15A) compreendem as lacínias maxilares na forma de estiletes sulcados, de modo que a mandíbula direita é atrofiada e a esquerda funciona como se fosse mais um estilete; os estiletes maxilares formam um tubo alimentar. Os olhos compostos variam de pequenos a grandes, e há três ocelos nas formas completamente aladas. As antenas têm de quatro a nove artículos, sendo dirigidas anteriormente. O desenvolvimento torácico varia de acordo com a presença de asas; as asas anteriores e posteriores são semelhantes e estreitas, com uma longa margem de cerdas (como ilustrado à esquerda para um Terebrantia; segundo Lewis, 1973). Em repouso, as asas são paralelas em Terebrantia (figura do meio), mas se sobrepõem em Tubulifera (figura da direita); ocorrem micropteria e apteria, e polimorfismos intraespecíficos de corpo e asa são frequentes. As pernas são curtas e adaptadas para andar, às vezes com as pernas anteriores raptoriais e as posteriores saltatórias; os tarsos são uni ou biarticulados e o pré-tarso tem um arólio (bexiga ou vesícula) apical adesivo protraível. O abdome tem 11 segmentos (embora apenas dez visíveis). Nos machos, a genitália é simétrica e oculta. Nas fêmeas, os cercos estão ausentes; o ovipositor é serrilhado em Terebrantia porém parecido com uma calha e retraído internamente em Tubulifera.

Os ovos são postos dentro dos tecidos vegetais (Terebrantia) ou dentro de fendas ou na vegetação exposta (Tubulifera). As ninfas de primeiro e segundo instares se parecem com adultos pequenos, exceto pela ausência de asas e genitália, e são normalmente chamadas de "larvas"; os instares 3 a 4 (Terebrantia) ou 3 a 5 (Tubulifera) são estágios de repouso ou de pupa, durante os quais acontece uma reconstrução significativa dos tecidos. As tripes fêmeas são diploides, ao passo que os machos (se presentes) são haploides, produzidos a partir de ovos não fecundados. A partenogênese arrenótoca é comum; a telitoquia é rara (seção 5.10.1).

O modo de alimentação primitivo dos tripes provavelmente era a alimentação com fungos, de modo que cerca de metade das espécies se alimentam apenas de fungos, em especial as hifas. A maioria dos outros tripes são primariamente fitófagos, alimentando-se de flores ou folhas e incluindo alguns indutores de galhas, e alguns poucos são predadores. Os tripes que se alimentam de plantas usam seu estilete mandibular para perfurar um orifício por meio do qual são inseridos os estiletes maxilares. Os conteúdos de células individuais são sugados um de cada vez; os tripes que se alimentam de pólen removem de modo similar os conteúdos de grãos individuais de pólen, porém os tripes que se alimentam de esporos absorvem-nos inteiros. Várias espécies cosmopolitas de tripes (p. ex., *Frankliniella occidentalis*) agem como vetores de vírus que danificam as plantas. Os tripes podem se agregar em flores, onde agem como polinizadores. O comportamento subsocial, incluindo o cuidado parental, é exibido por alguns tripes (seção 12.1.2).

As relações filogenéticas são consideradas na seção 7.4.2 e mostradas na Figura 7.2.

Taxoboxe 20 Hemiptera (percevejos, cigarras, cigarrinhas, pulgões, cochonilhas, moscas-brancas)

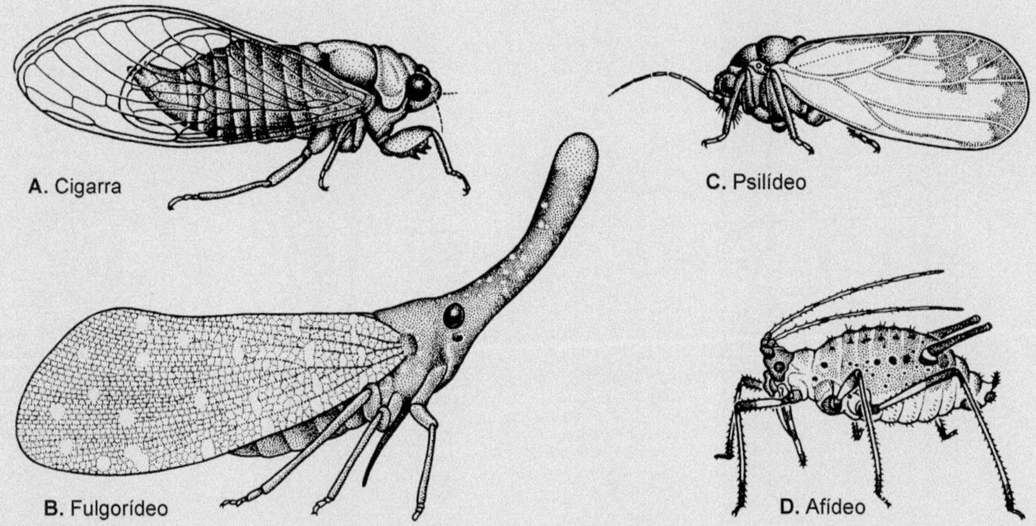

Os Hemiptera estão distribuídos no mundo inteiro, constituindo a mais diversa das ordens não endopterigotas, com quase 100.000 espécies em cerca de 145 famílias, embora muitas outras espécies aguardem pela descoberta e descrição, especialmente entre as cigarrinhas tropicais. Historicamente, ela foi dividida em duas subordens (às vezes tratadas como ordens): Heteroptera (percevejos) e "Homoptera" (cigarras, cigarrinhas, pulgões, cochonilhas e moscas-brancas). Contudo, os homópteros representam uma categoria de organização (um grupo parafilético em vez de monofilético). Atualmente, cinco (ou às vezes menos) subordens podem ser reconhecidas (Figura 7.6): (i) Heteroptera, os percevejos "verdadeiros", com quase 40.000 espécies descritas; (ii) Coleorrhyncha, os percevejos-musgos (família Peloridiidae) com menos de 30 espécies; (iii) Cicadomorpha (= Clypeorrhyncha, cigarras, cigarrinhas e cercopídeos) com cerca de 30.000 espécies descritas; (iv) Fulgoromorpha (= Archaeorrhyncha, fulgorídeos, jequitiranaboias e outros) com cerca de 12.000 espécies descritas; e (v) Sternorrhyncha (pulgões, psilídeos, cochonilhas e moscas-brancas) com mais de 16.000 espécies. Cicadomorpha e Fulgoromorpha são coletivamente chamados de Auchenorrhyncha (e geralmente tratada como uma uma subordem), um grupo sustentado por dados morfológicos e moleculares, embora alguns autores tenham questionado sua monofilia. Quatro hemípteros estão ilustrados em vista lateral: (A) *Cicadetta montana* (Cicadidae) (segundo uma ilustração de Jon Martin em Dolling, 1991); (B) *Pyrops sultan* (Fulgoridae), de Bornéu (segundo Edwards, 1994); (C) o psilídeo *Psyllopsis fraxini* (Psyllidae), o qual deforma folíolos de freixos na Europa ocidental (segundo um desenho de Jon Martin em Dolling, 1991); e (D) uma fêmea áptera vivípara do pulgão *Macromyzus woodwardiae* (Aphididae) (segundo Miyazaki, 1987a).

Os olhos compostos dos hemípteros costumam ser grandes e os ocelos podem estar presentes ou ausentes. As antenas variam de curtas, com poucos artículos, a filiformes e multiarticuladas. As peças bucais compreendem mandíbulas e maxilas modificadas como estiletes, em forma de agulhas, que ficam em um lábio sulcado semelhante a um bico (conforme mostrado para um heteróptero pentatomídeo em (E) e (F)), coletivamente formando um rostro ou probóscide. O feixe de estiletes contém dois canais: um que libera saliva, outro que absorve líquido (conforme mostrado em (F)); não há palpos. O tórax com frequência consiste em protórax e mesotórax grandes, mas um metatórax pequeno. Ambos os pares de asas frequentemente apresentam nervação reduzida; alguns hemípteros são ápteros, e raramente pode haver apenas um par de asas (em machos de cochonilha, os quais apresentam hâmulo-halteres no metatórax). As pernas são na maioria das vezes gressoriais, algumas vezes raptoriais, comumente com estruturas adesivas pré-tarsais complexas. O abdome é variável e os cercos estão ausentes.

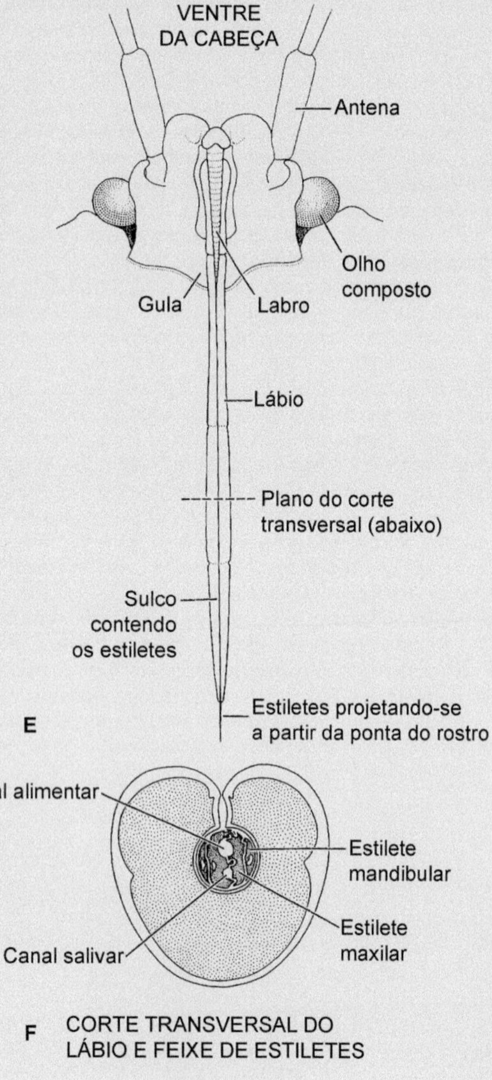

(*continua*)

Taxoboxe 20 Hemiptera (percevejos, cigarras, cigarrinhas, pulgões, cochonilhas, moscas-brancas) (*Continuação*)

A maioria dos Heteroptera mantém sua cabeça em posição horizontal, com o rostro anteriormente distinto do prosterno (embora o rostro possa estar em contato com o corpo nas bases das coxas e no abdome anterior). Quando em repouso, as asas estão geralmente estendidas sobre o abdome (Figura 5.8). As asas anteriores em geral são espessadas na base e membranosas no ápice, para formar hemélitros (Figura 2.24E). A maioria dos Heteroptera tem glândulas odoríferas abdominais. Os heterópteros ápteros podem ser identificados pelo rostro surgindo da região anteroventral da cabeça e pela presença de uma gula grande. Os não heterópteros mantêm a cabeça flexionada, com todo o comprimento do rostro em contato com o prosterno, direcionado posteriormente quase sempre entre as bases das coxas. Eles têm asas membranosas que ficam dobradas em forma de teto sobre o abdome, quando em repouso; as espécies ápteras são identificadas pela ausência de uma gula e pelo rostro surgindo da região posteroventral da cabeça (Auchenorrhyncha) ou próximo ao prosterno (Sternorrhyncha). As peças bucais estão ausentes em alguns pulgões, em algumas fêmeas e em todos os machos de cochonilhas.

As ninfas de Heteroptera (Figura 6.2) e de Auchenorrhyncha se parecem com os adultos, exceto pela falta do desenvolvimento das asas e da genitália. Contudo, os Sternorrhyncha imaturos mostram muita variação em um grande número de ciclos de vida complexos. Muitos pulgões exibem partenogênese (seção 5.10.1), em geral alternando com reprodução sexuada sazonal. Os estágios imaturos de Aleyrodoidea (moscas-brancas) e Coccoidea (cochonilhas) podem diferir bastante dos adultos, com os estágios larviformes seguidos por um estágio "de pupa" quiescente que não se alimenta, em uma holometabolia convergentemente adquirida.

O modo de alimentação primitivo é perfurar e sugar tecidos vegetais (Figura 11.4), e muitas espécies induzem galhas em suas plantas hospedeiras (seção 11.2.5; Boxe 11.2; Pranchas 4F e 5A-C). As ninfas de certos psilídeos (Psylloidea) vivem sob conchas (Prancha 8E) que elas constroem a partir de suas excretas anais. Todos os hemípteros têm glândulas salivares grandes e um canal alimentar modificado para absorção de líquidos, com uma câmara filtradora para remover a água (Boxe 3.3). Muitos hemípteros dependem exclusivamente da seiva de plantas vivas (do floema ou xilema e, às vezes, do parênquima). A eliminação de grandes quantidades de uma secreção açucarada (*honeydew*) por Sternorrhyncha, que se alimentam de floema, proporciona a base para relações mutualistas com formigas. Muitos hemípteros liberam ceras (Figura 2.5), que formam coberturas protetoras "poeirentas" ou semelhantes a placas. Os Heteroptera não fitófagos compreendem muitos predadores, alguns detritívoros, alguns poucos hematófagos (que se alimentam de sangue) e alguns necrófagos (que consomem presas mortas), com o último grupo trófico incluindo colonizadores bem-sucedidos de ambientes aquáticos (Boxe 5.8 e Boxe 10.2) e alguns dos poucos insetos que vivem nos oceanos (seção 10.8).

As relações filogenéticas são consideradas na seção 7.4.2 e mostradas na Figura 7.2 e na Figura 7.6.

Taxoboxe 21 Neuropterida | Neuroptera (neurópteros, formigas-leão, bichos-lixeiros), Megaloptera (megalópteros) e Raphidioptera

Os membros dessas três pequenas ordens de neuropteroides apresentam desenvolvimento holometábolo e são, em grande parte, predadores. Números aproximados de espécies descritas são: cerca de 6.500 para os Neuroptera (neurópteros, formigas-leão, bichos-lixeiros), em cerca de 20 famílias; cerca de 350 nos Megaloptera, em duas famílias amplamente distribuídas ao redor do mundo – Sialidae (adultos com 10 a 15 mm de comprimento) e os grandes Corydalidae (adultos com até 75 mm de comprimento); e apenas 200 nos Raphidioptera (rafidiópteros), em duas famílias, Inocelliidae e Raphidiidae.

Os adultos têm antenas multiarticuladas, grandes olhos separados, e peças bucais mandibuladas. O protórax pode ser maior do que o mesotórax e o metatórax, os quais têm quase o mesmo tamanho. As pernas podem ser modificadas para predação. As asas anteriores e posteriores são semelhantes em formato e nervação, com as asas dobradas com frequência estendendo-se para além do abdome. O abdome não tem cercos.

Ascalaphidae, *Ascalaphus* sp.

Neuroptera

Os Neuroptera adultos (ilustrados na Figura 6.13 e no Apêndice, e exemplificados aqui por *Ascalaphus* sp. (Ascalaphidae); segundo uma fotografia de C.A.M. Reid) têm asas tipicamente com numerosas nervuras transversais e "ramificações" nas extremidades das nervuras; muitos são predadores, mas néctar, *honeydew* e pólen são consumidos por algumas espécies. As larvas de Neuroptera (Figura 6.6D) são normalmente predadoras especializadas e ativas, com cabeças prógnatas, mandíbulas delgadas e alongadas, e maxilas unidas para formar

(*continua*)

Taxoboxe 21 Neuropterida | Neuroptera (neurópteros, formigas-leão, bichos-lixeiros), Megaloptera (megalópteros) e Raphidioptera *(Continuação)*

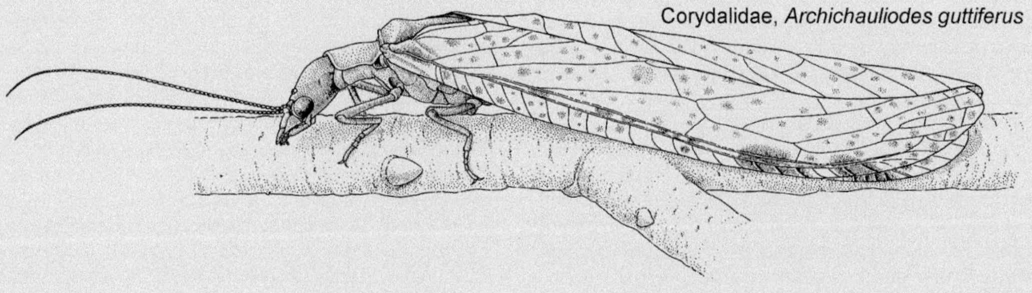
Corydalidae, *Archichauliodes guttiferus*

peças bucais perfurantes e sugadoras (Figura 13.2C); todos têm um proctodeu em fundo cego. Especializações de dietas das larvas incluem massas de ovos de aranha (para Mantispidae), esponjas de água doce (para Sisyridae; com larva ilustrada no Boxe 10.4), ou hemípteros de corpo mole, tais como afídeos e cochonilhas (para Chrysopidae, Hemerobiidae e Coniopterygidae). A pupação é terrestre, dentro de abrigos tecidos com seda dos túbulos de Malphigi. As mandíbulas das pupas são usadas para abrir o casulo endurecido.

Megaloptera

Os Megaloptera são predadores e carniceiros apenas no estágio larval aquático (ver Boxe 10.4 e Apêndice para ilustrações) – embora os adultos tenham mandíbulas fortes, elas não são usadas na alimentação. Os adultos (tais como o Corydalidae, *Archichauliodes guttiferus*, ilustrado aqui) se parecem muito com os neurópteros, exceto pela presença de uma grande área anal dobrada na asa posterior que se dobra quando as asas estão em repouso sobre as costas. O abdome é mole. As larvas (às vezes chamadas de heligramitos) têm de 10 a 12 instares e levam pelo menos 1 ano, normalmente dois ou mais, para se desenvolver e são intolerantes à poluição. As larvas são prógnatas, com peças bucais bem desenvolvidas, incluindo palpos labiais com três artículos; apresentam espiráculos, com brânquias consistindo em filamentos laterais com quatro ou cinco artículos (Sialidae) ou com dois artículos nos segmentos abdominais; o abdome da larva termina em um filamento caudal mediano não articulado (Sialidae) ou em um par de falsas pernas anais (como mostrado no Boxe 10.4 para Corydalidae). A pupa se parece com a de besouro (Figura 6.7A), exceto pelo fato de ter mobilidade devido às suas pernas livres e tem uma cabeça semelhante àquela da larva, incluindo mandíbulas funcionais. A fase de pupa ocorre longe da água, frequentemente em câmaras em solo úmido embaixo de pedras, ou em madeira úmida.

Raphidioptera

Os Raphidioptera são predadores terrestres, tanto como adultos quanto como larvas, e ocorrem apenas no hemisfério norte e quase exclusivamente na região Holártica. O adulto é parecido com um louva-deus, com um protórax alongado – conforme mostrado aqui para uma fêmea de *Agulla* sp. (Raphidiidae) (segundo uma fotografia de D.C.F. Rentz) – e cabeça móvel usada para atacar, como uma cobra, a presa. A fêmea adulta tem um ovipositor alongado. A larva (ilustrada no Apêndice) tem uma grande cabeça prógnata e um protórax esclerotizado, que é um pouco mais comprido do que os mesotórax e metatórax membranosos. O número de instares larvais é variável, tipicamente com 10 ou 11, mas algumas vezes mais do que isso, e o desenvolvimento larval leva de um a vários anos. Um período de temperatura baixa parece ser necessário para induzir tanto a fase de pupa quanto a eclosão do adulto. A pupa é móvel.

Os Megaloptera, Raphidioptera e Neuroptera são tratados aqui como ordens separadas; entretanto, alguns especialistas incluem os Raphidioptera dentro dos Megaloptera, ou todos os três podem estar unidos nos Neuropterida. As relações filogenéticas são consideradas na seção 7.4.2 e ilustradas na Figura 7.2.

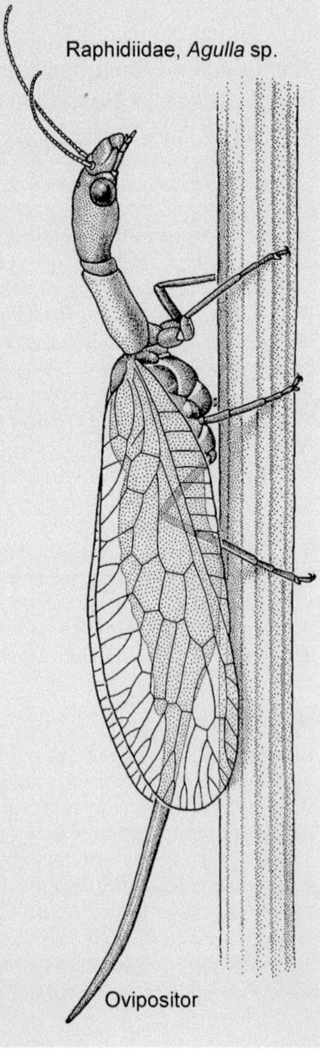

Raphidiidae, *Agulla* sp.

Taxoboxe 22 Coleoptera (besouros)

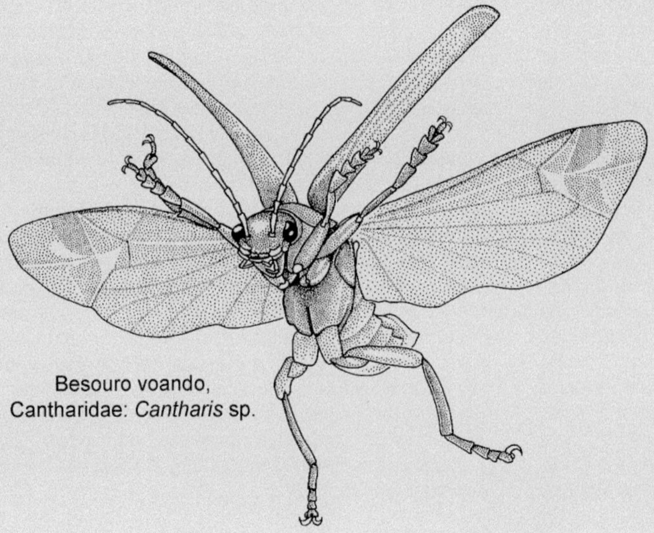

Besouro voando,
Cantharidae: *Cantharis* sp.

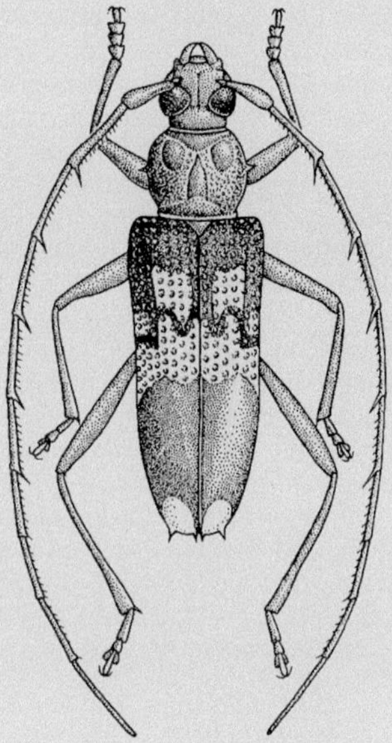

Besouro Cerambycidae:
Phoracantha semipunctata

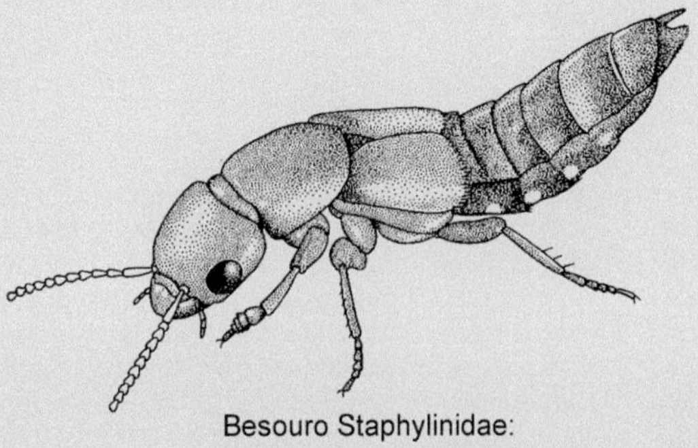

Besouro Staphylinidae:
Staphylinus caesareus

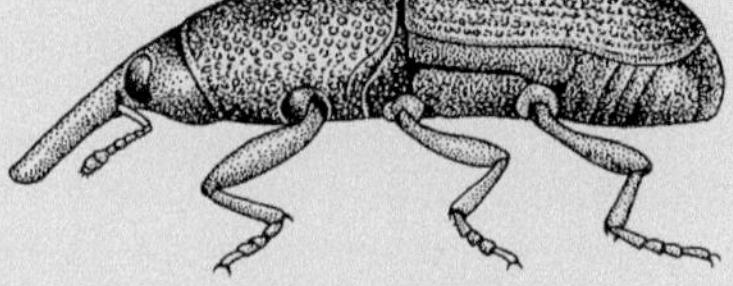

Gorgulho, Curculionidae:
Sitophilus granarius

Coleoptera provavelmente é a maior ordem de insetos, com cerca de 390.000 espécies descritas em quatro subordens (Archostemata, Myxophaga, Adephaga e o grande grupo Polyphaga). Embora a classificação quanto à família seja instável, cerca de 500 famílias e subfamílias são reconhecidas. Os besouros adultos variam de pequenos a muito grandes, mas de modo geral são altamente esclerotizados, às vezes até mesmo com armaduras e, com frequência, compactos. O desenvolvimento é holometábolo. As peças bucais são mandibuladas, e os olhos compostos variam de bem desenvolvidos (algumas vezes se encontrando medianamente) a ausentes; os ocelos estão geralmente ausentes. As antenas compreendem 11 ou, na maioria das vezes, menos artículos (excepcionalmente nos machos de Rhipiceridae com 20 artículos). O protórax é evidente, grande, e se estende lateralmente para além das coxas; o mesotórax é pequeno (pelo menos dorsalmente) e fundido ao metatórax para formar o pterotórax portador de asas. As asas anteriores são modificadas como rígidos e esclerotizados élitros (Figura 2.24D), cujo movimento pode ajudar ao se levantar ou estar restrito a se abrir e fechar antes e depois do voo; os élitros cobrem as asas posteriores e os espiráculos abdominais, permitindo o controle da perda de água. As asas posteriores são mais longas que os élitros quando estendidas para o voo (como ilustrado na figura superior à esquerda, para um besouro *Cantharis* sp. (Cantharidae); segundo Brackenbury, 1990), e têm nervação variavelmente reduzida, muito da qual está associada com o complexo sistema de pregas que permite às asas serem dobradas longitudinal e transversalmente abaixo dos élitros, mesmo se esses últimos tiverem tamanho reduzido, como os besouros da família Staphylinidae, por exemplo, *Staphylinus caesareus* (ilustrado na figura inferior à esquerda; segundo Stanek, 1969). As pernas são variavelmente desenvolvidas, com coxas que, às vezes, são grandes e móveis; os tarsos apresentam primitivamente cinco artículos, embora com frequência tenham um número reduzido de artículos, e garras e estruturas adesivas de formas variadas (Figura 10.3). Algumas vezes, as pernas são fossoriais (Figura 9.2C), para cavar no solo ou na madeira, ou modificadas, para nadar (Figuras 10.3 e 10.7) ou saltar. O abdome tem primitivamente nove segmentos nas fêmeas e dez nos machos, com pelo menos um segmento terminal retraído; os esternos são em geral muito esclerotizados, na maioria das vezes mais que os tergos. As fêmeas têm um ovipositor substituinte, ao passo que a genitália externa dos machos é primitivamente trilobada (Figura 2.26B). Os cercos estão ausentes.

As larvas exibem ampla variação de morfologias, mas a maioria pode ser reconhecida pela cápsula cefálica esclerotizada com mandíbulas oponíveis e suas pernas torácicas geralmente com cinco artículos, além de poderem ser distinguidas das larvas de Lepidoptera semelhantes pela ausência das falsas pernas abdominais ventrais portadoras de ganchos, e pela ausência de uma glândula de seda labial mediana. As larvas semelhantes de vespas Symphyta têm falsas pernas nos segmentos abdominais 2 a 7. As larvas de besouros variam na forma do corpo e na estrutura das pernas; algumas são ápodes (sem qualquer perna torácica; ver Figura 6.6G; Prancha 2A), ao passo que as larvas com pernas podem ser campodeiformes (prógnatas com pernas torácicas longas; ver Figura 6.6E), eruciformes (semelhantes a um verme, com pernas curtas) ou escarabaeiformes (semelhantes a um verme, mas com pernas longas; ver Figura 6.6F). O sistema traqueal das larvas dos besouros é aberto e tipicamente tem nove pares de espiráculos, porém com redução variável nas larvas da

(*continua*)

Taxoboxe 22 Coleoptera (besouros) (*Continuação*)

maioria das espécies aquáticas, as quais, frequentemente, tem brânquias (Boxe 10.3). A fase de pupa com frequência ocorre dentro de uma cela ou câmara especialmente construída (Figuras 9.1 e 9.6), raramente em um casulo tecido a partir da seda dos túbulos de Malpighi, ou exposta, como nos coccinelídeos (Figura 6.7J).

Os besouros ocupam virtualmente todos os hábitats concebíveis, incluindo água doce, alguns hábitats marinhos e da zona entremarés e, acima de tudo, todo o micro-hábitat da vegetação, desde partes externas como folhagem (Figura 11.1), flores, gemas, caules, cascas e raízes, até locais internos, como galhas, qualquer tecido vegetal vivo ou qualquer tipo de material morto, em todos os estágios de decomposição. Saprofagia e fungivoria são bastante comuns, de modo que esterco e cadáveres são explorados (seção 9.3 e seção 9.4, respectivamente). Poucos besouros são parasitas, mas a carnivoria é frequente, ocorrendo em quase todos os Adephaga e muitos Polyphaga, incluindo Lampyridae (vaga-lumes) e inúmeros Coccinellidae (joaninhas; ver abertura do Capítulo 16, Figura 5.9). Alguns herbívoros Chrysomelidae e Curculionidae (gorgulhos; Pranchas 4B e 8F) são amplamente introduzidos como agentes de controle biológico de ervas daninhas; mas outras espécies dessas duas famílias são pragas de plantas (tais como o besouro-da-batata, Boxe 16.7). Os Coccinellidae têm sido utilizados como agentes de controle biológico para pulgões e espécies de cocoides pragas de plantas (Boxe 16.3). Alguns besouros são pragas importantes de raízes (seção 9.1.1) em pastos e plantações (em especial as larvas de Scarabaeidae), de madeira de lei (incluindo Buprestidae (Boxe 17.4; Prancha 8G) e especialmente Cerambycidae, como *Phoracantha semipunctata*, ilustrado na figura superior à direita; segundo Duffy, 1963), e de produtos armazenados (como o gorgulho *Sitophilus granarius* (Curculionidae), ilustrado na figura inferior à direita). Esses últimos besouros tendem a se adaptar a condições secas e prosperam em estoques de grãos, cereais, grãos de leguminosas e material animal seco, como peles e couro. Os coleópteros aquáticos (Boxe 10.3; Figuras 10.3 e 10.7) exibem diversos hábitos alimentares, mas tanto as larvas quanto os adultos da maioria das espécies são predadores.

As relações filogenéticas são consideradas na seção 7.4.2 e ilustradas na Figura 7.2.

Taxoboxe 23 Strepsiptera

Os Strepsiptera são uma ordem de pouco mais de 600 espécies de endoparasitas altamente modificados, com extremo dimorfismo sexual. O macho (figura superior à direita; segundo CSIRO, 1970) tem uma cabeça grande e olhos salientes com algumas poucas facetas grandes, e sem ocelos. As antenas do macho são flabeladas ou ramificadas, com quatro a sete artículos. O protórax e o mesotórax são pequenos; as asas anteriores são curtas, espessas e sem nervuras, as posteriores são largas, em forma de leque, e com algumas nervuras radiais. As singulares asas posteriores torcidas do macho adulto em voo originaram o nome comum, em inglês, *twisted-wing parasites*. As pernas não têm trocânteres e, com frequência, nem garras. Um metanoto alongado sobrepõe-se à parte anterior do abdome, que vai se afilando. A fêmea é parecida com uma cochonilha ou larviforme, áptera, e em geral permanece em estado farado (escondido), como um endoparasitoide projetando-se a partir do hospedeiro (conforme ilustrado em vista ventral e secção longitudinal nas figuras à esquerda; segundo Askew, 1971). O triungulino (larva de primeiro instar; figura inferior à direita) tem três pares de pernas torácicas, mas não apresenta antenas e mandíbulas; instares subsequentes são vermiformes, sem peças bucais ou apêndices. A pupa do macho é exarata (apêndices livres do corpo) e adecta (com mandíbulas imóveis), dentro de um pupário formado a partir da cutícula do último instar larval. A maioria das fêmeas (exceto em Mengenillidae) torna-se adulta sem um estágio de pupa óbvio.

Strepsitera são parasitas de outros insetos pertencentes a sete ordens, mais comumente dos Hemiptera e Hymenoptera. Estrepsíteros da família Mengenillidae são singulares porque parasitam Zygentoma (Lepismatidae), tanto os machos quanto as fêmeas

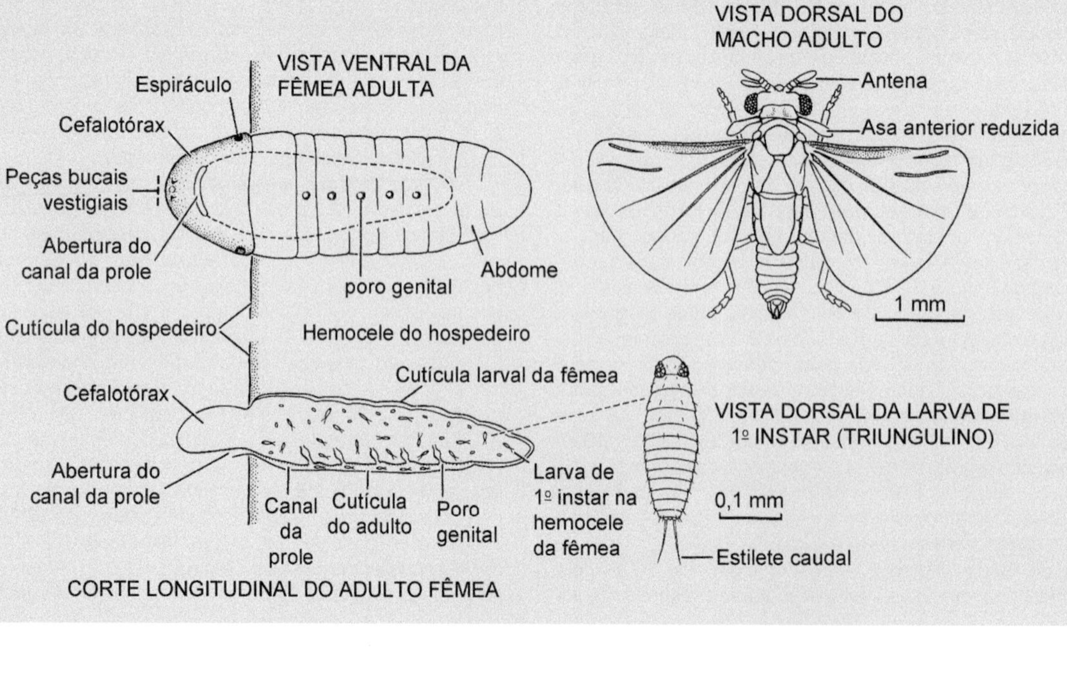

(*continua*)

Taxoboxe 23 Strepsiptera *(Continuação)*

deixam o hospedeiro para entrar na fase de pupa, e as fêmeas adultas são de vida livre (embora ainda ápteras). Os insetos hospedeiros infectados por estrepsípteros são denominados "stylopizados" e sofrem anormalidades morfológicas, fisiológicas e de desenvolvimento e, embora não morram prematuramente, não podem se reproduzir e morrem depois da saída do estrepsíptero. Os ovos de Strepsitera eclodem dentro da mãe através de uma ovoviviparidade na hemocele, e triungulinos ativos emergem por meio de um canal da prole (conforme mostrado aqui, no canto inferior esquerdo) e buscam um hospedeiro, com frequência em seu estágio imaturo. Em Stylopidae que parasitam Hymenoptera, os triungulinos deixam seu hospedeiro ao passo que estão nas flores, e de lá buscam uma abelha ou vespa adulta adequada para serem transportados até o ninho, onde entram em um ovo ou larvas hospedeiros.

A entrada no hospedeiro é por meio da cutícula enzimaticamente amolecida, seguida de uma muda imediata para um instar vermiforme que se desenvolve como um endoparasitoide (ver seção 13.3.2 para discussão sobre por que os Strepsiptera são considerados endoparasitoides). Para todas as famílias, exceto Mengenillidae e Bahiaxenidae, a pupa projeta-se do corpo do hospedeiro; o macho emerge empurrando uma tampa cefalotorácica, mas na maioria dos grupos de estrepsípteros, a fêmea permanece dentro da cutícula. A fêmea virgem libera feromônios para atrair machos que voam livremente, um dos quais copula, inseminando através do canal da prole no cefalotórax da fêmea.

Nove famílias atuais de Strepsitera e outras três famílias conhecidas apenas a partir de fósseis são reconhecidas. As relações filogenéticas dessa ordem são controversas e são consideradas na seção 7.4.2 e ilustradas na Figura 7.2.

Taxoboxe 24 Diptera (moscas e mosquitos)

Os Diptera são uma ordem que contém talvez por volta de 160.000 espécies descritas, agrupadas em cerca de 150 famílias, com vários milhares de espécies de importância médica e veterinária. O desenvolvimento é holometábolo. Os dípteros adultos tipicamente apresentam uma cabeça móvel, grandes olhos compostos e peças bucais direcionadas ventralmente, que frequentemente são formadas como uma probóscide – um órgão tubular de sucção compreendendo peças bucais alongadas, com o lábio fechando ou sustentando as outras peças bucais (normalmente incluindo o labro); modificações das peças bucais para uma função picadora, normalmente relacionada com alimentação hematófaga, são encontradas em muitos grupos. As peças bucais dos adultos são descritas na seção 2.3.1 e ilustradas nas Figuras 2.13 e 2.14. Os dípteros adultos são caracterizados por apresentarem asas bem desenvolvidas no mesotórax, e halteres (balancins) no metatórax (Figura 2.24F). Combinado ao voo impulsionado apenas pelas asas mesotorácicas, o protórax e o metatórax têm tamanho reduzido – apenas nos poucos dípteros ápteros o mesotórax é reduzido. As pernas podem ser altamente modificadas, mas todas têm cinco tarsômeros. O abdome tem 11 segmentos, embora ocorra muita redução, especialmente nas famílias de dípteros "superiores" nas quais o abdome é robusto em contraste a uma forma alongada e delgada. As fêmeas não têm um ovipositor verdadeiro compreendendo valvas, mas um ovipositor funcional pode ser reconhecido nos dípteros "superiores", compreendendo segmentos terminais retráteis como um telescópio.

As larvas não apresentam pernas verdadeiras (Figura 6.6H), e a estrutura de suas cabeças varia desde uma cápsula completamente esclerotizada até a acefalia sem uma cápsula externa, mas com apenas um esqueleto interno. As pupas são adécticas e obtetas, ou exaratas, formando um pupário (Figura 6.7E,F).

O grupo parafilético dos "Nematocera" compreende os dípteros que denominamos, de uma forma geral, de mosquitos; eles têm antenas delgadas, com mais de seis flagelômeros, e um palpo maxilar com três a cinco artículos (ilustrado com um Tipulidae (*Tipula*) em (A); segundo McAlpine, 1981). Os Brachycera contêm dípteros mais encorpados, incluindo os vários tipos de moscas, como as moscas-varejeiras e as moscas-domésticas. Apresentam uma antena mais sólida e, com frequência, mais curta, com um menor número (menos de sete) de flagelômeros, geralmente com uma arista terminal (Figura 2.19I); os palpos maxilares apresentam apenas um ou dois artículos. Dentro dos Brachycera, os Cyclorrhapha esquizóforos utilizam um ptilino para ajudar na emergência para fora do pupário.

As larvas de dípteros apresentam uma ampla variedade de hábitos. Muitas larvas de Nematocera são aquáticas (Figura 2.18; Boxe 10.1), e as larvas dos Brachycera mostram uma irradiação filogenética para hábitos larvais mais secos e mais especializados, incluindo a fitofagia, a predação e o parasitismo de outros artrópodes, e a indução de miíases em vertebrados (seção 15.1). Os corós que induzem miíases apresentam uma cabeça muito reduzida, mas ainda apresentam peças bucais esclerotizadas conhecidas como ganchos bucais (ilustrados com uma larva de terceiro instar da larva do Velho Mundo de *Chrysomya bezziana* (Calliphoridae) em (B); segundo Ferrar, 1987), que raspam o tecido vivo do hospedeiro. As moscas adultas se alimentam principalmente sugando líquidos, incluindo néctar de flores (Prancha 5F), algumas vezes o *honeydew* de insetos que sugam plantas, ou sangue e outros líquidos corporais, e algumas não se alimentam.

As relações filogenéticas são consideradas na seção 7.4.2 e representadas na Figura 7.7.

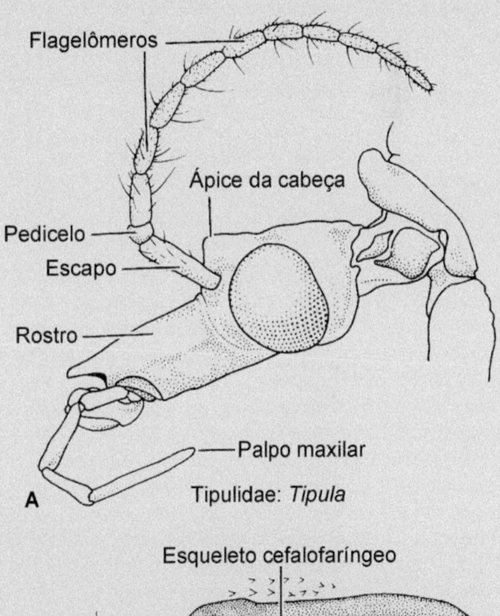

A Tipulidae: *Tipula*

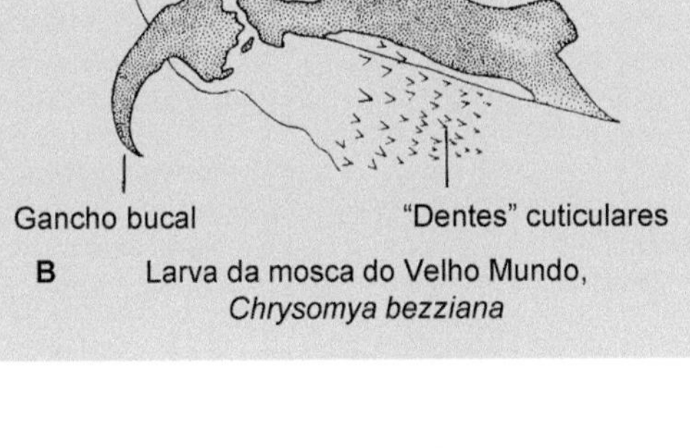

B Larva da mosca do Velho Mundo, *Chrysomya bezziana*

Taxoboxe 25 Mecoptera (mecópteros)

Mecoptera é uma ordem de cerca de 400 espécies conhecidas em nove famílias, com nomes comuns associados com as duas maiores famílias – Bittacidae (ver Boxe 5.1) e Panorpidae (ilustrados aqui na figura superior e no Apêndice) – e com os Boreidae (exemplificados na figura inferior pela fêmea de *Boreus brumalis*; com base em uma fotografia de Tom Murray). O desenvolvimento é holometábolo. Os adultos têm um rostro hipógnato alongado; suas mandíbulas e maxilas são alongadas, delgadas e serrilhadas; o lábio é alongado. Eles têm olhos grandes e separados, e antenas multiarticuladas e filiformes. O protórax pode ser menor do que o meso- e o metatórax igualmente desenvolvidos, cada um com um escuto, escutelo e pós-escutelo visíveis. As asas anteriores e posteriores são finas e semelhantes em tamanho, forma e nervação; elas são frequentemente reduzidas ou ausentes, tal como nas asas vestigiais de Boreidae que são modificadas nos machos para agarrar as fêmeas durante a cópula. As pernas podem ser modificadas para predação. O abdome tem 11 segmentos, com o primeiro tergito fundido ao metatórax. Os cercos têm um ou dois artículos. As larvas têm uma cápsula cefálica fortemente esclerotizada, são mandibuladas, e apresentam olhos compostos de grupos de estematas (até 30 em Panorpidae; indistintos em Nannochoristidae). Seus segmentos torácicos têm quase o mesmo tamanho; as curtas pernas torácicas têm tíbia e tarso fundidos e uma única garra. Falsas pernas normalmente ocorrem nos segmentos abdominais 1 a 8, e o décimo segmento terminal apresenta ganchos pareados ou um disco de sucção. A pupa (Figura 6.7B) é imóvel, exarata e mandibulada.

Os hábitos de dieta dos mecópteros variam entre as famílias, e frequentemente entre adultos e larvas dentro de uma família. Os Bittacidae são predadores enquanto adultos, mas saprófagos enquanto larvas; os Panorpidae são detritívoros, provavelmente alimentando-se principalmente de artrópodes mortos, tanto enquanto larva quanto como adulto. Sabe-se menos sobre as dietas das outras famílias, mas a saprofagia e a fitofagia, incluindo a ingestão de musgo para os Boreidae, têm sido registradas.

A cópula em certos mecópteros é precedida de procedimentos de corte elaborados que podem envolver alimentação nupcial (Boxe 5.1). Os locais de oviposição variam, mas o desenvolvimento larval conhecido se dá predominantemente em folhiços úmidos, ou é aquático em Nannochoristidae da Gondwana.

Estudos filogenéticos recentes forneceram hipóteses alternativas sobre as relações dos mecópteros. Mecoptera pode ser monofilético e grupo-irmão de Siphonaptera (pulgas) ou Mecoptera é parafilético a não ser que as pulgas sejam incluídas; neste livro, o *status* de ordem de Mecoptera e Siphonaptera é mantido. Essas relações são discutidas na seção 7.4.2 e ilustradas nas Figuras 7.2 e 7.7.

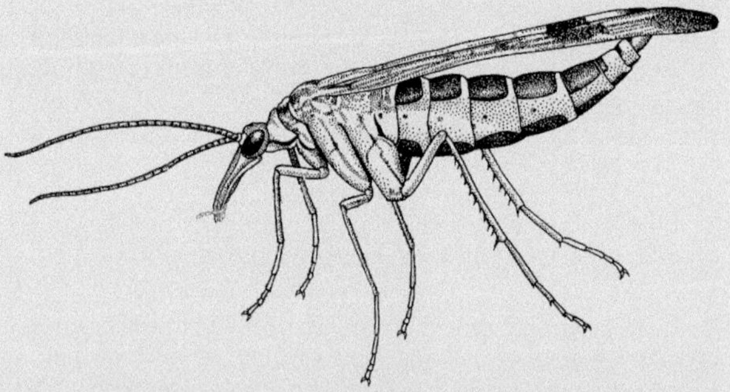

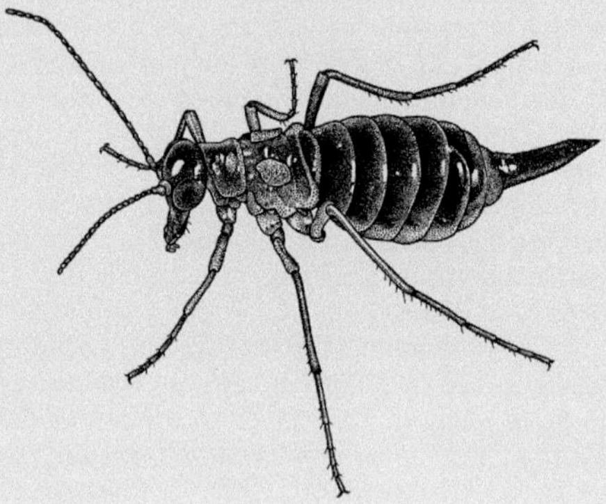

Taxoboxe 26 Siphonaptera (pulgas)

Siphonaptera é um grupo monofilético de cerca de 2.000 espécies descritas, todos os adultos das quais são ectoparasitas altamente modificados, ápteros e lateralmente comprimidos, de aves e mamíferos. O desenvolvimento é holometábolo. As peças bucais (Figura 2.17) são modificadas para perfurar e sugar, sem mandíbulas, mas com um estilete derivado da epifaringe e duas lâminas alongadas e serrilhadas da lacínia, dentro de uma bainha formada pelos palpos labiais. O trato digestivo tem uma bomba salivar para injetar saliva dentro do ferimento, e bombas do cibário e da faringe para sugar sangue. Olhos compostos estão ausentes, e os ocelos variam desde ausentes até bem desenvolvidos. Cada antena fica em um sulco lateral profundo. O corpo tem muitas cerdas e espinhos voltados para trás; alguns podem estar agrupados em pentes (ctenídeos) na gena (parte da cabeça) e tórax (especialmente o protórax). O grande metatórax aloja os músculos das pernas posteriores, os quais são responsáveis pelos saltos prodigiosos realizados por esses insetos. As pernas são longas e fortes, terminando em fortes garras para agarrar os pelos dos hospedeiros.

Os ovos grandes são postos predominantemente nos ninhos dos hospedeiros, onde larvas de vida livre semelhantes a vermes (ilustradas no Apêndice) desenvolvem-se em materiais tais como resíduos de pele do hospedeiro. São necessárias altas temperaturas e umidade para o desenvolvimento de muitas pulgas, incluindo aquelas dos gatos domésticos (*Ctenocephalides felis*) (ilustrada aqui), cães (*C. canis*), e humanos (*Pulex irritans*). A pupa é exarata e adéctica em um casulo solto. Ambos os sexos dos adultos sugam sangue de um hospedeiro, sendo que algumas espécies são monóxenas (restritas a um hospedeiro), mas muitas outras são políxenas (ocorrendo em alguns ou até muitos hospedeiros). A pulga que transmite a peste, *Xenopsylla cheopis*, pertence ao último grupo, sendo que a polixenia facilita a transferência da peste de ratos hospedeiros para humanos (seção 15.3.3). As pulgas transmitem algumas outras doenças de menor importância de outros mamíferos para humanos, incluindo o tifo murino e a tularemia, mas, não considerando a peste, a ameaça à saúde humana mais comum é a reação alérgica às frequentes mordidas das pulgas de nossos animais de estimação, *C. felis* e *C. canis*.

As pulgas predominantemente utilizam mamíferos como hospedeiros, sendo que relativamente poucas aves têm pulgas, estas sendo derivadas das muitas linhagens das pulgas de mamíferos. Foi registrado que alguns hospedeiros (p. ex., *Rattus fuscipes*) abrigam mais de 20 espécies diferentes de pulgas, e, reciprocamente, algumas pulgas têm mais de 30 hospedeiros registrados, portanto, a especificidade de hospedeiro é claramente muito menor do que para piolhos.

(*continua*)

Taxoboxe 26 Siphonaptera (pulgas) *(Continuação)*

Tradicionalmente as pulgas têm sido tratadas como ordem Siphonaptera, porém um estudo filogenético molecular, incluindo muitos táxons de pulgas e mecópteros, definiu Siphonaptera como grupo-irmão de Boreidae e, portanto, parte da ordem Mecoptera. Um estudo mais recente utilizando diferentes dados de DNA não encontrou nenhuma evidência de as pulgas serem parte de Mecoptera. As relações filogenéticas são discutidas na seção 7.4.2 e representadas na Figura 7.7.

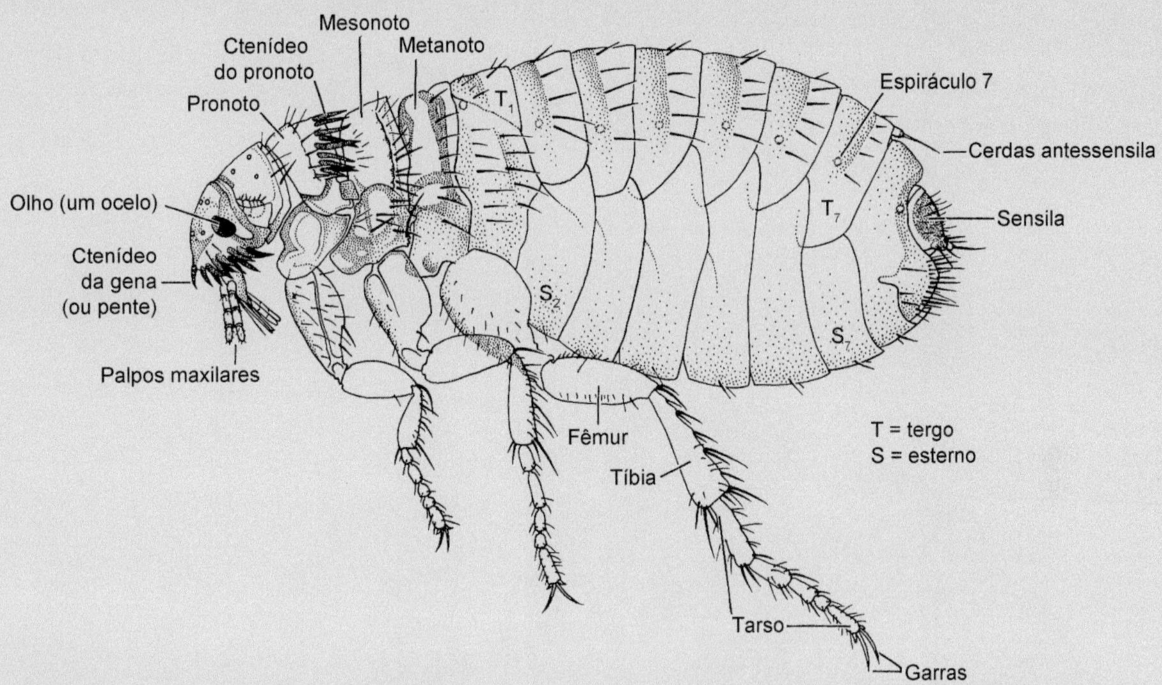

Taxoboxe 27 Trichoptera (tricópteros)

Os tricópteros compreendem uma ordem de cerca de 14.500 espécies descritas e 45 famílias encontradas no mundo todo. São holometábolos, e o adulto é semelhante a uma mariposa (como ilustrado aqui para um Hydropsychidae), geralmente coberto de pelos; papilas com cerdas (protuberâncias com muitas cerdas) são frequentes no dorso da cabeça e do tórax. A cabeça tem peças bucais reduzidas, mas com palpos maxilares de três a cinco artículos e palpos labiais de três artículos (como a espirotromba da maioria dos Lepidoptera). As antenas são multiarticuladas e filiformes, na maioria das vezes tão ou mais longas que as asas. Há olhos compostos grandes e dois ou três ocelos. O protórax é menor que o meso ou o metatórax; as asas têm pelos ou, às vezes, escamas, embora possam ser distintas das asas dos lepidópteros por sua nervação diferente da asa, incluindo nervuras anais em alça nas asas anteriores e nenhuma célula discal. O abdome tem tipicamente dez segmentos, de modo que a terminália masculina é mais complexa (frequentemente com clásperes) que a da fêmea.

As larvas têm cinco a sete instares aquáticos, com peças bucais completamente desenvolvidas e três pares de pernas torácicas, cada uma com pelo menos cinco artículos, sem as falsas pernas ventrais características das larvas de lepidópteros. O abdome termina em falsas pernas que apresentam ganchos. O sistema traqueal é fechado, com brânquias traqueais na maioria ou em todos os nove segmentos abdominais (como ilustrado aqui para um Hydropsychidae, *Cheumatopsyche* sp.) e, às vezes, associadas ao tórax ou ao ânus. As trocas gasosas também são cuticulares, aumentadas por ondulações da larva em sua cápsula tubular para ventilação. A pupa é aquática, fechada em um refúgio ou invólucro de seda, com grandes mandíbulas funcionais para libertar-se dele ou do casulo pela mastigação; também tem pernas livres, com cerdas nos mesotarsos, para nadar para a superfície; suas brânquias coincidem com as brânquias larvais. A eclosão envolve o adulto farado nadando para a superfície da água, onde a cutícula da pupa se parte; as exúvias são utilizadas como uma plataforma flutuante.

Os tricópteros são predominantemente univoltinos, com o desenvolvimento ultrapassando 1 ano em altas latitudes e elevações. As larvas fazem cápsulas em formato de selas, bolsas ou tubos (Figura 10.5), ou têm vida livre, incluindo as que tecem redes (Figura 10.6); elas apresentam diversos hábitos alimentares e incluem predadores, filtradores e/ou mastigadores de matéria orgânica, além de alguns pastadores em macrófitas. Os tecedores de redes são restritos a águas correntes, de modo que os construtores de cápsulas com frequência também são restritos a águas paradas. Os adultos podem ingerir néctar ou água, mas na maioria das vezes não se alimentam.

As relações filogenéticas são discutidas na seção 7.4.2 e ilustradas na Figura 7.2.

(continua)

Taxoboxe 27 **Trichoptera (tricópteros)** (*Continuação*)

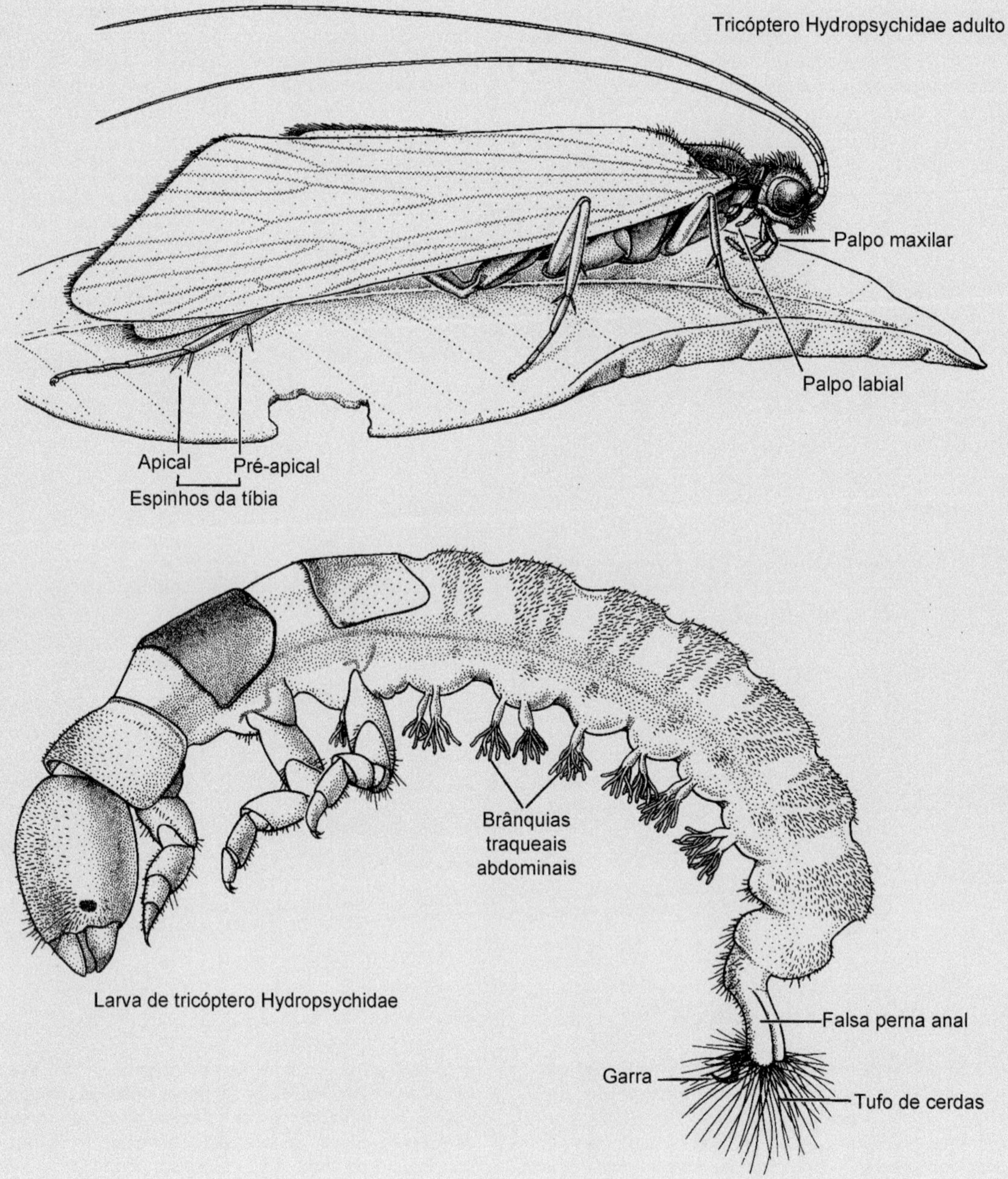

Taxoboxe 28 **Lepidoptera (mariposas e borboletas)**

Lepidoptera é uma das principais ordens de insetos, tanto em termos de tamanho, com cerca de 160.000 espécies descritas em mais de 120 famílias, quanto de popularidade, com muitos entomólogos amadores e profissionais estudando a ordem, em particular as borboletas. Três das quatro subordens contêm poucas espécies e não apresentam a espirotromba característica da subordem maior, Glossata, a qual contém a série Ditrysia, com muitas espécies, definida por características abdominais únicas, em especial na genitália. Os lepidópteros adultos variam em tamanho, desde muito pequenos (alguns microlepidópteros) a grandes (ver Pranchas 1A,B,E,F, 3A, 5G, 7G e 8C), com envergaduras de até 30 cm.

O desenvolvimento é holometábolo (ver abertura do Capítulo 6). A cabeça é hipógnata, apresentando uma longa espirotromba enrolada (Figura 2.12) formada a partir da gálea maxilar extremamente alongada; em geral há palpos labiais grandes, ao passo que as outras peças bucais estão ausentes, embora as mandíbulas sejam primitivamente presentes. Os olhos compostos são grandes e os ocelos e/ou chaetosemata (órgãos sensoriais pares localizados dorsoventralmente na cabeça) são frequentes. As antenas são multiarticuladas, na maioria das vezes pectinadas nas mariposas (Figura 4.6) e capitadas ou clavadas nas borboletas. O protórax é pequeno, com placas pares localizadas

(*continua*)

Taxoboxe 28 Lepidoptera (mariposas e borboletas) *(Continuação)*

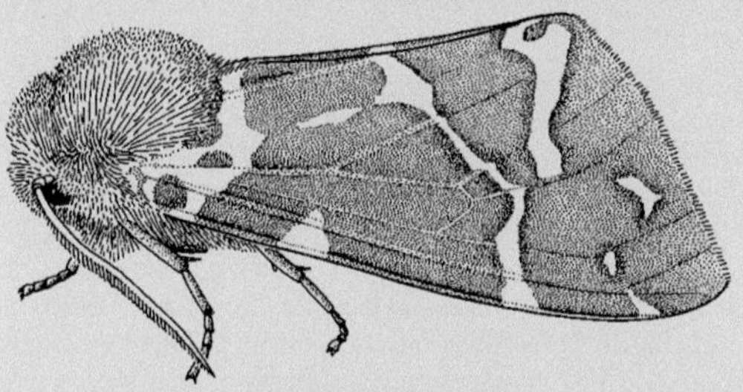

Mariposa Arctiidae: *Arctia caja*

Borboleta Pieridae: *Pieris rapae*

dorsolateralmente (patágios), ao passo que o mesotórax é grande e apresenta um escuto e um escutelo, e uma tégula protege a base de cada asa anterior. O metatórax é pequeno. As asas são completamente cobertas por uma dupla camada de escamas (macrocerdas achatadas modificadas), e as asas anteriores e posteriores são ligadas por um frênulo, jugo ou simples sobreposição. A nervação das asas consiste predominantemente em nervuras longitudinais com poucas nervuras transversais e algumas células grandes, notadamente a discal (Figura 2.24A). As pernas são longas e geralmente gressoriais, com cinco tarsômeros. O abdome tem dez segmentos, sendo o primeiro variavelmente reduzido e os segmentos 9 e 10 modificados como a genitália externa (Figura 2.25A). A genitália interna da fêmea é bastante complexa.

O comportamento pré-cópula, incluindo a corte, com frequência envolve feromônios (Figuras 4.7 e 4.8). O encontro entre os sexos é quase sempre aéreo, mas a cópula ocorre no chão ou em um poleiro. Os ovos são postos próximos ou, mais raramente, dentro da planta hospedeira da larva. O número de ovos e o grau de agregação são muito variáveis. A diapausa é comum.

As larvas de lepidópteros podem ser reconhecidas por sua cápsula cefálica esclerotizada, hipógnata ou prógnata, peças bucais mandibuladas, em geral seis estemas laterais (Figura 4.9A), antenas curtas triarticuladas, pernas torácicas com cinco artículos e garras simples e um abdome com dez segmentos e falsas pernas curtas em alguns segmentos (geralmente 3 a 6 e 10, mas pode ser reduzido) (Figura 6.6A,B e Figura 14.6; Prancha 2B). Os produtos de glândulas de seda são expelidos por uma fiandeira característica no ápice mediano do pré-mento labial. A pupa é, com frequência, contida dentro de um casulo de seda, porém exposta nas borboletas, tipicamente adéctica e obtecta (uma crisálida) (Figura 6.7G-I), com apenas alguns segmentos abdominais não fundidos; a pupa é exarata nos grupos "primitivos".

Os lepidópteros adultos que se alimentam utilizam líquidos nutritivos, tais como néctar, secreções açucaradas de homópteros e outras secreções líquidas de plantas vivas e em decomposição, e poucas espécies perfuram frutos ou sugam sangue. Contudo, nenhum suga seiva dos vasos de plantas vivas. Muitas espécies suplementam sua dieta alimentando-se de excretas nitrogenadas de animais (Boxe 5.4). A maioria das larvas se alimenta expondo-se em plantas superiores, formando os principais insetos fitófagos; poucas espécies "primitivas" se alimentam de plantas não angiospermas e algumas se alimentam de fungos. Várias são predadoras e algumas são detritívoras, notadamente entre os Tineidae.

As larvas são frequentemente crípticas (ver Prancha 7B), em particular quando se alimentam em condições expostas ou com colorido de aviso (aposemático; Prancha 7H), para alertar os predadores sobre sua toxicidade (Capítulo 14). As toxinas derivadas das plantas das quais as larvas se alimentam quase sempre são retidas pelos adultos, que mostram mecanismos antipredador, incluindo o alerta da não palatabilidade e o mimetismo defensivo (seção 14.5; Prancha 8A).

Embora as borboletas popularmente sejam consideradas diferentes das mariposas, elas formam um clado bastante apical na filogenia de Lepidoptera: as borboletas *não* são o grupo-irmão de todas as mariposas. As borboletas voam quase exclusivamente durante o dia, ao passo que a maioria das mariposas é ativa à noite ou durante o crepúsculo. Quando vivas, as borboletas mantêm suas asas juntas verticalmente sobre o corpo (como mostrado na figura à direita, para a borboleta *Pieris rapae*), ao contrário das mariposas, as quais mantêm suas asas estendidas ou encobrindo o corpo (como mostrado à esquerda para a mariposa *Arctia caja*); poucas espécies de lepidópteros têm adultos braquípteros e, às vezes, fêmeas adultas completamente ápteras.

As relações filogenéticas são consideradas na seção 7.4.2 e mostradas nas Figuras 7.2 e 7.8.

Taxoboxe 29 Hymenoptera (abelhas, formigas, vespas e vespas-da-madeira)

Hymenoptera é uma ordem de mais de 150.000 espécies descritas de neópteros holometábolos, tradicionalmente classificados em duas subordens, os "Symphyta" (vespas-da-madeira) (que é um grupo parafilético) e os Apocrita (vespas, abelhas e formigas). Dentro dos Apocrita, os táxons Aculetata (formigas, abelhas e Chrysidoidea, Vespoidea e Apoidea) formam um grupo monofilético (Figura 12.2) caracterizado por utilizar o ovipositor para ferroar a presa (Prancha 8D) ou inimigos em vez de pôr ovos. Os himenópteros adultos variam em tamanho, desde diminutos (p. ex., Trichogrammatidae, Figura 16.2) a grandes (ou seja, 0,15 a 120 mm de comprimento), e de delgados (p. ex., muitos Ichneumonidae) a robustos

(continua)

Taxoboxe 29 Hymenoptera (abelhas, formigas, vespas e vespas-da-madeira) (*Continuação*)

(p. ex., a mamangava, Figura 12.3). A cabeça é hipógnata ou prógnata, e as peças bucais variam desde mandibuladas do tipo mais geral até sugadora e mastigadora, sendo que as mandíbulas nos Apocrita são frequentemente usadas para matar e manusear a presa, para defesa, e para a construção do ninho. Os olhos compostos são frequentemente grandes; os ocelos podem estar presentes, reduzidos ou ausentes. As antenas são longas, multiarticuladas, e muitas vezes proeminentemente mantidas direcionadas para frente ou dorsalmente curvas. Nos Symphyta existem três segmentos convencionais no tórax, mas em Apocrita o primeiro segmento abdominal (propódeo) está incluído no tagma torácico, o qual é então chamado de mesossomo (ou alitronco nas formigas) (como ilustrado nas operárias da vespa *Vespula germanica* e da formiga *Formica subsericea*). As asas têm nervação reduzida e as asas posteriores apresentam fileiras de ganchos (hâmulos) ao longo da borda principal que se acopla com a margem posterior da asa anterior durante o voo. O segundo segmento abdominal (e às vezes também o terceiro) dos Apocrita forma uma constrição, ou pecíolo, seguido pelo restante do abdome, ou gáster. A genitália feminina inclui um ovipositor, constituído de três valvas e dois escleritos basais principais, os quais podem ser alongados e altamente móveis, permitindo que as valvas sejam direcionadas verticalmente entre as pernas (Figura 5.11). O ovipositor dos Hymenoptera Aculeta é modificado como um ferrão associado com um mecanismo de veneno (Figura 14.11).

Os ovos das espécies endoparasitas são frequentemente deficientes em vitelo e algumas vezes podem originar mais de um indivíduo (poliembrionia; seção 5.10.3). As larvas dos Symphyta são eruciformes (semelhantes a lagartas) (Figura 6.6C) com três pares de pernas torácicas contendo garras apicais e algumas pernas abdominais; a maioria é fitófaga. As larvas de Apocrita são ápodes (Figura 6.6I) com a cápsula cefálica frequentemente reduzida, mas, com fortes mandíbulas proeminentes; as larvas podem variar muito na morfologia durante o desenvolvimento (heteromorfose). As larvas dos Apocrita apresentam diversos hábitos alimentares e podem ser parasitas (seção 13.3), formar galhas, ou serem alimentadas com presas ou néctar e pólen pelos seus pais (ou, se for uma espécie social, por outros membros da colônia). Os himenópteros adultos principalmente se alimentam de néctar (Prancha 5H), ou *honeydew* (Prancha 8B), e algumas vezes da hemolinfa de outros insetos; apenas poucos consomem outros insetos.

A haplodiploidia permite que uma fêmea reprodutora controle o sexo da prole conforme os ovos sejam fecundados ou não. Possivelmente o alto parentesco entre indivíduos agregados facilite os comportamentos sociais bem desenvolvidos de muitos Hymenoptera Aculeata. A partenogênese de fêmeas, telitoquia, também ocorre em algumas espécies eussociais, especialmente formigas, e comumente é induzida em vespas solitárias infestadas por certas bactérias.

Quanto às relações filogenéticas dos Hymenoptera, ver a seção 7.4.2 e as Figuras 7.2 e 12.2.

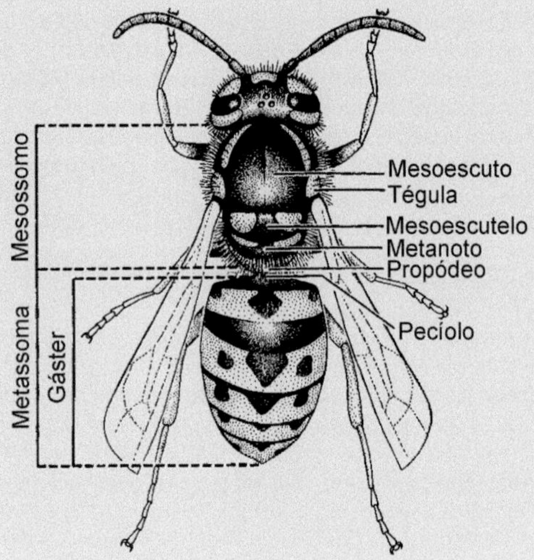

Operária de vespa europeia, *Vespula germanica*

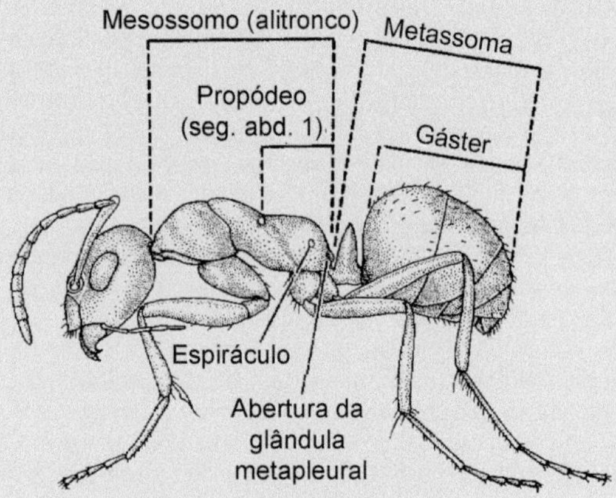

Operária da formiga *Formica subsericea*

Glossário

Cada campo científico e técnico tem um vocabulário específico: a entomologia não é uma exceção. Não se trata de uma tentativa dos entomólogos de restringir o acesso à sua ciência; isso resulta da necessidade de precisão na comunicação, ao evitar, por exemplo, termos antropocêntricos mal utilizados derivados da anatomia humana. Muitos termos são derivados do latim ou do grego; quando ter a capacitação nessas línguas era um pré-requisito da formação escolar (incluindo as ciências naturais), esses termos eram compreendidos pelas pessoas instruídas, não importando seu idioma de origem. A utilidade desses termos continua, embora já não haja fluência nos idiomas dos quais eles derivam. Neste glossário, tentamos definir os termos de uma maneira direta, a fim de complementar as definições usadas na primeira vez que o termo é mencionado no corpo principal do livro. Os termos ressaltados em negrito no texto principal estão neste glossário. O glossário não contém definições de todas as palavras (p. ex., nomes de inseticidas) ou frases que os entomólogos podem utilizar; por favor, consulte o índice se uma palavra não estiver no glossário. Glossários detalhados de termos entomológicos foram disponibilizados por Nichols (1989) e Gordh e Headrick (2001); veja Leitura sugerida ao final do glossário.

Negrito no texto referente a uma entrada indica uma referência relevante para outro termo. As seguintes abreviações são utilizadas:

adj. adjetivo
dim. diminutivo
s. substantivo
s.f. substantivo feminino
pl. plural

Abdome Terceira (posterior) grande divisão (tagma) do corpo de um inseto.

Acantos Extensões finas e unicelulares da cutícula (Figura 2.6C).

Aclimatação Mudanças fisiológicas relacionadas a uma mudança ambiental (em especial na temperatura) que permitem a tolerância a condições mais extremas do que as toleradas antes da aclimatação.

Acidóforo Uma pequena abertura circular (orifício) na extremidade do **gáster** de certas formigas (subfamília Formicinae); utilizado para expelir ácido fórmico para defesa ou comunicação.

Ácido úrico O principal produto de excreção nitrogenada, $C_5H_4N_4O_3$ (Figura 3.19).

Acoplamento amplexiforme Forma de acoplamento entre as asas na qual existe uma extensa sobreposição entre a asa anterior e a posterior, mas sem existir um mecanismo específico de acoplamento.

Acoplamento frenulado Forma de acoplamento entre asas no qual uma ou mais estruturas da asa posterior (**frênulo**) aderem a uma estrutura de sustentação (**retináculo**) da asa anterior.

Acoplamento hamulado Um mecanismo para acoplar as asas anteriores e posteriores durante o voo envolvendo ganchos (**hâmulos**) da margem anterior da asa posterior que se encaixam em uma dobra da asa anterior.

Acoplamento jugado Mecanismo que acopla a asa anterior à posterior durante o voo, por meio da sobreposição de uma grande **área jugal** da asa anterior sobre a asa posterior.

Acrotergito Parte anterior de um segmento secundário que pode ser, algumas vezes, amplo (nesse caso, sendo denominado **pós-noto**), frequentemente reduzido (Figura 2.7).

Aculeado Pertencente aos Hymenoptera aculeados (Figura 12.2) – formigas, abelhas e vespas, nas quais o **ovipositor** está modificado em um ferrão.

Adéctica Refere-se a uma **pupa** com **mandíbulas** imóveis (Figura 6.7); *veja também* **déctica**.

Adipócito *Veja* **trofócito**.

Alado Que possui asas.

Aleloquímico Um tipo de **composto vegetal secundário** utilizado pela planta para se defender contra herbívoros e competidores; frequentemente funciona na comunicação interespecífica; *veja também* **alomônio**, **cairomônio**, **feromônio**, **sinomônio**.

Alinoto Placa na superfície superior (**dorso**) do **mesotórax** ou do **metatórax** que apresenta asa (Figura 2.20).

Alitronco Conjunto da fusão entre o tórax e o primeiro segmento abdominal (**propódeo**) das formigas adultas (ver **mesossomo**) (ver Taxoboxe 29).

Almofada do arólio Estrutura do pré-tarso em forma de almofada presente na superfície ventral do **arólio** (Figura 2.21).

Almofada retal Secções espessas do epitélio do reto envolvidas na tomada de água das fezes (Figuras 3.17 e 3.18).

Alóctone Originário de um outro lugar, como exemplo, no caso de nutrientes que penetram no ecossistema aquático; *veja também* **autóctone**.

Alometria (*adj.* alométrico) A mudança proporcional nas dimensões de uma característica (p. ex., largura da cabeça) em relação a outra característica ou ao tamanho geral do corpo.

Alomônio Substância de comunicação que beneficia o produtor por intermédio do efeito que ela provoca no receptor.

Alopátrica Distribuição geográfica não superposta de organismos ou táxons; *veja também* **simpátrica**.

Altruísmo Comportamento que tem um custo para o indivíduo, mas beneficia a outros.

Ametabolia (*adj.* ametábolo) Que não apresenta **metamorfose**, isto é, que não apresenta alteração na forma do corpo durante o desenvolvimento até a fase adulta, de modo que os estágios imaturos apenas deixam de apresentar as estruturas reprodutivas.

Âmnion (em embriologia) Camada que recobre a **banda germinativa** (Figura 6.5).

Anal Em direção a ou na posição do **ânus**, perto do ânus ou no último segmento abdominal.

Anamórfico Refere-se ao desenvolvimento no qual os estágios imaturos apresentam um número menor de segmentos abdominais do que o adulto; *veja também* **epimórfico**.

Anautogênico Que necessita de uma refeição proteica para desenvolver os ovos.

Androdioecia A coexistência de **hermafroditas** e machos em uma espécie.

Anelado Uma estrutura composta de anéis ou que parece formada por anéis.

Anemofilia Polinização pelo vento.

Anfimixia Reprodução sexual verdadeira, na qual cada fêmea herda um genoma **haploide** da mãe e um do pai.

Anfitoquia (partenogênese anfítoca; deuterotoquia) Forma de **partenogênese** na qual a fêmea produz descendentes dos dois sexos.

Anidrobiose Uma forma de **criptobiose** na qual um organismo vivo sobrevive em um estado de metabolismo suspenso, em desidratação extrema.

Anolocíclico (*adj.*) Nos pulgões, refere-se ao ciclo de vida em que a fase sexuada é perdida e a reprodução ocorre unicamente por **partenogênese**.

Antenas Apêndices sensoriais pares e segmentados, geralmente posicionados na região anterodorsal, sobre a cabeça (Figuras 2.9, 2.10 e 2.19); derivadas do segundo segmento cefálico.

Antenômero Cada uma das subdivisões da **antena**.

Anterior Na ou em direção à fronte (Figura 2.8) e/ou à cabeça.

Antofílico Que frequenta flores.

Antropofílico Associado aos seres humanos.

Antropogênico Produzido ou causado pelos seres humanos.

Ânus Abertura posterior do trato digestivo (Figuras 2.25B e 3.13).

Apêndice dorsal Apêndice mediano caudal que se origina do **epiprocto**, e que se localiza sobre o **ânus**; presente nos apterigotos, na maioria das efêmeras, e em alguns insetos fósseis.

Apical No ou em direção ao ápice (Figura 2.8).

Apnêustico Sistema de troca gasosa que não apresenta **espiráculos** funcionais; *veja também* **oligopnêustico**, **polipnêustico**.

Apócrito Pertencente à subordem dos Hymenoptera (Apocrita), na qual o primeiro segmento abdominal está fundido ao tórax; *veja também* **propódeo**.

Ápode (1) Organismo sem pernas. (2) **Larva** que não apresenta pernas verdadeiras (Figura 6.6); *veja também* **oligópode**, **polípode**.

Apódema Invaginação do **exoesqueleto**, em forma de tendão, na qual a musculatura é fixada (Figuras 2.25 e 3.2C).; *veja também* **apófise**.

Apófise Um **apódema** (uma projeção interna do **exoesqueleto**) alongado.

Apólise Separação entre a velha e a nova **cutícula**, durante o processo de **muda**.

Apomixia Tipo de **partenogênese** em que os ovos são produzidos por mitose (e não por meiose); *veja também* **automixia**.

Apomorfia ou sinapomorfia Característica derivada (compartilhada por dois ou mais grupos).

Aposemático Organismo que adverte a respeito de sua não palatabilidade (especialmente toxicidade), em particular por intermédio de cores.

Aposematismo Sistema de comunicação com base na emissão de sinais de advertência.

Áptero Sem asas.

Aptidão darwiniana (clássica) Contribuição de um indivíduo para o conjunto de genes por intermédio de seus descendentes.

Aptidão inclusiva ou estendida Contribuição de um indivíduo para o conjunto de genes por intermédio do sucesso aumentado de seus parentes.

Aracnofobia Medo de aracnídeos (aranhas e grupos aparentados).

Área anal Parte posterior da asa, sustentada pela(s) **nervura**(s) **anal**(is) (Figura 2.22).

Área axilar Área na base da asa que apresenta a articulação da asa (Figura 2.22).

Área jugal (jugo) Área posterobasal da asa, delimitada pela **dobra jugal** e a margem da asa (Figura 2.22).

Área molar Superfície moedora da **mandíbula** (Figura 2.10).

Arena Agregado de machos acasalantes associados a um território defendido que não contém recursos além de machos cortejadores disponíveis.

Armadilha com isca O uso de **feromônios** ou outras iscas para atrair insetos praga até um inseticida ou, mais raramente, até substâncias esterilizantes ou patógenos; *veja também* **atração-aniquilação**.

Armadilha de captura O uso de feromônios ou outras iscas para atrair insetos praga até uma armadilha ou superfície aderente onde eles ficam presos e morrem; *veja também* **atração-aniquilação**.

Arólio Estrutura(s) do pré-tarso em forma de almofada ou de saco, localizada(s) entre as **garras** (Figura 2.21).

Arraste Movimento passivo causado pela água ou por correntes de vento.

Arrenotoquia (partenogênese arrenótoca) Uma forma de **haplodiploidia** na qual ocorre a produção de descendentes machos **haploides** provenientes de ovos não fertilizados.

Asas anteriores Par anterior de asas, geralmente localizado no **mesotórax**.

Asas posteriores Asas do **metatórax**.

Assimetria flutuante Nível de desvio da simetria absoluta de um organismo bilateralmente simétrico, o qual é explicado como decorrente de esforços variáveis durante o desenvolvimento.

Ativação (em embriologia) Início do desenvolvimento embrionário dentro do ovo, o qual ocorre quando a primeira divisão meiótica no oócito é liberada do estado paralisado; o estímulo para a ativação inclui a entrada do espermatozoide e a compressão do oócito durante a passagem pelo ovipositor.

Atração-aniquilação Um método de controle de pragas no qual os indivíduos da espécie-alvo são atraídos e retirados da população; duas possibilidades são **armadilha de captura** e **armadilha com isca**.

Átrio Câmara, em especial aquela localizada dentro de um sistema condutor tubular, como o **sistema traqueal** (Figura 3.10A).

Aurícula Processo do ápice proximal do **tarso** de uma abelha, o qual empurra o pólen dentro da **corbícula** (Figura 12.4).

Autapomorfia Característica única de um grupo taxonômico; *veja também* **apomorfia**, **plesiomorfia**.

Autóctone Originário do interior, assim como os nutrientes gerados em um ambiente aquático, por exemplo, a produção primária; nativo; *veja também* **alóctone**.

Automimetismo Condição de **mimetismo batesiano** na qual os membros palatáveis de uma espécie (chamados automímicos) são defendidos pela semelhança que apresentam a outros membros da mesma espécie que são quimicamente impalatáveis.

Automixia Tipo de **partenogênese** em que os ovos são produzidos por meiose, mas a ploidia é restabelecida através de vários mecanismos; algumas vezes chamada de partenogênese meiótica.

Autotomia Liberação de apêndice(s), em especial para defesa.

Axônio Fibra da célula nervosa que transmite o impulso nervoso para longe do corpo celular (Figura 3.5); *veja também* **dendrito**.

Axônio gigante Fibra nervosa que conduz o impulso rapidamente desde os órgãos sensoriais até os músculos.

Bacteriócitos Células que contêm microrganismos simbiontes, espalhadas por todo o corpo, especialmente no **corpo gorduroso**, ou agregadas em órgãos denominados **bacteriomas** (também chamados micetomas).

Bacterioma Um órgão que contém agregações de **bacteriócitos** (também chamados micetócitos), geralmente localizado no **corpo gorduroso** ou nas gônadas.

Banda germinativa (em embriologia) Faixa de células espessadas, na pós-gastrulação, localizadas na porção ventral da gastroderme, destinadas a formar a parte ventral do embrião em desenvolvimento (Figura 6.5).

Basal Na ou em direção à base ou ao corpo principal, ou próximo ao ponto de ligação (Figura 2.8).

Basalar Pequeno **esclerito**, um dos **epipleuritos** localizados em posição anterior ao processo alar pleural (Figura 2.20); ponto de ligação para a **musculatura direta de voo**.

Basisterno Principal **esclerito** do **eusterno**, localizado entre o **presterno**, de posição anterior, e o **esternelo**, de posição posterior (Figura 2.20).

Bentos Sedimentos do fundo de hábitats aquáticos e/ou os organismos que vivem nesse local.

Biogeografia Estudo da distribuição da biota no espaço e no tempo.

Bioluminescência Produção de luz fria por um organismo, geralmente envolvendo a ação de uma enzima (luciferase) sobre um substrato (luciferina).

Biossegurança Procedimentos que têm o intuito de proteger os seres humanos, seus animais ou o ambiente natural contra agentes causadores de doenças ou outros organismos danosos (p. ex., pragas e ervas daninhas) que são considerados "riscos à biossegurança".

Biotipo Forma biologicamente diferenciada de uma suposta espécie única.

Bivaque Agrupamento de formiga de correição durante a fase móvel.

Bivoltino Que tem duas gerações em 1 ano; *veja também* **univoltino**, **multivoltino**, **semivoltino**.

Braços do tentório As **apófises** ou suportes internos que formam o endoesqueleto da **cabeça**, frequentemente fundidos formando o **tentório**.

Brânquia Órgão para trocas gasosas, encontrado em várias formas de insetos aquáticos.

Braquíptero Que tem asas encurtadas.

Broto *Veja* **disco imaginal**.

Bursa copulatrix A **câmara genital** feminina que funciona como uma bolsa copuladora; em Lepidoptera, o receptáculo primário para espermatozoides (Figura 5.6).

Bursicon Um **hormônio** neuropeptídio que controla o endurecimento e o escurecimento da **cutícula** depois da **ecdise**.

Cabeça A mais anterior das três divisões principais (**tagmas**) do corpo de um inseto.

Cairomônio Substância de comunicação que beneficia o receptor e é desvantajosa ao produtor; *veja também* **alomônio**, **sinomônio**.

Cálice Expansão em forma de taça, especialmente do oviduto, em que se abrem os **ovários** (Figura 3.20A).

Califorina Proteína produzida no **corpo gorduroso** e armazenada na **hemolinfa** de larvas de Calliphoridae (Diptera).

Camada de cera Camada de lipídio ou de cera que fica para fora da **epicutícula** (Figura 2.1).

Camada de cimento Camada mais externa da **cutícula** (Figura 2.1), frequentemente ausente.

Câmara de filtragem Parte do canal alimentar de muitos hemípteros, nos quais a porção anterior e a posterior do **mesênteron** estão em íntimo contato, formando um sistema em que a maior parte do líquido corta caminho à porção de absorção do mesênteron (ver Tabela 3.3).

Câmara genital Cavidade da parede do corpo da fêmea que contém o **gonóporo** (Figura 3.20A); também conhecida como ***bursa copulatrix*** se funcionar como uma bolsa copuladora.

Câmara porosa Câmara existente dentro da uma **sensila** quimiorreceptora e que tem muitos poros (fendas) na parede (Tabela 4.2).

Campo próximo O espaço muito próximo a uma fonte sonora.

Camuflagem Tipo de **capacidade críptica** na qual um organismo não pode ser distinguido do fundo.

Canais de cera Finos túbulos que transportam lipídios (filamentos de cera) desde os canais de poro até a superfície da **epicutícula** (Figura 2.1).

Canais de poro Finos túbulos que atravessam a **cutícula** e transportam compostos derivados da epiderme para os **canais de cera** e, portanto, para a superfície da epicutícula.

Canal alimentar Canal de posição anterior ao **cibário**, pelo qual o alimento líquido é ingerido (Figuras 2.11 e 2.12).

Cantarofilia Polinização das plantas por intermédio de besouros.

Capacidade críptica Camuflagem por intermédio da semelhança com características do ambiente.

Capacidade vetorial Expressão matemática da probabilidade da transmissão de uma doença por um particular **vetor**.

Cardiopeptídio Um **hormônio** neuropeptídio que estimula o **vaso dorsal** ("coração"), provocando o movimento da **hemolinfa**.

Cardo Parte proximal da base da maxila (Figura 2.10).

Cascata trófica Efeitos de amplo alcance na produção primária de um ecossistema com a remoção ou introdução de predadores por meio da ação sobre os herbívoros.

Castas Grupos de indivíduos morfologicamente distintos dentro de uma única espécie de insetos sociais, os quais geralmente distinguem-se em comportamento.

Catatrepsia Adoção pelo embrião da posição final dentro do ovo, envolvendo o movimento desde um aspecto ventral para um aspecto dorsal do ovo.

Caudal Na ou em direção à terminação **anal** (cauda).

Cavernícola (troglóbio) Que vive em cavernas.

Cecidologia Estudo das **galhas** de plantas.

Cecidozoário Animal que induz a formação de galhas.

Ceco Tubo ou saco de fundo cego (Figura 3.1).

Cefálico Relativo à cabeça.

Célula Área da membrana da asa parcial ou completamente circundada por nervuras; *veja* **célula fechada**, **célula aberta**.

Célula aberta Área da membrana da asa parcialmente delimitada por **nervuras**, mas que inclui a margem da asa; *veja também* **célula fechada**.

Célula apical Célula mais externa de um órgão sensorial tal como um **órgão cordotonal** (Figura 4.3).

Célula corneágena Uma das células transparentes localizadas sob a **córnea** e que secreta e sustenta as lentes da córnea (Figura 4.9).

Célula de cloreto Célula osmorreguladora encontrada no epitélio das brânquias abdominais de insetos aquáticos.

Célula do escolopalo Em **órgãos cordotonais**, a célula de bainha que envolve o **dendrito** (Figura 4.3).

Célula fechada Área da membrana alar completamente delimitada por **nervuras**; *veja também* **célula aberta**.

Célula retinular *Veja* **retínula**

Célula tormogênica Célula epidérmica que forma o soquete associado a uma **cerda** (Figuras 2.6 e 4.1).

Célula tricogênica Célula da epiderme que forma uma **cerda** em forma de **pelo** (Figuras 2.6 e 4.1).

Células Inka Células endócrinas associadas com o sistema traqueal que produzem e liberam os **hormônios estimuladores de ecdise** (PETH e ETH).

Células neurossecretoras ou neuroendócrinas **Neurônios** modificados encontrados por todo o sistema nervoso (Figura 3.8) que produzem **hormônios** de insetos, exceto **ecdisteroides** e **hormônio juvenil**.

Cera Mistura lipídica complexa que dá capacidade de impermeabilidade à **cutícula** ou oferece cobertura ou material de construção.

Cerco Um dos elementos do par de apêndices que se originam no 11º segmento abdominal, mas que é geralmente visível como se estivesse no segmento dez (Figura 2.25B).

Cerda Extensão da cutícula, uma **sensila tricoide**; também denominada **pelo** ou **macrotríquio**.

Cérebro Nos insetos, o gânglio supraesofágico do sistema nervoso (Figura 3.6), que inclui **protocérebro**, **deutocérebro** e **tritocérebro**.

Cibário Câmara dorsal de alimento, que fica entre a **hipofaringe** e a parede interna do **clípeo**, frequentemente com uma bomba musculosa (Figuras 2.16A e 3.14).

Ciclo ovariano Comprimento de tempo entre duas oviposições sucessivas.

Ciclo primário Em uma doença, o ciclo que envolve o(s) hospedeiro(s) típico(s); *veja também* **ciclo secundário**.

Ciclo secundário Em uma doença, o ciclo que envolve um hospedeiro atípico; *veja também* **ciclo primário**.

Cicloalexia Formação de agregados em círculos defensivos (Figura 14.7).

Cinese Movimento de um organismo em resposta a um estímulo, em geral restrito à resposta apenas à intensidade do estímulo.

Cladística Sistema de classificação no qual **clados** são os únicos agrupamentos aceitos.

Clado Um grupo **monofilético**, compreendendo um ancestral e todos os seus descendentes; um ramo em uma árvore filogenética.

Cladograma Uma árvore filogenética baseada em características derivadas compartilhadas (**sinapomorfias**) dos **táxons** e que ilustra as relações entre ancestral e descendentes (genealogia), sendo que é ilustrado apenas o padrão de ramificação da filogenia (Figura 7.1), portanto, não o comprimento dos ramos.

Classificação O processo de estabelecer, definir e classificar **táxons** (p. ex., espécies) em uma série hierárquica de grupos; *veja também* Tabela 1.1.

Classificação etária Determinação da idade fisiológica de um inseto.

Clavo Área da asa delimitada pelo **sulco do clavo** e pela margem posterior (Figuras 2.22 e 2.24E).

Clípeo Parte da cabeça do inseto na qual o **labro** liga-se na porção anterior (Figuras 2.9 e 2.10); localiza-se abaixo da **fronte**, com a qual pode estar fundido e formar o **frontoclípeo** ou estar separado por uma sutura.

Coespeciação A especiação de uma população em resposta à, e junto com, especiação de outra com a qual está associada, tal como um herbívoro especialista passando pela especiação junto com sua planta hospedeira, ou um inseto parasita junto com seu hospedeiro vertebrado.

Coevolução Interações evolutivas de dois organismos, tais como plantas e polinizadores, hospedeiros e parasitas; o grau de especificidade e reciprocidade varia; *veja também* **coevolução difusa ou de guildas**, **correlação filética**, **coevolução específica ou pareada**.

Coevolução difusa ou de guildas Mudança evolutiva concatenada que ocorre entre grupos de organismos, em oposição à que ocorre entre duas espécies; *veja também* **coevolução específica ou pareada**.

Coevolução específica ou pareada Mudança evolutiva combinada que ocorre entre duas espécies, na qual a evolução de uma característica em uma delas leva ao desenvolvimento recíproco de uma característica em um segundo organismo, a qual evoluiu inicialmente em resposta a uma característica da primeira espécie; *veja também* **coevolução difusa ou de guildas**.

Colóforo O **tubo ventral** dos Collembola.

Cólon Porção do **proctodeu** localizada entre o **íleo** e o **reto** (Figuras 3.1 e 3.13).

Competência (no desenvolvimento de cupins) Potencial do cupim de uma **casta** transformar-se em outra, por exemplo, uma operária tornar-se um soldado.

Competição espermática Em fêmeas que acasalaram mais de uma vez, síndrome pela qual os espermatozoides de um macho competem com os outros espermatozoides para fertilizar os óvulos.

Componente de parentesco Contribuição indireta à **aptidão inclusiva** de um indivíduo, derivada do maior sucesso reprodutivo dos parentes do indivíduo por meio de assistências altruístas do indivíduo.

Comportamento deimático Comportamento efetuado por alguns insetos **crípticos** quando são encontrados, e que envolve a exposição de uma cor ou um padrão surpreendente, como "olhos".

Compostos vegetais secundários Substâncias das plantas normalmente produzidas para propósitos defensivos, uma vez que não são utilizadas para o crescimento e a reprodução normais da planta; *veja também* **aleloquímico**.

Conceito do *continuum* dos rios Ideia de que as entradas de energia em um rio são **alóctones** nas porções superiores e cada vez mais **autóctones** nas inferiores.

Cone cristalino Corpo cristalino duro, localizado abaixo da **córnea** de um **omatídio** (Figura 4.10).

Conectivo Qualquer coisa que conecte; mais especificamente, os cordões nervosos longitudinais pares que conectam os **gânglios** ao **sistema nervoso central**.

Concha do psilídeo A cobertura protetora construída a partir de liberações anais amiláceas ou açucaradas de ninfas de psilídeos (Hemiptera: Psylloidea); a ninfa vive e se alimenta dentro da sua concha.

Conjuntiva *Veja* **membrana conjuntiva**.

Conobionte Um **parasitoide** que permite que seu **hospedeiro** continue a se desenvolver enquanto vive dentro deste; *veja também* **idiobionte**.

Conservação (em **controle biológico**) Medidas que protegem e/ou aumentam as atividades de inimigos naturais.

Controle biológico Uso humano de organismos vivos selecionados (incluindo vírus), frequentemente chamados de inimigos naturais, para diminuir a densidade populacional ou reduzir o impacto de espécies de plantas ou de animais pragas. O controle biológico tem o objetivo de tornar a praga menos abundante ou menos danosa do que seria na ausência do(s) inimigo(s) natural(is).

Controle biológico clássico Controle a longo prazo de uma praga exótica por intermédio de um ou mais inimigos naturais introduzidos deliberadamente oriundos da área de origem daquela praga.

Controle biológico neoclássico Uso de **predadores**, **parasitoides** ou patógenos exóticos (introduzidos) para controlar pragas nativas.

Coprófago Animal que se alimenta de fezes ou excrementos (Figura 9.5).

Corazonina Um neuropeptídio, produzido no cérebro e no cordão nervoso, que atua nas **células Inka** para estimular a liberação de **hormônios estimuladores de ecdise**.

Corbícula Bolsa de pólen das abelhas (Figura 12.4).

Cordão nervoso ventral Cadeia ventral de **gânglios**.

Coremas Órgãos abdominais eversíveis, de parede fina, dos machos de mariposas, usados para disseminar **feromônio** sexual.

Cório Seção do **hemiélitro** (asa anterior) de heterópteros que se diferencia do **clavo** e da membrana, e é geralmente coriáceo (Figura 2.24E).

Córion Casca mais externa do ovo de um inseto, a qual pode ter várias camadas, incluindo o exocórion, o endocórion e uma camada de cera (Figura 5.10).

Córnea Cutícula que recobre o olho ou o **ocelo** (Figuras 4.9 e 4.10).

Cornículo (sifúnculo) Estruturas tubulares pares, localizadas no **abdome** de pulgões, que disparam lipídios de defesa e **feromônios** de alarme.

Coró Larva ápode de inseto, em geral com a cabeça reduzida, frequentemente de uma mosca.

Corpo gorduroso Agregado de células frouxo ou compacto, na maioria **trofócitos** suspensos na **hemocele**, responsável pelo metabolismo, síntese e armazenamento de uma série de compostos.

Corpo cogumelo Agrupamento de **vesículas seminais** e túbulos de **glândulas acessórias** que formam um uma estrutura globosa única em forma de cogumelo, encontrada em certos insetos ortopteroides e blatoides.

Corpora allata Glândulas endócrinas pares associadas ao gânglio do estomodeu, o qual está localizado atrás do **cérebro** (Figura 3.18); fonte do **hormônio juvenil**.

Corpora cardiaca Glândulas pares localizadas próximas à aorta e atrás do **cérebro** (Figura 3.8), que agem como produtoras e armazenadoras de **neurormônios**.

Correlação de recurso Relação, por exemplo, entre parasita e hospedeiro, ou entre planta e polinizador, na qual a evolução da associação está baseada na ecologia e não na filogenia; *veja também* **coevolução**, **correlação filética**.

Correlação filética A **coevolução** estrita na qual as filogenias de cada táxon (p. ex., hospedeiro e parasita, planta e polinizador) combinam precisamente, pois a evolução de um dos lados segue a evolução do outro.

Cosmopolita Distribuído por todo o planeta (ou quase).

Costa (*adj.* costal) **Nervura** longitudinal da asa de posição mais anterior, que percorre a margem costal da asa e termina próxima ao ápice (Figura 2.23).

Coxa Artículo proximal (basal) da perna (Figura 2.21).

Crânio posterior Porção posterior da cabeça, geralmente em forma de ferradura.

Crepuscular Ativo em intensidades baixas de luz, ao entardecer ou ao amanhecer; *veja também* **diurno**, **noturno**.

Crioproteção Mecanismos que permitem aos organismos sobreviver períodos de frio, na maioria das vezes extremo.

Críptico Escondido, camuflado, oculto.

Criptobiose Estado de um organismo vivo durante o qual não existem sinais vitais e o metabolismo virtualmente cessa.

Crista acústica Principal **órgão cordotonal** do órgão timpânico da tíbia de esperanças (Orthoptera: Tettigoniidae) (Figura 4.4).

Crista pleural Quilha interna que divide o **pterotórax** em **episterno** anterior e **epímero** posterior.

Crochetes Ganchos recurvados, espinhos ou espínulas nas **falsas pernas** de larvas.

Crown group O menor grupo **monofilético** que contém o último ancestral comum de todos os membros atuais, bem como todos os descendentes daquele ancestral.

Ctenídio Um pente (ver Taxoboxe 26).

Cúbito (Cb) Sexta **nervura** longitudinal, de posição posterior à **média**, frequentemente dividida na região anterior em duas, denominadas CbA_1 e CbA_2, e com um ramo indiviso posterior denominado CbP_1 (Figura 2.23).

Cúneo Seção distal do **cório** da asa dos heterópteros (Figura 2.24E).

Cursorial Que corre ou adaptado para correr.

Cutícula Estrutura esquelética externa, secretada pela **epiderme**, composta de **quitina** e proteína, e compreendendo diversas camadas diferenciadas (Figura 2.1).

Decapitação Separar a cabeça do corpo; utilizada particularmente nos primeiros estudos de hormônios dos insetos.

Decíduo Que cai, que se desprende (p. ex., na maturidade).

Déctica Referente à pupa **exarata** em que as **mandíbulas** estão articuladas (Figura 6.7); *veja também* **adéctica**.

Defesa constitutiva Parte da composição química normal; *veja também* **defesa induzida**.

Defesa induzida Mudança química, deletéria a herbívoros, induzida na folhagem ou outra parte da planta como resultado de um dano provocado pela alimentação desses herbívoros.

Dendrito Ramo fino de uma célula nervosa (Figura 3.5); *veja também* **axônio**.

Dendrograma temporal Uma árvore filogenética na qual o comprimento dos ramos é proporcional ao tempo evolutivo.

Determinado Refere-se ao crescimento ou desenvolvimento no qual existe um adulto ou instar final distinto; *veja também* **indeterminado**.

Detritívoro Que come detritos orgânicos de origem vegetal ou animal.

Deuterotoquia *Veja* **anfitoquia**.

Deutocérebro Porção mediana do **cérebro** de um inseto; o **gânglio** do segundo segmento, compreendendo os lobos antenal e olfatório.

Diafragma dorsal Principal septo fibromuscular que divide a **hemocele** nos **seios** (compartimentos) **pericárdico** e **perivisceral** (Figura 3.9).

Diafragma ventral Membrana disposta horizontalmente sobre o cordão nervoso dentro da cavidade do corpo, e que separa o **seio perineural** do **seio perivisceral** (Figura 3.9).

Dia graus Medida do tempo fisiológico, produto do tempo e da temperatura acima de um **limiar**.

Diapausa Desenvolvimento retardado que não é resultado direto das condições ambientais prevalecentes.

Dicondílico Refere-se à articulação (como a da mandíbula) com dois pontos de articulação (côndilos).

Digestão extraoral Digestão que ocorre fora do organismo, pela secreção de enzimas salivares sobre ou dentro do alimento, de modo que os produtos digestivos solúveis são posteriormente sugados.

Diplodiploidia (machos diploides) Sistema genético encontrado na maioria dos insetos, no qual cada macho recebe um genoma **haploide** tanto de sua mãe como de seu pai, e esses dois genomas apresentam igual probabilidade de serem transmitidos pelos espermatozoides; *veja também* **haplodiploidia**, **eliminação do genoma paterno**.

Diploide Com dois conjuntos de cromossomos; *veja também* **haploide**.

Disco germinativo (em embriologia) Disco germinativo que demonstra a primeira indicação da existência de um embrião em desenvolvimento (Figura 6.5).

Disco imaginal (broto) Grupo de células indiferenciadas de um indivíduo imaturo, que dará origem a um órgão específico no adulto (Figura 6.4).

Discriminação de hospedeiro Escolha entre diferentes **hospedeiros**.

Disfarce Forma **críptica** na qual o organismo se assemelha a uma estrutura de seu ambiente que não apresenta interesse a um predador.

Disjunto Em faixas largamente separadas, como em populações ou espécies separadas geograficamente de modo a evitar o fluxo gênico.

Disparo Estímulo particular cujo sinal estimula um comportamento específico.

Dispersão Movimento de um indivíduo ou de uma população para longe de seu local de origem.

Distal Na ou próximo à extremidade mais distante do ponto de articulação de um apêndice (oposto de **proximal**) (Figura 2.8).

Diurno Ativo durante o dia; *veja também* **crepuscular**, **noturno**.

DNA *barcoding* Um método que utiliza um marcador genético curto (para insetos, normalmente parte do gene *COI* mitocondrial) do DNA de um organismo para identificá-lo como pertencendo a uma espécie em particular.

Dobra anal (dobra vanal) Dobra distinta, localizada na **área anal** da asa (Figura 2.22).

Dobra jugal Uma **linha de dobra** da asa que separa a **área jugal** do **clavo** (Figura 2.22).

Doença de ciclo simples Doença que envolve uma espécie de **hospedeiro**, um **parasita** e um inseto **vetor**.

Domácea Câmaras produzidas pelas plantas especificamente para abrigar certos artrópodes, em especial formigas.

Dorsal Na superfície superior (Figura 2.8).

Dorso Superfície superior.

Dorsoventral O eixo que se estende desde o lado **dorsal** (superior) até o lado **ventral** (inferior).

Dulose Uma forma extrema de **parasitismo social** na qual existe uma relação do tipo escravagista entre espécies parasitas de formigas e a ninhada capturada de uma outra espécie.

Ducto ejaculatório Ducto que conecta os **vasos deferentes** fundidos entre si ao **gonóporo** (Figura 3.20B), dentro do qual os espermatozoides são transportados.

Ecdise Estágio final do processo de **muda**, o processo de retirada e eliminação da **cutícula** (Figura 6.8).

Ecdisona O **hormônio** esteroide secretado pela **glândula protorácica** e que é convertido em 20-hidroxiecdisona, o qual estimula a excreção de líquido de muda.

Ecdisteroide Termo genérico para esteroides que induzem a **muda** (Figuras 5.13, 6.9 e 6.10).

Ecdisterona Termo antigo para 20-hidroxiecdisona, o principal esteroide indutor de muda.

Eclosão Liberação do inseto adulto de dentro da cutícula do **instar** anterior; algumas vezes usada para a saída do jovem de dentro do ovo.

Ecogenômica (genômica ambiental) A aplicação de técnicas moleculares para a ciência ecológica e ambiental, incluindo estudos de biodiversidade.

Ectognato Que tem as peças bucais expostas.

Ectoparasita Um **parasita** que vive externamente sobre e à custa de um outro organismo, o qual não é morto por ele; *veja também* **ectoparasitoide**, **endoparasita**.

Ectoparasitoide Um **parasita** que vive externamente sobre e à custa de um outro organismo, o qual acaba sendo morto por ele; *veja também* **ectoparasita**, **endoparasitoide**.

Ectotermia (*adj.* ectotérmico) Incapacidade de regular a temperatura corporal em relação ao ambiente em volta.

Edeago Órgão copulador masculino, de formato bastante variável (algumas vezes refere-se apenas ao **pênis**) (Figura 2.26B e Figura 5.4).

Efeito guarda-chuva A proteção proporcionada a todas as espécies de um hábitat devido à conservação de uma espécie importante, frequentemente uma **espécie-bandeira** ou uma **espécie-chave**.

Elaiossomo Corpo alimentar formando um apêndice na semente de uma planta (Figura 11.8).

Eliminação do genoma paterno Perda do genoma paterno durante o desenvolvimento de um macho inicialmente **diploide**, de modo que seus espermatozoides carregam apenas os genes de sua mãe; uma forma de **haplodiploidia**.

Élitro Asa anterior modificada e endurecida de um besouro, a qual protege a asa posterior (Figura 2.24D).

Embólio A área marginal da asa dos heterópteros, anterior à nervura R+M (Figura 2.24E).

Empódio Almofada ou um espinho central do **pré-tarso** de Diptera.

Empupação Tornar-se **pupa**.

Encapsulamento Reação de um **hospedeiro** com um **endoparasitoide**, na qual o invasor é envolvido por **hemócitos** que acabam formando uma cápsula (Figura 13.5).

Endêmico Refere-se a um táxon ou uma doença que está restrita a uma área geográfica em particular.

Endito Apêndice ou lobo do artículo de um membro que está direcionado para dentro (**mediano**) (Figura 8.5).

Endocutícula Camada mais interna, flexível e não esclerotizada, da **procutícula** (Figura 2.1); *veja também* **exocutícula**.

Endofalo (vésica) Tubo mais interno e eversível do **pênis** (Figura 5.4); recebe nomes diferentes em grupos diferentes de insetos.

Endofílico Que gosta de espaços fechados, como no caso de um inseto que se alimenta dentro de um ninho; *veja também* **exofílico**.

Endoparasita Um **parasita** que vive internamente à custa de um outro organismo, o qual não é morto por ele; *veja também* **ectoparasita**, **endoparasitoide**.

Endoparasitoide Um **parasita** que vive internamente à custa de um outro organismo, o qual acaba sendo morto por ele; *veja também* **ectoparasita**, **endoparasitoide**.

Endopterigoto Refere-se ao desenvolvimento no qual as asas se formam dentro de bolsas do tegumento, de modo que a eversão ocorre apenas na muda entre a larva e a pupa, como ocorre no grupo **monofilético** denominado Holometabola (= Endopterygota).

Endossimbionte Simbionte intracelular, tipicamente uma bactéria, que em geral tem uma associação mutualista com seu inseto hospedeiro.

Endotermia (*adj.* endotérmico) Capacidade de regular a temperatura corporal em um valor superior ao do ambiente em volta.

Enérgides Em um embrião, os produtos da clivagem dos núcleos-filhos e o citoplasma circundante.

Engenheiro de ecossistema Um organismo que cria ou modifica significativamente um hábitat.

Enócito Uma célula associada com a **hemocele**, **epiderme** ou **corpo gorduroso**, provavelmente com muitas funções, as quais são incertas na maioria dos insetos, mas que desempenham importantes papéis no metabolismo dos lipídios, bem como desintoxicação e sinalização do desenvolvimento em alguns insetos.

Entognato Que tem as peças bucais escondidas em uma dobra da cabeça.

Entomófago Organismo que se alimenta de insetos.

Entomofilia Polinização por insetos.

Entomofobia Pavor de insetos.

Entomólogo forense Cientista que estuda o papel dos insetos em assuntos criminais.

Entomopatógeno Patógeno (organismo causador de doenças) que ataca insetos em particular.

Enxamear Agregação de insetos, frequentemente aérea, com o propósito de acasalamento.

Enxameamento O comportamento de formar agregações com o propósito de acasalamento.

Enzoótica Doença presente em um **hospedeiro** natural dentro de sua distribuição original.

Epicoxa Artículo da base da perna (Figura 8.5), formando os **escleritos articulares** de todos os insetos atuais, e que se considera ter abrigado os **exitos** e **enditos** que podem ter se fundido para formar os precursores evolutivos das asas.

Epicutícula Camada mais externa da **cutícula**, não extensível e sem capacidade de sustentação, localizada mais exteriormente do que a **procutícula** (Figura 2.1).

Epicutícula externa Uma camada da epicutícula, estando a **epicutícula interna** localizada logo abaixo (Figura 2.1) e a camada de cera e, às vezes, a camada de cimento, acima dela.

Epicutícula interna A mais interna das três camadas da **epicutícula**, estando a **procutícula** logo abaixo dela (Figura 2.1); *veja também* **epicutícula externa**.

Epidemia Um aumento no número de casos de uma doença acima do esperado em uma área ou o espalhamento de uma doença desde sua área **endêmica** e/ou desde seu(s) hospedeiro(s) normal(is).

Epiderme Camada unicelular do **tegumento**, o qual é derivado da ectoderme, que secreta a **cutícula** (Figura 2.1).

Epifaringe Superfície ventral do **labro**, um teto membranoso da cavidade bucal (Figura 2.17).

Epigenética O estudo das alterações hereditárias na atividade dos genes que não são causadas por mudanças na sequência de DNA; alterações do genoma funcionalmente relevantes que não envolvem mudanças na sequência de nucleotídios, mas mecanismos tais como metilação do DNA ou modificação das histonas.

Epímero Divisão posterior da **pleura** de um segmento do tórax, separada do **episterno** pela **sutura pleural** (Figura 2.20).

Epimórfico Refere-se ao desenvolvimento no qual o número de segmentos é fixado no embrião antes da eclosão do ovo; *veja também* **anamórfico**.

Epipleurito (1) O mais dorsal dos **escleritos** formados quando a **pleura** está dividida longitudinalmente. (2) Um dos dois pequenos escleritos de um segmento que apresenta asas, sendo o anterior chamado de **basalar** e o posterior de **subalar** (Figura 2.20).

Epiprocto Resto dorsal do segmento 11 (Figura 2.25B).

Episterno Divisão anterior da **pleura**, separada do **epímero** pela **sutura pleural** (Figura 2.20).

Epizoótica No caso de uma doença, quando é uma **epidemia** (existe geralmente um grande número de casos e/ou mortes).

Ergatoide (neotênico áptero) Nos cupins, um reprodutor suplementar derivado de uma operária, mantido em um estado de desenvolvimento suspenso e não apresentando asas, capaz de substituir os reprodutores caso eles morram; *veja também* **neotênico**.

Escama Uma **cerda** achatada; uma projeção unicelular da **cutícula**.

Escapo Primeiro artículo da **antena** (Figura 2.10).

Esclerito Placa da parede do corpo envolvida por membrana ou suturas.

Escleritos articulares Placas móveis, estreitas e distintas, que se localizam entre o corpo e a asa.

Escleritos axilares Três ou quatro **escleritos**, os quais, em conjunto com a **placa umeral** e a **tégula**, compõem os **escleritos articulares** da base da asa dos neópteros (Figura 2.23).

Escleritos cervicais Pequenos **escleritos** localizados na membrana entre a cabeça e o tórax (na realidade, o primeiro segmento torácico) (Figura 2.9).

Esclerofílico (*s.* esclerofilia) (de plantas) Que apresenta folhas duras, reforçadas com esclerênquima.

Esclerotização Endurecimento da **cutícula** por meio de ligações cruzadas de cadeias de proteínas.

Escolopídio Em um **órgão cordotonal**, a combinação de três células, a **célula apical**, a **célula do escolopalo** e o **dendrito** (Figura 4.3).

Escopa Escova ou pelos grossos localizados na **tíbia** posterior das abelhas adultas.

Escutelo Terço posterior do **alinoto** (seja o meso ou o metanoto), e que fica atrás do **escuto** (Figura 2.20).

Escuto Terço mediano do **alinoto** (seja o meso ou o metanoto), localizado em frente ao **escutelo** (Figura 2.20).

Esfecofilia Polinização de plantas por vespas.

Esôfago Parte do **estomodeu** que tem posição posterior à da **faringe** e anterior à do **papo** (Figuras 2.16A, 3.1 e 3.13).

Espaço ectoperitrófico Espaço entre a **membrana/matriz peritrófica** e a parede do mesênteron (Figura 3.16).

Espaço endoperitrófico No trato digestivo, espaço interno à **membrana/matriz peritrófica** (Figura 3.16).

Espaço exuvial Espaço entre a velha e a nova **cutícula** que se forma durante a **apólise**, antes da **ecdise**.

Espécie (*adj.* específico) Nos organismos que se reproduzem sexuadamente, o grupo de todos os indivíduos que podem se entrecruzar, acasalando dentro do grupo (compartilhando um conjunto gênico) e produzindo descendentes férteis, em geral semelhantes em aparência e comportamento (mas veja **polimórfico**) e compartilhando uma história evolutiva comum.

Espécie-bandeira Uma espécie que representa uma causa ambiental, tal como a conservação de um determinado hábitat, ou que chama a atenção pública para promover a conservação do grupo taxonômico ao qual a espécie pertence.

Espécie-chave Uma espécie que tem um efeito desproporcional no ambiente em relação a sua abundância; espécies-chave frequentemente são **engenheiros de ecossistema** (criando ou modificando o hábitat) ou **predadores**.

Espelhos de cera Placas sobrepostas localizadas no ventre do quarto ao sétimo segmento abdominal de abelhas sociais, e que servem para direcionar os flocos de cera que são produzidos embaixo de cada espelho.

Espermateca Receptáculo feminino para os espermatozoides depositados durante o acasalamento (Figura 3.20A).

Espermatofílax Em esperanças, uma parte proteinácea do **espermatóforo** que é comida pela fêmea após o acasalamento (Tabela 5.2).

Espermatóforo Pacote de espermatozoides encapsulados (Figura 5.6).

Espinasterno Um **intersternito** que possui uma **espinha** (Figura 2.20), algumas vezes fundido aos **eusternos** do **protórax** e do **mesotórax**, mas nunca ao **metatórax**.

Espinha Um **apódema** interno da placa esternal intersegmentar denominado **espinasterno**.

Espinho Extensão da cutícula multicelular e não segmentada, frequentemente afilado e pontiagudo (Figura 2.6A).

Espiráculo Abertura externa do **sistema traqueal** (Figura 3.10A).

Esporão Um **espinho** articulado.

Esqueleto hidrostático Suporte estrutural túrgido, fornecido pela pressão de líquido mantida por contrações musculares aplicadas sobre um volume fixo de líquido, em especial dentro de larvas de insetos.

Estágio Tempo entre duas mudas, a duração do **instar** ou o período de intermuda.

Estatário Fase sedentária e estacionária da formiga-correição.

Estema Olho "simples" de muitas larvas de insetos, algumas vezes agregados em um órgão visual mais complexo.

Estenogástrico Que tem um **abdome** mais curto ou estreito, *veja também* **fisiogastria**.

Esternelo O **esclerito** pequeno do **eusterno**, de posição posterior ao **basisterno** (Figura 2.20).

Esternito Diminutivo de **esterno**; uma subdivisão do esterno.

Esterno (*dim.* esternito) Superfície ventral de um segmento (Figura 2.7).

Estilete Uma das partes alongadas das peças bucais picadoras sugadoras (Figuras 2.15, 2.16 e 11.4), uma estrutura em forma de agulha.

Estilo (*stylus*, pl. *styli*) Nos insetos apterigotos, pequenos apêndices nos segmentos abdominais, homólogos às pernas abdominais.

Estipe Porção distal da **maxila**, que apresenta uma **gálea**, uma **lacínia** e um **palpo maxilar** (Figura 2.10).

Estivar (*s.* **estivação**) Passar por **quiescência** ou **diapausa** durante condições sazonais quentes ou secas.

Estomodeu Parte do trato digestivo localizada entre a boca e o **mesênteron** (Figura 3.13), derivada da ectoderme.

Estridulação Produção de som ao esfregar duas superfícies rugosas entre si.

Euplântula Estrutura em forma de almofada localizada na superfície ventral de alguns **tarsômeros** da perna.

Eussocial Que exibe cooperação na reprodução e na divisão de trabalho, com sobreposição de gerações.

Eusterno Placa ventral dominante do tórax, a qual com frequência se estende para dentro da região pleural (Figura 2.20).

Eutrofização Enriquecimento de nutrientes, especialmente em corpos d'água.

Evo-devo Nome informal para o campo da biologia chamado biologia evolutiva do desenvolvimento, o qual compara os processos de desenvolvimento de diferentes organismos para estimar as relações de ancestralidade entre eles e como seus processos de desenvolvimento evoluíram.

Exaptação Predisposição morfológica fisiológica ou pré-aptação para desenvolver uma nova função.

Exarata Refere-se a uma **pupa** na qual os apêndices estão livres do corpo (Figura 6.7), em oposição a estarem cimentados; *veja também* **obtecta**.

Excreção Eliminação de restos metabólicos do corpo ou seu armazenamento interno na forma insolúvel.

Exito Lobo ou apêndice externo do artículo de um membro (Figura 8.5).

Exocutícula Camada mais externa, esclerotizada e rígida da **procutícula** (Figura 2.1); *veja também* **endocutícula**.

Exoesqueleto Esqueleto externo, duro e derivado da cutícula, ao qual os músculos estão ligados internamente.

Exofílico (*s.* exofilia) Que gosta do ambiente externo, usado para insetos picadores que não entram em construções; *veja também* **endofílico**.

Exopterigoto Refere-se ao desenvolvimento no qual as asas se formam de maneira progressiva em camadas que aparecem externamente sobre a superfície dorsal ou dorsolateral do corpo.

Explosão secundária de praga Transformação de insetos previamente inofensivos ou pragas pouco importantes em pragas, normalmente depois do tratamento de pragas primárias com inseticidas.

Facultativo Comportamento não obrigatório, opcional.

Falenofilia Polinização de plantas por mariposas.

Falobase Na genitália masculina, o suporte do **edeago** (Figuras 2.26B e 5.4).

Falômero Lobo de posição lateral ao **pênis**.

Falsa perna Perna não articulada de uma **larva**.

Farado Dentro da cutícula do **instar** anterior.

Faringe Parte anterior do **estomodeu**, de posição anterior à do **esôfago** (Figuras 2.16A e 3.13).

Favo No ninho de himenópteros sociais, uma camada de células arranjadas de forma regular (Figura 12.6 e Tabela 12.1).

Fechamento dorsal Processo embriológico em que a parede dorsal do embrião é formada pelo crescimento da **banda germinativa**, de modo a envolver o vitelo.

Fêmur Terceiro artículo da perna de um inseto, depois da **coxa** e do **trocanter**; frequentemente o artículo mais robusto da perna (Figura 2.21).

Fenética Refere-se a um sistema de classificação no qual a semelhança geral entre os organismos é o critério para fazer um agrupamento; *veja também* **cladística**, **sistemática evolutiva**.

Fermentação Quebra de moléculas complexas por micróbios, como ocorre com os carboidratos pelas leveduras.

Feromônio Substância usada na comunicação entre indivíduos da mesma espécie, e que inicia um comportamento ou desenvolvimento específico no receptor. Os feromônios atuam na agregação, no alarme, na corte, no reconhecimento da rainha, no sexo, na atração do sexo oposto, no espaçamento (p. ex., para dispersão), e na marcação de trilhas.

Filamento caudal Dentre os dois ou três filamentos terminais (Figura 8.5; veja também o Taxoboxe 4).

Filogenético Relativo à **filogenia**.

Filogenia História evolutiva (de um **táxon**).

Filograma Árvore filogenética na qual o comprimento dos ramos é proporcional ao número de mudanças no estado do caráter ao longo de cada ramo.

Fisiogastria Refere-se a apresentar um **abdome** avolumado, como nas **rainhas** maduras de cupins (Figura 12.8), formigas e abelhas.

Fitofagia Alimentação com base em matéria vegetal.

Fitófago Que se alimenta de plantas.

Flabelo Em abelhas, o lobo na ponta das **glossas** ("língua") (Figura 2.11).

Flagelo Terceira parte da antena, de posição distal em relação ao **escapo** e ao **pedicelo**; genericamente, qualquer chicote ou estrutura em forma de chicote.

Flagelômero Uma das subdivisões de um **flagelo** "multissegmentado" (na realidade, multianelado) de antena.

Folhiço Camada de matéria vegetal morta que recobre o solo.

Folículo O **oócito** e o epitélio folicular; genericamente, qualquer saco ou tubo.

Forame occipital Abertura localizada na parte posterior da cabeça.

Forésia (*adj.* forético) Fenômeno de um indivíduo ser carregado no corpo de um indivíduo maior de uma outra espécie.

Forragear Procurar e recolher alimento.

Fossorial Que escava, ou adaptado para escavar (Figura 9.2).

Fotoperíodo Duração da parte iluminada (e, portanto, também escura) do ciclo diário de 24 h.

Fotorreceptor Órgão sensorial que responde à luz.

Fragma Um **apódema** laminar, em especial aqueles da **sutura antecostal** dos segmentos torácicos que sustentam a musculatura longitudinal de voo (Figuras 2.7D e 2.20).

Fragmose Fechamento da abertura de um ninho com uma parte do corpo.

Frass Excreta sólida de um inseto, particularmente uma larva.

Fratura costal Quebra ou fragilidade na margem costal de Heteroptera que divide o **cório**, separando o **cúneo** do embólio (Figura 2.24E).

Frênulo Espinho ou grupo de cerdas localizado sobre a **costa** da asa posterior de Lepidóptera, que se encaixa no **retináculo** da asa anterior durante o voo.

Fronte Esclerito ímpar de posição médio-anterior da cabeça dos insetos, geralmente localizado entre o epicrânio e o **clípeo** (Figura 2.9).

Frontoclípeo Fusão da **fronte** com o **clípeo**.

Frugívoro Que se alimenta de frutos.

Fundadora Fêmea de pulgão partenogenética vivípara e áptera, que se desenvolve a partir de um ovo de inverno.

Fungívoro Que se alimenta de fungos.

Furca (fúrcula) (1) Órgão abdominal que permite o salto de Collembola (Taxoboxe 1); (2) Com o braço fulcral, a alavanca do ferrão dos himenópteros (Figura 14.11).

Gálea Lobo lateral dos estipes das maxilas (Figuras 2.10 a 2.12).

Galha Tumor vegetal aberrante produzido como resposta às atividades de um outro organismo, na maioria das vezes um inseto (Figura 11.5).

Gametócito Célula a partir da qual um gameta (óvulo ou espermatozoide) é produzido.

Ganchos bucais Esqueleto da cabeça da **larva** dos dípteros superiores (ver Taxoboxe 24).

Gânglio Centro nervoso; nos insetos, forma pares fundidos de corpos ovoides e brancos localizados em uma fila ventral na cavidade do corpo, conectados a um cordão nervoso duplo (Figura 3.1).

Gânglio subesofágico Massa fundida dos **gânglios** dos segmentos da mandíbula, da maxila e do lábio, formando um centro ganglionar abaixo do **esôfago** (Figuras 3.6 e 3.14).

Gânglio supraesofágico *Veja* **cérebro**.

Garra (garra do pré-tarso; unha) Estrutura em forma de gancho, localizada na extremidade distal do **pré-tarso**, em geral par (Figura 2.21); genericamente, qualquer estrutura em forma de gancho.

Gáster Parte intumescida do **abdome** dos Hymenoptera **aculeados**, de posição posterior ao **pecíolo** (cintura) (ver Taxoboxe 29).

Gena Literalmente, uma bochecha; em cada lado da cabeça, a parte que fica abaixo do **olho composto**.

Gênero Nome da categoria taxonômica posicionada entre a espécie e a família; agrupamento de uma ou mais espécies unidas por uma ou mais características derivadas e, portanto, considerado como tendo uma única origem evolutiva (*i. e.*, um grupo **monofilético**).

Genitália Todas as estruturas derivadas da ectoderme de ambos os sexos associadas à reprodução (cópula e, nas fêmeas, fertilização e oviposição).

Genitália externa Órgãos envolvidos especificamente com o acasalamento e, nas fêmeas, também com a deposição de ovos, embora eles possam ser grandemente internos ou retráteis para dentro do abdome.

Germário Estrutura que fica dentro do **ovaríolo** na qual as oogônias dão origem aos **oócitos** (Figura 3.20A).

Gine Fêmea reprodutiva de himenópteros, uma **rainha**.

Glândula acessória Glândula secundária de uma maior; mais especificamente, uma glândula que se abre na **câmara genital** (Figuras 3.1 e 3.20A,B).

Glândula da espermateca Glândula tubular que fica fora da **espermateca** e produz nutrição para os espermatozoides armazenados na espermateca (Figura 3.20A).

Glândula de Dufour Nos himenópteros **aculeados**, uma bolsa que se abre no ducto de veneno próximo do ferrão (Figura 14.11); local de produção de **feromônios** e/ou componentes do veneno.

Glândula dérmica Glândula epidérmica unicelular que pode secretar líquido de muda, cimentos, cera etc., e algumas vezes **feromônios** (Figura 2.1).

Glândula endócrina Uma glândula que secreta seu produto (normalmente um hormônio) dentro do corpo, geralmente na **hemolinfa**.

Glândula exócrina Uma glândula que secreta seu produto (p. ex., um feromônio, veneno ou cera) para o lado de fora do corpo, normalmente através de um ducto.

Glândula protorácica Glândulas torácicas ou cefálicas (Figura 3.8) que secretam **ecdisteroides** (Figura 5.13).

Glândula salivar Glândula que produz saliva (Figura 3.1).

Glândulas coleteriais Glândulas acessórias da genitália feminina interna que produzem secreções usadas para cimentar os ovos no substrato.

Glândulas "de leite" Glândulas acessórias especializadas de certas moscas vivíparas adenotróficas (ver **viviparidade adenotrófica**) (p. ex., Hippoboscidae e *Glossina*), que produzem secreções que alimentam as larvas.

Glândulas de veneno Classe de **glândulas acessórias** que produzem veneno, como ocorre nos ferrões dos Hymenoptera (Figura 14.11).

Glossa A "língua", um entre o par de lobos localizados na parte interna do ápice do **pré-mento** (Figura 2.11).

Gonapófise Valva (parte do eixo) do **ovipositor** de uma fêmea de inseto (Figura 2.25); também ocorre na genitália de muitos machos de insetos (Figura 2.26A).

Gonocorismo Reprodução sexual na qual machos e fêmeas são indivíduos separados.

Gonocoxito Base de um apêndice, formado por **coxa** + **trocanter**, de um segmento genital (8 ou 9) (também chamado de **valvífero** em fêmeas) (Figuras 2.25B e 2.26A).

Gonóporo Abertura do ducto genital. Nas fêmeas, corresponde à abertura do oviduto comum (Figura 3.20A); nos machos, corresponde à abertura do ducto ejaculatório.

Gonóstilo Estilo (apêndice rudimentar) do nono segmento (Figura 2.25), frequentemente funcionando como um clásper do macho (Figura 2.26A).

Grado Grupo **parafilético**, aquele que não inclui todos os descendentes de um ancestral comum, e é unido por características primitivas compartilhadas.

Gregário Que forma agregados.

Gressorial Que anda, ou adaptado ao caminhar.

Grupo-irmão Grupo mais próximo filogeneticamente que tem o mesmo nível taxonômico do grupo que está sendo estudado.

Gula Placa esclerotizada de posição ventromediana, localizada na cabeça de insetos **prognatos** (Figura 2.10).

Haltere Asa posterior modificada dos Diptera, que atua como um balancim (Figura 2.24F).

Hâmulos Ganchos dispostos ao longo da margem anterior (costal) da asa posterior de Hymenoptera, e que acoplam as asas durante o voo por se encaixarem em uma dobra que existe na asa anterior.

Hâmulo-haltere A asa posterior altamente reduzida e modificada nos machos de cochonilha (Hemiptera: Coccoidea).

Haplodiploidia (*adj.* haplodiploide) Sistema genético no qual o macho é **haploide** realmente ou funcionalmente e transmite apenas o genoma de sua mãe; a fêmea surge a partir de ovos fecundados e é diploide; *veja também* **arrenotoquia**, **diplodiploidia**, **eliminação do genoma paterno**.

Haploide Com um conjunto de cromossomos; *veja também* **diploide**.

Hausteladas Sugadoras, como no caso das peças bucais.

Haustelo Peças bucais sugadoras parecidas com tubo; uma **probóscide** ou **rostro**; utilizado principalmente em referência às peças bucais de algumas moscas (Figura 15.1).

Hematófago Que se alimenta de sangue (ou um líquido semelhante).

Hemiélitro Asa anterior dos Heteroptera, a qual apresenta uma seção basal engrossada e uma seção apical membranosa (Figura 2.24E).

Hemimetabolia (*adj.* hemimetábolo) Desenvolvimento em que o corpo adquire mudanças graduais com cada muda, de modo que os brotos alares crescem um pouco mais a cada muda; **metamorfose** incompleta; *veja também* **holometabolia**.

Hemo- Que se refere ao sangue.

Hemocele Principal cavidade corporal de muitos invertebrados, incluindo os insetos, formada por um sistema "sanguíneo" expandido.

Hemócito Célula sanguínea de um inseto.

Hemolinfa Líquido que preenche a **hemocele**.

Hermafroditismo Presença de indivíduos (denominados hermafroditas) que têm tanto testículos como ovários.

Heterocronia Alteração na temporização relativa de ativação de caminhos diferentes do desenvolvimento.

Heteromorfose (ou hipermetamorfose) Passar por uma mudança importante na morfologia entre os estágios larvais, como ocorre de **triungulino** para larva "normal".

Hibernar (*s.* **hibernação**) Passar por **quiescência** ou **diapausa** durante as condições sazonais de frio.

Hipermetamorfose *Veja* **heteromorfose**.

Hiperparasita (*adj.* hiperparasítico) Um **parasita** que vive à custa de um outro parasita.

Hiperparasitoide Um **parasitoide** secundário que se desenvolve à custa de um outro **parasita** ou parasitoide.

Hipofaringe Lobo mediano da cavidade pré-oral das peças bucais (Figura 2.10).

Hipognato Com a cabeça direcionada verticalmente e as peças bucais direcionadas para a região ventral; *veja também* **opistognato**, **prognato**.

Hiporreico Que vive no substrato existente abaixo do leito de um corpo d'água.

Holocíclico Em pulgões, descreve um ciclo de vida completo no qual a reprodução consiste tipicamente em uma geração de formas sexuadas e várias gerações com apenas fêmeas partenogenéticas.

Holometabolia (*adj.* holometábolo) Desenvolvimento em que ocorrem mudanças abruptas na forma do corpo no momento da muda para pupa; **metamorfose** completa, como ocorre no grupo Holometabola (= Endopterygota); *veja também* **hemimetabolia**.

Homeose (*adj.* homeótico) Modificação genética ou no desenvolvimento de uma estrutura (p. ex., um apêndice) de um segmento que parece uma estrutura morfologicamente semelhante ou diferente de um outro segmento (ver *também* **homologia serial**).

Homeostase Manutenção de uma condição prevalecente (fisiológica ou social) por meio de uma retroalimentação interna.

Homeotermia Manutenção de uma temperatura corporal constante, a despeito de variações na temperatura ambiente.

Homologia (*adj.* homólogo) Identidade ou similaridade morfológica de uma estrutura ou outra característica em dois (ou mais) grupos (**táxons**) diferentes, como resultado de uma origem evolutiva comum.

Homologia serial Ocorrência de características derivadas idênticas em segmentos diferentes (p. ex., um par de pernas em cada segmento torácico).

Homoplasia Apresentar características semelhantes ou idênticas devido à evolução convergente ou em paralelo em diferentes grupos (**táxons**), em vez de ter ocorrido herança direta de um ancestral comum.

Honeydew Líquido aquoso que contém principalmente açúcares derivados da seiva de plantas e é eliminado pelo ânus de alguns Hemiptera.

Hormônio Mensageiro químico que regula algumas atividades a certa distância do órgão endócrino que o produziu.

Hormônio de diapausa Um **hormônio** produzido por células neurossecretoras localizadas no **gânglio subesofágico**, e que afeta a regulação do tempo de desenvolvimento futuro dos ovos e, pelo menos nas pupas de alguns insetos, está envolvido com o término da diapausa.

Hormônio de eclosão Um **neurormônio** com várias funções associadas à **eclosão** do adulto, incluindo o aumento na capacidade extensível da cutícula.

Hormônio juvenil Hormônio, que ocorre em diversas formas baseadas em cadeias de 16 a 19 átomos de carbono, liberado pelos ***corpora allata*** na **hemolinfa** e que está envolvido em diversos aspectos da fisiologia dos insetos, incluindo as modificações na expressão da muda.

Hormônio protoracicotrópico Um **hormônio** neuropeptídico secretado pelo cérebro e que controla aspectos da **muda** e da **metamorfose** atuando nos ***corpora cardiaca***.

Hormônios estimuladores de ecdise (PETH e ETH) Hormônios peptídios que iniciam a sequência comportamental de **ecdise** e que são secretados a partir das **células Inka**.

Hospedeiro Organismo que abriga outro, em especial um **parasita** ou **parasitoide**, seja internamente, seja externamente.

Húmus Solo orgânico.

Idiobionte Um **parasitoide** que evita que seu **hospedeiro** se desenvolva mais, seja por paralisia, seja por morte; *veja também* **conobionte**.

Íleo Segunda seção do **proctodeu**, precedendo o **cólon** (Figuras 3.1 e 3.13).

Imago (*s.f.*) Inseto adulto.

Inato Refere-se a um comportamento que não requer escolha nem aprendizado.

Incompatibilidade citoplasmática (reprodutiva) Incompatibilidade reprodutiva oriunda de microrganismos herdados no citoplasma que causam deficiência embriológica; pode ser unidirecional ou bidirecional.

Incremento da muda Aumento de tamanho que ocorre entre instares sucessivos (Figura 6.12).

Indeterminado Refere-se ao crescimento ou desenvolvimento em que não existe um instar adulto final distinto, sem muda final definitiva; *veja também* **determinado**.

Inoculação (controle biológico por inoculação) Infectar com uma doença introduzindo-a nos líquidos ou tecidos corpóreos; no caso de **controle biológico**, é a liberação periódica de inimigos naturais que vão se reproduzir e controlar a praga-alvo por um certo período, porém não indefinidamente.

Inquilino Organismo que vive dentro do ninho de outro, compartilhando alimento; em entomologia, é usado particularmente no caso de residentes de ninhos de insetos sociais (ver *também* **inquilino integrado**, **inquilino não integrado**) ou em galhas induzidas por outro organismo.

Inquilino integrado Um **inquilino** que está incorporado na vida social do hospedeiro por meio de modificações comportamentais tanto do inquilino como do **hospedeiro**; *veja também* **inquilino não integrado**.

Inquilino não integrado Um **inquilino** que está adaptado ecologicamente ao ninho do **hospedeiro**, mas não interage socialmente com o hospedeiro; *veja também* **inquilino integrado**.

Inseminação traumática Em alguns Heteroptera (Hemiptera), incluindo os percevejos de cama, comportamento não ortodoxo de acasalamento em que o macho perfura a cutícula da fêmea com o **pênis (falo)** para depositar os espermatozoides na **hemocele**, em vez de utilizar o trato reprodutor feminino.

Inseticida Uma substância química utilizada para matar, ou tentar eliminar, insetos.

Inseticida sistêmico Inseticida que é colocado no corpo de um hospedeiro (planta ou animal) e que mata os insetos que se alimentam desse hospedeiro.

Insetívoro Que come insetos; *veja também* **entomófago**.

Instar Estágio de crescimento delimitado por dois eventos sucessivos de muda.

Instar subimaginal *Veja* **subimago**.

Interferência (1) (em cores) Cores iridescentes produzidas por reflexões variadas de luz em superfícies estreitamente separadas entre si (como nas escamas dos lepidópteros). (2) (em dinâmica populacional) Redução na rentabilidade de um recurso que apresenta grande densidade, em virtude de interações intra e interespecíficas de predadores e parasitoides.

Interferência por RNA (RNAi) Um processo no qual moléculas de RNA inibem a expressão gênica, tipicamente pela destruição de moléculas específicas de RNA mensageiro (mRNA); às vezes chamado de silenciamento gênico pós-transcricional.

Interneurônio (neurônio de associação) Uma célula nervosa (**neurônio**) que forma a conexão entre outras células nervosas, geralmente entre neurônios sensoriais e motores, e que, portanto, recebe e transmite informação.

Interrupção de acasalamento Forma de controle de insetos na qual **feromônios** sexuais sintéticos (em geral da fêmea) são mantidos artificialmente em um nível superior ao do fundo, interferindo na localização de parceiros.

Intersternito Placa esternal intersegmentar de posição posterior ao **eusterno**, conhecida como o **espinasterno**, exceto no metaesterno (Figura 2.7).

Inundação (controle biológico por inundação) Envolver uma praga com um grande número de agentes controladores, sendo o controle derivado dos organismos liberados em vez de depender de seus descendentes.

Irmão Irmão ou irmã completo.

Labelos Em certas moscas, lobos pares localizados no ápice da **probóscide**, derivados dos **palpos labiais** (ver Figuras 2.13 e 2.14).

Lábio (*adj.* labial) O "lábio inferior", que forma o assoalho da boca, frequentemente com um par de palpos e dois pares de lobos medianos (Figuras 2.9 e 2.10); derivado do sexto segmento cefálico.

Labro (*adj.* labral) O "lábio superior", que forma o teto da cavidade pré-oral e da boca (Figuras 2.9, 2.10 e 2.11); provavelmente derivado do terceiro segmento cefálico.

Lacínia Lobo mediano dos estipes das maxilas (Figura 2.10).

Lamela caudal Uma entre duas ou três brânquias terminais (ver Taxoboxe 5).

Larva (*adj.* larval) Inseto imaturo depois de emergir do ovo, normalmente restrito aos insetos nos quais ocorre metamorfose completa (**holometabolia**), porém, às vezes, usado para qualquer inseto imaturo que difira fortemente de seu adulto; *veja também* **ninfa**.

Lateral Ao, ou próximo ao, lado (Figura 2.8).

Lateroesternito Resultado da fusão do **eusterno** com um esclerito da pleura.

Lente cristalina Lente localizada abaixo da cutícula do **estema** de alguns insetos (Figura 4.9).

Lêntico De águas paradas.

Liberação periódica Liberação regular de agentes de controle biológico que são efetivos no controle, mas são incapazes de se estabelecer permanentemente.

Ligação Técnica experimental que isola uma parte do corpo de um inseto vivo de outra parte, geralmente apertando uma ligadura; utilizada particularmente nos primeiros estudos de hormônios dos insetos.

Lígula As **glossas** somadas às **paraglossas** do **pré-mento** do **lábio**, podendo estar fundidas ou separadas.

Lima Estrutura com dentes ou cristas que é usada na produção de som por **estridulação** por intermédio do contato com uma **palheta**.

Limiar Nível mínimo de estímulo exigido para iniciar (induzir) uma resposta.

Limiar de desenvolvimento (ou de crescimento) Temperatura abaixo da qual o desenvolvimento não ocorre.

Linha de dobra Linha ao longo da qual a asa é dobrada quando em repouso (Figura 2.22).

Linha de flexão Linha ao longo da qual uma asa é flexionada (dobrada) quando em voo (Figura 2.22).

Linha de fratura ou linha de ecdise Linhas de fragilidade na **cutícula** que permitem o rompimento desta no momento da **muda**.

Linha mediana de flexão Uma **linha de dobra** que percorre longitudinalmente a porção proximal da asa (Figura 2.22).

Longitudinal Na direção do eixo maior do corpo.

Lótico De águas correntes.

Macrófago Que se alimenta de partículas grandes; *veja também* **micrófago**.

Macrotríquio Uma **sensila tricoide**, também chamado de **cerda** ou **pelo**.

Mancha Área discreta de um micro-hábitat.

Mandíbula (*adj.* mandibular) As mandíbulas, seja na forma não modificada nos insetos mastigadores (mandibulados) (Figuras 2.9 e 2.10), seja modificadas em **estiletes** estreitos dos insetos picadores e sugadores (Figura 2.15); o primeiro par de mandíbulas; derivada do quarto segmento cefálico.

Mandibulado Que tem **mandíbulas**.

Manejo integrado de pragas Uma estratégia de manejo de pragas que integra o uso de múltiplas táticas de supressão, frequentemente envolvendo **controle biológico**, para otimizar o controle de pragas de maneira segura econômica e ecologicamente, levando em consideração os impactos positivos e negativos do controle de pragas sobre os produtores, a sociedade e o ambiente.

Matrifilial Relativo a himenópteros **eussociais** cujas colônias consistem em mães e suas filhas.

Maxila Segundo par de mandíbulas, com forma de mandíbulas em insetos mastigadores (Figuras 2.9 e 2.10), e com diversas modificações nos demais (Figura 2.15); derivada do quinto segmento cefálico.

Mecônio Primeira excreção de um adulto recentemente emergido a partir do estágio de pupa.

Média No caso da nervação das asas, é a quinta nervura longitudinal, localizada entre o **rádio** e o **cúbito**, com um máximo de oito ramos (Figura 2.23).

Mediano (1) No ou em direção ao meio (Figura 2.8). (2) Próxima à linha média do corpo.

Melanismo Escurecimento causado pelo aumento de pigmentação.

Melanismo industrial Fenômeno de existirem **morfos** escuros, em uma frequência maior que a usual, em áreas em que a poluição industrial escurece os troncos das árvores e outras superfícies sobre as quais os insetos podem repousar.

Melitofilia Polinização por abelhas.

Membrana atrodial Faixa de **cutícula** fina e extensível, localizada, por exemplo, entre partes escletorizadas dos segmentos (Figura 2.4).

Membrana conjuntiva (conjuntiva; membrana intersegmentar) Membrana localizada entre os segmentos, em particular os do **abdome** (Figura 2.7).

Membrana perimicrovilar Uma membrana extracelular lipoproteica que envolve as microvilosidades das células do mesênteron dos Hemiptera e Thysanoptera.

Membrana (matriz ou envelope) peritrófica(o) Lâmina fina que reveste o epitélio do mesênteron de muitos insetos (Figura 3.16).

Membrana vitelínica Camada mais externa de um **oócito**, a qual envolve o vitelo (Figura 5.10).

Mento Placa ventral fundida derivada do **lábio** (Figura 2.18).

Mesênteron Secção mediana do trato digestivo, que se estende desde o final do **proventrículo** até o início do **íleo** (Figuras 3.1 e 3.13).

Mesossomo Divisão do meio, entre as três grandes divisões (**tagmas**) do corpo de um inseto, equivalente ao **tórax**, mas, nos himenópteros **apócritos**, inclui o **propódeo**; chamado de **alitronco** nas formigas adultas (ver Taxoboxe 29).

Mesotórax Segundo (e mediano) segmento do **tórax** (Figura 2.20).

Metamorfose Mudança relativamente abrupta na forma do corpo entre o final do desenvolvimento imaturo e o estabelecimento da fase de imago (adulto).

Metapopulação Um grupo de populações da mesma espécie, espacialmente separadas, e que interagem de alguma forma.

Metassoma Nos himenópteros **apócritos**, o **pecíolo** mais o **gáster** (ver Taxoboxe 29).

Metatórax Terceiro (e último) segmento do **tórax** (Figura 2.20).

Micângio Uma estrutura especial presente no corpo de alguns insetos, frequentemente uma invaginação complexa da cutícula, que armazena fungo simbiótico (normalmente na forma de esporo) para o transporte e utilização posterior.

Micetócitos *veja* **bacteriócito**.

Micetoma *veja* **bacterioma**.

Micófago Que se alimenta de fungos; *veja também* **fungívoro**.

Micoinseticida Um fungo produzido (frequentemente na forma de esporo) para utilização como um **inseticida**.

Micrófago Que se alimenta de partículas pequenas, tais como esporos; *veja também* **macrófago**.

Microlécito Relativo a um ovo que não apresenta grandes reservas de vitelo.

Micrópila Abertura diminuta no **córion** do ovo de um inseto (Figura 5.10), por meio da qual o espermatozoide penetra.

Microtríquio Extensão subcelular da cutícula, geralmente de várias a muitas por célula (Figura 2.6D).

Microvilosidade Uma pequena projeção parecida com um dedo.

Migração Movimento direcional para condições mais apropriadas.

Miíase Doença ou dano provocado pela alimentação de larvas de moscas diretamente no tecido vivo, de humanos ou outros animais.

Mimetismo Semelhança de um **mímico** a um **modelo**, pela qual o mímico obtém a proteção contra a predação que o modelo apresenta (p. ex., não ser palatável).

Mimetismo batesiano Sistema de mimetismo em que uma espécie palatável obtém proteção contra a predação por se assemelhar a uma espécie impalatável; *veja também* **mimetismo mülleriano**.

Mimetismo mülleriano Sistema de **mimetismo** no qual duas ou mais espécies não palatáveis obtêm proteção contra predação por se assemelharem entre si; *veja também* **mimetismo batesiano**.

Mimetismo wasmanniano Forma de **mimetismo** que permite a um inseto de uma outra espécie ser aceito na colônia de um inseto social.

Mímico (*adj.* mimético) Em um sistema de mimetismo, o emissor de um sinal falso recebido por um **observador**, tal como um predador; um indivíduo, uma população ou uma espécie que imita um **modelo**, geralmente uma outra espécie ou uma parte dela; *veja também* **automimetismo**, **mimetismo batesiano**, **mimetismo mülleriano**.

Minador Um inseto que se alimenta do que estiver localizado abaixo da superfície da epiderme de uma folha, caule, tronco ou fruto, por exemplo, minadores das folhas se alimentam da camada mesófila localizada entre a epiderme superior e a epiderme inferior de uma folha (Figura 11.2).

Miofibrilas Fibras contráteis que percorrem o comprimento de uma fibra muscular, compreendendo "sanduíches" formados por fibras de miosina que envolvem fibras de actina.

Miofilia Polinização de plantas por dípteros.

Mirmecocoria Coleta e dispersão de sementes contendo **elaiossomos** por formigas.

Mirmecofilia Polinização de plantas por formigas.

Mirmecófita ("planta de formiga") Planta que contém **domáceas** para abrigar formigas (Figuras 11.9 e 11.10).

Mirmecotrofia Alimentação de plantas pelas formigas, em especial por meio dos resíduos produzidos por uma colônia de formigas.

Modelo Em um sistema de **mimetismo**, o emissor de sinais recebidos pelo **observador** tal como um predador; o organismo que é imitado pelo **mímico** e que está protegido contra predação, por exemplo, por apresentar gosto desagradável.

Monitoramento biológico Uso de plantas ou animais para detectar mudanças ambientais.

Monocondilia Relativo a uma articulação (como a da **mandíbula**) que apresenta um ponto de articulação (côndilo).

Monófago Que se alimenta de um único tipo de comida; usado em particular para **fitófagos** especializados; *veja também* **oligófago**, **polífago**.

Monofilético Que descreve um grupo (**táxon**) que inclui todos os descendentes de um único ancestral, reconhecido pela posse conjunta de característica(s) derivada(s) compartilhada(s).

Monogínico Relativo a uma colônia de insetos **eussociais** dominados por uma **rainha**.

Monoletia (*adj.* monolética) O fenômeno de um inseto (normalmente utilizado em referência às abelhas) ter preferência muito específica e coletar o pólen das flores de apenas uma espécie de planta.

Monóxeno Um **parasita** restrito a um **hospedeiro**.

Morfo Forma ou variante fenotípica, algumas vezes determinada geneticamente.

Morfoespécie Uma espécie definida apenas por critérios morfológicos; ou uma espécie provável, identificada por um não especialista, baseado em critérios morfológicos.

Muda Formação de uma nova **cutícula** após a **ecdise** (Figuras 6.9 e 6.10).

Multiparasitismo **Parasitose** de um **hospedeiro** por dois ou mais **parasitas** ou **parasitoides**.

Multiplicação Multiplicação de inimigos naturais existentes por intermédio da liberação de indivíduos adicionais.

Multiporoso Que apresenta várias pequenas aberturas.

Multivoltino Que apresenta várias gerações em um mesmo ano; *veja também* **bivoltino**, **semivoltino**, **univoltino**.

Musculatura direta de voo Músculos do voo que estão ligados diretamente à asa (Figura 3.4); *veja também* **musculatura indireta de voo**.

Musculatura indireta de voo Músculo que fornece a força para o voo por meio da deformação do tórax em vez de movimentar diretamente as asas (Figura 3.4); *veja também* **musculatura direta de voo**.

Músculo assincrônico Músculo que se contrai muitas vezes com um único impulso nervoso, como ocorre em muitos dos músculos do voo e nos músculos que controlam o tímbale das cigarras.

Músculo estriado Músculos nos quais os filamentos de miosina e de actina se sobrepõem de modo a dar um efeito estriado.

Músculo sincrônico Músculo que contrai uma vez a cada impulso nervoso.

Músculos alares Músculos pares que sustentam a região do coração do **vaso dorsal**.

Náiade Nome alternativo para denominar os estágios imaturos de insetos hemimetábolos aquáticos; *veja também* **larva**, **ninfa**.

Nasuto Um **soldado** de cupim que tem uma tromba.

Natatório Relativo à natação.

Necrófago Que se alimenta de animais mortos e/ou em decomposição.

Nefrócito (célula pericárdica) Célula que filtra resíduos metabólicos dissolvidos na **hemolinfa**.

Neotenia (*adj.* neotênico) Retenção de características juvenis no estágio adulto por meio do retardamento do desenvolvimento somático (físico).

Neotênico Em cupins, um organismo reprodutor suplementar que teve seu desenvolvimento interrompido, e que tem o potencial de assumir o papel de reprodução caso os reprodutores primários desapareçam; *veja também* **ergatoide**.

Nervura As estruturas quitinosas ocas, em forma de tubo, que sustentam e fortalecem as asas dos insetos; as principais nervuras se estendem desde a base da asa até a margem externa.

Nervura anal Na nervação das asas, a sétima **nervura** longitudinal, posterior ao **cúbito** (Figura 2.23), e com ramos anterior (AA) e posterior (AP).

Nervura jugal Na nervação das asas, a nervura longitudinal mais posterior, depois da **nervura anal** (Figura 2.23), normalmente representada por uma ou duas pequenas nervuras nos insetos viventes.

Nervuras transversais Nervuras transversais da asa que conectam as **nervuras** longitudinais.

Neurônio Célula nervosa, compreendendo um corpo celular, **dendrito** e **axônio** (Figuras 3.5 e 4.3).

Neurônio motor Célula nervosa com um **axônio** que transmite estímulos de um **interneurônio** até a musculatura (Figura 3.5).

Neurônio sensorial Célula nervosa que recebe e transmite estímulos do ambiente (Figura 3.5).

Neuropeptídio *Veja* **Neurormônio**.

Neurormônio (neuropeptídio) Uma das grandes classes de **hormônios** de insetos, que inclui pequenas proteínas secretadas em diferentes partes do sistema nervoso (Figura 5.13).

Nêuston (*adj*. nêustico) A superfície da água.

Ninfa Inseto imaturo, após ter emergido do ovo, em geral restrito aos insetos nos quais ocorre metamorfose incompleta (**hemimetabolia**); *veja também* **larva**.

Ninhada Conjunto de indivíduos que emergiu ao mesmo tempo a partir de ovos produzidos por um grupo de pais.

Nível Nível de classificação em uma hierarquia taxonômica, por exemplo, espécie, gênero, família, ordem.

Nível de controle Nível de praga no qual o controle deve ser aplicado para evitar alcançar o **nível de dano econômico**.

Nível de dano econômico Nível no qual o dano causado por uma praga se iguala aos custos para seu controle.

Nó Um ponto de ramificação em uma árvore filogenética; pode ser considerado como representando o ancestral comum inferido, mais recente, dos táxons descendentes.

Nomenclatura Ciência de dar nomes (a organismos vivos).

Noto O **tergo** do tórax.

Noturno Ativo à noite; *veja também* **crepuscular**, **diurno**.

Nulípara Refere-se a uma fêmea que não colocou ovos.

Obrigatório Compulsório ou exclusivo; por exemplo, diapausa obrigatória é um estágio de dormência que ocorre em todos os indivíduos de cada geração de um inseto univoltino.

Observador Em um sistema de **mimetismo**, o receptor (frequentemente um predador) do sinal emitido pelo **modelo** e pelo **mímico**.

Obtecta Refere-se a uma **pupa** cujos apêndices do corpo estão fundidos (cimentados) ao corpo; não livres (Figura 6.7); *veja também* **exarata**.

Occipício Parte dorsal e posterior do crânio (Figura 2.9).

Ocelo Olho "simples" (Figura 4.10B) de adultos e ninfas de insetos, tipicamente em número de três, em um triângulo localizado no **vértice**, sendo um ocelo mediano e dois laterais (Figuras 2.9 e 2.11); **estemas** de algumas larvas de insetos holometábolos.

Olfato Sentido da olfação, a detecção de substâncias transportadas pelo ar.

Olho composto Agregado de **omatídios**, cada um agindo como uma faceta individual do olho (Figuras 2.9 e 4.10).

Olho de aposição Um tipo de **olho composto** que reúne múltiplas imagens, uma de cada **omatídio**, o qual é isolado dos omatídios vizinhos por pigmento.

Olho de superposição Um tipo de **olho composto** no qual a sensibilidade à luz é maior porque cada **omatídeo** não está isolado opticamente dos omatídeos vizinhos por pigmento; encontrado nos insetos que são ativos à noite.

Oligófago Que se alimenta de uma pequena variedade de alimentos, por exemplo, várias espécies de plantas dentro de um mesmo gênero ou uma família; usado particularmente para **fitófago**; *veja também* **monófago**, **polífago**.

Oligoletia (*adj*. oligolética) O fenômeno de um inseto (normalmente utilizado em referência às abelhas) ter preferência muito específica e geralmente coletar o pólen das flores de apenas um gênero de planta, embora possa ser de múltiplos gêneros de uma família.

Oligopnêustico Refere-se ao sistema respiratório que tem um ou dois **espiráculos** funcionais de cada lado do corpo; *veja também* **apnêustico**, **polipnêustico**.

Oligópode Uma **larva** que tem pernas no **tórax**, mas não no **abdome** (Figura 6.6); *veja também* **ápode**, **polípode**.

Oligóxeno Um **parasita** ou **parasitoide** restrito a um pequeno número de **hospedeiros**.

Omatídio Cada um dos elementos de um **olho composto** (Figura 4.10).

Ontogenia Processo de desenvolvimento que ocorre desde o ovo até o adulto.

Oócito Célula-ovo imatura formada a partir da **oogônia** dentro do **ovaríolo**.

Oogônia Primeiro estágio do desenvolvimento de um ovo, dentro do **germário**, a partir de uma célula germinativa feminina.

Ooteca Envoltório protetor para ovos (ver Taxoboxe 15).

Operária Em insetos sociais, um membro da **casta** estéril que dá assistência aos reprodutores.

Operária grande Indivíduo da **casta** de operárias que apresenta o maior tamanho, de cupins e formigas, especializado na defesa; *veja também* **operária média**, **operária pequena**.

Operária média Indivíduo da **casta** de operárias que apresenta o tamanho mediano, de cupins e formigas; *veja também* **operária grande**, **operária pequena**.

Operária pequena Indivíduo da **casta** de operárias que apresenta o menor tamanho, de cupins e formigas; *veja também* **operária grande**, **operária média**.

Opistognato Com a cabeça defletida de modo que as peças bucais estão direcionadas para a região posterior, como em muitos Hemiptera; *veja também* **hipognato**, **prognato**.

Órgão de Johnston Um **órgão cordotonal** (sensorial) localizado dentro do **pedicelo** da antena.

Órgão intermediário Um **órgão cordotonal** localizado no **órgão subgenual** da perna anterior de alguns ortópteros (Figura 4.4), associado ao **tímpano** e considerado capaz de responder a frequências sonoras específicas.

Órgão subgenual Um **órgão cordotonal** localizado na porção proximal da **tíbia**, que detecta as vibrações do substrato (Figura 4.4).

Órgãos cordotonais Órgãos sensoriais (mecanorreceptores) que percebem vibrações, que compreendem de uma a várias células alongadas denominadas **escolopídios** (Figuras 4.3 e 4.4). Exemplos incluem o **tímpano**, o **órgão subgenual** e o **órgão de Johnston**.

Órgãos pulsáteis acessórios Bombas valvuladas que ajudam na circulação da **hemolinfa** nos membros (antenas, pernas, asas e peças bucais); *veja também* **vaso dorsal**.

Osmetério Bolsa tubular eversível localizada no **protórax** de algumas lagartas de borboletas da família Papilionidae (Figura 14.6), usada para disseminar compostos tóxicos voláteis para defesa.

Osmorregulação Regulação do balanço hídrico, mantendo a **homeostase** dos conteúdos osmótico e iônico dos líquidos corporais.

Óstio Abertura em forma de fenda, localizada no **vaso dorsal** ("coração"), presente em geral em cada um dos segmentos torácicos e nos nove primeiros segmentos abdominais, de modo que cada óstio apresenta uma válvula de sentido único a qual permite que a **hemolinfa** flua desde o **seio pericárdico** para dentro do **vaso dorsal** (Figura 3.9).

Ovário Um entre as duas gônadas pares das fêmeas dos insetos, cada um compreendendo vários **ovaríolos**.

Ovaríolo Um dos vários tubos ovarianos que formam o **ovário** (Figura 3.1A), estando cada um constituído por um **germário**, um **vitelário** e um pedicelo (Figura 3.20A).

Ovaríolo acrotrófico *Veja* **ovaríolo telotrófico ou acrotrófico**.

Ovaríolo panoístico Um **ovaríolo** que não contém células nutrizes; *veja também* **ovaríolo politrófico**, **ovaríolo telotrófico ou acrotrófico**.

Ovaríolo politrófico Um **ovaríolo** no qual várias células nutrizes permanecem intimamente ligadas a cada **oócito**, ao passo que ele se move ovaríolo abaixo; *veja também* **ovaríolo panoístico**, **ovaríolo telotrófico ou acrotrófico**.

Ovaríolo telotrófico ou acrotrófico Um **ovaríolo** no qual as células nutrizes estão somente dentro do germário; as células nutrizes permanecem conectadas aos **oócitos** por longos filamentos, à medida que os oócitos se deslocam ovaríolo abaixo; *veja também* **ovaríolo panoístico**, **ovaríolo politrófico**.

Oviduto comum ou mediano Nas fêmeas de insetos, tubo que conecta os **ovidutos laterais** fundidos à **vagina** (Figura 3.20A).

Ovidutos laterais Nas fêmeas dos insetos, tubos pares que vão do ovário até o **oviduto comum ou mediano** (Figura 3.20A).

Oviparidade Reprodução na qual são postos ovos; *veja também* **ovoviviparidade**, **viviparidade**.

Ovipositor Órgão usado para colocar ovos; *veja também* **ovipositor apendicular**, **ovipositor de substituição**.

Ovipositor apendicular O **ovipositor** verdadeiro, formado pelos apêndices dos segmentos oito e nove; *veja também* **ovipositor de substituição**.

Ovipositor de substituição Um **ovipositor** formado por segmentos abdominais posteriores extensíveis; *veja também* **ovipositor apendicular**.

Ovoviviparidade Retenção do ovo fertilizado em desenvolvimento dentro da mãe, normalmente considerado uma forma de **viviparidade** (produção de descendentes vivos), porque os jovens emergem do ovo quando saem do trato reprodutor feminino, ou um pouco antes, mas a única nutrição oferecida para cada embrião em desenvolvimento é aquela presente dentro do ovo; *veja também* **oviparidade**.

Paladar Quimiorrecepção de substâncias dissolvidas na forma líquida.

Palheta Superfície rugosa que é raspada pela **lima** para produzir sons de estridulação.

Palpo Apêndice alongado e geralmente segmentado da maxila (**palpo maxilar**) ou do lábio (**palpo labial**) (Figuras 2.9 e 2.10).

Palpo labial Apêndice do **lábio** que contém de um a cinco artículos (Figuras 2.9 a 2.11).

Palpo maxilar Apêndice sensorial, com um a sete artículos, derivado do **estipe** da **maxila** (Figuras 2.9 a 2.11).

Papo Área de armazenamento de alimento do sistema digestivo, de posição posterior ao esôfago (Figuras 3.1 e 3.13).

Paraferomônio Uma substância química de origem antropogênica, porém relacionada estruturalmente a alguns componentes de feromônios naturais que tem um efeito fisiológico ou comportamental na comunicação por feromônios nos insetos; por exemplo, metileugenol funciona como uma forte isca para atrair machos de moscas de frutas da família Tephritidae.

Parafilético Refere-se a um grupo (**grado**) que derivou evolutivamente de um único ancestral, mas que não contém todos os descendentes desse ancestral, e que pode ser reconhecido pela posse conjunta de caracteres primitivos compartilhados; é rejeitado na **cladística**, mas com frequência é aceito na **sistemática evolutiva**; *veja também* **monofilético**, **polifilético**.

Paraglossa Um entre um par de lobos no **pré-mento** do **lábio**, localizado para fora das **glossas**, mas de posição **mediana** em relação ao **palpo labial** (Figura 2.10).

Parâmero Um entre um par de lobos de posição lateral ao **pênis**, formando parte do **edeago** (Figura 2.26B).

Paranotos Pressupostos lobos que surgem a partir dos tergos torácicos de um inseto ancestral, dos quais se argumenta que as asas (ou parte delas) foram derivadas.

Paraprocto orção rudimentar ventral do segmento 11 (Figura 2.25B).

Parasita Organismo que vive à custa de um outro (**hospedeiro**), o qual geralmente ele não mata; *veja também* **ectoparasita**, **endoparasita**, **parasitoide**.

Parasitado Refere-se ao estado de um **hospedeiro** que sustenta um **parasitoide** ou um **parasita**.

Parasitismo Relação entre um **parasitoide** ou **parasita** e seu **hospedeiro**.

Parasitismo retardado Parasitismo no qual a eclosão do ovo do **parasita** (ou **parasitoide**) é protelada até que o **hospedeiro** esteja maduro.

Parasitismo social O fenômeno de um inseto social parasitar a colônia de outro inseto social.

Parasitoide Um **parasita** que mata seu **hospedeiro**; *veja também* **ectoparasitoide**, **endoparasitoide**.

Parasitose Condição de estar parasitado, por um **parasitoide** ou por um **parasita**.

Parasitose ilusória Doença psicótica na qual se imagina estar infectado por um parasita.

Parataxonomista (técnico de biodiversidade) Indivíduo treinado, porém não taxonomista, e que geralmente coleta, cria, seleciona e prepara espécimes coletados, e os classifica em unidades taxonômicas reconhecíveis (UTR), com base em características morfológicas. Esse processo auxilia projetos ecológicos e taxonômicos de grande escala e permite uma rápida avaliação da biodiversidade.

Paro Refere-se a um inseto (fêmea) que colocou pelo menos um ovo.

Partenogênese Desenvolvimento a partir de um ovo não fertilizado; *veja também* **anfitoquia**, **arrenotoquia**, **pedogênese**, **telitoquia**.

Pecilotermia (*adj.* pecilotérmico) Falta de capacidade de manter uma temperatura corporal invariável, independentemente da temperatura ambiente.

Pecíolo Pedúnculo; nos himenópteros **apócritos**, o segundo (e, às vezes, o terceiro) segmento abdominal estreito e que precede o **gáster**, formando a "cintura" (ver Taxoboxe 29).

Pedicelo (1) Ramo ou pedúnculo de um órgão. (2) Segundo artículo da antena (Figura 2.10). (3) "Cintura" de uma formiga.

Pedomorfose (*adj.* pedomórfico) O fenômeno de um adulto reprodutivo reter características juvenis, tais como uma fêmea adulta que lembra uma larva ou ninfa; *veja também* **neotenia**.

Pedogênese (*adj.* pedogenético) Reprodução em um estágio imaturo.

Pedogênese larval Reprodução no estágio de larva (conhecida em alguns Diptera).

Pedogênese da pupa Reprodução no estágio de pupa (conhecida em alguns Diptera).

Pedúnculo Pedúnculo de um **ovaríolo** (Figura 3.20A).

Pelo Extensão cuticular, também denominada **macrotríquio** ou **cerda**.

Pênis (falo) Órgão intromitente mediano (Figuras 2.26B e 3.20B), derivado de diversas formas nas diferentes ordens de insetos; *veja também* **edeago**.

Pente de pólen (nas abelhas) Processo do ápice distal da **tíbia** de uma abelha **operária**, o qual recolhe o pólen para dentro da **aurícula** (Figura 12.4).

Peptídio cardioativo dos crustáceos (CCAP) Um peptídio altamente conservado, encontrado nos crustáceos e nos insetos e que aparentemente desempenha múltiplas funções, incluindo em muda, digestão e controle cardíaco.

Perfurador Espécie que produz túneis em tecidos vivos ou mortos.

Perfurador de madeira Inseto que faz túneis em madeira viva ou morta.

Período intermudas *Veja* **estágio**.

Período refratário (1) Intervalo de tempo durante o qual um nervo não iniciará outro impulso. (2) Em reprodução, período em que uma fêmea acasalada não voltará a se acasalar.

Peritrema Placa esclerotizada que circunda um orifício, em especial em torno de um **espiráculo**.

Piloro Porção anterior do **proctodeu**, em que entram os **túbulos de Malpighi**, algumas vezes indicado por uma válvula musculosa.

Pirâmide (em plantações geneticamente modificadas) Uma variedade de planta transgênica (normalmente uma cultura Bt), projetada para produzir duas ou mais toxinas inseticidas, como uma estratégia para retardar a evolução da resistência nos insetos praga.

Pirofilia (*adj.* pirofílico) Atração pelo fogo; florescer em um hábitat que foi queimado recentemente.

Placa pilosa Grupo de cerdas sensoriais que atua como um **proprioceptor** para o movimento de partes articuladas do corpo (Figura 4.2A).

Placa umeral Um dos **escleritos** articulares da base da asa dos neópteros (Figura 2.23); *veja também* **escleritos axilares**, **tégula**.

Placa unguitratora O **esclerito** ventral do **pré-tarso**, que se articula com as **garras** (Figura 2.21).

Placas axilares Duas (anterior e posterior) placas que se articulam e que estão fundidas às **nervuras** das asas de libélulas e donzelinhas; as anteriores dão suporte à **costa**, e as posteriores apoiam as demais nervuras; nos Ephemeroptera, existe apenas a placa posterior.

Planta daninha Qualquer organismo "no lugar errado", em particular usado para plantas que estão longe de sua distribuição geográfica natural ou que invadiram plantações de monocultura.

Plantas transgênicas Plantas que contêm genes introduzidos de outros organismos pela engenharia genética.

Plasma Componente aquoso da **hemolinfa**.

Plastrão Superfície respiratória (para trocas gasosas) específica de insetos aquáticos, frequentemente na forma de lamelas abdominais, mas pode estar presente quase em qualquer lugar do corpo, ou representada pela interface entre água e ar (ou o próprio filme de ar) da superfície externa de um inseto aquático, que é o local de trocas gasosas.

Pleiotropia Refere-se a um único gene que apresenta múltiplos efeitos na morfologia e na fisiologia.

Pleometrose Fundação de uma colônia de insetos sociais por mais de uma **rainha**.

Plesiomorfia ou simplesiomorfia Característica ancestral (compartilhada por dois ou mais grupos).

Pleura (*adj.* pleural) Região lateral do corpo, a qual apresenta as bases dos apêndices.

Pleurito Diminutivo de **pleura**; uma subdivisão da pleura.

Poliembrionia Produção de mais de um embrião (em geral muitos) a partir de um único ovo, em especial em insetos parasitas.

Polietismo Dentro de uma **casta** de insetos sociais, divisão de trabalho, seja por uma especialização que ocorre por toda a vida de um indivíduo, seja por diferentes idades efetuarem diferentes tarefas.

Polífago Que se alimenta de muitos tipos de alimentos, por exemplo, muitas espécies de plantas de uma série de famílias; usado em particular em **fitófago**.

Polifenismo Diferenças induzidas ambientalmente entre estágios de vida ou gerações sucessivas de uma espécie, ou entre **castas** diferentes de insetos sociais, sem ter uma base genética.

Polifilético Refere-se a um grupo que é evolutivamente derivado de mais de um ancestral, e é reconhecido por apresentar uma ou mais características que evoluíram de forma convergente; é rejeitado na **cladística** e na **sistemática evolutiva**.

Poliginia Insetos sociais que apresentam várias **rainhas**, seja ao mesmo tempo, seja sequencialmente (poliginia serial).

Polilecia (*adj.* polilética) O fenômeno de um inseto (normalmente utilizado em referência às abelhas) coletar pólen das flores de várias espécies de plantas não aparentadas.

Polimórfico (*adj.* polimorfismo) Refere-se a uma espécie que tem duas ou mais variantes (morfos).

Polinário A unidade que compreende a massa de pólen (ou polínia) e outros componentes (inclusive uma parte viscosa), e que fica aderido ao inseto quando este deixa a flor; encontrado nas orquídeas e em algumas outras plantas tais como algumas ervas do gênero *Asclepias*.

Polinização Transferência de pólen das partes masculinas para as femininas das plantas.

Polipnêustico Refere-se a um sistema de troca gasosa que apresenta pelo menos oito **espiráculos** funcionais de cada lado do corpo; *veja também* **apnêustico**, **oligopnêustico**.

Polípode Tipo de **larva** que apresenta pernas articuladas no **tórax** e **falsas pernas** no **abdome** (Figura 6.6); *veja também* **ápode**, **oligópode**.

Políxeno Um **parasita** ou **parasitoide** que apresenta uma ampla gama de **hospedeiros**.

Ponte pós-coxal Área da **pleura** localizada atrás da **coxa**, na maioria das vezes fundida ao **esterno** (Figura 2.20).

Ponte pré-coxal Área da **pleura** localizada antes da **coxa**, frequentemente fundida ao **esterno** (Figura 2.20).

Pós-gena Porção lateral do arco occipital, de posição posterior à **sutura pós-occipital** (Figura 2.9).

Pós-mento Porção proximal do **lábio** (Figuras 2.10 e 13.4).

Pós-noto Porção posterior de um **noto** do **pterotórax**, e que apresenta **fragmas** que sustentam a musculatura longitudinal (Figuras 2.7D e 2.20).

Pós-occipício Borda posterior da cabeça, localizada após a **sutura pós-occipital** (Figura 2.9).

Pós-tarso *Veja* **pré-tarso**.

Posterior Na ou em direção à região traseira do corpo (Figura 2.8).

Precedência espermática Uso preferencial, pela fêmea, dos espermatozoides recebidos de um macho em relação aos dos demais.

Pré-costa Nervura mais anterior da asa (Figura 2.23).

Predação (1) Alimentar-se de outros organismos. (2) Interações do forrageamento dos **predadores** com a disponibilidade de **presas**.

Predador Organismo que come outros organismos durante sua vida; *veja também* **parasitoide**.

Pré-escuto Terço anterior do **alinoto** (o meso ou o metanoto), localizado em frente ao **escuto** (Figura 2.20).

Pré-mento Terminação distal livre do **lábio**, e que geralmente apresenta **palpos labiais**, **glossas** e **paraglossas** (Figuras 2.10 e 13.4).

Presa Item alimentar de um **predador**.

Pré-soldado Nos cupins, um estágio intermediário entre as **operárias** e os **soldados**.

Presterno Pequeno **esclerito** do **eusterno**, de posição anterior ao **basisterno** (Figura 2.20).

Pré-tarso (pós-tarso) Artículo **distal** da perna de um inseto (Figura 2.21).

Probóscide Termo geral utilizado para peças bucais alongadas (Figura 2.12); *veja também* **haustelo**, **rostro**.

Procéfalo (em embriologia) Cabeça anterior, formada pela fusão dos três segmentos anteriores primitivos (Figura 6.5).

Processo alar pleural Região terminal posterior da **crista pleural** que dá reforço à articulação da asa (Figura 2.20).

Processo coxal pleural Região terminal anterior da **crista pleural** que dá reforço à articulação da coxa (Figura 2.20).

Proctodeu Seção posterior do trato digestivo, que se estende desde o **mesênteron** até o **ânus** (Figura 3.13).

Procutícula Camada mais grossa da **cutícula**, que contém, no caso de cutículas esclerotizadas, uma **exocutícula** mais externa e uma **endocutícula** mais interna; localiza-se abaixo da **epicutícula**, mais fina (Figura 2.1).

Prognato Com a cabeça horizontal e as peças bucais voltadas para frente; *veja também* **hipognato**, **opistognato**.

Pró-ninfa Uma forma pós-embrionária, seja recém-emergida ou logo antes de emergir, distinta dos estágios ninfais subsequentes.

Pronoto Placa superior (dorsal) do **protórax**.

Propódeo Nos Hymenoptera **apócritos**, primeiro segmento abdominal, se estiver fundido ao **tórax**, de modo a formar um **mesossomo** (ou **alitronco** em formigas) (ver Taxoboxe 29).

Proprioceptores Órgãos sensoriais que respondem ao posicionamento dos órgãos corporais.

Protocérebro Parte anterior do **cérebro** de um inseto, o **gânglio** do primeiro segmento, que compreende o centro ocular e o de associação.

Protórax Primeiro segmento do **tórax** (Figura 2.20).

Proventrículo (**moela**) Órgão moedor do **estomodeu** (Figuras 3.1 e 3.13).

Proximal Refere-se à parte de um apêndice mais próxima ou ligada ao corpo (oposto de **distal**) (Figura 2.8).

Pseudergate Em cupins "inferiores", o equivalente à casta das operárias, compreendendo ninfas imaturas ou larvas não diferenciadas.

Pseudocópula Tentativa de cópula de um inseto com uma flor.

Pseudotraqueia Sulco enrugado da superfície ventral do **labelo** de alguns Diptera superiores (Figura 2.14A), usado na tomada de alimento líquido.

Psicofilia Polinização de plantas por borboletas.

Pteroestigma Mancha pigmentada (e mais densa) próxima à margem anterior da asa anterior e, às vezes, da asa posterior (Figuras 2.22, 2.23 e 2.24B).

Pterotórax Segundo e terceiro segmentos do **tórax**, que são mais alargados e apresentam asas nos pterigotos.

Ptilino Saco que se everte de uma fissura localizada entre as antenas de moscas esquizóforas (Diptera), e que auxilia na abertura do **pupário** durante a emergência.

Pubescente Revestido com **cerdas** finas e curtas.

Puddling Ato de beber em poças, especialmente evidente em borboletas, de modo a obter sais escassos.

Pulvilo Apêndice do **pré-tarso** em forma de saco (Figura 2.21).

Pupa O termo utilizado para um inseto quando se encontra em um estágio inativo que ocorre entre a **larva** e o adulto de insetos holometábolos; também denominado crisálida, no caso das borboletas.

Pupário Pele endurecida do último estádio **larval** (em Strepsiptera e alguns Diptera Brachycera) dentro da qual a **pupa** se forma, ou o último instar ninfal em Aleyrodidae.

Quarentena Um isolamento rigoroso determinado para evitar a dispersão ou invasão de organismos nocivos e causadores de doenças.

Quase social Comportamento social no qual os indivíduos da mesma geração cooperam e compartilham um ninho sem haver divisão de trabalho.

Quiescência Diminuição no metabolismo e no desenvolvimento, em resposta a condições ambientais adversas; *veja também* **diapausa**.

Quitina Principal componente da **cutícula** dos artrópodes; polissacarídeo composto de subunidades de acetilglicosamina e glicosamina (Figura 2.2).

Rabdoma Zona central da retínula, constituída por microvilosidades preenchidas com pigmento visual; compreende **rabdômeros** pertencentes a várias **retínulas** (**células retinulares**) diferentes (Figura 4.10).

Rabdômero Uma entre sete ou oito unidades que formam um **rabdoma**, a parte mais interna de uma **retínula** (**célula retinular**) (Figura 4.10).

Rádio Na nervação das asas, a quarta **nervura** longitudinal, de posição posterior à **subcosta**; com um máximo de cinco ramos R_{1-5} (Figura 2.23).

Rainha Fêmea pertencente à casta reprodutora de insetos **eurossociais** ou **semissociais** (Figura 12.8), denominada **gine** nos Hymenoptera sociais.

Raptorial Adaptado para capturar **presas** agarrando-as.

Reflexo Resposta simples a um estímulo simples.

Refúgio Lugar seguro, assim como um refúgio livre de parasitoides.

Regra de Dyar "Regra" baseada em observações, que governa o incremento de tamanho encontrado entre **instares** subsequentes de uma mesma espécie (Figura 6.12).

Regulação do hospedeiro Capacidade de um **parasitoide** de manipular a fisiologia de seu **hospedeiro**.

Rei Reprodutor primário macho de cupins (Figura 12.8).

Remígio Porção anterior da asa, em geral mais rígida que o **clavo**, de posição posterior, e com mais **nervuras** (Figura 2.22).

Reniforme Em forma de rim.

Reofílico Associado a água corrente.

Repleta Formiga operária especializada que está distendida com alimento líquido e funciona como armazenamento de alimento para a colônia.

Replicar (organismos produtores de doenças) Aumentar em número.

Reprodutores primários Nos cupins, o rei e a rainha fundadores de uma colônia (Figura 12.8).

Reprodutores suplementares Nos cupins, um potencial reprodutor substituto dentro de seu ninho natal e que não se torna um **alado**; também denominado **neotênico** ou **ergatoide**.

Reservatório (de doenças) Hospedeiro e distribuição geográfica naturais.

Resíduo folicular Evidência morfológica residual deixada no **ovário** mostrando que um ovo foi colocado (ou reabsorvido), a qual pode incluir a dilatação do lúmen do ovário e/ou pigmentação.

Resilina Proteína elástica ou parecida com borracha presente na **cutícula** de alguns insetos.

Resistência Capacidade de suportar (p. ex., extremos de temperatura, inseticidas, ataques de insetos).

Resistência cruzada Resistência de um inseto a um inseticida, que promove a resistência a um inseticida diferente.

Resistência da planta Série de mecanismos pelos quais as plantas resistem ao ataque de insetos.

Resistência metabólica Capacidade de evitar danos por meio da desintoxicação bioquímica de um inseticida.

Resistência múltipla Existência concomitante, em uma única população de insetos, de dois ou mais mecanismos de defesa contra um inseticida.

Resistência no sítio de ação Tolerância aumentada de um inseto a um inseticida em decorrência de sensibilidade reduzida no local-alvo.

Respiração (1) Processo metabólico no qual um substrato (alimento) é oxidado usando oxigênio molecular. (2) Usado inapropriadamente para indicar tomada de ar, como pelos espiráculos ou **trocas gasosas** por meio de cutículas finas.

Ressurgimento da praga Rápido aumento no número de uma praga após o término de medidas de controle, ou resultante do desenvolvimento de **resistência** e/ou eliminação de inimigos naturais.

Retináculo (1) Escamas ou ganchos especializados, localizados na base da asa anterior, que se encaixam nos **frênulos** das asas posteriores dos lepidópteros durante o voo. (2) Gancho de retenção da **furca** dos colêmbolos (ver Taxoboxe 1).

Retínula (célula retinular) Célula nervosa dos órgãos de recepção de luz (**omatídio**, **estema** ou **ocelo**), que compreende um **rabdoma** com vários **rabdômeros** e está conectada ao lobo óptico por meio de axônios (Figura 4.9).

Reto (*adj.* retal) Porção posterior do **proctodeu** (Figuras 3.1 e 3.13).

RIDL (do inglês *Release of Insects carrying a Dominant Lethal marker*) A liberação de insetos portando um marcador letal dominante que causa a morte de sua progênie; uma técnica avançada derivada da **técnica do inseto estéril**.

Ripário Associado ou relacionado às margens da água.

Ritmos circadianos Comportamento periódico repetido dentro de um intervalo de aproximadamente 24 h.

Rizosfera Zona que circunda as raízes de uma planta, geralmente mais rica em fungos e bactérias do que em qualquer outro lugar do solo.

Rostro Uma projeção da cabeça em forma de tromba formada pelas peças bucais (ver Taxoboxe 20) ou que encerra as peças bucais em sua extremidade (tal como nos gorgulhos); *veja também* **probóscide**.

Royalactin Uma proteína encontrada na geleia real que induz o desenvolvimento de uma larva da abelha melífera em **rainha**, por meio da ativação de mudanças múltiplas, incluindo um título maior de **hormônio juvenil**.

Saco aéreo Uma entre as seções dilatadas e de parede fina de uma **traqueia** (Figura 3.11B).

Salivário (reservatório de saliva) Cavidade na qual se abrem as **glândulas salivares**, localizada entre a **hipofaringe** e o **lábio** (Figuras 3.1 e 3.14).

Saltador Adaptado para saltar.

Saprófago Que se alimenta de organismos em decomposição.

Sarcolema Revestimento mais externo de uma fibra muscular estriada.

Segmentação secundária Qualquer segmentação que não siga a segmentação embriológica; mais especificamente, o esqueleto externo dos insetos no qual cada segmento aparente inclui as porções posteriores (intersegmentar) do segmento primário que o precede (Figura 2.7).

Segmentos pré-genitais Primeiros sete segmentos do abdome.

Seio pericárdico Compartimento do corpo que contém o **vaso dorsal** ("coração") (Figura 3.9).

Seio perineural Compartimento ventral do corpo que contém o cordão nervoso e é separado do **seio perivisceral** pelo **diafragma ventral** (Figura 3.9).

Seio perivisceral Compartimento central do corpo, delimitado pelos **diafragmas ventral** e **dorsal**.

Semiaquático Que vive em solos saturados, mas não imerso na água livre.

Semioquímico Qualquer substância usada na comunicação intra ou interespecífica.

Semissocial Refere-se ao comportamento social em que indivíduos de uma mesma geração cooperam e compartilham o ninho com alguma divisão de trabalho reprodutivo.

Semivoltino Que apresenta um ciclo de vida superior a 1 ano; *veja também* **bivoltino**, **multivoltino**, **univoltino**.

Sensila Órgão sensorial, simples e isolado ou parte de um órgão mais complexo.

Sensila campaniforme Mecanorreceptor que detecta tensão na **cutícula**, e inclui uma cúpula de cutícula fina, a qual recobre um **neurônio** por **sensila**; está localizada especialmente nas articulações (Figura 4.2).

Sensila celocônica Uma estrutura sensorial olfatória que está no fundo de um orifício na cutícula e que detecta odores através de **neurônios** receptores (Tabela 4.2).

Sensila tricoide Projeção da cutícula em forma de pelo; uma **cerda**, um **pelo** ou um **macrotríquio** (Figuras 2.6B, 3.5 e 4.1).

Sequência reguladora Uma região do DNA ou RNA que regula a expressão dos genes.

Serosa Membrana que recobre o embrião (Figura 6.5).

Setor Ramo principal da **nervura** da asa e todas as suas subdivisões.

Sexuais Pulgões (Aphidoidea) sexualmente reprodutivos de qualquer sexo: fêmeas e machos.

Sexúpara Fêmea de pulgão partenogenética **alada** que produz os dois sexos de descendentes.

Sifúnculo *Veja* **cornículo**.

Silenciar um gene A ação de "desligar" um gene através de um mecanismo diferente da modificação genética (p. ex., através da metilação do DNA); um processo que pode ocorrer tanto na natureza quanto em experimentos de laboratório.

Simbionte Organismo que vive em **simbiose** com um outro.

Simbiose Relação fechada, dependente e de longa duração entre organismos de duas espécies diferentes, frequentemente de reinos distintos (tais como insetos e bactérias ou protistas).

Simpátrica Refere-se a distribuições geográficas sobrepostas de organismos ou táxons; *veja também* **alopátrica**.

Sinantrópico Associado a humanos ou a seus lares.

Sinapomorfia Um estado (condição) derivado(a) compartilhado(a) de um caráter.

Sinapse Local de aproximação de duas células nervosas no qual elas podem se comunicar.

Sincício (*adj.* sincicial) Tecido multinucleado sem divisão celular.

Sinergismo Aumento dos efeitos de duas substâncias que acaba sendo maior do que a soma de seus efeitos individuais.

Sinomônio Substância de comunicação que beneficia tanto o receptor como o produtor; *veja também* **alomônio**, **cairomônio**.

Sistema criptonefridiano Condição do sistema excretor na qual os **túbulos de Malpighi** estão em contato intrincado com o **reto**, permitindo a produção de excretas secos (ver Tabela 3.4).

Sistema de MIP Sistema operacional utilizado pelos fazendeiros para manejar o controle das pragas agrícolas de maneira responsável ambiental e socialmente; *veja também* **manejo integrado de pragas**.

Sistema indireto (de voo) Sistema cuja força para o voo vem da deformação regular do tórax por meio da **musculatura indireta de voo**, em vez de ser predominantemente pela conexão dos músculos às asas.

Sistema nervoso central Nos insetos, a série central de **gânglios** que se estende ao longo do comprimento do corpo (Figura 3.6); *veja também* **cérebro**.

Sistema nervoso periférico Rede de fibras e células nervosas associadas à musculatura.

Sistema nervoso visceral (simpático) Sistema nervoso que inerva o trato digestivo, os órgãos reprodutores e o sistema traqueal.

Sistema traqueal Sistema de trocas gasosas dos insetos que compreende **traqueias**, **traquéolas** e **espiráculos** (Figuras 3.10 e 3.11); *veja também* **sistema traqueal fechado**, **sistema traqueal aberto**.

Sistema traqueal aberto Sistema de trocas gasosas que compreende **traqueias** e **traquéolas**, e que apresenta contato com a atmosfera por meio de **espiráculos** (Figura 3.11A-C); *veja também* **sistema traqueal fechado**.

Sistema traqueal fechado Sistema de trocas gasosas composto de **traqueias** e **traquéolas**, mas sem **espiráculos** e, portanto, fechado ao contato direto com a atmosfera (Figura 3.11D-F); *veja também* **sistema traqueal aberto**.

Sistemática Ciência da classificação e diversidade biológica, isto é, taxonomia mais filogenética.

Sistemática evolutiva Sistema de classificação no qual **clados** (grupos **monofiléticos**) e **grados** (grupos **parafiléticos**) são reconhecidos.

Socialidade Condição de viver em uma comunidade organizada.

Soldado Nos insetos sociais, uma operária que pertence a uma **casta** envolvida na defesa da colônia; *veja também* **operária grande**.

Solitário Não colonial, que vive isoladamente ou em pares.

Stem group O grupo parafilético de táxons próximos porém externos a um ***crown group*** particular: todos os membros de um *stem group* são extintos.

Subalar Pequeno **esclerito**, um dos **epipleuritos** que ficam em posição posterior ao **processo alar pleural**, formando um ponto de ancoragem para os **músculos diretos do voo** (Figura 2.20).

Subcosta Na nervação da asa, a terceira **nervura** longitudinal, de posição posterior à **costa** (Figura 2.23).

Subimago (instar subimaginal) Nos Ephemeroptera, o penúltimo instar, já alado; subadulto.

Subsocial Refere-se ao sistema social em que os adultos tomam conta dos estádios imaturos por um determinado período de tempo.

Sucessão Em ecologia, as mudanças observadas na composição e abundância das espécies em um agrupamento ou comunidade ao longo do tempo.

Sulco do clavo Uma **linha de flexão** da asa que separa o **clavo** do **remígio** (Figura 2.22).

Sulco intersegmentar *Veja* **sutura antecostal**.

Superlíngua Lobo lateral da **hipofaringe** (Figura 2.10), que é a porção rudimentar de um apêndice do terceiro segmento cefálico.

Superparasitismo Ocorrência de mais **parasitoides** dentro de um **hospedeiro** do que a quantidade que pode completar o desenvolvimento dentro do hospedeiro.

Sutura Depressão externa que pode mostrar a fusão de duas placas (**escleritos**) (Figura 2.10).

Sutura antecostal (sulco intersegmentar) Sulco que marca a posição da dobra intersegmentar que ocorre entre os segmentos primários (Figuras 2.7 e 2.20).

Sutura epicraniana Linha de fragilidade em forma de Y sobre o **vértice** da cabeça, na qual se inicia a abertura do exoesqueleto durante a **muda**.

Sutura epistomal (sutura frontoclipeana) Sulco que cruza a face de um inseto, frequentemente separando a **fronte** do **clípeo** (Figura 2.9).

Sutura pleural Indicação externamente visível da presença da **crista pleural**, que percorre desde a base da perna até o **tergo** (Figura 2.20).

Sutura pós-occipital Sulco na cabeça que indica a segmentação original da cabeça, e separa o **pós-occipício** do resto da cabeça (Figura 2.9).

Suturas frontais As ramificações inferiores da **sutura epicraniana**, que delimitam a fronte (Figura 2.10).

Tagma Grupo de segmentos que formam uma grande unidade corporal (**cabeça**, **tórax**, **abdome**).

Tagmose Organização do corpo em grandes unidades (**cabeça**, **tórax**, **abdome**).

Tanatose Fingir-se de morto.

Tapetum Camada refletora localizada no fundo do olho e formada por pequenas **traqueias**.

Tarso Artículo distal da perna, de posição distal à da **tíbia**, compreendendo um a cinco **tarsômeros** e apresentando, no ápice, o **pré-tarso** (Figura 2.21).

Tarsômero Subdivisão do **tarso** (Figura 2.21).

Taxia Movimento orientado de um organismo.

Táxon (*pl.* táxons) Unidade taxonômica (espécie, gênero, família, filo etc.).

Taxonomia (*adj.* taxonômico) Teoria e prática de descrever, dar nome e classificar os organismos.

Taxonomia integrativa Uma abordagem abrangente de pesquisa taxonômica que utiliza informação de múltiplas áreas de estudo, tais como comportamento, morfologia, biologia molecular e biogeografia.

Técnica do inseto estéril Método de controle de insetos por meio da inundação das populações com um grande número de machos esterilizados artificialmente ou, algumas vezes, fêmeas (anteriormente chamada de "técnica do macho estéril" uma vez que era originalmente aplicada apenas nos machos).

Tégmina Asa anterior endurecida e pergaminácea (Figura 2.24C).

Tégula Um dos **escleritos** da articulação da asa dos neópteros, que fica na base da **costa** (Figura 2.23); *veja também* **escleritos axilares**, **placa umeral**.

Tegumento Epiderme mais a **cutícula**; cobertura mais externa de tecidos vivos de um inseto.

Telitoquia (partenogênese telítoca) Forma de **partenogênese** na qual as fêmeas se desenvolvem a partir de ovos diploides não fecundados.

Tempo fisiológico Medida do tempo de desenvolvimento com base na quantidade de calor requerido, em vez do tempo percorrido fundamentado em um calendário.

Teneral Condição de um inseto adulto recém-emergido, o qual é não esclerotizado e não pigmentado.

Tenídia Espessamento espiral da parede da **traqueia** que evita o colapso.

Tentório Invaginações da cutícula da **cabeça** que formam um endoesqueleto, incluindo os braços anterior e posterior do tentório.

Tergito Diminutivo de **tergo**; uma subdivisão do tergo.

Tergo (*dim.* tergito) Superfície dorsal de um segmento (Figura 2.7).

Terminália Últimos segmentos abdominais envolvidos da formação da genitália.

Testículo Um entre (geralmente) um par de gônadas masculinas (Figuras 3.1B e 3.20B).

Tíbia Quarto artículo da perna, localizado depois do **fêmur** (Figura 2.21).

Tímbale (órgão timbálico) Membrana elástica esticada, capaz de produzir sons quando flexionada.

Tímpano (órgão timpânico) (*adj.* timpânico) Qualquer órgão sensível a vibrações, compreendendo uma membrana timpânica (cutícula fina), um saco aéreo, ou um **órgão cordotonal** ligado a uma membrana timpânica (Figura 4.4).

Tonofilamentos Fibrilas de **cutícula** que conectam um músculo à **epiderme** (Figura 3.2).

Tórax Mediana entre as três grandes divisões (**tagmas**) do corpo, compreendendo **protórax**, **mesotórax**, **metatórax** (Figura 2.20).

Transmissão biológica Movimento de um organismo patogênico de um **hospedeiro** para outro, por intermédio de um ou mais **vetores** nos quais existe um ciclo biológico da doença.

Transmissão mecânica Movimento de um organismo nocivo de um **hospedeiro** a outro por transferência passiva, sem ciclo biológico no **vetor**.

Transmissão transovariana *Veja* **transmissão vertical**.

Transmissão vertical Transmissão de microrganismos entre gerações por meio dos ovos.

Transversal (transverso) Em ângulo reto com o eixo longitudinal.

Traqueia Elemento tubular dos sistemas de trocas gasosas dos insetos, dentro do qual o ar se movimenta (Figuras 3.10 e 3.11).

Traqueia aerífera **Traqueia** cuja superfície apresenta um sistema de túbulos espiralados evaginados, com cutícula permeável que permite a aeração dos tecidos circundantes, em especial no ovário.

Traquéola Finos túbulos do sistema de trocas gasosas dos insetos que entram em contato com os tecidos (Figura 3.10B).

Tríade Trio de longas **nervuras** da asa (duas nervuras principais e uma nervura longitudinal intercalada).

Tripanossomose Doença provocada por protozoários (protistas) do gênero *Trypanosoma*, e transmitida aos humanos predominantemente por percevejos reduvídeos (doença de Chagas) ou moscas-tsé-tsé (doença do sono).

Tritocérebro Lobos pares posteriores (ou posteroventrais) do **cérebro** dos insetos, os **gânglios** do terceiro segmento, que funcionam na manipulação dos sinais vindos do corpo.

Triungulino Larva de inseto de primeiro instar, ativa e usada na dispersão de alguns insetos (p. ex., Strepsiptera e alguns Coleoptera), incluindo muitos que passam por **heteromorfose**.

Troca gasosa descontínua O fenômeno de tomada de oxigênio e liberação de gás carbônico através dos **espiráculos** que ocorre em um padrão cíclico em três fases, incluindo períodos de pouca ou nenhuma troca gasosa.

Trocanter Segundo artículo da perna (a partir do corpo), seguindo-se à **coxa** (Figura 2.21).

Trocantim Pequeno **esclerito** de posição anterior à da **coxa** (Figuras 2.20 e 2.21).

Trocas gasosas Sistema de tomada de oxigênio e eliminação de gás carbônico.

Trofalaxia (oral = estomodeal, anal = proctodeal) Nos insetos sociais e subsociais, a transferência de líquido alimentar de um indivíduo para outro; pode ser mútua ou unidirecional.

Trofâmnion Em **parasitoides**, a membrana que envolve os múltiplos indivíduos derivados por **poliembrionia** e que surgem de um único ovo, derivada da **hemolinfa** do hospedeiro.

Trófico (1) Relativo ao alimento. (2) Refere-se ao ovo de um inseto social que é degenerado e usado na alimentação de outros membros da colônia.

Trofócito (adipócito) Célula (metabólica e de armazenamento) dominante no **corpo gorduroso**.

Trofogênese (*adj.* trofogênica) Nos insetos sociais, a determinação do tipo de **casta** por meio da alimentação diferencial dos estádios imaturos (em contraposição à determinação genética da casta).

Troglóbio Cavernícola obrigatório.

Tromba Nariz, a tromba de certos soldados de cupins (**nasutos**).

Tubo ventral ou colóforo Em Collembola, uma ventosa ventral (ver Taxoboxe 1).

Túbulos de Malpighi Túbulos finos de fundo cego, que se originam perto da junção do **mesênteron** com o **proctodeu** (Figuras 3.1 e 3.13), predominantemente envolvidos na regulação de sais, água e excretas nitrogenados.

Unha (*unguis*) Uma **garra** (Figura 2.21).

Uniporoso Que apresenta apenas uma abertura.

Univoltino Que apresenta uma geração em 1 ano; *veja também* **bivoltino**, **multivoltino**, **semivoltino**.

Uricotelia Sistema excretor baseado na excreção de **ácido úrico**.

Urócito (célula de urato) Célula que age como um armazenador temporário dos produtos da excreção de uratos.

Vagilidade Propensão a se movimentar ou dispersar.

Vagina Câmara genital tubular ou em forma de bolsa da genitália feminina.

Valva Na genitália feminina, a estrutura laminar que compreende a haste do ovipositor (também denominada **gonapófise**) (Figura 2.25B).

Valvífero Na genitália feminina dos insetos, derivações dos **gonocoxitos** oito e nove que dão sustentação às valvas do **ovipositor** (Figura 2.25B).

Válvula De maneira geral, qualquer aba ou tampa de uma abertura unidirecional.

Vannus A **área anal** da asa de posição anterior à **área jugal** (Figura 2.22).

Vaso deferente Um dos ductos que transportam os espermatozoides a partir dos testículos (Figura 3.20B).

Vaso dorsal "Aorta" e "coração", a principal bomba de **hemolinfa**; tubo longitudinal localizado dentro do seio pericárdico, o qual tem posição dorsal (Figura 3.9).

Ventilar Passar ar ou água com oxigênio sobre uma superfície de trocas gasosas.

Ventral Na ou em direção à superfície inferior (Figura 2.8).

Ventre Superfície inferior do corpo.

Ventrículo Porção tubular do **mesênteron**, a porção principal de digestão do trato digestivo (Figura 3.13).

Vértice Topo da **cabeça**, de posição posterior à **fronte** (Figura 2.9).

Vésica *Veja* **endofalo**.

Vesícula protrátil (vesícula protrusível) Pequena bolsa capaz de se estender ou protrair.

Vesícula seminal Órgão masculino de armazenamento de espermatozoides (Figura 3.20B).

Vetor Literalmente "um transportador"; de maneira específica, o **hospedeiro** de uma doença que transmite o patógeno para outra espécie de organismo.

Vicariância Divisão da área de distribuição de uma espécie em virtude de um evento histórico da Terra (p. ex., formação de oceanos ou montanhas).

Vírus de poli-DNA Grupo de vírus encontrado nos ovários de algumas vespas parasitas, envolvidos em sobrepujar as respostas imunes do hospedeiro quando injetados junto com os ovos das vespas.

Vitelário Estrutura interna do **ovaríolo** em que os **oócitos** se desenvolvem e na qual vitelo é providenciado a eles (Figura 3.20A).

Vitelogênese Processo pelo qual os **oócitos** crescem com a deposição de vitelo.

Viviparidade Transporte de juvenis vivos (*i. e.*, depois da emergência dos ovos) pela fêmea; *veja também* **viviparidade adenotrófica**, **viviparidade hemocélica**, **oviparidade**, **ovoviviparidade**, **viviparidade pseudoplacentária**.

Viviparidade adenotrófica **Viviparidade** (produção direta de descendentes vivos) na qual não existe um estágio larval de vida livre; os ovos desenvolvem-se dentro do útero materno, e são nutridos por **glândulas "de leite"** especiais até o amadurecimento das larvas, que são, nesse momento, paridas e imediatamente empupam; ocorre somente em alguns Diptera (p. ex., Hippoboscidae e *Glossina*).

Viviparidade hemocélica Viviparidade (produção de descendentes vivos) em que os estágios imaturos desenvolvem-se dentro da **hemocele** da mãe, por exemplo, como ocorre nos Strepsiptera.

Viviparidade pseudoplacentária Viviparidade (produção de descendentes vivos) na qual um ovo **microlécito** desenvolve-se por meio da nutrição a partir de uma suposta placenta.

Voltinismo Número de gerações por ano.

Voucher (espécime *voucher*) Um espécime identificado ou utilizado como parte de uma pesquisa ecológica, genética ou comportamental, e preservado para referência futura, de preferência depositado em um museu reconhecido.

Vulva Abertura externa da bolsa copuladora (***bursa copulatrix***) ou vagina da genitália feminina (Figura 3.20A).

Xilofagia (*adj.* xilófago) O hábito alimentar de consumir principalmente ou apenas madeira.

Zangão Macho da abelha, em especial da abelha melífera e da mamangava; derivado de um ovo não fertilizado.

Zigoto Óvulo fertilizado; a união de dois gametas; nos parasitas da malária (*Plasmodium* spp.), resulta da fusão de um microgameta com um macrogameta (Tabela 15.1).

Zoocecídia As **galhas** de plantas induzidas por animais, tais como insetos, ácaros e nematódeos, em contraposição àquelas formadas pelas plantas em resposta a microrganismos.

Zoofílico Que prefere outros animais do que humanos; especialmente usado para a preferência alimentar de insetos que se alimentam de sangue.

Leitura sugerida

Gordh, G. & Headrick, D. (2011) *A Dictionary of Entomology*, 2nd edn. CSIRO Publishing, Collingwood.

Nichols, S.W. (1989) *The Torre-Bueno Glossary of Entomology*, 2nd edn. The New York Entomological Society in co-operation with the American Museum of Natural History, New York.

Apêndice | Um Guia de Referência para as Ordens

Resumo das características diagnósticas dos estágios adultos e imaturos das três ordens de hexápodes não insetos e das 28 ordens de insetos. Para mais informações sobre cada ordem, consulte os Taxoboxes que precedem este apêndice.

Collembola (colêmbolos) 	Pequenos, sem asas, peças bucais entógnatas (com peças bucais inseridas em dobras da cabeça), antenas presentes, segmentos torácicos como aqueles do abdome, pernas com pelo menos cinco artículos, abdome com seis segmentos, com um tubo ventral em forma de ventosa e um órgão saltador em forma de furca, sem cercos; estágios imaturos com a forma de pequenos adultos, com um número constante de segmentos.	Capítulos 7, 9 Taxoboxe 1
Diplura (dipluros) 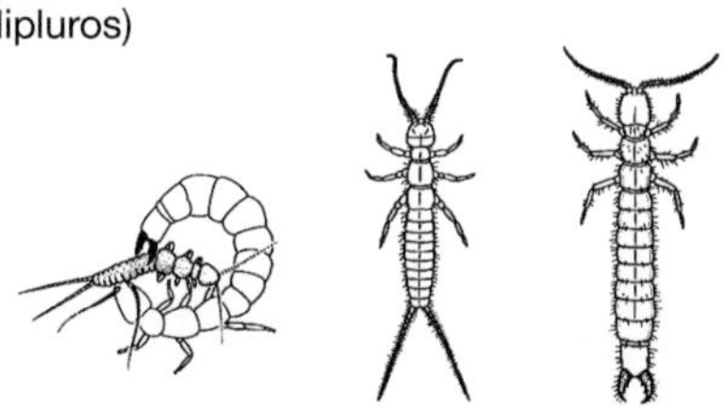	Pequenos a médios, sem asas, sem olhos, entógnatos, antenas longas como cordões de contas, segmentos torácicos como aqueles do abdome, pernas com cinco artículos, abdome com 10 segmentos, alguns com pequenas protrusões, cercos terminais de filiformes a em forma de pinça; estágios imaturos com a forma de pequenos adultos.	Capítulos 7, 9 Taxoboxe 1
Protura (proturos) 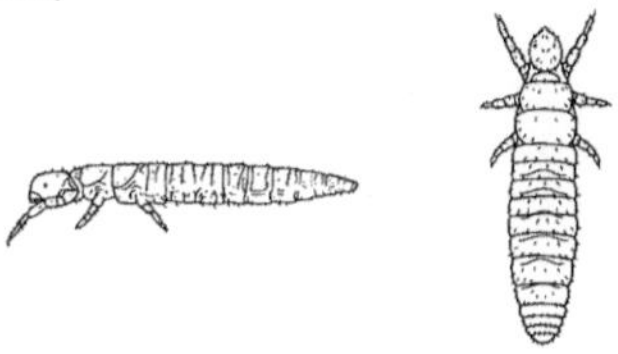	Muito pequenos, sem asas, sem olhos, sem antenas, entógnatos, pernas anteriores mantidas voltadas para frente, segmentos torácicos como aqueles do abdome, pernas com cinco artículos, abdome dos adultos com 12 segmentos e sem cercos; estágios imaturos com a forma de pequenos adultos mas com um número menor de segmentos abdominais.	Capítulos 7, 9 Taxoboxe 1
Archaeognatha (ou Microcoryphia) (arqueognatos ou traças-saltadoras) 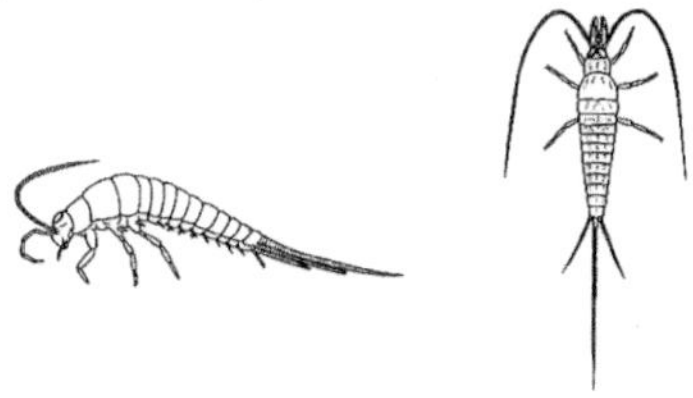	Médios, sem asas, com tórax arqueado, hipógnatos (peças bucais voltadas para baixo), olhos compostos grandes quase em contato entre si, alguns segmentos abdominais com pares de estilos e de vesículas, com três “caudas” – um par de cercos mais curtos que um apêndice caudal mediano; estágios imaturos com a forma de pequenos adultos.	Capítulos 7, 9 Taxoboxe 2
Zygentoma (traças) 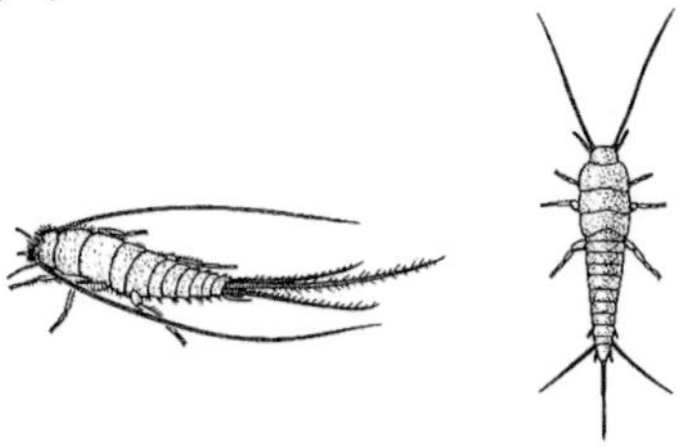	Médios, achatados, com escamas prateadas, sem asas, hipógnatos a prógnatos (peças bucais voltadas para baixo até para frente), olhos compostos pequenos, amplamente separados ou ausentes, alguns segmentos abdominais com estilos, com três “caudas” – um par de cercos quase tão longos quanto o apêndice caudal mediano; estágios imaturos com a forma de pequenos adultos.	Capítulos 7, 9 Taxoboxe 3

Ephemeroptera (efêmeras) 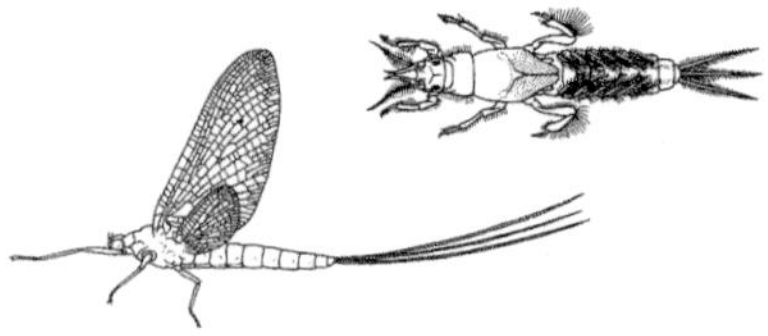	Pequenos a grandes, alados com asas anteriores grandes e triangulares e posteriores menores, peças bucais reduzidas, olhos compostos grandes, antenas curtas e filiformes, abdome mais delgado em comparação ao tórax robusto, com três "caudas"- um par de cercos frequentemente tão longos quanto o apêndice caudal mediano; estágios imaturos (ninfas) aquáticos, com três "caudas" e brânquias abdominais laminares, o penúltimo instar é um subimago alado (subadulto).	Capítulos 7, 10 Boxe 5.7 Taxoboxe 4
Odonata (libélulas) 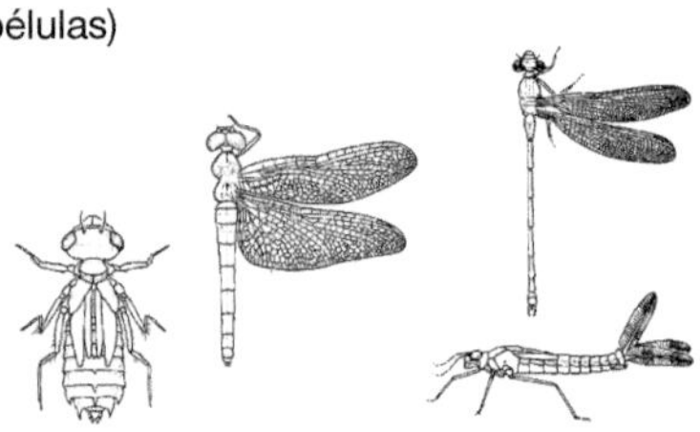	Médios a grandes, alados, com asas anteriores e posteriores iguais (Zygoptera) ou posteriores mais largas que as anteriores (Anisoptera), cabeça móvel, com grandes olhos compostos separados (Zygoptera) ou quase em contato (Anisoptera), peças bucais mandibuladas, antenas curtas, tórax robusto, abdome afilado; estágios imaturos (ninfas) aquáticos, robustos ou estreitos, com lábio em forma de "máscara" extensível, e brânquias terminais ou retais.	Capítulos 7, 10 Boxe 5.5 Taxoboxe 5
Plecoptera (plecópteros) 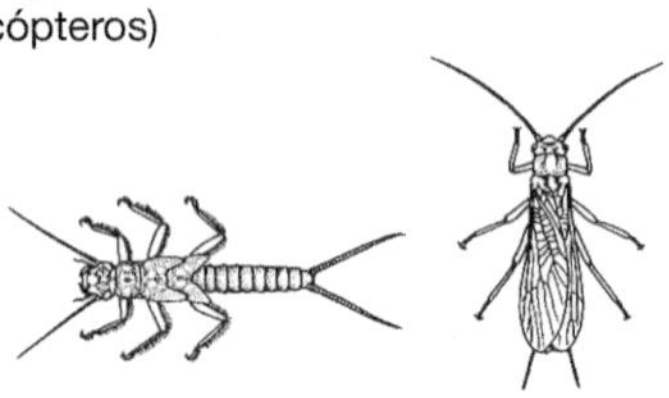	Médios, com asas anteriores e posteriores quase iguais (subiguais) em tamanho; em repouso, as asas envolvem parcialmente o abdome e estendem-se além do ápice do abdome, mas a redução de asa é frequente; pernas delicadas, abdome mole com cercos filamentosos; estágios imaturos (ninfas) aquáticos e lembrando adultos sem asas, frequentemente com brânquias no abdome.	Capítulos 7, 10 Taxoboxe 6
Dermaptera (tesourinhas) 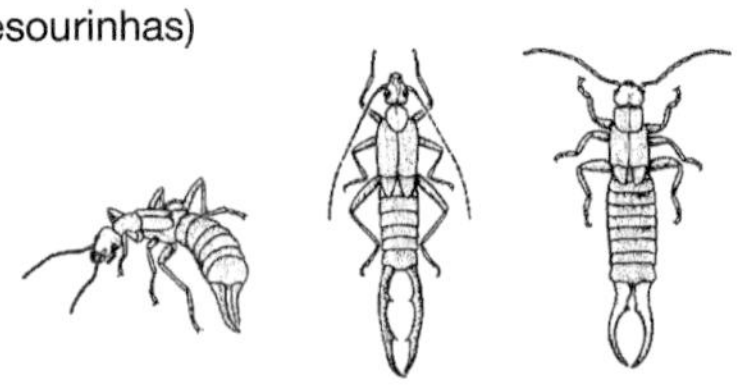	Pequenos a médios, alongados e achatados, prógnatos (peças bucais direcionadas para frente), antenas curtas a moderadas, pernas curtas; se as asas estiverem presentes, as asas anteriores são tégminas pergamináceas pequenas, asas posteriores semicirculares, abdome com tergos sobrepostos, cercos modificados em pinças; estágios imaturos (ninfas) parecem pequenos adultos.	Capítulos 7, 9 Taxoboxe 7
Zoraptera (zorápteros) 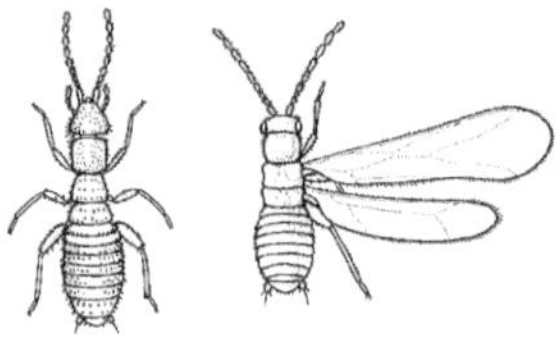	Pequenos, parecidos com cupins, hipógnatos, espécies aladas com olhos e ocelos, espécies sem asas não apresentam ambos; se alados, então as asas apresentam nervação simples e são imediatamente eliminadas, coxas bem desenvolvidas, abdome curto e dilatado, com 11 segmentos; estágios imaturos (ninfas) parecem pequenos adultos.	Capítulos 7, 9 Taxoboxe 8
Orthoptera (gafanhotos, esperanças, grilos) 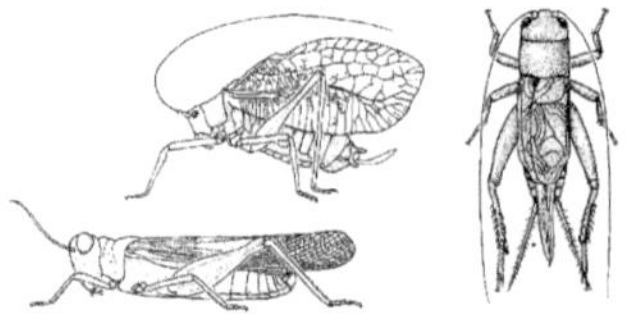	Médios a grandes, hipógnatos, geralmente com asas, asas anteriores formam tégminas pergamináceas, asas posteriores amplas, em repouso, dobradas sob as tégminas, pronoto encurvado por sobre a pleura, pernas posteriores frequentemente aumentadas para saltar, cercos com um artículo; estágios imaturos (ninfas) com a forma de pequenos adultos.	Capítulos 5, 6, 7, 11 Boxe 5.2 Taxoboxe 9
Embioptera (ou Embiidina ou Embiodea) (embiópteros) 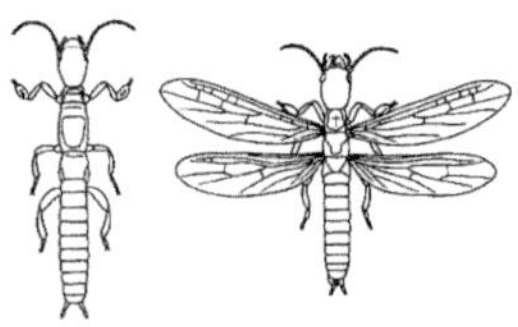	Pequenos a médios, alongados, cilíndricos, prógnatos, olhos compostos em forma de rins, fêmeas sempre sem asas e alguns machos com asas delicadas e flexíveis, pernas curtas, base do tarso da perna anterior dilatado e contendo glândulas de seda, cercos com dois artículos; estágios imaturos (ninfas) com a forma de pequenos adultos.	Capítulos 7, 9 Taxoboxe 10

Phasmatodea (bichos-pau) 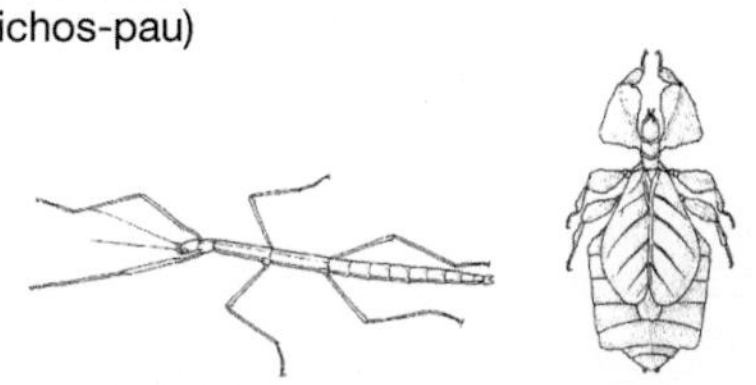	Médios a grandes, cilíndricos em forma de gravetos ou achatados em forma de folha, prógnatos, mandibulados, olhos compostos pequenos e de posição lateral, asas anteriores formam tégminas pergamináceas, asas posteriores amplas, com margem anterior endurecida, pernas alongadas para caminhar, cercos com um artículo; estágios imaturos (ninfas) com a forma de pequenos adultos.	Capítulos 7, 11, 14 Taxoboxe 11
Grylloblattodea (ou Grylloblattaria ou Notoptera) (griloblatódeos) 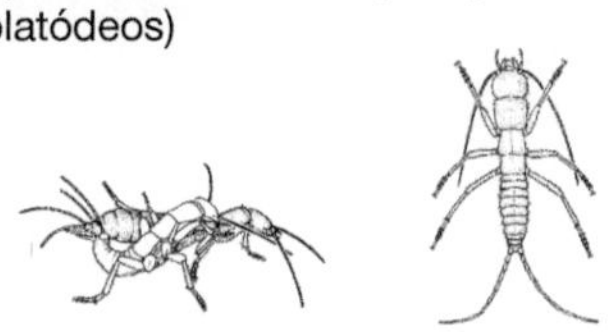	Médios, de corpo mole, alongados, de coloração clara, sem asas e frequentemente sem olhos, prógnatos, com coxas robustas em pernas adaptadas para correr, cercos com cinco a nove artículos, fêmeas com ovipositor curto; estágios imaturos (ninfas) com a forma de pequenos adultos mais pálidos.	Capítulos 1, 7, 9 Taxoboxe 12
Mantophasmatodea (gladiadores) 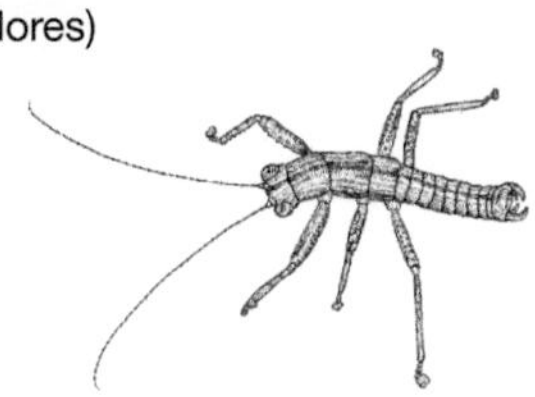	Pequenos a médios, ligeiramente cilíndricos, hipógnatos, antenas longas e multiarticuladas, olhos compostos grandes, pernas anteriores e medianas raptoriais (adaptadas para agarrar), asas ausentes, cercos pequenos nas fêmeas e proeminentes nos machos; estágios imaturos (ninfas) parecem pequenos adultos.	Capítulo 7 Taxoboxe 13
Mantodea (louva-deus) 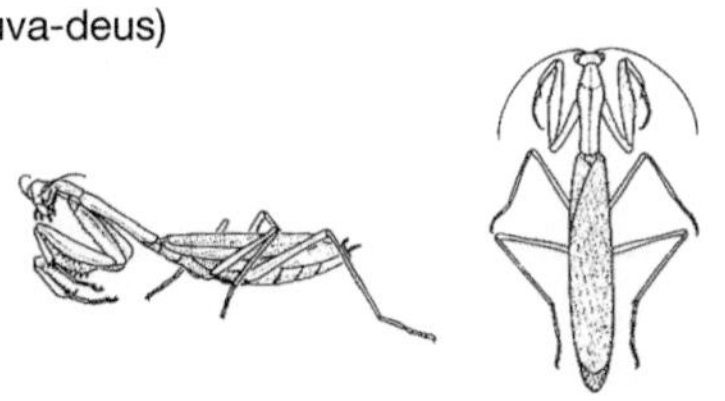	Moderados a grandes, cabeça pequena, móvel e triangular, olhos compostos grandes e separados, tórax estreito, asas anteriores formam tégminas, asas posteriores amplas, pernas anteriores raptoriais (para predar), pernas medianas e posteriores alongadas; estágios imaturos (ninfas) parecem pequenos adultos.	Capítulos 7, 13 Boxe 5.3 Taxoboxe 14
Blattodea (baratas) 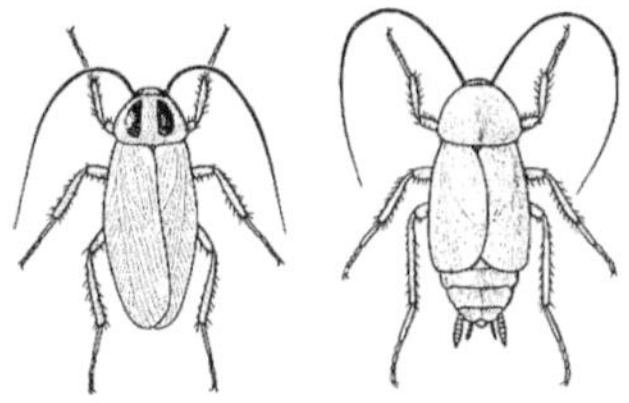	Pequenos a grandes, achatados dorsoventralmente, hipógnatos, olhos compostos bem desenvolvidos (exceto nos cavernícolas), protórax grande e em forma de escudo (podendo cobrir a cabeça), as asas anteriores formam tégminas pergamináceas que protegem as grandes asas posteriores, lobo anal da asa posterior grande, coxas grandes e encostando-se na região ventral, cercos geralmente multiarticulados; estágios imaturos (ninfas) com a forma de pequenos adultos.	Capítulos 7, 9 Taxoboxe 15
Blattodea: epifamília Termitoidae (anteriormente ordem Isoptera) (cupins ou térmitas) 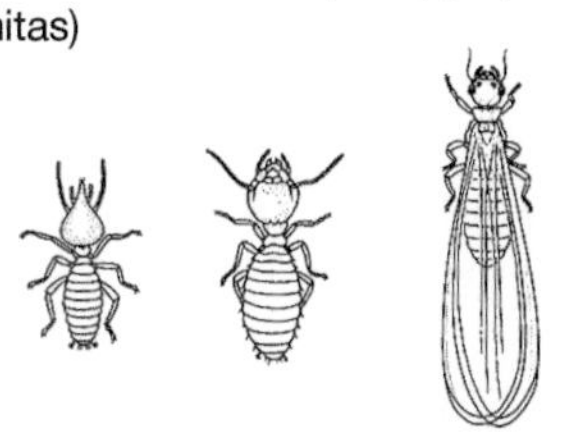	Pequenos a médios, mandibulados (com desenvolvimento variável das peças bucais nas diferentes castas), antenas longas, olhos compostos frequentemente reduzidos, nas formas aladas as asas anteriores e posteriores são geralmente semelhantes entre si, frequentemente com nervação reduzida, o corpo termina em cercos com um a cinco artículos; estágios imaturos (ninfas) morfologicamente variáveis (polimórficos) de acordo com a casta.	Capítulos 7, 12 Boxes 9.3 e 12.4 Taxoboxe 16
Psocodea: "Psocoptera" (psocópteros, piolhos-de-livro) 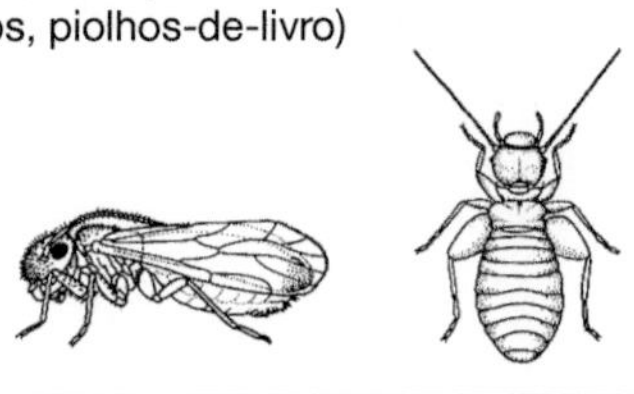	Pequenos a médios, cabeça grande e móvel, peças bucais mastigadoras assimétricas, olhos compostos grandes, antenas longas e estreitas, asas frequentemente reduzidas ou ausentes, se presentes, a nervação é simples, estão acopladas durante o voo, e são mantidas em forma de telhado sobre o corpo quando em repouso, cercos ausentes; estágios imaturos (ninfas) com a forma de pequenos adultos.	Capítulo 7 Taxoboxe 17

Psocodea: "Phthiraptera" (piolhos) 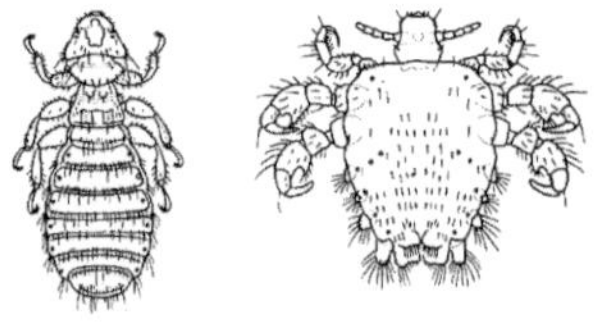	Pequenos, achatados dorsoventralmente, ectoparasitas sem asas, peças bucais mastigadoras ou sugadoras, olhos compostos pequenos ou ausentes, antenas ou estendidas ou mantidas dentro de fendas, pernas robustas com forte(s) garra(s) para agarrar os pelos ou as penas do hospedeiro; estágios imaturos (ninfas) com a forma de pequenos adultos mais pálidos.	Capítulos 7, 13, 15 Taxoboxe 18
Thysanoptera (tripes, lacerdinhas) 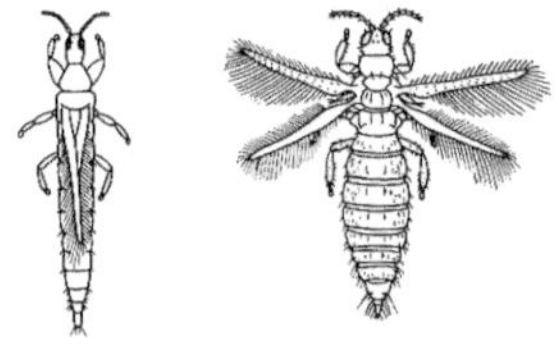	Pequenos, estreitos, hipógnatos com um tubo alimentar formado por três estiletes – as lacínias das maxilas mais a mandíbula esquerda, com ou sem asas; se presentes, as asas são subiguais, em forma de fita e com longas franjas; estágios imaturos (ninfas) com a forma de pequenos adultos.	Capítulos 7, 11 Taxoboxe 19
Hemiptera (percevejos, marias-fedidas, cigarras, cigarrinhas, pulgões, cochonilhas, moscas-brancas etc.) 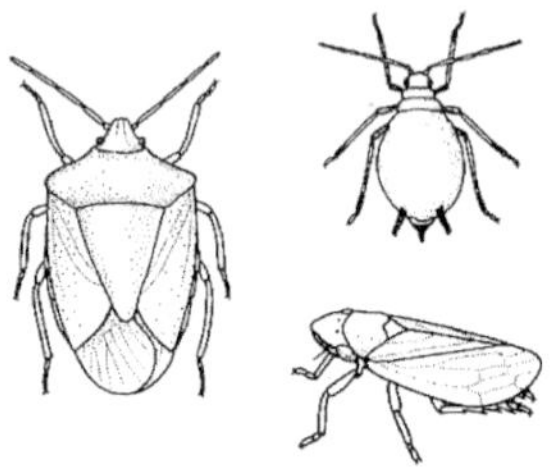	Pequenos a grandes, estiletes das peças bucais ficam dentro de um lábio com sulco formando uma probóscide (ou rostro) que está direcionada para a região posterior quando em repouso, sem palpos, as asas anteriores podem estar engrossadas e formar hemiélitros (Heteroptera) ou serem membranosas; redução ou ausência de asas é comum; estágios imaturos (ninfas) geralmente lembram pequenos adultos, exceto nas moscas-brancas e nos machos de cochonilhas.	Capítulos 7, 10, 11, 16 Boxes 3.3, 5.8, 9.4, 10.2, 11.2, 14.2, 15.6, 16.1, 16.2, 16.3, 16.5 e 16.6 Taxoboxe 20
Neuroptera (neurópteros, formigas-leão, bichos-lixeiros) 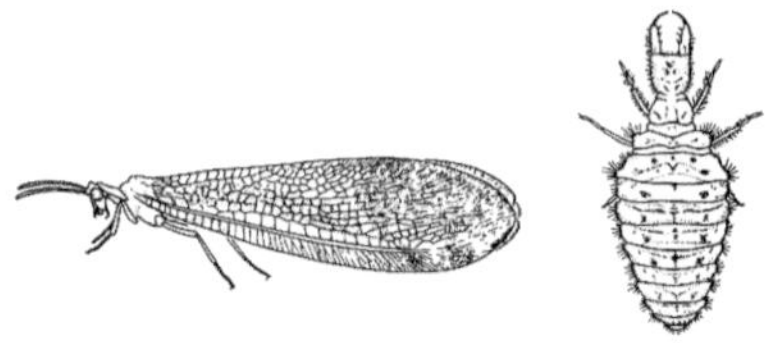	Médios, olhos compostos grandes e separados, mandibulados, antenas multiarticuladas, protórax geralmente maior que o meso- e o metatórax, asas mantidas como um telhado sobre o abdome quando em repouso, asas anteriores e posteriores subiguais com numerosas nervuras transversais e uma "ramificação" distal de nervuras, sem dobra anal; estágios imaturos (larvas) predominantemente terrestres, prógnatos, com mandíbulas e maxilas afiladas geralmente formando peças bucais picadoras/sugadoras, com pernas articuladas apenas no tórax, sem brânquias abdominais.	Capítulos 7, 13 Boxe 10.4 Taxoboxe 21
Megaloptera (megalópteros) 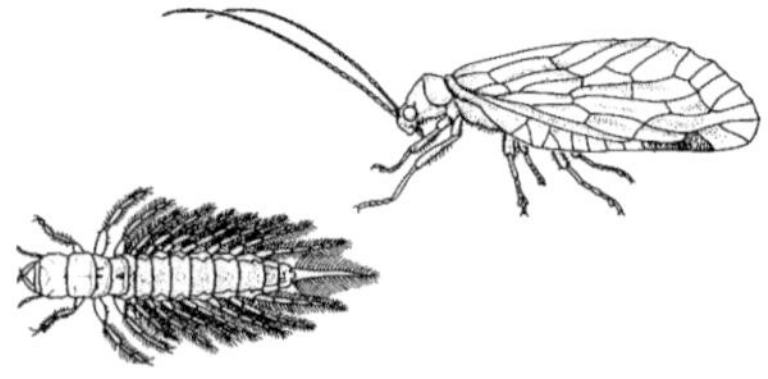	Médios a grandes, olhos compostos grandes e separados, prógnatos, mandibulados, antenas multiarticuladas, protórax apenas ligeiramente mais longo que o meso- e o metatórax, asas anteriores e posteriores subiguais e com dobra anal na asa posterior; estágios imaturos (larvas) aquáticos, prógnatos, com mandíbulas robustas, pernas articuladas apenas no tórax, com brânquias laterais no abdome.	Capítulos 7, 13 Boxe 10.4 Taxoboxe 21
Rhaphidioptera (rafidiópteros) 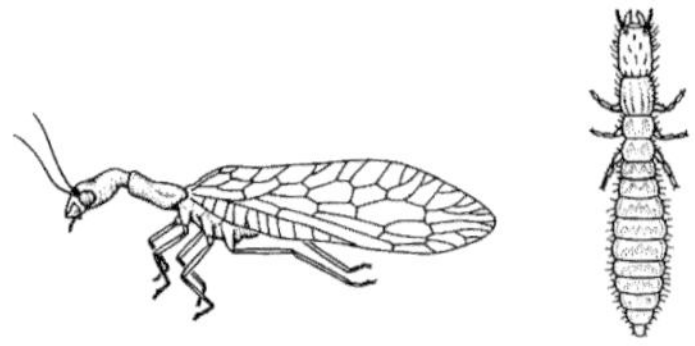	Médios, prógnatos, mandibulados, antenas multiarticuladas, olhos compostos grandes e separados, protórax muito mais longo que o meso- e o metatórax, asas anteriores um pouco mais longas do que semelhantes às posteriores, sem dobra anal; estágios imaturos (larvas) terrestres, prógnatos, com pernas articuladas apenas no tórax, sem brânquias abdominais.	Capítulos 7, 13 Taxoboxe 21

Coleoptera (besouros) 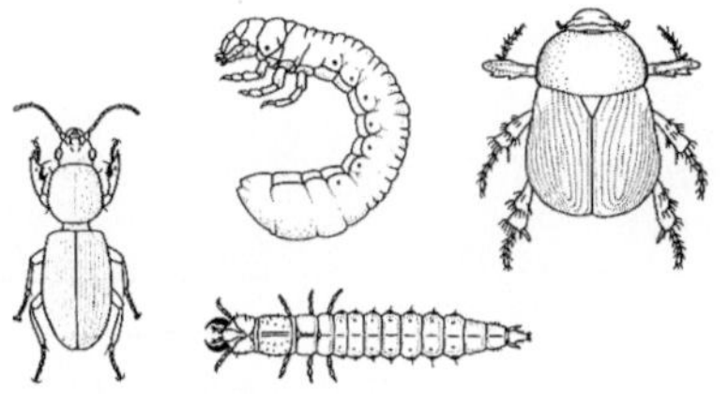	Pequenos a grandes, frequentemente robustos e compactos, fortemente esclerotizados ou encouraçados, mandibulados, com asas anteriores modificadas em élitros rígidos que cobrem as asas posteriores mantidas dobradas quando em repouso, pernas modificadas de várias formas, frequentemente com garras e estruturas adesivas; estágios imaturos (larvas) terrestres ou aquáticos com cápsula cefálica esclerotizada, mandíbulas oponíveis e geralmente com pernas torácicas com cinco artículos, sem brânquias abdominais ou glândulas de seda no lábio.	Capítulos 7, 10, 11, 14 Boxes 1.5, 3.2, 3.4, 10.3, 11.4, 14.3, 14.4, 16.7, 17.2, 17.3 e 17.4 Taxoboxe 22
Strepsiptera (estrepsípteros) 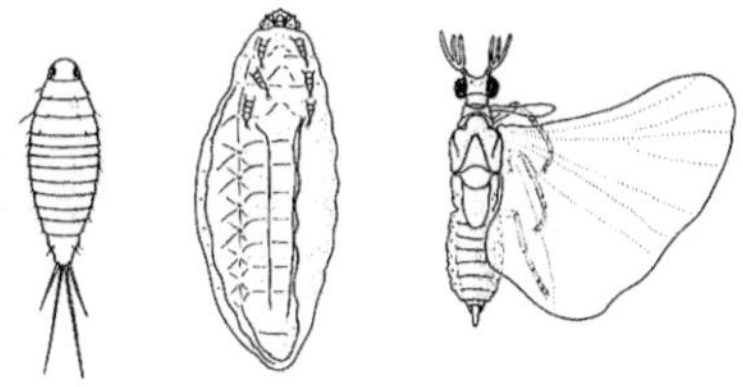	Pequenos, endoparasitas aberrantes; machos com cabeça grande, olhos protuberantes com poucas facetas, antenas com ramos em forma de leque, asas anteriores curtas e espessas, sem nervuras, asas posteriores em forma de leque, com poucas nervuras; fêmea larviforme, sem asas, mantida dentro do hospedeiro; estágios imaturos (larvas) inicialmente um triungulino com três pares de pernas torácicas, e, posteriormente, uma larva vermiforme sem peças bucais.	Capítulos 7, 13 Taxoboxe 23
Diptera (moscas e mosquitos) 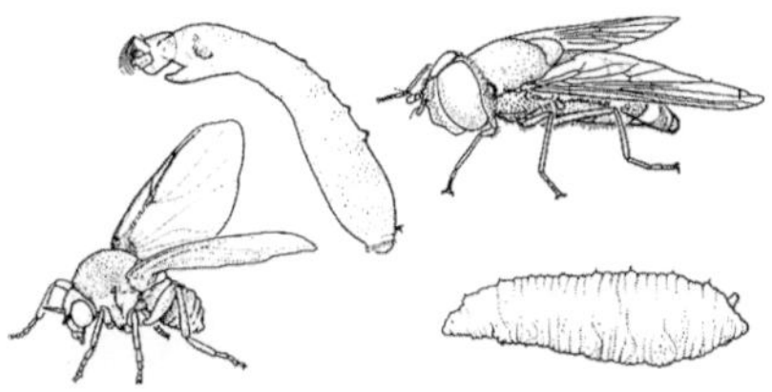	Pequenos a médios, asas restritas ao mesotórax, metatórax com órgãos em balancim (halteres), peças bucais variando de não funcionais a picadoras e sugadoras; estágios imaturos (larvas, corós) variáveis, sem pernas articuladas, com cápsula cefálica esclerotizada ou variavelmente reduzida até um ponto máximo na forma de ganchos bucais remanescentes.	Capítulos 7, 10, 15 Boxes 4.1, 5.6, 6.2, 9.1, 10.1, 15.1, 15.2, 15.3, 15.4, 15.5, 16.1 e 17.1 Taxoboxe 24
Mecoptera (mecópteros) 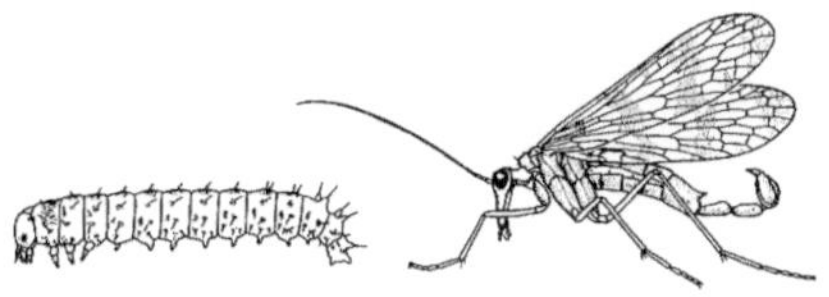	Médios, hipógnatos com rostro alongado formado por mandíbulas e maxilas afiladas e serradas e lábio alongado, asas anteriores e posteriores estreitas e subiguais, pernas raptoriais; estágios imaturos (larvas) na maioria terrestres, com cápsula cefálica fortemente esclerotizada, olhos compostos, pernas torácicas articuladas curtas, abdome geralmente com falsas pernas.	Capítulos 5, 7, 13 Boxe 5.1 Taxoboxe 25
Siphonaptera (pulgas) 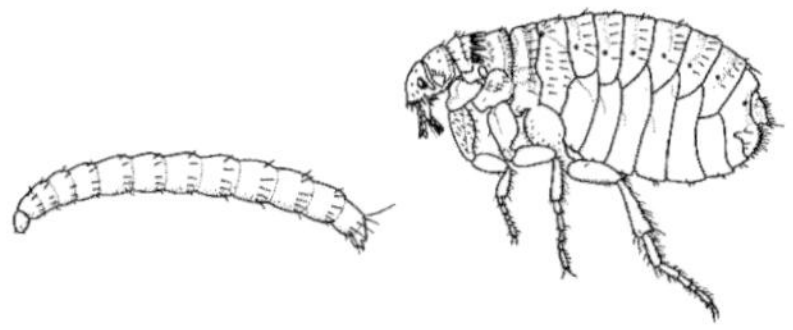	Pequenos, altamente modificados, ectoparasitas comprimidos lateralmente, peças bucais picadoras e sugadoras, sem mandíbulas, antenas ficam dentro de fendas, corpo com muitas cerdas e espinhos voltados para a região posterior, alguns em forma de pente, perna fortes, terminando em garras fortes para agarrar-se no hospedeiro; estágios imaturos (larvas) terrestres, ápodes (sem pernas), com cápsula cefálica distinta.	Capítulos 7, 15 Taxoboxe 26
Trichoptera (tricópteros) 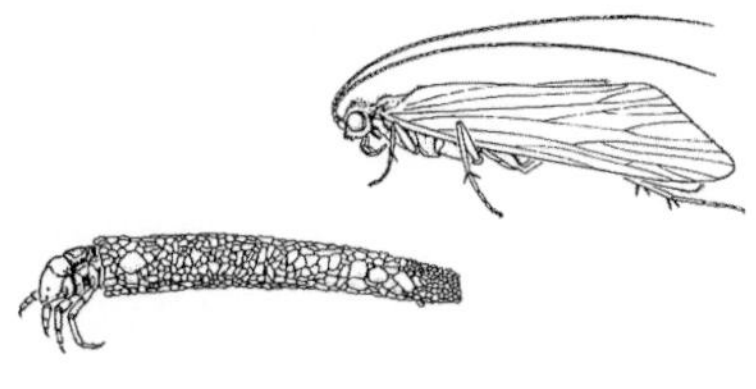	Pequenos a grandes, com antenas longas e multiarticuladas, peças bucais reduzidas (sem espirotromba) mas com palpos maxilares e labiais bem desenvolvidos, asas com pelos (ou, raramente, com escamas), sem célula discal e com as nervuras anais das asas anteriores em alça (como nos Lepidoptera); estágios imaturos (larvas) aquáticos, frequentemente dentro de um abrigo, mas muitos de vida livre, com três pares de pernas torácicas articuladas e sem falsas pernas no abdome.	Capítulos 7, 10 Taxoboxe 27

Lepidoptera (mariposas e borboletas) 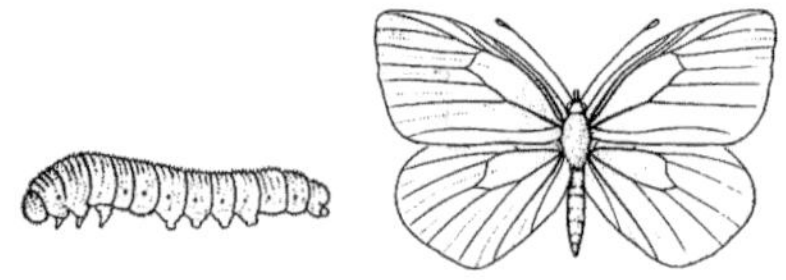	Pequenos a grandes, hipógnatos, quase todos com uma espirotromba longa e enrolada, antenas multiarticuladas e frequentemente pectinadas (em forma de pente), clavadas nas borboletas, asas com uma camada dupla de escamas (cerdas achatadas) e células grandes incluindo as discais; estágios imaturos (larvas, lagartas) com uma cabeça esclerotizada e mandibulada, fiandeiras labiais que produzem seda, pernas articuladas no tórax e algumas falsas pernas no abdome.	Capítulos 7, 11, 14 Boxes 1.2, 1.4, 5.4, 14.1 e 16.1 Taxoboxe 28
Hymenoptera (vespas, formigas, abelhas) 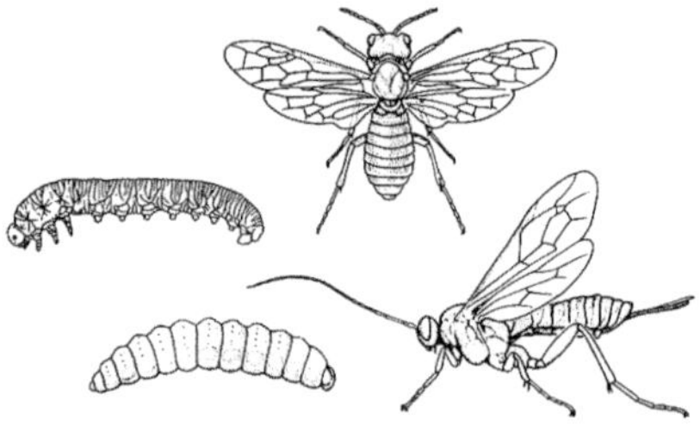	Diminutos a grandes, peças bucais mandibuladas para sugar e mastigar, antenas multiarticuladas frequentemente longas e mantidas para frente, tórax ou com três segmentos ou formando um mesossomo que incorpora o primeiro segmento abdominal, sendo que, neste caso, o abdome apresenta um pecíolo (cintura), asas com nervação simples, asas anteriores e posteriores acopladas entre si por meio de ganchos localizados na asas posterior; estágios imaturos (larvas) muito variáveis, muitos completamente sem pernas, e todos com mandíbulas distintas mesmo se a cabeça estiver reduzida.	Capítulos 7, 12, 13, 14 Boxes 1.3, 9.2, 11.1, 12.1, 12.2, 12.3, 12.4, 13.1 e 17.3 Taxoboxe 29

Referências

Os artigos e livros a seguir são as fontes para figuras e dados citados nos textos e nas legendas das figuras. Para informações adicionais sobre os tópicos abordados em quaisquer capítulos, consultar a seção "Leitura sugerida" ao final de cada capítulo.

Alcock, J. (1979) Selective mate choice by females of *Harpobittacus australis* (Mecoptera: Bittacidae). *Psyche* **86**, 213–17.

Alstein, M. (2003) Neuropeptides. In: *Encyclopedia of Insects* (eds V.H. Resh & R.T. Cardé), pp. 782–5. Academic Press, Amsterdam.

Ando, H. (ed.) (1982) *Biology of the Notoptera*. Kashiyo-Insatsu Co. Ltd, Nagano, Japan.

Anon. (1991) *Ladybirds and Lobsters, Scorpions and Centipedes*. British Museum (Natural History), London.

Askew, R.R. (1971) *Parasitic Insects*. Heinemann, London.

Atkins, M.D. (1980) *Introduction to Insect Behaviour*. Macmillan, New York.

Austin, A.D. & Browning, T.O. (1981) A mechanism for movement of eggs along insect ovipositors. *International Journal of Insect Morphology and Embryology* **10**, 93–108.

Badonnel, A. (1951) Ordre des Psocoptères. In: *Traité de Zoologie: Anatomie, Systématique, Biologie*. Tome X. *Insectes Supérieurs et Hémiptéroïdes*, Fascicule II (ed. P.-P. Grassé), pp. 1301–40. Masson, Paris.

Bandsma, A.T. & Brandt, R.T. (1963) *The AmazingWorld of Insects*. George Allen & Unwin, London.

Bartell, R.J., Shorey, H.H. & Barton Browne, L. (1969) Pheromonal stimulation of the sexual activity of males of the sheep blowfly *Lucilia cuprina* (Calliphoridae) by the female. *Animal Behaviour* **17**, 576–85.

Barton Browne, L., Smith, P.H., van Gerwen, A.C.M. & Gillott, C. (1990) Quantitative aspects of the effect of mating on readiness to lay in the Australian sheep blowfly, *Lucilia cuprina*. *Journal of Insect Behavior* **3**, 637–46.

Bar-Zeev, M. (1958) The effect of temperature on the growth rate and survival of the immature stages of *Aedes aegypti* (L.). *Bulletin of Entomological Research* **49**, 157–63.

Beard, J. (1989) Viral protein knocks the guts out of caterpillars. *New Scientist* **124**(1696–7), 21.

Beccaloni, G. & Eggleton, P. (2013) Order Blattodea. In: *Animal Biodiversity: An Outline of Higher-level Classification and Survey of Taxonomic Richness* (Addenda 2013), (ed. Z.-Q. Zhang), pp. 46–8. *Zootaxa* **3703**(1), 1–82.

Beccari, O. (1877) Piante nuove o rare dell'Arcipelago Malese e della Nuova Guinea, raccolte, descritte ed illustrate da O. *Beccari. Malesia (Genova)* **1**, 167–92.

Bellows, T.S. Jr, Perring, T.M., Gill, R.J. & Headrick, D.H. (1994) Description of a species of Bemisia (Homoptera: Aleyrodidae). *Annals of the Entomological Society of America* **87**, 195–206.

Belwood, J.J. (1990) Anti-predator defences and ecology of neotropical forest katydids, especially the Pseudophyllinae. In: *The Tettigoniidae: Biology, Systematics and Evolution* (eds W.J. Bailey & D.C.F. Rentz), pp. 8–26. Crawford House Press, Bathurst.

Bennet-Clark, H.C. (1989) Songs and the physics of sound production. In: *Cricket Behavior and Neurobiology* (eds F. Huber, T.E. Moore & W. Loher), pp. 227–61. Comstock Publishing Associates (Cornell University Press), Ithaca, NY.

Binnington, K.C. (1993) Ultrastructure of the attachment of *Serratia entomophila* to scarab larval cuticle and a review of nomenclature for insect epicuticular layers. *International Journal of Insect Morphology and Embryology* **22**(2–4), 145–55.

Birch, M.C. & Haynes, K.F. (1982) *Insect Pheromones*. Studies in Biology no. 147. Edward Arnold, London.

Black Soldier Fly Blog (2012) http://blacksoldierflyblog.com/[Accessed 6 June 2013.]

Blaney,W.M. (1976) *How Insects Live*. Elsevier-Phaidon, Oxford.

Bonhag, P.F. & Wick, J.R. (1953) The functional anatomy of the male and female reproductive systems of the milkweed bug, *Oncopeltus fasciatus* (Dallas) (Heteroptera: Lygaeidae). *Journal of Morphology* **93**, 177–283.

Bornemissza, G.F. (1957) An analysis of arthropod succession in carrion and the effect of its decomposition on the soil fauna. *Australian Journal of Zoology* **5**, 1–12.

Borror, D.J., Triplehorn, C.A. & Johnson, N.F. (1989) *An Introduction to the Study of Insects*, 6th edn. Saunders College Publishing, Philadelphia, PA.

Boulard, M. (1968) Description de cinq Membracides nouveaux du genre *Hamma* accompagnée de précisions sur *H. rectum*. *Annales de la Societé Entomologique de France (N.S.)* **4**(4), 937–50.

Brackenbury, J. (1990) Origami in the insect world. *Australian Natural History* **23**(7), 562–9.

Bradley, T.J. (1985) The excretory system: structure and physiology. In: *Comprehensive Insect Physiology, Biochemistry, and Pharmacology*, Vol. 4: *Regulation. Digestion, Nutrition, Excretion* (eds G.A. Kerkut & L.I. Gilbert), pp. 421–65. Pergamon Press, Oxford.

Brandt, M. & Mahsberg, D. (2002) Bugs with a backpack: the function of nymphal camouflage in theWest African assassin bugs: *Paredocla and Acanthiaspis* spp. *Animal Behaviour* **63**, 277–84.

Brower, J.V.Z. (1958) Experimental studies of mimicry in some North American butterflies. Part III. *Danaus gilippus berenice and Limenitis archippus floridensis*. *Evolution* **12**, 273–85.

Brower, L.P., Brower, J.V.Z. & Cranston, F.P. (1965) Courtship behavior of the queen butterfly, *Danaus gilippus berenice* (Cramer). *Zoologica* **50**, 1–39.

Burton, M. & Burton, R. (1975) *Encyclopedia of Insects and Arachnids*. Octopus Books, London.

Calder, A.A. & Sands, D.P.A. (1985) A new Brazilian *Cyrtobagous* Hustache (Coleoptera: Curculionidae) introduced into Australia to control salvinia. *Journal of the Entomological Society of Australia* **24**, 57–64.

Cappaert, D., McCullough, D.G., Poland, T.M. & Siegert, N.W. (2005) Emerald ash borer in North America: a research and regulatory challenge. *American Entomologist* **51**, 152–65.

Carroll, S.B. (1995) Homeotic genes and the evolution of arthropods and chordates. *Nature* **376**, 479–85.

Carroll, S.B. (2008) Evo-devo and an expanding evolutionary synthesis: a genetic theory of morphological evolution. *Cell* **134**, 25–36.

Caudell, A.N. (1920) Zoraptera not an apterous order. *Proceedings of the Entomological Society ofWashington* **22**, 84–97.

Chapman, R.F. (1982) *The Insects. Structure and Function*, 3rd edn. Hodder and Stoughton, London.

Chapman, R.F. (1991) General anatomy and function. In: *The Insects of Australia*, 2nd edn (CSIRO), pp. 33–67. Melbourne University Press, Carlton.

Chapman, R.F. (2013) *The Insects. Structure and Function*, 5th edn (eds S.J. Simpson & A.E. Douglas). Cambridge University Press, Cambridge.

Cherikoff, V. & Isaacs, J. (1989) *The Bush Food Handbook*. Ti Tree Press, Balmain.

Chu, H.F. (1949) *How to Know the Immature Insects*. William C. Brown, Dubuque, IA.

Clements, A.N. (1992) *The Biology of Mosquitoes*, Vol. 1: *Development, Nutrition and Reproduction*. Chapman & Hall, London.

Cohen, A.C., Chu, C.-C., Henneberry, T.J. *et al.* (1998) Feeding biology of the silverleaf whitefly (Homoptera: Aleyrodidae). *Chinese Journal of Entomology* **18**, 65–82.

Cohen, E. (1991) Chitin biochemistry. In: *Physiology of the Insect Epidermis* (eds K. Binnington & A. Retnakaran), pp. 94–112. CSIRO Publications, Melbourne.

Common, I.F.B. (1990) *Moths of Australia*. Melbourne University Press, Carlton.

Common, I.F.B. & Waterhouse, D.F. (1972) *Butterflies of Australia*. Angus & Robertson, Sydney.

Cornwell, P.B. (1968) *The Cockroach*. Hutchinson, London.

Cox, J.M. (1987) Pseudococcidae (Insecta: Hemiptera). *Fauna of New Zealand* **11**, 1–228.

Coyne, J.A. (1983) Genetic differences in genital morphology among three sibling species of *Drosophila*. *Evolution* **37**, 1101–17.

Cryan, J.R. & Urban, J.M. (2012) Higher-level phylogeny of the insect order Hemiptera: is Auchenorrhyncha really paraphyletic? *Systematic Entomology* **37**, 7–21.

CSIRO (1970) *The Insects of Australia*, 1st edn. Melbourne University Press, Carlton.

CSIRO (1991) *The Insects of Australia*, 2nd edn. Melbourne University Press, Carlton.

Currie, D.C. (1986) An annotated list of and keys to the immature black flies of Alberta (Diptera: Simuliidae). *Memoirs of the Entomological Society of Canada* **134**, 1–90.

Daly, H.V., Doyen, J.T. & Ehrlich, P.R. (1978) *Introduction to Insect Biology and Diversity*. McGraw-Hill, New York.

Danforth, B.N., Cardinal, S., Praz, C., *et al.* (2013) The impact of molecular data on our understanding of bee phylogeny and evolution. *Annual Review of Entomology* **58**, 57–78.

Darlington, A. (1975) *The Pocket Encyclopaedia of Plant Galls in Colour*, 2nd edn. Blandford Press, Dorset.

Dean, J., Aneshansley, D.J., Edgerton, H.E. & Eisner, T. (1990) Defensive spray of the bombardier beetle: a biological pulse jet. *Science* **248**, 1219–21.

Debevec, A.H., Cardinal, S. & Danforth, B.N. (2012) Identifying the sister group to the bees: a molecular phylogeny of Aculeata with an emphasis on the superfamily Apoidea. *Zoological Scripta* **41**, 527–35.

De Klerk, C.A., Ben-Dov, Y. & Giliomee, J.H. (1982) Redescriptions of four vine infesting species of *Margarodes* Guilding (Homoptera: Coccoidea: Margarodidae) from South Africa. *Phytophylactica* **14**, 61–76.

Deligne, J., Quennedey, A. & Blum, M.S. (1981) The enemies and defence mechanisms of termites. In: *Social Insects*, Vol. II (ed. H.R. Hermann), pp. 1–76. Academic Press, New York.

Devitt, J. (1989) Honeyants: a desert delicacy. *Australian Natural History* **22**(12), 588–95.

Deyrup, M. (1981) Deadwood decomposers. *Natural History* **90**(3), 84–91.

Djernæs, M., Klass, K.-D., Picker, M.D. & Damgaard, J. (2012) Phylogeny of cockroaches (Insecta, Dictyoptera, Blattodea), with placement of aberrant taxa and exploration of out-group sampling. *Systematic Entomology* **37**, 65–83.

Dodson, G. (1989) The horny antics of antlered flies. *Australian Natural History* **22**(12), 604–11.

Dodson, G.N. (1997) Resource defence mating system in antlered flies, *Phytalmia* spp. (Diptera: Tephritidae). *Annals of the Entomological Society of America* **90**, 496–504.

Dolling, W.R. (1991) *The Hemiptera*. Natural History Museum Publications, Oxford University Press, Oxford.

Dow, J.A.T. (1986) Insect midgut function. *Advances in Insect Physiology* **19**, 187–328.

Downes, J.A. (1970) The feeding andmating behaviour of the specialized Empidinae (Diptera); observations on four species of *Rhamphomyia* in the high Arctic and a general discussion. *Canadian Entomologist* **102**, 769–91.

Duffy, E.A.J. (1963) *A Monograph of the Immature Stages of Australasian Timber Beetles (Cerambycidae)*. British Museum (Natural History), London.

Eastham, L.E.S. & Eassa, Y.E.E. (1955) The feeding mechanism of the butterfly *Pieris brassicae* L. *Philosophical Transactions of the Royal Society of London B* **239**, 1–43.

Eberhard, W.G. (1985) *Sexual Selection and Animal Genitalia*. Harvard University Press, Cambridge, MA.

Edwards, D.S. (1994) *Belalong: a Tropical Rainforest*. The Royal Geographical Society, London, and Sun Tree Publishing, Singapore.

Eibl-Eibesfeldt, I. & Eibl-Eibesfeldt, E. (1967) Das Parasitenabwehren der Minima-Arbeiterinnen der Blattschneider-Ameise (*Atta cephalotes*). *Zeitschrift für Tierpsychologie* **24**, 278–81.

Eidmann, H. (1929) Morphologische und physiologische Untersuchungen am weiblichen Genitalapparat der Lepidopteren. I. Morphologischer Teil. *Zeitschrift für Angewandte Entomologie* **15**, 1–66.

Eisenbeis, G. & Wichard,W. (1987) *Atlas on the Biology of Soil Arthropods*, 2nd edn. Springer-Verlag, Berlin.

Eisner, T., Smedley, S.R., Young, D.K., *et al.* (1996a) Chemical basis of courtship in a beetle (*Neopyrochroa flabellata*): cantharidin as precopulatory "enticing agent". *Proceedings of the National Academy of Sciences of the USA* **93**, 6494–8.

Eisner, T., Smedley, S.R., Young, D.K., *et al.* (1996b) Chemical basis of courtship in a beetle (*Neopyrochroa flabellata*): cantharidin as "nuptial gift". *Proceedings of the National Academy of Sciences of the USA* **93**, 6499–503.

Elliott, J.M. & Humpesch, U.H. (1983) A key to the adults of the British Ephemeroptera. *Freshwater Biological Association Scientific Publication* **47**, 1–101.

Encalada, A.C. & Peckarsky, B.L. (2007) A comparative study of the costs of alternative mayfly oviposition behaviors. *Behavioral Ecology and Sociobiology* **61**, 1437–48.

Entwistle, P.F. & Evans, H.F. (1985) Viral control. In: *Comprehensive Insect Physiology, Biochemistry and Pharmacology*, Vol. 12: *Insect Control* (eds G.A. Kerkut & L.I. Gilbert), pp. 347–412. Pergamon Press, Oxford.

Evans, E.D. (1978) Megaloptera and aquatic Neuroptera. In: *An Introduction to the Aquatic Insects of North America* (eds R.W. Merritt & K.W. Cummins), pp. 133–45. Kendall/Hunt, Dubuque, IA.

Everaerts, C., Maekawa, K., Farine, J.P., *et al.* (2008) The *Cryptocercus punctulatus* species complex (Dictyoptera: Cryptocercidae) in the eastern United States: comparison of cuticular hydrocarbons, chromosome number and DNA sequences. *Molecular Phylogenetics and Evolution* **47**, 950–9.

Ferrar, P. (1987) *A Guide to the Breeding Habits and Immature Stages of Diptera Cyclorrhapha*. Pt. 2, Entomonograph Vol. 8. E.J. Brill, Leiden, and Scandinavian Science Press, Copenhagen.

Filshie, B.K. (1982) Fine structure of the cuticle of insects and other arthropods. In: *Insect Ultrastructure*, Vol. 1 (eds R.C. King & H. Akai), pp. 281–312. Plenum, New York.

Fjellberg, A. (1980) *Identification Keys to Norwegian Collembola*. Utgitt av Norsk Entomologisk Forening, Norway.

Foldi, I. (1983) Structure et fonctions des glandes tégumentaires de Cochenilles Pseudococcines et de leurs sécrétions. *Annales de la Societé Entomologique de France (N.S.)* **19**, 155–66.

Freeman, W.H. & Bracegirdle, B. (1971) *An Atlas of Invertebrate Structure*. Heinemann Educational Books, London.

Frisch, K. von (1967) *The Dance Language and Orientation of Bees*. The Belknap Press of Harvard University Press, Cambridge, MA.

Froggatt, W.W. (1907) *Australian Insects*. William Brooks Ltd, Sydney.

Frost, S.W. (1959) *Insect Life and Insect Natural History*, 2nd edn. Dover Publications, New York.

Fry, C.H., Fry, K. & Harris, A. (1992) *Kingfishers, Bee-Eaters and Rollers*. Christopher Helm, London.

Futuyma, D.J. (1986) *Evolutionary Biology*, 2nd edn. Sinauer Associates, Sunderland, MA.

Gäde, G., Hoffman, K.-H. & Spring, J.H. (1997) Hormonal regulation in insects: facts, gaps, and future directions. *Physiological Reviews* **77**, 963–1032.

Galil, J. & Eisikowitch, D. (1968) Pollination ecology of *Ficus sycomorus* in East Africa. *Ecology* **49**, 259–69.

Gardiner, B.G. (1998) Editorial. *The Linnean* **14**(3), 1–3.

Garnas, J.R., Hurley, B.P., Slippers, B. & Wingfield, M.J. (2012) Biological control of forest plantation pests in an interconnected world requires greater international focus. *International Journal of Pest Management* **58**, 211–23.

Gibbons, B. (1986) *Dragonflies and Damselflies of Britain and Northern Europe*. Country Life Books, Twickenham.

Gilbert, L.I. (ed.) (2012) *Insect Molecular Biology and Biochemistry*. Academic Press, London.

Gilbert, L.I., Iatrou, K. & Gill, S.S. (eds) (2005) *Comprehensive Molecular Insect Science*. Vols 1–6, *Control*. Elsevier Pergamon, Oxford.

Goettler, W., Kaltenpoth, M. & Herzner, G. & Strohm, E. (2007) Morphology and ultrastructure of a bacteria cultivation organ: the antennal glands of female European beewolves, *Philanthus triangulum* (Hymenoptera, Crabronidae). *Arthropod Structure & Development* **36**, 1–9.

Grandgirard, J., Hoddle, M.S., Petit, J.N., *et al.* (2009) Classical biological control of the glassy-winged sharpshooter, *Homalodisca vitripennis*, by the egg parasitoid *Gonatocerus ashmeadi* in the Society, Marquesas, and Austral Archipelagos of French Polynesia. *Biological Control* **48**, 155–63.

Gray, E.G. (1960) The fine structure of the insect ear. *Philosophical Transactions of the Royal Society of London B* **243**, 75–94.

Greany, P.D., Vinson, S.B. & Lewis, W.J. (1984) Insect parasitoids: finding new opportunities for biological control. *BioScience* **34**, 690–6.

Gregory, T.R. (2008) Understanding evolutionary trees. *Evolution: Education and Outreach* **1**, 121–37.

Grimaldi, D. & Engel, M.S. (2005) *Evolution of the Insects*. Cambridge University Press, Cambridge.

Grimstone, A.V., Mullinger, A.M. & Ramsay, J.A. (1968) Further studies on the rectal complex of the mealworm *Tenebrio molitor* L. (Coleoptera: Tenebrionidae). *Philosophical Transactions of the Royal Society B* **253**, 343–82.

Gutierrez, A.P. (1970) Studies on host selection and host specificity of the aphid hyperparasite *Charips victrix* (Hymenoptera: Cynipidae). 6. Description of sensory structures and a synopsis of host selection and host specificity. *Annals of the Entomological Society of America* **63**, 1705–9.

Gwynne, D.T. (1981) Sexual difference theory: Mormon crickets show role reversal in mate choice. *Science* **213**, 779–80.

Gwynne, D.T. (1990) The katydid spermatophore: evolution of a parental investment. In: *The Tettigoniidae: Biology, Systematics and Evolution* (eds W.J. Bailey & D.C.F. Rentz), pp. 27–40. Crawford House Press, Bathurst.

Hadley, N.F. (1986) The arthropod cuticle. *Scientific American* **255**(1), 98–106.

Hadlington, P. (1987) *Australian Termites and Other Common Timber Pests*. New South Wales University Press, Kensington.

Harris, W.V. (1971) *Termites: Their Recognition and Control*, 2nd edn. Longman, London.

Haynes, K.F. & Birch, M.C. (1985) The role of other pheromones, allomones and kairomones in the behavioural responses of insects. In: *Comprehensive Insect Physiology, Biochemistry, and Pharmacology*, Vol. 9: *Behaviour* (eds G.A. Kerkut & L.I. Gilbert), pp. 225–55. Pergamon Press, Oxford.

Hely, P.C., Pasfield, G. & Gellatley, J.G. (1982) *Insect Pests of Fruit and Vegetables in NSW*. Inkata Press, Melbourne.

Hepburn, H.R. (1985) Structure of the integument. In: *Comprehensive Insect Physiology, Biochemistry and Pharmacology*, Vol. 3: *Integument, Respiration and Circulation* (eds G.A. Kerkut & L.I. Gilbert), pp. 1–58. Pergamon Press, Oxford.

Hermann, H.R. & Blum, M.S. (1981) Defensive mechanisms in the social Hymenoptera. In: *Social Insects*, Vol. II (ed. H.R. Hermann), pp. 77–197. Academic Press, New York.

Herms, W.B. & James, M.T. (1961) *Medical Entomology*, 5th edn. Macmillan, New York.

Hines, H.M., Hunt, J.H., O'Connor, T.K., *et al.* (2007) Multigene phylogeny reveals eusociality evolved twice in vespid wasps. *Proceedings of the National Academy of Sciences* **104**, 3295–99.

Hölldobler, B. (1984) The wonderfully diverse ways of the ant. *National Geographic* **165**, 778–813.

Hölldobler, B. & Wilson, E.O. (1990) *The Ants*. Springer-Verlag, Berlin.

Holman, G.M., Nachman, R.J. & Wright, M.S. (1990) Insect neuropeptides. *Annual Review of Entomology* **35**, 201–17.

Horridge, G.A. (1965) Arthropoda: general anatomy. In: *Structure and Function in the Nervous Systems of Invertebrates*, Vol. II (eds T.H. Bullock & G.A. Horridge), pp. 801–964. W.H. Freeman, San Francisco, CA.

Hungerford, H.B. (1954) The genus *Rheumatobates* Bergroth (Hemiptera–Gerridae). *University of Kansas Science Bulletin* **36**, 529–88.

Huxley, J. & Kettlewell, H.B.D. (1965) *Charles Darwin and His World*. Thames & Hudson, London.

Imms, A.D. (1913) Contributions to a knowledge of the structure and biology of some Indian insects. II. On *Embia major. sp. nov.*, from the Himalayas. *Transactions of the Linnean Society of London* **11**, 167–95.

Jobling, B. (1976) On the fascicle of blood-sucking Diptera. *Journal of Natural History* **10**, 457–61.

Jochmann, R., Blanckenhorn, W.U., Bussière, L. *et al.* (2011) How to test nontarget effects of veterinary pharmaceutical residues in livestock dung in the field. *Integrated Environmental Assessment and Management* **7**, 287–96.

Johnson, B.R., Borowiec, M.L., Chiu, J.C., *et al.* (2013) Phylogenomics resolves evolutionary relationships among ants, bees, and wasps. *Current Biology* **23**(20), 2058–62.

Johnson, K.P., Yoshizawa, K. & Smith, V.S. (2004) Multiple origins of parasitism in lice. *Proceedings of the Royal Society of London B* **271**, 1771–6.

Johnson, W.T. & Lyon, H.H. (1991) *Insects that Feed on Trees and Shrubs*, 2nd edn. Comstock Publishing Associates of Cornell University Press, Ithaca, NY.

Juergens, N. (2013) The biological underpinnings of Namib Desert fairy circles. *Science* **339**, 1618–21.

Kaltenpoth, M., Göttler, W., Herzner, G. & Strohm, E. (2005) Symbiotic bacteria protect wasp larvae from fungal infection. *Current Biology* **15**, 475–9.

Karim, M.M. (2009) Black soldier flies mating.jpg http://commons.wikimedia.org/wiki/File:Black_soldier_flies_mating.jpg [Accessed 6 June 2013]

Katz, M., Despommier, D.D. & Gwadz, R.W. (1989) *Parasitic Diseases*, 2nd edn. Springer-Verlag, New York.

Keeley, L.L. & Hayes, T.K. (1987) Speculations on biotechnology applications for insect neuroendocrine research. *Insect Biochemistry* **17**, 639–61.

Kettle, D.S. (1984) *Medical and Veterinary Entomology*. Croom Helm, London.

Klopfstein, S., Vilhelmsen, L., Heraty, J.M., *et al.* (2013) The hymenopteran tree of life: evidence from proteincoding genes and objectively aligned ribosomal data. *PLoS One* **8**(8), e69344. doi: 10.1371/journal.pone.0069344

Kukalová, J. (1970) Revisional study of the order Palaeodictyoptera in the Upper Carboniferous shales of Commentry, France. Part III. *Psyche* **77**, 1–44.

Kukalová-Peck, J. (1991) Fossil history and the evolution of hexapod structures. In: *The Insects of Australia*, 2nd edn (CSIRO), pp. 141–79. Melbourne University Press, Carlton.

Labandeira, C.C. (1998) Plant–insect associations from the fossil record. *Geotimes*, September 1998.

Landsberg, J. & Ohmart, C. (1989) Levels of insect defoliation in forests: patterns and concepts. *Trends in Ecology and Evolution* **4**, 96–100.

Lane, R.P. & Crosskey, R.W. (eds) (1993) *Medical Insects and Arachnids*. Chapman & Hall, London.

Lewis, T. (1973) *Thrips: Their Biology, Ecology and Economic Importance*. Academic Press, London.

Lindauer, M. (1960) Time-compensated sun orientation in bees. *Cold Spring Harbor Symposia on Quantitative Biology* **25**, 371–7.

Lloyd, J.E. (1966) Studies on the flash communication system in *Photinus* fireflies. *University of Michigan Museum of Zoology, Miscellaneous Publications* **130**, 1–95.

Loudon, C. (1989) Tracheal hypertrophy in mealworms: design and plasticity in oxygen supply systems. *Journal of Experimental Biology* **147**, 217–35.

Lubbock, J. (1873) *Monograph of the Collembola and Thysanura*. The Ray Society, London.

Lüscher, M. (1961) Air-conditioned termite nests. *Scientific American* **205**(1), 138–45.

Lyal, C.H.C. (1986) Coevolutionary relationships of lice and their hosts: a test of Fahrenholz's Rule. In: *Coevolution and Systematics* (eds A.R. Stone & D.L. Hawksworth), pp. 77–91. Systematics Association, Oxford.

Mairson, A. (1993) America's beekeepers: hives for hire. *National Geographic* **183** (May), 72–93.

Majer, J. (1985) Recolonisation by ants of rehabilitated mineral sand mines on North Stradbroke Island, Queensland, with particular reference to seed removal. *Australian Journal of Ecology* **10**, 31–4.

Malcolm, S.B. (1990) Mimicry: status of a classical evolutionary paradigm. *Trends in Ecology and Evolution* **5**, 57–62.

Matsuda, R. (1965) Morphology and evolution of the insect head. *Memoirs of the American Entomological Institute* **4**, 1–334.

McAlpine, D.K. (1990) A new apterous micropezid fly (Diptera: Schizophora) from Western Australia. *Systematic Entomology* **15**, 81–6.

McAlpine, J.F. (ed.) (1981) *Manual of Nearctic Diptera*, Vol. 1. Monograph No. 27. Research Branch, Agriculture Canada, Ottawa.

McAlpine, J.F. (ed.) (1987) *Manual of Nearctic Diptera*, Vol. 2. Monograph No. 28. Research Branch, Agriculture Canada, Ottawa.

McIver, S.B. (1985) Mechanoreception. In: *Comprehensive Insect Physiology, Biochemistry, and Pharmacology*, Vol. 6: *Nervous System: Sensory* (eds G.A. Kerkut & L.I. Gilbert), pp. 71–132. Pergamon Press, Oxford.

Mercer, W.F. (1900) The development of the wings in the Lepidoptera. *New York Entomological Society* **8**, 1–20.

Merritt, R.W., Craig, D.A., Walker, E.D., *et al.* (1992) Interfacial feeding behavior and particle flow patterns of *Anopheles quadrimaculatus* larvae (Diptera: Culicidae). *Journal of Insect Behavior* **5**, 741–61.

Michelsen, A. & Larsen, O.N. (1985) Hearing and sound. In: *Comprehensive Insect Physiology, Biochemistry, and Pharmacology*, Vol. 6: *Nervous System: Sensory* (eds G.A. Kerkut & L.I. Gilbert), pp. 495–556. Pergamon Press, Oxford.

Michener, C.D. (1974) *The Social Behavior of Bees*. The Belknap Press of Harvard University Press, Cambridge, MA.

Miyazaki, M. (1987a) Morphology of aphids. In: *Aphids: Their Biology, Natural Enemies and Control*, Vol. 2A (eds A.K. Minks & P. Harrewijn), pp. 1–25. Elsevier, Amsterdam.

Miyazaki, M. (1987b) Forms and morphs of aphids. In: *Aphids: Their Biology, Natural Enemies and Control*, Vol. 2A (eds A.K. Minks & P. Harrewijn), pp. 27–50. Elsevier, Amsterdam.

Moczek, A. & Emlen, D.J. (2000) Male horn dimorphism in the scarab beetle, *Onthophagus taurus*: do alternative reproductive tactics favour alternative phenotypes? *Animal Behaviour* **59**, 459–66.

Monteith, S. (1990) Life inside an ant-plant. *Wildlife Australia* **27**(4), 5.

Mutanen, M., Wahlberg, N. & Kaila, L. (2010) Comprehensive gene and taxon coverage elucidates radiation patterns in moths and butterflies. *Proceedings of the Royal Society B* **277**, 2839–48.

Nagy, L. (1998) Changing patterns of gene regulation in the evolution of arthropod morphology. *American Zoologist* **38**, 818–28.

Nijhout, H.F., Davidowitz, G. & Roff, D.A. (2006) A quantitative analysis of the mechanism that controls body size in *Manduca sexta*. *Journal of Biology* **5**, 1–16.

Nosek, J. (1973) *The European Protura*. Muséum D'Histoire Naturelle, Geneva.

Novak, V.J.A. (1975) *Insect Hormones*. Chapman & Hall, London.

Oliveira, P.S. (1988) Ant-mimicry in some Brazilian salticid and clubionid spiders (Araneae: Salticidae, Clubionidae). *Biological Journal of the Linnean Society* **33**, 1–15.

Omland, K.E., Cook, L.G. & Crisp, M.D. (2008) Tree thinking for all biology: the problem with reading phylogenies as ladders of progress. *BioEssays* **30**, 854–67.

Palmer, M.A. (1914) Some notes on life history of ladybeetles. *Annals of the Entomological Society of America* **7**, 213–38.

Peckarsky, B.L., Encalada, A.C. & Macintosh, A.R. (2012) Why do vulnerable mayflies thrive in trout streams? *American Entomologist* **57**, 152–64.

Petit, J.N., Hoddle, M.S., Grandgirard, J., *et al.* (2008) Short-distance dispersal behavior and establishment of the parasitoid *Gonatocerus ashmeadi* (Hymenoptera: Mymaridae) in Tahiti: Implications for its use as a biological control agent against *Homalodisca vitripennis* (Hemiptera: Cicadellidae). *Biological Control* **45**, 344–52.

Petit, J.N., Hoddle, M.S., Grandgirard, J., *et al.* (2009) Successful spread of a biocontrol agent reveals a biosecurity failure: elucidating long distance invasion pathways for *Gonatocerus ashmeadi* in French Polynesia. *BioControl* **54**, 485–95.

Pivnick, K.A. & McNeil, J.N. (1987) Puddling in butterflies: sodium affects reproductive success in *Thymelicus lineola*. *Physiological Entomology* **12**, 461–72.

Poisson, R. (1951) Ordre des Hétéroptères. In: *Traité de Zoologie: Anatomie, Systématique, Biologie*, Tome X: *Insectes Supérieurs et Hémiptéroïdes*, Fascicule II (ed. P.-P. Grassé), pp. 1657–803. Masson, Paris.

Preston-Mafham, K. (1990) *Grasshoppers andMantids of the World*. Blandford, London.

Pritchard, G., McKee, M.H., Pike, E.M., *et al.* (1993) Did the first insects live in water or in air? *Biological Journal of the Linnean Society* **49**, 31–44.

Purugganan, M.D. (1998) The molecular evolution of development. *Bioessays* **20**, 700–11.

Raabe, M. (1986) Insect reproduction: regulation of successive steps. *Advances in Insect Physiology* **19**, 29–154.

Regier, J.C., Mitter, C., Zwick, A. *et al.* (2013) A large-scale, higher-level, molecular phylogenetic study of the insect order Lepidoptera (moths and butterflies). *PLoS One* **8**(3), e58568. doi: 10.1371/journal.pone.0058568

Resh, V.H. & Cardé, R.T. (eds) (2009) *Encyclopedia of Insects*, 2nd edn. Elsevier, San Diego, CA.

Richards, A.G. & Richards, P.A. (1979) The cuticular protuberances of insects. *International Journal of Insect Morphology and Embryology* **8**, 143–57.

Richards, G. (1981) Insect hormones in development. *Biological Reviews of the Cambridge Philosophical Society* **56**, 501–49.

Richards, O.W. & Davies, R.G. (1959) *Outlines of Entomology*. Methuen, London.

Richards, O.W. & Davies, R.G. (1977) *Imms' General Textbook of Entomology*, Vol. I: *Structure, Physiology and Development*, 10th edn. Chapman & Hall, London.

Riddiford, L.M. (1991) Hormonal control of sequential gene expression in insect epidermis. In: *Physiology of the Insect Epidermis* (eds K. Binnington & A. Retnakaran), pp. 46–54. CSIRO Publications, Melbourne.

Robert, D., Read, M.P. & Hoy, R.R. (1994) The tympanal hearing organ of the parasitoid fly *Ormia ochracea* (Diptera, Tachinidae, Ormiini). *Cell and Tissue Research* **275**, 63–78.

Rossel, S. (1989) Polarization sensitivity in compound eyes. In: *Facets of Vision* (eds D.G. Stavenga & R.C. Hardie), pp. 298–316. Springer-Verlag, Berlin.

Rumbo, E.R. (1989) What can electrophysiology do for you? In: *Application of Pheromones to Pest Control, Proceedings of a Joint CSIRO–DSIRWorkshop, July 1988* (ed. T.E. Bellas), pp. 28–31. Division of Entomology, CSIRO, Canberra.

Sainty, G.R. & Jacobs, S.W.L. (1981) *Waterplants of New South Wales*.Water Resources Commission, New SouthWales.

Salt, G. (1968) The resistance of insect parasitoids to the defence reactions of their hosts. *Biological Reviews* **43**, 200–32.

Samson, P.R. & Blood, P.R.B. (1979) Biology and temperature relationships of *Chrysopa* sp., *Micromus tasmaniae* and *Nabis capsiformis*. *Entomologia Experimentalis et Applicata* **25**, 253–9.

Schwabe, J. (1906) Beiträge zur Morphologie und Histologie der tympanalen Sinnesapparate der Orthopteren. *Zoologica, Stuttgart* **50**, 1–154.

Sivinski, J. (1978) Intrasexual aggression in the stick insects *Diapheromera veliei* and *D. covilleae* and sexual dimorphism in the Phasmatodea. *Psyche* **85**, 395–405.

Smedley, S.R. & Eisner, T. (1996) Sodium: a male moth's gift to its offspring. *Proceedings of the National Academy of Sciences of the USA* **93**, 809–13.

Smith, P.H., Gillott, C., Barton Browne, L. & van Gerwen, A.C.M. (1990) The mating-induced refractoriness of *Lucilia cuprina* females: manipulating the male contribution. *Physiological Entomology* **15**, 469–81.

Smith, R.L. (1997) Evolution of paternal care in the giant water bugs (Heteroptera: Belostomatidae). In: *The Evolution of Social Behavior in Insects and Arachnids* (eds J.C. Choe & B.J. Crespi), pp. 116–49. Cambridge University Press, Cambridge.

Smithers, C.N. (1982) Psocoptera. In: *Synopsis and Classification of Living Organisms*, Vol. 2 (ed. S.P. Parker), pp. 394–406. McGraw-Hill, New York.

Snodgrass, R.E. (1935) *Principles of Insect Morphology*. McGraw-Hill, New York.

Snodgrass, R.E. (1946) The skeletal anatomy of fleas (Siphonaptera). *Smithsonian Miscellaneous Collections* **104**(18), 1–89.

Snodgrass, R.E. (1956) *Anatomy of the Honey Bee*. Comstock Publishing Associates, Ithaca, NY.

Snodgrass, R.E. (1957) A revised interpretation of the external reproductive organs of male insects. *Smithsonian Miscellaneous Collections* **135**(6), 1–60.

Snodgrass, R.E. (1967) *Insects: TheirWays and Means of Living*. Dover Publications, New York.

Spencer, K.A. (1990) *Host Specialization in the World Agromyzidae (Diptera)*. Kluwer Academic Publishers, Dordrecht.

Spradbery, J.P. (1973) *Wasps: an Account of the Biology and Natural History of Solitary and Social Wasps*. Sidgwick & Jackson, London.

Stanek, V.J. (1969) *The Pictorial Encyclopedia of Insects*. Hamlyn, London.

Stanek, V.J. (1977) *The Illustrated Encyclopedia of Butterflies and Moths*. Octopus Books, London.

Stern, V.M., Smith, R.F., van den Bosch, R. & Hagen, K.S. (1959) The integrated control concept. *Hilgardia* **29**, 81–101.

Stoltz, D.B. & Vinson, S.B. (1979) Viruses and parasitism in insects. *Advances in Virus Research* **24**, 125–71.

Struble, D.L. & Arn, H. (1984) Combined gas chromatography and electroantennogram recording of insect olfactory responses. In: *Techniques in Pheromone Research* (eds H.E. Hummel & T.A. Miller), pp. 161–78. Springer-Verlag, New York.

Sullivan, D.J. (1988) Hyperparasites. In: *Aphids. Their Biology, Natural Enemies and Control*, Vol. B (eds A.K. Minks & P. Harrewijn), pp. 189–203. Elsevier, Amsterdam.

Sutherst, R.W. (2004) Global change and human vulnerability to vector-borne diseases. *Clinical Microbiology Reviews* **17**, 136–73.

Sutherst, R.W. & Maywald, G.F. (1985) A computerised system for matching climates in ecology. *Agriculture, Ecosystems and Environment* **13**, 281–99.

Sutherst, R.W. & Maywald, G.F. (1991) Climate-matching for quarantine, using CLIMEX. *Plant Protection Quarterly* **6**, 3–7.

Suzuki, N. (1985) Embryonic development of the scorpionfly, *Panorpodes paradoxa* (Mecoptera, Panorpodidae) with special reference to the larval eye development. In: *Recent Advances in Insect Embryology in Japan* (eds H. Ando & K. Miya), pp. 231–8. ISEBU, Tsukubo.

Szabó-Patay, J. (1928) A kapus-hangya. *Természettudományi Közlöny* **60**, 215–19.

Tabachnick, W.J. (2010) Challenges in predicting climate and environmental effects on vector-borne disease episystems in a changing world. *The Journal of Experimental Biology* **213**, 946–54.

Tabashnik, B.E., Brévault, T. & Carrière, Y. (2013) Insect resistance to Bt crops: lessons from the first billion acres. *Nature Biotechnology* **31**, 510–21.

Terra, W.R. & Ferreira, C. (1981) The physiological role of the peritrophic membrane and trehalase: digestive enzymes in the midgut and excreta of starved larvae of *Rhynchosciara*. *Journal of Insect Physiology* **27**, 325–31.

Thornhill, R. (1976) Sexual selection and nuptial feeding behavior in *Bittacus apicalis* (Insecta: Mecoptera). *American Naturalist* **110**, 529–48.

Trueman, J.W.H. (1991) Egg chorionic structures in Corduliidae and Libellulidae (Anisoptera). *Odonatologica* **20**, 441–52.

Upton, M.S. (1991) *Methods for Collecting, Preserving, and Studying Insects and Allied Forms*, 4th edn. Australian Entomological Society, Brisbane.

Uvarov, B. (1966) *Grasshoppers and Locusts*. Cambridge University Press, Cambridge.

van den Bosch, R. & Hagen, K.S. (1966) Predaceous and parasitic arthropods in Californian cotton fields. *Californian Agricultural Experimental Station Bulletin* **820**, 1–32.

van Oosterzee, P. (1997) *WhereWorlds Collide. TheWallace Line*. Reed, Kew, Victoria.

von Reumont, B.M., Jenner, R.A., Wills, M.A. *et al.* (2012) Pancrustacean phylogeny in the light of new phylogenomic data: support for Remipedia as the possible sister group of Hexapoda. *Molecular Biology and Evolution* **29**, 1031–45.

van Voorthuizen, E.G. (1976) The mopane tree. *Botswana Notes and Records* **8**, 223–30.

Waage, J.K. (1986) Evidence for widespread sperm displacement ability among Zygoptera (Odonata) and the means for predicting its presence. *Biological Journal of the Linnean Society* **28**, 285–300.

Wasserthal, L.T. (1997) The pollinators of the Malagasy star orchids *Angraecum sesquipedale*, *A. sororium* and *A. compactum* and the evolution of extremely long spurs by pollinator shift. *Botanica Acta* **110**, 343–59.

Waterhouse, D.F. (1974) The biological control of dung. *Scientific American* **230**(4), 100–9.

Watson, J.A.L. & Abbey, H.M. (1985) Seasonal cycles in *Nasutitermes exitiosus* (Hill) (Isoptera: Termitidae). *Sociobiology* **10**, 73–92.

Wheeler, W.C. (1990) Insect diversity and cladistic constraints. *Annals of the Entomological Society of America* **83**, 91–7.

Wheeler, W.M. (1910) *Ants: Their Structure, Development and Behavior*. Columbia University Press, New York.

White, D.S., Brigham, W.U. & Doyen, J.T. (1984) Aquatic Coleoptera. In: *An Introduction to the Aquatic Insects of North America*, 2nd edn (eds R.W. Merritt & K.W. Cummins), pp. 361–437. Kendall/Hunt, Dubuque, IA.

White, G.B. (1985) *Anopheles bwambae* sp. n., a malaria vector in the Semliki Valley, Uganda, and its relationships with other sibling species of the *An. gambiae* complex (Diptera: Culicidae). *Systematic Entomology* **10**, 501–22.

Whitfield, J. (2002) Social insects: The police state. *Nature* **416**, 782–4.

Whiting, M.F. (2002) Phylogeny of the holometabolous insect orders: molecular evidence. *Zoologica Scripta* **31**, 3–15.

Wiegmann, B.M., Trautwein, M.D.,Winkler, I.S. *et al.* (2011) Episodic radiations in the fly tree of life. *Proceedings of the National Academy of Sciences* **108**, 5690–5.

Wiggins, G.B. (1978) Trichoptera. In: *An Introduction to the Aquatic Insects of North America* (eds R.W. Merritt & K.W. Cummins), pp. 147–85. Kendall/Hunt, Dubuque, IA.

Wigglesworth, V.B. (1964) *The Life of Insects*. Weidenfeld & Nicolson, London.

Wigglesworth, V.B. (1972) *The Principles of Insect Physiology*, 7th edn. Chapman & Hall, London.

Wikars, L.-O. (1997) Effects of forest fire and the ecology of fire-adapted insects. PhD Thesis, Uppsala University, Sweden.

Williams, J.L. (1941) The relations of the spermatophore to the female reproductive ducts in Lepidoptera. *Entomological News* **52**, 61–5.

Wilson, M. (1978) The functional organisation of locust ocelli. *Journal of Comparative Physiology* **124**, 297–316.

Winston, M.L. (1987) *The Biology of the Honey Bee*. Harvard University Press, Cambridge, MA.

Womersley, H. (1939) *Primitive Insects of South Australia*. Government Printer, Adelaide.

Yoshizawa, K. & Johnson, K.P. (2010) How stable is the "Polyphyly of Lice" hypothesis (Insecta: Psocodea)?: a comparison of the phylogenetic signal in multiple genes. *Molecular Phylogenetics and Evolution* **55**, 939–51.

Youdeowei, A. (1977) *A LaboratoryManual of Entomology*. Oxford University Press, Ibadan.

Zacharuk, R.Y. (1985) Antennae and sensilla. In: *Comprehensive Insect Physiology, Biochemistry, and Pharmacology*, Vol. 6: *Nervous System: Sensory* (eds G.A. Kerkut & L.I. Gilbert), pp. 1–69. Pergamon Press, Oxford.

Zanetti, A. (1975) *TheWorld of Insects*. Gallery Books, New York.

Zhang, Z.-Q. (2013) Phylum Arthropoda. In: *Animal Biodiversity: An Outline of Higher-level Classification and Survey of Taxonomic Richness* (Addenda 2013), (ed. Z.-Q. Zhang), pp. 17–26. *Zootaxa* **3703**(1), 1–82.

Índice Alfabético

F

G

H

Q

R

U

V

W

X

Y

Z